홀로공부

전기

기사·산업기사

필기 1권

박운서

예문사

머리말

본서는 한국산업인력관리공단에서 주관하는 국가기술 자격시험의 전기기사 · 산업기사 필기시험을 대비하여 공부할 수 있도록 만들었으며, 기존 수험서와 차별화한 다음 두 가지 특징이 있습니다.

첫째, 전기 수험서의 한계 개선

기존 전기 자격시험 수험서에는 명백한 한계가 있습니다. 필기시험을 단기간에 합격하는 데 초점을 맞춰 내용을 **압축적이며 충분한 배경 설명 없이 공식 위주**로 구성합니다. 그래서 수험서 자체가 요약집이라고 할 수 있을 만큼 수험생 혼자서 책만 읽고 이해하기는 사실상 불가능에 가깝습니다.

1970년대부터 국가기술 자격시험이 시행된 이후로 최근까지 전기기사 · 산업기사 수험서는 대부분 매우 압축적으로 짧게 설명하거나 그 설명 자체가 어렵고 문장이 난해한 특징이 있습니다. 물론 2010년 이후 인터넷 동영상 강의를 제공하는 수험서가 등장하면서 일반인이 전기수험서에 비교적 쉽게 접근할 수 있게 되었습니다. 그렇지만 동영상 강의에 의지하지 않고 전기기사 · 산업기사 기술 자격시험 수험서를 이해하기는 여전히 어렵습니다.

그리하여 본서는 전기기사 · 산업기사의 모든 과목(한국전기설비규정 KEC는 예외)에서 비전공자도 쉽게 이해할 수 있는 표현과 충분한 배경 설명을 통해 전기기사 · 산업기사 필기시험에 필요한 지식을 전달합니다. 동시에 중요한 공식 및 전문용어도 빈틈없이 수록하였습니다.

둘째, 어려운 전문용어를 쉽게 설명

모든 기사 · 산업기사 종목의 기술 자격시험이 그렇지 않지만, 전기기사 · 산업기사의 수준은 전기 관련 대학 전공자 수준에 상응합니다. 일반적으로 전기 수험서에서 사용되는 단어는 일정 수준 이상의 수학, 물리 및 전기 분야의 용어를 습득한 상태를 기준으로 기술됩니다.

이에 본서는 비전공자나 전기 개념을 어려워하는 분들이 쉽게 이해할 수 있도록 내용을 최대한 쉽게 풀어 기술하였으며 이로써 암기와 요약에 치중한 수험서와 결을 달리합니다.

마지막으로, 본서는 기술 자격시험 대비 수험서이지만 전기공학 또는 전기 관련 분야 전공자 · 전기 관련 직종 종사자여도 전기 이해능력 · 전기 기본지식이 부족한 분, 공무원과 공기업 전기직렬을 준비하는 분들에게도 유용하도록 전기 관련 이론을 빠짐없이 충실하게 수록하였습니다. 그러므로 학원 강의나 동영상 강의가 아니더라도 본서만으로 홀로 공부할 수 있도록 내용을 꼼꼼하게 기술하였음을 강조하여 말씀드립니다.

본서로 공부하여 전기에 대한 지식의 폭을 넓히고, 시험에 합격하기를 바랍니다.

저자 **박 운 서**

이 책의 활용 및 학습방법

1. 활용방법

본서는 전기기사 · 산업기사 자격시험 과목인 다음의 6과목으로 구성되어 있습니다.

1권	2권	3권
• 1편 전기자기학 • 2편 전기기기	• 3편 회로이론 • 4편 제어공학	• 5편 전력공학 • 6편 한국전기설비규정(KEC)

6과목은 서로 연관성 있는 두 개 과목으로 묶어 총 3권으로 구성되고, 각 장마다 이해를 돕는 핵심기출문제가 포함되어 있습니다.
실제 기술 자격시험에서 전기기사 · 산업기사 자격시험은 「회로이론」과 「제어공학」이 하나의 과목으로 통합된 5과목으로 구성되어 출제되므로 이 점에 착오가 없길 바랍니다. 아울러 본서는 국가기술 자격시험뿐만 아니라 공무원 시험과 공기업 전기직렬 시험도 대비할 수 있는 수험서입니다.

학습효과를 높이는 방법은 각 과목의 이론을 학습하면서 각 단원을 마칠 때마다 해당 이론 내용과 관련된 핵심기출문제를 함께 푸는 것입니다. 본서에 대한 질의는 네이버 카페(전기홀로공부, cafe.naver.com/eholostudy)에서 하실 수 있으며, 성실히 답변해 드리겠습니다.

2. 학습방법(공부전략)

전기기사 · 산업기사 기술 자격시험에서 요구하는 지식과 공부범위는 타 산업기사 · 기사 종목에 비해서 상당히 넓고 깊습니다. 사람마다 사전지식이 다르기 때문에 일률적으로 말하기 힘들지만, 분명한 것은 주변 지인이나 인터넷에서 3개월, 5개월 등의 단기간으로 공부하여 필기시험에 합격하였다는 말에 민감하지 않기를 바랍니다. 수험생의 실질적인 공부기간은 알기 어려울 뿐만 아니라 일부러 공부기간을 축소하여 말하는 경우도 있기 때문입니다. 광고 및 주변에서 '짧은 공부시간으로 합격하였다'는 말은 조바심만 일으킬 뿐 공부에 도움이 되지 않습니다.

전기기사 · 산업기사 기술 자격시험을 준비하는 분들에게 권장하는 학습방법, 필기시험 전략, 가이드라인은 다음과 같습니다.

① 공부기간

시험 공부기간은 경제활동을 하지 않고 공부에만 전념할 수 있는 분들은 최소 6~10개월 정도 걸리며, 경제활동을 하며 공부하시는 분들은 1년~1년 6개월 정도 걸립니다. 여기서 말하는 공부기간에는 자신만의 노트를 정리하는 시간도 포함됩니다.

본서에서 이론내용을 강의노트처럼 상세하게 설명하였지만, 추가로 자신만의 필기노트를 만들고 그것을 참고하여 공부하시기를 추천합니다. 총 6과목에 대한 이론내용을 자신만의 것으로 정리하는 데 걸리는 시간도 공부시간입니다. 그 공부시간이 짧게는 6개월, 길게는 1년 6개월여 걸릴 수 있습니다. 한국산업인력관리공단의 기술 자격시험 일정에 맞춰 자신의 공부시간을 예상하고 계획하길 바랍니다.

② 암기방법

전기기사 · 산업기사의 공부내용은 **이해**해야 할 내용과 **암기**해야 할 내용으로 나눌 수 있습니다. 특히, 전기기사 · 산업기사는 수학공식과 물리적인 표현이 많고, 외워야 할 전문용어와 특성도 많습니다. 그렇기 때문에 이해하여도 외우지 못하면 시험문제에서 요구하는 관련 이론과 수식을 떠올리지 못하여 문제를 풀기 어렵고, 무작정 외우기만 하면 문제의 의미를 제대로 이해하지 못하여 답에 접근하기 어려울 수 있습니다.

이해 부분은 본서에서 배경 설명과 함께 쉽게 설명하고 있고, **암기** 부분은 이론내용과 수식을 잘 외우기 위해서라도 총 6과목에 대한 이론내용을 자신만의 방식으로 반드시 노트를 정리해야 합니다. 그리고 자신이 정리한 노트를 시험 당일까지 하루에 두 번 매일 속독을 반복한다면 분명한 암기효과를 보게 될 것입니다.

이 책의 특징

1. 이해도를 높이는 충분한 배경 설명

각 파트 도입부에서 과목과 관련한 배경을 설명하고 과목의 내용을 개략적으로 소개하여 학습내용을 예상할 수 있게 하며 이해도를 높여 줍니다.

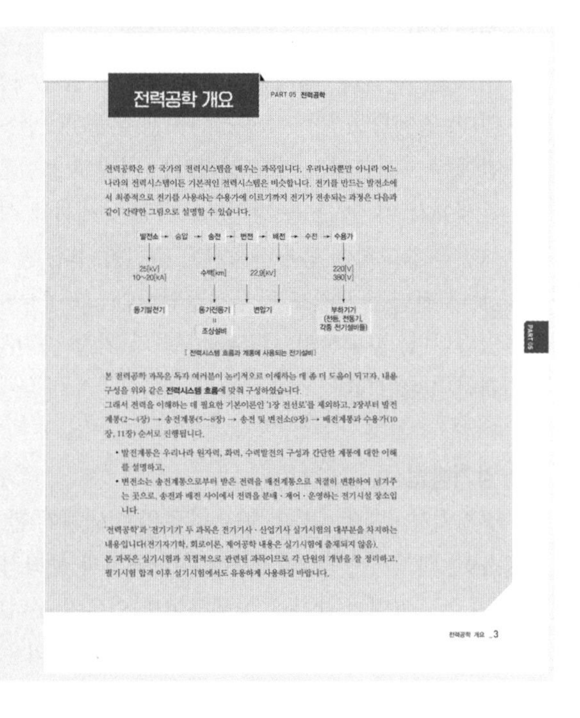

전력공학 개요

PART 05 전력공학

전력공학은 한 국가의 전력시스템을 배우는 과목입니다. 우리나라뿐만 아니라 어느 나라의 전력시스템이든 기본적인 전력시스템은 비슷합니다. 전기를 만드는 발전소에서 최종적으로 전기를 사용하는 수용가에 이르기까지 전기가 전송되는 과정은 다음과 같이 간략한 그림으로 설명할 수 있습니다.

[전력시스템 흐름과 계통에 사용되는 전기설비]

본 전력공학 과목은 독자 여러분이 논리적으로 이해하는 데 좀 더 도움이 되고자, 내용 구성을 위와 같은 **전력시스템 흐름**에 맞춰 구성하였습니다.

그래서 전력을 이해하는 데 필요한 기본이론인 '1장 전선로'를 제외하고, 2장부터 발전계통(2~4장) → 송전계통(5~8장) → 송전 및 변전소(9장) → 배전계통과 수용가(10장, 11장) 순서로 진행됩니다.

- 발전계통은 우리나라 원자력, 화력, 수력발전의 구성과 간단한 계통에 대한 이해를 설명하고,
- 변전소는 송전계통으로부터 받은 전력을 배전계통으로 적절히 변환하여 넘기주는 곳으로, 송전과 배전 사이에서 전력을 분배 · 제어 · 운영하는 전기시설 장소입니다.

'전력공학'과 '전기기기' 두 과목은 전기기사 · 산업기사 실기시험의 대부분을 차지하는 내용입니다(전기자기학, 회로이론, 제어공학 내용은 실기시험에 출제되지 않음).

본 과목은 실기시험과 직접적으로 관련된 과목이므로 각 단원의 개념을 잘 정리하고, 필기시험 합격 이후 실기시험에서도 유용하게 사용하길 바랍니다.

PART 05

전력공학 개요 _3

2. 진부한 틀에서 벗어난 새로운 구성

전기 자격시험 수험서는 대부분 내용 요약 및 공식 위주로 구성되어 있습니다. 이러한 한계를 개선하기 위해 대면 강의를 듣는 듯한 상세한 표현과 설명으로 비전공자도 쉽게 이해할 수 있도록 구성하였습니다.

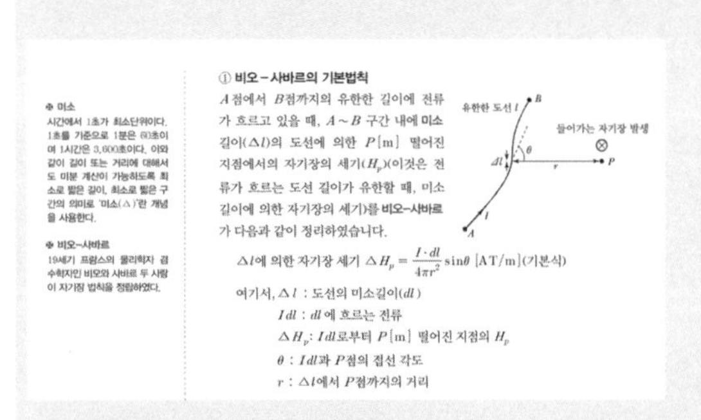

❖ 미소

시간에서 1초가 최소단위이다. 1초를 기준으로 1분은 60초이며 1시간은 3,600초이다. 이와 같이 길이 또는 거리에 대해서도 미분 계산이 가능하도록 최소로 짧은 길이, 최소로 짧은 구간의 의미로 '미소(Δ)'란 개념을 사용한다.

❖ 비오-사바르

19세기 프랑스의 물리학자 겸 수학자인 비오와 사바르 두 사람이 자기장 법칙을 정립하였다.

① **비오-사바르의 기본법칙**

A점에서 B점까지의 유한한 길이에 전류가 흐르고 있을 때, $A \sim B$ 구간 내에 **미소** 길이(Δl)의 도선에 의한 P[m] 떨어진 지점에서의 자기장의 세기(H_p)(이것은 전류가 흐르는 도선 길이가 유한할 때, 미소 길이에 의한 자기장의 세기)를 **비오-사바르**가 다음과 같이 정리하였습니다.

Δl에 의한 자기장 세기 $\Delta H_p = \dfrac{I \cdot dl}{4\pi r^2} \sin\theta$ [AT/m](기본식)

여기서, Δl : 도선의 미소길이(dl)

$I dl$: dl에 흐르는 전류

ΔH_p: $I dl$로부터 P[m] 떨어진 지점의 H_p

θ : $I dl$과 P점의 접선 각도

r : Δl에서 P점까지의 거리

- 용어 설명 : 전문용어를 자세하게 설명하고, 여러 전기 관련 학자를 간략하게 소개합니다.

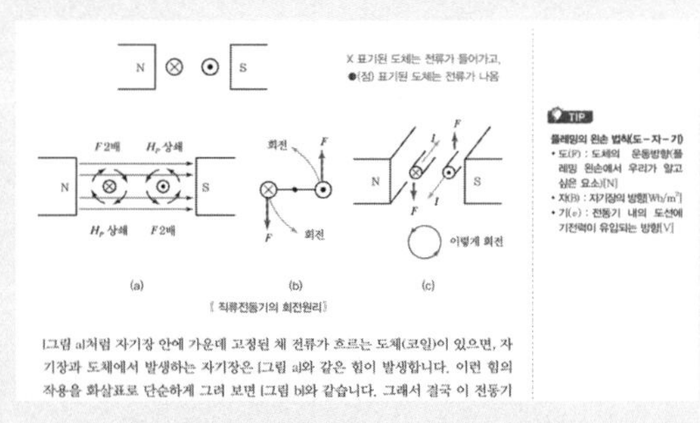

[직류전동기의 회전원리]

[그림 a]처럼 자기장 안에 가운데 고정된 채 전류가 흐르는 도체(코일)이 있으면, 자기장과 도체에서 발생하는 자기장은 [그림 a]와 같은 힘이 발생합니다. 이런 힘의 작용을 화살표로 단순하게 그려 보면 [그림 b]와 같습니다. 그래서 결국 이 전동기

TIP

플레밍의 왼손 법칙(도-자-기)

- 도(F) : 도체의 운동방향(플레밍 왼손에서 우리가 알고 싶은 요소)[N]
- 자(B) : 자기장의 방향[Wb/m²]
- 기(e) : 전동기 내의 도선에 기전력이 유입되는 방향[V]

- TIP : 주요 법칙의 암기 요령 및 시험에 유용한 정보 등을 제공합니다.

3. 풍부한 시각 자료와 보충 정보

표, 그림, 그래프 등 이론을 뒷받침하는 풍부한 시각 자료를 효율적으로 배치하였습니다.
또한 주요 공식의 계산 과정, 핵심 이론을 보충하는 정보를 제공하여 학습 효과를 높여 줍니다.

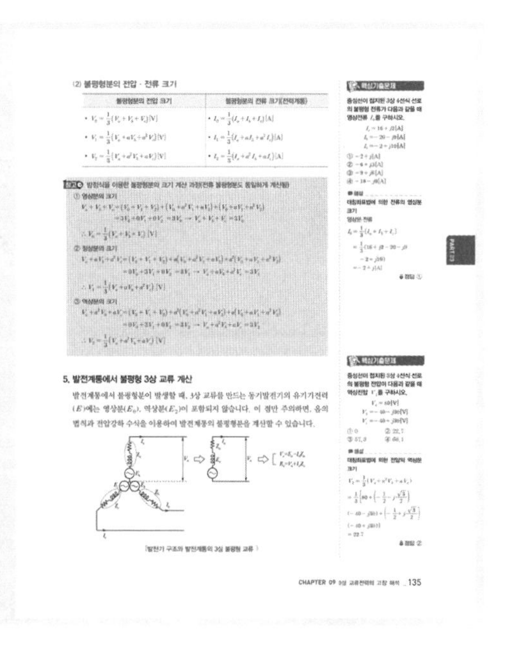

4. 이론과 기출문제를 한 번에 해결

핵심 이론과 함께 30년간의 기출문제를 철저하게 분석하고 엄선하여 한 공간에 담았습니다. 해설을 쉽고 자세하게 풀이하였고, 특히 계산 문제는 공식을 충분히 활용하여 계산 과정을 꼼꼼하게 기술하였습니다. 혼자서도 심화 학습을 할 수 있게 해주는 필수 소장 수험서입니다.

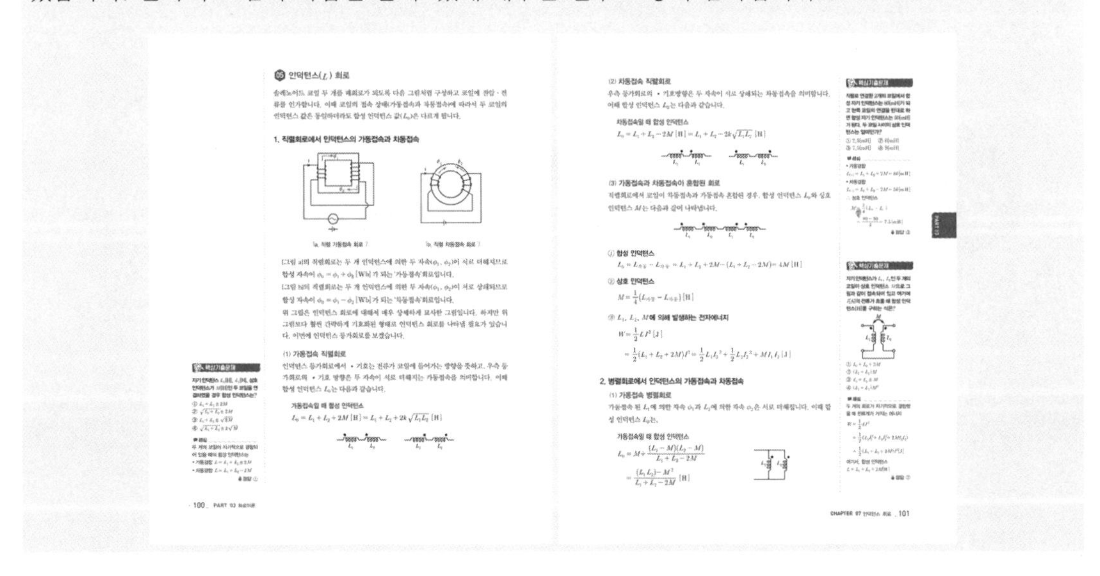

차 례

전기자기학

차 례

전기기기

차 례

기출 및 예상문제

PART 01

전기자기학

ENGINEER & INDUSTRIAL ENGINEER ELECTRICITY

전기자기학 개요

전기자기학 이론의 수학적 완성은 20세기 초에 이루어졌지만, 전기자기학의 역사는 기원전부터 시작합니다. 진부한 오래전 이야기를 빼고, 오늘날 우리에게 가장 직접적인 영향을 준 역사까지만 거슬러 올라가면 17세기 벤자민 프랭클린(미국)으로부터 시작하여, 18세기, 19세기에 마이클 패러데이(영국), 쿨롱(프랑스), 앙페르(프랑스), 헤르츠(독일), 헨리(미국), 가우스(독일), 맥스웰(스코틀랜드) 등의 수많은 과학자들이 전기와 자기에 대한 실험과 착오를 반복하였습니다.

20세기 이후에도 수많은 과학자들[대표적으로 니콜라스 테슬라(유고슬라비아, 미국), 알버트 아인슈타인(독일, 미국)과 같은 과학자들]이 오늘날 우리가 접하는 전기자기학 이론체계와 수학적 증명을 완성하였습니다. 그들 모두는 수학자 겸 자연현상을 관찰하는 과학자들이었습니다. 그들의 연구영역 중에서 전기(Electricity) 및 자기(Magnetism)와 관련된 이론만을 추려서 오늘날 '전기자기학' 과목으로 학습할 수 있습니다. 본 전기자기학 책 속에 등장하는 수많은 단위들([A], [V], [Wb], [C], [H] 등)은 모두 과학자들의 이름에서 따온 것들입니다.

전기자기학(Electromagnetism)이란 이름은 전기(Electricity)와 자기(Magnetism), 두 개 단어가 합쳐진 이름입니다. 전기(Electricity)는 전자 · 전하를 뜻하고, 자기(Magnetism)는 자석 · 자기장을 의미합니다. 우리가 '전기'를 배우는 데 전기와 함께 자기(Magnetism)가 같이 언급되는 이유는 전기와 자기의 관계는 마치 '남자와 여자' 관계와 같으며 남자와 여자는 분명히 서로 분리된 다른 존재이지만 동시에 서로 떼놓고는 존재할 수 없습니다. '전기와 자기'의 관계도 이와 같아서 둘 중 하나를 떼놓고 전기현상을 관찰하면, 이해할 수 없는 현상들이 생깁니다. 때문에 우리는 '전기학'이란 이름으로, '자기학'이란 이름으로 배우지 않고, 전기와 자기의 핵심을 꿰뚫는 근원적인 이름인 '전기자기학'(Electromagnetism)으로 우리나라와 전 세계에서 같은 내용을 공부하게 됩니다.

우리는 이 지구와 삼라만상의 우주를 구성하는 최소단위가 원자라고 알고 있습니다. 물론 최소입자로 말하자면 원자보다 더 작은 단위의 구성물질도 있지만, 일반물리학에서 우리 주변의 자연현상을 원자단위로 해석하고 원자단위의 물리이론으로 설명하고 있습니다.

전기자기학은 전기와 자기로 인한 현상과 그 이론은 원자가 아닌 전자(Electron : e)를 최소단위로 놓고, 전자(e)로부터 모든 전기현상을 기술합니다. 전자(e)가 움직이지 않는다는 전제에서 전기현상을 이론적으로 설명하는 내용이 「2장 정전계」입니다. 반대로 전자(e)가 움직이는 상태를 전제로 전기현상을 이론적으로 설명하는 내용이 전기자기학 11장 그리고 회로이론 과목입니다.
전자(e)가 정지상태이든 운동상태이든 전기현상의 근원은 전자(e)에서부터 시작합니다. 그리고 전자(e)는 에너지를 방출합니다. 전자기현상을 논리적 · 수학적으로 정확히 기술하기 위해 전자(e)에서 내뿜는 에너지의 크기(스칼라)와 에너지가 나아가는 방향(벡터)을 「1장 벡터」에서 다루게 됩니다. 물론 논리적으로 정확하게 표현되면 수학적으로 계산이 가능합니다.

결론적으로 전기자기학 과목에서 다루는 내용은 다음과 같이 간결하게 말할 수 있습니다.
"전기와 자기를 이해할 수 있는 기본요소들[저항(R), 전위(V), 전류(I), 정전용량(C), 인덕턴스(L), 자기장(Φ)]의 의미를 객관적으로 설명하며, 수학적으로도 증명할 수 있도록 위 기본요소들을 수식으로 나타내는 내용이다."

이것이 전기자기학에서 다루는 내용입니다.

CHAPTER 01

벡터(전기의 크기와 방향에 대한 수학적 표현)

죽은 상태의 물질이라면 에너지가 없습니다. 하지만 생명체든 사물이든 변화하는 실제 세계의 모든 것은 에너지가 있습니다. 사실 에너지라고 말하면 추상적입니다. 그래서 우리는 이 에너지를 다음과 같이 두 종류로 분명히 구분하여 사용합니다.

- 크기만 존재하는 에너지
- 크기와 방향을 가진 에너지

전기에 대해서도 우리가 전기의 크기만 표현하는 경우가 있고, 크기와 방향 모두를 같이 표현해야 하는 경우가 있는데, 바로 스칼라와 벡터입니다.

TIP

에너지 표현방법
- 에너지에 대해 크기만을 표현할 경우 : 스칼라
- 에너지에 대해 크기와 방향을 표현할 경우 : 벡터

01 벡터의 표현

1. 스칼라 표현과 벡터 표현

(1) 스칼라 표현

크기만을 가진 에너지를 표현할 때는 A, B, C, K... 등의 그리스 대문자를 사용하며 다음과 같이 스칼라를 표현합니다. → 무게 100[kg], 길이 3[mm], 3[cm], 3[m], 3[km], 연필 5개, 자동차 2대, 책 10권, 가을철 물 온도 4° 등, 스칼라는 자연수 혹은 유리수로 나타낼 수 있는 크기이며, 그 크기가 향하는 방향을 나타낼 필요는 없습니다.

(2) 벡터 표현

크기와 방향을 가진 에너지를 표현할 때는 그리스 대문자와 함께 다음과 같은 벡터 특유의 기호를 사용하여 나타냅니다. 벡터를 표현하는 문자표기 방법은 스칼라보다 다양합니다.

- 방법 1 : $\overrightarrow{A}$, $\overrightarrow{K}$
- 방법 2 : $\dot{A}$, $\dot{K}$
- 방법 3 : $\mathbb{A}$, $\mathbb{K}$
- 방법 4 : $\hat{A}$, $\hat{K}$

이같이 그리스 대문자(예 A, K)에 추가 표기(화살표, 점, 굵은 라인, 깔때기 기호)를 덧붙여 벡터를 표현합니다. 이는 전 세계 공통이며, 문자를 이용한 벡터 표기는 여기까지입니다.

다음은 벡터의 종류입니다. **크기와 방향**을 가진 에너지를 벡터로 표현하는 방법에 대한 내용입니다.

- 성분벡터(본 자기학에서 많이 사용됨)
- 단위벡터
- 직교좌표에서 벡터표현(본 자기학에서 많이 사용됨)
- 직각좌표에서 벡터표현(본 자기학에서 많이 사용됨)
- 원통좌표에서 벡터표현
- 구좌표에서 벡터표현
- 법선벡터의 표현(자기학에서 많이 사용됨)

본 전기자기학 이론에서 모든 벡터를 다 다루지 않습니다. 이 중에서 전기와 자기 영역에서 주로 사용하는 5개 벡터 표현방법(원통좌표와 구좌표 제외)만을 알아보겠습니다.

2. 직교좌표에서 벡터 표현

먼저 비유적으로, 평면상에 어떤 물건을 올려놓을 때 평면상에 가로 · 세로의 눈금과 수를 그려 그 물건의 위치를 표시할 수 있습니다. 이같이 직각으로 교차하는 좌표 원리를 이용하여 어떤 에너지의 벡터를 표현할 수 있습니다. 이 원리가 두 개 축이 90° 교차하는 **직교좌표**(또는 평면좌표)입니다.

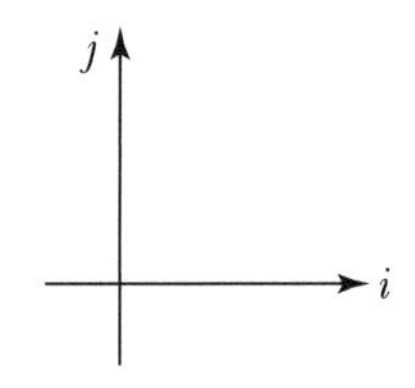

그리고 90°로 직교하는 두 개 축을 i축, j축으로 정의합니다. 직교좌표는 평면상에 크기와 방향을 표현할 수 있을 뿐이며, 입체적인 벡터를 표현할 수 없습니다.

3. 직각좌표에서 벡터 표현

입체적으로 나타나는 크기와 방향을 가진 어떤 벡터를 표현해야 한다면, 평면좌표인 직교좌표에 나타낼 수 없습니다. 그래서 90°로 교차하는 직선 축 3개(i, j, k)를 가지고 **직각좌표** 위에 벡터를 표현합니다.

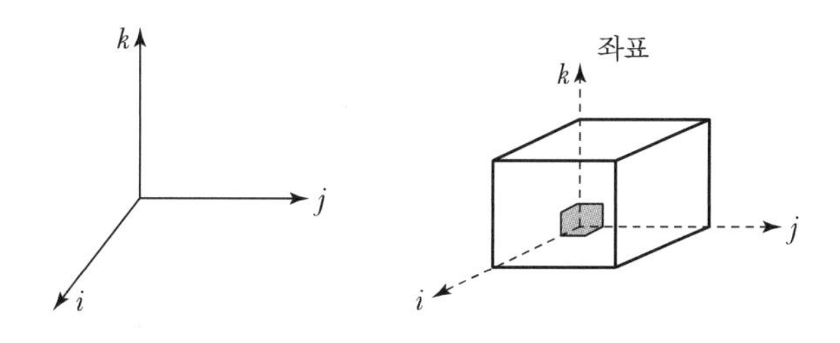

직각좌표는 90° 각으로 서로 직교하는 세 개의 축(i축, j축, k축) 위에 입체적으로 존재하는 벡터(크기와 방향) 혹은 에너지를 나타낼 수 있습니다.
전기기사 · 산업기사 필기영역에서 다루는 대부분의 벡터표현은 직교좌표와 직각좌표로 표현할 수 있기 때문에 위 두 가지 좌표를 이해하는 것이 가장 중요합니다.

4. 성분벡터

벡터의 방향은 직교좌표 축에 나타내고, 각 축은 i축, j축, k축입니다. 벡터의 방향을 나타낼 수 있는 좌표 i, j, k 축이 곧 벡터의 방향 속성을 나타내는 성분이 됩니다. 이것을 '성분벡터'라고 부릅니다. 성분벡터 i, j, k의 정의는 크기는 1이고, 각도는 90°인 서로 다른 방향의 성분들입니다.

- i 성분의 크기와 방향 : $1\angle 90°$
- j 성분의 크기와 방향 : $1\angle 90°$
- k 성분의 크기와 방향 : $1\angle 90°$

이러한 성분벡터 i, j, k의 공간을 만들 수 있는 좌표는 직각좌표뿐입니다. 그리고 성분벡터 i, j의 공간이 만드는 좌표는 직교좌표입니다. 따라서 성분벡터는 다음과 크기 · 방향 표현이 가능합니다.

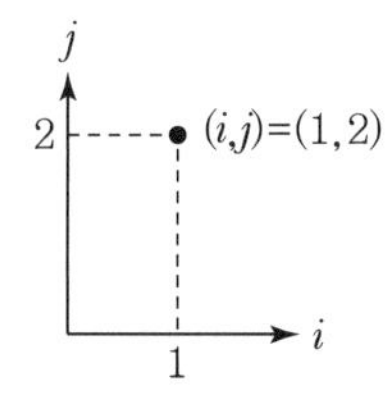

〖 성분벡터 i, j의 크기와 방향 표현 〗

〖 수학 x, y의 크기와 방향 표현 〗

성분벡터 i, j, k 축은 수학의 x, y, z 축과 같은 의미를 갖습니다. 좌표 i, j, k 축과 좌표 x, y, z 축은 모두 크기 1에 각도 90°의 의미를 갖습니다.

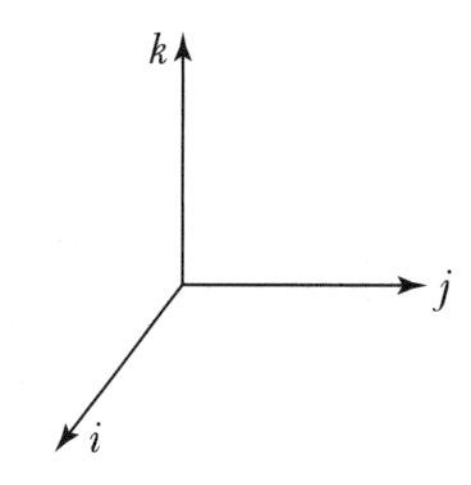

$$i = 1\angle 90° \leftrightarrow x = 1\angle 90°$$
$$j = 1\angle 90° \leftrightarrow y = 1\angle 90°$$
$$k = 1\angle 90° \leftrightarrow z = 1\angle 90°$$

만약 $\overrightarrow{A}$라는 벡터가 있고, 이 벡터의 값이 $3i+4j$ 라면, 벡터는 $\overrightarrow{A}=3i+4j$ 이같이 수식으로 표현되고, 벡터 $\overrightarrow{A}=3i+4j$ 의 성분 i, j는 다음과 같이 좌표에 표현할 수 있습니다.

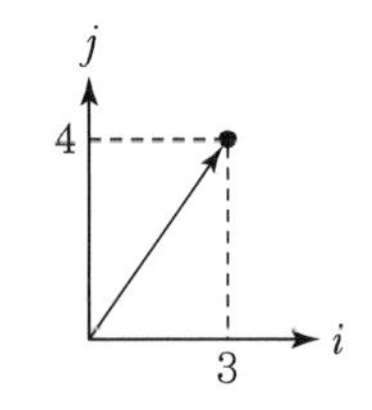

3차원의 직각좌표에 표현되는 벡터 $\overrightarrow{A}$는, $\overrightarrow{A}=A_{xi}+A_{yj}+A_{zk}$입니다. 만약 $\overrightarrow{A}=3i+4j+5k$의 벡터가 존재한다면 성분벡터 i, j, k는 다음과 같이 직각좌표 위에 표현될 것입니다.

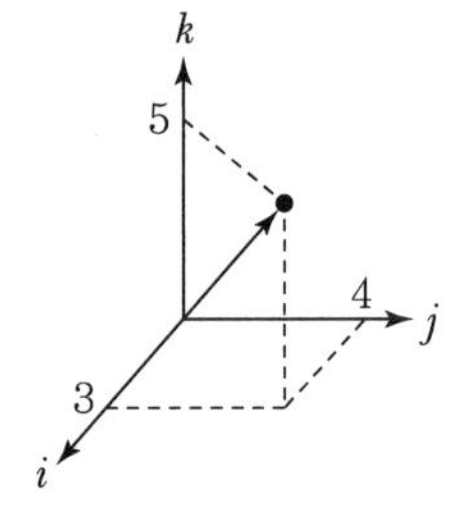

5. 단위벡터

'단위벡터' 문자표현은 벡터의 그리스 문자를 소문자로 표현하고 나머지 표현은 벡터 표기방법을 그대로 가져옵니다.

벡터 표현	$\overrightarrow{A}$ $\dot{A}$ $\mathbb{A}$ $\hat{A}$
단위벡터 표현	$\overrightarrow{a}$ $\dot{a}$ $\mathbb{a}$ $\hat{a}$

단위벡터는 벡터 앞에 단위라는 단어가 붙었습니다. 이는 벡터를 기본단위(최소크기와 최소방향)로만 표현하는 상태를 의미합니다. 그래서 어떤 크기와 방향을 가진 벡터값이 있을 때, 그 벡터를 최소크기와 최소방향으로 나타냅니다.

벡터가 [벡터 = 크기 · 방향]으로 표현될 때, 방향에 대해 재전개하면

$$방향 = \frac{벡터}{크기}$$ 이것이 단위벡터입니다. → $$단위벡터 = \frac{벡터}{크기}$$

(1) 벡터의 크기 표현

$|\hat{A}|, |\hat{B}|, |\hat{K}|, \cdots$

- A 벡터의 크기 : $|\hat{A}|$
- B 벡터의 크기 : $|\hat{B}|$
- K 벡터의 크기 : $|\hat{K}|$

(2) 벡터의 크기 계산

벡터의 크기는 벡터의 각 성분을 제곱하고 전체에 제곱근을 취합니다.

벡터 A의 표현이 $\hat{A}=i^2+j^2$일 때, A 벡터의 크기는 $|\hat{A}|=\sqrt{i^2+j^2}$ 입니다.

예를 들어, 벡터 $\overrightarrow{A}=3i+4j$ 가 있을 때, 이 벡터 A의 크기는 다음과 같이 계산됩니다.

• 벡터 A의 크기 : $|\overrightarrow{A}| = \sqrt{3^2+4^2} = 5$

(3) 단위벡터의 표현과 계산

벡터 $\overrightarrow{A} = 3i + 4j$가 있을 때, 벡터 A의 단위벡터는 다음과 같이 표현됩니다.

$$\text{단위벡터} = \frac{\text{벡터}}{\text{크기}} \rightarrow \vec{a} = \frac{\overrightarrow{A}}{|\overrightarrow{A}|} = \frac{3i+4j}{\sqrt{3^2+4^2}} = \frac{3i+4j}{5} = \frac{3}{5}i + \frac{4}{5}j$$

벡터 $\overrightarrow{A} = 3i + 4j$에 대한 단위벡터 $\vec{a} = \frac{3}{5}i + \frac{4}{5}j$를 직교좌표에 나타내면 다음과 같습니다.

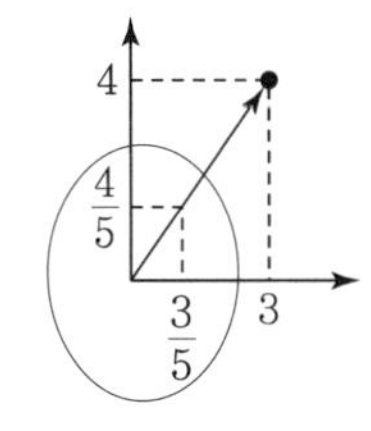

이는 벡터 $3i+4j$가 있는데, 이 벡터의 최소단위는 좌표에서 0점(원점)을 출발하여 $\frac{3}{5}i + \frac{4}{5}j$ 구간을 지날 때이고, 이때를 벡터 $\overrightarrow{A}$의 단위벡터 $\vec{a}$라고 말할 수 있습니다.

예제

01 어떤 벡터 $\overrightarrow{A}$가 있다. 이 벡터는 $\overrightarrow{A} = 4i+4j+2k$의 크기와 방향을 갖고 있다. 이 벡터($\overrightarrow{A}$)의 단위벡터($\vec{a}$)는 어떻게 되는가?

풀이 벡터값은 이미 주어졌기 때문에 벡터 $\overrightarrow{A}$의 크기만 구하면 단위벡터로 나타낼 수 있다.

- 벡터 $\overrightarrow{A}$에 대한 크기 : $|\overrightarrow{A}| = \sqrt{4^2+4^2+2^2}$
- 벡터 $\overrightarrow{A}$에 대한 단위벡터 : $\vec{a} = \frac{4i+4j+2k}{\sqrt{4^2+4^2+2^2}} = \frac{4}{6}i + \frac{4}{6}j + \frac{2}{6}k$
- 단위벡터 $\vec{a} = \frac{4}{6}i + \frac{4}{6}j + \frac{2}{6}k$ 의 의미 : 벡터 $\overrightarrow{A}$가 어떤 크기를 갖고 어떤 방향을 향하고 있는데, 그 크기가 6이고, 6이란 크기는 공간좌표 $4i+4j+2k$ 방향으로 나아가고 있다.

6. 법선벡터

법선벡터는 크기가 1이고 방향이 서로 90°인 i, j, k 축에 대해 수직인 성분을 의미합니다. 다음 그림은 i 축에 90°로 수직인 법선과 j 축에 90°로 수직인 법선을 보여주고 있습니다.

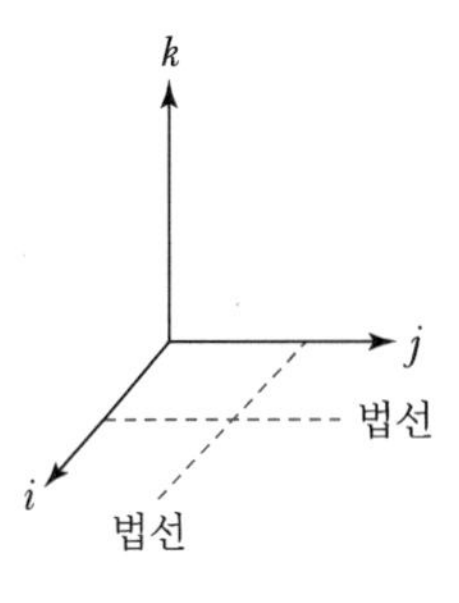

법선벡터를 구하는 두 가지 방법이 있습니다. 하나는 외적 계산에 의한 방법이고, 다른 하나는 오른손을 이용한 방법입니다.

만약 i, j, k 축에 나타낼 수 있는 어떤 크기와 방향을 가진 벡터가 있을 때, 그 벡터의 법선벡터는 오른손 바닥과 엄지를 이용하여, 좌표의 두 개 성분이 그리는 평면에 오른손 바닥을 대고 오른손이 휩쓰는 방향에서 오른손 엄지가 지시하는 방향의 성분이 해당 법선성분이 됩니다.

자세한 내용은 벡터의 연산 중 외적 계산을 할 때, 법선벡터를 이용해 보기로 합니다.

02 벡터의 연산

연산이란 +, −, ×, ÷를 의미합니다. 만약 스칼라값처럼 크기만 존재하는 상태에서 +, −, ×, ÷ 연산은 상식의 수준에서 계산할 수 있지만, 크기와 방향을 갖고 있는 벡터에서 연산은 스칼라 연산과 다릅니다.

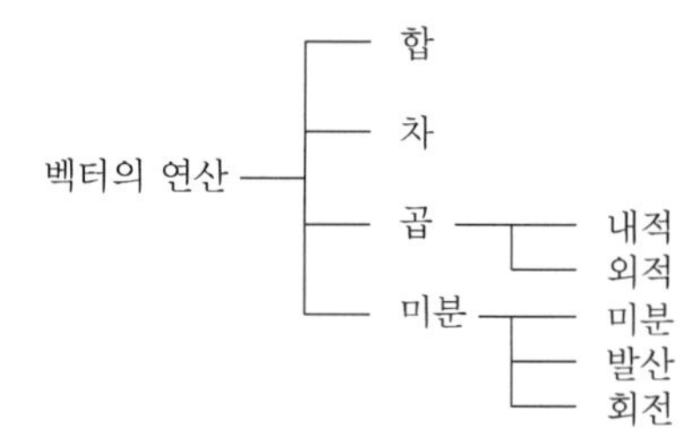

벡터의 연산에서 +, − 연산은 스칼라 연산보다 까다롭지만, 벡터의 ×, ÷ 연산보다 비교적 쉽습니다.

- 벡터의 곱셈(×) 연산은 '내적(dot)' 연산과 '외적(cross)' 연산으로 나뉩니다. 벡터의 내적 연산의 경우 그 결과는 스칼라 결과가 나오고, 벡터의 외적 연산은 방향(i, j, k)을 가진 결과가 나옵니다.
- 벡터의 나눗셈(÷) 연산은 보통 나누기가 아니고 매우 정밀하고 정확한 나누기 연산입니다. 그래서 나누기라고 부르지 않고, **미분 연산**이라고 부릅니다. 벡터의 미분 연산을 통해 벡터의 발산량과 벡터가 회전하고 남은 값을 알 수 있습니다.

1. 벡터의 더하기 · 빼기 연산(+, −)

(1) 벡터의 더하기(+) 연산

다음과 같은 두 벡터가 있습니다.

$$\vec{A} = A_{xi} + A_{yj} + A_{zk}$$
$$\vec{B} = B_{xi} + B_{yj} + B_{zk}$$

두 벡터를 더하기 연산할 때는 같은 성분끼리만 더해서 나열하면 연산이 완료됩니다.

- 벡터 합 : $\vec{A} + \vec{B} = i(A_x + B_x) + j(A_y + B_y) + k(A_z + B_z)$

(2) 벡터의 빼기(−) 연산

다음과 같은 두 벡터가 있습니다.

$$\vec{A} = A_{xi} + A_{yj} + A_{zk}$$
$$\vec{B} = B_{xi} + B_{yj} + B_{zk}$$

두 벡터를 빼기 연산할 때는 같은 성분끼리만 빼서 나열하면 연산이 완료됩니다.

- 벡터 차 : $\vec{A} - \vec{B} = i(A_x - B_x) + j(A_y - B_y) + K(A_z - B_z)$

2. 벡터의 곱하기 연산(내적과 외적 연산)

(1) 벡터의 내적(◦) 연산

내적 연산을 하는 개념은 두 벡터가 존재할 때 두 벡터 사이의 **각도**가 얼마나 일치하는지, **방향**이 얼마나 일치하는지를 그 비율을 수치로 나타내는 것입니다. 그래서 두 벡터의 방향이 일치할수록 연산 결과는 크고, 방향이 일치하지 않을수록 연산 결과는 0에 가까운 결과가 나옵니다.

예를 들어, 벡터 $\vec{A}$와 벡터 $\vec{B}$가 존재하고, 두 벡터의 곱하기 연산은 두 벡터의 방향이 얼마나 일치하는지 여현각도($\cos\theta$)를 통해 따지고, 방향 일치성에 비례한 연산 결과가 나옵니다.

구체적으로 두 벡터($\vec{A}$와 $\vec{B}$)의 방향이 100% 완전히 일치하면, 두 벡터가 이루는 각도는 0°입니다. 여현각도가 0이므로 → $\cos 0° = 1$, 두 벡터 크기에 100% 비례한 결과가 나오게 됩니다.

만약 두 벡터($\vec{A}$와 $\vec{B}$)의 방향이 전혀 일치하지 않을 경우, 두 벡터가 이루는 각도는 90°입니다. 여현각도가 90°이므로 → $\cos 90° = 0$, 두 벡터 크기에 0을 곱한 결과가 나옵니다.

결국 내적 연산은 두 벡터가 이루는 여현각도 0°~90° 사이의 비례한 결과가 나오게 되어 있습니다.

> - 벡터 $\vec{A}$와 $\vec{B}$의 내적 기호 : $\vec{A} \circ \vec{B}$ (• : dot로 읽음)
> - 벡터 $\vec{A}$와 $\vec{B}$의 내적 계산 : $\vec{A} \circ \vec{B} = |\vec{A}||\vec{B}|\cos\theta$

벡터의 내적 연산에서 두 벡터 사이의 각도는 성분벡터(i, j, k)로 표현됩니다. 성분벡터로 표현되는 벡터의 내적 연산을 보겠습니다.

다음과 같은 벡터 $\vec{A}$와 $\vec{B}$가 있습니다.

$$\begin{bmatrix} \vec{A} = A_{xi} + A_{yj} + A_{zk} \\ \vec{B} = B_{xi} + B_{yj} + B_{zk} \end{bmatrix}$$

핵심기출문제

두 벡터 $A = -i7 - j$, $B = -i3 - j4$가 이루는 각도는 몇 도인가?

① 30° ② 45°
③ 60° ④ 90°

해설

임의의 두 벡터가 이루는 각도는 두 벡터의 내적 $A \cdot B = |A||B|\cos\theta$에서

$$\cos\theta = \frac{A \cdot B}{|A||B|} = \frac{A_xB_x + A_yB_y}{AB} = \frac{(-7)(-3) + (-1)(-4)}{\sqrt{(-7)^2 + (-1)^2} \times \sqrt{(-3)^2 + (-4)^2}} = \frac{1}{\sqrt{2}}$$

$$\therefore \theta = \cos^{-1}\frac{1}{\sqrt{2}} = 45°$$

정답 ②

PART 01

두 벡터를 내적하면 $\vec{A} \circ \vec{B} = (A_{xi} + A_{yj} + A_{zk}) \circ (B_{xi} + B_{yj} + B_{zk})$ 이런 형태가 됩니다.

여기서 내적 연산은 같은 성분끼리만 곱하기 연산을 합니다. 내적의 의미는 방향이 일치하는 비율을 따지는데, 벡터성분 i, j, k는 서로 90°각을 이루므로 방향이 전혀 일치하지 않습니다. 방향이 일치하지 않는 벡터 간 연산결과는 0이 나오므로 → cos 90° = 0 벡터 연산 $\vec{A} \circ \vec{B}$에서 서로 다른 성분은 곱하기 연산은 0이 나오므로 연산할 필요가 없고, $\vec{A}$ 벡터성분과 $\vec{B}$ 벡터성분 중 일치하는 성분끼리만 곱하기 연산을 진행합니다.

$(i \cdot i) = (j \cdot j) = (k \cdot k) = 1$ $(i \cdot j) = (j \cdot k) = (k \cdot i) = 0$

그래서 $\vec{A} \circ \vec{B}$ 두 벡터 연산 결과는 다음과 같습니다.

$$\rightarrow \vec{A} \circ \vec{B} = (A_{xi} + A_{yj} + A_{zk}) \circ (B_{xi} + B_{yj} + B_{zk})$$
$$= A_x B_x + A_y B_y + A_z B_z$$

(2) 벡터의 외적(×) 연산

외적 연산을 하는 개념은 두 벡터가 이루어 회전하는 것과 관련이 있습니다. 구체적으로, 같은 공간상에 방향성을 갖고 있는 두 개의 벡터($\vec{A}$와 $\vec{B}$)가 있습니다. 두 벡터의 방향이 정확히 일치하지 않는다면 두 벡터가 이루어 회전할 수 있습니다. 이 회전을 벡터 $\vec{A}$가 벡터 $\vec{B}$에 대해 휩쓰는 면적 또는 벡터 $\vec{B}$가 $\vec{A}$에 대해 휩쓰는 면적을 통해 두 방향(회전)에 대한 영향력을 정확히 계산할 수 있습니다.

이런 외적 연산은 발전기가 전기를 만드는 크기가 얼마인지 계산하는 데 이용될 수 있습니다. 발전기 구조는 기본적으로 N극 성질의 자기장과 S극 성질의 자기장이 형성한 흐름이 있는 자기장 내에서 금속 **도체**가 회전함으로써 움직이는 도체에 전기가 생성됩니다. 이런 발전기 구조상 금속 도체가 흐르는 자기장 안에서 많은 면적을 휩쓸며 회전할수록, 휩쓰는 면적에 비례한 전기가 만들어집니다. 벡터의 외적 연산은 이런 것에 적용하여 전기에너지를 구체적인 수치로 계산할 수 있습니다.

참고로 외적 개념에 대해 발전기 얘기를 조금 더 하면, 발전기의 움직이는 자기장(벡터 $\vec{A}$)과 움직이는 금속 도체(벡터 $\vec{B}$), 두 움직이는 벡터 사이의 면적은 시시각각 변화하지만, 일정한 규칙성(패턴)을 가지고 변화가 일어납니다. 이러한 움직이는 두 벡터 사이의 외적 결과는 그때그때, 순간순간 값이 다른 **순시값**이라고 합니다. 이 순시값이 회로이론 과목에서는 교류의 순시값이 됩니다.

그래서 외적 연산은 (내적 연산과 반대로) 두 벡터 $\vec{A}$와 $\vec{B}$가 존재할 때, 두 벡터가 얼마나 많은 겹친 면적을 점하고 있는지 정현각도($\sin\theta$)를 통해 따지고, 넓은 면적에 비례한 연산 결과가 나옵니다.

핵심기출문제

두 단위벡터 간의 벡터 곱과 관계없는 것은?

① $i \times j = -j \times i = k$
② $k \times i = -i \times k = j$
③ $i \times i = j \times j = k \times k = 0$
④ $i \times j = 0$

해설

두 단위벡터의 외적에서
① $i \times i = j \times j = k \times k = 0$
② $i \times j = k,\ j \times k = i,\ k \times i = j$
③ $j \times i = -k,\ k \times j = -i,\ i \times k = -j$

정답 ④

도체
전자 또는 전하가 이동할 수 있는 물체를 통틀어 도체로 말한다. 통상 도체는 금속물체이다.

순시값
발전기에서 만들어지는 유도기전력은 교류이다. 교류값은 고정된 일정한 값이 아니라 매 순간 매초마다 값이 다르다. 이런 교류값을 표현한 것이 순시값($e = V_m \sin(\omega t + \theta[\mathrm{v}])$)이다.

구체적으로 두 벡터($\vec{A}$와 $\vec{B}$)가 이루는 각도가 가장 넓다면, 두 벡터가 이루는 각도는 90°입니다. 정현각도가 90°이므로 → $\sin 90° = 1$, 두 벡터가 이루는 면적에 100% 비례한 결과가 나오게 됩니다.

만약 두 벡터($\vec{A}$와 $\vec{B}$)가 접하는 면적이 작다면, 다시 말해 두 벡터의 방향이 일치하여 작은 각도(0°)를 이룬다면, 이는 정현각도 0°이므로 → $\sin 0° = 0$, 두 벡터 크기에 0을 곱한 결과가 나옵니다.

결국 외적 연산은 두 벡터가 이루는 정현각도 0°~90° 사이의 비례한 결과가 나오게 되어 있습니다.

- 벡터 $\vec{A}$와 $\vec{B}$의 외적 기호 : $\vec{A}\times\vec{B}$(× : cross로 읽음)
- 벡터 $\vec{A}$와 $\vec{B}$의 외적 계산

  $\vec{A}\times\vec{B} = |\vec{A}||\vec{B}|\sin\theta$ (각도가 주어질 경우)

  $\vec{A}\times\vec{B} = \vec{A}\times\vec{B}\cdot n$ (성분벡터가 주어질 경우, n은 법선벡터)

벡터 외적 연산 중 성분벡터(i, j, k)가 주어질 경우의 외적 연산방법에 대해서 자세히 보겠습니다. → $\vec{A}\times\vec{B} = \vec{A}\times\vec{B}\cdot n$

다음과 같은 두 벡터 $\vec{A}$, $\vec{B}$가 있고 $\begin{bmatrix} \vec{A} = A_{xi} + A_{yj} + A_{zk} \\ \vec{B} = B_{xi} + B_{yj} + B_{zk} \end{bmatrix}$

이를 외적 연산하면 $(\vec{A}\times\vec{B} = ?)$

외적은 같은 성분끼리는 두 벡터가 이루는 각도가 0°, 두 벡터가 이루는 면적도 0이므로 같은 성분끼리의 곱하기 연산 결과는 0이 됩니다. 때문에 $\vec{A}$, $\vec{B}$ 두 벡터의 외적 연산은 서로 다른 성분끼리 곱하기 연산을 하면 됩니다.

$(i\times i) = (j\times j) = (k\times k) = 0$ $(i\times j) = (j\times k) = (k\times i) = 1$

그러므로

$$\vec{A}\times\vec{B} = (A_{xi}B_{yj} + A_{xi}B_{zk}) + (A_{yj}B_{xi} + A_{yj}B_{zk}) + (A_{zk}B_{xi} + A_{zk}B_{yj})$$
$$= ?$$

여기서 다시 문제가 생깁니다.

성분벡터가 주어진 외적 연산을 하는데, 법선벡터(n) 계산이 곤란합니다. 법선벡터를 처리하는 방법은 다음과 같이 두 가지 방법이 있습니다.

① 오른손 바닥과 엄지를 이용한 법선벡터(n) 처리방법

성분벡터를 나타낸 직각좌표를 그리고, 오른손 바닥을 두 성분 축이 그리는 평면상에 둡니다. 그리고 오른손 바닥이 해당 성분벡터의 면을 휩쓸 때, 오른손 엄지가 가리키는 방향이 두 성분벡터의 법선방향이 됩니다.

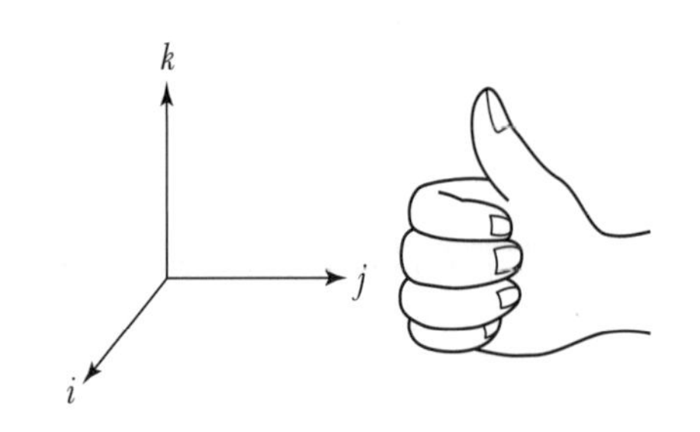

$i \rightarrow j$의 법선방향 k
$j \rightarrow k$의 법선방향 i
$k \rightarrow i$의 법선방향 j
$j \rightarrow i$의 법선방향 $-k$
$i \rightarrow k$의 법선방향 $-j$
$k \rightarrow j$의 법선방향 $-i$

오른손에 의한 법선방향 결과는 다음과 같습니다.

$$i \times j = k,\ j \times k = i,\ k \times i = j$$

$$j \times i = -k,\ i \times k = -j,\ k \times j = -i$$

위 법선벡터를 고려하여 두 벡터의 외적을 하면,

$$\begin{aligned}\vec{A} \times \vec{B} &= (A_{x\,i}B_{y\,j} + A_{x\,i}B_{z\,k}) + (A_{y\,j}B_{x\,i} + A_{y\,j}B_{z\,k}) + (A_{z\,k}B_{x\,i} + A_{z\,k}B_{y\,j}) \\ &= (A_x B_y)k - (A_x B_z)j - (A_y B_x)k + (A_y B_z)i + (A_z B_x)j - (A_z B_y)i \\ &= (A_y B_z)i - (A_z B_y)i + (A_z B_x)j - (A_x B_z)j + (A_x B_y)k - (A_y B_x)k\end{aligned}$$

② 행렬식을 세워서 법선벡터(n)와 외적 연산을 모두 해결하는 방법

다음과 같이 행렬식을 세우고, 3×3 행렬 연산을 통해 두 벡터의 외적 연산과 법선방향(n) 모두를 한꺼번에 연산할 수 있습니다.

$$\vec{A} \times \vec{B} = \begin{pmatrix} i & j & k \\ A_x & A_y & A_z \\ B_x & B_y & B_z \end{pmatrix} \begin{matrix} i & j \\ A_x & A_y \\ B_x & B_y \end{matrix}$$

$$\vec{A} \times \vec{B} = (A_y B_z - A_z B_y)i + (A_z B_x - A_x B_z)j + (A_x B_y - A_y B_x)k$$

예제

02 다음과 같은 벡터 $\vec{A}$, $\vec{B}$가 있을 때, 내적과 외적을 계산하시오.

벡터 $\vec{A} = 2i + 3j - 4k$　　　　벡터 $\vec{B} = 3i + j + 2k$

$\vec{A} \circ \vec{B} =$

$\vec{A} \times \vec{B} =$

풀이

• 내적 계산 : $\vec{A} \cdot \vec{B} = (2i+3j-4k) \cdot (3i+j+2k)$
$= (2\times3)(i\times i) + 3(j\times j) + (-4\times2)(k\times k)$
$= 6+3-8 = 1$ (스칼라 결과)

• 외적 계산 : $\vec{A} \times \vec{B} = (2i+3j-4k) \times (3i+j+2k)$
$= 2(i\times j) + 4(i\times k) + 9(j\times i) + 6(j\times k) - 12(k\times i) - 4(k\times j)$
$= 2k - 4j - 9k + 6i - 12j + 4i$
$= 6i + 4i - 4j - 12j + 2k - 9k$
$= 10i - 16j - 7k$ (벡터 결과)

참고 : $(i\times j) = k$, $(i\times k) = -j$, $(j\times i) = -k$, $(j\times k) = i$, $(k\times i) = j$, $(k\times j) = i$

핵심기출문제

$A = 10i - 10j + 5k$,
$B = 4i - 2j + 5k$는

어떤 평행사변형의 두 변을 표시하는 벡터이다. 이 평행사변형의 면적의 크기는?(단, i : x축 방향의 기본벡터, j : y축 방향의 기본벡터, k : z축 방향의 기본벡터이며 좌표는 직각좌표이다)

① $5\sqrt{3}$　② $7\sqrt{19}$
③ $10\sqrt{29}$　④ $14\sqrt{7}$

해설

임의의 두 벡터의 외적의 크기, 즉 $|A \times B|$는 두 벡터가 이루는 평행사변형의 면적이 된다.

여기서,

$$A \times B = \begin{vmatrix} i & j & k \\ 10 & -10 & 5 \\ 4 & -2 & 5 \end{vmatrix}$$

$= (-50i + 20j - 20k) - (-40k + 50j - 10i)$

$= -40i - 30j + 20k$

$\therefore |A \times B|$

$= \sqrt{(-40)^2 + (-30)^2 + 20^2}$

$= \sqrt{2{,}900} = 10\sqrt{29}$

정답 ③

3. 벡터의 미분(나누기) 연산 : ① 발산 ② 회전 ③ 라플라스

미분($\frac{d}{dt}$)은 나누기(÷)와 상통하는 측면이 있으나 개념이 다릅니다. 먼저 나누기는 단어 그대로 '고정된 상태의 것(상수)을 일정한 크기로 나눈다.'는 의미이고, 미분($\frac{d}{dt}$)은 '움직이는 상태의 것(변수)을 잘게 나눠 초단위로 나타낸다.'는 의미입니다. 그러므로 나누기(÷)는 변수를 나눌 수 없고, 미분($\frac{d}{dt}$)은 상수든 변수든 나눌 수 있는 연산자입니다.

수학적인 의미로 '미분'은 선형의 어떤 변수에 대해 기울기를 최소화하는 것입니다. 그래서 "다음 값을 미분하라"와 "다음 값의 기울기를 최소화하라"는 문장은 같은 의미입니다.

참고 미분 연산자의 종류

미분 = 최소기울기 ($\frac{d}{dx}$) : 미분 표기방법은 두 가지로, 라이프니츠 표기방식과 뉴턴 표기방식이 있다. 전기분야는 라이프니츠 방식으로 미분을 표기하고 뉴턴 방식으로 미분을 나타내지 않는다.

- $grad$(gradient) : $grad$ 미분계산은 미분 연산자($\frac{\partial}{\partial x}i+\frac{\partial}{\partial y}j+\frac{\partial}{\partial z}k$)에 스칼라 변수를 곱할 때 사용하는 미분 연산이다. 미분 연산자(∇ : 나블라)를 이용하여 계산한다.
- ∇(nabla, dell) : ∇(나블라) 미분계산은 미분 연산자($\frac{\partial}{\partial x}i+\frac{\partial}{\partial y}j+\frac{\partial}{\partial z}k$)에 벡터변수를 곱할 때 사용하는 미분 연산이다. 벡터는 성분벡터이므로 직각좌표로 나타낼 수 있는 변수를 한꺼번에 미분할 수 있다.

(1) 발산(div, 다이버전스)

다이버전스(div : divergence) 미분 연산은 미분 연산자와 어떤 벡터($\vec{A}$)를 내적 연산한다는 의미를 갖습니다.

$$\rightarrow\ div\,\vec{A} = \nabla \circ \vec{A}$$

열과 빛을 내는 구 형태의 에너지가 갖는 방향은 '발산'하는 형태일 수밖에 없습니다. 이때에 벡터 연산은 에너지 외부(공중)로 퍼져나가는(발산하는) 총량이 얼마큼인지 계산해야 합니다. 때문에 발산은 스칼라 결과값이 나오게 됩니다.

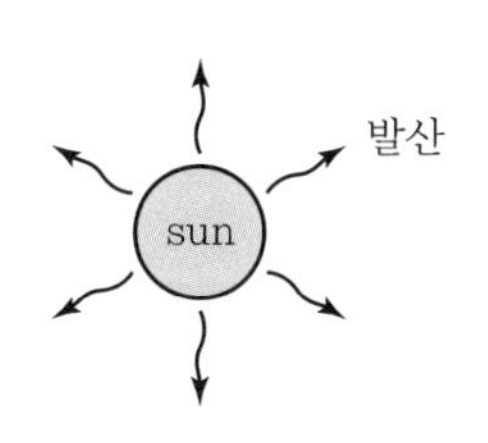

핵심기출문제

V를 임의의 '스칼라'라고 할 때 grad V의 직각좌표 표현은 무엇인가?

① $\frac{\partial V}{\partial x}+\frac{\partial V}{\partial y}+\frac{\partial V}{\partial z}$

② $i\frac{\partial V}{\partial x}+j\frac{\partial V}{\partial y}+k\frac{\partial V}{\partial z}$

③ $\frac{\partial^2 V}{\partial x^2}+\frac{\partial^2 V}{\partial y^2}+\frac{\partial^2 V}{\partial z^2}$

④ $i\frac{\partial^2 V}{\partial x^2}+j\frac{\partial^2 V}{\partial y^2}+k\frac{\partial^2 V}{\partial z^2}$

해설

임의의 스칼라 V의 기울기(구배, 경도)는 $grad\ V$ 또는 $\nabla \circ V$로 표현되며, 다시 직각좌표계로 표현하면

$$grad\ V = \nabla \circ V = i\frac{\partial V}{\partial x}+j\frac{\partial V}{\partial y}+k\frac{\partial V}{\partial z}$$

이다.

정답 ②

그래서 전자기학에서 '벡터 $\overrightarrow{A}$에 대한 발산을 계산하라'는 말은

- 수식 표현으로는 $div\overrightarrow{A}$ 또는 $\nabla \circ \overrightarrow{A}$ 로 표현되고,
- 수학적 계산으로는 $div\overrightarrow{A}=\left(\frac{\partial}{\partial x}i+\frac{\partial}{\partial y}j+\frac{\partial}{\partial z}k\right)\circ\overrightarrow{A}$

$$=\frac{\partial \overrightarrow{A}}{\partial x}i+\frac{\partial \overrightarrow{A}}{\partial y}j+\frac{\partial \overrightarrow{A}}{\partial z}k$$

이와 같이 계산해야 합니다. 여기서 내적 연산이므로 미분 연산자(∇)와 벡터 ($\overrightarrow{A}$)는 같은 성분(i, j, k)끼리 연산합니다.

예제

03 벡터 $\overrightarrow{V}=x^2yz$가 있을 때, 직각좌표 (3, 2, 1)에서 발산하는 값을 구하시오.

풀이 벡터의 발산값을 계산하므로 수식 $\nabla\cdot\overrightarrow{V}$ 또는 $div\overrightarrow{V}$로 나타낼 수 있고, 이를 연산하며,

$$\nabla\cdot\overrightarrow{V}=\left(\frac{\partial}{\partial x}i+\frac{\partial}{\partial y}j+\frac{\partial}{\partial z}k\right)\circ\overrightarrow{V}=\left(\frac{\partial}{\partial x}i+\frac{\partial}{\partial y}j+\frac{\partial}{\partial z}k\right)\circ(x^2yz)$$

$$=\frac{\partial(x^2yz)}{\partial x}i+\frac{\partial(x^2yz)}{\partial y}j+\frac{\partial(x^2yz)}{\partial z}k$$

$$=(2xyz)i+(x^2z)j+(x^2y)k$$

변수(x, y, z)에 각 성분의 크기 (3, 2, 1)을 대입하면

$$=12i+9j+18k=\sqrt{12^2+9^2+18^2}\fallingdotseq 23$$

예제

04 벡터 $\overrightarrow{V}=xy^2i+yzj+xzk$ 가 있다. 이 벡터가 직각좌표에서 (3, 2, 1)의 성분크기를 가질 때 발산량을 구하시오.

풀이 $\nabla\cdot\overrightarrow{V}=\left(\frac{\partial}{\partial x}i+\frac{\partial}{\partial y}j+\frac{\partial}{\partial z}k\right)\cdot\overrightarrow{V}=\left(\frac{\partial}{\partial x}i+\frac{\partial}{\partial y}j+\frac{\partial}{\partial z}k\right)\cdot(xy^2i+yzj+xzk)$

$$=\frac{\partial(xy^2)}{\partial x}i+\frac{\partial(yz)}{\partial y}j+\frac{\partial(xz)}{\partial z}k$$

$$=y^2+z+x$$

$$=2^2+1+3=8$$

핵심기출문제

$\nabla\times(\nabla\rho)=\mathrm{curl}(\mathrm{grad}\ \rho)$의 값은?

① 0 ② −1
③ 1 ④ ρ

해설
연산자 ∇를 포함하는 공식에서 $\nabla\times(\nabla\rho)=\mathrm{curl}(\mathrm{grad}\ \rho)=0$
어떤 스칼라 함수를 미분(∇)하여 회전($\nabla\times$)시키면 그 결과값은 0이다.

정답 ①

(2) 회전(rot, $curl$)

로테이션(rot : rotation) 미분 연산은 미분 연산자와 어떤 벡터($\overrightarrow{A}$)를 외적 연산한다는 의미를 갖습니다.

→ $rot\overrightarrow{A}=\nabla\times\overrightarrow{A}$

전자기학에서 회전(rot)이란 어떤 벡터가 있는데 이 벡터는 크기와 방향을 가진 위치에너지입니다. 이 위치에너지를 '뱅글뱅글 돌린다.', '회전시킨다.'는 의미를 갖고 있습니다. 회전 미분 연산의 결과는 벡터 결과값이 나옵니다.

그래서 전자기학에서 '벡터 $\overrightarrow{A}$에 대한 회전 값을 구하라'는 말은

- 수식 표현으로는 $rot\,\overrightarrow{A}$ 또는 $\nabla \times \overrightarrow{A}$ 로 표현되고,
- 수학적 계산으로는

$$rot\,\overrightarrow{A} = \left(\frac{\partial}{\partial x}i + \frac{\partial}{\partial y}j + \frac{\partial}{\partial z}k\right) \times \overrightarrow{A} = \frac{\partial\,\overrightarrow{A}}{\partial x}i + \frac{\partial\,\overrightarrow{A}}{\partial y}j + \frac{\partial\,\overrightarrow{A}}{\partial z}k$$

이와 같이 계산해야 합니다. 여기서 외적 연산이므로 미분 연산자(∇)와 벡터($\overrightarrow{A}$)는 다른 성분(i, j, k)끼리 연산합니다.

(3) 라플라스 연산자

라플라스 연산자는 나블라(∇) 연산을 '두 번 하라'는 의미입니다. '라플라스 연산자'를 다른 말로는 라플라시안(∇^2)으로 읽습니다. 라플라시안 연산은 다음과 같습니다.

- 라플라시안 : $\nabla \circ \nabla = \nabla^2 = \frac{\partial^2}{\partial x^2} + \frac{\partial^2}{\partial y^2} + \frac{\partial^2}{\partial z^2}$

(미분 연산자끼리 이미 내적됐으므로 성분벡터 i, j, k는 사라진다)

4. 스토크스의 정리와 가우스의 발산정리

(1) 스토크스(Stokes)의 정리(적분공간 변경법 I)

벡터 $\overrightarrow{A}$가 있고, 이 벡터 $\overrightarrow{A}$에 대해 선 적분($\oint \overrightarrow{A}\,dl$)한 결과가 최초의 벡터 $\overrightarrow{A}$에 대해 회전 면적분($\int (\nabla \times \overrightarrow{A})\,ds$)한 결과와 서로 같다는 이론입니다. 이를 수식으로 표현하면 다음과 같습니다.

$$\oint_l \overrightarrow{A}\,dl = \int_s (\nabla \times \overrightarrow{A})\,ds \text{ [또는 } \oint_l \overrightarrow{A}\,dl = \int_s (rot\,\overrightarrow{A})\,ds]$$

(2) 가우스(Gauss)의 발산정리(적분공간 변경법 II)

벡터 $\overrightarrow{A}$가 있고, 이 벡터 $\overrightarrow{A}$에 대해 면적 적분($\oint \overrightarrow{A}\,ds$)한 결과가 최초의 벡터 $\overrightarrow{A}$에서 대해 체적 적분($\int_v (\nabla \circ \overrightarrow{A})\,dv$: 면적단위로 발산하는 에너지량을 적분한 것은 공간 또는 체적)한 결과와 서로 같다는 이론입니다.
이를 수식으로 표현하면 다음과 같습니다.

$$\oint_s \overrightarrow{A}\,ds = \int_v (\nabla \circ \overrightarrow{A})\,dv \text{ [또는 } \oint_s \overrightarrow{A}\,ds = \int_v (div\,\overrightarrow{A})\,dv]$$

핵심기출문제

다음 중 스토크스(Stokes) 정리를 표시하는 식은?

① $\int_s A \cdot ds = \int_v divA \cdot dv$

② $\oint_c A \cdot dl = \int_v divA \cdot dv$

③ $\oint_c A \cdot dl = \int_s rotA\,ds$

④ $\int_s A \cdot ds = \int_s rotA \cdot nds$

해설

스토크스 정리는 임의의 벡터의 선적분($\oint_c A\,dl$)을 면적 적분($\int_s A\,ds$)으로 치환하는 정리이다.

정답 ③

TIP

스토크스 정리의 의미와 수식표현만 기억하면 된다.

TIP

가우스 발산정리의 의미와 수식 표현만 기억하면 된다.

요약정리

1. 성분벡터

① i 성분의 크기와 방향 : $1\angle 90°$

② j 성분의 크기와 방향 : $1\angle 90°$

③ k 성분의 크기와 방향 : $1\angle 90°$

2. 벡터 연산

① 벡터의 더하기(+) 연산

$\vec{A}+\vec{B}=i(A_x+B_x)+j(A_y+B_y)+k(A_z+B_z)$: 벡터의 합

② 벡터의 빼기(−) 연산

$\vec{A}+\vec{B}=i(A_x-B_x)+j(A_y-B_y)+k(A_z-B_z)$: 벡터의 차

③ 벡터의 곱하기(×) 연산

- 내적 계산 : $\vec{A}\circ\vec{B}=|A||B|\cos\theta$
- 외적 계산 : $\vec{A}\times\vec{B}=|\vec{A}||\vec{B}|\sin\theta$ (각도가 주어질 경우)
- 외적 계산 : $\vec{A}\times\vec{B}=\vec{A}\times\vec{B}\cdot n$ (성분벡터가 주어질 경우/n : 법선벡터)

④ 미분 연산자 : $\frac{\partial}{\partial x}i+\frac{\partial}{\partial y}j+\frac{\partial}{\partial z}k$

- 발산 계산 : $div\vec{A}=\nabla\circ\vec{A}$
- 회전 계산 : $rot\vec{A}=\nabla\times\vec{A}$

3. 스토크스의 정리와 가우스의 발산정리

① 스토크스의 정리 : $\oint_l \vec{A}\,dl=\int_s(\nabla\times\vec{A})ds$

② 가우스의 발산정리 : $\oint_s \vec{A}\,ds=\int_v(\nabla\circ\vec{A})dv$

③ 적분공간 변경방법

- 스토크스의 정리 : $c_{[선]}\rightarrow s_{[면]}\Rightarrow\int_l\vec{A}\,dl=\int_s rot\,A\,\vec{ds}$(벡터적)
- 가우스의 정리 : $s_{[면]}\rightarrow v_{[체적]}\Rightarrow\int_s A\,\vec{ds}=\int_v div\vec{A}\,dv$(스칼라적)

CHAPTER

02 정전계(정지상태에서 전하의 전기장)

'정전계' 내용에 앞서 먼저 간단한 '전기의 개념'부터 짚고 넘어가겠습니다. 우리가 일상에서 늘 접하는 물(Water)이 있습니다. 물은 눈에 보이고 만질 수 있기 때문에 우리는 물을 직관직으로, 체험적으로 잘 이해하고 있습니다. 물을 물리적으로 구분하면 다음과 같은 요소들이 있습니다.

→ 수압(물의 압력), 수류(흐르는 물), 증기(물의 기체상태), 얼음(물의 고체상태), 베르누이 정리(물에 대한 이론), … 등

물에 대한 이 모든 것은 근원이 되는 '물'이 있기 때문입니다.

물과 같은 이치로 전기의 근원은 전자(e)로 설명될 수 있습니다.

- 전기의 근원이 되는 것은 전자(e)이고,
- 전자(e)가 흐르면 전류(I)이고,
- 전자가 흐르며 밀도가 생기고, 전자의 밀도는 전기의 압력인 전압(V)이 됩니다.

물은 H_2O(수소 원자 2개, 산소 원자 1개)로 구성되고, 전기는 양전하($-$)와 음전하($+$)로 구성됩니다. 여기서 양전하($+Q$)와 음전하($-Q$)는 전자의 상태인 **대전**과 하전에 의해 결정됩니다. 이런 전자(e)가 운동 상태에서 일어나는 현상을 이론으로 다루는 것이 동전기(회로이론, 전기기기, 전력공학 과목) 내용이고, 전자(e)가 정지 상태에서 일어하는 현상을 이론으로 다루는 것이 정전계(본 전기자기학 2장) 내용입니다.

이와 같이 동전기와 **정전기** 중 정전기에 대한 내용은 본 2장에서 다루며, 정전기의 핵심내용은 움직이지 않는 전자(e), 변화가 없는 상태의 전자(e)의 에너지를 어떻게 표현하고 계산하는지에 대한 내용입니다. 전자(e)는 그 자신이 에너지를 방출합니다. 전자(e)가 에너지를 방출한다는 것을 영국의 과학자 패러데이(Faraday)가 실험을 통해 증명하였습니다. 하지만 안타깝게도 전자(e)가 방출하는 에너지는 눈에 보이지도 만질 수도 없습니다. 그래서 우리는 이 전자(e)가 방출하는 에너지를 전기력선(가상의 전자에너지 선)으로 가정하고 전자(e)의 에너지에 대한 이론을 논리적으로 펼치게 됩니다.

→ 전자(e)가 방출하는 에너지공간을 '전기장', 자석(m)이 방출하는 에너지공간을 '자기장'으로 부른다.

✠ 대전
원자 주변을 회전하는 자유전자의 증감에 따라 중성상태에 있던 원자가 양($+$) 혹은 음($-$)의 전기적 상태를 갖게 되는 것이다. 전하가 대전된 결과는 두 가지(양전하, 음전하)이다. '대전'의 반대는 '하전'이며 하전은 양전하($+Q$) 혹은 음전하($-Q$)의 성질을 잃고 원자가 중성상태로 돌아가는 것을 말한다.

✠ 정전기
정전기와 정전계는 같은 말이다. 일반적으로 정상의 전자(e) 또는 전하(Q)는 운동상태에 있다. 하지만 전자(e) 또는 전하(Q)가 움직이지 않는 상태로 존재하는 경우도 있다. 이런 상태를 '정전기'라고 하며, 정전기는 어디(물, 어떤 유전체)에나 존재한다. 일상에서 사람이 겨울옷을 입을 때 미약한 감전현상을 겪는데, 이를 마찰전기 또는 정전기라고 한다.

그래서 「2장 정전계」에서 전자(e)에 의해서 형성된 전기장의 크기(E_p)는 어떻게 표현하고 계산하는지 그리고 전자(e)의 에너지가 존재하는 공간과 없는 공간 사이에 위치에너지(V)는 어떻게 표현하고 계산하는지에 대한 이론을 살펴보게 됩니다.
이 정도 설명이면, 전기자기학과 「2장 정전계」에서 무엇을 다루는지 짐작하고 시작할 수 있을 것으로 생각됩니다.

01 전자(e)와 전하(Q)의 이론적 특징

전기 크기로 봤을 때 가장 작은 단위인 전자(e)로부터 시작하여, 전자보다 조금 더 큰 단위인 원자의 군집상태(Q : 전하), 전하보다 조금 더 큰 단위인 전류(I : 전도전류 I_c와 변위전류 I_d)의 크기순입니다. 여기서 전류(I)는 다시 다음과 같이 나뉩니다.

- 전류(I) : 전자가 이동하거나 전자의 전달이 이뤄지는 상태로 흐른다고 표현
- 전도전류(I_c) : 전자가 체적형태의 물질(도체)을 이동하며 흐르는 전류
- 변위전류(I_d) : 전자가 물질이 아닌 매질(부도체, 자유공간)을 이동하며 흐르는 전류(6장에서 자세히 다룸)

다음 그림은 도선(도체)을 통해서 전류가 흐르는 전도전류(I_c)와 도체 안에 전자(e) 그리고 전하(Q)를 설명하고 있습니다.

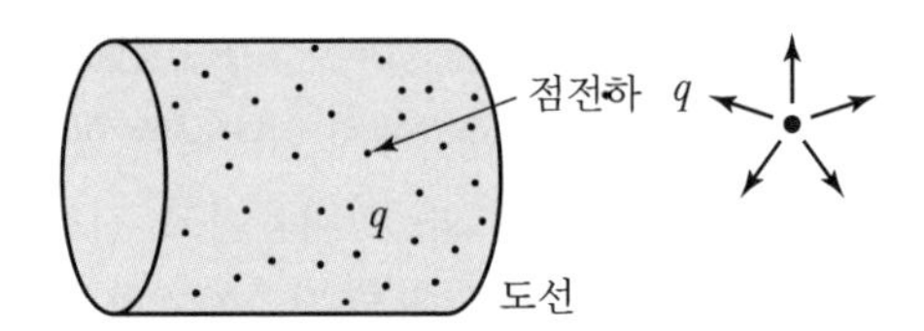

과학자들이 실험을 통해 전자(e) 1개에 해당하는 전기량(Q : 전하의 크기)을 계산하였습니다. 그 크기는 $e = 1.60219 \times 10^{-19}$ [C] 입니다. 전기량 Q [C] (쿨롱)의 단위가 체감이 안 되므로, 반대로 전기량 1 [C] 이 갖는 전자(e) 수를 구하면 다음과 같습니다.

전자 1개가 1.60219×10^{-19} [C] 이므로,

1 [C] 은 $\dfrac{1}{|1.60219 \times 10^{-19}|} = 6.24 \times 10^{18}$ [개] 입니다.

6.24×10^{18} [개] 는 전자(e) 6,240,000조 개를 의미합니다.

이를 통해 논리적으로 전류(I)를 다음과 같이 정의할 수 있습니다.

- 전류 $I=\frac{e\times n}{t}$ [A] : 도선에 t초 동안 이동한 총 전자 수($e\times n$)가 전류이다.
- 전류 $I=\frac{Q}{t}$ [A] : 총 전자 수($e\times n$)는 전하(Q)이므로, $Q=e\times n$ [C]이다.

그러므로 전류는 t초 동안 이동한 전하량이다.

$$I=\frac{e\cdot n}{t}=\frac{Q}{t}[\text{A}]$$ (여기서, n : 전자의 개수)

원자(Atom)는 원자 중앙에 원자핵(양성자, 중성자)이 있고, 원자핵 주변에 전자가 빛의 속도로 회전하는 구조를 갖고 있습니다. 여기서 원자핵 속의 양성자는 전기적으로 양(+)의 성질을, 전자(e)는 음(−)의 성질을 가지므로, 전자(e)의 전기량은 정확히 -1.60219×10^{-19}[C]이지만, 전자(e)보다 큰 단위인 전하(Q)와 전류(I)는 전자의 개수(n)만 따지므로, 전하 또는 전류 관련 수식 안에서 전자(e)는 절대값의 크기로 계산합니다.

$|e|=1.60219\times10^{-19}$[C]만 사용

전하(Q), 전류(I)의 근원은 전자(e)이며, 이 전자가 도체 내에서 운동하여 파생되는 현상이므로, 만약 전자(e)가 운동하지 않으면 도선에 전류(I)는 흐르지 않습니다. 여기서 운동하지 않고 가만히 정지한 상태의 전자(e)는 전자 자신으로부터 빛과 열의 에너지를 체적형태로 방출합니다. 이 '에너지'가 존재하는 공간이 '전기장(E_p)'이고, 이 '에너지'에 단위를 부여한 것을 '전기력선', '전기에너지선'이라고 부릅니다. 전자(e)가 쉽게 이동할 수 있는 도선(도체)에서 전기력선이 발산할 수 없으므로, 전기장(E_p)은 존재하지 않습니다.

$$E_p=0$$

하지만 금속 도체가 아닌 자유공간(전기 콘덴서의 공극, 전기 회전기의 공극, 유전체)에서는 전자(e)가 이동할 수 없으므로, 전자의 밀도가 증가([C/m^2])하여 에너지가 발산하고 이는 곧 전기장(E_p)이 됩니다. 전자의 밀도([C/m^2])가 높으면 높을수록 전기장(E_p)의 밀도도 증가합니다. 이같은 전기장(E_p)은 자유공간에 운동하지 않는 전자(e) 또는 전하(Q)에서도 똑같이 발생합니다.

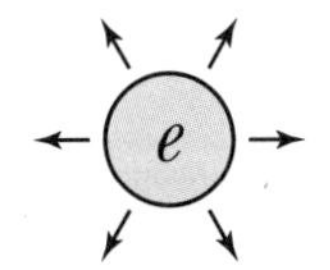

〖 전자 e의 전기력선 〗

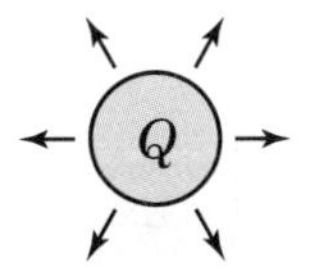

〖 전하 Q의 전기력선 〗

핵심기출문제

1[μA]의 전류가 흐르고 있을 때, 1초 동안 통과하는 전자 수는 약 몇 개인가?(단, 전자 1개의 전하는 1.602×10^{-19}[C]이다.)

① 6.24×10^{10}
② 6.24×10^{11}
③ 6.24×10^{12}
④ 6.24×10^{13}

해설

전기량 $Q=e\cdot n$ [C]을 이용하여 도선을 통과하는 전자의 개수 $n=\frac{Q}{e}$[개]이다.

이동하는 전자의 개수 $n=\frac{Q}{e}=\frac{I\cdot t}{e}$[개]이고,

$n=\frac{I\cdot t}{e}=\frac{1\times10^{-6}[\text{A}]\times1[\text{sec}]}{1.60219\times10^{-19}[\text{C}]}=6.24\times10^{12}$[개]

의 전자가 이동한다.

정답 ③

한 개의 전자(e) 입자에서 전기에너지선(E_p)이 방출 또는 분출하고, 전자(e)가 군집을 이룬 전하(Q)에서도 전기력선(E_p)이 분출됩니다. 전자(e)에 대한 특성을 수식으로 정리하면 다음과 같습니다.

(1) 전자(e) 관련 이론적 수식

① **양성자(+) 한 개의 무게(질량)** : $m = 1.672 \times 10^{-27}$ [kg]

② **중성자(N) 한 개의 무게(질량)** : $m = 1.675 \times 10^{-27}$ [kg]

③ **전자(e) 한 개의 무게(질량)** : $m = 9.109 \times 10^{-31}$ [kg]

④ **양성자(+)의 전기량** : $Q = +1.60219 \times 10^{-19}$ [C]

⑤ **전자(e)의 전기량** : $Q = -1.60219 \times 10^{-19}$ [C]

⑥ **1[C]이 갖는 전자 개수** : $n = 6.24 \times 10^{18}$ [개]

⑦ **전자(e)의 일에너지** : $W = Q \cdot V$ [J] 또는 $W = e \cdot V$ [J]

⑧ **전자(e) 하나가 전위 1[V]를 만드는 데 필요한 에너지** : 1[eV](일렉트론볼트)

→ 1[eV] $= 1.60219 \times 10^{-19}$ [J]

⑨ **전자의 운동에너지(=전자가 이동할 때의 속도)** : $W = \frac{1}{2} m v^2$ [J]

⑩ **일렉트론볼트 전자의 이동속도**

$$v = \sqrt{\frac{2W}{m}} = \sqrt{\frac{2(eV)}{m}}$$

$$= \sqrt{\frac{2 \times 1.60219 \times 10^{-19} \times V}{9.109 \times 10^{-31}}}$$

$$= 5.931 \times 10^5 \sqrt{V} = k\sqrt{V} \text{ [m/sec]}$$

(2) 정전유도 현상

정지상태의 전하를 유도(이끌어 옴)하는 현상입니다. 양전하($+Q$)에는 음전하($-Q$)가 유도되고, 음전하($-Q$)에는 양전하($+Q$)가 유도됩니다.

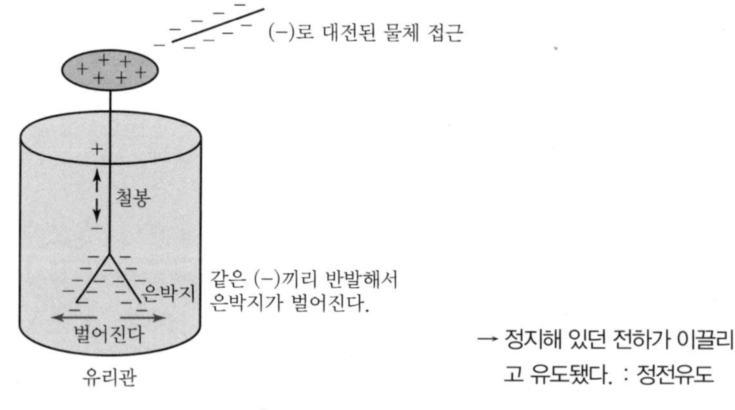

〖정전유도〗

핵심기출문제

10^4[eV]의 전자속도는 10^2[eV]의 전자속도의 몇 배인가?

① 10 ② 100
③ 1000 ④ 10000

해설

전자의 운동에너지

$W = eV = \frac{1}{2} m v^2$[J]

여기서, 전자의 이동속도

$v = \sqrt{\frac{2eV}{m}}$

즉, $v \propto \sqrt{V} = \sqrt{\frac{10^4}{10^2}} = 10$

정답 ①

핵심기출문제

2개의 물체를 마찰하면 마찰전기가 발생한다. 이는 마찰에 의한 열에 의하여 표면에 가까운 무엇이 이동하기 때문인가?

① 전하 ② 양자
③ 구속전자 ④ 자유전자

정답 ④

(3) 정전하의 특징

① 전하가 정지해 있으면 에너지 상태가 안정적이다.

② 움직이지 않는 전하(=정전하)는 에너지 분포가 최소이다.

(4) 유전율(ε)

유전율(Permittivity)의 단위는 [F/m]입니다.

유전은 양전하, 음전하에 대한 전기유도가 일어나는 능력을 말하고, 유전체는 외부에서 전기를 가했을 때 전기유도가 일어나는 물체, 사물을 말합니다.

그래서 유전율(ε)은 어떤 물질에 전기를 가했을 때, 그 물질 내에서 양전하, 음전하가 얼마나 전기유도가 잘 일어나는지 그 정도를 비율로 나타낸 것입니다.

전기유도가 잘 일어나는 물질은 그 물질에 전기를 가했을 때 물질 내에 양전하와 음전하가 서로 잘 유도되고, 그렇지 않은 물질은 양전하와 음전하의 유도현상이 일어나지 않을 것입니다. 이렇게 물질의 전기유전상태를 수치로 나타내는 것이 유전율입니다.

전기적으로, 어떤 물질에서 전기유도가 잘 일어나지 않는 것은 전도체로 분류하고, 어떤 물질에서 전기유도가 잘 일어나는 것은 유전체 또는 부도체로 분리합니다. 유전체의 예로는 나무, 고무, 종이, 유리, 물, 기름, 공기 등 셀 수 없이 많은 물질들이 있습니다. 그래서 전기유도가 일어나는 물질을 도체로 사용하는 경우는 없습니다.

① **유전율(ε)**=진공의 유전율(ε_0)×비유전율(ε_s)

$$\varepsilon = \varepsilon_0 \times \varepsilon_s \, [\mathrm{F/m}]$$

② **진공/공기의 유전율** $\varepsilon_o = 8.856 \times 10^{-12} \, [\mathrm{F/m}]$

$$\left\{ \varepsilon_o = \frac{1}{\mu_0 \, C_0^{\;2}} = \frac{10^{-9}}{36\pi} \fallingdotseq 8.856 \times 10^{-12} \, [\mathrm{F/m}] \right\}$$

③ **비유전율(ε_s)**

진공 · 공기 중의 유전율($\varepsilon_0 = 8.856 \times 10^{-12}$)을 기준 1로 놓고, ε_0 대비 다른 물질의 유전능력을 비율로 나타낸 것이 '비유전율(ε_s)'입니다.

진공 또는 공기의 비유전율은 1입니다.

$$\varepsilon_s = 1$$

02 전계의 세기(E_p)

1. 전계의 개념

자유공간에 정지상태로 존재하는 전자(e) 또는 전하(Q)에서 방출되는 에너지(E_p)가 있습니다. 이 에너지의 크기(세기)를 구체적인 수치로 나타내는 것이 전계의 세기

※ 정전하
물리적 의미의 운동하지 않는 전하를 말한다. 회로이론에서 전하는 항상 움직이고 있는 상태를 전제로 하며, 전자기학의 전하는 움직임 없는 상태를 전제로 이론을 다룬다.

핵심기출문제

정전계란?

① 전계에너지가 최소로 되는 전하 분포의 전계이다.
② 전계에너지가 최대로 되는 전하 분포의 전계이다.
③ 전계에너지가 항상 0인 전기장을 말한다.
④ 전계에너지가 항상 ∞인 전기장을 말한다.

해설
정전계
전계에너지가 최소가 되는 가장 안정된 전하분포를 가진 전계를 의미하며 $E = -\,grad\,V$를 만족하는 계이다.

정답 ①

✠ [V/m]는 전계의 세기, 전기장의 세기, 전기장 세기, 전위의 기울기, 전위의 경도, 전기력선의 세기, 전기력선 밀도, 절연 내력의 단위이다.

✠ 전기력선
전기력선은 사실상 전기장 내에 에너지 밀도가 높은 것과 낮은 상태 중 에너지 밀도가 높은 것을 선(Line)의 개념으로 나타낸 것이다.

✠ 가우스(Gauss)
18세기 독일의 수학자 겸 물리학자이다.

(E_p)입니다. '전계의 세기'의 단위는 [V/m]입니다.

자유공간에 물리적 의미의 '운동'이 없는 전자(e) 또는 전하(Q)가 있으면, 이것으로부터 전기적 에너지가 체적형태로 방출됩니다. 눈에 보이지 않고 만질 수 없는 이 전기장을 이해하기 어렵기 때문에 가상의 선(Line)을 그려서 전기장(E_p)을 나타냅니다. 이 가상의 전기에너지선이 다음 그림에 그려진 **전기력선**입니다.

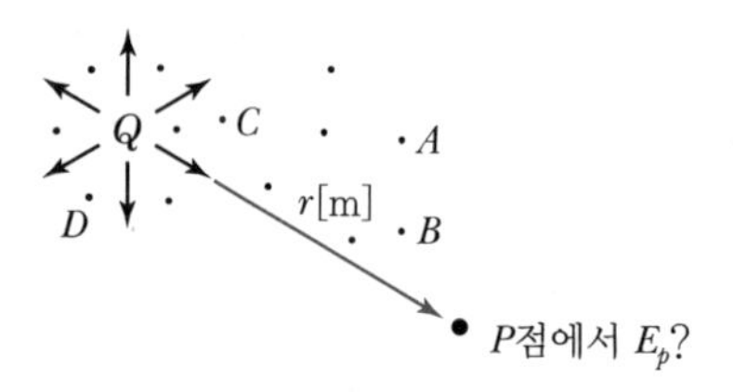

2. 전계의 계산

독일의 수학자 겸 물리학자인 **가우스(Gauss)**는 전하(Q) 하나로부터 방출되는 전기력선, 전기장(E_p)에서 몇 개의 선이 방출되는지 계산했습니다.

> 가우스의 전기에너지선 총 개수 공식
> $N_e = E_p \cdot A$ [개]
> 여기서, A : 전기력선이 뻗는 면공간(m^2)

자유공간에서 단일 전하(Q)의 외부로 방출되는 전기력선은 구의 면적형태로 발산합니다. 그래서 전기력선 수는 다음과 같이 계산합니다.

$$\text{전계의 세기 } E_p = \frac{N_e}{A} = \frac{\left(\frac{Q}{\varepsilon}\right)}{A} = \frac{Q}{\varepsilon A}\ [\mathrm{V/m}]$$

전기력선은 구의 면적으로 뻗어나가므로,

$$E_p = \frac{Q}{\varepsilon A} = \frac{Q}{\varepsilon(4\pi r^2)} = \frac{Q}{4\pi\varepsilon r^2}\ [\mathrm{V/m}]$$

여기서, 유전율(ε) 중 $\varepsilon_0 = 8.855 \times 10^{12}$, 자유공간의 $\varepsilon_s = 1$이므로,

$$N_e = \left(\frac{Q}{\varepsilon \times 4\pi r^2}\right) \cdot (4\pi r^2)$$
$$= \frac{Q}{\varepsilon} = \frac{Q}{\varepsilon_s(8.855 \times 10^{-12})}$$
$$\fallingdotseq 1129\text{억} \times Q\ [\text{개}]$$

단일 1[C]의 전하(Q) 하나가 방출하는 전기력선 수는 약 1129억 개입니다.

단일 전자, 전하뿐만 아니라 다양한 형태의 도체에 존재하는 전계의 세기(E_p)를 계산할 수 있습니다. 그중에서 구 면적형태의 전계의 세기(E_p)가 기본적이며 가장 보편적인 도체형태입니다.

3. 전계(E_p) 관련 수식

① 전기력선 수 $N_e = E_p \cdot A$ [개]

② 전계의 세기 $E_p = \dfrac{Q}{4\pi\varepsilon r^2} = 9\times10^9 \dfrac{Q}{r^2}$ [V/m] (진공 중의 전기력선 세기)

$$\left\{ E_p = \frac{N_e}{A} = \frac{\left(\frac{Q}{\varepsilon}\right)}{A} = \frac{Q}{\varepsilon_s \varepsilon_0 A} = \frac{Q}{\varepsilon_s \times \left(\frac{10^{-9}}{36\pi}\right) \times 4\pi r^2} = \frac{Q}{\varepsilon_s \times \left(\frac{10^{-9}}{9}\right) \times r^2} = 9\times10^9 \frac{Q}{\varepsilon_s r^2} \right\}$$

핵심기출문제

전계 중에 단위정전하를 놓았을 때 그것에 작용하는 힘을 그 점에 있어서의 무엇이라 하는가?

① 전계의 세기
② 전위
③ 전위차
④ 변위전류

해설

전계의 세기(E_p)

전계 내의 임의 점에 단위정전하 (+1[C])를 두었을 때 이에 작용하는 힘의 크기로서 정의한다.

즉, $E_p = \lim_{\Delta Q \to 0} \dfrac{\Delta F}{\Delta Q}$ [N/C]

정답 ①

03 쿨롱의 법칙(F)

(단일 전자, 전하가 아닌) 두 개 이상의 전자(e) 또는 전하(Q)가 자유공간에 존재하면, 두 전하가 갖는 전기장(E_p) 사이에 밀고 당기는 상호작용이 일어납니다. 이때 두 전하 사이에 밀고 당기는 힘의 크기를 '쿨롱의 힘(F)'이라고 하며, 단위는 뉴턴 [N] 입니다. 쿨롱(Coulomb)은 프랑스의 군인 겸 과학자로, 두 전하(Q) 사이에 작용하는 물리적인 힘을 계산하고 이를 공식화하였습니다.

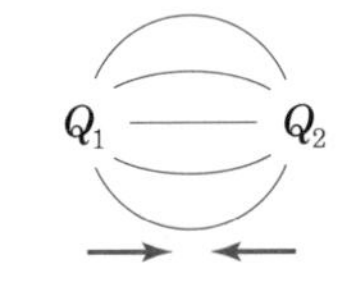

어느 정도 당기는 힘[N]?

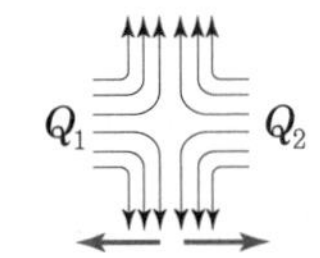

어느 정도 미는 힘[N]?

〚 전하 사이에 서로 밀고 당기는 힘 : 쿨롱의 힘(F) 〛

① Q_1과 Q_2가 서로 같은 전기력선 (+) 또는 전기력선 (−)이면, 두 전하 사이의 힘은 반발력의 힘(F [N])이 작용하고,

② Q_1과 Q_2가 서로 다른 전기력선(+, −)이면, 두 전하 사이의 힘은 흡인력의 힘(F [N])이 작용한다.

PART 01

두 전하(Q)가 r [m] 거리를 두고, 서로의 전기장에 의해서 상호작용 하는 힘(F)은 다음과 같이 계산됩니다.

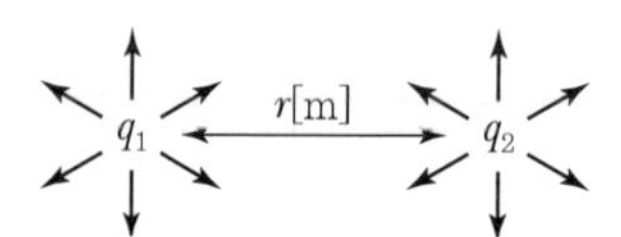

쿨롱의 힘 $F = E_p \cdot Q = 9 \times 10^9 \dfrac{Q_1 \cdot Q_2}{r^2}$ [N] (진공/공기 중에서)

$$\left\{ F = E_p Q = \left(\frac{Q_1}{4\pi\varepsilon r^2} \right) Q_2 = \frac{Q_1 Q_2}{4\pi\varepsilon r^2} = \frac{1}{4\pi\varepsilon_0} \frac{Q_1 Q_2}{\varepsilon_s r^2} = 9 \times 10^9 \frac{Q_1 \cdot Q_2}{\varepsilon_s r^2} \right\}$$

04 전위(V)와 전위차(V)

1. 전위의 개념

일반 물리영역에서 어떤 물질의 운동에너지는 그 물질이 가지고 이동한 거리만큼 곱해줌으로써 구할 수 있습니다.

운동에너지 크기 : $W = F \cdot l$ [J]

이런 운동에너지를 적분형태로 나타내면, 물질을 들어 힘이 작용하는 시점 0[m]부터 이동한 최종 거리 r[m]까지 적분하여 나타냅니다.

운동에너지 적분형 : $w = \int_0^r \vec{F}\, dl$ [J]

$\bullet \longrightarrow r$[m]

물리에서 운동에너지 또는 일(Work)의 개념이 물질에 힘을 가하여 0[m]부터 r[m]까지 거리를 모두 합한 것이라면, 자유공간에서 물리적인 운동이 없는 전자(e) 또는 전하(Q)는 움직이지 않지만, 전자나 전하로부터 방출되는 에너지가 있으므로, 전기에너지가 존재합니다. 이를 수식으로 나타내면 다음과 같습니다.

전하의 운동에너지 : $W_e = E_p \cdot l$ [V]

전기영역에서 에너지는 전기력선입니다. 전기력선은 열과 빛 형태로 에너지를 방출하고(뻗어 나가고) 있습니다. 전자 · 전하가 방출하는 전기에너지는 전하 표면 0[m]부터 ∞[m] 무한대 거리로 방출하고 있습니다. 여기서 전자 · 전하가 일한 에너지는 무한히 뻗고 있는 전기력선을 상쇄시킬 수 있는 에너지 크기가 전기의 일에너지입니다. 그러므로 ∞[m]로 뻗은 전기력선부터 r[m]까지 전기력선에너지를 적분하여 '정전계의 운

핵심기출문제

진공 중에서 같은 전기량 +1[C]의 대전체 두 개가 약 몇 [m] 떨어져 있을 때 각 대전체에 작용하는 힘이 1[N]이 되는가?

① 9.5×10^4 ② 3×10^3
③ 1 ④ 3×10^4

해설

쿨롱의 법칙에 의해

$F = 9 \times 10^9 \times \dfrac{Q_1 Q_2}{r^2}$

여기서, $r^2 = 9 \times 10^9 \times \dfrac{Q_1 Q_2}{F}$

$= 9 \times 10^9 \times \dfrac{1 \times 1}{1}$

그러므로, 거리

$r = \sqrt{9 \times 10^9} = 9.5 \times 10^4$[m]

정답 ①

핵심기출문제

전계의 세기 1500[V/m]의 전장에 5[μC]의 전하를 놓으면 얼마의 힘이 작용하는가?

① 4.5×10^{-3}[N]
② 5.5×10^{-3}[N]
③ 6.5×10^{-3}[N]
④ 7.5×10^{-3}[N]

해설

전계 내에 놓인 Q[C]의 전하에 작용하는 힘

$F = QE = 5 \times 10^{-6} \times 1500$

$= 7.5 \times 10^{-3}$[N]

정답 ④

핵심기출문제

30[V/m]의 평등전계 내의 50[V] 되는 점에서 1[C]의 전하를 전계 방향으로 70[cm] 이동한 경우 그 점의 전위는 몇 [V]인가?

① 21 ② 29
③ 35 ④ 65

해설

전계 내의 임의 점 두 점 사이의 전위차

$V = E_p \cdot l = 30 \times 0.7 = 21$[V]

그러므로, 50[V] 되는 점에서 70[cm] 떨어진 점의 전위는

$V = 50 - 21 = 29$[V]

정답 ②

동에너지'를 나타낼 수 있습니다.

$$\bullet \longrightarrow \infty[\mathrm{m}]$$
$$r[\mathrm{m}] \longleftarrow \infty[\mathrm{m}]$$

정전계의 운동에너지 적분형 : $w_e = -\int_{\infty}^{r} \overrightarrow{E_p}\, dl$ [V]

전기자기학의 정전계에서, 운동에너지(w_e)는 전위(V)를 의미합니다. 이 개념이 동전계인 회로이론에서 전압(V)으로 사용됩니다(전위 V : 전기적 운동에너지, 전기적 위치에너지).

① 전위(V)$= E_p \cdot l = -\int_{\infty}^{r} \overrightarrow{E_p}\, dl$ [V]

② 전계(E_p)를 적분하면 전위(V) : $V = -\int_{\infty}^{r} \overrightarrow{E_p}\, dl$ [V] (전계의 적분)

③ 전위(V)를 미분(∇)하면 전계(E_p) : $E_p = -\nabla \cdot V$ [V/m] (전계의 발산)

2. 전위와 전위차 계산

(1) 점전하, 구도체(= 구모양의 도체)에서 전위 계산

전위 $V = -\int_{\infty}^{r} E_p\, dl$ [V]

$$V = -\int_{\infty}^{r} E_p\, dl = -\int_{\infty}^{r} \frac{Q}{4\pi\varepsilon r^2} dr = \int_{r}^{\infty} \frac{Q}{4\pi\varepsilon r^2} dr = \frac{Q}{4\pi\varepsilon}\int_{r}^{\infty} \frac{1}{r^2} dr$$

$$= \frac{Q}{4\pi\varepsilon}\left[\frac{1}{-r}\right]_r^{\infty} = \frac{Q}{4\pi\varepsilon}([-\infty^{-1}] - [-r^{-1}])$$

$$= \frac{Q}{4\pi\varepsilon}\left([0] - \left[\frac{1}{-r}\right]\right) = \frac{Q}{4\pi\varepsilon r}[\mathrm{V}]$$

(2) 점전하가 두 개 존재할 경우, 두 전하 사이의 전위차 계산

- 한 점에서 전위 $V = 9\times10^9 \frac{Q}{r}$ [V] 또는 $V = E_p \cdot l$ [V]
- 두 점에서 전위 $V = V_1 + V_2 = 9\times10^9\left(\frac{Q_1}{r_1} + \frac{Q_2}{r_2}\right)$ [V]
- 두 점의 전위차 $V = V_1 - V_2 = 9\times10^9\left(\frac{Q_1}{r_1} - \frac{Q_2}{r_2}\right)$ [V]

① **두 점의 전위차, 경우 1** : 큰 전위(V_1)에서 작은 전위(V_2)를 빼준다.

전위차 $V = V_1 - V_2 = \frac{Q}{4\pi\varepsilon}\left(\frac{1}{a} - \frac{1}{b}\right)$ [V]

핵심기출문제

원점에 전하 0.01[μC]이 있을 때 두 점 A(0, 2, 0)[m]와 B(0, 0, 3)[m] 간의 전위차 V_{AB}는 몇 [V]인가?

① 10 ② 15
③ 18 ④ 20

해설

전계 내 임의의 점 두 점 사이의 전위차

$$V_{AB} = \frac{Q}{4\pi\varepsilon_0}\left(\frac{1}{a} - \frac{1}{b}\right)$$
$$= 9\times10^9 \times 0.01\times10^{-6} \times\left(\frac{1}{2} - \frac{1}{3}\right)$$
$$= 15[\mathrm{V}]$$

정답 ②

Q — a[m] → • A점에서 $V_1 = \frac{Q}{4\pi\varepsilon a}$

Q — b[m] → • B점에서 $V_2 = \frac{Q}{4\pi\varepsilon b}$

② **두 점의 전위차, 경우 2** : 큰 전위(V_1)에서 작은 전위(V_2)를 빼준다.

$$\text{전위차 } V = V_1 - V_2 = \frac{Q}{4\pi\varepsilon}\left(\frac{1}{a} - \frac{1}{b}\right)[\text{V}]$$

Q_1 → a[m] • P점의 V=? ← b[m] — Q_2

(만약 $Q_1 = Q_2$ 조건일 경우)

③ **두 점의 전위차, 경우 3** : 두 전위(V)를 서로 더해준다.

$$\text{전위차 } V = V_1 + V_2 = \frac{Q}{4\pi\varepsilon}\left(\frac{1}{a} + \frac{1}{b}\right)[\text{V}]$$

Q_1 • Q_2 • a[m] → • V=?, b[m]

(만약 $Q_1 = Q_2$ 조건일 경우)

3. 전위(V) 관련 법칙 : 키르히호프의 전압법칙(KVL)

정전기(전기자기학 과목)의 전위(V) 개념은 동전기(회로이론 과목)에서도 사용할 수 있습니다.

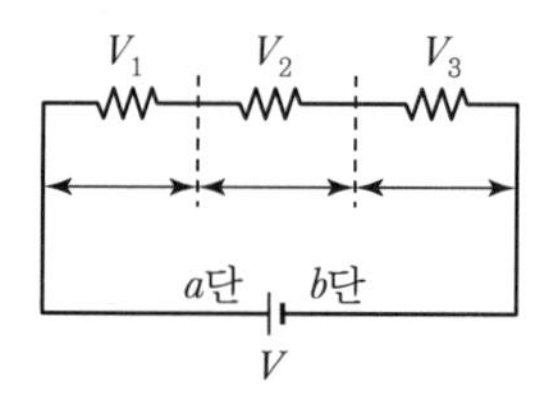

① **동전기에서 KVL 표현** : $\sum_a^b \text{기전력} = \sum_a^b \text{전압강하}$

② **정전기에서 KVL 표현** : (전위차를 의미)

$$V = -\int_a^b E_p\, dl = \int_b^a E_p\, dl\,[\text{V}]$$

$$V = \int_b^a E_p\, dl = \int_a^b E_p\, dl = 0\,[\text{V}]$$: 회로 내에 전위의 총합은 0

4. 등전위면 이론

(1) 등전위면의 정의

등전위면이란, '한 전하로부터 같은 거리에 떨어진 점의 전위(V)는 모두 같다'는 이론입니다. 여기서 '등'은 같다는 의미의 [같을 等(등)]입니다. 사실 어떤 한 점을 기준으로 같은 거리에 점을 모두 찍어서 점끼리 이으면 구면을 그릴 수밖에 없습니다.
정전계에서 단일 전자(e), 단일 전하(Q) 또는 도체라고 할 때는 기본적으로 구도체(=구모양의 전자 · 전하 · 도체)를 의미합니다. 그러므로 점전하를 기준으로 등전위면을 설명하겠습니다.

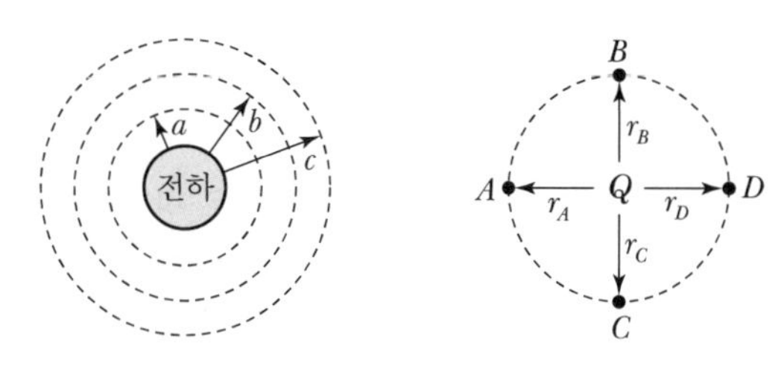

〖 한 전하로부터 a, b, c, … 거리의 등전위면 〗

① 위 그림의 점전하 표면에서 a[m] 거리의 점들을 모두 이으면 하나의 폐곡면이 됩니다. 동일한 하나의 점전하로부터 a까지 거리는 같으므로 a점의 전위($\frac{Q}{4\pi\varepsilon a}$)도 같습니다. 이것이 a의 등전위면이고, a의 등전위는 → $V_A = \frac{Q}{4\pi\varepsilon}\frac{1}{r_A}$[V]입니다.

② 같은 원리로 점전하 표면에서 b [m] 거리의 점들을 모두 이으면 하나의 폐곡면이 됩니다. 동일한 하나의 점전하로부터 b 까지 거리는 같으므로 b점의 전위($\frac{Q}{4\pi\varepsilon b}$)도 같습니다. 이것이 b의 등전위면이고, b의 등전위는 → $V_B = \frac{Q}{4\pi\varepsilon}\frac{1}{r_B}$ [V]입니다.

③ 같은 원리로 점전하 표면에서 c[m] 거리의 점들은 모두 c의 등전위면이고, c의 등전위는 → $V_C = \frac{Q}{4\pi\varepsilon}\frac{1}{r_C}$[V] 입니다.

④ 같은 원리로 점전하 표면에서 d[m] 거리의 점들은 모두 d 점의 등전위면이고, d의 등전위는 → $V_D = \frac{Q}{4\pi\varepsilon}\frac{1}{r_D}$[V]입니다.

이것이 등전위면의 개념입니다.
만약, 전하로부터 거리가 모두 같다면($r_A = r_B = r_c = r_D$) A점, B점, C점, D점의 전위는 모두 동일한 전위가 됩니다. → $V_A = V_B = V_C = V_D$

(2) 등전위면의 특징

① 등전위면은 구의 겉넓이 형태이다.

② 등전위면은 폐곡선 형태를 갖는다.

③ 등전위면끼리는 서로 교차하지 않는다.

④ 점전하(Q) 또는 구도체의 표면도 매우 짧은 거리[m]의 등전위면이다.

05 전기력선의 성질과 전기력선의 방정식

1. 전기력선의 성질

① 전기력선은 $+Q$에서 $-Q$로 이동한다.

② 전기력선은 $+Q$(구도체) 표면에서 90° 수직으로 방출되고 $-Q$의 표면에 90° 수직으로 흡수된다. → 도체 표면과 전기력선은 항상 90°로 수직 교차한다.

③ 도체 내부의 전위(V)는 등전위상태이다. → 그러므로 도체 표면의 전위와 도체 내부의 전위는 같다.

④ 도체 내부에 전계(E_p : 전기장)가 존재하지 않는다. 전기장이 존재하지 않으므로 전기력선도 존재하지 않는다. → 왜냐하면 전하(Q), 도체의 내부에는 전자(e)가 존재하고, 외부에서 인위적으로 전기를 가하지 않으면 [그림 a]처럼 전위 같은 중성상태를 유지하려고 하기 때문이다.

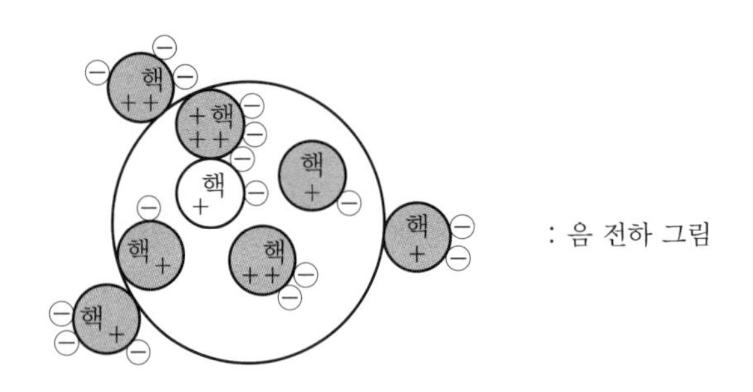

〖 도체의 내부와 전기력선이 존재하는 도체 외부 〗

⑤ 도체의 외부에는 양전하($+Q$) 또는 음전하($+Q$)가 존재할 수 있다. → 그래서 도체 외부에 전자(e)가 많고 적음에 따라 전하(Q)의 극성과 크기가 결정될 수 있다.

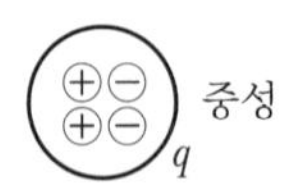

〖 a. 도체 내부 〗

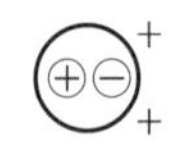

〖 b. 도체 외부 〗

핵심기출문제

대전된 도체의 내부 전위는?

① 항상 0이다.
② 도체표면 전위와 같다.
③ 대지전입과 진하의 곱으로 표시한다.
④ 공기의 유전율과 같다.

정답 ②

핵심기출문제

정전계 내에 있는 도체 표면에서 전계의 방향은 어떻게 되는가?

① 임의의 방향
② 표면과 접선방향
③ 표면과 45°방향
④ 표면과 수직방향

해설

정전계 내의 도체 표면에 $\sigma\,[\mathrm{c/m^2}]$의 전하분포가 있는 경우 도체 표면의 전계는 $\frac{\sigma}{\varepsilon_0}\,[\mathrm{V/m}]$이며 전계의 방향은 도체 표면에 수직이다.

정답 ④

⑥ 같은 전기력선끼리는 서로 교차하지 않는다.

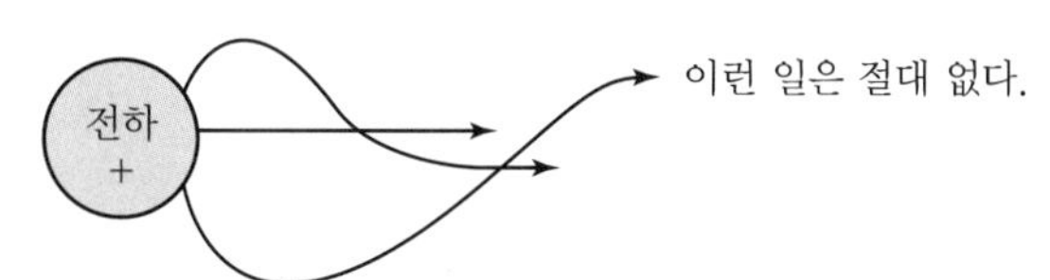

⑦ 전기장(E_p)방향은 전기력선의 접선방향과 일치한다. → 전기장의 방향과 전기장에 존재하는 전기력선의 접선방향이 일치한다는 말은 전기력선의 기울기를 수학적으로 계산할 수 있다는 의미이다.

2. 전기력선의 방정식

전기력선의 방정식이란, 전기력선의 성질 중 '전기장(E_p)방향은 전기력선의 접선방향과 일치한다.'는 조건을 문장에서 방정식으로 바꾼 것입니다. 전하(Q)로부터 방출되는 전기력선은 곡선일 수도, 직선일 수도 있습니다.

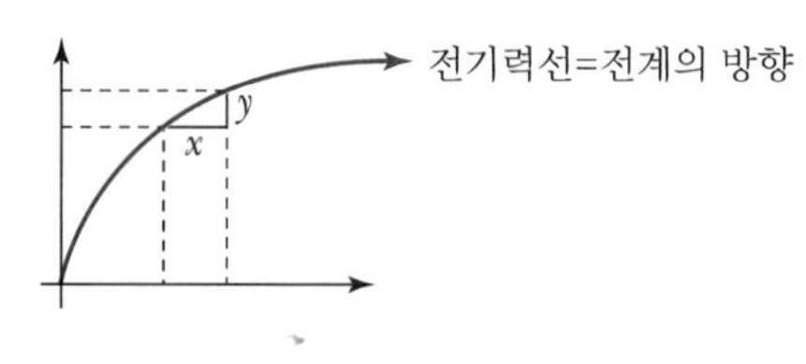

〖 직각좌표로 나타낸 전기력선 〗

그림처럼 전기력선을 직각좌표에 나타낼 수 있으므로 전기력선은 기울기($\frac{y\text{축}}{x\text{축}}$)로 표현됩니다. 전기력선의 기울기는 0점에서 포물선을 그리며 방향이 일정해지므로 기울기가 0으로 수렴하게 됩니다.

$$\frac{y}{x} \rightarrow \frac{\text{감소}}{\text{증가}} \rightarrow \frac{\text{감소}}{\infty} = 0$$

전기력선의 성질에 의해 '전계($\overrightarrow{E_p}$)의 방향'과 '전기력선의 미소길이($\overrightarrow{dl}$)의 방향'은 방향이 일치해야 합니다. 그래서 접선관계가 성립합니다. 여기서 $\overrightarrow{dl}$과 $\overrightarrow{E_p}$이 수학적으로 이루는 각도가 같다는 것을 나타내려면, 두 벡터를 외적 연산하여 0이 되면 됩니다.

$$\overrightarrow{E_p} \times \overrightarrow{d}\, l = 0$$

핵심기출문제

전기력선의 성질에 대한 설명 중 옳지 않은 것은?

① 전기력선의 방향은 그 점의 전계의 방향과 같다.
② 단위전하에서는 반드시 1개의 전기력선이 출입한다.
③ 전하가 없는 곳에서는 전기력선은 반드시 연속적이다.
④ 전기력선은 도체 도면과는 직교한다.

해설

단위전하에서는 $\frac{1}{\varepsilon_0}$개의 전기력선이 출입한다.

정답 ②

핵심기출문제

다음 정전계에 대한 설명 중 틀린 것은?

① 도체에 주어진 전하는 도체 표면에만 분포한다.
② 중공도체(中空導體)에 준 전하는 외부 표면에만 분포하고 내면에는 존재하지 않는다.
③ 단위전하에서 나오는 전기력선의 수는 $\frac{1}{\varepsilon_0}$개이다.
④ 전기력선은 전하가 없는 곳에서 서로 교차한다.

해설

전기력선은 전하가 존재하지 않는 곳에서는 서로 교차하지 않는다. 다만, 등전위면에 수직으로 발산한다.

정답 ④

[두 벡터($\overrightarrow{dl}$과 $\overrightarrow{E_p}$)의 외적 연산과정과 결론]

- 전계세기의 방향 $\overrightarrow{E_p} = E_{xi} + E_{yj} + E_{zk}$
- 전기력선의 방향 $\vec{dl} = d_{xi} + d_{yj} + d_{zk}$
- $\overrightarrow{E_p} \times \vec{d}l = 0$: 전계방향과 전기력선의 접선방향은 같다.

$$\overrightarrow{E_p} \times \vec{d}l = \begin{bmatrix} i & j & k \\ E_x & E_y & E_z \\ d_x & d_y & d_z \end{bmatrix}$$

$$= i(E_y dz - E_z dy) + j(E_z dx - E_x dz) + z(E_x d_y - E_y d_x) = 0$$

$$i(E_y d_z - E_z d_y) + j(E_z d_x - E_x d_z) + z(E_x d_y - E_y d_x) = 0$$

$$i(E_y d_z - E_z d_y) = 0 \rightarrow \frac{d_z}{E_z} = \frac{d_y}{E_y}$$

$$j(E_z d_x - E_x d_z) = 0 \rightarrow \frac{d_x}{E_x} = \frac{d_z}{E_z}$$

$k(E_x d_y - E_y d_x) = 0 \rightarrow \dfrac{d_y}{E_y} = \dfrac{d_x}{E_x}$ 그러므로 이 결과를 정리하면,

$\therefore$ 전기력선의 방정식 : $\dfrac{d_x}{E_x} = \dfrac{d_y}{E_y} = \dfrac{d_z}{E_z}$

06 전하밀도

전하(Q)가 존재하는 도체의 형태에 따라 '전기력선의 밀도'가 어떻게 나타나는지 계산해 보겠습니다.

참고 도체형태에 따른 전하밀도

- 선전하밀도 : 전도전류(I_c)가 흐르는 전선에 전하가 분포할 때의 선전하밀도이다.
- 면전하밀도 : 전기콘덴서 평판 면적에 전하가 밀집해 있을 때의 면전하밀도이다.
- 체적전하밀도 : 구도체로부터 체적형태로 전기력선이 발산할 때의 구 면적당 전하밀도이다.

- 일반 물리에서 기본 밀도 수식 : $\dfrac{\text{질량}}{\text{부피}} = \dfrac{m}{v}\ [\text{g/m}^2]$
- 우리나라의 인구밀도 : $\dfrac{\text{총 인구}}{\text{총 면적}} = \dfrac{51{,}709{,}098\ [\text{명}]}{100{,}363\ [\text{km}^2]} = 515{,}221\ [\text{명/km}^2]$
- 정전계에서 전하밀도 수식 : $\dfrac{\text{전하}}{\text{면적}} = \dfrac{Q}{m^2}\ [\text{C/m}^2]$

1. 선전하밀도

$\lambda = \dfrac{Q}{l}$ [C/m]

전선에 존재하는 총전하량 $Q = \lambda \cdot l$ [C] → $\int Q = \int \lambda \, dl$ [C]

2. 면전하밀도

$\sigma = \dfrac{Q}{A}$ [C/m^2]

콘덴서 평판에 존재하는 총전하량 $Q = \sigma \cdot A$ [C] → $\int Q = \int \sigma \, ds$ [C]

3. 체적전하밀도

$\rho_v = \dfrac{Q}{v}$ [C/m^3]

도체 외부에 체적으로 존재하는 총전하량 $Q = \rho_v \cdot v = \int \rho_v \, dv$ [C]

07 가우스 법칙(가우스의 전기장정리)

과학자인 가우스는 18세기, 당시에 전기장(E_p)과 자기장(H_p)에 대한 이론을 수학적으로 정리하였습니다. 하지만 정교하게 정리된 내용은 아니었으므로, 이를 19세기 제임스 맥스웰이 가우스의 전계정리와 자계정리를 재정리하였습니다. 재정리된 내용은 11장에서 다루겠습니다.

(가우스가 최초로 전기장에 대해서 정리한) '가우스의 전계정리'에 의하면, 1개의 전하(Q)에서 방출(=발산)하는 '전기력선의 수'를 계산할 수 있습니다.

1. 가우스의 전계정리와 발산정리

① 도체에 존재하는 전기력선의 총 개수

$N_e = E_p \, A$

구도체의 전기력선 수 $N_e = E_p \, A = \dfrac{Q}{4\pi\varepsilon r^2} \cdot 4\pi r^2 = \dfrac{Q}{\varepsilon}$[개]

② 가우스의 전계정리 : $N_e = \dfrac{Q}{\varepsilon}$의 의미

전기력선의 총수는 전기력선을 방출하는 총전하($\sum Q$)를 그 전하가 존재하는 매질의 유전율(ε)(전기장 내에 임의의 폐곡면)로 나눈 값입니다.

핵심기출문제

폐곡면을 통하는 전속과 폐곡면 내부의 전하와의 상관관계를 나타내는 법칙 혹은 방정식은?

① 가우스(Gauss)의 정리
② 쿨롱(Coulomb)의 법칙
③ 푸아송(Poisson)의 방정식
④ 라플라스(Laplace)의 방정식

해설

전계 내의 임의의 폐곡면을 통과하는 모든 전속은 그 폐곡면 내에 존재하는 총전하량과 같다.

즉, $\oint_s D \cdot ds = Q$

정답 ①

→ 만약 공기 중에 1[C]의 점전하 한 개를 띄어놓고 점전하로부터 몇 개의 전기력선이 발산하는지 관찰한다면, 수식 $N_e = \frac{Q}{\varepsilon}$[개]에 의해서 약 1129억 개의 전기력선이 발산할 것이다. → $\frac{Q}{\varepsilon}\ \frac{1[\mathrm{C}]}{8.855\times 10^{-12}} ≒ 1129$억

③ **가우스의 전속과 유전율의 관계**

$$\int_s D\,ds = Q$$

어떤 전하를 비유전율을 가진 유전체 내에 넣었을 때, 전하로부터 방출되는 전속은 유전체의 유전율(ε)과 직접적인 상관관계가 없습니다.

④ **가우스의 전계정리 적분형**

$$N_e = \overrightarrow{E_p}\cdot A = \int \overrightarrow{E_p}\,ds = \frac{Q}{\varepsilon}$$

⑤ **가우스의 전계정리 미분형**

$$V = -\int_{\infty}^{r} \overrightarrow{E_p}\,dl \rightarrow \overrightarrow{E_p} = -\nabla\cdot V$$

⑥ **가우스의 발산정리 미분형**

$$div\,\overrightarrow{D} = \nabla\cdot\left(\varepsilon\,\overrightarrow{E_p}\right) = \rho_v \rightarrow \nabla\cdot\overrightarrow{E_p} = \frac{\rho_v}{\varepsilon}$$

2. 푸아송(Poisson) 방정식

푸아송 방정식은 '어떤 도체로부터 체적형태로 발산하는 전기력선을 그 도체의 전위를 두 번 미분 연산하여 계산할 수 있다'는 의미입니다. 이를 수식으로 나타내면 다음과 같습니다.

가우스의 발산정리 미분형($\nabla\cdot\overrightarrow{Ep} = \frac{\rho_v}{\varepsilon}$)에 전계정리 미분형($\overrightarrow{E_p} = -\nabla\cdot V$)을 대입한다. 그리고 전개하면 $\nabla^2\cdot V = -\frac{\rho_v}{\varepsilon}$ (푸아송 방정식)이 된다.

푸아송 방정식 : $\nabla^2\cdot V = -\frac{\rho_v}{\varepsilon}$

3. 라플라스(Laplace) 방정식

가우스의 '발산정리 미분형'으로부터 푸아송의 방정식($\nabla^2\cdot V = -\frac{\rho_v}{\varepsilon}$)이 유도되고, 푸아송 방정식에서 이어지는 내용으로, 어떤 유전체 내에서 체적의 전하분포를 갖고 그 전하분포로부터 발산하는 전계의 세기(E_p)가 있습니다. 하지만 만약 그 유

핵심기출문제

어떤 폐곡면 내에 $+8[\mu\mathrm{C}]$의 전하와 $-3[\mu\mathrm{C}]$의 전하가 있을 경우, 이폐곡면에서 나오는 전기력선의 총수는?

① 5.65×10^5개
② 10^7개
③ 10^5개
④ 9.65×10^5

해설

가우스의 법칙에서 전기력선의 수

$N_e = \frac{\Sigma Q}{\varepsilon_0}$

$= \frac{[8\times 10^{-6}]+[(-3)\times 10^{-6}]}{8.855\times 10^{-12}}$

$= 5.65\times 10^5$개

정답 ①

핵심기출문제

진공 중에서 어떤 대전체의 전속이 Q이다. 이 대전체를 비유전율 2.2인 유전체 속에 넣었을 경우의 전속은?

① Q ② εQ
③ $2.2Q$ ④ 0

해설

가우스의 법칙에서 유전체 내 전속밀도는 $\oint_s D\cdot ds = Q$이다.

따라서 전속선(D) 수와 매질(유전체 ε) 사이에 상관관계가 없음을 알 수 있다.

정답 ①

핵심기출문제

전위경도 V와 전계 E_p의 관계식은?

① $E_p = grad\ V$
② $E_p = div\ V$
③ $E_p = -grad\ V$
④ $E_p = -div\ V$

해설

전위경도 $grad\ V$와 전계 E와의 관계

$E = -grad\ V = -\nabla\cdot V$

$= -\left(i\frac{\partial V}{\partial x} + j\frac{\partial V}{\partial y} + k\frac{\partial V}{\partial z}\right)$

즉, 전계와 전위경도의 크기는 같으나 방향은 반대이다.

정답 ③

전체 내에 전하밀도가 없다면, 이는 그 유전체 내에 전하(Q)가 존재하지 않기 때문에 전하밀도 역시 존재하지 않는다는 반증이 됩니다. 이 문장의 의미를 수식으로 나타낸 것이 '라플라스 방정식'입니다.

라플라스 방정식 : $\nabla^2 \cdot V = 0$

어떤 유전체 내의 전위(V)를 두 번 미분(∇^2)한 결과가 0이라면, 그 유전체 내에 전하(Q)가 존재하지 않았다는 것을 의미한다. 전하가 없으므로 전위도 없는 것이다.

08 전속(ψ)과 전속밀도(D)

'가우스 전계정리'에서 보았듯이 1[C]의 전하(Q)에서 발산하는 전기력선의 총수(N_e)는 약 1129억 개입니다. 전기력선의 수치가 너무 큰 수이므로 계산이 복잡해집니다. 그래서 계산의 편의상 '전기력선 수'에 대해 전속(ψ)이란 개념을 만들고 다음과 같이 정의했습니다.

"전속(ψ)이란 1개의 전하(Q)로부터 수많은 전기력선이 발산하는 것이 아닌, 1개의 전속(ψ)이 발산한다."

사실 전하와 전속의 의미는 다르지만, 1개의 전하로부터 1개의 전속이 발산하므로 결국 전하와 전속은 수치상 같게 됩니다.

→ 전속(Dielectric Flux)의 기호는 ψ이고, 단위는 전기력선과 같은 [개]이다.

① 전속밀도 $D = \dfrac{\text{전속}}{\text{면적}} = \dfrac{\psi}{A}\,[\mathrm{C/m^2}]$

② 구도체의 전속밀도 $D = \dfrac{\psi}{A} = \dfrac{Q}{A} = \dfrac{Q}{4\pi r^2}\,[\mathrm{C/m^2}]$

③ 구도체의 전계의 세기 $E_p = \dfrac{Q}{\varepsilon A} = \dfrac{Q}{4\pi\varepsilon r^2}\,[\mathrm{V/m}]$

④ 전속밀도(D)와 전계의 세기(E_p)의 관계 : $D = E_p \cdot \varepsilon\,[\mathrm{C/m^2}]$

09 다양한 도체에서 전계의 세기(E_p)와 전위(V) 계산방법

1. 점전하(= 구형 도체)의 표면에서 E_p, V

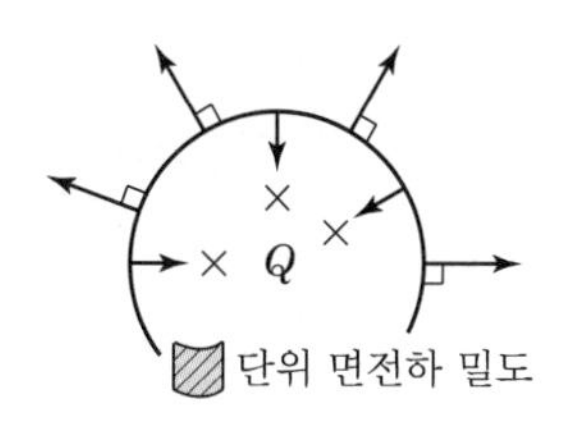

핵심기출문제

가우스(Gauss) 전기장 적분형 정리를 이용하여 구하는 것은?

① 자계의 세기
② 전하 간의 힘
③ 전계의 세기
④ 전위

해설

가우스의 전기장정리

가우스의 전계정리 적분형

$N_e = \int \overrightarrow{E_p}\, ds = \dfrac{Q}{\varepsilon}$

(전기력선의 수 = 전계의 세기)

정답 ③

핵심기출문제

진공 내에서 함수 $V = x^2 + y^2$와 같이 주어질 때 점 (2, 2, 0)[m]에서 체적전하밀도 $\rho[\mathrm{C/m^3}]$를 구하면?

① $-4\varepsilon_0$ ② $-2\varepsilon_0$
③ $4\varepsilon_0$ ④ $2\varepsilon_0$

해설

푸아송(Poisson) 방정식

$\nabla^2 V = -\dfrac{\rho}{\varepsilon_0}$ 에서

$\nabla^2 V = \dfrac{\partial^2 V}{\partial x^2} + \dfrac{\partial^2 V}{\partial y^2}$

$= \dfrac{\partial^2}{\partial x^2}(x^2+y^2) + \dfrac{\partial^2}{\partial y^2}(x^2+y^2)$

$= \dfrac{\partial}{\partial x}(2x) + \dfrac{\partial}{\partial y}(2y)$

$= 2 + 2 = 4$

∴ 전하밀도

$\rho = -\varepsilon_0(\nabla^2 V) = -4\varepsilon_0$

정답 ①

핵심기출문제

공간상태, 입체상태의 전하분포를 갖는 유전체가 있다. 이 유전체의 전계 E_p가 전하밀도(ρ)나 전하분포로 나타나는데, 임의의 한 점의 전위 V에 대해 관찰한 결과(고찰점에서) 그 점에 전하밀도(ρ)도 전하분포도 없다면 그 고찰점에는 전하가 없는 것과 다름없다($\nabla^2 V = 0$)는 이론은 무엇인가?

① Laplace 방정식
② Poisson 방정식
③ Stokes 방정식
④ Thomson의 정리

정답 ①

핵심기출문제

진공상태에서, 임의의 어느 구도체 표면에 전하밀도가 σ 일 때의 구도체 표면의 전계의 세기[V/m]는?

① $\dfrac{\sigma^2}{2\varepsilon_0}$ ② $\dfrac{\sigma}{2\varepsilon_0}$

③ $\dfrac{\sigma^2}{\varepsilon_0}$ ④ $\dfrac{\sigma}{\varepsilon_0}$

해설

도체 표면의 전계의 세기

$E = \dfrac{\sigma}{\varepsilon_0}[\mathrm{V/m}]$ (평등전계)

정답 ④

(1) **전계의 세기(E_p)**

$$E_p = \frac{\sigma}{\varepsilon} = \frac{Q}{\varepsilon A} = \frac{Q}{4\pi\varepsilon r^2}\,[\mathrm{V/m}] \text{ 또는 } E_p = 9\times 10^9\,\frac{Q}{r^2}\,[\mathrm{V/m}]$$

($\varepsilon_s = 1$: 공기/진공)

(2) **전위(V)**

$$V = -\int_{\infty}^{r} E_p\,dl = -\int_{\infty}^{r}\frac{\sigma}{\varepsilon}\,dl = \frac{\sigma}{\varepsilon}\int_{r}^{\infty} 1\,dl = \frac{\sigma}{\varepsilon}[\,l\,]_r^{\infty} = \infty\,[\mathrm{V}]$$

2. 점전하(= 구형 도체)로부터 r[m] 떨어진 지점에서 E_p, V

r → 여기서 E_p=? V=?

Q

혹은

q

(1) **전계의 세기**

$$E_p = \frac{Q}{4\pi\varepsilon r^2}\,[\mathrm{V/m}]$$

$$E_p = \frac{\sigma}{\varepsilon} = \frac{Q}{\varepsilon A} = \frac{Q}{4\pi\varepsilon r^2}\,[\mathrm{V/m}]$$

(2) **전위**

$$V = \frac{Q}{4\pi\varepsilon r}\,[\mathrm{V}]$$

$$V = -\int_{\infty}^{r} E_p\,dl = -\int_{\infty}^{r}\frac{Q}{4\pi\varepsilon r^2}\,dr = \int_{r}^{\infty}\frac{Q}{4\pi\varepsilon r^2}\,dr = \frac{Q}{4\pi\varepsilon}\int_{r}^{\infty}\frac{1}{r^2}\,dr$$

$$= \frac{Q}{4\pi\varepsilon}\left[\frac{1}{-r}\right]_r^{\infty} = \frac{Q}{4\pi\varepsilon}([-\infty^{-1}] - [-r^{-1}]) = \frac{Q}{4\pi\varepsilon}\left([\,0\,] - \left[\frac{1}{-r}\right]\right)$$

$$= \frac{Q}{4\pi\varepsilon r}\,[\mathrm{V}]$$

'전기력선의 성질'에 의해서 도체 내부의 $E_p = 0$이고, 도체 내부의 전위(V)는 '등전위' 상태로 전위차가 존재하지 않습니다.

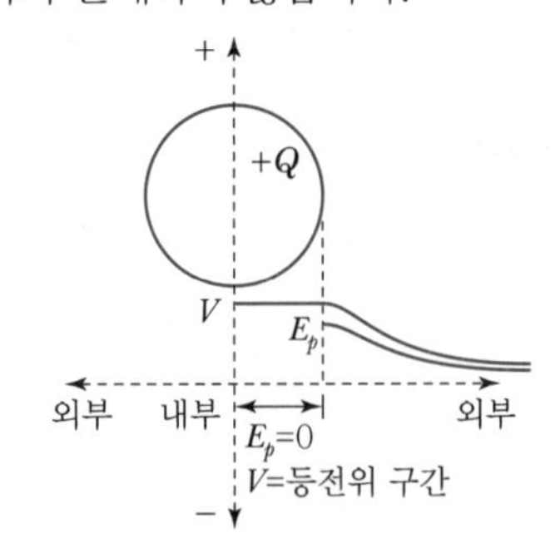

3. 점전하(Q)를 중심으로 등전위면(거리 a, b, c[m])에서 E_p, V

점전하 도체에서 같은 거리상의 등전위면은 다음 그림과 같은 '동심구' 형태입니다. 그림은 중심에 대전된 전하($+Q$)가 있고, 전하($+Q$)의 표면도 a[m] 거리에 아주 짧은 등전위면이므로 $+Q$ 전하층을 이룹니다. 중심의 전하로부터 b[m] 거리에 '정전유도'에 의한 $-Q$ 등전위의 전하층이 형성되고, 중심의 전하로부터 c[m] 거리에 '정전유도'에 의한 $+Q$ 등전위 전하층이 형성됩니다.

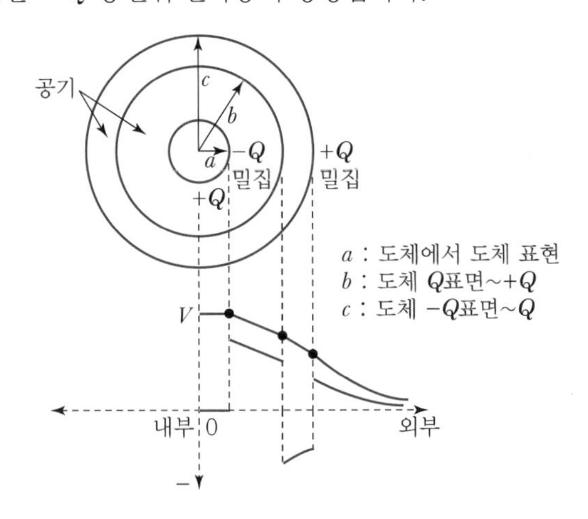

① 전하표면 $+Q$의 전계의 세기 $E_p = \dfrac{Q}{4\pi\varepsilon a^2}$[V/m], 전위 $V = \dfrac{Q}{4\pi\varepsilon a}$[V]

② 유도된 $-Q$의 전계의 세기 $E_p = \dfrac{-Q}{4\pi\varepsilon b^2}$[V/m], 전위 $V = \dfrac{Q}{4\pi\varepsilon b}$[V]

③ 유도된 $+Q$의 전계의 세기 $E_p = \dfrac{Q}{4\pi\varepsilon c^2}$[V/m], 전위 $V = \dfrac{Q}{4\pi\varepsilon c}$[V]

④ 동심구의 전위차 $V = \dfrac{Q}{4\pi\varepsilon}\left(\dfrac{1}{a} - \dfrac{1}{b} + \dfrac{1}{c}\right)$ [V]

4. 점전하(= 구형 도체) 내부에서 E_p, V

'전기력선의 성질'에 의하면 도체 내부는 전계(E_p)는 0입니다. 하지만 구형 도체 내부에도 전계의 세기(E_p)가 균일하게 존재한다고 가정하고, 전계의 세기(E_p)와 전위(V)를 따져 보겠습니다.

a : 도체 중심에서 내부 거리
r : 도체 중심에서 도체 표면

핵심기출문제

그림과 같은 동심구 도체에서 도체 1의 전하가 $Q_1 = 4\pi\varepsilon_0$[C], 도체 2의 전하가 $Q_2 = 0$일 때 도체 1의 전위는 몇 [V]인가?(단, $a = 10$[cm], $b = 15$[cm], $c = 20$[cm]라고 한다.)

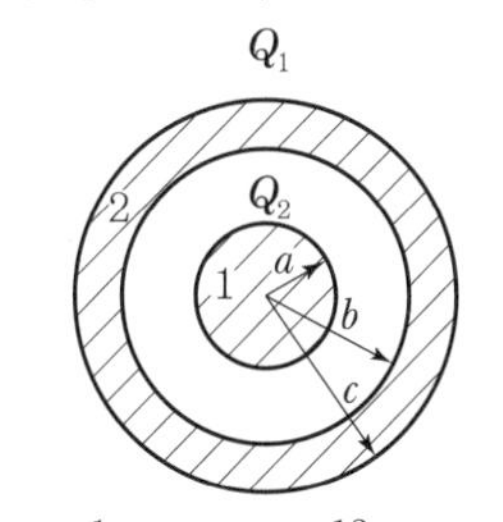

① $\dfrac{1}{12}$ ② $\dfrac{13}{60}$
③ $\dfrac{25}{3}$ ④ $\dfrac{65}{3}$

해설

동심구 도체의 전위

$V = \dfrac{Q}{4\pi\varepsilon_0}\left(\dfrac{1}{a} - \dfrac{1}{b} + \dfrac{1}{c}\right)$[V]

에서

$\therefore V = \dfrac{4\pi\varepsilon_0}{4\pi\varepsilon_0}\left(\dfrac{1}{0.1} - \dfrac{1}{0.15} + \dfrac{1}{0.2}\right) = \dfrac{25}{3}$[V]

정답 ③

구형 도체 외부에서 전계의 세기(E_p)는 구의 면적으로 전기력선이 발산하지만, 구형 도체 내부에서 전계의 세기($E_p{}'$)는 구의 체적으로 전기력선이 발산합니다.
그러므로 다음과 같이 내 · 외부 전계의 세기 수식을 나타낼 수 있습니다.

- 외부 전계 $E_p = \dfrac{N_e}{A} = \dfrac{Q}{\varepsilon A} = \dfrac{Q}{\varepsilon}\dfrac{1}{4\pi r^2}$ [V/m] (구 면적 $A = 4\pi r^2$)
- 내부 전계 $E_p{}' = \dfrac{N_e}{A} = \dfrac{Q'}{\varepsilon A} = \dfrac{Q'}{\varepsilon}\dfrac{3}{4\pi r^3}$ [V/m] (체적, 부피 $v = \dfrac{4}{3}\pi r^3$)

구형 도체 내부의 전계가 균일($E_p = E_p{}'$)하다는 조건을 만족하려면,

$\dfrac{3Q'}{4\pi\varepsilon r^3} = \dfrac{Q}{4\pi\varepsilon r^2}$ 여기서, 구도체 내부의 전하 $Q' = \dfrac{Qr}{3}$ 이므로,

① 구도체 내부의 전계의 세기

$$E_p{}' = \frac{N_e}{A} = \frac{Q'}{\varepsilon A} = \frac{\left(\dfrac{Qr}{3}\right)}{\varepsilon\left(\dfrac{4}{3}\pi a^3\right)} = \frac{Qr}{4\pi\varepsilon a^3}\text{[V/m]}$$

② 구도체 내부의 전위

$$V = -\int_{\infty}^{r} E_p{}'\,dl = \int_r^a \frac{Qr}{4\pi\varepsilon a^3}dr = \frac{Q}{8\pi\varepsilon a^3}(a^2 - r^2)\ \text{[V]}$$

- $-\displaystyle\int_r^a \frac{Qr}{4\pi\varepsilon a^3}dr$ 도체 내부 전계는 균일하므로 전위의 $-$부호를 제거합니다.

  그러므로 $V = \displaystyle\int_r^a \frac{Qr}{4\pi\varepsilon a^3}dr = \frac{Q}{4\pi\varepsilon}\int_r^a \frac{r}{a^3}dr$

- 참고 : $\dfrac{1}{a^3}\displaystyle\int_r^a r\,dr = \frac{1}{a^3}\left[\frac{1}{2}r^2\right]_r^a = \frac{1}{2a^3}(a^2 - r^2)$

5. 선전하(= 전선 표면)에서 E_p, V

선전하(λ)는 길게 펼쳐진 직선 · 곡선 도체 표면에 존재하는 전하를 의미합니다. 선전하(λ)와 같은 의미로 쓰이는 표현이 몇 가지 더 있습니다.

→ 선전하, 직선전하, 축대칭인 원통 도체에 분포된 전하

- 선전하 크기 $\lambda = \dfrac{Q}{l}$[C/m]
- 선 전체 길이에 존재하는 총전하 $Q = \lambda \cdot l$ [C]
- 원통의 면적 $A = 2\pi a \cdot l$ [m²]

핵심기출문제

진공 중에 놓여 있는 무한직선전하(선전하밀도 : ρ_L[C/m])로부터 거리가 각각 r_1[m], r_2[m] 떨어진 두 점 사이의 전위차는 몇 [V]인가?(단, $r_2 > r_1$ 이다.)

① $V_{12} = \dfrac{\rho_L}{2\pi\varepsilon_0}\ln\dfrac{r_2}{r_1}$

② $V_{12} = \dfrac{\rho_L}{2\pi}\ln\dfrac{r_1}{r_2}$

③ $V_{12} = \dfrac{\rho_L}{2\varepsilon_0}\ln r_2 \cdot r_1$

④ $V_{12} = \dfrac{\rho_L}{4\pi\varepsilon_0}\ln\dfrac{r_1}{r_2}$

해설

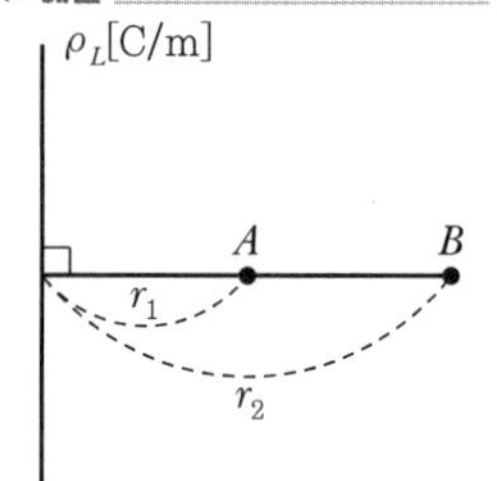

무한직선전하의 전계

$E = \dfrac{\rho_L}{2\pi\varepsilon_0 r}$[V/m]에서 두 점 사이의 전위차는

$V_{AB} = -\displaystyle\int_{r_2}^{r_1}\frac{\rho_L}{2\pi\varepsilon_0 r}dr$

$= \dfrac{\rho_L}{2\pi\varepsilon_0}\displaystyle\int_{r_1}^{r_2}\frac{1}{r}dr$

$= \dfrac{\rho_L}{2\pi\varepsilon_0}\ln\dfrac{r_2}{r_1}$[V]

∴ 두 점 사이의 전위차

$V_{AB} = \dfrac{\rho_L}{2\pi\varepsilon_0}\ln\dfrac{r_2}{r_1}$[V]

정답 ①

① 선전하 (외부) 전계의 세기

$$E_p = \frac{\sigma}{\varepsilon} = \frac{Q}{\varepsilon A} = \frac{\lambda\, l}{\varepsilon A} = \frac{\lambda\, l}{\varepsilon\,(2\pi a\, l)} = \frac{\lambda}{2\pi\varepsilon a}\ [\text{V/m}]$$

② 선전하의 전위

$$V = -\int_{\infty}^{r} E_p\, dl = \int_{r}^{\infty} \frac{\lambda}{2\pi\varepsilon a}\, da = \infty\,[\text{V}]$$

6. 피복이 있는 동축케이블에서 E_p, V

'동축케이블'은 일반적인 '전선'을 의미합니다. '전선'을 기술적으로 표현하면, 중심축에 대해 대칭인 원통형 도선입니다. 이런 동축케이블에서 E_p와 V는 선전하(λ)에서 E_p, V 계산과 유사합니다. 다만, 동축케이블은 선전하와 다르게 도체구간($0 \sim a$)과 피복구간($a \sim b$)이 존재하고, '전기력선의 성질'에 의해 동축케이블 내부에 구리도체 부분의 전계의 세기(E_p)는 존재하지 않습니다. 동축케이블에서 E_p와 전위(V)는 동축케이블 피복에만 존재합니다.

그래서 동축케이블의 E_p, V는 구리도체 표면(a)부터 동축케이블의 피복 표면(b) 사이 구간에 대해서 다음과 같이 계산합니다.

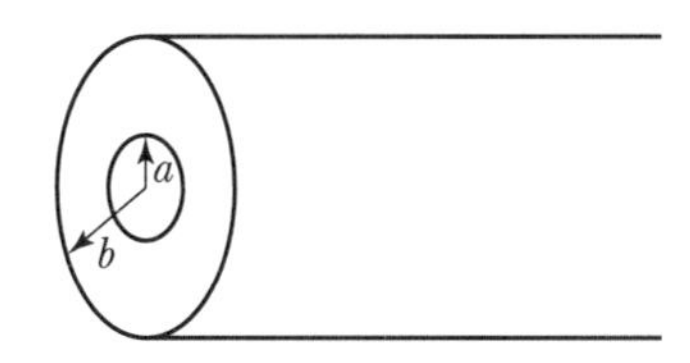

a : 구리도체(동축케이블)의 중심부에서 구리도체 표면까지 거리($0 \sim a$)

b : 절연재료인 동축케이블의 표면까지 거리($a \sim b$)

① 전계의 세기

$$E_p = \frac{\lambda}{2\pi\varepsilon a}\,[\text{V/m}]$$

② 전위

$$V = -\int_{\infty}^{r} E_p\, dl = -\int_{b}^{a} \frac{\lambda}{2\pi\varepsilon a}\, da = \frac{\lambda}{2\pi\varepsilon}\int_{a}^{b} \frac{1}{a}\, da = \frac{\lambda}{2\pi\varepsilon}\ln\frac{b}{a}\,[\text{V}]$$

$$\left\{\int_{a}^{b} \frac{1}{a}\, da = [\ln a]_a^b = [\ln b] - [\ln a] = \ln\frac{b}{a}\right\}$$

7. 반경 a인 원형 코일 중심에서 직각으로 P[m] 떨어진 곳에서 E_p, V

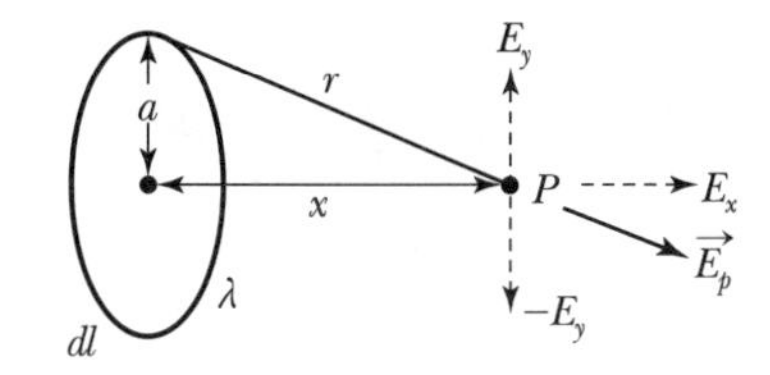

(1) 전계의 세기(E_p)

구하고자 하는 E_p는 위 그림에서 E_x 축에 해당하므로 삼각함수를 이용하여 E_x 축으로 작용하는 E_p의 값을 구할 수 있습니다.

$$\cos\theta = \frac{E_x}{\overrightarrow{E_p}} \rightarrow E_x = \overrightarrow{E_p}\cos\theta = \oint_0^{2\pi a} \overrightarrow{E_p}\cos\theta\, dl$$

① 총전하(Q)에 대한 전계의 세기

$$E_p = -\int_{2\pi a}^{0} E_x\, dl = \int_0^{2\pi a} \overrightarrow{E_p}\cos\theta\, dl$$

$$= \frac{1}{4\pi\varepsilon r^2}\frac{Q}{2\pi a}\frac{x}{r}\int_0^{2\pi a} 1\, dl = \frac{Q\,x}{4\pi\varepsilon r^3}$$

$$= \frac{Q\,x}{4\pi\varepsilon(a^2+x^2)^{\frac{3}{2}}}\,[\mathrm{V/m}]$$

$$\left\{\begin{aligned} &\overrightarrow{E_p} = \frac{Q}{4\pi\varepsilon r^2} \fallingdotseq \frac{\lambda}{4\pi\varepsilon r^2} = \frac{\left(\frac{Q}{l}\right)}{4\pi\varepsilon r^2} = \frac{\left(\frac{Q}{2\pi a}\right)}{4\pi\varepsilon r^2} = \frac{1}{4\pi\varepsilon r^2}\frac{Q}{2\pi a} \\ &\cos\theta = \frac{x}{r} \\ &r = \sqrt{a^2+x^2} = (a^2+x^2)^{\frac{1}{2}} \end{aligned}\right\}$$

② 선전하(λ)에 대한 전계의 세기

$$E_p = -\int_{2\pi a}^{0} E_x\, dl = \int_0^{2\pi a} \overrightarrow{E_p}\cos\theta\, dl$$

$$= \frac{1}{4\pi\varepsilon r^2}\frac{Q}{l}\frac{x}{r}\int_0^{2\pi a} 1\, dl = \frac{1}{4\pi\varepsilon r^2}\frac{(\lambda\, l)}{l}\frac{x}{r}\int_0^{2\pi a} 1\, dl$$

$$= \frac{\lambda\, x}{4\pi\varepsilon r^3}2\pi a = \frac{\lambda\, x\, a}{2\varepsilon(a^2+x^2)^{\frac{3}{2}}}\,[\mathrm{V/m}]$$

③ 원형 코일 중심에서 전계의 세기

$E_p = 0\ [V/m]$

그림의 원형 코일 중심은 x축 길이가 0이므로 E_p은 0이 된다.

(2) 원형 코일 외부 전위(V)

$$V = -\int_{\infty}^{r} E_p\, dl = -\int_{2\pi a}^{0} E_p\, dl = \int_0^{2\pi a} E_p\, dl$$

(출제 비중이 사실상 없으므로 전위 적분결과는 생략)

8. 무한한 면적의 평면도체 한 장에서 E_p, V

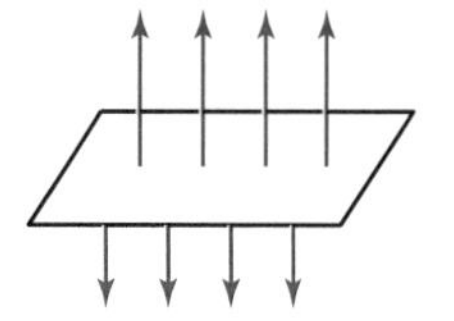

그림과 같이 평판 위 · 아래 양쪽으로 전기력선이 발산하므로, 평판 한 면에서 발산하는 전계의 세기(E_p)는 2배가 됩니다.

① **전계의 세기**

$$E_p = \frac{\sigma}{2\varepsilon} [\text{V/m}]$$

전기력선 수 $N_e = 2E_p \cdot A$ [개] $\rightarrow 2E_p = \frac{N_e}{A} = \frac{\sigma}{\varepsilon}$ 이므로 $E_p = \frac{\sigma}{2\varepsilon}$

② **전위**

$$V = -\int_{\infty}^{r} E_p \, dl = \int_{r}^{\infty} \frac{Q}{2\varepsilon} dl = \frac{Q}{2\varepsilon}\int_{r}^{\infty} 1 \, dl = \frac{Q}{2\varepsilon} \infty = \infty [\text{V}]$$

9. 무한한 면적의 평면도체 두 장 사이에서 E_p, V

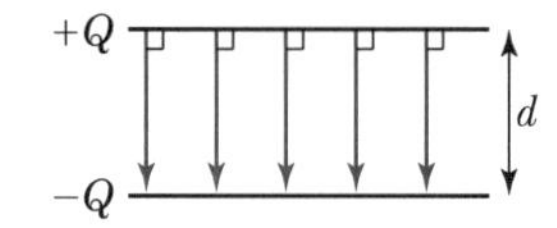

① **전계의 세기**

$$E_p = \frac{\sigma}{\varepsilon} [\text{V/m}]$$

두 평면 도체(평판) 사이의 전계의 세기는 면전하밀도이다.

② **전위**

$$V = -\int_{d}^{0} E_p \, dl = \frac{\sigma}{\varepsilon} d \, [\text{V}]$$

두 평면 도체(평판) 외부의 E_p와 V 모두 0이다.

10. 전기쌍극자에 의한 E_p, V

지금까지 다룬 전계의 세기(E_p)와 전위(V)는 단극자(단일 양전하 혹은 단일 음전하)도체를 전제로 계산하였습니다. 이번에는 단극자와 대비되는 쌍극자(두 전하 $+Q$와 $-Q$ 혹은 $-Q$와 $-Q$ 혹은 $+Q$와 $+Q$) 사이에서 나타나는 전계의 세기(E_p)와 전위(V)를 계산해 보겠습니다. 두 개의 전기 극성이기 때문에 '전기쌍극자'로 부릅니다. 전기쌍극자는 양전하($+Q$) 또는 음전하($-Q$)가 붙어 있는 형태이고, 이러한 쌍극자로부터 임의의 거리 P점에서 전계(E_p)와 전위(V)를 계산합니다.

핵심기출문제

무한평면전하에 의한 전계의 세기는?

① 거리에 관계없다.
② 거리에 비례한다.
③ 거리의 제곱에 비례한다.
④ 거리에 반비례한다.

해설

무한평면전하에 의한 전계의 세기

$E = \frac{\sigma}{2\varepsilon_0}$ (평등전계)

정답 ①

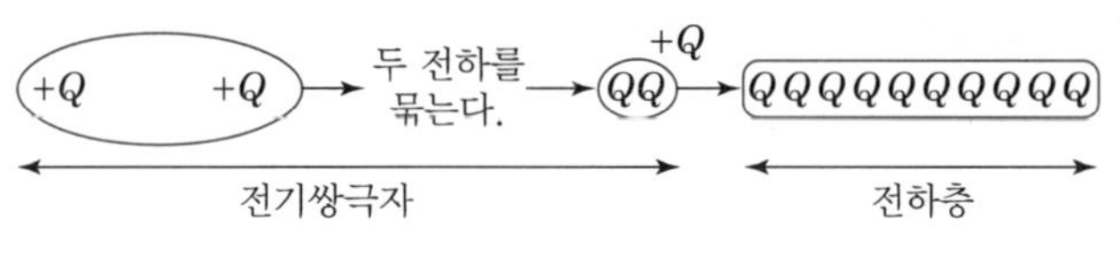

〖 쌍극자 개념 〗

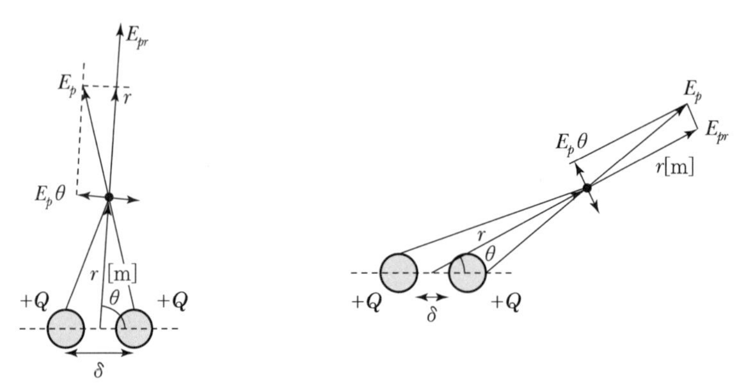

E_p의 cos$\theta \approx 90°$일 때　　　　E_p의 cos$\theta \approx 0°$에 가까울 때

〖 전기쌍극자와 P점 사이의 각도 〗

전기쌍극자 사이의 수평거리(δ)와 P점이 이루는 각도는, 전기쌍극자 수평거리(δ)가 가까울수록 각도(θ)가 90°에 가깝게 되므로 → $\cos 90° = 0$ 전계의 세기(E_p)는 값이 최소가 되고, 반대로 전기쌍극자 수평거리(δ)가 서로 멀어질수록 각도(θ)는 0°에 가깝게 되므로 → $\cos 0° = 1$ 전계의 세기(E_p)는 최대가 됩니다. 이를 수식으로 나타내면 다음과 같습니다.

① **쌍극자 모멘트**

$M = Q \cdot \delta$ [C · m]

② **쌍극자의 전위**

$$V = \frac{M}{4\pi\varepsilon r^2}\cos\theta \text{ [V]}$$

③ **쌍극자 P점의 전계**

$$E_p = \sqrt{{E_r}^2 + {E_\theta}^2} = \frac{M}{4\pi\varepsilon}\sqrt{1+3\cos^2\theta} \text{ [V/m]}$$

$$\rightarrow E_r = \frac{M}{2\pi\varepsilon r^3}\cos\theta \text{ [V/m]}, \quad E_\theta = \frac{M}{4\pi\varepsilon r^3}\sin\theta \text{ [V/m]}$$

$$\rightarrow r\text{방향의 전계 } E_r = -\frac{\partial V}{\partial r} = -\frac{\partial}{\partial r}\left(\frac{M}{4\pi\varepsilon_0 r^2}\cos\theta\right)$$

$$= \frac{1}{4\pi\varepsilon_0} \times \frac{2M\cos\theta}{r^3} = \frac{M}{2\pi\varepsilon_0 r^3}\cos\theta$$

$$\rightarrow \theta\text{방향의 전계 } E_\theta = -\frac{1}{r}\frac{\partial V}{\partial \theta} = \frac{1}{4\pi\varepsilon_0} \times \frac{M\sin\theta}{r^3} = \frac{M}{4\pi\varepsilon r^3}\sin\theta \text{ [V/m]}$$

핵심기출문제

크기가 같고 부호가 반대인 두 점전하 $+Q$[C]과 $-Q$[C]이 극히 미소한 거리 δ[m]만큼 떨어져 있을 때 전기쌍극자 모멘트는 몇 [C · m]인가?

① $\frac{1}{2}Q\,\delta$　② $Q\,\delta$
③ $2Q\,\delta$　④ $4Q\,\delta$

해설

전기쌍극자 모멘트

$M = Q\,\delta$[C · m]

정답 ②

핵심기출문제

쌍극자 모멘트 $4\pi\varepsilon_0$[C · m]의 전기쌍극자에 의한 공기 중 한 점 1[cm], 60°의 전위는 몇 [V]인가?

① 0.05　② 0.5
③ 50　④ 5000

해설

전기쌍극자의 전위

$V = \frac{M}{4\pi\varepsilon_0 r^2}\cos\theta$[V]에서

$\therefore V = \frac{4\pi\varepsilon_0}{4\pi\varepsilon_0(0.01)^2} \times \cos 60°$
$= 5000$[V]

정답 ④

11. 전기 2중층에 의한 P 점의 전위(V)

(1) 전기 2중층의 정의

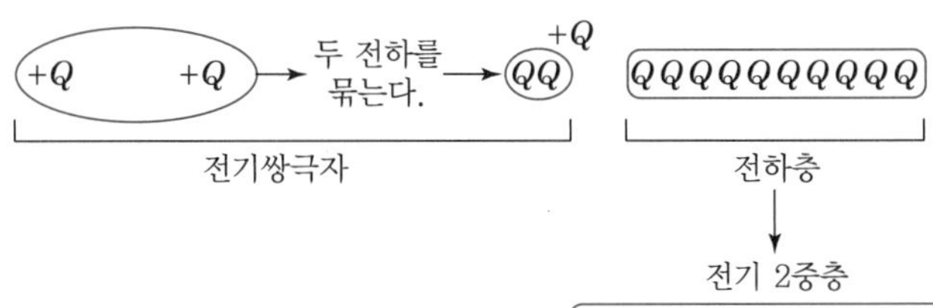

전기 2중층

QQQQQQQQQQQQQQ : +전하층

-Q-Q-Q-Q-Q-Q-Q-Q-Q-Q-Q-Q-Q-Q : −전하층

전기쌍극자는 전하가 쌍으로 된 구조이기 때문에 쌍극자였습니다. 이런 쌍극자가 여러 개 모이면, 위 그림처럼 전하가 층(양전하층, 음전하층)을 이루게 됩니다. 이와 같이 쌍극자가 모여 같은 극끼리 모인 전하층을 '전기 2중층'이라고 합니다. 전기 2중층은 전위(V)만 계산합니다.

(2) 전기 2중층에 의한 전위

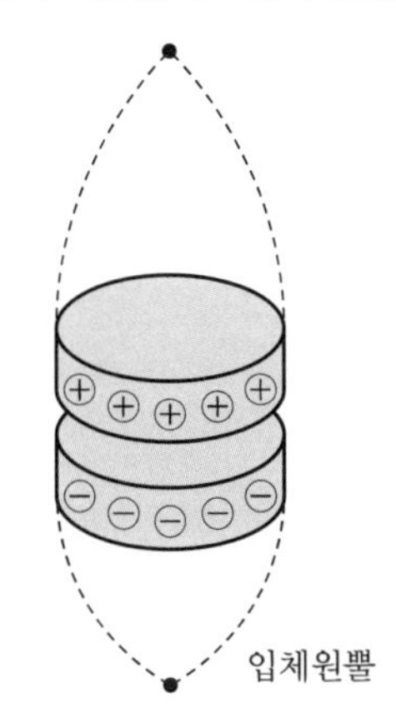

$$V = \frac{M}{4\pi\varepsilon} \cdot \omega \text{ [V]}$$

- 구의 입체각 : $\omega = 4\pi$ [sr]
- 반구의 입체각 : $\omega = 2\pi$ [sr]
- 원뿔의 입체각 : $\omega = \dfrac{2\pi r^2(1-\cos\theta)}{r^2} = 2\pi(1-\cos\theta)$ [sr]

여기서, ω : 입체각

sr : 스테라디안

① **입체각이 구일 경우 전위**

$$V = \frac{M}{4\pi\varepsilon}4\pi = \frac{M}{\varepsilon} \text{ [V]}$$

② **입체각이 반구일 경우 전위**

$$V = \frac{M}{4\pi\varepsilon}2\pi = \frac{M}{2\varepsilon} \text{ [V]}$$

③ **입체각이 원뿔일 경우 전위**

$$V = \frac{M}{4\pi\varepsilon}2\pi(1-\cos\theta) = \frac{M}{2\varepsilon}(1-\cos\theta) \text{ [V]}$$

핵심기출문제

그림에서 무한평면 S 위에 한 점 P가 있다. S가 P점에 대해서 이루는 입체각 ω는?

● P

S

① $\omega = \pi$ ② $\omega = 2\pi$

③ $\omega = 3\pi$ ④ $\omega = 4\pi$

해설

S 위의 한 점 P에 대한 입체각

$\omega = 2\pi$ [strad]

※ 전 공간의 입체각

$\omega = 4\pi$ [strad]

정답 ②

요약정리

1. 전계의 세기

$$E_p = \frac{Q}{4\pi\varepsilon r^2} = 9\times10^9 \frac{Q}{r^2}\,[\mathrm{V/m}]$$

2. 쿨롱의 법칙

$$F = \frac{Q_1\,Q_2}{4\pi\varepsilon r^2} = 9\times10^9 \frac{Q_1\,Q_2}{r^2}\,[\mathrm{N}]$$

3. 전위와 전위차

① 전위 $V = -\int_l \overrightarrow{E_p}\,dl\,[\mathrm{V}]$, 전위차 $V = \frac{Q}{4\pi\varepsilon r}\,[\mathrm{V}]$

② 전위차 I : $V = V_1 + V_2 = 9\times10^9\left(\frac{Q_1}{r_1} + \frac{Q_2}{r_2}\right)[\mathrm{V}]$

③ 전위차 II : $V = V_1 - V_2 = 9\times10^9\left(\frac{Q_1}{r_1} - \frac{Q_2}{r_2}\right)[\mathrm{V}]$

4. 키르히호프의 법칙

$$\sum_a^b 기전력 = \sum_a^b 전압강하$$

$$V = \int_b^a E_p\,dl = \int_a^b E_p\,dl$$

5. 전하밀도

① 선전하밀도 $\lambda = \frac{Q}{l}\,[\mathrm{C/m}]$

② 면전하밀도 $\sigma = \frac{Q}{A}\,[\mathrm{C/m^2}]$

③ 체적전하밀도 $\rho_v = \frac{Q}{v}\,[\mathrm{C/m^3}]$

6. 가우스 법칙

① 가우스의 전계정리 적분형 $N_e = \overrightarrow{E_p}\cdot A = \int \overrightarrow{E_p}\,ds = \frac{Q}{\varepsilon}$

② 가우스의 전계정리 미분형 $\overrightarrow{E_p} = -\nabla\cdot V$

③ 가우스의 발산정리 미분형 $\nabla \circ \overrightarrow{E_p} = \frac{\rho_v}{\varepsilon}$

④ 푸아송(Poisson)의 방정식 $\nabla^2 \cdot V = -\frac{\rho_v}{\varepsilon}$

⑤ 라플라스(Laplace) 방정식 $\nabla^2 \cdot V = 0$

7. 다양한 도체에 따른 전계의 세기(E_p)와 전위(V)

① 점전하 표면에서 전계의 세기 $E_p = \frac{Q}{4\pi\varepsilon r^2}$ [V/m]

② 점전하에서 P[m] 떨어진 지점의 전계의 세기 $E_p = \frac{Q}{4\pi\varepsilon r^2}$ [V/m]

③ 점전하(Q)에 의한 동심구의 전위차 $V = \frac{Q}{4\pi\varepsilon}\left(\frac{1}{a} - \frac{1}{b} + \frac{1}{c}\right)$ [V]

④ 점전하(Q) 내부에서 전계의 세기 $E_p{}' = \frac{Q\,r}{4\pi\varepsilon a^3}$ [V/m]

⑤ 선전하(λ : 전선 표면)에서 전계의 세기 $E_p = \frac{\lambda}{2\pi\varepsilon a}$ [V/m]

⑥ 피복이 있는 동축케이블에서 전계의 세기 $E_p = \frac{\lambda}{2\pi\varepsilon a}$ [V/m]

⑦ 원형 코일 중심에서 직각으로 P[m] 떨어진 곳의 전계의 세기

- 전체 전하(Q)에 의한 전계의 세기 $E_p = \frac{Q\,x}{4\pi\varepsilon(a^2 + x^2)^{\frac{3}{2}}}$ [V/m]
- 선전하(λ)에 의한 전계의 세기 $E_p = \frac{\lambda\,x\,a}{2\varepsilon(a^2 + x^2)^{\frac{3}{2}}}$ [V/m]

⑧ 무한평면도체 한 장에서 전계의 세기 $E_p = \frac{\sigma}{2\varepsilon}$ [V/m]

⑨ 무한평면도체 두 장 사이의 전계의 세기 $E_p = \frac{\sigma}{\varepsilon}$ [V/m]

⑩ 전기쌍극자에 의한 E_p, V

- $E_p = \frac{M}{4\pi\varepsilon}\sqrt{1 + 3\cos^2\theta}$ [V/m]
- $V = \frac{M}{4\pi\varepsilon}\cos\theta$ [V]

⑪ 전기 2중층에 의한 전위 $V = \frac{M}{4\pi\varepsilon}\omega$ [V] (ω : 입체각)

PART 01

CHAPTER 03

전기영상법[진짜 전하와 가상전하 두 전하 간의 힘(F)과 에너지(W)]

전기영상법(Method of Electric Images) 또는 영상법(Method of Images)은 어떤 경계면에서 일어나는 현상을 쉬운 문제로 바꾸어 손쉽게 해석하는 방법입니다. 다시 말해 원래 존재하는 전하에 대응하는 가상의 전하를 상상하여 두 전하 사이에 작용하는 힘과 에너지의 크기를 알아낼 수 있습니다. 여기서 "가상의 전하가 마치 원래 진짜 전하에 거울을 비춘 듯하다"는 의미에서 영상(Images)이고, '영상법'으로 부릅니다.
결론적으로, 전기영상법은 전기에너지가 존재하는 어떤 경계면에서 작용하는 힘 F[N]과 에너지 W[J]를 알기 위한 해석방법입니다.
영상법은 크게 3가지 유형으로 구분하여 접근할 수 있습니다.

① 선형 유전체에서 영상법
② 평면에서 영상법
③ 구면에서 영상법

「2장 정전계」에서는 전하(Q)가 한 개이든 두 개이든 그 전하에서 전기력선이 방출되어 전기장이 형성되고, 그 전기장으로부터 임의의 P[m] 거리에 존재하는 전계의 세기(E_p)와 전위(V)를 다음과 같이 계산할 수 있었습니다.

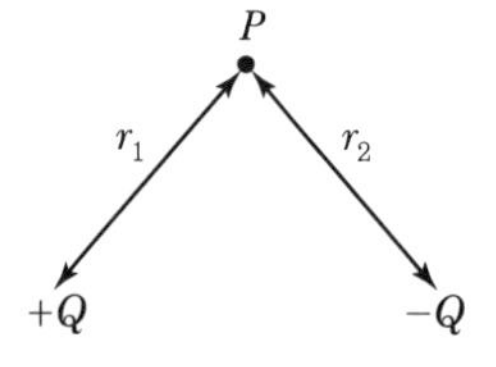

$$E_p = \frac{Q}{4\pi\varepsilon {r_1}^2} + \frac{-Q}{4\pi\varepsilon {r_2}^2}\ [\text{V/m}]$$

$$V = \frac{Q}{4\pi\varepsilon r_1} + \frac{-Q}{4\pi\varepsilon r_2}\ [\text{V}]$$

하지만 다음 그림과 같은 경우, 임의 P 위치의 전위(V)는 전하($+Q$)의 전기적 크기와 상관없이 0[V]입니다. 왜냐하면 P점과 같은 거리(d)에 금속판이 **접지**되어 있기 때문입니다. 이런 경우 P점의 전위는 0이지만, 전기적 값을 가진 전하($+Q$)가 존재하므로 전하에 작용하는 힘(F)과 에너지(W)도 분명히 존재합니다. 하지만 2장에서 다룬 이론만으로는 그 힘과 에너지를 구할 수 없습니다.
0[V] 전위인 땅(=대지)에 접지판(혹은 접지봉)을 넣고, 이 접지판과 지상의 어떤 도체를 접속시키면 지상의 도체도 같은 0 전위가 될 수밖에 없습니다.

✠ 접지
도체의 한 부분을 땅속에 박아 놓은 0[V] 전위의 구리판 또는 구리봉에 접속시킨 상태를 의미하는 전기용어이다.

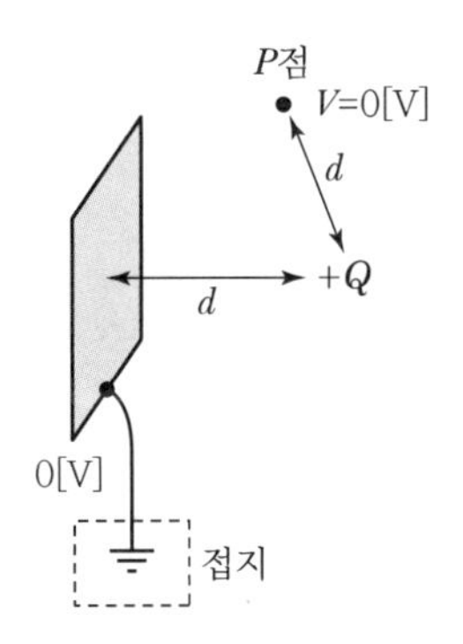

참고 ✓ 접지와 고유전위 개념

지구의 모든 물질은 원자로 구성되어 있다. 지구에 존재하는 자연적인 원자는 총 92개이며, 각각의 원자는 다양한 양성자와 전자 비율을 갖고 있다. 모든 원자에는 전자(e)가 존재하므로 모든 물질은 고유한 전위[V]가 있으며, 이것을 '고유전위'라고 한다. 그러므로 원자로 이루어진 지구 자체도 고유한 전위를 가지고 있다. 다만, 전기적인 관점에서 봤을 때 지구를 하나의 도체로 보면 지구는 '등전위'이므로 지구 내부는 0 전위라는 점에서 지상의 어떤 도체를 땅과 접지하면 0[V]라고 말할 수 있다.
하지만 사실 지구와 지구의 자연계 어디에도 0[V]의 전위는 존재하지 않는다. 0[V] 전위는 연구실험실에서 수소(H) 전극을 이용하여 인위적인 0 전위를 만들 수 있다. 그리고 이 0전위를 기준으로 어떤 물질의 고유전위가 얼마인지 상대적으로 정확하게 측정할 수 있다. 0 전위를 어떤 물질로 정하는지에 따라 0 전위의 기준이 달라질 수 있다.
이러한 고유전위가 존재하기 때문에 우리는 일상에서 두 개의 서로 다른 물질을 묶어서 전위차를 만들고, 이 전위차로 AA 건전지, AAA 건전지, 핸드폰 및 각종 전자기기의 배터리를 사용할 수 있다.

01 전기영상법에 의한 경계면에 작용하는 힘과 에너지

다음 그림처럼 음전하 $-Q$가 있고, r[m] 떨어진 위치에 접지된 P 면이 있습니다.

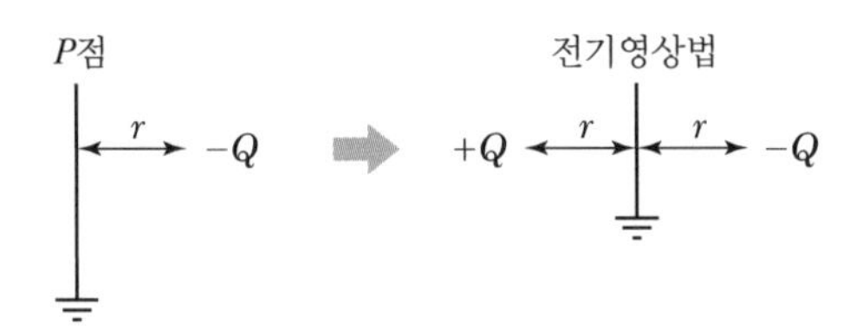

〖 전기영상 해석 I 〗

$-Q$로부터 r[m] 떨어진 P점에서 전위가 이미 0[V]라면, 개념적 사고로 $-Q$에서 P 경계면의 반대편으로 같은 거리 r[m] 떨어진 곳에 같은 크기의 전기적 성질만 다른 $+Q$가 있다고 가정할 수 있습니다. 그렇기 때문에 $-Q$와 $+Q$ 중간에 위치한 P면이 0[V]가 된다고 해석할 수 있습니다. 이것이 전기영상법의 원리입니다.

핵심기출문제

모든 전기장치에 접지시키는 근본적인 이유는?

① 지구의 용량이 커서 전위가 거의 일정하기 때문이다.
② 편의상 지면을 0전위로 보기 때문이다.
③ 영상전하를 이용하기 때문이다.
④ 지구는 전류를 잘 통하기 때문이다.

해설
지구의 정전용량(C)이 대단히 크므로 지구의 전위는 일정한 등전위이다. 그리고 실용적으로 지구의 전위를 0으로 본다.

정답 ①

핵심기출문제

점전하 Q에 의한 무한평면도체의 영상전하는?

① $-Q$[C]보다 작다.
② Q[C]보다 크다.
③ $-Q$[C]과 같다.
④ Q[C]과 같다.

해설
점전하 Q[C]에 의해 무한평면도체에 유도되는 영상전하는 점전하 Q[C]와 크기는 같으나 부호가 반대(등량 이부호)인 전하가 유도된다.
즉, 영상전하 $Q' = -Q$[C]

정답 ③

핵심기출문제

무한히 넓은 접지평면도체로부터 수직거리 a[m]인 곳에 점전하 Q[C]이 있을 때 이 평면도체와 전하 Q와 작용하는 힘 F[N]는 다음 중 어느 것인가?

① $\frac{1}{16\pi\varepsilon_0}\cdot\frac{Q^2}{a^2}$이며, 흡인력이다.

② $\frac{1}{4\pi\varepsilon_0}\cdot\frac{Q^2}{a^2}$이며, 흡인력이다.

③ $\frac{1}{2\pi\varepsilon_0}\cdot\frac{Q^2}{a^2}$이며, 반발력이다.

④ $\frac{1}{16\pi\varepsilon_0}\cdot\frac{Q^2}{a^2}$이며, 반발력이다.

해설

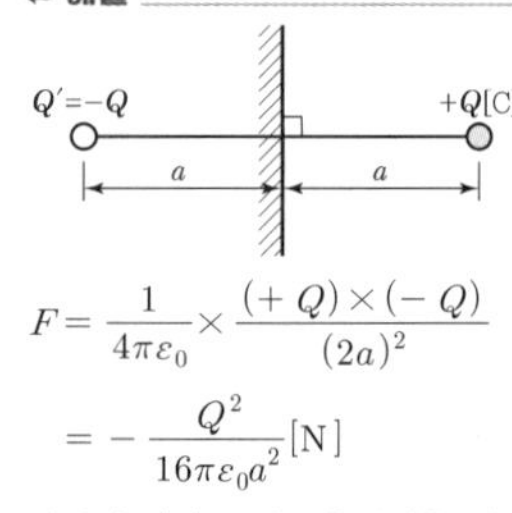

$$F=\frac{1}{4\pi\varepsilon_0}\times\frac{(+Q)\times(-Q)}{(2a)^2}$$

$$=-\frac{Q^2}{16\pi\varepsilon_0 a^2}[\text{N}]$$

여기서, (−)부호는 흡인력을 의미한다.

정답 ①

핵심기출문제

접지구도체와 점전하 간의 작용력은?

① 항상 반발력이다.
② 항상 흡인력이다.
③ 조건적 반발력이다.
④ 조건적 흡인력이다.

해설

접지구도체에는 정전유도현상에 의해 점전하와 반대부호의 전하가 유도되므로 접지구도체와 점전하 사이에 작용하는 힘은 항상 흡인력이다.

정답 ②

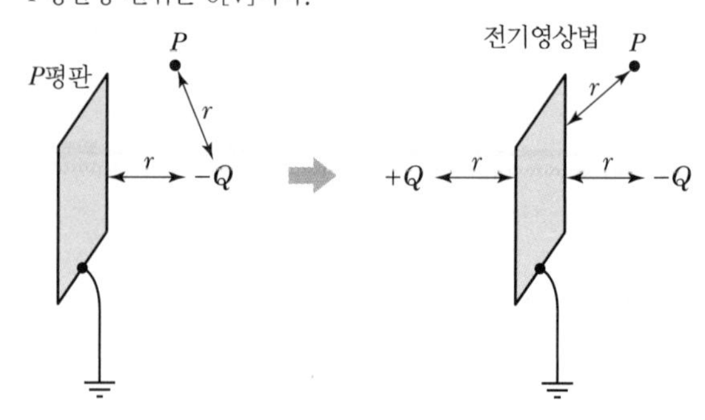

〖 전기영상 해석 Ⅱ 〗

전기영상법에 의하면, 크기는 같고 전기적 성질만 다른 두 전하 사이의 전계 세기(E_p)와 전위(V) 모두는 0일 수밖에 없습니다. 그래서 전기영상법으로 구하고자 하는 것은 전계나 전위가 아닌 힘(F)과 에너지(W)입니다. 전기영상법이 아닌 다른 이론으로 힘(F)과 에너지(W)를 구할 방법은 없습니다.

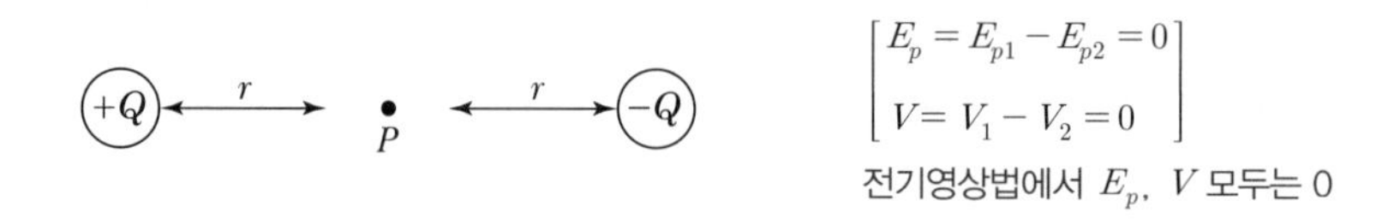

$$\begin{bmatrix} E_p=E_{p1}-E_{p2}=0 \\ V=V_1-V_2=0 \end{bmatrix}$$

전기영상법에서 E_p, V 모두는 0

02 전기영상법에 의한 두 전하 사이의 힘(F)

전기영상법은 항상 두 개 전하(진짜 Q 하나, 가짜 Q 하나가 존재하므로 두 전하 사이에서 작용하는 힘(F)을 구할 수 있고, 그 힘에는 $+Q$와 $-Q$에 의한 힘이므로 항상 **흡인력**이 작용합니다. 여기서 진짜 전하를 **진전하**, 가짜 전하를 **영상전하**로 부릅니다.

03 전기영상법에 의해 경계면에 작용하는 힘과 에너지

1. 접지된 무한평면도체와 두 점전하 사이의 F, W

(1) 무한평면도체에서 힘(F)

진짜 전하 $+Q$와 거리 d[m] 떨어진 곳에 접지된 평판도체 사이에 작용하는 힘은 계산할 수 없습니다. 하지만 영상법을 이용하여 같은 d 거리 경계면 반대편에 영상전하($-Q$)를 가정하면, 다음과 같이 경계면에서 작용하는 힘(F)을 계산할 수 있습니다.

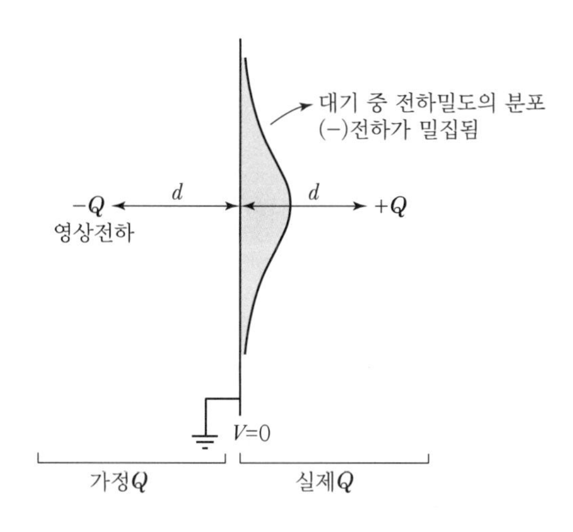

무한평면도체에 작용하는 힘 : $F=\dfrac{-Q^2}{16\pi\varepsilon d^2}$[N]의 **흡인력**이 작용

→ 쿨롱의 법칙 $F=\dfrac{Q_1 \cdot Q_2}{4\pi\varepsilon r^2}$을 이용하여, $F=\dfrac{Q\cdot(-Q)}{4\pi\varepsilon(2d)^2}=\dfrac{-Q^2}{16\pi\varepsilon d^2}$[N]

(2) 무한평면도체에서 에너지(W)

무한평면도체에서 영상전하와 실제전하 사이에서 발생하는 에너지는,

무한평면상 에너지 : $W=\dfrac{Q^2}{16\pi\varepsilon d}$[J]

→ $W=\displaystyle\int_\infty^d \vec{F}\,dl=\int_\infty^d \frac{-Q^2}{16\pi\varepsilon d^2}dd=\frac{-Q^2}{16\pi\varepsilon}\int_\infty^d \frac{1}{d^2}dd=\frac{Q^2}{16\pi\varepsilon d}$[J]

→ 또는 $W=F\cdot d=\dfrac{Q^2}{16\pi\varepsilon d^2}d$[J]

(3) 무한평면도체에서 최대전하밀도(σ_{max})

무한평면도체로부터 d[m] 떨어진 실제전하($+Q$)에 의해, 평면도체 표면에 자유공간에 존재하는 $-Q$가 볼록한 형태로 유도되어 밀집됩니다. 볼록한 모양으로 유도된 이 전하밀도가 '최대전하밀도(σ_{max})'이며 단위는 [C/m^2]입니다.

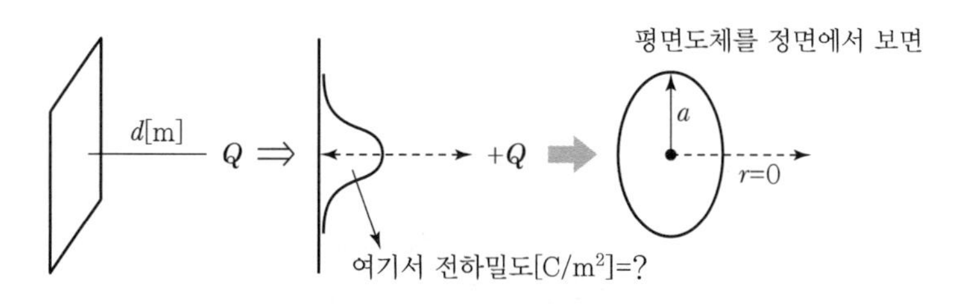

〖 무한평면도체의 최대전하밀도 〗

핵심기출문제

평면도체로부터 수직거리 a[m]인 곳에 점전하 Q[C]이 있다. Q와 평면도체 사이에 작용하는 힘은 몇 [N]인가?(단, 평면도체 오른편을 유전율 ε의 공간이라 한다.)

① $-\dfrac{Q}{16\pi\varepsilon a^2}$ ② $-\dfrac{Q^2}{8\pi\varepsilon a^2}$

③ $-\dfrac{Q^2}{4\pi\varepsilon a^2}$ ④ $-\dfrac{Q^2}{2\pi\varepsilon a^2}$

정답 ①

핵심기출문제

평면도체 표면에서 d[m]의 거리에 점전하 Q[C]이 있을 때 이 전하를 무한원까지 운반하는 데 필요한 일[J]을 구하면?

① $\dfrac{Q^2}{4\pi\varepsilon_0 d}$ ② $\dfrac{Q^2}{8\pi\varepsilon_0 d}$

③ $\dfrac{Q^2}{16\pi\varepsilon_0 d}$ ④ $\dfrac{Q^2}{32\pi\varepsilon_0 d}$

해설

무한평면도체에 작용하는 힘

$F=\dfrac{Q^2}{16\pi\varepsilon_0 d^2}$[N]

정답 ③

최대전하밀도($\sigma_{\max}$) 값은 다음과 같이 계산됩니다.

최대전하밀도 $\sigma_{\max} = -\dfrac{Q}{2\pi d^2}$ [C/m²]

→ 원형 도체 중심에서 직각으로 떨어진 P점의 $E_p = \dfrac{Q \cdot a}{4\pi\varepsilon(a^2+r^2)^{\frac{3}{2}}}$ [V/m]

→ 전기영상이므로 평면도체 양쪽으로 E_p가 존재하며 전계는 $2E_p$이다.

→ $E_p = \dfrac{Q \cdot a}{4\pi\varepsilon a^3} \times 2$배 $= \dfrac{Q}{2\pi\varepsilon a^2}$ [V/m]

→ 전하밀도 공간은 음(−)전하 영역이므로 (−)부호를 갖는다. $-\sigma,\ -\rho,\ -D$

$$\sigma = -D = -\varepsilon Ep = -\varepsilon\left(\frac{Q}{2\pi\varepsilon a^2}\right) = -\frac{Q}{2\pi a^2}[\mathrm{C/m^2}]$$

∴ 최대전하밀도($-\sigma_{\max}$, $-\rho_m$, $-D$)는 $-\dfrac{Q}{2\pi a^2}$ 또는 $-\dfrac{Q}{2\pi d^2}$

직교하는 평판(무한평면도체)이 있고, 0 전위로 접지된 사분면 중 한 사분면에만 전하(+ Q)가 있을 때, 영상전하는 다음과 같이 3개입니다.

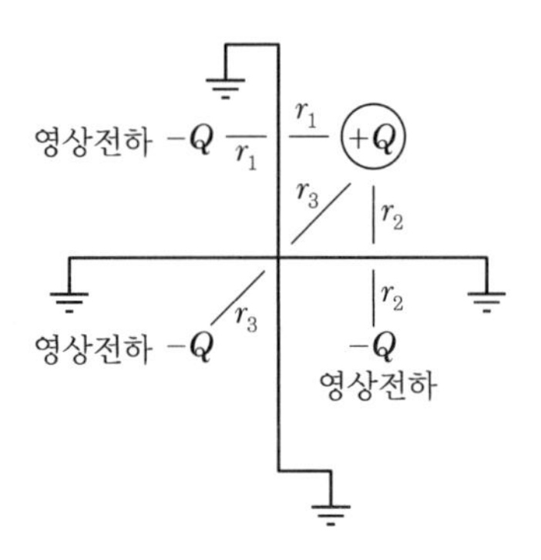

2. 접지된 구도체와 점전하 사이의 힘(F)

0 전위로 접지된 구형 도체(=구도체)가 있고, 구도체 밖에 실제전하(+ Q)가 있을 때, 영상전하는 구도체 내부에 위치하게 됩니다.

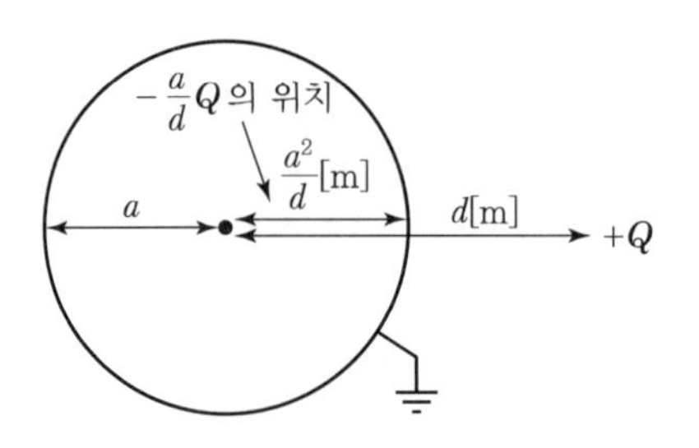

> **핵심기출문제**
>
> 직교하는 도체평면과 점전하 사이에는 몇 개의 영상전하가 존재하는가?
>
> ① 2 ② 3
> ③ 4 ④ 5
>
> **해설**
> 평면도체에 의한 영상전하의 수
>
> $n = \dfrac{360°}{\theta} - 1$[개]
> $= \dfrac{360°}{90°} - 1 = 3$[개]
>
> 여기서, θ : 평면도체가 이루는 사이각
>
> 정답 ②

> **핵심기출문제**
>
> 반지름이 0.01[m]인 구도체를 접지시키고 중심으로부터 0.1[m]의 거리에 10[μC]의 점전하를 놓았다. 구도체에 유도된 총전하량은 몇 [μC]인가?
>
> ① 0 ② −1.0
> ③ −10 ④ +10
>
> **해설**
> 접지 구도체에 유도된 영상전하
>
> $Q' = -\dfrac{a}{d}Q$
> $= -\dfrac{0.01}{0.1} \times 10$
> $= -1.0[\mu\mathrm{C}]$
>
> 정답 ②

① **영상전하의 위치**

구도체 중심점으로부터 $\dfrac{a^2}{d}$[m]에 위치

② **영상전하의 크기**

$-\dfrac{a}{d}Q$[C] (실제전하 반대편에 반대부호로 존재)

③ **영상전하와 실제전하 사이에서 실제전하가 받는 힘**

$$F=\frac{Q\left(-\frac{a}{d}Q\right)}{4\pi\varepsilon\left(d-\frac{a^2}{d}\right)^2}$$ [N]의 **흡인력** 발생

3. 선전하(λ)와 접지된 무한평면도체(땅) 사이에서 작용하는 힘(F)

땅(=대지)과 무한한 길이의 직선도체(λ) 사이에서 밀거나 당기는 물리적 힘이 작용합니다. 하지만 직선도체와 땅만으로 작용하는 힘(F)을 구할 수 없습니다. 여기서 영상 선전하($-\lambda$)를 가정하면, 실제 선전하($+\lambda$)와 영상 선전하($-\lambda$) 사이에서 실제 선전하가 받는 힘을 구할 수 있습니다.

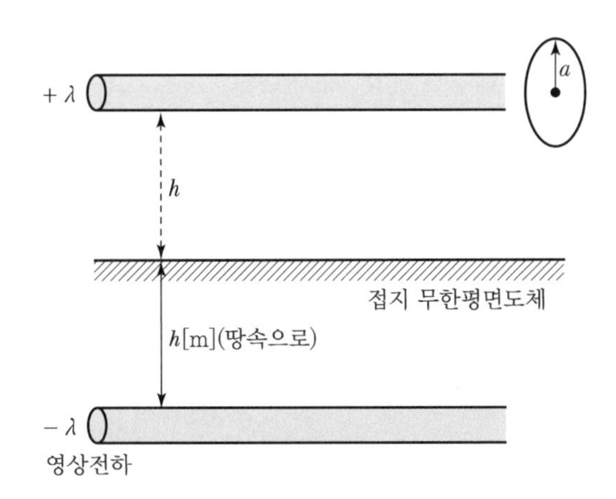

① **선전하($+\lambda$)가 받는 힘** : $F=\dfrac{-\lambda^2}{2\pi\varepsilon(2h)}$ [N/m] (흡인력)

$$F=E_p\cdot\lambda=[\text{V/m}]\,[\text{C/m}]=\frac{\lambda}{2\pi\varepsilon(2h)}(-\lambda)=\frac{-\lambda^2}{2\pi\varepsilon(2h)}\ [\text{N/m}]$$

② **선전하의 전위** : $V=-\displaystyle\int_{2h}^{a}E_p\,dl=\frac{\lambda}{2\pi\varepsilon}ln\frac{2h}{a}$ [V]

③ **선전하의 정전용량** : $C=\dfrac{Q}{V}=\dfrac{\lambda}{\left(\frac{\lambda}{2\pi\varepsilon}ln\frac{2h}{a}\right)}=\dfrac{2\pi\varepsilon}{\ln\frac{2h}{a}}$ [F/m]

핵심기출문제

반지름 a[m]인 접지 구도체의 중심에서 r[m]가 되는 거리에 점전하 Q[C]을 놓았을 때 구도체에 유도된 총전하의 크기는 몇 [C]인가?

① 0 ② $-Q$

③ $-\dfrac{a}{r}Q$ ④ $-\dfrac{r}{a}Q$

해설

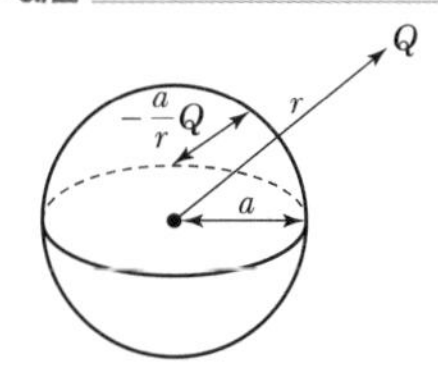

• 영상전하의 크기

$Q'=-\dfrac{a}{r}Q$[C]

• 영상전하의 위치

$x=\dfrac{a^2}{r}$[m]

정답 ③

핵심기출문제

무한평면도체와 d[m] 떨어져 평행한 무한장 직선도체에 ρ[C/m]의 전하분포가 주어졌을 때 직선도체의 단위길이당 받는 힘은? (단, 공간의 유전율은 ε이다.)

① 0[N/m]

② $\dfrac{\rho^2}{\pi\varepsilon d}$[N/m]

③ $\dfrac{\rho^2}{2\pi\varepsilon d}$[N/m]

④ $\dfrac{\rho^2}{4\pi\varepsilon d}$[N/m]

해설

무한평면도체와 평행한 무한장 직선도체에 의한 작용력

$F=-\dfrac{\rho^2}{4\pi\varepsilon\cdot d}$[N/m]

정답 ④

1. 접지된 무한평면도체와 점전하 사이의 힘과 에너지

① **무한평면도체에서 힘** : $F = \dfrac{-Q^2}{16\pi\varepsilon d^2}$ [N] (흡인력 작용)

② **무한평면도체에서 에너지** : $W = \dfrac{Q^2}{16\pi\varepsilon d}$ [J]

③ **무한평면도체의 최대전하밀도** : $\sigma_{max} = -\dfrac{Q}{2\pi d^2}$ [C/m²]

2. 접지된 구도체와 점전하 사이의 힘

① **영상전하의 위치** : $\dfrac{a^2}{d}$ [m]

② **영상전하의 크기** : $-\dfrac{a}{d}Q$ [C]

③ **실제전하가 받는 힘** $F = \dfrac{Q\left(-\dfrac{a}{d}Q\right)}{4\pi\varepsilon\left(d - \dfrac{a^2}{d}\right)^2}$ [N] (흡인력 작용)

3. 선전하(λ)와 땅 사이에서 작용하는 힘

$$F = \frac{-\lambda^2}{2\pi\varepsilon(2h)} \text{ [N]}$$

CHAPTER

04 전기콘덴서의 정전용량 계산

콘덴서(condenser : 응축기)라는 용어는 다양한 산업분야에서 물이나 증기를 응축하는 장치(=응축기)를 통틀어 사용하는 용어입니다. 다만, 전기분야에서는 전하를 축적한다는 의미로 좁혀서 사용할 뿐입니다. 콘덴서가 전기분야에서 전기에 국한히여 사용하는 용어가 아니라는 점을 참고하기 바랍니다.

콘덴서는 전하(Q)를 응축할 목적으로 만든 소자입니다. 크기는 사람 몸통만 한 대형 크기도 있고, 손톱만 한 소형 크기도 있습니다. 콘덴서가 전하(Q)를 모아놓은 용도로써 전하를 모으는 능력 또는 전하를 축적할 수 있는 용량을 별도의 용어로 커패시턴스(Capacitance)라고 하며, 문자는 C, 단위는 패럿[F] 입니다.

콘덴서에 모아둔 전하는 전류가 필요한 부하로 가져가서, 부하와 콘덴서를 연결하여 콘덴서로부터 전하를 인출하여 사용할 수 있습니다. 콘덴서에 응축돼 있던 전하가 콘덴서 밖으로 이동할 때는 전류와 함께 전압이 발생합니다. 여기서 우리는 전기콘덴서와 관련된 다음의 요소들을 계산하고 관련 수식을 알아야 합니다.

① 전하저장 능력(C)
② 저장된 전하량(Q)
③ 저장된 전하에 의해 콘덴서의 전극이 받는 힘(F)
④ 콘덴서의 외부에 존재하는 에너지(W)

〖 소용량 전기콘덴서 〗

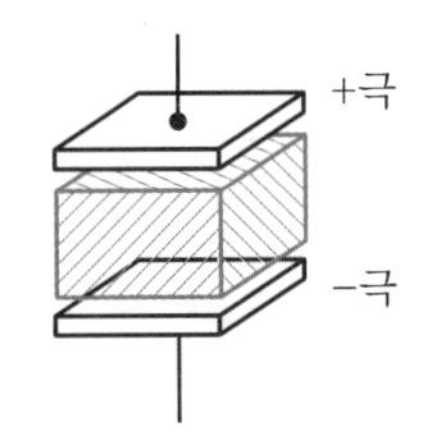

〖 콘덴서의 내부 구조 〗

01 콘덴서

1. 콘덴서의 개념

전기영역에서 콘덴서란 전하(Q)를 축적(저장)하는 기구입니다. 어떤 콘덴서가 전하(Q)를 얼마나 많이 저장할 수 있는지를 나타내는 용어가 '캐패시턴스' 또는 '정전용량'입니다. 전하를 축적할 수 있는 콘덴서 구조는 다음과 같습니다.

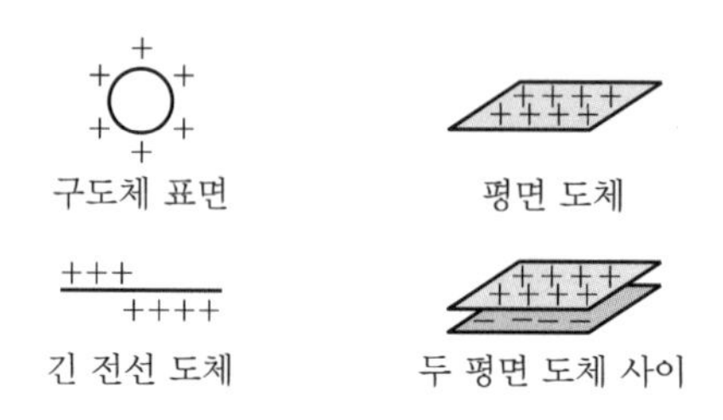

〖 전하를 쌓는 다양한 구조 〗

2. 평행판 콘덴서의 정전용량

다양한 형태의 콘덴서 중에서 콘덴서의 구조를 가장 쉽게 설명할 수 있고, 콘덴서의 정전용량을 계산할 때 가장 기본이 되는 구조가 다음과 같은 평행판 콘덴서입니다.

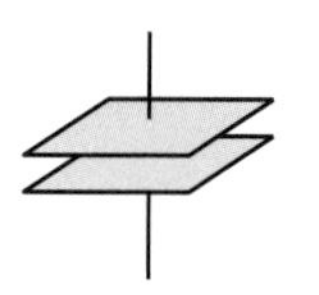

〖 평행판 콘덴서 〗

① **정전용량(=콘덴서)의 기호 및 문자** : C[F] (farad)

② **정전용량의 역수** : $P=\dfrac{1}{C}$ [d] (daraf, elastance)

③ **정전용량 회로식** : $C=\dfrac{Q}{V}$ [F]

④ **정전용량 구조식** : $C=\varepsilon\dfrac{A}{l}$ [F]

이와 같이 모든 콘덴서는 전극 사이에 전하축적능력을 향상시키기 위한 '유전체' 혹은 '전해액'이 들어갑니다. 유전체(또는 전해액)는 전기가 통하지 않는 **부도체** 성질을 갖고 있으며, 전기분해(+, −를 분리하는 분극이 잘되는 물질)가 잘 일어나는 물질입니다. 유전체(또는 전해액)의 전기분해가 잘 될수록 유전체 내에 음전하(−)와 양전하(+)의 분리능력이 향상되므로 콘덴서의 전하를 축적할 수 있는 능력 또한 증가하게 됩니다. 다시 말해, 콘덴서의 전하축적능력은 유전체의 유전율(ε)이 결정합니다.

핵심기출문제

면적 S[m^2], 극간 거리 d[m]인 평행판 콘덴서에 비유전율(ε_s)의 유전체를 채운 경우의 정전용량은? (단, 진공의 유전율은 ε_0이다.)

① $\dfrac{\varepsilon_s S}{4\pi\varepsilon_0 d}$ ② $\dfrac{4\pi\varepsilon_0\varepsilon_s}{Sd}$

③ $\dfrac{\varepsilon_s S}{\varepsilon_0 d}$ ④ $\dfrac{\varepsilon_0\varepsilon_s S}{d}$

해설

유전체의 정전용량

$C=\varepsilon_s C_0$

$=\varepsilon_s\times\dfrac{\varepsilon_0 S}{d}=\dfrac{\varepsilon_0\varepsilon_s S}{d}$[F]

정답 ④

핵심기출문제

엘라스턴스(Elastance)란?

① $\dfrac{1}{\text{전위차}\times\text{전기량}}$

② 전위차×전기량

③ $\dfrac{\text{전위차}}{\text{전기량}}$

④ $\dfrac{\text{전기량}}{\text{전위차}}$

해설

엘라스턴스(d)는 정전용량의 역수 단위이다.

즉, 엘라스턴스

$\dfrac{1}{C}=\dfrac{V}{Q}=\dfrac{\text{전위차}}{\text{전기량}}$[V/C]

$=[daraf]=[d]$

정답 ③

✠ 부도체

일반적으로 전류가 흐르지 않는 물질을 말하며 대표적으로 나무, 고무, 종이, 플라스틱, 유리 등이 있다. 부도체와 반대되는 전기적 상태가 '도체'이다. 도체는 전류가 잘 흐를 수 있도록 하는 것을 목적으로 만들어진 전기재료 또는 전기설비(전선, 전력케이블)이다.

그러므로, 콘덴서 회로식($C=\frac{Q}{V}$)의 의미는 1[V]를 가하여 콘덴서 전극에 1[C]의 전하가 쌓이면 1[F]만큼의 정전용량이 발생했다고 말할 수 있습니다. 사실 1[F]은 대단히 큰 정전용량입니다. 실제로 사용되는 콘덴서, 커패시턴스, 정전용량의 단위로는 주로 [μF], [pF]을 사용합니다.

02 다양한 도체전극 형태에 따른 정전용량 계산

1. 평판 두 장 사이에서 정전용량(C)

정전용량 $C=\varepsilon\frac{A}{d}$ [F]

$$\left\{C=\frac{Q}{V}=\frac{Q}{\left(d\frac{\sigma}{\varepsilon}\right)}=\frac{\sigma A}{\left(\frac{d\sigma}{\varepsilon}\right)}=\varepsilon\frac{A}{d}\right\}$$

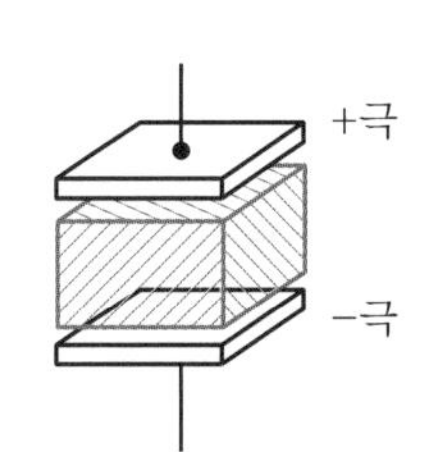

여기서, σ : 면전하 밀도[C/m^2]

d : 전극 사이의 거리[m]

ε : $\varepsilon_0\times\varepsilon_s$ [F/m]

2. 구도체 형태의 표면에서 정전용량(C)

정전용량 $C=4\pi\varepsilon r$ [F]

$$\left\{C=\frac{Q}{V}=\frac{Q}{\left(\frac{Q}{4\pi\varepsilon r}\right)}=4\pi\varepsilon r\right\}$$

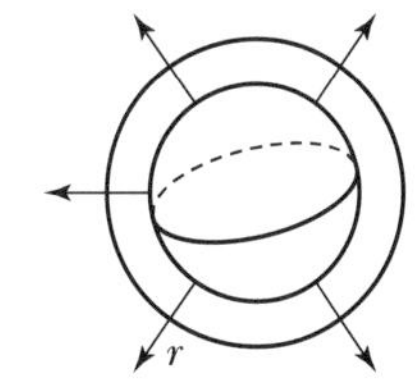

3. 두 구도체 사이에서 정전용량(C)

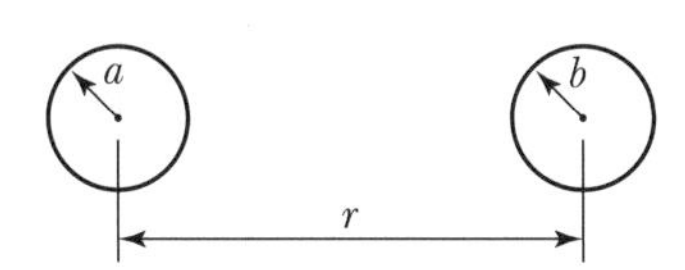

$$C=4\pi\varepsilon\frac{ab}{a+b}\ [\text{F}]$$

$$\left\{C=\frac{Q}{V}=\frac{Q}{\frac{Q}{4\pi\varepsilon}\left(\frac{1}{a}+\frac{1}{b}\right)}=\frac{4\pi\varepsilon}{\left(\frac{1}{a}+\frac{1}{b}\right)}=4\pi\varepsilon\frac{ab}{a+b}\right\}$$

$$\left\{\text{전위차 } V=V_1+V_2=\frac{Q}{4\pi\varepsilon}\left(\frac{1}{a}+\frac{1}{b}\right)[\text{V}]\ \text{ 단, } Q_1=Q_2\text{조건}\right\}$$

핵심기출문제

콘덴서에 대한 설명 중 옳지 않은 것은?

① 콘덴서는 두 도체 간 정전용량에 의하여 전하를 축적하는 장치이다.
② 가능한 한 많은 전하를 축적하기 위하여 도체 간의 간격을 작게 한다.
③ 두 도체 간의 절연물은 절연을 유지할 뿐이다.
④ 두 도체 간의 절연물은 도체 간 절연은 물론 정전용량의 값을 증가시키기 위함이다.

해설

두 도체 극판 간의 절연물(유전체)은 도체 간의 절연뿐만 아니라 전계 중에서 분극작용을 일으켜 도체의 정전용량을 증가시킨다.

정답 ③

핵심기출문제

한 변이 50[cm]인 정사각형 전극을 가진 평행판 콘덴서가 있다. 이 극판 간격을 5[mm]로 할 때 정전용량은 얼마인가?

① 443[pF] ② 380[μF]
③ 410[μF] ④ 0.5[pF]

해설

평행판 콘덴서의 정전용량

$$C=\frac{\varepsilon_0 A}{l}=\frac{8.855\times10^{-12}\times0.5^2}{5\times10^{-3}}=443\ [\text{pF}]$$

정답 ①

핵심기출문제

공기 중에 있는 지름 6[cm]인 단일 구도체의 정전용량은 몇 [pF]인가?

① 0.33 ② 3.3
③ 0.67 ④ 6.7

해설

고립 구도체의 정전용량

$$C=4\pi\varepsilon_0 r=\frac{1}{9\times10^9}\times3\times10^{-2}=3.3\times10^{-12}=3.3\ [\text{pF}]$$

정답 ②

4. 동심구 형태에서 정전용량(C)

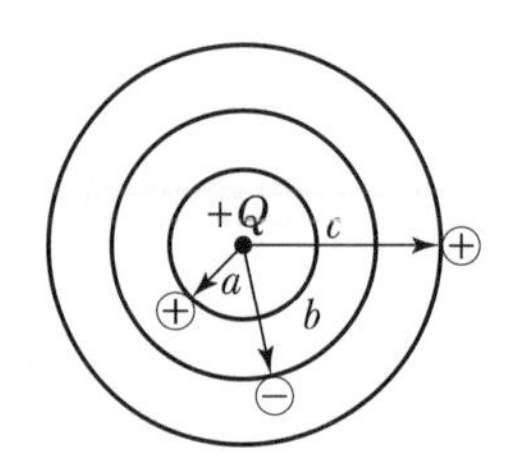

① 중심에 전하($+Q$)가 있고, 그 전하 표면도 아주 짧은 a [m] 거리의 (+) 등전위면이다.

② 중심의 전하($+Q$)로부터 b [m] 거리에 유도된 전하($-Q$)가 등전위면을 이루고 있다.

③ 그러므로 $+Q$와 $-Q$ 등전위면 사이에 다음과 같은 정전용량이 발생한다.

동심구의 정전용량 $C = 4\pi\varepsilon \dfrac{ab}{b-a}$ [F]

$$\left\{ C = \frac{Q}{V} = \frac{Q}{\dfrac{Q}{4\pi\varepsilon}\left(\dfrac{1}{a} - \dfrac{1}{b}\right)} = \frac{4\pi\varepsilon}{\left(\dfrac{1}{a} - \dfrac{1}{b}\right)} = 4\pi\varepsilon\frac{ab}{b-a} \right\}$$

④ 중심의 전하($+Q$)로부터 c [m] 거리에 유도된 전하($+Q$)는 상대 등전위면이 없으므로 정전용량이 쌓이지 않는다.

5. 동축케이블에서 정전용량(C)

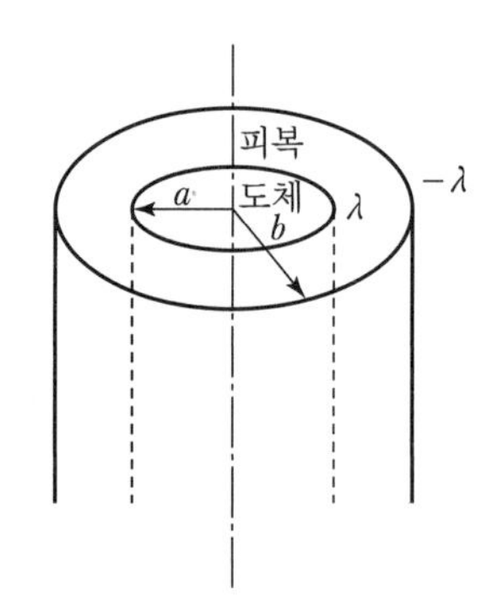

동축케이블의 다른 말은 '전선, 전력케이블 또는 원통형 도체'입니다. 동축케이블 구조는 전선 내부에 전류가 흐르는 도체부분이 있고, 그 도체 외부를 절연재료인 피복이 감싸고 있는 구조입니다.

그래서 동축케이블에서 정전용량을 구한다는 말의 정확한 의미는 '도체표면과 피복표면 사이에서 발생하는 정전용량의 크기를 계산' 한다는 뜻이 됩니다.

도체중심에서 도체표면까지 거리가 a, 도체중심에서 피복표면까지 거리가 b일 때, $a \sim b$ 사이에 쌓이는 정전용량(C)은 다음과 같이 계산합니다.

핵심기출문제

그림과 같은 두 개의 동심구로 된 콘덴서의 정전용량은?

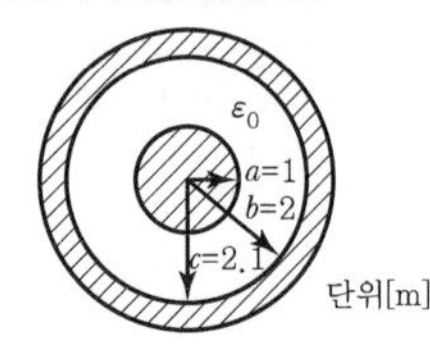

① $2\pi\varepsilon_0$[F] ② $4\pi\varepsilon_0$[F]
③ $8\pi\varepsilon_0$[F] ④ $12\pi\varepsilon_0$[F]

해설

동심구 도체의 정전용량

$$C = \frac{4\pi\varepsilon_0}{\dfrac{1}{a} - \dfrac{1}{b}} = \frac{4\pi\varepsilon_0 \cdot ab}{b-a}$$

$$= \frac{4\pi\varepsilon_0 \times (2\times1)}{2-1}$$

$$= 8\pi\varepsilon_0 \text{[F]}$$

정답 ③

핵심기출문제

정전유도에 의해서 고립된 도체에 유도되는 전하는?

① 정전하만 유도되며 도체는 등전위이다.
② 정, 부 동량의 전하가 유도되며 도체는 등전위이다.
③ 부전하만 유도되며 도체는 등전위가 아니다.
④ 정, 부 동량의 전하가 유도되며 도체는 등전위가 아니다.

해설

정전유도 현상에 의해 고립도체에 유도되는 전하는 크기는 같고 부호가 반대인 전하(등량 이부호 : $+Q$, $-Q$)가 유도되며 도체는 하나의 등전위 분포를 이룬다.

정답 ②

(1) 동축케이블 총 길이에 대한 정전용량

$$C = \frac{Q}{V} = \frac{\lambda \cdot l}{\left(\frac{\lambda}{2\pi\varepsilon}\ln\frac{b}{a}\right)} = \frac{2\pi\varepsilon\, l}{\ln\frac{b}{a}}\ [\mathrm{F}]$$

(2) 동축케이블의 단위길이[m]에 대한 정전용량

$$C = \frac{2\pi\varepsilon l}{\ln\frac{b}{a}} \times \frac{1}{l} = \frac{2\pi\varepsilon}{\ln\frac{b}{a}}\ [\mathrm{F/m}]$$

6. 평행한 두 도체 사이에서 정전용량(C)

평행한 두 도체는 그림처럼 두 도체 모두 피복이 없는 원통형 도체일 경우의 정전용량 계산입니다.

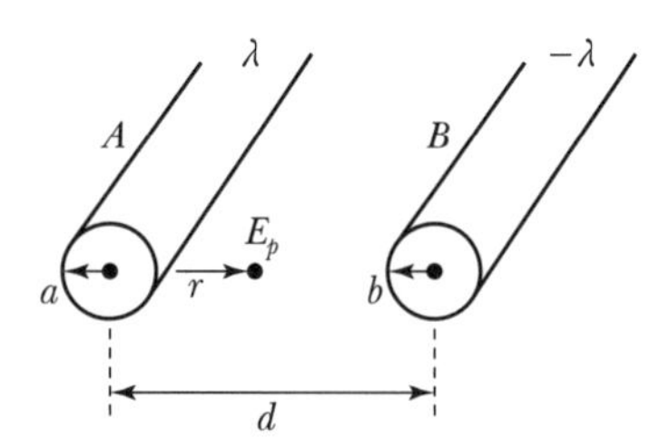

(1) 두 전선의 총 길이에 대한 정전용량

$$C = \frac{Q}{V} = \frac{\lambda \cdot l}{\left(\frac{\lambda}{2\pi\varepsilon}\ln\frac{d}{a}\right)} = \frac{\pi\varepsilon l}{\ln\frac{d}{a}}\ [\mathrm{F}]$$

(2) 두 전선의 단위길이[m]에 대한 정전용량

$$C = \frac{\pi\varepsilon\, l}{\ln\frac{d}{a}} \times \frac{1}{l} = \frac{\pi\varepsilon}{\ln\frac{d}{a}}\ [\mathrm{F/m}]$$

참고 전선 도체 한 개의 전위(V)와 두 개의 전위(V)

- 전선 한 개 $V = -\int_{\infty}^{r} E_p\, dl = \int_a^d \frac{\lambda}{2\pi\varepsilon r}\, dr = \frac{\lambda}{2\pi\varepsilon}\int_a^d \frac{1}{r}\, dr = \frac{\lambda}{2\pi\varepsilon}\ln\frac{d}{a}\ [\mathrm{V}]$
- 전선 두 개($V\times$2배) $V = 2\times\frac{\lambda}{2\pi\varepsilon}\ln\frac{d}{a} = \frac{\lambda}{\pi\varepsilon}\ln\frac{d}{a}\ [\mathrm{V}]$

핵심기출문제

그림과 같은 동축케이블에 유전체가 채워졌을 때의 정전용량은 몇 [F]인가(단, ε_s : 유전체의 비유전율, a : 내경[m], b : 외경[m], l : 케이블 길이[m])

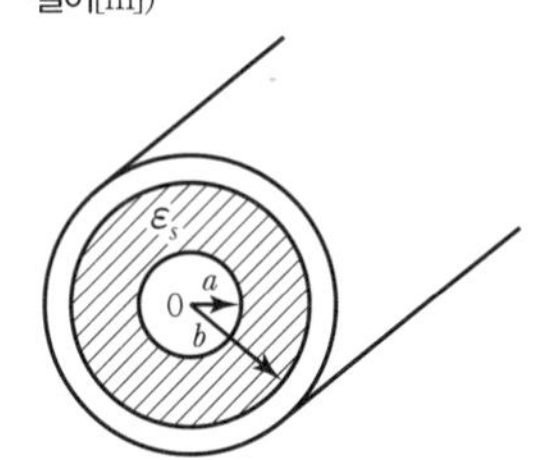

① $\dfrac{2\pi\varepsilon_s}{\ln\frac{b}{a}}$ ② $\dfrac{2\pi\varepsilon_0\varepsilon_s l}{\ln\frac{b}{a}}$

③ $\dfrac{\pi\varepsilon_s l}{\ln\frac{b}{a}}$ ④ $\dfrac{\pi\varepsilon_0\varepsilon_s l}{\ln\frac{b}{a}}$

정답 ②

핵심기출문제

도선의 반지름이 a이고, 두 도선 중심 간의 간격이 d인 두 평행선로의 정전용량에 대한 설명으로 옳은 것은?

① 정전용량 C는 $\ln\frac{d}{a}$에 비례한다.

② 정전용량 C는 $\ln\frac{d}{a}$에 반비례한다.

③ 정전용량 C는 $\ln\frac{a}{d}$에 비례한다.

④ 정전용량 C는 $\ln\frac{a}{d}$에 반비례한다.

해설

두 평행도체 사이의 정전용량

$$C = \frac{\pi\varepsilon_0}{\ln\frac{d}{a}}\ [\mathrm{F/m}]$$

$\therefore \ln\frac{d}{a}$에 반비례한다.

정답 ②

7. 하나의 직선도체와 땅 사이의 정전용량(C)

직선도체는 꼭 일직선이 아니더라도 굴곡이 진 곡선형태의 도체 또는 전선 모두 직선도체에 포함됩니다. 또한 직선도체는 선전하 도체와 같습니다.

이러한 직선도체와 0 전위의 대지 사이에서 다음과 같은 정전용량이 발생합니다.

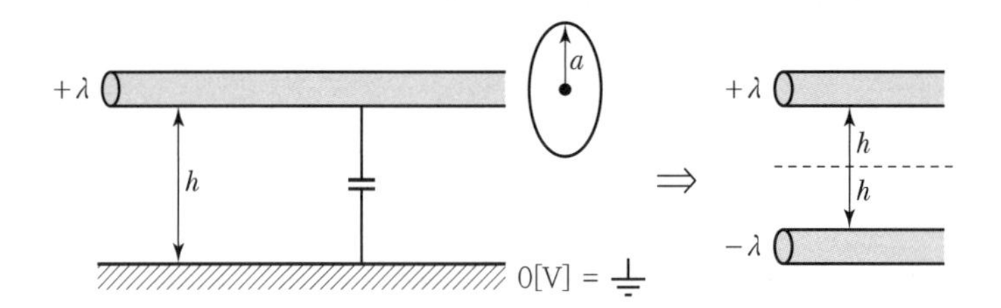

(1) 선전하 전체 길이에 대한 정전용량

$$C=\frac{Q}{V}=\frac{\lambda l}{\left(\frac{\lambda}{2\pi\varepsilon}ln\frac{2h}{a}\right)}=\frac{2\pi\varepsilon l}{\ln\frac{2h}{a}}\ [\mathrm{F}]$$

(2) 선전하 단위길이[m]당 정전용량

$$C=\frac{2\pi\varepsilon l}{\ln\frac{2h}{a}}\times\frac{1}{l}=\frac{2\pi\varepsilon}{\ln\frac{2h}{a}}\ [\mathrm{F/m}]$$

선전하 도체의 경우 정전용량(C)뿐만 아니라 선전하와 땅 사이에서 도체가 받는 힘(F)과 에너지(W)도 발생합니다. 이는 앞서 다룬 전기영상법을 이용하여 계산할 수 있습니다.

03 콘덴서에서 작용하는 힘(F)과 에너지(W)

전류가 흐르는 곳에는 저항이 있기 마련입니다. 모든 전선, 도체에는 저항이 존재합니다. 전류가 저항(R)이 있는 전선 또는 **도체**로 흐르면 전류의 일부가 빛과 열에너지로 사라집니다. 하지만 그 사라지는 양은 매우 적습니다.

전류가 코일(L : 인덕턴스[H])에 흐르면, 코일(L) 외부에 에너지(W)가 자연적으로 발생합니다. 그 에너지는 주로 약간의 빛과 전기장(E_p) 그리고 대부분은 열과 자기장(H_p)입니다.

전류가 콘덴서(C : 커패시턴스[F])에 흐르면, 콘덴서(C) 외부에 에너지(W)가 자연적으로 발생합니다. 그 에너지는 약간의 빛, 자기장(H_p) 그리고 대부분은 빛과 전기장(E_p)입니다.

✠ **도체**
전자 또는 전하가 이동할 수 있는 물체를 통틀어 도체라고 하며 통상 도체는 금속물체이다.

이번에는 전류와 전압이 가해진 콘덴서(C)에서 발생하는 전기장에 의한 에너지(W)와 전기장에 의해 콘덴서 평판 사이에 밀고 당기는 힘(F)이 어느 정도인지 계산해 보겠습니다.

1. 정전에너지

'정전에너지'란 콘덴서의 두 평판에 쌓이는 전하(Q)에 의한 에너지(W)를 말합니다. 전하가 평판에 쌓이므로 이동하는 전하가 아닌 정지상태의 전하이기 때문에 정전에너지가 됩니다.

정전에너지 $w = QV = \int_0^q v\,dq = \int_0^q \left(\frac{\sigma}{\varepsilon}d\right)dq = \frac{1}{2}QV\,[\mathrm{J}]$ (여기서 $\sigma \fallingdotseq q$)

이와 같은 전개과정을 거쳐서, 결론적으로 콘덴서에서 나타나는 총 에너지는 $w = \frac{1}{2}QV\,[\mathrm{J}]$ 입니다. 에너지 수식에 $Q = C \cdot V$ 수식을 대입하면 다음과 같은 결과를 얻을 수 있습니다.

① 정전에너지(회로식)

$$w = \frac{1}{2}QV = \frac{1}{2}CV^2 = \frac{1}{2}\frac{Q^2}{C}\,[\mathrm{J}]$$

② 정전에너지(구조식)

$$w = \frac{1}{2}CV^2 = \frac{1}{2}\varepsilon(E_p)^2 Al\,[\mathrm{J}]$$

$$\left\{\begin{array}{l} w = \frac{1}{2}CV^2 = \frac{1}{2}\varepsilon\frac{A}{l}(E_p l)^2 = \frac{1}{2}\varepsilon(E_p)^2 Al \\ C = \varepsilon\frac{A}{l}\,[\mathrm{F}],\ V = E_p l\,[\mathrm{V}] \end{array}\right\}$$

③ 콘덴서 외부에 단위체적당 발생하는 정전에너지

$$w_s = \frac{1}{2}\varepsilon(E_p)^2 = \frac{1}{2}DE_p = \frac{1}{2}\frac{D^2}{\varepsilon}\,[\mathrm{J/m^3}]$$

$$\left\{\begin{array}{l} w_0 = \frac{1}{2}\varepsilon(E_p)^2 Al\,[\mathrm{J}] \rightarrow w_s = \frac{w_0}{v} = \frac{\frac{1}{2}\varepsilon(E_p)^2 Al}{Al} = \frac{1}{2}\varepsilon(E_p)^2\,[\mathrm{J/m^3}] \\ D = \varepsilon \cdot E_p\,[\mathrm{C/m^2}] \end{array}\right\}$$

2. 정전흡인력

콘덴서의 기본 구조는 양극(+)평판과 음극(−)평판이 있고, 두 평판 사이에 유전체(또는 전해액)가 들어갑니다. 콘덴서에 전압이 가해지면 유전체의 분극작용으로 콘덴서의 전하축적능력은 더욱 향상될 수 있습니다. 콘덴서에 전압이 가해지고, 분극

핵심기출문제

전계 E[V/m], 전속밀도 D[C/m^2], 유전율 ε [F/m]인 유전체 내에 저장되어 있는 에너지밀도[J/m^3]는?

① ED ② $\frac{1}{2}ED$

③ $\frac{1}{2\varepsilon}E^2$ ④ $\frac{1}{2}\varepsilon D^2$

해설

유전체 내의 축적에너지

$w = \frac{1}{2}ED = \frac{1}{2}\varepsilon E^2$

$= \frac{1}{2}\frac{D^2}{\varepsilon}$ [J/m^3]

정답 ②

작용이 일어나면 유전체를 사이에 둔 두 평판이 서로 끌어당기는 흡인력(응력)이 작용합니다. '정전흡인력'은 콘덴서 내에 정지한 전하에 의해 전극 판과 판이 서로 어느 정도의 힘으로 끌어당기는지 그 힘(응력)을 계산할 수 있습니다.

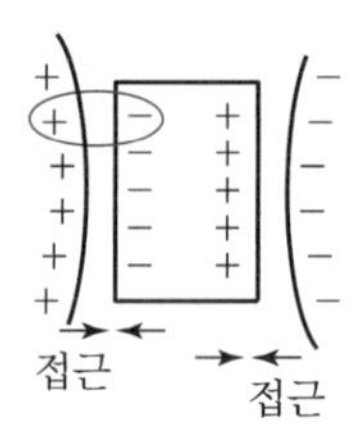

콘덴서에 작용하는 전체 힘 $F_0 = \frac{1}{2}\varepsilon(E_p)^2 A\,[\text{N}]$

$$\left\{F_0 = \frac{W_o}{l} = \frac{\frac{1}{2}\varepsilon(E_p)^2 A\, l}{l} = \frac{1}{2}\varepsilon(E_p)^2 A\right\}$$

하지만 정전흡인력(=정전응력)은 콘덴서의 평판이 서로 당기는 힘입니다. 평판은 면적($[\text{m}^2]$) 형태입니다. 그러므로 단위면적당 작용하는 힘(F_s)으로 환산하면 다음과 같습니다.

면적당 작용하는 정전흡인력 $F_s = \frac{1}{2}\varepsilon\, E_p{}^2 = \frac{1}{2}D\, E_p = \frac{1}{2}\frac{D^2}{\varepsilon}\,[\text{N/m}^2]$

$$\left\{F_s = \frac{F_0}{A} = \frac{\left(\frac{1}{2}\varepsilon\, E_p{}^2 A\right)}{A} = \frac{1}{2}\varepsilon\, E_p{}^2 = \frac{1}{2}D\, E_p = \frac{1}{2}\frac{D^2}{\varepsilon}\right\}$$

($D = \varepsilon \cdot E_p$를 대입함)

04 콘덴서가 들어간 회로 해석

앞에서는 콘덴서 소자의 구조만을 가지고 정전용량의 크기(C), 에너지(W), 힘(F)을 계산하였습니다. 이번에는 콘덴서가 전기회로의 직렬 또는 병렬로 접속됐을 때의 정전용량의 크기를 계산하는 방법입니다.

1. 콘덴서의 직렬접속

(1) 분배된 전압 계산

(직렬회로) 각 콘덴서 양단 전압 $V_1 = \frac{Q}{C_1} = \frac{C \cdot V}{C_1} = \frac{C_2}{C_1 + C_2}V[\text{V}]$

$$V_2 = \frac{Q}{C_2} = \frac{C \cdot V}{C_2} = \frac{C_1}{C_1 + C_2}V[\text{V}]$$

핵심기출문제

면적 $S[\text{m}^2]$, 간격 $d[\text{m}]$인 평행판 콘덴서에 $Q[\text{C}]$의 전하를 충전시킬 때 흡인력[N]은?

① $\frac{Q^2}{2\varepsilon_0 S}$ ② $\frac{Q^2 d}{2\varepsilon_0 S}$

③ $\frac{Q^2}{4\varepsilon_0 S}$ ④ $\frac{Q^2 d}{4\varepsilon_0 S}$

해설

정전에너지(회로식)

$w = \frac{1}{2}\frac{Q^2}{C}\,[\text{J}]$

여기에 $C = \varepsilon\frac{S}{d}$를 대입하면

$w = \frac{1}{2}\frac{Q^2}{\left(\varepsilon_0\frac{S}{d}\right)} = \frac{1}{2}\frac{d\,Q^2}{\varepsilon_0 S}\,[\text{J}]$

$\rightarrow F = \frac{W}{d} = \frac{\frac{1}{2}\frac{d\,Q^2}{\varepsilon_0 S}}{d}$

$= \frac{1}{2}\frac{Q^2}{\varepsilon_0 S}\,[\text{N}]$

정답 ①

핵심기출문제

그림에서 a, b 간의 합성용량은?

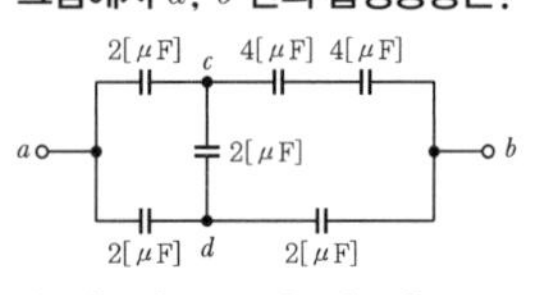

① 2[μF] ② 4[μF]

③ 6[μF] ④ 8[μF]

해설

등가회로는

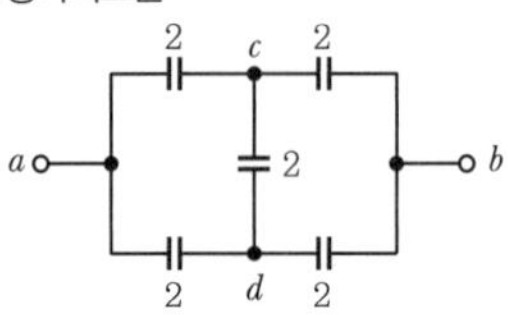

그러므로 브릿지회로의 평형상태이므로

$\therefore C = \frac{2\times 2}{2+2} + \frac{2\times 2}{2+2} = 2[\mu\text{F}]$

정답 ①

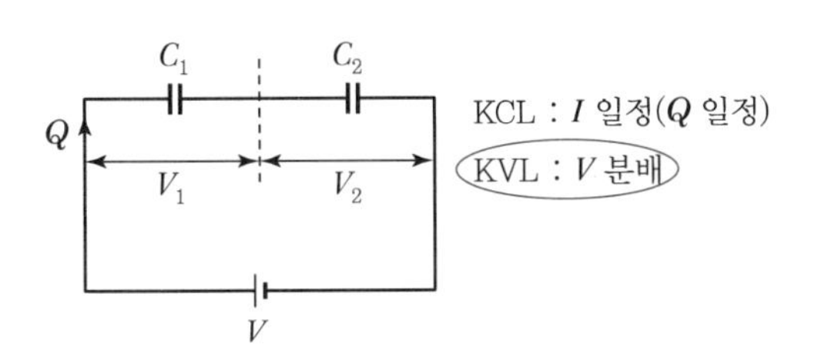

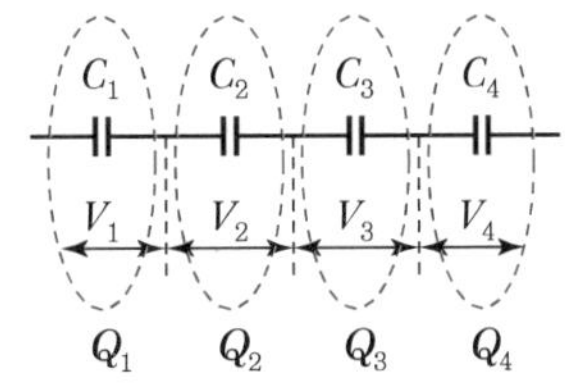

(2) 합성 정전용량(C) 계산

콘덴서 직렬의 합성 전압 $V = V_1 + V_2 = \dfrac{Q}{C_1} + \dfrac{Q}{C_2} = Q\left(\dfrac{1}{C_1} + \dfrac{1}{C_2}\right)$[V]

여기서, 콘덴서 일반 수식 $V = \dfrac{Q}{C}$과 콘덴서의 합성 전압 수식 $V = Q\left(\dfrac{1}{C_1} + \dfrac{1}{C_2}\right)$

을 비교하여, 직렬회로에서 콘덴서 합성값은 $\dfrac{1}{C} = \dfrac{1}{C_1} + \dfrac{1}{C_2}$ 관계가 성립합니다.

이를 다시 보기 좋게 재정리하면 다음과 같습니다.

(직렬) 콘덴서 합성 정전용량 $C = \dfrac{1}{\dfrac{1}{C_1} + \dfrac{1}{C_2}} = \dfrac{C_1 C_2}{C_1 + C_2}$ [F]

⇒ 만약 $C_1 = C_2$ 관계라면, 합성 정전용량 $C_o = \dfrac{C}{n}$ [F]

2. 콘덴서의 병렬접속

(1) 분배된 전류 계산

(병렬회로) 각 콘덴서의 전하량

$$Q_1 = C_1 V = C_1 \frac{Q}{C} = \frac{C_1}{C_1 + C_2} Q \text{ [C]}$$

$$Q_2 = C_2 V = C_2 \frac{Q}{C} = \frac{C_2}{C_1 + C_2} Q \text{ [C]}$$

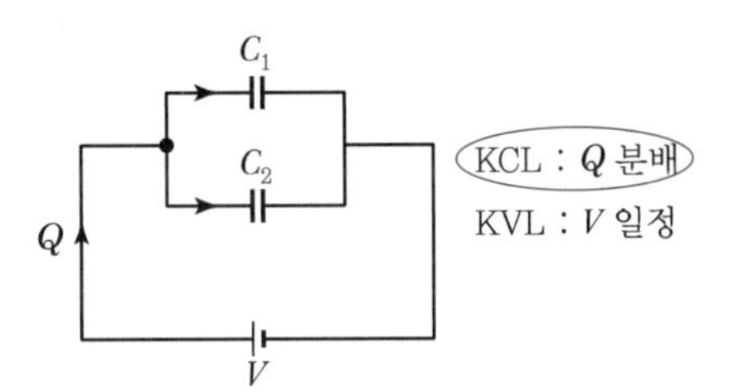

(2) 합성 정전용량(C) 계산

콘덴서 병렬의 합성 전압 $V = V_1 = V_2$이고, 합성 전기량은 $Q = Q_1 + Q_2$이므로 이를 전개하면

$$Q = Q_1 + Q_2 = C_1 V + C_2 V = V(C_1 + C_2)$$

콘덴서의 전하량 일반 수식 $Q = CV$과 병렬의 합성 전하량 $Q = V(C_1 + C_2)$을 비교하여 병렬회로에서 콘덴서 합성값은 $C = C_1 + C_2$ 관계가 성립합니다.

(병렬) 콘덴서 합성 정전용량 $C = C_1 + C_2$ [F]

핵심기출문제

정전용량 1[μF], 2[μF]의 콘덴서에 각각 2×10^{-4}[C] 및 3×10^{-4}[C]의 전하를 주고 극성을 같게 하여 병렬로 접속할 때 콘덴서에 축적된 에너지[J]는 얼마인가?

① 약 0.025 ② 약 0.303
③ 약 0.042 ④ 약 0.525

해설

두 콘덴서의 병렬접속에서

• 합성용량

$C = C_1 + C_2 = 1 + 2 = 3$[μF]

• 전위차

$V = \dfrac{Q}{C} = \dfrac{Q_1 + Q_2}{C_1 + C_2}$

$= \dfrac{(2+3) \times 10^{-4}}{(1+2) \times 10^{-6}}$

$= \dfrac{5}{3} \times 10^2$[V]

$\therefore W = \dfrac{1}{2} CV^2$

$= \dfrac{1}{2} \times (3 \times 10^{-6}) \times \left(\dfrac{5}{3} \times 10^2\right)^2$

$= 0.0417$[J]

정답 ③

핵심기출문제

두 도체의 전위 및 전하가 각각 V_1, Q_1 및 V_2, Q_2일 때 도체가 갖는 에너지는?

① $\frac{1}{2}(V_1Q_1+V_2Q_2)$

② $\frac{1}{2}(Q_1+Q_2)(V_1+V_2)$

③ $V_1Q_1+V_2Q_2$

④ $(V_1+V_2)(Q_1+Q_2)$

해설

도체계가 가지는 정전에너지 W

$$W=\frac{1}{2}QV[\mathrm{J}]$$
$$=\frac{1}{2}Q_1V_1+\frac{1}{2}Q_2V_2$$
$$=\frac{1}{2}(V_1Q_1+V_2Q_2)$$

정답 ①

(3) 정전에너지(W) 계산

만약 콘덴서가 전기회로 내에 여러 개 접속된 상태라면, 회로 내에 콘덴서에 의한 전체 에너지는 다음과 같이 계산할 수 있습니다.

회로 내 전체 에너지 $W_o=W_1+W_2+W_3+\cdots$ [J]

$$=\frac{1}{2}Q_1V_1+\frac{1}{2}Q_2V_2+\frac{1}{2}Q_3V_3+\cdots\ [\mathrm{J}]$$
$$=\frac{1}{2}(Q_1V_1+Q_2V_2+Q_3V_3+\cdots)\ [\mathrm{J}]$$

05 콘덴서의 전위계수와 용량계수

점전하 두 개가 있을 때, 구도체의 전위 $V=\dfrac{Q}{4\pi\varepsilon r^2}$[V]와 구도체의 전기량 $Q=(4\pi\varepsilon r)V$[C] 두 식을 계수로 나타내는 방법을 알아보겠습니다.

> **참고 계수의 개념**
>
> 계수와 상수는 같다. 하지만 수식에서 위치하는 상태가 다르다. 상수는 변수가 아닌 일정한 값을 가진 구체적인 수(1, 2, 3, 100, …)를 의미한다. 이러한 상수는 수식에서 홀로 존재하고, 계수는 상수와 달리 변수와 같이 존재한다.
>
> 이런 계수의 개념을 전위수식 $V=\dfrac{1}{4\pi\varepsilon r}Q$에 적용하여 특정 부분을 계수로 나타낸다. 이렇게 계수로 나타낸 것이 전위에 대한 계수이면 '전위계수', 용량에 대해 계수이면 '용량계수' 수식이 된다.
>
> 상수 ⟺ 변수
>
> 계수∋상수
>
> ax^2+bx+c
>
> $\boxed{3x}^2+\boxed{5x}+\boxed{7}$
>
> 계수·변수 / 계수·변수 / 상수

1. 정전계의 전위계수

V_1 r_1 $+Q_1$ R $+Q_2$ r_2 $V_2=$

〖 정전계에 놓인 두 개 전하 Q_1, Q_2 〗

(1) 전위계수(P)의 개념

위 그림에서 전위 V_1는 Q_1 자신의 전위와 Q_2로부터 영향을 받아 다음과 같이 V_1이 전개됩니다.

$$V_1 = \frac{Q_1}{4\pi\varepsilon r_1} + \frac{Q_2}{4\pi\varepsilon R}\ [\text{V}]$$

여기서, $\frac{Q_1}{4\pi\varepsilon r_1}$ 부분 : Q_1 자기 자신의 전위

$\frac{Q_2}{4\pi\varepsilon R}$ 부분 : $R[\text{m}]$ 떨어진 Q_2가 V_1에 미치는 전위

위 그림에서 전위 V_2는 Q_2 자신의 전위와 Q_1로부터 영향을 받아 다음과 같이 V_2이 전개됩니다.

$$V_2 = \frac{Q_2}{4\pi\varepsilon r_2} + \frac{Q_1}{4\pi\varepsilon R}\ [\text{V}]$$

여기서, $\frac{Q_2}{4\pi\varepsilon r_2}$ 부분 : Q_2 자신의 전위

$\frac{Q_1}{4\pi\varepsilon R}$ 부분 : $R[\text{m}]$ 떨어진 Q_1가 V_2에 미치는 전위

최종적으로, 전위계수는 $\frac{Q}{4\pi\varepsilon r}$ 부분을 '자신의 것'인지 아니면 '다른 전하로부터 영향을 받은 것'인지에 따라 다음과 같이 $P_{11}, P_{12}, P_{22}, P_{21}$으로 구분하여 V_1과 V_2의 전위계수로 나타냅니다.

① $V_1 = P_{11}Q_1 + P_{12}Q_2\ [\text{V}]$

② $V_2 = P_{22}Q_2 + P_{21}Q_1\ [\text{V}]$

(2) 각 전위계수의 의미

① P_{11} : Q_1에 의한 V_1의 전위계수

② P_{12} : Q_2에 의한 V_1의 전위계수

③ P_{22} : Q_2에 의한 V_2의 전위계수

④ P_{21} : Q_1에 의한 V_2의 전위계수

(3) 전위계수의 성질

① $P_{11}, P_{22} > P_{12}, P_{21} > 0$ 관계 성립

도체 표면 r에 의한 전위계수(P_{11}, P_{22})가 전하와 전하 사이의 R에 의한 전위계수(P_{12}, P_{21})보다 크다. 여기서 P_{11}, P_{22}은 전하 표면 $r[\text{m}]$의 전위계수($\frac{1}{4\pi\varepsilon r}$)이고, P_{12}, P_{21}은 $R[\text{m}]$ 떨어진 전하로부터 영향을 받는 전위계수($\frac{1}{4\pi\varepsilon R}$)이다.

핵심기출문제

진공 중에서 떨어져 있는 두 도체 A, B가 있다. A에만 1[C]의 전하를 줄 때 도체 A, B의 전위가 각각 3, 2[V]였다. 지금 A, B에 각각 2, 1[C]의 전하를 주면 도체 A의 전위[V]는?

① 6 ② 7
③ 8 ④ 9

해설

도체의 전위와 전위계수의 관계식에서 A도체의 전하를 Q_1, B도체의 전하를 Q_2라고 하면,

- A도체의 전위
  $V_1 = P_{11}Q_1 + P_{12}Q_2$
- B도체의 전위
  $V_2 = P_{21}Q_1 + P_{22}Q_2$

여기서, $Q_1 = 1$, $Q_2 = 0$일 때

$3 = P_{11} \times 1 + P_{12} \times 0$

$\therefore P_{11} = 3$

$2 = P_{21} \times 1 + P_{22} \times 0$

$\therefore P_{21} = 2 = P_{12}$

그러므로 $Q_1 = 2$, $Q_2 = 1$일 때 도체 A의 전위는

$V_1 = P_{11}Q_1 + P_{12}Q_2$
$= 3 \times 2 + 2 \times 1 = 8[\text{V}]$

정답 ③

핵심기출문제

전위계수에서 $P_{11} = P_{21}$의 관계가 의미하는 것은?

① 도체 2가 1에 속한다.
② 도체 1이 2에 속한다.
③ 도체 1, 그 자체이다.
④ 도체 2, 그 자체이다.

해설

도체 내부에는 전하가 존재하지 않고, 도체 내부의 전위는 일정($V_1 = V_2$)하다.

$P_{11} = P_{12}$ 관계가 성립된다면, Q_2(도체 2)가 Q_1(도체 1)에 포함된 것이고, $P_{22} = P_{21}$ 관계가 성립된다면, Q_1(도체 1)가 Q_2(도체 2)에 포함된 것이다.

- P_{11} : Q_1에 의한 V_1의 전위계수
- P_{12} : Q_2에 의한 V_1의 전위계수
- P_{22} : Q_2에 의한 V_2의 전위계수
- P_{21} : Q_1에 의한 V_2의 전위계수

정답 ①

② $P_{12} = P_{21}$ 관계 성립

거리 (P_{12}, P_{21} 모두 R[m]로 이격됨)가 같으면 P_{12}과 P_{21}의 전위계수값은 같다.

③ $P_{11} = P_{12}$ 관계가 성립된다면, Q_2가 Q_1에 포함되어 있는 것을 의미하고,
$P_{22} = P_{21}$ 관계가 성립된다면, Q_1가 Q_2에 포함되어 있는 것을 의미한다.

④ 전위계수(P)는 도체가 놓인 매질, 도체모양, 크기, 간격, 배치 상태에 따라 변한다.

핵심기출문제

도체 1, 2 및 3이 있을 때 도체 2가 도체 1에 완전 포위되어 있음을 나타내는 것은?

① $P_{11} = P_{21}$ ② $P_{11} = P_{31}$
③ $P_{11} = P_{33}$ ④ $P_{12} = P_{22}$

해설

일반적으로 도체 2가 도체 1 속에 포함되어 있으면 $Q_1 = Q$, $Q_2 = 0$
따라서 도체 1의 전위는
$V_1 = P_{11}Q_1 + P_{12}Q_2 = P_{11}Q$
이고, 도체 2의 전위는
$V_2 = P_{21}Q_1 + P_{22}Q_2 = P_{21}Q$
이다.
여기서, $V_1 = V_2$이므로
$\therefore P_{11} = P_{21}$

정답 ①

2. 정전계의 용량계수와 유도계수

(1) 용량계수와 유도계수의 개념

V_1 r_1 $+Q_1$ R $+Q_2$ r_2 $V_2=$

① 구도체의 전위 $V = \left(\frac{1}{4\pi\varepsilon r}\right) Q = P\,Q$

전위계수 $P = \frac{1}{4\pi\varepsilon r}$

② 구도체의 정전용량 $Q = q \cdot V$ [C]

$C = \frac{Q}{V} = 4\pi\varepsilon r \;\rightarrow\; Q = (4\pi\varepsilon r)\,V = q \cdot V$ [C]

용량계수 $q = 4\pi\varepsilon r$

※ 주의 : $Q = C \cdot V$[C]

구도체 콘덴서의 정전용량을 결정해주는 $4\pi\varepsilon r$ 부분이 용량계수(q)이고,

- $Q_1 = (4\pi\varepsilon r_1)\,V_1 + (4\pi\varepsilon R)\,V_2 \;\rightarrow\; q_{11} = 4\pi\varepsilon r_1,\; q_{12} = 4\pi\varepsilon R$
- $Q_2 = (4\pi\varepsilon r_2)\,V_2 + (4\pi\varepsilon R)\,V_1 \;\rightarrow\; q_{22} = 4\pi\varepsilon r_2,\; q_{21} = 4\pi\varepsilon R$

최종적으로, 위 수식으로 콘덴서의 용량계수와 유도계수를 정리하여 나타내면 다음과 같습니다.

- $Q_1 = q_{11}\,V_1 + q_{12}\,V_2$ [C]
- $Q_2 = q_{22}\,V_2 + q_{21}\,V_1$ [C]

(여기서, q_{11}, q_{22} : 용량계수 / q_{12}, q_{21} : 유도계수)

(2) 각 용량계수와 유도계수의 의미

① q_{11} : V_1에 의한 Q_1의 용량계수

② q_{12} : V_2에 의한 Q_1의 유도계수

③ q_{22} : V_2에 의한 Q_2의 용량계수

④ q_{21} : V_1에 의한 Q_2의 유도계수

(3) 용량계수와 유도계수의 성질

① 용량계수 : q_{11}, q_{22}(자신의 전하에 의한 정전용량이 용량계수이다)

유도계수 : q_{12}, q_{21}(상대 전하에 영향을 주는 유도성질이 유도계수이다)

② q_{11}, $q_{22} > 0$ 관계는 용량계수를 의미한다.

q_{12}, $q_{21} < 0$ 관계는 유도계수를 의미한다.

특히, 유도계수는 전하 자신이 $+Q$일 때 $+Q$의 주변에 음의 전하($-Q$)를 유도하려는 성질 때문에 유도계수는 항상 0보다 작다.

③ $q_{12} = q_{21}$ 관계

유도계수의 크기는 서로 같다.

④ q_{11}, $q_{22} \geq -(q_{12} + q_{13} + \cdots q_{1n})$ 관계

유도계수는 아무리 더하더라도 음의 값($-q_{12}$, $-q_{13}$, $-q_{14}$, $\cdots$)이기 때문에 용량계수 q_{11}, q_{22}보다 값이 작다.

핵심기출문제

용량계수와 유도계수의 성질 중 옳지 않은 것은?

① 유도계수는 항상 0이거나 0보다 작다.

② 용량계수는 항상 0보다 크다.

③ $q_{11} \geq -(q_{12} + q_{13} + \cdots q_{1n})$

④ 용량계수와 유도계수 모두 항상 0보다 크다.

해설

용량계수와 유도계수의 성질

- q_{11}, $q_{22} > 0$ 관계는 용량계수
- q_{12}, $q_{21} < 0$ 관계는 유도계수
- $q_{12} = q_{21}$ 관계
- q_{11}, $q_{22} \geq -(q_{12} + q_{13} + \cdots q_{1n})$ 관계

정답 ④

1. 평행판 콘덴서의 정전용량

① 정전용량의 역수 : $P = \dfrac{1}{C}$ [d], daraf, elastance

② 정전용량 회로식 : $C = \dfrac{Q}{V}$ [F]

③ 정전용량 구조식 : $C = \varepsilon \dfrac{A}{l}$ [F]

2. 다양한 도체형태에 따른 정전용량 계산

① 평판 두 장 사이에서 정전용량 : $C = \varepsilon \dfrac{A}{d}$ [F]

② 구도체 표면에서 정전용량 : $C = 4\pi\varepsilon r$ [F]

③ 두 구형도체 사이에서 정전용량 : $C = 4\pi\varepsilon \dfrac{ab}{a+b}$ [F]

④ 동심구에서 정전용량 : $C = 4\pi\varepsilon \dfrac{ab}{b-a}$ [F]

⑤ (피복이 있는) 동축케이블의 도체와 피복 사이에서 정전용량

- 전선 전체 길이에 대한 정전용량 : $C = \dfrac{2\pi\varepsilon l}{\ln\dfrac{b}{a}}$ [F]
- 단위길이[m]당 정전용량 : $C = \dfrac{2\pi\varepsilon}{\ln\dfrac{b}{a}}$ [F/m]

⑥ 평행한 두 전선도체 사이에서 정전용량

- 두 전선의 총 길이에 대한 정전용량 : $C = \dfrac{\pi\varepsilon l}{\ln\dfrac{d}{a}}$ [F]
- 두 전선의 단위길이당 정전용량 : $C = \dfrac{\pi\varepsilon}{\ln\dfrac{d}{a}}$ [F/m]

⑦ 선전하와 땅 사이에서 정전용량

- 선전하 전체 길이에 대한 정전용량 : $C = \dfrac{2\pi\varepsilon l}{\ln\dfrac{2h}{a}}$ [F]
- 선전하 단위길이당 정전용량 : $C = \dfrac{2\pi\varepsilon}{\ln\dfrac{2h}{a}}$ [F/m]

3. 콘덴서에서 작용하는 힘과 에너지

① 정전에너지

- 콘덴서의 에너지(회로식) : $w - \dfrac{1}{2}QV - \dfrac{1}{2}CV^2 = \dfrac{1}{2}\dfrac{Q^2}{C}$ [J]
- 콘덴서의 에너지(구조식) : $w = \dfrac{1}{2}\varepsilon(E_p)^2 A\,l$ [J]

② 정전흡인력

콘덴서 평판면이 받는 힘 : $F_s = \dfrac{1}{2}\varepsilon(E_p)^2 = \dfrac{1}{2}DE_p = \dfrac{1}{2}\dfrac{D^2}{\varepsilon}$ [N/m^2]

4. 콘덴서가 들어간 회로 해석

① 콘덴서 직렬접속

- 분배된 전압 : $V_1 = \dfrac{C_2}{C_1 + C_2}V$ [V], $V_2 = \dfrac{C_1}{C_1 + C_2}V$ [V]
- 합성 정전용량 : $C_0 = \dfrac{C_1 \cdot C_2}{C_1 + C_2}$ [F], 만약 $C_1 = C_2$라면 $C_0 = \dfrac{C}{n}$ [F]

② 콘덴서 병렬접속

- 분배된 전류 : $Q_1 = \dfrac{C_1}{C_1 + C_2}Q$ [C], $Q_2 = \dfrac{C_2}{C_1 + C_2}Q$ [C]
- 합성 정전용량 : $C_0 = C_1 + C_2$ [F]

핵 / 심 / 기 / 출 / 문 / 제

01 내압과 용량이 200[V] 5[μF], 300[V], 4[μF], 500[V] 3[μF]인 3개의 콘덴서를 직렬로 연결하고 양단에 직류전압을 가하여 전압을 서서히 상승시키면 최초로 파괴되는 콘덴서는 어느 것이며, 이때 양단에 가해진 전압은 몇 [V]인가?(단, $C_1 = 5[\mu F]$, $C_2 = 4[\mu F]$, $C_3 = 3[\mu F]$이다.)

① C_2, 468　　② C_3, 533

③ C_1, 783　　④ C_2, 1050

해설

각 콘덴서에 충전되는 전기량은 $Q = C \cdot V$에서

$Q_1 = C_1 V_1 = 5\times10^{-6}\times200 = 10^{-3}$

$Q_2 = C_2 V_2 = 4\times10^{-6}\times300 = 1.2\times10^{-3}$

$Q_3 = C_3 V_3 = 3\times10^{-6}\times500 = 1.5\times10^{-3}$

따라서 각 콘덴서에 걸리는 전압은

$$V_1 = \frac{Q_1}{C_1} = \frac{10^{-3}}{5\times10^{-6}} = 200[V]$$

$$V_2 = \frac{Q_1}{C_2} = \frac{10^{-3}}{4\times10^{-6}} = 250[V]$$

$$V_3 = \frac{Q_1}{C_3} = \frac{10^{-3}}{3\times10^{-6}} = 333[V]$$

그러므로 3개의 콘덴서를 직렬로 연결하였을 때의 전체 내압은

$V = V_1 + V_2 + V_3 = 200 + 250 + 333 = 783[V]$

02 정전용량이 4[μF], 5[μF], 6[μF]이고, 각각의 내압이 순서대로 550[V], 500[V], 350[V]인 콘덴서 3개를 직렬로 연결하여 전압을 서서히 증가시키면 콘덴서의 상태는 어떻게 되는가?(단, 유전체의 재질이나 두께는 모두 같다)

① 4[μF]의 콘덴서가 가장 먼저 파괴된다.

② 5[μF]의 콘덴서가 가장 먼저 파괴된다.

③ 6[μF]의 콘덴서가 가장 먼저 파괴된다.

④ 동시에 모두 파괴된다.

해설

직렬 콘덴서는 키르히호프의 법칙에 따라 각 콘덴서에 같은 양의 전하가 축적된다. 그래서 각 콘덴서에 축적될 수 있는 최대전하량은 다음과 같다.

$Q_1 = C_1 V_1 = 4\times550 = 2200[\mu C]$

$Q_2 = C_2 V_2 = 5\times500 = 2500[\mu C]$

$Q_3 = C_3 V_3 = 6\times350 = 2100[\mu C]$

전하 저장능력이 가장 작은 6[μF] 콘덴서가 가장 먼저 파괴된다.

정답 01 ③ 02 ③

CHAPTER 05

유전체의 분극현상과 완전경계면

01 분극현상

1. 분극현상의 정의

분극현상은 주로 콘덴서 안의 전극 사이에 들어가는 유전체(또는 전해액)에서 일어나는 현상입니다. 유전체(또는 전해액)는 전극 사이에 전하축적능력을 향상시키기 위해 전기가 통하지 않는 **부도체** 물질을 재료로 사용합니다.

구체적으로, 유전체의 '유전'이란 전기를 유도(양전하가 음전하를 유도하거나 음전하가 양전하는 유도)하는 것을 의미합니다. 이를 용어로는 '전기유도', '전기분해'라고 하고, 더 근원적으로 어떤 물질 내부에 양전하(+), 음전하(−)가 분리되도록 한다는 의미로 분극(Permittivity), '분극작용'으로 부릅니다.

2. 분극작용의 사용

분극작용을 화학분야(대표적으로 배터리)에서 사용하면 어떤 물질의 내부에서 양이온과 음이온으로 분리되는 것이고, 전기분야(대표적으로 커패시터)에서 사용하면 어떤 물질의 내부에서 양전하와 음전하를 서로 분리시키는 것입니다. 분극작용을 사용하는 목적은 전하를 저장 · 축적하는 것입니다.

분극작용은 유전체로서 유전능력이 좋은 물질을 사용해야 하며, 유전능력이 좋은 물질은 주로 어떤 물질의 비율전율이 큰 물질($\varepsilon_s > 1$)입니다.

① 총 유전율 $\varepsilon = \varepsilon_0 \varepsilon_s$[F/m]

② 진공 · 공기의 유전율 $\varepsilon_0 = \dfrac{1}{\mu_0 C_0^{\,2}} = \dfrac{10^{-9}}{36\pi} = 8.855 \times 10^{-12}$[F/m]

③ 비유전율 $\varepsilon_s \geq 1$(ε_0을 기준 1로 하여 비율을 나타내므로 단위가 없음)

④ 빛의 속도 $C_0 = 3 \times 10^8$[m/s]

참고 비유전율(ε_s)의 다른 비율 관계

$$\varepsilon_s = \frac{\varepsilon}{\varepsilon_0} = \frac{C}{C_0} = \frac{V_0}{V} = \frac{E_{p0}}{E_p} = \frac{F_0}{F}$$

부도체

일반적으로 전류 흐르지 않는 물질을 말하며 대표적으로 나무, 고무, 종이, 플라스틱, 유리 등이 있다. 부도체와 반대되는 전기적 상태가 '도체'이다. 도체는 전류가 잘 흐를 수 있도록 하는 것을 목적으로 만들어진 전기재료 또는 전기설비(전선, 전력케이블)이다.

핵심기출문제

평행판 콘덴서의 두 극판 사이가 진공일 때 용량을 C_0, 비유전율(ε_s)인 유전체를 채웠을 때 용량을 C라 할 때, 이들의 관계식은?

① $\dfrac{C}{C_0} = \dfrac{1}{\varepsilon_0 \varepsilon_s}$ ② $\dfrac{C}{C_0} = \dfrac{1}{\varepsilon_s}$

③ $\dfrac{C}{C_0} = \varepsilon_0 \varepsilon_s$ ④ $\dfrac{C}{C_0} = \varepsilon_s$

해설

평행판 콘덴서의 두 극판 사이가 진공일 때의 정전용량은 $\dfrac{C}{C_0} = \dfrac{\varepsilon_s S}{d}$

평행판 콘덴서의 두 극판 사이에 유전체를 채웠을 때의 정전용량은

$C = \dfrac{\varepsilon_0 \varepsilon_s S}{d} = \varepsilon_s C_0$

$\therefore \dfrac{C}{C_0} = \varepsilon_s$

정답 ④

02 유전체의 특수현상

1. 접촉전기 효과(Contact Electricity, Volta Electricity)

서로 다른 도체 또는 유전체를 상호 접촉시키면 대전현상에 의한 전위차가 발생하므로 전기가 발생하는 효과를 말합니다. → 지구와 우주의 모든 물질은 고유한 전위가 있습니다. 특히, 금속종류의 고유전위는 전위 크기가 다른 물질보다 상대적으로 크기 때문에 큰 전위차의 접촉전기 효과가 나타납니다.

예 건전지, 배터리

2. 초전효과(파이로 전기효과, Pyro-Electric Effect)

유전율이 큰 물체에 열을 가하면 분극이 일어나 전류가 흐릅니다. 다시 말해, 온도 변화에 따라 유전물질(=유전체)마다 분극이 일어나는 정도가 다르기 때문에, 유전물질에 열을 가하면 온도 변화에 따른 진압이 생깁니다.

예 적외선 센서

3. 압전효과(Piezo-Electric Effect)

초전효과가 일어나는 물질이 있고, 이 물질에 물리적으로 힘 또는 변형을 가하면 물리적으로 힘이 가해지는 물질 표면에서 분극이 일어납니다. 분극이 일어나면 전위차가 발생하므로 전류가 흐르는 조건이 됩니다.

예 온도감지기, 압력계, 진동자(수정발진기, 초음파 발생기), Crystal Pick-up

① **종효과** : 응력이 분극방향과 같은 방향으로 일어나는 압전효과

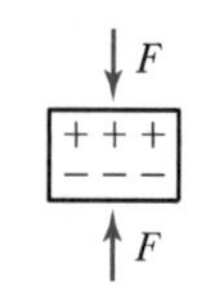

② **횡효과** : 응력이 분극방향과 수직방향으로 일어나는 압전효과

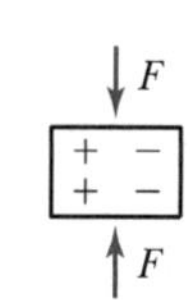

03 분극의 종류

1. 전자분극

어떤 물질이 외부로부터 전계(E_p)의 영향을 받아 원자핵과 전자(e)의 위치가 바뀌며 $+Q$와 $-Q$로 나뉘는 분극이 일어납니다.

핵심기출문제

전기석과 같은 결정체를 냉각시키거나 가열시키면 전기분극이 일어난다. 이와 같은 것을 무엇이라 하는가?

① 압전기현상 (Piezoelectric Phenomena)
② 파이로 전기 (Pyro Electricity)
③ 톰슨효과 (Thomson Effect)
④ 강유전성 (Ferroelectric Effect)

해설

파이로 전기

강유전체인 결정을 가열시키거나 냉각시키면 전기분극현상이 나타나는 것이다.

정답 ②

핵심기출문제

다음 중 압전효과를 이용한 것이 아닌 것은?

① 수정발진기
② Crystal Pick-up
③ 초음파 발생기
④ 자속계

해설

압전기 현상(압전효과)

강유전체인 결정에 기계적 응력을 가하면 분극을 일으켜 전기가 나타나고 반대로 전기를 가하면 결정체가 기계적 왜형을 일으키는 것이다. 이 전압의 변화와 고유진동수의 관계를 이용하여 수정발진기, 초음파 발진기(마이크로폰), 크리스털 픽업 등에 응용되고 있다.

정답 ④

2. 이온분극

어떤 물질이 외부로부터 전계(E_p)가 가해지면 화학적으로 혼합돼 있던 양이온과 음이온의 상태가 서로 분리되어 분극이 일어나는 분극현상입니다.

3. 배향분극

외부로부터 전계(E_p)의 영향 없이, 쌍극자 구조를 가진 어떤 물질이 내 · 외부 온도의 영향으로 스스로 양전하층과 음전하층으로 분리되는 분극현상이 일어나는데, 이것을 배향분극이라고 합니다.

04 분극의 세기(P)

전기의 관점에서 세상의 물질을 나누면 두 가지로 나눌 수 있습니다. 바로 '도체'와 '유전체'입니다. 여기서 유전체는 전기유도(=분극현상)가 잘 일어나기 때문에 전류가 잘 흐를 수 없으므로 부도체입니다. 다만 부도체 성질의 정도에 따라 다양한 등급과 종류의 절연체, 유전체로 사용됩니다. 반면 전기적으로 부도체인 유전체는 전하를 저장하고 축적하는 콘덴서의 용도로서는 좋은 성능을 발휘합니다.
부도체로서 유전체가 아닌 콘덴서의 유전체로서 전기분극이 잘되는 능력을 어떻게 수식으로 나타내고 계산하는지 분극의 세기(P), 단위 $[\mathrm{C/m^2}]$에 대해 살펴보겠습니다.

1. 분극의 세기(P) 기본식

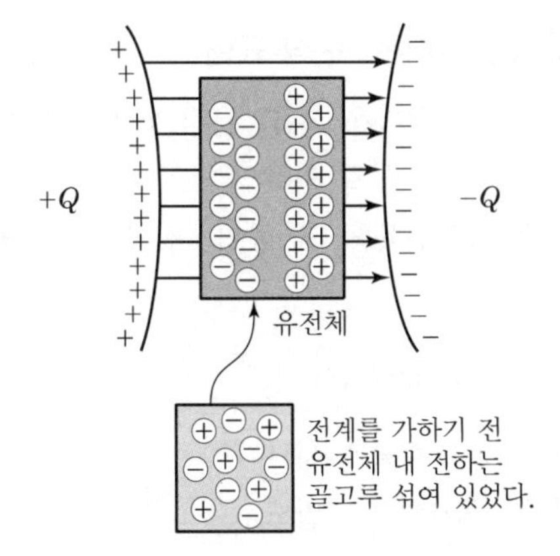

〚 콘덴서 극판 사이의 유전체 내부에서 분극이 일어나는 과정 〛

위 그림처럼 어떤 물질을 콘덴서 전극 사이에 유전물질로 사용하면, 콘덴서 전극에 전압을 가했을 때 유전물질 내부에 혼합돼 있던 양전하(+)와 음전하(−)가 분극이 일어나면 전극방향으로 분리됩니다. 분극이 일어난 후, 유전물질 내부의 전기적 상태는 다음 그림과 같은 전기쌍극자 형태를 갖게 됩니다.

핵심기출문제

원자 내에서 이루어진 쌍극자는 원자 밖에 대하여 전계를 만들게 한다. 이와 같은 것을 무엇이라 하는가?

① 원자분극　② 분극전하
③ 유극분자　④ 전자분극

해설

전자분극
원자에 전계를 가하면 전자층(전자구름)이 전계와 반대방향으로 이동하여 정 · 부 전하의 위치가 변하여 원자가 하나의 전기쌍극자형태가 된다. 이것이 일종의 분극현상으로 원자 주위에 전계를 형성한다.

정답 ④

PART 01

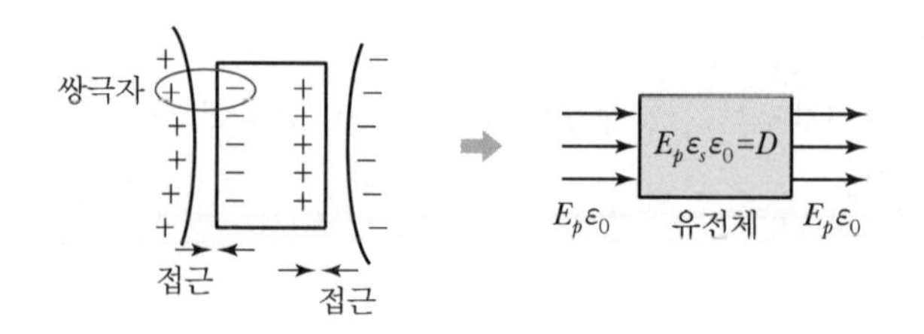

여기서 분극의 세기(P)는 유전물질(=유전체)의 분극작용이 일어나는 정도를 수치로 나타낸 것이며, 동시에 분극의 세기는 면전하밀도($\sigma=\dfrac{Q}{A}$ [C/m^2]), 전속밀도($D=\dfrac{Q}{A}$[C/m^2])의 전기적 개념과 동일하므로 면전하밀도, 전속밀도와 같은 단위 [C/m^2]를 사용합니다. 그리고 수식에서 알 수 있듯이 분극의 세기(P)는 전계의 세기(E_p)와 무관합니다.

다만, 면전하밀도(σ)와 전속밀도(D)는 평면(m^2)에 쌓이는 전하밀도이지만, 분극의 세기(P)는 부피를 가진 유전물질 내부에서 전하가 쌍극자층을 이루며 나타나는 현상이므로, 체적전하밀도라고 할 수 있습니다.

분극의 세기 $P=\dfrac{M}{v}$ [C/m^2] : 체적당 쌓인 쌍극자량

$$\left\{P=\frac{Q}{A}\times\frac{l}{l}=\frac{\text{쌍극자 모멘트}}{\text{체적}}=\frac{M}{v}\right\}$$

여기서, 전기쌍극자 모멘트 $P=Q\cdot\delta$ [C·m]

핵심기출문제

유전체에서 분극 세기의 단위는?

① [C] ② [C/m]
③ [C/m^2] ④ [C/m^3]

정답 ③

2. 분극의 세기(P)에 대한 다양한 수식 표현

유전물질을 따로 떼어서 보면(다음 그림), 분극의 세기(P)는 분극이 일어나는 유전물질 내부와 분극이 없는 유전물질 외부의 차로 나타낼 수 있습니다. 이를 유전율로 나타내면, 유전체의 비유전율(ε_s)과 공기·진공의 유전율(ε_0) 사이의 차이며 수식은 다음과 같습니다.

① 분극의 세기 $P=D-D_0$[C/m^2]

여기서, D : 유전체의 전속밀도 [C/m^2]

D_0 : 진공·공기의 전속밀도 [C/m^2]

$E_p\varepsilon_s\varepsilon_0=D$
$E_p\varepsilon_0$ 유전체 $E_p\varepsilon_0$

② $P=D-D_o=D-\varepsilon_0E_p$[C/m^2]

$\{\rightarrow P=D-D_0=\varepsilon_0\varepsilon_sE_p-\varepsilon_0E_p=E_p(\varepsilon-\varepsilon_0)=D-\varepsilon_0E_p\}$

핵심기출문제

유전체 내의 전계의 세기(E)와 분극의 세기(P)의 관계를 나타내는 식은?

① $P=\varepsilon_0(\varepsilon_s-1)E$
② $P=\varepsilon_0\varepsilon_sE$
③ $P=\varepsilon_0(1-\varepsilon_s)E$
④ $P=(1-\varepsilon_s)E$

해설

유전체 내에서의 분극의 세기는 전계의 세기에 비례한다.

$\therefore P=\chi E$
$=\varepsilon_0(\varepsilon_s-1)E$[C/m^2]

정답 ①

③ $P = D - D_o = \varepsilon_0 E_p (\varepsilon_s - 1)$ [C/m^2]

$= \chi \cdot E_p$ [C/m^2]

$= \varepsilon_0 \chi_s E_p$ [C/m^2]

$\{\rightarrow P = D - D_0 = \varepsilon_0 \varepsilon_s E_p - \varepsilon_0 E_p = \varepsilon_0 E_p (\varepsilon_s - 1)\}$

여기서, 분극률 $\chi = \varepsilon_0 (\varepsilon_s - 1)$

비분극률 $\chi_s = \varepsilon_s - 1$(비분극률 또는 전기감수율)

④ $P = D - D_o = D\left(1 - \frac{1}{\varepsilon_s}\right)$ [C/m^2]

$\left\{\rightarrow P = D - D_0 = D - (E_p \cdot \varepsilon_o)\frac{\varepsilon_s}{\varepsilon_s} = D - \frac{D}{\varepsilon_s} = D\left(1 - \frac{1}{\varepsilon_s}\right)\right\}$

두 전속밀도(D, D_o)의 차가 클수록 분극의 세기가 크다는 것을 의미합니다.

⑤ $E_p = \frac{\sigma}{\varepsilon}$ [V/m] $= \frac{D - P}{\varepsilon_o}$ [V/m] $= \frac{\sigma - \sigma'}{\varepsilon_o}$ [V/m]

㉠ 유전체 내 '전속밀도' : $D = \sigma$

㉡ 유전체의 '분극의 세기' : $P = \sigma'$

05 두 유전물질 사이의 완전경계면

1. 유전체 경계면의 종류

어떤 매질에 놓인 전하로부터 전기력선(E_p)이 뻗어 나갈 때, 서로 다른 매질을 통과한다면, 매질과 매질이 만나는 경계면에서 전계(E_p)는 휠 수도 있고 휘지 않을 수도 있습니다. 이해하기 쉽게 물컵에 담긴 젓가락이 휘어 보이는 이유는 공기매질의 빛 속도와 물매질의 빛 속도가 다르기 때문이며 이는 대표적인 빛의 굴절현상입니다. 이와 같이 전기력선이 진행할 때, 경계면을 기준으로 매질이 달라지면 유전율의 차이로 인해 전기력선은 꺾일 수 있습니다.

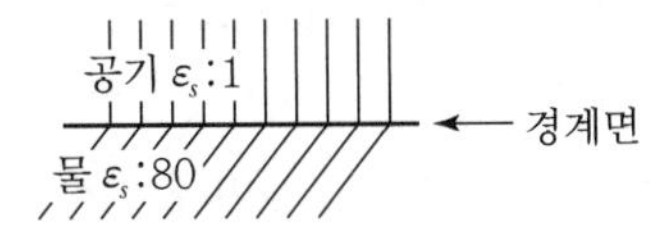

전계의 전기력선이 존재하는 공간에서 어딘가로부터 발산하여 진행하던 전기력선이 매질이 다른 곳을 지나면 매질이 달라지는 경계면을 기준으로 굴절할 수도 있고, 굴절하지 않을 수도 있습니다.

우리는 이 굴절의 유무와 굴절의 정도를 통해 두 유전체 또는 두 매질의 유전율의 대소관계를 파악할 수 있으며 이것이 유전체 사이에서의 경계면 조건입니다.

핵심기출문제

전계(E), 전속밀도(D), 유전율(ε) 사이의 관계를 옳게 나타낸 것은?

① $P = D + \varepsilon_0 E$
② $P = D - \varepsilon_0 E$
③ $\varepsilon_0 P = D + E$
④ $\varepsilon_0 P = D - E$

해설

분극의 세기

$P = D - \varepsilon_0 E = D\left(1 - \frac{1}{\varepsilon_s}\right)$

$\therefore P = \chi E = \varepsilon_0(\varepsilon_s - 1)E$

정답 ②

핵심기출문제

평등전계 내에 수직으로 비유전율 $\varepsilon_s = 2$인 유전체 판을 놓았을 경우 판 내의 전속밀도가 $D = 4 \times 10^{-6}$ [C/m^2]이었다. 유전체 내의 분극의 세기(P[C/m^2])는?

① 1×10^{-6} ② 2×10^{-6}
③ 4×10^{-6} ④ 8×10^{-6}

해설

분극의 세기

$P = D - \varepsilon_0 E$

$\therefore P = D - \varepsilon_0 E_p = D\left(1 - \frac{1}{\varepsilon_s}\right)$

$= 4 \times 10^{-6} \times \left(1 - \frac{1}{2}\right)$

$= 2 \times 10^{-6}$ [C/m^2]

정답 ②

매질

물리적인 파동을 한 곳에서 다른 곳으로 옮겨주는 매개물질을 말한다.

예 공기, 기름, 물, 나무, 금속, 땅, 진공상태 등

✠ 진전하

진전하(True Electric Charge) 정전유도에 의하지 않고 실제로 물질에 의해 대전한 전하를 말한다.

핵심기출문제

유전체 내의 전속밀도에 관한 설명 중 옳은 것은?

① 진전하만이다.
② 분극전하만이다.
③ 겉보기전하만이다.
④ 진전하와 분극전하이다.

해설

유전체 내의 전속밀도는 유전체의 송류에 관계없이 진전하만에 의해 결정된다.

정답 ①

핵심기출문제

유전율이 각각 다른 두 유전체의 경계면에 전계가 수직으로 입사하였을 때 옳은 것은?

① 전계는 연속성이다.
② 전속밀도가 달라진다.
③ 유전율이 같아진다.
④ 전기력선은 굴절하지 않는다.

정답 ④

(1) 완전경계 조건

경계면에 전하(**진전하**, 참전하)가 없는 것으로, 경계면에 들어온(입사된) 전계가 순수하게 서로 다른 매질 경계에 의해 전기력선이 굴절한다는 조건으로 경계면의 굴절 특징을 해석합니다.

(2) 불완전경계 조건

경계면에 전하(진전하, 참전하)가 있어서 전기력선(E_p)이 매질 경계면에 입사할 때 매질 차이에 따른 굴절뿐만 아니라 전하에 부딪쳐 복잡한 굴절각을 만들기 때문에 이 경우 경계면에서 이뤄지는 전기력선의 굴절 특징을 파악하기 어렵습니다.
불완전경계 조건은 석 · 박사 연구과정의 응용연구영역으로, 본 국가기술자격시험(전기기사 · 산업기사) 또는 공무원(전기직렬) 필기시험에서 다루지 않습니다.
본 장에서는 완전경계 조건에서만 경계면에서 이뤄지는 전기력선의 굴절특성을 다룹니다.

2. 매질(또는 유전체)의 경계면에서 입사 및 굴절 조건

(1) 조건 1 : 전속밀도(D)의 법선성분이 연속이다.

직각좌표의 수직 축(=법선)을 기준 0°로 하여, 전속밀도(D)가 유전체 경계면에 법선으로 입사(θ_1)하면, 경계면에서 굴절된 굴절각(θ_2) 역시 0°가 되어야 합니다. 이를 최종적인 수식으로 나타내면 다음과 같습니다.

- $D_1 \cos\theta_1 = D_2 \cos\theta_2$
- 전속밀도(D)의 법선성분이 연속

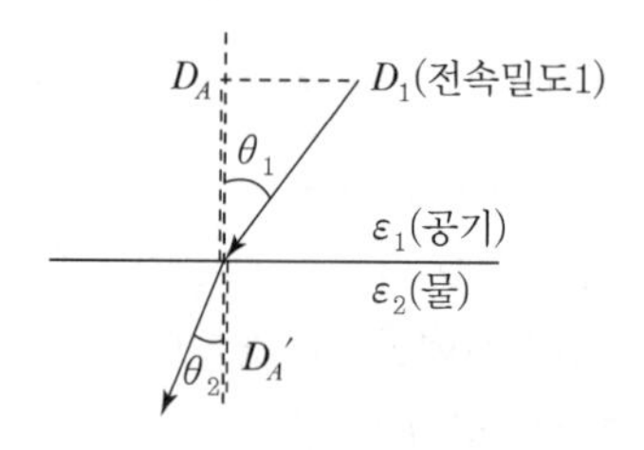

"전속밀도(D)의 법선성분이 연속"이란 말은 그림의 두 전속밀도가 서로 같다는 의미입니다. → $D_A = D_A'$

하지만 전속밀도는 항상 법선으로 경계면에 입사하지 않고, 0~180°의 다양한 각도로 입사할 수 있으므로, $\cos\theta$ 각을 이용하여 다음과 같이 나타낼 수 있습니다.

- $\cos\theta_1 = \dfrac{D_A}{D_1} \rightarrow D_A = D_1 \cos\theta_1$
- $\cos\theta_2 = \dfrac{D_A'}{D_2} \rightarrow D_A' = D_2 \cos\theta_2$

이를 $D_A = D_A{}'$ 조건에 맞춰 나타내면 $D_1 \cos\theta_1 = D_2 \cos\theta_2$ 또는 $\dfrac{\cos\theta_1}{\cos\theta_2} = \dfrac{D_2}{D_1}$

만약 입사각(θ_1)이 법선이 아닌 각도로 입사한다면 입사각(θ_1)과 굴절각(θ_2) 사이에 각도 차이가 생기고, 경계면의 입사각(θ_1)과 굴절각(θ_2) 차이를 통해 두 매질(또는 유전체)의 유전율(ε) 대소관계를 알 수 있습니다.

(2) 조건 2 : 전계(E_p)의 접선성분이 연속이다.

직각좌표의 수직 축인 법선을 기준 0°로 하여, 전계(E_p)가 유전체 경계면에 접선(수평) 90°로 입사(θ_1)하면, 경계면에서 전계(E_p)의 굴절각도(θ_2) 역시 접선 90°가 되어야 합니다. 이를 최종적인 수식으로 나타내면 다음과 같습니다.

- $E_1 \sin\theta_1 = E_2 \sin\theta_2$
- 전계(E_p)의 접선성분이 연속

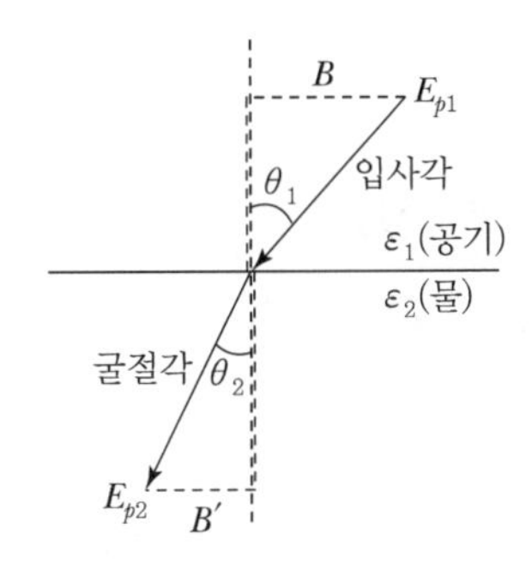

구체적으로, "전계(E_p)의 접선성분이 연속"이란 말은 그림의 두 전계가 서로 같다는 의미입니다. → $B = B'$

하지만 전계가 항상 접선 90°로 경계면에 입사하지 않고, 다양한 각도로 입사할 수 있으므로, $\sin\theta$ 각을 이용하여 다음과 같이 나타낼 수 있습니다.

- $\sin\theta_1 = \dfrac{B}{E_{p1}} \rightarrow B = E_1 \sin\theta_1$
- $\sin\theta_2 = \dfrac{B'}{E_{p2}} \rightarrow B' = E_2 \sin\theta_2$

이를 $B = B'$ 조건에 맞춰 나타내면 $E_1 \sin\theta_1 = E_2 \sin\theta_2$ 또는 $\dfrac{\sin\theta_1}{\sin\theta_2} = \dfrac{E_2}{E_1}$

만약 입사각(θ_1)이 접선이 아닌 각도로 입사했다면, 입사각(θ_1)과 굴절각(θ_2) 사이에 각도 차이가 생기고, 경계면의 입사각(θ_1)과 굴절각(θ_2) 차이를 통해 두 매질(또는 유전체)의 유전율(ε) 대소관계를 알 수 있습니다.

핵심기출문제

두 유전체의 경계면에 대한 설명 중 옳지 않은 것은?

① 전계가 경계면에 수직으로 입사하면 두 유전체 내의 전계의 세기가 같다.
② 경계면에 작용하는 맥스웰 변형력은 유전율이 큰 쪽에서 작은 쪽으로 끌려가는 힘을 받는다.
③ 유전율이 작은 쪽에서 전계가 입사할 때 입사각은 굴절각보다 작다.
④ 전계나 전속밀도가 경계면에 수직으로 입사하면 굴절하지 않는다.

해설

- 전계가 경계면에 수직으로 입사하면 두 유전체의 전계의 세기는 불연속($E_1 \neq E_2$)이다.
- 전계의 세기가 경계면에 수평으로 입사할 때 두 유전체 내에 전계는 같다.

정답 ①

핵심기출문제

그림과 같이 평행판 콘덴서의 극판 사이에 유전율이 각각 ε_1, ε_2인 두 유전체를 반반씩 채우고 극판 사이에 일정한 전압을 걸어준다. 이때 매질 (Ⅰ), (Ⅱ) 내의 전계의 세기 E_1, E_2 사이에는 어떤 관계가 성립하는가?

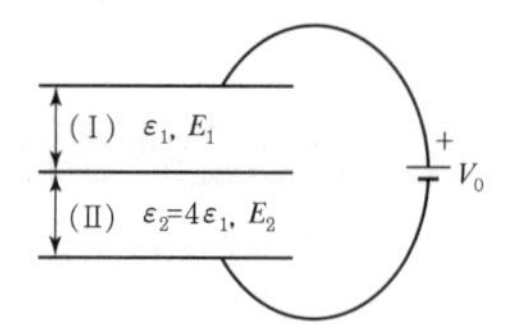

① $E_2 = 4E_1$　② $E_2 = 2E_1$
③ $E_2 = \frac{1}{4}E_1$　④ $E_2 = E_1$

해설

유전체의 유전율과 전계의 관계

$\theta_1 > \theta_2$ 경우	$\theta_1 < \theta_2$ 경우
$D_1 > D_2$ $E_1 < E_2$ $\varepsilon_1 > \varepsilon_2$	$D_1 < D_2$ $E_1 > E_2$ $\varepsilon_1 < \varepsilon_2$

표에서 $\varepsilon_2 > \varepsilon_1 \rightarrow E_2 < E_1$ 관계가 성립하므로

$\therefore E_2 = \frac{\varepsilon_1}{\varepsilon_2}E_1 = \frac{1}{4}E_1$

정답 ③

핵심기출문제

유전율 $\varepsilon_1 > \varepsilon_2$인 두 유전체 경계면에 전속이 수직일 때 경계면상의 작용력은?

① ε_2의 유전체에서 ε_1의 유전체 방향
② ε_1의 유전체에서 ε_2의 유전체 방향
③ 전속밀도의 방향
④ 전속밀도의 반대방향

해설

두 유전체 사이의 경계면에 작용하는 힘은, 유전율이 큰 유전체가 유전율이 작은 유전체 쪽으로 끌리는 힘을 받는다. 그러므로 ε_1에서 ε_2 쪽으로 작용한다.

정답 ②

(3) 조건 3 : 유전체 경계면에서 ε_1과 ε_2의 전위차가 같아야 한다.

(4) 매질 경계면에서 유전율(ε) 대소관계

조건 1과 조건 2를 이용하여 입사각(θ_1)과 굴절각(θ_2)을 $\tan\theta$각도로 표현하면, 경계면에 접한 두 유전체의 유전율(ε) 대소관계를 알 수 있습니다.

$$\frac{\text{조건 2}}{\text{조건 1}} = \frac{E_1 \sin\theta_1 = E_2 \sin\theta_2}{D_1 \cos\theta_1 = D_2 \cos\theta_2} \rightarrow \frac{\tan\theta_1}{\varepsilon_1} = \frac{\tan\theta_2}{\varepsilon_2}$$

입사각(θ_1)과 굴절각(θ_2)을 이용한 두 유전체 ε_1과 ε_2의 대소관계는 다음과 같이 정리됩니다.

$\theta_1 > \theta_2$ 경우	$\theta_1 < \theta_2$ 경우
$D_1 > D_2$ $E_1 < E_2$ $\varepsilon_1 > \varepsilon_2$	$D_1 < D_2$ $E_1 > E_2$ $\varepsilon_1 < \varepsilon_2$

3. 완전경계면에서 전기력선의 성질

(1) 전기력선은 유전율이 큰 매질로 모이려는 성질이다.

두 매질(또는 유전체)이 완전경계면을 이루어 접하고 있을 때, 두 경계면에서 전속선(전기력선)은 유전율이 큰 곳으로 모이려는 성질이 있습니다. 유전율이 큰 곳으로 모인 전기력선의 밀도는 상대적으로 높습니다. 다음 그림에서 두 유전율은 $\varepsilon_1 < \varepsilon_2$의 대소관계를 갖습니다.

(2) 경계면에서 두 유전체 사이에 작용하는 힘은 유전율이 큰 유전체가 유전율이 작은 유전체 쪽으로 끌리는 힘을 받는다.

두 유전체 사이의 경계면에 작용하는 힘은, 유전율이 큰 유전체가 유전율이 작은 유전체 쪽으로 끌리는 힘을 받습니다. 그러므로 그림에서 ε_2의 물질이 ε_1의 물질 쪽으로 끌리는 힘이 작용합니다.

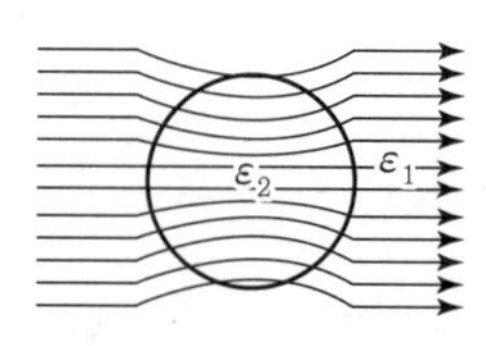

〚 서로 다른 매질의 유전율 ε_1과 ε_2의 전기력선 흐름 〛

06 두 유전체 사이에 작용하는 힘 : 맥스웰 흡인력(응력)

「4장 전기콘덴서의 정전용량 계산」에서 평행판 콘덴서의 정전흡인력을 계산하였습니다. 그 정전흡인력에 이어서, 콘덴서 내에 유전물질의 배치상태에 따라 작용하는 정전흡인력이 달라집니다. 본 내용은 유전물질 배치에 따른 정전흡인력 계산입니다.
콘덴서에 전압을 가했을 때, 유전체에서 일어나는 분극작용으로 콘덴서의 전하축적능력이 향상됩니다. 이때 유전체가 단순 하나의 물질이 아닌 서로 다른 유전율(ε_1, ε_2)을 가진 유전물질로 구성했을 때, 유전물질 배치에 따른 정전흡인력은 크게 인장흡인력과 압축흡인력으로 나눠 볼 수 있습니다.

PART 01

1. 인장응력

(1) 유전체에 인장응력이 작용하는 경우

+Q
-Q
ε_1 ε_2
인장

위 그림과 같은 구조로 두 유전체가 접속되어 있는 상태에서 전기력선이 수직으로 작용($+Q \rightarrow -Q$)하면, 두 전극은 유전체를 양쪽에서 당기는 **인장응력**이 작용합니다. 이 경우, 완전경계면에 전기력선 입사각이 법선 각도(0°)로 통과하므로 다음과 같이 수식으로 나타낼 수 있습니다.

① **경계면조건**
전속밀도가 법선으로 연속이다.
($D_1 \cos\theta_1 = D_2 \cos\theta_2 \rightarrow \varepsilon_1 E_1 \cos\theta_1 = \varepsilon_2 E_2 \cos\theta_2$)

② **인장응력**

$$F = F_2 - F_1 = \frac{1}{2}\frac{D^2}{\varepsilon_2} - \frac{1}{2}\frac{D^2}{\varepsilon_1} = \frac{1}{2}D^2\left(\frac{1}{\varepsilon_2} - \frac{1}{\varepsilon_1}\right)[\mathrm{N/m^2}]$$

(2) 인장응력이 작용하는 경우, 정전용량 계산

인장응력으로 작용하는 유전체의 등가회로는 콘덴서 직렬접속과 같습니다.

인장응력의 합성 정전용량 $C_0 = \dfrac{C_1 \cdot C_2}{C_1 + C_2}$ [F]

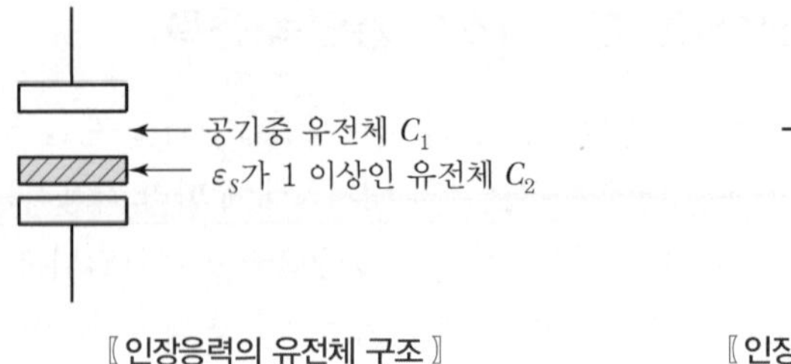

C_1 C_2

〚 인장응력의 유전체 구조 〛 〚 인장응력 유전체의 등가회로 〛

2. 압축응력

(1) 압축응력이 작용하는 경우

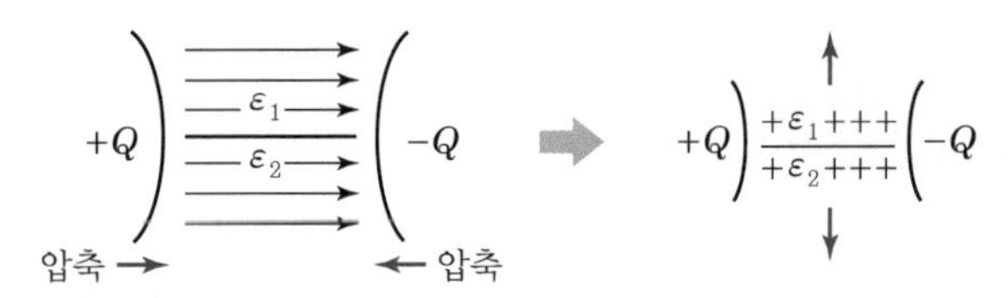

위 그림과 같은 구조로 두 유전체가 접속되어 있는 상태에서 전기력선이 평행하게 작용($+Q \rightarrow -Q$)하면, 두 전극은 유전체를 양쪽에서 압축하는 **압축응력**이 작용합니다. 이 경우, 완전경계면에 전기력선 입사각이 접선 각도(90°)로 통과하므로 다음과 같이 수식으로 나타낼 수 있습니다.

① **경계면조건** : 전계가 접선으로 연속이다.($E_1\sin\theta_1 = E_2\sin\theta_2$)

② **압축응력** : $F = F_1 - F_2 = \frac{1}{2}\varepsilon_1 {E_p}^2 - \frac{1}{2}\varepsilon_2 {E_p}^2 = \frac{1}{2}{E_p}^2(\varepsilon_1 - \varepsilon_2)[\mathrm{N/m^2}]$

(2) 압축응력이 작용하는 경우, 정전용량 계산

압축응력의 합성 정전용량 $C_0 = C_1 + C_2[\mathrm{F}]$

〚 압축응력 유전체의 구조 〛 〚 압축응력 유전체의 등가회로 〛

핵심기출문제

유전율이 ε_1, ε_2인 유전체 경계면에 수직으로 전계가 작용할 때 단위면적당에 작용하는 수직장력(f)은?

① $2\left(\frac{1}{\varepsilon_2} - \frac{1}{\varepsilon_1}\right)D^2$

② $\frac{1}{2}\left(\frac{1}{\varepsilon_2} - \frac{1}{\varepsilon_1}\right)D^2$

③ $\frac{1}{2}\left(\frac{1}{\varepsilon_2} - \frac{1}{\varepsilon_1}\right)E^2$

④ $2(\varepsilon_2 - \varepsilon_1)D^2$

해설

유전체 경계면에 작용하는 힘

- 수직($D_1 = D_2$)

$$f = \frac{1}{2}(E_2 - E_1)\cdot D$$
$$= \frac{1}{2}\left(\frac{1}{\varepsilon_2} - \frac{1}{\varepsilon_1}\right)D^2$$

- 평행($E_1 = E_2$)

$$f = \frac{1}{2}(D_1 - D_2)\cdot E$$
$$= \frac{1}{2}(\varepsilon_1 - \varepsilon_2)E^2$$

정답 ②

핵심기출문제

일정 전압을 가하고 있는 공기 콘덴서에 비유전율(ε_s)인 유전체를 채웠을 때 일어나는 현상은?

① 극판 간의 전계가 ε_s배 된다.

② 극판 간의 전계가 $\frac{1}{\varepsilon}$배 된다.

③ 극판 간의 전하량이 ε_s배 된다.

④ 극판 간의 전하량이 $\frac{1}{\varepsilon_s}$배 된다.

해설

콘덴서의 두 극판 사이에 유전체를 채운 경우의 정전용량은

$$C = \frac{\varepsilon_0\varepsilon_s S}{d} = \varepsilon_s C_0$$

두 극판에 축적되는 전기량(전하량)은 $Q = C\cdot V[\mathrm{C}]$

여기서, 전압(V)이 일정하므로 전하량(Q)은 정전용량(C)에 비례한다.

∴ $Q \propto C \propto \varepsilon_s$ 관계가 성립하므로, 극판의 전하량은 ε_s배로 증가한다.

정답 ③

1. 분극현상

① **전체 유전율** : $\varepsilon = \varepsilon_0 \varepsilon_s [\mathrm{F/m}]$

② **진공 · 공기 매질에서 유전율** : $\varepsilon_0 = \dfrac{1}{\mu_0 C^2} = \dfrac{10^{-9}}{36\pi} = 8.855 \times 10^{-12} [\mathrm{F/m}]$

③ **비유전율(ε_s)과 전기 요소들의 관계** : $\varepsilon_s = \dfrac{\varepsilon}{\varepsilon_0} = \dfrac{C}{C_0} = \dfrac{V_0}{V} = \dfrac{E_{p0}}{E_p} = \dfrac{F_0}{F}$

2. 분극의 세기

① **체적당 나타나는 분극의 세기** : $P = \dfrac{M}{v} [\mathrm{C/m^2}]$

② **전기쌍극자 모멘트** : $M = Q \cdot \delta [\mathrm{C \cdot m}]$

③ **분극의 세기** : $P = D - D_0 [\mathrm{C \cdot m}]$

$= \varepsilon_0 \varepsilon_s E_p - \varepsilon_0 E_p = E_p(\varepsilon - \varepsilon_0) = E_p \varepsilon_0 (\varepsilon_s - 1) = D - \varepsilon_0 E_p$

④ **분극률** : $\varepsilon_0(\varepsilon_s - 1)$

⑤ **비분극률** : $\varepsilon_s - 1$

3. 유전체 경계면 조건

① **조건 1** → 전속밀도(D)의 법선성분이 연속이다. $D_1 \cos\theta_1 = D_2 \cos\theta_2$

② **조건 2** → 전계(E_p)의 접선성분이 연속이다. $E_1 \sin\theta_1 = E_2 \sin\theta_2$

→ $\varepsilon_2 \tan\theta_1 = \varepsilon_1 \tan\theta_2$

$\theta_1 > \theta_2$ 경우	$\theta_1 < \theta_2$ 경우
$D_1 > D_2$ $E_1 < E_2$ $\varepsilon_1 > \varepsilon_2$	$D_1 < D_2$ $E_1 > E_2$ $\varepsilon_1 < \varepsilon_2$

③ **조건 3** → 유전체 경계면에 ε_1과 ε_2의 전위차가 같아야 한다.

4. 두 유전체 사이에 작용하는 힘

① 인장응력 $F = F_2 - F_1 = \dfrac{1}{2} D^2 \left(\dfrac{1}{\varepsilon_2} - \dfrac{1}{\varepsilon_1} \right) [\mathrm{N/m^2}]$

② 압축응력 $F = F_1 - F_2 = \dfrac{1}{2} {E_p}^2 (\varepsilon_1 - \varepsilon_2) [\mathrm{N/m^2}]$

핵 / 심 / 기 / 출 / 문 / 제

01 그림과 같이 평행판 콘덴서의 극판 간에 판과 평행으로 두 종류의 유전체를 삽입하였을 경우, 합성 정전용량 [F]은?

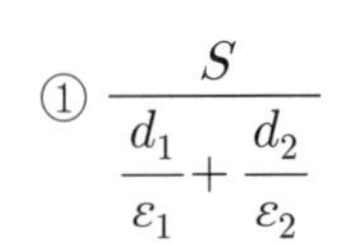

① $\dfrac{S}{\dfrac{d_1}{\varepsilon_1}+\dfrac{d_2}{\varepsilon_2}}$

② $\dfrac{S}{\dfrac{\varepsilon_1}{d_1}+\dfrac{\varepsilon_2}{d_2}}$

③ $\dfrac{S}{d_1\varepsilon_1+d_2\varepsilon_2}$

④ $\dfrac{S}{d_1\varepsilon_2+d_2\varepsilon_1}$

S(극판 면적), d_1, d_2, ε_1 C_1, ε_2 C_2

해설

콘덴서 C_1의 정전용량 : $C_1=\dfrac{\varepsilon_1 S}{d_1}$

콘덴서 C_2의 정전용량 : $C_2=\dfrac{\varepsilon_2 S}{d_2}$

∴ 합성 정전용량

$$C=\frac{C_1\times C_2}{C_1+C_2}=\frac{\dfrac{\varepsilon_1 S}{d_1}\times\dfrac{\varepsilon_2 S}{d_2}}{\dfrac{\varepsilon_1 S}{d_1}+\dfrac{\varepsilon_2 S}{d_2}}=\frac{\varepsilon_1\varepsilon_2 S}{\varepsilon_1 d_2+\varepsilon_2 d_1}=\frac{S}{\dfrac{d_1}{\varepsilon_1}+\dfrac{d_2}{\varepsilon_2}}$$

02 $C_1=2[\mu\text{F}]$, $C_2=4[\mu\text{F}]$인 공기 콘덴서의 직렬연결에서 C_1에 종이($\varepsilon_s=2$)를 채웠을 때 합성용량은 몇 배로 증가하는가?

① 2.5　　② 2

③ 1.5　　④ 1

해설

a — 2×[μF] C_2 — 4[μF] C_2 — b

합성 정전용량 $C=\dfrac{C_1\times C_2}{C_1+C_2}=\dfrac{2\times4}{2+4}=\dfrac{8}{6}[\mu\text{F}]$

콘덴서를 유전체(종이)로 채웠을 때의 정전용량 : $C=\varepsilon_s\varepsilon_0$로 증가하므로

a — 2×2[μF] $C_1=\varepsilon_r C_0$ — 4[μF] C_2 — b

비유전율 추가 후 합성 정전용량 $C=\dfrac{4\times4}{4+4}=2[\mu\text{F}]$

∴ C의 증가비율$=\dfrac{\varepsilon_s\text{추가 후 용량}}{\varepsilon_s\text{추가 전 용량}}=\dfrac{2}{\left(\dfrac{8}{6}\right)}=\dfrac{12}{8}=1.5$(배)

03 그림과 같이 정전용량이 C_0[F] 되는 평행판 공기 콘덴서의 판면적의 $\dfrac{2}{3}$ 되는 공간에 비유전율 ε_s인 유전체를 채우면 콘덴서의 합성 정전용량[F]은?

① $\dfrac{2\varepsilon_s}{3}C_0$

② $\dfrac{3}{1+2\varepsilon_s}C_0$

③ $\dfrac{1+\varepsilon_s}{3}C_0$

④ $\dfrac{1+2\varepsilon_s}{3}C_0$

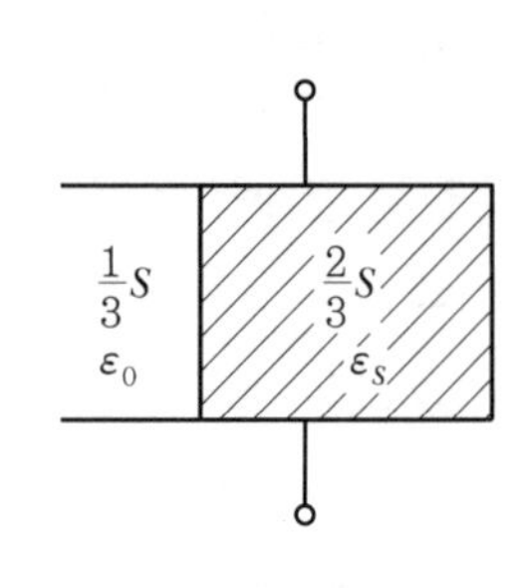

해설

평행판 공기 콘덴서 : $C_0=\dfrac{\varepsilon_0\cdot S}{d}$

$C_1=\dfrac{\varepsilon_0\times\dfrac{1}{3}S}{d}=\dfrac{1}{3}C_0$

$C_2=\dfrac{\varepsilon_0\varepsilon_s\times\dfrac{2}{3}S}{d}=\dfrac{2}{3}\varepsilon_s C_0$

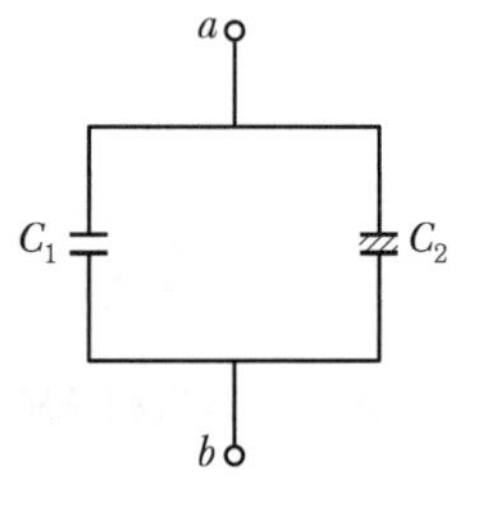

∴ 합성 정전용량 $C=C_1+C_2=\dfrac{1}{3}C_0+\dfrac{2}{3}\varepsilon_s C_0=\dfrac{1+2\varepsilon_s}{3}C_0$

정답 01 ① 02 ③ 03 ④

04 압전기현상에서 분극이 응력에 수직방향으로 발생하는 현상을 무슨 효과라 하는가?

① 종효과　　② 횡효과
③ 역효과　　④ 간접효과

해설 압전기현상

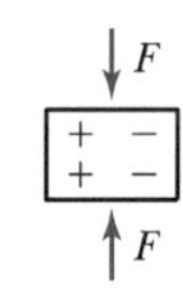

강유전체의 결정의 물리적 힘을 가하면 분극이 일어나 전압이 생기는 현상이다. 이때 분극현상이 물리적 응력과 수직방향으로 나타날 때 이를 압전효과의 횡효과라고 하고, 같은 방향일 때를 종효과라고 한다.

05 그림과 같이 단심 연피 케이블 내외 도체를 단절연(Graded Insulation)할 경우 두 도체 간의 절연내력을 최대로 하기 위한 조건은?(단, ε_1, ε_2 : 각각의 유전율)

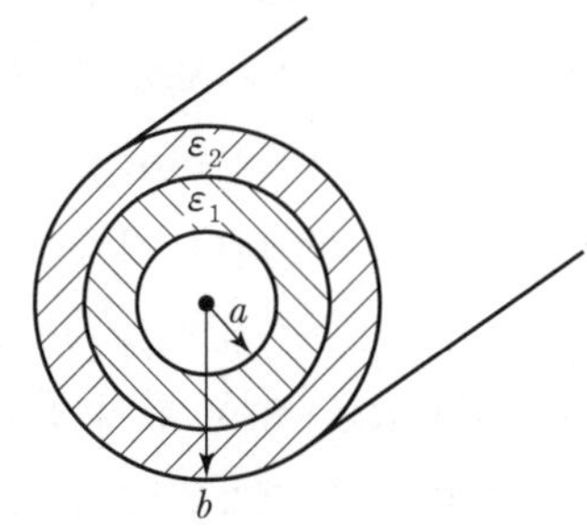

① $\varepsilon_1 < \varepsilon_2$로 한다.
② $\varepsilon_1 > \varepsilon_2$로 한다.
③ $\varepsilon_1 = \varepsilon_2$로 한다.
④ 유전율과는 관계없다.

해설 단절연(Graded Insulation)

전선을 여러 종류의 유전체로 구성했을 때의 최대전위경도는 한 종류의 유전체로 구성하였을 때의 최대전위경도보다 작게 된다. 일반적으로 절연체 내의 전계는 절연성을 고려하여 가능한 한 최대전위경도가 작은 것이 바람직하며 이 목적을 위하여 몇 종류의 유전체를 사용하여 동축케이블 내에 전계분포가 거의 균일하게 되도록 하는 것이다.
그러므로 전계의 세기가 어느 곳이든지 일정하게 하려면 유전율(ε)이 도체의 중심부로부터의 거리(r)에 반비례하면 된다. → $\varepsilon \propto \frac{1}{r}$
∴ 도체의 중심부로 들어갈수록 유전율이 큰 유전체로 채워야 한다.

06 다음 분극 중 온도의 영향을 받는 분극은?

① 전자분극　　② 이온분극
③ 배향분극　　④ 전자분극과 이온분극

정답 04 ② 05 ② 06 ③

PART 01

CHAPTER 06

맥스웰의 전류(J) 정리와 저항(R) 계산(전도전류와 변위전류)

01 맥스웰의 전류(J)

✠ 맥스웰

맥스웰(James Clerk Maxwell, 1831~1879)은 스코틀랜드 출신의 수학자이자 물리학자이다. 이전까지 정리되지 못했던 전기장과 자기장 현상을 전자기장 하나로 통합하여 이를 방정식으로 증명하였으며 그 내용이 오늘날 전기자학의 대부분을 차지한다.

맥스웰 전류란, **맥스웰**이란 사람이 정리한 전류이론을 말합니다. 전류와 관련된 공식과 인물들(쿨롱, 가우스, 앙페르, 패러데이, 볼트 등)은 많습니다.
그들의 업적은 전류와 관련된 부분적인 업적이지만, 맥스웰은 19세기 중반 이전까지 존재했던 모든 전기현상과 사기현상에 대한 이론을 통합하고 하나의 체계로 정리했으며 또한 이를 수학적으로 완벽하게 증명하였습니다. 맥스웰의 전류 정리는 오늘날까지 그대로 사용되고 있으며 그 내용은 다음과 같습니다.
"전류는 도체를 통해 전자(e)가 이동하는 전도전류(I_c)가 있고, 도체가 아닌 부도체 혹은 자유공간으로 이동하는 변위전류(I_d)가 있다." 이 간단한 문장이 맥스웰 전류 정리의 전부입니다. 다만, 우리는 이것을 수식으로 나타낸 표현을 알아야 합니다.
만약 도선을 통해 전류가 이동하는 것으로만 전류를 이해한다면, 전기현상의 반만 이해하는 것입니다. 도선을 통해 전하가 이동하는 전도전류는 '앙페르(Ampere)'가 이론을 정립했지만, 앙페르는 전하(Q)와 전기장(E_p)의 상관관계를 알지 못했습니다. 그래서 앙페르의 전류이론으로는 콘덴서 원리, 발전기 원리, 전자무선 원리를 해석할 수 없습니다. 전하가 이동하지 않아도 전류가 흐른다는 것을 맥스웰(Maxwell)이 변위전류(I_d) 개념으로 증명하였고, 전도전류와 변위전류를 통합하여 수학적으로 증명하였습니다. 기존의 고전적인 전류개념과 맥스웰이 새로 정리한 전류개념을 구분하기 위해 맥스웰의 전류는 J[A] 기호를 사용합니다.
맥스웰(Maxwell)은 이전 물리학자들(가우스, 패러데이, 앙페르 등)의 전기와 자기이론을 수정하여 몇 개의 방정식으로 나타냈는데 그 내용이 전자기학 11장의 전자방정식입니다.
맥스웰이 정립한 변위전류(I_d)에 대해 간단히 살펴보면, 전기회로에 전압이 가해졌을 때 전하(Q)가 이동하고 이동하는 전하는 전기력선 방출이 없습니다. 당연히 전하가 이동할 때 전기장(E_p)은 존재하지 않습니다. → 도체 내부의 전계는 0 이므로 ($E_p = 0$)
반대로, 전압은 가해져 있으나 전하가 이동하지 않는 경우(선이 끊어졌거나, 전극과 전극 사이가 분리된 콘덴서 구조, 회전기의 공극) 전하는 이동하지 않고 정지한 상태를 유지하며 전압에 의해 전하밀도만 증가합니다. 동시에 전하(Q)는 에너지를 체적형태로 방출합니다. 여기서 에너지가 전기장 또는 전기력선(E_p)입니다. 전기장은 빛과 같아서 자유공간을 이동할 수 있고, 정지상태의 전하의 전하밀도$[C/m^2]$가 증가할수록 전기장도 커져 자유공간을 더욱 멀리 이동하게 됩니다. 안테나를 이용한 전파방출이 이 원리입니다. 여기서 "전하밀도가 증가할 때의 전류"가 변위전류(I_d)입니다. 그리고 자유공간을 빛처럼 이동하던 전기장이 전하가 이동할 수 있는 도체에 닿으면 전도전류(I_c) 형태로 바뀌어 다시 도선을 통해 전하가 이동하게 됩니다. 이렇게 전류는 도선으로도 흐르고, 도선이 아닌 부도체나 공중(자유공간)으로도 이동할 수 있습니다.

02 전류(Current)의 종류

1. 전도전류(Ampere's Current Theory)

전기과목[회로이론 · 전력공학 · 전기기기 · 전기설비규정(KEC)]에서 다루는 전류는 모두 전도전류($I_c = \frac{Q}{t}$)입니다. 전도전류(I_c)란 전하(Q)가 잘 이동할 수 있는 금속재질의 도선, 전선을 통해 흐르는 전류입니다. 전도전류(I_c)에 대한 이론은 프랑스의 과학자 앙페르(Ampere)가 정리하였습니다.

(1) 전도전류(I_c)

① $I_c = k\ E_p\ A\,[A]$ $\left\{I_c = \frac{V}{R} = \frac{E_p \cdot l}{\left(\rho\frac{l}{A}\right)} = \frac{E_p \cdot A}{\rho} = k\ E_p\ A\right\}$

(여기서, k: 도전율, 전도율)

② $I_c = \frac{Q}{t} = \frac{e \cdot n}{t}\,[A]$

전도전류(I_c)는 $k\ E_p\ A$로 나타낼 수 있습니다. 전계의 세기(E_p)는 체적형태의 도체 내부에 존재하지 않지만, 체적을 단면적 단위로 세분하면 전계의 세기(E_p)가 그 단면적(A)과 도전율(k)에 비례하여 전도전류(I_c)가 됩니다.

같은 전도전류(I_c)를 체적을 가진 도선으로 나타내면, 우리가 아는 수식(초[sec]당 이동한 전기량($I = \frac{Q}{t}$) 또는 초[sec]당 이동한 총 전자 수($I = \frac{e \cdot n}{t}$))이 됩니다.

(2) 전도전류밀도(J_c, i_c)

전도전류(I_c)는 부피를 가진 도체 내부로 흐르는 전류입니다. 때문에 도선 속에서 흐르고 있는 전류의 크기는 전자(또는 전하)의 밀도로 나타낼 수 있습니다.

사실 도체를 통해 흐르는 전도전류(I_c)의 흐르는 양은 전류밀도($\overrightarrow{J_c}$)로 나타내는 것이 흐르는 전류량의 정확한 표현입니다.

핵심기출문제

옴(Ohm)의 법칙을 미분형으로 표시하면?

① $i = \frac{E}{\rho}$ ② $i = \rho E$

③ $i = \nabla E$ ④ $i = \text{div}\, E$

해설

$I_c = \frac{V}{R} = \frac{E_p \cdot l}{\left(\rho\frac{l}{A}\right)}$

$= \frac{E_p \cdot A}{\rho}\,[A]$

$\rightarrow i_c = \frac{E_p \cdot A}{\rho} \times \frac{1}{A}$

$= \frac{E_p}{\rho}\,[A/m^2]$

정답 ①

핵심기출문제

반지름이 5[mm]인 구리선에 10[A]의 전류가 단위시간에 흐르고 있을 때 구리선의 단면을 통과하는 전자의 개수는 단위시간당 얼마인가?(단, 전자의 전하량은 $e=1.602\times10^{-19}$[C]이다.)

① 6.24×10^{18} ② 6.24×10^{19}
③ 1.28×10^{22} ④ 1.28×10^{23}

해설

• 전기량 $I\cdot t=e\cdot n\,[C]$
• 전자의 수

$n=\dfrac{I\cdot t}{e}$

$=\dfrac{10\times1}{1.60219\times10^{-19}}$

$=6.24\times10^{19}$[C]

정답 ②

핵심기출문제

길이 20[cm], 지름 2[cm]이며 도전율이 7×10^4[℧/m]인 흑연봉 양단에 20[V]의 전압을 가했을 때 전류밀도[A/mm²]는?

① 0.07 ② 0.7
③ 7 ④ 70

해설

전도전류밀도
$i_c=k\cdot E_p\,[\mathrm{A/m^2}]$ 의 관계식에서

$\therefore i=k\cdot E_p=k\dfrac{V}{l}$

$=7\times10^4\times\dfrac{20}{20\times10^{-2}}$

$=7\times10^6\,[\mathrm{A/mm^2}]$

$=7\times10^6\,[\mathrm{A/m^2}]$

$=7\times10^6\times10^{-6}\,[\mathrm{A/mm^2}]$

$=7\,[\mathrm{A/mm^2}]$

정답 ③

① $\overrightarrow{J_c}=k\ E_p\ [\mathrm{A/m^2}]$ $\left\{\overrightarrow{J_c}=\dfrac{I_c}{A}=\dfrac{k\ E_p\ A}{A}=k\ E_p\right\}$

여기서, A : 도체 단면적 $[\mathrm{m^2}]$

② $Q=I\cdot t$ [C] (전기량 기본식)

③ 전류밀도 혹은 전기량을 도체 내 전자의 이동속도로 나타낼 경우

$Q=(i_c)=n\ e\ v\ [\mathrm{A/m^2}]$

여기서, n : 전선의 전자밀도 [개수/m³]
e : 전자의 전기량 [C]
v : 전자가 이동하는 공간(체적) [m³]

④ 전류밀도 혹은 전기량을 도체체적 내 전자밀도로 나타낼 경우

$Q=(i_c)=n\ e\ v\ [\mathrm{A/m^2}]$

여기서, n : 전하의 수[개수]
e : 전자의 전기량 [C]
v : 전자의 이동속도 [m/s]

2. 변위전류(Maxwell's Displacement Current Density)

전도전류(I_c)는 도선을 통해서만 흐르는 전류이며 발전기 단자에서부터 송전계통과 배전계통을 거쳐 수용가에 도달하는 전류입니다. 전도전류(I_c)에 의해 동작하는 부하(전등설비, 가전 등)도 있지만, 전도전류로 해석할 수 없는 부하(콘덴서, 전동기, 무선통신설비 등)도 있습니다. 전도전류로 해석할 수 없는 부하의 공통점은 회로가 끊어져 있습니다. 다음과 같이 콘덴서를 예로 들면,

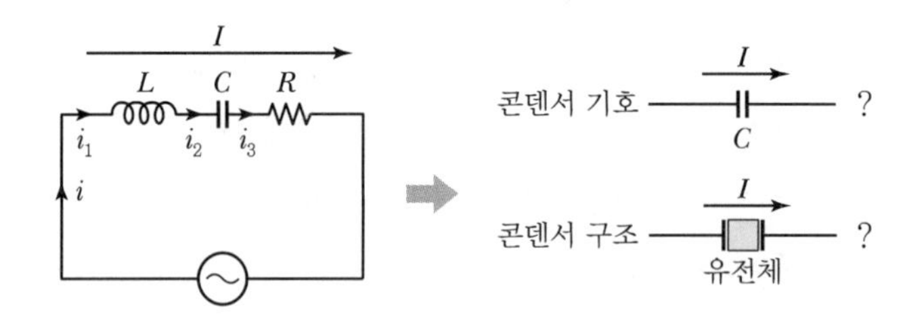

〚 전도전류가 흐르지 않는 콘덴서의 등가회로 〛

위 그림과 같이 $R-L-C$ 소자가 들어간 전기회로를 보면, 저항(R)과 코일(L)은 직관적으로 전류가 흐른다고 이해할 수 있습니다. 하지만 콘덴서 기호는 직관적으로 보아도 끊어져 있고, 실제로도 콘덴서 구조는 전극과 전극 사이에 전기적으로 부도체인 유전체가 들어 있기 때문에 전도전류가 흐르지 않습니다. 콘덴서는 전도전류가 흐르지 않고 변위전류가 흐르는 대표적인 예입니다.

도선을 통해 전류가 흐르는 것으로만 전류를 이해하면, 도전율(k)을 가진 금속도체를 통해 전하(Q)가 이동하는 전류(I)가 아닌 콘덴서에서 일어나는 전기현상을 이해할 수 없습니다. 변위전류(I_d)와 변위전류밀도(J_d)를 수식으로 나타내면 다음과 같습니다.

(1) 변위전류(I_d)

맥스웰(James Maxwell)의 전류이론에 의하면, 변위전류(I_d)는 콘덴서에 전압이 계속 가해진 상태에서 이동하지 못하는 전하의 밀도(D)가 증가할 때, '변화량을 갖는 전류($I_d = \frac{\partial Q}{\partial t}$)'입니다. 변화량을 갖고 밀도가 증가하는 전하는 콘덴서 평판 면적(A)에 비례하여 전기장(E_p)이 증가합니다. → $I_d = \varepsilon \frac{\partial E_p}{\partial t} A$

$$I_d = \frac{\partial Q}{\partial t} = \frac{\partial (D \cdot A)}{\partial t} = A \frac{\partial (\varepsilon \cdot E_p)}{\partial t} \ [\mathrm{A}]$$

$$\left\{ I_d = \frac{\partial Q}{\partial t} = \frac{\partial (D \cdot A)}{\partial t} = \frac{\partial (\varepsilon \cdot E_p)}{\partial t} A = \varepsilon A \frac{\partial}{\partial t}\left(\frac{Q}{\varepsilon A}\right) = \frac{\partial Q}{\partial t} = I_d \right\}$$

$$\left\{ Q = D \cdot A \ [\mathrm{C}],\ \ D = \varepsilon \cdot E_p \ [\mathrm{C/m^2}],\ \ E_p = \frac{\sigma}{\varepsilon} = \frac{Q}{\varepsilon A} \ [\mathrm{V/m}] \right\}$$

(2) 변위전류밀도(J_d, i_d)

$$\overrightarrow{J_d} = \frac{\partial D}{\partial t} = \varepsilon \frac{\partial}{\partial t} E_p = \varepsilon \frac{\partial}{\partial t} \frac{q}{\varepsilon A} = \frac{1}{A} \frac{\partial q}{\partial t} = \frac{i_c}{A} \ [\mathrm{A/m^2}]$$

변위전류밀도(J_d)는 변위전류에 이어서 변화량을 갖는 전하밀도는 변화량을 갖는 전기장($J_d = \varepsilon \frac{\partial E_p}{\partial t}$)을 생성시키고, 전기장은 자유공간과 부도체를 이동할 수 있습니다. 그리고 변화량을 갖는 전기장은 전선도체에 전하의 이동(=흐르는 전도전류)을 만듭니다. → $J_d = \frac{i_c}{A}$

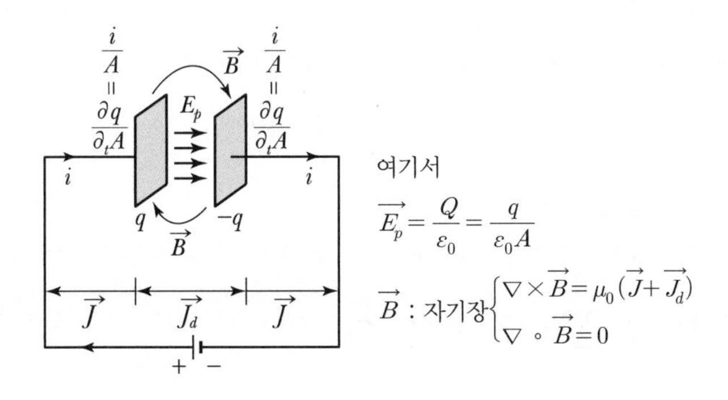

〚 전도전류와 변위전류를 보여주는 콘덴서 구조 〛

핵심기출문제

전도전자나 구속전자의 이동에 의하지 않는 전류는?

① 전도전류 ② 대류전류
③ 분극전류 ④ 변위전류

해설

변위전류 $i_d = \frac{\partial D}{\partial t}$

변위전류는 유전체 내의 전속밀도(전기변위)의 시간적 변화에 따른 전류를 의미하며 도체 내에 흐르는 전도전류와 구별한다.

정답 ④

핵심기출문제

변위전류와 가장 관계가 깊은 것은?

① 반도체 ② 유전체
③ 자성체 ④ 도체

정답 ②

그러므로 정리하면, 전압이 가해진 콘덴서 전극 전 · 후 도선부분은 전도전류(J_c)가 흐르고, 도선이 없는 콘덴서의 전극과 전극 사이는 변위전류(J_d)가 흐름으로써 콘덴서에 직류를 가하든 교류를 가하든 전류가 흐를 수 있는 것입니다.

이것이 맥스웰 전류 정리의 내용입니다. → 전류 $J = J_c + J_d$ $[A/m^2]$

3. 대류전류

어떤 공간 또는 매질에 분포되어 있는 입자들이 이동함에 따라 전류도 따라 흐르는 현상입니다. 대류전류를 이용하는 예는 커패시터의 전해액, 배터리 등이 있습니다.

4. 전류의 크기 표현

(1) 직류

① 전도전류에서 전류는 도선 내부에서 단위시간당 이동한 전기량이다.

$$I = \frac{Q}{t} [A]$$

② 도선에 이동 중인 전기량은 단면적에 단위시간당 이동한 총 전자의 수이다.

$$Q = I \cdot t = e \cdot n [C]$$

(2) 교류

① $I = \frac{Q}{t} [A] \rightarrow i = \frac{\partial q}{\partial t} [A]$

② $Q = I \cdot t [C] = \int_{t1}^{t2} i \, dt [C]$

5. 키르히호프의 법칙

(1) 키르히호프의 전류법칙(KCL)

전기회로 내 임의의 분기점에서 유입전류와 유출전류는 같고 총합은 0입니다. 이를 수식으로 예를 들면 $i_1 + i_2 + i_3 = i_4 \rightarrow i_1 + i_2 + i_3 + i_4 = 0$이고, 일반화된 수식으로 나타내면 다음과 같이 미분형으로 표현할 수 있습니다.

$div\ i = 0$: 키르히호프의 전류법칙 (미분형)

(2) 키르히호프의 전압법칙(KVL)

전기회로 내에 총 기전력의 합은 모든 그 회로 내에 총 전압강하의 합과 같습니다.

$$\rightarrow \sum_A^B \text{기전력 } E = \sum_A^B \text{전압강하}(I \times R)$$

핵심기출문제

공간도체 중의 정상 전류밀도가 i, 전하밀도가 ρ일 때 키르히호프의 전류법칙을 나타내는 것은?

① $i = \frac{\partial \rho}{\partial t}$

② $\operatorname{div} i = 0$

③ $i = 0$

④ $\operatorname{div} i = -\frac{\partial \rho}{\partial t}$

해설

$\operatorname{div} i = 0$(전류의 연속성을 의미하는 키르히호프의 전류법칙)

※ 수식 $\frac{\partial \rho}{\partial t} = 0$의 의미 : 공간도체에 일정한 전류가 흐르는 경우에는 전하의 축적 혹은 소멸이 없다.

정답 ②

$$\sum_{A}^{B} E - \sum_{A}^{B}(I \cdot R) = 0$$

이를 수식으로 나타내면 다음과 같은 적분형으로 표현할 수 있습니다.

$$\int_{B}^{A} E_p \, dl = 0 \text{ 혹은 } \int_{A}^{B} E_p \, dl = 0 \text{(적분형)}$$

03 전력과 열전현상

1. 전력

① 전류 $I = \frac{Q}{t}$ [A] : 전류(I)는 단위시간당 이동한 전기량($Q = e \cdot n$)

② 전위 $V = \frac{W}{Q}$ [V] : 이동한 전기량(Q)이 부하에서 한 일(W [J])은 전위(V) 때문이다.

③ 전력 $P = \frac{W}{t} = \frac{V \cdot (I \cdot t)}{t}$ [W] : 전력은 단위시간당 한 일(W [J] : 와트시)

④ 전력량 $W = P \cdot t$ [J] : 전력량은 와트시(Wh) 혹은 W [J]로 나타낸다.
이론으로 배우는 전기에서 '단위시간당'의 의미는 초[sec] 단위를 말하지만, 실생활에서 소비전력(W)을 말하고 전력량을 계산할 때 '시간당 사용한 전력(Wh)'의 의미로 사용한다. 그래서 가전제품 제원에 적힌 형광등 40[W], 에어컨 1200[W], 선풍기 120[W]는 사실 40[Wh], 1200[Wh], 120[Wh]이다. 반면 이론으로 배우는 전력량의 단위는 초[sec]를 기준으로 하는 와트[W·sec] 또는 [J]이다.

⑤ 마력[Hp] : 단위를 가진 여러 논리적 개념들에 대해 수학적 연산을 하려면, 기본단위가 서로 같아야 가능하다. 기본단위가 다르면 연산결과가 맞지 않으므로 반드시 기본단위를 통일해야 한다. 전기영역에서 기본단위가 달라 통일할 필요가 있는 대표적인 것이 마력단위이다. 만약 전기영역에서 마력[Hp] 단위로 힘을 표현하는 경우가 목격이 되면, 마력단위를 전기단위로 변환해야 한다. → 1[Hp] = 746 [W]

⑥ 열량[cal] : 일반적으로 어떤 물질을 끓이거나 태울 경우 자연적으로 '열'이 발생한다. 발생하는 물리적인 '열'은 [cal] 단위를 사용한다. 전기영역도 전류에 의한 열이 발생하고, 전류로 인해 발생하는 '열'을 수식으로 나타낼 때 [cal] 단위를 사용한다. 열량[cal]과 전기단위[W]가 서로 일치하지 않으므로 수학적 연산이 가능하도록 단위를 다음과 같이 통일한다.
1 [J] = 1 [W·sec]이므로 1 [J] = 0.24 [cal]는 곧 1 [W·sec] = 0.24 [cal]이다.

핵심기출문제

10^6[cal]의 열량은 어느 정도의 전력량에 상당하는가?

① 0.06[kWh]
② 1.16[kWh]
③ 0.27[kWh]
④ 4.17[kWh]

해설

1[kWh] = 760[kcal],

1[kcal] = $\frac{1}{860}$[kWh]

$\therefore 10^6[\text{cal}] = 10^3[\text{kcal}] = \frac{10^3}{860}[\text{kWh}] = 1.16[\text{kWh}]$

정답 ②

→ 1 [cal] = 4.186 [J] 또는 1 [J] = 0.24 [cal]
→ 1 [Wh] = 864 [cal]
→ 1 [kWh] = 864 [kcal]

2. 열전현상

열전현상은 열에 의해 전류가 발생하는 현상을 말하며, 열전현상이 일어나는 대표적인 세 가지 효과는 다음과 같습니다.

(1) 제벡효과(Seebeck Effect)

챔버(chamber) 안에 서로 다른 두 금속을 붙여놓고 두 금속이 전기적으로 폐회로가 되게 만든 다음, 회로에 전류계를 직렬로 설치합니다. 외부의 전원공급 없이도 두 금속의 온도차만 만들어 주면 전류계가 움직입니다. 이를 통해 온도가 서로 다른 금속 간에 전류가 발생했음을 알 수 있습니다.
→ 두 금속에 온도차에 의한 열을 가하면 전류 발생

(2) 펠티에효과(Peltier Effect)

제벡효과와 반대로, 챔버(chamber) 안에 서로 다른 두 금속을 붙여놓고 전기적으로 폐회로가 되게 만든 다음, 외부 전원에 의해 전류를 공급합니다. 이때 서로 다른 금속이 접합된 부분에서 온도차에 의해 발생한 열을 측정할 수 있습니다.
→ 두 금속에 전류를 흘리면 열 발생

(3) 톰슨효과(Thomson Effect)

동일한 재료의 두 금속이 있고, 금속의 온도는 서로 다른 상태로 두 금속을 접합시킵니다. 그러면 제벡 실험과 펠티에 실험을 했을 때와 동일한 결과가 나옵니다. 다시 말해 동일한 재료의 두 금속을 붙여놓고 폐회로를 만들어 온도차를 주면, 열에 의한 전류(열기전력)가 흐르고, 그와 반대로 두 금속에 전류를 흘리면 두 금속의 접합지점에서 열이 발생합니다.
→ 동일한 두 금속에 전류를 흘리면 열 발생 혹은 동일한 두 금속에 열을 가하면 전류가 발생

04 저항(R)과 누설전류(I) 계산

1. 저항의 개념

전류(I)와 전압(V)이 존재하는 회로에서 도선에 흐르는 전하이동을 방해하는 저항(Resistance)은 옴의 법칙(Ohm's Law, $R = \frac{V}{I}\,[\Omega]$) 관계로 이해할 수 있습니다.
이러한 저항(R)은 직류에서는 직류전류의 크기를 감소시키고, 교류에서는 다음 그림과 같이 교류 정현파의 전류 진폭만을 감소시킵니다.

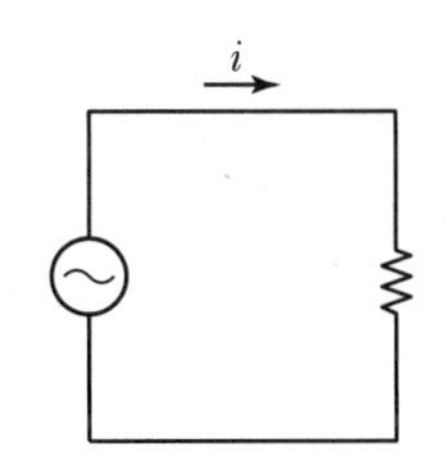

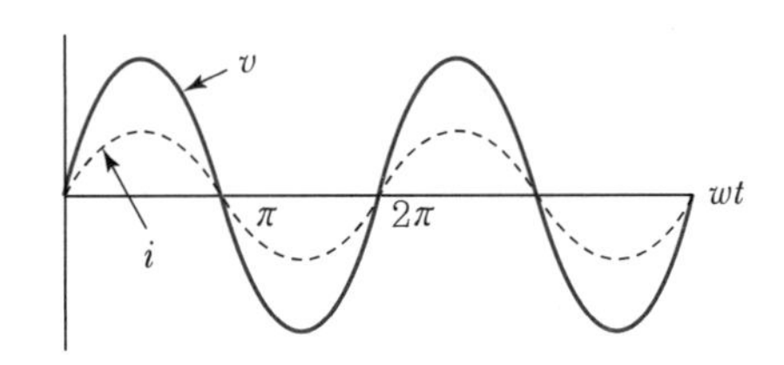

〖 저항에 의한 교류파형의 전류 진폭 감소 〗

직류 · 교류를 포함하여, 저항(R)의 전하이동 또는 전류흐름을 방해하는 정도를 구체적으로 다음과 같이 나타낼 수 있습니다.

$$R = \rho \frac{l}{A} [\Omega]$$

(1) 전선 재질에 따른 고유저항 단위

① **고유저항** : $\rho = R\frac{A}{l}$ $[\Omega \cdot \text{m}]$ (단, $A\,[\text{m}^2]$, $l\,[\text{m}]$)

② **고유저항(ρ)의 단위** : $[\Omega \cdot \text{m}]$, $[\Omega \cdot \text{mm}^2/\text{m}]$, $[\Omega \cdot \text{m}^2/\text{m}]$

(2) 원통형 전선구조의 저항 계산

① **원통형 전선의 반지름으로 저항 표현**

$$R = \rho \frac{l}{\pi r^2} [\Omega] \quad \left\{ R = \rho \frac{l}{A} = \rho \frac{l}{\pi r^2} \right\}$$

② **원통형 전선의 지름으로 저항 표현**

$$R = \rho \frac{4l}{\pi D^2} [\Omega] \quad \left\{ R = \rho \frac{l}{A} = \rho \frac{l}{\pi r^2} = \rho \frac{l}{\pi \left(\frac{D}{2}\right)^2} = \rho \frac{4l}{\pi D^2} \right\}$$

(3) 전선 종류에 따른 고유저항값

① **연동전선** : $\rho = \frac{1}{58} \times 10^{-6}$ $[\Omega \cdot \text{m}]$, $[\Omega \cdot \text{mm}^2/\text{m}]$

② **경동전선** : $\rho = \frac{1}{55} \times 10^{-6}$ $[\Omega \cdot \text{m}]$, $[\Omega \cdot \text{mm}^2/\text{m}]$

③ **알루미늄전선** : $\rho = \frac{1}{35} \times 10^{-6}$ $[\Omega \cdot \text{m}]$, $[\Omega \cdot \text{mm}^2/\text{m}]$

2. 저항의 온도계수(저항의 온도특성을 고려한 저항값)

저항의 온도계수는 저항의 온도특성을 고려하여 저항 크기의 변화를 계산합니다. 저항의 전기적 특징은 전하(Q)가 도선 내부의 체적공간을 이동하며 전하의 이동과 도선 내에 전하가 서로 부딪치며 도선에 온도가 증가합니다. 이때 저항(R)도 도

핵심기출문제

지름 1.6[mm]인 동선의 최대허용전류를 25[A]라 할 때 최대허용전류에 대한 왕복 전선로의 길이 20[m]에 대한 전압강하는 몇 [V]인가? (단, 동의 저항률은 1.69×10^{-8} $[\Omega \cdot \text{m}]$이다.)

① 0.74 ② 2.1
③ 4.2 ④ 6.3

해설

전선로의 저항

$R = \rho \frac{l}{A} = \frac{4\rho l}{\pi D^2}$

$= \frac{4 \times (1.69 \times 10^{-8}) \times 20}{\pi \times (1.6 \times 10^{-3})^2}$

$= 0.168[\Omega]$

∴ 전압강하

$V = IR$

$= 25 \times 0.168 = 4.2[\text{V}]$

정답 ③

선 온도에 비례하여 증가합니다. 그래서 도체의 온도가 상승하면 온도상승 전의 저항(R)에서 온도상승 후의 저항(R)값이 얼마나 증가했는지 계산할 수 있습니다.

※ 도선과 반대로, 반도체소자에서 전자(e)가 실리콘(Si)이나 게르마늄(Ge)의 화학적 구조를 통해 전류가 흐를 때, 반도체의 온도가 증가하면 저항(R)수치는 반비례하여 감소하는 특성이 있다.

여기서, 도체의 온도가 상승함에 따라 비례하여 증가하는 저항(R)값은 도체의 재료마다 고유저항이 다르므로, 도체에 따른 온도계수(α)를 고려하여 온도상승에 따른 저항(R)값을 계산할 수 있습니다.

온도계수(α)란 도체의 온도가 1℃ 상승할 때마다 저항(R)값 상승에 비례하여 영향을 주는 측정된 수치입니다.

(1) 온도계수에 따른 저항

$$R_t = R_0(1+\alpha T)\,[\Omega]$$

여기서, R_t : 온도상승 후 저항값

R_0 : 온도상승 전 저항값

α : 재료에 따른 온도상승계수(표준 연동선의 온도계수 $\alpha = \frac{1}{234.5}$)

T : 온도차($T_2 - T_1$)

(2) 합성 온도계수

온도계수(α)가 서로 다른 두 개의 도선 R_1과 R_2가 사용된 도선일 경우, 합성 온도계수는 다음과 같이 계산할 수 있습니다.

$$\alpha_t = \frac{\alpha_1 R_1 + \alpha_2 R_2}{R_1 + R_2}$$

3. 컨덕턴스(G)와 전도율(k)

① **저항** $R\,[\Omega]$: 도체에서 전류를 방해하는 정도를 수치로 표현

② **컨덕턴스** : $G = \frac{1}{R}\,[℧],\ [\Omega^{-1}],\ \left[\frac{1}{\Omega}\right],\ [S]$

전류가 흐르면 안 되는 절연체로 누설전류가 흐를 때, 그 누설전류를 허용하는 정도를 수치로 표현

③ **고유저항** : $\rho\,[\Omega \cdot m]$

④ **전도율** : $\sigma = k = \frac{1}{\rho}\,[\Omega^{-1}/m],\ [℧/m],\ \left[\frac{1}{\Omega}\cdot m\right]$

국제표준 연동선의 **전도율**을 100%로 놓고 보았을 때, 우리나라 연동선의 전도율은 $\frac{100}{97}$ 이다.

핵심기출문제

구리의 저항률은 20[℃]에서 $1.69\times10^{-8}[\Omega\cdot m]$이고 온도계수는 0.0039이다. 단면적이 2[mm^2]인 구리선 200[m]의 50[℃]에서의 저항값은 몇 [Ω]인가?

① 1.69×10^{-3} ② 1.89×10^{-3}
③ 1.69 ④ 1.89

해설

50[℃]에서의 구리의 저항률(고유저항)

$R_t = R_0(1+\alpha T)\,[\Omega]$

$\rho = 1.69\times10^{-8}\{1+0.0039(50-20)\}$

$= 1.89\times10^{-8}[\Omega\cdot m]$

$\therefore R = \rho\frac{l}{A}$

$= 1.89\times10^{-8}\times\frac{200}{2\times10^{-6}}$

$= 1.89[\Omega]$

정답 ④

핵심기출문제

저항 10[Ω]인 구리선과 30[Ω]의 망간선을 직렬접속 하면 합성저항 온도계수는 몇 [%]인가?(단, 동선의 저항 온도계수는 0.4[%], 망간선은 0이다.)

① 0.1 ② 0.2
③ 0.3 ④ 0.4

해설

구리선과 망간선을 직렬로 접속하였을 때의 합성저항 온도계수

$\alpha = \frac{R_1\alpha_1 + R_2\alpha_2}{R_1+R_2}$

$= \frac{10\times0.4+30\times0}{10+30}$

$= 0.1[\%]$

정답 ①

✠ 전도율

전도율과 도전율은 같은 의미이다.

4. 고유전위와 정전용량에 따른 도체의 저항(R)

(1) 고유저항의 개념

전하(Q)가 이동하는 연동선, 경동선, 알루미늄선 등의 전선(도체) 내에는 고유저항(ρ), 유전율(ε)이 존재합니다. 그래서 어떤 도체의 전기적인 지항을 계산할 때 이러한 요소들(ρ, ε)을 고려해야 합니다.

먼저 고유전위를 보면, 우주와 지구는 원자로 구성되어 있습니다. 원자에 의하지 않은 물질은 우주와 지구에 없습니다. 원자는 양성자와 전자가 존재하고, 전기는 전자의 운동으로부터 시작합니다. 때문에 원자로 구성되어 존재하는 모든 물질에는 물질마다 고유한 전위(V_ρ)가 있습니다. 전기영역과 관련된 몇몇 원소들의 고유전위(V_ρ)는 다음 표와 같습니다.

단, 표의 전위는 항상 일정하지 않고 온도와 화학상태에 따라 바뀌므로, 25[℃]의 물속에서 수소전극을 기준으로 측정한 고유전위(V_ρ)입니다.

▶ 물질이 갖는 고유전위값

금속의 산화－환원 활동	수소전극 기준 대비 물질의 전위(25℃에서 측정한 전압)
(백금) $Pt(ag) \rightarrow P^{2+}(ag)$	+12.00
(금) $Au(ag) \rightarrow Au^{3+}(ag)$	+1.492
(은) $Ag(ag) \rightarrow Ag^{+}(ag)$	+0.799
(망간) $MnO_4^{-}(aq) \rightarrow MnO_2(s)$	+0.590
(구리) $Cu^{2+}(aq)+2e^{-} \rightarrow Cu(s)$	+0.337
(수소) $2H^{+}(aq)+2e^{-} \rightarrow H_2(g)$	0.000[0 전위]
(니켈) $Ni^{2+}(aq)+2e^{-} \rightarrow H_2(g)$	−0.280
(카드뮴) $Cd \rightarrow Cd(s)$	−0.403
(철) $Fe^{2+}(aq)+2e^{-} \rightarrow Fe(s)$	−0.440
(아연) $Zn^{2+}(aq)+2e^{-} \rightarrow Zn(s)$	−0.760
(알루미늄) $Al^{3+}(aq)+3e^{-} \rightarrow Al(s)$	−1.660
(리튬) $Li^{+}(aq)+e^{-} \rightarrow Li(s)$	−3.050

전위(V)를 말할 때 기준 0 전위가 있어야 그 기준으로부터 얼마인지 전위의 크기를 말할 수 있습니다. 지구는 전기를 흡수하는 중성상태이지만 절대적인 0 전위를 갖고 있지 않습니다. 그래서 인위적으로 객관적인 0 전위를 실험실에서 수소(H) 전극을 이용하여 [μV] 단위까지 정확한 0[V]를 만듭니다. 참고로 수소전극을 이용한 0 전위는 국제표준입니다. 이 같은 0 전위를 기준으로 물질이 갖고 있는 고유한 전기적 상태를 측정할 수 있습니다. 위 표에서 철(Fe)은 −0.44[V]의 전위를 갖고 있고, 구리는 +0.34[V]의 전위를 갖고 있으므로, 두 물질 사이에 약 3[V] 전위차를 이용한 건전지, 배터리를 만들 수 있습니다.

원자로 구성된 물질에 고유저항(ρ)은 존재할 수밖에 없으며, 전압이 가해지지 않아도 물질 스스로 갖고 있는 고유전위(V_ρ)로 인해 도체 내에서 전하(Q)의 이동은 자유롭지 않습니다. 그 자유롭지 않은 정도를 수치화한 것이 저항(R)입니다.

금(Au)은 고유전위가 상대적으로 높습니다. 수소전극 대비 금(Au)의 고유전위는 약 1.5[V]입니다. 이 말은 금은 전자(e)가 부족하므로 산화가 거의 안 되고, 전자가 부족하므로 금을 도체로 사용하여 금으로 된 전선에 전압을 인가하면 도체 내에서 전자가 부딪칠 일이 거의 없으므로 고속도로처럼 빠르게 전하가 이동할 수 있음을 의미합니다. 이를 더 간결하게 표현하면 금의 전자함유량이 적어 녹이 안 슬고, 금의 저항 또한 작아 전류가 잘 흐름을 뜻합니다.

(2) 유전율의 개념

유전체와 유전율은 이미 5장에서 다뤘으므로 간략히 언급하고 넘어가겠습니다. 유전체란 유전이 일어나는 물질을 말하고, '유전'은 양전하, 음전하에 의한 이끌림(전기유도, 전기분극)현상입니다. 이는 어떤 물질에 전기를 가했을 때 가해진 전기에 의해 물질 내부에서 전기유도현상이 활발히 일어나는 물질을 유전율이 높은 물질로 말합니다.

하지만 전기유도 혹은 분극(Permittivity)이 잘 일어나는 유전체로서 좋은 물질은 전하를 잘 흘릴 목적으로 만든 '도체'로서는 전하의 이동을 방해하는 요소로 작용합니다. 그래서 유전체는 전기적으로 전류가 흐르지 않는 부도체 성격을 갖습니다.

(3) 고유저항(ρ)와 유전율(ε)를 고려한 저항 계산

위 (1), (2) 내용에 따라서 어떤 도체의 저항을 구하기 위해서는 고유저항과 유전율을 고려해야 하므로, 도체형태에 따른 저항 계산을 다음과 같은 수식으로 나타낼 수 있습니다.

$$RC = \rho\,\varepsilon$$

$$\left(R\text{구조식} \times C\text{구조식} \rightarrow R \cdot C = \rho\frac{l}{A} \times \varepsilon\frac{A}{l} = \rho \cdot \varepsilon \text{ 이므로}\right)$$

(4) 절연체에 흐르는 누설전류

유전체에 흐르는 누설전류 $I_g = \dfrac{CV}{\rho\varepsilon}$[A] $\left\{I = \dfrac{V}{R} = \dfrac{V}{\left(\dfrac{\rho\varepsilon}{C}\right)} = \dfrac{CV}{\rho\varepsilon}\right\}$

여기서, ρ : 도체(유전체) 내부의 고유저항[Ω · m]
ε : 도체(유전체) 내부의 유전율[F/m]
R : 도체(유전체)의 저항[Ω]
C : 도체(유전체)의 정전용량[F]

핵심기출문제

전기저항 R과 정전용량 C, 고유저항 ρ 및 유전율 ε 사이의 관계는?

① $RC = \rho\varepsilon$ ② $\dfrac{R}{C} = \dfrac{\varepsilon}{\rho}$
③ $\dfrac{C}{R} = \rho\varepsilon$ ④ $R = \varepsilon C\rho$

해설
공간도체에서의 저항과 정전용량의 관계
$RC = \dfrac{\varepsilon}{k} = \rho\varepsilon$

정답 ①

핵심기출문제

액체 유전체를 넣은 콘덴서의 용량이 20[μF]이다. 여기서 500[kV]의 전압을 가하면 누설전류[A]는?(단, 비유전율 $\varepsilon_s = 2.2$, 고유저항 $\rho = 10^{11}$[Ω · m]이다.)

① 4.2 ② 5.13
③ 54.5 ④ 61

해설
누설전류
$I = \dfrac{V}{R} = \dfrac{CV}{\rho\varepsilon}$[A]에서
$\therefore I = \dfrac{CV}{\rho\,\varepsilon_0\varepsilon_s}$
$= \dfrac{20 \times 10^{-6} \times 500 \times 10^3}{10^{11} \times 8.855 \times 10^{-12} \times 2.2}$
$= 5.13$[A]

정답 ②

05 다양한 형태의 도체에 따른 저항 계산

1. 구형 형태(= 구도체)에서 저항

① 저항 : $R=\dfrac{\rho\varepsilon}{C}=\dfrac{\rho\varepsilon}{4\pi\varepsilon a}=\dfrac{\rho}{4\pi a}=\dfrac{1}{4\pi ak}$ [Ω]

(구의 반지름이 a [m] 일 때)

② 누설전류 : $I=\dfrac{CV}{\rho\varepsilon}=\dfrac{(4\pi\varepsilon a)V}{\rho\varepsilon}=(4\pi ak)V$ [A]

2. 반구도체에서 저항

① 저항 : $R=\dfrac{\rho\varepsilon}{C}=\dfrac{\rho\varepsilon}{2\pi\varepsilon a}=\dfrac{\rho}{2\pi a}=\dfrac{1}{2\pi ak}$ [Ω]

(구의 반지름이 a [m] 일 때)

② 누설전류 : $I=\dfrac{CV}{\rho\varepsilon}=\dfrac{(2\pi\varepsilon a)V}{\rho\varepsilon}=(2\pi ak)V$ [A]

3. 두 개 구형 도체 사이의 저항

① 저항 : $R=\dfrac{\rho\varepsilon}{C}=\dfrac{\rho\varepsilon}{\left(\dfrac{4\pi\varepsilon}{\dfrac{1}{a}+\dfrac{1}{b}}\right)}=\dfrac{\rho}{4\pi}\left(\dfrac{1}{a}+\dfrac{1}{b}\right)=\dfrac{1}{4\pi k}\left(\dfrac{1}{a}+\dfrac{1}{b}\right)$ [Ω]

② 누설전류 : $I=\dfrac{CV}{\rho\varepsilon}=\dfrac{4\pi\varepsilon}{\left(\dfrac{1}{a}+\dfrac{1}{b}\right)}\dfrac{V}{\rho\varepsilon}=\dfrac{4\pi k}{\left(\dfrac{1}{a}+\dfrac{1}{b}\right)}V$ [A]

4. 동심구도체에서 저항

① 저항 : $R=\dfrac{\rho\varepsilon}{C}=\dfrac{\rho\varepsilon}{\left(\dfrac{4\pi\varepsilon}{\dfrac{1}{a}-\dfrac{1}{b}}\right)}=\dfrac{\rho}{4\pi}\left(\dfrac{1}{a}-\dfrac{1}{b}\right)=\dfrac{1}{4\pi k}\left(\dfrac{1}{a}-\dfrac{1}{b}\right)$ [Ω]

② 누설전류 : $I=\dfrac{CV}{\rho\varepsilon}=\dfrac{4\pi\varepsilon}{\left(\dfrac{1}{a}-\dfrac{1}{b}\right)}\dfrac{V}{\rho\varepsilon}=\dfrac{4\pi k}{\left(\dfrac{1}{a}-\dfrac{1}{b}\right)}V$ [A]

5. 동축케이블(피복이 있는 원통형 도체)에서 저항

① 저항 : $R=\dfrac{\rho\varepsilon}{C}=\dfrac{\rho\varepsilon}{\left(\dfrac{2\pi\varepsilon}{\ln\dfrac{b}{a}}\right)}=\dfrac{\rho}{2\pi}ln\dfrac{b}{a}=\dfrac{1}{2\pi k}ln\dfrac{b}{a}$ [Ω]

핵심기출문제

대지의 고유저항이 π[Ω · m]일 때, 반지름이 2[m]인 반구형 접지극의 접지저항은 몇 [Ω]인가?

① 0.25 ② 0.5
③ 0.75 ④ 0.95

해설

- 구도체의 정전용량
  $C=4\pi\varepsilon a$[F]
- 반구형 도체의 정전용량
  $C=2\pi\varepsilon a$[F]

그러므로, 반구형 접지극의 접지저항은

$R=\dfrac{\rho\varepsilon}{C}=\dfrac{\rho\varepsilon}{2\pi\varepsilon a}$

$=\dfrac{\rho}{2\pi a}=\dfrac{\pi}{2\pi\times 2}=0.25$[Ω]

정답 ①

핵심기출문제

반지름 a, b인 두 구형 도체 전극이 도전율 k인 매질 속에 중심 간의 거리 r만큼 떨어져 놓여 있다. 양 전극 간의 저항은?(단, $r \gg a$, b 이다.)

① $4\pi k\left(\dfrac{1}{a}+\dfrac{1}{b}\right)$

② $4\pi k\left(\dfrac{1}{a}-\dfrac{1}{b}\right)$

③ $\dfrac{1}{4\pi k}\left(\dfrac{1}{a}+\dfrac{1}{b}\right)$

④ $\dfrac{1}{4\pi k}\left(\dfrac{1}{a}-\dfrac{1}{b}\right)$

해설

반지름이 각각 a, b인 두 구도체

$\therefore R=\dfrac{\rho\varepsilon}{c}=\dfrac{\rho\varepsilon}{\dfrac{4\pi\varepsilon}{\dfrac{1}{a}+\dfrac{1}{b}}}$

$=\dfrac{\rho}{4\pi}\left(\dfrac{1}{a}+\dfrac{1}{b}\right)$

$=\dfrac{1}{4\pi k}\left(\dfrac{1}{a}+\dfrac{1}{b}\right)$[Ω]

정답 ③

핵심기출문제

반지름 a, $b(a<b)$인 동심원통 전극 사이가 고유저항 ρ의 물질로 채워져 있을 때, 단위길이당의 저항은?

① $r\pi\rho \ln ab$ ② $\frac{\rho}{2\pi \ln \frac{b}{a}}$

③ $\frac{\rho}{2\pi}\ln\frac{b}{a}$ ④ $2a\rho$

해설

동심원통 전극의 단위길이당 정전용량

$C=\frac{2\pi\varepsilon}{\ln\frac{b}{a}}$[F/m] 이므로

단위길이당 저항 R은

$\therefore R=\frac{\rho\varepsilon}{C}=\frac{\rho\varepsilon}{\frac{2\pi\varepsilon}{\ln\frac{b}{a}}}$

$=\frac{\rho}{2\pi}ln\frac{b}{a}[\Omega]$

정답 ③

② **누설전류** : $I=\frac{CV}{\rho\varepsilon}=\frac{2\pi\varepsilon}{\ln\frac{b}{a}}\frac{V}{\rho\varepsilon}=\frac{2\pi k}{\left(\ln\frac{b}{a}\right)}V[\mathrm{A}]$

6. 평행한 두 전선 사이에서 저항

① **저항** : $R=\frac{\rho\varepsilon}{C}=\frac{\rho\varepsilon}{\left(\frac{\pi\varepsilon}{\ln\frac{d}{a}}\right)}=\frac{\rho}{\pi}ln\frac{d}{a}=\frac{1}{\pi k}ln\frac{d}{a}[\Omega]$

② **누설전류** : $I=\frac{CV}{\rho\varepsilon}=\frac{\pi\varepsilon}{\ln\frac{d}{a}}\frac{V}{\rho\varepsilon}=\frac{2\pi k}{\left(\ln\frac{d}{a}\right)}V[\mathrm{A}]$

7. 전선과 땅 사이의 저항

① **저항** : $R=\frac{\rho\varepsilon}{C}=\frac{\rho\varepsilon}{\left(\frac{2\pi\varepsilon}{\ln\frac{2h}{a}}\right)}=\frac{\rho}{2\pi}ln\frac{2h}{a}=\frac{1}{2\pi k}ln\frac{2h}{a}[\Omega]$

② **누설전류** : $I=\frac{CV}{\rho\varepsilon}=\frac{2\pi\varepsilon}{\ln\frac{2h}{a}}\frac{V}{\rho\varepsilon}=\frac{2\pi k}{\left(\ln\frac{2h}{a}\right)}V[\mathrm{A}]$

요약정리

1. 전류의 종류

① **전기량** : $I_c = \dfrac{Q}{t} = \dfrac{e\,n}{t}[\mathrm{A}]$

② **전도전류** : $I_c = \dfrac{V}{R} = k\,E_p\,A\,[\mathrm{A}]$

③ **전도전류밀도** : $\overrightarrow{J_c} = \dfrac{I_c}{A} = \dfrac{k\,E_p\,A}{A} = k\,E_p = n\,e\,v\,[\mathrm{A/m^2}]$

④ **변위전류** : $I_d = \dfrac{\partial Q}{\partial t} = \dfrac{\partial D\,A}{\partial t} = A\dfrac{\partial(\varepsilon \cdot E_p)}{\partial t}\,[\mathrm{A}]$

⑤ **변위전류밀도** : $\overrightarrow{J_d} = \dfrac{\partial D}{\partial t} = \varepsilon\dfrac{\partial}{\partial t}Ep = \varepsilon\dfrac{\partial}{\partial t}\dfrac{q}{\varepsilon A} = \dfrac{1}{A}\dfrac{\partial q}{\partial t} = \dfrac{i_c}{A}\,[\mathrm{A/m^2}]$

⑥ **키르히호프의 전류법칙(KCL)** : $div\ i = 0$

⑦ **키르히호프의 전압법칙(KVL)** : $\int_A^B E_p\,dl = 0$

2. 열전현상

① **제벡효과(Seebeck Effect)** : 두 금속에 온도차에 의한 열을 가하면 전류 발생

② **펠티에효과(Peltier Effect)** : 두 금속에 전류를 흘리면 열 발생

③ **톰슨효과(Thomson Effect)** : 동일한 두 금속을 붙여놓고 폐회로를 만들어 온도차를 주면 열에 의한 전류(열기전력)이 흐르고, 반대로 전류를 흘리면 동일한 두 금속의 접합지점에 열이 발생

3. 저항과 누설전류 계산

① **저항** : $R = \dfrac{V}{I}$(회로식), $R = \rho\dfrac{l}{A}\,[\Omega]$ (구조식)

② **고유저항(ρ)의 단위들** : $[\Omega \cdot \mathrm{m}]$, $[\Omega \cdot \mathrm{mm^2/m}]$, $[\Omega \cdot \mathrm{m^2/m}]$

③ **원통형 전선의 저항** : $R = \rho\dfrac{l}{A} = \rho\dfrac{l}{\pi r^2} = \rho\dfrac{l}{\pi\left(\dfrac{D}{2}\right)^2} = \rho\dfrac{4l}{\pi D^2}\,[\Omega]$

④ **온도계수에 따른 저항** : $R_t = R_0(1 + \alpha T)\,[\Omega]$

⑤ **합성온도계수 온도** : $\alpha_t = \dfrac{\alpha_1 R_1 + \alpha_2 R_2}{R_1 + R_2}$

4. 다양한 형태의 도체에 따른 저항 계산

① **구도체에서 저항** $R = \frac{1}{4\pi ak}[\Omega]$

누설전류 $I = (4\pi ak)V[A]$

② **반구도체에서 저항** $R = \frac{1}{2\pi ak}[\Omega]$

누설전류 $I = (2\pi ak)V[A]$

③ **두 개 구형 도체 사이의 저항** $R = \frac{1}{4\pi k}\left(\frac{1}{a} + \frac{1}{b}\right)[\Omega]$

누설전류 $I = \frac{4\pi k}{\left(\frac{1}{a} + \frac{1}{b}\right)}V[A]$

④ **동심구도체에서 저항** $R = \frac{1}{4\pi k}\left(\frac{1}{a} - \frac{1}{b}\right)[\Omega]$

누설전류 $I = \frac{4\pi k}{\left(\frac{1}{a} - \frac{1}{b}\right)}V[A]$

⑤ **원통형 도체에서 저항** $R = \frac{1}{2\pi k}ln\frac{b}{a}[\Omega]$

누설전류 $I = \frac{2\pi k}{\left(\ln\frac{b}{a}\right)}V[A]$

⑥ **평행한 두 전선 사이에서 저항** $R = \frac{1}{\pi k}ln\frac{d}{a}[\Omega]$

누설전류 $I = \frac{2\pi k}{\left(\ln\frac{d}{a}\right)}V[A]$

⑦ **전선과 땅 사이의 저항** $R = \frac{1}{2\pi k}ln\frac{2h}{a}[\Omega]$

누설전류 $I = \frac{2\pi k}{\left(\ln\frac{2h}{a}\right)}V[A]$

CHAPTER 07 정자계와 전류에 의한 자기장 및 벡터포텐셜

2장에서 '정전계'는 정지상태의 전자(e) 또는 전하(Q)로부터 전기력선이 방출하고, 그 방출되는 전기력선(전기장)을 해석하는 내용이었습니다. 7장의 '정자계'부터는 정지상태의 자하 또는 자극(m)으로부터 자기력선이 방출되고, 그 방출되는 자기력선(자기장)을 해석하는 내용을 다룹니다.

01 정자계(Magnetostatic Field)

'정전계'에서는 최소입자로 우주와 지구, 우리 주변 어디에나 존재하는 전자(e)로부터 출발했습니다. 반면 이번 '정자계'에서 최소입자는 자하(Magnetic Charge)로부터 시작합니다. 자하는 전자와 다르게 우리 주변 어디에나 존재하는 입자가 아닙니다. 자하는 천연광물 중 자철광과 같은 자성을 가진 특수한 물질입니다.
정자계는 정전계의 이론 · 수식 · 특성과 대부분 대칭되는 내용이므로, 정자계 내용은 정전계 내용과 비슷하다는 인상을 받을 것입니다.

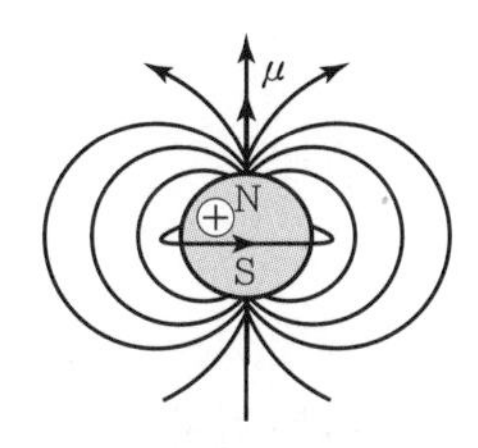

〖 자하의 구조 〗

자하는 우리가 흔히 아는 자석의 N－S극을 이루는 가장 작은 단위입니다. 자하는 자성(금속을 끌어당기는 성질)을 갖고 있고, 자하가 갖는 자성의 근원은 회전성을 지닌 자구(Magnetic Domain)와 자구배열의 방향성입니다.

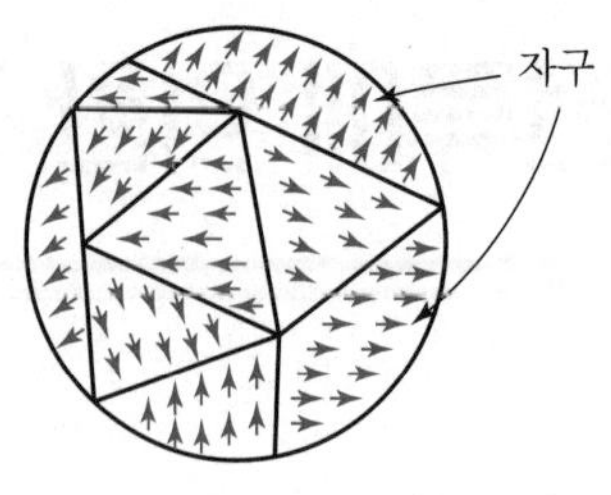

자석이 되지 않았을 때의 자구형태

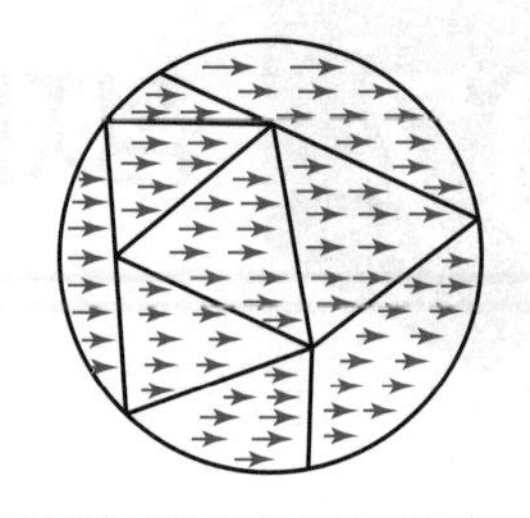

자석이 되어 있을 때의 자구형태

〖 스스로 회전하는 자구의 배열 〗

자하는 정전계의 전자에 대응되며, 자하 또는 '점 자극'으로 부릅니다. 정자계의 '점 자극(m)'으로부터 자성의 힘을 가진 에너지선과 관련된 이론, 수식, 특성을 살펴보겠습니다. 점 자극(m)의 단위는 웨버[Wb] 입니다.

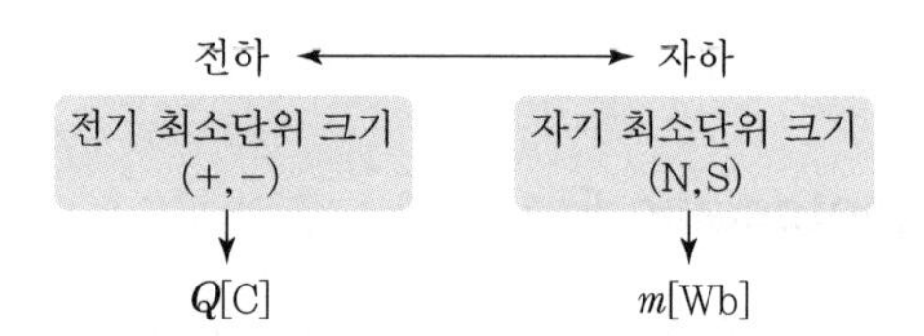

1. 자성(N극–S극)물질의 일반적 특성

(1) 자철광

천연 자연광석(분자식 : Fe_3O_4)을 말하며, 철편을 끌어당기는 힘을 가지고 있다. 철편을 끌어당기는 힘을 '자기' 또는 '자성'이라고 한다.

(2) 자기(Magnetism)

철편을 끌어당기는 힘이다.

(3) 자성체(Magnet)

자기를 띤 물체 또는 자성이 나타나는 물체로 대표적인 물질이 자석이다.

(4) 자력(Magnetic Force)

자성을 띤 물체는 자기의 힘을 가진 에너지가 방출(자기력선)되고, 그 자기력선은 다른 것에 영향을 미친다. 이때 자기력선의 강하고 약한 정도가 자력이다.

(5) 자극(Magnetic Pole)

자성체의 자기성질이 가장 강한 부분을 지칭한다.

(6) 자하(Magnetic Charge)

자극에서 나오는 자기량[Wb] 이다.

참고 전기력선과 자기력선 성질 비교

- 전기력선 : 단일전하(= 단극자)에서 전기력선이 발산하며, 두 개 전하의 전기력선은 양전하(+)에서 나와 음전하(−)로 들어간다.
- 자기력선 : 자하, 자극, 자성체는 N극과 S극이 분리될 수 없으므로 단일자극은 존재하지 않는다. 항상 N–S가 한 쌍으로 존재하며, N극에서 자기력선이 나와 회전성을 갖고 S극으로 들어간다.

2. 자성체의 종류

(1) 강자성체

비자성체인 어떤 물체가 외부 자기장의 영향을 받은 후 자구배열이 변하여, 외부 자기장의 영향 없이도 자성을 지속하는 자성체를 뜻합니다.

① **강자성체 조건** : $\mu \gg 1$(비투자율이 1보다 큰 물질)
② **강자성체 물질** : 순철, 니켈, 코발트, 망간

(2) 상자성체

비자성체인 어떤 물체가 외부 자기장의 영향을 받는 동안만 일시적으로 자구배열이 변하여 자성을 갖고, 외부 자기장 영향이 없으면 다시 본래 비자성체로 되돌아가는 물질을 말합니다.

① **상자성체 조건** : $\mu \geq 1$(비투자율이 1과 같거나 1보다 약간 큰 물질)
② **상자성체 물질** : 알루미늄, 백금, 주석, 산소, 질소, 텅스텐

(3) 반자성체(역자성체)

비자성체인 어떤 물체에 외부의 어떠한 자기장 영향을 주더라도 자구배열에 변화가 전혀 없고, 자성도 나타나지 않는 물질을 말합니다.

① **반(역)자성체 조건** : $\mu < 1$(비투자율이 1보다 작은 물질)
② **반(역)자성체 물질** : 탄소, 은, 구리, 실리콘, 아연

3. 자성체의 자구배열 종류

강자성, 상자성, 반자성 각각의 자기적 성질이 서로 다른 이유는 해당 물질의 고유한 자구배열(Magnetic Domain)이 다르기 때문입니다.

강자성체–물질 내 자구배열 ↑↑↑↑

상자성체–물질 내 자구배열

반자성체–물질 내 자구배열 ↑↓↑↓↑↓↑↓
(페리자성체)

반강자성체– ↑↓↑↓↑↓

핵심기출문제

아래 그림들은 전자의 자기모멘트의 크기와 배열 상태를 그 차이에 따라서 배열한 것인데 강자성체에 속하는 것은?

① 

②

③

④

해설

① 상자성체
② 반강자성체
③ 강자성체
④ 페리자성체

정답 ③

4. 투자율(Permeability)

투자율(μ)이란 어떤 매질의 물질을 자기장에 노출했을 때, 매질의 자구배열이 반응하는 정도 또는 자화(자성화) 정도를 수치로 나타낸 것입니다. 투자율은 진공 · 공기의 투자율(μ_0)과 비투자율(μ_s)로 구성되며, 진공 · 공기의 투자율을 기준 1로 하여 어떤 매질 또는 물질의 비투자율을 나타냅니다. 투자율(μ)의 단위는 [H/m] 입니다.

① **총 투자율** : $\mu = \mu_0\, \mu_s$ [H/m]

② **진공 · 공기의 투자율** : $\mu_0 = \dfrac{1}{\varepsilon_0\, {C_0}^2} = 4\pi \times 10^{-7}$ [H/m]

③ **빛의 속도** : $C_0 = 3 \times 10^8$ [m/s]

투과 = 투자 — 자연자석 자철광 자석 N S
— 인위자석 철 I

5. 쿨롱의 법칙(자성의 힘 크기)

점 자극(m)으로부터 자기의 힘을 가진 에너지가 회전성을 갖고 방출되고 그 회전성을 가진 에너지는 N자극과 S자극으로 구분됩니다. 여기서 N극−N극, S극−S극 사이에 서로 밀어내는 힘(척력)이 작용하고, N극−S극 또는 S극−N극 사이에서 서로 당기는 힘(인력)이 작용합니다. 이렇게 두 **자극**이 상호 당기거나 미는 힘의 크기를 구체적인 수치로 나타낼 수 있습니다. 이 이론이 쿨롱의 법칙입니다.

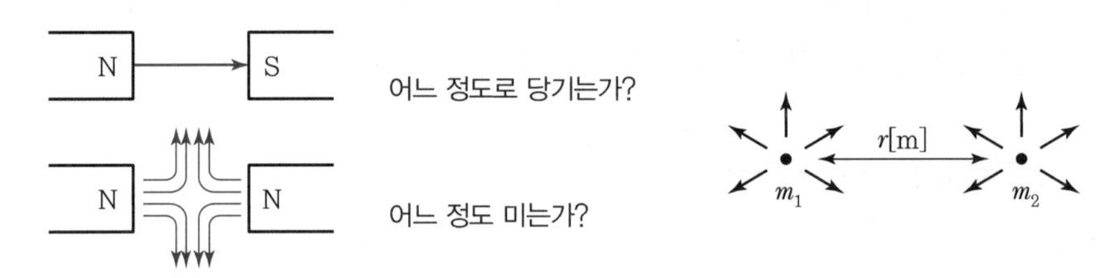

쿨롱의 법칙 $F = 6.33 \times 10^4 \dfrac{m_1\, m_2}{r^2}$ [F]

$$\left\{ F = m \cdot H_p = m\left(\frac{m}{4\pi\mu r^2}\right) = \frac{1}{4\pi(4\pi \times 10^{-7})} \frac{m_1\, m_2}{\mu_s\, r^2} = 6.33 \times 10^4 \frac{m_1\, m_2}{r^2} \right\}$$

여기서, $\mu_s = 1$: 진공 · 공기 매질

핵심기출문제

공기 중에서 가상 점자극 m_1[Wb]과 m_2[Wb]를 r[m] 떼어놓았을 때 두 자극 간의 작용력이 F[N]이었다면 이때의 거리 r[m]은?

① $\sqrt{\dfrac{m_1 m_2}{F}}$

② $\dfrac{6.33 \times 10^4 \times m_1 m_2}{F}$

③ $\sqrt{\dfrac{6.33 \times 10^4 \times m_1 m_2}{F}}$

④ $\sqrt{\dfrac{9 \times 10^9 \times m_1 m_2}{F}}$

해설

자기에 관한 쿨롱의 법칙

$F = \dfrac{1}{4\pi\mu_0} \cdot \dfrac{m_1 m_2}{r^2}$

$= 6.33 \times 10^4 \times \dfrac{m_1 m_2}{r^2}$ [N]

∴ 거리

$r = \sqrt{\dfrac{6.33 \times 10^4 \times m_1 m_2}{F}}$ [m]

정답 ③

✠ 자극
자성체의 자기의 세기가 가장 강한 부분이다.

6. 자계의 세기(H_p[AT/m])

자성을 가진 자성체의 자극 면[m^2]으로부터 자기력선이 방출됩니다. 자기력선(자기의 힘을 가진 에너지)이 존재하는 공간이 곧 '자기장'입니다. 공간에 정지상태로 놓인 점 자극으로부터 방출되는 자기장의 세기, 자기력선의 크기를 구체적인 수치로 나타낼 수 있는 수식은 다음과 같습니다.
(자기장의 세기 = 자장의 세기 = 자계의 세기, 자위의 경도 모두 같은 뜻의 용어)

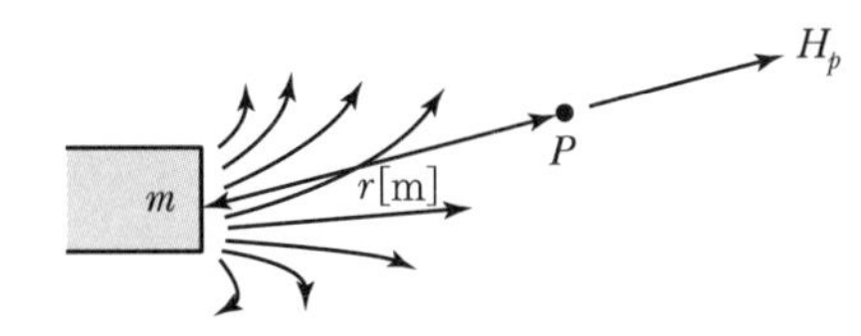

〖자기장의 세기 H_p〗

자계의 세기(H_p)는 자극(m)으로부터 P[m] 떨어진 곳에서 나타나는 자계의 크기값을 계산하고, 자극(m)의 면적[m^2]당 방출되는 자기력선이 많을수록 자계의 세기(H_p)도 비례하여 증가합니다.

① **자계의 세기** : $H_p = \dfrac{m}{4\pi\mu r^2}$ [AT/m], [A/m]

② **쿨롱의 힘 계산** : $F_m = m \cdot H_p$[N]

7. 자위(U)

자위(U)는 정전계의 전위($V = -\int_{\infty}^{r} E_p\, dl$)에 대응되는 개념으로, 점 자극이 갖는 자기적인 위치에너지 또는 자기영역에서 자하의 자기력선이 일한 운동에너지를 나타내는 단위입니다. 점 자극(m)으로부터 무한(∞)한 거리까지 자기력선이 뻗어나가는 가운데, 임의 거리 P[m] 지점에서 자기에너지의 세기는 다음 수식과 같이 정의할 수 있습니다.

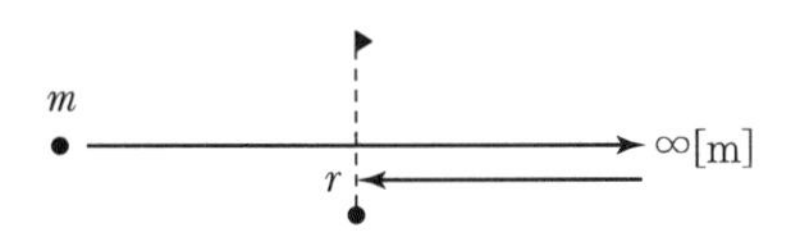

① **자위의 정의** : $U = -\int_{\infty}^{r} H_p\, dr$[AT], [A]

② **점 자극의 자위** : $U = \dfrac{m}{4\pi\mu r}$[AT], [A]

$$\left\{ U = -\int_{\infty}^{r} H_p\, dr = \int_{r}^{\infty} \frac{m}{4\pi\mu r^2} dr = \frac{m}{4\pi\mu}\int_{r}^{\infty} \frac{1}{r^2} dr = \frac{m}{4\pi\mu r} \right\}$$

핵심기출문제

1000[AT/m]의 자계 중에 어떤 자극을 놓았을 때 3×10^2[N]의 힘을 받았다고 한다. 이때 자극의 세기[Wb]는?

① 0.1　　② 0.2
③ 0.3　　④ 0.4

해설
자계 내에 놓인 자극에 작용하는 힘은 $F = m \cdot H_p$
∴ 자극의 세기
$m = \dfrac{F}{H_p} = \dfrac{3\times10^2}{1000} = 0.3$[Wb]

정답 ③

PART 01

8. 자기력선의 특징

① 자기의 최소단위인 점 자극으로부터 자기의 힘을 가진 에너지선이 나온다.

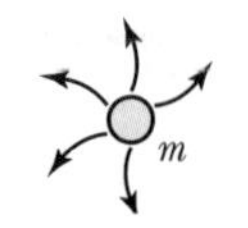

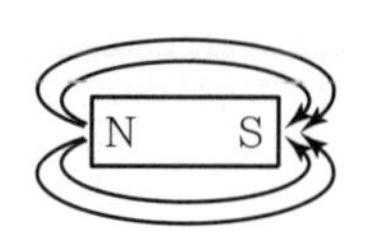

② 자기력선은 N자극에서 수직으로 나와 S자극으로 수직으로 들어간다.

③ 같은 자극에서 방출된 자기력선끼리(N－N, S－S)는 서로 밀어버리는 반발력(척력)이 작용하고, 서로 다른 자기력선끼리(N－S, S－N)는 서로 당기는 흡인력이 작용한다.

④ 같은 자기력선끼리는 서로 만나지 않고 교차하지 않는다.

⑤ 자극 면에서 방출되는 자기력선은 힘(F)과 방향($\overrightarrow{F}$)을 가진 벡터이며, 자기력선의 접선방향이 곧 자계의 방향이 된다. → 다시 말해, 자기력선의 접선방향이 일치한다는 말의 의미는 자기력선을 직각좌표에 그릴 수 있다는 말로 수학적 계산이 가능하다는 의미이다.

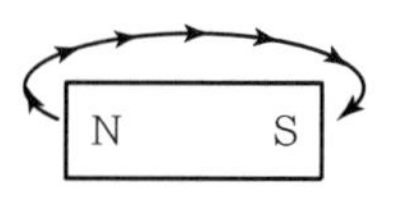

⑥ 자기력선이 존재하는 공간이 곧 '자기장'이며, 자극 면적 대비 자기력선 수의 밀도가 클수록 자계의 세기(H_p) 역시 비례하여 강해진다.

⑦ 자하 또는 자극은 N극과 S극이 절대로 분리될 수 없다. 때문에 자극은 한 극만 독립적으로 존재할 수 없고, 항상 N극과 S극이 동시에 존재한다.

⑧ 점 자극(m)에서 방출되는 자기력선의 수는 '가우스의 자계정리'로 구할 수 있다. → $N_m = H_p \cdot A = \dfrac{m}{4\pi\mu r^2} 4\pi r^2 = \dfrac{m}{\mu}$ [개]

⑨ 전계의 전하는 발산성이 있고, 자계의 자하는 회전성이 있다.

$$\begin{bmatrix} rot\, E_p = (\nabla \times E_p) = 0 \\ div\, E_p = (\nabla \circ E_p) = \dfrac{\rho_v}{\varepsilon} \end{bmatrix}$$: 전기력선은 돌아오지 않는다.

$$\begin{bmatrix} rot\, H_p = (\nabla \times H_p) = i \\ div\, H_p = (\nabla \circ H_p) = 0 \end{bmatrix}$$: 자기력선은 돌아온다.

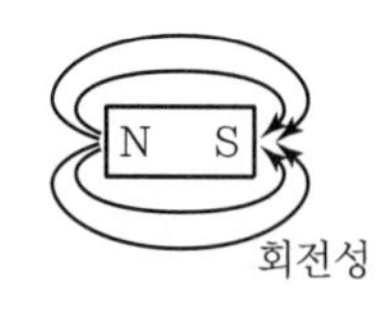

핵심기출문제

진공 중에서 4π[Wb]의 자극으로부터 발산되는 총 자력선의 수는?

① 4π ② 10^7
③ $4\pi \times 10^7$ ④ $\dfrac{10^7}{4\pi}$

해설

진공 중의 m[Wb]의 자극으로부터 발산되는 자기력선의 수

$N = \dfrac{m}{\mu_0} = \dfrac{4\pi}{4\pi \times 10^{-7}} = 10^7$[개]

정답 ②

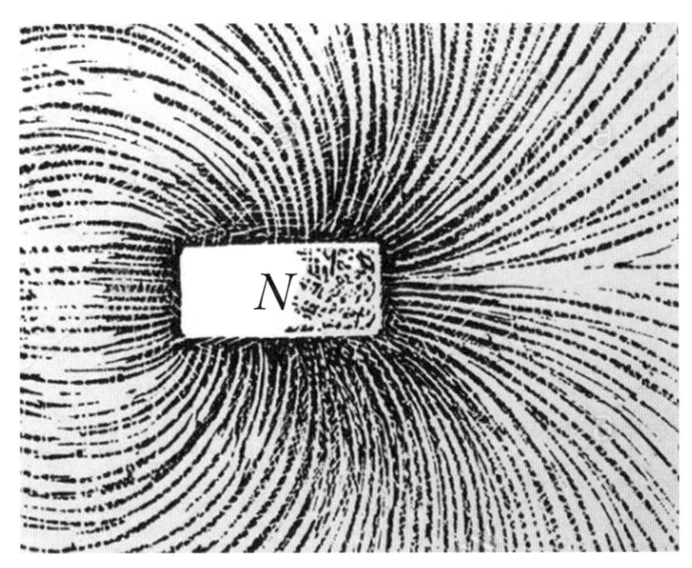

〖 N자극 면에서 자기력선이 뻗는 모양 〗

9. 자속(Φ)과 자속밀도(B)

진공의 우주 혹은 지구 대기 중에 1 [Wb] 의 자기량 갖는 점 자극(m)을 놓고 관찰하면, 1 [Wb] 의 점 자극(m)에서 약 79만개의 자기력선이 방출됩니다. → $\mu_s = 1$, $\mu_0 = 4\pi \times 10^{-7}$ [H/m] 이므로 $\frac{1\,wb}{\mu_0} = \frac{1}{4\pi \times 10^{-7}} = 795774$ (약 79만 개)

하지만 자기력선(H_p)을 79만 개로 전제하면 자기장 관련 수식표현이 복잡해지므로, 개념적 사고의 편의를 위해 점 자극 1 [Wb] 에서 1 개의 자속선(Φ)이 방출된다고 가정하여 자기장 또는 자기력선에 대한 자속(Φ) 개념을 사용합니다. 그래서 결론적으로 1개의 점 자극(m)에서 1개의 자속(Φ)이 발생합니다.

① **자속** : Φ [Wb] = 자극 m [Wb]

② **자속밀도** : $B = \frac{자속}{면적} = \frac{\Phi}{A} = \mu \cdot H_p$ [Wb/m^2]

(비교 : 전속밀도 $D = \frac{전속\ \psi}{면적\ A} = \varepsilon \cdot E_p$ [C/m^2])

10. 자기쌍극자에 의한 자위(U)와 자계의 세기(H_p)

서로 다른 성질의 두 개의 점 자극($+m$, $-m$)이 근접하여 쌍을 이룬 상태가 '자기쌍극자'입니다. 하지만 정전계와 다르게 자극은 $+m$, $-m$가 분리될 수 없으므로, 자기쌍극자는 다음 그림과 같은 일종의 '자막자석'으로 볼 수 있습니다. 그래서 $+m$ 자극과 $-m$ 자극의 막대자석으로부터 P [m] 떨어진 지점에서 자계의 세기(H_p)에 대한 수식을 세우면 다음과 같습니다.

핵심기출문제

비투자율 μ_s, 자속밀도 B인 자계 중에 있는 m [Wb]의 자극이 받는 힘은?

① $\frac{B_m}{\mu_0 \mu_s}$　② $\frac{B_m}{\mu_0}$

③ $\frac{\mu_0 \mu_s}{B_m}$　④ $\frac{B_m}{\mu_s}$

해설

자계 내에 있는 m [Wb]의 자극이 받는 힘

$F = m \cdot H$

$= m\frac{B}{\mu} = \frac{B_m}{\mu_0 \mu_s}$ [N]

정답 ①

PART 01

핵심기출문제

자기쌍극자에 의한 자위 U[AT]에 해당되는 것은?(단, 자기쌍극자의 자기 모멘트는 M[Wb · m], 쌍극자의 중심으로부터의 거리는 r[m], 쌍극자의 정방향과의 각도는 θ라 한다.)

① $6.33\times10^4\times\dfrac{M\sin\theta}{r^3}$

② $6.33\times10^4\times\dfrac{M\sin\theta}{r^2}$

③ $6.33\times10^4\times\dfrac{M\cos\theta}{r^3}$

④ $6.33\times10^4\times\dfrac{M\cos\theta}{r^2}$

해설

자기쌍극자의 자위

$U=\dfrac{M}{4\pi\mu_0 r^2}\cos\theta\,[\mathrm{AT}]$

$=6.33\times10^4\times\dfrac{M\cos\theta}{r^2}\,[\mathrm{AT}]$

정답 ④

(1) 자기쌍극자 모멘트(M)

① (막대자석) $M=m\cdot l\,[\mathrm{Wb\cdot m}]$

② (전자석) $M=\mu_0\cdot I\,[\mathrm{AT/m\cdot H}]$

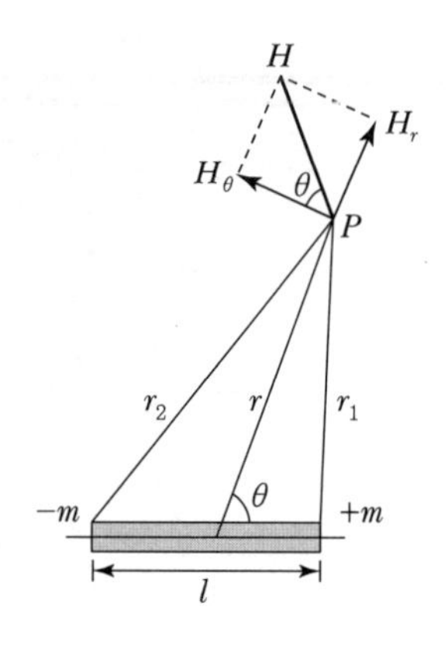

(2) P지점에서 자위(U)

$$U=U_{m1}-U_{m2}=\frac{m}{4\pi\mu}\left(\frac{1}{r_1}-\frac{1}{r_2}\right)$$
$$=\frac{M}{4\pi\mu r^2}\cos\theta\,[\mathrm{AT}]$$

(3) P지점에서 자계의 세기(H_p)

$$H_p=H_r\,dr+H_\theta\,d\theta$$
$$=\frac{M}{4\pi\mu r^3}\sqrt{1+3\cos^2\theta}\,[\mathrm{AT/m}]$$

11. 자기 2중층에 의한 자위(U) 계산

자기 2중층(또는 등가판자석) 원형 코일에 전류(I)를 흘려 전자석에 의한 자기장을 발생시킵니다. 이때 전자석 N자극 혹은 S자극으로부터 P[m] 떨어진 곳에서 자위(U)의 크기를 계산합니다. 동일한 실험을 전자석이 아닌 자석판으로 하여도 동일한 자위(U)를 구할 수 있습니다. 이런 형태의 자위(U) 크기 계산이 자기 2중층의 내용입니다.

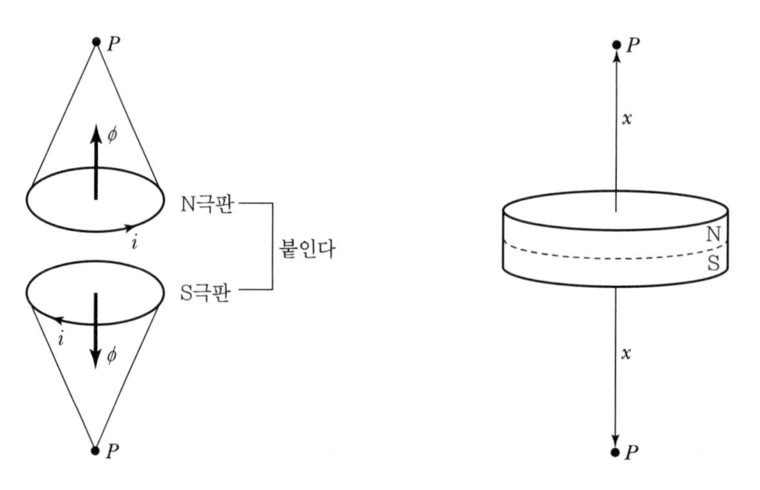

〚 전자석의 자기 2중층 〛 〚 자석판의 자기 2중층 〛

① P **지점에서 자위** : $U=\dfrac{M}{4\pi\mu}\omega\,[\mathrm{AT}]$

여기서, ω : 입체각[sr], 구의 입체각 $\omega=4\pi$[sr]

원뿔의 입체각 $\omega=2\pi(1-\cos\theta)$[sr]

② **입체각이 구형태일 때 자위** : $U=\dfrac{M}{4\pi\mu}4\pi=\dfrac{M}{\mu}\,[\mathrm{AT}]$

③ **입체각이 원뿔형태일 때 자위** : $U=\dfrac{M}{4\pi\mu}2\pi(1-\cos\theta)\,[\mathrm{AT}]$

$$=\frac{M}{2\mu}(1-\cos\theta)\,[\mathrm{AT}]$$

자석판은 N극과 S극을 분리하는 것이 불가능합니다. 하지만 전자석은 한쪽 원형 코일을 떼어낼 수 있는 구조이므로, N자극 코일만 떼어 놓고 본다면 다음과 같은 원뿔 형태의 그림이 됩니다. 원뿔 형태의 단일 자극에서 P지점의 자위(U)는 다음과 같이 계산됩니다.

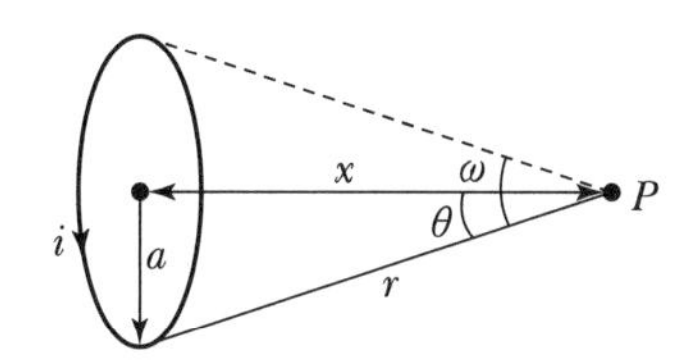

④ **전자석에 의한 P점의 자위** : $U=\dfrac{I}{2}\left(1-\dfrac{x}{\sqrt{a^2+x^2}}\right)\,[\mathrm{AT}]$

$$\left\{\begin{aligned} U=\frac{M}{2\mu}(1-\cos\theta)&=\frac{\mu I}{2\mu}(1-\cos\theta) \\ &=\frac{I}{2}\left(1-\frac{x}{r}\right) \\ &=\frac{I}{2}\left(1-\frac{x}{\sqrt{a^2+x^2}}\right)[\mathrm{AT}] \end{aligned}\right\}$$

→ 전자석의 자기모멘트 : $M=\mu_0\cdot I\ \ [\mathrm{AT/m\cdot H}]$

12. 막대자석 축이 자기장 내에서 받는 힘(T)

중심 축이 고정되어 회전할 수 있는 막대자석을 N−S의 자기력선이 흐르는 자기장 내에 놓아두면 막대자석은 회전력(T : 토크)을 갖게 됩니다. 막대자석이 갖는 회전력(T)은 다음과 같이 수식으로 나타낼 수 있습니다.

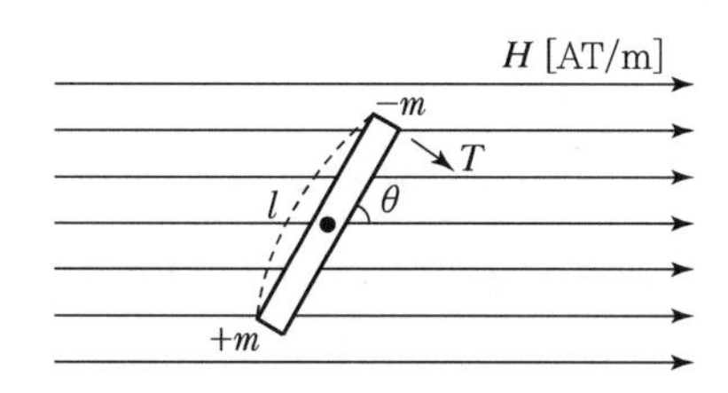

핵심기출문제

판자석의 세기가 M인 판자석의 N극으로부터 r[m] 떨어진 점 P 점에서의 자위를 구하는 식은? (단, 점 P에서 판자석을 보는 입체각을 ω라 한다.)

① $-\dfrac{M}{4\pi\mu_0}\omega$ ② $-\dfrac{M}{2\pi\mu_0}\omega$

③ $\dfrac{M}{4\pi\mu_0}\omega$ ④ $\dfrac{M}{2\pi\mu_0}\omega$

해설

판자석(자기 2중층)의 자위

$U=\dfrac{M}{4\pi\mu_0}\omega\,[\mathrm{AT}]$

정답 ③

PART 01

핵심기출문제

자극의 세기 4×10^{-6}[Wb], 길이 10[cm]인 막대자석을 150[AT/m]의 평등자계 내에 자계와 60°의 각도로 놓았을 때 자석이 받는 회전력[N · m]은?

① $\sqrt{3}\times10^{-4}$
② $3\sqrt{3}\times10^{-5}$
③ 3×10^{-4}
④ 3×10^{-5}

해설

회전력

$T = mlH_p\sin\theta$
$= 4\times10^{-6}\times0.1\times150\times\sin60°$
$= 3\sqrt{3}\times10^{-5}$ [N · m]

정답 ②

✠ 솔레노이드 코일

별도의 피복 없이 도체표면에 절연코팅만 된 얇은 도선(코일)을 철대에 돌돌 감은 형태를 말한다.

토크 $T = \overrightarrow{M}\times\overrightarrow{H_p} = MH\sin\theta = mlH\sin\theta$ [N·m]

여기서, l : 막대자석의 길이 [m]

θ : 수평자계와 막대자석 방향이 이루는 각도

(막대자석) 자기모멘트 : $M = m\cdot l$ [Wb·m]

02 전류에 의한 자기장

도선에(직류든 교류든 상관없이) 전류를 흘려주면, 전류가 흐르고 있는 도선 주변에 자기장(H_p)이 자연적으로 발생합니다.

천연자석이 아닌 전자석에 의한 자기장의 경우, 전자석에 사용하는 도선은 코일(Coil)선이고, 코일을 자성이 없는 철막대(=철대)에 감고 코일에 전류를 흘리면 철대가 반자성체가 되어 철대로부터 N－S극의 자기장이 발생합니다. 그림과 같이 코일이 감긴 형태를 **솔레노이드 코일(Solenoid Coil)**이라고 하며 보통 코일이란 용어를 사용하면 그것은 솔레노이드 코일을 의미합니다.

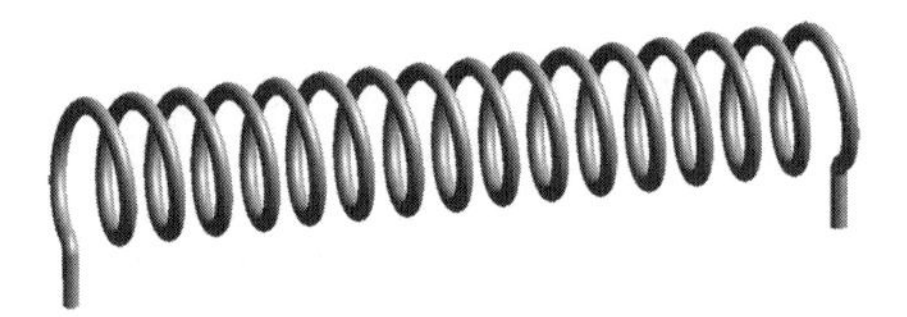

〖 솔레노이드 코일 〗

여기에서는 도선이나 직선 코일 또는 솔레노이드 코일에 전류를 흘려서 생성된 자기장에 대한 이론을 다룹니다.

먼저 자기장은 자기장의 크기(H_p)가 있고, 자기장이 회전하는 방향($\overrightarrow{H_p}$)이 있으므로 자기장은 크기와 방향을 가진 벡터값입니다.

1. 자기장의 크기(H_p) : 앙페르의 주회적분 법칙, 비오－사바르 법칙

코일에 전류를 흘려 발생하는 자기장의 세기는 앙페르의 주회적분과 비오－사바르 법칙으로 정확한 자기장의 크기를 계산할 수 있습니다.

여기서 자기장의 크기(H_p)를 계산할 때, 자기장 발생의 근원인 전류가 흐르는 도선 · 코일이 유한한 길이인지 혹은 무한한 길이인지에 따라 적용하는 수식이 다릅니다.

① 유한전류에 의한 H_p : 비오－사바르 법칙 적용
② 무한전류에 의한 H_p : 앙페르의 주회적분법칙 적용

2. 자기장의 방향($\overrightarrow{H_p}$) : 앙페르의 오른나사 법칙

자기장은 회전성을 갖고 있으므로 모든 자기장은 회전합니다. 여기서 시계방향으로 회전하는지 반시계방향으로 회전하는지는 '앙페르의 오른나사 법칙'으로 확인할 수 있습니다.

(1) 자기장의 방향($\overrightarrow{H_p}$) : 앙페르의 오른나사 법칙

① 직선전류에 의한 자기장의 방향

천연물질이 자철광이든 전자석이든 자기장은 회전성이 있기 때문에 시계방향 혹은 반시계방향으로 회전합니다.
직선도선에 전류가 흐를 경우, 자기장방향은 오른손 엄지를 전류방향과 일치시키고 남은 네 손가락이 감싸는 방향이 그 직선도선의 자기장 회전방향이 됩니다.

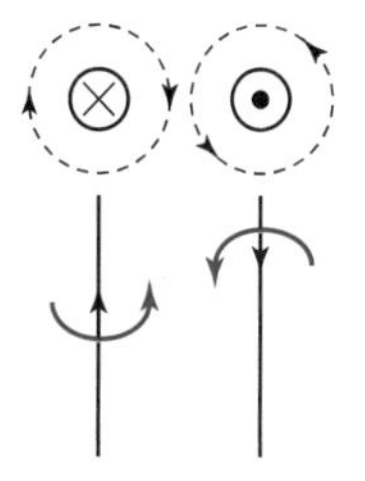

② 솔레노이드 코일에 의한 자기장의 방향

철대에 코일을 감고 코일에 전류를 흘릴 경우, 철대 한쪽은 N극 다른 한쪽은 S극이 되는데, 여기서 자기장방향은 코일의 전류방향과 오른손 네 손가락을 일치시켰을 때, 남은 오른손 엄지가 가리키는 방향이 철대의 N극 방향이 됩니다.
아래 그림처럼, N자극과 S자극 중 자기력선이 분출되는 쪽이 N자극 방향이고, 반대편의 자기력선이 들어가는 쪽이 S자극입니다.

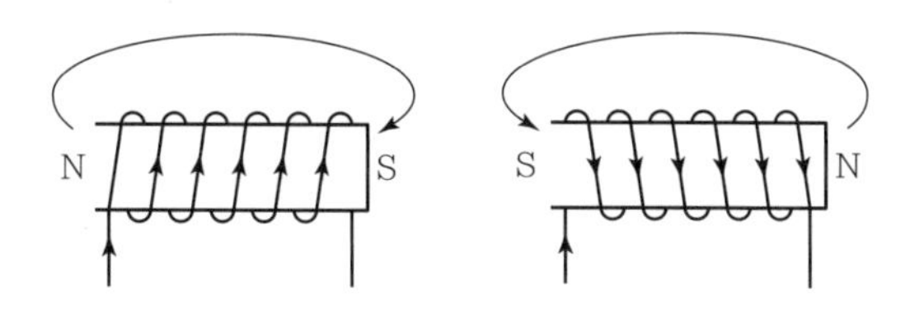

(2) 자기장의 크기(H_p) : 유한전류(비오－사바르 법칙)

도선의 길이가 한정된 길이일 경우, 이런 도선에 흐르는 전류에 의한 모든 형태의 자기장의 크기(H_p)는 비오－사바르 법칙(Biot－Savart's Law)에 의해 계산할 수 있습니다.

핵심기출문제

그림과 같이 전류 I[A]가 흐르고 있는 직선 도체로부터 거리 r[m]만큼 떨어진 P점의 자계의 세기 및 방향을 옳게 나타낸 것은?(단, ⊗은 지면으로 들어가는 방향, ⊙은 지면으로부터 나오는 방향이다.)

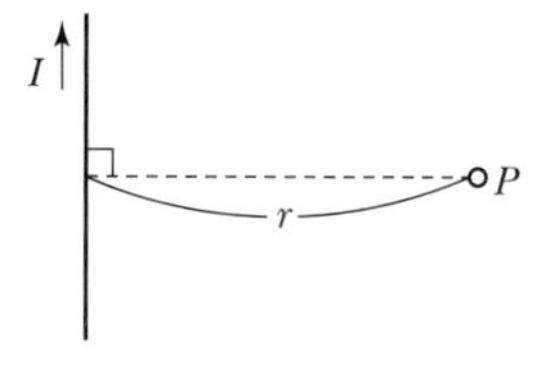

① $\frac{I}{2\pi r}$, ⊗ ② $\frac{I}{2\pi r}$, ⊙
③ $\frac{I}{4\pi r}$, ⊗ ④ $\frac{I}{4\pi r}$, ⊙

해설
무한장 직선도체로부터 거리 r[m]만큼 떨어진 P점의 자계의 세기는 $H=\frac{I}{2\pi r}$[AT/m]이며 앙페르의 오른손 법칙에 의해 자계 H는 본 지면을 뚫고 들어가는 방향이다.

정답 ①

핵심기출문제

전류에 의한 자계의 방향을 결정하는 법칙은?
① 렌츠의 법칙
② 플레밍의 오른손 법칙
③ 플레밍의 왼손 법칙
④ 앙페르의 오른손 법칙

해설
앙페르의 오른손 법칙은 전류에 의한 자계의 방향을 결정하는 법칙이다. 즉, 임의의 도선에 전류가 흐르면 이 전류를 중심으로 회전하는 방향으로 자계가 발생한다.

정답 ④

✠ 미소
시간에서 1초가 최소단위이다. 1초를 기준으로 1분은 60초이며 1시간은 3,600초이다. 이와 같이 길이 또는 거리에 대해서도 미분 계산이 가능하도록 최소로 짧은 길이, 최소로 짧은 구간의 의미로 '미소(△)'란 개념을 사용한다.

✠ 비오–사바르
19세기 프랑스의 물리학자 겸 수학자인 비오와 사바르 두 사람이 자기장 법칙을 정립하였다.

① **비오－사바르의 기본법칙**

A점에서 B점까지의 유한한 길이에 전류가 흐르고 있을 때, $A \sim B$ 구간 내에 **미소** 길이(Δl)의 도선에 의한 P[m] 떨어진 지점에서의 자기장의 세기(H_p)(이것은 전류가 흐르는 도선 길이가 유한할 때, 미소 길이에 의한 자기장의 세기)를 **비오–사바르**가 다음과 같이 정리하였습니다.

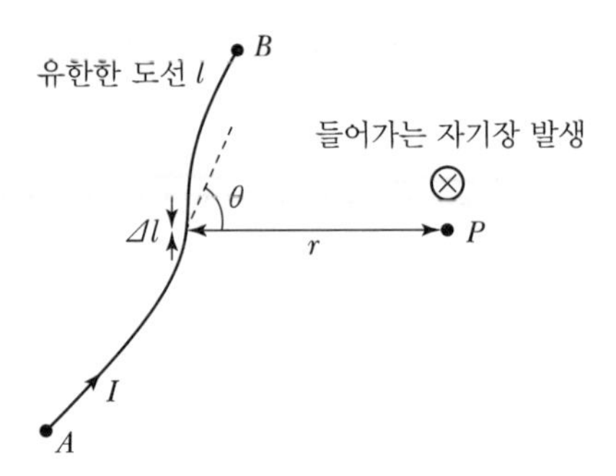

$$\Delta l \text{에 의한 자기장 세기 } \Delta H_p = \frac{I \cdot dl}{4\pi r^2} \sin\theta \ [\text{AT/m}] (\text{기본식})$$

여기서, Δl : 도선의 미소길이(dl)

Idl : dl에 흐르는 전류

ΔH_p: Idl로부터 P[m] 떨어진 지점의 H_p

θ : Idl과 P점의 접선 각도

r : Δl에서 P점까지의 거리

미소길이(Δl)가 아닌 A점$\sim$$B$점의 전체 도선에 의한 P[m] 떨어진 곳에서 자기장의 세기(H_p)는 다음과 같습니다.

$$\text{전체 자기장 세기 } H_p = \int_A^B \frac{I}{4\pi r^2} \sin\theta \, dl \ [\text{AT/m}] (\text{비오－사바르 적분형})$$

② **비오－사바르 적분형 응용**

비오－사바르 기본법칙에서는 굴곡진 도선의 자기장 세기를 구하기 위해 먼저 최소길이에 대한 자기장 세기(ΔH_p)를 구하고, 원하는 구간의 자기장은 적분형으로 계산하였습니다. 하지만 이 경우 전류가 흐르는 미소구간(Δl)과 P점이 접한 각도가 불분명하므로, 이를 더 명확하게 계산하기 위해 유한전류형태가 완벽한 직선이라는 전제에서 비오－사바르 기본법칙의 유한전류 그림을 수정하면 다음과 같습니다.

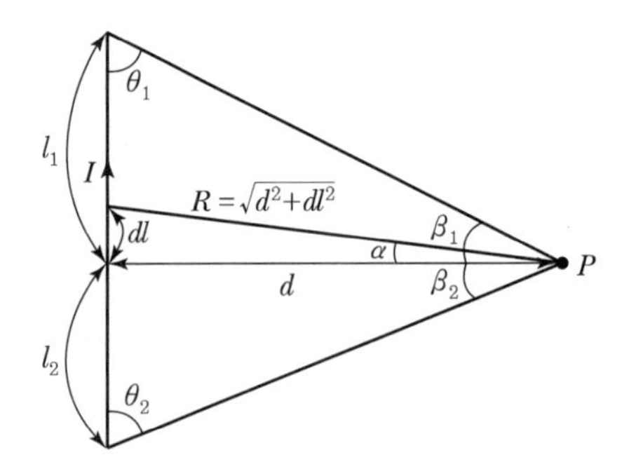

그림에서 Δl과 P점 사이 P점을 끼고 있는 β각도로 Δl에 의한 H_p를 구할 수 있고, 도선의 Δl 길이를 끼고 있는 θ각도로 P점에서의 H_p를 구할 수 있습니다. 비

오-사바르 적분형 공식을 응용하여 다음과 같은 유한전류의 자기장 세기를 구할 수 있습니다.

- P점을 끼고 있는 β각도에 의한 자기장의 세기(H_p)

$$H_p = \int_A^B \frac{I}{4\pi r^2} \sin\theta \, dl = \frac{I}{4\pi d}(\sin\beta_1 + \sin\beta_2)[\mathrm{AT/m}]$$

- 도선의 Δl를 끼고 있는 θ각도에 의한 자기장의 세기(H_p)

$$H_p = \int_A^B \frac{I}{4\pi r^2} \sin\theta \, dl = \frac{I}{4\pi d}(\cos\theta_1 + \cos\theta_2)[\mathrm{AT/m}]$$

만약 유한전류 그림에서 l_1과 l_2가 무한한 길이(∞)로 길어진다면, 더 이상 유한전류가 아닌 무한전류에 의한 자기장의 세기(H_p)가 됩니다. 이때 P점을 끼고 있는 β각도는 90°에 가까워지고, 도선 Δl를 끼고 있던 θ각도는 0°에 가까워지므로, 자기장의 세기는 $H_p = \frac{I}{2\pi d}[\mathrm{AT/m}]$가 됩니다.

$$\rightarrow H_p = \frac{I}{4\pi d}(\sin 90° + \sin 90°) = \frac{I}{4\pi d}(\cos 0° + \cos 0°) = \frac{I}{2\pi d}$$

유한전류의 자기장 세기(H_p)에 대한 비오-사바르 법칙에서 길이를 무한길이로 늘려 도출한 결과($\frac{I}{2\pi d}$)가 앙페르 주회적분 법칙에서 무한전류에 의한 자기장 세기($H_p = \frac{I}{2\pi d}$) 결과식과 동일하다는 것은, '비오-사바르 법칙'과 '앙페르 주회적분 법칙'은 논리적으로 서로 정합성 있는 수식이라는 것을 증명합니다.

㉠ 원형 도선 중심에서 P점의 자기장의 세기 H_p

360° 원형의 도선에 전류가 흐르고 있을 때, 그 원형 중심에서 직각으로 P[m] 떨어진 거리의 자기장의 세기(H_p)는 다음과 같이 계산합니다.

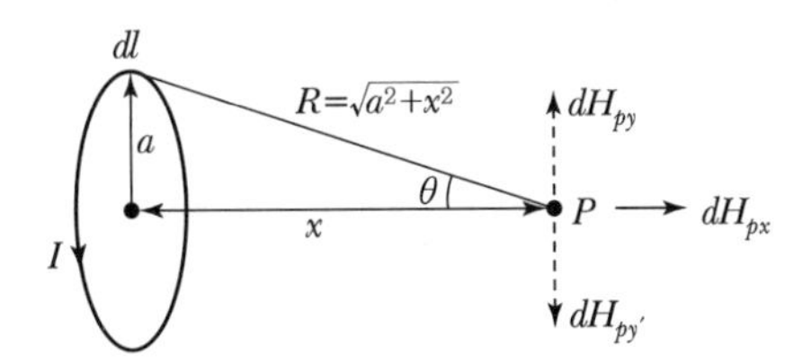

그림에서 구하려는 H_p는 dH_x 방향의 자기장이므로, $\Delta H_p = \frac{I \cdot dl}{4\pi r^2}\sin\theta$으로부터 $dH_x = \frac{I \cdot dl}{4\pi R^2}\sin\theta = \frac{I \cdot dl}{4\pi R^2}\frac{a}{R}$ 수식으로 변형되고, 다시 적분형을 적용하여 나타내면

$$H_p = \int_A^B \frac{I}{4\pi r^2} \sin\theta \, dl = \frac{I \cdot a}{4\pi R^3} \int_0^{2\pi a} 1 \, dl = \frac{I \cdot a^2}{2(x^2 + a^2)^{\frac{3}{2}}}$$ 이 되므로, 원형 도선 중심에서 P [m] 떨어진 곳에 미치는 자기장 세기는 다음과 같습니다.

- $H_p = \dfrac{I \cdot a^2}{2(x^2 + a^2)^{\frac{3}{2}}}$ [AT/m]

㉡ 원형 도선 중심에서 자기장의 세기 H_p

원형 도선 중심부터 P점까지 거리가 x [m] 이므로, 원형 도선 중심에서 자기장 세기는 $x = 0$ 조건일 경우이므로, ㉠의 자기장 세기 수식에서 x를 0으로 하면 → $H_p = \dfrac{I \cdot a^2}{2(0^2 + a^2)^{\frac{3}{2}}} = \dfrac{I \cdot a^2}{2(a^2)^{\frac{3}{2}}} = \dfrac{I \cdot a^2}{2a^3} = \dfrac{I}{2a}$ [AT/m]

그러므로 정리하면,

- 360° 원형 도선 중심에서 H_p

$$H_p = \frac{I}{2a} \text{ [AT/m]}$$

- 원형 도선이 권수가 있는 원형 코일일 경우 H_p

$$H_p = \frac{NI}{2a} \text{ [AT/m]}$$

㉢ 360° 미만 길이의 원형 도선 중심에서 H_p

360° 미만(=1바퀴 미만) 길이의 도선에 전류가 흐르면, 그 중심에서 자기장의 세기(H_p)는 도선의 한 바퀴 미만의 각도만큼만 원형 도선 중심의 H_p에 곱해주면 됩니다.

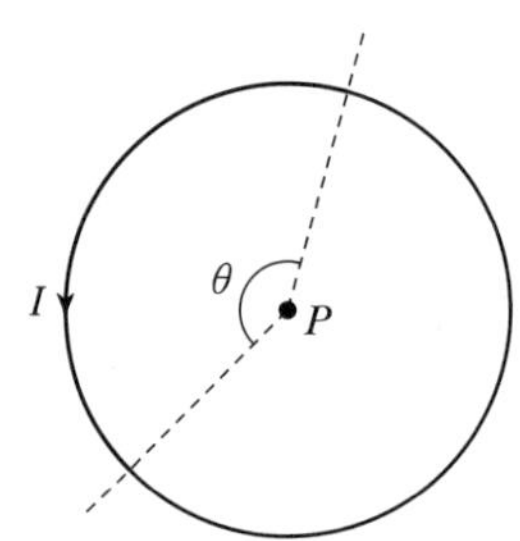

전류(I)가 이 정도까지만 흐르면

- $H_p = \dfrac{I}{2a} \dfrac{\theta}{2\pi}$ [AT/m]

핵심기출문제

반지름 a[m]인 원형 코일에 전류 I[A]가 흘렀을 때 코일 중심의 자계의 세기[AT/m]는?

① $\dfrac{I}{2a}$ ② $\dfrac{I}{4a}$

③ $\dfrac{I}{2\pi a}$ ④ $\dfrac{I}{4\pi a}$

해설

원형 코일 중심 축에서 자계의 세기

$H_x = \dfrac{a^2 I}{2(a^2 + x^2)^{\frac{3}{2}}}$ [AT/m]

원형 코일 중심 O점($x = 0$)의 자계의 세기

$\therefore H_0 = \dfrac{a^2 I}{2(a^2 + 0^2)^{\frac{3}{2}}} = \dfrac{I}{2a}$ [AT/m]

정답 ①

핵심기출문제

그림과 같이 반지름 a[m]인 원에서 임의의 두 점 A, B(각도 θ) 사이에 전류 I[A]가 흐른다면 원의 중심 O점에서 자계의 세기[AT/m]는?

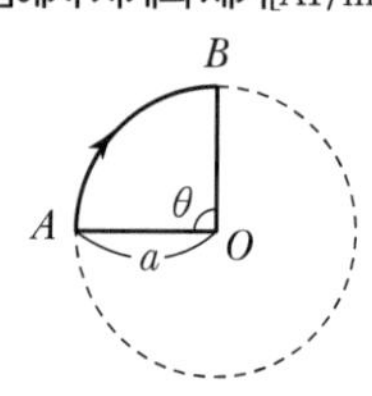

① $\dfrac{I\theta}{4\pi a^2}$ ② $\dfrac{I\theta}{4\pi a}$

③ $\dfrac{I\theta}{2\pi a^2}$ ④ $\dfrac{I\theta}{2\pi a}$

해설

원형 코일의 중심 O점에서의 자계의 세기는 $H_0 = \dfrac{I}{2a}$ [AT/m]

그러므로 θ각을 이루는 두 점 A, B 사이에 흐르는 전류 I에 의한 자계는

$H_0 = \dfrac{\theta}{2\pi} H_0 = \dfrac{\theta}{2\pi} \cdot \dfrac{I}{2a} = \dfrac{I\theta}{4\pi a}$ [AT/m]

정답 ②

[경우 1] $\frac{3}{4}$ 바퀴 원형 도선에서 H_p

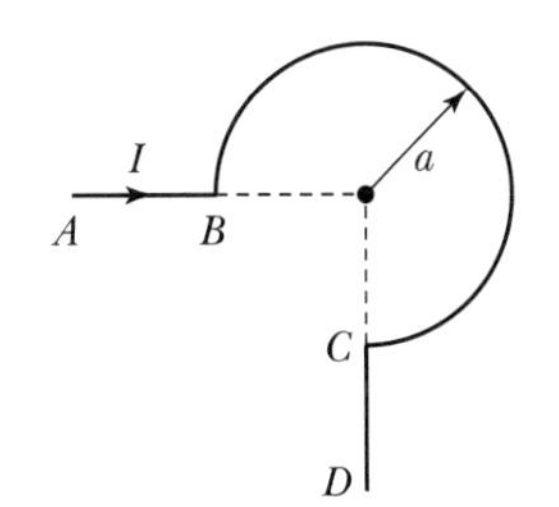

$A-B$ 구간 : 유한전류

$B-C$ 구간 : 1바퀴의 $\frac{3}{4}$ 바퀴

$C-D$ 구간 : 유한전류

- $H_p = \frac{I}{2a}\frac{3}{4}$ [AT/m]

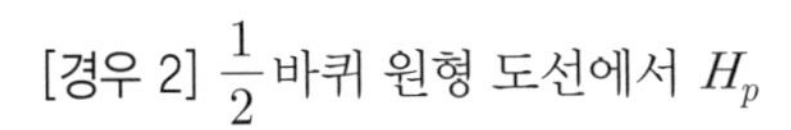

[경우 2] $\frac{1}{2}$ 바퀴 원형 도선에서 H_p

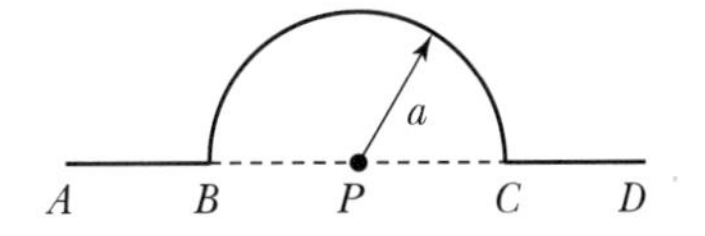

$A-B$ 구간 : 유한전류

$B-C$ 구간 : 1바퀴의 $\frac{1}{2}$ 바퀴

$C-D$ 구간 : 유한전류

- $H_p = \frac{I}{2a}\frac{1}{2}$ [AT/m]

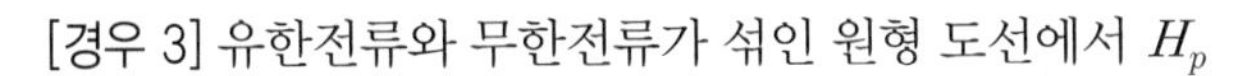

[경우 3] 유한전류와 무한전류가 섞인 원형 도선에서 H_p

$A-B$ 구간 : 유한전류

$B-C$ 구간 : 1바퀴의 $\frac{3}{4}$ 바퀴

$C-D$ 구간 : 무한전류

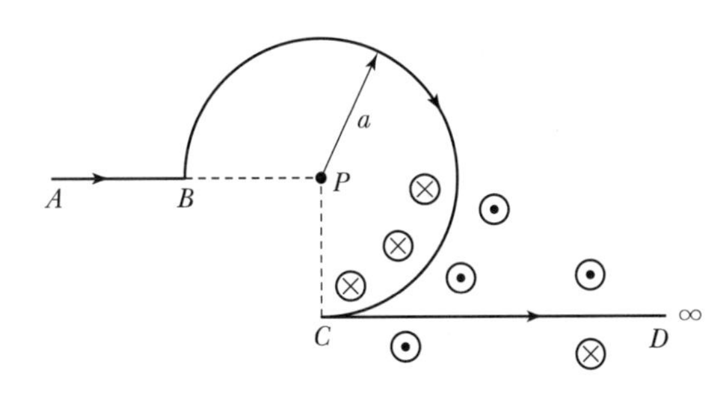

$$H_{ab} = \int \frac{I}{4\pi r^2}\sin\theta \, dl = \frac{I}{4\pi}\sin 180^\circ \int \frac{1}{r^2}dl = 0$$

$\rightarrow H_p = 0$ [AT/m]

$$H_{bc} = \frac{I}{2a}\frac{3}{4} = \frac{3I}{8a} \text{[AT/m]}$$

$H_{cd} = \frac{I}{2\pi a}\frac{1}{2} = \frac{I}{4\pi a}$ [AT/m] → 무한전류($H_p = \frac{I}{2\pi d}$)의 절반값

위 그림 속 도선 전체의 자기장 세기는 $H_p = H_{ab} + H_{bc} - H_{cd}$ 이므로,

핵심기출문제

반지름 a[m]인 반원형 전류 I[A]에 의한 중심에서의 자기장 세기 [AT/m]는?

① $\frac{I}{4a}$ ② $\frac{I}{a}$

③ $\frac{I}{2a}$ ④ $\frac{2I}{a}$

해설

원형 코일 중심 O점의 자계

$H_p = \frac{I}{2a}$ [AT/m]

∴ 반원형

$H_p = \frac{I}{2a} \times \frac{1}{2} = \frac{I}{4a}$ [AT/m]

정답 ①

• $H_p = 0 + \frac{3I}{8a} - \frac{I}{4\pi a} = \frac{3\pi - 2}{8\pi a} I$ [AT/m]

㉣ 정n각형 도선 중심에서 H_p

정n각형 도선에 전류가 흐르고 있을 때, 정n각형 중심 P점에서 자기장의 세기(H_p)는 다음과 같습니다.

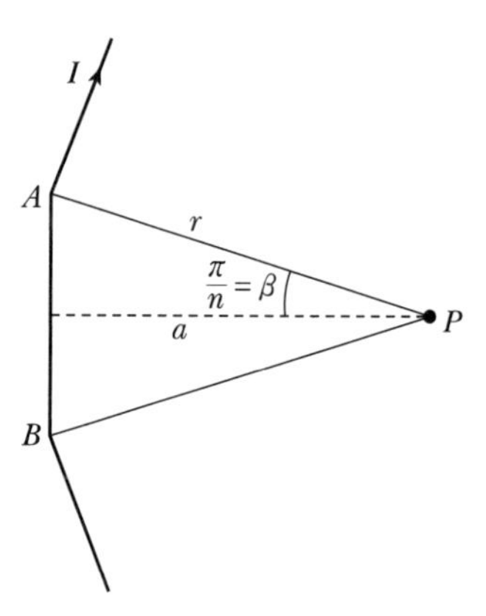

• $H_p = \frac{nI}{2\pi r} \tan\frac{\pi}{n}$ [AT/m] 또는 $H_p = \frac{nI}{l} \tan\frac{\pi}{n}$ [AT/m]

㉤ 유한한 정삼각형 중심에서 H_p

정삼각형의 중심 P점에서 자기장의 세기(H_p)는 세 변의 자기장에 영향을 받으므로, 다음과 같이 계산됩니다.

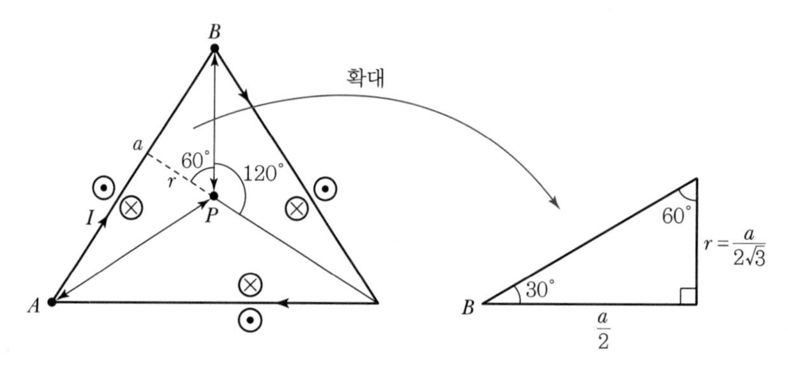

• $H_p = \frac{I}{\pi a}\frac{9}{2}$ [AT/m] (한 변의 길이가 a인 경우)

$$\left\{\begin{aligned} & H_p = 3 \times H_{ab} = 3 \times \frac{I}{4\pi d}(\sin\beta_1 + \sin\beta_2) = \frac{3I}{4\pi r}(2 \times \sin 60°) \\ & \text{여기서 } \left[1 : \sqrt{3} = r : \frac{a}{2}\right] \rightarrow r = \frac{a}{2\sqrt{3}} \text{ 이므로} \\ & = \frac{3I}{4\pi\left(\frac{a}{2\sqrt{3}}\right)}(2 \times \sin 60°) = \frac{I}{\pi a}\frac{9}{2} \end{aligned}\right\}$$

핵심기출문제

반지름이 R인 원에 내접하는 정n각형 회로에 전류 I가 흐를 때 원 중심점에서의 자속밀도는 얼마인가?

① $\frac{n\mu_0 I}{2\pi R}\tan\frac{\pi}{n}$ [Wb/m²]

② $\frac{\mu_0 I}{\pi R}\tan\frac{\pi}{n}$ [Wb/m²]

③ $\frac{I}{2\pi\mu_0 R}\tan\frac{2\pi}{n}$ [Wb/m²]

④ $\frac{2\pi R}{\tan\frac{\pi}{n}}$ [Wb/m²]

해설

정n각형 중심 O점의 자계의 세기

$H_0 = \frac{nI}{2\pi R}\tan\frac{\pi}{n}$ [AT/m]

∴ 자속밀도

$B = \mu_0 H$

$= \frac{\mu_0 (nI)}{2\pi R}\tan\frac{\pi}{n}$ [Wb/m²]

정답 ①

ⓑ 유한한 정사각형 중심에서 H_p

한 변의 길이가 a인 경우, 유한한 길이의 전류가 흐르는 정사각형 중심에서 자기장의 세기는 다음과 같습니다.

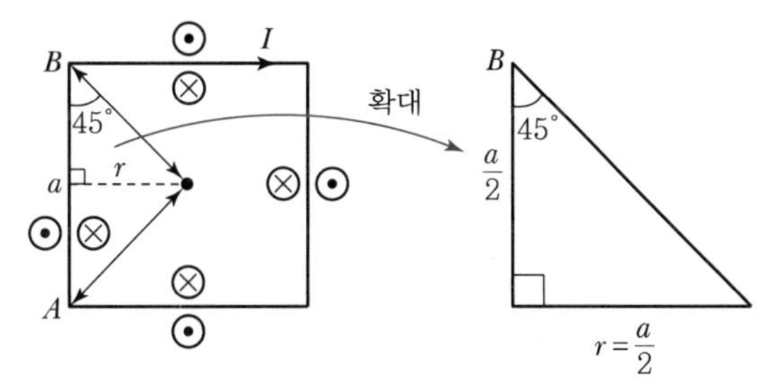

$$H_p = 4 \times H_{ab} = 4 \times \frac{I}{4\pi d}(\sin\beta_1 + \sin\beta_2)$$

$$= \frac{4I}{4\pi r}(2 \times \sin 45°) = \frac{I}{\pi a} 2\sqrt{2}$$

• $H_p = \frac{I}{\pi a} 2\sqrt{2}$

ⓢ 유한한 정육각형 중심에서 H_p

한 변의 길이가 a인 경우, 유한한 길이의 전류가 흐르는 정육각형 중심에서 자기장의 세기는 다음과 같습니다.

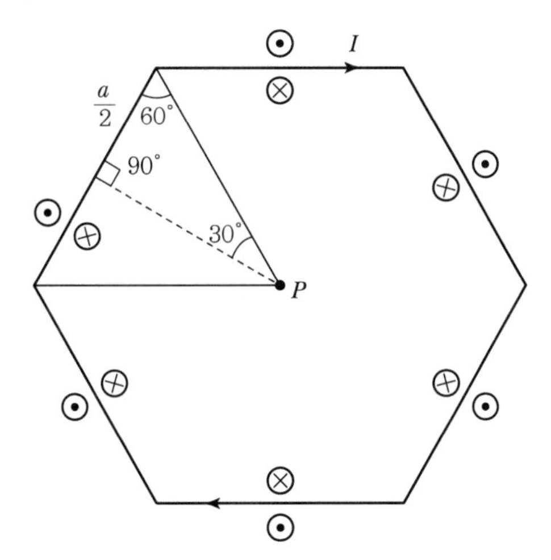

$$H_p = \frac{nI}{2\pi r}\tan\frac{\pi}{n} \text{ [AT/m]} = \frac{6I}{2\pi r}\tan\frac{\pi}{6}$$

여기서, $\left[1 : 2 = \frac{a}{2} : r\right]$ 이므로 $r = a$

$$= \frac{6I}{2\pi a}\tan\frac{\pi}{6} = \frac{3I}{\pi a}\frac{1}{\sqrt{3}} = \frac{I}{\pi a}\sqrt{3}$$

• $H_p = \frac{I}{\pi a}\sqrt{3}$ [AT/m]

(3) 자기장의 크기(H_p) : 무한전류(앙페르 주회적분 법칙)

무한전류에 의한 자기장은 무한한 거리로 펼쳐진 도선 또는 솔레노이드 코일에 전류가 흐를 경우의 코일 주변 또는 코일이 감긴 철대에 발생하는 자기장 세기(H_p)를 말합니다. 이러한 무한전류에 의한 자기장의 세기(H_p)는 **앙페르의 주회적분 법칙**으로 계산할 수 있습니다.

> **TIP**
> **후크미터(Hook Meter)**
> 앙페르 주회적분 원리를 이용하여 전류값을 측정하는 대표 측정기이다. 앙페르 전류이론 없이 전류를 측정하려면 전류가 흐르는 도선을 끊고 측정기를 직렬로 연결해야 하지만, 후크미터는 그럴 필요 없이 도선 주변에 자기장을 측정하여 전류값을 알려준다.

① 앙페르의 주회적분 기본법칙

전류(I)의 단위인 암페어는 프랑스 물리학자 '앙페르'의 이름을 딴 것이고, 앙페르의 전류이론(전기영역의 고전 전류이론) 내용이 바로 '앙페르의 주회적분 법칙'입니다. 전류가 흐르는 도선에서 발생한 회전성의 자기장을 역으로 자기장을 적분하여 도선에 흐르는 전류의 크기와 전류 이동방향을 알 수 있는 이론입니다.

㉠ 앙페르 전류법칙 적분형 : $\int \overrightarrow{H_p}\, dl = \sum I\,[\mathrm{A}]$

전류가 흐르는 도선 외부에는 시계방향 또는 반시계방향의 원주형으로 회전하고 있는 자기장이 있고, 그 자기장의 폐곡선에 합은 그 폐곡선 중심에 도선을 통해 흐르는 전류 크기 값과 같다.

㉡ 앙페르 전류법칙 미분형 : $rot\,\overrightarrow{H_p} = i\ [\mathrm{A/m^2}]$

회전하는 자기장은 전류(I)를 발생시킨다.

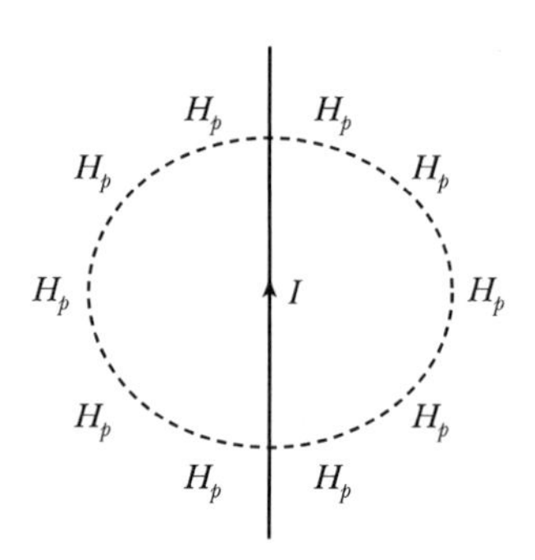

앙페르 전류법칙 적분형에 대해 선공간을 면공간으로 바꿔주는 '스토크스 정리'를 적용하면 다음과 같이, 자기장을 선적분한 결과와 그 자기장을 면적분했을 때의 결과가 서로 같고, 그 결과는 자기장 중심의 전류(I)를 의미합니다.

㉢ 주회법칙 적분형(스토크스 정리) : $\oint \overrightarrow{H_p}\, dl = \int rot\,\overrightarrow{H_p}\, ds = I$

㉣ 주회법칙 미분형(스토크스 정리) : $rot\,\overrightarrow{H_p} = i$

② 무한히 긴 직선도선에 의한 자기장의 세기 H_p

[경우 1] 무한히 긴 직선도체 **외부**에서 H_p

무한한 길이의 직선도선에 전류가 흐르고 있을 때, 직선도선의 표면으로부터 P [m] 떨어진 거리에서 발생하는 자기장의 세기는 다음과 같이 계산합니다.

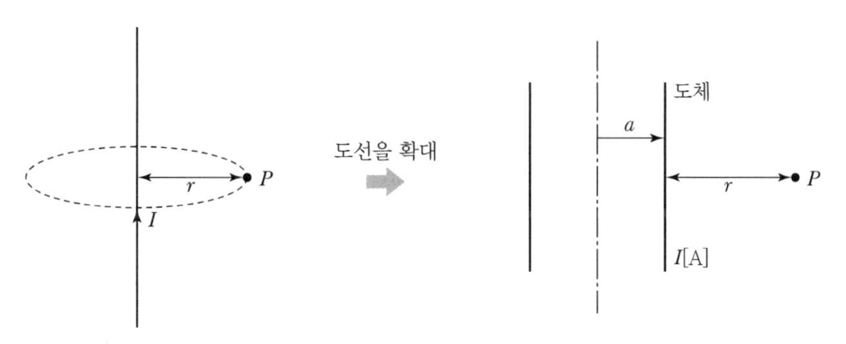

〖a. 자기장의 둘레(l)로 H_p 계산〗 〖b. 자기장의 반지름(r)으로 H_p 계산〗

[그림 a]는 직선도체 외부 P점의 자기장 폐곡선 원주길이(l)를 알 경우, 도선에 의해 발생한 자기장의 세기(H_p)이고, [그림 b]는 직선도체의 도체표면에서 외부의 P [m]까지 떨어진 반지름 거리(r)를 알 경우, 도선에 의해 발생한 자기장의 세기(H_p)에 대한 그림입니다. 두 경우 모두 동일한 자기장 세기의 결과를 도출합니다.

- [그림 a]의 회전하는 자기장의 둘레(l)로 H_p 계산

$$H_p = \frac{I}{l} [\text{AT/m}]$$

- [그림 b]의 회전하는 자기장의 반지름(r)으로 H_p 계산

$$H_p = \frac{I}{2\pi r} [\text{AT/m}]$$

- 자기장의 원주길이(l)든 반지름(r)이든 결과는 동일함

$$H_p = \frac{I}{l} = \frac{I}{2\pi r} [\text{AT/m}] \rightarrow I = H_p \cdot l \ [\text{A}]$$

[경우 2] 무한히 긴 직선도체 **내부**에서 H_p

직류에서는 핀치효과, 교류에서는 표피효과 때문에 실제로 도체(도선) 내부 단면적에 전류가 균일하게 분포되어 흐르지 않지만, 개념적으로 도체 내부에 전류밀도가 균일한 상태로 흐르고 있다는 전제에서 자기장의 세기(H_p)를 계산합니다.

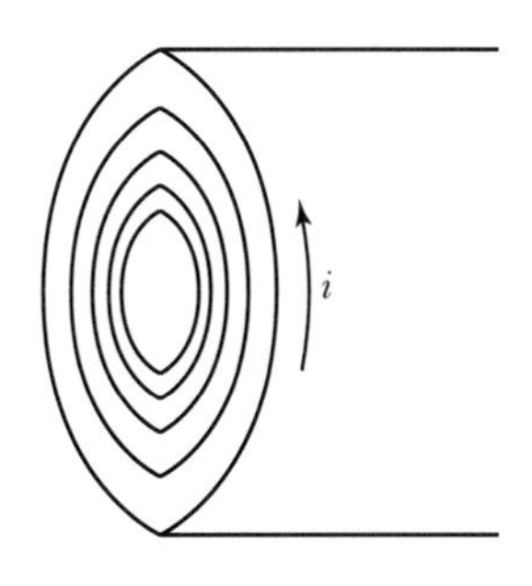

〖a. 전류밀도가 불균일한 경우〗

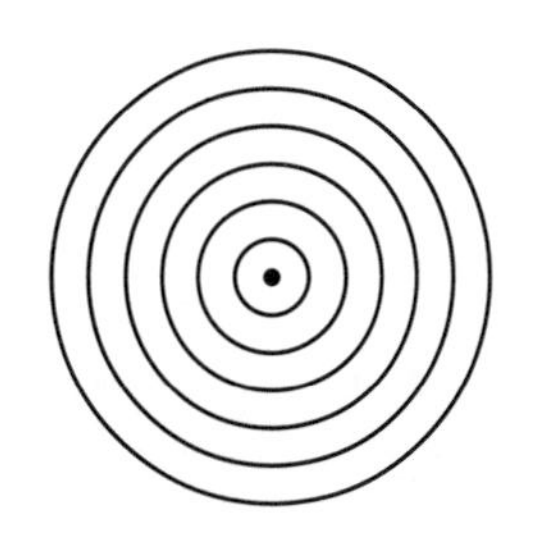

〖b. 전류밀도가 균일한 경우〗

핵심기출문제

무한장 직선도체가 있다. 이 도체로부터 수직으로 0.1[m] 떨어진 점의 자계의 세기가 180[AT/m]이다. 이 도체로부터 수직으로 0.3[m] 떨어진 점의 자계의 세기는 몇 [AT/m]인가?

① 20 ② 60
③ 180 ④ 540

해설

전류 I[A]가 흐르는 무한장 직선도체로부터 거리 r[m]만큼 떨어진 점의 자계의 세기는 $H = \frac{I}{2\pi r}$ [AT/m]이다.

- 0.1[m] 떨어진 경우

$180 = \frac{I}{2\pi \times 0.1}$

$\rightarrow I = 180 \times 2\pi \times 0.1 \fallingdotseq 113.1$

- 0.3[m] 떨어진 경우

$H' = \frac{I}{2\pi r} = \frac{113.1}{2\pi \times 0.3} = 60$ [AT/m]

정답 ②

핵심기출문제

전류 분포가 균일한 반경 a[m]인 무한장 원주형 도선에 1[A]의 전류를 흘렸더니 도선의 중심에서 $\frac{a}{2}$[m] 되는 점에서의 자계의 세기가 $\frac{1}{2\pi}$[AT/m]이었다. 이 도선의 반경은 몇 [m]인가?

① 4　② 2
③ 0.5　④ 0.25

해설

무한장 원주형 도선의 전류에 의한 자계의 세기

$H = \frac{rI}{2\pi a^2}$[AT/m]

여기서, $r = \frac{a}{2}$, $H = \frac{1}{2\pi}$ 이므로

$H = \frac{rI}{2\pi a^2} = \frac{\left(\frac{a}{2}\times 1\right)}{2\pi a^2} = \frac{1}{4\pi a}$

$\therefore H = \frac{1}{4\pi a} \fallingdotseq \frac{1}{2\pi}$

$\rightarrow a = \frac{1}{2} = 0.5$

$\therefore a = 0.5$[m]

정답 ③

핵심기출문제

단면반지름 a인 원통 도체에 직류 전류 I가 흐를 때 자계 H는 원통 축으로부터 거리 r에 따라 어떻게 변하는가?

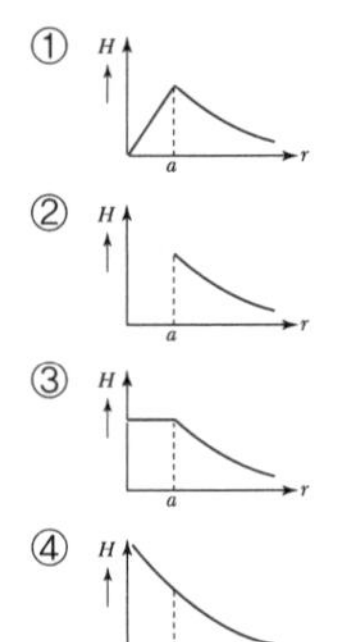

해설

원통(원주) 도체의 전류에 의한 자계

- 내부($r < a$)

$H_i = \frac{rI}{2\pi a^2}$[AT/m] $(H_i \propto r)$

- 외부($r > a$)

$H_e = \frac{I}{2\pi r}$[AT/m] $(H_e \propto \frac{1}{r})$

정답 ①

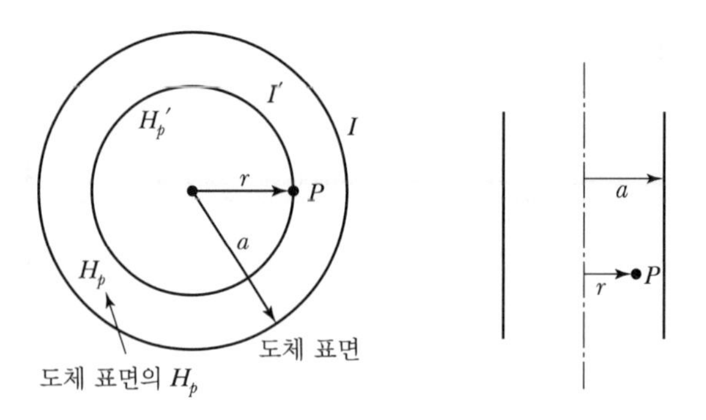

〚그림 b의 도체 내부에 전류밀도가 균일한 경우의 내부구조〛

전류밀도 수식$\left(\frac{I\,[\mathrm{A}]}{A\,[\mathrm{m}^2]}\right)$을 이용하면, 도체 내부 전류밀도는 $\left(\frac{I'}{\pi r^2}\right)$이고, 도체 외부(표면)의 전류밀도는 $\left(\frac{I}{\pi a^2}\right)$입니다. 여기서 전류밀도가 균일하다면,

$\rightarrow \frac{I'}{\pi r^2} = \frac{I}{\pi a^2}$이므로 내부 전류밀도는 $I' = \frac{\pi r^2 \cdot I}{\pi a^2} = \frac{r^2}{a^2} I$가 됩니다.

- 도체 내부 P점에서 자기장 세기 $H_p{}' = \frac{I'}{2\pi r} = \frac{rI}{2\pi a^2}$ [AT/m]

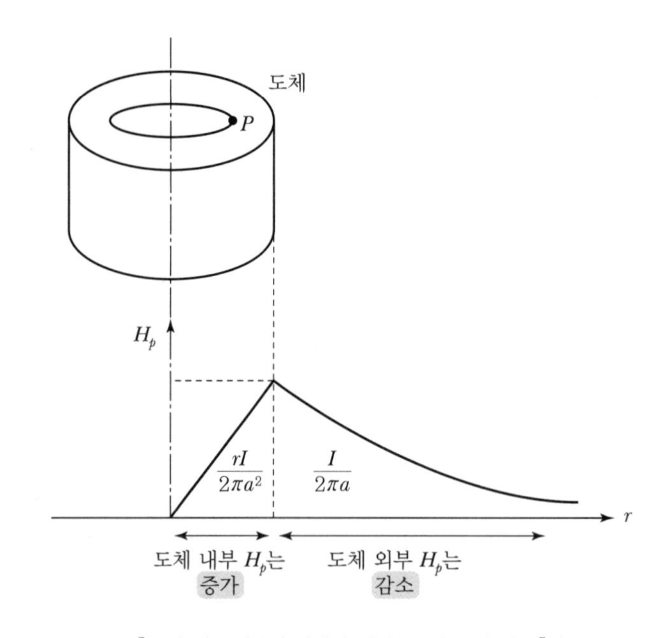

〚도체 내 · 외부의 자기장 세기 H_p의 증감 비교〛

③ 무한길이의 철대에 솔레노이드 코일에 의한 H_p

[경우 1] 무한한 길이의 직선 솔레노이드 외부에서 발생하는 자기장의 세기(H_p)는 0

- 무한 솔레노이드 외부의 자기장 세기 $H_p = 0$ [AT/m]

  이유는 왼쪽 그림에서 볼 수 있듯이, 솔레노이드 코일에 의해 **자로** 표면에서 자기장은 서로 상쇄되므로 자로 밖의 자기장은 존재하지 않습니다.

  자로에 솔레노이드 코일이 감긴 구조에서 자기장은 [경우 2]의 자로 내부에만 존재하게 됩니다.

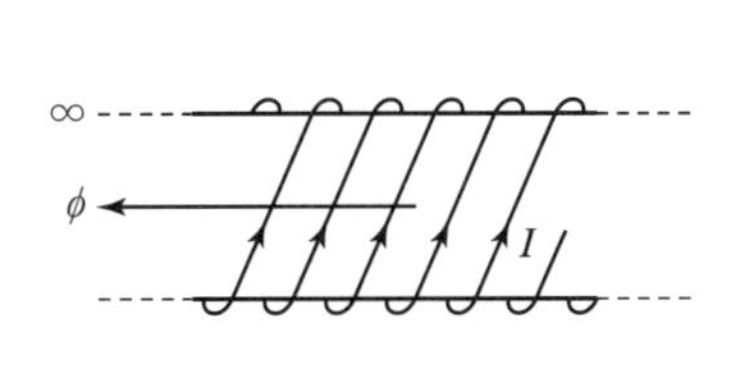

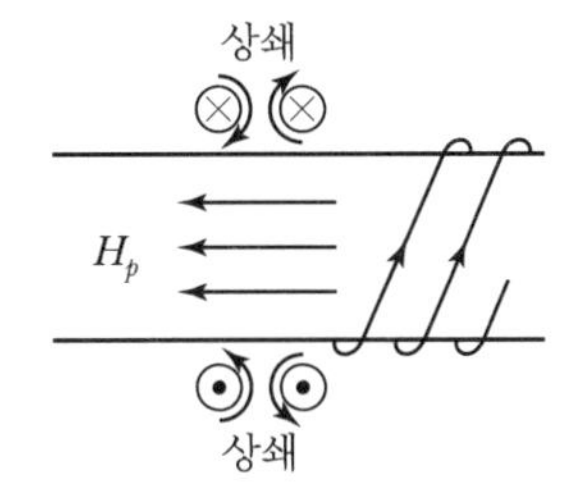

[경우 2] 무한한 길이의 직선 솔레노이드 내부에서 발생하는 H_p

여기서 솔레노이드 내부는 자로의 재료 내부를 말하며, 앙페르 전류법칙 $H_p\, l = NI$를 이용하여 자기장의 세기를 나타냅니다.

- $H_p = \dfrac{NI}{l} = n_0\, I$[AT/m]

  단위길이당 코일 권수 $n_0 = \dfrac{N}{l}$[T/m], 자로길이 l[m]

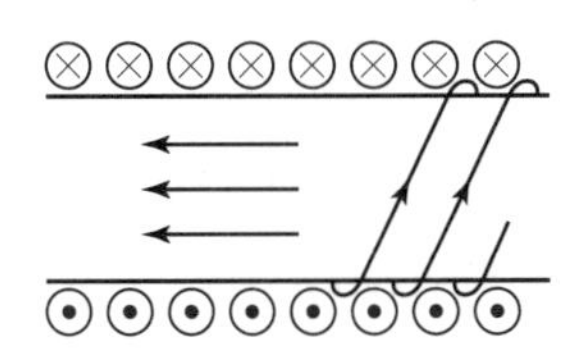

④ 환형 자로에서 솔레노이드 코일에 의한 자기장의 세기 H_p

[경우 1] 환형 솔레노이드 내 · 외부에서 H_p

환형이든 직선형이든 솔레노이드 코일 구조상 자로 밖에서 자기장 세기는 항상 0입니다. → $H_p = 0$ 솔레노이드 코일이 감긴 환형 자로 바깥과 환형 자로 중심점에서 자기장의 세기는 0

- $H_p = 0$[AT/m]

  앞서 이미 설명한 대로, 솔레노이드 코일이 감긴 자로의 표면은 자기장의 방향이 서로 상쇄되므로, 솔레노이드 코일이 감싸고 있는 자로 안쪽으로만 자기장(H_p)이 존재합니다.

✠ 자로(Magnetic Core)

자기장(Φ)이 이동할 수 있는 투자율(μ)을 가진 재료(주로 금속재료)이다. 자로로서 좋은 재료는 자기장은 잘 통과시키고, 재료 자신은 자화되지 않으며, 자기장이 없을 때는 재료의 자성이 없는 재료이다.

핵심기출문제

1[cm]당 권수 50인 무한 길이 솔레노이드에 10[mA]의 전류가 흐르고 있을 때 솔레노이드 외부의 자계의 세기[AT/m]는?

① 0 ② 5

③ 10 ④ 50

해설

솔레노이드 외부의 자계의 세기는 0이다. 즉 $H_p = 0$이다.

정답 ①

핵심기출문제

1[cm]마다 권수가 100인 무한장 솔레노이드에 20[mA]의 전류가 흐를 때 솔레노이드 내부의 자계의 세기[AT/m]는?

① 10 ② 20

③ 100 ④ 200

해설

무한장 솔레노이드 내부 자계의 세기

$H = n_0 I$

$= \left(\dfrac{100}{1 \times 10^{-2}}\right) \times (20 \times 10^{-3})$

$= 200$[AT/m]

정답 ④

핵심기출문제

무한장 원주형 도체에 전류가 표면에만 흐른다면 원주 내부의 자계의 세기는 몇 [AT/m]인가?(단, r[m]는 원주의 반지름이다.)

① $\dfrac{I}{2\pi r}$ ② $\dfrac{NI}{2\pi r}$

③ $\dfrac{I}{2r}$ ④ 0

해설

앙페르의 주회적분의 법칙에서

$\oint_c H \cdot dl = I$ 여기서, 원주형 도체에 전류가 표면에만 흐른다면 폐곡선(c) 내의 전류는 0이므로

$\oint_c H_p\, dl = I = 0 \quad \therefore H_p = 0$

정답 ④

[경우 2] 환형 솔레노이드의 자로에서 H_p

$H_p\, l = N I$를 이용하여,

$$H_p = \frac{NI}{l}[\mathrm{AT/m}] = \frac{NI}{2\pi r}[\mathrm{AT/m}] = n_0\, I[\mathrm{AT/m}]$$

환형 솔레노이드 형태에서는 자로 내부의 평균길이 l [m]로도 H_p를 구할 수 있고($\frac{NI}{l}$), 솔레노이드 원형 중심점에서 자로 평균길이(l)까지의 반지름 거리 r [m]로도 H_p를 구할 수 있습니다($\frac{NI}{2\pi r}$).

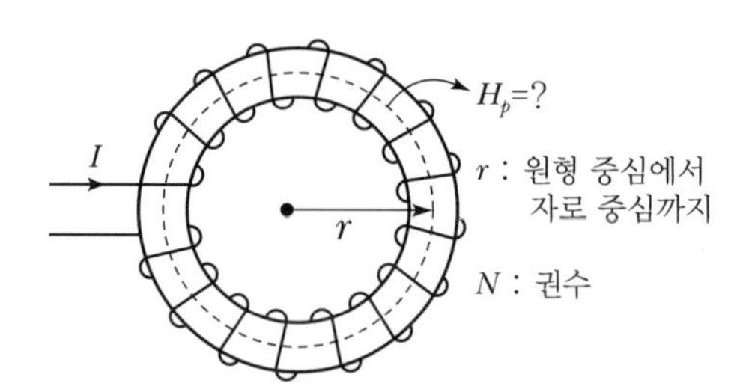

03 벡터포텐셜(Vector Potential)

자기력선이 존재하는 공간이 곧 자기장(Magnetic Field)입니다. 지구(Earth) 어디서든 나침반으로 북극과 남극의 방향을 확인할 수 있다는 것은 지구의 어느 곳에서나 자기장이 존재한다는 것을 말하므로, 지구는 하나의 대단히 큰 자기장입니다. 참고로, 지구의 자기장 세기는 측정하는 위치에 따라 다르지만 평균을 내면 지구 대기의 공간 $[\mathrm{cm}^2]$ 당 0.6[G] 또는 0.00006$[\mathrm{Wb/m}^2]$, [T]의 크기입니다.

'벡터포텐셜'이란 자기장이 존재하는 3차원 공간상 위치에너지를 지닌 어떤 벡터를 포텐셜벡터, 벡터포텐셜 혹은 벡터장이라고 부릅니다.

1. 포텐셜(Potential)의 개념

먼저 '포텐셜'의 뜻은 한마디로 '위치에너지'입니다. 전기장에서는 크기와 방향을 가진 벡터 $\overrightarrow{E}_p$, $\overrightarrow{V}$ 등을 사용했습니다. 크기와 방향이 있기 때문에 전기적인 위치에너지를 전위(V)로 압축하여 나타냈으며 이것이 자기장에서는 자기적인 위치에너지인 자위(U)입니다.

현대 물리학에서는 전기장과 자기장을 모두 통합하여 하나의 개념으로 나타낼 수 있고, 그 전기장과 자기장을 통합한 하나의 개념이 포텐셜(공간상에 어떤 크기를 가진 것은 모두 위치에너지(Potential)로 나타낼 수 있다)입니다. 포텐셜을 사용하면 전계와 자계의 수학적 정의와 표현이 간단해지므로 포텐셜 개념을 사용합니다.

핵심기출문제

공심(중앙이 빈) 환상형 철심에서 코일의 권수 500회, 단면적 6[m²], 평균반지름 15[cm], 코일에 흐르는 전류가 4[A]라면 환상철심 중심에서의 자계의 세기는 약 몇 [AT/m]인가?

① 1520 ② 1720
③ 1920 ④ 2120

해설

환상 솔레노이드 내부 자계의 세기

$H = \frac{NI}{2\pi a} = \frac{500\times4}{2\pi\times0.15}$
$= 2120[\mathrm{AT/m}]$

정답 ④

핵심기출문제

단위길이당 권수가 n인 무한장 솔레노이드에 I[A]의 전류가 흐를 때 다음 설명 중 옳은 것은?

① 솔레노이드 내부는 평등자계이다.
② 외부와 내부의 자계의 세기는 같다.
③ 외부 자계의 세기는 nI[AT/m]이다.
④ 내부 자계의 세기는 nI^2[AT/m]이다.

정답 ①

2. 스칼라포텐셜(Scala Potential) : Φ

전기현상에서 전기장(E_p)의 논리적 개념과 수학적 표현을 쉽게 하기 위해 스칼라 포텐셜(Φ)을 이용해 전기장을 나타냅니다.

참고 전기현상의 근원인 전기장을 증명하는 과정

전기현상 근원 → 전하밀도$\rho(\vec{r})$: Q는 발산함 → 스칼라량 → 전하밀도(ρ)가 전기장(E_p)을 만듦 → 전기장 $\vec{E}(\vec{r}) = \frac{1}{4\pi\varepsilon_0}\int dv' \frac{\rho(\vec{r'})}{|\vec{r}-\vec{r'}|^2}\frac{\vec{r}-\vec{r'}}{|\vec{r}-\vec{r'}|} = \cdots$ → 전기장의 논리적 증명은 매우 복잡함

이런 복잡한 전기장(E_p)을 스칼라포텐셜(Φ)로 표현하면, 쉽고 간단히 표현할 수 있습니다.

스칼라포텐셜(Φ)로 정리한 전기장 : $\vec{E} = -\nabla \cdot \Phi$

3. 벡터포텐셜(Vector Potential) : $\vec{A}$

자기현상에서 자기장(H_p)의 논리적 개념과 수학적 표현을 쉽게 하기 위해 벡터포텐셜($\vec{A}$)을 이용해 자기장을 나타냅니다.

참고 자기현상의 근원인 자기장을 증명하는 과정

자기현상 근원 → 전류밀도$\vec{J}(\vec{r})$: I에 의한 H_p은 회전함 → 벡터량 → 전류밀도($\vec{J}$)는 자기장(H_p)을 만듦 → 자기장 $\vec{B}(\vec{r}) = \frac{1}{4\pi}\int dv' \frac{\vec{J}(\vec{r'})}{|\vec{r}-\vec{r'}|^2}\frac{\vec{r}-\vec{r'}}{|\vec{r}-\vec{r'}|} = \cdots$ → 자기장의 논리적 증명은 매우 복잡함

이런 복잡한 자기장(H_p)을 벡터포텐셜($\vec{A}$)로 표현하면, 쉽고 간단히 표현할 수 있습니다.

벡터포텐셜($\vec{A}$)로 정리한 자기장 : $\vec{B} = \nabla \times \vec{A}$

(1) 벡터포텐셜의 의미와 수식

"자기력선은 발산성이 없고(→ $\nabla \circ \vec{B} = 0$), 회전성을 갖고 있으며, 회전하는 자기장은 전류를 만든다."(→ $\nabla \times \vec{H_p} = rot\ H_p = i$)

위 문장을 벡터포텐셜($\vec{A}$)로 다시 정의하면, 자기장 속에서 어떤 크기를 가진 위치에너지($\vec{A}$)가 회전할 때 어떤 특정값이 되는데, 그 값은 자속밀도($\vec{B}$) 입니다.

이 내용을 벡터포텐셜($\vec{A}$)를 이용한 수식으로 나타내면 $rot\ \vec{A} = \vec{B}$ 입니다.

[중요]
- 벡터포텐셜 $\vec{A}$의 정의 : $rot\ \vec{A}$ [Wb/m] = $\vec{B}$ [Wb/m²]($\vec{A}$가 회전하면 자속밀도 $\vec{B}$가 된다)
- 벡터포텐셜 기호와 단위 : $\vec{A}$ [Wb/m]

핵심기출문제

자기장에 대한 설명 중 옳은 것은?

① 자장은 보존장이다.
② 자장은 스칼라장이다.
③ 자장은 발산성 장이다.
④ 자장은 회전성 장이다.

해설
자기장은 회전성(rot, curl) 장을 형성한다.

정답 ④

이런 벡터포텐셜은 공간에서 위치에너지로 존재하고, 그 위치에너지가 회전하면 자기장에 적용하여 자기현상을 해석할 수 있고, 그 위치에너지가 발산하면 전기장에 적용하여 전기현상을 해석할 수 있습니다.

이런 벡디포텐셜 $\overrightarrow{A}$ 개념을 전계와 자계에 각각 적용하면 다음과 같이 전개할 수 있습니다.

(2) 벡터포텐셜을 가우스 전계정리에 적용할 경우

$$E_p = -\frac{\partial A}{\partial t}$$

[가우스의 전계정리 풀이]

- $\nabla \times \overrightarrow{E_p} = 0$(전계는 회전하지 않는다)
- $\overrightarrow{E_p} = -\nabla\ V$(전위를 미분하면 전계가 있다)
- $\nabla \times \overrightarrow{E_p} = -\frac{\partial B}{\partial t}$(전계가 회전하면 자계가 생성된다)

이 중에서 $\nabla \times \overrightarrow{E_p} = -\frac{\partial B}{\partial t}$ 수식에 벡터포텐셜 ($rot\overrightarrow{A} = \overrightarrow{B}$)을 대입하면,

$rot\overrightarrow{E_p} = -\frac{\partial}{\partial t} rot\overrightarrow{A}$이 되고, 양변에 회전($\nabla \times$)을 약분하면 결과는 $E_p = -\frac{\partial A}{\partial t}$이다. 의미는 어떤 공간에서 위치에너지를 가진 어떤 벡터(A)가 변화량을 가지면($\frac{\partial A}{\partial t}$), 그것은 전계($E_p$)가 된다.

(3) 벡터포텐셜을 가우스 자계정리에 적용할 경우

① $\nabla \circ \overrightarrow{B} = 0$(자계는 발산하지 않는다)

[가우스 자계정리 풀이]

$\nabla \circ \overrightarrow{B} = 0$ 수식에 벡터포텐셜($rot\overrightarrow{A} = \overrightarrow{B}$)을 대입하면 $\nabla \circ (\nabla \times \overrightarrow{A}) = 0$이 된다. 이는 '회전하는 어떤 위치에너지의 벡터는 발산하지 않는다.'는 의미로 '자기장의 자속선은 발산하지 않는다.'와 같은 의미이다.

자계에 적용한 벡터포텐셜 $\nabla \circ (\nabla \times \overrightarrow{A}) = 0$은 정전계에서 라플라스 방정식

$\nabla^2 V = 0$[어떤 유전체 내의 전위(V)를 두 번 미분해서 결과가 0일 경우, 그 유전체 내에 전하가 존재하지 않는다]과 대응되는 표현이므로, 다시 한 번 벡터포텐셜은 전기장과 자기장의 속성을 쉽게 표현하는 개념이라는 것을 보여줍니다.

동시에 '가우스의 전계정리'와 '스토크스 정리'는 큰 틀에서 포텐셜(=위치에너지를 갖는 벡터)에 대해 설명하고 있습니다.

핵심기출문제

자계의 벡터포텐셜을 A[Wb/m]라 할 때 도체 주위에서 자계 B[Wb/m^2]가 시간적으로 변화하면 도체에 생기는 전계의 세기 E[V/m]는?

① $E = -\frac{\partial A}{\partial t}$

② $\text{rot}\ E = -\frac{\partial A}{\partial t}$

③ $E = \text{rot}\ A$

④ $\text{rot}\ E = -\frac{\partial B}{\partial t}$

해설

벡터포텐셜 $B = rot\ A$(어떤 위치에너지를 가진 벡터가 회전하면 B가 된다.)

- 가우스의 자계정리 $\nabla \circ B = 0$ (자속선은 발산하지 않는다.)
- 가우스의 전계정리 $\text{rot}\ Ep = -\frac{\partial B}{\partial t}$(전기장이 회전하면 자계를 성형한다.)

그러므로 가우스의 전계정리 $\text{rot}\ Ep = -\frac{\partial B}{\partial t}$에 벡터포텐셜값을 넣으면, $\text{rot}\ Ep = -\frac{\partial}{\partial t}(\text{rot}\ A)$이 된다. 여기서 $(\nabla \times)$을 빼면 $E_p = -\frac{\partial A}{\partial t}$

정답 ①

② **가우스 정리(전기장의 근원)**

$$\oint_s \vec{D}\,\vec{ds} = Q = \int_v (\nabla \circ D)\,dv \;\rightarrow\; \nabla \circ D = \rho_v$$

전기장의 근원 : ρ_v

③ **스토크스 정리(자기장의 근원)**

$$\oint_l \overrightarrow{H_p}\,dl = I = \int_s (\nabla \times H_p)\,\vec{ds} \;\rightarrow\; \nabla \times H_p = J$$

자기장의 근원 : J

여기서, J : 맥스웰 전류($J = J_c + J_d$ [A])

벡터포텐셜의 위치에너지 $\vec{A}$의 개념은 자기장이 존재하는 공간에서 일어나는 복잡한 벡터의 작용을 논리적으로 쉽게 접근할 수 있는 이론입니다.

핵심기출문제

전류에 의한 자계에 관하여 성립하지 않는 식은?(단, H는 자계, B는 자속밀도, A는 자계의 벡터포텐셜, μ는 투자율, i는 전류밀도이다.)

① $H = \frac{1}{\mu}\text{rot}\,A$

② $\text{rot}\,A = -\mu i$

③ $\text{div}\,B = 0$

④ $\text{rot}\,H = i$

해설

$B = \text{rot}\,A$, $B = \mu H$

$\rightarrow H = \frac{B}{\mu} = \frac{1}{\mu}\text{rot}\,A$

$\text{div}\,B = 0$

$\text{rot}\,H = i$

정답 ②

PART 01

1. 정자계

① 자성체의 종류

- 강자성체의 기준 : $\mu \gg 1$(비투자율이 1보다 큰 물질)
- 상자성체의 기준 : $\mu \geq 1$(비투자율이 1과 같거나 큰 물질)
- 반(역)자성체의 기준 : $\mu < 1$(비투자율이 1보다 작은 물질)

② 투자율

- 전체 투자율 $\mu = \mu_0 \, \mu_s$ [H/m]
- 진공 중의 투자율 $\mu_0 = \dfrac{1}{\varepsilon_0 \, {C_0}^2} = 4\pi \times 10^{-7}$ [H/m]
- 빛의 속도 $C_0 = 3 \times 10^8$ [m/s]

③ 자기 힘에 의한 쿨롱의 법칙

- 쿨롱의 법칙 $F = \dfrac{m_1 \, m_2}{4\pi \, \mu \, r^2} = 6.33 \times 10^4 \dfrac{m_1 \, m_2}{r^2}$ [N]
- 자기장의 세기 $H_p = \dfrac{m}{4\pi\mu r^2}$ [AT/m]
- 쿨롱의 힘 계산 $F_m = H_p \cdot m$ [N]

④ 자위 $U = -\displaystyle\int_{\infty}^{r} H_p \, dr = \dfrac{m}{4\pi\mu r}$ [AT]

⑤ 자기력선 $N_m = H_p \cdot A = \dfrac{m}{4\pi\mu r^2} 4\pi r^2 = \dfrac{m}{\mu}$ [개]

⑥ 자속밀도 $B = \mu \cdot H_p$ [Wb/m^2]

⑦ 자기쌍극자에 의한 자위와 자계의 세기 계산

- 자기쌍극자 모멘트 : (막대자석) $M = m \cdot l$ [Wb·m]

  (전자석) $M = \mu_0 \, I$ [AT/m·H]
- 자기쌍극자에 의한 자위 $U = \dfrac{M}{4\pi\mu r^2} cos\theta$ [AT]
- 자기쌍극자에 의한 자계의 세기 $H_p = \dfrac{M}{4\pi\mu r^3} \sqrt{1 + 3\cos^2\theta}$ [AT/m]

⑧ **자기 2중층에 의한 자위**

- P지점에서 자위 $U = \frac{M}{4\pi\mu}\omega$ [AT]
- 구의 입체각일 때 자위 $U = \frac{M}{4\pi\mu}4\pi = \frac{M}{\mu}$ [AT]
- 원뿔의 입체각일 때 자위 $U = \frac{M}{4\pi\mu}2\pi(1-\cos\theta) = \frac{M}{2\mu}(1-\cos\theta)$ [AT]
- 전자석에 의한 P점의 자위 $U = \frac{I}{2}(1 - \frac{x}{\sqrt{a^2+x^2}})$ [AT]
- 막대자석의 회전력 $T = \overrightarrow{M} \times \overrightarrow{H_p} = MH\sin\theta = mlH\sin\theta$ [N·m]

2. 전류에 의한 자기장

① **유한전류(비오-사바르 법칙)에 의한** H_p

- 기본식 $\triangle H_p = \frac{I \cdot dl}{4\pi r^2}\sin\theta$ [AT/m]
- 적분형 $H_p = \int_A^B \frac{I}{4\pi r^2}\sin\theta\, dl$ [AT/m]
- P점을 낀 β각 $H_p = \frac{I}{4\pi d}(\sin\beta_1 + \sin\beta_2)$ [AT/m]
- 유한전류 선를 낀 θ각 $H_p = \frac{I}{4\pi d}(\cos\theta_1 + \cos\theta_2)$ [AT/m]
- 원형 코일 중심에서 P점 $H_p = \frac{I \cdot a^2}{2(x^2+a^2)^{\frac{3}{2}}}$ [AT/m]
- 원형 도선 중심에서 $H_p = \frac{I}{2a} = \frac{NI}{2a}$ [AT/m]
- 1바퀴 미만일 때 $H_p = \frac{I}{2a}\frac{\theta}{2\pi}$ [AT/m]
- $\frac{3}{4}$바퀴일 때 $H_p = \frac{I}{2a}\frac{3}{4}$ [AT/m]
- $\frac{1}{2}$바퀴일 때 $H_p = \frac{I}{2a}\frac{1}{2}$ [AT/m]
- 정n각형 중심에서 $H_p = \frac{nI}{2\pi r}\tan\frac{\pi}{n}$, $H_p = \frac{nI}{l}\tan\frac{\pi}{n}$ [AT/m]
- 정삼각형 중심에서 $H_p = \frac{I}{\pi a}\frac{9}{2}$ [AT/m]

PART 01

• 정사각형 중심에서 $H_p = \dfrac{I}{\pi a} 2\sqrt{2}\,[\mathrm{AT/m}]$

• 정육각형 중심에서 $H_p = \dfrac{I}{\pi a}\sqrt{3}\,[\mathrm{AT/m}]$

② **무한전류(앙페르 전류법칙)에 의한 H_p**

• 앙페르 적분형 : $\int \overrightarrow{H_p}\, dl = \sum I$

• 앙페르 미분형 : $rot\ \overrightarrow{H_p} = i\,[\mathrm{A/m^2}]$

• 무한길이 자기장 $H_p = \dfrac{I}{l} = \dfrac{I}{2\pi r}\,[\mathrm{AT/m}]$

• 무한길이 도체내부 자기장 $H_p{}' = \dfrac{rI}{2\pi a^2}\,[\mathrm{AT/m}]$

• 직선 솔레노이드 자로 내부 자기장 $H_p = \dfrac{NI}{l} = n_0 I\,[\mathrm{AT/m}]$

• 환형 솔레노이드 자로 내부 자기장 $H_p = \dfrac{NI}{l} = \dfrac{NI}{2\pi r} = n_0 I\,[\mathrm{AT/m}]$

3. 벡터포텐셜의 정리

① **벡터포텐셜의 기호와 단위**

• 벡터포텐셜 기호 : $\overrightarrow{A}$

• 벡터포텐셜 단위 : [Wb/m]

② **벡터포텐셜($\overrightarrow{A}$)을 가우스 자계정리에 적용할 경우**

$\nabla \times \overrightarrow{A} = \overrightarrow{B}[\mathrm{Wb/m^2}]$: 공간상에서 어떤 벡터가 회전하면 자기장을 만든다.

($\nabla \times \overrightarrow{A} = \overrightarrow{B}$, $rot\ \overrightarrow{A} = \overrightarrow{B}$, $curl\ \overrightarrow{A} = \overrightarrow{B}$ 모두 같은 표현)

$\nabla \circ \overrightarrow{B} = 0 \rightarrow div(\nabla \times \overrightarrow{A}) = 0$: 자계는 발산하지 않는다.

③ **벡터포텐셜($rot\ \overrightarrow{A} = \overrightarrow{B}$)을 가우스의 전계정리에 적용할 경우**

$E_p = -\dfrac{\partial A}{\partial t}$: 공간에서 변화량을 갖는 어떤 벡터를 미분하면 전계(E_p)가 나온다.

CHAPTER

08 전자력원리와 전자유도현상

01 전자력원리

전자력에 의해 발생하는 현상을 물리적으로 기술하면, 전류가 흐르는 도체가 또 다른 어떤 자기장 안에서 놓여 있을 때 전류에 의한 자기장과 외부 자기장 두 자기장 사이에서 밀고 당기는 힘입니다. 전자력을 이용한 전기설비는 다양하지만 대표적으로 전동기의 회전력(토크)가 전자력을 이용하는 경우입니다.

다시 한 번 전자력을 간단히 말하면, 전기장으로부터 발생한 자력(F_1)과 외부 자기장에 의한 자력(F_2)의 상호작용입니다.

회전력은 토크[N · m]와 모멘트[N · m] 두 종류로 나눌 수 있습니다.

- 토크 : 스스로의 힘으로 회전할 때의 회전력 $T=(I\times B)l$ [N · m]
  예 자동차 엔진 회전, 전동기의 회전자 회전 등
- 모멘트 : 외부의 힘으로 회전할 때의 회전력 $M=m \cdot l$ [N · m]
  예 놀이터 회전기구의 회전, 야구배트를 배팅할 때의 회전, 나사를 드라이버로 돌릴 때의 회전 등

전자력은 모멘트 M[N · m]가 아닌 토크 T[N · m]에 관한 내용입니다.

전기자기학은 처음부터 끝까지 크기와 방향을 가진 어떤 에너지를 벡터($\vec{A}$)로 나타내는 내용이고, 본 8장은 전자력을 벡터로 나타내는 내용입니다. 이제부터 전자력의 '크기와 방향'에 대해서 보겠습니다.

> • 전자력의 작용방향 : 플레밍의 왼손 법칙으로 알 수 있다.
> • 전자력의 힘의 크기 : $F=(I\times B)l=BlI\sin\theta$[N]으로 계산한다.

1. [전자력 I] 전자력의 방향 : 플레밍의 왼손 법칙

(1) 전류가 흐르는 도체가 수평자계 안에서 받는 힘

전류가 흐르는 도체가 **수평자계** 내에 있으면 도체에 의한 자기장과 수평자기장 사이에서 시계방향 혹은 반시계방향으로 회전하려는 힘이 발생합니다. 여기서 도체가 회전할 방향을 예측할 수 있는 방법이 '플레밍의 왼손 법칙'입니다.

✠ 수평자계
자기장(자계)은 항상 회전하는 상태로 존재한다. 다만, 서로 다른 두 개 자석의 N극과 S극을 평형하게 놓을 때는 자기장(자기력선)이 평형하게 이동하므로 이런 경우는 수평자계라고 한다.

그림의 두 도체는 하나의 직선 도체에 전류가 유입되고 유출되는 방향을 보여줍니다. 도체에 전류가 흐르므로 도체 주변에 자기장이 발생하고, 이때 자계 안에 놓은 도체에 다음과 같은 힘을 받게 됩니다.

도체에 의한 자기장과 외부의 자기장이 상호작용 하며 힘(F)의 상쇄와 증가가 나타나고, 도체가 특정방향으로만 힘(F)을 받게 됩니다. 그 힘(F)이 회전력이자 토크(T)이며, 단상 전동기의 회전원리가 됩니다.

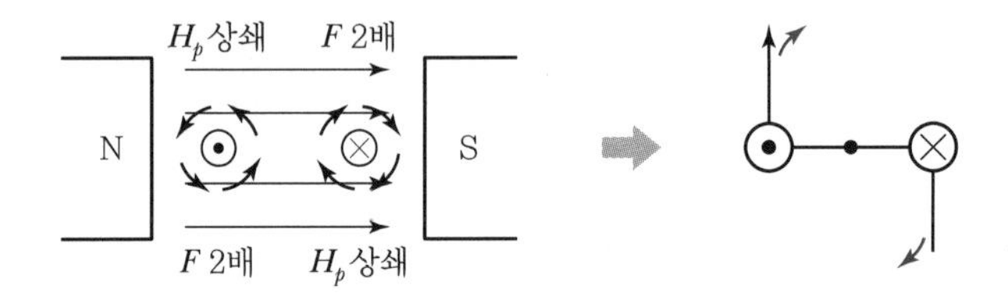

〚 두 자기장의 상호작용과 힘의 방향 〛

여기서 회전력의 회전속도는 매우 빠르며, 빠르게 회전하는 도체의 회전방향을 눈으로 확인하기 어렵지만 '플레밍의 왼손 법칙'으로 도체의 회전방향 또는 전동기(모터)의 회전방향을 파악할 수 있습니다.

① **플레임의 왼손(엄지)** : F [N] (도체 하나의 이동방향)
② **플레임의 왼손(검지)** : B $[\mathrm{Wb/m^2}]$ (수평자계의 자기장방향)
③ **플레임의 왼손(중지)** : I (도체의 전류 방향 → 들어감⊗, 나옴⊙)

2. [전자력 II] 전자력의 크기 : $F = (\vec{I} \times \vec{B})l$[N]

크기와 방향을 가진 두 벡터가 만나 회전하는 상호작용을 하면, 회전하며 휩쓰는 면적에 비례하여 두 벡터의 상호작용 하는 힘을 알 수 있습니다. 그 두 벡터가 전자력에서는 한 벡터는 전류가 흐르는 도체이고, 다른 한 벡터는 수평자계입니다. 여기서 도체 하나가 수평자계 내에서 휩쓰는 면적에 비례한 힘의 크기는 외적($\nabla \times$ 또는 rot) 연산으로 계산합니다.
길이를 가진 도체가 회전하며 벡터 크기의 도체와 벡터 크기의 자기장이 상호작용 하므로 도체에 흐르는 전류 $\vec{I}\left(\int_a^b dl\right) = \vec{I}(l) = Il$와 자기장 $\vec{B}$ 두 벡터 간 외적 연산($\vec{I}(l) \times \vec{B}$)이 됩니다. 그러므로 도체가 받는 힘은 다음과 같이 계산될 수 있습니다. 여기서 작용의 주체는 움직이는 도체이므로

$$\text{도체 하나가 받는 힘 } F = \vec{I}(l) \times \vec{B} = (\vec{I} \times \vec{B})l[\mathrm{N}]$$
$$= BlI\sin\theta\,[\mathrm{N}] = \mu_0 H_p l I\sin\theta\,[\mathrm{N}]$$

여기서, $F = \overrightarrow{I}\left(\int_a^b dl\right) \times \overrightarrow{B} = \overrightarrow{I}(l) \times \overrightarrow{B}\,[\mathrm{N}]$, $B = \mu_0 H_p\,[\mathrm{Wb/m^2}]$

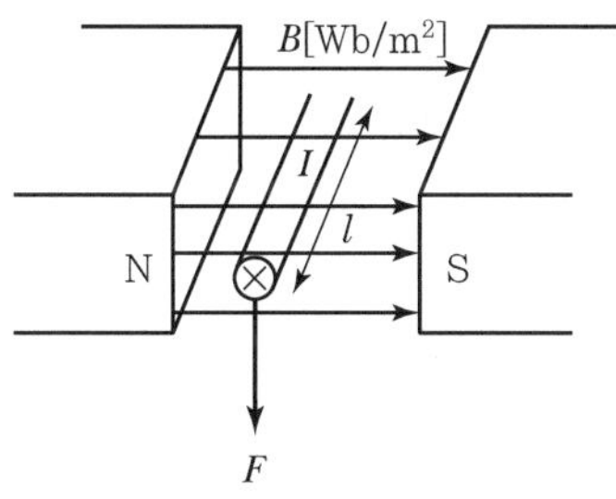

N → S로 B 작용(FBI이므로)
도체 → I가 흐르고 l이 있으며 Il과 B는 교차한다. → 외적 → 면적 계산

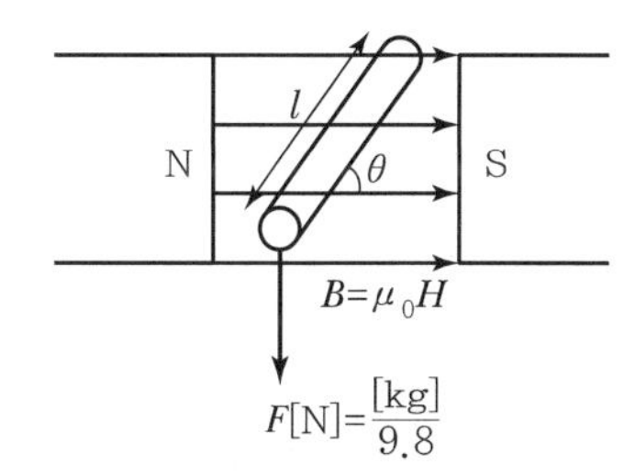

여기서, l : 자장에 놓인 전류에 흐르는 도체 길이
I : 도체에 흐르는 전류
θ : 자계와 도체가 이루는 각도

3. [회전력] 막대자석이 평형 자기장 내에서 받는 힘(T)

막대자석 중심에 구멍을 내어 중심 축을 고정시킨 뒤, 수평자계(평형하게 흐르는 자기장)에 놓으면 회전력(T: 토크)이 발생하여 막대자석은 특정방향으로 회전하게 됩니다.

여기서 막대자석과 수평자계 전체에서 작용하는 힘은 토크(T) 작용이지만, 막대자석 입장에서만 보면 막대자석은 외부의 수평자계에 영향을 받아 막대자석 자신이 회전하게 되므로 막대자석은 모멘트(M)가 작용합니다. 그러므로 막대자석의 자기모멘트(M)와 수평자계(H_p)에 의한 회전력의 크기(T)는 다음과 같이 계산할 수 있습니다.

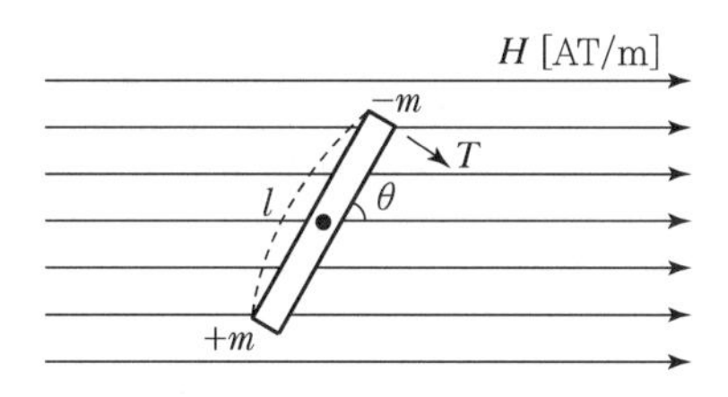

① 토크

$$T = \overrightarrow{M} \times \overrightarrow{H_p} = |\overrightarrow{M}||\overrightarrow{H_p}|\sin\theta = m\,l\,H_p\sin\theta\ [\mathrm{N\cdot m}]$$

여기서, l : 막대자석의 길이[m]
θ : 막대자석과 수평자계가 이루는 각도
$M = m \cdot l$: 자기모멘트[Wb·m]

② 막대자석이 회전하는 데 필요한 에너지

$$w = M\,H_p(1-\cos\theta)\ [\mathrm{J}]$$

$$\left[w = \int_0^\theta T\,d\theta = \int_0^\theta (MH_p\sin\theta)d\theta = MH_p\int_0^\theta \sin\theta\,d\theta = MH_p(1-\cos\theta)\right]$$

4. [전자력 Ⅲ] 평행도체 사이의 힘과 방향

전류가 흐르고 있는 도체가 평행하게 놓여 있습니다. 도체에 전류가 흐르므로 두 도체 주위로 자기장이 발생하고 있습니다. 이때 두 도체의 자기장이 상호작용 하며 서로 얼마만큼의 힘으로 밀고 당기는지를 보겠습니다.

(1) 평행도체 사이에서 힘의 작용방향

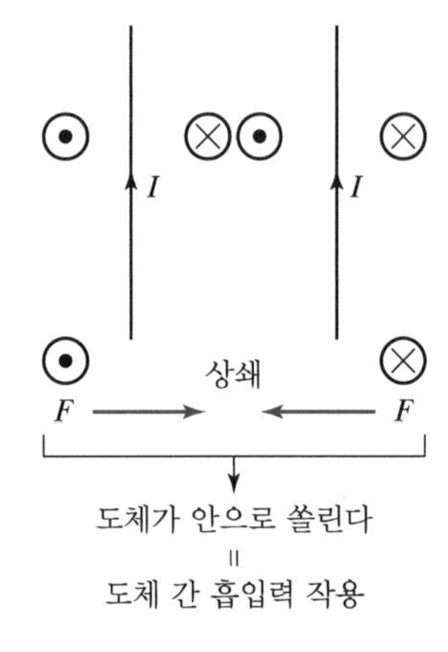

〖도체 전류가 같은 방향〗

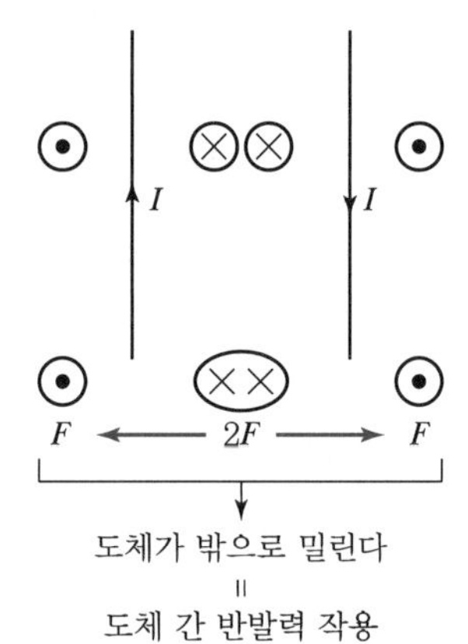

〖도체 전류가 엇갈리는 방향〗

① **전류방향이 같은 평행도체** : 흡인력 작용
② **전류방향이 다른 평행도체** : 반발력 작용

(2) 왕복도체에서 힘의 작용방향

그림처럼 직선 도체 하나가 (ㄷ자 모양으로 나란하게) 왕복하는 경우, 왕복도체의 전류방향이 서로 반대방향입니다. 이때 왕복도체에 작용하는 힘(F)은 서로를 밀어내므로 도체 간 반발력이 작용합니다.

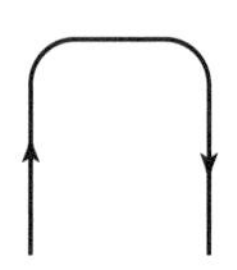

왕복도체에 작용하는 힘의 방향 : 반발력 작용

(3) 평행도체 사이에 작용하는 힘(F)의 크기

평행도체 사이에서 작용하는 흡인력 혹은 반발력이 어느 정도의 힘인지 두 도체 사이에서 작용하는 힘의 크기를 계산해 보겠습니다.

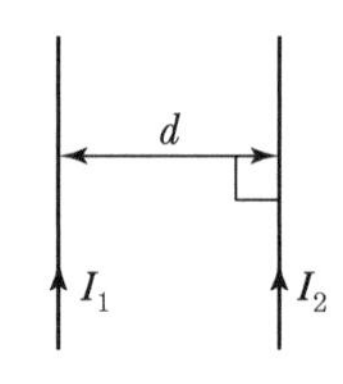

여기서, B : 도체로부터 발생하는 자기장 밀도 $[\mathrm{Wb/m^2}]$
l : 도체의 길이 $[\mathrm{m}]$
I : 도선에 전류의 크기$[\mathrm{A}]$
θ : 도체와 도체 사이의 각도

핵심기출문제

자속밀도 $B[\mathrm{Wb/m^2}]$인 자계 내를 속도 $v[\mathrm{m/s}]$로 운동하는 길이 $dl[\mathrm{m}]$의 도선에 유기되는 기전력 [V]은?

① $v \times B$ ② $(v \times B) \cdot dl$
③ $v \cdot B$ ④ $(v \cdot B) \times dl$

해설
자계 내를 운동하는 도체에 유기되는 기전력
$e = \oint_c (v \cdot B)\, dl$
$= Blv\sin\theta$ [V]

정답 ②

핵심기출문제

교류 10[A]가 흐르고 있는 도체가 20[Wb/sec]의 자속을 끊었을 때 이 기계의 전력[W]은?

① 20 ② 200
③ 2000 ④ 4000

해설
자계 내에서 자속을 절단하는 운동하는 도체에 유기되는 기전력
$e = \dfrac{d\phi}{dt} = \dfrac{20}{1} = 20[\mathrm{V}]$
∴ 전력 $P = e \cdot i$
$= 20 \times 10 = 200[\mathrm{W}]$

정답 ②

평행도체 간 밀고 당기는 힘의 크기는 전자력 수식으로 계산할 수 있습니다.

$$F=(\vec{I}\times\vec{B})l=BlI\sin\theta\,[\mathrm{N}]\ (\text{여기서, } B=\mu_0 H_p\,[\mathrm{Wb/m^2}])$$
$$=\mu_0 H_p\, l\, I\sin\theta\,[\mathrm{N}]\ (\text{여기서, } H_p=\frac{I}{2\pi d})$$
$$=\mu_0\left(\frac{I}{2\pi d}\right)lI=\frac{2I_1I_2}{d}l\times10^{-7}\,[\mathrm{N}]$$

평행한 두 도체는 무한길이의 직선전류이며, 각 도체에서 발생하는 자기장은 도체와 도체 사이의 거리는 d [m] 떨어진 곳에서 자기장($H_p=\frac{I}{2\pi d}$)이므로 위 수식과 같이 전개됩니다.

① **평행도체 사이에 작용하는 힘** : $F=\frac{2I_1I_2}{d}l\times10^{-7}\,[\mathrm{N}]$

② **단위길이당 작용하는 힘** : $F=\frac{2I_1I_2}{d}\times10^{-7}\,[\mathrm{N/m}]$

5. 로렌츠의 힘(로렌츠 법칙)

전자력은 기본적으로 전기장과 자기장에 의해서 물리적으로 작용하는 힘(F)을 말합니다. 로렌츠의 힘(Lorentz's Force) 역시 전자력이 작용하는 물리적인 힘(F)입니다. 전자력, 회전력(토크), 로렌츠의 힘 모두는 힘(F)에 관한 이론들이고, 다음과 같이 간단하게 비교할 수 있습니다.

- 전자력 : 수평자계 내에서 도체가 받는 힘 $F=(\vec{I}\times\vec{B})l=BlI\sin\theta\,[\mathrm{N}]$
- 회전력(토크) : 수평자계 내에서 막대자석이 받는 힘 $T=\vec{M}\times\vec{H_p}=mlH_p\sin\theta\,[\mathrm{N\cdot m}]$
- 로렌츠 법칙 : 회전자계 내에서 놓인 전자(e)가 받는 힘 → 원심력(F)과 구심력(F)

'로렌츠 법칙'은 전자력에 의한 **구심력**(F) 작용과 원심력(F) 작용에 관한 이론입니다. 도선에 전류가 흐르고, 전류가 흐르는 도선 주변에 회전하는 자기장(=회전자계)이 발생합니다. 여기서 회전자계의 영향으로 자유공간에 전자(e)가 빨려 들어오고(구심력), 구심력에 의해 회전자계 안으로 들어온 전자(e)는 회전하는 자기장 방향으로 함께 회전합니다. 동시에 회전하는 전자(e)는 물리적인 원심력이 작용하여 밖으로 나가려는 힘을 받습니다.
'로렌츠의 힘'은 전자력에 의해 전자(e)에 구심력과 원심력이 작용하는데, 두 힘(구심력과 원심력)이 평형을 이루어 도선의 회전자계 내부로 더 진입하지도 않고, 회전자계 외부로 빠져나지도 않아 회전자계의 특정궤도를 계속 회전하는 상태를 말합니다.

핵심기출문제

$0.2[\mathrm{Wb/m^2}]$의 평등자계 속에 자계와 직각방향으로 놓인 길이 30[cm]의 도선을 자계와 30° 각의 방향으로 30[m/s]의 속도로 이동시킬 때 도체 양단에 유기되는 기전력은 몇 [V]인가?

① $0.9\sqrt{3}$ ② 0.9
③ 1.8 ④ 90

해설

유기기전력 : $e=Blu\sin\theta[\mathrm{V}]$

$\therefore e=Blu\sin\theta$
$=0.2\times0.3\times30\times\sin30°$
$=0.9[\mathrm{V}]$

정답 ②

✠ 로렌츠

로렌츠(Hendrik Lorentz, 1853~1928)는 19세기에 활동한 물리학자이다. 아인슈타인이 1905년에 발표한 '특수상대성이론'에서 자신의 시간과 공간에 대한 이론적 가설을 논술하며 사용한 수학적 수식은 로렌츠 변환을 사용하였다. 로렌츠가 전기장과 자기장에 의한 힘을 계산한 내용이 '로렌츠의 힘'이다. 전자기학은 물리학의 일부 내용을 다루기 때문에 전자기학에 등장하는 인물은 모두 유명한 물리학자들이다.

✠ 구심력

원심력의 반대개념으로, 원심력은 질량을 가진 물질이 회전하면 물리적인 힘에 의해 밖으로 나가려는 힘을 받는다. 이에 반해 구심력은 전자장의 힘으로 외부에서 가운데로 빨려 들어가는 힘을 받는다.

• 로렌츠의 힘(F) : [구심력F = 원심력F]

(1) 전자(e)에 작용하는 구심력

구심력 작용으로 회전자계(회전하는 자기장) 안에서 들어온 전자(e)는 자기장의 회전방향과 수직각도로 원운동을 합니다. 이때 전자(e)가 받는 회전자계 중심이 끌어당기는 구심력의 크기는 다음과 같이 계산됩니다.

자계에 의한 구심력은 수식 $F_m = B\,l\,I\sin\theta\,[\text{N}]$에서 시작합니다.

전류 $I = \frac{q}{t} \fallingdotseq \frac{e}{t}\,[\text{A}]$이고, 도체와 전자의 회전운동은 $90°$ 각을 이루므로 1 ($\sin\theta = 90° = 1$)입니다. → $F_m = B\,l\left(\frac{e}{t}\right)[\text{N}]$ 여기서,

속도 $v = \frac{l}{t}\,[\text{m/s}]$이므로 → $F_m = B\,v\,e\,[\text{N}]$

전자가 받는 힘은 전자가 회전하며 휩쓰는 면적에 비례하므로 외적 연산이 됩니다. → $F_m = e\left(v \times \vec{B}\right)[\text{N}]$

① 전자(e)는 항상 부($-$)극성이지만 힘은 크기 $|\vec{F}|$를 의미하므로 무시하면,
→ 자계에 의한 구심력 $F_m = e\left(v \times \vec{B}\right) = e\,v\,B\,[\text{N}]$

② 동시에, 전자(e)는 자계에 의한 구심력 외에 전계에 의해 받는 구심력도 있다. 전자(e)가 전계에 의해 받는 구심력은,
→ 전계에 의한 구심력 $F_e = \vec{E_p} \cdot e\,[\text{N}]$

③ 자계와 전계에 의해 전자(e)가 받는 전체 구심력(F)은,

• 전체 구심력
$$F = F_m + F_e\,[\text{N}]$$
$$= e\left(v \times \vec{B}\right) + \vec{E}_p\,e = e\left[\left(v \times \vec{B}\right) + \vec{E}_p\right][\text{N}]$$
$$= e\left(v\,B + E_p\right)[\text{N}]$$

(2) 전자(e)에 작용하는 원심력

회전자계 내에서 자기장 방향과 같은 방향으로 회전하는 전자(e)은 원운동을 합니다. 전자도 질량을 가진 물질이므로 원운동을 하면 원심력이 작용하여 외부로 벗어나려 합니다. 전자의 원심력은 다음과 같이 계산됩니다.

핵심기출문제

그림 (a)의 인덕턴스에 전류가 그림 (b)와 같이 흐를 때 2초에서 6초 사이의 인덕턴스 전압 V_L[V]은?

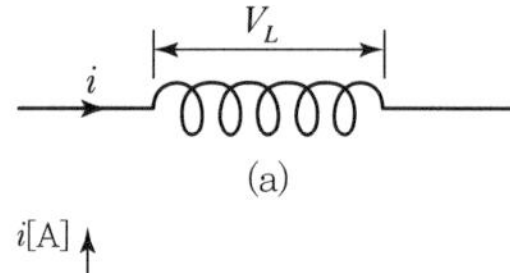

(a)

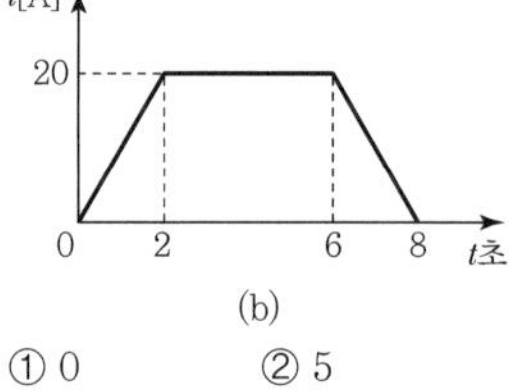

(b)

① 0　② 5
③ 10　④ −5

해설

그림 (b)에서 2초에서 6초 사이의 구간은 전류의 변화가 없으므로 $\frac{di}{dt} = 0$이다. 따라서 인덕턴스 전압 $V_L = -L\frac{di}{dt} = 0$. 다시 말해, 전류의 변화량이 없으므로 유도되는 기전력이 없다.

정답 ①

전자가 받는 원심력 $F = \frac{m v^2}{r}$ [N]

$$\left\{ F = m a = m (r \omega^2) = m r \left(\frac{v}{r} \right)^2 \rightarrow \vec{F} = \frac{m v^2}{r} \right\}$$

여기서, $F = m a$ [N] : 뉴턴의 운동 제2법칙

$a = r\omega^2$: 구심가속력

$\omega = 2\pi f = \frac{e B}{m} = \frac{\text{속도}\, v}{\text{거리}\, r}$ [rad/sec] : 각속도

r [m] : 전자가 회전하는 회전 반경

(3) 전자(e)가 원운동 하는 조건

구심력과 원심력이 작용하는 전자(e)는 밖으로 벗어나지도, 내부로 더 진입하지도 않고 회전운동을 지속합니다. 이와 같이 전자가 원운동 할 수 있는 조건은 구심력(F_m)의 크기와 원심력(F_e)의 크기가 같은 경우입니다. 이와 같이 전자가 원운동 하는 힘이 '로렌츠의 힘'입니다.

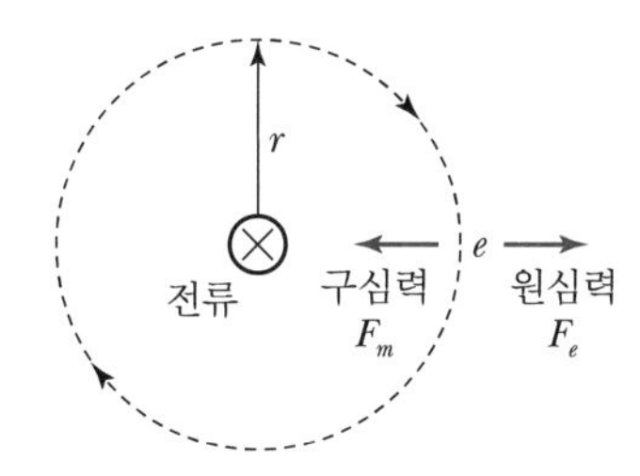

① **로렌츠 운동** : 회전자계 내에서 전자의 원운동 ($F_m = F_e$)

② **로렌츠 운동 조건** : $e\, v\, B = \frac{m\, v^2}{r}$

> **로렌츠 법칙 관련 공식**
>
> • 작용하는 조건 : 구심력 = 원심력($F_m = F_e$)
>
> • 수식 : $e\, v\, B = \frac{m v^2}{r}$
>
> • 전자의 원운동 반지름 : $r = \frac{m v}{e\, B}$ [m]
>
> • 전자의 이동속도 : $v = \frac{B e r}{m}$ [m/sec]
>
> • 각속도 : $\omega = \frac{\text{속도}\, v}{\text{거리}\, r} = \frac{\left(\frac{B e r}{m} \right)}{r} = \frac{B e}{m}$ [rad/sec]

핵심기출문제

평등자계 내에 수직으로 돌입한 전자의 궤적은?

① 원운동을 하는 데 원의 반지름은 자계의 세기에 비례한다.
② 구면 위에서 회전하고, 반지름은 자계의 세기에 비례한다.
③ 원운동을 하고, 반지름은 전자의 처음 속도에 비례한다.
④ 원운동을 하고, 반지름은 자계의 세기에 비례한다.

해설

로렌츠의 힘 : $e\, v\, B = \frac{m\, v^2}{r}$

여기서, 전자의 원운동 반지름

$r = \frac{m\, v^2}{e\, v B} = \frac{m\, v}{e\, (\mu_0 H_p)}$ [m]

즉, 원운동을 하며 속도(v)에 비례하고, 자계의 세기($B = \mu_0 H$)에 반비례한다.

정답 ③

핵심기출문제

v[m/s]의 속도를 가진 전자가 B [Wb/m^2]의 평등자계에 직각으로 들어가면 원운동을 한다. 이때 원운동의 주기[s]를 구하면?(단, 원의 반지름은 r, 전자의 전하를 e[C], 질량을 m[kg]이라 한다.)

① $\frac{mv}{eB}$　② $\frac{eB}{m}$
③ $\frac{2\pi m}{eB}$　④ $\frac{eBr}{2\pi m}$

해설

자계 내의 운동하는 전자

$F = e\, v\, \mu_0 H \fallingdotseq \frac{m v^2}{r}$

• 반지름 : $r = \frac{m v}{e B}$ [m]

• 각속도 : $\omega = \frac{e B}{m}$ [rad/sec]

$\rightarrow 2\pi f = \frac{e B}{m} \rightarrow f = \frac{e B}{2\pi m}$

• 주기 : $T = \frac{1}{f} = \frac{1}{\left(\frac{e B}{2\pi m} \right)} = \frac{2\pi m}{e B}$ [sec]

정답 ③

6. 전자력에 의한 특수현상

(1) 핀치효과(Pinch Effect)

도선에 직류가 흐를 때, 전류가 흐르는 도선방향과 수직방향으로 회전자계가 생기고, 회전자계 중심으로 구심력이 작용하여 전류는 도체 단면적의 중심으로만 밀집하여 흐르는 현상을 말합니다.

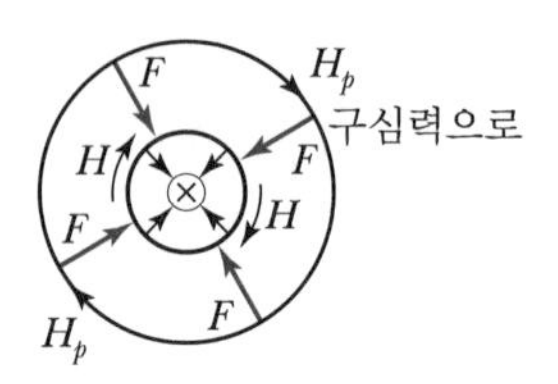

(2) 홀효과(Hall Effect)

도선에 직류가 흐를 때, 도선의 전류방향과 수직방향으로 어떤 독립된 외부 자기장 방향이 도체에 영향을 주면(자기장방향과 도체의 전류방향이 수직 각도를 이룸) 이 도선 양 측면이 정($+Q$)과 부($-Q$)로 나뉘면서 전위차가 발생하는 현상입니다.

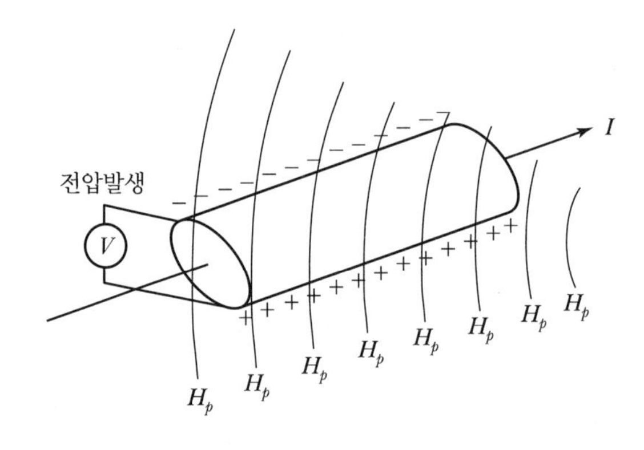

(3) 스트레치효과(Stretch Effect)

가요성(쉽게 잘 구부러지는 성질)이 있는 얇은 도선을 사각모양으로 만들고, 도선에 전류(직류 또는 교류)를 흘립니다. 그러면 사각모양의 마주보는 변끼리 왕복전류형태가 되므로, 마주보는 변끼리 반발하는 힘이 작용합니다. 스트레치효과는 반발력에 의해서 사각형이었던 도선이 원형 도선 모양으로 변형되는 현상입니다.

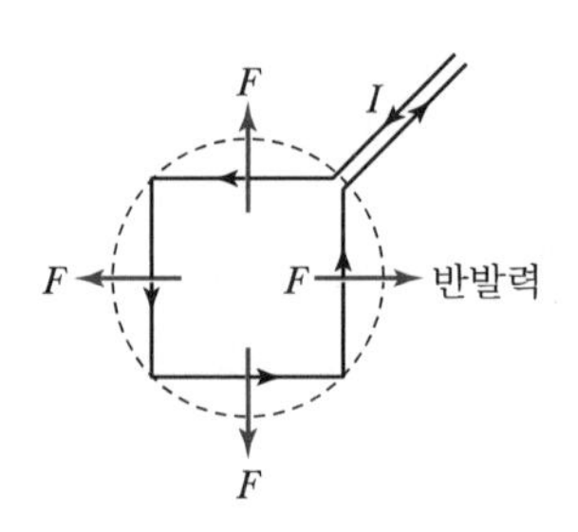

핵심기출문제

다음 중 반드시 외부에서 자계를 가할 때만 일어나는 효과는?

① Seebeck 효과
② Pinch 효과
③ Hall 효과
④ Peltier 효과

정답 ③

02 전자유도현상

전자유도는 전기장(E_p)이 자기장(H_p)을 유도하거나, 자기장(H_p)이 전기장(E_p)을 유도하는 현상입니다.
전동기가 회전할 수 있는 원리, 변압기가 전압을 변화시킬 수 있는 원리, 발전기의 자기에너지가 전기에너지로 변환되는 원리 등 수많은 전기설비들이 '전자유도' 원리를 이용합니다.

1. 패러데이의 전자유도현상

19세기에 영국의 물리학자 패러데이가 전자유도현상과 원리를 실험적으로 증명하였는데 이것이 패러데이 전자유도법칙입니다.
전자유도원리를 최대한 잘 전달하고자 3가지 측면에서 전자유도원리를 기술하겠습니다.

(1) 전자유도에 대한 개념 설명

전자유도는 한마디로, 수평자계든 회전자계든 자기장(H_p)이 존재하는 공간에서 전하(Q)가 이동할 수 있는 도체가 있는 상태에서 자기장이 변화량을 갖거나 도체가 운동상태를 가지면 도체에 기전력(E)이 발생하는데 이것을 '유도기전력'이라고 합니다. 반대로 도체에 전하가 이동하면 전도전류(i_c)에 의해 회전자계(H_p)가 발생하고, 도체에 전하가 이동하지 못하여 전하밀도(D)가 증가할 때 변위전류(i_d)에 의해 자기장(H_p)이 발생합니다.

(2) 전자유도에 대한 수학적 표현

전자유도의 핵심은 전자유도현상에 의한 유도기전력(E)입니다. 전자유도에 의한 유도기전력은 다음과 같이 수식으로 표현됩니다.

$$\text{유도기전력 } e = -N\frac{d\phi}{dt}\ [V]$$

수식 그대로의 의미는 "유도기전력은 시간변화에 대한 자속변화가 있을 때, 도체에 감긴 코일권수(N)에 비례하여 자속변화를 일으킨 반대방향($-$)으로 발생한다."라고 해석할 수 있습니다.
사실 지구와 우주에 시간이 멈춘 공간은 없으므로 간단히 말해, 자기장이 변화량을 갖는 공간에 도체가 놓여 있으면 자연적으로 그 도체에는 유도기전력이 생성된다고 말할 수 있습니다.

(3) 전자유도에 대한 그림 설명

전자유도원리를 그림으로 표현하였으므로 설명이 약간 장황합니다.

핵심기출문제

패러데이의 전자유도법칙에서 (회로와 쇄교하는) 총 자속수를 ϕ[Wb], 회로의 권수를 N이라 할 때 유도기전력 e는 얼마인가?

① $2\pi fN\phi$ ② $4\pi fN\phi$
③ $-N\frac{d\phi}{dt}$ ④ $-\frac{1}{N}\frac{d\phi}{dt}$

해설
패러데이의 법칙에 의해 N회의 코일에 자속 ϕ에 의해 회로에 유도되는 유도기전력 e는 변화량($\frac{d}{dt}$)을 갖는 자속(ϕ)과 같다.
→ $e=\frac{d\phi}{dt}$
그래서 권수와 방향을 고려하면 유도기전력은 $e=-N\frac{d\phi}{dt}$가 된다.

정답 ③

핵심기출문제

권수 1회의 코일에 5[Wb]의 자속이 (쇄교하고 있을 때) 10^{-1}[s] 사이에 자속이 0으로 변하였다면 이 때 코일에 유도되는 기전력[V]은?

① 500 ② 100
③ 50 ④ 10

해설
패러데이의 전자유도법칙에 의해

$e=-N\frac{d\phi}{dt}$
$=-1\times\frac{0-5}{10^{-1}}=50$[V]

정답 ③

PART 01

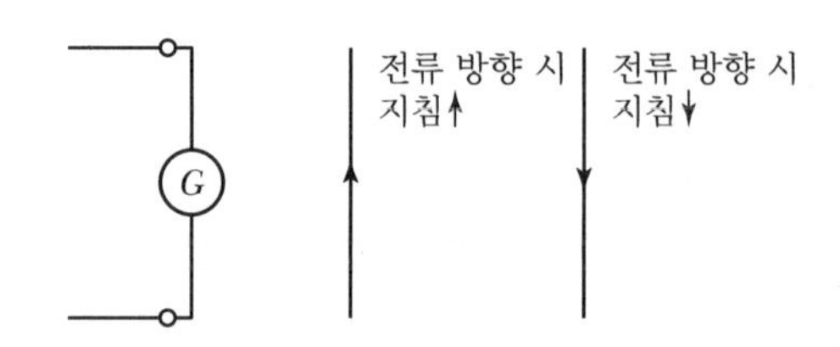

[Step 1] 전류가 검출되면 전류방향을 지시하는 아날로그 검류계가 있습니다. 이 검류계를 어떤 도선에 직렬로 설치하고 도선에 흐르는 전류가 없으면 검류계 화살표지침은 도선과 수직방향, 만약 도선에 전류가 흐르면 전류방향과 동일한 방향으로 화살표지침이 방향을 가리키게 됩니다.

[Step 2] 다음 그림처럼 코일도선을 속이 빈 원통형 종이에 감아둡니다. 그리고 막대자석 N극 또는 S극을 원통 속으로 각각 한 번씩 밀어 넣습니다.

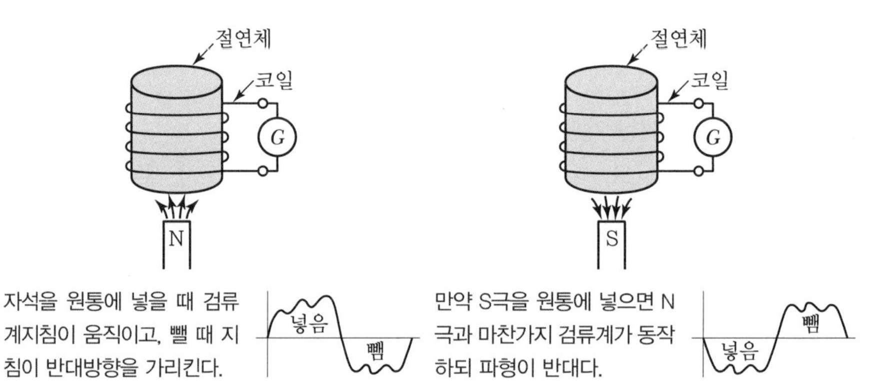

자석을 원통에 넣을 때 검류계지침이 움직이고, 뺄 때 지침이 반대방향을 가리킨다.

만약 S극을 원통에 넣으면 N극과 마찬가지 검류계가 동작하되 파형이 반대다.

N극(혹은 S극)이 원통을 상하로 이동할 때마다 검류계의 화살표지침은 전류방향을 가리키게 됩니다. 단, 원통 속에 막대자석이 정지한 상태에서는 검류계지침은 전류방향을 가리키지 않습니다. 검류계지침이 상하 어느 방향으로든 방향을 가리키는 건 전류가 흐르는 것이고, 전류(I)와 전압(V)은 동시에 존재하므로 막대자석의 자기장이 변화량을 가질 때 유도기전력(E)이 발생했음이 실험적으로 증명된 것입니다.

반대로 막대자석을 움직이지 않게 고정시키고 도체를 N극(혹은 S극) 주변에서 움직이면, 도체에 유도기전력(E) 이동일하게 발생합니다.

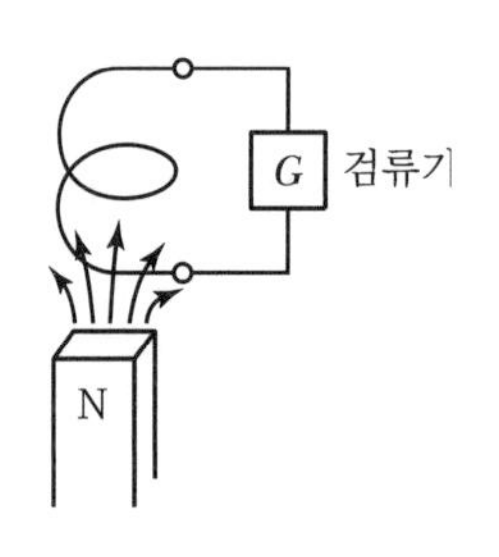

핵심기출문제

패러데이의 법칙에 대한 설명으로 가장 적합한 것은?

① 전자유도에 의해 회로에 발생하는 기전력은 자속(쇄교수의 시간에 대한) 증가율에 비례한다.
② 전자유도에 의해 회로에 발생하는 기전력은 자속의 변화를 방해하는 반대방향으로 기전력이 유도된다.
③ 정전유도에 의해 회로에 발생하는 기전력은 자속의 변화 방향으로 유도된다.
④ 전자유도에 의해 회로에 발생하는 기전력은 자속(쇄교수의 시간에 대한) 감소율에 비례한다.

해설

패러데이의 법칙 $e = -N\frac{d\phi}{dt}$ [V]

정답 ④

✠ 감소율

$e = -N\frac{d\phi}{dt} \rightarrow E = \frac{\phi_2 - \phi_1}{t_2 - t_1}$

자속의 최대크기는 정해져 있고 최대크기(ϕ_2)와 최소크기(ϕ_1) 간 변화량은 ϕ_2와 ϕ_1 간 차이므로 감소율과 관련된다.

[Step 3] 위 실험 내용에서, 전자유도원리를 '막대자석이 움직인다.', '도체가 움직인다.'는 표현으로 설명했지만, 사실 움직인다는 표현의 원리적인 핵심은 '변화량'입니다. 변화량($\frac{d}{dt}$)을 이해해야만 전자유도현상 또는 수많은 전기현상의 원리를 꿰뚫어볼 수 있습니다.

전기영역에서 사용하는 모든 수학은 크게 두 개의 수학(고정된 상태를 나타내는 수학과 움직이는 상태를 나타내는 수학)이 있습니다. 고정된 상태를 나타내는 수학이란, 말 그대로 움직임이 없는 같은 상태를 계속 유지하는 상태를 나타내는 수학입니다. 대표적으로 사칙연산($+$, $-$, $\times$, $\div$)이 여기에 해당합니다. 사칙연산으로 나온 결과는 다른 수치를 수식에 넣어서 바꾸지 않는 한 변하지 않는 같은 결과입니다. 반면 움직이는 상태를 나타내는 수학이란, 사실 지구와 우주에서 움직이지 않는 것은 없습니다. 인간을 포함한 모든 동식물 그리고 물체는 운동을 합니다. 이런 움직임을 나타내는 수학이 대표적으로 미분입니다. 미분의 다른 말이 변화량($\frac{d}{dt}$ 또는 $\frac{y_1-y_2}{x_1-x_2}$)입니다. 그래서 전기영역에서 '변화'가 붙는 명칭의 수식은 모두 $\frac{d}{dt}$로 나타냅니다. 다시 전자유도로 돌아와서, 변화량이 있어야만 전기가 발생($e=\frac{d\phi}{dt}$)한다면 여기서 말하는 '변화'는

- 시간에 대한 도체의 위치변화,
- 막대자석이 코일원통을 통과할 때의 자석 위치변화,
- 도체나 막대자석 모두가 움직이지 않더라도 막대자석 자극 면에서 나오는 자속밀도 변화(자속밀도가 증가 · 감소하면 코일이 느끼기에는 밀도변화이다)

이 중 어느 변화라도 해당되면 도체나 자석이 움직였다는 의미이고 이는 유도기전력(E) 발생이 가능하다는 뜻이 됩니다.
이와 같은 도체와 자석을 이용하여 패러데이가 30년 이상의 실험과 수학적 검증을 통해 전자유도의 결론을 단 하나의 수식($e=N\frac{d\phi}{dt}$)으로 나타냈고, 이것이 패러데이의 전자유도법칙(Faraday's Law)입니다.

2. 렌츠의 법칙

(1) 전자유도의 작용방향

패러데이 법칙에는 전자유도에 의한 기전력 발생방향이 포함되어 있지 않습니다. 패러데이는 전자유도 작용에 방향성을 인지하지 못했습니다. 패러데이의 논문이 발표된 이후, '렌츠(Lenz)'라는 독일 과학자가 패러데이의 실험을 다시 오랜 시간 반복 실험하며 전자유도현상의 변화량과 기전력 발생방향에 대한 결론[전자유도 식

$e = N\frac{d\phi}{dt}$의 변화량($\frac{d\phi}{dt}$)과 유도기전력(E) 간에 방향성이 존재함을 증명함]을 도출하였습니다. 그러므로 전자유도식 $e =- N\frac{d\phi}{dt}$의 $(-)$ 부호는 수학적인 연산 기호가 아닌 방향을 의미할 뿐입니다.

(2) 렌츠 전자유도의 기전력 발생방향

① 전자유도에 의해 도선에 흐르는 전류방향은 인위적인 자속방향의 반대방향으로 전류가 흐른다.

② 전자유도에 의해 도선에 흐르는 전류방향은 인위적인 자속이 증가할 때는 감소하는 방향으로, 감소할 때는 증가하는 방향으로 전류가 흐른다.

3. 노이만의 법칙

프란츠 노이만(Franz Ernst Neumann)은 1845년 패러데이의 유도전류법칙과 렌츠의 유도전류방향에 대한 법칙을 정리하여 수학적으로 정식화했고, 그 식이 오늘날 우리가 사용하는 전자유도식 $e =- N\frac{d\phi}{dt}$ 입니다.

그래서 노이만의 법칙으로 전자유도식을 기술하면, 전자유도에 의한 유도기전력은 도체와 자석(혹은 전자석) 사이에서 물리적인 변화량이 발생하면 물리적 변화량(움직임)이 작용하는 역방향으로 전류가 흐르고 이는 곧 유도기전력의 방향이 된다는 패러데이 실험과 렌츠 실험을 합한 이론이 됩니다.

- 패러데이의 법칙 : 전자유도의 기전력 크기 $N\frac{d\phi}{dt}$ [V]
- 렌츠의 법칙 : 전자유도의 작용방향
- 노이만의 법칙 : 오늘날 전자유도의 유도기전력 $e =- N\frac{d\phi}{dt}$ [V]

4. 동기발전기 구조에서 전자유도에 의한 유도기전력

기본적으로 전자유도원리에 의한 유도기전력(E)은 교류(AC)를 발생시킬 수 있고, 직류(DC)도 발생시킬 수 있습니다. 하지만 현실적인 이유에서 전자유도에 의한 유도기전력은 특수한 실험환경을 제외하고는 모두 교류(AC)입니다. 이유는 유도기전력을 만드는 동기발전기 구조는 회전기이기 때문입니다.

구체적으로, 전자유도의 이론적 원리인 시간변화에 대한 자속변화를 만들기 위해 막대자석의 N극(혹은 S극)이 코일이 감긴 원통을 통과하는 구조를 만든다고 가정했을 때, 막대자석이 원통 구조에서 할 수 있는 운동은 상하 직선반복운동입니다. 이 일을 사람의 손으로 24시간 365일 할 수는 없습니다. 다른 방법으로 어떤 기계장치를 만들어 막대자석을 원통 안으로 상하 직선반복운동을 시킨다고 가정하면 연구실험으로는 충분하지만 일정한 전류를 지속할 수 없고, 일정한 유기기전력을 얻을 수 없습니다. 물론 대용량의 전기를 얻을 수도 없습니다. 다시 말해 상업적으로 매우 비효율적입니다. 그래서 전자유도현상을 극대화한 기계가 현재 발전소의 동기발전기입니다. 동기발전기는 도체가 외부에 고정돼 있고, 자기장을 발생시키는 회전자가 중앙에서 1800[rpm], 3600[rpm]으로 빠르게 회전하며 대용량의 지속적이고 일정한 유기기전력(E)을 만들어 냅니다. 회전자가 회전하는 구조의 전자유도장치는 태생적으로 교류기전력을 만들 수밖에 없습니다. 이렇게 현실적인 이유에서 발전기의 구조상 전자유도원리에 의한 유도기전력은 교류입니다.

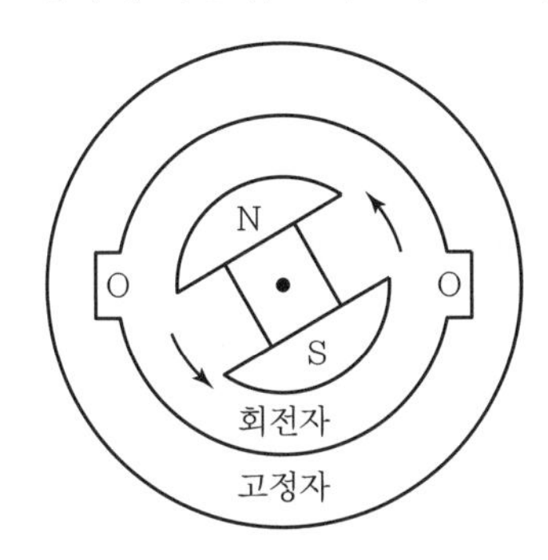

〖 동기발전기 기본 구조 〗

전자유도의 유도기전력이 교류(AC)이기 때문에 유도기전력 수식을 교류 **순시값** 표현에 맞게 다음과 같이 전개할 수 있습니다.

✠ 순시값
교류는 정현파(sin 곡선파형)이므로 일정한 값이 없고 매초마다 크기가 변하는 벡터이다.

유도기전력 $e = -N\dfrac{d\phi}{dt}$

여기서, 자속(ϕ)은 교류자속 $\phi = \Phi_m \sin\omega t$ [Wb] 이다.

유도기전력 순시값

$$e = -N\frac{d}{dt}(\Phi_m \sin\omega t) = -N\Phi_m \frac{d}{dt}\sin(\omega t) = -N\Phi_m\,\omega\cos(\omega t)$$

$$= -\omega N\Phi_m \sin(\omega t + 90°)$$

$$= \omega N\Phi_m \angle -90°$$

- 유도기전력 순시값

  $e = \omega N\Phi_m \angle -90°$ [V]

  $e = \omega N\Phi_m \angle -90° = 2\pi f N\Phi_m \sin(\omega t - 90°)$ 실효값으로 변환하면,

  실효값 $E = \left(\dfrac{2\pi}{\sqrt{2}}\right) f N\phi \sin(\omega t - 90°) = 4.44 f N\phi \sin(\omega t - 90°)$

- 유도기전력 실효값

  $E = 4.44 f N\phi \sin\angle -90°$ [V]

핵심기출문제

공간 내 한 점의 자속밀도(B)가 변화할 때 전자유도에 의하여 유기되는 전계(E)는?

① $\mathrm{div}\, E = -\frac{\partial B}{\partial t}$

② $\mathrm{rot}\, E = -\frac{\partial B}{\partial t}$

③ $\mathrm{div}\, E = \frac{\partial B}{\partial t}$

④ $\mathrm{rot}\, E = \frac{\partial B}{\partial t}$

해설

패러데이의 전자유도법칙의 미분형 $\mathrm{rot}\, E = -\frac{\partial B}{\partial t}$, 즉 자속밀도($B$)가 시간적으로 변화하면 전자유도에 의해 전계(E)가 유기된다.

정답 ②

5. 전자유도법칙의 미분형과 적분형

자속(Φ)은 자속밀도(B)에 면적$[\mathrm{m}^2]$을 곱한 꼴($\Phi = B \cdot S$)이므로 실제로 자속이 도체에 미친 면적을 다 더한 것이 전자유도식의 자속($\Phi = \int_s B\, \vec{ds}$)입니다.

① **전자유도법칙의 미분형** : $rot\, E_p = \frac{dB}{dt}$

② **전자유도법칙의 적분형** : $rot\, E_p\, \vec{ds} = \frac{d}{dt}\int_s B\, \vec{ds}$

③ **렌츠의 법칙** : $rot\, E_p = -\frac{dB}{dt}$

6. 맥스웰의 패러데이 전자유도법칙 재정리와 전류정리

(1) 전기에너지가 자기에너지로 변환과정

에너지보존법칙에 의하면 모든 에너지는 변환될 뿐 전체 에너지는 보존됩니다. 이를 참고하여, 전기에너지가(E_p)가 자기에너지(H_p)로 변환되는 과정을 보겠습니다. 전하(Q)는 독립적으로 존재하며 전기력선을 발산하고, 전기력선이 존재하는 공간에 전위(V)가 있습니다. → 전자유도 $V = -\oint \vec{E}_p\, dl\, [V]$

전자유도의 유도기전력($e = -\frac{d\phi}{dt} = -\frac{d}{dt}\int_s B\, \vec{ds}$)과 전위($V = -\oint \vec{E}_p\, dl$)는 근본적으로 모두 전기에너지입니다. 그러므로 다음과 같이 정리할 수 있습니다.

$e = -\int_l \vec{E}_p\, dl = -\frac{d}{dt}\int_s B\, \vec{ds}$(여기에 스토크스 정리 적용)

$\rightarrow \int_l \vec{E}_p\, dl = \int_s rot\, E_p\, \vec{ds} = -\frac{d}{dt}\int_s B\, \vec{ds}$(양변에 $\int_s \vec{ds}$ 제거하면)

$\rightarrow rot\, E_p = -\frac{dB}{dt}$(전자유도 미분형)

최종적으로, 운동하는 전계(E_p)가 변화량을 갖는 자계(B)로 변환되었습니다.

(2) 자기에너지가 전기에너지로 변환과정

반대로, 자기에너지(H_p)가 전기에너지가(E_p)로 변환되는 과정을 보겠습니다. 전계(E_p)에서 유도된 자계(H_p)는 앙페르 주회적분법칙으로 다시 전계(E_p)로 변환될 수 있습니다. → 앙페르 주회적분 $\oint \vec{H}_p\, dl = I\, [\mathrm{A}]$

도선에 흐르는 전류($I = \frac{dq}{dt}$)는 도선 주변에 자기장($\oint \vec{H}_p\, dl = I$)을 만들기 때문에, 전류와 자기장은 근본적으로 자기에너지입니다.

$$i = \frac{dq}{dt} = \frac{d}{dt}(D \cdot S) = \frac{d}{dt}\int_s D\vec{ds} = \oint \overrightarrow{H_p}\,dl$$(여기에 스토크스 정리 적용, S는 면적)

$$\rightarrow \int_l \overrightarrow{H_p}\,dl = \int_s rot\,H_p\,\vec{ds} = \frac{d}{dt}\int_s D\,\vec{ds}$$ (양변에 $\int_s \vec{ds}$ 제거하면)

$$\rightarrow rot\,H_p = \frac{dD}{dt} = i_d\ [\mathrm{A/m^2}]$$ (맥스웰의 변위전류밀도)

최종적으로, 회전하는 자계(H_p)는 변화량이 전하밀도(D)가 되므로 전계(E_p)로 변환되었습니다. 도선에서 전하밀도는 곧 전류(I)가 됩니다.
이와 같이 전계(E_p)와 자계(H_p)의 관계는 마치 남자와 여자처럼 서로 다른 존재이지만 항상 서로를 유도하고, 상호작용하며 동시에 존재하는 관계입니다.

7. 직선도체운동에 따른 유도기전력과 플레밍의 오른손 법칙

(1) 발전구조에서 유도기전력의 크기

그림은 간단한 발전구조이며, A도체 혹은 B도체 두 도체 중 하나에서 발생하는 유도기전력은 다음과 같습니다.

N S A B

- 발전기의 유도기전력 $e = Blu\sin\theta\,[\mathrm{V}]$

$$V_{emf} = \int_c E_p dl = -\frac{d\phi}{dt} = \underbrace{-\int_s \frac{d\dot{B}}{dt}ds}_{V_{emf}^{tr}} + \underbrace{\int_c (\dot{u}\times \dot{B})dl}_{V_{emf}^{m}}[\mathrm{V}]$$

$$V_{emf}^{tr} = e = \int_s \frac{\partial \dot{B}}{\partial t}ds = \frac{d(\dot{B}S)}{dt} = \frac{\dot{B}}{dt}\dot{u}\,dt\,l = (\dot{u}\times\dot{B})l = Blu\sin\theta[\mathrm{V}]$$

여기서, V_{emf} : 전자기전력

V_{emf}^{tr} : 전자유도전압

V_{emf}^{m} : 전자운동전압

ds : $\dot{u}\,dt\,l$

$\dot{u}$: 직선도체의 운동속도[m/s]

원운동도체(u)와 자기장(B) 두 벡터 중에서 에너지를 만드는 주체는 도체의 회전이므로 $\dot{u}\times\dot{B}$의 외적 연산이 됩니다.
발전기의 유기기전력 $e = Blu\sin\theta[\mathrm{V}]$은 교류이며, 직선도체가 자기장 내에서 자속을 휩쓸며 발생하는 유도기전력의 크기입니다.

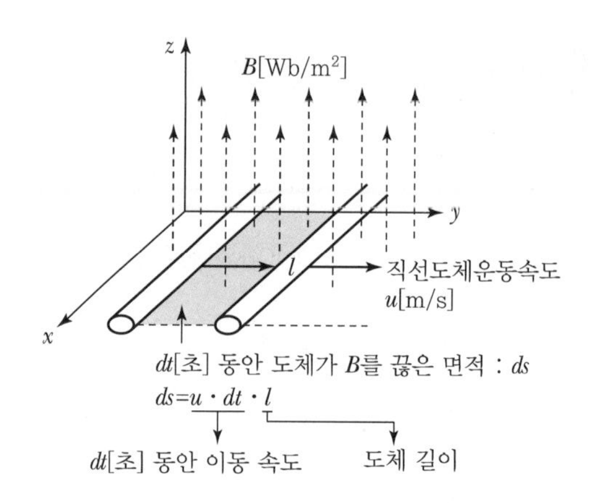

〖 전자유도를 이용한 발전구조의 기전력 발생 〗

(2) 발전구조에서 유도기전력 방향 : 플레밍의 오른손 법칙

[그림 a]와 같은 회전자와 고정자로 구성된 발전기 구조에서, 전기는 눈에 보이지 않지만 '플레밍(Fleming)의 오른손 법칙'을 이용하여 전자유도에 의해 만들어진 유도기전력방향을 알 수 있습니다.

[플레밍(Fleming) 오른손 의미]

도(엄지) – **자**(검지) – **기**(중지)

- 오른손 엄지 : **도**체운동(F)방향 → $F=(I\times B)l=Idl\times B=BlI$
- 오른손 검지 : **자**기장(Φ)방향
- 오른손 중지 : **기**전력(E)방향 → $e=(v\times B)l=Blv$

플레밍의 오른손 법칙을 적용하여 [그림 a]에서 기전력방향을 해석하면 다음과 같습니다.

- A도체의 운동방향 (↑), 자속방향 (→)이므로 도체의 기전력방향은 ⊗
- B도체의 운동방향 (↓), 자속방향 (→)이므로 도체의 기전력방향은 ⊙

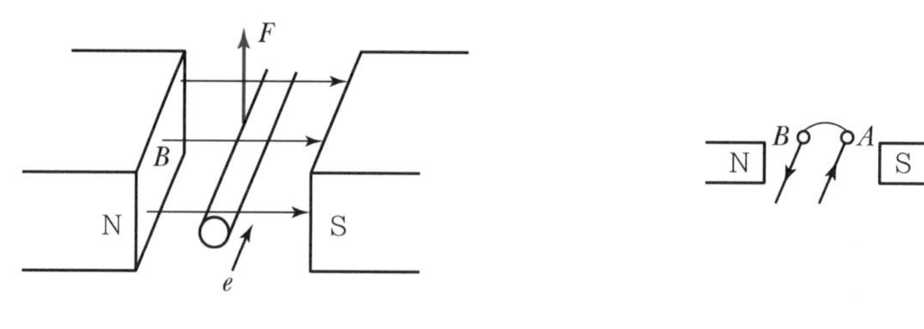

〖 a. 도체와 수평자계 〗 〖 b. 유도기전력의 방향 〗

플레밍의 오른손 법칙으로 각 도체 A, B의 기전력방향을 알았으므로 [그림 b]와 같이 도체에 전류(기전력)가 흐르게 됩니다.

회전자와 고정자로 구성되어 회전자가 회전하는 이런 구조의 발전기는 항상 교류파형의 유도기전력을 발생시킵니다.

핵심기출문제

자계와 직각으로 놓은 도체에 I[A]의 전류를 흘릴 때 f[N]의 힘이 작용하였다. 이 도체를 v[m/s]의 속도로 자계와 직각으로 운동시킬 때의 기전력 e[V]는?

① $\frac{fv}{I^2}$ ② $\frac{fv}{I}$

③ $\frac{fv^2}{I}$ ④ $\frac{fv}{2I}$

해설

- Fleming의 오른손 법칙
  $e=(v\times B)l=Blv$
- Fleming의 오른손 법칙
  $F=(I\times B)l=BlI$

이 두 관계식으로부터

$e=Blv=\left(\frac{F}{lI}\right)lv=\frac{Fv}{I}$

$\rightarrow e=\frac{fv}{I}$[V]

∴ 기전력 $e=\frac{fv}{I}$

정답 ②

(3) $A[\mathrm{m}^2]$ 면적의 사각 도선에 의한 유도기전력

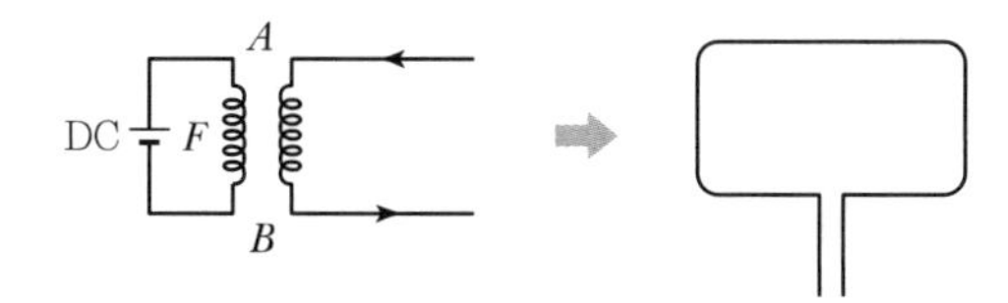

〖사각 도체 코일〗

유도기전력

$e = nBA\frac{2\pi N}{60}\sin\left(\frac{2\pi N}{60}\right)t\ [\mathrm{V}]$

여기서, n : 권수 [turn]

A : 코일면적 $[\mathrm{m}^2]$

N : 분당 회전수[rpm]

(4) 반지름 $r[m]$의 원형 도선에 의한 유도기전력

유도기전력

$e = nB\omega\pi r^2\sin\omega t\,[\mathrm{V}]$

(5) 솔레노이드 코일에 유도되는 유도기전력

발전기의 도체는 솔레노이드 코일 도체입니다. 솔레노이드 코일에 유도되는 기전력($e = -N\frac{d\phi}{dt}$)은 교류자속 $\phi = \Phi_m\sin\omega t\,[\mathrm{Wb}]$에 의한 교류 유도기전력입니다. 이를 수식으로 나타내면 다음과 같습니다.(이미 '4. 동기발전기 구조에서 전장도에 의한 유도기전력'에서 다룸)

유도기전력 교류 : $e = -N\frac{d}{dt}(\Phi_m\sin\omega t) = -N\Phi_m\frac{d}{dt}\sin(\omega t)$

$= -\omega N\Phi_m\sin(\omega t + 90°)$

$= \omega N\Phi_m \angle -90°$

유도기전력(순시값) : $e = -N\frac{d\phi}{dt} = \omega N\Phi_m \angle -90°\,[\mathrm{V}]$

유도기전력(e)와 자속(ϕ) 사이에 위상차가 존재하고, 자속(ϕ)보다 (90°)느린 유도기전력(e)이 발생합니다.

여기서, 유도기전력 크기의 최대값은 $e = |\omega N\Phi_m|$이므로 솔레노이드 코일에 유도되는 최대크기의 기전력은 다음과 같이 정리됩니다.

유도기전력(최대값) : $e = \omega N\Phi_m = \omega N(B_m \cdot A) = 2\pi f N B_m A[\mathrm{V}]$

8. 아라고 원판에 발생하는 유도기전력(e)과 전류(I)

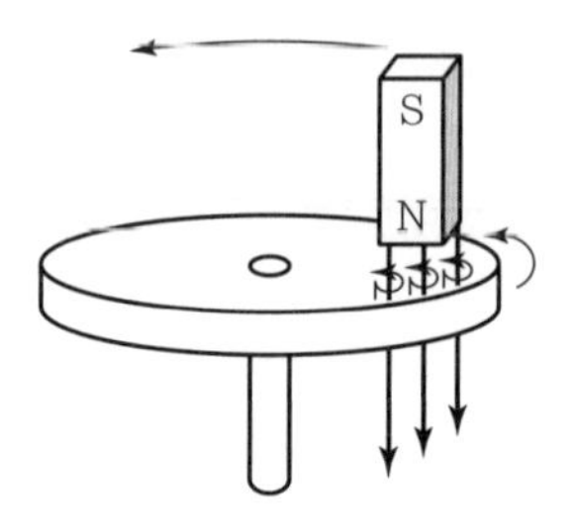

19세기 프랑스의 과학자 '아라고'가 실험을 통해 '유도회전'을 발견했습니다. 중심 축이 고정된 금속원판에 수직방향으로 자기장이 나가는 자석을 위치시킵니다. 여기서 자석을 시계방향 혹은 반시계방향으로 돌리면, 금속원판이 자석의 이동방향을 따라 회전하게 됩니다. 아라고 원판에는 전자유도현상과 전자력현상이 동시에 나타납니다. 이런 아라고 원판의 유도회전이 가능한 원리를 '플레밍의 법칙'으로 이해할 수 있습니다.

① **금속원판에 작용하는 유도기전력** : $e = \frac{1}{2}B\omega r^2[\text{V}]$

② **금속원판에 흐르는 전류** : $I_c = \frac{1}{2R}B\omega r^2[\text{V}]$

$$\left\{ I_c = \frac{e}{R} = \frac{\left(\frac{1}{2}B\omega r^2\right)}{R} = \frac{1}{2R}B\omega r^2 \right\}$$

여기서, B : 원판에 가해지는 자석의 자속밀도$[\text{Wb/m}^2]$

ω : (각속도) 원판이 회전하는 초당 속도$[\text{rad/sec}]$

r : 원판의 반지름$[\text{m}]$

03 맴돌이전류와 표피효과

1. 맴돌이전류(와전류, Edge Current)

전선(또는 도선)은 전류가 잘 흐르게 할 목적으로 만든 도체인 반면, **철심**은 자속을 잘 흐르게 할 목적으로 만든 유전체입니다. 발전기, 전동기, 변압기는 철심을 통해 자속을 이동시킵니다. 이런 철심(Magnetic Core)는 자속(ϕ)만을 잘 이동시키고 전류가 흘러서는 안 됩니다. 하지만 이상적인 재료로 철심을 만들지 않는 이상, 재료의 한계 때문에 철심을 통해 자속이 이동하며, 자속의 이동방향과 수직으로 맴도는 전류가 발생합니다. 이런 현상을 **맴돌이전류**(혹은 와전류)라고 부릅니다.

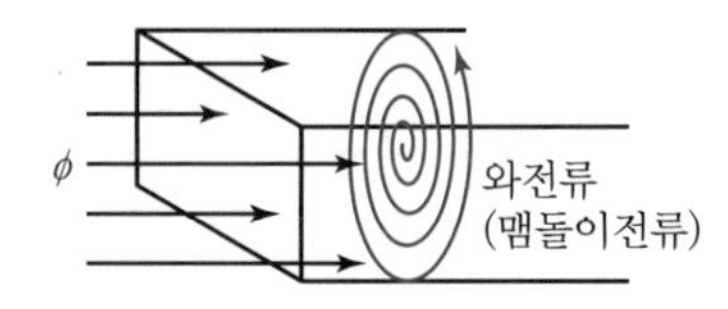

결론적으로, 자기회로에 사용되는 철심의 맴돌이전류는 전기설비의 손실을 의미합니다. 이러한 '맴돌이전류'를 맥스웰의 전류로 나타낼 수 있습니다.

✠ 철심
전기회로의 전선에 대응되는 자기회로의 전선으로, 자기회로에서 자로라고 부른다. 철심은 철막대에 솔레노이드 코일을 감아 자속을 이동시킨다.

핵심기출문제

다음 중 표피효과와 관계있는 식은?

① $\nabla \cdot i = \frac{\partial \rho}{\partial t}$

② $\nabla \cdot B = 0$

③ $\nabla \times E = -\frac{\partial B}{\partial t}$

④ $\nabla \cdot D = \rho$

해설

도체 내의 전류분포에 관한 일반식

- 맴돌이전류 $rot\, i = -k\frac{\partial B}{\partial t}$
- 전자유도 미분형
  $rot\, E_p = -\frac{dB}{dt}$

정답 ③

전도전류밀도 $i_c = k \cdot E_p \xrightarrow{\text{이항}} E_p = \dfrac{i}{k}$(양변에 외적 연산을 취함)

$rot\,E_p = rot\,\dfrac{i}{k}$ 이고, 전자유도 미분형 $rot\,E_p = -\dfrac{dB}{dt}$ 과 같이 재전개하면,

$rot\dfrac{i}{k} = -\dfrac{dB}{dt}$ 이 되므로 최종적으로 $rot\,i = -k\dfrac{\partial B}{\partial t}$ 가 됩니다.

- 맴돌이전류

  $rot\,i = -k\dfrac{\partial B}{\partial t}$

  변화량을 갖는 자속밀도는 그 자속밀도의 반대방향($-k\dfrac{\partial B}{\partial t}$)으로 회전하는 전류인 맴돌이전류($rot\ i$)가 발생합니다.

  철심에서 맴돌이전류($rot\ i$)가 발생함으로써 이런 철심을 사용하는 전기설비의 전기적인 손실(P_l)이 발생합니다. 맴돌이전류에 의한 전력손실을 와전류손(P_e)으로 부릅니다.

- 와전류손

  $P_e = K_e\left(t\,K_f f\,B_m\right)^2\ [\mathrm{W/m^3}]$

  여기서, K_e : 와전류 손실계수

  K_f : 파형률

2. 표피효과(Skin Effect)

전선에 직류(DC)(직류의 주파수는 $f = 0\,[\mathrm{Hz}]$)가 흐를 때, 전선단면적$[\mathrm{m^2}]$을 관찰하면 전류가 전선단면적에 고르게 흐르지 않고, 단면적 중심으로만 흐르는 핀치효과(Pinch Effect)가 나타납니다.

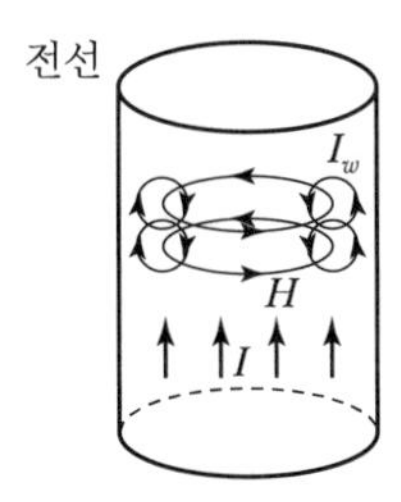

이번에는, 전선에 교류(AC)(교류의 주파수는 $f = 60\,[\mathrm{Hz}]$)가 흐를 때 전선단면적$[\mathrm{m^2}]$을 관찰하면 전류가 전선단면적에 고르게 흐르지 않고, 단면적의 외부 바깥으로만 흐르는 표피효과(Skin Effect)가 나타납니다.

핵심기출문제

와전류의 방향은?

① 일정치 않음
② 자력선방향과 동일
③ 자계와 평행되는 면을 관통
④ 자속에 수직되는 면을 회전

해설

도체 내의 변화하는 자속 주위에는 $\mathrm{rot}\ i = -k\dfrac{\partial B}{\partial t}$ 로 주어지는 전류의 회전이 자속과 수직되는 방향으로 발생한다.

정답 ④

핵심기출문제

다음 중 주파수 증가에 대하여 가장 급속히 증가하는 것은?

① 표피두께의 역수
② 히스테리시스 손실
③ 교번자속에 의한 기전력
④ 와전류손실

해설

① 표피두께 : $\delta = \dfrac{1}{\sqrt{\pi f \mu k}}$

이므로 $\delta \propto \dfrac{1}{\sqrt{f}}$ 관계,

$f \propto \dfrac{1}{\delta^2}$ 관계

② 히스테리시스손

$W_h = K_h f B_m^{\ 1.6\sim2.0}$ 이므로

$W_h \propto f$ 관계

③ 유기기전력

$e = -\dfrac{d\phi}{dt} = 2\pi f \Phi_m \angle -90°$

이므로 $e \propto f$ 관계

④ 와류손

$P_e = K_e\left(t\,K_p f B_m\right)^2$ 이므로

$W_e \propto f^2$ 관계

정답 ④

PART 01

표피효과는 가정집 전선이 아니라 전선굵기가 굵고 전압크기가 수십[kV]인 송전선로에서 나타나는 현상입니다. 표피현상이 나타나면 도체의 단면적에 흐를 수 있는 유효면적이 감소되어, 송전효율도 감소하게 됩니다.
여기서 전선에 작용하는 표피효과의 정도[표피효과의 영향으로 전류(교류)가 도선단면적에 침투하는 침투깊이(=표피두께)]를 계산할 수 있습니다.

- 전선의 전류 침투깊이 $\delta = \frac{1}{\sqrt{\pi f \mu k}}$ [m]

  여기서, k : 도전율, 전도율

  $\left\{ \delta = \sqrt{2\frac{1}{\omega \mu k}} = \sqrt{\frac{1}{\pi f \mu k}} \right\}$

침투깊이(δ) 수치가 클수록 전류의 전선단면적에 침투하는 깊이가 깊은 것으로, 이는 전류가 전선단면적에 고르게 분포되어 흐르고 있다는 의미이며, 동시에 송전효율이 좋다는 의미가 됩니다.
반대로, 침투깊이(δ) 수치가 작을수록 전류의 전선단면적에 침투하는 깊이가 얕은 것으로, 이는 전류가 전선 가장자리로만 흐르고 있다는 의미이며, 동시에 송전효율이 나쁘다는 의미가 됩니다.

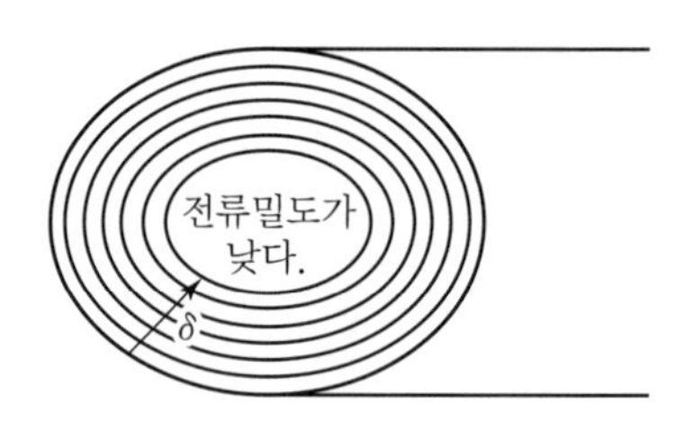

〚 표피효과 영향으로 전선에 전류 침투깊이(δ)가 얕은 경우 〛

> **표피현상이 심해지는 경우의 특징**
> - 침투깊이(δ) 수치가 작아진다.
> - 전선에 인가되는 교류주파수(f)가 상용주파수보다 높다.
> - 전선재료의 전도율(k)이 높다.
> - 전선재료의 투자율(μ)이 높다.

표피효과로 인한 전력전송의 악영향을 줄이기 위해, 표피효과 방지대책으로 전선 속이 빈 중공전선, 강심알루미늄전선(ACSR) 또는 복도체 전선을 사용합니다.

핵심기출문제

주파수 $f = 100$[MHz]일 때 구리의 표피두께(Skin Depth)는 대략 몇 [mm]인가?(단, 구리의 도전율은 5.8×10^7[℧/m], 비투자율은 1이다.)

① 3.3×10^{-2} ② 6.61×10^{-2}
③ 3.3×10^{-3} ④ 6.61×10^{-3}

해설

침투깊이

$\delta = \frac{1}{\sqrt{\pi f \mu k}}$ [m]

$\therefore \delta = \sqrt{\frac{1}{\pi f (\mu_0 \mu_s) k}}$

$= \sqrt{\frac{1}{\pi \times 100 \times 10^6 \times (4\pi \times 10^{-7} \times 1) \times (5.8 \times 10^7)}}$

$= 6.61 \times 10^{-6}$[m]

$= 6.61 \times 10^{-3}$[mm]

정답 ④

핵심기출문제

도전율 σ, 투자율 μ인 도체에 교류전류가 흐를 때의 표피효과의 관계로 옳은 것은?

① 주파수가 높을수록 작아진다.
② μ_0가 클수록 작아진다.
③ σ가 클수록 커진다.
④ μ_s가 클수록 작아진다.

해설

표피효과의 침투깊이

$\delta = \frac{1}{\sqrt{\pi f \mu k}}$ [m]

침투깊이(δ)는 주파수, 투자율, 도전율에 반비례한다. 그러므로

- 표피효과는 주파수, 투자율, 도전율이 클수록 더 심해지고,
- 침투깊이는 주파수, 투자율, 도전율이 클수록 얇아진다.

정답 ③

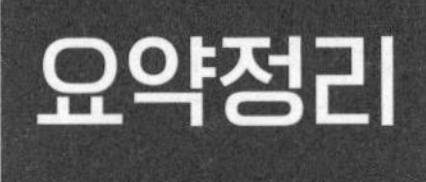

1. 전자력 현상

① 전동기의 회전방향

플레밍의 왼손 법칙(**왼전오발** : **왼**손 **전**동기 **오**른손 **발**전기)

② 전동기 회전자의 도체 하나가 받는 힘(전자력)

$F=(\vec{I}\times\vec{B})l=BlI\sin\theta\,[\mathrm{N}]$

③ 평행도체 사이에 작용하는 힘(전자력)

$F=(\vec{I}\times\vec{B})l=\dfrac{2I_1I_2}{r}\times10^{-7}\,[\mathrm{N}]$

④ 평행도체 사이에 작용하는 힘의 방향

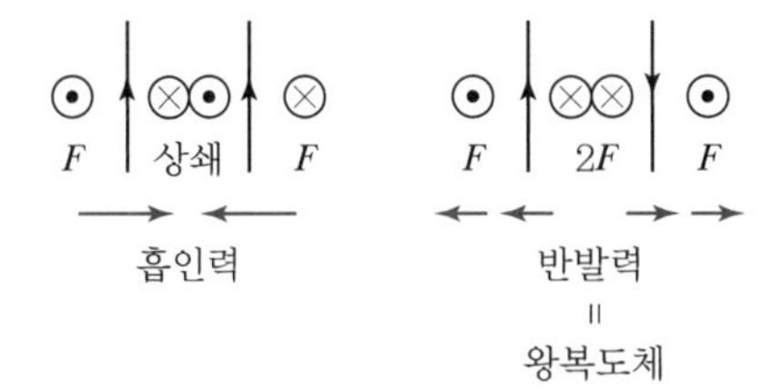

⑤ 전동기의 회전력 1

$T=\dfrac{P}{w}\,[\mathrm{N\cdot m}]$: 전동기 스스로에 의한 회전력

⑥ 전동기의 회전력 2

$T=\overrightarrow{M}\times\overrightarrow{H_p}=MH_p\sin\theta=mlH_p\sin\theta\,[\mathrm{N}]$

⑦ 발전기의 회전방향

플레밍의 오른손 법칙(**왼전오발** : **왼**손 **전**동기 **오**른손 **발**전기)

⑧ 발전기의 유도기전력

$e=(\vec{B}\times\vec{l})u=Blu\sin\theta\,[\mathrm{V}]$

2. 전자유도현상

① **전자유도 유도기전력**

$$e = N\frac{d\phi}{dt}[\mathrm{V}],\ \text{렌츠 법칙} : e = -N\frac{d\phi}{dt}[\mathrm{V}]$$

② **전자유도 미분형**

$$rot\,E_p = \frac{dB}{dt},\ \text{렌츠 법칙} : rot\,E_p = -\frac{dB}{dt}[\mathrm{V}]$$

③ **전자유도 적분형**

$$rot\,E_p\,\vec{ds} = \frac{d}{dt}\int_s B\,\vec{ds}$$

④ **코일에 발생하는 유도기전력**

$$e = -N\frac{d\phi}{dt} = \omega N\Phi_m \sin(\omega t - 90°)[\mathrm{V}]$$

⑤ **유도기전력의 순시 최대값**

$$e = \omega N\Phi_m = 2\pi f N(B_m A)[\mathrm{V}]$$

3. 와전류와 표피효과

① **철심에 발생하는 맴돌이전류(= 와전류)**

$$rot\ i = -k\frac{\partial B}{\partial t}$$

② **전선단면적에 전류 침투깊이**

$$\delta = \frac{1}{\sqrt{\pi f \mu k}}[\mathrm{m}]$$

CHAPTER 09

자화의 세기와 자성체 경계면 그리고 자기회로

자화의 세기, 자성체 경계면, 자기회로

- 자화의 세기(J) : 분극의 세기(P)와 대비된다.
- 자성체의 완전경계면 : 유전체의 완전경계면과 대비된다.
- 자기회로 : 전하(Q)가 이동하는 전기회로에 대비된다.

자화의 세기, 자성체의 경계면은 이미 5장에서 다룬 분극의 세기와 유전체 경계면의 내용과 유사하기 때문에 비교적 쉽고, 자기회로는 회로이론의 전기회로에 대비되므로 개념적으로 유사합니다.

01 자화현상과 자화의 세기 $J[\mathrm{Wb/m^2}]$

1. 자화현상

자석이 아니었던 물질이 자석으로 바뀐다면, 그 이유는 그 물질을 구성하는 원자배열[전자(e)가 단일 원자핵(Atom Nucleus) 주위를 돌며 미약한 자기장이 발생한다. 어떤 물질을 구성하는 원자핵의 전자회전 구조(Electron's Spin)를 원자배열이라고 한다]이 같아졌기 때문에 물질이 자성을 띠게 된 **자성체**가 된 것입니다. 이렇게 자석의 원자배열과 다른 원자배열이었던 물질이 자석과 같은 원자배열을 갖게 되는 현상을 '자화현상'이라고 합니다.

이런 '자화현상'을 같은 의미에 표현을 조금 달리 하면, 물질 내에 존재하는 전자(e)가 자기모멘트(Magnetic Moment)를 갖게 되어 그 물질은 '자화'됩니다.

✠ 자성체
자기장 속에서 자화하는 물질

핵심기출문제

물질의 자화현상은?

① 전자의 이동 ② 전자의 공전
③ 전자의 자전 ④ 분자의 운동

해설
물체가 자화되는 근원은 전자의 운동이다. 전자가 원자핵의 주위궤도를 운동함과 동시에 전자 자신은 자전(Spin)운동을 하고 있다. 이 자전에 의해 전자 자신은 자기 모멘트를 가지게 되고 물질은 자화된다.

정답 ③

2. 자화의 세기(J)

자화의 세기는 어떤 물질이 자성을 띤 물질로 바뀔 수 있는지를 객관적인 수치로 나타내는 단위입니다. 구체적으로 실험용 챔버에 일정한 자기장(H_p)이 흐르도록 조건을 만들어 놓고, 챔버 안에 동일한 단면적$[\mathrm{m^2}]$의 진공 · 공기(μ_0)에서 발생하는 자속밀도(B_0)와 어떤 특정 유전체(μ_s)에서 발생하는 자속밀도(B_s)의 차이를 갖고 그 유전체의 자화되는 강도 · 세기를 $[\mathrm{Wb/m^2}]$ 단위로 나타냅니다.

핵심기출문제

길이 l[m], 단면적의 지름 d[m]인 원통이 길이방향으로 균일하게 자화되어 자화의 세기가 J[Wb/m²]인 경우 원통 양단에서의 자극의 세기는 몇 [Wb]인가?

① $\pi d^2 J$　② $\pi d J$
③ $\frac{4J}{\pi d^2}$　④ $\frac{\pi d^2 J}{4}$

해설

$J=\frac{M}{v}=\frac{m}{s}$[Wb/m²]

∴ 자극의 세기

$m=J\cdot s=J\cdot\frac{\pi d^2}{4}$[Wb]

정답 ④

핵심기출문제

비투자율 $\mu_s=400$인 환상 철심 내의 평균 자계의 세기가 $H=3000$[AT/m]이다. 철심 중의 자화의 세기[Wb/m²]는?

① 0.15　② 1.5
③ 0.75　④ 7.5

해설

자화의 세기

$J=\chi H_p=\mu_0(\mu_s-1)H_p$

$\therefore J=\mu_0(\mu_s-1)H_p$
$=4\pi\times10^{-7}\times(400-1)\times3000=1.5$[Wb/m²]

정답 ②

핵심기출문제

강자성체의 자속밀도 B의 크기와 자화의 세기 J의 크기 사이에는 어떤 관계가 있는가?

① J는 B와 거의 같다.
② J는 B보다 약간 작다.
③ J는 B보다 대단히 크다.
④ J는 B보다 약간 크다.

해설

$B=\mu_0 H_p+J$[Wb/m²]

∴ 자화의 세기

$J=B-\mu_0 H_p$

(여기서, $\mu_0=4\pi\times10^{-7}$)

정답 ②

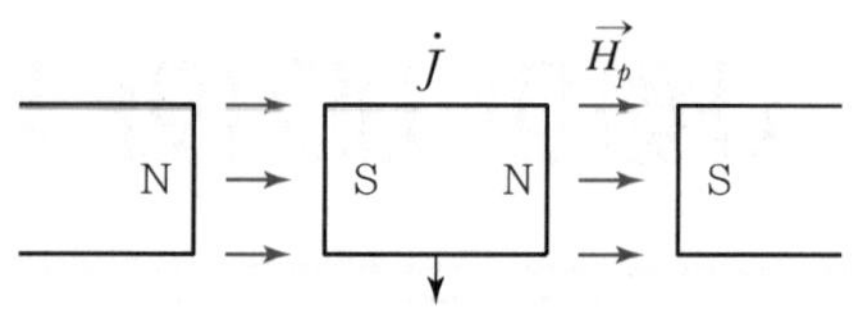

자계 내에 넣었더니 물체가 강자성체가 됐다.

〖 어떤 유전체의 자화의 세기 실험 〗

자화의 세기(J)를 수식으로 나타내면, 어떤 물질의 단위체적당 자기쌍극자 모멘트(M)값을 의미합니다.

$$\text{자화의 세기 } J=\frac{M\,[\text{Wb}\cdot\text{m}]}{v\,[\text{m}^3]}\,[\text{Wb/m}^2]$$

$$\left\{J=\frac{m\,[\text{Wb}]}{A\,[\text{m}^2]}\times\frac{l}{l}=\frac{m\cdot l}{A\cdot l}=\frac{\text{자기쌍극자 모멘트}}{\text{체적}}=\frac{M}{v}\right\}$$

- 그 밖에 자화의 세기(J)에 대한 수식들

$J=B-B_0$ [Wb/m²]

여기서, B : 유전체의 자속밀도 [Wb/m²]

B_0 : 진공 · 공기의 자속밀도 [Wb/m²]

$$J=B-B_0=\mu_0 H_p(\mu_s-1)\,[\text{Wb/m}^2]$$
$$=\chi\cdot H_p\,[\text{Wb/m}^2]$$
$$=\mu_0\chi_s H_p\,[\text{Wb/m}^2]$$
$$\{\rightarrow J=B-B_0=\mu_0\mu_s H_p-\mu_0 H_p=\mu_0 H_p(\mu_s-1)\}$$

여기서, 자화율 $\chi=\mu_0(\mu_s-1)$

비자화율 $\chi_s=\mu_s-1$

[주의 1] 자화의 세기 $J=H_p\mu_0(\mu_s-1)$와 자속밀도 $B=H_p\mu_0\mu_s$의 크기를 비교하면, 자화의 세기(J)가 자속밀도(B)보다 조금 작다.
→ $J<B$ 관계

[주의 2] : 맥스웰의 전류(J) ≠ 자화의 세기(J)

> **자성체 종류에 따른 자화율(χ) 비교**
>
> 자화율은 $\chi=\mu_0(\mu_s-1)$을 기준으로, 다음과 같다.
> - 강자성체의 자화율 $\chi=\mu_0(\mu_s-1)\gg0$
> - 상자성체의 자화율 $\chi=\mu_0(\mu_s-1)>0$
> - 반자성체의 자화율 $\chi=\mu_0(\mu_s-1)<0$

(1) 자화곡선

어떤 자성체의 자화가 되는 정도를 자화의 세기(J) 실험을 통해 구체적인 수치로 나타낼 수 있습니다. 이 실험을 '자화곡선 실험' 또는 'B-H곡선 실험'으로 부릅니다. 자화곡선은 자성체가 될 수 있는 물질을 **챔버** 안에 넣고, 자계의 세기(H_p)를 일정하게 증가·감소시킴에 따라 그 물질(자성체)에 자속밀도 변화를 관찰하는 실험입니다. 또한 물질이 자화되며 변화하는 자속밀도(B)와 자계의 세기(H_p)를 가로-세로 축에 곡선으로 나타냅니다.

이런 자화곡선 실험을 통해 솔레노이드 코일이 감기는 철심 재질에 대한 자화곡선 또는 히스테리시스 곡선도 그릴 수 있으므로, 전자유도와 전자력을 이용한 전기설비의 특성을 파악하기 위해 반드시 필요한 실험입니다.

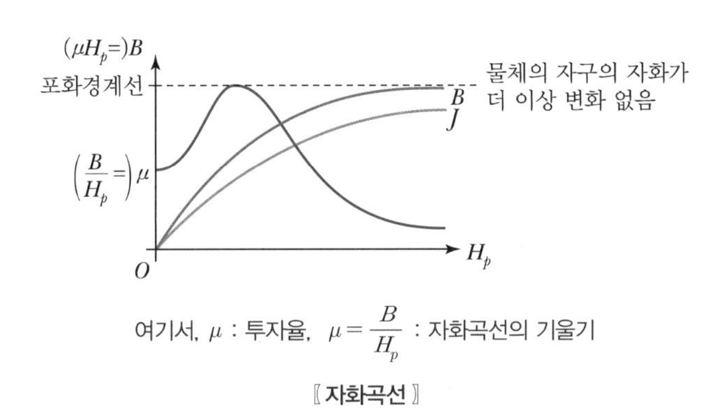

여기서, μ : 투자율, $\mu = \frac{B}{H_p}$: 자화곡선의 기울기

〖자화곡선〗

위 그림에서 자화곡선은 물질에 자기장을 가할 때, 자계(H_p)의 증가에 비례하여 해당 물질(또는 자성체)이 자화되지 않습니다. 모든 물질은 특성변화에 한계가 있으므로 자성체가 감당할 수 있는 일정 수준으로 자화되면, 자성체는 자기적으로 포화하여[자성체의 자속밀도(B)가 포화됨] 더 이상 자속밀도(B)가 증가하지 않습니다. 자성체의 자속밀도(B)가 포화된 후에는 자화곡선은 일정한 수직곡선(포화곡선)을 그립니다.

(2) 바크하우젠 효과(Barkhausen Effect)

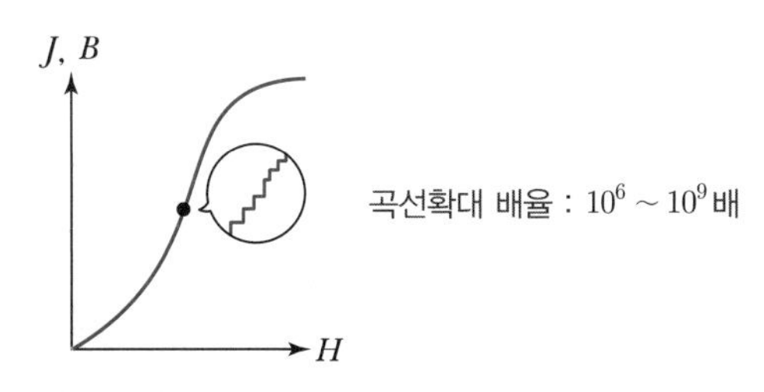

위 자화곡선(또는 B-H곡선)을 크게 확대하면 부드러운 곡선이 아닌 구불거리는 계단식 곡선으로 관찰됩니다. 자성체에 가하는 자기장(H_p)은 곡선형태로 인가되지만, 실험용 챔버의 자기장으로부터 영향을 받은 자성체의 자속밀도(B)는 위 그

✠ 챔버(Chamber)
특정 실험을 목적으로 사용하며 외부의 영향을 받지 않는 밀폐된 공간이다.

핵심기출문제

자계의 세기가 800[AT/m]이고 자속밀도가 0.2[Wb/m²]인 재질의 투자율은 몇 [H/m]인가?

① 2.5×10^{-3} ② 4×10^{-3}
③ 2.5×10^{-4} ④ 4×10^{-4}

해설
자속밀도 $B=\mu H$에서
투자율 $\mu = \frac{B}{H} = \frac{0.2}{800}$
$= 2.5\times10^{-4}$[H/m]

정답 ③

핵심기출문제

강자성체에서 히스테리시스 곡선의 면적은?

① 강자성체의 단위체적당 필요한 에너지이다.
② 강자성체의 단위면적당 필요한 에너지이다.
③ 강자성체의 단위길이당 필요한 에너지이다.
④ 강자성체의 전체 체적에 필요한 에너지이다.

해설
히스테리시스 곡선의 면적은
$W_h = \oint H\,dB$ [J/m³]
이는 강자성체의 단위체적에 공급되는 에너지이다.

정답 ①

림과 같은 계단형태의 곡선을 그립니다. 이것이 '바크하우젠 효과'입니다.

(3) 자기유도와 자기차폐

① **자기유도** : 어떤 물질을 인위적으로 자기장 속에 두면, 그 물질의 자구배열이 바뀌어 자성이 없던 물질로부터 N극과 S극의 자성이 있는 물질로 유도되는 현상입니다.

② **정전차폐** : 지구와 우주 어느 공간에나 전자기파가 존재합니다. 더욱이 도시에는 무선전화, 방송전파, GPS 전파 등 밀도 높은 수많은 전자기파들이 존재합니다. 만약 특정 공간을 전자기파로부터 차단하고 싶다면, 전자기파로부터 차단되길 바라는 공간의 외부를 도체로 감싸고 도체에 전류를 흘려주면 그 공간은 전기자기파로부터 완벽히 차단될 수 있습니다. 이것이 정전차폐입니다.

③ **자기차폐** : 자기차폐는 정전차폐보다 전자기파 차단능력이 약합니다. 자기차폐는 전기자기파로부터 차단을 원하는 공간의 외부에 투자율(μ)이 큰 강자성체로 감싸 차폐효과가 생깁니다.

(4) 퀴리(Curie) 온도

프랑스의 물리학자 피에르 퀴리(남자)가 발견한 것으로, 그의 이름을 따서 '퀴리온도'라고 합니다.

① **퀴리온도** : 강자성체(자석)에 특정 온도 이상의 열을 가하면, 자성을 가지고 있던 그 강자성체의 자구방향(Electron's Spin)이 변하므로 자성을 잃거나 기존보다 약한 자성상태를 갖게 되는 현상을 말합니다. 여기서 말하는 특정 온도 이상의 열이 바로 '퀴리온도'입니다. 퀴리온도는 물질에 따라 다릅니다.

② **대표적인 물질의 퀴리온도**

㉠ 철(Fe) 재질의 자성체인 경우 퀴리온도 : 770[℃]

㉡ 코발트(Co) 재질의 자성체인 경우 퀴리온도 : 1130[℃]

㉢ 니켈(Ni) 재질의 자성체인 경우 퀴리온도 : 358[℃]

(5) 감자력

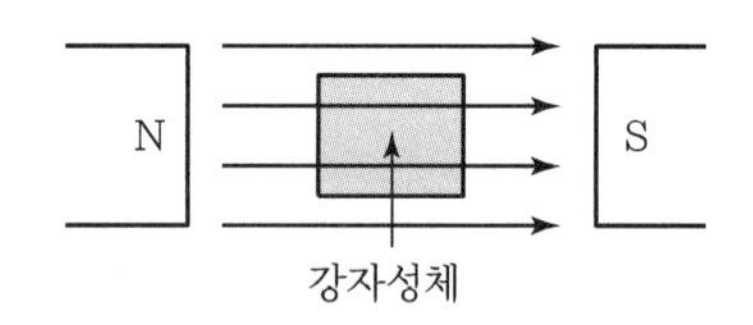

자계에 강자성체를 넣으면 자성체에 N, S극이 형성되고 자화가 된 자성체에 자기장이 발생한다.

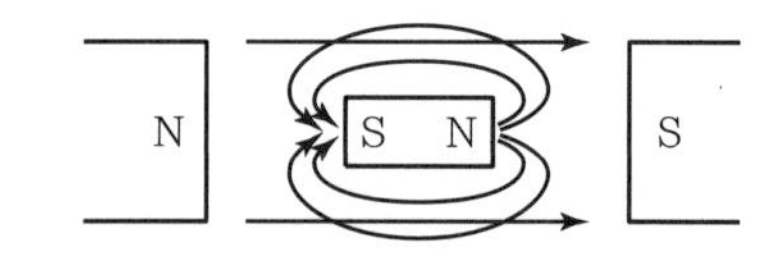

자화된 자성체의 자계가 주자속을 상쇄시켜 주자속이 감소된다. 이것이 '감자력'이다. 자성체가 자화가 잘 될수록 감자력도 세진다.

핵심기출문제

내부 장치 또는 공간을 물질로 포위시켜 외부 자계의 영향을 차폐시키는 방식을 자기차폐라 한다. 자기차폐에 좋은 물질은?

① 강자성체 중에서 비투자율이 큰 물질
② 강자성체 중에서 비투자율이 작은 물질
③ 비투자율이 1보다 작은 역자성체
④ 비투자율에 관계없이 물질의 두께에만 관계되므로 되도록 두꺼운 물질

해설

차폐하려는 공간을 투자율이 큰 물체로 둘러싸면 외부의 자계는 이 투자율이 큰 물체를 통과해버리나 투자율이 큰 물체 안으로 들어가는 것은 적게 되어 외부자계의 내부공간에 대한 영향을 적게 할 수 있다. 이 자기차폐 현상은 투자율이 큰 물질일수록 크다.

정답 ①

핵심기출문제

자계의 세기에 관계없이 급격히 자성을 잃는 점을 자기 임계온도 또는 퀴리점(Curie Point)이라고 한다. 다음 중에서 철의 임계온도는?

① 약 0[℃] ② 약 370[℃]
③ 약 570[℃] ④ 약 770[℃]

해설

임계온도(퀴리온도)

강자성체인 철의 온도를 높이면 일반적으로 자화가 서서히 감소하는데 약 690~870[℃]의 온도에서 급격히 강자성을 잃어버리는 현상이 나타나며 이러한 급격한 자성변화의 온도를 임계온도 혹은 퀴리온도라 한다.

정답 ④

① **감자력**

$H' = \dfrac{N}{\mu_0} J$ 여기서, N : 감자율($0 < N < 1$)

감자율(N)은 자극 면(N극, S극)이 존재하는 모든 자성체에서 나타나는 현상입니다. 하지만 환상 솔레노이드의 원형 자로는 N극, S극의 자극 면이 존재하지 않으므로, 환상 솔레노이드의 감자율(N)은 사실상 0에 가깝습니다.

감자율 N은,

㉠ 자성체가 구형태일 경우 : $N = \dfrac{1}{3}$

㉡ 자성체가 환상 솔레노이드일 경우 : $N = 0$

㉢ 자성체가 가늘고 긴 형태일 경우 : N 값이 작음

㉣ 자성체가 굵고 짧은 형태일 경우 : N 값이 큼

② **(감자율을 고려한) 자화의 세기**

$$J = \frac{\mu_0(\mu - \mu_0)}{\mu_0 + (\mu - \mu_0)N} H_0 = \frac{\mu_0(\mu_s - 1)}{1 + (\mu_s - 1)N} H_0 \ [\text{Wb/m}^2]$$

$$\rightarrow H_p = H_0 - H' = H_0 - \frac{N}{\mu_0}\chi H_p = \frac{H_0}{1 + N(\mu_s - 1)}$$

$$\rightarrow J = \chi H_p = \frac{\mu_0(\mu_s - 1)}{1 + N(\mu_s - 1)} H_0 = \frac{\mu_0(\mu - \mu_0)}{\mu_0 + N(\mu - \mu_0)} H_0$$

(6) 히스테리시스 곡선(Hysteresis Loop)

① **히스테리시스 곡선의 정의**

히스테리시스 곡선, 자기이력 곡선, B－H곡선 모두 같은 의미이며, 자화곡선 실험의 연장선에서 실험한 결과를 부르는 용어입니다.

자성체(자성을 띠지 않는 어떤 물체, 자화시킨 적이 없는 물체)를 챔버 안에 넣고, 챔버 안에 자기장(H_p)을 인위적으로 증가 · 감소시킵니다. 그럼 챔버 안에 인가되는 자기장 변화에 따라 자성체의 자속밀도(B)가 변화합니다. 여기서 자기장(H_p) 변화에 따른 자성체의 자속밀도(B) 변화를 그래프로 나타낸 것이 '히스테리시스 곡선'입니다.

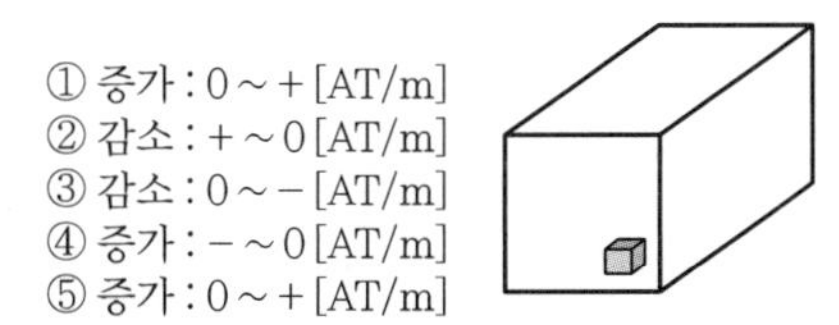

〖 챔버 안에 인가되는 자기장(H_p) 변화 순서 〗

핵심기출문제

감자력은?

① 자계에 반비례한다.
② 자극의 세기에 반비례한다.
③ 자화의 세기에 비례한다.
④ 자속에 반비례한다.

해설

자성체 내의 자기감자력

$H' = \dfrac{N}{\mu_0} J$

여기서, N : 감자율
J : 자화의 세기

정답 ③

핵심기출문제

균등자계 H_0 중에 놓인 투자율 μ인 자성체의 자화의 세기는?(단, 자성체의 감자율은 N이다.)

① $J = \dfrac{\mu_0(\mu - \mu_0)}{\mu_0 + N(\mu - \mu_0)} H_0$

② $J = \dfrac{\mu_0(\mu - \mu_0)}{\mu + N(\mu_0 - \mu)} H_0$

③ $J = \dfrac{\mu_0(\mu - \mu_0)}{\mu + N(\mu - \mu_0)} H_0$

④ $J = \dfrac{\mu(\mu - \mu_0)}{\mu_0 + N(\mu_0 - \mu)} H_0$

해설

• 자기감자력 : $H' = \dfrac{N}{\mu_0} J$

• 자계의 세기

$H = H_0 - H'$

$= H_0 - \dfrac{N}{\mu_0}\chi H$

$= \dfrac{H_0}{1 + N(\mu_s - 1)}$

• 자화의 세기

$J = \chi H = \dfrac{\mu_0(\mu_s - 1)}{1 + N(\mu_s - 1)} H_0$

$= \dfrac{\mu_0(\mu - \mu_0)}{\mu_0 + N(\mu - \mu_0)} H_0$

정답 ①

PART 01

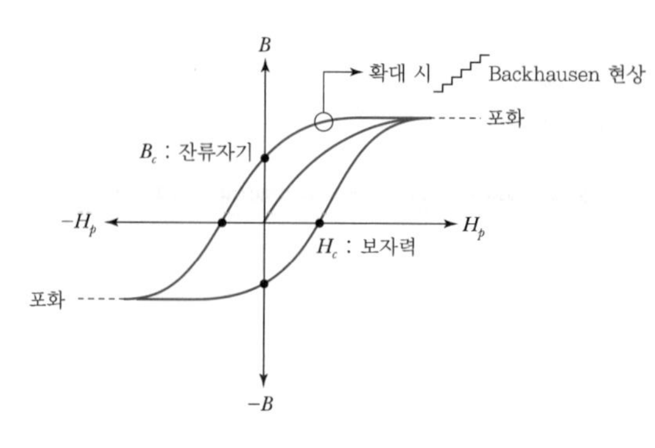

〖 히스테리시스 곡선 〗

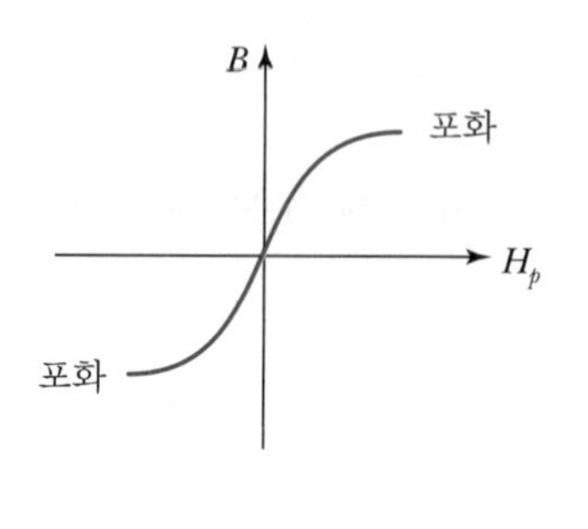

〖 이상적인 자화곡선 〗

핵심기출문제

히스테리시스 곡선에서 횡축과 만나는 것은 다음 중 어느 것인가?

① 투자율 ② 진류자기
③ 자력선 ④ 보자력

해설

히스테리시스 곡선($B-H$ 관계곡선)에서 횡축(가로축)과 만나는 점은 보자력(H_c)을 표시하고, 종축(세로축)과 만나는 점은 잔류자기(잔류 자속밀도) B_r이다.

정답 ④

핵심기출문제

히스테리시스 손실은 최대자속밀도의 몇 승에 비례하는가?

① 1 ② 1.6
③ 2 ④ 2.6

해설

강자성체에서 생기는 히스테리시스 손실은 스타인메츠의 실험에 의하면 최대자속밀도의 1.6승에 비례하여 생긴다.

→ $w_h = \eta B_m^{1.6}$[J/m³]

정답 ②

② 히스테리시스 곡선의 특징

㉠ H축(횡축)과 곡선이 만나는 점 : 보자력(H_c)

㉡ B축(종축)과 곡선이 만나는 점 : 잔류자기(B_c)

㉢ 곡선이 그리는 면적의 의미 : 자성체의 자화로 인한 손실 → 전력손실

㉣ 히스테리시스 면적에 의한 전력손실 : 히스테리시스 손실

$$P_h = K_h f B_m^{1.6 \sim 2}\ [\mathrm{W/m^3}]$$

㉤ B-H곡선의 기울기 : 투자율 $\mu = \dfrac{B}{H}$

㉥ 자성체가 영구자석일 경우, B-H곡선 특징

잔류자기(B_c)와 보자력(H_c)의 수치 모두가 높아 손실면적이 큼

㉦ 자성체가 전자석일 경우, B-H곡선 특징

잔류자기(B_c) 수치가 높고, 보자력(H_c) 수치는 낮은 손실면적을 그림

(7) 자성체가 자화될 때 필요한 전자에너지(W)

전기자기학을 포함하여 전기영역에서 구하는 모든 에너지(W) 계산은 다음 두 수식으로부터 유도됩니다.

→ $W = P \cdot t\,[\mathrm{J}]$, $W = Q \cdot V\,[\mathrm{J}]$

① 총 전자에너지(W)

솔레노이드 코일에 전류를 흘리면 코일에서 자기장과 관련된 전자에너지(W)가 발생합니다. 총 전자에너지는 다음과 같이 전개됩니다.

(전체) 전자에너지 : $W = \dfrac{1}{2} L I^2\,[\mathrm{J}]$ 또는 $W = \dfrac{1}{2} \Phi I\,[\mathrm{J}]$

$$\left\{ \begin{array}{l} w = p\,t = e\,i\,t = \left(L \dfrac{di}{dt}\right) i\,t = L \displaystyle\int_0^i i\,di = L\left[\dfrac{1}{2} i^2\right]_0^i = \dfrac{1}{2} L I^2 \\ LI = N\Phi \end{array} \right\}$$

여기서, 전자에너지식에 인덕턴스 구조식 $L = \frac{\mu A N^2}{l}[H]$과 $I = H_p\, l[A]$ 수식을 대입하면, 다음과 같은 인덕턴스 구조로 나타낸 전자에너지(W) 수식이 됩니다.

(전체) 전자에너지 : $W = \frac{1}{2}LI^2 = \frac{1}{2}\mu A\, l N^2 H_p^{\ 2}$ [J]

② 자화에 필요한 단위체적당 에너지(W)

총 에너지값을 단위체적당 에너지값으로 변환하려면 총 에너지 W_0를 체적[m^3]으로 나누어 줍니다. → $W_v = \frac{W_0}{v} = \frac{\frac{1}{2}\mu A\, l N^2 H_p^{\ 2}}{A\, l}$ [J/m^3]

단위체적당 전자에너지 : $W_v = \frac{1}{2}\mu H_p^{\ 2} = \frac{1}{2}H_p B = \frac{1}{2}\frac{B^2}{\mu}$ [J/m^3]

③ 자성체의 자극 면에 작용하는 힘

물리적 운동에너지 식($W = F \cdot l$)을 응용하여 자성체의 자극 면[m^2]에 작용하는 힘(F)을 구할 수 있습니다.

$$F_0 = \frac{W_0}{l}\ [N] \rightarrow F_s = \frac{F_0}{A} = \frac{\frac{1}{2}\mu A N^2 H_p^{\ 2}}{A}\ [N/m^2]$$

자극 면에서 작용 힘 : $F_s = \frac{1}{2}\mu H_p^{\ 2} = \frac{1}{2}H_p B = \frac{1}{2}\frac{B^2}{\mu}$ [N/m^2]

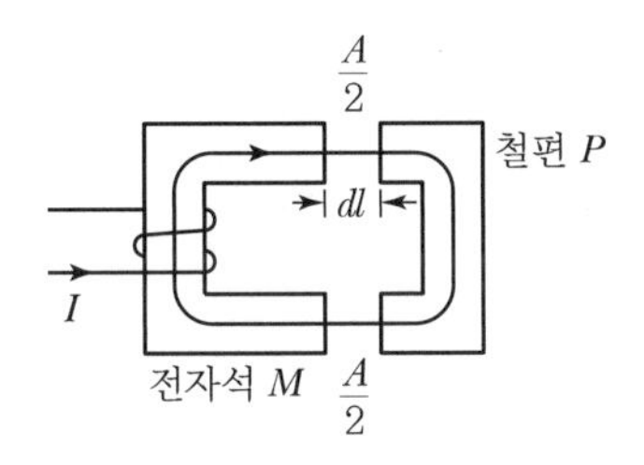

02 자성체의 완전경계 조건

자성체로 사용될 재료가 단일한 물질이라면 투자율(μ_s)이 일정하겠지만, 둘 이상이라면 서로 다른 투자율(μ_s)이 존재합니다. 두 개의 투자율이 만나는 부분에서는 자속밀도(B)가 꺾이는 현상이 발생합니다.

자성체의 완전경계면은 이미 앞에서 다룬 유전체의 완전경계면 내용과 대비되므로 쉽게 정리할 수 있습니다.

PART 01

핵심기출문제

단면적 15[cm^2]의 자석 근처에 같은 단면적을 가진 철편을 놓았을 때 그곳을 통하는 자속이 3×10^{-4}[Wb]이면 철편에 작용하는 흡인력은 약 몇 [N]인가?

① 12.2 ② 23.9
③ 36.6 ④ 48.8

해설

철편에 작용하는 힘

$F_s = \frac{F_0}{A} = \frac{1}{2}\frac{B^2}{\mu}$ [N/m^2]

$F = F_s \cdot S = \left(\frac{1}{2}\frac{B^2}{\mu_0}\right)S$

$= \frac{1}{2\mu_0}\left(\frac{\phi}{S}\right)^2 \times S = \frac{\phi^2}{2\mu_0 S}$ [N]

$= \frac{(3\times10^{-4})^2}{2\times4\pi\times10^{-7}\times15\times10^{-4}}$

$= 23.9$ [N]

정답 ②

다만, 여기서 말하는 자성체가 반드시 고체인 것은 아닙니다. 철(Fe)과 같은 고체일수도 있고, 액체나 어떤 매질의 공간일 수도 있습니다. 공기도 투자율(μ)이 존재하는 하나의 자성체입니다.

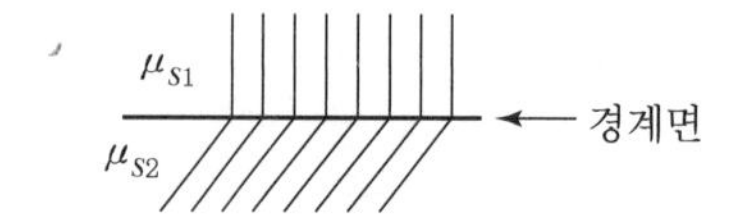

솔레노이드 코일에 전류를 흘리면 감은 권수에 비례하여 철심에서 자속(ϕ)이 발생합니다.($LI = N\Phi$) 자로(철심) 내에 자속밀도(B)가 진행하며 투자율(μ)이 서로 다른 경계면을 기준으로 굴절하게 됩니다. 여기서 자성체의 경계면에는 자속밀도의 입사각과 굴절각에 영향을 주는 자하 [Wb] 가 존재하지 않는 전제(이를 '완전경계면'라 함)에서 경계면이론을 다룹니다. 이를 통해 우리는 자성체 μ_1과 μ_2의 자기적 특성과 대소관계를 파악할 수 있습니다.

1. 매질(또는 자성체)의 경계면에서 입사 및 굴절 조건

(1) 조건 1 : 자속밀도(B)의 법선성분이 연속이다.

직각좌표의 수직 축(=법선)을 기준 0°로 하여, 자속밀도(B)가 자성체 경계면에 법선으로 입사(θ_1)하면, 경계면에서 굴절된 굴절각(θ_2) 역시 0°가 되어야 합니다. 이를 최종적인 수식으로 나타내면 다음과 같습니다.

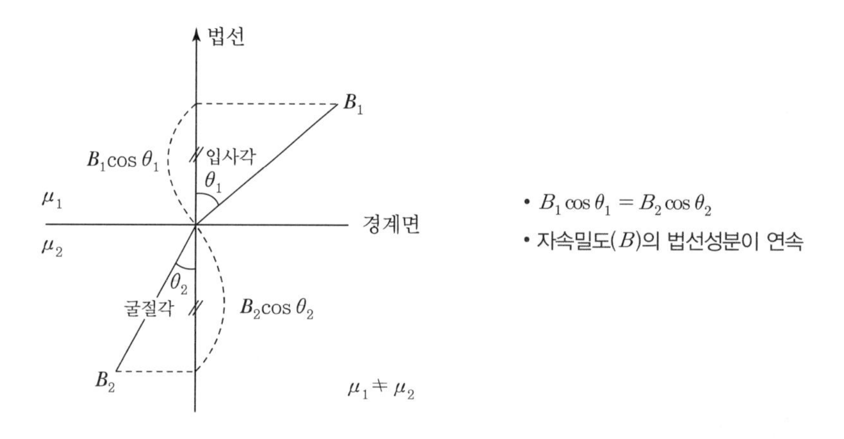

"자속밀도(B)의 법선성분이 연속"이란 말은 그림의 두 자속밀도가 서로 같다는 의미입니다. → $B_A = B_A{}'$

하지만 자속밀도는 항상 법선으로 경계면에 입사하지 않고, 0∼180°의 다양한 각도로 입사할 수 있으므로, $\cos\theta$ 각을 이용하여 다음과 같이 나타낼 수 있습니다.

$$\cos\theta_1 = \frac{B_A}{B_1} \rightarrow B_A = B_1 \cos\theta_1$$

$$\cos\theta_2 = \frac{B_A{}'}{B_2} \rightarrow B_A{}' = B_2\cos\theta_2$$

이를 $B_A = B_B{}'$ 조건에 맞춰 나타내면 $B_1\cos\theta_1 = B_2\cos\theta_2$ 또는 $\dfrac{\cos\theta_1}{\cos\theta_2} = \dfrac{B_2}{B_1}$

만약 입사각(θ_1)이 법선이 아닌 각도로 입사한다면 입사각(θ_1)과 굴절각(θ_2) 사이에 각도 차이가 생기고, 경계면의 입사각(θ_1)과 굴절각(θ_2) 차이를 통해 두 매질(또는 자성체)의 투자율(μ) 대소 관계를 알 수 있습니다.

(2) 조건 2 : 자계(H_p)의 접선성분이 연속이다.

직각좌표의 수직 축인 법선을 기준 0°로 하여, 자계(H_p)가 자성체 경계면에 접선(수평) 90°로 입사(θ_1)하면, 경계면에서 자계(H_p)의 굴절각도(θ_2) 역시 접선 90°가 되어야 합니다. 이를 최종적인 수식으로 나타내면 다음과 같습니다.

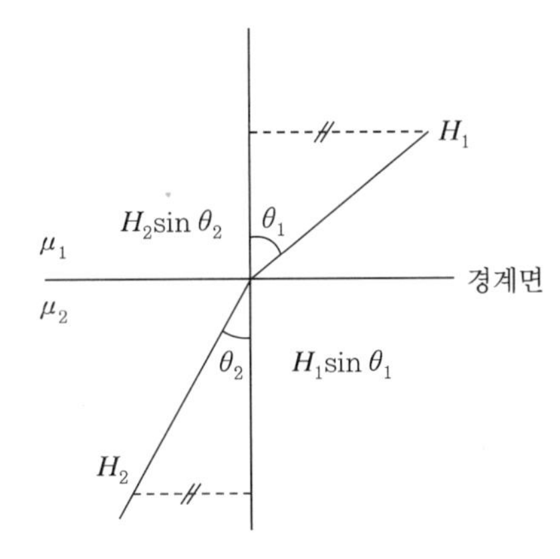

- $H_1\sin\theta_1 = H_2\sin\theta_2$
- 자계(H_p)의 접선성분이 연속

구체적으로, "자계(H_p)의 접선성분이 연속"이란 말은 그림의 두 자계가 서로 같다는 의미입니다. → $H_A = H_A{}'$

하지만 자계가 항상 접선 90°로 경계면에 입사하지 않고, 다양한 각도로 입사할 수 있으므로, $\sin\theta$ 각을 이용하여 다음과 같이 나타낼 수 있습니다.

$$\sin\theta_1 = \frac{H_A}{H_1} \rightarrow H_A = H_1\sin\theta_1$$

$$\sin\theta_2 = \frac{H_A{}'}{H_2} \rightarrow H_A{}' = H_2\sin\theta_2$$

이를 $H_A = H_A{}'$ 조건에 맞춰 나타내면 $H_1\sin\theta_1 = H_2\sin\theta_2$ 또는 $\dfrac{\sin\theta_1}{\sin\theta_2} = \dfrac{H_2}{H_1}$

만약 입사각(θ_1)이 접선이 아닌 각도로 입사했다면, 입사각(θ_1)과 굴절각(θ_2) 사이에 각도 차이가 생기고, 경계면의 입사각(θ_1)과 굴절각(θ_2) 차이를 통해 두 매질(또

핵심기출문제

두 자성체의 경계면에서 경계 조건을 설명한 것 중 옳은 것은?

① 자계의 접선성분은 서로 같다.
② 자계의 법선성분은 서로 같다.
③ 전속밀도의 법선성분은 서로 같다.
④ 전속밀도의 접선성분은 서로 같다.

해설

두 자성체의 경계면에서 경계 조건

- 전속밀도의 경계면에 수직한 성분은 경계면 양측에서 서로 같다.
  $B_1\cos\theta_1 = B_2\sin\theta_2$
- 자계의 경계면에 평행한 성분은 경계면 양측에서 서로 같다.
  $H_1\sin\theta_1 = H_2\sin\theta_2$
- 자속 및 자기력선은 두 자성체의 경계면에서 굴절한다.
  $\dfrac{\tan\theta_1}{\tan\theta_2} = \dfrac{\mu_1}{\mu_2}$

정답 ③

PART 01

는 자성체)의 투자율(μ) 대소관계를 알 수 있습니다.

(3) 조건 3 : 자성체 경계면에서 μ_1과 μ_2의 자위차가 같아야 한다.

(4) 매질 경계면에서 투자율(μ) 대소관계

조건 1과 조건 2를 이용하여 입사각(θ_1)과 굴절각(θ_2)을 $\tan\theta$각도로 표현하면, 경계면에 접한 두 자성체의 투자율(μ) 대소관계를 알 수 있습니다.

$$\frac{\text{조건 2}}{\text{조건 1}} = \frac{H_1 \sin\theta_1 = H_2 \sin\theta_2}{B_1 \cos\theta_1 = B_2 \cos\theta_2} \rightarrow \frac{\tan\theta_1}{\mu_1} = \frac{\tan\theta_2}{\mu_2}$$

입사각(θ_1)과 굴절각(θ_2)을 이용한 두 자성체 μ_1과 μ_2의 대소관계는 다음과 같이 정리됩니다.

$\theta_1 > \theta_2$ 경우	$\theta_1 < \theta_2$ 경우
$B_1 > B_2$ $H_1 < H_2$ $\mu_1 > \mu_2$	$B_1 < B_2$ $H_1 > H_2$ $\mu_1 < \mu_2$

핵심기출문제

투자율이 다른 두 자성체의 경계면에서의 굴절각은?

① 투자율에 비례한다.
② 투자율에 반비례한다.
③ 자속에 비례한다.
④ 투자율에 관계없이 일정하다.

해설

투자율이 서로 다른 두 자성체의 경계면 조건에서

$\frac{\tan\theta_1}{\tan\theta_2} = \frac{\mu_1}{\mu_2}$

여기서, 굴절각 θ_2에 해당하는 투자율 μ_2는 $\tan\theta_2 = \mu_2$ 비례관계이다.

정답 ①

03 자기회로

전기회로는 전기저항(R_e)이 존재하는 도선으로 폐회로를 만들고, 회로에 기전력(V)에 의한 전류(I)가 흐르는 시스템입니다.

자기회로는 자기저항(R_m)이 존재하는 자로(또는 철심)로 폐회로를 만들고, 회로에 기자력(F)에 의한 자속(Φ)이 흐르는 시스템입니다. 이러한 자기회로는 전기회로에 대응되므로 회로와 관련 공식이 서로 유사합니다.

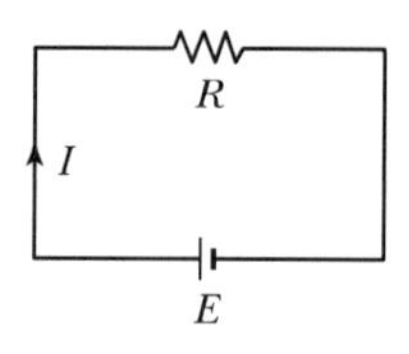

- 전기회로 $V = IR$
- 전기저항 $R = \frac{l}{kA}[\Omega]$

〖 전기회로 〗

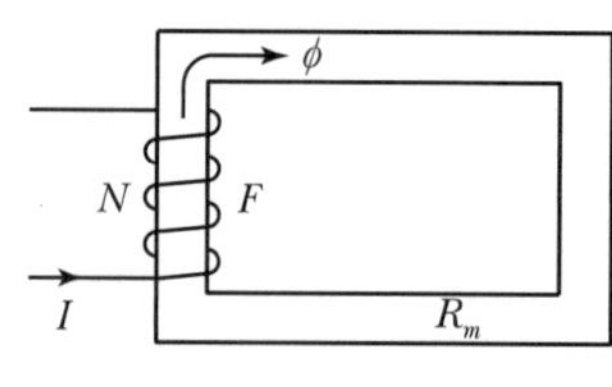

- 자기회로 $F = \phi R_m$[AT]
- 자기저항 $R_m = \frac{l}{\mu A}$[AT/Wb]

〖 자기회로 〗

핵심기출문제

환상 철심에 감은 코일에 5[A]의 전류를 흘리면 2,000[AT]의 기자력이 생기는 것으로 한다면 코일의 권수는 얼마로 하여야 하는가?

① 10^4 ② 5×10^2
③ 4×10^2 ④ 2.5×10^2

해설

자기회로의 기자력

$F = NI$[AT]

∴ 코일의 권수

$N = \frac{F}{I} = \frac{2,000}{5} = 400$[회]

정답 ③

1. 자기회로와 전기회로의 대응관계

전기회로의 요소들과 대응되는 자기회로의 요소들입니다.

동전기	동자기
$E = I \cdot R$ [V] : 기전력	$F = N \cdot I$ [AT] : 기자력
I [A] : 전류	Φ [Wb] : 자속
R_e [Ω] : 전기저항	R_m [AT/Wb] : 자기저항
(회로식) $R = \frac{V}{I}$ [Ω]	(회로식) $R_m = \frac{F}{\Phi}$ [AT/Wb]
(구조식) $R_e = \frac{l}{kA}$ [Ω], k : 도전도[℧/m]	(구조식) $R_m = \frac{l}{\mu A}$ [AT/Wb]
$[\Omega] = \left[\frac{\mathrm{m}}{℧/\mathrm{m} \cdot \mathrm{m}^2}\right] = \left[\frac{1}{℧}\right]$	$[\mathrm{AT/Wb}] = \left[\frac{\mathrm{m}}{\mathrm{H/m} \cdot \mathrm{m}^2}\right] = \left[\frac{1}{H}\right]$
l : 도선의 길이[m]	l : 자로의 길이[m]
컨덕턴스 $G = \frac{1}{R}$ [℧]	퍼미언스 $P = \frac{1}{R_m}$ [Wb/AT]
전류밀도 $D = \frac{Q}{A}$ [C/m²]	자속밀도 $B = \frac{\Phi}{A}$ [Wb/m²]
정전기	**정자기**
ε [F/m], E_p [V/m], D [C/m²]	μ [H/m], H_p [AT/m], B [Wb/m²]

2. 공극이 발생한 자기회로

솔레노이드 코일을 감을 수 있는 원형 철심 제작과정을 보면, 하나의 긴 철심을 구부려서 하나의 원형 철심을 만들 수 있고 또는 굴곡진 2개 내지는 4개 조각을 이어 붙여 하나의 원형 철심을 만들 수도 있습니다. 전자든 후자든 원형 철심을 최소한 1번 이상 접합해야 합니다.

이런 원형 철심이 오랜 시간 온도변화를 겪으면 철심이 수축·팽창을 반복하며 접합됐던 부분이 떨어질 수 있는데, 이것이 자기회로의 '공극'입니다.

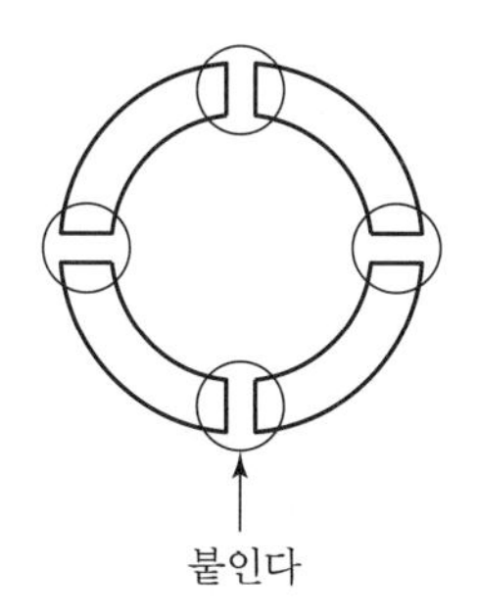

자로에 공극이 생기면 자로를 통해 이동하는 자속(Φ)이 감소하므로, 공극에서 새는 자속을 자기저항(R_m)으로 나타낼 수 있습니다.

핵심기출문제

전기회로에서 도전도[℧/m]에 대응하는 것은 자기회로에서 무엇인가?

① 자속 ② 기자력
③ 투자율 ④ 자기저항

정답 ③

핵심기출문제

평균자로의 길이 80[cm]의 환상 철심에 500회의 코일을 감고 여기에 4[A]의 전류를 흘렸을 때 기자력[AT]과 자화력[AT/m](자계의 세기)은?

① 2000, 2500
② 3000, 2500
③ 2000, 3500
④ 3000, 3500

해설

• 기자력

$F = NI = 500 \times 4 = 2000$ [AT]

• 자화력(자계의 세기)

$H_p = \frac{NI}{l} = \frac{500 \times 4}{0.8} = 2500$ [AT/m]

정답 ①

PART 01

핵심기출문제

비투자율 500, 단면적 3[cm^2], 평균 자로 30[cm]의 환상 철심에 코일이 600회 감겨 있다. 이 코일에 10[A]의 전류를 흘릴 때 생기는 자기 저항[AT/Wb]과 자속[Wb]은?(단, 진공 중의 투자율 $\mu_0 = 1.257 \times 10^{-6}$[H/m]는 계산의 편의상 1×10^{-6}[H/m]로 하여 계산한다.)

① 2×10^{-6}, 3×10^{-3}
② 2×10^{-6}, 3×10^{3}
③ 2×10^{6}, 3×10^{-3}
④ 2×10^{6}, 3×10^{6}

해설

• 자기저항

$R_m = \dfrac{l}{\mu A}$

$= \dfrac{0.3}{4\pi \times 10^{-7} \times 500 \times (3 \times 10^{-4})}$

$= 2 \times 10^6$[AT/Wb]

• 자속

$\phi = \dfrac{NI}{R_m} = \dfrac{600 \times 10}{2 \times 10^6}$

$= 3 \times 10^{-3}$[Wb]

정답 ③

핵심기출문제

공극을 가진 환형 자기회로에서 공극 부분의 길이와 투자율은 철심 부분의 것에 각각 0.01배와 0.001배이다. 공극의 자기저항은 철심 부분의 자기저항의 몇 배인가?(단, 자기회로의 단면적은 같다고 본다.)

① 9배 ② 10배
③ 11배 ④ 18.18배

해설

• 철심 부분의 자기저항

$R_m = \dfrac{l}{\mu A}$ 라고 하면

• 공극 부분의 자기저항

$R_g = \dfrac{l_g}{\mu_0 A} = \dfrac{0.01 \times l}{0.001 \times \mu A}$

$= 10 R_m$

정답 ②

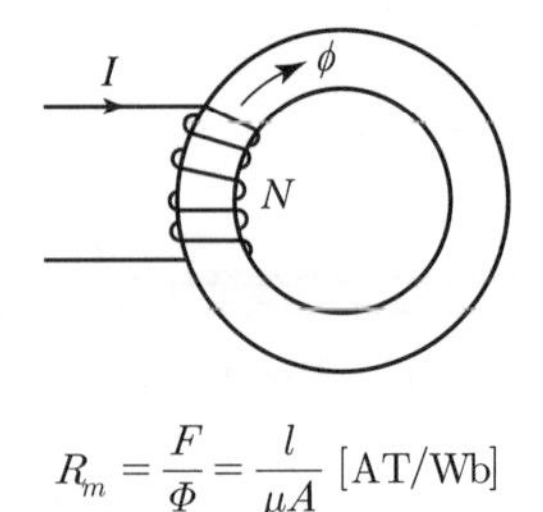

$R_m = \dfrac{F}{\Phi} = \dfrac{l}{\mu A}$ [AT/Wb]

〚 공극이 없는 자기회로 〛

$R_m = ?$

〚 공극이 생긴 자기회로 〛

원형 철심의 평균길이를 l [m]이라 하면, 공극이 발생하기 전의 자기저항은 다음과 같습니다.

$$\text{자기저항 } R_m = \frac{l}{\mu A} \text{ [AT/Wb]}$$

원형 철심의 일부가 떨어져나가서 자로에 공극이 발생한 후, 원형 철심의 평균길이는 줄어듭니다.($l - l_g$ [m])

그러므로 공극이 발생한 원형 철심의 자기저항(R_m)은 다음과 같이 나타낼 수 있습니다.

$$\text{자기저항 } R_m = \frac{l}{\mu A} \xrightarrow[\text{발생}]{\text{공극}} \text{공극의 저항 } R_g = \frac{l_g}{\mu_0 A}$$

$$\text{공극 발생 후 자로의 자기저항 } R_m' = R_m + R_g = \frac{l - l_g}{\mu A} + \frac{l_g}{\mu_0 A}$$

다만, 전체 자로의 길이 대비 공극의 길이는 매우 짧습니다.($l \gg l_g$)

이를 고려하여 다시 전개하면 다음과 같이 정리됩니다.

$$\text{공극 발생 후 자로의 자기저항 } R_m' = R_m + R_g \fallingdotseq \frac{l}{\mu A} + \frac{l_g}{\mu_0 A}$$

(1) 공극 발생 후 자기저항

$$R_m' = \frac{l}{\mu A} + \frac{l_g}{\mu_0 A} \text{ [AT/Wb]}$$

(2) 공극 발생 전(R_m)과 공극 발생 후(R_m') 자기저항 비율

$$\frac{R_m'}{R_m} = \frac{R_m + R_g}{R_m} = \frac{\left(\dfrac{l}{\mu A} + \dfrac{l_g}{\mu_0 A}\right)}{\dfrac{l}{\mu A}} = 1 + \frac{l_g}{l}\mu_s \text{ [AT/Wb]}$$

(3) 공극 발생 후 기자력(F)

$$F = R_m \Phi = R_m BA = \left(\frac{l}{\mu A} + \frac{l_g}{\mu_0 A}\right) BA = B\left(\frac{l}{\mu} + \frac{l_g}{\mu_0}\right) [\mathrm{AT}]$$

(4) 공극 발생 후 전류(I)

$$I = \frac{F}{N} = \frac{R_m BA}{N} = \frac{B}{N}\left(\frac{l}{\mu} + \frac{l_g}{\mu_0}\right) [\mathrm{A}]$$

(5) 공극 발생 후 자속(Φ)

$$\Phi = \frac{F}{R_m} = \frac{NI}{\left(\frac{l}{\mu A} + \frac{l_g}{\mu_0 A}\right)} [\mathrm{Wb}]$$

(6) 공극의 누설계수

공극에서 자속이 공기 중으로 새어나가므로 누설자속(Φ_l)이 생깁니다. 이런 누설자속에 대해, 누설자속 발생 전 대비 누설자속 발생 후를 비율로 나타내어 얼마나 자속이 누설되는지 간단한 수치(누설계수)로 나타낼 수 있습니다.

$$\text{공극의 누설계수 } \phi = \frac{\phi_1 + \phi_2}{\phi_1} \text{ [단위 없음]}$$

여기서, ϕ_1 : 원래 자로에 흐르는 유효자속

ϕ_2 : 공극 부분에서 새는 누설자속

핵심기출문제

길이 1[m]의 철심($\mu_r = 1,000$) 자기회로에 1[mm]의 공극이 생겼을 때 전체의 자기저항은 약 몇 배로 증가되는가?(단, 각부의 단면적은 일정하다.)

① 1.5　② 2
③ 2.5　④ 3

해설

$$\frac{R_m'}{R_m} = \frac{R_m + R_g}{R_m} = 1 + \frac{l_g}{l}\mu_s$$
$$= 1 + \frac{1\times10^{-3}}{1} \times 1,000$$
$$= 2[\text{배}]$$

정답 ②

핵심기출문제

그림은 철심부의 길이가 l_2, 공극의 길이가 l_1, 단면적이 S 인 자기회로이다. 자속밀도를 $B\,[\mathrm{Wb/m^2}]$로 하기 위한 기자력[AT]은?

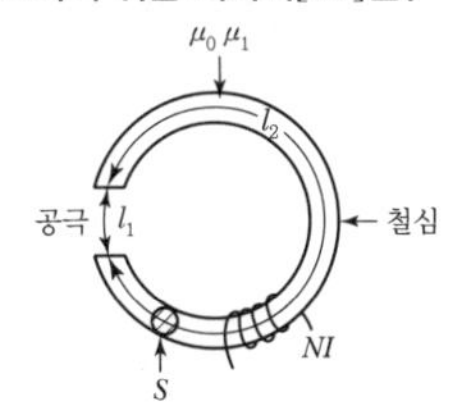

① $\frac{\mu_0}{B}\left(l_1 + \frac{\mu_s}{l_2}\right)$[AT]

② $\frac{B}{\mu_0}\left(l_1 + \frac{l_2}{\mu_s}\right)$[AT]

③ $\frac{\mu_0}{B}\left(l_2 + \frac{\mu_s}{l_1}\right)$[AT]

④ $\frac{B}{\mu_0}\left(l_1 + \frac{l_2}{\mu_s}\right)$[AT]

해설

합성 자기저항

$$R = R_g + R_m$$
$$= \frac{l_1}{\mu_0 S} + \frac{l_2}{\mu S} [\mathrm{AT/Wb}]$$

∴ 자기력 $F = R_m \Phi$ [AT]

$$= R_m BS = \left(\frac{l_1}{\mu_0 S} + \frac{l_2}{\mu S}\right) BS$$
$$= \frac{B}{\mu_0}\left(l_1 + \frac{l_2}{\mu_s}\right) [\mathrm{AT}]$$

정답 ④

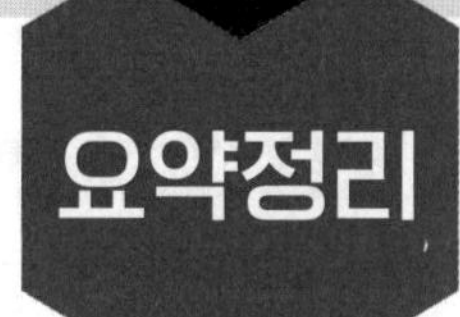

1. 자화와 자화의 세기

① **자화의 세기** : $J = B - B_0 = \mu_0 \mu_s H_p - \mu_0 H_p = \mu_0 H_p(\mu_s - 1)\,[\mathrm{Wb/m^2}]$

② **자화율** : $\chi = \mu_0(\mu_s - 1)$

③ **비자화율** : $\chi_s = \mu_s - 1$

④ **자화곡선에서 투자율(μ)** : 자화곡선의 기울기($\mu = \dfrac{B}{H_p}$)을 의미함

⑤ **감자력** : $H' = \dfrac{N}{\mu_0} J$

여기서, N : 감자율 ($0 < N < 1$)

⑥ **감자율을 고려한 자화의 세기** : $J = \dfrac{\mu_o(\mu - \mu_o)}{\mu_o + (\mu - \mu_o)N} H_o = \dfrac{\mu_o(\mu_s - 1)}{1 + (\mu_s - 1)N} H_o\,[\mathrm{Wb/m^2}]$

⑦ **전자에너지** $W = \dfrac{1}{2} L I^2\,[\mathrm{J}]$

⑧ **체적당 전자에너지** : $W_v = \dfrac{1}{2} \mu H_p{}^2 = \dfrac{1}{2} H_p B = \dfrac{1}{2} \dfrac{B^2}{\mu}\,[\mathrm{J/m^3}]$

⑨ **면적당 작용하는 힘** : $F_s = \dfrac{1}{2} \mu H_p{}^2 = \dfrac{1}{2} H_p B = \dfrac{1}{2} \dfrac{B^2}{\mu}\,[\mathrm{N/m^2}]$

2. 자성체의 완전경계 조건

① **조건 1** : 자속밀도(B)의 법선성분이 연속이다.

$B_1 \cos\theta_1 = B_2 \cos\theta_2$ 또는 $\dfrac{\cos\theta_1}{\cos\theta_2} = \dfrac{B_2}{B_1}$

② **조건 2** : 자계(H_p)의 접선성분이 연속이다.

$H_1 \sin\theta_1 = H_2 \sin\theta_2$ 또는 $\dfrac{\sin\theta_1}{\sin\theta_2} = \dfrac{H_2}{H_1}$

경계면에 투자율(μ) 대소관계 : $\dfrac{\tan\theta_1}{\mu_1} = \dfrac{\tan\theta_2}{\mu_2}$

$\theta_1 > \theta_2$ 경우	$\theta_1 < \theta_2$ 경우
$B_1 > B_2$ $H_1 < H_2$ $\mu_1 > \mu_2$	$B_1 < B_2$ $H_1 > H_2$ $\mu_1 < \mu_2$

③ **조건 3** : 자성체 경계면에 μ_1과 μ_2의 자위차가 같아야 한다.

3. 자기회로

① **자기저항(회로식)** : $R_m = \frac{F}{\Phi}$ [AT/Wb]

② **자기저항(구조식)** : $R_m = \frac{l}{\mu A}$ [AT/Wb]

③ **퍼미언스** : $P = \frac{1}{R_m}$ [Wb/AT]

④ **공극 발생 후 저기저항** : $R_m{}' = \frac{l}{\mu A} + \frac{l_g}{\mu_0 A}$ [AT/Wb]

⑤ **공극의 누설계수** : $\phi = \frac{\phi_1 + \phi_2}{\phi_1}$

PART 01

CHAPTER 10

인덕턴스 회로와 인덕턴스 크기

2장부터 6장까지는 전기현상의 근원에 대한 내용이고, 7장부터 10장까지는 자기현상의 근원에 대한 내용입니다. 전기현상과 자기현상을 잠깐 정리해 보겠습니다.

1. 전기현상

전기현상의 근원은 전하밀도 $\rho\,[\mathrm{C/m^2}]$ 입니다. 전하(Q)가 움직이지 않을 때 전하밀도(ρ)에 의해 생성되는 전기장(E_p)을 정전계(2, 4, 5, 6장)에서 다뤘습니다. 만약 전하(Q)가 도선을 통해 이동한다면, 전기장(E_p)은 없으며 도선을 통해 흐르는 전류만 존재합니다. → $I=\dfrac{Q}{t}[\mathrm{A}]$ 이런 전류에 대해 회로이론 과목에서 회로의 전류, 전압을 해석합니다.

2. 자기현상

자기현상의 근원은 전류밀도($\vec{J}$)입니다. 자석의 점 자극 $m\,[\mathrm{Wb}]$에 의한 자기장(H_p)을 정자계(7장)에서 다뤘고, 만약 자석이 아닌 도선에 흐르는 전류에 의한 자기장(H_p)은 7, 9장에서 비오–사바르 법칙과 앙페르의 전류법칙으로 다뤘습니다.

3. 전자력과 전자유도

8장 내용은 전자력[전류가 흐르는 도선에 의해 발생하는 자기장과 자기장 사이 작용하는 힘(F)]과 자기장(H_p)으로부터 만들어지는 유도기전력($e=-\dfrac{d\phi}{dt}$)을 다뤘습니다.

4. 인덕턴스

본 10장에서는 인덕턴스에 대해 다룹니다. 인덕턴스(L)의 개념을 이해하기 위해 자기장을 표현하는 용어들이 서로 어떻게 다른지 정리하고 인덕턴스 내용을 보겠습니다.

① **자장의 세기(H_p)** : 단위는 [AT/m]이며, 정자계의 자기장이든 전류가 흐르는 도선에 의한 자기장이든 자기장은 회전성을 갖고 있기 때문에 항상 회전합니다. 원궤적 직경 1[m] 둘레에 형성된 자기장을 기준으로 자기장의 세기를 나타냅니다.

② **자속밀도(B)** : 단위는 [Wb/m^2]이며, 부피[m^3]를 가진 자성체의 자극 면(m^2)에서 자기의 힘을 가진 에너지선(=자기력선)이 방출됩니다. 그래서 N 또는 S의 자극 면(m^2)에서 분출되는 자기력선의 양[Wb]이 자속밀도입니다.

③ **자극의 세기(m)와 [Wb] 단위 개념** : 진공 · 공기 매질에서 1[Wb] 크기의 자석이 내뿜는 자기력선 수는 795774(약 79만)개 → $N_m = \dfrac{m}{\mu_0} = \dfrac{1}{4\pi \times 10^{-7}}$ 입니다. 반대로 795774개의 자기력선 수를 만들기 위해 도전에 전류를 흘려야 한다면, 솔레노이드 코일을 10[cm] 직경 철심에 1회 감고, 이 코일에 약 3만[kA]의 전류를 흐르면 됩니다. 1[Wb]의 자기장은 매우 큰 자기장이었다는 것을 알 수 있습니다.

④ **자속(ϕ)** : 자속(ϕ)과 자극의 세기(m)는 같은 단위인 [Wb]를 사용합니다. 1[Wb]는 약 79만 개의 자기력선을 방출하는데, 이 자기력선을 1개의 자기력선으로 정의한 것이 자속(ϕ) 또는 자속선 수입니다.

⑤ **인덕턴스(L)**

㉠ 정의

전류가 흐르는 솔레노이드 코일의 자기장(Φ) 발생과 유기기전력(e) 발생(코일의 전기적 · 자기적 능력)능력을 수치로 나타낸 것입니다. 그래서 인덕턴스는 (솔레노이드) 코일을 대신하는 용어로 사용됩니다.

㉡ 솔레노이드 코일의 전기적 · 자기적 능력

솔레노이드 코일의 전기적 · 자기적 능력을 보여주는 대표적인 경우는 발전기 및 전동기의 계자와 전기자, 변압기의 1 · 2차측 권수비에 의한 변압입니다. 다시 말해, 발전기 발전전력량, 전동기의 토크, 변압기의 변압은 솔레노이드 코일량과 직접적으로 연관됩니다. 이런 솔레노이드 코일의 전기 · 자기적 크기를 수치로 나타낼 수 있는 것은 인덕턴스(L)밖에 없습니다.

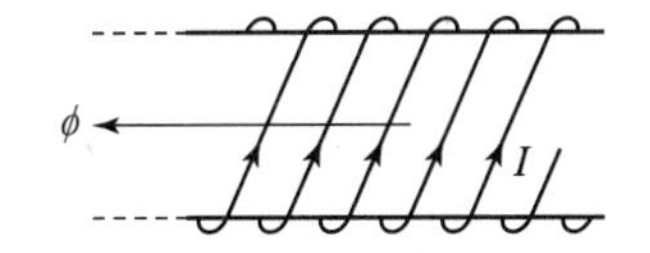

〖솔레노이드 코일에 의해 발생되는 자속(ϕ)〗

인덕턴스(L)는 솔레노이드 코일에 흘린 전류량(I) 대비 발생한 자기량(ϕ)과 유기기전력(e)의 비율을 논리적으로 나타내고, 이를 수식으로 표현하면 다음과 같습니다.

핵심기출문제

권수 600, 자기인덕턴스 1[mH]인 코일에 3[A]의 전류가 흐를 때 이 코일을 통과하는 자속은 몇 [Wb]인가?

① 2×10^{-6} ② 3×10^{-6}
③ 5×10^{-6} ④ 9×10^{-6}

해설

전자유도에 의한 자속수

$\Phi = N\phi = LI$ [Wb]

∴ 자속

$\phi = \frac{LI}{N} = \frac{1\times10^{-3}\times3}{600}$
$= 5\times10^{-6}$

정답 ③

• 인덕턴스의 전기적 · 자기적 능력 : $LI = N\Phi$

코일(L)에 전류(I)를 흘리면, 권수(N)에 비례한 자기장(ϕ)이 발생하고, 자기장($N\phi$)이 존재하는 곳의 코일(L)에는 전류(I)가 흐른다.

$$e = \frac{LI}{t} \rightarrow e \propto LI$$

코일에 전류(LI)가 흘러 유기기전력(e) 발생한다고 표현할 수도 있고, 전류에 의해 발생한 자기장이 권수($N\phi$)에 비례하여 유기기전력(e)이 발생한다고 표현할 수도 있습니다.

• LI 또는 $N\phi$에 의한 유기기전력 : $e = -L\frac{di}{dt} = -N\frac{d\phi}{dt}$ [V]

그래서 근원적으로 자기장(H_p), 유기기전력(e)은 모두 인덕턴스(L)에 의해 발생한다고 말할 수 있습니다.

5. Resistance(저항), Capacitance(콘덴서), Inductance(코일) 비교

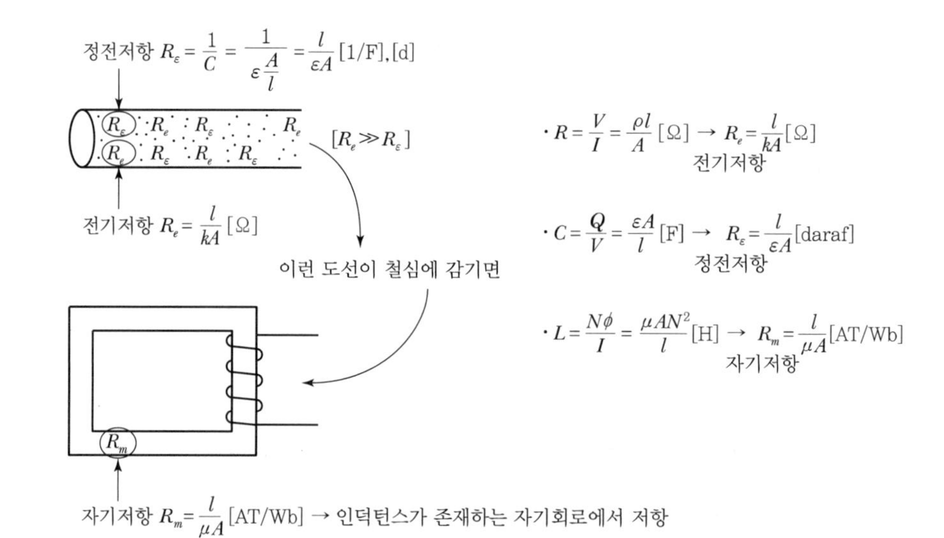

〚 전기회로의 전기저항(R_e)과 정전저항(R_ε), 자기회로의 자기저항(R_m) 비교 〛

투자율(μ_s)이 존재하는 **자로**에 코일을 감아 코일에 전류를 흘리면 자로를 통해 자기장(자속 ϕ)이 이동합니다. 이것이 자기회로이며, 자기회로에는 자속의 흐름을 방해하는 자기저항(R_m)이 있습니다.

① **자기저항** : $R_m = \frac{l}{\mu A}$ [AT/Wb]

② **인덕턴스** : $L = \frac{N\Phi}{I}$ [H] (자기회로에서 나타나는 관계식)

자로
자속(Φ)이 이동(투과)할 수 있는 길. 비투자율(μ_s)이 큰 물질이 자로의 재료로 사용된다.

③ **인덕턴스** : $L = \frac{\mu A N^2}{l}$ [H] (코일소자의 구조로 나타낸 관계식)

$$\begin{cases} L = \frac{N\Phi}{I} = \frac{N}{I}\frac{F}{R_m} = \frac{N}{I}\frac{NI}{\left(\frac{l}{\mu A}\right)} = \frac{\mu A N^2}{l} \text{ [H]} \\ F = NI = \Phi \cdot R_m \text{ [AT]} \\ R_m = \frac{l}{\mu A} \text{ [AT/Wb]} \end{cases}$$

④ **코일(인덕턴스 L)에 전류를 흘려 발생하는 전자에너지(W)**

$$W = \frac{1}{2} L I^2 \text{ [J]}$$

⑤ **코일(L)에 의해 발생하는 체적단위의 전자에너지(W)**

$$W_v = \frac{1}{2}\mu H_p^2 = \frac{1}{2} B H_p = \frac{1}{2}\frac{B^2}{\mu} \text{ [J/m}^3\text{]}$$

⑥ **자성체 자극 면에서 발생하는 힘(F)**

$$F_s = \frac{1}{2}\mu H_p^2 = \frac{1}{2} B H_p = \frac{1}{2}\frac{B^2}{\mu} \text{ [N/m}^2\text{]}$$

⑦ **(솔레노이드) 코일** :

⑧ **(솔레노이드) 코일 기호** :

⑨ **인덕턴스(L) 관련 단위들**

㉠ 헨리 : [H]

㉡ $L = \frac{N\Phi}{I}$ [Wb · T/A] → [웨버 · 턴/암페어]

㉢ $L = e\frac{T}{I}$ [V · sec/A], [Ω · sec]

01 자기 인덕턴스(L)

인덕턴스는 솔레노이드 코일에서 흘린 전류(LI)에 의해 얼마만큼의 자속($N\phi$)이 발생되는가를 수치(H)로 나타낸 것입니다. 여기서 인덕턴스는 자기 인덕턴스와 상호 인덕턴스로 구분됩니다.

- 자기 인덕턴스 $L = \frac{N\Phi}{I}$ [H]

  [코일에 전류가 흐르고, 코일 자신이 자속(ϕ)을 만든 인덕턴스]

핵심기출문제

인덕턴스의 단위[H]와 같은 단위는?

① [F] ② [V/m]
③ [A/m] ④ [Ω · sec]

해설

자기유도현상에 의해 코일에 유도되는 기전력은 $e = -L\frac{di}{dt}$ [V]

이 관계식에서 단위의 관계는

$[\text{V}] = [\text{H}]\frac{[\text{A}]}{[\text{sec}]}$

$\therefore [\text{H}] = [\text{V}]\frac{[\text{sec}]}{[\text{A}]} = \frac{[\text{V}]}{[\text{A}]}[\text{sec}] = [\Omega \cdot \text{sec}]$

정답 ④

핵심기출문제

자기 인덕턴스 0.05[H]의 회로에 흐르는 전류가 매초 530[A]의 비율로 증가할 때 자기 유도기전력 [V]을 구하면?

① −25.5 ② −26.5
③ 25.5 ④ 26.5

해설

자기회로에 유기되는 기전력

$e = -L\frac{dI}{dt}$ [V]

기전력의 방향은 Lentz의 법칙에 의해서 전류변화의 반대방향이 된다.

$\therefore e = -0.05 \times \frac{530}{1} = -26.5$ [V]

정답 ②

핵심기출문제

다음 중 [Ohm · sec]와 같은 단위는?

① [Farad] ② [Farad/m]
③ [Henry] ④ [Henry/m]

정답 ③

02 상호 인덕턴스(M)

코일(L_2) 자신은 전류가 흐르지 않고, 다른 코일(L_1)에서 발생한 자속(ϕ_1)으로부터 영향을 받아 전자유도에 의한 전류와 자속(ϕ_2)이 생긴 경우, 이런 코일(L_2)의 인덕턴스를 상호 인덕턴스(M)로 정의합니다.
상호 인덕턴스도 인덕턴스와 같은 헨리[H] 단위를 사용합니다.

(1) 자기 인덕턴스와 상호 인덕턴스 비교

다음 그림에서 코일에 직접 전류를 흘린 L_1이 자기 인덕턴스이고, 전류가 인가되지 않은 L_2는 상호 인덕턴스[L_1에 의해서 발생한 자속(ϕ_1)의 영향을 받아 L_2 유도 전류가 흐르고, 이때 L_2에서 발생하는 자속(ϕ_2)]입니다.

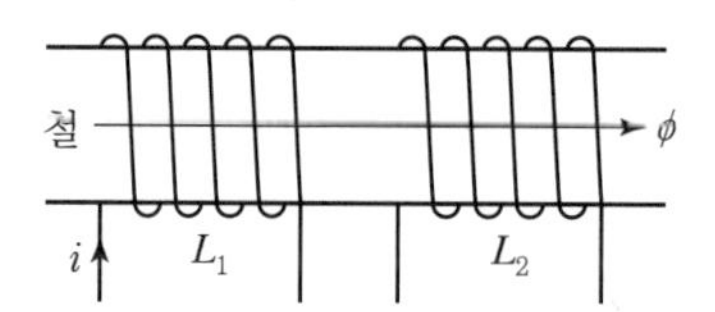

〖자기 인덕턴스(L_1)와 상호 인덕턴스(L_2) 비교〗

(2) 자로 형태에 따른 L_1과 L_2

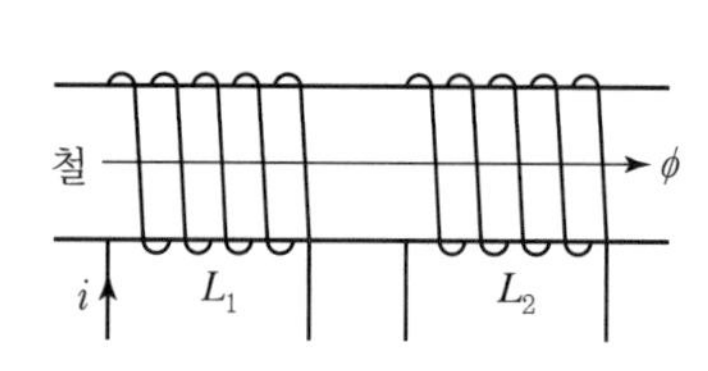

〖a. 직선형 자로〗

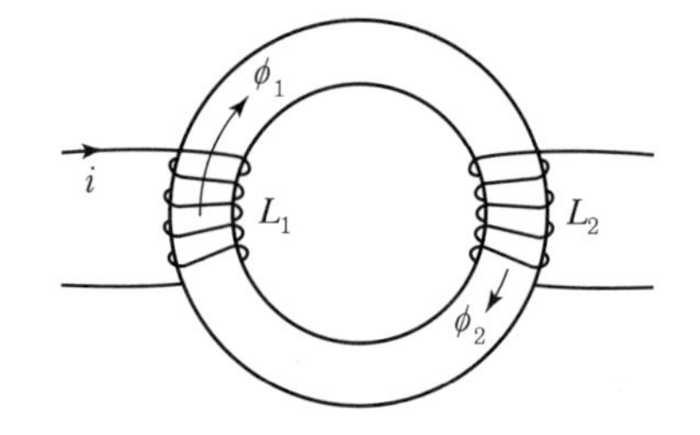

〖b. 환형(원형) 자로〗

[그림 a]의 직선형 자로와 [그림 b]의 환형 자로의 구분 없이 자기 인덕턴스(L)와 상호 인덕턴스(M)는 다음과 같은 관계식이 성립합니다.

① **자기 인덕턴스(L_1)에 대한 관계식**

$$L_1 I_1 = N_1 \Phi_1 \rightarrow L_1 = \frac{N_1 \Phi_1}{I_1}\,[\mathrm{H}]$$

② **상호 인덕턴스(L_2)에 대한 관계식**

$$M I_1 = N_2 \Phi_2 \rightarrow M = \frac{N_2 \Phi_2}{I_1}\,[\mathrm{H}]$$

핵심기출문제

철심에 25회의 권선을 감고 1[A]의 전류를 통했을 때 0.01[Wb]의 자속이 발생하였다. 같은 철심을 사용하되 자기 인덕턴스를 1[H]로 하려면 도선의 권수는?

① 25 ② 50
③ 75 ④ 100

해설
인덕턴스

$L_1 = \frac{N_1 \phi}{I} = \frac{2.5 \times 0.01}{1}$
$= 0.25\,[\mathrm{H}]$

그리고 $L \propto N^2$이므로

$L_1 : L_2 = N_1^2 : N_2^2$

$\therefore N_2 = \sqrt{\frac{L_2}{L_1}} \times N_1$
$= \sqrt{\frac{1}{0.25}} \times 25 = 50$(회)

정답 ②

핵심기출문제

환상 솔레노이드 코일에 흐르는 전류가 2[A]일 때 자로의 자속이 1×10^{-2}[Wb]가 되었다고 한다. 코일의 권수를 500회라 할 때 이 코일의 자기 인덕턴스[H]는?(단, 코일의 전류와 자로의 자속과의 관계는 정비례하는 것으로 한다.)

① 2.5 ② 3.5
③ 4.5 ④ 5.5

해설
자기 인덕턴스

$L = \frac{N\phi}{I}$ [Wb/A] = [H]

$\therefore L = \frac{N\phi}{I}$
$= \frac{500 \times 1 \times 10^{-2}}{2} = 2.5\,[\mathrm{H}]$

정답 ①

③ **상호 인덕턴스**

$$M = \frac{\mu A N_1 N_2}{l}[\mathrm{H}] \text{ (구조식)}, \quad M = \frac{N_1 N_2}{R_m}[\mathrm{H}] \text{ (회로식)}$$

④ **상호 인덕턴스에 의한 유도기전력**

$$e_1 = -M\frac{di_2}{dt}[\mathrm{V}], \quad e_2 = -M\frac{di_1}{dt}[\mathrm{V}]$$

만약 L_1과 L_2 모두가 자기 인덕턴스로 작용할 경우, 한 자로에 감긴 두 개의 자기 인덕턴스(L_1, L_2)에 의한 상호 인덕턴스(M)는 결합계수를 고려해야 합니다.

03 결합계수(k)

결합계수(k)는 한 자로에 두 개의 자기 인덕턴스(L_1, L_2)가 있을 때, 두 개의 자속(ϕ_1, ϕ_2)의 자속 결합력을 수치로 표현한 것입니다.

만약 자기 인덕턴스 L_1과 L_2 모두가 비투자율(μ_s)이 높고 자속 결합이 높은 자로에 항상 감겨 있다면, 결합계수가 필요하지 않습니다. 자로의 재료로 사용되는 물질은 다양합니다. 결합계수가 낮은 자로를 통해 두 자기 인덕턴스 코일이 감겨 있다면, 이때 자속(ϕ_1, ϕ_2)이 자로 외부 공기 중으로 새는 자속이 발생합니다. 이것이 누설자속(ϕ_l)입니다. 누설자속(ϕ_l)이 얼마나 생기는지를 결합계수(k)로 나타낼 수 있습니다.

① **결합계수**

$$k = \frac{M}{\sqrt{L_1 L_2}} \quad (k\text{의 범위} : 0 \le k \le 1)$$

㉠ k가 0이면, 자로의 두 자속(ϕ_1, ϕ_2) 간 결합이 없다는 뜻

㉡ k가 1이면, 자로의 두 자속(ϕ_1, ϕ_2) 간 결합이 100%라는 뜻

② **결합계수를 고려한 상호 인덕턴스**

$$M = k\sqrt{L_1 L_2}[\mathrm{H}] \quad (k : \text{결합계수})$$

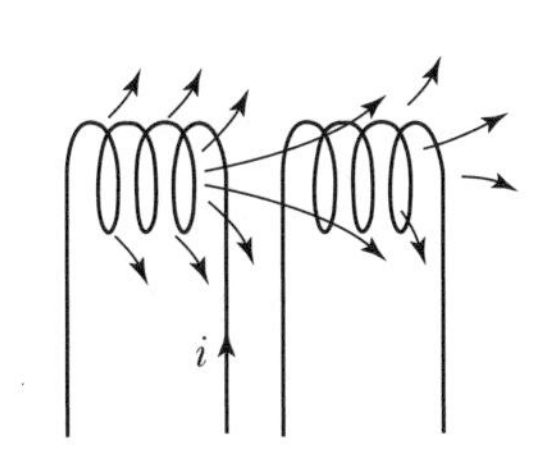

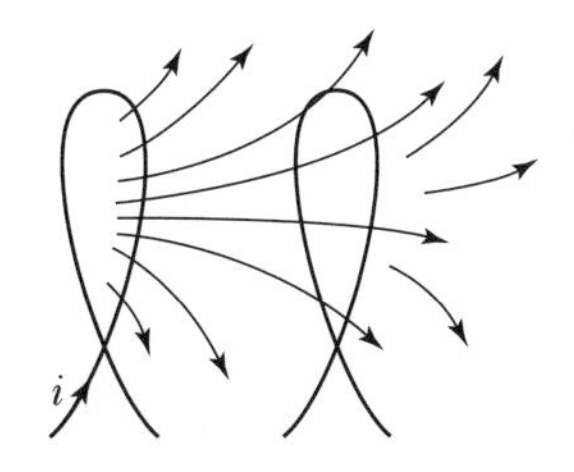

〚 공기 중으로 새는 자속이 많아 결합계수 k=0인 경우 〛

핵심기출문제

원형 단면의 비자성 재료에 권수 $N_1 = 1,000$의 코일이 균일하게 감긴 환상 솔레노이드의 자기 인덕턴스가 $L_1 = 1[\mathrm{mH}]$이다. 그 위에 권수 $N_2 = 1200$의 코일이 감겨 있다면 이때의 상호 인덕턴스 [mH]는 얼마인가?(단, 결합계수 $k = 1$이다.)

① 1.2 ② 1.44

③ 1.62 ④ 1.82

해설

상호 인덕턴스

$M = \frac{N_1 N_2}{R} = \frac{N_2}{N_1} L_1[\mathrm{H}]$

$\therefore M = \frac{N_2}{N_1} \times L_1$

$= \frac{1200}{1000} \times 1[\mathrm{mH}]$

$= 1.2[\mathrm{mH}]$

정답 ①

핵심기출문제

자기회로의 자기저항이 일정할 때 코일의 권수를 1/2로 줄이면 자기 인덕턴스는 원래의 몇 배가 되는가?

① $\frac{1}{\sqrt{2}}$배 ② $\frac{1}{2}$배

③ $\frac{1}{4}$배 ④ $\frac{1}{8}$배

해설

자기 인덕턴스 $L = \frac{N^2}{R}$를 통해 인덕턴스 L은 권수의 제곱에 비례한다.

$L \propto N^2$ 관계로 비율식을 세우면

$L : N^2 = L' : \left(\frac{N}{2}\right)^2$

$\rightarrow 1^2 \times L' = L \times \frac{1^2}{4}$이므로

권수가 1/2로 준 후 자기 인덕턴스는 $L' = \frac{1}{4}L$

정답 ③

핵심기출문제

자기 인덕턴스가 L_1, L_2이고 상호 인덕턴스가 M인 두 회로의 결합계수가 1이면 다음 중 옳은 것은?

① $L_1L_2 = M$ ② $L_1L_2 < M^2$

③ $L_1L_2 > M^2$ ④ $L_1L_2 = M^2$

해설

상호 인덕턴스 $M = k\sqrt{L_1L_2}$ 에서 결합계수 $k = 1$인 경우는 두 회로가 자기적으로 완전히 결합된 것을 나타낸다.

$\therefore M^2 = L_1L_2$

정답 ④

핵심기출문제

그림과 같이 코일 1과 2가 있고 인덕턴스가 L_1, L_2라 할 때 상호 인덕턴스 M_{12}는 다음 어느 식이 되는가?(단, k는 결합계수이다.)

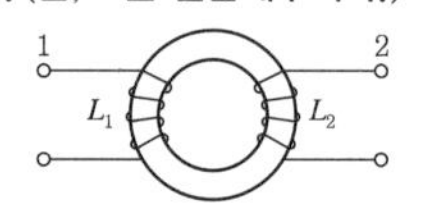

① $M_{12}^2 = kL_1L_2$

② $M_{12}^2 = k^2L_1L_2$

③ $M_{12}^2 = \dfrac{L_1L_2}{k}$

④ $M_{12}^2 = k\dfrac{L_1}{L_2}$

해설

$M^2 = k^2L_1L_2$

여기서, 결합계수

$k = \dfrac{M}{\sqrt{L_1 \cdot L_2}}\ (M = k\sqrt{L_1L_2})$

정답 ②

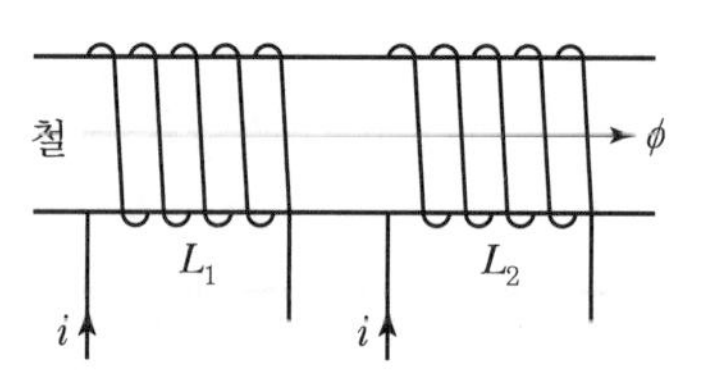

〖 투자율이 높은 철심으로 두 자속이 이동하여 결합계수 $k = 1$인 경우 〗

04 노이만의 공식

전류가 흐르는 두 개 도선이 각각 있고, 두 도선에 흐르는 전류에 의해 자기장이 발생하고 있습니다. 이때 폐곡선을 그리는 두 개의 자기장 사이에서 발생하는 상호 인덕턴스(M) 크기는 다음과 같습니다.

$$M = \frac{\mu}{4\pi}\oint_{c1}\oint_{c2}\frac{1}{r}dl_1 \cdot dl_2\ [\mathrm{H}]$$

05 인덕턴스(L) 회로

솔레노이드 코일 두 개를 폐회로가 되도록 다음 그림처럼 구성하고 코일에 전압 · 전류를 인가합니다. 이때 코일의 접속 상태(가동접속과 차동접속)에 따라서 두 코일의 인덕턴스값은 동일하더라도 합성 인덕턴스값(L_0)은 다르게 됩니다.

1. 직렬회로에서 인덕턴스의 가동접속과 차동접속

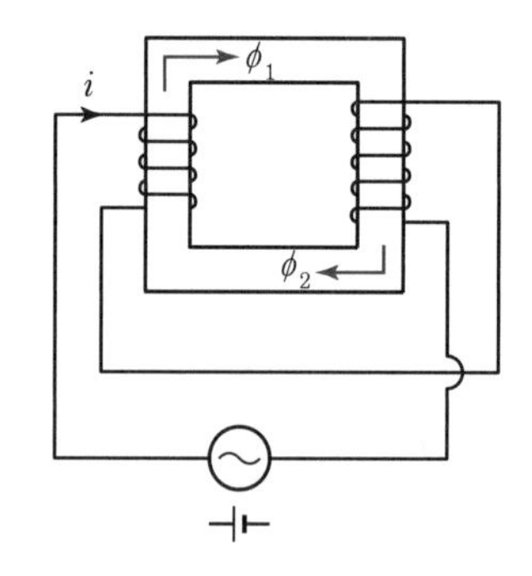

〖 a. 직렬 가동접속회로 〗

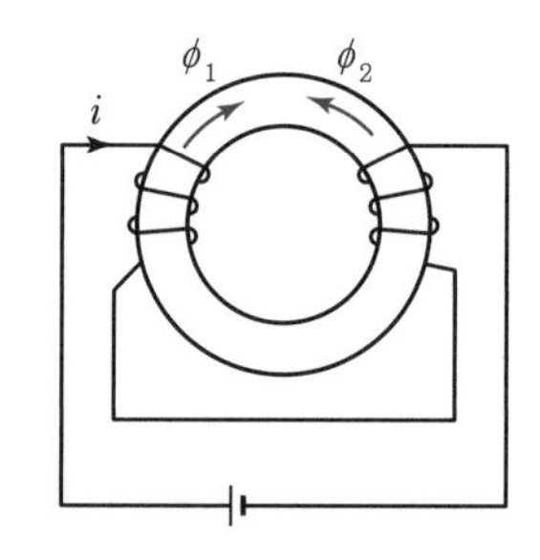

〖 b. 직렬 차동접속회로 〗

[그림 a]의 직렬회로는 두 개 인덕턴스에 의한 두 자속(ϕ_1, ϕ_2)이 서로 더해지므로 합성 자속이 $\phi_0 = \phi_1 + \phi_2$ [Wb]가 되는 '가동접속'회로입니다.

[그림 b]의 직렬회로는 두 개 인덕턴스에 의한 두 자속(ϕ_1, ϕ_2)이 서로 상쇄되므로 합성 자속이 $\phi_0 = \phi_1 - \phi_2$ [Wb] 가 되는 '차동접속'회로입니다.

위 그림은 인덕턴스 회로에 대해서 매우 상세하게 묘사한 그림입니다. 하지만 위 그림보다 훨씬 간략하게 기호화된 형태로 인덕턴스 회로를 나타낼 필요가 있습니다. 이번에 인덕턴스 등가회로를 보겠습니다.

(1) 가동접속 직렬회로

인덕턴스 등가회로에서 • 기호는 전류가 코일에 들어가는 방향을 뜻하고, 우측 등가회로의 • 기호 방향은 두 자속이 서로 더해지는 가동접속을 의미합니다. 이때 합성 인덕턴스 L_0는 다음과 같습니다.

L_1 L_2 L_1 L_2

① 가동접속일 때 합성 인덕턴스

$$L_0 = L_1 + L_2 + 2M \text{ [H]}$$
$$= L_1 + L_2 + 2k\sqrt{L_1 L_2} \text{ [H]}$$

② L_1, L_2, M에 의해 발생하는 전자에너지

$$W = \frac{1}{2}LI^2 \text{ [J]}$$
$$= \frac{1}{2}(L_1 + L_2 + 2M)I^2 = \frac{1}{2}L_1 I_2{}^2 + \frac{1}{2}L_2 I_2{}^2 + MI_1 I_2 \text{ [J]}$$

(2) 차동접속 직렬회로

우측 등가회로의 • 기호방향은 두 자속이 서로 상쇄되는 차동접속을 의미합니다. 이때 합성 인덕턴스 L_0는 다음과 같습니다.

L_1 L_2 L_1 L_2

차동접속일 때 합성 인덕턴스

$$L_0 = L_1 + L_2 - 2M \text{ [H]} = L_1 + L_2 - 2k\sqrt{L_1 L_2} \text{ [H]}$$

(3) 가동접속과 차동접속이 혼합된 회로

직렬회로에서 코일이 차동접속과 가동접속으로 혼합된 경우, 합성 인덕턴스 L_0와 상호 인덕턴스 M는 다음과 같이 나타냅니다.

L_1 L_2 L_1 L_2

핵심기출문제

직렬로 연결한 2개의 코일에서 합성 자기 인덕턴스는 80[mH]가 되고, 한쪽 코일의 연결을 반대로 하면 합성 자기 인덕턴스는 50[mH]가 된다. 두 코일 사이의 상호 인덕턴스는 얼마인가?

① 2.5[mH] ② 6[mH]
③ 7.5[mH] ④ 9[mH]

해설

상호 인덕턴스

• 가동결합

$L_+ = L_1 + L_2 + 2M$
$= 80$ [mH]

• 차동결합

$L_- = L_1 + L_2 - 2M$
$= 50$ [mH]

∴ 상호 인덕턴스

$$M = \frac{1}{4}(L_+ - L_-)$$
$$= \frac{80-50}{4} = 7.5 \text{ [mH]}$$

정답 ③

① **합성 인덕턴스**

$$L_0 = L_{가동} - L_{차동} = L_1 + L_2 + 2M - (L_1 + L_2 - 2M) = 4M\,[\mathrm{H}]$$

② **상호 인덕턴스**

$$M = \frac{1}{4}(L_{가동} - L_{차동})\,[\mathrm{H}]$$

2. 병렬회로에서 인덕턴스의 가동접속과 차동접속

(1) 가동접속 병렬회로

가동접속 된 L_1에 의한 자속 ϕ_1과 L_2에 의한 자속 ϕ_2은 서로 더해집니다. 이때 합성 인덕턴스 L_0는,

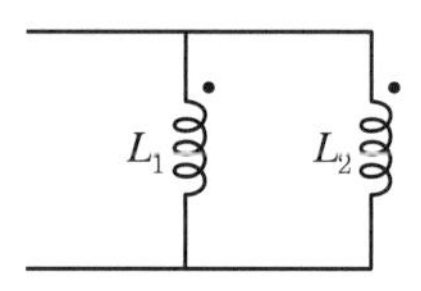

가동접속일 때 합성 인덕턴스

$$L_0 = M + \frac{(L_1 - M)(L_2 - M)}{L_1 + L_2 - 2M} = \frac{(L_1 L_2) - M^2}{L_1 + L_2 - 2M}\,[\mathrm{H}]$$

(2) 차동접속 병렬회로

차동접속 된 L_1에 의한 자속 ϕ_1과 L_2에 의한 자속 ϕ_2은 서로 상쇄됩니다. 이때 합성 인덕턴스 L_0는,

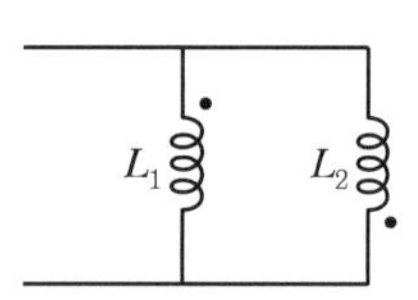

차동접속일 때 합성 인덕턴스

$$L_0 = -M + \frac{(L_1 + M)(L_2 + M)}{L_1 + L_2 + 2M} = \frac{(L_1 L_2) - M^2}{L_1 + L_2 + 2M}\,[\mathrm{H}]$$

(3) 결합계수 $k = 0$일 경우, 합성 인덕턴스

인덕턴스 등가회로에서 L_1과 L_2 사이에 결합계수(k)가 0이라면, 이때 합성 인덕턴스는 가동, 차동의 접속상태와 무관하게 다음의 합성 인덕턴스 수식이 됩니다.

합성 인덕턴스

$$L_0 = \frac{L_1 L_2}{L_1 + L_2}\,[\mathrm{H}]\ (\text{단, 결합계수 } k = 0\text{일 경우})$$

핵심기출문제

자기 인덕턴스가 L_1, L_2인 두 개의 코일이 상호 인덕턴스 M으로 그림과 같이 접속되어 있고 여기에 I[A]의 전류가 흐를 때 합성 인덕턴스[H]를 구하는 식은?

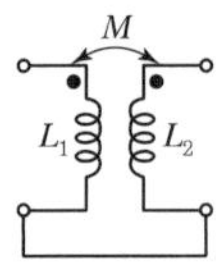

① $L_1 + L_2 + 2M$
② $(L_1 + L_2)M$
③ $L_1 + L_2 \pm M$
④ $(L_1 + L_2)M^2$

해설

두 개의 인덕턴스 회로가 자기적으로 결합했을 때, 코일이 가지는 에너지

$W = \frac{1}{2}LI^2$

$= \frac{1}{2}(L_1 I_1^2 + L_2 I_2^2 + 2M I_1 I_2)$

$= \frac{1}{2}(L_1 + L_2 + 2M)I^2$[J]

여기서, 합성 인덕턴스

$L = L_1 + L_2 + 2M$[H]

정답 ①

핵심기출문제

$L_1 = 5$[mH], $L_2 = 80$[mH], 결합계수 $k = 0.5$인 두 개의 코일을 그림과 같이 접속하고 $I = 0.5$[A]의 전류를 흘릴 때 이 합성 코일에 축적되는 에너지는?

① 13.13×10^{-3}[J]
② 26.26×10^{-3}[J]
③ 8.13×10^{-3}[J]
④ 16.16×10^{-3}[J]

해설

두 코일이 가동결합상태이므로 합성 인덕턴스

$L = L_1 + L_2 + 2M$

$= L_1 + L_2 + 2 \times k\sqrt{L_1 L_2}$

$= 5 + 80 + 2 \times 0.5\sqrt{5 \times 80}$

$= 105$[mH]

자기에너지 $W = \frac{1}{2}LI^2$

$= \frac{1}{2} \times (105 \times 10^{-3}) \times 0.5^2$

$= 13.125 \times 10^{-3}$[J]

정답 ①

06 다양한 형태에 따른 인덕턴스(L) 크기 계산

다양한 자로형태에서 나타나는 인덕턴스(L)의 크기를 계산해 보겠습니다.

1. 환형 자로에서 인덕턴스(L) 크기

환형(또는 원형)으로 된 자로에 솔레노이드 코일을 감았을 경우, 솔레노이드 코일에 의한 자로 내부에서 인덕턴스 크기는 인덕턴스 기본식 $L=\frac{N\phi}{I}$[H]으로부터 유도하여 다음과 같이 나타낼 수 있습니다.

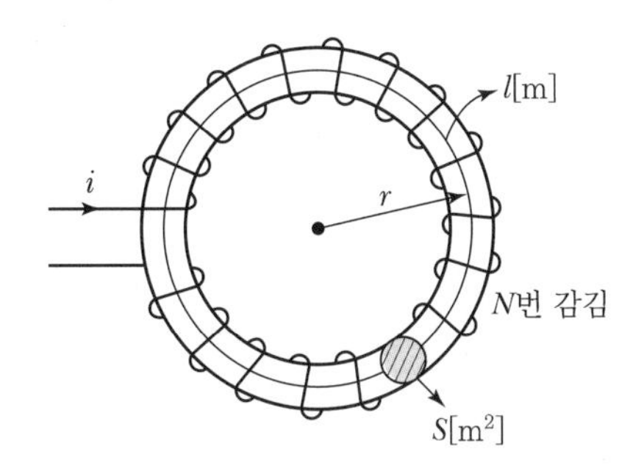

① $L=\frac{\mu AN^2}{l}$[H] (l : 원형 자로의 평균길이)

② $L=\frac{\mu AN^2}{2\pi r}$[H] [$r$: 중심 축에서 원형 자로 중심까지의 거리(반지름)]

③ **상호 인덕턴스** : $M=\frac{\mu AN_1N_2}{l}=\frac{\mu AN_1N_2}{2\pi r}$[H]

2. 직선형 자로에서 인덕턴스(L) 크기

직선으로 된 자로길이가 유한하든 무한하든 직선형태의 자로에 솔레노이드 코일을 감으면, 자로 내부에서 발생하는 인덕턴스는 기본식 $L=\frac{N\phi}{I}$[H]으로부터 유도하여 다음과 같이 나타낼 수 있습니다.

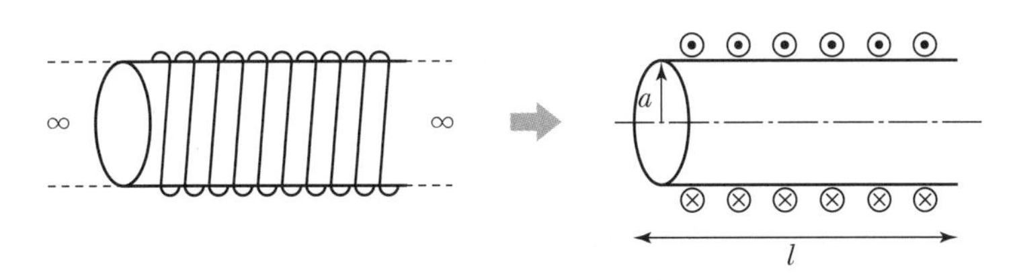

① **자로 총 길이에서 발생하는 인덕턴스**

$$L=\frac{\mu AN^2}{l}\text{[H]}$$

핵심기출문제

환상 철심의 코일수를 10배로 하였다면 인덕턴스의 값은 몇 배가 되는가?

① 1배로 증가
② 10배로 증가
③ 100배로 증가
④ 1000배로 증가

해설

환상 철심의 인덕턴스

$L\propto N^2=10^2=100$

정답 ③

핵심기출문제

비투자율 1000, 단면적 10[cm^2], 자로의 길이 100[cm], 권수 1000회인데 철심 환상 솔레노이드에 10[A]의 전류가 흐를 때 저축되는 자기에너지는 몇 [J]인가?

① 62.8 ② 6.28
③ 31.4 ④ 3.14

해설

솔레노이드의 내부 인덕턴스

$L=\frac{\mu SN^2}{l}$

$=\frac{4\pi\times10^{-7}\times1{,}000\times10\times10^{-4}\times1{,}000^2}{1}$

$=4\pi\times10^{-1}$[H]

∴ 자기에너지

$W=\frac{1}{2}LI^2$

$=\frac{1}{2}\times4\pi\times10^{-1}\times10^2$

$=62.8$[J]

정답 ①

핵심기출문제

단면적 S, 평균 반지름 r, 권수 N인 토로이드 코일(Toroid Coil)에 누설자속이 없는 경우 자기 인덕턴스의 크기는?

① 권선수의 제곱에 비례하고 단면적에 반비례한다.
② 권선수 및 단면적에 비례한다.
③ 권선수의 제곱 및 단면적에 비례한다.
④ 권선수의 제곱 및 평균 반지름에 비례한다.

해설

토로이드 코일(Toroid Coil)
(≒ Solenoid Coil)
자기 인덕턴스

$L = \frac{\mu S N^2}{l}$

$= \frac{\mu(\pi r^2) \cdot N^2}{l}$[H]

정답 ③

핵심기출문제

그림과 같은 1[m]당 권선수 n, 반지름 a[m]인 무한장 솔레노이드의 자기 인덕턴스[H/m]는 n과 a 사이에 어떠한 관계가 있는가?

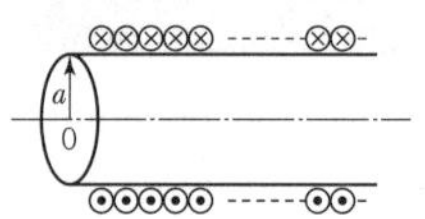

① a와 상관없고 n^2에 비례한다.
② a와 n의 곱에 비례한다.
③ a^2와 n^2의 곱에 비례한다.
④ a^2에 반비례하고 n^2에 비례한다.

해설

무한장 솔레노이드의 자기 인덕턴스

$L = \frac{\mu S N^2}{l}[\text{H}] \times \frac{1}{l}$

$= \frac{\mu(\pi a^2) n^2}{l^2}$

$= \mu(\pi a^2) {n_0}^2 [\text{H/m}]$

$= \mu(\pi a^2) {n_0}^2 \times l$

$= \mu \pi a^2 n^2 l[\text{H}]$

정답 ③

인덕턴스(구조식) $L = \frac{\mu A N^2}{l}[\text{H}]$을 직선형 자로의 인덕턴스 크기 계산에 사용할 수 있습니다. 다만, 여기서 수식 속의 길이 l은 직선형 자로의 전체 길이므로 단위길이당 인덕턴스 [H/m]로 바꿔줍니다.

$$\rightarrow L = \frac{\mu A N^2}{l} \times \frac{1}{l} = \frac{\mu A N^2}{l^2}[\text{H/m}]$$

② **단위길이 [m] 당 발생하는 인덕턴스**

$$L = \frac{\mu A N^2}{l^2}[\text{H/m}] = \mu A {n_0}^2 = \mu(\pi a^2){n_0}^2[\text{H/m}] = \mu(\pi a^2){n_0}^2 l[\text{H}]$$

여기서, $\frac{N^2}{l^2}$: 단위길이당 권수 [T/m]

3. 동축케이블 내부의 인덕턴스(L) 크기 계산

동축케이블의 다른 말은 전선, 도선 또는 원주형 도체, 축대칭 원형 도체입니다. 동축케이블은 솔레노이드 코일(Solenoid Coil)에 감기지 않았으나 다음과 같은 이유에서 인덕턴스가 존재합니다.

솔레노이드 코일의 재질은 구리입니다. 이것이 자로에 감겨 있는 형태이기 때문에 자기장 밀도가 증가할 수 있습니다. 코일과 동일한 구리재질과 투자율을 가진 연동선, 경동선, 알루미늄 전선의 단면적은 코일(coil)의 단면적보다 최소한 몇 십 배가 큽니다. 그리고 전선은 길이가 [km] 단위로 깁니다.

이와 같이 동축케이블은 직선 도체이지만 솔레노이드 코일의 구리량보다 많은 구리로 만들어진 도체이기 때문에, 동축케이블에 전류가 흐르면 솔레노이드 코일에 전류가 흐를 때와 최소한 동일하거나 혹은 보다 많은 인덕턴스(L)가 발생합니다.

그래서 이러한 동축케이블의 인덕턴스 크기는 다음과 같이 계산할 수 있습니다.

동축케이블 내부에서 발생하는 인덕턴스는 인덕턴스 회로식 $L = \frac{N\phi}{I}[\text{H}]$으로 유도하여 전개할 수 없고, 인덕턴스의 전자에너지 $W = \frac{1}{2}LI^2$ [J] 수식으로부터 유도하여 인덕턴스 크기를 계산할 수 있습니다.

① **동축케이블 내부의 인덕턴스**

$$L_i = \frac{\mu}{8\pi} l\,[\text{H}] \text{ 또는 } L_i = \frac{\mu}{8\pi}[\text{H/m}]$$

② **[km] 당 도체 내부의 인덕턴스**

$$L_i = \frac{1}{2} \times 10^{-1} = 0.05\,[\text{mH/km}]$$

$$\left\{L_i = \frac{4\pi \times 10^{-7}}{8\pi} = \frac{1}{2}\frac{10^{-3}}{10^3} \times 10^{-1} = \frac{1}{2}\frac{[\mathrm{mm}]}{[\mathrm{km}]} \times 10^{-1} = \frac{1}{2} \times 10^{-1}\,[\mathrm{mH/km}]\right\}$$

참고 동축케이블 내부의 인덕턴스 크기 계산(국가기술자격시험에서 요구하는 지식이 아님)

인덕턴스 전자에너지 $W = \frac{1}{2}LI^2$ [J] → 체적당 전자에너지 $W_v = \frac{1}{2}\mu H_p^{\,2}$ [J/m³]

여기서 전선 내부의 자기장값은 $H_p = \frac{rI}{2\pi a^2}$ [AT/m]이므로, H_p 값을 전자에너지식에 대입하면

$W = \frac{1}{2}\mu\left(\frac{rI}{2\pi a^2}\right)^2 = \frac{\mu r^2 I^2}{8\pi^2 a^4}$ [J/m³]이 된다.

단위 변화 [J/m³] → [J]을 하기 위해 체적단위 전자에너지식에 체적 Al [m³]을 곱한다.

→ $W = \frac{\mu r^2 I^2}{8\pi^2 a^4} Al$ [J] : 총 전자에너지

전선 내부 반지름에 따라 인덕턴스 크기가 달라지므로 반지름으로 적분한다. 다음의 적분 결과가 전류가 흐르는 직선 도체 내부에서 발생하는 전체 전자에너지이다.

$$w = \int_0^a \frac{\mu r^2 I^2}{8\pi^2 a^4}(2\pi r\, l)\, dr = \frac{\mu l I^2}{4\pi a^4}\int_0^a r^3\, dr = \frac{\mu l I^2}{16\pi}\ [J] \rightarrow w = \frac{1}{2}\left(\frac{\mu l}{8\pi}\right)I^2$$

전자에너지 두 수식 $w = \frac{1}{2}LI^2$와 $w = \frac{1}{2}\left(\frac{\mu l}{8\pi}\right)I^2$은 서로 같은 값이 되어야 하므로,

$w = \frac{1}{2}LI^2 = \frac{1}{2}\left(\frac{\mu l}{8\pi}\right)I^2$ 여기서 동축케이블 내부의 인덕턴스값은 $L_i = \frac{\mu l}{8\pi}$ [H]라는 것을 알 수 있다.

핵심기출문제

무한히 긴 원주 도체의 내부 인덕턴스의 크기는 어떻게 결정되는가?

① 도체의 인덕턴스는 0이다.
② 도체의 기하학적 모양에 따라 결정된다.
③ 주위의 자계 세기에 따라 결정된다.
④ 도체의 재질에 따라 결정된다.

해설

원주형 도체의 단위길이당 내부 인덕턴스 $L_i = \frac{\mu}{8\pi}$ [H/m]이고, 여기서 도체 내부의 인덕턴스는 도체의 굵기와 관계없이 도체의 비투자율 (μ_s)에만 관계된다.

정답 ④

4. 동축케이블 외부의 인덕턴스(L) 크기 계산

동축케이블 외부에서 발생하는 인덕턴스 크기 계산은, 전류가 흐르는 도선 주변에 발생하는 모든 폐곡선의 자기장(H_p)을 적분해야 합니다.

이 경우는 앙페르의 주회적분 법칙을 이용하여 동축케이블 외부에서 발생하는 인덕턴스의 크기를 계산할 수 있습니다.

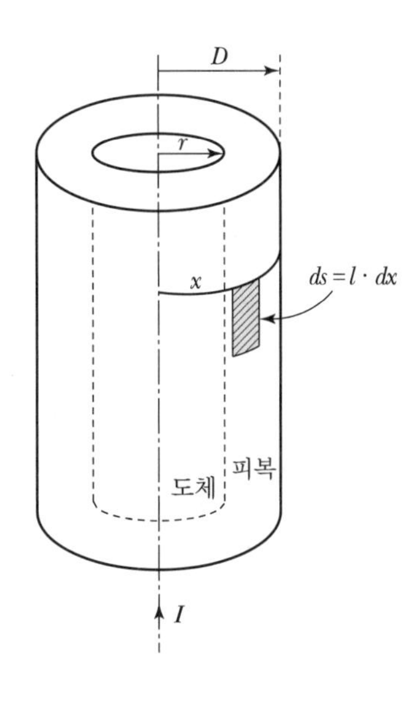

① **인덕턴스 기본식**

$LI = N\phi$

② **앙페르 적분법칙**

$\Phi = B \cdot S = (\mu H_p) \cdot S$ [Wb]

→ $\phi = \int_s (\mu H_p)\, \vec{ds}$ [Wb]

③ **단위면적당 통과하는 자속밀도**

$ds = l\, dx$

핵심기출문제

반지름 r인 직선상 도체에 전류 I가 균일하게 흐를 때 도체 내의 전자에너지와 관계없는 것은?

① 투자율
② 도체의 단면적
③ 도체의 길이
④ 전류의 크기

해설

직선상 (원주) 도체에 축적되는 자계에너지는

$W = \frac{1}{2}LI^2 = \frac{1}{2}\left(\frac{\mu}{8\pi}l\right)I^2$[J]

그러므로, 직선상 도체의 전자에너지는 도체의 단면적과 관계없다.

정답 ②

핵심기출문제

동축케이블의 단위길이당 자기 인덕턴스는?(단, 동축선 자체의 내부 인덕턴스는 무시하는 것으로 한다.)

① 두 원통의 반지름의 비에 정비례한다.
② 동축선의 투자율에 비례한다.
③ 유전체의 투자율에 비례한다.
④ 전류의 세기에 비례한다.

해설

동축케이블의 단위길이당 내부 인덕턴스

$L = L_i + L_{out}$

$= \frac{\mu}{8\pi} + \frac{\mu_0}{2\pi}\ln\frac{b}{a}$ [H/m]

정답 ③

④ **전선의 미소둘레**

dx [m]

⑤ [km] **당 도체 외부의 인덕턴스**

$$L_{out} = \frac{\mu}{2\pi} ln\frac{D}{r}\ [\text{H/m}]$$

$$= 0.4605\ \log_{10}\frac{D}{r}\ [\text{mH/km}]$$

참고 동축케이블 외부의 인덕턴스 크기 계산(**국가기술자격시험에서 요구하는 지식이 아님**)

$\phi = \int_a^b (\mu H_p)\vec{ds}$ [Wb] $\rightarrow \phi = \int_r^D (\mu H_p) l\ dx$ [Wb]

여기서, 자기장은 무한직선전류에 의한 자계의 세기 $H_p = \frac{I}{2\pi x}$ 이므로, H_p 값을 적분식에 대입하면,

$\phi = \int_r^D (\mu H_p) l\ dx = \int_r^D \mu\left(\frac{I}{2\pi x}\right) l\, dx = \frac{\mu I l}{2\pi}\int_r^D \frac{1}{x}dx = \frac{\mu I l}{2\pi} ln\frac{D}{r}$ [Wb]

$N\phi = LI = \left(\frac{\mu l}{2\pi} ln\frac{D}{r}\right) I$ 이므로, 여기서 인덕턴스는 $L = \frac{\mu}{2\pi} ln\frac{D}{r}$ [H/m]

여기서, '로그 밑 변환' 공식 : $y = \log_a b = \frac{\log_c b}{\log_c a}$ 을 적용한다.

$\rightarrow L_{out} = \frac{\mu}{2\pi} ln\frac{D}{r} = \frac{\mu}{2\pi}\frac{\log_{10}\frac{D}{r}}{\log_{10} e}$ [H/m] $= \frac{2\times 10^{-1}}{\log_{10} e}\log_{10}\frac{D}{r}$ [mH/km]

여기서, $\frac{2\times 10^{-1}}{\log_{10} e} = 0.4605$ 이므로 $L_{out} = 0.4605\log_{10}\frac{D}{r}$ [mH/km]

5. 동축케이블 내 · 외부 전체의 인덕턴스(L) 크기 계산

도체의 중심축에서 도체 표면까지의 거리를 r [m] (또는 a [m]) 그리고 도체의 중심축에서 케이블 겉의 피복 표면까지 거리를 D [m] (또는 b [m])라고 할 때, 동축케이블 내부와 외부 전체의 인덕턴스(L)는 도체 내부의 인덕턴스(L_i)와 도체 외부의 인덕턴스(L_{out})의 합으로 나타낼 수 있습니다.

[전체 인덕턴스]

$$L = L_i + L_{out} = \frac{\mu}{8\pi} + \frac{\mu}{2\pi} ln\frac{D}{r}\ [\text{H}]$$

$$= 0.05 + 0.4605\ \log\frac{D}{r}\ [\text{mH/km}]$$

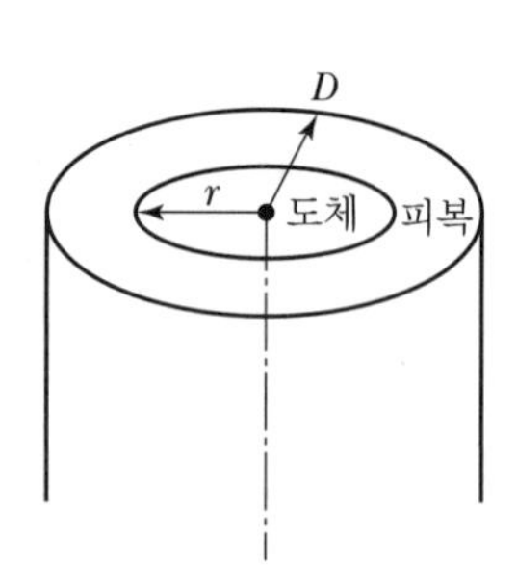

또는 $L = \frac{\mu}{8\pi} + \frac{\mu}{2\pi} ln\frac{b}{a}$ [H]

$$= 0.05 + 0.4605\ \log\frac{b}{a}\ [\text{mH/km}]$$

6. 평행한 두 도선 사이의 인덕턴스(L) 크기 계산

'나란한 두 전선' 또는 '평행한 전선' 또는 '평행 왕복 전류'에 의한 인덕턴스 크기는 다음과 같이 나타낼 수 있습니다.

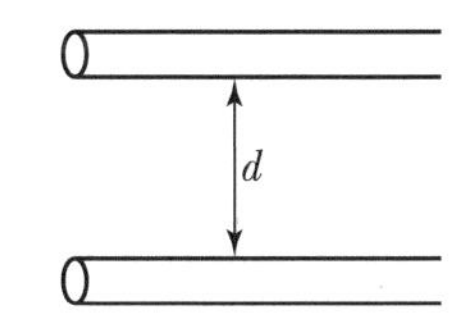

① **전선과 전선 사이 거리**

$d\,[\mathrm{m}]$

② **두 도선의 내부 인덕턴스**

$$L_i = \frac{\mu}{8\pi} \times 2\text{개}\ [\mathrm{H/m}]$$

③ $d\,[\mathrm{m}]$ **거리의 두 도선 사이에서 인덕턴스** : 외부 인덕턴스와 같음

$$L_{out} = \frac{\mu}{\pi} ln\frac{d}{a}\ [\mathrm{H/m}]$$

평행한 두 도선의 전체 인덕턴스는 다음과 같습니다.

$$L = L_i + L_{out} = \frac{\mu}{4\pi} + \frac{\mu}{\pi} ln\frac{d}{a}\ [\mathrm{H/m}]$$

$$= 2\left(\frac{\mu}{8\pi} + \frac{\mu}{2\pi} ln\frac{d}{a}\right) [\mathrm{H/m}]$$

참고 $d\,[\mathrm{m}]$ **떨어진 두 도선 사이의 인덕턴스** $L_{out} = \frac{\mu}{\pi} ln\frac{d}{a}$ **에 대한 계산 과정**
(국가기술자격시험에서 요구하는 지식이 아님)

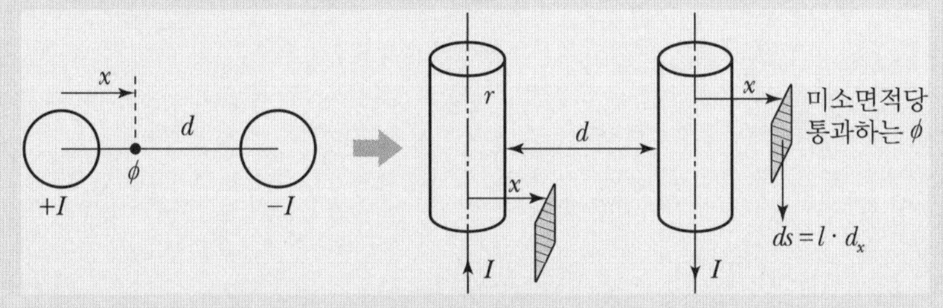

여기서, dx : 전선 사이의 미소거리, 한 도체의 반지름
거리 r과 d : 정의하기에 따라 다르기 때문에 바뀔 수 있음

앙페르 적분 법칙을 이용하여 도체에 흐르는 전류에 의한 자속(ϕ)을 먼저 구한다.

$\Phi = BS = (\mu H_p)S \rightarrow \phi = \int_s (\mu H_p)\vec{ds}$ 이고, $H_p = \frac{I}{2\pi x} + \frac{I}{2\pi(d-x)}$ 이다.

$$\rightarrow \phi = \int_r^{d-r} (\mu H_p)l\,dx = \int_r^{d-r} \mu\frac{I}{2\pi}\left(\frac{1}{x} + \frac{1}{d-x}\right)l\,dx = \frac{\mu Il}{2\pi}\int_r^{d-r}\left(\frac{1}{x} + \frac{1}{d-x}\right)dx$$

여기서, 적분계산 : $\int_r^{d-r}\left(\frac{1}{x} + \frac{1}{d-x}\right)dx = [\ln x + \ln(d-x)]_r^{d-r}$

$$= \ln(d-r) + \ln(d-[d-r]) - \ln r + \ln(d-r) = 2\ln\frac{d}{r}$$

$\rightarrow \phi = \frac{\mu Il}{2\pi}2\ln\frac{d}{r} = \frac{\mu Il}{\pi}\ln\frac{d}{r}$ [Wb] 이때 $N\phi = LI = \left(\frac{\mu l}{\pi}ln\frac{d}{r}\right)I$ 이므로,

인덕턴스는 $L = \frac{\mu l}{\pi}ln\frac{d}{r}\ [\mathrm{H}] = \frac{\mu}{\pi}ln\frac{d}{r}\ [\mathrm{H/m}]$ 이 된다.

PART 01

7. 전선과 땅 사이의 인덕턴스(L) 크기 계산

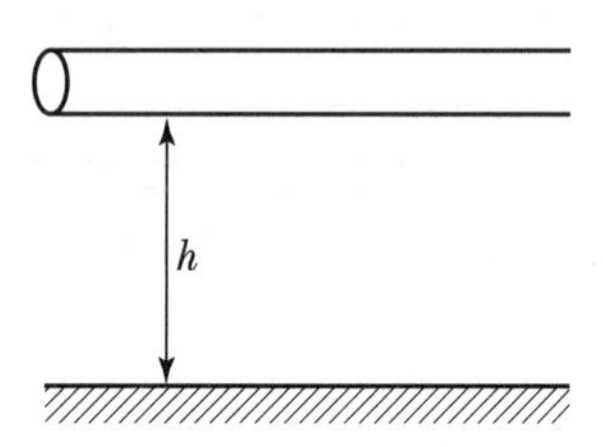

① a : 도체 중심에서 도체 표면까지 거리

② h [m] **높이(선과 땅 사이)의 정전용량**

$$C = \frac{2\pi\varepsilon}{\ln\frac{2h}{a}} \text{ [F/m]}$$

③ **전선 내부의 인덕턴스** : $L_i = \frac{\mu}{8\pi}$ [H]

④ h [m] **높이(선과 땅 사이)의 인덕턴스** : ($LC = \mu\varepsilon$ 적용)

$$L_{out} = \frac{\mu\varepsilon}{C} = \frac{\mu}{2\pi} ln\frac{2h}{a} \text{ [H/m]}$$

전선 내부의 인덕턴스(L_i)와 h [m] 높이(선과 땅 사이)의 인덕턴스(L_{out})를 합한 전체 인덕턴스는 다음과 같습니다.

$$L = L_i + L_{out} = \frac{\mu}{8\pi} + \frac{\mu}{2\pi} ln\frac{2h}{a} \text{ [H/m]}$$

1. 인덕턴스 기본 수식

$$LI = N\Phi,\ L = \frac{N\Phi}{I}\,[\mathrm{H}],\ L = \frac{\mu AN^2}{l}\,[\mathrm{H}]$$

2. 상호 인덕턴스 수식

$$MI_1 = N_2\Phi_2,\ M = \frac{N_2\Phi_2}{I_1}\,[\mathrm{H}],\ M = \frac{\mu AN_1N_2}{l}\,[\mathrm{H}]$$

3. 결합계수를 고려한 상호 인덕턴스

$M = k\sqrt{L_1L_2}\,[\mathrm{H}]$, 결합계수 k 범위 : $0 \le k \le 1$

4. 노이만 공식

$$M = \frac{\mu_0}{4\pi}\iint \frac{1}{r}dl_1 \cdot dl_2 \cos\theta\,[\mathrm{H}]$$

5. 인덕턴스 회로

① (직렬) 가동접속의 합성 인덕턴스

$$L_0 = L_1 + L_2 + 2M = L_1 + L_2 + 2k\sqrt{L_1L_2}\,[\mathrm{H}]$$

② (직렬) 차동접속의 합성 인덕턴스

$$L_0 = L_1 + L_2 - 2M = L_1 + L_2 - 2k\sqrt{L_1L_2}\,[\mathrm{H}]$$

③ (직렬) 가동 · 차동 접속된 상호 인덕턴스

$$M = \frac{1}{4}(L_{\text{가동}} - L_{\text{차동}})\,[\mathrm{H}]$$

④ (병렬) 가동접속의 합성 인덕턴스

$$L_0 = \frac{(L_1\,L_2) - M^2}{L_1 + L_2 - 2M}\,[\mathrm{H}]$$

⑤ (병렬) 차동접속의 합성 인덕턴스

$$L_0 = \frac{(L_1\,L_2) - M^2}{L_1 + L_2 + 2M}\,[\mathrm{H}]$$

⑥ **결합계수 $k=0$일 경우, 합성 인덕턴스**

$$L_0 = \frac{L_1 L_2}{L_1 + L_2}\,[\mathrm{H}]$$

6. 다양한 형태에 따른 인덕턴스 크기 계산

① **환형 자로의 인덕턴스**

$$L = \frac{\mu A N^2}{l}\,[\mathrm{H}],\ M = \frac{\mu A N_1 N_2}{l}\,[\mathrm{H}]$$

② **직선형 자로에서 전체 길이의 인덕턴스**

$$L = \frac{\mu A N^2}{l}\,[\mathrm{H}]$$

③ **단위길이 $[\mathrm{m}]$ 당 발생하는 인덕턴스**

$$L = \frac{\mu A N^2}{l^2}\,[\mathrm{H/m}],\ \ L = \mu(\pi a^2){n_0}^2\,[\mathrm{H/m}],\ L = \mu(\pi a^2){n_0}^2\, l\,[\mathrm{H}]$$

여기서, $\frac{N^2}{l^2}$: 단위길이당 권수$[\mathrm{T/m}]$

④ **동축케이블의 $[\mathrm{km}]$ 당 발생하는 전체 인덕턴스**

$$L = L_i + L_{out} = \frac{\mu}{8\pi} + \frac{\mu}{2\pi} ln\frac{b}{a}\,[\mathrm{H/m}]$$

$$= 0.05 + 0.4605\log\frac{b}{a}\,[\mathrm{mH/km}]$$

⑤ **평행도체 사이에서 전체 인덕턴스**

$$L = \frac{\mu}{4\pi} + \frac{\mu}{\pi} ln\frac{d}{a}\,[\mathrm{H/m}]$$

⑥ **전선과 땅 사이에서 인덕턴스**

$$L = \frac{\mu}{8\pi} + \frac{\mu}{2\pi} ln\frac{2h}{a}\,[\mathrm{H/m}]$$

핵 / 심 / 기 / 출 / 문 / 제

01 코일 A 및 B가 있다. 코일 A의 전류가 $\frac{1}{100}$ 초간에 5[A] 변화할 때 코일 B에 20[V]의 기전력을 유도한다고 한다. 이때의 상호 인덕턴스는 몇 [H]인가?

① 0.01 ② 0.02
③ 0.04 ④ 0.08

해설

코일 A에 흐르는 전류에 의하여 코일 B에 유기되는 기전력

$e_B = M\frac{dI_A}{dt}$ [V]

$\therefore e_B = M\frac{dI_A}{dt}$ 에서 $20 = M\frac{5}{\frac{1}{100}}$

$\therefore M = 0.04$[H]

02 반지름 a[m], 권수 N, 길이 l[m]인 무한히 긴 공심 솔레노이드의 인덕턴스는 몇 [H]인가?

① $\mu_0 \pi a \frac{N^2}{l}$ ② $\mu_0 \pi a^2 \frac{N^2}{l}$
③ $\mu_0 \pi a \frac{N}{l}$ ④ $\mu_0 \pi a^2 \frac{N}{l}$

해설

무한장 솔레노이드의 자기 인덕턴스 $L = \frac{\mu S N^2}{l}$ [H]

$\therefore$ 공심 솔레노이드 코일의 인덕턴스 $L = \frac{\mu_0 \pi a^2 N^2}{l}$

정답 01 ③ 02 ②

CHAPTER 11

맥스웰의 전자방정식과 전자장

맥스웰의 전자방정식에는 총 4개의 방정식이 등장합니다. 4개 방정식이 의미하는 것은 전기장(E_p)과 자기장(H_p)은 서로 다른 현상을 일으키고 현상의 근원 역시 다르지만, 전기장과 자기장은 동일한 본질을 갖고 있다는 것을 논리적, 수학적으로 증명한 것이 맥스웰 전자방정식입니다.
구체적으로,

① 전기현상의 근원은 전하(Q)에 의한 전하밀도(ρ)이고,
② 자기현상의 근원은 전류(I)에 의한 전류밀도(J)입니다.

전하밀도(ρ)는 전기장(E_p)을 생성하고, 전류밀도(J)는 자기장(H_p)을 생성합니다. 제임스 맥스웰 이전 과학자들은 변화량이 없는 시불변계에서 작용하는 전하에 의한 전기장과 전류에 의한 자기장의 존재를 알았고, 이것을 과학적으로 증명하였습니다. 하지만 그들은 전하와 전류가 변화량을 갖는 시변계에서 작용하는 전기장과 자기장이 우리의 일상과 자연에서 어떤 현상으로 나타나는지 알지 못했습니다. 제임스 맥스웰은 이들(맥스웰 이전의 과학자들)이 이해하지 못하고 정리하지 못한 전하와 전류의 시불변계와 시변계에서 작용을 그의 전자방정식을 통해 논리적으로 증명하였습니다.
그래서 맥스웰 전자방정식은,

① 전하와 전류가 변화량을 갖지 않는 시불변계에서는 전기장(E_p)과 자기장(H_p)이 서로 독립적인 존재며 독립된 현상으로 나타나고,
② 전하와 전류가 변화량(크기의 증가 · 감소 또는 밀도의 증가 · 감소)을 갖는 시변계에서는 전기장과 자기장이 동시성을 갖고 현상으로 나타난다는 것을 증명하였습니다. 맥스웰 전자방정식은 시변계에서 전기장과 자기장이 우리가 사는 지구에서 어떤 자연현상과 관련이 있는지를 말하고 있습니다. 참고로 우리가 사는 지구와 우주 대부분의 자연현상은 시변계에서 나타나는 현상들입니다.

시불변계

시간은 멈추지 않는다. 시간은 계속 변화한다. 시간이 흐르는 가운데 a라는 것이 t초 전과 후 내내 동일한 값을 유지했다면, 'a는 시간에 대해 변하지 않는다.'는 의미로 a는 '시불변계'에 있다고 말한다. 시불변계의 값을 갖는 요소는 사칙연산($+$, $-$, $\times$, $\div$)이 들어간 수식으로 나타낼 수 있다.

시변계

a라는 것이 t초 전과 후의 값이 다르고 계속 값이 변화한다면, 'a는 시간에 대해 변한다.'는 의미로 a는 '시변계'에 있다고 말한다. 시변계의 값을 갖는 요소는 미분($\frac{d}{dt}$) 수식으로 나타낸다. 그래서 미분($\frac{d}{dt}$)으로 나타낸 것이 있다면, 움직이는 요소를 나타낸 수식이라고 우리는 이해할 수 있다.

이와 같은 내용으로 11장은,

- **맥스웰의 전자방정식**에서는 전기장(E_p)과 자기장(H_p)이 서로 연결되어 있으며, 동시성을 갖고 나타난다는 논리적 표현을 다루고,
- **전자장**에서는 변화하는 시변계의 전기장과 자기장에 의한 대표적인 자연현상(전파, 전자파, 무선통신)에 대해서 다룹니다.

20세기 초중반부터 오늘날까지 인류가 전파현상을 이용하여 무수히 많은 전자기기를 만들었습니다. 라디오와 TV 방송이 가능한 방송통신 혹은 무선통신, 무선 휴대전화기, 인터넷 wifi 등 셀 수 없이 많은 현대 물건들은 제임스 맥스웰의 전파방정식과 전자파 이론에 근거합니다.

핵심기출문제

전자파의 특징은?

① 전계만 존재한다.
② 자계만 존재한다.
③ 전계와 자계가 동시에 존재한다.
④ 전계와 자계가 동시에 존재하되 위상이 90° 다르다.

해설

전자파는 평면파로서 전파(전계)와 자파(자계)는 서로 수직이고 진행방향과 직각으로 진동하며 전계와 자계는 항상 동상으로 전진한다.

정답 ③

01 맥스웰의 전자방정식

참고 맥스웰의 전자방정식을 이해하기 위해 필요한 기본지식 3가지

① 적분공간을 바꾸는 방법

- 스토크스의 정리

  $C_{[선]} \rightarrow S_{[면]}$: $\int \overrightarrow{E_p}\, dl = \int rot\, E_p\, \vec{ds}$(벡터적)

- 가우스의 정리

  $S_{[면]} \rightarrow v_{[체적]}$: $\int D\, \vec{ds} = \int div\, \vec{D}\, dv$ (스칼라적)

② 전계와 자계의 기본 특성

- 정전계에 전하는 에너지선이 발산하고, 독립적으로 존재 가능 $\cdot_{+Q}\ \cdot_{-Q}$
- 정자계에서 자하는 에너지선이 회전하고, 독립적으로 존재 불가능 [N　S] → [N S][N S]

③ 전도전류밀도(J_c)와 변위전류밀도(J_d) 정리

- 전도전류밀도

  $\overrightarrow{J_c} = \frac{I_c}{A} = k E_p$ $[A/m^2]$: 도선에 흐르는 전하량은 전류밀도로 알 수 있다.

- 변위전류밀도

  $\overrightarrow{J_d} = \frac{\partial D}{\partial t} = \varepsilon \frac{\partial}{\partial t} E_p = \varepsilon \frac{\partial}{\partial t} \frac{q}{\varepsilon A} = \frac{1}{A}\frac{\partial q}{\partial t} = \frac{i_c}{A}$ $[A/m^2]$: 변위전류밀도는 전하(Q)가 도선을 통해 이동하여 흐르는 전류는 아니지만, 도선이 끊어진 곳, 콘덴서 전극 판에서 전하밀도(D)가 증가하므로 전기장(E_p)도 증가하고, 변화량을 갖는 전기장은 진동하며 자유공간, 유전체를 전하가 도선을 통해 이동할 때와 같은 전도전류밀도를 가지고 이동한다.

1. 맥스웰의 제1방정식 : 앙페르의 전류법칙에 대한 재정리

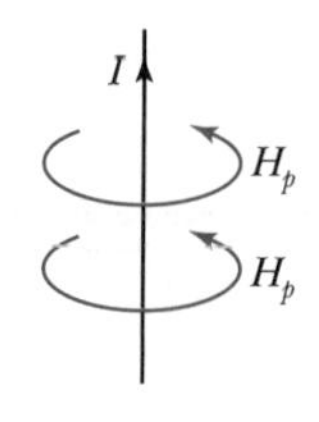

맥스웰은 앙페르의 전류법칙(앙페르의 주회적분 법칙)을 다음과 같이 정리했습니다. 시불변계에서 전계(E_p)는 변위전류(i_d)를 만들지 못하지만, 시변계에서 전계(E_p)는 변위전류(i_d)를 만듭니다. 이를 앙페르 주회적분 법칙과 스토크스 정리로 나타내면 다음과 같습니다.

$$\int_l \overrightarrow{H}_p\, dl = I\,[\mathrm{A}] = \int_s J_c\, \overrightarrow{ds} \rightarrow \int_s J_c\,[\mathrm{A/m^2}]\;ds\,[\mathrm{m^2}] = i_c\,[\mathrm{A}]$$

직류든 교류든 모든 전류(I)에는 전도전류(i_c) 성질과 변위전류(i_d) 성질 모두를 갖고 있으므로,

$\int_l \overrightarrow{H}_p\, dl = I\,[\mathrm{A}]$: 앙페르 주회적분

$\int_l \overrightarrow{H}_p\, dl = \int_s (\nabla \times H_p)\, \overrightarrow{ds} = I\,[\mathrm{A}]$: 스토크스 정리 적용

$\int_s J_c\, \overrightarrow{ds} = I\,[\mathrm{A}]$: J_c는 전도전류밀도$[\mathrm{A/m^2}]$, I는 전도전류 $i_c\,[\mathrm{A}]$

콘덴서 평판, 안테나 판과 같은 전하(Q)가 이동할 수 없는 조건에서는 변위전류 $i_d = \frac{\partial Q}{\partial t}[A]$가 나타나고, 변위전류($i_d$)는 콘덴서에 기전력이 지속적으로 인가되면, 전하가 이동할 수 없는 공간(콘덴서 평판, 안테나 판)에서 전하밀도(D)가 증가합니다. 때문에 변위전류 수식 $i_d = \frac{\partial Q}{\partial t}[\mathrm{A}]$에 증가하는 전하밀도 $Q = \int_s D\, \overrightarrow{ds}$를 넣어 전개하면 다음과 같이 전개됩니다.

$i_d = \frac{\partial Q}{\partial t} = \frac{\partial}{\partial t}\int_s D\, \overrightarrow{ds}$: 변위전류 $i_d\,[\mathrm{A}]$

$I = i_c + i_d = \left(\int_s J_c\, \overrightarrow{ds}\right) + \left(\frac{\partial}{\partial t}\int_s D\, \overrightarrow{ds}\right) = \int_s \left(J_c + \frac{\partial D}{\partial t}\right)\overrightarrow{ds}$: 전류 본질 표현

$\int_l \overrightarrow{H}_p\, dl = \int_s (\nabla \times H_p)\, \overrightarrow{ds} = \int_s \left(J_c + \frac{\partial D}{\partial t}\right)\overrightarrow{ds}$: 앙페르와 스토크스 정리

$\int_s (\nabla \times H_p)\, \overrightarrow{ds} = \int_s \left(J_c + \frac{\partial D}{\partial t}\right)\overrightarrow{ds}$: 적분기호 제거

$$\rightarrow \nabla \times H_p = J_c + \frac{\partial D}{\partial t}$$

$\nabla \times H_p = J_c + \frac{\partial D}{\partial t}$는 전류의 본질만을 간략히 정리한 수식

$\frac{\partial D}{\partial t}$를 J_d로 정의하면 → $\nabla \times H_p = J_c + J_d = J\,[\mathrm{A/m^2}]$

회전성을 가진 자기장(H_p)은 전도전류(i_c)와 변위전류(i_d)를 가진 전류를 만듭니다. 이런 전류는 맥스웰의 전류 정리 $J\left[\mathrm{A/m^2}\right]$로 정의할 수 있습니다.

> **[핵심정리] 맥스웰 제1방정식의 적분형 · 미분형**
>
> ① 맥스웰 제1방정식의 적분형(앙페르의 주회적분 법칙 재정리 적분형)
>
> $$\int_l \vec{H}_p\, dl = \int_s (\nabla\times H_p)\,\vec{ds} = \int_s \left(J_c + \frac{\partial D}{\partial t}\right)\vec{ds}$$
>
> 폐곡면으로 회전하는 자계의 합은 도선에 전류(전도 i + 변위 i)를 만든다.
>
> ② 맥스웰 제1방정식의 미분형(앙페르의 전류법칙 미분형 재정리)
>
> $$\nabla\times H_p = I = i_c + i_d = \vec{J} + \vec{J}_p = J + \frac{dD}{dt} = k\,\vec{E}_p + jw\vec{D}$$
>
> 자계를 회전시키면 전류(전도 i + 변위 i)가 발생한다.

앙페르(Ampere) 전류이론은 전도전류(I_c)만을 해석할 수 있습니다. 오랫동안 과학자들은 변위전류(I_d)의 존재를 몰랐고, 전기현상과 자기현상이 서로 상관이 없는 독립적인 물리현상이라고 생각했습니다. 하지만 맥스웰 정리에 의해, 오늘날 우리가 아는 전기(Electric)와 자기(Magnetic)는 현상의 근원은 서로 다르지만 그 둘은 본질적으로 동시성을 갖고 있습니다(마치 남자와 여자는 서로 독립된 존재이지만 서로를 유도하며 동시에 존재하듯).

2. 맥스웰의 제2방정식 : 패러데이의 전자유도 법칙에 대한 재정리

패러데이의 법칙은 자계로부터 전계가 유도가 유도되어 기전력이 생긴다는 것이 이론입니다.

$$e = -N\frac{d\phi}{dt} = -N\frac{d}{dt}\int_s B\,\vec{ds}\,[\mathrm{V}]$$

맥스웰은 패러데이의 법칙을 재정리하여 자계는 전계를 유도하여 유도기전력(e)이 되고, 전계는 자계를 유도하여 자기장(ϕ)이 된다는 관계를 증명하였습니다.

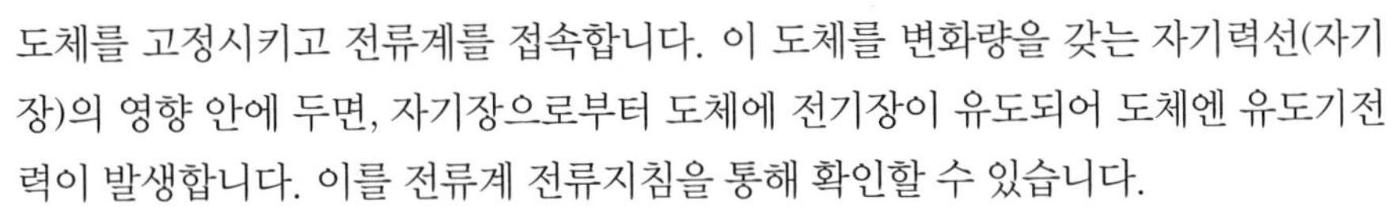

도체를 고정시키고 전류계를 접속합니다. 이 도체를 변화량을 갖는 자기력선(자기장)의 영향 안에 두면, 자기장으로부터 도체에 전기장이 유도되어 도체엔 유도기전력이 발생합니다. 이를 전류계 전류지침을 통해 확인할 수 있습니다.

$$e = -\frac{d\phi}{dt} = -\frac{d(B\,S)}{dt} = -\frac{d}{dt}\int_s B\,\vec{ds}\ (\text{코일권수 } N=1)$$

이런 시변계에서 전기장과 자기장에 스토크스 정리를 적용하면 다음과 같습니다.

핵심기출문제

자유공간에서 변위전류가 만드는 것은?

① 전계 ② 전속
③ 자계 ④ 자속

해설

도체 내의 정상전류의 전도전류뿐만 아니라 유전체 중의 변위전류도 그 주위에 자계를 형성한다.

즉, $\mathrm{rot}\ H = i + \frac{\partial D}{\partial t}$

정답 ③

핵심기출문제

맥스웰(Maxwell)의 전자기파 방정식이 아닌 것은?

① $\oint_c H\cdot dl = nI$

② $\oint_c E\cdot dl = -\int_s \frac{\partial B}{\partial t} ds$

③ $\oint_s D\cdot ds = \int_v \rho\, dv$

④ $\oint_s B\cdot ds = 0$

해설

$\oint_c H\cdot dl = I = i + \int_s \frac{\partial D}{\partial t}\cdot ds$

정답 ①

핵심기출문제

전자장에 관한 다음의 기본식 중 옳지 않은 것은?

① 가우스 정리의 미분형 : $\mathrm{div}\ D = \rho$

② 옴의 법칙의 미분형 : $i = \sigma E$

③ 패러데이 법칙의 미분형 : $\mathrm{rot}\ E = -\frac{\partial B}{\partial t}$

④ 앙페르 주회적분 법칙의 미분형 : $\mathrm{rot}\ H = \frac{\partial D}{\partial t} + \rho$

해설

$\mathrm{rot}\ H = i + \frac{\partial D}{\partial t}$

정답 ④

$$e = \int_l \vec{E}_p \, dl = \int_s (\nabla \times E_p) \vec{ds} = -\frac{d}{dt}\int_s B \, \vec{ds}$$

$$= -\int_s \frac{dB}{dt} \vec{ds} = -\frac{d\phi}{dt}$$

이 과정을 통해 맥스웰에 의한 패러데이 법칙은 다음과 같이 재정리됩니다.

$$\text{패러데이 법칙 } e = -N\frac{d\phi}{dt} = -N\frac{d}{dt}\int_s B \, \vec{ds}\,[\mathrm{V}]$$

전계는 발산하는 성질($\nabla \circ E_p$)이 있고, 자계는 회전하는 성질($\nabla \times H_p$)이 있습니다. 여기서, 시불변계에서 정지상태의 전하는 전기력선(전기장)이 발산할 뿐 전기력선이 회전하지 않습니다. → $\nabla \circ E_p = 0$

$\nabla \circ E_p = 0$: 전계는 회전하지 않음, 전계는 변화량을 갖지 않음

만약 시변계에서 이동상태의 전하(전하량이 증·감하는 변화 또는 전하밀도가 증가하거나 감소하는 변화량을 갖는 상태)는 변위전류(i_d)를 발생시키며 자기장(B)을 만듭니다. → $\nabla \times E_p = -\frac{\partial B}{\partial t}$

$\nabla \times E_p = -\frac{\partial B}{\partial t}$: 시변계에서 전기장은 변화량을 갖는 시변계의 자기장이다.

[핵심정리] 맥스웰 제2방정식의 적분형 · 미분형

① 맥스웰의 제2방정식 적분형(패러데이의 전자유도 법칙 적분형 재정리)

$\int_l \vec{E}_p \, dl = -\frac{d\phi}{dt} = -\int_s \frac{dB}{dt} \vec{ds}$: 전계로부터 변화량을 갖는 자계가 유도된다.

② 맥스웰의 제2방정식 미분형(페러데이의 전자유도 법칙 미분형 재정리)

$rot\, E_p = 0$: 정전계에서 전계는 회전(변화량)이 없지만,

$rot\, E_p = -\frac{\partial B}{\partial t}$: 동전계에서 전계는 회전(변화량)을 갖고 자계를 유도한다.

3. 맥스웰의 제3, 4방정식 : 가우스의 발산정리에 대한 재정리

[핵심정리] 가우스의 전계정리 및 자계정리

① 가우스의 전속에 대한 정리 : 임의의 폐곡면을 통과하는 전속(ψ)은 그 폐곡면 내의 전하량과 같다.

② 가우스의 자속에 대한 정리 : 임의의 폐곡면을 통과하는 자속(ϕ)은 그 폐곡면 내의 자기량과 같다.

제임스 맥스웰은 가우스가 정리한 정전계와 정자계이론은 시불변계뿐만 아니라 시변계에서도 모두 성립한다는 것을 다음과 같이 증명하였습니다.

핵심기출문제

맥스웰의 전자방정식 중 패러데이 법칙에서 유도된 식은?(단, D : 전속밀도, ρ_v : 공간 전하밀도, B : 자속밀도, E : 전계의 세기, J : 전류밀도, H : 자계의 세기)

① $\mathrm{div}\, D = \rho_v$

② $\mathrm{div}\, B = 0$

③ $\nabla \times H = J + \frac{\partial D}{\partial t}$

④ $\nabla \times E = -\frac{\partial B}{\partial t}$

해설

패러데이의 전자유도 법칙에서 유도된 맥스웰의 전자방정식

$\mathrm{rot}\, E = -\frac{\partial B}{\partial t}$

정답 ④

핵심기출문제

자유공간에서 맥스웰(Maxwell)의 전자파에 관한 기본방정식은?

① $\mathrm{rot}\, H = i,\ \mathrm{rot}\, E = -\frac{\partial B}{\partial t}$

② $\mathrm{rot}\, H = \frac{\partial D}{\partial t},\ \mathrm{rot}\, E = \frac{\partial E}{\partial t}$

③ $\mathrm{rot}\, H = \frac{\partial D}{\partial t}$, $\mathrm{rot}\, E = -\frac{\partial B}{\partial t}$

④ $\mathrm{rot}\, H = i,\ \mathrm{rot}\, H = \frac{\partial B}{\partial t}$

해설

맥스웰의 전자방정식

• 제1방정식 : $\mathrm{rot}\, H = i + \frac{\partial D}{\partial t}$

여기서, i : 도선의 전류

$\frac{\partial D}{\partial t}$: 자유공간의 전류

• 제2방정식 : $\mathrm{rot}\, E = -\frac{\partial B}{\partial t}$

정답 ③

(1) 맥스웰의 제3방정식

맥스웰의 제3방정식은 가우스의 전속정리에 대해 말하고 있습니다.

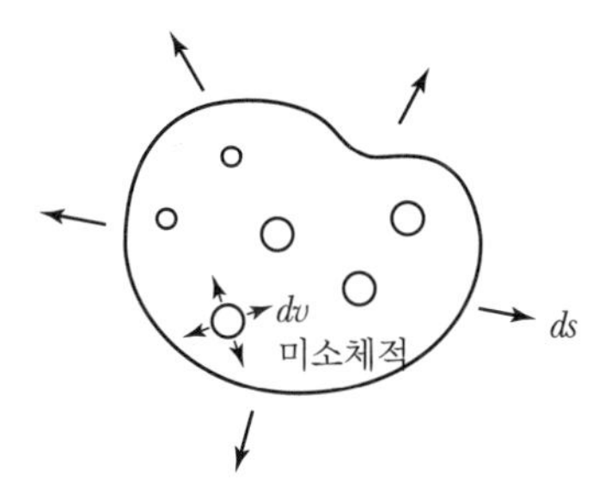

전하(Q)가 모여 밀도가 높아지면 전속밀도(D)가 되고, 전속밀도는 발산계임을 수식 $\nabla \circ D = \rho_v$ 으로 나타냅니다.

수식 $\nabla \circ D = \rho_v$는 전하에 의한 전기력선 에너지는 발산하고, 발산의 근원에는 고립된 전하(Q)가 존재한다는 것을 의미합니다. 어떤 매질 안에는 $+Q$든, $-Q$든 전하가 존재합니다. 만일 고립된 전하(단극자)가 아닌 $+Q$와 $-Q$가 서로 붙어 있는 동전계(=도선을 통해 흐르는 전하)에서 전계는 회전(이동)하며 회전(이동)하는 전계는 변화량을 갖는 자기장을 만듭니다.

$$\nabla \times E_p = -\frac{\partial B}{\partial t}$$

이러한 전속(D)의 발산성질을 이론화한 가우스의 정리를 맥스웰은 다음과 같이 정리하였습니다.

$$\nabla \circ D = \nabla \circ (\varepsilon \cdot E_p) = \rho_v \Rightarrow \nabla \circ E_p = \frac{\rho_v}{\varepsilon} \text{(양변에 체적 적분을 취하면)}$$

$$\int_v (\nabla \circ E_p) dv = \int_v \frac{\rho_v}{\varepsilon} dv = \frac{Q}{\varepsilon}$$

어떤 매질 또는 어떤 유전체를 단위면적으로 나누어, 미소면적(ds)을 통해 발산하는 전속(D)이 있을 때, 발산하는 전속의 총량은 전속이 발산하는 공간의 폐곡면 내에 존재하는 전기량(Q)과 같습니다. → $Q = D \cdot S = \int_s D \, \vec{ds}$

여기에 스토크스 정리를 적용하면 다음과 같이 전속이 전개됩니다.

$$\text{총전하량 } Q[C] = \int_s D \, \vec{ds} = \int_v (\nabla \circ D) \, \vec{dv}$$

[발산하는 전속의 총량은 발산하는 공간 내에 존재하는 전하량(Q)과 같다.]

핵심기출문제

공간 도체 내의 한 점에서 자속이 시간적으로 변화하는 경우에 성립하는 식은?

① $\text{rot } E = \frac{\partial H}{\partial t}$

② $\text{rot } E = -\frac{\partial H}{\partial t}$

③ $\text{rot } E = \frac{\partial B}{\partial t}$

④ $\text{rot } E = -\mu_0 \frac{\partial H}{\partial t}$

해설

페러데이(Faraday)의 전자유도법칙의 미분형

$$\text{rot } E = -\frac{\partial B}{\partial t} = -\frac{\partial(\mu_0 H)}{\partial t} = -\mu_0 \frac{\partial H}{\partial t}$$

즉, 자속(B)이 시간적으로 변화하면 전계가 유도되어 도체에 유기기전력이 생긴다.

정답 ④

핵심기출문제

다음 중 미분방정식 형태로 나타낸 맥스웰의 전자계 기초방정식은?

① $\text{rot } E = -\frac{\partial B}{\partial t}$, $\text{rot } H = i + \frac{\partial D}{\partial t}$, $\text{div } D = 0$, $\text{div } B = 0$

② $\text{rot } E = -\frac{\partial B}{\partial t}$, $\text{rot } H = i + \frac{\partial D}{\partial t}$, $\text{div } D = \rho$, $\text{div } B = H$

③ $\text{rot } E = -\frac{\partial B}{\partial t}$, $\text{rot } H = i + \frac{\partial D}{\partial t}$, $\text{div } D = \rho$, $\text{div } B = 0$

④ $\text{rot } E = -\frac{\partial B}{\partial t}$, $\text{rot } H = i$, $\text{div } D = 0$, $\text{div } B = 0$

해설

맥스웰(Maxwell)의 전자방정식

- 제1방정식 : $\text{rot } H = i + \frac{\partial D}{\partial t}$
- 제2방정식 : $\text{rot } E = -\frac{\partial B}{\partial t}$
- 제3방정식 : $\text{div } D = \rho$
- 제3방정식 : $\text{div } B = 0$

정답 ③

[핵심정리] 맥스웰 제3방정식의 적분형 · 미분형

① 맥스웰의 제3방정식 적분형

$Q[C] = \int_s D \vec{ds} = \int_v (\nabla \circ D) \vec{dv}$: 매질 내에 전하량은 전속의 총 발산량과 같다.

② 맥스웰의 제3방정식 미분형

$\nabla \circ D = \rho_v$: 전속은 체적으로 발산한다.

(2) 맥스웰의 제4방정식 : 가우스의 자속정리에 대한 재정리

자속밀도(B)는 회전계이므로 자하 또는 자속이 발산하지 않음을 수식 $\nabla \circ B = 0$으로 나타냅니다. 여기에 스토크스의 정리를 적용하면 다음과 같이 정리됩니다.

$$\int_s B \vec{ds} = \int_v (\nabla \circ B) \vec{dv} = 0$$

(자속은 면적이든 체적이든 발산하지 않는다.)

[핵심정리] 맥스웰 제4방정식의 적분형 · 미분형

① 맥스웰의 제4방정식 적분형

$\int_s B \vec{ds} = \int_v (\nabla \circ B) \vec{dv} = 0$: 자계는 면적형태든 체적형태든 발산하지 않는다.

② 맥스웰의 제4방정식 미분형

$\nabla \circ B = 0$: 자계는 고립된 자하가 없다. 즉, 자계는 N, S가 분리되지 않는다.

4. 맥스웰의 전파방정식

맥스웰의 전자방정식을 토대로 시변계에서 나타나는 전계(E_p)와 자계(H_p)는 상호 순환하며 서로 연결되어 있음이 증명됩니다. 시간 흐름에 따라 변화량을 갖는 전계와 자계는 자유공간(지구의 대기, 우주의 진공 공간, 등등 어떤 매질로 채워져 있는 공간)에서 전파 혹은 **전자파** 현상으로 나타납니다.

이러한 전자파(EM Wave) 현상을 맥스웰의 전자방정식으로부터 유도한 전파방정식으로 계산할 수 있습니다. 다음은 전파방정식의 결과 중 하나인 전파방정식과 자파방정식입니다.

(1) 전파방정식

시변계에서 전계의 회전성$\left[rot\, E_p = -\frac{\partial B}{\partial t} = -\frac{\partial}{\partial t}(\mu \cdot H_p) \right]$이 만드는 전파방정식은 다음과 같습니다.

$$\nabla^2 E_p = \mu \varepsilon \frac{\partial^2 E_p}{\partial t^2}$$

핵심기출문제

다음 중 전자계에 대한 맥스웰의 기본이론이 아닌 것은?

① 자계의 시간적 변화에 따라 전계의 회전이 생긴다.
② 전도전류와 변위전류는 자계를 발생시킨다.
③ 고립된 자극이 존재한다.
④ 전하에서 전속선이 발산된다.

해설

- $rot\, E = -\frac{\partial B}{\partial t}$
- $rot\, H = i + \frac{\partial D}{\partial t}$
- $div\, B = 0$
  정자계를 형성하는 자극인 N, S는 항상 공존하며 고립된 자극이 존재하지 않는다. 그러므로, 자속선의 발산은 시간에 관계없이 항상 일정하며 새로운 발산은 없다. 즉, 연속적이다.
- $div\, D = \rho$

정답 ③

핵심기출문제

다음 중 맥스웰의 전자계 기본방정식이 아닌 것은?(단, H : 자계, J : 전류밀도, D : 전속밀도, E : 전계, B : 자속밀도, ρ : 진저하 밀도)

① $rot\, H = J + \frac{\partial D}{\partial t}$
② $rot\, E = -\frac{\partial B}{\partial t}$
③ $div\, D = \rho$
④ $div\, B = D$

해설

$div\, B = 0$

정답 ④

✠ 전자파(EM Wave)

전계와 자계에 의한 파동(Electromagnetic Wave)을 줄여서 EM wave이다. 전자파는 전계와 자계가 교차진동 하며 자유공간에서 연속적으로 진행하는 파(Wave)이다.

(2) 자파방정식

시변계에서 자계의 회전성

$\left[rot\, H_p = I = \vec{J}_c + \vec{J}_d = \vec{J} + \frac{\partial D}{\partial t} = k \cdot E_p + \varepsilon \frac{\partial E_p}{\partial t} \right]$이 만드는 자파방정식은 다음과 같습니다.

$$\nabla^2 H_p = \mu \varepsilon \frac{\partial^2 H_p}{\partial t^2}$$

02 전자장(전자계)

우리가 사는 세상(지구와 우주)은 시변계입니다. 현실에서 시불변계는 실험 목적의 연구실 외에는 존재하지 않습니다. 시변계인 자연에 존재하는 전계(E_p)와 자계(H_p)는 우리가 논리적으로 이해할 수 있게 '맥스웰의 전자방정식'이 잘 설명하고 있습니다. 그리고 시변계에 존재하는 전계와 자계에 의한 수많은 자연현상은 '맥스웰의 전파방정식'이 논리적으로 설명하고 있습니다. 본 전자장 내용은 맥스웰의 전파방정식으로부터 해석한 전파와 빛에 대한 해석과 수식입니다.
시변계에서 전계와 자계가 만드는 자연현상은 태양에서 출발하여 지구에 도달한 빛 현상의 일종입니다. 빛과 같은 전계와 자계에 의한 파장을 전자파 또는 전자장 또는 전자계(EM Wave)로 부릅니다.

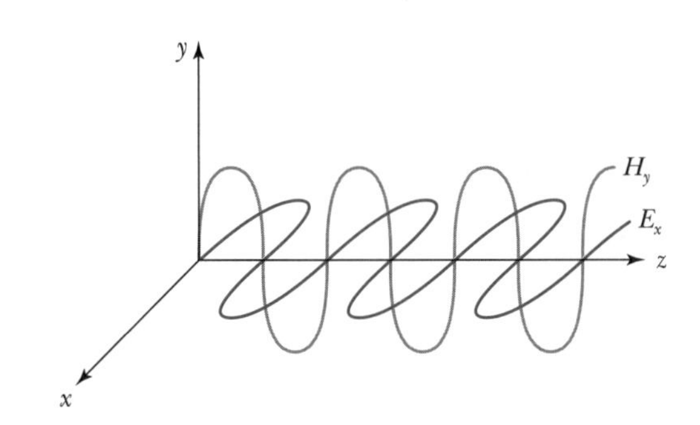

〖 평면전자파 : 공간좌표에 표현한 전계(E_p)와 자계(H_p)의 진동 〗

1. 평면전자파

전자파는 전계(E_p)성분과 자계(H_p)성분으로 구성됩니다. 이런 전자파는 여러 형태의 파(Wave)들이 섞여 있는데, 시변계의 전계와 자계가 만드는 전자파 중에서 가장 기본이 되는 파가 '평면전자파'입니다.

(1) 평면전자파의 구성

① **수평편파** : 진계(E_p)가 대지에 대해 수평 진행하는 파

② **수직편파** : 자계(H_p)가 대지에 대해 수직 진행하는 파

③ **근접작용** : 전계(E_p)와 자계(H_p)가 동반되는 전자파가 파동을 일으키며(진동하며) 일정속도로 자유공간 또는 유전체를 진행(통과)한다. 이처럼 전자파가 자유공간이나 유전체를 지속적으로 진행하며 나아갈 수 있는 이유는 전자파가 진동을 전달하는 매질이나 물질이 있기 때문이다. 이것을 '근접작용'이라고 한다.

(2) 평면전자파의 특징

공간좌표에 전자파를 나타낼 때, 좌표상에 평면전자파는 다음과 같은 특징을 갖습니다.

① 전계(E_p)는 x축 평면으로만 진동하며, z축 방향으로 진행한다. 그리고 전계(E_p)는 E_x 성분만 존재한다.

② 자계(H_p)는 y축 평면으로만 진동하며, z축 방향으로 진행한다. 그리고 자계(H_p)는 H_y 성분만 존재한다.

③ 평면전자파의 진행은 전계(E_p)와 자계(H_p)가 서로 법선의 외적관계($E \times H$)를 갖고 진행하며 위상은 동상이다.

④ 평면전자파의 x 성분과 y 성분의 미분계수는 0(존재하지 않음)이고, z 성분의 미분계수만 존재한다.

2. 횡전자파(TEM Wave)

전자파의 진행방향이 수직평면에서 횡방향(x 축 또는 y 축 방향) 성분만을 갖고 진동합니다. 그래서 횡전자파의 진행방향은 z축이지만, z 축으로 전계(E_p)와 자계(H_p) 성분이 존재하지 않습니다.

3. 전파속도

전파속도란 시변계에서 전자파(전계와 자계의 Wave 파)가 자유공간으로 이동할 때의 속도[m/s]를 말합니다.

(1) 전자파의 속도

$$v = 3 \times 10^8 \frac{1}{\sqrt{\varepsilon_s \mu_s}} \ [\text{m/s}]$$

$$\left\{ v = \frac{1}{\sqrt{\varepsilon \mu}} = \frac{1}{\sqrt{\varepsilon_0 \varepsilon_s \mu_0 \mu_s}} = \frac{1}{\sqrt{\varepsilon_0 \mu_0}} \frac{1}{\sqrt{\varepsilon_s \mu_s}} = 3 \times 10^8 \frac{1}{\sqrt{\varepsilon_s \mu_s}} \right\}$$

(2) **진공 · 공기의 자유공간에서 전자파가 진행하는 속도**

$v = 3 \times 10^8$ [m/s]

4. 파장(λ)

빛의 파장이든 전자장의 파장이든 자유공간에서 진행하는 파(Wave)는 진동하며 진행합니다. 만약 빛 또는 전자장의 파(파동, 진동)가 진동하지 않으면 자유공간을 진행할 수 없습니다. 그래서 파장(Wave)이란 진동하는 파(Wave)의 한 주기가 몇 [m] 인지 길이로 나타냅니다.

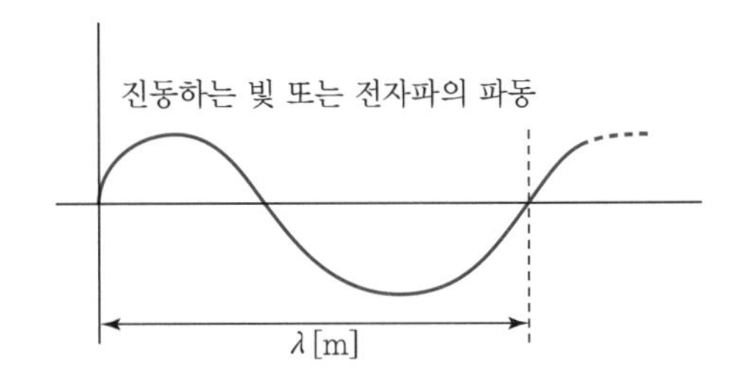

〖 파동의 파장 : 진동하는 것의 한 주기 길이 〗

- 파장 $\lambda = v\ T = v\dfrac{1}{f} = \dfrac{2\pi}{\beta}$ [m] 또는 $\lambda = C_0\ T = C_0\dfrac{1}{f} = \dfrac{2\pi}{\beta}$ [m]
- 전파속도 $v = f\ \lambda = f\dfrac{2\pi}{\beta} = \dfrac{w}{\beta}$ [m/s]

> - 기본 물리 속도 수식 : v(속도)$= \dfrac{l(\text{거리})}{t(\text{시간})}$ [m/s] → 거리 $l = v \times t$ [m] 이므로,
> - 파의 1주기의 길이 λ [m] $= v$속도[m/s] $\times$ T시간[sec]
>   (전자파의 거리) 파장 $\lambda = v\ T$ [m]
>
>   여기서, 속도 v [m/s]는 빛의 속도 $C_0 = 3 \times 10^8$ [m/s] 이므로,
>   전자파의 속도(v)=빛의 속도(C_0)
>   주기(T) : 진동하는 파동, 진동의 한 주기 시간 [sec]

5. 고유 임피던스(Intrinsic Impedance)

고유 임피던스(Z)의 고유(Intrinsic)는 '변하지 않는 본질'을 의미합니다. 전파와 자파가 모두 파동형태이기 때문에 전자파는 빛의 속도로 자유공간을 진행하거나 유전체를 통과합니다. 본 11장 전자파 내용에서 저항의 의미를 가진 임피던스(Z)를 다루는 이유는 시변계에서 전계와 자계의 비율($\dfrac{E_p}{H_p}$)이 일정하고, 이것을 전자파가 있는 공간에 존재하는 고유한 값(Z [Ω])으로 정의하였기 때문입니다.

핵심기출문제

어떤 TV 방송의 수신 (전자파) 주파수가 190[MHz]의 평면파였다. 만약 이 전자파가 $\mu_s = 1$, $\varepsilon_s = 64$ 인 물속을 진행할 때의 전파 속도[m/ s]와 파장[m]을 구하면?

① $v = 0.375 \times 10^8$, $\lambda = 0.19$
② $v = 2.33 \times 10^8$, $\lambda = 0.21$
③ $v = 0.87 \times 10^8$, $\lambda = 0.17$
④ $v = 0.425 \times 10^8$, $\lambda = 1.2$

해설

- 전파속도

$$v = \frac{1}{\sqrt{\mu\varepsilon}} = \frac{3 \times 10^8}{\sqrt{\mu_s \varepsilon_s}} = \frac{3 \times 10^8}{\sqrt{1 \times 64}} = 0.375 \times 10^8 \text{[m/sec]}$$

- 파장

$$\lambda = \frac{v}{f} = \frac{0.375 \times 10^8}{190 \times 10^6} = 0.197 \text{[m]}$$

정답 ①

PART 01

$$\frac{E_p}{H_p} = \frac{[\text{V/m}]}{[\text{A/m}]} = \frac{[\text{V}]}{[\text{A}]} = [\Omega] = Z\,(\text{또는 } \eta)$$

저항은 전기회로에서 옴의 법칙($Z = \frac{V}{I}\,[\Omega]$)으로 설명되지만, 그보다 더 본질적으로 전계와 자계의 비율로 나타냅니다(아래 수식 참고). 그래서 전기회로를 해석할 때 회로이론 과목에서 송전선로 해석을 전자파 이론으로 해석합니다. 이것이 고유 임피던스(또는 파동 임피던스, 특성 임피던스)입니다.

- (진공 · 공기) 고유 임피던스 $Z_0 = \frac{E}{H} = 377\,[\Omega]$
- $E = 377\,H\,[\text{V/m}]$: 전계는 자계의 377배
- $H = \frac{1}{377}E\,[\text{A/m}]$: 자계는 전계의 $\frac{1}{377}$배 ($\frac{1}{377} = 2.65 \times 10^{-3}$ 배)

진공 · 공기 중의 전자파 임피던스 : 전계와 자계의 비율($\frac{E_p}{H_p}$)

맥스웰의 전자방정식은 기존의 물리법칙과 (논리적인 충돌 없이) 정합성이 있어야 하므로, 에너지 보존 법칙에 의해 전계에서 에너지와 자계에서 에너지는 서로 같아야 한다.

- 전자에너지 : $w_e = \frac{1}{2}\varepsilon E_p^{\,2}\,[\text{J/m}^3]$, $w_h = \frac{1}{2}\mu H_p^{\,2}\,[\text{J/m}^3]$
- '$w_e = w_h$' $\Rightarrow$ $\frac{1}{2}\varepsilon E_p^{\,2} = \frac{1}{2}\mu H_p^{\,2}$ 이것을 비율 $\frac{E_p}{H_p}$로 나타내면,
- $\frac{E_p^{\,2}}{H_p^{\,2}} = \frac{\frac{2w}{\varepsilon}}{\frac{2w}{\mu}} = \frac{\mu}{\varepsilon}$ $\Rightarrow$ $\frac{E_p}{H_p} = \sqrt{\frac{\mu}{\varepsilon}}\,[\Omega]$ 여기서, $\frac{E_p}{H_p}$ 비율값은 변하지 않는 값이다.
- $\frac{E_p}{H_p} = \sqrt{\frac{\mu}{\varepsilon}} = \sqrt{\frac{\mu_0}{\varepsilon_0}}\sqrt{\frac{\mu_s}{\varepsilon_s}} = 120\pi\sqrt{\frac{\mu_s}{\varepsilon_s}} = 377\sqrt{\frac{\mu_s}{\varepsilon_s}}$ 이를 $Z_0\,[\Omega]$으로 정의한다.

$\therefore$ 변하지 않는 고유한 값 $Z_0 = \frac{E_p}{H_p} = \frac{E}{H} = \sqrt{\frac{\mu}{\varepsilon}} = 377\sqrt{\frac{\mu_s}{\varepsilon_s}}\,[\Omega]$

6. 전자파에 의한 에너지(w)와 에너지 출력(P_p)

전자파가 자유공간(시변계)에서 빛의 속도(v)와 함께 평면파 진행을 할 때, 전자파가 자유공간에서 매초[sec]마다 단위면적당 갖는 에너지 출력$[\text{W/m}^2]$은 다음과 같이 구할 수 있습니다.

자유공간을 진행하는 전계와 자계의 단위체적당 에너지는 각각 $w_e = \frac{1}{2}\varepsilon E_p^{\,2}\,[\text{W/m}^3]$와 $w_h = \frac{1}{2}\mu H_p^{\,2}\,[\text{W/m}^3]$입니다. 자유공간에서 평면전자파로 나타나는 전자파에너지는 전계에너지와 자계에너지의 합으로 나타낼 수 있습니다.

핵심기출문제

전계 $E = \sqrt{2}E_e \sin\omega\left(t - \frac{z}{v}\right)$ [V/m]의 평면전자파가 있다. 진공 중에서의 자계의 실효값[AT/m]은?

① $2.65 \times 10^{-1}E_e$
② $2.65 \times 10^{-2}E_e$
③ $2.65 \times 10^{-3}E_e$
④ $2.65 \times 10^{-4}E_e$

해설

파동 임피던스

$$\eta = Z_0 = \frac{E_e}{H_e} = \sqrt{\frac{\mu_0}{\varepsilon_0}} = 120\pi = 377[\Omega]$$

$$\therefore H_e = \frac{1}{\eta}E_e = \frac{1}{377}E_e = 2.65 \times 10^{-3}E_e$$

정답 ③

$$w = w_e + w_h = \frac{1}{2}\varepsilon {E_p}^2 + \frac{1}{2}\mu {H_p}^2\,[\mathrm{J/m^3}]$$

$$w = \frac{1}{2}\left(\varepsilon {E_p}^2 + \mu {H_p}^2\right)[\mathrm{J/m^3}]$$ 여기서 $E = \sqrt{\frac{\mu}{\varepsilon}}H,\ H = \sqrt{\frac{\varepsilon}{\mu}}E$ 이므로,

$$w = \frac{1}{2}\left[\varepsilon E\left(\sqrt{\frac{\mu}{\varepsilon}}H\right) + \mu H\left(\sqrt{\frac{\varepsilon}{\mu}}E\right)\right] = \sqrt{\mu\varepsilon}\,EH\ [\mathrm{J/m^3}]$$

[평면전자파의 에너지 출력]

$$P = w \cdot v = \left(\sqrt{\varepsilon\mu}\,EH\right)\left(\frac{1}{\sqrt{\mu\varepsilon}}\right) = EH\ [\mathrm{W/m^2}]$$

여기서, $w = \sqrt{\varepsilon\mu}\,EH\ [\mathrm{J/m^3}]$: 전파방출 시 단위체적당 축적되는 에너지

$P = P_p = EH\ [\mathrm{W/m^2}]$: 평면전자파의 에너지 출력(=포인팅벡터)

빛의 속도 단위는 $[\mathrm{m/s}]$ 이므로 w, P_p는 초당 에너지, 초당 출력

> **핵심기출문제**
>
> 전계 E[V/m], 자계 H[AT/m]인 전자계가 평면파를 이루고, 자유공간으로 전파될 때 단위시간에 단위면적당 에너지[W/m²]는?
>
> ① $\frac{1}{2}EH$ ② $\frac{1}{2}EH^2$
>
> ③ EH^2 ④ EH
>
> 정답 ④

7. 안테나 출력 : 포인팅 벡터(Poynting Vector)

위에서 유도한 전자파의 에너지 출력 $P_p\,[\mathrm{W/m^2}]$을 전파를 방출하는 안테나(Antenna) 출력을 계산할 때 사용합니다. 에너지 출력 P_p를 안테나 출력(P) 계산에 사용할 때 부르는 용어가 포인팅 벡터(P_p) 또는 전파의 세기($\overrightarrow{P}$)입니다.

→ P(안테나 출력), P_p(포인팅 벡터), $\overrightarrow{P}$(전파의 세기) 모두 같은 의미로 $[\mathrm{W/m^2}]$ 단위를 사용한다.

안테나 출력도 시변계에서 전계와 자계에 의한 전자파 현상입니다. 안테나가 방출하는 전파의 세기 $[\mathrm{W/m^2}]$를 포인팅 벡터(Poynting Vector)라는 이름으로 계산합니다.

전자장 내용은 전자파를 다루는 영역이고, 전자파를 이용한 대표적인 영역이 안테나와 무선통신입니다. TV나 라디오 등의 방송통신장치가 방송을 하기 위해 음성신호와 영상신호를 공중으로 퍼트려야 합니다. 이것이 전파를 송출하는 작업이고, 핸드폰을 포함한 무선통신장치는 전파를 이용하여 원거리 통신을 하게 됩니다. 전파를 멀리 보내려면 짧은 거리든 먼 거리든 전파는 출력(P)이 필요합니다.

> **TIP**
>
> 방송국(라디오 방송, TV 방송 등)에서 출력(P)에 방송신호를 실어 전파를 쏘면, 전파가 출력 크기에 비례한 거리로 퍼진다. 타 지역의 수신기는 방송국에서 보낸 약한 전파신호를 받아 증폭시키고, 전파신호를 디지털 신호 또는 아날로그 신호로 변환하는 과정을 거쳐 라디오의 음성이나 TV의 시청각형태로 우리에게 전달된다. 이것이 일반적인 방송통신 또는 무선통신의 통신방식이다.

〖 안테나 〗

안테나가 x [km] 떨어진 A 지역까지, B 지역까지 또는 C 지역까지 전파신호를 보내려고 할 때, 어느 정도의 출력 세기 [W/m²]로 전자파를 송출해야 하는지 출력의 세기 [W/m²]를 계산할 수 있습니다. 이것이 포인팅 벡터(P_p)입니다.

포인팅 벡터 $P_p = \vec{E} \times \vec{H} = EH\sin\theta = EH$ [W/m²]

여기서, 시변계에서 전자파 진행은 전계(E_p)와 자계(H_p)가 서로 법선각도를 이루며 진행하므로 $EH\sin 90° = EH$가 됩니다. 그러므로 포인팅 벡터는,

- 포인팅 벡터 $P_p = EH = \dfrac{P}{4\pi r^2}$ [W/m²]

$$\left\{ P_p = \frac{\text{방사한 전력}}{\text{방사한 면적}} = \frac{[\text{W}]}{[\text{m}^2]} = \frac{\text{출력 } P\,[\text{W}]}{\text{구의 표면적으로 방사 } 4\pi r^2\,[\text{m}^2]} \right\}$$

- $P_p = \dfrac{P}{S} = \dfrac{P}{4\pi r^2}$ [W/m²] : 안테나가 송출할 전파의 세기
- $P_p = EH = 377\,H^2$ [W/m²]
- $H = \sqrt{\dfrac{P_p}{377}}$ [A/m] : 안테나가 송출할 때 필요한 H_p
- $E = \sqrt{377\,P_p}$ [V/m] : 안테나가 송출할 때 필요한 E_p

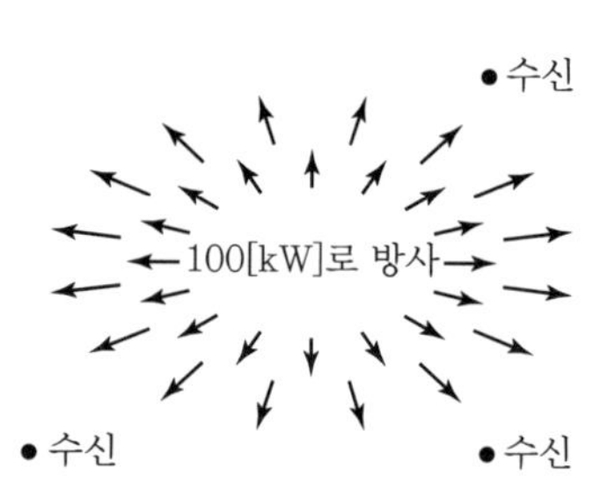

참고 안테나가 송출하는 전파의 세기

서울 남산에 위치한 서울 YTN 타워에는 큰 송신용 안테나 탑이 있다. 이 안테나에서 100 [kW] 의 출력으로 전파를 송출할 때 안테나 위치로부터 10 [km] 떨어진 곳에서 측정되는 이 전파 중 전계의 세기(E_p)는 다음과 같다.

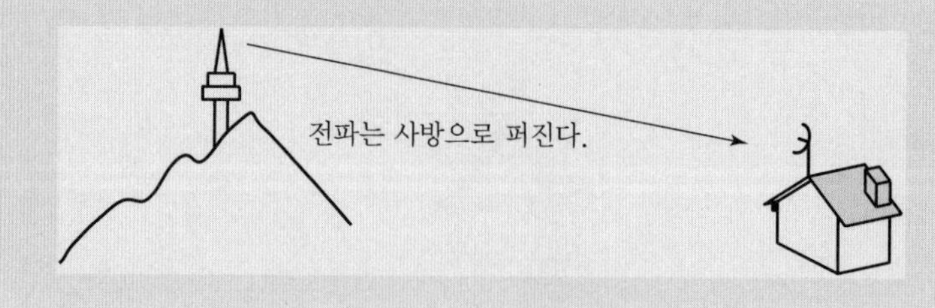

핵심기출문제

다음 중 전계와 자계의 관계는?

① $\sqrt{\mu}\,H = \sqrt{\varepsilon}\,E$
② $\sqrt{\mu\varepsilon} = EH$
③ $\sqrt{\varepsilon}\,H = \sqrt{\mu}\,E$
④ $\mu\varepsilon = EH$

해설

고유 임피던스

$\eta = \dfrac{E}{H} = \sqrt{\dfrac{\mu}{\varepsilon}}$

$\therefore \sqrt{\mu}\,H = \sqrt{\varepsilon}\,E$

$\rightarrow H = \sqrt{\dfrac{\varepsilon}{\mu}}\,E$

정답 ①

핵심기출문제

지구는 태양으로부터 P[kW/m²]의 방사열을 받고 있다. 지구 표면에서 전계의 세기는 몇 [V/m]인가?

① $377P$ ② $\dfrac{P}{377}$
③ $\sqrt{\dfrac{P}{377}}$ ④ $\sqrt{377P}$

해설

- 포인팅 벡터

$P = EH = \dfrac{1}{\eta}E^2 = \dfrac{1}{377}E^2$

- 파동 임피던스

$\eta = \dfrac{E}{H} = \sqrt{\dfrac{\mu_0}{\varepsilon_0}} = 120\pi\,[\Omega]$
$= 377\,[\Omega]$

$\therefore E = \sqrt{\eta P} = \sqrt{377P}$ [V/m]

정답 ④

포인팅 벡터 $P_p = EH = E\left(\frac{E}{377}\right) = \frac{P}{4\pi r^2}$ 이므로,

$$E^2 = \frac{377P}{4\pi r^2}$$

$$E = \sqrt{\frac{377P}{4\pi r^2}} = \sqrt{\frac{377\times 100000}{4\pi(10\times 10^3)^2}} = 0.17\ [\mathrm{V/m}]$$

∴ 100 [kW] 의 출력으로 송출한 전파는 안테나로부터 10 [km] 떨어진 곳에서 전계의 세기를 측정하면, 0.17 [V/m] 의 전계를 감지하게 된다.

03 유전체 손실각($\tan\delta$)과 임계주파수(f_c)

1. 유전체 손실각($\tan\delta$)

유전체 손실각은 이름에서부터 '유전체'가 등장하므로 본 내용은 콘덴서(Capacitor)와 관련된다는 것을 알 수 있습니다. 4장과 5장에서 다룬 콘덴서 내용은 평판콘덴서에 직류(DC) 전원을 인가할 때 나타나는 콘덴서의 특징이었습니다. 유전체 손실각 내용은 평판콘덴서에 교류(AC)전원을 인가하여 콘덴서에 교류(I_{ac})가 흐를 때 나타나는 특징을 다룹니다.

콘덴서에 교류전압 $e = E_m \sin\omega t$을 인가하여, 교류전류 I_{ac}가 흐를 때, 콘덴서의 전극에 연결된 외부 도선에는 전도전류(i_c)가 흐르고, 콘덴서의 전극 판과 판 사이에는 변위전류(i_d)가 발생합니다.

다음은 콘덴서에 흐르는 전도전류밀도와 변위전류밀도입니다.

- 전도전류의 극형식 표현

$$\vec{J}_c = kE_p = kE_m \sin\omega t\ [\mathrm{A/m^2}]$$
$$\rightarrow \vec{J}_c = kE\angle 0°$$

- 변위전류의 극형식 표현

$$\vec{J}_d = \frac{\partial D}{\partial t} = \varepsilon\frac{\partial E_p}{\partial t} = \varepsilon\frac{\partial}{\partial t}E_m\sin\omega t\ [\mathrm{A/m^2}]$$
$$= \varepsilon\omega E_m\cos\omega t = \varepsilon\omega E_m\sin(\omega t + 90°)$$
$$\rightarrow \vec{J}_d = \varepsilon\omega E\angle 90°\ [\mathrm{A/m^2}]$$

그래서 콘덴서에 교류가 흐를 때 흐르는 전류($\vec{J}_c$, $\vec{J}_d$)를 정리하면,

- 전도전류밀도 $\vec{J}_c = kE\angle 0°\ [\mathrm{A/m^2}]$ (콘덴서 도선에 흐르는 전류)
- 변위전류밀도 $\vec{J}_d = \varepsilon\omega E\angle 90°\ [\mathrm{A/m^2}]$ (콘덴서 전극과 전극 사이에 흐르는 전류)

핵심기출문제

10[kW]의 전력으로 송신하는 전파 안테나에서 10[km] 떨어진 점의 전계의 세기는 몇 [V/m]인가?

① 1.73×10^{-3}
② 1.73×10^{-2}
③ 5.5×10^{-3}
④ 5.5×10^{-2}

해설

포인팅 벡터

$$P = \frac{W}{4\pi r^2}[\mathrm{W/m^2}]$$
$$= EH = \frac{1}{120\pi}E^2$$
$$\rightarrow P = \frac{10\times 10^3}{4\pi\times(10\times 10^3)^2}$$
$$= \frac{1}{120\pi}E^2$$

따라서,

$$E^2 = \frac{120\pi\times 10\times 10^3}{4\pi\times(10\times 10^3)^2}$$
$$= 30\times 10^{-4}$$
$$\therefore E = \sqrt{30\times 10^{-4}}$$
$$= \sqrt{30}\times 10^{-2}$$
$$= 5.5\times 10^{-2}[\mathrm{V/m}]$$

정답 ④

콘덴서의 전도전류(i_c)와 변위전류(i_d)는 다음과 같은 위상관계를 갖습니다.

i_c와 i_d가 이루는 각도(δ)는 tan 각도로,

$$\tan\delta = \frac{i_c}{i_d} = \frac{kE\angle 0°}{\varepsilon\omega E\angle 90°} = \frac{k}{\varepsilon\omega}\angle -90°$$
$$= \frac{k}{2\pi f\varepsilon}\angle -90°$$

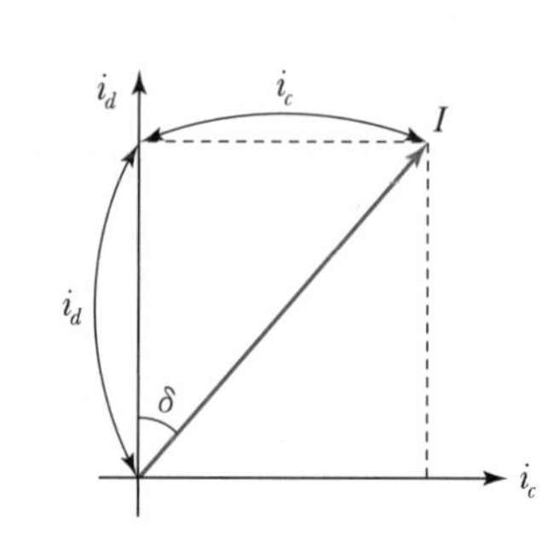

유전체 손실각 $\tan\delta = \dfrac{k}{2\pi f\varepsilon}\angle -90°$

- $i_c - i_d$ 좌표에서 i_d축이 기준 0°
- 유전체 손실각($\tan\delta$)의 주파수(f)는 측정에 의한 주파수

핵심기출문제

유전체 역률($\tan\delta$)과 무관한 것은?

① 주파수 ② 정전용량
③ 인가전압 ④ 누설저항

해설

유전체 역률 $\tan\delta = \dfrac{I_c}{I_d}$

$$\rightarrow \frac{I_c}{I_d} = \frac{\frac{V}{R}}{\frac{V}{X_c}} = \frac{X_c V}{RV} = \frac{\left(\frac{1}{\omega C}\right)}{R} = \frac{1}{\omega CR} = \frac{1}{2\pi fCR}$$

따라서, 유전체 역률은 주파수, 정전용량, 누설저항 등에 의해 결정되며 유전체의 인가전압과는 무관하다.

정답 ③

2. 유전체 손실각의 의미

전도전류(i_c)는 전하(Q)가 도선을 통해 이동하는 전류현상이고, 변위전류(i_d)는 전하(Q)가 콘덴서 전극에서 이동하지 않는 정지상태로 전하밀도가 증가 · 감소하며 발생하는 전기장을 통해 유전체를 이동하는 전류현상입니다.

여기서 콘덴서의 도선은 도체이고 콘덴서의 유전체는 부도체이므로, 유전체 손실각 이론을 통해 어떤 물질에 교류전류를 흘림으로써 그 물질이 도체인지 부도체인지 가늠할 수 있습니다. 또한 도체라면 어느 정도 전도율(k)을 가지고 있는데, 부도체라면 유전체로서 어느 정도의 분극능력(P)을 가지고 있는지도 판단할 수 있습니다. 만약 어떤 물질(신소재)이 전기적으로 도체인지 부도체인지 불분명할 때, 이 알 수 없는 신소재 물질을 챔버 속에 넣고 물질 양단에 도선을 연결한 다음 교류전원을 인가합니다.

그리고 전도전류 성분과 변위전류 성분의 결과를 가지고, 유전체 손실각 $\tan\delta = \dfrac{i_c}{i_d}$ 비율로 나타냈을 때, 이 신소재 물질에 대한 $\tan\delta$ 각도가 90°에 가까울수록 전도전류(i_c) 특성이 강하므로 전기도체로서 좋은 특성이 있음을 알 수 있고, 만약 $\tan\delta$ 각도가 0°에 가까웠다면 변위전류(i_d) 특성이 강하므로 전기적으로 부도체이거나 콘덴서의 유전체 물질로서 좋은 특성을 가지고 있다고 판단할 수 있습니다. 이처럼 어떤 물질에 대한 유전체 손실각($\tan\delta$) 결과를 갖고, 도체로서 적합 여부 혹은 유전체로서 적합 여부를 판단할 수 있습니다.

[유전체 손실각($\tan\delta$)의 의미]

- $\tan\delta$이 45°보다 크다면 도체이고,
- $\tan\delta$이 45°보다 작다면 부도체 혹은 유전체이다.

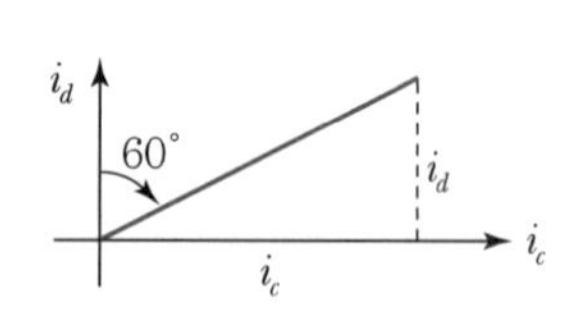

3. 임계주파수(f_c)

유전체 손실각 $\tan\delta = \dfrac{i_c}{i_d}$을 통해 어떤 전기재료의 도체 · 부도체 여부를 알 수 있고, 도체 · 부도체로 분리되는 임계조건은 $i_c = i_d$(전도전류 i_c와 변위전류 i_d가 같을 경우)입니다. 이러한 임계조건 만족할 수 있는 교류전원의 주파수가 임계주파수(f_c)입니다. 임계주파수(f_c)의 값은 다음과 같이 정리됩니다.

임계조건 : $i_c = i_d \rightarrow kE = \varepsilon\omega E$ (양변에 전계 E_p를 약분하면)

$k = \varepsilon\omega = 2\pi f\varepsilon \rightarrow f = \dfrac{k}{2\pi\varepsilon}$ [Hz]

(실험실에서) 어떤 물질에 교류전류를 인가했을 때, 인가한 교류의 주파수(f) 크기와 물질로부터 측정된 $\dfrac{k}{2\pi\varepsilon}$ 값 크기가 같다면 그 주파수는 임계조건($i_c = i_d$)을 만족하는 임계주파수가 됩니다.

임계주파수 : $f_c = \dfrac{k}{2\pi\varepsilon}$ [Hz]

임계주파수로 나타낸 유전체 손실각 : $\tan\delta = \dfrac{f_c}{f}$ (참고, $\tan\delta = \dfrac{k}{2\pi f\varepsilon}$)

> **임계주파수(f_c)와 유전체 손실각($\tan\delta$)의 관계 : $\tan\delta = \dfrac{f_c}{f}$**
>
> 임계주파수(f_c)가 들어간 관계식 $\tan\delta = \dfrac{f_c}{f}$을 통해서, 어떤 물질에 교류전류를 흘리고 인가한 주파수와 물질로부터 측정한 주파수 사이의 비율만 보아도 물질의 도체 특성 · 부도체 특성을 알 수 있다.

핵심기출문제

유전체에서 임의의 주파수 f에서의 손실각을 $\tan\delta$라 할 때 전도전류 i_c와 변위전류 i_d의 크기가 같아지는 주파수를 f_c라 하면 $\tan\delta$는?

① $\dfrac{f_c}{f}$　② $\dfrac{f_c}{\sqrt{f}}$

③ $\dfrac{\sqrt{f_c}}{f}$　④ $2f_cf$

해설

전도전류 I_c와 변위전류 I_d가 같게 되는 주파수가 임계주파수이다.

$i_c = i_d$

$k = \varepsilon w = 2\pi f\varepsilon$

여기서, 임계주파수(f_c)와 유전체 손실각($\tan\delta$)의 관계 $f_c = \dfrac{k}{2\pi\varepsilon}$ [Hz]이므로,

$\tan\delta = \dfrac{f_c}{f}$

정답 ①

1. 맥스웰의 전자방정식

① 맥스웰 제1방정식의 적분형(앙페르의 전류법칙)

$$I=(i_c+i_d)=\int_s (\nabla \times H_p)\vec{ds}=\int_s \left(J+\frac{dD}{dt}\right)\vec{ds}$$

② 맥스웰 제1방정식의 미분형(앙페르의 전류법칙)

$$\nabla \times H_p = J+\frac{dD}{dt}$$

③ 맥스웰의 제2방정식 적분형(패러데이의 전자유도 법칙)

$e=\int_l \vec{E}_p\, dl=-\int_s \left(\frac{dB}{dt}\right)\vec{ds}$: 전계와 자계는 서로를 유도함

④ 맥스웰의 제2방정식 미분형(패러데이의 전자유도 법칙)

$rot\,E_p=0$: 정전계는 전계가 회전하지 않지만,

$rot\,E_p=-\frac{\partial B}{\partial t}$: 동전계에서 전계는 회전함

맥스웰의 제3방정식 미분형	맥스웰의 제3방정식 적분형
$\nabla \circ D=\rho_v$	$Q=\int_s D\,\vec{ds}=\int_v (\nabla \circ D)\,\vec{dv}$
맥스웰의 제4방정식 미분형	**맥스웰의 제4방정식 적분형**
$\nabla \circ B=0$	$\int_s B\,\vec{ds}=\int_v (\nabla \circ B)\,\vec{dv}=0$
전파방정식	**자파방정식**
$\nabla^2 E_p=\mu\varepsilon\frac{\partial^2 E_p}{\partial t^2}$	$\nabla^2 H_p=\mu\varepsilon\frac{\partial^2 H_p}{\partial t^2}$

2. 전자장

① 전자파의 속도 : $v=3\times 10^8\frac{1}{\sqrt{\varepsilon_s \mu_s}}$ [m/s]

전파 속도 : $v=f\ \lambda=f\frac{2\pi}{\beta}=\frac{w}{\beta}$ [m/s]

② 고유 임피던스

$$Z_0 = \frac{E_p}{H_p} = \frac{E}{H} = \sqrt{\frac{\mu}{\varepsilon}} \fallingdotseq 377\sqrt{\frac{\mu_s}{\varepsilon_s}}\ [\Omega]$$

③ 파장 $\lambda = \frac{v}{f} = \frac{2\pi}{\beta}$ [m] 또는 $\lambda = \frac{C_0}{f} = \frac{2\pi}{\beta}$ [m]

④ 안테나가 송출하는 전파의 세기

$$P_p = \frac{P}{4\pi r^2}\ [\mathrm{W/m^2}],\ P_p = EH = 377H^2\ [\mathrm{W/m^2}]$$

⑤ 안테나가 전파를 송출할 때 필요한 자계의 크기

$$H = \sqrt{\frac{P_p}{377}}\ [\mathrm{A/m}]$$

⑥ 안테나가 전파를 송출할 때 필요한 전계의 크기

$$E = \sqrt{377\,P_p}\ [\mathrm{V/m}]$$

⑦ 방출된 전파의 자유공간에서 단위체적당 축적되는 에너지

$$w = \sqrt{\varepsilon\mu}\,EH\ [\mathrm{J/m^3}]$$

3. 유전체 손실각과 임계주파수

① 교류가 인가된 콘덴서의 전도전류밀도

$$\vec{J}_c = kE\angle 0°\ [\mathrm{A/m^2}]$$

② 교류가 인가된 콘덴서의 변위전류밀도

$$\vec{J}_d = \varepsilon\omega E\angle 90°\ [\mathrm{A/m^2}]$$

③ 유전체 손실각

$$\tan\delta = \frac{i_c}{i_d},\ \tan\delta = \frac{k}{2\pi f\varepsilon}\angle -90°$$

④ 임계주파수

$$f_c = \frac{k}{2\pi\varepsilon}\ [\mathrm{Hz}]$$

⑤ 임계주파수(f_c)와 유전체 손실각($\tan\delta$)

$$\tan\delta = \frac{f_c}{f}$$

PART 02

전기기기

ENGINEER & INDUSTRIAL ENGINEER ELECTRICITY

전기기기 개요

국가기술자격시험에서 전기산업기사 · 전기사의 필기시험 과목은 총 5과목(실제 과목 수 6과목)입니다. 전기기기는 그중 한 과목이며, 난이도가 높은 과목입니다. 그뿐만 아니라 전기(산업)기사 실기 내용에서도 출제 비중이 높으며, 실제 산업현장과 밀접한 과목입니다.

전기기기 과목은 다른 과목과 다르게 전기에서 배운 총체적인 내용을 모두 다룹니다. 그래서 대표적인 전기설비들의 구조, 기기들의 전기적 원리와 운전특성 그리고 관련된 수학적 이론(수학적 계산) 등 총체적인 면을 다루고 시험문제가 출제됩니다. 전기기사 6과목 중 공부하기 까다로운 과목이므로 시험에서 과락으로 불합격되기 쉬운 과목입니다.

본문 내용을 알기 전에, 먼저 전기기기가 무엇을 배우는 과목인지, 또 전기기기 과목이 전기분야에서 어떤 위치에 있는지 알아보겠습니다. 배경지식과 전체적인 부분을 짚고 전기과목을 공부하면 뇌가 전기지식을 받아들이기 훨씬 더 수월할 것입니다.

TIP

전기(산업)기사 필기시험은 1과목에 20문제씩 출제되며 5과목 중 한 과목이라도 점수가 40점 미만이면 평균점수가 60점 이상이더라도 불합격된다.

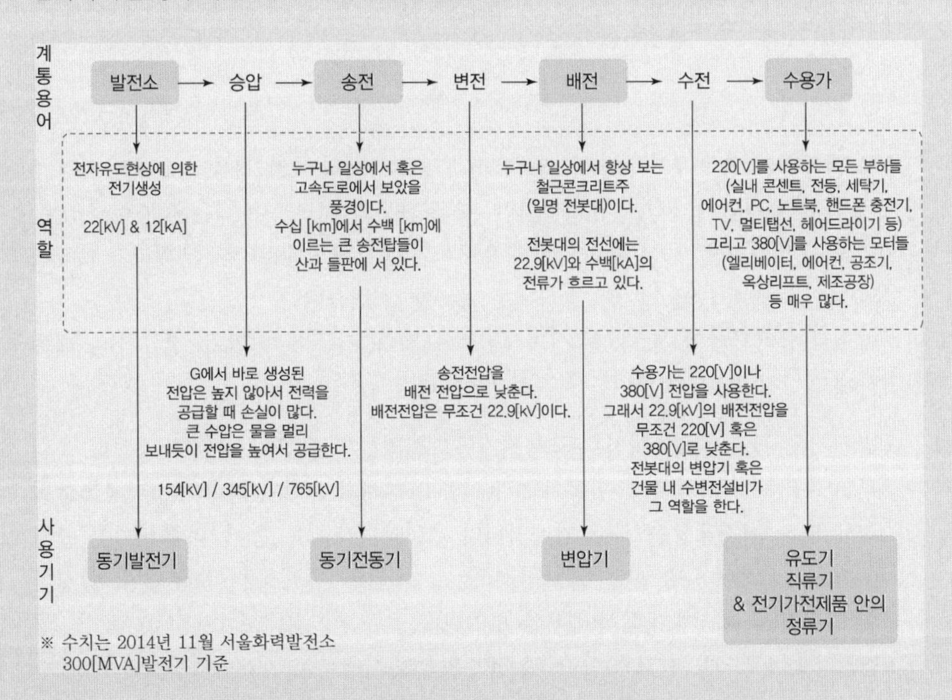

『 우리나라 전기시스템(전력계통)과 각 계통에서 사용하는 전기기기 』

앞의 전력계통 흐름도을 보면, 전기기기 과목에서 배우는 [동기기 – 변압기 – 유도기 – 직류기 – 정류기]는 전기의 시작(start)하는 설비와 끝(end)나는 설비로 전기 계통에서 사용하는 대표적인 전기기계의 전부를 배웁니다. 위 그림의 기기 순서[동기기 – 변압기 – 유도기 – 직류기 – 정류기]는 본 전기기기 과목 목차의 순서와 다르게 배열되었을 뿐 구성[직류기 – 동기기 – 변압기 – 유도기 – 정류기]이 같으므로 전력계통의 흐름과 함께 본 전기기기 내용의 흐름을 생각하면 이해가 쉽습니다. 아울러 전기실무를 이해하는 데 도움이 되므로 전력흐름에 대해 꼭 한번 생각에 잠겨 보길 독자에게 권합니다.
전자유도현상을 이용하여 작동하는 기계를 줄여서 '전기기기'라고 말합니다. 그러한 대표적인 기기(Machine)가 직류기, 동기기, 변압기, 유도기입니다. 때문에 본 전기기기를 공부하기 전에 전기자기학 과목의 「8장 전자력원리와 전자유도현상」과 회로이론 과목(2장)을 선수과목으로 공부해야 합니다.
변압기, 정류기를 제외하고 직류기, 동기기, 유도기는 모두 같은 원리로 발전(Generator)과 회전(Motor) 기능을 수행하기 때문에 각 장에서는 발전기와 전동기로 나누어 이론과 특성을 기술하고 있습니다.

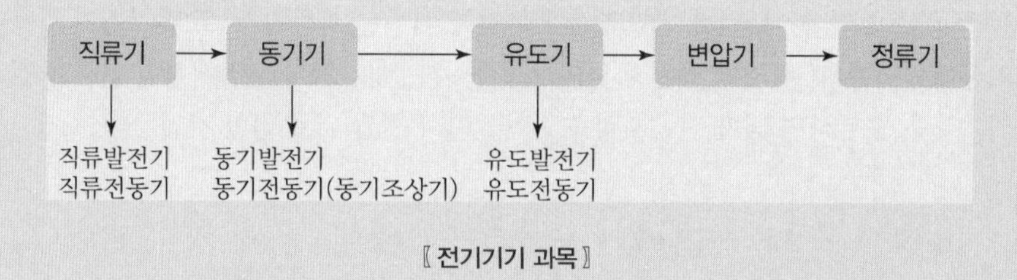

〖 전기기기 과목 〗

앞으로 전기기기 과목에서 공부할 내용은 5개 장뿐입니다. 1장 직류기, 2장 동기기, 3장 유도기, 4장 변압기, 5장 정류기입니다. 다른 과목과 비교하여 적은 장(Chapter) 수로 구성되어 있기 때문에 본 수험서에서 요구하는 공부방법대로 여러분께서 노트정리만 잘한다면 어렵지 않게 전기기기 과목을 정복할 수 있습니다.
마지막으로 전기기기의 대표적인 전기설비들(발전기, 전동기, 변압기, 정류기)에 대해 간략하게 설명하고 1장 직류기를 시작하겠습니다.

- 발전기(Generator)란 회전운동와 전자유도원리를 이용하여 전기를 생성하고 외부로 출력하는 기계이고, 전동기(Motor)란 외부에서 전기가 입력되어 전자유도원리에 의해 회전운동을 하는 기계입니다. 그래서 직류기, 동기기, 유도기는 발전(Generator)하는 구조와 회전(Motor)하는 기계적인 구조가 다를 뿐 결국 발전기와 회전기(Motor)에 대해서 배우는 것입니다.
- **변압기**(Transfer)는 전기적 압력, 즉 전압을 변화시켜주는 기계입니다.

✠ **변압기**
전압뿐만 아니라 전류도 변화시키는 전기기기를 말한다. 전압을 변화시킬 때는 변성기라고 부르고, 전류를 변화시킬 때는 변류기라고 부른다.

- 정류기는 일반적으로 어댑터(Adapter)라고 불리는 기기입니다. 220[V]를 사용하는 가정의 가전 및 전자제품들이 작동하기 위해서는 교류(AC)가 아닌 직류(DC)를 써야 합니다. 그래서 정류기는 가전이나 전자제품들에 직류전원을 공급하기 위해 교류전원을 직류전원으로 바꿔주는 기능을 합니다. 우리나라뿐만 아니라 어느 나라에도 직류로 발전하는 발전기는 없으며 모든 수용가에는 직류전원이 없습니다. 모든 발전기는 교류출력을 냅니다. 그래서 정류기(교류 → 직류)가 필요합니다. 이런 정류기를 우리는 일상에서 어댑터(Adapter)라고 부릅니다.

1장 직류기

발전기의 출력이 직류 또는 전동기의 입력이 직류 전원인 경우를 직류기로 분류합니다.

[직류 입출력+기기]=[직류기]

2장 동기기

'동기'라는 말은 '동시'라는 의미입니다. 발전기의 회전체가 순간순간 회전함에 따라 동시에 교류전기 파형이 만들어진다는 의미에서 동기발전기, 전동기가 회전할 때 입력되는 교류전기 파형에 따라 동시에 회전한다는 의미에서 동기전동기, 그래서 회전와 일치하는 교류파형 혹은 교류파형과 일치하는 회전기기를 동기기라고 부릅니다.

여기서 '교류파형'을 전문용어로 '주파수'라고 부릅니다. 발전기든 전동기든 동기기의 주파수는 일정하고, 동기기는 일정한 주파수를 만들어냅니다. 때문에 우리나라의 경우 '동기발전기'가 만든 전기는 항상 60[Hz]를 유지하고, '동기전동기'는 항상 일정한 속도로만 회전하는 특성을 가지고 있습니다.

이러한 동기기의 의미를 다르게 표현하면, 동기기는 설계되고 만들어질 때부터 회전속도가 정해져 있습니다. 전기기기 중에서 만들 때 정해진 주파수의 교류만을 출력하는 것이 동기발전기이고, 정해진 속도로만 회전하는 것이 동기전동기입니다. 때문에 어떤 동기전동기가 설계자에 의해서 1분에 500회전(분당 500rpm)을 하게끔 설계가 됐으면, 그 속도를 유지하도록 운전해야 합니다. 어떤 동기발전기가 설계자에 의해 60[Hz]의 주파수 출력을 내는 교류발전기로 설계됐다면 60[Hz]에 상응하는 속도로만 발전기가 회전하며 전기를 생산해야 합니다. 이것이 '동기기'입니다. 그래서 동기기에 '동기회전', '동기주파수'라는 용어가 자주 등장합니다.

[정해진 주파수 또는 정해진 속도+기기]=[동기기]

3장 유도기

전기자기학 과목 8장에서 배운 전자유도원리로 회전하는 유도자를 가진 전기기기를 '유도기'라고 부릅니다.

[유도자 + 기기] = [유도기 또는 전자유도기기]

4장 변압기

변압기는 교류전압의 크기를 변화(강압 혹은 승압)시키는 기기라고 해서 '변압기'라고 부릅니다.

[변압 + 기기] = [변압기]

5장 정류기

✠ 전력전자소자
전력의 속성을 바꾸기 위해 전기에서 사용하는 소자 혹은 전력용 소자(다이오드, 싸이리스터, 트랜지스터)이다.

$220[V_{ac}]$ 교류를 $24[V_{dc}]$ 직류로 변화해 주는 **전력전자소자**에 대해서 배우는 내용입니다. 현재 우리가 일상에서 사용하는 대부분의 전기제품들은 디지털기기입니다. 디지털기기 안에는 반도체가 들어 있고, 반도체는 직류전원($5[V]$)을 사용합니다. 세상에서 교류전원을 사용하는 반도체는 없습니다.

수용가의 콘센트까지 이미 들어와 있는 교류 $220[V_{ac}]$를 가전이나 전자제품 혹은 디지털기기 전원에 연결하면 가전기기 안에는 교류를 직류로 바꿔주는 장치가 있어야 합니다. 그것이 '정류기'이고, 일반적으로 어댑터(Adapter)라고 부릅니다.
전기자기학, 회로이론 과목은 이미 약 100년 전에 여러 서양의 과학자들, 기술자들에 의해 그 이론이 완성되었고 현재까지 그대로 사용되고 있습니다. 전기자기학과 회로이론에서 다루는 이론은 모두 근본적으로 자연현상입니다. 그리고 우리는 자연현상을 우리의 편의대로 이용할 뿐입니다. 자연이 운동하는 원리가 바뀌지 않는 이상은 전기자기학과 회로이론의 이론적 내용 변화가 없을 것입니다.
반면 전력공학과 전기기기, 전기설비규정(KEC)은 이론 + 응용분야입니다. 큰 틀에서 변화가 없지만, 더 좋은 소자, 더 좋은 재료, 더 효율적이고 현실에 적합한 것을 찾는 과정에서 계속 발전하고 변화할 수 있습니다. 그 발전과 변화가 가장 빠른 것이 전기기기분야입니다. 때문에 본 전기기기 과목에서 전기기기를 이해하였어도 산업현장에서 적용하고 있는 전기기기는 훨씬 다양하고 복잡합니다. 이 정도로 전기기기에 대한 배경설명을 하면 전기기기 과목이 전기분야에서 어떤 위치에 있는지 대략 간접적으로 체감할 수 있으리라 생각합니다.
전기기기의 5개 장(Chapter)을 동일한 설명구조(원리 – 구조 – 이론 – 종류 – 특성 – 운전방법)로 기술하겠습니다.

직류기

어느 전문분야든 마찬가지겠지만, 전기분야 역시 지식의 절반을 용어가 차지하기 때문에 용어가 익숙하지 않으면 공부하기 어렵습니다. 본문 내용을 눈으로만 읽지 말고, 소리 내어 읽고 반복하면 전기용어가 눈과 귀에 빨리 익숙해지는 데 도움이 될 수 있습니다.

01 직류기의 원리와 관련 이론

전기기기 과목의 직류기, 동기기, 변압기, 유도기는 각 장이 서로 다른 내용이 아닙니다. 기본이론과 용어는 대부분 비슷하고 서로 겹치기 때문에 「1장 직류기」에서 내용을 잘 정리하면 뒤이은 2장, 3장, 4장을 비교적 손쉽게 공부할 수 있습니다.
직류기는 크게 **직류발전기/직류전동기**가 있습니다. 그리고 발전기와 전동기의 구조는 똑같습니다. 단지 기기를 운영하고 사용하는 특성이 다를 뿐입니다. 발전기의 원리와 구조부터 보겠습니다.

1. 직류기(직류발전, 직류전동)의 원리 : 앙페르의 오른나사 법칙

직류출력을 내는 발전기 또는 직류전원으로 동작하는 전동기를 물리적으로 이해하기 위해 필요한 원리입니다. 바로 앙페르(Ampere)의 오른나사 법칙입니다. 앙페르의 오른나사 법칙은 다음 그림과 같이 도선을 따라 전류가 흐르면 도체 주변에는 반드시 자기장이 생성되는데, 이 자기장의 방향으로 손가락으로 파악하여 직류발전기의 경우 계자의 자속방향과 전기자 도체권선의 자기장방향을 알 수 있고, 직류전동기의 경우 전동기의 회전방향을 판단할 수 있습니다.

(1) 도선에 전류가 직선으로 흐를 경우

자기장방향(앙페르의 오른나사 법칙)은 그림에서 시계 반대방향입니다.

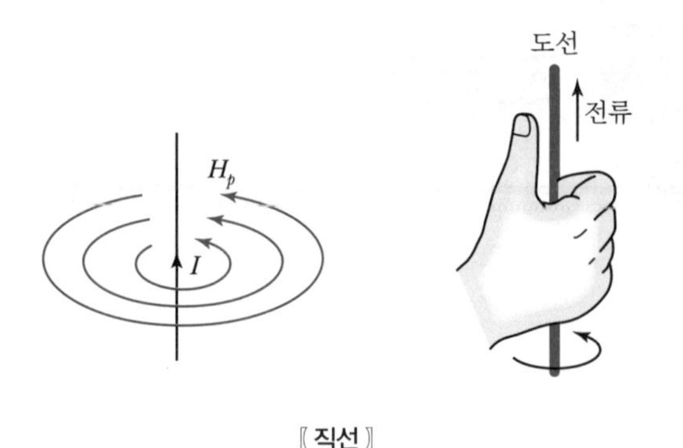

〖 직선 〗

※ 솔레노이드
한자로 '권선'(捲線)이라고 하며, 도체가 꼬불꼬불 감긴 형태를 말한다.

(2) 직선 솔레노이드(Solenoide)의 경우

도선에 전류가 흐를 때 자기장방향(앙페르의 오른나사 법칙)은 그림에서 왼쪽에서 오른쪽 방향으로 향합니다.

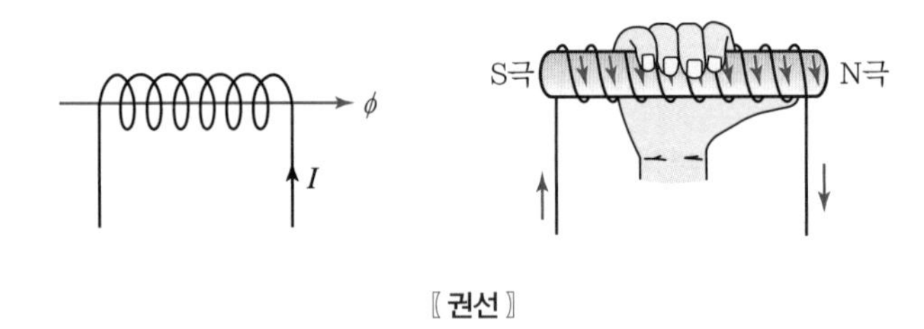

〖 권선 〗

(3) 환상(= 환형) 솔레노이드(Solenoide)의 경우

도선에 전류가 흐를 때 자기장방향(앙페르의 오른나사 법칙)은 그림에서 시계방향입니다.

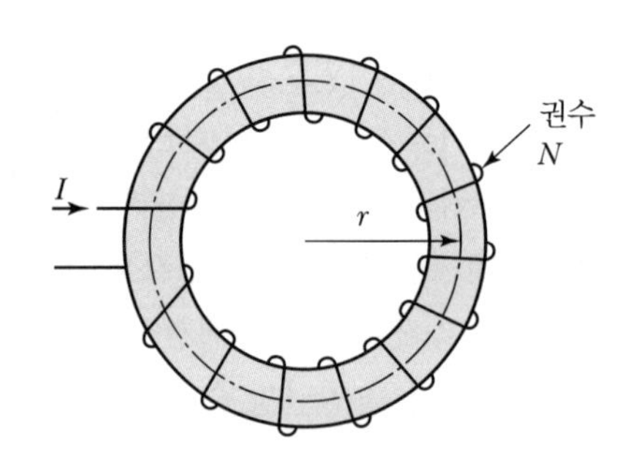

〖 환상 솔레노이드 〗

(4) 도선의 단면적으로 전류 흐름을 볼 경우

도선에 전류가 들어가는 방향을 (×)로 표기하고, 도선에 전류가 나가는 방향을 (•) "점"으로 표기합니다. 이것은 우리나라뿐만 아니라 전 세계 공통기호입니다.

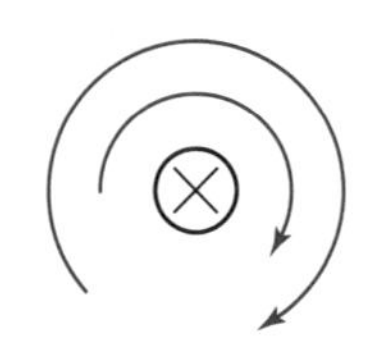 

전류가 들어가는 방향　　전류가 나가는 방향

〖 도선에서 전류방향 기호 〗

2. 발전기 원리 : 패러데이의 전자유도 법칙

직류발전기의 전기를 만드는 원리는 개념적으로 패러데이의 전자유도 법칙 $\left(e = -L\dfrac{d\phi}{dt}[\mathrm{V}]\right)$으로 설명할 수 있습니다. 패러데이의 전자유도식은 이미 19세기에 발견되었고, 전기자기학 과목에서도 다뤘습니다. 패러데이의 전자유도원리는 전기를 발생시키는 개념적인 원리이지, 구체적인 기계적 구조를 설명하고 있지 않습니다.

그래서 구체적인 발전기의 구조(전기자 도체의 길이$[\mathrm{m}]$, 전기자 도체의 회전속도 $[\mathrm{m/s}]$, 자속의 세기$[\mathrm{Wb/m^2}]$, 자속의 방향과 전기자 도체가 이루는 각도$[\,^\circ\,]$)가 있을 때, 발생하는 기전력$[\mathrm{V}]$은 패러데이의 전자유도 공식$\left(e = -L\dfrac{d\phi}{dt}[\mathrm{V}]\right)$에서 변형된 다음 공식으로 계산할 수 있습니다.

직류발전기의 유기기전력 $v = B \times lu = Blu\sin\theta\,[\mathrm{V}]$

직류발전기 유기기전력 공식($v = Blu\sin\theta\,[\mathrm{V}]$)보다 더 구체적인 직류발전기 내부 구조를 알고 있을 때, 사용할 수 있는 직류발전기 유도기전력 공식은 다음과 같습니다.

직류발전기의 유도기전력 $V = \dfrac{Pz\phi N}{60a}[\mathrm{V}]$

직류발전기와 전동기의 기계적인 구조는 똑같습니다. 때문에 아래와 같이 직류기의 기계적인 구조만 놓고 보면 직류발전기인지, 직류전동기인지 알 수 없습니다.

그림의 두 개 직사각형이 N극과 S극 자성체이고, 두 직사각형 사이에 있는 것이 전기를 출력할(발전기의 경우) 또는 회전할(전동기의 경우) 도선입니다.

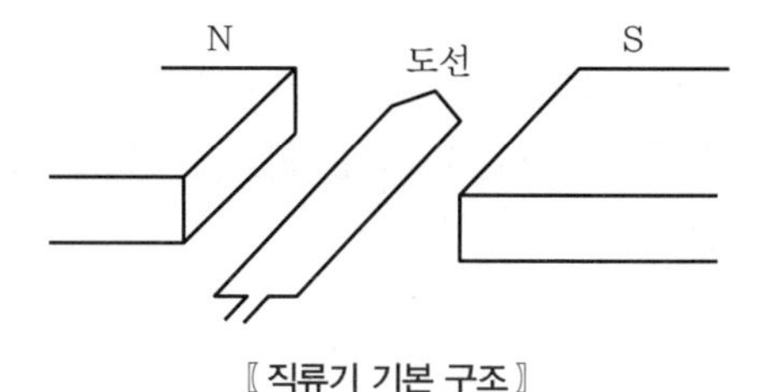

〖 직류기 기본 구조 〗

앞의 '직류기 기본 구조'가 발전기라면, 도선을 사람 또는 어떤 외부의 힘(물, 증기, 바람, 파도 등)으로 회전시켜주면 '발전기' 역할을 할 것이고, 반대로, '직류기 기본 구조'가 전동기라면, 도선에 전류를 인가시킬때(흘려주면) 도선은 양쪽 직사각형의 자성체 사이에서 **회전운동**(=motor 역할)을 하게 됩니다.

우리는 일반인이 아닌 기술인으로서 배우기 때문에 발전기 구조를 더 이상 그림이 아닌 수식으로 만들어 표현할 수 있어야 하고, 발전기 구조를 수식으로 만들기 위해 발전기 구조의 핵심을 아래 3가지 요소로 축약할 수 있습니다.

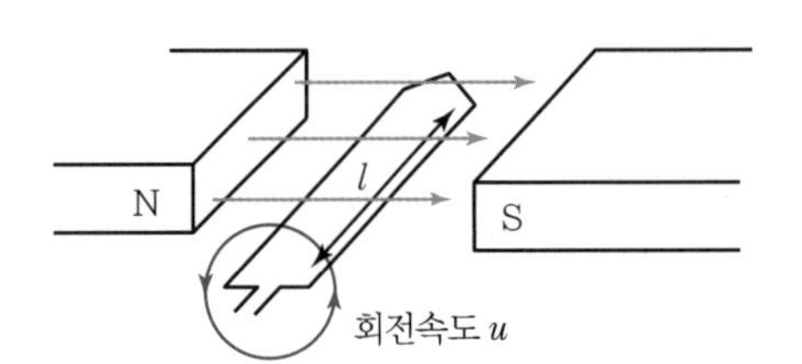

① 자속밀도 B(Wb/m^2) ※기본전제조건
② 도선길이 l(m)
③ 도선이 자속을 끊는 속도 u(m/s)

발전기든 전동기든 반드시 필요한 기본전제조건이 있습니다. 바로 **자기장**(=자속 ϕ[Wb])이 반드시 존재해야 합니다. 자기장이 존재하지 않는 전기기기(machine)는 전기설비로서 아무런 역할을 할 수 없습니다.

그래서 발전기의 구조는 ①번 자속밀도 $B[\text{Wb/m}^2]$가 기본적으로 있어야 하고, ②번 도체의 길이 $l[\text{m}]$를 고려하며, ③번 도선(도체)가 회전하는 속도 $u[\text{m/s}]$를 알아야 합니다.

이를 수식으로 표현하면, 자기장 속에서 회전하며 매초당 만들어 내는 발전기의 유기기전력은 다음과 같습니다.

- 유기기전력 $v = B \cdot l \cdot u\sin\theta[\text{V}]$(스칼라식 수학 표현)
- 유기기전력 $v = B \times lu[\text{V}]$ (벡터식 수학 표현)

이로써 전기기술인은 발전기 구조를 수식으로 나타낼 수 있고, 발전기가 만들어내는 전기의 크기, 발전기 속도를 정확하게 계산할 수 있습니다.

✠ 자기장

전기에서 자기장이란 자기의 힘을 가진 에너지가 자기장을 내뿜는 곳에서 면적당 나오는 자기장으로 이를 전기용어로는 자속(ϕ[Wb]) 혹은 자속밀도(B[Wb/m^2])로 사용한다.

TIP

플레밍의 오른손 법칙(F−B−I)

미국 연방수사국 FBI와 이름이 같아서 외우기 쉽다.

- F : 도체가 움직이는 방향(힘의 방향) [N]
- B : 자기장의 방향(자속이 어느 방향에서 어느 방향으로 향하는지) [Wb/m^2]
- I : 발전기에서 만들어진 도체에 전류가 흐르는 방향(플레밍 오른손 법칙에서 우리가 알고자 하는 요소) [A]

3. 플레밍의 법칙

플레밍의 법칙은 발전기의 전류방향과 전동기의 회전방향을 예측할 수 있는 원리입니다.

(1) 플레밍의 오른손 법칙 : 직류발전기의 원리를 설명

플레밍의 오른손 법칙(F−B−I)은 자기장 사이에서 도체의 움직이는 방향을 안다면, 전류가 어디에서 어디로 흐를지 그 방향을 예측할 수 있습니다[단, 자기장방향(=자속의 방향)을 안다는 전체에서].

(2) 플레밍의 왼손 법칙 : 직류전동기의 원리를 설명

전동기는 회전하는 기기이고, 전동기에서 중요한 것은 발전기와 다르게 발전한 유기기전력이 아니라 어느 방향(시계방향 회전, 반시계방향 회전)으로 회전할지와 얼마나 빠른 속도로 회전하는지 입니다. 여기서 플레밍의 왼손 법칙을 통해 전동기의 회전원리를 이해할 수 있고, 회전방향을 예측할 수 있습니다.

그림은 전동기 구조를 보여줍니다. 플레밍의 왼손 법칙을 적용하여, 전동기 외부에서 전원(＝전류)이 입력되면 힘(F)이 어느 방향으로 작용하여 어느 방향으로 회전하는지를 알아보겠습니다.

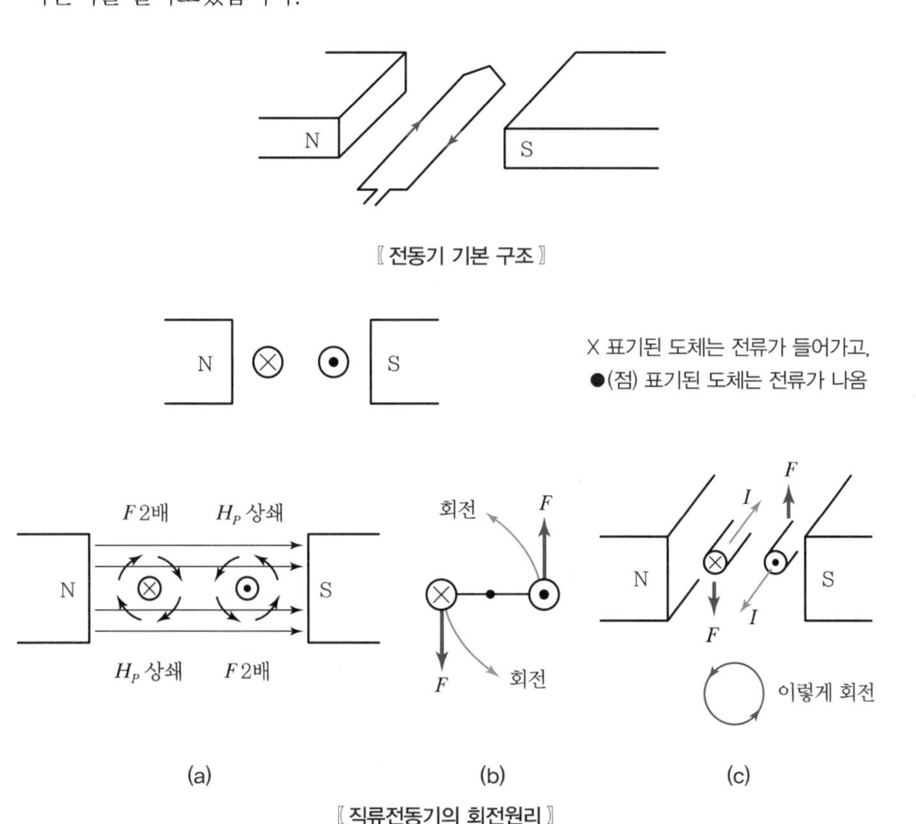

〖 전동기 기본 구조 〗

〖 직류전동기의 회전원리 〗

[그림 a]처럼 자기장 안에 가운데 고정된 채 전류가 흐르는 도체(코일)이 있으면, 자기장과 도체에서 발생하는 자기장은 [그림 a]와 같은 힘이 발생합니다. 이런 힘의 작용을 화살표로 단순하게 그려 보면 [그림 b]와 같습니다. 그래서 결국 이 전동기는 시계반대방향[그림 c]으로 회전하는 모터(Motor)가 되는 것입니다.

왼전오발

플레밍 왼손은 전동기 관련 법칙, 오른손은 발전기 관련 법칙

TIP

플레밍의 왼손 법칙(도－자－기)

- 도(F) : 도체의 운동방향(플레밍 왼손에서 우리가 알고 싶은 요소)[N]
- 자(B) : 자기장의 방향[Wb/m^2]
- 기(v) : 전동기 내의 도선에 기전력이 유입되는 방향[V]

02 직류발전기

1. 직류발전기의 구조와 명칭

본 내용에서는 직류발전기의 구조와 관련하여 명칭 그리고 발전기의 주요 구성요소들의 기능을 설명하겠습니다.

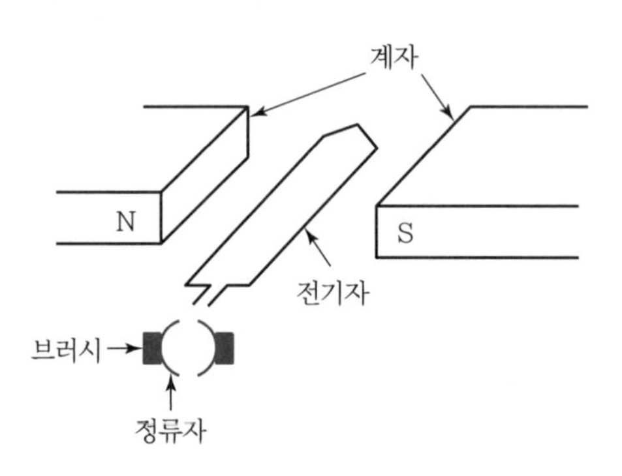

〖 직류발전기 및 전동기의 구조 단순화 〗

(1) 계자(Magnetic field, F)

계자는 '계자철심'과 '계자권선'으로 구성됩니다. 실제 전기기기의 계자는 자철광의 자석을 사용하지 않고, 철심에 권선이 감긴 '전자석'을 이용하여 **자속**을 발생시킵니다.

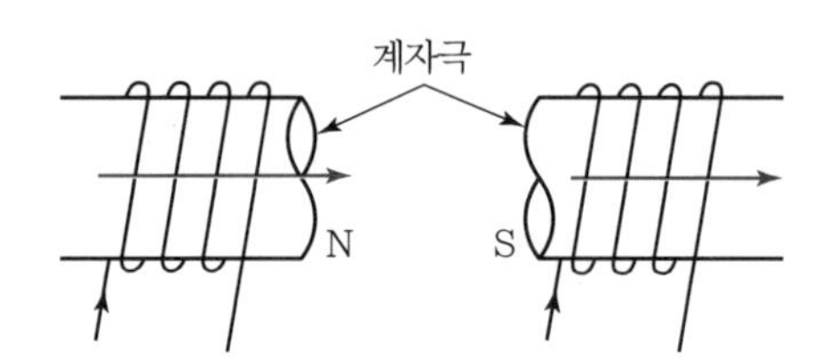

만약 계자를 자석으로 사용하면, 자속의 세기 조절이 안 되고, 전원을 ON－OFF 하여 기기가 꺼지고 켜지는 작동만 수행하게 됩니다(제동이 안 됨). 또한 계자를 자석으로 사용하면 계자에서 나오는 자속의 크기가 매우 제한되므로 제어에 한계가 있습니다. 여기서, 자속은 계자의 계자극에서만 자기장이 발생하고, 그 외의 계자부위에서는 자기장이 발생하지 않습니다.

(2) 전기자(Amature, A)

전기자는 '전기자철심'과 '전기자권선'으로 구성됩니다. 또한 일반적으로 배전설비로서 산업용으로 사용하는 전기설비의 전기자는 계자(Magnetic Field)가 감싸고 있는 내부 중앙에서 회전하고, 계자 내에서 전기자가 회전을 많이 할수록 전기(기전력)를 많이 만들어냅니다(전기자 도체는 시간변화에 따라 자속과 상호작용이 많을

핵심기출문제

철심에 권선을 감고 전류를 흘려서 공극(Air Gap)에 필요한 자속을 만드는 것은?

① 정류자 ② 계자
③ 회전자 ④ 전기자

해설

직류발전기의 주요부분
- 계자(Field Magnet) : 자속을 만드는 부분
- 전기자(Armature) : 계자에서 만든 자속으로부터 기전력을 유도하는 부분
- 정류자(Commutator) : 교류를 직류로 변환하는 부분

정답 ②

✠ 계자(F)
자속(＝자계, 자기장, N극과 S극)을 만들어 내는 장치이다.

✠ 자속
수학적으로 계산 가능한 자기장 단위이다.

✠ 전기자(A)
자속을 끊어서 전기를 만들어 내는 것으로, 앞에서 언급했던 도체에 해당한다.

수록 유도기전력도 커짐). 그러한 전기자도체의 전기발생능력을 높이려면, 전기자 구조가 한 쌍의 코일로 구성돼서는 부족합니다. 그래서 전기자 구조는 여러 도체코일을 중복해서 넣습니다.

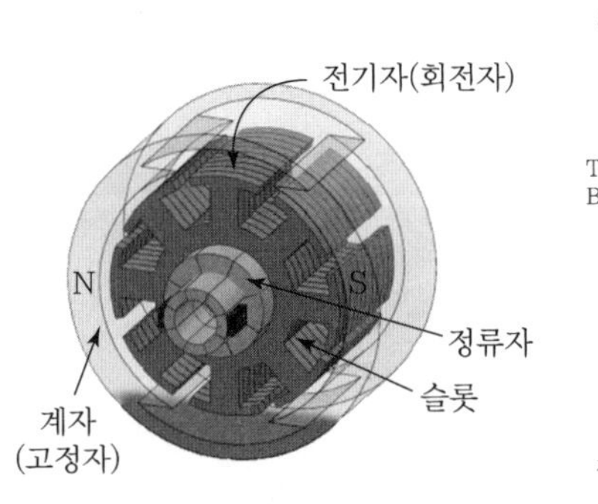

〖 전기자 구조 〗

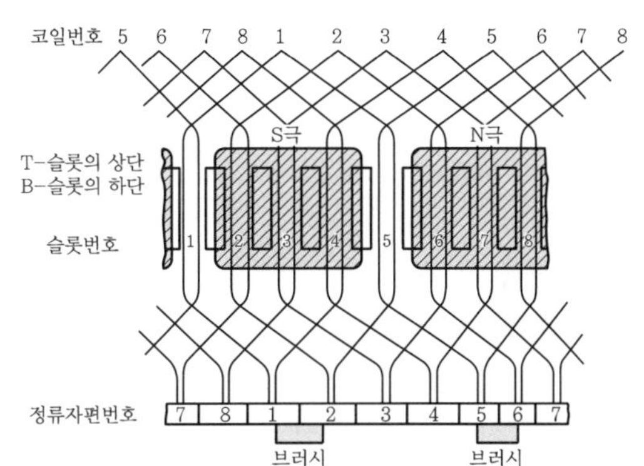

〖 중권으로 감긴 전기자 권선 구조 〗

전기자 철심은 기본적으로 **99%의 철(Fe)과 1%의 규소**를 섞은 철심으로 만들어집니다. 규소를 넣으면 히스테리시스 손실(=와전류 손실, Hysteresis Loss)이 감소하기 때문입니다. 규소(**규소 함유량은 1~1.4%**)가 함유된 철판(**저규소 강판**)을 **0.35~0.5[mm]** 두께로 포개어 붙여서 만듭니다.
이런 전기자권선은 크게 두 종류가 사용됩니다.

- **소전류용 원형 구리코일**
- **대전류용 평각 구리코일**

(3) 정류자(Commutator, C)

정류자는 항상 직류기의 브러시(Brush)와 접촉한 상태입니다. 브러시(Brush)와 브러시의 정류자편 사이의 **접촉압력은 0.15~0.25[kg/cm^2]**가 적당합니다. 접촉압력이 0.15~0.25[kg/cm^2]보다 더 강하면 브러시와 정류자 사이에 마찰로 불꽃이 발생하고 마모가 심해지며, 반대로 접촉이 약하면 전기자 도체에서 만든 유기기전력이 외부도선으로 잘 전달되지 않는 문제가 생깁니다.

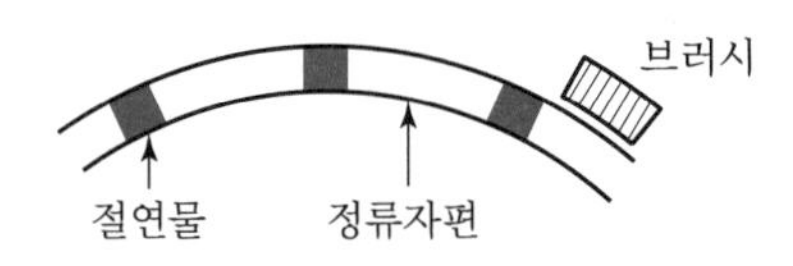

(4) 브러시(Brush, B)

브러시(Brush)의 재료는 크게 2가지로 분류됩니다. **탄소질 브러시와 흑연질 브러시**입니다. 전기자 도체로부터 발생한 기전력을 정류자로 일정하게 공급하기 위해서는 브러시의 중성축이 안정적이어야 합니다. 만약 브러시 중성축이 이동하는 문제가

핵심기출문제

직류기의 전기자 철심을 규소강판으로 성층하는 가장 큰 이유는?

① 기계손을 줄이기 위해서
② 철손을 줄이기 위해서
③ 제작이 간편하기 때문에
④ 가격이 싸기 때문에

해설

전기자 철심과 계자철심
히스테리시스손과 와류손을 적게 하기 위해 규소강판을 성층해서 만든다. (철손 = 히스테리시스손 + 와류손)

정답 ②

✠ 규소
실리콘(Si)이 한국어로 규소(Si)이다.

✠ 정류자(C)
직류기에서 만들어진 최초의 전기는 교류이다. 정류자는 교류전기를 직류전기로 바꿔주는 정류장치이다.

✠ 브러시(B)
직류발전기 내부에서 도체가 회전하며 전기를 만들 때, 회전하는 전기자 도체가 만든 기전력을 외부로 끌어내는 역할을 하는 장치이다.

발생하면 이것을 바로 잡는 도구가 **로커(Rocker)**입니다.
브러시(Brush)와 정류자 사이의 접촉압력과 접촉저항에 의해서 불꽃이 발생할 수 있습니다.

- **접촉압력이** 강할수록 기계적 마찰에 의한 **불꽃 발생**이 심해지고,
- **접촉저항이** 작을수록 옴의 법칙$\left(R = \dfrac{V}{I}\right)$ 관계에 의해 높은 전류로 인한 **불꽃이 발생**한다.

핵심기출문제

정류자와 접촉하여 전기자권선과 외부회로를 연결시켜주는 것은?

① 전기자 ② 계자
③ 브러시 ④ 공극

정답 ③

(5) **공극(Air Gap)**

① **공극이 넓을 경우**

자속이 방출되는 자극면과 회전하는 전기자 사이의 공간이 기계적으로 안전하다. 하지만 전기적으로 자기저항(R_m)이 커서 여자전류(I_f)가 증가하기 때문에 기기 효율이 떨어진다.

✠ 공극
계자와 전기자 사이에 빈 공간을 일컫는 용어로, 공극은 '적당히' 존재해야 한다. 공극이 너무 넓으면 기전력 발생이 적고, 너무 좁으면 기계적으로 계자와 전기자 간에 충돌 위험이 있다.

② **공극이 좁을 경우**

자속이 방출되는 자극면과 회전하는 전기자 사이의 공간이 기계적으로 불안정할 수 있고, 회전에 의한 유체역학적 마찰이 증가하므로 소음과 함께 기기의 수평 · 수직의 진동이 발생할 수 있다. 전기적으로 누설 리액턴스($X_l\,[\Omega]$)가 증가하여 출력이 감소할 수 있다. 또한 공극이 넓을 때보다 좁을 때 위와 같은 문제가 더 생기기 쉽다. 그래서 기기(Machine)의 크기에 따라 다르지만 **적당한** 공극이 필요하다.

- **소형 직류기**의 경우, **3[mm]**
- **대형 직류기**의 경우, **6~8[mm]**

이와 같이 직류기를 구성하는 요소는 총 5개(계자, 전기자, 정류자, 브러시, 공극)입니다. 직류기 구성요소를 더욱 압축하여 3가지로 줄이면 [계자, 전기자, 정류자]입니다. 직류기의 구성요소가 중요한 이유는 직류기의 종류, 명칭, 특성, 계산방식 모두가 **전기자**(Amature)와 **계자**(Field)에 의해 결정되기 때문입니다. 하지만 브러시와 공극은 기기의 이론이나 특성에 영향을 거의 주지 않습니다. 그래서 전기기기는 **전기자**와 **계자**를 가장 중요한 우선순위로 정리하고 파악하는 것이 중요합니다.

TIP

직류기 구조의 3요소
정(정류기) – 전(전기자) – 계(계자)

2. 전기자권선법

(1) 전기자권선법의 종류

계자(Magnetic Field)는 계자철심과 계자권선으로 구성되어 있고, 계자권선에 전류를 흘리면, 계자의 양쪽 자극이 N극과 S극인 전자석이 됩니다. 이렇게 N극−S극의 자극을 만드는 것이 계자의 유일한 목적이고 기능입니다. 다른 특성이나 살펴볼 내용은 없습니다. 반면 계자의 안에서 회전하는 전기자(Amature)는 전기를 만드는 핵심 요소이며, 전기자 철심에 전기자 도체코일을 감는 방식에 따라 회전기(발전 및

전동)의 특성 및 계산이론이 달라집니다.

전기자 철심에 감는 전기자 도체코일의 권선법(코일 감는 방법)에는 다음과 같은 권선방법들이 있습니다(×표기된 권선법은 권선법으로 분류는 되지만 단점이 커서 사용하지 않는 권선법입니다).

권선법
- 환상권(×)
- 고상권
  - 개로권(×)
  - 폐로권
    - 단층권(×)
    - 이층권
      - 중권(×)
      - 파권

결과적으로 전기자권선법은 **고상권 – 폐로권 – 이층권 – 중권/파권**을 주로 사용하고 그 외의 권선법은 전기적인 효율이 낮은 이유로 사용하지 않습니다.

(2) 각 권선법에 따른 장단점

전기자 철심에는 홈이 나 있고, 그 홈을 전문용어로 **슬롯**(Slot)이라고 부릅니다[그림 a].

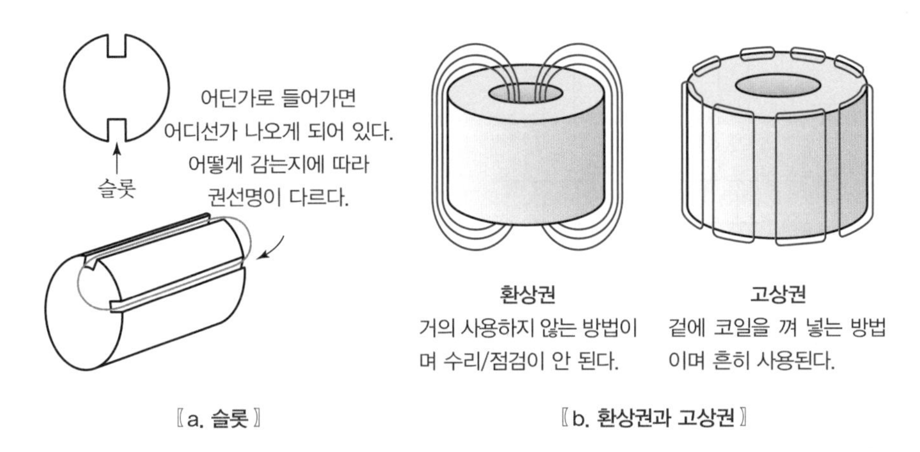

〖a. 슬롯〗 〖b. 환상권과 고상권〗

① 전기기기의 전기자권선으로써 고상권을 사용하며, 환상권은 사용하지 않습니다. 그래서 발전기/전동기의 전기자는 **고상권**을 채택하여 제작합니다.

② 고상권은 다시 개로권과 폐로권으로 분리가 되는데, 개로권은 '전기자권선이 전기적으로 회로가 개방형'이란 뜻이고, 폐로권은 '전기자권선이 전기적으로 회로가 밀폐형(폐회로형)'이란 뜻입니다. 효율을 이유로 개로권은 사용되지 않습니다. 그래서 발전기, 전동기의 전기자는 **폐로권**을 사용합니다.

③ 폐로권은 한 홈(slot)에 한 코일 덩어리만 넣는 단층권(비효율)과 한 홈(slot)에 전기자 코일 두 덩어리 이상을 넣는 **이층권**이 있습니다. 직류발전기가 큰 발전출력을 내기 위해서, 직류전동기가 큰 토크출력을 내기 위해서는 이층권을 사용하는 것이 더 효율적입니다. 그래서 전기자권선방법으로 단층권은 사용하지 않고, 이층권을 사용합니다.

핵심기출문제

다음 권선법 중에서 직류기에 주로 사용되는 것은?

① 폐로권, 환상권, 이층권
② 폐로권, 고상권, 이층권
③ 개로권, 환상권, 단층권
④ 개로권, 고상권, 이층권

해설

직류기의 전기자권선법은 주로 고상권, 폐로권, 이층권 방식이 채용된다.

정답 ②

단층권(×)

이층권

핵심기출문제

8극 파권 직류발전기의 전기자권선의 병렬 회로수의 a는 얼마로 있는가?

① 1　② 2
③ 6　④ 9

정답 ②

이층권은 기기의 용도에 따라 **중권**과 **파권**으로 나뉩니다.

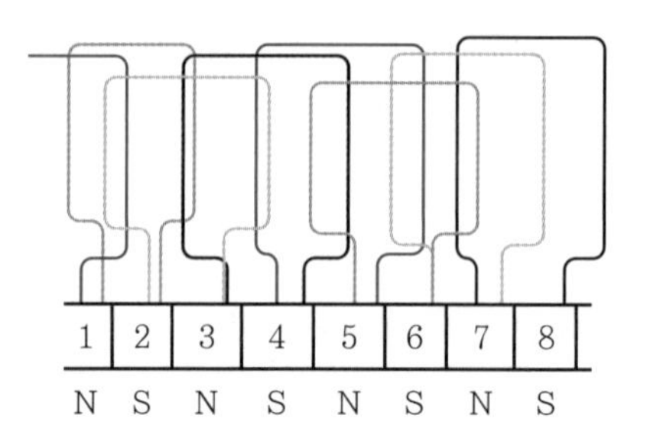

- 전기자권선이 한 슬롯씩 차곡차곡 겹쳐 넘어가는 구조
  → 전기자 결선이 병렬꼴로 연결됨
- 병렬권선법 = 병렬권

〖 중권 〗

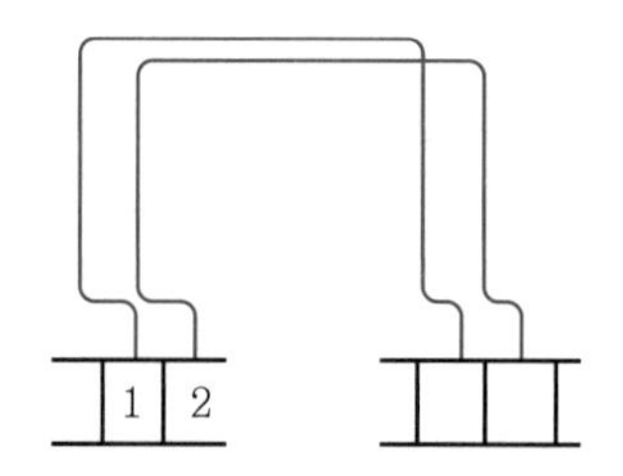

- 전기자권선이 슬롯을 많이 건너 띄어가며 결선된 구조(슬롯거리가 멀다)
  → 전기자권선이 직렬꼴로 연결됨
- 직렬권선법 = 직렬권

〖 파권 〗

중요한 것은 권선법은 결국 최종적으로 '중권' 아니면 '파권' 둘 중 하나를 선택하여 사용하는 것이고, 중권과 파권의 권선 특성을 비교하면 아래와 같습니다.

▶ 중권과 파권 비교

중권	파권
병렬연결	직렬연결
병렬이므로 [저전압, 대전류] 발생(발전기의 경우)	직렬이므로 [고전압, 소전류] 발생 (발전기의 경우)

핵심기출문제

전기자 도체의 굵기, 권수, 극수가 모두 동일할 때 단중 파권은 단중 중권에 비해 전류와 전압의 관계가 어떠한가?

① 소전류, 저전압
② 대전류, 저전압
③ 소전류, 고전압
④ 대전류, 고전압

해설

전기자권선법에서 단중 파권권선은 병렬 회로수는 항상 2회로($a=2$)로 중권의 $P/2$배의 전압을 유기한다. 따라서 파권은 고전압, 소전류에 적합한 권선법이다.

정답 ③

중권	파권
병렬연결	직렬연결
• 극수 증가 가능 • 극수가 늘면 병렬수가 증가함 • 브러시수도 증가함 $a=p=b$ 여기서, a: 병렬회로수, P: 극수, b: 브러시수	전기자 결선에서 권선수를 더 감아도 직렬 개수만 늘며 병렬수는 항상 2다. 그래서 병렬 회로수는 항상 $a=2$이다. $a=b=2$
병렬로 코일이 감기며, 병렬 회로수가 증가하기 때문에, 병렬회로마다 걸리는 전압이 같아야 한다. 때문에 4극 이상에서는 균일한 전압을 만드는 균압선(균압환)이 필요하다.	직렬회로는 코일수가 늘어도 직렬로 더해질 뿐 병렬회로수는 항상 2이므로 균압 접속과 상관없다.

3. 직류발전기의 이론

발전기의 가장 중요한 역할, 발전기의 생명은 **전기를 만드는 것**입니다. 정확하게 말해서 '계자의 자속(자계)으로부터 전계가 유기되어 **유기기전력**'이 만들어집니다. 발전기가 생성한 기전력(V)에는 전류(I)가 포함되어 있고, 이것이 우리가 쓰는 전기입니다.

상대적으로, 전동기의 가장 중요한 역할, 전동기의 생명은 회전속도와 회전하는 힘(토크)입니다.

(1) 직류발전기에서 만들어지는 유기기전력

전기자기학 과목의 「8장 전자력원리와 전자유도현상」에서 이미 배운 내용입니다. 전기자 도체 하나가 만드는 기전력은 $B\times lu$로, 만약 수학적인 연산 벡터를 제외하고 크기만 본다면 $e=Blu$[V] 입니다.

① $e=Blu$ [V] 식의 회전속도 u에 대한 분석

$e=Blu$[V] 수식에서 회전속도 u를 분석해보면, 도체가 회전하는 반경이 r일 때 회전둘레는 $2\pi r$이고, 만약 직경이 D일 때는 회전둘레는 πD가 됩니다.

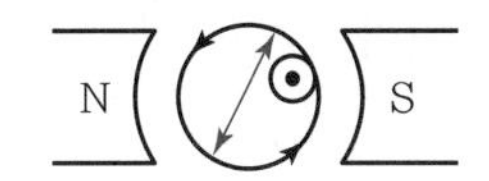

또한 회전둘레 $2\pi r$은 원 360°를 의미하므로 1바퀴입니다. 이는 1초 동안 1회전한 것(rps : revolutions per second)으로 정의할 수 있기 때문에 회전수가 1바퀴 이상이라면 다음과 같은 회전속도식을 만들 수 있습니다.

회전속도 $u = 2\pi r \cdot n$ [m/s] ($2\pi r$: 1회전, n : 회전 횟수)

1초에 2바퀴 회전한 것은 [$2\pi r \cdot 2$]로 표현할 수 있습니다.
만약, 1분당 회전한 회전속도(회전자 주변속도) N[rpm]으로 회전속도식을 세우면 다음과 같습니다.

회전속도 $u = \pi D \cdot n = \pi D \cdot (\frac{N}{60})$ [m/s]

② $e = Blu$ [V] **식의 전기자 도체길이 l과 자속밀도 B에 대한 분석**

자속밀도는 자속을 면적으로 나눈 것$\left(\text{자속밀도 } B = \frac{\text{자속}}{\text{넓이}} = \frac{\phi}{S}\ [\text{Wb/m}^2]\right)$입니다. 전기자 도체 하나가 자극 N에서 자극 S로 이동하면(회전하면), 이는 도체가 면적으로 자속을 끊은 것입니다.

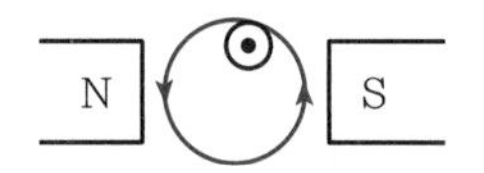

l [m] 길이의 전기자 도체가 계자 내에서 한 바퀴 회전하며 끊는 면적은 곧 원통형 표면적으로 자속을 끊으며 회전하는 것과 같습니다.
전기자 도체가 회전하는 면적 = 원통의 표면적 $2\pi r \cdot l = 2\pi D \cdot l$

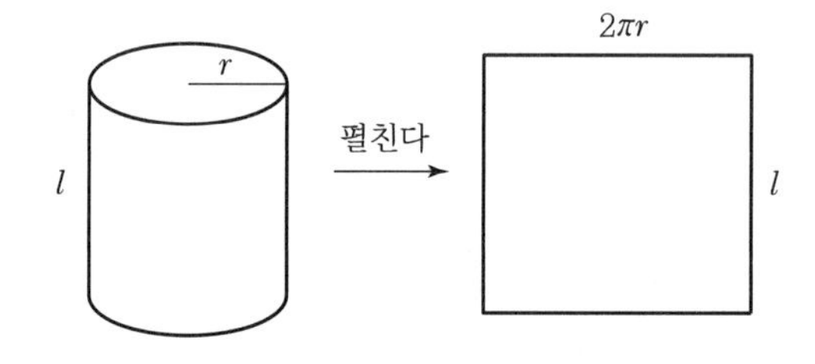

그래서 자속밀도는 $B = \frac{\text{자속}}{\text{넓이}} = \frac{\phi}{S} = \frac{\phi}{\pi D l}$로 표현될 수 있고, 여기서 자속 ϕ는 한 극당 자속 ϕ [Wb] 입니다. 여기서 한 극(pole)의 의미는 N−S 한 쌍인데, N극 또는 S극 하나의 자속(ϕ)을 한 극당 자속이라고 합니다. 그러므로 한 발전기 계자의 전체 자속 ϕ은 한 극 자속에 총 자극 수 P를 곱해 주어야 합니다. → $\phi \times P$
그러므로 최종적으로 전기자 도체 하나가 계자 내부에서 유기하는 기전력에 대한 수식을 정리하면 아래와 같습니다.

$$e = Blu[\text{V}] = \left(\frac{P \times \phi}{\pi D l}\right) \times l \times \left(\frac{\pi D N}{60}\right) = \frac{P \pi N}{60}\ [\text{V}]$$

위 결과식은 전기자 도체 한 개가 만드는 유기기전력이고, 실제 직류발전기의 전기자 도체는 여러 개로 구성됩니다. 그래서 전체 전기자 도체코일에 대한 유기기전력 V는 전기자 도체수 Z(개)를 곱해주어야 하며, 유기되는 기전력은 전기자 도체의 병렬 회로수만큼 나눠주어야 하기 때문에 전기자 도체수 Z는 병렬 회로수 a(혹은 극수)로 다음과 같이 나눠야 합니다.

전기자 도체 한 개가 자계 내에서 발생하는 유기기전력 $v = \dfrac{Pz\phi N}{60a}[\mathrm{V}]$

- 중권일 때 유기기전력 : $v = \dfrac{Pz\phi N}{60a} = \dfrac{z\phi N}{60}[\mathrm{V}]$
- 파권일 때 유기기전력 : $v = \dfrac{Pz\phi N}{60 \times 2} = \dfrac{Pz\phi N}{120}[\mathrm{V}]$

여기서, v : 전압[V]
P : 극수[극] (극은 2극 이상이 기본)
z : 도체수[개] (전기자 도체 총수)
ϕ : 자속[Wb]
N : 분당회전수[rpm]
a : 병렬 회로수(중권일 때 $a = p$, 파권일 때 $a = 2$)

직류발전기든 직류전동기든 기기(Machine)가 한번 만들어지면, p, z, a는 변하지 않는 불변의 요소들입니다. 그리고 60은 상수이므로 역시 불변하는 요소입니다. 그래서 p, z, a, 60을 **기계적 상수** k로 표현할 수 있습니다. 따라서 직류발전기의 도체코일에 유도되는 전압을 다시 표현하면, 다음과 같습니다.

유기기전력 $v = \dfrac{Pz\phi N}{60a} = k\phi N[\mathrm{V}]$

그래서 발전기에서 만들어진 유기기전력(v)은 계자의 자속(ϕ)과 회전자의 회전수(N)에 비례한다는 점을 알 수 있습니다.($e \propto \phi$, $e \propto N$)
발전기의 생명은 출력을 내는 기기이기 때문에 출력전압(유기기전력 e)을 조절하고자 하면 계자의 자속(ϕ) 혹은 회전자의 회전수(N)로 제어함으로써 조절할 수 있습니다. 하지만 사람의 손으로 발전기의 전기자(회전자)를 돌리지 않는 이상 발전기 외함의 내부에서 회전하는 회전자 속도(N)를 조절할 방법은 없습니다. 때문에 발전기의 발전기 출력전압을 조절하려면 계자의 자속(ϕ)을 변화시키는 방법이 유일합니다.
여기서 계자의 자속(ϕ)을 조절한다는 의미는 계자의 자속(계자전류 I_f [A])을 작게 혹은 크게 조절하는 것인데, 계자전류(I_f)를 조절하는 것은 영구자석에서는 불가능하고 전자석일 경우에만 가능합니다. 그래서 발전기의 계자는 영구자석이 아닌 전자석으로 만들어지고, 전자석으로 만들어진 계자극의 자극이 일정하려면 반

TIP

유기기전력 계산 암기요령
유기기전력 v는 $\dfrac{\text{피자판}}{\text{60인분}}$
P(피), z(자), ϕN(파안) : 맛있는 Pizza판이 60인분

드시 직류(DC)전류를 사용해야 합니다. 직류전류를 사용하는 계자(회전자)는 전도저항인 $R\,[\Omega]$만 존재하며, 리액턴스 성분 $X\,[\Omega]$은 존재하지 않습니다.
직류발전기뿐만 아니라 직류전동기에서도 전동기 회전속도(N)와 토크(Torque)를 조절할 때는 자속(ϕ)의 세기(계자전류 $I_f\,[\mathrm{A}]$)를 변화시켜서 전동기를 제어합니다.

(2) 전기자 반작용(Amature Reaction) 관련 이론

'반작용(Reaction)'이란 '반대로 작용'한다는 말입니다. 전기분야에서 '반작용'은 안 좋은 의미로 사용합니다. 원래 역할의 반대역할을 하기 때문에 긍정적인 측면이 아닌 부정적인 측면으로 사용됩니다. 아울러 '전기자 반작용'이란 용어는 「1장 직류기」와 「2장 동기기」에만 등장하고 기본 개념은 서로 동일합니다.
전기자(Amature)는 전기를 만드는 역할을 하는데, 전기자 반작용은 전기자에 유기된 기전력(전류를 포함)이 계자의 자속을 방해함으로써 전기를 만드는 데 방해하는 작용을 하게 됩니다.

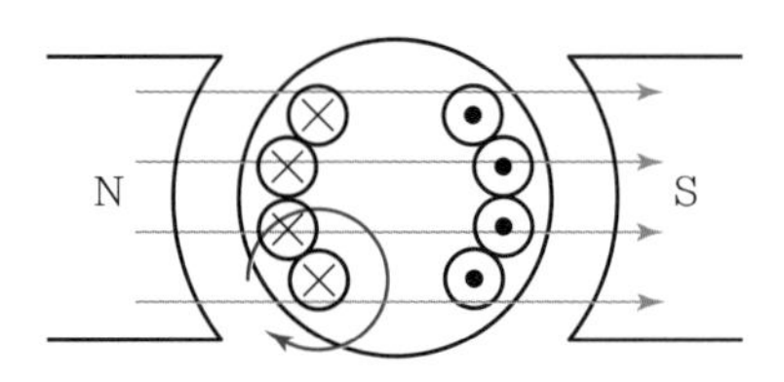

구체적으로, 위 그림과 같이 전기자 도체 코일이 계자의 주자속을 끊으며 전기를 만들지만, 동시에 전기자 도체 코일에 흐르는 전류로 인해 도체 코일 주변으로 자기장(앙페르의 오른 나사 작용)이 생깁니다. 이 과정을 한 번 더 자세히 설명하면,

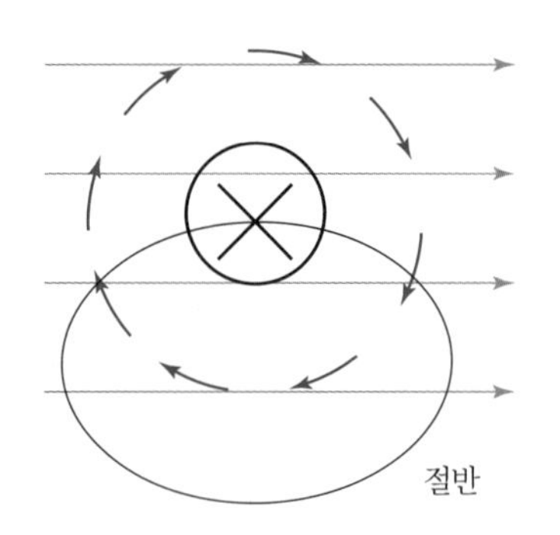

전기자 도체가 주자속 중앙에서 회전하며 자속을 매 순간순간 끊음으로써 전기가 만들어지는데, 유도기전력이 생긴 전기자 도체에 흐르는 전류에 의한 자기장이 다시 주자속을 상쇄시킵니다. 그 상쇄량이 원래 주자속의 50% 수준에 달합니다. 이 과정을 위 그림에서 보여주고 있고, 이런 현상을 **감자작용**이라고 정의합니다.(감자 : 자기장을 감소시킴)

핵심기출문제

직류기에서 전기자반작용이란 전기자권선에 흐르는 전류로 인하여 생긴 자속이 무엇에 영향을 주는 현상인가?

① 모든 부문에 영향을 주는 현상
② 계자극에 영향을 주는 현상
③ 감자작용만을 하는 현상
④ 편자작용만을 하는 현상

해설

전기자 반작용
전기자전류에 의한 자속이 계자극의 자속에 영향을 주는 현상을 말한다.

정답 ②

감자작용
감자는 자기장을 감소시킨다는 뜻이며, 감자작용은 발전기에서 전기를 만드는 전기자 도체가 계자의 주자속을 감소시키는 현상을 말한다.

또한 전기자 반작용은 계자 주자속의 중심축(중심각)을 기울게 만드는데, 이것을 **편자작용**이라고 정의합니다.

> **편자작용**
> 전기자 반작용으로 인해 주자속의 중심축이 편향되는 현상을 말한다.

① 전기자 반작용으로 인해 발생하는 악영향

㉠ **편자작용(계자의 주자속 중심축이 편향되는 현상)의 원인** : 주자속 중심을 ⊙ 이런 수직방향 각도로 설계하여 기기를 제작하였지만, 사용 초기부터 혹은 오랜 사용으로 실제로 발전기 계자의 주자속의 중심축이 ⊙ 이와 같이 수직으로부터 뒤틀렸다면, 발전기가 설계대로 운전되는 상태가 아니므로 발전기의 전력 발생 효율이 저하됩니다. 이와 같은 **편자작용은 발전기 내부의 불꽃을 유발**합니다.

㉡ **편자작용의 특징** : 발전기에서 편자작용은 시계방향으로 편향되는 특성(⊙)이 있고, 전동기에서 편자작용은 시계 반대방향으로 편향되는 특성(⊙)이 있습니다.

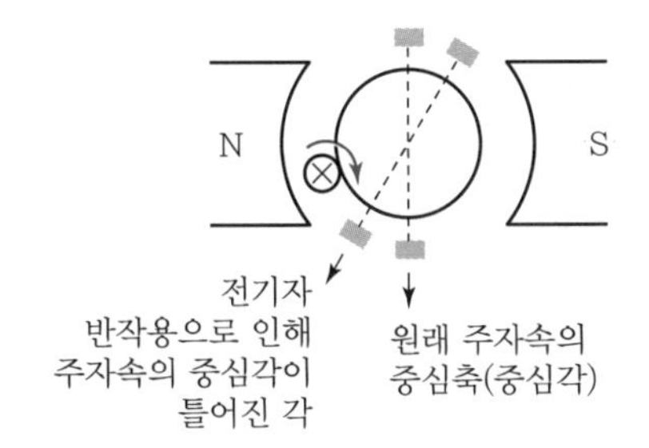

이러한 편자작용은 유기기전력 $\left(v = \dfrac{Pz\phi N}{60a}\right)$ 요소 중 자속(ϕ)을 감소시키는 원인이 되므로 유기기전력(v)의 크기 역시 감소하게 됩니다.

② 전기자 기자력

편자작용으로 인해 주자속이 감소했을 때, 주자속을 감소시키는 "기자력[AT]"이 어느 정도의 크기인지는 다음 공식[그림 a]과 같습니다.

$$감자기자력\ AT_d = \frac{I_a Z}{a\,p} \times \frac{\alpha}{\pi}\ [\mathrm{AT/pole}]$$

핵심기출문제

직류기에서 전기자 반작용에 의한 극의 짝수당의 감자기자력[AT/pole pair]은 어떻게 표시되는가? (단, α는 브러시 이동각, Z는 전기자 도체수, I_a는 전기자전류, A는 전기자 병렬 회로수이다.)

① $\frac{\alpha}{180} \cdot Z \cdot \frac{I_a}{A}$

② $\frac{90-\alpha}{180} \cdot Z \cdot \frac{I_a}{A}$

③ $\frac{180}{\alpha} \cdot Z \cdot \frac{I_a}{A}$

④ $\frac{180}{90-\alpha} \cdot Z \cdot \frac{I_a}{A}$

해설

전기자 반작용에 의한 전기자 기자력(AT_a)은

전기자 기자력(AT_a)

- 감자기자력

$AT_d = \frac{Z \cdot I_a}{2ap} \cdot \frac{2\alpha}{180}$[AT/pole]

- 교차기자력

$AT_c = \frac{Z \cdot I_a}{2ap} \cdot \frac{\beta}{180}$[AT/pole]

여기서, $\beta = 180 - \alpha$

정답 ①

핵심기출문제

직류발전기의 전기자 반작용을 설명함에 있어서 그 영향을 없애는 데 가장 유효한 것은?

① 균압환　　② 탄소 브러시
③ 보상권선　　④ 보극

해설

직류기의 전기자 반작용을 없애는 가장 유효한 대책

계자극의 표면에 보상권선을 설치하여 전기자와 전류와는 반대방향의 전류를 흘려 전기자 기자력을 상쇄시킴으로써 전기자 반작용을 방지한다.

정답 ③

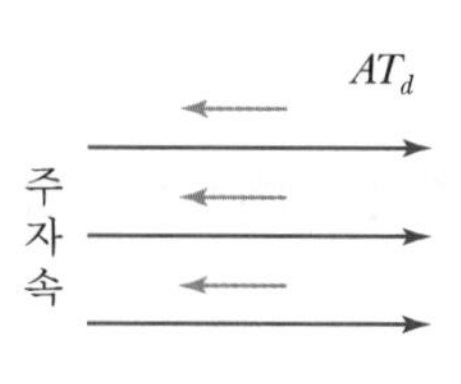

〖a. 감자기자력 발생〗

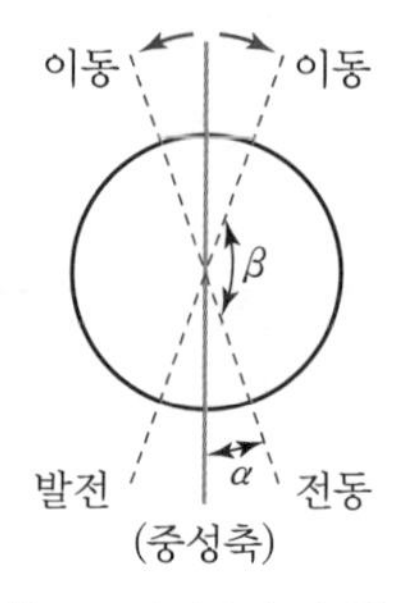

〖b. 교차기자력 발생〗

편자작용으로 인해 주자속이 감소했을 때, 주자속의 중심각(중성축) 이동으로 인한 "교차기자력[AT]"이 어느 정도의 크기인지는 다음 공식과 같습니다.

교차기자력 $AT_d = \frac{I_a Z}{a p} \times \frac{\beta}{2\pi}$ [AT/pole]

여기서, α : 브러시 이동 각도
β : $180° - 2\alpha$
z : 도체수
a : 병렬 회로수
P : 극수

③ 전기자 반작용 방지 대책

위와 같은 전기자 반작용으로 인한 기기에 악영향을 방지하기 위해서 다음과 같은 방지 대책들이 있습니다.

㉠ 보상권선 설치 : 전기자 도체권선에서 형성된 자기장이 계자의 주자속을 상쇄시키는 현상을 보상하고자 계자극에 홈을 파서 **전기자 도체코일과 직렬로 연결**하고 전기자전류방향과 반대로 전류를 흘려줍니다. 전기자 반작용 방지효과는 **보극을 설치했을 경우보다 10배** 더 좋습니다.

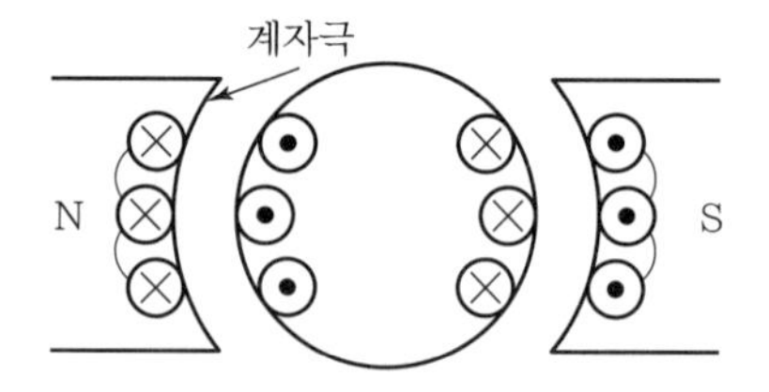

㉡ 보극 설치(보조극 설치) : 기존의 계자극에 추가로 작은 보조 계자극(보극)을 설치합니다. 보극은 전기자 반작용에 의한 중성축 주변의 지저분한 자기장들을 상쇄시킵니다. 하지만 전기자반작용 방지 목적으로 설치하는 **보극 설치는 그 효과가 보상권선 설치에 비해 1/10 수준으로 작습니다.**

오히려 보극 설치의 장점은 전기자반작용 방지효과보다는 직류발전기에서 만든 교류전기를 직류전기로 만드는 정류자의 **정류능력에 훨씬 더 도움되는 역할**을 합니다(보극 설치는 정류자의 정류능력 향상에 더 쓸모 있음).

전기자 반작용 방지 효과 : 보상권선 > 보극설치

㉢ **편자작용을 고려한 중성축 설계** : 기기(발전기 혹은 전동기)를 설계할 때, 처음부터 편자작용이 발생할 것을 고려하여 브러시의 기계적 중성축 위치(Brush's Location)를 **편자작용이 일어날 위치의 반대로 제작**합니다.

〖 정상상태와 편자작용 시 상태 〗 〖 편자작용을 고려한 설계 시 중성축 설계 〗

- 발전기의 경우, 회전방향으로 중성축 이동
- 전동기의 경우, 회전반대방향으로 중성축 이동

(3) 정류자 관련 이론

"정류"란 교류전기를 직류전기로 바꾸는 것이고, "정류자"는 AC 전류를 DC 전류로 바꾸는 역할을 하는 장치입니다. 회전자(Rotor)가 회전하는 구조의 모든 발전기의 전기자 도체에 유기된 유도기전력은 교류전기입니다. 직류발전기 역시 회전자가 회전하는 구조이므로 직류발전기의 출력은 1차적으로 교류입니다. 이 교류를 정류자에서 정류과정을 통해 최종적으로 직류전기가 출력되기 때문에 직류발전기로 부를 수 있습니다.

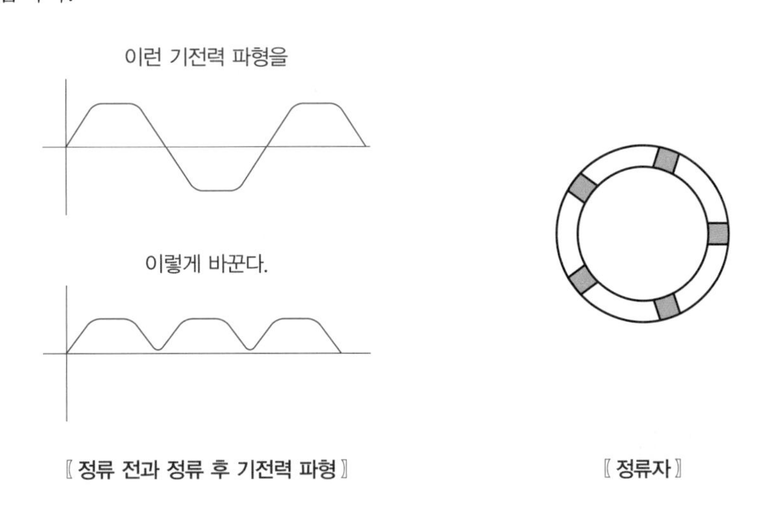

〖 정류 전과 정류 후 기전력 파형 〗 〖 정류자 〗

핵심기출문제

보극이 없는 직류기의 운전 중 중성점의 위치가 변하지 않는 경우는?

① 무부하일 때
② 전부하일 때
③ 중부하일 때
④ 과부하일 때

해설

전기자 반작용으로 중성축이 이동하고 불꽃이 생기게 된다. 즉, 전기자 반작용은 부하를 연결했을 때 전기자전류(부하전류)에 의한 기자력이 주자속에 영향을 주는 것이므로, 무부하 시에는 전기자전류가 없으므로 중성점의 위치가 변하지 않는다.

정답 ①

정류자의 구조는 회전자와 같이 회전해야 하기 때문에 원형 구조입니다. 전기자축에 연결된 정류자는 동시에 회전해야 하고, 정류자에 접촉하고 있는 브러시는 고정되어 있어야 합니다.

아래 그림은 정류자(AC 전류를 DC 전류로 정류)가 정류작용을 하는 과정을 단편적으로 보여주고 있습니다.

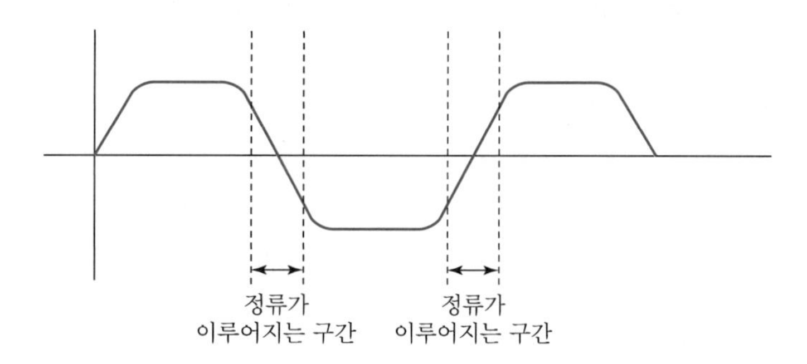

정류자는 원형 구조이지만, 정류자의 구조를 설명하기 위해 정류자와 브러시를 평면으로 펼쳐 보면 아래 그림과 같습니다.

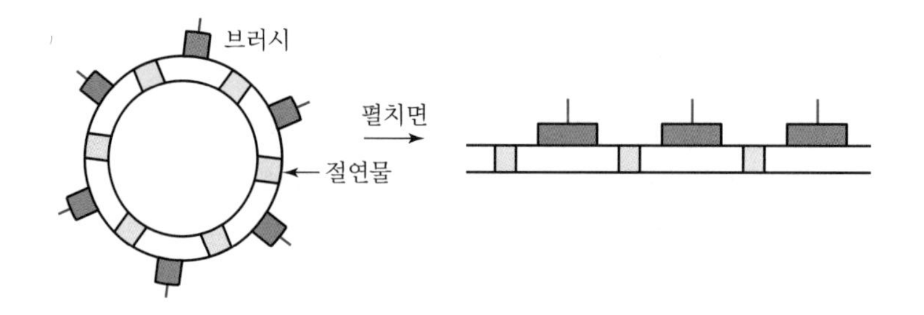

펼쳐진 정류자와 브러시를 더 확대해 보면 다음 그림과 같습니다.

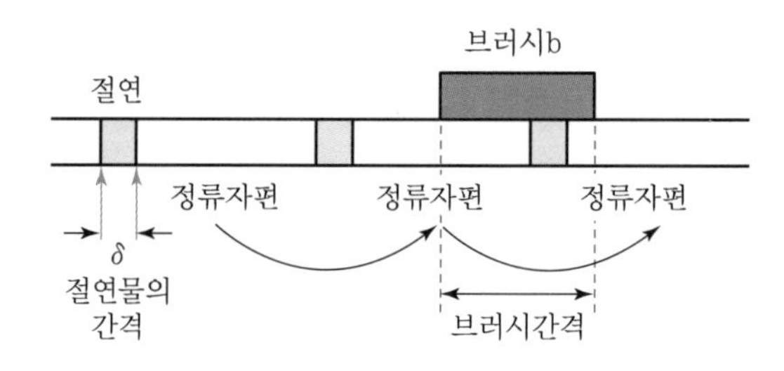

여기서, 정류이론과 관련하여 우리가 계산할 수 있는 것은 정류자가 정류하는 데 걸리는 정류시간(T_c)입니다.

$$\text{정류시간 } T_c = \frac{b-\sigma}{v_c} \text{ [sec]}$$

여기서, v_c : 정류자 주변 속도[m/s] b : 브러시 길이[m]

σ : 절연물의 간격(거리)[m]

① **정류곡선**

교류파형으로부터 정류가 이루어지는 시점을 가로－세로의 직각좌표로 표현한 것입니다.

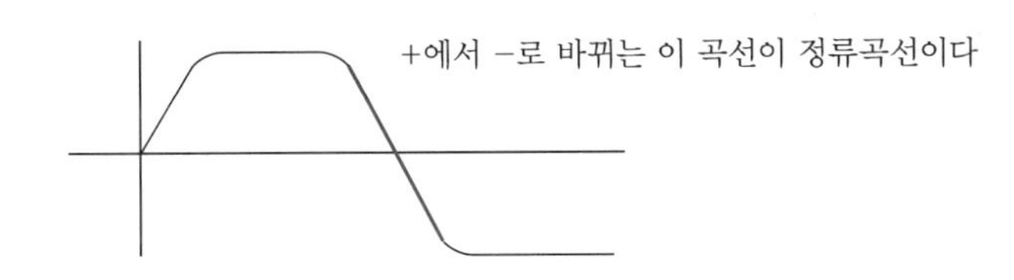

위 그림에서 그래프 중간의 두꺼운 대각선 부분이 정류가 일어나야 할 구간이고, 위 그림은 아직 정류가 일어나기 전 상태를 보여 줍니다. 정류가 일어나는 그래프는 아래 그림과 같습니다. (그래프의 대각선만 확대한 그림) 아래 그래프를 통해 어떤 정류파형이 이상적으로 좋고, 어떤 정류파형이 안 좋은 파형인지 판단할 수 있습니다.

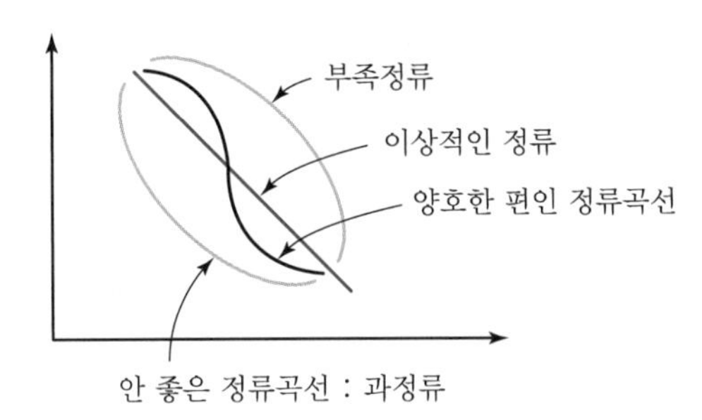

과정류와 부족정류가 불량한 정류에 속한다.

〖 이상적인 정류파형 〗

② **정류 불량(정류파형이 안 좋을 경우의 관련 이론)**

정류파형이 불량인 경우는 대게 리액턴스 전압(Reactance Voltage)으로 인해 발생합니다. 이 리액턴스 전압(e_L)은 전기자권선에 존재하는 자체 인덕턴스에 의해 발생합니다.

전기자권선 코일에 걸리는 전압 : 리액턴스 전압 (e_L)

→ 리액턴스 전압 $e_L = L\frac{di}{dt} \fallingdotseq L\frac{2I_c}{T_c}$[V]

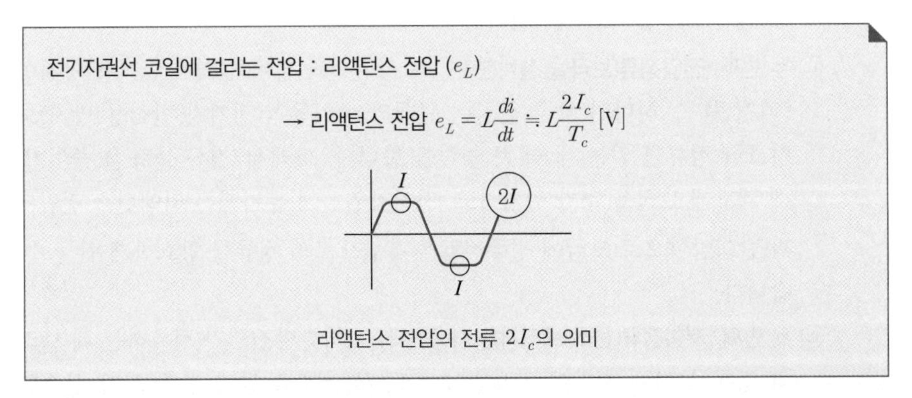

리액턴스 전압의 전류 $2I_c$의 의미

리액턴스 전압(e_L)수치가 클수록 정류가 불량하다는 것을 의미하므로, 정류 불량으로 인해 전기자 도체와 정류자 사이에서 불꽃이 발생하지 않기 위해서는 리액턴스전압(e_L)이 무조건 작아야 합니다.

핵심기출문제

다음 직류발전기의 정류곡선이다. 이 중에서 정류 말기에 정류의 상태가 좋지 않은 것은?

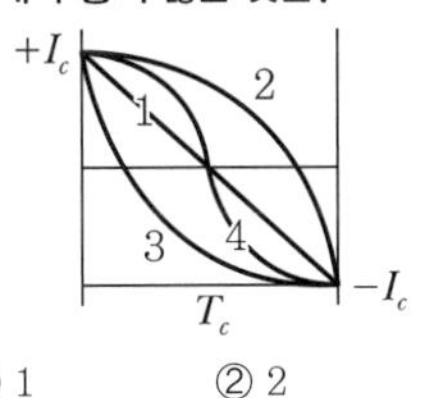

① 1 ② 2
③ 3 ④ 4

해설

부족정류는 정류가 늦어지는 것으로 정류 말기에 전류가 급격히 변화함으로써 브러시의 후단부에서 불꽃이 발생하면서 정류 상태가 좋지 않은 것이다.

정답 ②

핵심기출문제

직류기에서 정류 코일의 자기 인덕턴스를 L이라 할 때 정류 코일의 전류가 정류 기간 T_c 사이에 I_c에서 $-I_c$로 변한다면 정류 코일의 리액턴스 전압(평균값)은?

① $L\frac{2I_c}{T}$ ② $L\frac{I_c}{T}$
③ $L\frac{2T_c}{I_c}$ ④ $L\frac{T_c}{I_c}$

해설

리액턴스 전압

$e_L = L\frac{dI}{dt} = L\frac{\Delta I}{\Delta t}$

$= L \times \frac{I_c - (-I_c)}{T_c} = L\frac{2I_c}{T_c}$

정답 ①

③ **정류 불량의 원인과 대책**

㉠ 첫 번째, **리액턴스 전압**(e_L)을 낮춘다. : 브러시에 의한 전압강하(e_b)보다 리액턴스에 의한 전압강하(e_L)가 더 낮아야 합니다($e_b > e_L$).

만약 그 반대($e_b > e_L$)의 경우가 '정류 불량'의 원인이 되므로, '정류 불량'을 '양호한 정류'로 바꾸기 위해서 전기자권선에 걸리는 리액턴스 전압(e_L)을 낮추는 것입니다. 리액턴스 전압(e_L)을 낮추기 위해서 정류시간(T_c)을 증가시켜야 합니다. → $e_L(\downarrow) = L\dfrac{2I}{T_c(\uparrow)}$

리액턴스 전압 공식($e_L = L\dfrac{2I}{T_c}$)에서 이미 제작된 전기자권선에 인덕턴스(L)값과 전기자권선의 유기된 전류(I)값은 바뀔 수 없는 불변의 요소이므로 사용자가 제어할 수 있는 요소는 정류시간(T_c)뿐입니다. 그래서 정류불량을 방지하기 위한 리액턴스 전압(e_L)을 낮추기 위한 방법은 아래 둘뿐입니다.

- 정류시간(T_c)을 높이는 방법 → $e_L(\downarrow) = L\dfrac{2I}{T_c(\uparrow)}$
- 정류자 속도(v_c)를 낮추는 방법 → $T_c(\uparrow) = \dfrac{b-\sigma}{v_c(\downarrow)}$

전기기기 과목에서 초당 반복수를 의미하는 f(주파수)나 초당 회전수를 의미하는 n(rps)은 개념적으로 서로 같습니다. 그래서 회전속도 관련 초당 회전수(n) 혹은 정류자 회전속도(v_c)를 줄이는 것은 곧 주파수(f)를 줄이는(낮추는) 행위이고, 주파수(f)와 주기(t)는 반비례$\left(f = \dfrac{1}{T}\right)$하므로, 주파수($f$)가 줄어듦으로 인해 주기 T(정류시간 T_c)가 증가한다는 것은 결국 리액턴스 전압(e_L) 감소로 이어집니다.

㉡ 두 번째, **전압정류**(보극을 설치한다) : 보상권선과 같이 전기자 반작용 방지방법(억제법) 중 하나인 보극 설치는 원래의 설치목적(전기자 반작용 방지)보다 양호한 정류를 얻는 데 더 큰 역할을 합니다. 그래서 '정류 불량'을 줄이기 위해 계자에 보극을 추가 설치하고, 전기자권선에 유기되는 리액턴스 전압(e_L)과 반대방향으로 보극에 정류전압을 흘림으로써 정류를 양호하게 만들 수 있습니다.

㉢ 세 번째, **저항정류**(탄소 브러시를 사용한다) : 직류발전기가 정류하는 데 브러시와 정류자 간에 저항이 작으면 $I = V/R$ 관계로 인해 전류(I)가 상승합니다. 전류(I)값이 커진다는 것은 전력손실($P_l = I^2R$)이 증가함을 의미하고, 전류(I) 증가로 인한 전력손실(P_l)은 전류 제곱($P_l \propto I^2$) 관계이므로 정류

핵심기출문제

직류기에서 양호한 정류를 얻는 조건이 아닌 것은?

① 정류 주기를 크게 한다.
② 전기자 코일의 인덕턴스를 작게 한다.
③ 평균 리액턴스 전압을 브러시 접촉면 전압강하보다 크게 한다.
④ 브러시의 접촉저항을 크게 한다.

정답 ③

핵심기출문제

직류기에서 불꽃 없는 정류를 얻는 데 가장 유효한 방법은?

① 탄소 브러시와 보상권선
② 보극과 탄소 브러시
③ 자기포화와 브러시의 이동
④ 보극과 보상권선

해설

직류기에서 양호한 정류를 위한 가장 유효한 대책

- 보극을 설치하여 정류전압을 얻어 리액턴스 전압을 상쇄시킨다.
- 저항정류를 위하여 접촉저항이 큰 탄소 브러시를 사용한다.

정답 ②

자에서 불꽃 발생의 가속화를 초래합니다. 그러므로 '양호한 정류'와 관련해서 정류자와 브러시 사이에 접촉저항이 큰 **탄소 브러시를 사용**하는 것이 좋습니다.

이와 같이 탄소 브러시 사용으로 리액턴스 전압(e_L)을 줄일 수 있고, 정류자와 브러시 간 기계적 접촉에 의한 불꽃 역시 억제할 수 있습니다.

④ 정류자편 관련 이론

㉠ **정류자편 수 공식** : 정류자 부분의 정류자편이 총 몇 개인지 눈으로 기기의 정류자를 보면 알 수 있지만, 설계할 단계에서 제작될 직류발전기의 정류자편이 총 몇 개가 필요한지 계산으로 통해 알 수 있습니다.

- 정류자편 수 $K = \frac{\mu}{2} N_s$[개]
  - 정류자편의 수 k : 정류자편의 총수(그림은 편수 6개)
  - 슬롯(slot) 수 N_s : 전기자 철심의 총 슬롯 수(그림은 2개)
  - 슬롯(slot)당 내부의 코일 수 μ : 전기자 철심의 한 슬롯 내의 코일 수

㉡ **정류자편과 편 사이에 걸리는 전압 공식** : 정류자 구조에서 편과 편 사이에 걸리는 평균전압(정류자편 간 전압)을 구하는 공식입니다.

- 정류자편 간 전압 $V_c = \frac{\text{전체전압}}{\text{편수}} = \frac{P \cdot E}{K}$[V]

여기서, P : 극수

E : 브러시와 브러시 사이의 기전력

㉢ **정류자편과 편 사이의 위상차 공식**

- 정류자편 사이의 위상차 $\theta_k = \frac{2\pi}{k}$ [°]

여기서, k : 정류자편 수

4. 직류발전기의 종류 및 종류에 따른 이론

(1) 발전기의 분류

발전기의 종류는 기준에 따라 다양한 분류를 할 수 있습니다. 예를 들어, 발전기의 전기자를 어떤 방식으로 돌리느냐에 따라 분류하는 원동방식에 의한 분류, 발전기 출력이 어떤 출력인지에 따른 발전기 출력에 의한 분류, 발전기의 회전체가 무엇인지에 따른 회전자에 의한 분류 등입니다.

① 원동방식에 의한 분류

원동방식(발전기 전기자 회전의 에너지원)으로 분류하면, 다음과 같습니다.

- 내연기관으로 돌릴 경우, 가솔린발전기 혹은 디젤발전기
- 증기로 돌릴 경우, 증기발전기
- 가스로 돌릴 경우, 가스발전기

TIP

정류자편 수 계산 예

만약 전기자 철심의 슬롯 수가 12개이고, 슬롯마다 두 덩어리의 코일이 삽입된 전기자 철심이 있다면, 아래와 같이 총 12개의 정류자편이 필요하다.

- 정류자편 수

$K = \frac{\mu}{2} N_s$

$= \frac{2}{2} \times 12 = 12$ [개]

핵심기출문제

단중 중권의 극수가 P인 직류기에서 전기자 병렬회로 수 a는 어떻게 되는가?

① 극수 P와 무관하게 항상 2가 된다.
② 극수 P와 같게 된다.
③ 극수 P의 2배가 된다.
④ 극수 P의 3배가 된다.

해설

중권의 전기자 권선 특성

$a = P = b$

병렬회로 수(a), 극수(P), 브러시 수(b)가 모두 같다.

반면 파권은 $a = b = 2$이다.

정답 ②

• 수차로 돌릴 경우, 수차발전기
• 물의 낙차 · 유속으로 돌릴 경우 수력발전기
• 바람으로 돌릴 경우, 풍력발전기

② **발전기 출력에 의한 분류**
• 직류발전기
• 교류 발전기

③ **회전자에 의한 분류**
• 회전 전기자형 발전기(계자가 고정되어 있고, 전기자가 회전하는 경우)
• 회전 계자형 발전기(계자가 회전하고, 전기자가 고정인 경우) → 동기발전기가 여기에 해당됨

위와 같이 발전기를 분류하는 방식은 기준에 따라 다양하지만, 국가기술자격시험(전기산업기사 · 전기기사) 전기기기 과목에서는 발전기 계자의 **여자**방식에 의해 발전기를 다음과 같이 분류합니다.

✠ 여자
철대 혹은 철심에 코일을 감아 전자석 구조로 만들어 코일에 전류를 흘렸을 때 그 철대(철심)가 자석화된 상태를 부르는 전기용어이다.

참고 계자의 여자방식에 의한 발전기 분류

(1) 영구자석 : 천연물질(자철광)을 가공하여 만든 천연자석으로 전원이 따로 없고, 물질 자체만으로 자성을 띤다. 천연자석이므로 자성의 세기를 제어할 수 없으며 주로 장난감, 매우 작은 소용량 발전기 혹은 소형 전동기에 사용된다.
(2) 전자석 : 전기기기 과목에서 다루는 계자와 자속은 모두 전자석에 의해 계자철심을 여자(전자석화)시킨다.
① 자여자방식 : 발전기에서 만든 출력의 일부로 계자를 여자시킨다.
㉠ (자여자)직권방식 : 계자와 전기자가 직렬로 연결된다.
㉡ (자여자)분권방식 : 계자와 전기자가 병렬로 연결된다.
㉢ (자여자)복권방식 : 계자와 전기자가 직병렬로 연결된다.
• 가동복권방식 : 복권(직 · 병렬)의 두 자속이 서로 더해진다.
– 과복권방식, 평복권방식, 부족복권방식
– 가동복권의 세 가지 방식을 나누는 원칙은 전압강하(e)가 일어나는 상태에 따라 결정된다.
• 차동복권방식 : 복권(직 · 병렬)의 두 자속이 서로 상쇄된다.
② 타여자방식 : 발전기 계자의 전원을 외부전원에서 얻어 여자시킨다.

(2) 직류기에서 사용하는 용어와 기호 해설

기술인과 일반인의 차이는 일반인은 문장이나 그림으로 현상을 설명하지만, 기술인은 압축적 의미의 용어와 간략한 기호를 이용하여 현상을 설명합니다. 그 용어와 기호를 이용하여 현상을 구체적인 수치로 말할 때 기술인이라고 할 수 있습니다. 그래서 전문분야의 용어와 기호는 중요합니다.
다음은 **타여자발전기**의 구조를 묘사한 그림입니다.

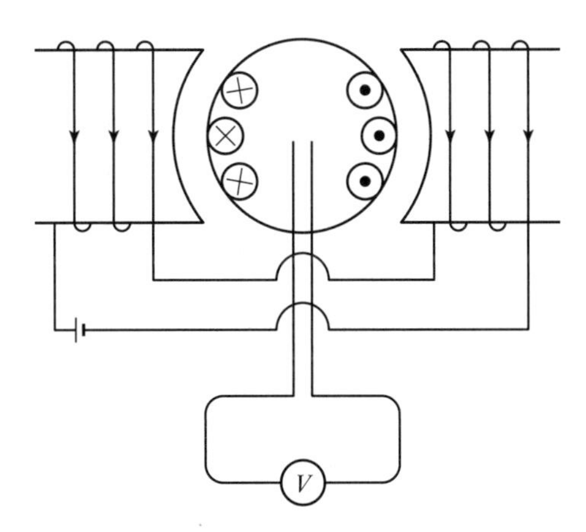

〖 직류 타여자발전기 〗

위 직류 타여자발전기의 그림을 간략한 용어와 기호를 이용하여 표현하면 다음과 같습니다.

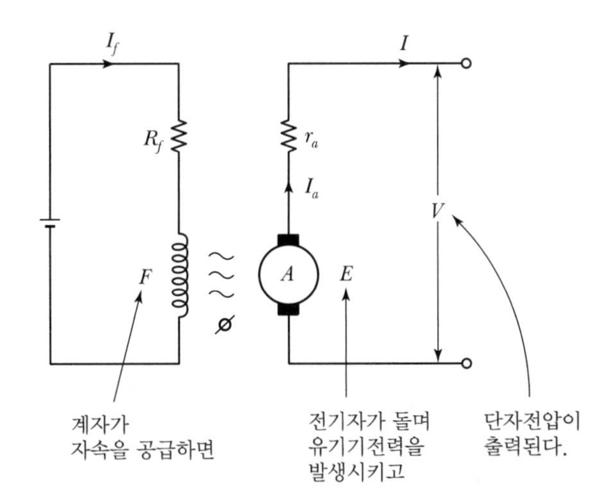

〖 타여자발전기 〗

같은 방식으로, A(전기자)와 F(계자)가 병렬로 연결된 **분권발전기**를 기호화한 그림으로 표현하면 다음과 같습니다.

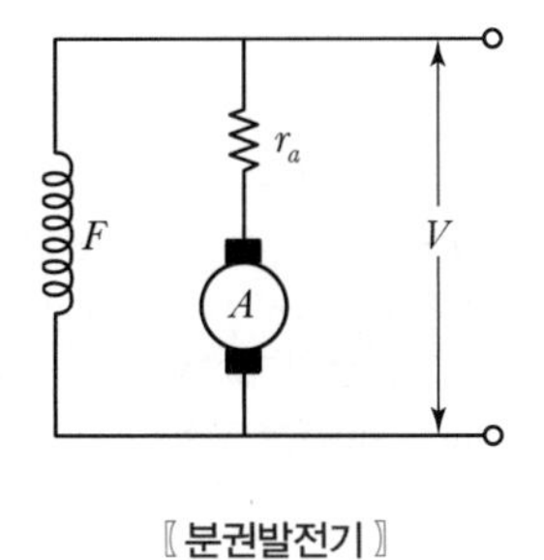

〖 분권발전기 〗

또 같은 방식으로, A(전기자)와 F(계자)가 직렬로 연결된 **직권발전기**를 기호화한 그림으로 표현하면 다음과 같습니다.

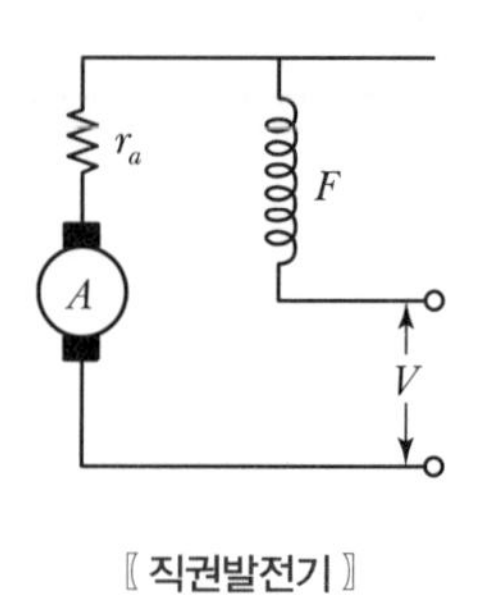

〖 직권발전기 〗

역시나 같은 방식으로, 직권과 분권이 합쳐진 **복권발전기**를 기호화한 그림으로 표현하면 다음과 같습니다.

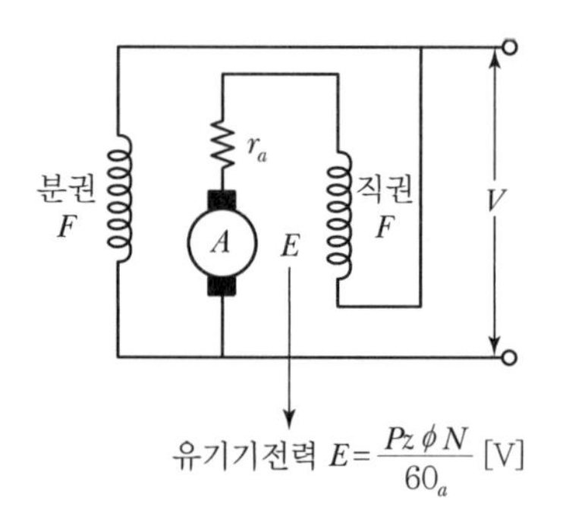

〖 복권발전기 〗

참고 용어 및 기호 해설

- **단자전압** V : 출력으로 나온 양단전압(= **부하전압, 출력전압, 단자전압**)
- $I[A]$: 부하전류(부하로 흐르는, 부하로 가는, 부하가 쓰는 전류)
- F : **계자**
- I_f : **계자전류** $[A]$
- R_f : **계자저항** $[\Omega]$
- I_a : **전기자전류** $[A]$(전기자 코일권선에 흐르는 전류)
- R_a : **전기자저항** $[\Omega]$(전기자 코일권선의 저항)
- I_s : **직권계자전류** $[A]$(복권에서 분권과 구분하기 위해 사용)
- R_s : **직권계자저항** $[\Omega]$(복권에서 분권과 구분하기 위해 사용)
- 부하 : 전기를 사용하는 모든 전기설비(모터, 전등, 가전, 전자기기 등)가 부하이다. 모든 부하는 전기를 소비하는 기기이며 수용가에서 **병렬로만 연결**된다. 전력계통 전체를 통틀어 직렬 연결되는 부하는 존재하지 않는다. 부하는 전기적 요소로서 저항(R, Z)으로 표현한다.
- 정격 : 전기를 사용하는 모든 설비(기기)들은 그 기기를 가장 안전하고 효율적으로 사용할 수 있는 전원 사용조건(전압, 전류, 주파수)이 있다. 그러한 전기사용조건에서 기기를 사용하는 것을 '정격'이라 한다.

- **정격부하(=전부하)** : 전기설비(부하)를 정격(전압, 전류, 주파수)에 맞춰 정상 운전하는 의미의 정격부하, 정격부하와 설치된 총 전기설비를 전원용량에 꼭 맞춰(적지도 과하지도 않게) 사용하는 의미의 정격부하, 두 가지 의미가 있다.
  - 예 1 : 정격이 220[V], 60[Hz]인 어떤 전기설비를 그에 합당한 전원에 연결하여 사용하면 정격부하(=전부하)가 된다.
  - 예 2 : 한 수용가에서 사용할 수 있는 총 전력용량은 10[kW]이다. 이 수용가의 전기설비들을 딱 10[kW]에 맞춰 전기를 사용하면 '정격' 또는 '전부하' 상태가 된다.
- **경부하** : 전부하상태보다 적게 부하를 쓰는 수용가의 상태를 부르는 말이다. 전기를 사용하는 수용가의 전원은 모두 병렬로 연결돼 있고, 병렬회로의 특성상 부하(=저항 R)가 적을수록 병렬의 합성저항 $\left(R_0 = \frac{R_1}{n}\right)$은 증가하므로, 결국 부하전류($I = \frac{V}{R}$)는 감소한다. 이를 '경부하'라고 부른다.
- **중부하** : 전부하상태를 초과하는 부하를 말한다. 전기의 병렬회로의 특성상 부하(=저항 R)가 전부하보다 많으면 병렬의 합성저항$\left(R_0 = \frac{R_1}{n}\right)$이 감소하므로, 결국 부하전류($I = \frac{V}{R}$)는 증가한다. 이를 무거운 부하(=중부하)라고 부른다. 가전이나 전기설비를 기준(=전부하, 정격부하)보다 많이 콘센트에 전원을 꼽아 전기를 사용하면, 증가한 부하수는 전기적으로 병렬 연결수가 증가하는 것이다. 병렬수가 증가하면 합성저항(= R_0)은 점점 감소하고, 수용가의 부하전류는 옴의 법칙($R = V/I$)에 의해 증가한다. 부하전류가 증가했기 때문에 '중부하'라고 부른다.

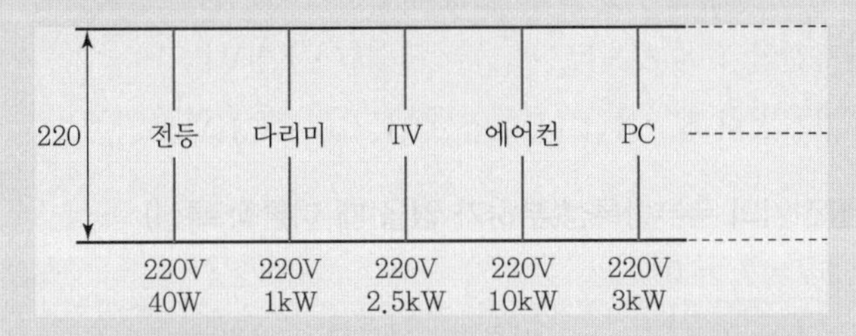

그래서 집 안의 콘센트 혹은 멀티탭에 부하를 너무 많이 사용하면 점점 부하전류가 증가하여 전선의 허용전류 혹은 배선용 차단기 용량을 초과하여 집 안의 차단기가 off 상태로 떨어지게 된다.
- **무부하** : '부하가 없다', '저항이 없다', '회로가 개방상태이다', '부하전류가 흐르지 않는다' 모두 무부하의 의미로 사용된다. 부하(부하전류)가 없으니 수용가 혹은 전기설비로 전류가 흐르지 않는다($I = 0$).

✠ 수용가
(전기 전문용어) 한국전력과 사용자 계약을 맺고 한국전력으로부터 전기를 공급받아 전기를 사용하는 모든 곳(건물, 설비, 공장, 공공시설, 아파트, 가정집 등)을 말한다. 주로 배전계통에서 전기를 소비하는 모든 곳이 수용가이다.

(3) 직류 타여자발전기의 이론적 특성

① 타여자발전기의 등가회로

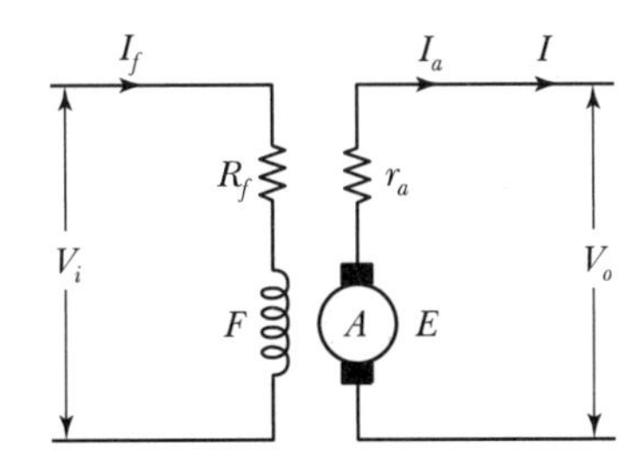

② 의미

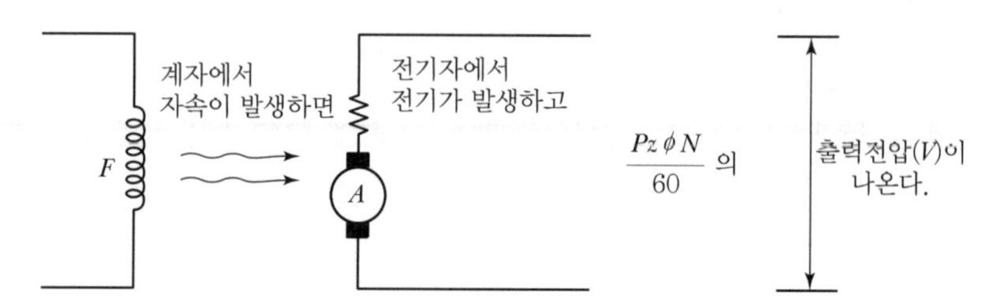

③ **타여자발전기의 부하특성(부하가 있을 때 이론적 특성)**

㉠ KCL(키르히호프의 전류법칙)에 의해, 전기자전류(I_a)와 부하전류(I)는 같습니다.

- $I_a = I$

㉡ KVL(키르히호프의 전압법칙)에 의해, 단자전압 V는 유기기전력 E에서 전압강하($I \times r_a$)를 뺀 것과 같고, 반대로 유기기전력 E는 단자전압 V에서 전압강하($I \times r_a$)를 더한 것과 같습니다.

- 단자전압 $V = E - (I_a \cdot r_a) = E - (I \cdot r_a)$[V]
- 유기기전력 $E = V + (I_a \cdot r_a) = V + (I \cdot r_a)$[V]

④ **타여자발전기의 무부하특성(부하가 없을 때 이론적 특성)**

㉠ KCL : $I = I_a = 0$

㉡ KVL : $V = E - (I_a \cdot r_a)$ 전류가 0이므로 전압강하가 없음 → $V = E$

㉢ $E = V$: 무부하일 때 발생하는 유기기전력은 곧 단자전압이다($V = E$).

⑤ **타여자발전기의 특징**

㉠ 계자를 여자시키는 전원이 외부에 독립적으로 존재한다.

㉡ '잔류자기'가 없어도 발전이 가능하다.

㉢ 전기자(A) 또는 계자(F) 둘 중 하나의 극성이 바뀌면, 출력 극성도 바뀐다.

참고 ✔ 잔류자기의 개념

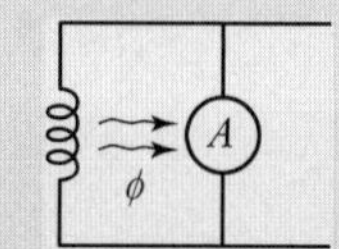

'잔류자기'는 자여자발전의 동작원리를 보면 쉽게 이해할 수 있다. 자여자로 동작하는 전기기기는 계자에 잔류자기가 있어야 한다.
자여자 분권발전 회로(그림)를 예로 보면, 계자에서 방출되는 자속(ϕ)이 없으면 전기자가 끊을 자기장(자계)이 없어서 전기를 만드는 활동(전자유도현상)을 할 수 없다.
다시 말해, 자속(ϕ)이 없으면 유도기전력 $\left(E = \frac{Pz\phi N}{60a}\right)$을 못 만든다는 뜻이다. 이러한 자여자발전방식(분권, 직권 모두)의 특징은 계자회로(F)는 전기자회로로부터 전류를 공급받아야만 계자회로가 자속(ϕ)이 존재한다. 그렇기 때문에 자여자발전방식으로 발전 기능을 수행하려면, 발전기가 운전 중일 때나 정지 중일 때나 항상 계자회로(F)는 미세하게라도 자속(ϕ)이 존재해야 전기자권선이 회전하여 발전이 가능하다. 그 계자의 미세한 자속이 **잔류자기**이다.

핵심기출문제

무부하에서 자기여자로서 전압을 확립하지 못하는 직류발전기는?

① 타여자발전기
② 직권발전기
③ 분권발전기
④ 차동복권발전기

해설

직권발전기는 무부하상태에서 잔류자기 이외의 자속을 만들 수 없으므로 자여자가 되지 않아 발전이 되지 않는다.

정답 ②

[잔류자기에 의한 (유도기전력)전압 확립과정] 먼저 계자(F)에 '잔류자기'가 존재하는 상태에서 전기자 Ⓐ가 회전하며 미약한 유기기전력(E)을 만들고, 유기기전력(E)이 병렬로 연결된 계자(F)의 전류를 증가시키므로, 계자(F)의 잔류자기가 증가한다. 앞의 과정이 반복 작용하면 → Ⓐ의 유기기전력 증가(↑) → 계자의 자속 증가(↑) → 유기기전력 증가(↑) → 계자의 자속 증가(↑) 이러한 과정을 거쳐 자여자방식의 발전은 잔류자기로부터 정상운전의 전압이 확립된다. 이러한 이유로 회전기에서 계자(F)가 전기기기를 이해하는 기준이 된다.
반대로, 타여자발전방식은 자여자발전방식과 다르게 계자(F)의 전원이 외부에 독립적으로 존재하므로 '잔류자기'가 없어도 전기자가 회전하면 언제나 발전(유기기전력 E 발생)이 가능하다.

(4) (자여자) 직권발전기의 이론적 특성

다음은 계자(F)와 전기자(A)가 직렬로 연결된 직류발전기 구조입니다.

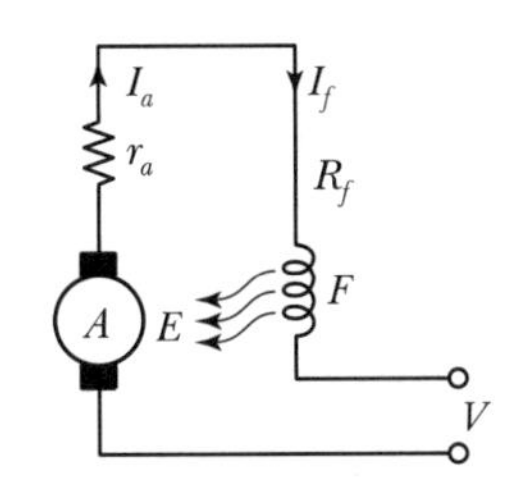

① 발전기의 부하특성(발전기에 연결된 부하가 있을 때 이론적 특성)

㉠ KCL : $I_a = I = I_f = \dfrac{P}{V} = \dfrac{V}{R_a} = \dfrac{V}{R_f}[\text{A}]$

㉡ KVL : $E = V + I_a(R_a + R_f)[\text{V}]$

② 발전기의 무부하특성(발전기에 연결된 부하가 없을 때 이론적 특성)

㉠ 부하전류는 0이다($I=0$). → $I = I_f = I_a = 0$(모두 $0[\text{A}]$)

㉡ 자여자발전의 특성상 $I_f = 0$이면 $\phi = 0$ 자속도 0이다.

㉢ 자속 $\phi = 0$이면, 유기기전력 $E = 0$이므로, 전기발생이 안 된다.
자여자발전방식에서는 무부하운전을 할 때, 부하(부하전류 0)가 없으면 유기기전력(E)이 발생하지 않으므로 '발전불능'하다. 그래서 자여자발전방식은 '무부하특성곡선'이 없다.

③ 자여자직권발전기의 일반적 특징

㉠ 무부하특성곡선이 없다.

㉡ '잔류자기'가 존재해야 발전이 가능하다.

㉢ 발전기를 역회전시키면 안 된다.
운전 중 전기자를 역회전시키면 "잔류자기=0"이 되므로 발전이 불가능하게 된다. 이것은 자여자발전기의 모든 방식(직권, 분권, 복권)에 공통적으로 나타나는 특징이다.

핵심기출문제

계자 철심에 잔류자기가 없어도 발전되는 직류기는?

① 직권기 ② 타여자기
③ 분권기 ④ 복권기

해설
타여자발전기는 자여자발전기(직권, 분권, 복권)와는 달리 다른 직류 전원으로부터 계자자속을 얻으므로 잔류자기가 없어도 발전할 수 있는 특성이 있다.

정답 ②

PART 02

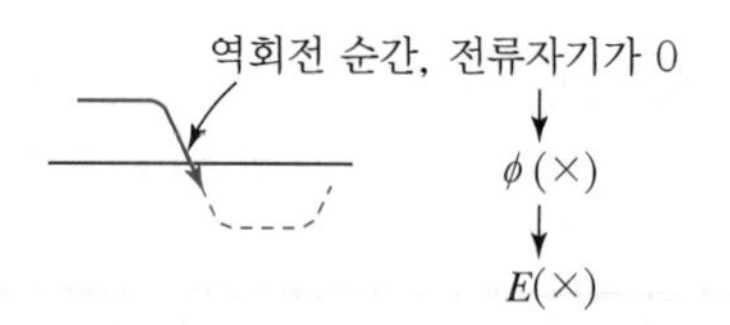

ㄹ 출력극성을 바꿀 수 없다.

자여자발전방식은 출력전원의 극성(+, −)을 바꾸는 것이 불가능하다. 이유는 첫째, 전원(전기자)극성이 바뀌면 계자극성도 동시에 같이 바뀌므로 정해진 극성의 출력만 나타나고, 둘째, 극성을 바꾸기 위해 역회전시키는 순간 '잔류자기'가 사라지므로 유기기전력 발생이 불가능하다(이에 반해 타여자발전방식은 역회전과 출력극성 전환이 쉽다).

위와 같은 이유로 자여자 방식은 발전기로 사용하지 않고, 전동기 혹은 전압강하가 큰 선로의 승압기 용도에 적합하다.

(5) (자여자) 분권발전기의 이론적 특성

다음은 계자와 전기자가 병렬(=분권, =병렬권, =분로권)로 연결된 구조입니다.

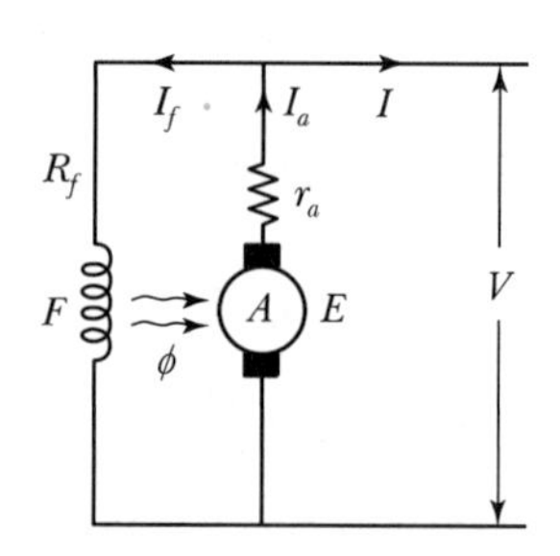

계자의 자속을 발생시킬 만큼의 전류만 필요해서 계자는 소전류용 코일로 제작합니다(계자 코일에 대전류가 인가되면 코일이 타므로 계자 기능이 상실됨).

① 발전기의 부하특성(발전기에 연결된 부하가 있을 때 이론적 특성)

ㄱ KCL : $I_a = I + I_f = \dfrac{P}{V} + \dfrac{V}{R_f}$ [A]

ㄴ KVL : $E = V + (I_a R_a)$ [V]

② 발전기의 무부하특성(발전기에 연결된 부하가 없을 때 이론적 특성)

ㄱ '잔류자기'가 소멸하여 유기기전력(E)이 만들어지지 않는다.

ㄴ 발전기 단자전압 상승에 필요한 '전압확립조건'이 필요하지 않다.

(잔류자기 → E 생성 → I_f 증가 → ϕ 증가 → E 증가 → I_f 증가 → E 증가 → 반복)

㉢ 분권발전기가 무부하($I=0$)로 운전되면, 전기자전류가 모두 계자전류가 된다($I_a = I_f$).

(부하상태 : $I_a = I_f + I$, 무부하상태 : $I_a = I_f + 0$이므로 → $I_a = I_f$)

그래서 무부하상태에서 전기자전류(I_a)가 모두 계자전류(I_f)로 흐르게 되면 첫째, 실제 필요한 곳으로 전류가 안 흐르고 기기가 운영하는 회로로 전류가 소용되므로 기기의 효율이 떨어지고, 둘째, 소전류에 적합하게 제작된 분권발전기의 계자권선이 타 버릴 가능성이 높다(소손). 때문에 직류 분권발전 방식은 무부하로 운전하면 안 되며 반드시 $I_a \fallingdotseq I$ 조건으로 운전되어야 한다.

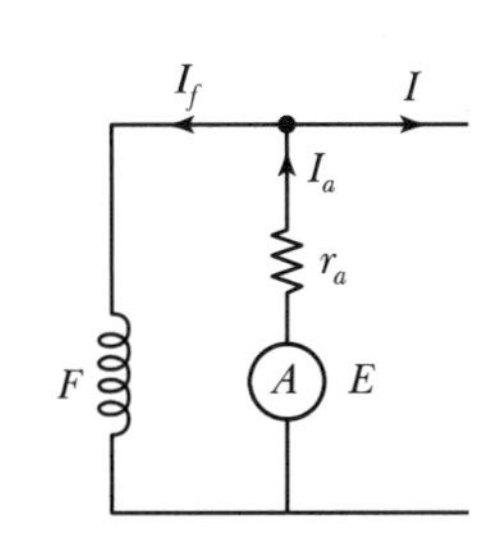

I_a의 역할은 I로(=부하로) 가는 것
E의 역할은 V로(=부하로) 가는 것

참고 $I_a \fallingdotseq I$ **조건의 예**

자여자분권발전에서 전기자전류(I_a)가 100[A]라면, 노드에서 계자전류(I_f)로 1[A], 부하전류(I)로 99[A]가 되도록 배분되는 것이 가장 이상적이다. 왜냐하면 I_f, R_f는 부하가 아니고 전기자 Ⓐ가 유기기전력을 만드는 데 최소한의 필요한 자속발생 역할만 수행하면 되기 때문이다. 그러한 I_f, R_f의 역할을 수행하게 하는 조건이 계자저항(R_f)에 대한 '임계저항 조건'이다.

③ (자여자) 분권발전방식의 일반적 특징

㉠ '잔류자기'가 존재해야만 발전이 가능하다.

㉡ 잔류자기를 만들기 위한 '임계저항 조건' : (계자저항<임계저항)

잔류자기가 존재하려면, 기술적으로 계자저항(R_f)이 어느 정도 낮아야 하는데 그 낮아야 하는 정도가 **계자저항<임계저항**이다. 계자저항(R_f)이 너무 낮으면 부하전류(I)로 흘러야 할 전류가 계자전류(I_f)로 흐르므로, 계자권선이 소손될 가능성이 높다. 계자권선이 소손되지 않으면서 최대한 많은 전류를 계자권선에 흘려줄 계자저항(R_f) 조건이 '임계저항'이다. 그리고 계자저항은 임계저항보다 작아야 한다.

㉢ 발전기를 역회전 운전하면 안 된다. : 역회전하는 순간에 '잔류자기'가 소멸해버리기 때문에 '잔류자기'는 한순간이라도 0이 되어서는 안 된다($\phi \neq 0$).

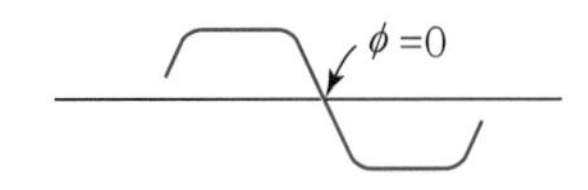

핵심기출문제

직류 분권발전기를 역회전하면 어떻게 되는가?

① 섬락이 일어난다.
② 과전압이 일어난다.
③ 정회전 때와 마찬가지이다.
④ 발전되지 않는다.

해설

분권발전기를 역회전시키면 잔류자기가 소멸되어 전압확립이 되지 않아 발전되지 않는다.

정답 ④

㉣ **분권발전기의 용도** : 전압 변동률이 적으므로 정출력을 내는 "정전압 발전"에 적합하다. 또한 전압 조정이 가능하도록 계자회로에 저항기(R_s)를 달아 전기화학용 전원, 전지 충전용, 동기기의 여자전원용에 적합하다.

(6) (자여자) 복권발전방식의 이론적 특성

다음은 분권계자(R_f)와 직권계자(R_s)가 직 · 병렬로 연결된 직류발전기입니다. 복권발전기는 내분권과 외분권이 있지만, 보통 외분권을 기본회로로 하기 때문에 외분권발전기를 기준으로 기술하겠습니다.

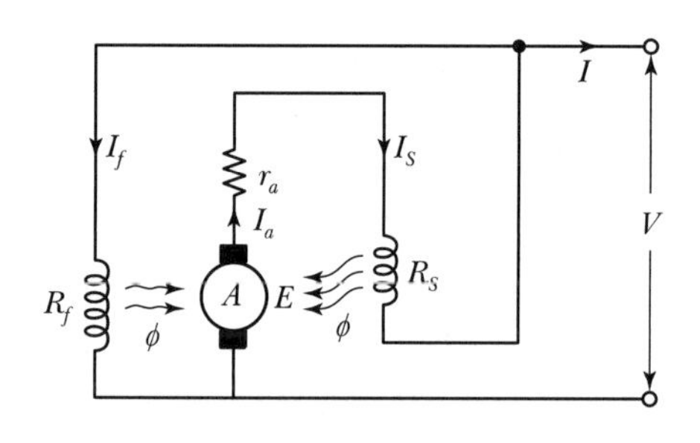

〖 외분권복권발전기 〗

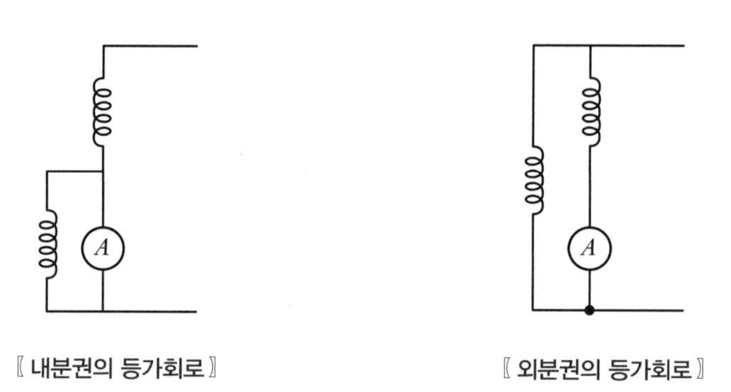

〖 내분권의 등가회로 〗 〖 외분권의 등가회로 〗

복권발전기의 유기기전력 $e = \dfrac{Pz\phi N}{60a} = K\phi N[\mathrm{V}]$

($K = \dfrac{Pz}{60a}$: 발전기가 제작된 이후 변하지 않는 요소이므로 상수 K로 둠)

KCL : $I_a = I + I_f = \dfrac{P}{V} + \dfrac{V}{R_f}[\mathrm{A}]$

KVL : $E = V + I_a(R_a + R_f)[\mathrm{V}]$

외분권발전기는 다음과 같이 '가동복권발전'과 '차동복권발전'으로 나눌 수 있습니다.

- 가동복권의 전체 자속 $\phi = \phi_1 + \phi_2$[Wb]

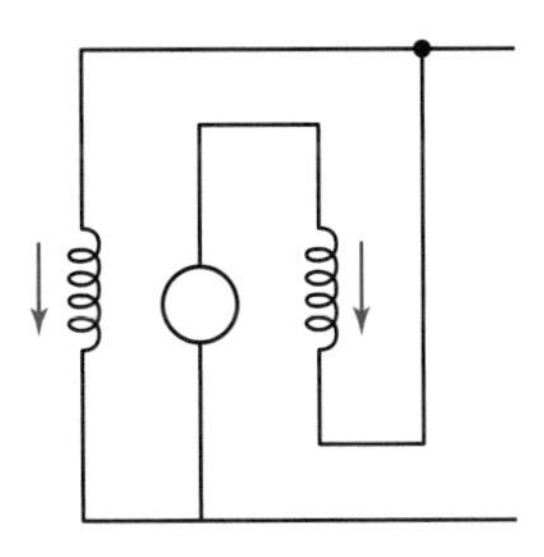

- 차동복권의 전체 자속 $\phi = \phi_1 - \phi_2$[Wb]

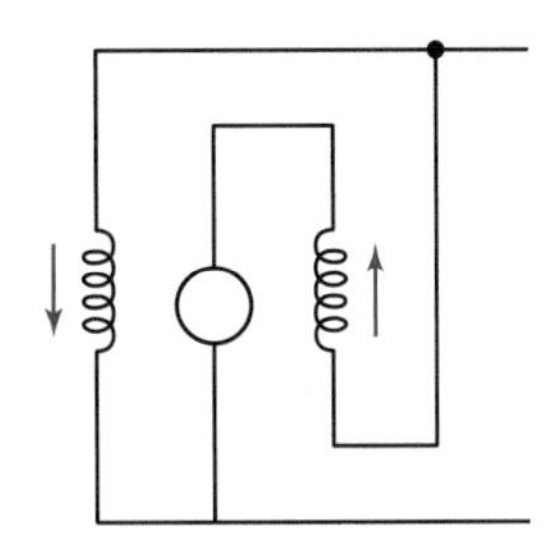

가동복권과 차동복권은 자속이 서로 더하고 상쇄되는 차이만 있을 뿐, 회로상으로 동일한 구조의 회로입니다. 그래서

- 복권발전의 유도기전력 $e = \dfrac{Pz\phi N}{60a} = K\phi N$

 $\rightarrow e = K(\phi_1 + \phi_2)N$: 가동복권발전

 $\rightarrow e = K(\phi_1 - \phi_2)N$: 차동복권발전

① **가동복권발전기**

㉠ **가동복권발전의 종류** : 복권발전기와 유사한 분권발전기를 보면, 부하의 전기 사용이 증가하면 부하전류(I)도 같이 상승합니다. 이어서 부하전류(I)가 증가하면 전기자전류(I_a)도 같이 상승합니다. 여기서 분권발전의 단자전압 공식을 보면 $V = E - (I_a \cdot r_a)$, 전기자전류(I_a)가 상승하므로 전압강하($e = I_a\,r_a$) 역시 같이 상승하기 때문에 분권발전기의 단자전압은 감소하게 됩니다. → $V = E - e(\uparrow)$ 이므로 $V(\downarrow)$

이와 다르게 가동복권발전기는 부하 증가와 함께 부하전류(I)가 상승하면, 직권계자의 자속(ϕ)도 함께 상승하고, $E = K(\phi_1 + \phi_2)$에서 두 자속이 더해지므로 유기기전력(E)이 상승합니다.

이렇게 가동복권발전에서 계자의 자속증가($\phi_1 + \phi_2$)에 따른 유기기전력(E) 상승은 가동복권발전기를 다음의 3가지로 세분화된 가동복권방식(평복권, 과복권, 부족복권)으로 나누어 볼 수 있습니다.

- 평복권 : $E = V$ 관계이므로 무부하전압 V_o = 전부하전압 V(드문 경우)
- 과복권 : $E < V$ 관계이므로 무부하전압 V_o < 전부하전압 V($\phi_1 + \phi_2$로 자속을 과하게 만들어 기전력 E가 크다.)
- 부족복권 : $E > V$ 관계이므로 무부하전압 V_o > 전부하전압 V(일반적 경우)
  여기서, 무부하전압(V_o)은 무부하 시 단자전압을 의미하며, 무부하전압은 유기기전력(E)과 비슷하지만 위와 같이 차이가 생깁니다.

핵심기출문제

직류기에서 전압 변동률이 (+)값으로 표시되는 발전기는?

① 과복권발전기
② 직권발전기
③ 평복권발전기
④ 분권발전기

해설

전압 변동률

$$\varepsilon = \frac{V_0 - V_n}{V_n} \times 100[\%]$$

전압 변동률은 타여자, 분권, 부족복권발전기에서는 (+)값이고, 평복권에서는 0 그리고 과복권발전기에서는 (−)값이 된다.

정답 ④

ⓛ 전압변동률에 따른 가동복권발전

또한 자속 증가량($\phi_1 + \phi_2$)에 따라 가동복권발전기를 과복권, 평복권, 부족복권으로 나눌 수 있다는 말의 의미는 전압변동률(ε)이 발생함을 말합니다. 그래서 가동복권발전방식은 전압변동률(ε)의 상태에 따라 다음과 같이 더욱 세분화하여 분류할 수 있습니다.

$$\text{전압변동률 } \varepsilon = \frac{\text{전압변동}}{\text{정격전압}} = \frac{\text{무부하전압}(V_0) - \text{정격전압}(V)}{\text{정격전압}(V)}$$

$$= \frac{V_o - V_r}{V_r} \times 100\,[\%]$$

- 평복권 : $\varepsilon = 0$일 경우
- 과복권 : $\varepsilon < 0$일 경우(전압변동률 ε이 −값)
- 부족복권 : $\varepsilon > 0$일 경우(전압변동률 ε이 +값)

핵심기출문제

용접용으로 사용되는 직류발전기의 특성 중에서 가장 중요한 것은?

① 과부하에 견딜 것
② 경부하일 때 효력이 좋을 것
③ 전압변동률이 작을 것
④ 전류에 대한 전압특성이 수하특성일 것

해설

아크용접은 작은 전압에서 큰 전류가 필요하므로 전압과 과전류가 반비례하는 수하특성이 필요하다. 차동복권발전기는 직권계자자속이 분권계자자속과는 반대이므로 부하전류가 커지면 전압이 작아지는 수하특성이 있으므로 용접용 전원으로 쓰인다.

정답 ④

② **차동복권발전기** : 차동복권발전방식은 회로의 전체 자속이 $\phi = \phi_1 - \phi_2$일 경우입니다. 수식에서 자속과 자속이 서로 상쇄되므로($\phi_1 - \phi_2$) 차동복권발전의 전체 자속(ϕ)은 감소합니다.

㉠ 차동복권발전기 방식의 특성 : 수하특성

차동복권발전방식은 부하증감에 대해 출력(P)변화가 일정한 특성을 갖고 있습니다. 발전기에 연결된 부하의 전기량 사용이 증가 또는 감소하는 발전기 출력도 변하는 것이 일반적입니다. 차동복권발전방식처럼 부하증감에 대해 발전기 출력이 일정한 이러한 특성을 **수하특성**이라 부릅니다. '수하특성'이 잘 나타나는 전기설비로 **누설변압기**(용접기)가 있습니다(변압기도 전력을 공급하는 기기이므로 일종의 발전기로 볼 수 있음).

ⓛ 수하특성을 보여주는 그래프

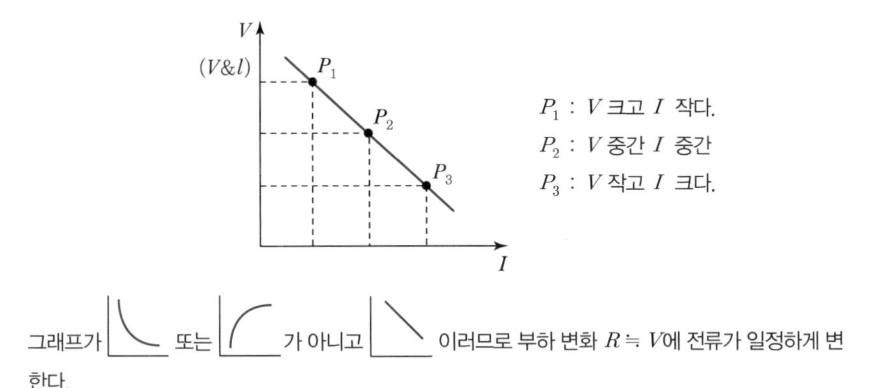

그래프가 ⌞ 또는 ⌜ 가 아니고 ⟍ 이러므로 부하 변화 $R \fallingdotseq V$에 전류가 일정하게 변한다.

- 출력이 일정하다(부하 I 변화에 대해 출력이 일정하게 변함).
- 수하특성이 나타나는 기기는 자속(ϕ)을 스스로 조절하므로 전류(I)와 출력(P)이 일정한 변화를 나타낸다.

5. 직류발전기의 특성곡선

각 직류발전기들의 특성을 "계자전류(I_f), 단자전압(V), 유기기전력(E)"의 관계로 나타낼 수 있습니다. 이러한 시험을 그래프로 나타내어 그래프의 세로축과 가로축이 어떤 요소일 때, 어떤 특성시험인지 알아야 합니다.

(1) 무부하특성곡선($I_f - E$ 곡선)

계자전류(I_f) 변화에 따른 유기기전력(E)의 변화를 그래프로 나타낸 것입니다. 구체적으로 계자전류(I_f)를 0에서부터 일정하게 증가시킬 때 유기기전력(E)의 변화를 관찰합니다.
무부하는 부하가 없으니 전압은 유기기전력(E)뿐입니다(부하가 없을 때 전압 : 무부하 전압).

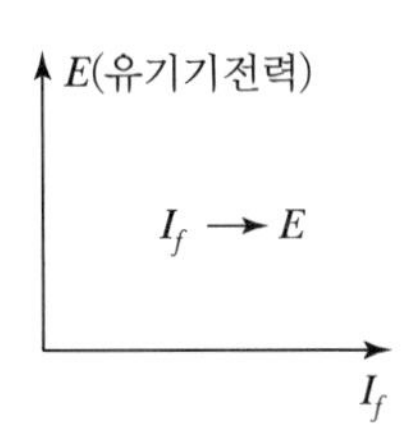

(2) 부하특성곡선($I_f - V$ 곡선)

계자전류(I_f) 변화에 따른 단자전압(V)의 변화를 그래프로 나타낸 것입니다. 구체적으로 계자전류(I_f)를 0에서부터 일정하게 증가시킬 때 단자전압(V)의 변화를 관찰합니다.

핵심기출문제

직류발전기의 부하특성곡선은 다음 어느 것의 관계인가?

① 부하전류와 여자전류
② 단자전압과 부하전류
③ 단자전압과 계자전류
④ 부하전류와 유기기전력

해설

직류발전기의 특성곡선
- 무부하특성곡선 : 무부하 시 계자전류와 유도기전력과의 관계곡선
- 부하특성곡선 : 정격부하 시 계자전류와 단자전압의 관계곡선
- 외부특성곡선 : 정격부하 시 부하전류와 단자전압의 관계곡선

정답 ③

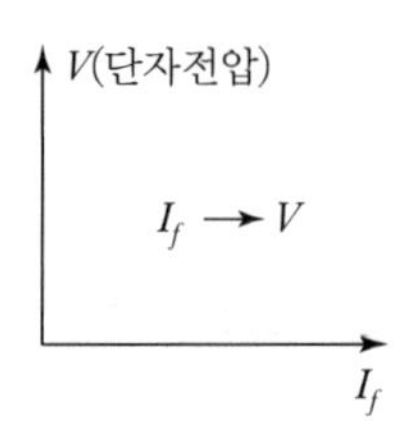

(3) 외부특성곡선($I - V$ 곡선)

부하전류(I) 변화에 따른 단자전압(V)의 변화를 그래프로 나타낸 것입니다. 구체적으로 부하전류(I)를 0에서부터 일정하게 증가시킬 때 단자전압(V)의 변화를 관찰합니다.

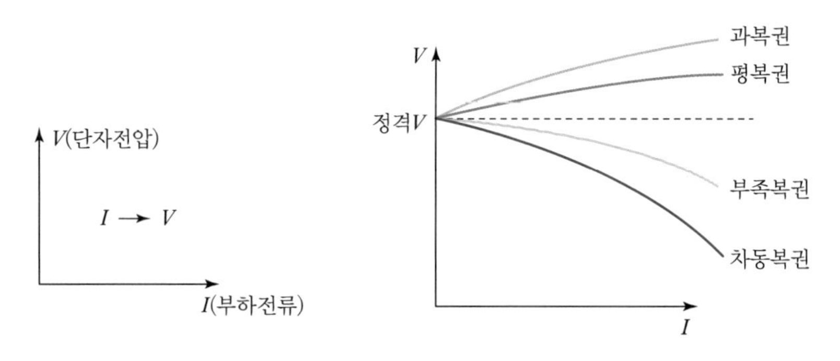

〖 가동복권발전기의 외부특성곡선 비교 〗

6. 직류발전기의 운전

발전기의 출력(용량)이 부하를 감당 못하면 발전기를 증설해야 합니다. 발전기의 출력용량을 증가시키기 위해 발전용량을 증설하는 방법은 필요한 용량만큼의 발전기를 기존 발전기와 병렬로 연결하는 것입니다.

예를 들면, 7A, 100V 용량의 발전기가 있습니다. 최대 출력용량은 700W입니다.

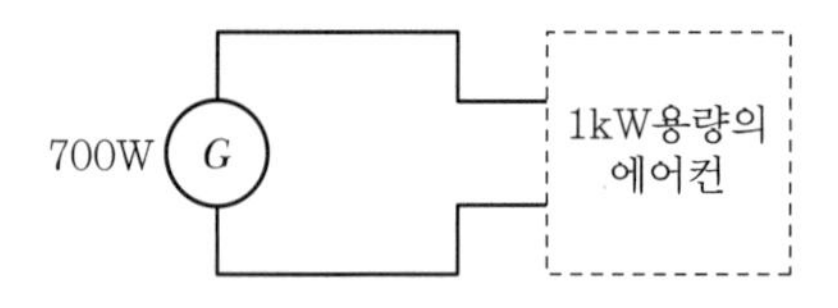

700W 발전기에 1kW 용량의 에어컨 부하를 연결한다면 1kW의 에어컨은 동작하지 않습니다. 동작한다고 해도 정상적인 운용이 안 됩니다. 이유는 300W가 부족하기 때문입니다. 부족한 용량으로 인해서 700W 발전기의 전기자권선이 소손되거나 발전기 출력 전선에 과열로 인한 화재가 일어날 수 있습니다.

이를 해결하기 위해 700W 발전기를 폐기처분 또는 중고로 팔고 1kW 용량의 발전기를 새로 구매하여 설치하는 것도 방법이지만, 합리적이지 않습니다. 발전기용량

핵심기출문제

직류분권발전기를 병렬운전하기 위한 발전기용량 P와 정격전압 V는?

① P는 임의, V는 같아야 한다.
② P와 V가 임의
③ P는 같고 V는 임의
④ P와 V가 모두 같아야 한다.

해설

직류발전기를 병렬운전하기 위하여는 단자전압(정격전압)이 같아야 한다. 그러나 발전기용량 P는 같지 않아도 가능하다.

정답 ①

을 증설하기 위한 합리적인 방법은 부족한 300W 용량의 발전기를 추가 구매 후 기존의 700W 용량의 발전기와 출력단자를 병렬로 연결하는 것입니다. 발전기 출력단자를 병렬로 연결하면 300W + 700W이 되어 아래 그림과 같이 총 발전기용량은 1kW가 됩니다.

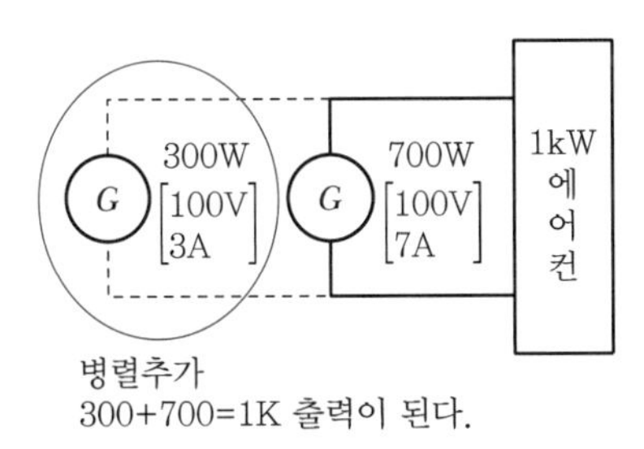

단, 두 대 이상의 발전기를 병렬연결할 때 반드시 지켜야 할 조건이 있습니다.

[중요] 직류발전기 병렬운전 조건

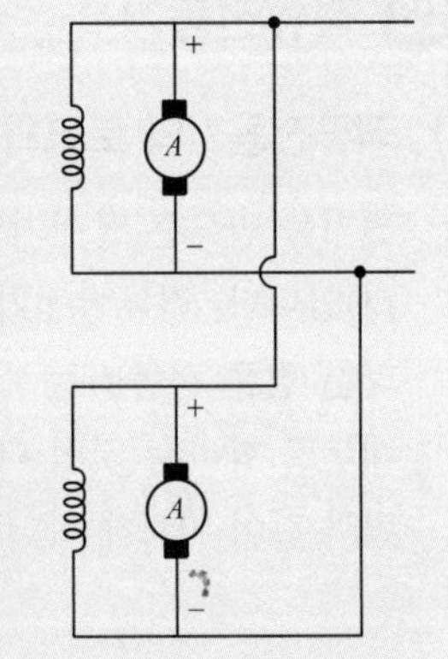

- 두 발전기의 극성이 서로 같을 것 : 병렬로 연결한 두 대 발전기 출력의 극성(+, −)이 다르면, 감극성 연결이 되어 발전기 용량이 줄어든다.
- 두 발전기의 출력 단자전압이 같을 것 : 만약 두 대 발전기의 단자전압이 다르면, 전위(V)는 전압이 높은 곳에서 낮은 곳으로 흐르기 때문에 발전기 사이에 서로 순환하는 무효순환전류가 흘러 발전기 고장의 원인이 된다. 두 대 발전기의 유기기전력(E)는 같을 필요가 없지만, 두 대 발전기의 출력단자 전압(V)은 반드시 같아야 한다.
- 두 발전기의 각각의 용량은 임의일 것 : 키르히호프 법칙에 의해 병렬회로에서 전류는 분기점(노드점)에서 합쳐지거나 분배되지만 전압은 항상 일정하게 걸리므로, 발전기 병렬운전에서 단자전압은 같아야 하지만, 전류(I)와 용량(VI)은 서로 달라도 된다. 그래서 전류와 용량은 '임의'이다.(300 + 700 = 1kW의 경우와 500 + 500 = 1kW의 경우 모두 운전에 문제 없음)
- 두 발전기의 '수하특성'이 같을 것 : 두 발전기의 수하특성(= 외부특성곡선)이 서로 같아야 한다는 말은 두 발전기가 병렬연결되어 부하에 전력을 공급할 때, 부하(부하전류)가 변하더라도 발전기의 출력곡선(부하전류 I × 단자전압 V)이 같아야 출력이 안정적이다.
- 두 발전기에 직권계자권선이 있는 경우(직권형 아니면 복권형 발전기) 균압선을 설치할 것 : 병렬 운전상 전압이 확실히 같게 운전하려면 균압선 설치가 필요하다.

7. 직류발전기의 기동 및 정지

(1) 기동

발전기를 기동할 때, 발전기의 유기기전력(E)을 정상상태로 증가시키기 위해서는

- 계자의 자속(ϕ) 크기가 커야 하고,
- 계자의 자속(ϕ)이 크려면, 계자전류(I_f)가 커야 한다.
- 계자전류(I_f)가 크려면 계자저항(R_f)값을 가능하면 최소로 놓고 발전기를 기동한다.

핵심기출문제

직류복권발전기를 병렬운전할 때 반드시 필요한 것은?

① 과부하 계전기
② 균압선
③ 용량이 같을 것
④ 외부 특성곡선이 일치할 것

해설

균압모선(Equalizing Bus-bar)
직권발전기나 복권발전기의 병렬운전에서 직권계자전류의 변화로 인한 부하분담의 변화를 없애기 위하여 두 발전기의 직권계자권선을 연결한 도선으로서 안정된 병렬운전을 위해서는 반드시 필요하다.

정답 ②

발전기 출력전압이 안정되어 기동이 끝나면, 계자권선을 보호하기 위해 계자저항(R_f) 값을 다시 증가시킵니다.

(2) **정지**

운전 중인 발전기를 정지하고자 할 때, 기동할 때 절차와 반대로 계자저항(R_f)을 조절합니다.

- 발전기의 유기기전력(E)을 감소시켜야 한다.
- E을 줄이기 위해, 계자의 자속(ϕ) 크기를 줄여야 하고,
- 계자의 자속(ϕ)이 작아지려면, 계자전류(I_f)가 작아야 한다.
- 계자전류(I_f)가 작으려면 계자저항(R_f)값을 최대로 놓으면 된다.

발전기 출력전압이 0이 되면, 발전기 기동이 끝난 겁니다.

핵심기출문제

직류발전기의 단자전압을 조정하려면 다음 어느 것을 조정하는가?

① 기동저항 ② 계자저항
③ 방전저항 ④ 전기자저항

해설

직류발전기를 정격속도로 회전시키고 정격전압 V_n, 정격전류 I_n이 되도록 계자저항 R_f를 조정하여 계자전류 I_f를 일정하게 한 뒤 부하전류를 변화시키면 발전기의 단자전압을 조정할 수 있다.

정답 ②

03 직류전동기

1. 직류전동기의 토크와 속도

전기를 만드는 발전기와 다르게 전기를 입력하면 회전 운동하는 기기가 전동기(모터)입니다. 직류발전기와 직류전동기의 기계적 · 전기적인 구조는 거의 같고, 단지 다른 점은 전동기는 기전력방향(발전기에서 부하전류방향)이 기기 외부에서 기기 내부로 향하는 것이 다를 뿐입니다. 이러한 발전기 구조와 전동기 구조를 다음 그림과 같이 비교해 봅니다.

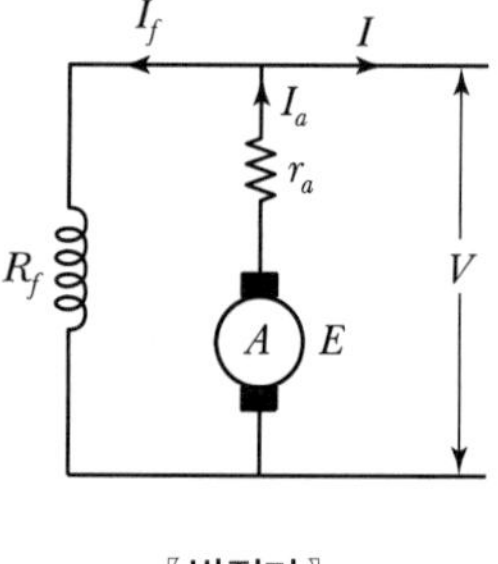

〖 발전기 〗

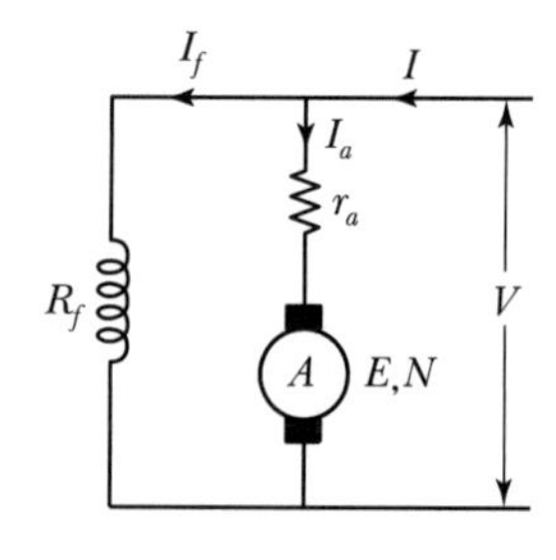

〖 전동기 〗

분권발전기	분권전동기
유기기전력 $E=\frac{Pz\phi N}{60a}=k\phi N[V]$ 전기자전류 $I_a=I+I_f$ $E=V+(I_a\cdot r_a)$ $V=E-(I_a\cdot r_a)$ ↓ 발전기는 발생전압(E)과 출력전압(V)이 중요하다.	역기전력 $E=\frac{Pz\phi N}{60a}=k\phi N[V]$ 전기자전류 $I_a=I-I_f$ $E=V-(I_a\cdot r_a)$ $V=E+(I_a\cdot r_a)$ ↓ 전동기는 회전력(T)과 회전속도(N)가 중요하다. (수용가에서 사용하는 대부분의 전동기는 유도전동기이고, 공장자동화 설비 혹은 특수목적으로 사용하는 곳에 직류전동기를 쓴다.) ↓ 특히 직류 분권전동기와과 유도전동기는 그 기기특성이 비슷한데, 그 밖에 직류전동기는 상용성이 떨어진다.

(1) 직류전동기의 회전력(토크)

전동기는 발전기와 다르게 회전하여 전동기에 연결된 외부의 무언가를 돌려줘야 하기 때문에 회전하는 힘인 회전력(T : 토크)과 회전하는 빠르기인 회전속도(N)가 중요합니다.

토크(τ)란, 1[m] 반경 길이의 물체를 한 바퀴 회전시키는 데 필요한 힘입니다. 토크의 단위는 [N·m]이며, 토크 공식은 $\tau=\frac{P}{\omega}[N\cdot m]$

[회전(ω)하는 힘(τ)이 바로 전동기의 출력 $P=\omega\cdot\tau$ [W] 이다.]

여기서, 출력 $P=E\cdot I_a$ [W]

각속도 $\omega=2\pi f$ [rad/sec] ≒ $2\pi n$

f[Hz] = n [rps] → f(초당 반복 주기)와 n (초당 회전 횟수)는 서로 같은 개념입니다.

I_a, r_a, A E, P[W]

$$\tau=\frac{P}{\omega}=\frac{P}{2\pi n}=\frac{P}{2\pi\left(\frac{N}{60}\right)}=\frac{60}{2\pi}\frac{P}{N}=9.55\frac{P}{N}[N\cdot m]$$

단위 변환 [N] → [kg]을 하기 위하여 $\times\frac{1}{9.8}$을 하면(1[kg]=9.8[N]),

$$\tau=\frac{P}{\omega}=\frac{P}{2\pi n}=\frac{P}{2\pi\left(\frac{N}{60}\right)}$$

$$=\frac{60}{2\pi}\frac{P}{N}=9.55\frac{P}{N}[N\cdot m]\times\frac{1}{9.8}=0.975\frac{P}{N}[kg\cdot m]$$

토크(τ)로 전동기의 전기적인 구조의 공식을 유도하면 다음과 같습니다.

핵심기출문제

전기자의 도체수 360, 6극 중권의 직류전동기가 있다. 전기자전류가 60[A]일 때 발생토크는 몇 [kg·m]인가?(단, 매 극당 자속수는 0.06[Wb]이다.)

① 12.3 ② 21.1
③ 32.5 ④ 43.2

해설

직류전동기의 토크 T는

(중권 $a=P$)

$T=\frac{P\Phi Z}{2\pi a}I_a$

$=\frac{6\times0.06\times360}{2\pi\times6}\times60$

$=206.37[N\cdot m]$

$=21.1[kg\cdot m]$

정답 ②

$$\tau = \frac{P}{\omega} = \frac{60P}{2\pi N} = \frac{60 \cdot (E \cdot I_a)}{2\pi N} = \frac{60\left(\frac{Pz\phi N}{60a}\right)I_a}{2\pi N}$$

$$= \frac{Pz\phi I_a}{2\pi a} = \left(\frac{Pz}{2\pi a}\right)\frac{\phi I_a}{1} = K\phi I\,[\mathrm{N \cdot m}]\ \left(K = \frac{Pz}{2\pi a}\right)$$

여기서, K : 기계적 상수(기기를 제조할 때 이미 정해지는 요소이므로 "상수")

P : 극수

z : 도체수

ϕ : 극당 자속[속도와 토크를 제어할 때, 자속(ϕ, I_f)으로 제어함]

I_a : 전기자전류(코일의 허용전류가 있으므로 I_a 크기 조절이 제한적임)

a : 병렬 회로수

토크(τ)와 관련하여 위의 공식을 정리하면,

- 토크 $T = \frac{P}{\omega} = K\phi I\,[\mathrm{N \cdot m}]$: 토크 기본 공식
- 토크 $T = 9.55\frac{P}{N}\,[\mathrm{N \cdot m}]$: 극수(P)와 회전수(N)만 알면 토크 계산이 가능한 공식
- 토크 $T = \frac{Pz\phi I_a}{2\pi a}\,[\mathrm{N \cdot m}]$: P, z, ϕ, I, a값을 모두 알아야 토크 계산이 가능한 공식
- 토크 $T = K\phi I\,[\mathrm{N \cdot m}]$: ϕ와 I만 알면 토크 계산이 가능하지만 오차가 큰 공식

(2) 회전속도

① 전동기의 회전속도 공식

발전기의 유기기전력 공식$\left(E = \frac{Pz\phi N}{60a} = K\phi N\right)$을 이용하여 전동기의 회전속도 공식을 유도할 수 있습니다.

$E = K\phi N$을 이항하여 N으로 전개하면 $N = \frac{E}{K\phi}$[rpm]이 된다.

여기서, K : 기계상수 또는 비례상수

$N = K\frac{E}{\phi}$[rpm] 여기서 유기기전력(E)을 단자전압(V)과의 관계로 나타내면,

$N = K\frac{V-(I_a \cdot r_a)}{\phi}$이 된다.

여기서, 기계적 상수 $\frac{Pz}{60a}$를 K로 정하든 $\frac{1}{K}$로 정하든 결과에 영향을 주지 않습니다.

핵심기출문제

출력 3[kW], 1500[rpm]인 전동기의 토크[kg · m]는?

① 1.5 ② 2
③ 3 ④ 15

해설

전동기의 토크

$T = \frac{P_0}{9.8\omega}$[kg · m]

$= 0.975\frac{P_0}{n}$[kg · m]

$= 0.975 \times \frac{3 \times 10^3}{1500}$

$= 1.95$[kg · m]

정답 ②

㉠ 전동기의 회전수 기본 공식 : $N = K\dfrac{E}{\phi}[\text{rpm}]$

㉡ 타여자전동기의 회전속도 : $N = K\dfrac{V-(I_a \cdot r_a)}{\phi}[\text{rpm}]$

㉢ 자여자분권전동기의 회전속도 : $N = K\dfrac{V-(I_a \cdot r_a)}{\phi}[\text{rpm}]$

㉣ 토크와 전동기의 각 요소들과의 관계 : $\tau \propto \phi \propto I_a \propto P \propto \dfrac{1}{N} \propto E$

㉤ 자여자직권전동기의 회전속도 : $N = K\dfrac{V-I(R_a+R_s)}{\phi}[\text{rpm}]$

② **전동기의 회전속도과 토크의 관계** : $\tau \propto \dfrac{1}{N}$

회전속도와 토크는 반비례합니다. 이유는 정지된 회전자를 처음 돌리려고 힘을 가할 때는 정지상태의 관성을 벗어나야 하므로 많은 힘이 필요하기 때문입니다. 하지만 회전자가 돌기 시작하여 속도가 증가하며 점점 적은 힘으로도 회전수는 증가할 수 있습니다. 여기서 회전속도와 회전력은 서로 반비례함을 확인할 수 있습니다. → $N \propto \dfrac{1}{\phi} \propto \dfrac{1}{I_f} \propto R_f$ 관계 : 전동기 속도(N)를 높이려면 결국 계자저항(R_f) 수치를 높여야 함

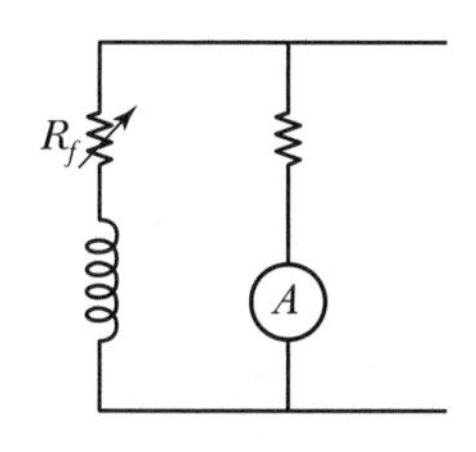

〖 분권전동기 구조 〗

③ **전동기의 무부하 상태**

예를 들어, 전동기의 회전축(권상기)에 E/L가 맞물리면 E/L를 올리고 내릴 수 있고, 회전축에 선풍기 날개가 맞물리면 날개가 바람을 일으키며 회전하게 됩니다. 여기서 전동기는 전동기 회전축에 맞물린 부하가 있든(부하상태) 없든(무부하 상태) 언제나 항상 회전하게 됩니다.

만약 전동기가 무부하(회전하는 회전자축에 아무것도 연결되지 않은 상태)일 경우, 전동기의 전기자권선은 $I=0[\text{A}]$인 상태이고, 전기자전류와 계자의 자속은 비례 ($\tau \propto \phi \propto I_a \propto P \propto \dfrac{1}{N} \propto E$, $\tau \propto \dfrac{1}{N}$)하므로, 이론적으로 $N \propto \dfrac{1}{\phi} = \dfrac{1}{0} = \infty[\text{rpm}]$ 관계가 성립하게 됩니다. 다시 말해 전동기가 무부하 운전될 때 전동기의 회전속도는 무한대의 매우 무서운 속도로 회전합니다.

이론적으로 무한대의 속도[rpm]지만, 현실적으로 공기 마찰과 베어링의 기계적 마찰로 인해 정격속도를 벗어나는 매우 빠른 속도가 됩니다.

정격속도를 벗어나는 매우 빠른 속도는 기기에 부담되는(수명단축을 초래하는) 위험한 속도가 되므로 전동기는 무부하 상태의 운전을 피해야 합니다.

(3) **속도 변동률**

전동기는 제작할 때 설계된 전동기의 수명과 가장 효율적으로 회전하는 '정격속도'가 있습니다. 정격속도 대비 실제 회전속도가 다른 정도를 퍼센트[%]로 나타낼 수 있습니다.

$$\text{속도 변동률} = \frac{\text{속도변동}}{\text{정격속도}} \times 100 = [\%]$$

2. 직류전동기의 종류와 특성

(1) **타여자전동기**

① **타여자전동기의 토크** : $T = K\phi I_a$ [N · m]

② **타여자전동기의 회전속도** : $N = K\dfrac{E}{\phi} = K\dfrac{V - (I_a \cdot r_a)}{\phi}$ [rpm]

③ **토크와 회전수의 관계** : $T \propto \dfrac{1}{N}$

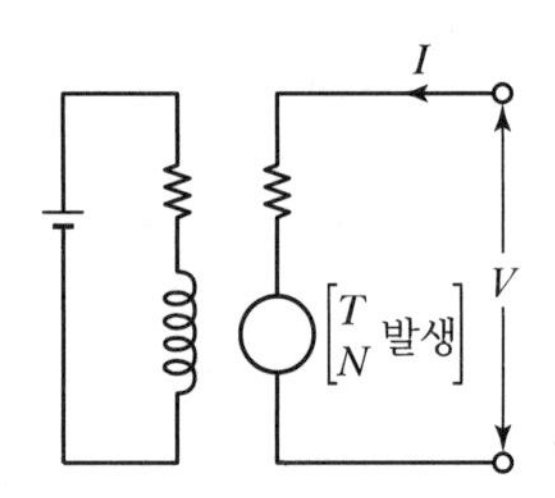

〖 타여자전동기 구조 〗

④ **타여자전동기의 특징**

㉠ **전원의 극성을 반대로 하면 전동기의 회전방향은 반대가 된다.** : 이것은 타여자 전동기만의 특징으로 반대로 자여자 전동기는 역회전이 불가능합니다. 왜냐하면 자여자전동기는 전원극성(전기자권선의 입력전류)이 바뀌면 계자극성도 같이 바뀌기에 항상 같은 방향으로 회전하기 때문입니다.

㉡ **'잔류자기'가 없어도 운전(동작)이 가능하다.** : 전동기는 발전기와 다르게 전원이 입력되는 기기이므로 전동기에 전원을 투입할 때마다 계자권선에 전류가 흐르므로 '잔류자기' 유무와 상관없이 언제나 동작합니다.

⑤ **타여자전동기의 용도**

타여자 전동방식은 계자권선을 '여자'시키는 전원이 전기자권선과 분리되어 있기 때문에 전동기의 속도조절범위가 광범위합니다. 이에 적당한 용도는 압연기, 엘리베이터 등이 있고, 타여자 전동방식을 일그너 방식, 워드-레오너드 방식의 속도제어장치로 사용할 경우 주(Main) 전동기로 사용합니다.

(2) 자여자분권전동기

① **(자여자)분권전동기의 토크** : $T = K\phi I_a$ [N·m]

② **(자여자)분권전동기의 회전속도** : $N = K\dfrac{E}{\phi} = K\dfrac{V-(I_a \cdot r_a)}{\phi}$ [rpm]

③ **토크와 회전수의 관계** : $T \propto \dfrac{1}{N}$

④ **입력전류와 전기자전류의 관계** : $T \propto I_a$, $I_a \fallingdotseq I$

전원(I : 입력전류)은 거의 대부분 전기자권선(I_a)으로 흘러야 합니다.

⑤ **(자여자)분권전동기의 특징**

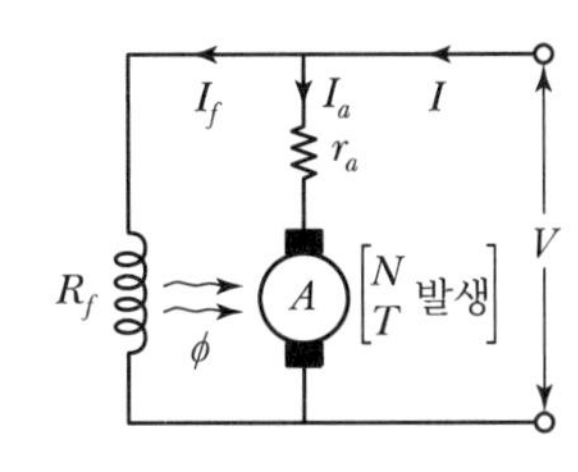

〖분권전동기 구조〗

㉠ 전동기 속도제어는 계자저항(R_f)으로 가능하다. : 전동기 운전 중 회전속도(N)를 조절(제어)하고 싶다면, 회전수 공식 $N = K\dfrac{V-(I_a \cdot r_a)}{\phi}$에 의해 계자권선의 저항(계자저항 R_f)을 조절하여 속도를 조절할 수 있습니다.

만약 회전수(N)를 증가시키려면 → 계자를 감소 $\phi(\downarrow)$시키기 위해, 계자전류를 감소 $I_f(\downarrow)$시켜야 하고, 계자전류는 계자저항을 증가 $R_f(\uparrow)$시키므로 결과적으로 회전수(N)는 증가하게 됩니다(회전수와 관련된 요소 : $N \propto \dfrac{1}{\phi} \propto \dfrac{1}{I_f} \propto R_f$, $R_f \propto N$ 관계).

㉡ 계자권선이 단선되지 않아야 한다. : 분권전동기의 계자회로에 단선이 발생하면 ($R_f = \infty$), 자속(ϕ)이 0[Wb]가 되므로($I_f = \dfrac{1}{R_f} \rightarrow I_f = \dfrac{1}{\infty} = 0$), 전동기의 속도가 정격속도를 넘는 과속도, 위험속도가 될 수 있습니다($N \propto R_f \propto \dfrac{1}{I_f} = \dfrac{1}{\phi} = \dfrac{1}{0} \rightarrow N = \infty$ [rpm]). 때문에 계자권선이 단선되지 않도록 주의해야 합니다.

핵심기출문제

다음 그림의 전동기는 어떤 전동기인가?

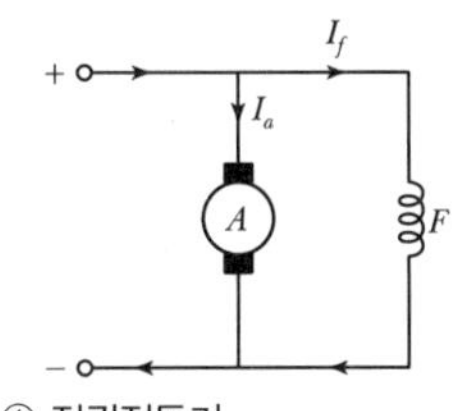

① 직권전동기
② 타여자전동기
③ 분권전동기
④ 복권전동기

정답 ③

PART 02

㉢ 역회전이 불가능하다. : 전동기의 전원극성을 바꾸면, 계자전류(I_f)방향과 전기자전류(I_a)방향이 동시에 같이 바뀌므로 결국 전동기의 회전방향은 절대 바뀌지 않습니다.

㉣ **부하의 변동에 상관없이 정전압을 인가하면, 전동기 출력은 정속도이다.** : 분권전동기 출력이 정속도라는 말은 분권전동기의 속도조절범위가 좁다는 것을 의미합니다. 그래서 일정범위 이내에서만 속도조절을 해야 합니다.

⑥ **(자여자)분권전동기의 용도**

속도조절범위가 좁지만 그래도 계자저항기로 전동기 회전속도를 조정할 수 있으므로 정출력(정속도)작업이 필요한 공작기계, 압연기에 씁니다.

다만, 직류분권전동기와 교류 3상유도전동기 특성이 비슷해 값싸고, 상용전원으로 사용하며 휴대성(대응성)이 좋은 유도기에 밀려 거의 사용하지 않습니다.

(3) 자여자직권전동기

① **(자여자)직권전동기의 토크** : $T = K\phi I_a$ [N·m]

② **(자여자)직권전동기의 회전속도** : $N = K\dfrac{E}{\phi} = K\dfrac{V - I(R_a + R_s)}{\phi}$ [rpm]

③ **토크와 회전수의 관계** : $T \propto \dfrac{1}{N^2}$

④ **입력전류와 전기자전류의 관계** : $T \propto I^2,\ \phi \propto (I_a = I_s = I)$

직권전동기의 토크(T)는 전동기에 입력되는 전류제곱(I^2)에 비례합니다($T \propto I^2$). 만약 직권전동기에 입력되는 전류(정격전류)를 정격의 2배로 증가시켜서 인가하면, 직권전동기의 계자권선과 전기자권선이 서로 직렬로 연결되어 있으므로 입력전류(I)가 계자권선(I_s)과 전기자권선(I_a)에 동일하게 흐르기 때문에 ($I_s \times I_a = I^2 \rightarrow I_a{}^2 \propto T : 2^2 = 4$), 직권전동기의 토크($T$)는 4배가 됩니다.

그래서 직권전동기에서 토크(T)와 회전수(N)의 관계는 $T \propto I^2,\ I^2 \propto \dfrac{1}{N}$ 관계가 성립됩니다.

이러한 직권전동기($T \propto I^2$)의 특성은 전동기에 연결된 부하에 따라 큰 힘(부하전류 제곱에 비례한 토크 출력)을 낼 수 있으므로 토크변동 폭이 넓습니다.

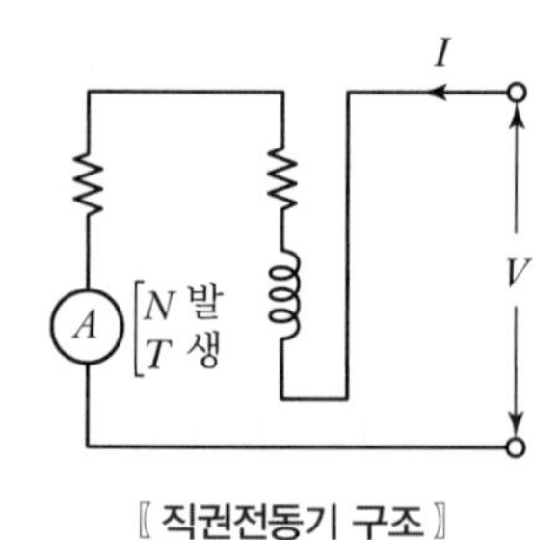

〚 직권전동기 구조 〛

핵심기출문제

직류전동기의 설명 중 옳은 것은?

① 전동차용 전동기는 차동복권 전동기이다.
② 직권전동기가 운진 중 무부하로 되면 위험속도가 된다.
③ 부하 변동에 대하여 속도 변동이 가장 큰 직류전동기는 분권전동기이다.
④ 직류직권전동기는 속도조절이 어렵다.

해설

직류직권전동기는 부하가 증가함에 따라 속도가 현저하게 감소하는 가변속도전동기로서 직권전동기는 부하가 감소하면 속도가 급격히 상승하고 무부하가 되면 속도가 매우 상승하여 위험하게 된다. 따라서, 직권전동기는 절대로 무부하 운전이나 벨트 운전을 하여서는 안된다.

정답 ②

핵심기출문제

직류직권전동기의 발생 토크는 전기자전류를 변화시킬 때 어떻게 변하는가?(단, 자기 포화는 무시한다.)

① 전류에 비례한다.
② 전류의 제곱에 비례한다.
③ 전류에 반비례한다.
④ 전류의 제곱에 반비례한다.

해설

직권전동기는 그 특성상
$I = I_a = I_s,\ \Phi \propto I_s \propto I_a$이므로
토크
$T = K\Phi I_a = K' I_a^2 (T \propto I_a^2)$
그러므로 직권전동기의 토크는 전류의 제곱에 비례한다.

정답 ②

[직류전동기와 달리, 분권전동기는 계자(F)와 전기자(A)가 병렬연결되어 전동기의 입력전류(I)가 KCL에 의해서 I_a와 I_f로 나뉘어 $T \propto I$, $I \propto \frac{1}{N}$ 관계를 갖습니다.]

⑤ **(자여자)직권전동기의 특징**

㉠ 전동기가 운전 중 무부하 상태가 되면(입력전류 $I=0$, $I_a = I_f = 0$), 잔류자기가 0임과 동시에 전동기의 회전속도는 무한대의 속도가 됩니다($I=0 \rightarrow \phi = 0 \rightarrow N = \left[K\frac{E}{\phi}\right]_{\phi \rightarrow 0} = \frac{E}{0} = \infty$). 전동기의 속도가 정격속도를 벗어나면 원심력의 증가로 회전자의 기계적 내구성이 떨어지게 되므로 위험합니다. 그 위험한 정도가 분권전동기보다 직권전동기가 더욱 심하므로, 이를 방지하기 위해서 직권전동기와 부하축 사이에 벗겨지거나 미끄러질 수 있는 벨트재료로 연결하면 안 됩니다. 직권전동기와 부하축은 반드시 톱니바퀴와 금속체인으로 된 재료로 연결해야 합니다.

반대로 분권전동기에서 무부하 상태의 경우, 계자(I_f)와 전기자(I_a)가 병렬로 연결되어 있기 때문에, 입력전류 $I=0$, 전기자전류 $I_a = 0$이더라도, 계자권선에 잔류자기가 남으므로 계자의 자속(ϕ)은 작지만 0이 아닙니다. 때문에 분권전동기도 무부하 운전은 위험하지만, 직권전동기의 무부하 운전이 더 위험합니다.

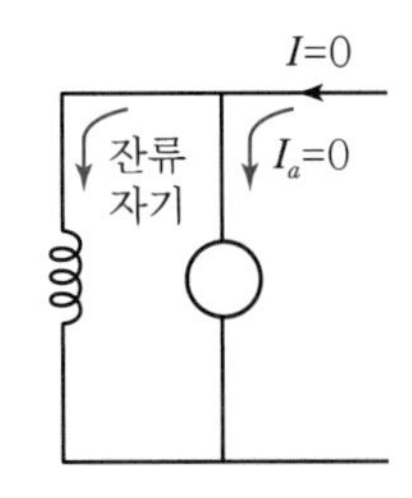

〖 분권전동기 구조 〗

㉡ 직권전동기의 전원극성을 반대로 해도 역회전되지 않습니다.

㉢ 부하의 변동에 대해 '속도변화와 토크변화'가 가장 심한 전동기입니다.

$T \propto I^2$, $I^2 \propto \frac{1}{N}$

⑥ **(자여자)직권전동기의 용도**

부하변동이 심하고 기동토크가 크거나 큰 힘을 필요로 하는 용도에 적당합니다.

예 전동차, 크레인

핵심기출문제

직류직권전동기에서 벨트를 걸고 운전하면 안 되는 가장 큰 이유는?

① 벨트가 벗어지면 위험속도에 도달하므로
② 손실이 많아지므로
③ 직결하지 않으면 속도제어가 곤란하므로
④ 벨트의 마멸 보수가 곤란하므로

정답 ①

PART 02

3. 직류전동기의 토크곡선과 속도곡선

(1) 토크특성곡선

단자전압(V)과 계자저항(R_f)을 일정하게 유지한 상태에서 부하전류(I)를 변화시켰을 때, 토크(T)의 변화를 나타낸 곡선입니다.

→ 부하(I)변화(증가)에 따른 토크변화가 큰 순서 : [직권 > 가동복권 > 분권 > 차동복권]

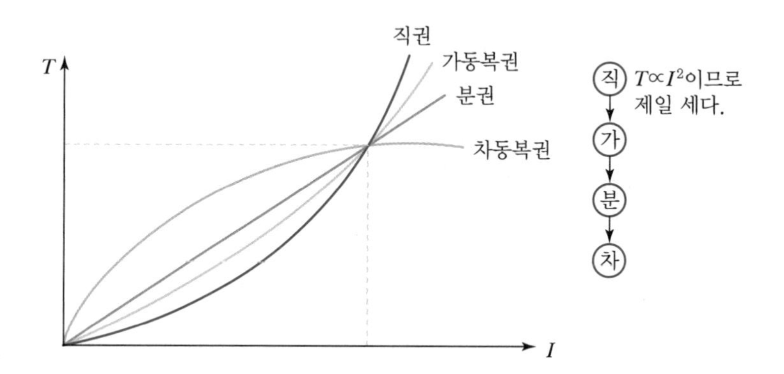

(2) 속도특성곡선

단자전압(V)과 계자저항(R_f)을 일정하게 유지한 상태에서 부하전류(I)와 회전수의 관계를 나타낸 곡선입니다.

→ 부하(I)변화(증가)에 따른 회전속도 변화가 큰 순서 : [직권 > 가동복권 > 분권 > 차동복권]

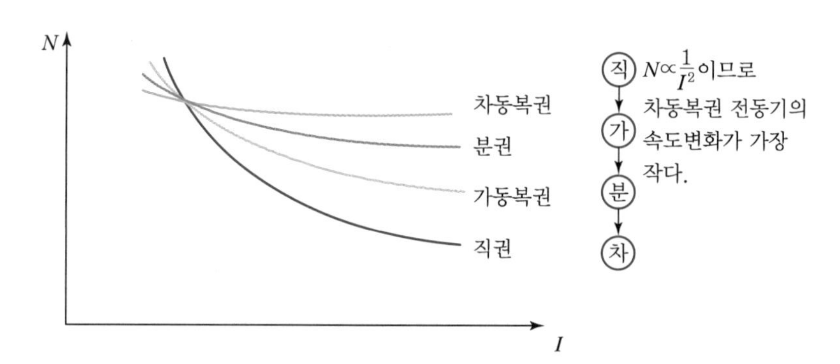

(3) 속도변동률

$$\text{속도변동률 } \varepsilon = \frac{N_0 - N_n}{N_n} \times 100\ [\%]$$

여기서, N_0 : 전동기의 무부하속도[rpm]

N_n : 전동기의 정격속도[rpm]

핵심기출문제

어느 분권전동기의 정격 회전수가 1500[rpm]이다. 속도변동률이 5[%]이면 공급전압과 계자저항의 값을 변화시키지 않고 이것을 무부하로 하였을 때의 회전수[rpm]는?

① 3257 ② 2360
③ 1575 ④ 1165

해설

속도변동률

$$\varepsilon = \frac{N_0 - N_n}{N_n} \times 100[\%]$$

∴ 무부하속도

$$N_0 = (1+\varepsilon) \cdot N_n = (1+0.05) \times 1500 = 1575[\text{rpm}]$$

정답 ③

4. 직류전동기 운전

전기기기 과목에 등장하는 전동기 종류는 크게 3가지입니다.

직류전동기, 동기전동기, 유도전동기

여기서 모든 전동기의 운전방법과 운전순서는 동일합니다.

전동기의 운전순서 : ① 기동 ② 속도제어 ③ 역회전 ④ 제동

전동기의 운전순서는 전기자동차의 운전에 비유하여 왜 운전순서가 있는지 쉽게 이해할 수 있습니다.

〈자동차〉 〈전동기〉
① 시동 ⟶ 기동
② 가속 ⟶ 속도제어(속도 증가)
③ 후진 ⟶ 역회전
④ 정지 ⟶ 제동(속도 감소 후 정지)

(1) 기동(전동기의 기동방법)

전동기가 정지된 상태에서, 전동기를 동작시키기 위한 조작을 '기동'이라고 합니다. 전동기를 정지상태에서 회전상태로 바꾸는 '기동절차'를 다음과 같이 이해할 수 있습니다.

물리적인 측면에서, 물체가 현재의 상태를 유지하려는 것을 물리에서 '관성'이라고 합니다. 정지된 전동기의 회전자는 정지상태를 계속 유지하려고 합니다. 이러한 정지상태의 관성을 깨고 회전하게 하려면 큰 에너지(힘)가 필요합니다. 큰 에너지를 가하여 회전자의 정지상태의 관성이 깨지면, 회전자는 회전하려는 관성을 갖게 됩니다. 이미 회전을 시작한 회전체의 속도를 증가시키는 데 처음 회전상태의 관성에 들어간 에너지(힘)보다 점점 더 적은 에너지(힘)을 필요로 합니다. 이렇게 전동기의 '기동절차'를 물리의 '관성작용'을 통해 이해할 수 있습니다.

위에서 '관성작용'을 통해 설명한 전동기의 기동절차 중 에너지(힘)에 해당하는 것이 바로 전기적 작용인 '기동전류'와 '기동토크'입니다. 정지된 상태의 전동기를 기동할 때, 전기에너지를 가하여 회전자를 회전시키기 위해 |큰 기동 토크 / 작은 기동 전류|가 필요합니다. 토크 공식($T = K\phi I_a$ [N · m])에서

- 큰 기동토크를 내기 위해 자속(ϕ)이 커야 하고,
- 작은 기동전류를 흘리기 위해 전기자전류(I_a)가 작아야 합니다.

하지만 토크 공식에서 볼 수 있듯이($T \propto \phi$, $T \propto I_a$) 토크(T)는 자속(ϕ)과 전기자전류(I_a) 모두와 비례하기 때문에 이론적으로 자속(ϕ)을 크게 하면서 동시에 전기자전류(I_a)를 작게 할 수는 없습니다. 그래서 전기자전류(I_a)를 작게 하기 위한 목적으로 전기자권선에 기동기(R_s : 기동저항기)를 설치하여 이론적 문제를 해결할 수 있습니다.

TIP

전동기의 전기자권선은 얇게 제작되기 때문에 전기자권선에 큰 전류(I_a)가 흐르면 절연파괴로 권선에 불꽃(소손)과 함께 전동기가 고장 날 가능성이 크다.

TIP

기동기(R_s)는 선기자저항(R_a)과 직렬로 연결한다.

기동절차에서 '큰 기동토크'를 얻기 위해, 계자저항(R_f)을 최대한 낮춰서 계자전류($I_f \propto \phi$)를 높이고, '작은 기동전류'를 얻기 위해 기동기(R_s : 기동저항기)의 값을 최대한 높인 상태로 기동을 합니다.

기동이 끝나면 전동기가 회전하는 관성을 갖게 됐으므로, 전동기를 정격속도로 증가시키기 위해 계자저항(R_f)을 높여서 토크$\left(T \propto \frac{1}{N}\right)$는 감소시키고, 기동기($R_s$: 기동저항기)값은 원래 값으로 낮춥니다.

(2) 속도제어(전동기의 속도제어방법)

직류전동기의 속도를 제어하기 위해 조절할 수 있는 요소는 3가지가 있습니다.

① 전압제어(V : 입력전압), ② 저항제어(r_a), ③ 자속을 조절하는 계자저항(R_f)

→ 직류전동기 회전수 $N = K\frac{E}{\phi} = K\frac{V-(I_a \cdot r_a)}{\phi}$ [rpm]

- 전동기에 입력되는 전압(V)으로 속도조절하면 '전압(V)제어'
- 전기자 저항(r_a → 기동저항기 R_s)으로 속도조절하면 '저항(R)제어'
- 자속(ϕ)량을 조절하는 계자저항(R_f)을 통한 속도조절은 '자속제어'

핵심기출문제

다음 중에서 직류전동기의 속도제어법이 아닌 것은?

① 계자제어법
② 전압제어법
③ 저항제어법
④ 2차 여자법

해설

전동기의 회전속도

$N = K\frac{V - I_a R_a}{\Phi}$

직류전동기의 속도제어법
- 전압제어(V)
- 저항제어(R_a)
- 계자제어(Φ)

정답 ④

① 전압제어(입력전압을 제어)

직류전동기에 입력되는 전압을 조절하므로 전동기의 회전속도를 제어합니다. 전압제어는 전동기 제어방법 중 기기에 부담을 주지 않는 가장 효율적인 속도제어방법입니다. 또한 전압제어는 광범위한 속도조절방법입니다. 하지만 전압제어를 하기 위해 전동기가 갖추어야 할 기계적 구조가 아래와 같이 복잡하므로 전압제어전동기는 비싸다는 단점이 있습니다. 전압제어는 크게 아래 네 가지 제어방식으로 분류합니다.

- '워드 레오너드 방식'의 전압제어
- '일그너 방식'의 전압제어
- '직 · 병렬 방식'의 전압제어
- '초퍼 방식'의 전압제어

㉠ 워드 레오너드 제어방식 : 이 방식은 전동기의 전압을 조절하기 위해 주(Main) 직류전동기 외에 보조발전기(G)와 보조전동기(M) 두 대를 추가로 설치해야 합니다. 그래서 전동기 구조가 복잡하고, 가격이 비쌉니다.

- 워드 레오너드 방식의 전동기 구성 : $\begin{Bmatrix} \text{주 직류전동기}(M_1) \\ \text{보조 직류발전기}(G_2) \\ \text{보조 직류전동기}(M_2) \end{Bmatrix}$

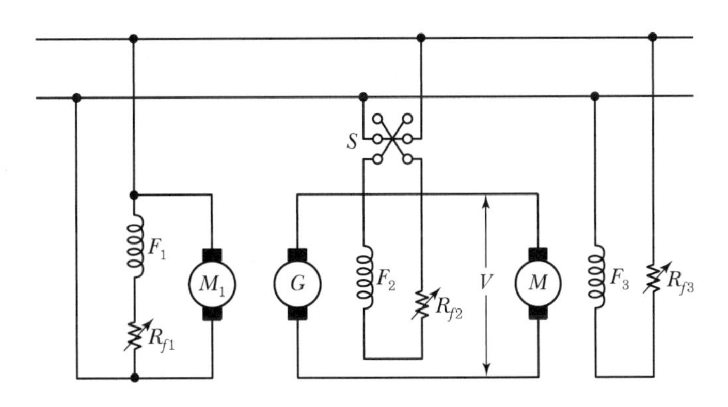

〚 워드 레오너드 방식의 속도제어 〛

㉡ **일그너 제어방식** : '일그너 제어방식'은 워드 레오너드 제어방식과 유사합니다. 워드 레오너드 방식에서 직류전동기(M_2)가 교류유도전동기(IM_2)이며, 플라이휠(Flywheel) 장치가 추가되는 전동기 구조가 '일그너 제어방식'입니다.

- 일그너 방식의 전동기 구성 : $\left.\begin{cases} \text{주 직류전동기}(M_1) \\ \text{보조 직류발전기}(G_2) \\ \text{보조 교류유도전동기}(IM_2) \end{cases}\right\} + \text{플라이휠}$

'플라이휠(Flywheel)'은 회전자축의 회전관성을 증가시켜 부하변동이 심한 경우에도 속도변동이 적도록 안정적 운전이 가능한 장치입니다. 일그너 제어방식은 워드 레오너드 제어방식보다 추가된 장치가 많고 복잡하므로 더 비쌉니다.

㉢ **직 · 병렬 제어방식** : 직렬회로의 전압분배 원리와 병렬회로의 전압일정 원리를 이용하여 전동기의 전압을 조정하는 방식입니다.

㉣ **초퍼 제어방식** : 초퍼제어(Chopper Control)는 싸이리스터(Thyrister)와 같은 전력전자(반도체)소자를 이용하여 전압 펄스(Pulse)를 온오프(on-off) 제어하는 방식(PWM)입니다. 아래 그림과 같이 입력전압을 반도체 소자를 이용해 입력 크기를 줄이고 늘림으로써 전압을 제어합니다.

PWM → 입력 펄스 크기 감소

② 저항제어(전기자 저항을 제어)

저항제어는 전기자권선의 저항(r_a)과 직렬로 연결된 기동기(R_s)를 조절함으로써 ($R_0 = r_a + R_s$) 전기자전류(I_a) 값이 조절되고, 전기자전류가 조절됨으로써 전자력이 변함으로 속도조절이 가능하게 됩니다.

여기서, 전기자 저항(r_a)은 전기자권선의 저항이므로 사실상 인위적인 저항값 조절이 불가능합니다[그림 a].

저항제어 : r_a를 통해 I_a 값을 조절하여 자속(ϕ)을 제어 → $\tau \propto \phi \propto \frac{1}{N}$

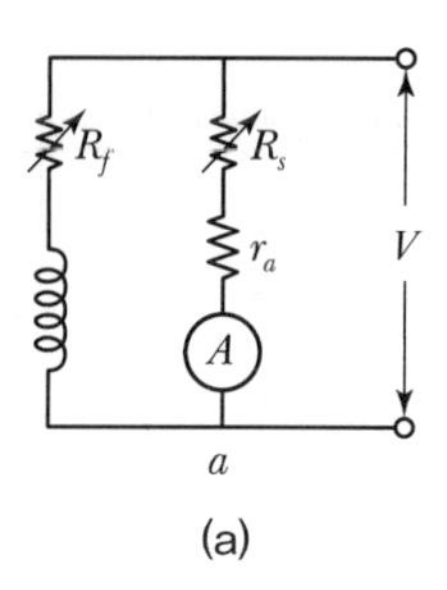

(a)

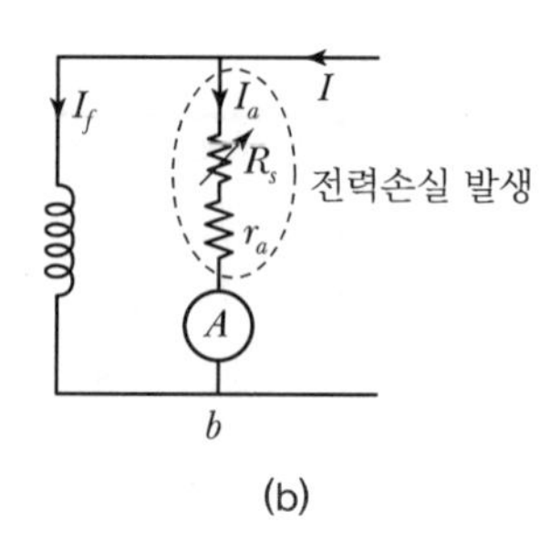

(b)

〖 저항제어 〗

하지만 저항제어를 할 때, 기동기(R_s)의 위치는 전기자권선에 삽입되므로, 속도조절을 위해 전기자권선의 저항(R) 값을 증가시키면 전기자권선에서 발생하는 전력손실(P_l)도 함께 증가합니다. → $P_l = I_a^{\,2} \cdot r_a$ [W]

저항제어는 전기자권선에 흐르는 전류 제곱으로 전력손실이 발생($P_l \propto I_a^{\,2}$)하므로, 전력소모와 함께 전기자권선의 부담이 큽니다. 때문에 직류전동기의 효율을 생각하면 저항제어는 득보다 실이 많은 안 좋은(나쁜) 제어방법입니다.(직류전동기 제어방법 세 가지 중 가장 안 좋은 제어 : 저항제어)

③ 계자제어(계자의 계자저항을 제어)

㉠ 계자에서 발생되는 자속이 조절되면 전동기 회전속도도 조절된다.

$N \propto \frac{1}{\phi} \propto \frac{1}{I_f} \propto R_f$

㉡ 계자제어는 조작방법이 간단하지만, 넓은 범위의 속도제어는 어렵다. : 분권전동기는 기본적으로 계자회로에 필요한 전류가 작기 때문에($I \fallingdotseq I_a$) 계자저항(R_f)이 제어할 계자전류(I_f)의 크기도 작습니다. 이는 계자제어 조작 시 발생하는 전력손실이 적고, 조작이 간단함을 의미합니다. 하지만 단점으로 계자제어를 할 때 계자철심의 물질적 한계로 인한 '자기포화'로 속도조절범위가 한정됩니다. 그래서 계자제어는 전동기 회전속도를 높이는 건 자유롭게 증가시키지만, 속도를 감소시킬 때는 어느 정도 [rpm] 이하로 낮출 수 없습니다.

㉢ 계자저항(R_f) 수치를 높이면 전동기 회전속도는 증가하게 되는데($N \propto \frac{1}{\phi} \propto \frac{1}{I_f} \propto R_f$), 계자저항 수치를 지나치게 증가시키면 계자전류(I_f)가 매우 작아져 전기자권선에 의한 전기자반작용의 기자력($F[AT]$)이 계자의 기자력($F[AT]$)보다 우세하게 되어 편자작용(계자의 자속 중성점이 기울어짐)이 심해집니다.

핵심기출문제

직류전동기의 속도제어방법 중 광범위한 속도제어가 가능하며 운전효율이 좋은 방법은?

① 계자제어
② 직렬저항제어
③ 병렬저항제어
④ 전압제어

해설

직류전동기의 속도제어방법 중 전압제어는 전동기의 공급전압 V를 조정하는 방법으로서 속도제어가 가장 광범위하고 운전 시 효율이 좋다. 이 속도제어방법으로는 워드 레오너드 방식과 일그너 방식이 있다.

정답 ④

(3) 역회전(전동기의 역회전방법)

직류전동기의 역회전방식은 크게 타여자방식과 자여자방식 두 가지로 나뉩니다. 하지만 직류전동기의 역회전은 타여자전동기에서만 가능합니다.

① 타여자방식

계자권선의 극성이나 전기자권선의 극성 둘 중 한 권선의 극성만 반대로 하면 역회전됩니다[그림 a].

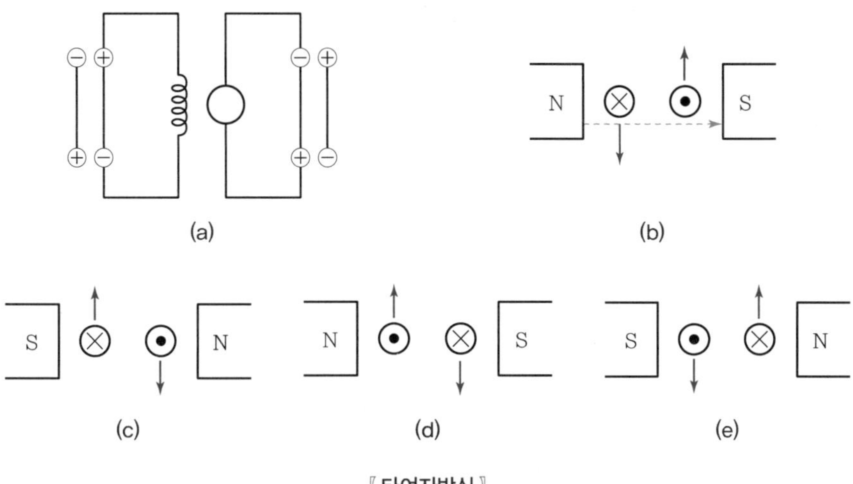

〖타여자방식〗

직류전동기의 역회전 원리는 [그림 b]를 기준으로 플레밍의 왼손 법칙으로 설명됩니다.

㉠ [그림 b]와 같이 반시계방향으로 회전하는 직류전동기가 있습니다.

㉡ 계자의 극성만 반대로 할 경우, 전동기의 전자력은 [그림 c]와 같이 시계방향이 됩니다.

㉢ 전기자의 극성만 반대로 할 경우, 전동기의 전자력은 [그림 d]와 같이 시계방향이 됩니다(전기자권선의 전류방향이 [그림 b]와 반대가 됨).

㉣ 계자권선과 전기자권선의 극성을 모두 반대로 바꾸면 [그림 e], 원래 ㉠의 회전방향과 동일한 반시계방향이 됩니다.

② 자여자방식

자여자전동기는 자여자 종류(직권, 분권, 복권)와 상관없이 자여자전동기의 특성때문에 계자권선이나 전기자권선 둘 중 하나의 극성을 바꾸면 다른 하나의 극성도 동시에 같이 바뀌므로 언제나 같은 한 방향으로만 회전됩니다. 그러므로 자여자전동기의 역회전이 불가능합니다.

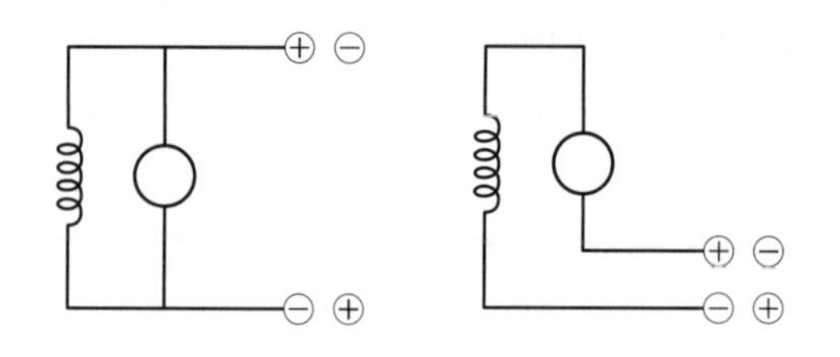

(4) 제동(전동기의 제동방법)

회전상태의 직류전동기를 제동(정지)하는 방법은 다음 세 가지입니다.

- 역전제동
- 발전제동
- 회생제동

사실 전동기에 전원을 인가하지 않으면 전동기는 타력으로 회전하다가 결국 정지하게 됩니다(자동차가 가속페달을 밟지 않으면 타력으로 주행하다가 결국 정지하는 것과 같다). 이렇게 가속조작을 하지 않고 전원을 제거한 것 역시 하나의 제동방법에 속합니다. 그래서 제동방법 세 가지 중에 역전제동을 제외한 발전제동과 회생제동은 전원을 제거하고 타력으로 회전하다가 일정시간 후 정지하는 제동방법에 속하게 됩니다.

① 역전제동(= 역상제동, Plugging)

전동기의 회전방향과 반대의 회전방향이 되도록 전원극성을 반대로 접속(전기자권선의 전류방향을 반대로 접속)하면, 역회전 토크가 발생하여 전동기가 급속히 정지됩니다. 역회전을 하여 제동하므로 타여자전동방식일 때만 사용 가능합니다. 자여자전동방식은 역전제동이 불가능합니다.

② 발전제동(Dynamic Breaking)

전동기(전동기 전기자권선)에 공급되던 전원을 차단하면 타력으로 회전하던 직류전동기는 결국 제동하게 됩니다. 이때 타력으로 회전 중이던 직류전동기의 계자만 여자(전자석)된 상태에서, 회전자는 발전기 역할을 합니다. 회전자가 발전기 역할을 하며 만든 기전력(V)을 열에너지(부하 R)로 소비(I^2R)하며 제동하는 방식이 '발전제동'입니다.

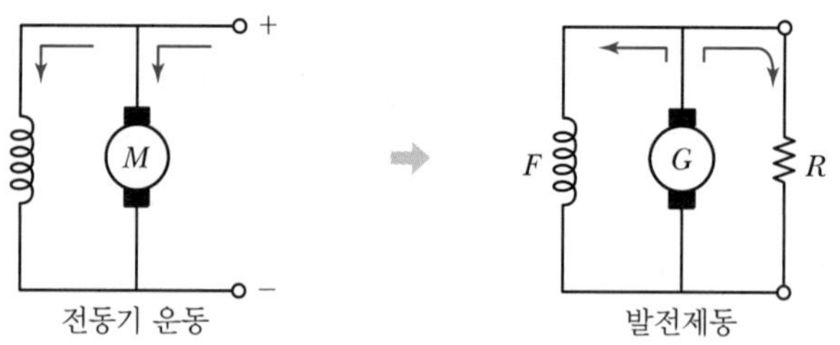

발전제동의 제동원리 : 운동에너지 → 전기에너지 → 열에너지

〖 발전제동의 제동원리 〗

> **핵심기출문제**
>
> 다음 제동방법 중 급정지하는 데 가장 좋은 제동방법은?
>
> ① 발전제동 ② 회생제동
> ③ 역전제동 ④ 단상제동
>
> **해설**
>
> **역상제동(플러깅)**
> 전동기를 급정지시키기 위해 제동 시 전동기를 역회전으로 접속하여 제동하는 방법이다.
>
> 정답 ③

③ **회생제동(Regenerative Breaking)**

회생제동은 발전제동과 제동방법이 유사하지만 전기에너지를 사용하는 방식에서 차이가 있습니다. 전동기의 회전자가 발전기 역할을 하며 만든 기전력(V)을 다른 어떤 부하(R)의 전원으로 사용하며 제동하는 방식이 '회생제동'입니다.

04 전기기기의 정격과 효율 그리고 특수직류기

1. 전기(또는 전기설비)에서 정격의 개념

발전기, 전동기뿐만 아니라 모든 전기설비는 '표준정격' 또는 '정격'이라는 개념이 있습니다. 정격은 기기에 사용(입력)되는 전압, 전류, 주파수, 출력, 속도 등에 대한 적정 값을 제조사(Maker)가 정해 놓았고, 기기(전기설비)는 정격(정해진 규격) 내에서 사용하는 것입니다. 그래서 정격으로 전기기기 및 전기설비 또는 가전을 사용할 때 가장 효율적으로, 경제적으로 사용할 수 있습니다. 만약 '정격'을 초과하면 기기의 효율과 함께 수명이 단축되고 정상적인 작동에 문제가 발생할 수 있습니다.

이런 개념에서 '정격출력', '정격전압', '정격전류', '정격속도', '정격주파수', … 등의 정격을 말하게 됩니다.

위와 같이 사용전원의 표준규격이란 의미에서 '정격'이 있고, 전원이 공급할 수 있는 최대용량이란 의미에서도 '정격'이란 용어를 사용합니다.

[예시 1] 한 수용가에서 사용할 수 있는 총 전력(용량)은 메인 차단기 또는 수전변압기의 용량이 결정합니다. 만약 50[A]의 차단기가 어느 가정집에 설치됐다면 그 가정집이 사용할 수 있는 총 사용전력은 50[A] 이하입니다. 50[A]를 초과하면 차단기가 떨어질 것입니다. 이 가정집의 정격용량은 50[A]입니다.

[예시 2] 220[V]를 사용하는 한 수용가(소형 단독 아파트)의 수·변전설비가 100[kVA]라면, 이 수용가의 정격용량은 100[kVA]이고, 100[kVA]에 해당하는 정격전류$=\dfrac{100\,[\text{kVA}]}{220\,[\text{V}]}\fallingdotseq 454.5\,[\text{A}]$입니다. 그래서 이 수용가 전기실의 차단기는 아파트의 총 부하전류가 454.5를 넘으면 전력을 차단하게 됩니다. 이러한 정격의 개념을 기준으로 부하전류, 중부하(과전류, 과부하), 경부하를 이해할 수 있습니다. 개개의 가정을 포함하여 한 수용가뿐만 아니라 배전계통과 송전계통에 사용되는 무수히 많은 전력기기들에도 '정격'은 동일하게 사용됩니다.

[예시 3] 형광등에 '220V, 40W'라고 표시된 것은 정격을 나타냅니다. 때문에 형광등에 220[V] 전원을 사용하면, 40[W]의 등(light) 밝기 출력을 냅니다. 물론 이 형광등을 250[V] 전원에 연결해도 등 밝기는 비슷하나 형광등의 수

PART 02

명이 줄어들 것입니다. 만약 150[V] 전원에 연결하면 등 밝기가 충분하지 않아 설계한 등 역할을 못하게 됩니다. 원래 기능으로 기기의 수명을 설계대로 사용하려면 '정격'에 맞춰 사용해야 합니다.

(1) 공칭전압의 차이

공칭전압은 한국전력(한국정부)에서 국가의 전력시스템을 경제적이고 효율적으로 관리하기 위해 국가가 규정한 전압입니다.

대표적인 공칭전압 : 220[V], 380[V], 22.9[kV], 154[kV], 345[kV], 765[kV]

(2) 직류발전기의 정격출력

발전기가 정격속도로 회전함으로써 발전기의 단자로 출력되는 전력([W], [kW])을 말합니다.

(3) 직류전동기의 정격출력

전동기에 입력된 정격전압에 의한 기계적으로 출력되는 회전수[rpm]와 토크[N·m]를 말합니다.

2. 전기기기의 효율

기본적으로 효율(η)은 입력량 대비 출력량의 비율$\left(\frac{\text{출력}}{\text{입력}}\right)$입니다. 그리고 효율($\eta$)은 다음과 같은 수식으로 나타낼 수 있습니다.

$$\text{효율} = \frac{\text{출력}}{\text{입력}} = \frac{\text{출력}}{\text{출력} + \text{손실}} = \frac{\text{입력} - \text{손실}}{\text{입력}}$$

(1) 실측효율

기기의 입력측의 값과 출력측의 값을 실측하여 입력과 출력의 비$\left(\frac{\text{출력}}{\text{입력}}\right)$로 나타낸 효율

$$\text{실측효율 } \eta = \frac{\text{출력}}{\text{입력}} \times 100\,[\%]$$

(2) 규약효율

입력측과 출력측 둘 중 하나의 값을 가지고 입력과 출력의 비$\left(\frac{\text{출력}}{\text{입력}}\right)$를 나타낸 효율

① 발전기/변압기 규약효율

$$\eta = \frac{\text{출력}}{\text{출력} + \text{손실}} \times 100\,[\%]$$

$$= \frac{\text{출력}}{\text{출력} + (\text{철손} + \text{동손})} \times 100\,[\%]$$

핵심기출문제

효율 80[%], 출력 10[kW]일 때 입력은 몇 [kW]인가?

① 7.5 ② 10
③ 12.5 ④ 20

해설

$\eta = \frac{\text{출력}}{\text{입력}} \times 100[\%]$ 이므로

$80[\%] = \frac{10 \times 10^3}{\text{입력}} \times 100[\%]$

입력은 12.5[kW]이다.

정답 ③

② **전동기 규약효율**

$$\eta = \frac{\text{입력} - \text{손실}}{\text{입력}} \times 100\,[\%]$$

$$= \frac{\text{입력} - (\text{철손} + \text{동손})}{\text{입력}} \times 100\,[\%]$$

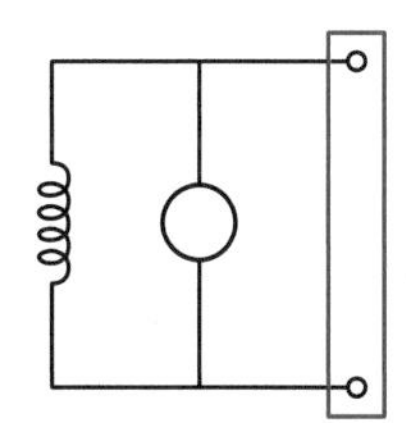

발전기는 입력측보다 출력측 전기[W]로 표현되고,
전동기는 출력측보다 입력측 전기[W]로 표현된다.
그러므로 발전기 규약효율과 전동기 규약효율은 구분된다.

(3) 최대효율조건(고정손실 = 가변손실 관계)

'최대효율'은 전기기기(회전기, 변압기)에서 기기의 효율을 따질 때 사용되는 개념입니다. 기기의 효율을 발전기(변압기) 규약효율로 계산할 때, 특정 입력과 출력의 비율에서 가장 높은 발전기(변압기) 효율[%]을 낼 수 있습니다. 그것이 기기의 고정손실과 가변손실이 같다는 조건입니다. 전기기기 과목의 '최대효율조건'은 회로이론 과목의 '최대전력전송조건'에 대응되는 이론입니다.

최대전력전송조건 : 전원의 내부저항(선로저항 포함) = 외부저항(부하측 저항)

3. 전기기기의 손실

전기에서 손실은 여러 가지 형태로 나타납니다.

① 임피던스(Z)에 의한 전력손실($P_l = I^2 Z$)

② 전력계통에서 무효전력(P_r)에 의한 전력손실

③ 전선로의 지지물(송전탑, 철근 콘크리트주)의 누설전류에 의한 손실

④ 전기설비(발전기, 변압기, 전동기 : 직류기, 동기기, 유도기)에서 철심에 흐르는 철 손실(P_i)

모든 전기설비에서 발생하는 손실은 계산이 가능하도록 와트 단위[W]로 통일하여 다음과 같이 나타냅니다.

핵심기출문제

직류기의 효율이 최대가 되는 경우는 다음 중 어느 것인가?

① 와류손 = 히스테리시스손
② 기계손 = 전기자동손
③ 전부하동손 = 철손
④ 고정손 = 부하손

해설

직류기의 효율이 최대가 되는 경우는 고정손(불변손)과 부하손(가변손)이 같을 때이다. 즉, 최대효율조건은 고정손 = 부하손일 경우이다.

정답 ④

핵심기출문제

측정이나 계산으로 구할 수 없는 손실로 부하전류가 흐를 때 도체 또는 철심 내부에서 생기는 손실을 무엇이라 하는가?

① 구리손
② 히스테리시스손
③ 맴돌이 전류손
④ 표류부하손

해설

표류부하손

측정이나 계산에 의하여 구할 수 없는 손실 이외에 부하전류가 흐를 때 도체 또는 금속 내부에서 생기는 손실로 부하에 비례하여 증감한다.

정답 ④

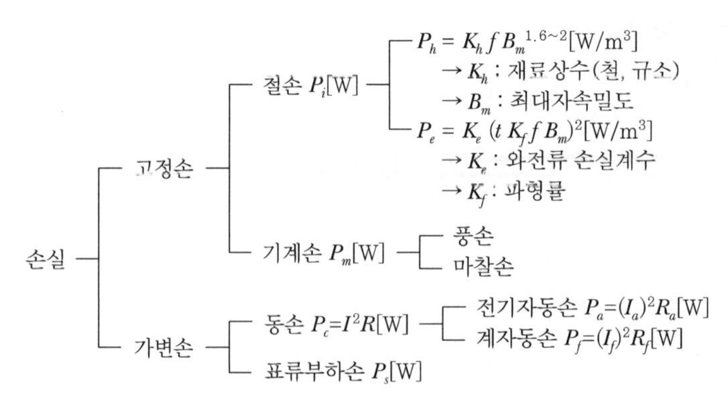

〖 전기기기의 총 손실 〗

여기서,

- 고정손(고정 손실)은 부하 유무와 무관하게(부하/무부하) 언제나 발생하는 손실을 말하며,
- 가변손(가변 손실)은 부하측으로 부하전류가 흐를 때만 발생하는 손실을 말합니다.
- 전기기기(전기설비)에서 발생하는 총 손실은 철손, 기계손, 동손, 표류부하손 모두를 합한 값입니다. → 손실 $P_l = P_i + P_m + P_c + P_{st}$ [W]

4. 특수직류기

앞에서 다룬 일반적인 직류기 외에 특수 목적으로 사용하는 '특수직류기'에 대해서 알아봅니다.

(1) 전기동력계(토크 수치를 측정하는 기계)

내연기관, 펌프, 수차, 회전기, 송풍기 등의 출력(또는 동력)을 측정하는 장치입니다.

(2) 단극발전기

발전기의 일종으로, 회전자가 회전하는 구조의 대부분의 발전기는 반드시 교류전력을 만들지만, '단극발전기'는 계자의 극성이 하나이므로 양극(+)과 음극(−) 중 한 극성만으로 기전력을 발생시키는 발전기입니다. 때문에 교류를 직류로 변환하는 '정류자'가 필요 없는 구조를 가지고 있습니다. → 발전기의 최초 출력부터 직류로 출력함

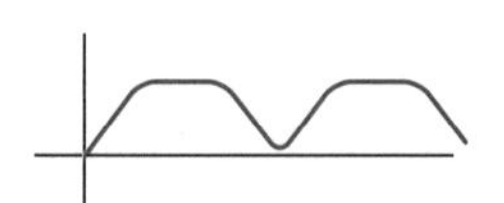

〖 단극발전기의 출력 파형 〗

핵심기출문제

대형 직류전동기의 토크를 측정하는 데 가장 적당한 방법은?

① 와전류 제동기
② 프로니 브레이크법
③ 전기동력계
④ 반환부하법

해설

전기동력계(Dynamometer)
회전기, 내연기관, 펌프, 송풍기, 수차 등의 출력이나 동력 측정을 위한 특수직류기이다. 그 구조는 일반 직류기의 타여자와 거의 같으며 베어링을 2중 구조로 하고 계자프레임에는 스프링 저울, 회전계 등의 계기가 구비되어 있는 것이 보통기기와 다른 점으로서 대형 토크를 측정하는 데 적합하다.

정답 ③

핵심기출문제

직류 스테핑모터(DC Stepping Motor)의 특징 설명 중 가장 옳은 것은?

① 교류동기 서보모터에 비하여 효율이 나쁘고 토크 발생도 작다.
② 이 전동기는 입력되는 각 전기신호에 따라 계속하여 회전한다.
③ 이 전동기는 일반적인 공작기계에 많이 사용된다.
④ 이 전동기의 출력을 이용하여 특수 기계의 속도, 거리, 방향 등의 정확한 제어가 가능하다.

해설

스테핑모터(Stepping Motor)
- 입력펄스신호에 따라 일정한 각도로 회전하는 전동기이다.
- 기동 및 정지 특성이 우수하다.
- 특수 기계의 속도, 거리, 방향 등의 정확한 제어가 가능하다.

정답 ④

① 철손이 없어서 기기의 효율이 높다.
② 도체를 직렬로 접속하기 위한 슬립링이 많이 필요하다.
③ 발전 출력이 직류의 저전압 · 대전류이므로 화학공업, 저항용접에 적당하다.

(3) 로젠베르크 발전기

로젠베르크 발전기(Rosenberg Generator)는 특수 목적의 발전기로 주로 기차나 열차의 라이트(Train Lighting)용으로 사용되며 종류는 다음과 같습니다.

① **분권식** : 정 전압형 → 열차의 점등전원으로 사용
② **직권식** : 정 전류형 → 용접용 전원으로 사용

(4) 서보모터

서보모터(Servomotor)는 (보통 RPM 단위로 회전하는 전동기와 다르게) 미세한 일정 각도만큼만 회전할 수 있는 전동기입니다. 구체적으로 전동기에 입력되는 전기신호펄스에 상응하는 도[°]단위 각도만큼 회전합니다(예 15펄스의 전기신호가 입력되면 15° 회전).

서보모터의 종류는 다음과 같습니다.

① **DC 서보모터**
㉠ 연속정격영역
㉡ 반복정격영역
㉢ 가속감속영역

② **AC 서보모터**

(5) 증폭기

증폭기는 직류기는 아니고, 전동기를 제어하는 전력전자소자(반도체 소자)입니다. 증폭기는 주파수의 파형형태로 존재하는 전력 크기를 변화하는 기능을 합니다.

① **앰플리다인(Amplidyne)**
2단 증폭으로 보통 증폭기의 10000배 증폭률을 갖는다.

② **로토트롤(Rototrol)**
발전기의 일종으로, 자기순환형(Self Excited) 직류발전기이다.

③ **다이나모(Dynamo)**
자기장 속에서 코일도체를 회전시키면 기전력이 발생하는 발전기 기본 이론에서, 다이나모는 계자를 영구자석을 사용한다. 주로 소형으로 제작되어 다양한 산업용도로 사용된다.

핵심기출문제

다음 중 정전압형 발전기가 아닌 것은?
① Rosenberg Generator
② Third Brush Generator
③ Bergmann Generator
④ Rototrol

해설
정전압형 발전기는 속도를 광범위하게 변화시켜도 전압을 거의 일정하게 유기하는 발전기로서 로젠베르크 발전기, 제3브러시 발전기, 베르그만 발전기 등이 있다.

정답 ④

핵심기출문제

정속도 운전의 직류발전기로 작은 전력의 변화를 큰 전력의 변화로 증폭하는 발전기가 아닌 것은?
① 앰플리다인(Amplidyne)
② 로토트롤(Rototrol)
③ HT 다이나모(Hitachi Turning Dynamo)
④ 로젠베르크 발전기 (Rosenberg Generator)

해설
로젠베르크 발전기의 분권식은 열차의 점등전원으로 사용되고 직권식은 용접용 전원으로 사용된다.

정답 ④

CHAPTER 02

동기기

01 동기기 개요

동기발전기는 교류를 만드는 일반적인 발전기로 실제로 우리나라뿐만 아니라 많은 나라의 화력, 원자력발전소 내 발전기가 '동기발전기'입니다. 발전기는 20세기 초, 미국인 발명가 에디슨이 만든 '직류발전기'였습니다. 직류발전기는 직류전력을 송전하여 도시의 전력공급을 담당하였습니다.
동기발전기는 직류발전기보다 늦게 발명되었고, 20세기 초 당시에 교류로 발전하여 교류전력을 송전하는 시스템은 존재하지 않았습니다. 20세기 초중반에 동유럽에서 미국으로 온 니콜라스 테슬라가 교류발전, 교류송전, 교류변압기를 만들면서 이후로 현재 대부분의 나라에서는 변압기와 함께 교류발전과 송전 그리고 교류를 수전하는 전력시스템으로 사용하고 있습니다. 이렇게 현대 인류문명에 큰 영향을 끼친 동기발전기(교류발전기)에 대한 내용을 2장에서 다루게 됩니다.

〖동기발전기〗

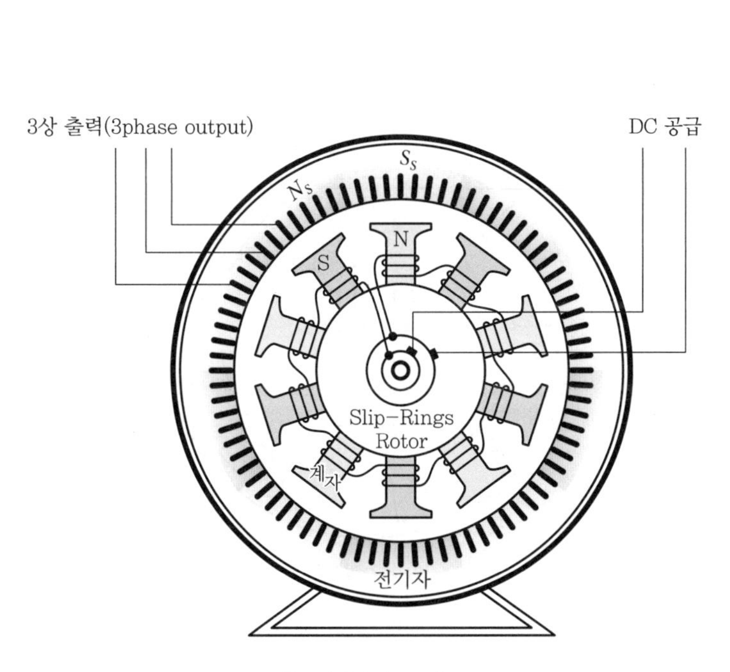

〖 동기발전기 구조 〗

02 동기발전기

동기기를 구성하는 동기발전기와 동기전동기에 앞서서, 교류전력을 만드는 동기발전기(Synchronous Generator)의 "동기"라는 단어의 의미를 먼저 짚고 넘어가겠습니다. 동기(同期)는 영어 "Synchronous"를 한자로 번역한 이름입니다. 그래서 **동기**의 정확한 개념을 알기 위해 google에서 영어로 동기발전기를 검색했을 때 다음과 같이 영문으로 간략하게 설명하고 있습니다.

> **A synchronous generator** is called "synchronous" because the waveform of the generated voltage is synchronized with the rotation of the generator. Each peak of the sinusoidal waveform corresponds to a physical position of the rotor. (중략) The magnetic field of the rotor is supplied by direct current or permanent magnets.
> [발전기 내부의 회전자(자기장을 내뿜는 계자)가 회전하는 순간순간마다 회전자 움직임에 해당하는 전기적 sin 파형을 동시에 생성하기 때문에 동기(synchronous)라는 이름이 붙어 **동기발전기**가 됐다.]

다시 말해, 회전자가 회전하는 구조의 발전기는 교류파형의 전기를 만들고, 교류파형의 주파수(f [Hz])는 발전기 회전자의 초당 속도가 결정한다는 얘기가 됩니다.

1. 동기발전기 구조

동기발전기 외부는 유기기전력을 만드는 전기자철심과 전기자권선이 고정(고정자)되어 있고, 동기발전기의 내부는 자기장을 만드는 계자철심과 계자권선이 회전(회전자)하는 구조입니다. 동기발전기의 구조를 아주 간단히 그리면 다음과 같습니다.

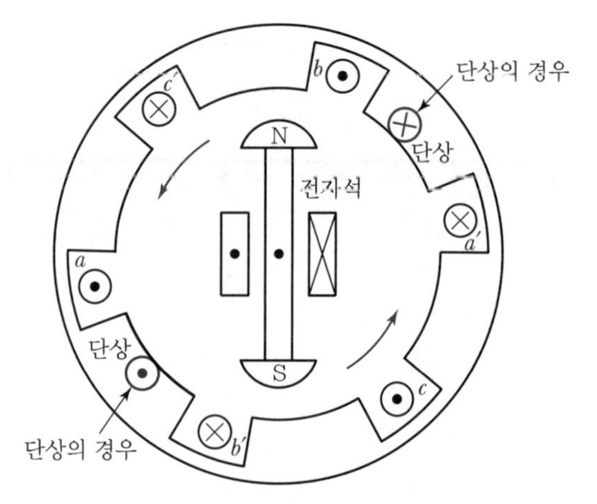

〖 3상 동기발전기 구조 〗

위 그림의 동기발전기 구조는 3상과 단상 두 가지를 동시에 나타내고 있습니다.

① 직류기는 회전자가 전기자인 '회전전기자형' 구조이지만, 동기기는 회전자가 계자인 '회전계자형' 구조입니다.

② 현실에서 단상 교류를 만드는 동기발전기는 없습니다. 동기발전기는 기본적으로 3상 교류를 만들기 때문에 그림 속 동기발전기에 3개 상(a상, b상, c상)이 존재합니다.

③ 그림 속 동기발전기의 회전자는 수력발전소의 수차 또는 화력 · 원자력발전소의 터빈에 연결되어 회전하게 됩니다.

2. 동기발전기 원리

(1) 3상 교류파형의 발생과정

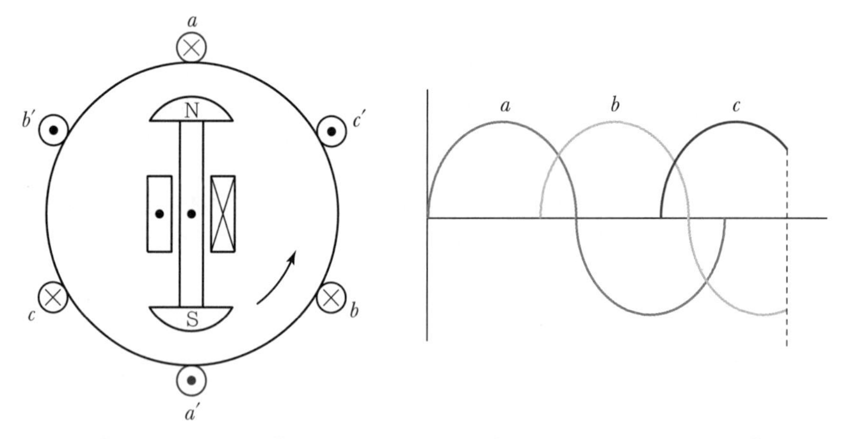

〖 a. 동기발전기 구조 〗　〖 b. 동기발전기 3상 교류 출력 〗

동기발전기의 회전자가 회전[그림 a]하며 3상 교류파형[그림 b]이 발생하여 발전기 외부로 출력됩니다. [그림 b]의 3상 교류파형이 발생하는 과정을 [그림 a]에서 설명하면 다음과 같습니다.

계자 N극이 360°로 한 바퀴 회전했을 때 N극은 a코일, b코일, c코일 모두를 지난다. → 위상차 0°에서, a 인입권선(a)에 전류가 들어가서 a 인출권선(a′)으로 나온다. → 위상차 120°에서, b 인입권선(b)에 전류가 들어가서 b 인출권선(b′)으로 나온다. → 위상차 240°에서, c 인입권선(c)에 전류가 들어가서 c 인출권선(c′)으로 나온다.
이 과정이 동기발전기 회전자의 회전과 함께 무한히 지속되면 [그림 b]와 같은 교류 파형을 만듭니다.

(2) 동기발전기의 동기속도(N_s)와 동기속도 공식

동기발전기의 회전자속도가 곧 주파수(f)이기 때문에, 동기발전기의 회전자는 항상 일정한 주파수(f)를 유지하기 위해 일정한 속도로 회전합니다. 동기발전기의 이러한 특성을 '동기속도(N_s [rpm])'라고 정의합니다.

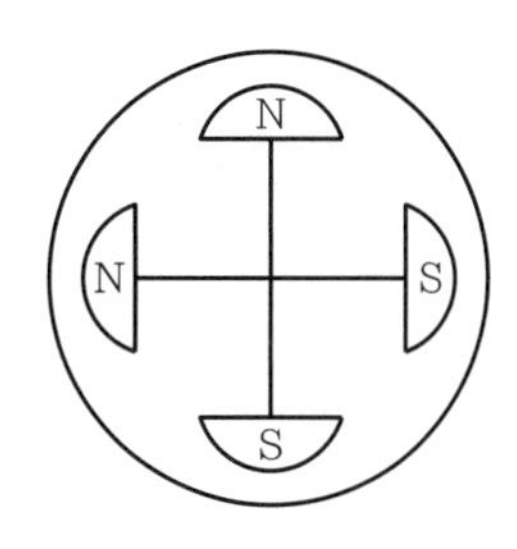

동기발전기의 동기속도 원리를 보면 다음과 같습니다.
자기장을 만드는 계자(F)는 'N극 하나'와 'S극 하나'가 한 쌍을 이룹니다. 계자의 최소극수는 2극(N－S)이 되고, 2극의 계자가 1초 동안 한 바퀴 회전하면, 교류 1 [Hz] 주파수 파형이 됩니다.
그림에서 극수가 4극인 계자(F)가 있고, 4극(N－S－N－S)의 계자가 1초 동안 한 바퀴 회전하면, 2극 계자가 두 바퀴 회전한 효과가 있습니다. 만약 6극(N－S－N－S－N－S)인 계자가 1초 동안 한 바퀴 회전하면 2극 계자가 3바퀴 회전하는 효과가 있습니다.
여기서, 동기발전기의 '동기(synchronous)'의 개념상 기기의 초당 회전수 n [rps]는 전기의 초당 진동수 f [Hz]와 같은 개념이 됩니다.(→ $f = n$) 이를 수식으로 표현하면 다음과 같습니다.

$$f = n \rightarrow f = \frac{p}{2}n$$

여기서, 극수 p는 최소 2극이므로 극수를 2로 나눕니다 $(\frac{1}{2})$. $f = \frac{2}{2}n \rightarrow f = n$

결국 주파수와 발전기 초당 회전수는 같은 수식입니다. 그리고 초당 회전수 n [rps]를 분당 회전수 N [rpm]으로 바꿉니다. $\left(n = \frac{N}{60}\right)$

$$f = \frac{p}{2}n = \left(\frac{N}{60}\right)\frac{P}{2} = \frac{NP}{120}\,[\text{Hz}]\ \text{분당 회전수로 재정리} \Rightarrow N = \frac{120f}{P}\,[\text{rpm}]$$

여기서 N을 동기속도 N_s로 정의합니다. 발전기 및 전동기의 동기속도는,

① **동기속도** : $N_s = \frac{120f}{P}$ [rpm]

② **수력발전기 수차의 동기속도(N_s) 특징** : 극수가 많아 $P(\uparrow)$, 동기속도가 낮다 $N_s(\downarrow)$.

핵심기출문제

극수 6, 회전수 1200[rpm]인 교류발전기와 병행 운전하는 극수 8인 교류발전기의 회전수는 몇 [rpm]이어야 되는가?

① 800 ② 900
③ 1050 ④ 1100

해설

동기발전기(교류발전기) 동기속도

$N_s = \frac{120f}{P}$ [rpm]

여기서, 주파수

$f = \frac{P \cdot Ns}{120} = \frac{6 \times 1200}{120} = 60$ [Hz]

∴ 극수 8인 교류발전기의 회전수

$N_s = \frac{120 \times 60}{8} = 900$ [rpm]

정답 ②

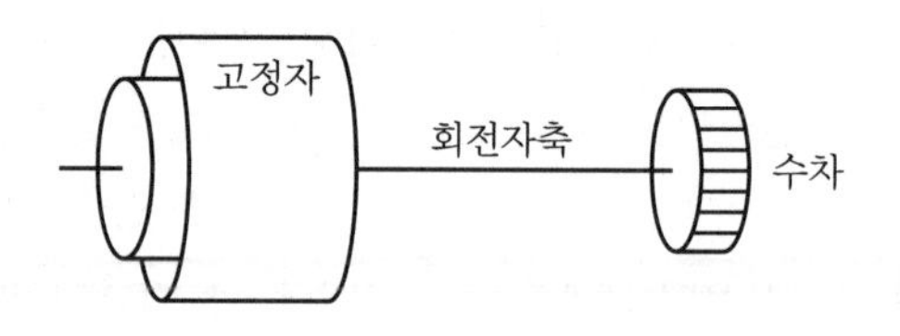

핵심기출문제

우산형 발전기의 용도는?

① 저속도 대용량기
② 고속도 소용량기
③ 저속도 소용량기
④ 고속도 대용량기

해설
우산형 발전기는 저속 대용량 수차 발전기이다.

정답 ①

③ **화력 · 원자력발전기의 터빈의 동기속도(N_s) 특징** : 극수가 적어 $P(\downarrow)$, 동기속도가 빠르다 $N_s(\uparrow)$.

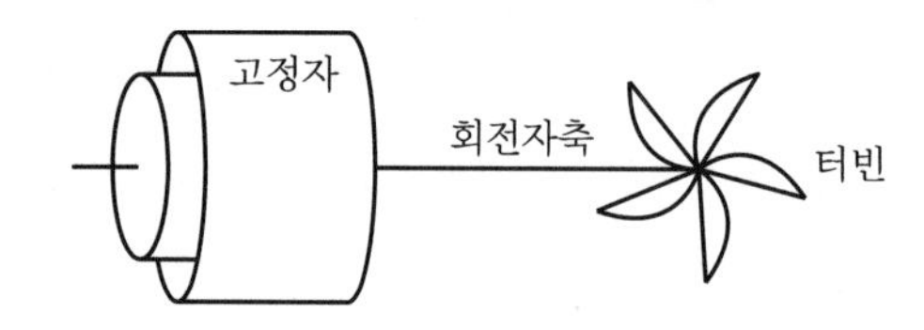

3. 동기발전기 주요 구성요소

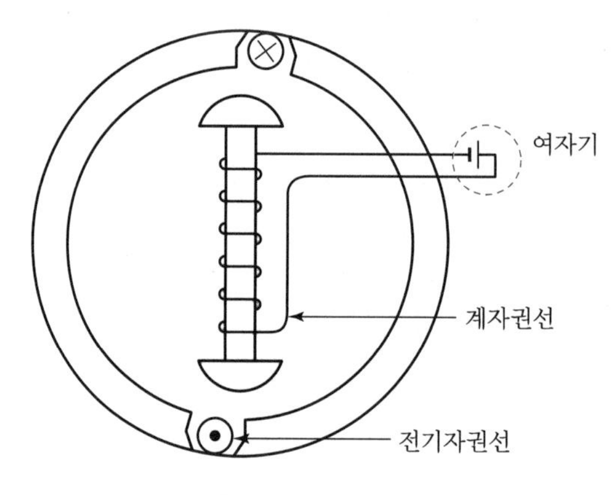

〖 단상 동기발전기 〗

핵심기출문제

전기자를 고정시키고 자극 N, S를 회전시키는 동기발전기는?

① 회전계자형
② 직렬저항형
③ 회전전기자형
④ 회전정류자형

해설
- 회전전기자형 : 계자를 고정해 두고 전기자가 회전하는 형태
- 회전계자형 : 전기자를 고정해 두고 계자를 회전시키는 형태

정답 ①

(1) 전기자(고정전기자형)

동기발전기의 전기자 요소는 직류기와 같은 '전기자 철심'과 '전기자권선'으로 구성되어, 동기발전기의 회전자의 자속으로부터 유기기전력을 만듭니다. 다만, 직류발전기의 전기자는 회전전기자형이지만, 동기발전기의 전기자는 고정전기자형입니다.

① 전기자 철심

맴돌이전류로 인한 와전류손실을 막기 위해 규소강판으로 성층한 구조입니다. 전기자권선도체를 전기자 철심의 고정자 홈(Slot)에 절연하여 삽입합니다.

② 전기자권선

전기자권선은 유기기전력을 발생시키는 부분으로 전기자권선도체를 감는 권선법이 존재합니다. 동기발전기의 전기자권선법은 기본적으로 직류발전기와 같고, 추

가적으로 직류기에서 다루지 않은 중권 · 파권으로부터 전절권 · 단절권 그리고 집중권 · 분포권으로 더 세분화됩니다.

동기발전기를 직류발전기와 비교하면, 직류발전기의 전기자도체가 생성하는 전력은 아무리 커도 100[V]/100[A] 수준으로 용량이 작습니다. 반면, 동기발전기는 화력발전소에 사용하는 발전기의 경우, 25000[V]/20000[A]의 출력을 냅니다. 도시의 평범한 20층짜리 빌딩에서 사용하는 전기용량이 3000[kVA] 수준인 것을 감안하면 동기발전기의 500000[kVA] 출력은 매우 큰 발전용량입니다. 아울러 원자력발전소의 발전기는 화력발전의 두 배인 50000[V]/20000[A]의 출력을 냅니다.

이와 같이 동기발전기의 전기자도체는 매우 큰 대용량의 전기를 만듭니다. 대용량의 전기를 만드는 전기자가 회전하는 구조는 제어가 어렵고 기계적으로도 대단히 위험합니다. 그래서 발전소의 동기발전기의 구조는 회전계자형과 고정전기자형 구조로 되어 있습니다.

(2) 계자(회전계자형)

동기발전기의 계자는 주(Main) 자속을 발생시키며, 회전계자형 구조를 지니고 있습니다. 동기발전기의 전기자에서 이미 설명했듯이 동기발전기는 전기자가 고정형이고, 계자가 회전형인 구조가 발전기 운영과 제어에 있어서 안정적입니다.

(3) 여자기

여자기(G Excitation System)는 동기발전기의 계자에 직류전원을 공급해 주는 장치입니다.

여자기는 크게 '직류여자방식'과 '정류여자방식' 두 가지로 나뉩니다.

① 직류여자방식

직류분권발전기, 직류복권발전기, 타여자발전기

② 정류여자방식

동기발전기의 교류출력의 일부를 정류하여 계자에 직류전원을 공급함

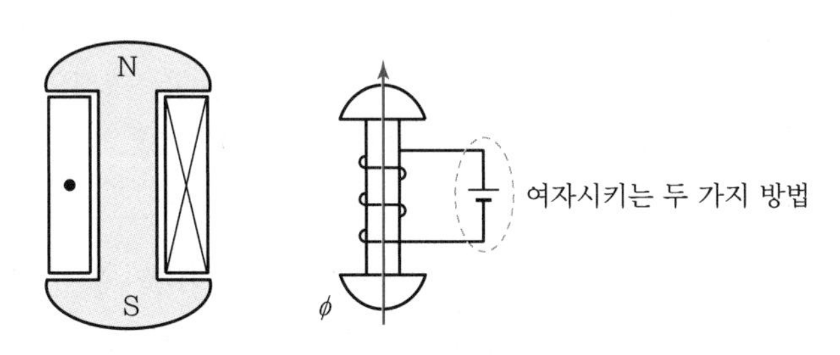

〖동기발전기의 계자와 여자기〗

핵심기출문제

동기발전기에 회전계자형을 사용하는 경우가 많다. 그 이유로 적합하지 않은 것은?

① 기전력의 파형을 개선한다.
② 전기자보다 계자극을 회전자로 하는 것이 기계적으로 튼튼하다.
③ 전기자권선은 고전압으로 결선이 복잡하다.
④ 계자 회로는 직류 저전압으로 소요전력이 작다.

해설

동기발전기를 회전계자형으로 하는 이유

- 전기자가 고정자이므로 고전압, 대전류용에 적합하며 전기자권선의 절연이 용이하다.
- 계자가 회전자이지만 저전압, 소용량의 직류이므로 구조가 간단하다.
- 계자극을 회전자로 하여 3상 권선을 튼튼한 구조로 할 수 있다.

정답 ①

(4) 냉각장치

동기발전기는 대형 발전기이기 때문에 발전기 크기가 대형 버스보다 최소 2배 이상 큽니다. 발전기가 크기 때문에 동시에 열도 많이 발생하므로 지속적으로 발전기를 운전하기 위해서는 **냉각**이 중요합니다.

① 동기발전기의 냉각방식

- 공기냉각방식 : 소형, 중형, 대형의 저속동기발전기에 사용
- 수소냉각방식 : 대형 고속발전기에 사용

② 수소의 장점

여기서 다루는 동기발전기는 대형 고속발전기이므로, 동기발전기의 냉각장치로 수소가스를 사용합니다. **수소**는 공기보다 냉각효과가 좋고 다음과 같은 여러 장점이 있습니다.

- 수소가스의 밀도는 공기의 7[%] 정도로, **풍손**이 공기의 $\frac{1}{10}$ 수준이며, 수소가스로 발전기를 밀폐하여 운전하면 공기일 경우보다 **발전기 효율**이 0.75～1[%] 증가한다.
- 수소매질의 **비열**이 공기매질의 14배이다. 또한 수소의 열전도율이 공기보다 7배 높다.
- 전기자권선과 계자 권선의 코일도체의 **절연수명**이 길어진다.
- 동기발전기를 수소냉각을 하면 반드시 전폐형 구조여야 하므로 외부로부터 불순물의 침입이 없고, 소음이 매우 적다. 동시에 수소가스는 폭발의 위험이 있으므로 반드시 **방폭설비**를 갖춰야 한다.

다만, 수소냉각방식은 설비비와 설치비가 고가라는 단점이 있다.

✠ 풍손
물체가 자유공간을 이동할 때 공기로 인한 마찰손실이다(속력이 감소함).

✠ 비열
어떤 물질에 열을 가하면 열을 가한 그 물질의 에너지가 증가한다. 열을 가했을 때 물질마다 에너지가 증가하는 정도를 1을 기준으로 나타낸 것이 '비열'이다. 사전적 의미로 비열은, 1[g]의 물을 1[℃] 올리는 데 필요한 열량[J/g · K]이다(온도차 : K). 또는 1[mol]에 가해진 열량과 그에 따른 온도변화의 비를 말한다. 그래서 비열이 공기의 14배라는 뜻은 공기에 열을 가할 때보다 14배의 열을 가해야 공기와 동일한 온도가 증가한다는 말이 된다. 비열이 크다는 말은 냉각장치로서 열 · 온도가 잘 올라가지 않으므로 냉각효과가 좋다는 뜻이 된다.

4. 동기발전기의 종류

(1) 회전자와 고정자에 형태에 따른 분류

① 회전계자형 동기발전기

전기자가 외부에 고정돼 있고, 계자가 내부에서 회전하는 형태의 동기발전기입니다. 대용량 또는 큰 출력을 내는 동기발전기에 회전계자형을 사용합니다.

② 회전전기자형 동기발전기

전기자가 내부에서 회전하고, 계자가 외부에 고정된 형태의 동기발전기입니다. 소용량 또는 작은 출력을 내는 동기발전기에 회전전기자형을 사용합니다.

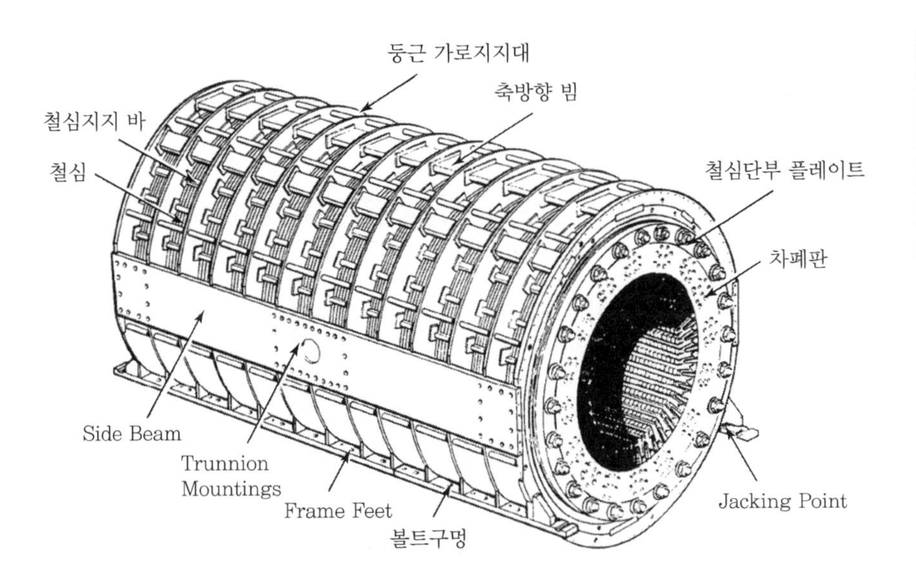

〖 고정자(전기자도체) 〗

〖 회전자(계자철심) 〗

(2) 동기발전기의 계자(회전계자형)

동기발전기는 회전계자형 방식으로 운영되고, 동기발전기의 계자는 두 가지 형식으로 나뉩니다.

•돌극형(Salient Rotor) 계자	•비돌극형(Cylindrical Rotor) 계자

'돌극형 계자'는 원래 영어의 Salient Rotor 혹은 Salient Pole을 번역한 것으로 우리나라에서 철극, 돌극으로 부릅니다. 여기서 Salient는 '돌출, 돌기'를 의미하므로 돌

극형 계자가 자기장을 발생시키는 계자의 자극면이 돌출된 돌기모양 구조라고 이해할 수 있습니다.

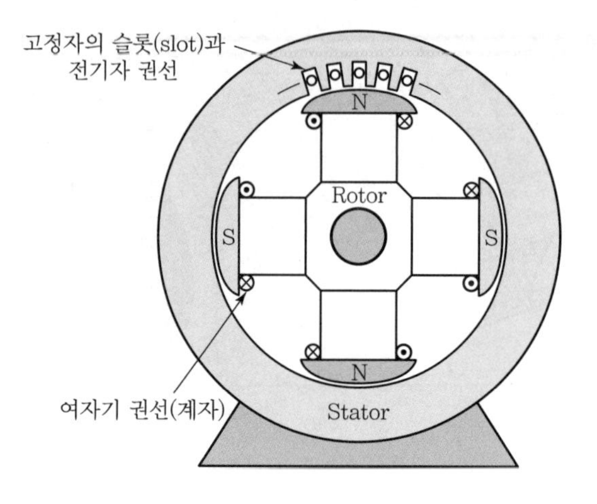

〖 돌극형 계자 〗

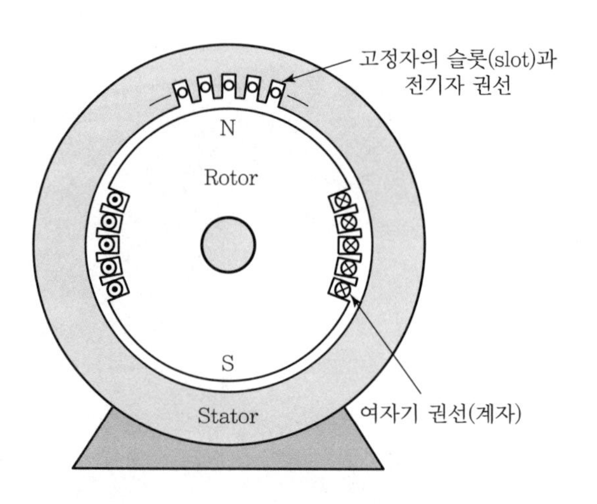

〖 비돌극형 계자 〗

① **돌극형 회전자의 특징**

- 계자와 전기자 사이의 공극이 상당히 불균일하다.
- 돌극형 계자의 자극은 돌출된 특성을 갖고 있기 때문에, 자기회로가 형성되는 계자와 전기자 사이의 공극에서 리액턴스 분포가 일정하지 않다.
- 구조상 극수가 많으므로 빠른 회전의 발전보다 저속도발전(수력 발전) 용도에 적합하다.

② **비돌극형(= 원통형) 회전자의 특징**

- 계자와 전기자 사이의 공극이 균일하다.
- 상대적으로 돌극형에서 발생하는 불균일한 리액턴스 발생을 막을 수 있다.

- 구조상 극수가 적을 수밖에 없어서 고속회전발전(압축된 고압증기로 터빈을 돌리는 화력 발전, 원자력 발전) 용도에 적합하다. 극수는 보통 4극 이하이다.

5. 동기발전기 이론

(1) 동기발전기의 출력(유기기전력)

직류발전기에서 직류출력$\left(E=\dfrac{Pz\phi N}{60\,a}\right)$이 나오고, 교류발전기인 동기발전기는 주파수(f)가 포함된 다음과 같은 교류출력의 기전력이 출력됩니다.

① **직류발전기의 유기기전력**

$$E=\frac{Pz\phi N}{60\,a}=k\phi N[\mathrm{V}]\ (N:\text{회전수}[\mathrm{rpm}])$$

② **동기발전기의 유기기전력**

$$E=4.44f\phi N\cdot k_w[\mathrm{V}]\ (N:\text{권수}[\mathrm{turn}])$$

여기서, k_w : 권선계수(권선방법에 따른 기전력 감소율)

k_d : 분포권 계수($k_d<1$)

k_p : 단절권 계수($k_p<1$)

③ **권선계수**

$$k_w=k_d\cdot k_p$$

④ **권수**

$$N=\frac{\text{슬롯수}\times\text{슬롯 내 도체수}}{\text{층수}\times\text{상수}}=\frac{\text{슬롯수}\times(\text{권수}\times\text{층수})}{\text{층수}\times\text{상수}}[\mathrm{turn}]$$

참고 동기발전기의 유기기전력이 $E=4.44f\phi N\cdot k_w[\mathrm{V}]$인 이유

동기발전기 전기자권선에서 발생하는 전자유도전압 $e=N\dfrac{d\phi}{dt}[\mathrm{V}]$이고, 계자가 회전하므로 전기자 도체에 발생하는 자속(ϕ)은 전형적인 교류파형 크기($\phi=\Phi_m\sin\omega t$)를 갖는다. 그러므로 동기발전기의 전기자 권선에서 발생하는 전자유도전압은 다음과 같다.

$$e=N\frac{d}{dt}\phi=N\frac{d}{dt}\Phi_m\sin\omega t=N\cdot\Phi_m\frac{d}{dt}\sin\omega t=N\cdot\Phi_m\cdot w\cdot\cos\omega t$$

$=2\pi f\cdot N\cdot\left(\dfrac{\Phi_m}{\sqrt{2}}\right)\cdot\sin(\omega t+90)$ 여기서, Φ_m의 최대값은 $\sin 90^\circ$일 때이므로,

$=f\phi N\left(\dfrac{2\pi}{\sqrt{2}}\right)\angle 90^\circ=4.44f\phi N\angle 90^\circ[\mathrm{V}]$ 여기에 권선계수 k_w를 추가하면,

유기기전력 실효값 $E=4.44f\phi N\cdot k_w[\mathrm{V}]$

직류발전기도 고정자와 회전자로 구성된 발전기이므로, 직류발전기 최초의 유기기전력 값은 실효값으로 $E=4.44f\phi N\cdot k_w$이고, 이를 정류하여 직류발전기 유기기

전력 크기는 $E = \frac{Pz\phi N}{60a} = k\phi N$ 로 바뀌게 됩니다. 결국 직류발전기 초기의 교류 유기기전력과 동기발전기의 유기기전력 출력은 모두 $E = 4.44 f \phi N \cdot k_w$ [V] 입니다.

또한 발전기의 출력 $E = 4.44 f \phi N \cdot k_w$ [V] 공식은 발전기 한 상에 대한 유기기전력입니다. 동기발전기는 단상 출력이 아닌 3상 교류 출력을 만들기 때문에 3상 동기발전기의 $Y-\Delta$ 출력을 단자전압(=선간전압)으로 나타내면 다음과 같습니다.

3상 동기발전기의 단자전압 $E = V_l = \sqrt{3} \cdot 4.44 f \phi N \cdot k_w$ [V]

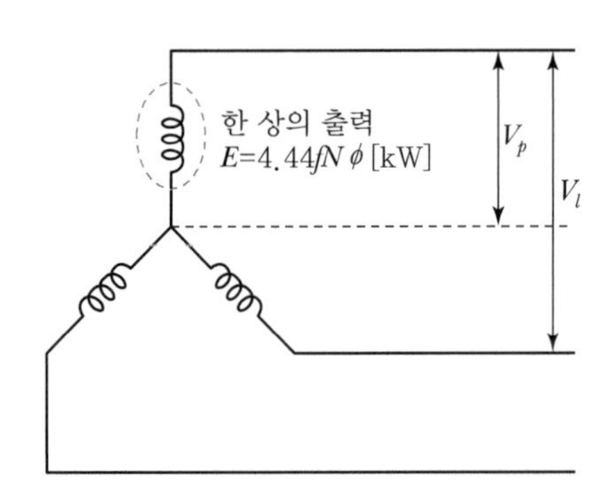

6. 동기발전기의 전기자권선법

동기발전기는 전기자권선법의 파권(출력이 작음)을 사용하지 않고, 중권을 사용합니다. 동기발전기가 사용하는 중권은 다음과 같이 ① 전절권과 단절권, ② 집중권과 분포권으로 권선법을 나눌 수 있습니다.

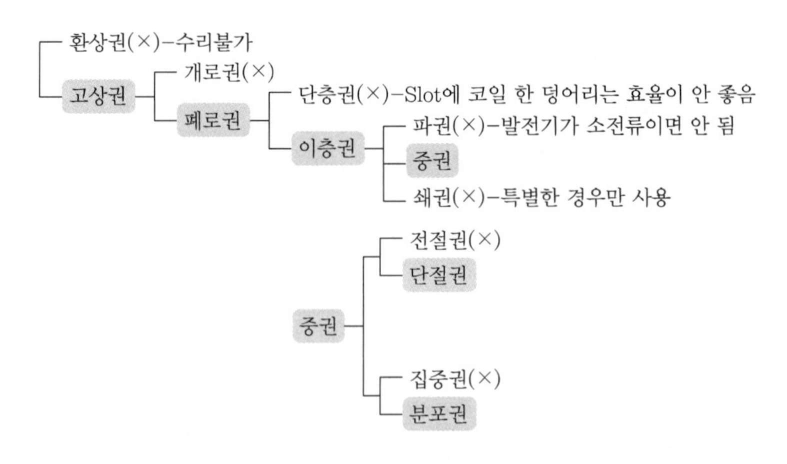

〚 동기기의 전기자권선법 〛

결과적으로 동기발전기는 단절권과 분포권의 권선법을 사용합니다. 이유는 단절권과 분포권으로 전기자권선법을 사용할 때 다음과 같은 장점이 있기 때문입니다.

핵심기출문제

동기기의 전기자권선법이 아닌 것은?

① 분포권 ② 전절권
③ 2층권 ④ 중권

해설
동기기의 전기자권선법은 기전력의 파형을 좋게 하기 위하여 분포권과 단절권방식을 채용하고 있으며, 중권과 2층권 방식도 사용하고 있다.

정답 ②

- 단절권과 분포권은 전기자가 만드는 기전력의 크기는 감소하지만 Y 결선에서 발생하는 고조파 악영향이 감소합니다(분포권은 집중권보다 고조파가 감소하고, 단절권은 고조파가 제거되므로 전기자가 만든 기전력 정현파형에 왜곡이 없다).
- 단절권, 분포권은 도체코일량(=구리량)이 줄어들어서 리액턴스(X_L)가 감소하고, 동시에 발전기 건설비용이 줄어드는 경제적 장점이 있습니다.
- 단전권과 분포권은 권선법의 특징과 권선량 감소로 인한 열 발산이 좋습니다.

(1) 분포권과 집중권 비교

① 분포권

동기발전기의 전기자권선을 분포권으로 권선할 경우, 인덕턴스($L=\dfrac{\mu A N^2}{l}$)는 $L \propto N^2$ 관계가 성립합니다. 그래서 만약 권수 $N=1$일 때, 인덕턴스(L)도 1이 됩니다.

$$L \propto N^2 \qquad \therefore\ L = 1^2 = 1\,[\mathrm{H/slot}]$$

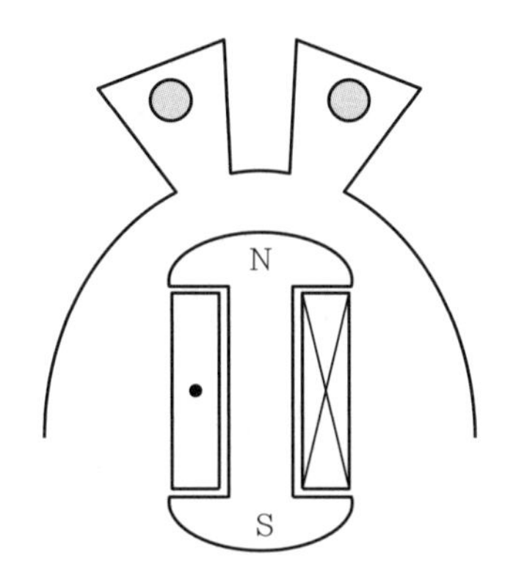

〚 분포권의 권선구조 〛

이와 같이 분포권으로 전기자코일을 권선할 경우, 전기자 철심의 슬롯당 삽입된 코일 덩어리 수가 적어 인덕턴스(L)가 집중권보다 낮고, 코일량(=동량)이 적어 경제적입니다. 또한 권선된 전기자 코일의 배치가 집중권보다 열 발산에 있어서 상대적으로 좋습니다. 그러므로 분포권은 누설 리액턴스가 감소하고, 동기발전기가 만드는 교류기전력 파형의 왜형이 적습니다.

② 집중권

반면 집중권의 경우, 슬롯당 삽입되는 코일 덩어리 수가 많으므로, 만약 권수가 아래 그림처럼 $N=3$일 때, 전기자권선의 인덕턴스(L)는 제곱인 9배가 됩니다.

$$L \propto N^2 \qquad \therefore\ L = 3^2 = 9\,[\mathrm{H/slot}]$$

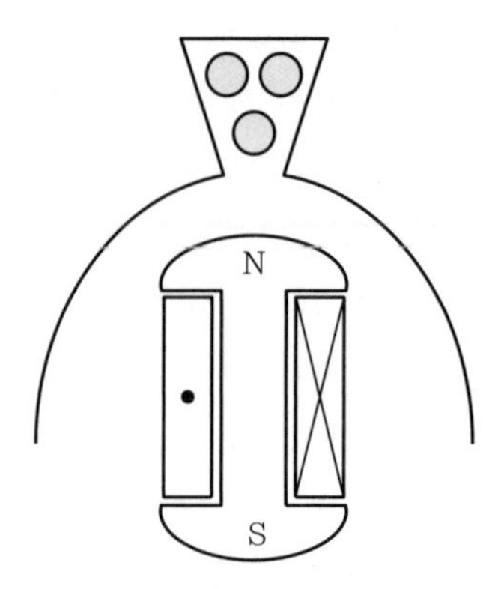

〚 집중권의 권선구조 〛

전기자 철심의 슬롯당 삽입된 코일 덩어리 수가 상대적으로 많아 인덕턴스(L)가 분포권보다 높고, 동시에 누설리액턴스(X_l : 누설자속)도 많습니다. 또한 집중권은 전기자 도체 한 상(phase)당 인입권선과 인출권선이 180° 각도를 이루며 홀수 고조파가 발생하므로 동기발전기가 만드는 교류기전력 파형에 왜형이 생깁니다.

③ 분포권 피치계수(전기자권선을 분포권으로 감았을 때 피치계산)

분포권 피치계수란, 집중권일 때 전기자도체가 만드는 기전력과 분포권일 때 전기자도체가 만드는 기전력을 비율로 나타낸 것입니다. 이유는 분포권으로 권선하면, 많은 장점들과 함께 집중권보다 기전력이 감소하는 단점이 있어서 집중권의 기전력 대비 '분포권의 기전력 감소비율' 나타내기 위한 것입니다. 여기서 피치(Pitch)란 기전력의 높고 낮음의 정도를 의미합니다.

$$\text{분포권 피치계수 } k_d = \frac{\text{분포권일 때 기전력 [V]}}{\text{집중권일 때 기전력 [V]}} = \frac{\sin\frac{\pi}{2m}}{q\sin\frac{\pi}{2mq}} < 1$$

여기서, m : 상(Phase) 수(동기발전기는 대게 3상)

q : 매극매상 슬롯 수 → $q = \frac{\text{총 슬롯수}}{\text{극수} \times \text{상수}}$

분포권의 기전력이 집중권보다 감소하는 단점이 있음에도 분포권을 사용하는 가장 큰 이유는 홀수 고조파가 감소하여 기전력의 파형의 일그러짐(왜형)이 줄어들기 때문입니다. 집중권 대비 분포권의 기전력이 50% 감소하는 것도 아닌 5~6%가량 감소한다면 기전력이 줄어드는 단점보다 교류파형의 일그러짐(왜형)이 적은 것이 더 큰 장점이 됩니다.

핵심기출문제

동기발전기의 권선을 분포권으로 하면 어떻게 되는가?

① 권선의 리액턴스가 커진다.
② 파형이 좋아진다.
③ 난조를 방지한다.
④ 집중권에 비하여 합성유도기전력이 높아진다.

해설

분포권 권선의 특징

- 기전력의 파형이 좋아진다.
- 전기자 동손에 의한 열을 골고루 분포시켜 과열을 방지한다.
- 권선의 누설 리액턴스가 감소한다.
- 분포계수만큼 합성유도기전력이 감소한다.

정답 ②

핵심기출문제

슬롯 수 36인 고정자철심이 있다. 여기에 3상, 4극의 2층권을 시행할 때 매극매상의 슬롯 수와 총 코일 수는?

① 3과 18 ② 9와 36
③ 3과 36 ④ 9와 18

해설

- 매극매상당 슬롯 수

$q = \frac{\text{슬롯 수}}{\text{상수} \times \text{극수}} = \frac{36}{3 \times 4} = 3$

- 총 코일 수

$Z = \frac{\text{슬롯 수} \times \text{층수}}{2} = \frac{36 \times 2}{2} = 36$

정답 ③

참고 매극매상 슬롯 수 q의 의미

만약 3상 동기발전기의 총 슬롯 수가 24개, 계자 극수가 2극이라면, 이 발전기의 1극당 슬롯 수는 12개($\rightarrow \frac{\text{총슬롯 수}}{\text{극수}} = \frac{24}{2}$)이고, 동시에 이 3상 발전기의 1상당 슬롯 수는 8개($\rightarrow \frac{\text{총슬롯 수}}{\text{상수}} = \frac{24}{3}$)이다.

문제는 이 발전기의 전기자 구조적 특성을 말할 때, 극(Pole)당 슬롯수와 상(Phase)당 슬롯수가 서로 다르다는 것이다. 이를 통일하기 위해 극수를 상수만큼 높인 공통 단위를 사용한다(3상은 단상이 3개이므로).

$q = \frac{\text{총슬롯 수}}{\text{극수} \times \text{상수}}$ 이것이 매극매상 슬롯 수의 의미이다.

(2) 단절권과 전절권 비교

단절권과 전절권을 말하기 전에, 동기발전기의 계자권선과 전기자권선은 다음과 같은 특성이 있습니다. 기본 계자극은 180° 각을 이루며 최소 한 쌍(=2극)으로 구성됩니다.

여기서, 만약 계자가 4극이라면, 180° 각을 이루는 N−S쌍이 두 쌍이 있으므로 극과 극 사이의 각도는 90° 각을 이루게 됩니다.

만약 계자가 6극이라면, 180° 각을 이루는 N−S쌍이 세 쌍이 있으므로 극과 극 사이의 각도는 60° 각을 이루게 됩니다.(아래 그림)

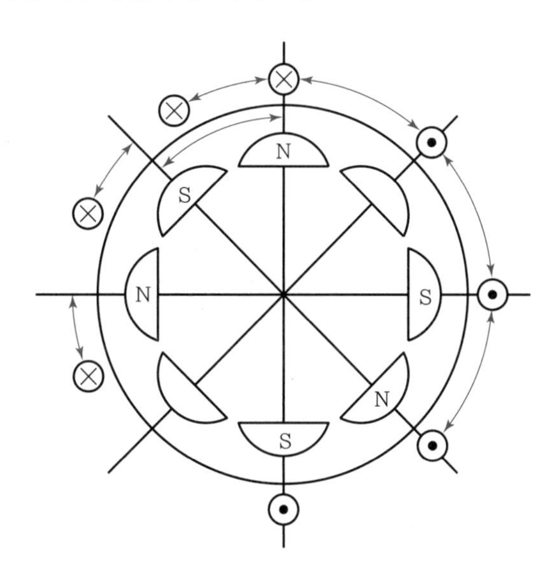

〖 계자와 전기자의 극 간격과 코일 간격 〗

여기서 '전절권'은 가장 오래된 전기자권선방법이자 전기자권선법의 기본이 되는 권선법입니다.

전절권은 특징은, 계자의 극 간격이 180°일 때, 전기자 코일의 인입권선과 인출권선의 각도 역시 180°로 슬롯(slot)에 삽입됩니다. 위 그림은 전절권의 극 간격와 코일 간격을 보여줍니다.

핵심기출문제

동기발전기 전기자권선을 단절권으로 하면?

① 역률이 좋아진다.
② 절연이 잘 된다.
③ 고조파를 제거한다.
④ 기전력을 높인다.

해설

단절권 권선의 특징

- 고조파를 제거하여 기전력의 파형이 좋아진다.
- 코일 단부가 단축되어 동량이 적게 든다.
- 단절계수만큼 합성유도기전력이 감소한다.

정답 ③

> **핵심기출문제**
>
> **동기기의 전기자권선법이 아닌 것은?**
>
> ① 2층 분포권 ② 단절권
> ③ 중권 ④ 전절권
>
> **해설**
> 동기기는 주로 분포권, 단절권, 2층권, 중권이 쓰이고 결선은 Y결선으로 한다.
>
> 정답 ④

> **핵심기출문제**
>
> **교류발전기의 고조파 발생을 방지하는 데 적합하지 않은 것은?**
>
> ① 전기자 슬롯을 스큐 슬롯(斜溝)으로 한다.
> ② 전기자권선의 결선을 성형으로 한다.
> ③ 전기자 반작용을 작게 한다.
> ④ 전기자권선을 전절권으로 한다.
>
> **해설**
> **동기발전기의 고조파 발생방지법**
> - 매극매상당 슬롯수를 크게 한다.
> - 전기자권선을 분포권 및 단절권으로 한다.
> - 공극의 길이를 크게 한다.
> - 전기자 철심을 스큐 슬롯 또는 반폐 슬롯으로 한다.
> - 전기자권선의 결선을 Y결선으로 한다.
> - 전기자 반작용을 작게 한다.
>
> 정답 ④

① 단절권

계자의 극 간격이 180° 각도이고, 전기자 도체코일의 인입권선과 인출권선이 180° 이내 각도로 슬롯(slot)에 삽입되는 권선방법입니다. 단절권은 전기자 코일 간격이 계자의 극 간격보다 반경이 짧게 됩니다. 이것이 단절권 전기자권선법의 특징입니다. $a-a'$의 인입권선과 인출권선이 180°보다 짧은 각도로 슬롯에 삽입되면 180°로 권선이 삽입되는 전절권보다 직경이 줄어들기 때문에 코일량이 줄게 되고, 동시에 인덕턴스(L)도 줄어듭니다. 코일량(=동량)이 줄어드니 발전기 제작비용이 감소하여 경제적입니다. 가장 중요한 단절권의 특징은 전기자권선의 인입권선과 인출권선이 180° 이내의 각도로 전기자 철심에 3상으로 삽입·배치됨으로써, 제3고조파와 같은 홀수 고조파가 없어지므로(제거됨) 전기자가 만드는 교류기전력의 파형에 일그러짐(왜형)이 없습니다.

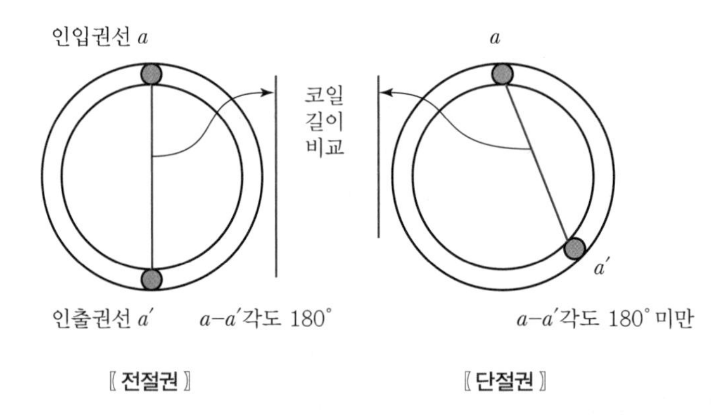

〖전절권〗 〖단절권〗

3상 동기발전기는 기본적으로 3개 쌍의 인입권선과 인출권선($a-a'$ 코일, $b-b'$ 코일, $c-c'$ 코일)이 벡터적으로 120° 위상차가 나도록 전기자에 삽입되어 전기자 출력에서 3상 결선이 되어 회로이론 과목에서 다루는 3상 출력을 만들게 됩니다.

② 단절권 피치계수(전기자권선을 단절권으로 감았을 때 피치계산)

$$\text{단절권 피치계수 } k_p = \frac{\text{단절권일 때 기전력 [V]}}{\text{전절권일 때 기전력 [V]}} = \sin\frac{\beta\pi}{2} < 1$$

$$\beta = \frac{\text{코일간격}}{\text{극간격}}$$

$$\text{극간격} = \frac{\text{슬롯수}}{\text{극수}}$$

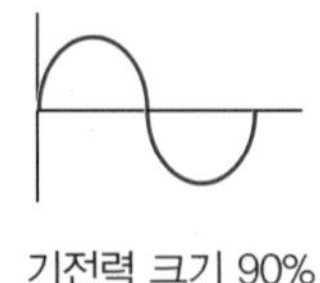

기전력 크기 90%

〖분포권, 단절권〗

기전력 크기 95%

〖집중권, 전절권〗

(3) 동기발전기의 출력을 좋은 교류 정현파형으로 만들기 위한 방법

① 매극매상의 슬롯 수치(q)를 크게 한다.

② 전기자권선법을 단절권 또는 분포권으로 채용한다.

③ 전기자 철심을 사슬롯(Skewed Slot), 반폐 슬롯으로 제작한다. 사슬롯은 회전자가 고정자 내부에서 회전할 때 공기저항을 줄여 효율이 증가하고, 반폐 슬롯은 고조파 감소 효과가 있다.[사슬롯(스큐슬롯) : 공기저항 ↓, 반폐슬롯 : 고조파 ↓]

④ 고정자와 회전자 사이의 공극을 여유 있게 한다. 공극이 너무 좁으면 안 되며, 반드시 적당히 넓어야 계자와 전기자 사이에서 좋은 파형이 만들어진다.

(4) 동기발전기의 전기자권선을 Y결선으로 결선해야 하는 이유

3상 동기발전기는 전기자권선의 출력을 Y결선하여 출력합니다. 이유는 다음과 같습니다.

① Y결선은 중성점 접지가 가능하기 때문에 이상전압으로부터 보호가 확실하다. (이상전압의 방지대책이 용이)

② Y결선에 발전기보호장치(=발전기보호계전기) 설치가 가능하므로 발전기를 위협하는 요인으로부터 안전하다.
→ 보호계전기가 지락전류(I_g)를 감지하므로 발전기 보호기능의 동작이 확실하다.

③ 동기발전기 전기자권선을 Y결선하면, 발전기 내부에 제3고조파 전류에 의한 순환전류가 흐르지 않고, 발전기 단자전압 또는 선간전압에는 제3고조파 전압이 흐르지 않는다. 그러므로 기전력 파형과 출력 파형의 왜곡이 없다.
→ 만약 발전기 전기자권선을 Δ결선할 경우, 제3고조파 전류가 Δ결선 내에서 상쇄되지만, 발전기 출력단자에 제3고조파 영상전압이 흐른다.

④ Y결선은 상전압(V_p)이 선간전압(V_l)의 $\dfrac{1}{\sqrt{3}}$로 코일 절연수준에 대해 낮은 절연레벨을 적용할 수 있고, 코로나방전 발생 억제효과가 있다.

(5) 동기발전기 출력

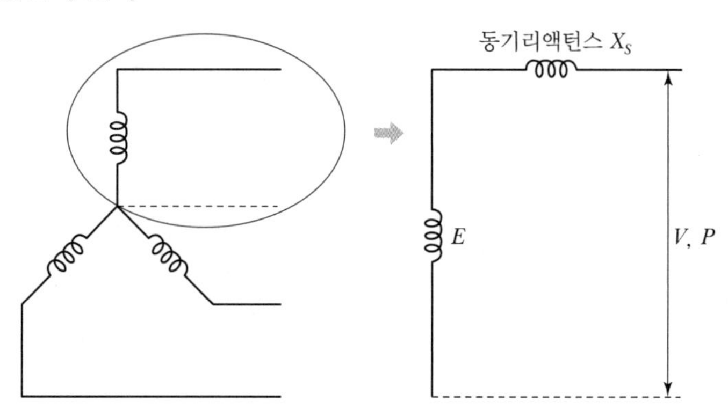

핵심기출문제

3상 동기발전기의 전기자권선을 Y결선으로 하는 이유로서 적당하지 않은 것은?

① 고조파 순환전류가 흐르지 않는다.
② 이상전압의 방지대책이 용이하다.
③ 전기자 반작용이 감소한다.
④ 코일의 코로나, 열화 등이 감소한다.

해설

동기발전기의 전기자권선을 Y결선으로 하는 이유

- 각 상에 제3고조파 기전력이 있어도 선간전압에는 나타나지 않는다. 즉, 고조파 순환전류가 흐르지 않는다.
- 중성점을 접지할 수 있으므로 이상전압의 방지대책이 용이하다.
- 상전압이 선간전압의 $1/\sqrt{3}$배로 낮아 절연이 용이하고 코일의 열화, 코로나 등이 감소한다.

정답 ③

핵심기출문제

동기발전기의 출력 $P=\dfrac{VE}{X_s}\sin\delta$[W]에서 각 항의 설명 중 잘못된 것은?

① V : 단자전압
② E : 유도기전력
③ δ : 역률각
④ X_s : 동기 리액턴스

해설

δ : 송 · 수전 전압 간 위상차

정답 ③

① **비돌극형 동기발전기 출력(단상)**

$$P_{1\phi} = \frac{E \cdot V}{X_S} \sin\delta [\mathrm{W}]$$

② **비돌극형 동기발전기 출력(3상)**

$$P_{3\phi} = 3\frac{E \cdot V}{X_S} \sin\delta [\mathrm{W}]$$

③ **돌극형 동기발전기 출력(단상)**

$$P_{1\phi} = \frac{E \cdot V}{x_s} \sin\delta + \frac{V^2(x_d - x_q)}{2x_s x_q} \sin 2\delta \ [\mathrm{W}]$$

④ **돌극형 동기발전기 출력(3상)**

$$P_{3\phi} = 3 \times 단상 P_{1\phi} \ [\mathrm{W}]$$

여기서, E : 송전전압(또는 발전기 유도기전력)[V]
V : 수전전압(또는 발전기 단자전압)[V]
δ : 송 · 수전 전압 간 위상차[°]
X_S, x_s : 동기리액턴스[Ω]
x_d : 직축 전기자반작용 리액턴스[Ω]
x_q : 횡축 전기자반작용 리액턴스[Ω]

핵심기출문제

원통형 회전자를 가진 동기발전기는 부하각 δ가 몇 도일 때 최대 출력을 낼 수 있는가?

① 0° ② 30°
③ 60° ④ 90°

해설

동기발전기의 회전계자형에서 비돌극형(원통형)은 부하각 $\delta = 90°$에서 최대출력을 낸다. 반면에 돌극형은 $\delta = 60°$ 부근에서 최대출력이 된다.

정답 ④

위의 동기발전기 출력(P) 공식에서,

- 비돌극형 동기발전기는 이론상 sin90°에서 최대 출력이 발생되지만, 현실의 실제 최대출력은 sin85°에서 발생되고,
- 돌극형 동기발전기는 sin60°에서 최대출력이 발생합니다.

7. 동기발전기의 전기자 반작용

직류기, 동기기 구분 없이 계자와 전기자로 구성된 발전기 구조에서 회전자가 회전하면 전자유도원리로 인해 전기자권선에서 교류기전력이 만들어집니다. 여기서 직류발전기와 동기발전기의 전기자 반작용은 다음과 같은 차이가 발생합니다.

(1) 직류발전기의 전기자 반작용

직류발전기의 경우, 전기자권선에 흐르는 전류가 자기장을 만듦으로 인해서, 계자의 주(Main) 자속을 감소(↓)시키는 '전기자 반작용' 현상이 일어납니다. 직류발전기의 출력은 직류이고, 직류발전기에 연결된 부하는 사실상 저항(R)부하가 유일하므로 주 자속을 감소시키는 전기자 반작용(=감자작용)만 나타나게 됩니다.

(2) 동기발전기의 전기자 반작용

동기발전기의 경우, 직류발전기의 전기자 반작용보다 더 복잡하게 나타납니다. 동기발전기의 출력은 교류이고, 동기발전기에 연결된 부하는 크게 R부하, L부하, C부하 세 가지 부하입니다. 교류의 지상, 진상특성과 지상의 L부하, 진상의 C부하 특성으로 인해, 동기발전기의 전기자권선에 흐르는 전류로 인한 자기장은 계자의 주 자속을 감소(↓)시키거나 또는 증가(↑)시키는 복잡한 '전기자 반작용' 현상이 나타납니다.

구체적으로, 동기발전기의 전기자 도체권선에서 유기기전력이 만들어지고 전기자 도체의 전류는 곧 부하(R, L, C)로 흐릅니다. 이는 곧 동기발전기의 전기자도체가 부하전류(R, L, C)의 영향을 받는 것을 의미합니다.(아래 그림)

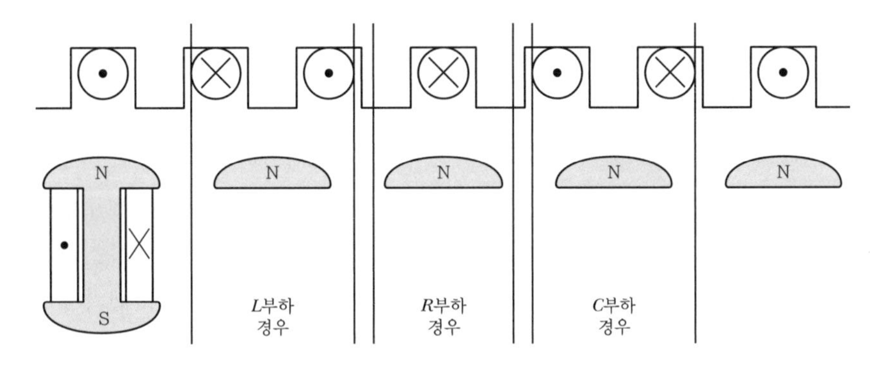

〖 동기발전기의 부하종류에 따른 전기자반작용 〗

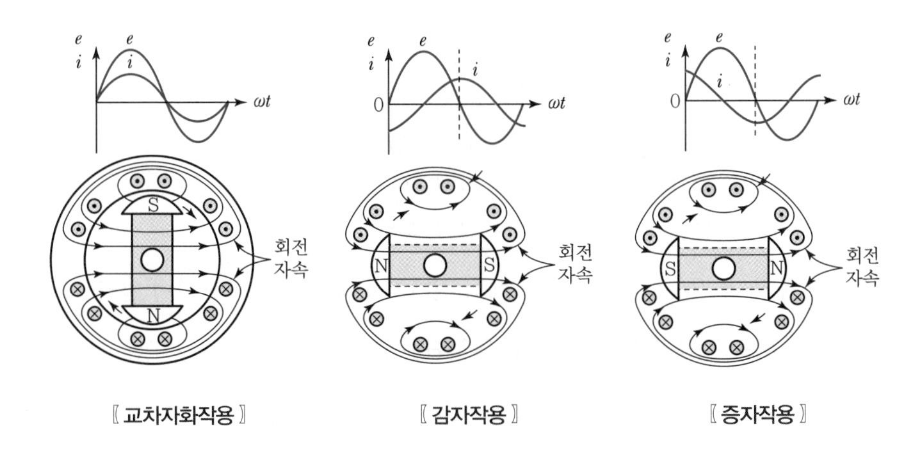

〖 교차자화작용 〗 〖 감자작용 〗 〖 증자작용 〗

① 발전기부하에 R부하특성이 두드러질 경우

㉠ R부하특성 : 전류와 전압의 위상관계가 동상인 부하로 전등, 열이나 빛을 내는 부하에 해당한다.(⟵|↑)

㉡ 주 자속을 수직방향으로 방해하는 전기자 반작용이 생긴다. → 용어 : "횡축반작용" 또는 **교차자화작용**

② **발전기부하에 L부하특성이 두드러질 경우**

㉠ L부하특성 : 전류와 전압의 위상관계가 지상인 부하로 전동기 및 인덕턴스(L) 소자를 사용하는 기기에 해당한다.(↓↑)

㉡ 주 자속과 반대 방향으로 방해하는 전기자 반작용이 생긴다. → 용어 : "감자직축반작용" 또는 **감자작용**

③ **발전기부하에 C부하특성이 두드러질 경우**

㉠ C부하특성 : 전류와 전압의 위상관계가 진상인 부하로 캐패시턴스(C) 소자를 사용하는 기기에 해당한다.(↓↓)

㉡ 주 자속과 같은 방향으로 방해하는 전기자 반작용이 생긴다. → 용어 : "증자직축반작용" 또는 **자화작용**

동기발전기의 전기자 도체는 송전계통과 배전계통을 거쳐 수용가의 부하로 연결되고, 위에서 설명한 대로 부하의 종류(진상부하, 지상부하, 유효전력을 소비하는 저항부하)에 따라 동기발전기의 전기자 도체에 즉각 영향을 미치며, 전기자 도체가 만드는 자기장은 계자의 주 자속과 상호작용하며, 계자의 주 자속을 교차자화(R), 감자자화(L), 자화(C) 작용하는 전기자 반작용현상을 일으킵니다.

(3) 동기전동기의 전기자반작용

동기전동기를 정상운전 중 전동기에 유입되는 전류(R, L, C)에 따라

- 전압과 전류가 동상인 교류전류가 유입될 경우
- 전압과 전류가 지상인 교류가 유입될 경우
- 전압과 전류가 진상인 교류가 유입될 경우

동기전동기 내 계자와 전기자 사이에서 전기자 반작용이 다음과 같이 일어납니다.

① **동상(R)의 전류가 동기전동기로 유입되는 경우**

횡축반자용(＝교차자화작용)현상 발생(←↑)

② **지상(L)의 전류가 동기전동기로 유입되는 경우**

증자작용하는 직축반작용(＝자화작용)현상 발생(↓↓)

③ **진상(C)의 전류가 동기전동기로 유입되는 경우**

감자작용하는 직축반작용(＝감자작용)현상 발생(↓↑)

핵심기출문제

동기발전기의 전기자 반작용에 대한 설명으로 틀린 것은?

① 전기자 반작용은 부하역률에 따라 크게 변화된다.
② 전기자전류에 의한 자속의 영향으로 감자 및 자화현상과 편자현상이 발생된다.
③ 전기자 반작용의 결과 감자현상이 발생될 때 반작용 리액턴스의 값은 감소된다.
④ 전기자 반작용계자 자극의 중심축과 전기자전류에 의한 자속이 전기적으로 90°를 이룰 때 편자현상이 발생된다.

해설

전기자반작용 리액턴스는 감자현상에 의해 발생된다.

정답 ③

핵심기출문제

동기발전기에서 전기자전류가 무부하 유도기전력보다 $\pi/2$[rad] 앞서 있는 경우에 나타나는 전기 반작용은?

① 증자작용
② 감자작용
③ 교차자화작용
④ 직축반작용

해설

동기발전기의 전기자 반작용
- 뒤진 전기자전류 : 감자작용
- 앞선 전기자전류 : 증자작용

정답 ①

위에서 설명한 동기전동기의 전기자반작용 현상을 그림으로 나타내면 아래와 같이 동기전동기(왼쪽)과 부하(오른쪽)의 관계를 그릴 수 있습니다.

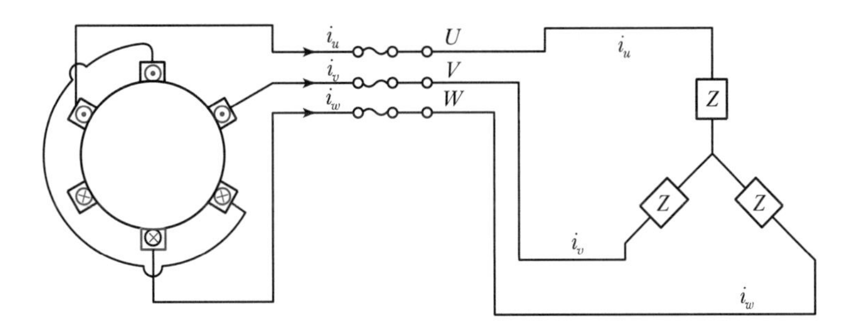

〖 동기전동기의 전기자 반작용 〗

8. 동기발전기 등가회로 해석

동기발전기의 계자회로는 매우 단순하며, 발전기 출력에 큰 영향을 주지 않습니다. 동기발전기의 출력에 직접적인 전기자 회로를 보면 다음과 같습니다.

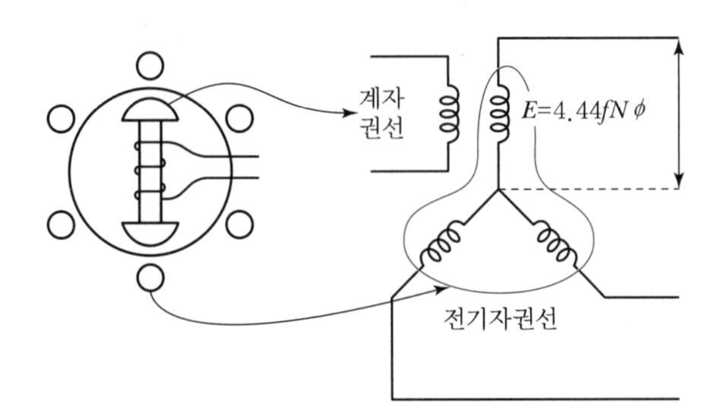

〖 동기발전기 전기자 구조 간략화 〗

Y결선된 3상 전기자권선 중 한 상(=단상)만 떼서 등가회로로 그리면 아래와 같은 전기자 등가회로가 됩니다.

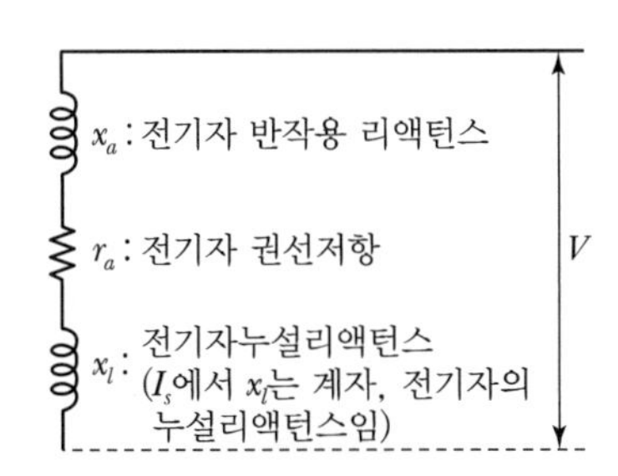

〖 전기자 회로 1상에 대한 등가회로 〗

전기자 등가회로는 직렬회로이기 때문에 R과 X의 위치가 회로에 영향을 주지 않으므로 시각적으로 보기 좋게 정렬하면 아래 그림과 같습니다.

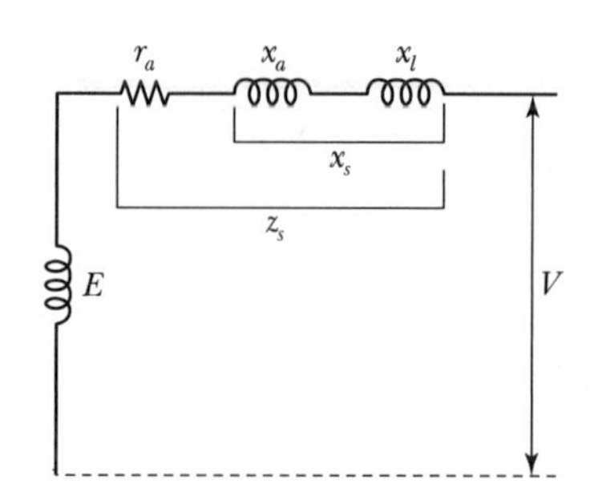

여기서, x_l : 전기자 누설 리액턴스 [Ω] (전기자전류에 의해 발생하는 자기장 중 전기자 반작용으로 작용하지 않고 전기자권선 자신에게 영향을 주는 리액턴스)

x_a : 전기자반작용 리액턴스 [Ω] (부하전류가 흐르고 있을 때, 전기자 반작용을 만드는 자속에 의한 리액턴스)

전기자 등가회로의 동기 리액턴스(x_s)와 전기자저항(r_a)의 대소관계는 $x_s \gg r_a$이고, 동기임피던스(Z_s)와 동기 리액턴스(x_s)와의 관계는 $Z_s \fallingdotseq x_s$으로 '서로 거의 같다'라고 말할 수 있습니다. 그러므로 동기발전기의 전기자 전체 임피던스인 동기임피던스(Z_s)에서 전기자저항(r_a)이 차지하는 값은 매우 작다고 할 수 있습니다. 그래서 동기발전기 전기자의 임피던스, 단자전압, 출력 공식을 정리하면 다음과 같습니다.

① 동기 리액턴스

$$x_s = x_l + x_a\,[\Omega]$$

② 동기 임피던스

$$Z_s = r_a + j\,x_s = r_a + j(x_l + x_a)\,[\Omega]$$

③ 단자전압

$$V = E - (I \cdot Z_s)$$

여기서, $Z_s \fallingdotseq x_s$ 관계이므로,

$$= E - (I \cdot x_s) = E - I(x_a + x_l)\ [\mathrm{V}]$$

④ 동기발전기 출력(단상)

$$P_{1\phi} = \frac{E \cdot V}{x_s}\sin\delta\,[\mathrm{W}]$$

동기임피던스(Z_s)에서 전기자저항(r_a)값이 매우 작으므로, 동기발전기 출력 공식 ($P = \dfrac{E \cdot V}{Z_s}\sin\delta$)에서 Z_s를 x_s로 바꿔서 표현할 경우

9. 동기발전기의 특성곡선

동기발전기의 기기특성을 파악하기 위한 시험으로 대표적인 전기기기 기본시험은 아래의 3가지 시험입니다.

- 무부하시험(무부하 포화시험) : $I_f - V$ 관계를 관찰하는 시험
  발전기에 부하전류가 흐르지 않는 무부하상태에서 정격속도로 운전(회전)할 때, 계자전류(I_f)를 일정하게 증가시킴에 따른 단자전압(V)의 변화를 관찰합니다. 그리고 이 과정을 직각좌표 위에 곡선으로 나타냅니다.
- 부하시험(단락시험) : $I_f - I_s$ 관계를 관찰하는 시험
  발전기의 출력단자(또는 부하)를 단락시킨 상태에서 정격속도로 운전(회전)시킵니다. 그리고 단락시킨 발전기 출력에 정격전류가 흐를 때까지 계자전류(I_f)를 일정하게 증가시키며 단락전류(I_s : 단락전류는 곧 전기자전류 I_a)의 변화를 관찰합니다. 그리고 이 과정을 직각좌표 위에 곡선으로 나타냅니다.
- 외부 특성곡선 : $I - V$ 관계를 관찰하는 시험
  발전기의 부하전류가 흐르고 있는 상태에서 계자전류(I_f)를 일정하게 유지시키고 부하전류(I) 증가에 따른 단자전압(V)의 변화를 관찰합니다. 그리고 이 과정을 직각좌표 위에 곡선으로 나타냅니다.

(1) 무부하시험

'무부하시험'은 발전기를 무부하로 운전할 때, 어떤 곡선(포화곡선)을 그리는지 알아보기 위한 시험으로 '무부하 포화시험'이라고도 부릅니다.

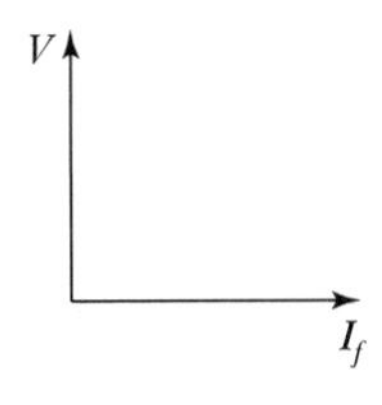

자속(ϕ)을 일정하기 증가시키기 위해 계자전류(I_f)를 일정하게 증가시킵니다. 자속(ϕ)이 증가하면 발전기의 유기기전력(E)도 일정하게 증가합니다. 물질의 한계로 인해 계자철심에서 나오는 자속(ϕ)이 계자전류(I_f) 증가에 비례하여 무한히 증가하지 않습니다. 바로 계자철심의 자기포화상태(철심의 자속포화상태)로 인해 포화상태가 된 계자는 계자전류(I_f)를 증가시키더라도 더 이상 자속(ϕ)이 증가하지 않고, 따라서 발전기 유기기전력(E)의 크기도 일정 값 이상 증가하지 않습니다. 이러한 상태를 $I_f - V$ 관계 곡선은 자기포화 전까지 상승곡선을 그리다가 자기포화 후에는 수평곡선을 유지하게 됩니다.(다음 그림)

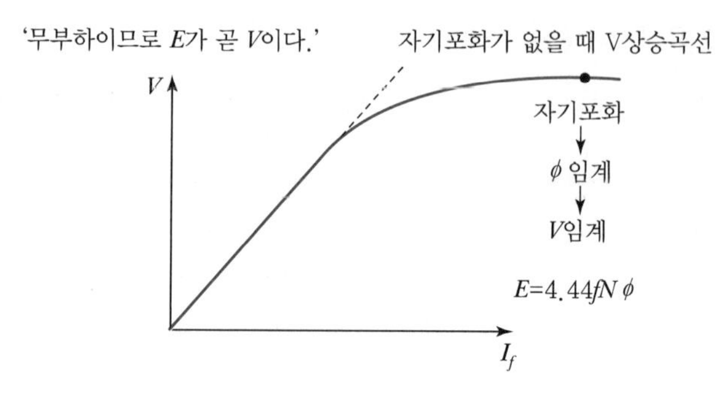

〚 무부하 포화시험의 $I_f - V$ 곡선 〛

(2) 부하시험(단락시험)

'부하시험'은 발전기를 부하로 운전할 때, 어떤 곡선을 그리는지 알아보기 위한 시험입니다. 하지만 발전기에 가상의 부하를 만드는 것은 현실적으로 어려우므로, 발전기 출력단자를 '단락(Short)'시킴으로써 최소부하의 의미로 부하시험을 할 수 있습니다. 그래서 '부하시험' 또는 '단락시험'이라고 부릅니다.
'단락(Short)'이란 전기적으로 서로 붙지 말아야 할 두 개의 선이 붙었다는 '합성'을 의미합니다. 단락이 발생하면, 단락 지점에는 정격을 넘는 큰 전류가 흘러 고온의 열과 함께 도선이 소손됩니다.

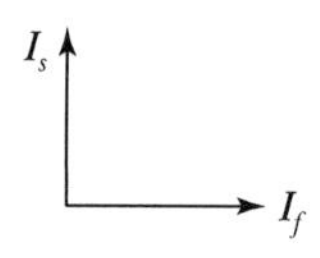

발전기 출력단자에 단락이 발생하면, 단락 지점에 대전류가 흐르므로, 발전기의 전기자 도체도 단락방향으로 대전류를 공급하기 위해 발전기의 계자전류(I_f) 증가, 계자의 자속(ϕ) 증가, 전기자권선의 유기기전력(E) 증가가 연쇄적으로 일어납니다. 이때 계자철심은 자기포화상태가 되어 자속(ϕ)은 무부하시험과 같은 '임계곡선'을 그리게 되고, 자속과 유기기전력은 비례관계($\phi \propto E$)므로, 자속(ϕ)의 임계곡선처럼 유기기전력(E)도 임계곡선을 그리게 됩니다. 이론적으로 단락곡선은 무부하시험과 같은 포화곡선을 그려야 하지만, 실제 단락곡선은 **직선**을 그리게 됩니다.
단락곡선이 직선을 그리는 이유는, 단락곡선은 단락이 발생했을 때 발전기의 전기자전류(I_a)가 그리는 곡선인데,

- 자기포화 전까지 전기자전류(I_a)는 증가하고 ($\rightarrow I_a(증가)=\dfrac{E(증가)}{Z_s(일정)}$)
- 자기포화 후에는 유기기전력(E)은 일정하지만, 전기자 반작용이 줄어듦으로 인해 동기임피던스(Z_s) 역시 감소($\rightarrow I_a(증가)=\dfrac{E(일정)}{Z_s(감소)}$)합니다.

이렇게 결국 단락곡선($I_f - I_s$)의 전기자전류(=단락곡선 I_s)곡선은 상승만 하는 **직선**을 그리게 됩니다.(아래 그림)

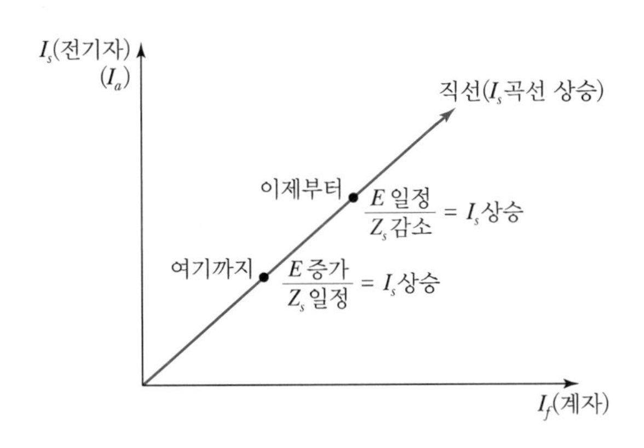

〖동기발전기의 단락곡선〗

- 동기발전기의 단락곡선이 포화곡선이 아닌 상승 '직선'을 그리는 이유는 전기자 반작용의 감소로 동기임피던스(Z_s)가 줄어 전기자전류(I_s)가 계속 상승하기 때문이다.

① 단락(Short)의 개념

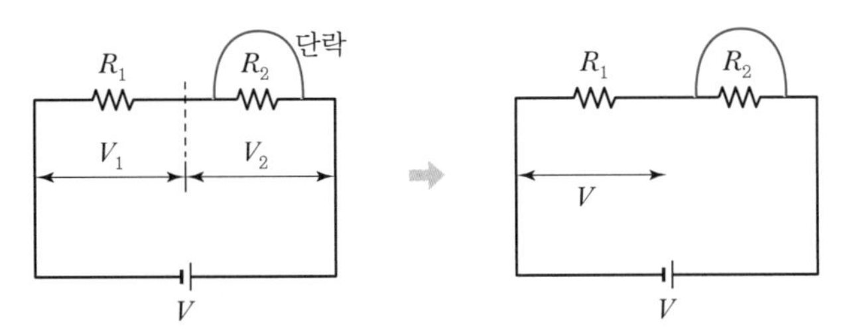

전기회로에서 단락이 일어나면 회로의 필수 3요소인 "전압(V), 전류(I), 저항(R)" 중 저항(R)이 최소($R=0$)가 되므로 전류가 순간적으로 매우 빠르게 커집니다.

$$I(\infty) = \frac{V}{R(0)}$$

전류(I)가 순간적으로 크게 상승하면 전류가 흐르던 전선피복은 높은 전류의 고열로 녹아내리고, 전선은 폭발하거나 전선과 접속된 가장 가까운 차단기가 전류흐름을 차단하게 됩니다. 발전기는 부하가 쓰는 전류만큼을 공급하기 때문에 만약 전선로에 차단시설이 전혀 없다면, 부하의 단락사고가 간선 > 배전선로 > 변전소 > 송전선로 > 발전소의 발전기까지 역행하며 단락사고의 여파가 발전기까지 빛의 속도로 전달됩니다. 하지만 현실적으로 전선로에는 수많은 차단설비가 설치되어 있으므로 그런 일은 일어나지 않습니다.

핵심기출문제

동기발전기의 3상 단락곡선은 무엇과 무엇의 관계 곡선인가?

① 계자전류와 단락전류
② 정격전류와 계자전류
③ 여자전류와 계자전류
④ 정격전류와 단락전류

해설

3상 단락곡선
모든 단자를 단락시키고 정격속도로 운전할 때 계자전류와 단락전류의 관계곡선이다.

정답 ①

핵심기출문제

다음 중 동기기의 3상 단락곡선이 직선이 되는 이유는?

① 무부하 상태이므로
② 자기 포화가 있으므로
③ 전기자 반작용으로
④ 누설 리액턴스가 크므로

해설

전기자 반작용으로 인한 감자작용이 상당히 크므로 철심의 자기 포화를 시키지 않기 때문이다.

정답 ③

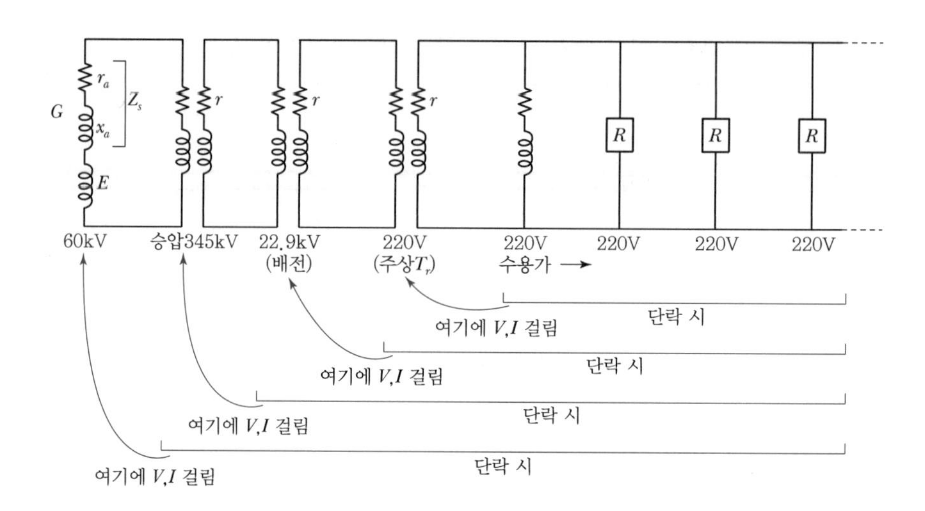

부하단에서 단락이 발생하면 부하에 걸려야 할 전압이 전부 전원단에 걸리므로, 전원단은 과전압, 과전류로 전기사고의 위험이 커집니다.

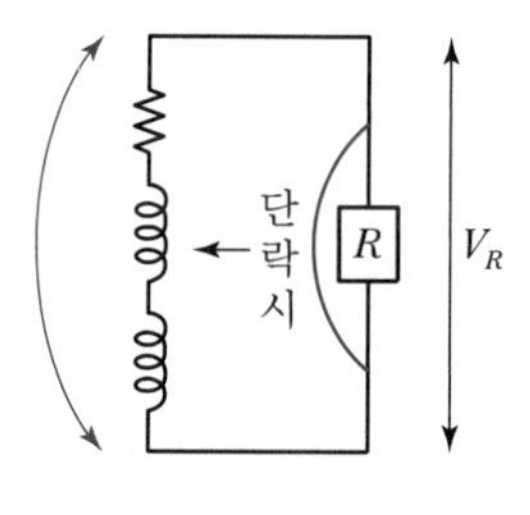

그래서 사소한 단락사고는 대형 전기사고로 이어질 수 있기 때문에 단락의 특성을 알고, 단락사고가 났을 경우 단락전류가 얼마나 될지 미리 계산하여 단락전류를 차단할 차단기의 용량을 파악할 필요가 있습니다.

$$\text{단락전류 } I_s = \frac{E}{Z_s} \fallingdotseq \frac{E}{x_s} \text{ [A]}$$

② 단락전류의 특성

단락이 발생했을 때 '단락전류'를 아래 그림처럼 돌발단락전류와 영구단락전류로 나눠서 볼 수 있습니다.

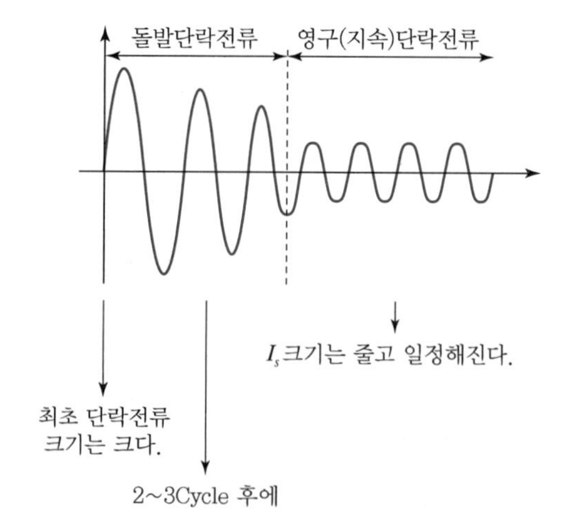

핵심기출문제

동기발전기가 운전 중 갑자기 3상 단락을 일으켰을 때 그 순간 단락전류를 제한하는 것은?

① 전기자 누설 리액턴스와 계자 누설 리액턴스
② 전기자 반작용
③ 동기 리액턴스
④ 단락비

해설

동기발전기가 무부하운전 중 갑자기 3상 단락을 일으켰을 때 단락 초기에는 전기자 반작용이 나타나지 않으므로 전기자 저항을 무시하면 단락전류를 제한하는 것을 누설 리액턴스뿐이다.

정답 ①

단락이 발생하면, 먼저 가장 큰 단락전류가 나타나는 구간을 '돌발단락전류(I_s)', 이후에 단락전류 크기가 줄어든 구간을 '영구단락전류(I_s)'로 구분합니다. 돌발단락전류와 영구단락전류는 각각의 단락전류가 나타날 때 발생하는 리액턴스 성분으로 명확히 구분할 수 있습니다. 동기발전기에서 나타나는 전체 임피던스가 동기임피던스 $Z_s = r_a + jx_s\,[\Omega]$인데, 돌발단락전류($I_s$)가 나타날 때 계자와 전기자에 의한 누설 리액턴스(x_l)가 나타나고, 이후 영구단락전류(I_s) 구간에서는 계자와 전기자 사이의 전기자 반작용에 의한 전기자반작용 리액턴스(x_a) 성분이 나타납니다. 그러므로 두 단락전류를 다음과 같이 구체적 수식으로 나타낼 수 있습니다.

- 단락 초기 → 돌발단락전류 $I_s = \dfrac{E}{X_l}\,[A]$ (또는 차과도 단락전류)

  단락 초기에는 전기자반작용 리액턴스(x_a)가 상실된 상태로 전기자에 의한 누설 리액턴스(x_l)만 존재합니다. 이것을 '차과도 리액턴스(x_d)'로 정의합니다.

- 단락 과도 → 영구단락전류 $I_s = \dfrac{E}{x_l + x_f}\,[A]$ (또는 과도 단락전류)

  리액턴스 변화에 따른 단락전류가 변하는 구간은 전기자 누설리액턴스(x_l)와 계자 누설리액턴스(x_f)가 나타나고, 이런 과도 단락전류가 나타나는 구간의 리액턴스를 '과도 리액턴스($x_d' = x_l + x_f$)'로 정의합니다.

- 단락 정상 → 영구단락전류 $I_s = \dfrac{E}{x_l + x_a}\,[A]$ (또는 정상 단락전류)

  최초 단락인 돌발단락전류는 누설리액턴스(x_l)가 단락전류를 제한하고, t초 후 영구단락전류는 '동기리액턴스($x_s = x_l + x_a$)'가 단락전류를 제한합니다.

이와 같이 발전소 **전단**에서 3상 단락이 발생하면, 단락 발생 순간에 발전기의 전기자 반작용은 감자작용으로 발전기 유기기전력(E)을 감소시키며, 이후 단락 초기에 발생하는 차과도 리액턴스(x_d)가 차과도 전류(=돌발단락전류)를 제한하고, 이어서 과도 리액턴스(x_d'), 동기 리액턴스(x_s)가 순차적으로 나타나 단락전류를 제한합니다.

(3) 단락비(K_s)

단락비(K_s)란, 어떤 전기기기(Machine)에서 단락이 일어날 때의 두 가지 계자전류(I_f) 간에 비율($\dfrac{\text{무부하시험에서 } V_n \text{일 때의 } I_f\text{값}}{\text{단락시험에서 } I_n \text{일 때의 } I_f\text{값}} = \dfrac{I_{f1}}{I_{f2}}$)을 의미합니다. 여기서 두 가지 계자전류($I_f$)란 다음 두 가지를 의미합니다.

- 무부하시험의 계자전류(단락 이전, 무부하 포화곡선 $I_f - V$에서 I_f의 크기)
- 단락시험의 계자전류(단락 이후, 단락곡선 $I_f - I_a$에서 I_f의 크기)

※ 전단
앞쪽을 말하며, 발전기 전단은 발전소 이후 송전계통방향이 아닌 발전소(발전소 스위치 야드) 이전의 구간을 말한다.

핵심기출문제

단락비가 1.2인 동기발전기의 % 동기 임피던스는 약 몇 %인가?

① 8 ② 83
③ 100 ④ 120

해설

단락비 $K_s = \dfrac{100}{\%Z_s}$이므로,

$1.2 = \dfrac{100}{\%Z_s}$에서 %동기 임피던스

$\%Z_s = 83.33[\%]$이다.

정답 ②

PART 02

단락비(K_s)는 단락(단락사고)이 발생했을 때, 단락 사고전류가 얼마인지 계산하는 데 매우 유용한 개념이자 수치입니다. 단락비($K_s = \frac{I_{f1}}{I_{f2}}$)의 I_{f1}과 I_{f2}의 의미를 다음 그림(단락비 곡선그림)에서 설명하고 있습니다.

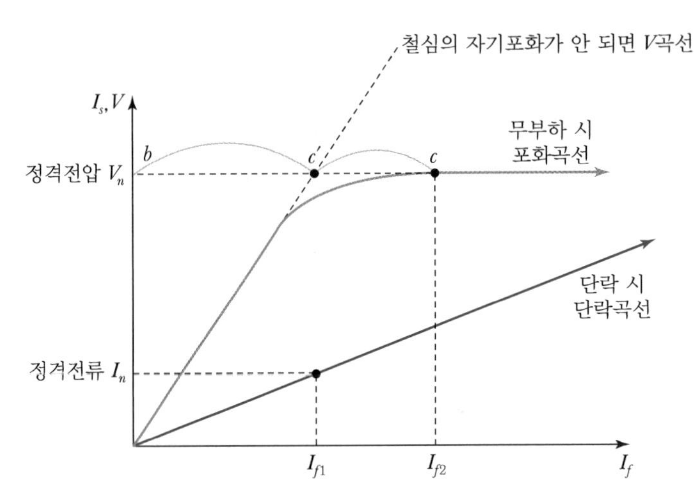

〚 단락비 : 무부하 포화곡선 + 단락곡선 〛

여기서, I_{f1} : 무부하 포화곡선에서 단자전압(V)이 기기의 정격전압(V_n)에 도달했을 때의 계자전류(I_f) 수치

I_{f2} : 단락곡선에서 전기자전류(I_a)가 기기의 정격전류(I_n)에 도달했을 때의 계자전류(I_f) 수치

- 단락비 $K_s = \dfrac{\text{무부하시험에서 } V_n \text{일 때의 } I_f \text{값}}{\text{단락시험에서 } I_n \text{일 때의 } I_f \text{값}} = \dfrac{I_{f1}}{I_{f2}} = \dfrac{100}{\% Z_s}$ (단위 없음)
- 포화율= $\dfrac{c' - c}{b - c'}$ (포화율은 선분 $b - c'$ 와 선분 $c' - c$의 비율)

퍼센트 임피던스 $\% Z = \dfrac{I \cdot Z_s}{E[\text{V}]} = \dfrac{Z_s \cdot P}{10 E^2 [\text{kV}]}$ [%]

퍼센트 임피던스($\% Z$)의 의미는 전압강하를 전체전압에 대해서 백분율($\frac{I \cdot Z}{E}$)로 나타낸 것입니다. 퍼센트 임피던스에 대한 내용은 「4장 변압기」에서 더 자세히 다룹니다.

$$\text{전압변동률 } \varepsilon = \frac{\text{무부하전압}(V_0) - \text{정격전압}(V_n)}{\text{정격전압}(V_n)} \times 100 [\%]$$

$$\varepsilon = \frac{V_o - V_n}{V_n} \times 100 [\%]$$

핵심기출문제

무부하 포화곡선과 공극선을 써서 산출할 수 있는 것은?

① 동기 임피던스
② 단락비
③ 전기자 반작용
④ 포화율

해설

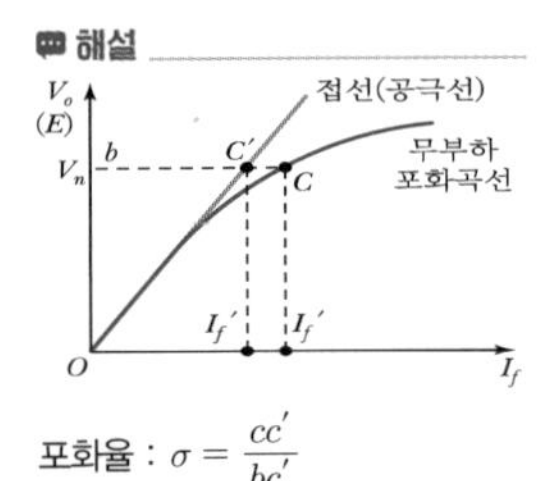

포화율 : $\sigma = \dfrac{cc'}{bc'}$

정답 ④

✠ 포화율
무부하 포화곡선과 단락곡선을 합쳤을 때 확인할 수 있는 단락비곡선에서 계자의 자기포화가 되는 정도를 표현한 것이다.

핵심기출문제

정격용량 10000[kVA], 정격전압 6000[V], 단락비 1.2인 동기발전기의 동기 임피던스[Ω]는?

① $\sqrt{3}$　② 3
③ $3\sqrt{3}$　④ 3^2

해설

$\% Z_s = \dfrac{100}{K_s} = \dfrac{100}{1.2} = 83.3 [\%]$

$\% Z_s = \dfrac{Z \cdot P}{10 V^2} [\%]$ 에서

∴ 동기 임피던스

$Z = \dfrac{10 V^2 \cdot \% Z_s}{P}$

$= \dfrac{10 \times 6^2 \times 83.3}{10{,}000} = 3 [\Omega]$

정답 ②

- 유도성 부하일 때, 무부하전압(V_o)> 정격전압(V_n) 관계가 되므로 전압변동률 : $\varepsilon > 0$
- 용량성 부하일 때, 무부하전압(V_o)< 정격전압(V_n) 관계가 되므로 전압변동률 : $\varepsilon < 0$

[중요] 단락비가 큰 기기(발전기, 전동기, 변압기)의 특징

- 전기설비가 도체권선의 비중보다 철의 비중이 크면 클수록 단락비가 커진다. 도체권선보다 철이 차지하는 비율이 높으면, 기기의 투자율(μ)이 크기 때문이며 자기포화상태가 늦게 일어나므로, 단락비 ($K_s = \dfrac{I_{f1}}{I_{f2}}$)의 I_{f1} 수치가 높아 단락비 역시 크다.
- 단락전류가 크기 때문에 동기 임피던스(Z_s)가 작다. → $I_s(\uparrow) = \dfrac{E}{Z_s(\downarrow)}$
- 단락비가 크면 철이 차지하는 부피가 크기 때문에 자연히 철과 관련된 히스테리시스 손실(P_h)도 증가하여 철손(P_i)이 크게 된다. 동시에 철손이 크므로 효율(η)도 나쁘다.
- (회전기의 경우) 계자와 전기자 사이의 공극이 크다.
- (동기기의 경우) 기기의 덩치만큼 계자의 주 자속도 크기 때문에 전기자 반작용이 작다.
- 계자의 기자력(F [AT])이 크다.
- 중량이 무겁고 기기 가격이 비싸다.
- 전압 변동률(ε)이 작다.
- 기기의 안정도가 높다. 그러므로 단락에 대해 빨리 안정이 된다.
- 송전선로의 시충전(= 시송전)용으로 적당하다.

핵심기출문제

동기발전기의 동기 임피던스는 철심이 포화하면 어떻게 되는가?

① 증가한다.
② 증가 · 감소가 불분명하다.
③ 관계없다.
④ 감소한다.

정답 ④

✠ 시충전, 시송전
전기설비를 처음 제작하거나 혹은 전선로를 시공 · 건설한 후 시험용으로 처음 전압을 선로와 기기에 인가해 본다. 이때 단락비가 큰 기기는 선로와 기기 시험용으로 적당하다.

10. 자기여자현상

'자기여자현상'은 동기발전기의 전기자권선도체에 진상부하(전류가 전압보다 앞서는 용량성 부하)로부터 영향을 받는 현상으로, 진상전류가 전기자권선에 흐르면 전기자전류에 의한 자화작용(전기자 반작용)은 계자에 직류 여자전원을 가하지 않아도 전기자권선에 기전력이 유기되는 현상입니다. 계자가 공급하는 자속이 아닌 부하의 진상전류(I_c)가 전기자 도체권선에 역으로 유입된 자속이므로 매우 저역률이고, '자기여자현상'으로 인한 기전력 발생은 발전기 운영자에 의한 제어가 아니므로 안 좋은 현상입니다.

[중요] 자기여자현상 방지대책

- 송전선로의 수전단에 동기조상기를 접속해 지상전류를 계통에 흘린다.
- 송전선로의 수전단에 변압기(지상부하)를 접속한다.
- 송전선로의 수전단에 유도성 리액턴스(X_L)를 병렬로 접속한다.
- 발전기의 단락비를 크게 한다.
- 발전기 2~3대를 병렬하여 모선에 접속한다. → 많은 발전기를 병렬로 접속하면 단자전압을 균등하게 하기 위한 균압장치를 설치해야 하므로 비용이 비싸진다. 그러므로 병렬운전은 발전기 2~3대를 넘지 않는다.

핵심기출문제

동기기의 자기여자현상의 방지법이 아닌 것은?

① 단락비 증대
② 리액턴스 접속
③ 발전기 직렬 연결
④ 변압기 접속

해설

자기여자 방지법
- 발전기를 여러 대 병렬로 접속한다.
- 수전단에 동기조상기를 접속한다.
- 송전선로의 수전단에 변압기를 접속한다.
- 단락비가 큰 발전기를 사용한다.
- 수전단에 리액턴스를 병렬로 접속한다.

정답 ③

11. 동기발전기의 운전방법

'동기발전기'의 운전방법이란 정부에서 운영하는 원자력이나 화력발전 혹은 지역난방발전과 같은 큰 발전소도 있지만 그보다 규모가 작은 민간발전소도 있고, 수용가(공장, 빌딩, 학교, 아파트 단지) 내에 작은 용량의 발전기들도 있습니다. 수용가의 사용전력을 예상하고 비상용 발전설비를 설계했지만, 이후에 전기사용이 증가하는 이유로 발전설비를 추가하게 될 수도 있고, 공장이나 빌딩의 임대 법인업체가 바뀌거나 사업변경으로 기존보다 더 많은 전력사용을 이유로 발전설비를 추가하는 경우가 발생할 수 있습니다. 이렇게 발전설비의 발전용량을 증설해야 할 경우, 총 발전용량에서 부족한 용량만큼의 발전설비를 추가하고 기존 발전설비를 지속적으로 사용할 수 있습니다. 이와 같이 발전설비를 추가 설치할 경우 어떻게 연결하고, 두 대 이상의 발전기를 접속할 때 어떤 조건이 맞아야 하는지에 대한 내용입니다.
결론적으로 두 대 이상의 발전기는 서로 병렬로 연결돼야 합니다. 직류발전기든 교류발전기든 직렬로 연결하는 경우는 있을 수 없습니다. 그래서 '동기발전기의 운전방법'이란 곧 교류발전기의 '병렬운전조건'과 같습니다.

교류발전기의 출력(기전력 공식)은,
$v = \sqrt{2}\,V\sin(2\pi ft+\theta)$이므로

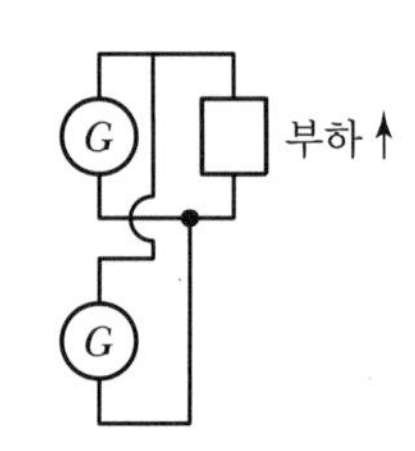

교류기전력 공식의 핵심요소는,
기전력의 "크기(V), 파형(sin),
주파수(f), 위상(θ)" 4가지가 됩니다.

그래서 두 발전기를 '병렬운전'할 때 위 4가지가 반드시 서로 같아야 병렬운전이 가능합니다.

(1) 교류발전기 병렬운전조건

① 두 발전기의 기전력 크기(V)가 같아야 한다. 만약 기전력 크기가 다르면 무효순환전류(I_c)가 발생한다.(무효순환전류 또는 무효횡류라고 함)

㉠ 무효순환전류의 크기

$$I_c = \frac{E}{Z}[\mathrm{A}] \rightarrow I_c = \frac{I_1Z_1 - I_2Z_2}{Z_1+Z_2} = \frac{E_1-E_2}{2Z_s}[\mathrm{A}]$$

㉡ 두 발전기 간에 기전력 차이가 존재하면(방지대책) 둘 중 한 발전기의 계자저항(R_f)을 조절해 기전력의 크기(V)를 같게 만든다.

㉢ 병렬운전 중인 A와 B 두 대의 교류발전기 기전력이 같도록 계자저항(R_f)을 조정할 때, A발전기의 계자전류(I_f)를 증가시키면 A발전기의 역률은 저하되고 동시에 B발전기의 역률은 향상된다.

핵심기출문제

A, B 2대의 동기발전기를 병렬운전 중 계통 주파수를 바꾸지 않고 B기의 역률을 좋게 하는 것은?

① A기의 여자전류를 증대
② A기의 원동기전류를 증대
③ B기의 여자전류를 증대
④ B기의 원동기전류를 증대

해설
A기의 여자전류를 증가시키면 A기의 역률은 나빠지고 상대적으로 병렬운전 중의 B기의 역률은 좋아진다.

정답 ①

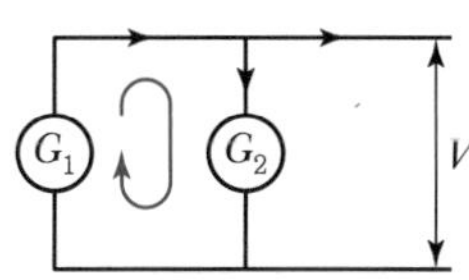

무효순환전류-외부로 출력되지 않는 전류이므로 '무효'

② 두 발전기 기전력의 주파수가 같아야 한다. 만약 주파수(f)가 서로 다르게 되면 '유효순환전류(I_c)'가 발생하여 동기발전기 난조발생의 원인이 된다(유효순환전류 또는 유효횡류, 동기화 전류라고 함).

$$\text{유효순환전류 } I_c = \frac{2E\sin\frac{\delta}{2}}{Z_1 + Z_2} = \frac{E\sin\delta}{2Z_s}\,[\mathrm{A}]$$

여기서, δ : 위상차, E : 유기기전력 또는 상전압, Z_s : 동기리액턴스

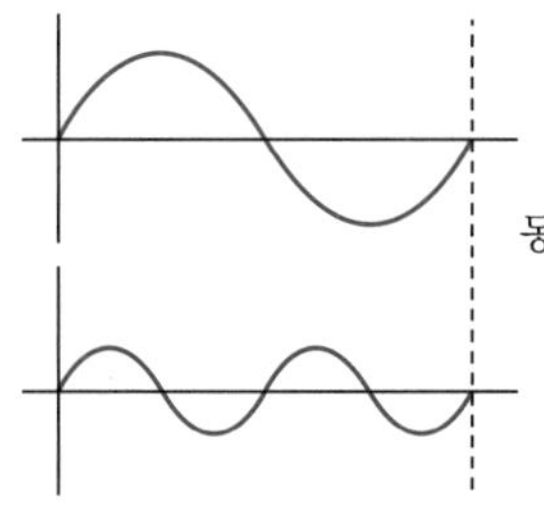

동기화 = 두 발전기 사이에서 기본파와 왜형파가 서로 같아지려고 해서 f 변동이 생김

③ 두 발전기 기전력의 위상(θ)이 같아야 한다. 만약 위상(θ)이 다르게 되면 유효순환전류(또는 유효횡류, 동기화전류)가 발생한다.

㉠ 유효순환전류(I_c)뿐만 아니라 수수전력(P_s)이 생긴다. 수수전력은 위상차로 인한 동기화전류로 두 발전기 사이에서 주고받는 전력이다.

$$G\text{의 수수전력 } P_s = \frac{E^2}{2Z_s}\sin\delta\,[\mathrm{W}]$$

$$\xleftrightarrow{\text{비교}} \text{ 동기 } G \text{ 출력 } P = \frac{E\cdot V}{x_s}\sin\delta\,[\mathrm{W}]$$

㉡ 발전기 사이에 위상차가 생기는 원인 : 원동기(또는 수차)의 회전하는 출력이 변하면 위상차가 생긴다.

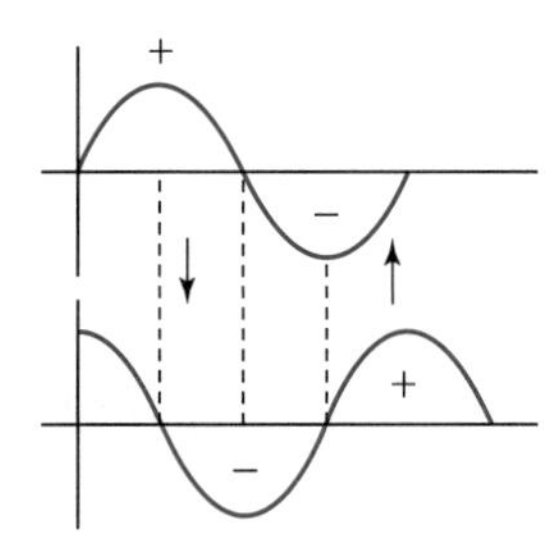

· 두 발전기의 회전 출력에 변화가 생기면 전력크기가 변한다.
· 파형이 일그러진다.

④ 두 발전기 기전력의 파형(sin)이 같아야 한다. 만약 파형이 서로 다르면 고조파 무효순환전류가 발생하여 정현파형이 왜곡된다.

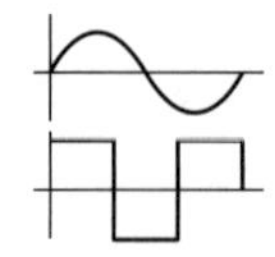

(2) 동기발전기의 병렬운전조건을 지키지 않아도 되는 요소

병렬운전 시 두 발전기의 전류(I), 임피던스(Z), 용량(P)은 같을 필요가 없습니다.

(3) 동기발전기의 회전자 병렬운전조건

두 대 이상의 동기발전기를 병렬운전할 때, 두 발전기 회전자 간에 맞춰야 할 조건은 다음과 같습니다.

① 균일한 각속도($\omega = \frac{\theta}{T}$ [rad/sec])를 가져야 한다. → 만약 두 발전기의 각속도(ω)가 균일하지 않으면 두 대 발전기 사이에 순시적인 기전력 사이의 위상차와 고조파 무효순환전류가 생기므로 병렬운전이 어려워진다.

② 동기발전기가 적당한 속도변동률을 갖기 위해 조속기가 적당한 불감도를 가져야 한다. → 만약 두 대 동기발전기의 조속기가 예민하여 회전자속도 변화에 너무 빠르게 대응하면 난조 및 탈조 발생의 원인이 되고, 반대로 조속기가 너무 둔하면 부하 변동에 따라 발전기 회전자속도 변화를 제어하지 못해 역시 난조 및 탈조의 원인이 된다(=부하 변화에 대응하지 못한다). 그러므로 조속기는 적당히 예민하고 적당한 속도변동률을 갖고 있는 것이 좋다.

(4) 동기발전기의 난조와 탈조

동기발전기의 부하가 급변하는 경우 동기발전기의 회전속도가 동기속도(N_s)를 벗어나 동기속도가 진동하는 현상입니다.

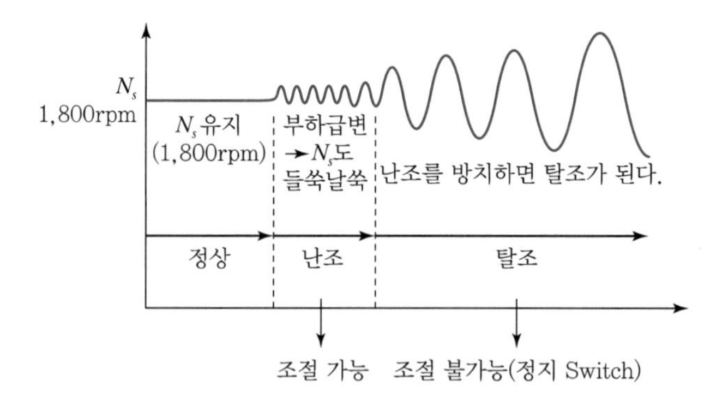

① 난조발생의 원인

- 부하의 변동이 심할 경우(예 전력사용이 많은 여름철)
- 동기속도(N_s)를 유지해주는 '조속기'(회전속도 조절장치)가 예민할 경우
- 동기발전기의 계자에 고조파가 섞이는 경우 → 일정치 않은 자속이 발생

• 발전기 회전자의 관성모멘트가 작아져 자신의 정격속도를 유지하려는 관성이 감소할 경우

② **난조발생 방지대책**

㉠ 발전기 회전자 계자극에 제동권선을 설치한다.

• 제동권선을 설치하면, 기동토크와 회전력 관성이 증가한다.
• 제동권선을 설치하면, 발전기의 경우 **동기화력**이 증가하고, 전동기의 경우 정지시간을 감소시켜 불필요한 기동 · 정지 반복을 줄인다.

㉡ 회전자의 관성모멘트를 높이기 위해, **플라이휠**(Flywheel)을 설치한다.

㉢ 조속기의 성능을 너무 예민하게 운전하지 않는다.

㉣ 동기발전기의 전기자권선을 단절권, 분포권으로 하여 고조파를 제거한다.

03 동기전동기

동기전동기는 동기발전기와 동일한 기기 구조를 갖고 있고, 토크(τ)는 약하고, 좋은 효율로 일정하게 회전하는 속도특성을 갖고 있습니다. 이러한 동기전동기는

• 일정한 속도를 요하는 용도에 적합한 전동기로 사용되고,
• 계통의 역률을 조절하는 조상기(동기조상기)로서 사용됩니다.

[동기전동기 용도의 예]

• 메카트로닉스 분야의 로봇
• 일시적 멈춤 없이 지속적으로 회전하는 시계의 초침
• 일정한 속도로 레코드판을 회전시키는 펜 테이블
• 큰 회전력(토크) 없이 단순히 일정한 속도만을 요하는 송풍기, 볼 밀(Ball Mills)

그 밖에 큰 토크(τ)가 필요 없이 일정한 속도로 회전하는 특성을 요하는 고속열차(KTX, SRT 등)의 전동기로 사용됩니다. 고속열차의 출발단계와 정지단계를 제외하고 고속열차는 일정한 속도로 운행되므로 동기전동기는 고속주행 단계에 적합합니다.

〖볼 밀(수직분쇄기)〗

〖볼 밀(수평분쇄기)〗

✠ 동기화력
동기발전기가 병렬운전하는 상태에서 어느 한 발전기가 동기(Synchronous)상태를 벗어나려고 할 때 이를 다시 동기상태로 되돌리려고 하는 힘이다.

✠ 플라이휠(Flywheel)
난조 방지대책 중 관성모멘트를 크게 하기 위해 '플라이휠'을 높인다고 한다. 플라이휠이란 무거운 회전체로서 회전자와 같이 돌면서 회전체에 관성을 높여 발전기 회전체의 회전속도 변동을 줄이기 위한 것이다.

핵심기출문제

동기전동기를 송전선의 전압 조정 및 역률 개선에 사용한 것을 무엇이라 하는가?

① 동기 이탈 ② 동기조상기
③ 댐퍼 ④ 제동권선

해설

동기조상기
전력계통의 전압조정과 역률개선을 하기 위해 계통에 접속한 무부하의 동기전동기를 말한다.

정답 ②

✠ 볼 밀(Ball Mills)
'분쇄기'를 말하며, 원통에 돌 따위의 원료를 넣어 원통을 회전시킴으로써 재료를 분쇄하는 기기이다.

〖 중형 수평 볼 밀(분쇄기) 〗

1. 동기전동기 원리 및 특성

동기전동기는 스스로 기동할 만큼의 토크(회전력)를 갖고 있지 않으므로, 동기전동기가 정격속도(N_s)에 도달하기 전까지 기동시켜줄 외부장치가 필요합니다. 동기전동기의 기동 목적으로 사용하는 외부장치는 유도전동기입니다.

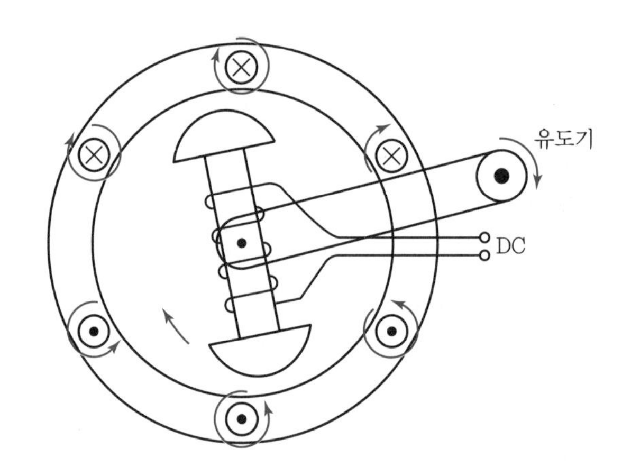

〖 동기전동기에 유도기가 연결된 모습 〗

동기전동기의 회전원리를 보면, 동기전동기의 고정자(3상 전기자권선)에 3상 교류전원을 인가하면 3상 전기자권선에 시계방향 혹은 반시계방향의 회전 자기장이 발생합니다. 3상 전원에 의한 회전 자기장속도로 동기전동기 회전자속도가 도달할 때까지 유도전동기가 기동 및 회전을 시켜주고, 기동이 끝나면 동기전동기 자체 토크(τ)로 동기속도(N_s)로 회전하게 됩니다.

핵심기출문제

동기조상기가 전력용 콘덴서보다 우수한 점은?

① 손실이 적다.
② 보수가 쉽다.
③ 지상역률을 얻는다.
④ 가격이 싸다.

해설

- 동기조상기 : 진상, 지상역률을 얻을 수 있다.
- 전력용 콘덴서 : 진상역률만을 얻을 수 있다.

정답 ③

▶ 동기전동기의 장단점

장점	단점
• 동기속도(N_s)를 내므로 회전속도가 일정하다. • 스스로 역률 조정이 가능하다. • 역률 조정이 가능하므로 기기효율(역률 100%)도 좋다. • 계자와 전기자 사이의 공극이 크고 기계적으로 튼튼하다.	• 기동토크가 약하고, 그래서 별도의 기동장치(IM)가 필요하다. • 토크가 약하므로 속도제어가 어렵다. • 동기기이므로 계자에 직류를 공급할 직류전원장치가 필요하다(계자전원은 타여자방식의 전원). • 동기기이므로 난조가 일어나기 쉽다.

2. 동기전동기의 V곡선

V곡선은 동기전동기의 기기적 특성을 곡선으로 보여주는 그래프이며, 이 그래프를 'V곡선' 또는 '위상특성곡선' 또는 '$I_f - I_a$ 곡선'이라고 합니다.

구체적으로, V곡선은 동기전동기의 특성을 파악하기 위해 시험을 했고, 전동기에 공급전력($P = V \cdot I$)이 일정한 상태에서 전동기의 계자전류(I_f)를 증가시켰을 때 전기자전류(I_a)의 변화를 곡선으로 나타낸 그래프입니다.

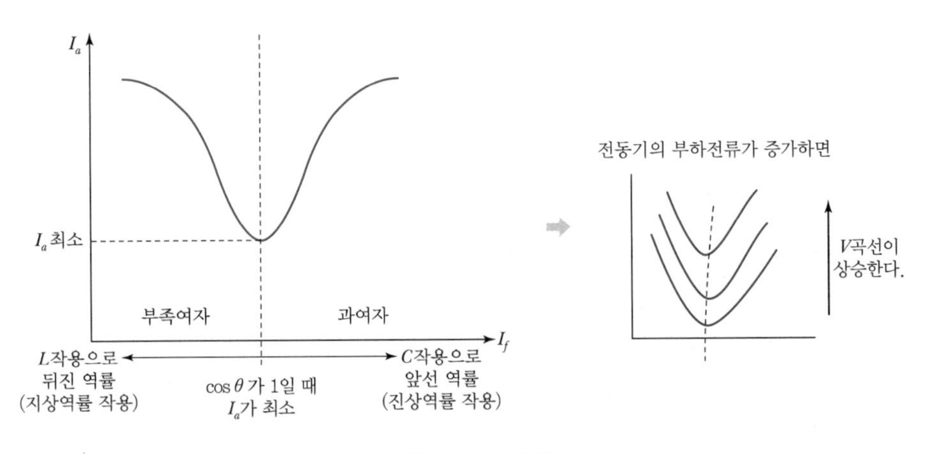

〚 동기전동기의 V곡선 〛

그림의 왼쪽 그래프가 '동기전동기의 V곡선' 그래프입니다.

① 동기전동기의 계자전류(I_f) 값을 낮추면 V곡선의 왼쪽 방향으로 전기자전류(I_a) 값이 증가하며 지상역률(부족여자, 리액터 역할)로 작용하고,

② 동기전동기의 계자전류(I_f) 값을 높이면 V곡선의 오른쪽 방향으로 전기자전류(I_a) 값이 증가하며 진상역률(과여자, 콘덴서 역할)로 작용하는 것을 확인할 수 있습니다.

③ 동시에 동기전동기의 계자전류(I_f) 값을 조절하며, 전기자전류(I_a) 값이 가장 최소가 되는 구간의 전동기역률이 100%가 되는 것을 확인할 수 있습니다.

핵심기출문제

동기조상기를 부족여자로 운전하면 어떻게 되는가?

① 콘덴서로 작용한다.
② 리액터로 작용한다.
③ 여자전압의 이상 상승이 발생한다.
④ 일부 부하에 대하여 뒤진 역률을 보상한다.

해설

동기조상기는 조상설비로 사용할 수 있다.

• 여자가 약할 때(부족여자) : I가 V보다 지상(뒤짐) : 리액터 역할
• 여자가 강할 때(과여자) : I가 V보다 진상(앞섬) : 콘덴서 역할

정답 ②

핵심기출문제

역률이 가장 좋은 전동기는?

① 농형 유도전동기
② 반발 기동전동기
③ 동기전동기
④ 교류 정류자전동기

해설

동기전동기는 위상특성곡선(V곡선)의 특성을 이용하여 계자전류(I_f)를 조절하여 역률 1(100%)로 조정할 수 있는 우수한 전동기이다.

정답 ③

핵심기출문제

동기전동기의 V곡선(위상 특성 곡선)에서 부하가 가장 큰 경우는?

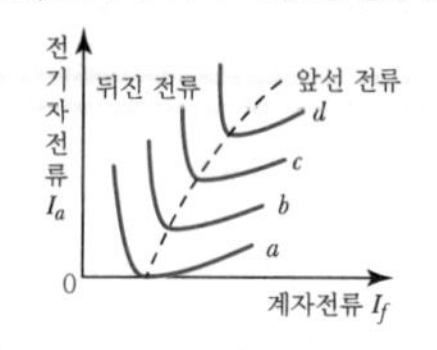

① a ② b
③ c ④ d

해설

동기전동기의 V곡선은 부하출력이 증가할수록 전기자전류 I_a가 증가하므로 V곡선은 위로 이동하는 상승곡선이 된다.

정답 ④

그림의 오른쪽 그래프는 전동기에 연결된 부하가 증가했을 때(부하전류가 증가할 경우) V곡선입니다. 부하전류(I)가 증가하면 동기전동기의 전기자전류(I_a)도 상승하므로 세로축(I_a축)으로 V곡선은 상승하게 됩니다.

3. 동기전동기의 기동법

보통 일반적인 전동기(유도전동기, 직류전동기)는 스스로 회전할 만큼 토크(τ)가 충분하지만, 동기전동기는 토크(τ)가 약하기 때문에 스스로 기동하지 못합니다. 그래서 동기전동기를 기동시켜줄 기동장치(또는 기동기)가 필요합니다.

(1) 타기동법

동기전동기는 다른 외부장치의 도움을 받아 기동을 하고, 그 외부장치는 주로 유도전동기입니다. 구체적인 방법으로 동기전동기의 계자극수보다 2극 적은 유도전동기를 벨트(혹은 체인)로 연결하여 동기전동기가 동기속도(N_s)에 이를 때까지 속도를 증가시키는 방법입니다.

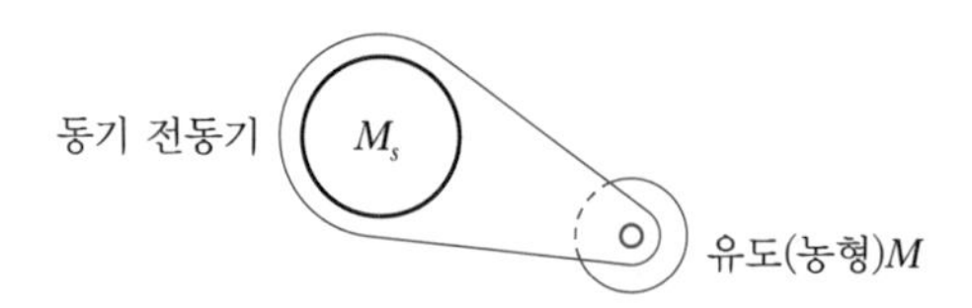

(2) 자기기동법

자기기동법은 타기동법과 유사합니다. 먼저 기동할 때 동기전동기의 전원과 계자의 여자기 전원을 끈 상태(OFF 상태)에서 계자권선에 저항을 접속시켜 단락된 상태로 동기속도까지 유도전동기로 회전시킵니다.

만약 계자권선을 단락하지 않고, 동기전동기 전기자권선에 3상 전원을 넣으면 동기전동기의 계자권선에 전자유도로 인한 높은 유도기전력이 발생되므로 계자권선이 소손될 가능성이 있습니다.

핵심기출문제

동기전동기의 자기 기동에서 계자권선을 단락하는 이유는?

① 기동이 쉽다.
② 기동권선으로 이용한다.
③ 고전압이 유도된다.
④ 전기자 반작용을 방지한다.

해설

동기전동기의 기동법

- 자기(자체)기동법 : 회전 자극 표면에 기동권선을 설치하여 기동 시에는 농형 유도전동기로 동작시켜 기동시키는 방법으로, 계자권선을 열어 둔 채로 전기자에 전원을 가하면 권선수가 많은 계자회로가 전기자 회전자계를 끊고 높은 전압을 유기하여 계자회로가 소손될 염려가 있으므로 반드시 계자회로는 저항을 통해 단락시켜 놓고 기동시켜야 한다.
- 타기동법 : 기동용 전동기를 연결하여 기동시키는 방법이다.

정답 ③

(3) 저주파기동법

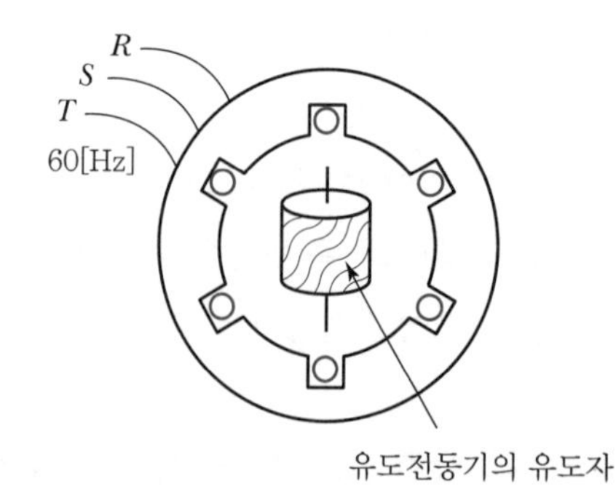

〖a. 유도전동기〗

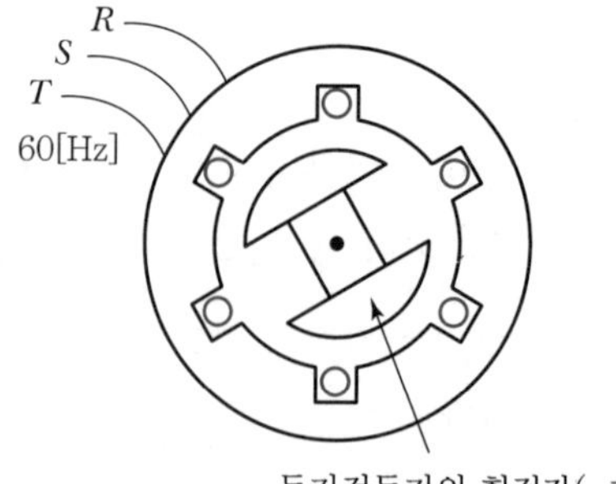

〖b. 동기전동기〗

[그림 a]에서 유도전동기가 회전하는 원리를 보면 회전자(=유도자)는 3상 교류전원에 의한 전자유도와 전자력으로 회전자계를 만들어 회전자(=유도자)가 회전하게 됩니다.

3상 동기전동기도 3상 교류전원이 고정자에 입력되므로 고정자에 회전자계가 만들어지는 원리는 3상 유도전동기와 똑같습니다. 다만, [그림 b]에서 확인할 수 있듯이 동기전동기의 회전자는 유도전동기의 유도자보다 훨씬 크고 무겁습니다. 이와 같이 동기전동기의 회전자는 유도자보다 무거워 토크를 발생시키기 어려우므로, 동기전동기에 입력되는 교류 60[Hz] 주파수를 1[Hz] 이하의 낮은 저주파로 인가하여 점차적으로 주파수를 증가시켜 동기전동기의 토크 발생을 유도하는 방식이 **저주파 기동법**입니다.

여기서 동기전동기의 고정자에 인가된 저주파수를 회전자가 따라 회전할 수 있는 원리는 동기전동기에 교류전원이 인가됨과 동시에 회전자는 N－S 자극을 만드는 계자가 되기 때문에 회전자는 저주파에 의한 회전자계를 따라 회전하게 됩니다.

4. 산업현장에 응용되는 동기전동기와 그 밖의 여러 동기전동기

앞에서 설명한 내용은 기본적이고 원론적인 동기전동기에 대한 설명이었고, 여기서 설명하는 전동기들은 산업현장에 적합하게 응용하여 사용하는 동기전동기의 종류입니다.

(1) 동기주파수 변환기

동기전동기의 회전축과 동기발전기의 원동축을 서로 연결하여, f_1 주파수로 회전하는 동기전동기를 f_2 주파수로 회전하고 있는 동기발전기로 전달하여 f_2 주파수의 교류를 f_1 주파수의 교류로 변환하는 '주파수변환장치'입니다. 이 장치는 주로 주파수가 서로 다른 두 계통을 연계하여 위하여 주파수를 통일해 전력을 교환하기 위해 사용합니다.

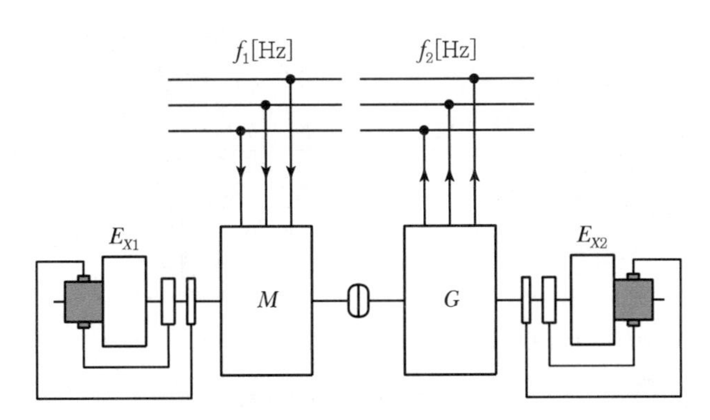

> **핵심기출문제**
>
> 동기전동기의 용도가 아닌 것은?
>
> ① 분쇄기 ② 압축기
> ③ 송풍기 ④ 크레인
>
> **해설**
> 동기전동기는 비교적 저속도, 중·대용량인 시멘트공장 분쇄기, 압축기, 송풍기 등에 이용된다. 크레인과 같이 부하 변화가 심하거나 잦은 기동을 하는 부하는 직류 직권전동기가 적합하다.
>
> 정답 ④

(2) 단상 동기발전기

동기발전기가 기본적으로 3상 교류진력을 만드는 것에 반해, 단상 동기발전기는 단상교류전력을 발생시키는 발전기입니다. 주로 특수한 목적으로 소용량 발전(실험용, 통신신호용)에 사용하고, 대용량 발전일 경우는 전기철도용으로 사용합니다.

(3) 브러시리스 직류전동기

① 직류전동기는 외부 전원을 내부 회전자로 연결해 주는 브러시가 있지만, 브러시리스 직류전동기는 브러시가 없습니다. 전동기 내 · 외부를 브러시로 연결하면 필연적으로 정류자와 브러시 사이에 불꽃이 발생하는데, 이런 마찰저항과 마찰열로 파생되는 문제 때문에 브러시리스 방식을 사용합니다.

② 브러시리스 직류전동기는 정류자와 브러시가 없으며, 속도제어를 할 때는 입력전원의 교류주파수를 변화시켜 전동기의 속도를 변화시킵니다.

③ **용도** : 전동공구, 서보전동기, 가전제품, 전기자동차 및 전기기관찰의 원동장치, 엘리베이터(승강장치), 절삭 · 공작용 기계, 산업용 로봇의 자동제어기기 등

(4) 유도자형 고주파발전기

고주파발전기는 유도가열장치의 전원이 되는 장치입니다. 유도가열을 하기 위한 목적으로 고주파(1[Hz]~20[kHz])를 이용하여 고주파전력을 발생시키는 동기발전기입니다.

전동기는 기본적으로 전기자나 계자 둘 중 하나는 고정되어 있고, 하나는 회전하게 됩니다. 하지만 유도자형 고주파발전기는 계자권선과 전기자권선 모두 고정된 상태로 외부에 계자권이 있고, 내부 중앙에는 고정자권선이 위치합니다. 전기자는 권선을 감지 않은 유도자 역할을 하여, 이 기기가 작동할 때 유도자 회전수만큼 외부(계자)로 1[Hz]~20[kHz]의 고주파전력이 출력되는 동기발전기입니다.

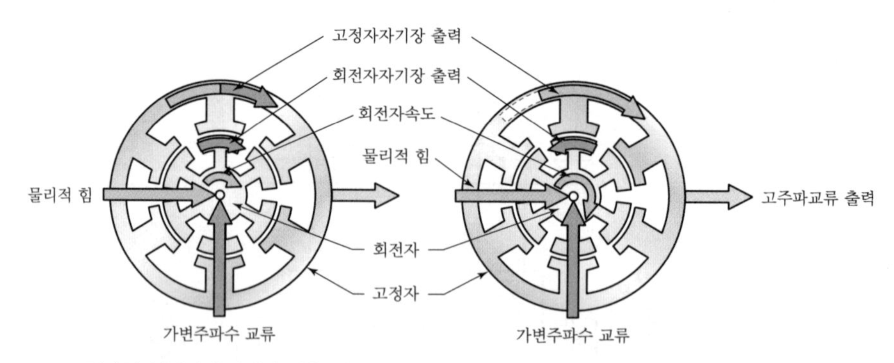

〖 **유도자형 고주파발전기** 〗

(5) 반작용 동기전동기

계자에 직류여자기권선 없이, 전기자전류의 무효분(전기자 반작용을 이용하여 만든 무효분)을 가지고 계자를 여자시킵니다. 계자의 무효분에 의한 자속과 전기자권선의 유효분에 의한 자속 사이에 발생하는 토크로 동기회전하는 원리의 전동기입니다. 출력과 역률이 낮지만 구조가 간단하므로 주로 측정용도로 사용됩니다.

(6) 정현파발전기

정현파발전기는 공극의 자기저항(R_m)이 적고, 회전자 구조가 균일한 원통형 구조를 갖고 있습니다. 계자권선은 권선형 3상 유도전동기의 유도자 구조를 하고 있습니다. 이런 구조의 교류발전기는 부하에 상관없이 항상 일정한 정현파 교류기전력을 발생시킬 수 있습니다.

(7) 초동기전동기

동기전동기의 기동토크가 약하다는 단점을 보완하여, 일반적인 동기전동기보다 기동토크를 높인 고정자 회전기동형 동기전동기입니다. 전동기의 구조를 보면 회전계자형－고정전기자형 구조의 동기전동기를 회전계자형－회전전기자형 구조가 되도록 2중 베어링을 사용합니다. 그래서 전동기의 회전축에 연결된 부하가 매우 무겁지 않은 이상 경부하, 중부하를 가리지 않고 기동이 잘 되는 특징을 가지고 있습니다.

핵심기출문제

반작용 전동기(Reaction Motor)의 특성으로 가장 옳은 것은?

① 기동토크가 특히 큰 전동기
② 전 부하토크가 특히 큰 전동기
③ 여자권선이 없이 동기속도로 회전하는 전동기
④ 속도제어가 용이한 전동기

해설

반작용 전동기는 자극만 있고 여자권선이 없는 회전자를 가진 일종의 동기전동기이다.

정답 ③

CHAPTER 03

유도기

01 유도기 개요

유도기(IM : Induction Machine)는 전동기의 중앙에 전자유도원리로 회전하는 유도자가 있고, 이 유도자에 의해서 전동기 또는 발전기 기능을 수행합니다. 유도기는 대부분의 수용가(빌딩, 공장, 학교, 아파트, 등)에서 사용하는 전동기가 유도전동기이고, 유도발전기의 경우 건물의 소용량 자가발전설비나 풍력발전기로 사용합니다(직류전동기는 공장자동화설비나 큰 토크를 필요로 하는 장비에 사용하고, 동기전동기는 역률조정용 조상기나 큰 토크를 요하지 않는 단순 회전용도로 사용함).

먼저 유도발전기와 유도전동기에 대해 간략히 보겠습니다. 유도발전기는 우리나라 목장이나 바닷가와 같은 바람이 많이 부는 지역(강원도, 충청도, 제주도 등)에서 풍력발전기로 사용됩니다. 흰색 대형 풍차와 긴 몸통을 가진 풍력발전기를 본 적이 있을 겁니다. 그 외에는 수 · 변전 전기실을 갖춘 건물이나 공장에서 자가용 발전설비로 디젤발전기 또는 저렴한 유도발전기를 사용합니다.

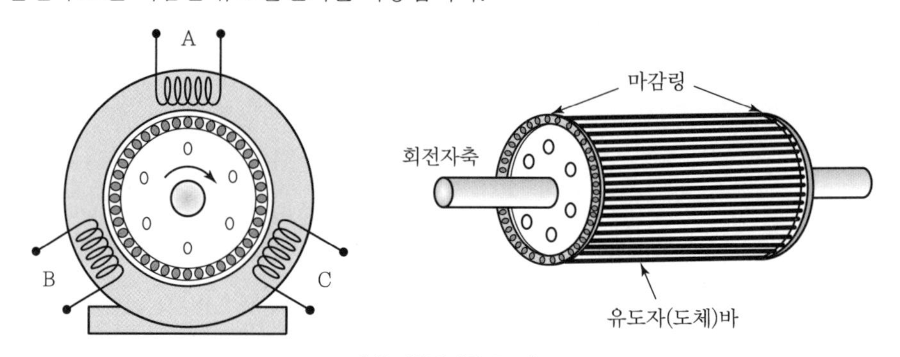

〖 유도발전기의 구조 〗

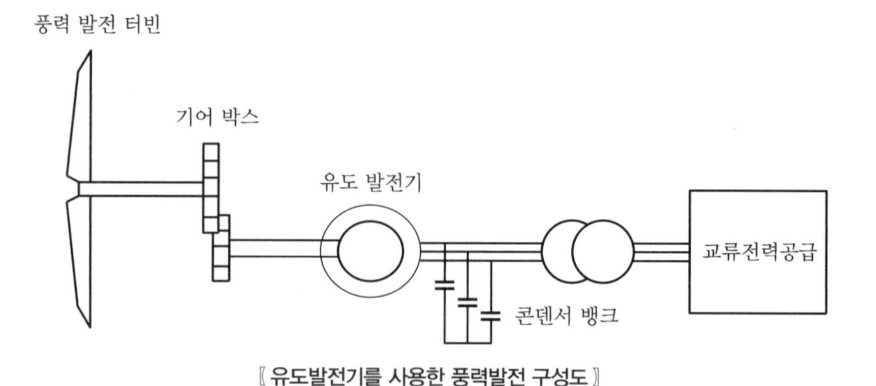

〖 유도발전기를 사용한 풍력발전 구성도 〗

다음은 유도전동기의 구조와 구성을 보여주는 그림입니다.

〖 유도전동기 실제 모습 〗

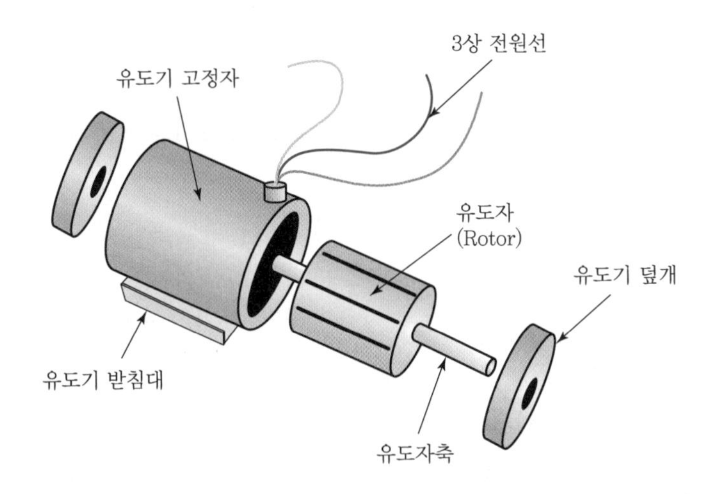

〖 유도전동기 회전자와 고정자 구조 〗

국가기술자격시험과 관련하여 유도기에 관한 내용은 대부분 유도기의 기본 원리와 유도전동기(단상 유도전동기, 3상 유도전동기) 관련 이론입니다. 반면 유도발전기가 차지하는 비중은 작습니다.

02 유도기의 원리와 이론

1. 아라고 원판 실험

전자유도원리를 이용하여 회전하는 유도기를 처음 고안한 사람은 18세기 프랑스 과학자 아라고(Francois Arago)입니다. 이름의 뉘앙스가 고대 그리스 사람 같지만, 18세기에 활동한 수학자 겸 과학자입니다.

[아라고가 실험한 유도원리에 의한 회전]

과학자 아라고는 [그림 a~d]처럼 아라고 원판(Arago's Disc)을 만들어 다음과 같이 실험했습니다.

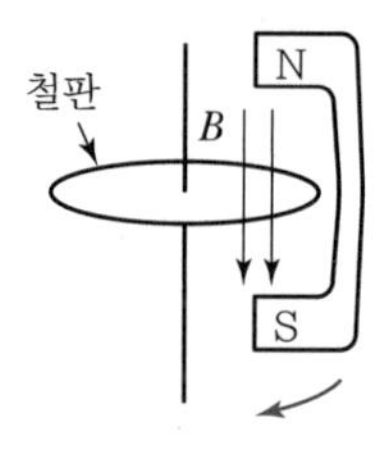

〖a. 원판 옆면〗

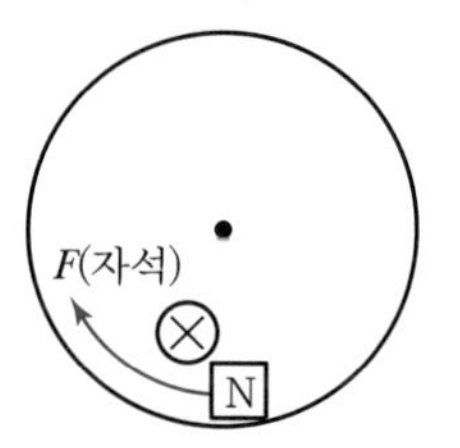

〖b. 원판 윗면, 자석 움직임(플레밍 오른손 적용)〗

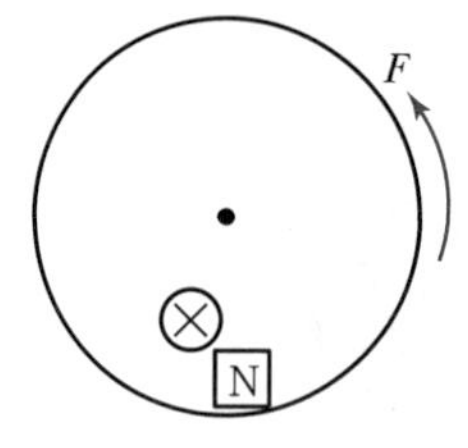

〖c. 원판 윗면, 자석 입장에서 원판〗

〖d. 원판 윗면, 원판 움직임(플레밍 왼손 적용)〗

① 회전할 수 있는 철 재질의 원판을 자유상태로 두고, [그림 a]처럼 N-S 자석을 위치시킨다. 그리고 [그림 b]처럼 인위적인 힘을 자석에 시계방향으로 가한다.

② 자석은 시계방향으로 움직이지만, N극 입장에서 원판을 보면 [그림 c]처럼 원판이 반시계방향으로 움직인다.

③ 원판이 반시계방향으로 움직이며, [그림 d]처럼 원판 가장자리에서 원판 중앙으로 전자유도($e=-\dfrac{d\phi}{dt}$)에 의한 기전력(V)이 발생하게 된다. 기전력(V)이 발생하는 방향과 과정을 플레밍의 오른손 법칙(도-자-기)으로 파악할 수 있다.

④ [그림 d]에서 플레밍의 왼손 법칙(F-B-I)을 통해 원판에 시계방향으로 움직이려는 힘이 작용하여 시계방향으로 움직인다.

⑤ 자석과 원판 사이에 전자유도와 전자력이 작용하는 시간이 있으므로 자석의 회전보다 원판의 회전은 느리다.

위 실험을 간추려 정리하면, 아라고 원판 실험은 철 원판과 자석만 있는 상태에서 자석(B)을 회전시키면(≒ 회전자계) 원판(F)에 기전력(V)이 발생하며 최종적으로 자석 회전방향과 동일한 회전력이 원판에 발생한다는 결론을 얻을 수 있습니다. 그리고 자석이 이동(회전)하면 원판도 자석과 같은 방향으로 이동(회전)하는 과정은 플레밍의 오른손과 왼손 법칙으로 설명할 수 있습니다.

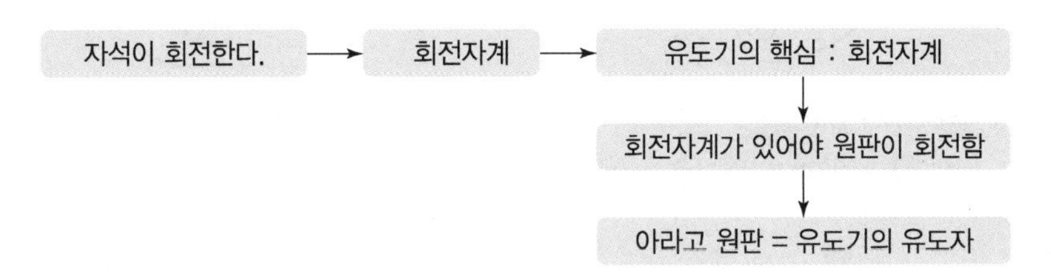

2. 유도전동기의 원리

① 유도전동기의 회전자계 형성과정

아라고의 원판 실험(Arago's Disc)을 응용하여 테슬라(Nikola Tesla)는 현재 상용하는 3상 유도전동기를 고안했습니다. 유도전동기에 입력되는 전원을 3상 교류로 하면, 120° 위상차를 갖는 3상 교류는 유도전동기 고정자에서 N－S 자극이 스스로 회전하는 자계를 만들고, 회전하는 자계는 아라고 원판 실험과 같은 전자유도와 전자력에 의해서 유도전동기의 유도자를 회전자계와 같은 방향으로 시간차를 두고 회전하게 만듭니다(만약 유도기에서 단상교류를 사용하면 '교번자계'에 의한 회전력이 발생함).

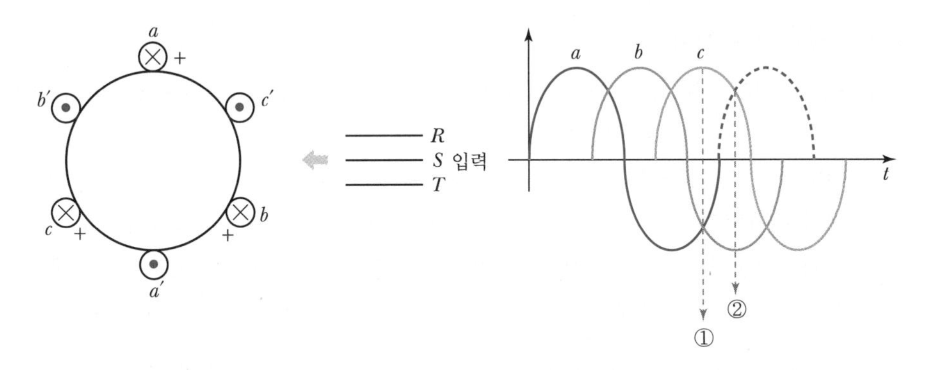

〚3상 유도전동기 고정자와 그 고정자에 입력되는 3상 교류파형〛

위 그림에서 유도전동기 고정자의 회전자계가 형성되는 과정을 자세히 기술하면 다음과 같습니다.

핵심기출문제

3상 유도전동기의 회전방향은 이 전동기에서 발생되는 회전자계의 회전방향과 어떤 관계가 있는가?

① 아무 관계도 없다.
② 회전자계의 회전방향으로 회전한다.
③ 회전자계의 반대방향으로 회전한다.
④ 부하조건에 따라 정해진다.

해설

유도전동기는 회전자계에 의해서 회전하게 된다.
즉, 3상 유도전동기의 3상 권선에 3상 교류전압을 공급하면 회전자계가 발생하고 이 회전자계의 회전방향으로 회전력(토크)이 생겨 전동기가 회전하게 된다.

정답 ②

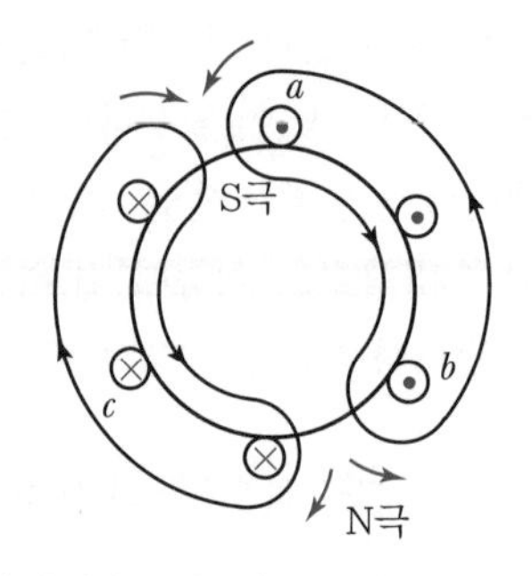

① 시간 순간만 보면 c만 +, ab는 −
: c의 ⊕ → ⊗이고 ab의 ⊖ → ⊙⊙이다.

〖①번 시간의 자계상태〗

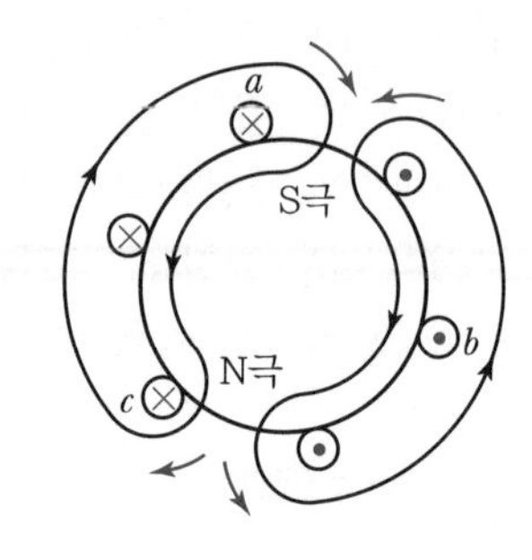

② 시간 순간만 보면 ac만 +, b는 −
: ac는 ⊗⊗이고(+), b는 ⊙이다. (−)
(들어가는 것이 +다)

〖②번 시간의 자계상태〗

② **유도전동기의 회전특성**

㉠ 회전자계를 만들기 위해서 3상 교류전원이 필요하나.

㉡ 회전자계에 따라 유도전동기의 유도자가 회전 ↻ 한다.

㉢ 회전자계 속도는 교류전원의 주파수(f)가 결정하며, 만약 3상 교류전원의 주파수가 $f = 60\,[\text{Hz}]$이라면 회전자계는 1초에 60번 자극이 바뀌는 자계회전을 한다.

㉣ 유도자의 회전속도는 회전자계보다 느리다.

회전자계가 발생하는 유도전동기의 고정자(계자권선)은 고정되어 있습니다. 그래서 유도전동기를 고정계자 회전전기자형으로 구분합니다.

3. 유도발전기의 원리

유도발전기도 기본적으로 직류발전기와 같은 고정자철심 – 고정자권선, 회전자철심 – 회전자권선 구조로 되어 있습니다.
발전원리를 보면, 유도발전기의 고정자권선에 3상 교류전원을 넣어주고, 외부의 어떤 에너지원(바람, 석유, 물, 등등)을 통해 회전자(= 유도자)를 회전시킵니다. 이때 고정자의 회전자계와 유도자의 회전방향이 같은 방향이면서 유도자의 회전방향이 동기속도(= 회전자계속도) 이상일 때 유도자가 회전자계를 자계를 방해하며 유도기전력($e = -L\dfrac{d\phi}{dt}$)이 발생됩니다. 이러한 유도자의 유도기전력 출력이 유도발전기의 출력이 됩니다.

(1) 유도발전기 특징

① 유도발전기는 발전기 자체에 여자기(Excitation System)가 없기 때문에 발전전압을 자체적으로 조정할 수 없다. 그래서 외부전원이 필요하다.

② 외부로부터 여자전원으로 사용할 3상 교류전원이 필요하다.

핵심기출문제

유도발전기의 장점을 열거한 것이다. 옳지 않은 것은?

① 농형 회전자를 사용할 수 있으므로 구조가 간단하고 가격이 싸다.
② 선로에 단락이 생기면 여자가 없어지므로 동기발전기에 비해 단락전류가 작다.
③ 공극이 크고 역률이 동기기에 비해 좋다.
④ 유도발전기는 여자기로서 동기발전기가 필요하다.

해설
유도발전기는 효율과 역률이 낮고 공극의 치수가 작기 때문에 취급이 곤란하다.

정답 ③

③ 발전기 기동이 간단하고, 발전기 운전도 쉬우며, 고장이 적다.
④ 유도발전기의 가격은 비교적 저렴하므로 경제적이다.
⑤ 동기기처럼 회전속도에 대한 정격이 없기 때문에(동기화할 필요가 없음) 난조나 탈조와 같은 이상현상이 생기지 않는다.
⑥ 계통에 단락사고가 발생하면, 유도발전기는 동기발전기보다 단락전류가 작다.
⑦ 고정자와 회전사 사이에 공극거리가 작아 운전과 관리에 주의가 필요하다.
⑧ 유도발전기의 역률(pf)과 효율(η)은 동기기, 직류기보다 떨어진다.

(2) 유도발전기의 종류

유도발전기는 자가용발전, 풍력발전으로 사용됩니다.

① 권선형 유도발전기

주로 공장이나 빌딩의 자가용발전으로 사용되고, 큰 풍차모양의 풍력발전으로 사용됩니다. 우리나라 강원도 혹은 충청도의 목장 내지는 바닷가 지역에서 볼 수 있습니다.

② 농형 유도발전기

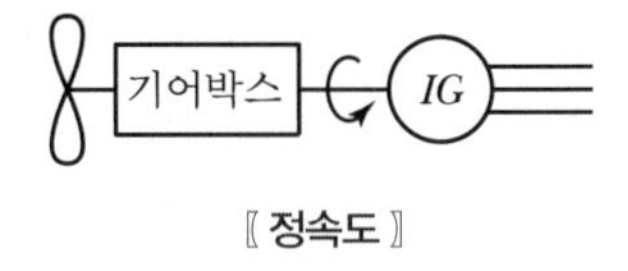

〚 정속도 〛

③ 이중 여자형 유도발전기

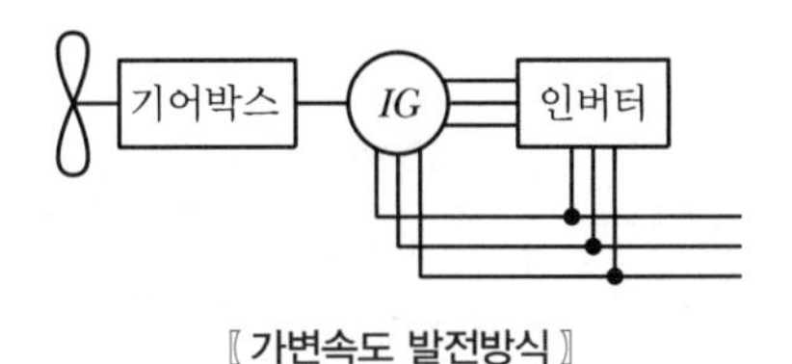

〚 가변속도 발전방식 〛

(3) 3상 유도전동기의 종류

3상(3ϕ) 유도전동기는 유도자의 구조에 따라 분류합니다. 3상 유도전동기는 구조적으로 고정계자 회전전기자형(계자가 고정되고 전기자가 회전하는) 구조를 갖고 있는데, 회전하는 유도자의 특성으로 유도전동기의 이름과 종류를 구분합니다.

3상 유도전동기는 크게 '권선형'과 '농형' 두 개로 나눌 수 있습니다. 먼저 ① 권선형 유도전동기는 유도자에 권선이 감긴 구조이고, ② 농형 유도전동기는 유도자에 권선이 감기지 않고 철대로만 구성된 유도전동기입니다.

유도자에 권선이 감긴 권선형 유도전동기는 그렇지 않은 농형보다 전자유도 – 전자력을 일으킬 수 있는 코일(L)이 많으므로 전동기의 힘 토크(τ)가 셉니다. 상대적으로 농형 유도전동기의 유도자는 코일이 없이 철통으로만 만들어져 권선형 유도전동기보다 힘이 약합니다. 하지만 농형 전동기는 권선형 전동기보다 기기값이 저렴하다는 장점을 가지고 있어, 산업현상에서 많이 사용됩니다.

① 권선형 3상 유도전동기의 특징

㉠ 권선형 유도전동기는 대용량, 강한 토크 출력을 내는 전동기이다.

㉡ 유도자에 감긴 권선은 유도자 철심 홈 속에 구리 도체를 넣어 회전자계를 일으키는 고정자권선과 슬립링 단자를 통해 3상 Y결선되어 있다.

㉢ 권선형 3상 유도전동기의 유도자는 슬립링과 브러시를 통해 기동저항기에 접속하는 구조이므로 그 구조가 복잡하고 운전이 까다롭다.

㉣ 속도제어에 대해, 기동저항기(R_s) 조작을 통해 기동전류(I_s)를 쉽게 제어(증가 또는 감소)할 수 있으므로 속도 조절이 자유롭다.

㉤ 권선형 3상 유도전동기의 유도자는 구리재질의 코일권선이 감겨 있어 기기가격이 농형보다 상대적으로 훨씬 비싸다.

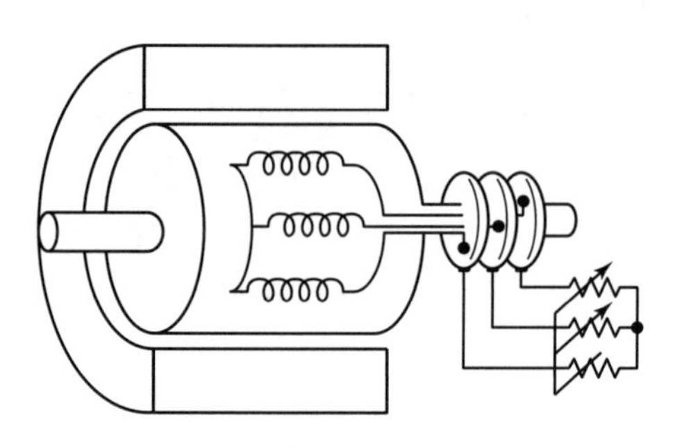

〖 권선형 3상 유도전동기의 유도자 〗

② 농형 3상 유도전동기의 특징

㉠ 농형 유도전동기는 저렴하며 소용량 출력에 적합한 전동기이다.

㉡ 유도자 철심은 원형 또는 사각형 구조이며 유도자의 철심 홈은 유도자 철통과 평행하지 않고 약간 사선으로 비뚤어져 있다(사슬롯 홈). 이유는 유도자가 회전할 때 발생하는 공기마찰저항 소음을 억제하기 위해서이다.

㉢ 유도자의 기계적 구조가 튼튼하고 단순하다. 운전할 때 운전방법이나 제어는 쉽지만 기동할 때 효율이 떨어진다.

✠ 농형

농형 유도전동기의 '농'은 유도자의 철통모양이 마치 대나무살로 만든 새장과 비슷하여 붙은 이름으로 대나무살 농(籠) 자를 사용한다.

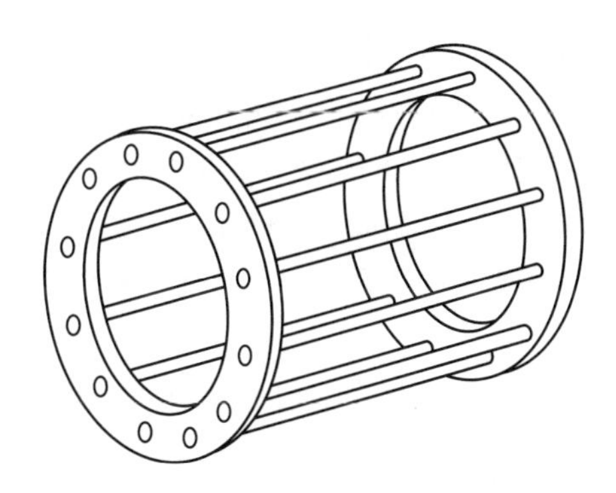

〖 농형 3상 유도전동기의 유도자 〗

전동기는 회전력(토크)이 강하고 출력용량이 큰 것이 좋은 전동기이므로, 권선형 유도전동기와 농형 유도전동기를 비교하면 권선형 유도전동기가 더 좋은 고급 전동기입니다.

4. 유도전동기의 유도자 관련 이론 : 슬립(Slip)

유도전동기의 이론은 모두 슬립(s : Slip)과 관계됩니다. 이 슬립(s)을 가지고 유도전동기의 이론적인 회전속도, 출력, 전압, 주파수, 손실을 계산할 수 있습니다. 때문에 유도기의 슬립(s)을 이용하지 못하면 유도기와 관련된 이론문제는 접근할 수 없습니다. 슬립(s)은 3상 교류 유도전동기 고정자(계자권선)의 회전자계속도보다 실제 물리적 회전을 하는 유도자의 회전속도가 느리기 때문에, 회전자계속도보다 유도자의 실제 속도가 얼마나 느린지를 나타내는 '회전손실'을 의미합니다. 이 회전손실이 곧 슬립(s)을 의미하므로 전동기의 효율측면에서 슬립(s)은 그 수치가 낮을수록 좋다고 할 수 있습니다.

(1) 슬립(s)의 개념과 의미

3상 유도전동기는 380[V](또는 440[V])의 3상 교류의 전원코드만 연결하면 전동기 계자에 회전자계가 자동적으로 발생합니다. 이 회전자계는 교류주파수가 변하지 않는다면 전동기의 회전 유무와 상관없이 항상 일정한 속도로 회전합니다. 그리고 전동기의 기동, 속도제어, 제동 모두 슬립(s)을 이용하여 제어할 수 있습니다.

① 유도기에서 동기속도(N_s)의 의미

유도전동기의 3상 교류에 의한 전동기 계자의 회전속도(N_s)입니다. 우리나라는 상용주파수 60[Hz]를 사용합니다. 우리나라의 상용주파수 정책이 바뀌지 않는 이상 이 주파수는 변하지 않습니다. 이런 상용주파수에 유도전동기의 계자 극수(P)가 조합되어 어떤 3상 유도전동기의 '회전자계속도'가 결정됩니다.

유도기의 동기속도 $N_s = \dfrac{120f}{P}$ [rpm]

② **유도자의 회전속도 N [rpm]의 의미**

3상 유도전동기는 겉에 고정자(회전자계를 발생하는 계자)가 있고, 유도기 중앙에 회전자(유도자)가 위치합니다. 이 유도자의 회전속도(N)가 이 유도전동기의 물리적으로 회전하는 실제 속도(N [rpm])입니다.

전동기이기 때문에 유도전동기의 유도자에 부하가 연결됩니다. 부하는 산업현장에 따라 다양한 부하가 있습니다.(→ 승강기, 권상기, 산업용 전동공구 등) 그러므로 유도전동기의 유도자속도는 곧 전동기에 연결된 부하의 속도이고, 유도자 회전은 부하의 무게에 지속적인 영향을 받아 속도변화, 속도변동이 발생합니다.

여기서 회전자계의 속도(=동기속도) N_s와 유도자의 속도 N 사이에 속도차이가 생기고, 그 속도차이(=슬립 s)를 다음과 같은 수식으로 표현할 수 있습니다.

㉠ 슬립 $s = \dfrac{N_s - N}{N_s}$ [단위 없음] : 슬립(s)은 회전손실을 의미

㉡ 유도자의 회전속도 $N = N_s(1-s)$ [rpm] : 유도전동기 회전속도

$$\left\{ s = \frac{N_s - N}{N_s} \xrightarrow[\text{이항}]{N\text{으로 재정리}} N = N_s - s\,N_s = N_s(1-s)\ [\text{rpm}] \right\}$$

만약 회전자계속도(N_s)와 유도자속도(N)가 같다면($N_s = N$) 슬립(s)은 존재하지 않습니다.(→ $s = \dfrac{N_s - N}{N_s} = \dfrac{0}{N_s} = 0$) 슬립 0이란 유도전동기의 유도자가 회전자계속도와 같은 속도로 회전하고 있음을 의미합니다.

만약 유도자의 속도(N)가 0인 상태라면($N = 0$) 슬립(s)은 아래와 같이 1(100%)이 됩니다.(→ $s = \dfrac{N_s - N}{N_s} = \dfrac{N_s - 0}{N_s} = \dfrac{N_s}{N_s} = 1$) 슬립 1이란 회전손실이 100%라는 의미로 유도전동기의 유도자가 정지상태임을 의미합니다.

③ **3상 유도전동기의 슬립(s) 표현**

유도전동기는 슬립전동기라고도 불리며, 슬립(s)을 이용하여 3상 유도전동기의 운전상태를 다음과 같이 나타낼 수 있습니다.

㉠ 유도전동기 유도자속도가 0(정지상태)일 때 : $N = 0$, $s = 1$

㉡ 유도전동기 유도자속도가 동기속도와 같을 때 : $N = N_s$이고 $s = 0$

㉢ 동기속도 $N_s = \dfrac{N}{1-S} = \dfrac{120f}{P}$ [rpm]

$$s = \frac{N_s - N}{N_s} \xrightarrow[\text{이항}]{N_s\text{으로 재정리}} s\,N_s = N_s - N$$

$$\rightarrow N = N_s - s\,N_s = N_s(1-s)$$

$$\rightarrow N = N_s(1-s) \rightarrow N_s = \frac{N}{1-s}\ [\text{rpm}]$$

㉣ 실제 회전속도 $N = N_s(1-s) = \dfrac{120f}{P}(1-s)$ [rpm]

④ **슬립(s)의 범위**

㉠ 유도기가 유도전동기로서 회전할 수 있는 가장 빠른 속도는 유도자 회전속도가 동기속도(=회전자계속도)와 같을 때 : $N = N_s$ 관계

$N = N_s$일 때, 슬립 : $s = 0$ $\left(s = \dfrac{N_s - N}{N_s} = \dfrac{0}{N_s} = 0\right)$

$s = 0$의 의미는 회전손실이 없음(0 %)을 의미합니다.

만약 유도전동기가 정지상태라면 : $N = 0$ 관계

$N = 0$일 때, 슬립 : $s = 1$ $\left(s = \dfrac{N_s - 0}{N_s} = \dfrac{N_s}{N_s} = 1\right)$

$s = 1$의 의미는 회전손실이 100 %임을 의미합니다.

㉡ 유도기가 유도발전기로서 회전할 때 : $N > N_s$ 관계

유도발전기는 유도자의 물리적인 회전속도(N)가 고정자의 회전자계속도(N_s)보다 빠르기 때문에 $N > N_s$ 관계가 성립합니다.

$N > N_s$ 일 때, 슬립 : $s < 0$ $\left(s = \dfrac{N_s\downarrow - N\uparrow}{N_s\downarrow} = \dfrac{-N}{N_s} = -s\right)$

㉢ 유도기가 제동기로서 회전할 때 유도자의 회전은 $N = -N$ (역회전)

회전하던 유도전동기가 급제동하기 위해 회전하려면 회전방향의 역방향으로 회전해야 합니다. 때문에 유도자 회전은 $-N$이 됩니다. 이는 회전자계(N_s)와 상관없이 유도자 회전방향 (↻)에 대해 제동속도($-N$)가 반대방향으로만 회전(↺)하면 속도가 줄기 때문입니다.

$N = -N$ 역회전일 때, 슬립

$s > 1$ $\left(s = \dfrac{N_s - (-N)}{N_s} = \dfrac{N_s + N}{N_s} = s > 1\right)$

이와 같이 유도기의 역할에 따라 유도기의 슬립(s)범위를 정리하면,

- 유도전동기일 때 → $0 < s < 1$
- 유도발전기일 때 → $s < 0$
- 제동기일 때 → $s > 1$

(2) 슬립(s)을 이용한 유도전동기 등가회로

유도전동기의 유도자에서 발생하는 유도기전력(E)은 변압기 2차측에서 발생하는 유도기전력(E)과 같은 원리로 만들어집니다. → $E = 4.44\,f\,N\phi$ [V]

그리고 유도전동기의 등가회로와 변압기의 등가회로는 동일하므로, 유도전동기 고정자는 변압기 1차측과 대응되고, 유도전동기 회전자(=유도자)는 변압기 2차측과

핵심기출문제

유도전동기의 슬립(Slip) s의 범위는?

① $1 > s > 0$ ② $0 > s > -1$
③ $0 > s > 1$ ④ $-1 > s > 1$

해설

슬립의 범위
- 유도전동기($0 < s < 1$)
- 유도발전기($s < 0$)
- 유도 제동기($s > 1$)

정답 ①

정확히 대응되는 특성을 갖게 됩니다. 다만, 유도전동기의 2차측은 물리적인 회전으로 출력을 내고, 변압기의 2차측은 진기적인 출력을 내는 차이가 있을 뿐입니다.
유도전동기의 1차측과 2차측의 유도기전력은 운전상태에서 슬립(s)범위 $[0 < s < 1]$에 따라 1차측 유도기전력(E_1)과 2차측 유도기전력(E_2)의 크기가 다르게 됩니다.

- 유도전동기의 1차측 : $E_1 = 4.44 f_1 N_1 \phi_1$ [V]
- 유도전동기의 2차측 : $E_2 = 4.44 f_2 N_2 \phi_2$ [V]
- 유도전동기의 1차측과 2차측의 관계 : $E_2 = s\, E_1$

$$f_2 = s\, f_1$$

① 유도전동기의 정지상태($N = 0$인 경우)

전자유도원리는 $e = -N\dfrac{d\phi}{dt}$ 입니다. 도체가 자기장을 방해해야만 그 도체로 유기기선력이 발생합니나. 반내로 말하면, 자기장을 방해하지 않는 도체는 유기기전력이 발생하지 않습니다.
이 원리를 유도전동기 1차측과 2차측에 적용하면, 유도전동기에 3상 교류전원을 연결하면 1차측에 회전자계(회전하는 자기장)가 만들어집니다. 2차측에 유도기전력이 발생하려면 2차측 권선도체가 1차측의 자기장(회전자계)을 방해해야 합니다. 1차측의 자기장이 회전하므로 2차측의 권선도체는 가만히 정지하고 있기만 해도 1차측의 유기기전력이 그대로 2차측으로 유기됩니다. 이 경우가 바로 유도전동기의 유도자가 정지상태($N = 0$)인 경우입니다. 이를 수식으로 표현하면, 다음과 같습니다.

$N = 0$일 때, 슬립 $s = 1$이므로 유도전동기 1 · 2차측의 관계는 $E_1 = E_2$

$$f_1 = f_2$$

② 유도전동기의 운전상태($N = N_s$인 경우)

유도전동기 유도자(2차측)의 회전속도가 회전자계(1차측)의 속도와 같으면, 2차측의 권선도체가 1차측의 자기장(회전자계)를 전혀 방해하지 않게 되므로 2차측 권선도체에 유기되는 유도기전력(E_2)도 없습니다. 이 경우가 바로 유도전동기의 유도자(2차측)가 동기속도로 회전($N = N_s$)하는 상태입니다. 이를 수식으로 표현하면, 다음과 같습니다.

$N = N_s$일 때, 슬립 $s = 0$이므로 유도전동기 1 · 2차측의 관계는 $E_2 = 0$

$$f_2 = 0$$

이때 1차측의 유기기전력은 $E_1 = 4.44 f_1 N_1 \phi_1$ [V] 입니다.

③ 유도전동기의 운전상태($0 < N < N_s$인 경우)

유도전동기 유도자(2차측)의 회전속도가 정지상태와 동기속도 사이에서 회전할 경우($0 < N < N_s$), 유도전동기 2차측의 유도기전력은 슬립(s) 값에 따라 결정됩니

핵심기출문제

유도전동기의 슬립이 커지면 비례하여 커지는 것은?

① 회전수 ② 권수비
③ 2차 효율 ④ 2차 주파수

해설
유도전동기의 2차 회전자 주파수는 슬립 s에 비례한다.
즉, $f_2 = s f_1$

정답 ④

다. 이를 수식으로 표현하면, 다음과 같습니다.

$0 < N < N_s$ 일 때, 슬립은 $0 < s < 1$이므로 1 · 2차측의 관계는 $E_2 = s\,E_1$

$f_2 = s\,f_1$

이와 같이 운전상태에 따른 유도전동기 1 · 2차측의 관계를 정리하면,

㉠ 정지상태일 때 : $N=0,\ s=1,\ E_1 = E_2$ 관계

$f_1 = f_2$

㉡ 운전상태일 때 : $N=N_s,\ s=0,\ E_2=0$ 관계(혹은 $E_2{}'=0$)

$f_2 = 0$　　　　$f_2{}'=0$

㉢ 운전상태일 때 : $0 < N < N_s,\ 0 < s < 1$

$E_2 = s\,E_1$ 관계(혹은 $E_2{}' = s\,E_2$)

$f_2 = s\,f_1$　　　　$f_2{}' = s\,f_2$

여기서, E_2 : 정지상태의 2차측 유기기전력

$E_2{}'$: 운전상태의 2차측 유기기전력

(3) 유도전동기 2차측의 등가회로 해석

전기적인 등가회로로 변환하여 유도기와 변압기를 비교하면 동작원리가 동일합니다.

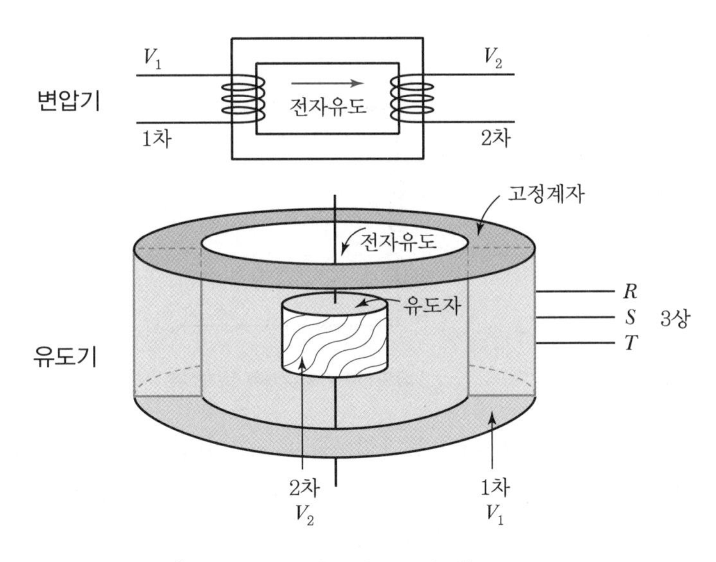

〖 변압기 구조와 유도기 구조 비교 〗

유도기의 구조를 전기적인 등가회로로 변환하는 이유는 우리 전기기술인으로서 전기설비를 이해해야 하기 때문입니다. 기술인은 일반인과 다르게 현상이나 기기의 상태를 객관적 · 구체적으로 기술할 수 있어야 합니다. 그러기 위해서는 수식과 계산 가능한 형태로 전기설비를 변환할 수 있어야 하므로 등가회로를 그립니다. 등가

회로로 변환하면 시각적으로 현상이나 전기설비의 전기적 특성을 이해하고 해석하기 쉽습니다. 다음은 유도전동기의 등가회로입니다. 변압기의 등가회로도 유도전동기와 동일합니다.

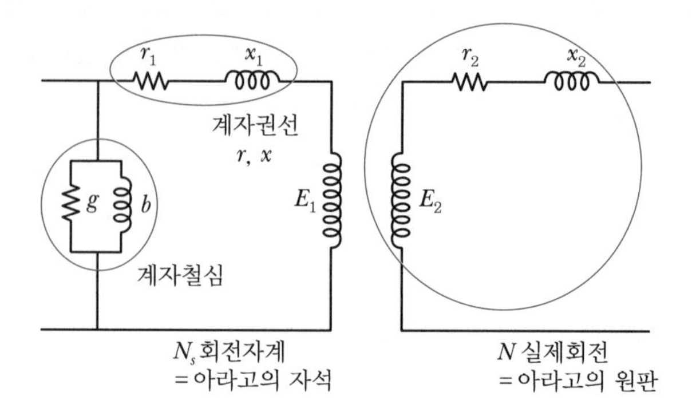

3상 교류전원이 직접적으로 인가되는 유도전동기의 1차측(계자권선)에 손실(P_l)은 거의 없습니다. 그래서 1차측에서 발생하는 회전자계(N_s)가 2차측의 유도자 회전속도(N)를 판단하는 기준이 됩니다. 유도전동기의 1차측은 손실이 거의 없기 때문에 이론적으로 해석할 내용이 없습니다. 회로 해석이 필요한 것은 손실이 발생하는 유도전동기의 2차측 유도자 회로입니다.

이런 이유로 유도전동기 1 · 2차측 등가회로에서 1차측 등가회로를 무시하고, 2차측 등가회로만 떼어서 보면 아래 등가회로가 됩니다.

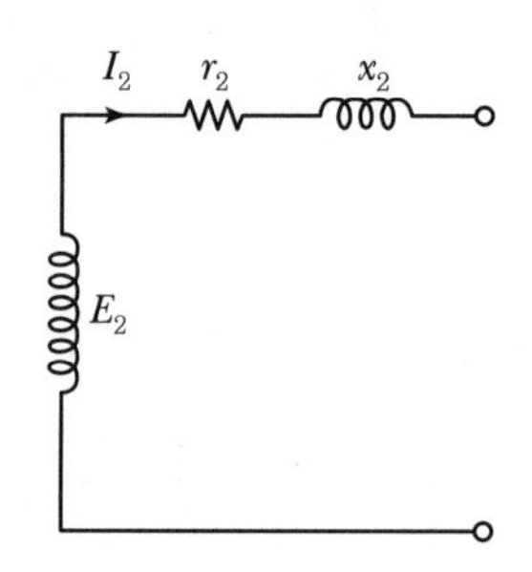

〚 유도전동기의 2차측 등가회로 〛

그리고 유도전동기의 2차측 등가회로를 유도자가 정시상태($N=0$)일 때와 운전상태($0<N<N_s$)일 때로 나눠서 유도자(2차측 회로)에 나타나는 전압(V), 전류(I), 저항(R)을 해석하면 다음과 같습니다.

① 유도전동기 유도자가 정지상태일 때 2차측에 흐르는 전류(I_2)

유도전동기 2차측 회로의 정지상태(유도자회전이 정지)는 2차측 회로를 단락한 상태로 볼 수 있습니다. 이럴 경우 2차측 회로의 I_2 값은,

유도전동기 2차측 전류 $I_2=\dfrac{E_2}{Z_2}=\dfrac{E_2}{\sqrt{{r_2}^2+{x_2}^2}}$ [A]

〈2차〉 I_2 r_2 x_2

Z_2

$E_2=E_1$

② **유도전동기 유도자가 운전상태(= 회전상태)일 때 2차측에 흐르는 전류(I_2)**

유도전동기 2차측 회로가 운전상태(유도자가 회전 중)는 2차측 회로에 부하(R)가 연결된 상태로 볼 수 있습니다. 이럴 경우 2차측 회로는 1차측과의 관계로 2차측 전류(I_2)를 나타냅니다.

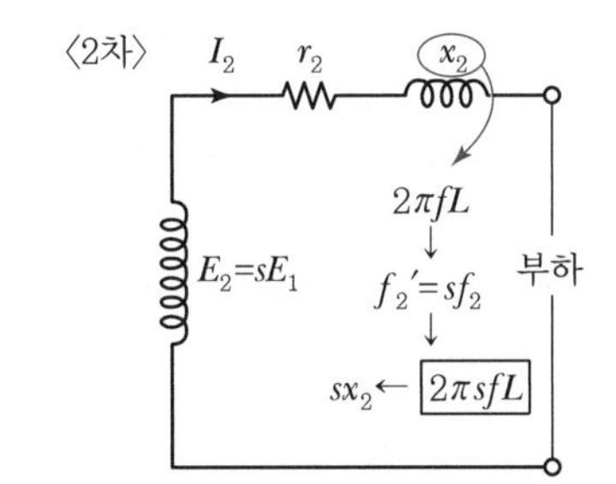

운전상태일 때, 1 · 2차측 관계는 $E_2 = s\ E_1$(혹은 $E_2{}' = s\ E_2$)

$$f_2 = s\ f_1 \qquad f_2{}' = s\ f_2$$

여기서, E_2 : 정지상태의 2차측 유기기전력

$E_2{}'$: 운전상태의 2차측 유기기전력

[유도전동기 2차측 전류]

$$I_2 = \frac{s\ E_2}{\sqrt{r_2{}^2 + (s \cdot x_2)^2}} = \frac{E_2}{\sqrt{\left(r_2 + \frac{r_2}{s} - r_2\right)^2 + x_2{}^2}}\ [\mathrm{A}]$$

$$\left\{ \begin{array}{l} I_2 = \dfrac{s\ E_2}{\sqrt{r_2{}^2 + (s \cdot x_2)^2}} \times \dfrac{\frac{1}{s}}{\frac{1}{s}} = \dfrac{E_2}{\sqrt{\left(\frac{r_2}{s}\right)^2 + x_2{}^2}} = \dfrac{E_2}{\sqrt{\left(\frac{r_2}{s} + r_2 - r_2\right)^2 + x_2{}^2}} \\ \rightarrow\ \dfrac{r_2}{s} + r_2 - r_2 = \dfrac{r_2}{s}\ \text{같은 결과이므로} \end{array} \right\}$$

③ **유도전동기 2차측의 저항(R)**

정지상태의 2차측 전류(I_2) 수식과 운전상태의 2차측 전류(I_2) 수식을 비교하면, 다음과 같습니다.

[정지상태와 운전상태 비교]

$$I_2 = \frac{E_2}{\sqrt{{r_2}^2 + {x_2}^2}} \Leftrightarrow I_2 = \frac{E_2}{\sqrt{\left(r_2 + \frac{r_2}{s} - r_2\right)^2 + {x_2}^2}}$$

위와 같이 유도전동기가 정지상태일 때와 달리, 유도전동기의 2차측이 운전상태일 때 $\left[\frac{r_2}{s} - r_2\right]$ 부분이 더 있습니다. 이 부분이 유도자회전(출력)에 해당하는 수식입니다. 그래서 이렇게 물리적으로 회전하는 유도자의 회전을 전기적 등가회로로 바꾸면 저항(R)이 됩니다.

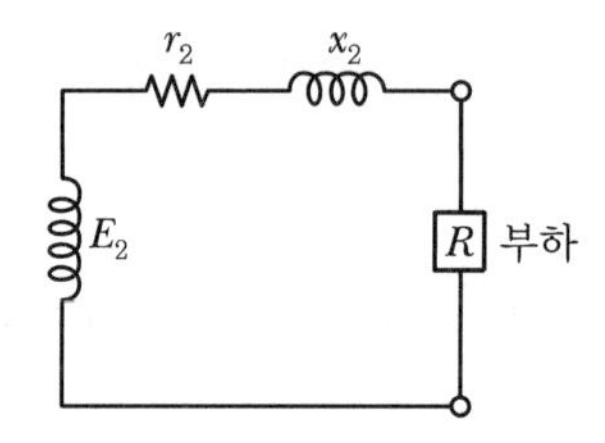

유도전동기 부하저항 $R = \frac{1-s}{s} r_2$ [Ω] 또는 $R = \frac{1-s}{s} r_2'$ [Ω]

$$\left\{R = \frac{r_2}{s} - r_2 = \frac{r_2 - (s \cdot r_2)}{s} = \frac{r_2(1-s)}{s} = \frac{1-s}{s} r_2 \ [\Omega]\right\}$$

여기서 주의사항, 부하저항$\left(R = \frac{1-s}{s} r_2\right)$은 회전저항 또는 외부저항 또는 기계적 출력의 의미로도 사용됩니다. 또한 부하저항 수식 안의 2차 저항 r_2'과 r_2 모두 전동기의 회전상태일 때 2차 저항을 의미합니다.

유도자 부하저항 $R = \frac{1-s}{s} r_2$ [Ω]은 유도전동기가 정지상태에서는 존재하지 않고, 유도전동기가 회전할 때만 발생하는 저항입니다.

핵심기출문제

다상 유도전동기의 등가회로에서 기계적 출력을 나타내는 정수는?

① $\frac{r_2'}{s}$ ② $(1-s)r_2'$

③ $\frac{s-1}{s} r_2'$ ④ $\left(\frac{1}{s} - 1\right) r_2'$

해설

3상 유도전동기의 기계적 출력을 대표하는 부하저항

$R = \frac{1-s}{s} r_2' = \left(\frac{1}{s} - 1\right) r_2'$

정답 ④

5. 슬립(s)에 의한 유도전동기 출력(P)

유도전동기의 출력은 토크(T)와 속도(N)입니다. 유도전동기는 교류전원을 사용하고, 또 유도전동기를 1 · 2차측의 등가회로로 나타낼 수 있습니다. 그러므로 교류기기인 유도전동기의 출력을 전력(P)으로 나타낼 수 있습니다.

3상 교류의 전력 표현들 : $P = 3\,VI\cos\theta$ [W]

$P = 3\,I^2 R$ [W]

유도전동기는 보통 3상 교류를 사용하는 3상 유도전동기이지만, 본 전기기기 과목에서는 단상기준으로 유도전동기의 입력전력($P_{입력}$), 출력전력($P_{출력}$), 손실전력(P_l)을 표현합니다.

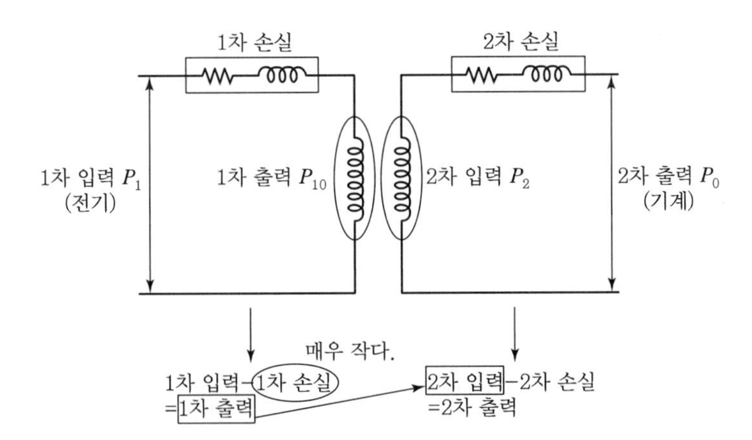

유도전동기를 1차측(회전자계를 만드는 계자권선)과 2차측(물리적 회전을 하는 유도자 회로)으로 나누어 볼 수 있습니다. 출력의 관점에서 유도전동기의 1·2차측을 보면 다음과 같습니다.

- 1차측 출력(P_1) = 1차측 입력－1차측 손실
- 2차측 출력(P_2) = 2차측 입력－2차측 손실

유도전동기 1차측의 1차측 입력과 출력 사이에는 회전자계를 발생시키는 계자권선이 있고, 물리적인 회전을 하지 않으므로 새는 자속(ϕ)이 없고, 손실(P_l)도 거의 없습니다. 손실이 거의 없으므로 위 그림과 같이, 1차측 회로의 출력 값이 곧 2차측 회로의 입력 값으로 봐도 무방합니다.

- 1차측 출력(P_1) ≒ 2차측 입력(P_2)

그래서 본 유도전동기 이론은 유도전동기 등가회로 2차측의 입력(P_2)부터 2차측의 출력(P_0)까지의 관계를 다룹니다. 이를 유도전동기 등가회로와 함께 수식으로 나타내면 아래와 같습니다.

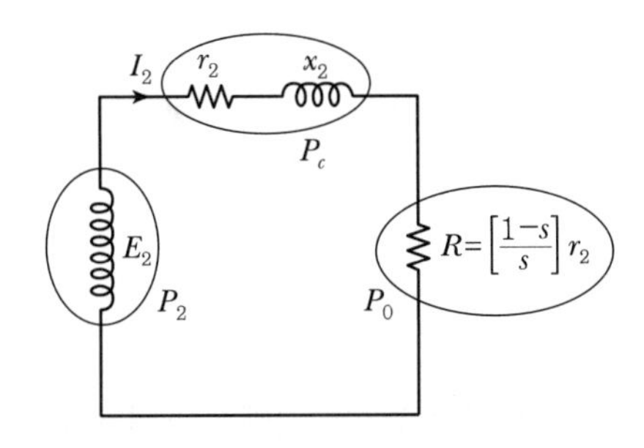

〖유도전동기 2차측 등가회로〗

- 2차 출력(P_0)=2차 입력(P_2)－2차 손실(P_c)

여기서, 2차 손실의 내용은 전체 손실(P_l) 중에서 권선저항($r\,[\Omega]$)에 의한 동손(P_c)만을 의미하므로 2차 손실과 2차 출력은 다음과 같이 수식으로 나타낼 수 있습니다.

- 2차 손실 $P_c = I^2 \cdot r_2\,[\mathrm{W}]$
- 2차 출력 $P_0 = I^2 R = I^2\left(\dfrac{1-s}{s}\right)r_2\,[\mathrm{W}]$

유도전동기 2차측 등가회로의 요소들을 통해 유도전동기 출력을 정리하면,

- 2차 출력 $P_0 = P_2 - P_c\,[\mathrm{W}]$
- 2차 입력 $P_2 = P_0 + P_l\,[\mathrm{W}] \rightarrow P_2 = P_0 + P_c\,[\mathrm{W}]$

여기서 전체 손실(P_l)은 원래 히스테리시스손(P_h), 동손(P_c), 기계손(P_m), 표류부하손(P_{st})이 있지만($P_l = P_c + P_m + P_{st}$), 일반적으로 전동기는 전체손실(P_l)을 대표하여 동손(P_c)만을 사용합니다. 계속해서 2차 입력(P_2) 수식을 전개하면,

$$2차\ 입력\ P_2 = P_0 + P_c = \left[I^2\left(\frac{1-s}{s}\right)r_2\right] + \left[I^2 \cdot r_2\right]$$
$$= I^2 \cdot r_2\left[\frac{1-s}{s} + 1\right] = I^2 \cdot r_2\left[\frac{1-s}{s} + \frac{s}{s}\right]$$
$$= \frac{I^2 \cdot r_2}{s} = \frac{P_c}{s}\ [\mathrm{W}]\ \ 그러므로$$

- (유도전동기의) 2차 입력 $P_2 = \dfrac{P_c}{s}\,[\mathrm{W}]$
- (유도전동기의) 2차 동손 $P_c = s\,P_2\,[\mathrm{W}]$
- (유도전동기의) 2차 출력 $P_o = P_2(1-s)\,[\mathrm{W}]$

$$\{P_o = P_2 - P_c = P_2 - (s\,P_2) = P_2(1-s)\}$$

- 유도전동기의 2차 입 · 출력 $P_o = P_2(1-s)\,[\mathrm{W}]$ $\quad N = N_s(1-s)\,[\mathrm{rpm}]$

$$P_2 = \frac{P_o}{1-s}\,[\mathrm{W}] \qquad N_s = \frac{N}{1-s}\,[\mathrm{rpm}]$$

6. 유도전동기의 토크(τ)

일반적으로 전동기는 회전력(토크)이 강한 것이 더 고급 전동기라고 할 수 있습니다. 유도전동기의 토크 계산은 직류전동기에서 토크 계산과 동일합니다.

$$직류기의\ 토크\ \tau = 9.55\frac{P_o}{N}\,[\mathrm{N \cdot m}]\ 또는\ \tau = 0.975\frac{P_o}{N}\,[\mathrm{kg \cdot m}]$$

핵심기출문제

3상 유도전동기의 회전자 입력 P_2, 슬립 s이면 2차 동손은?

① $(1-s)P_2$
② P_2/s
③ $(1-s)P_2/s$
④ sP_2

해설

유도전동기의 등가회로에서 2차 동손

$P_{c2} = I_2^2 r_2[\mathrm{W}] = sP_2$

정답 ④

$$\left\{\begin{aligned} \tau &= \frac{P_o}{w} = \frac{P_o}{2\pi n} = \frac{P_o}{2\pi\left(\frac{N}{60}\right)} = \frac{60\,P_o}{2\pi N} = 9.55\frac{P_o}{N}\,[\mathrm{N\cdot m}] \\ &= 0.975\frac{\mathrm{P_o}}{\mathrm{N}}\,[\mathrm{kg\cdot m}] \end{aligned}\right\}$$

여기서 유도전동기의 2차 출력은 $P_0 = P_2(1-s)$이고, 유도전동기의 회전속도는 $N = N_s(1-s)$이므로 → $\tau = k\frac{P_o}{N} = k\frac{P_2(1-s)}{N_s(1-s)} = k\frac{P_2}{N_s}$로 재정리된다.

유도기의 토크 $\tau = 9.55\frac{P_2}{N_s}$ $[\mathrm{N\cdot m}]$ 또는 $\tau = 0.975\frac{P_2}{N_s}$ $[\mathrm{kg\cdot m}]$

(1) 유도전동기의 최대토크(T_m)

유도전동기의 토크(τ)를 제어하려면 유도전동기 유도자권선과 슬립링을 통해 직렬로 연결된 2차 저항(r_2)으로 제어할 수 있습니다.

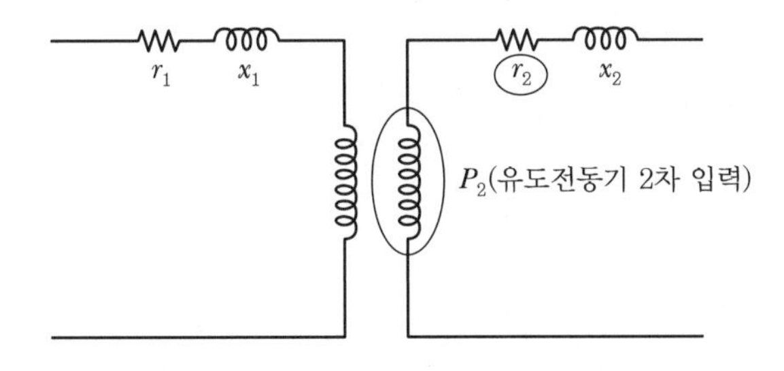

〖유도전동기 등가회로〗

그리고 유도전동기마다 낼 수 있는 최대토크(T_m)는 2차 저항(r_2) 조절과 관계없이 일정합니다. 다시 말해 유도전동기의 출력의 최대크기(최대토크)는 아래 ① 비례추이곡선 그림처럼 일정합니다.

① 비례추이곡선

권선형 3상 유도전동기가 운전 중일 때 그리는 '토크곡선'입니다. 유도전동기를 설계할 유도전동기마다 고유한 토크곡선은 정해지며, 토크곡선은 바뀌지 않고 항상 일정합니다. 다시 말해 유도전동기의 토크는 토크곡선을 벗어나지 않고 운전됩니다. 유도전동기의 토크곡선은 '비례추이곡선'으로 불립니다.

- 최대토크 $T_m = \dfrac{{V_1}^2}{2r_1 + \sqrt{{r_1}^2 + (x_1 + {x_2}')^2}}$ $[\mathrm{N\cdot m}]$
- 최대토크(T_m)와 입력전압(V_1) 관계 : $T_m \propto V_1$

핵심기출문제

3상 유도전동기에서 2차측 저항을 2배로 하면 그 최대토크는 몇 배로 되는가?

① 2배
② $\sqrt{2}$ 배
③ $\frac{1}{2}$ 배
④ 변하지 않는다.

해설

3상 유도전동기의 최대토크는 항상 일정하다. 다만, 최대토크를 발생시키는 슬립 s가 2차 저항 r_2에 비례하여 변한다.

정답 ④

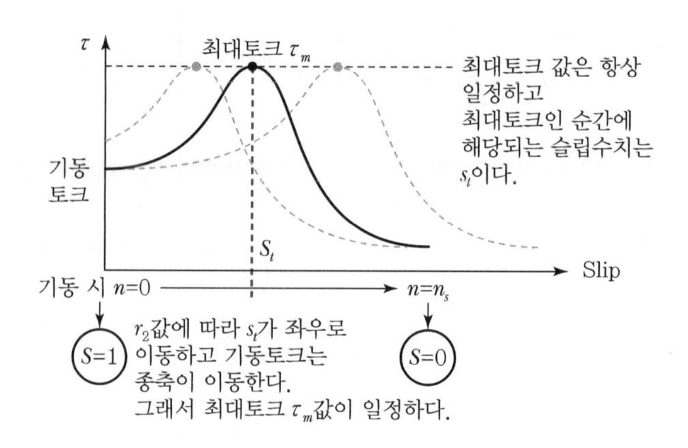

〚 유도전동기 토크곡선(= 비례추이곡선) 〛

위 비례추이곡선에서 알 수 있듯이, 유도전동기의 토크제어와 속도제어는 유도전동기 2차 저항(r_2) 값을 조절(증가/감소)하여 제어하고, 최대토크(T_m)와 최대슬립(S_t) 역시 2차 저항(r_2)을 조절하여 제어됩니다. 그리고 2차 저항(r_2) 값을 조절하면 비례추이곡선은 좌우로 이동합니다.

2차 저항(r_2) 값이 '증가할 때'	2차 저항(r_2) 값이 '감소할 때'
최대슬립(S_t)이 좌측으로 이동한다.	최대슬립(S_t)이 우측으로 이동한다.
회전수(n)가 감소한다.($n \to 0$)	회전수(n)가 증가한다.($n \to n_s$)
슬립(s)이 증가한다.($s \to 1$)	슬립(s)이 감소한다.($s \to 0$)
최대토크(T_m)가 증가한다.	최대토크(T_m)가 감소한다.
$T_m \propto P_m \propto V^2$ 모두 증가한다.	$T_m \propto P_m \propto V^2$ 모두 감소한다.

② 3상 유도전동기가 최대토크(T_m)일 때의 슬립(S_t)

권선형 3상 유도전동기의 '비례추이곡선'을 보면, 최대토크(T_m)인 순간에 해당하는 비례추이 가로축 슬립 값이 최대슬립(S_t)입니다.

다음 그림에서 시각적으로 확인한 최대슬립(S_t)을 수식으로 나타내면, 유도전동기 2차측 등가회로(유도자)의 2차 저항(r_2)과 2차 리액턴스(x_2)의 비율이 같을 때입니다.

유도전동기의 1차측과 2차측의 저항(r)과 리액턴스(x)를 모두 고려한 최대슬립(S_t)은 → $S_t = \dfrac{r_2}{\sqrt{{r_1}^2 + (x_1 + x_2)^2}}$ 하지만 유도전동기 1차측에 손실(저항 r_1과 리액턴스 x_1)이 매우 적으므로 무시할 수 있습니다. → $S_t = \dfrac{r_2}{\sqrt{0^2 + (0 + x_2)^2}}$

그러므로 최대슬립은 $S_t \fallingdotseq \dfrac{r_2}{\sqrt{(x_2)^2}}$ 이 됩니다.

핵심기출문제

3상 유도전동기의 최대토크 T_m, 최대 토크를 발생시키는 슬립 s_t, 2차저항 r_2의 관계는?

① $T_m \propto r_2$, s_t = 일정
② $T_m \propto r_2$, $s_t \propto r_2$
③ T_m = 일정, $s_t \propto r_2$
④ $T_m \propto \dfrac{1}{r^2}$, $s_t \propto r_2$

해설

3상 유도전동기의 최대토크는 2차 저항에 관계없이 일정하다.
그리고, 최대토크를 발생하는 슬립 s_t는

$s_t \fallingdotseq \dfrac{r_2}{x_2} \propto r_2$

정답 ③

최대슬립 조건 $S_t = \dfrac{r_2}{x_2} \rightarrow S_t : x_2 = r_2$

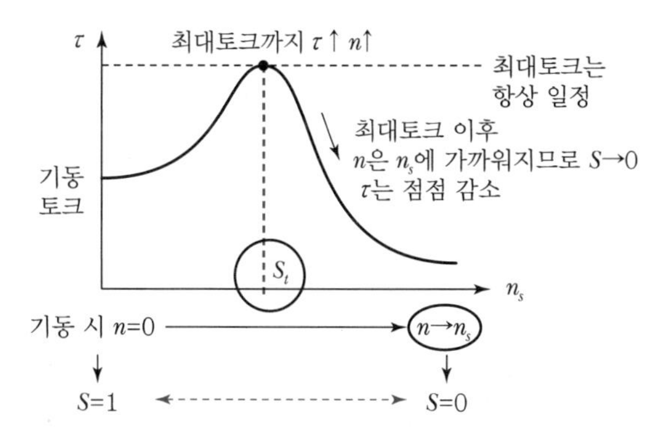

〖 유도전동기의 비례추이곡선) 〗

(2) 유도전동기의 토크(τ)와 전압(V)의 관계, 토크(τ)와 슬립(s)의 관계

① $\tau \propto V^2$: 유도전동기의 토크는 입력전압 제곱에 비례

② $s \propto \dfrac{1}{V^2}$: 유도전동기의 슬립은 입력전압 제곱에 반비례

③ $T_m \propto P_m \propto V^2$: 유도전동기의 최대토크, 최대출력은 입력전압 제곱에 비례

참고 토크와 전압 관련 수식

• (정지상태) 토크 $\tau = \dfrac{P_0}{Z} = \dfrac{\frac{V^2}{R}}{R+jX} = \dfrac{\frac{1}{R}V^2}{(r_1+r_2)+j(x_1+x_2)} = \dfrac{\frac{1}{r_1+r_2}V^2}{(r_1+r_2)+j(x_1+x_2)}$ [N·m]

여기서, P_0 : 유도전동기 2차측 출력 $P_0 = \dfrac{2\pi N \cdot \tau}{60}$[W]

N : 유도전동기 유도자속도 $N = N_s(1-s)$[rpm]

• (운전상태) 토크 $\tau = I_2^{\,2}\left(\dfrac{r_2'}{s}\right) = \dfrac{\frac{r_2'}{s}V^2}{\left(r_1+\frac{r_2'}{s}\right)^2 + j(x_1+x_2')^2}$ [N·m]

$$\tau = \frac{P_0}{w} = \frac{60}{2\pi N_s}\frac{\frac{r_2'}{s}V^2}{\left(r_1+\frac{r_2'}{s}\right)^2 + j(x_1+x_2')^2} \text{ [N·m]}$$

핵심기출문제

유도전동기의 회전력을 T라 하고 전동기에 가해지는 단자전압(=입력전압)을 V_1[V]라고 할 때 T와 V_1의 관계는?

① $T \propto V_1$ ② $T \propto V_1^2$

③ $T \propto \frac{1}{2}V_1$ ④ $T \propto 2V_1$

해설

유도전동기의 토크

$$T = \frac{\frac{r_2'}{s}(V_1)^2}{(r_1+\frac{r_2'}{s})^2 + (x_1+x_2')^2} \text{ [N·m]}$$

이므로, $T \propto V_1^{\,2}$ 관계

정답 ②

(3) 유도전동기를 최대토크(T_m)로 기동하기 위한 조건

전동기를 정격속도로 운전할 때는 토크(τ)가 강할 필요가 없습니다. $\tau \propto \frac{1}{N}$ 관계 때문입니다. 하지만 전동기를 정지상태에서 기동할 때는 토크(τ)가 강해야만 정지 상태의 관성에서 벗어나 회전을 할 수 있습니다. 만약 무거운 부하가 연결된 유도 전동기라면 전동기 기동 시작부터 그 전동기가 낼 수 있는 가장 센 토크(τ)로 기동할 필요가 있습니다. 권선형 3상 유도전동기를 가장 센 토크로 기동하는 방법은 최대토크(T_m)로 기동하는 것입니다.

아래 그림은 권선형 3상 유도전동기의 토크곡선과 2차 저항(r_2) 값을 증가하여 토크곡선을 왼쪽으로 이동시킨 토크곡선입니다. 토크곡선을 왼쪽으로 이동시켜 기동토크(T_s)가 최대토크(T_m)과 같게 됩니다.

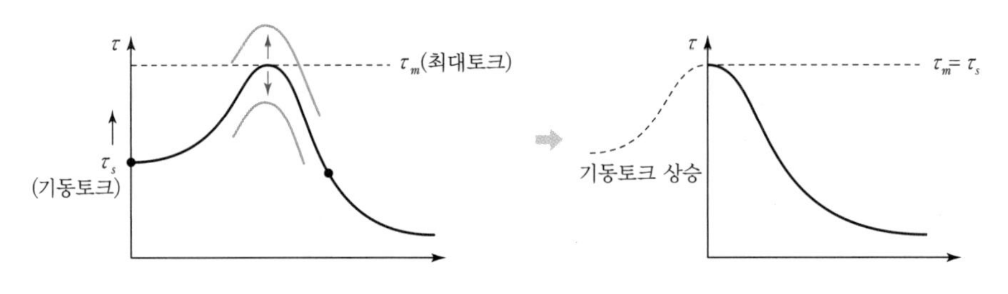

〖 유도전동기의 토크곡선 이동 〗

[유도전동기를 기동할 때, 처음부터 최대토크 상태로 기동하기 위한 조건]

- 유도전동기의 부하저항 : $R = \left(\frac{1-s}{s}\right) r_2$ [Ω] (또는 외부저항, 기계적 출력)
- 최대토크로 기동할 때 부하저항
  $R = \left(\frac{1-S_t}{S_t}\right) r_2$ [Ω], $R = (x_1 + x_2) - r_2$ [Ω]
- 최대토크로 기동하기 위한 조건 : $\tau_s = \tau_m$, $\left(\frac{1-S_t}{S_t}\right) r_2 = (x_1 + x_2) - r_2$

기동 후에는 정지관성에서 이미 벗어나서 회전하는 관성이 작용하므로 점진적으로 더욱 약한 토크로도 빠른 회전속도를 만들 수 있습니다. → $\tau \propto \frac{1}{N}$

(4) 유도전동기의 동기와트(P_2)

동기와트는 유도전동기의 1차측(회전자계)이 동기속도일 때, 유도전동기의 2차측 입력전력(P_2)을 토크(τ)로 나타낸 것을 말합니다.($\tau = \frac{P}{\omega}$)

① **토크** : $\tau = \frac{60}{2\pi}\frac{P_2}{N_s}$ [N·m]

② **동기와트** : $P_2 = \frac{2\pi\tau}{60}N_s$ [W]

토크 수식을 2차 입력(P_2)에 대해 재전개했을 때 이항된 수식이 동기와트(P_2) 수식입니다.

7. 유도전동기와 주파수(교류입력)의 관계

① **기동전류(I_{st})와 입력 주파수(f_1)의 관계** : $I_{st} \propto f$ 관계

② **입력 주파수(f_1)와 회전속도(N)의 관계** : $N \propto f$ 관계

$$N = N_s(1-s) = \frac{120f}{P}(1-s)\ [\text{rpm}]$$

③ **자속(ϕ)과 입력 주파수(f_1)의 관계** : $\phi \propto \frac{1}{f}$

유도기전력(E) 크기는 $E = 4.44fN\phi$인데, 여기서 유기기전력(E)이 일정할 경우, 자속 $\phi = \frac{E}{4.44fN} \rightarrow \phi \propto \frac{1}{f}$

④ **유도전동기의 온도와 입력 주파수의 관계** : $T^o \propto \tau_m \propto \frac{1}{f}$

8. 유도전동기의 효율(η)

효율(η) 역시 유도전동기의 1차측에 손실이 거의 없다는 전제에서 2차측 회로의 효율만을 봅니다.

효율 계산을 위한 기본적인 공식은 $\eta = \frac{2차측\ 출력(P_0)}{2차측\ 입력(P_2)} \times 100\,[\%]$ 이고, 이를 전개하면 전동기 2차측 효율 계산은 $\eta = \frac{P_2 - P_c - P_m - P_{st}}{P_2} \times 100\,[\%]$ 가 됩니다. 하지만 유도전동기의 슬립(s)을 이용하여 다음과 같이 더욱 간단하게 유도전동기 2차측 효율 수식을 세울 수 있습니다.

슬립(s)을 이용한 유도전동기 효율 $\eta = 1 - s$

$$\eta = (1-s) \times 100\ [\%]$$

$$\left\{ \begin{array}{l} \eta = \frac{2차측\ 출력(P_0)}{2차측\ 입력(P_2)} = \frac{P_2(1-s)}{P_2} = 1-s \\ \eta = \frac{회전속도\ (N)}{동기속도\ (N_s)} = \frac{N(1-s)}{N_s} = 1-s \end{array} \right\}$$

핵심기출문제

슬립 6[%]인 유도전동기의 2차측 효율[%]은?

① 94 ② 84
③ 90 ④ 88

해설

유도전동기의 2차 효율

$\eta_2 = 1 - s$
$= 1 - 0.06 = 0.94 = 94[\%]$

정답 ①

슬립(s)을 이용한 유도전동기 효율을 구하는 수식은 간단하지만 오차가 큰 단점이 있습니다.

03 3상 유도전동기의 운전방법

유도전동기의 운전순서는 직류전동기와 같습니다. 4단계(기동－속도제어－역회전－제동) 순으로 운전합니다. 권선형과 농형 두 가지 종류로 나뉘는 3상 유도전동기는 두 종류 모두 운전순서는 같지만 종류에 따라 운전방법은 다릅니다.

구분	권선형 유도전동기 운전	농형 유도전동기 운전
기동	비례추이	직입, $Y-\Delta$, 리액터, 단권변압기
속도제어	비례추이	극수, 주파수, 전압
역회전	3선 중 2선 맞바꿈	3선 중 2선 맞바꿈
제동	역전, 발전, 회생	역전, 발전, 회생

✠ 권선형 3상 유도전동기
유도자철심에 도체권선이 감겨 있다.

✠ 농형 3상 유도전동기
도체권선이 없고 유도자철심만 있다.

1. 기동법

(1) 권선형 3상 유도전동기의 기동법

권선형 유도전동기는 **비례추이**를 이용하여 기동과 속도제어를 합니다. '비례추이' 제어는 권선형 유도전동기에만 적용 가능하고, 농형 유도전동기에는 적용이 불가능합니다. 이유는 농형 유도전동기의 유도자철심엔 권선이 없기 때문입니다. 그러므로 농형은 2차 저항(r_2)을 설치할 수 없어 '비례추이' 제어가 불가능합니다.

✠ 비례추이
권선형 3상 유도전동기 2차측 권선(회로)에 가변저항(r_2)을 달아 그 저항값을 증감시켜 유도전동기의 토크와 속도를 제어하는 제어방법이다.

① 비례추이를 이용한 권선형 유도전동기의 기동

다음 그래프와 같이 유도전동기의 토크(τ)와 유도자의 회전속도(n)의 관계($n \propto \frac{1}{s}$)에서 2차 저항(r_2)은 토크와 속도에 영향을 줍니다.

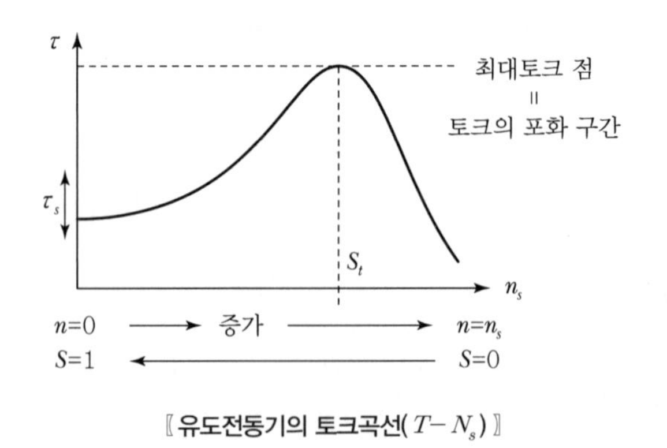

〖유도전동기의 토크곡선($T-N_s$)〗

핵심기출문제

비례추이와 관계있는 전동기는?

① 동기전동기
② 3상 유도전동기
③ 단상 유도전동기
④ 정류자전동기

해설
3상 권선형 유도전동기와 같이 2차 회로의 저항을 가감할 수 있는 것은 비례추이의 원리를 이용하여 기동 전류를 감소시키면서 큰 기동 토크를 얻을 수 있다.

정답 ②

가로축(= 유도자속도 n)과 세로축(토크 τ)에서, $n=0$일 때의 세로축의 토크(τ)는 기동토크(T_s)입니다. 만약 유도자속도기 정지상테($n=0$)로부터 점진적으로 증가하면 유도자속도는 동기속도(n_s)에 접근하게 됩니다.

유도전동기마다 고유한 토크곡선이 있고, 그 토크곡선과 최대토크(T_m)의 크기는 변하지 않습니다. 그리고 이 토크곡선은 좌우 수평으로만 움직이고, 토크곡선을 움직일 수 있는 요소가 '2차 저항(r_2)'입니다.

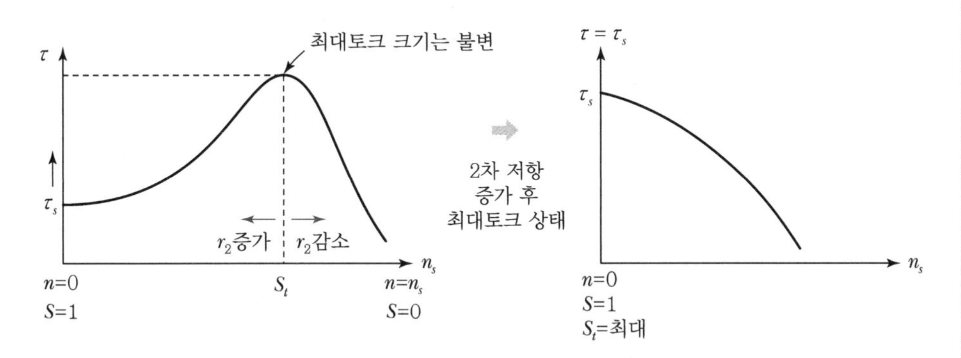

전동기를 기동할 때 기동조건은 "기동토크(T_s)는 크고, 기동전류(I_s)는 작은 것"입니다. 큰 기동토크(T_s)는 2차 저항(r_2)을 증가시켜 토크곡선을 최대토크(T_m)상태로 전동기를 기동할 수 있습니다.(→ 비례추이 제어)

2차 저항(r_2)을 증가시키면 가로축의 최대슬립(S_t)도 증가하여($S_t(\uparrow)=\dfrac{r_2(\uparrow)}{x_2}$)

최대슬립(S_t)축은 좌측으로 이동($s=1,\ n=0$)하므로 기동토크(T_s)는 최대토크(T_m)로 기동하게 됩니다. 때문에 전동기를 기동할 때 필요한 큰 기동토크(τ_s)는 최대토크(T_m)상태로 기동하거나 최대슬립(S_t)상태로 기동하는 것입니다.

② 최대토크로 기동하기 위한 조건

유도전동기를 기동할 때, 처음부터 최대토크(또는 최대슬립)상태로 기동하기 위한 조건입니다.

㉠ 유도전동기의 부하저항 : $R=\left(\dfrac{1-s}{s}\right)r_2\ [\Omega]$

㉡ 최대토크로 기동할 때 부하저항

$$R=\left(\frac{1-S_t}{S_t}\right)r_2\ [\Omega],\ R=(x_1+x_2)-r_2\ [\Omega]$$

㉢ 최대토크로 기동하기 위한 조건 : $\tau_s=\tau_m$, $\left(\dfrac{1-S_t}{S_t}\right)r_2=(x_1+x_2)-r_2$

핵심기출문제

유도전동기의 토크－속도곡선이 비례추이한다는 것은 그 곡선이 무엇에 비례해서 이동하는 것을 말하는가?

① 슬립
② 회전수
③ 공급전압
④ 2차 합성저항

해설

3상 권선형 유도전동기의 토크－속도특성곡선이 2차 합성저항의 변화에 비례하여 이동하는 것을 토크－속도곡선이 비례추이한다고 한다.

정답 ④

③ 비례추이 수식 : 2차 저항(r_2) 계산

권선형 3상 유도전동기의 유도자권선에 직렬로 연결하는 2차 저항(r_2)은 아래 그림과 같습니다.

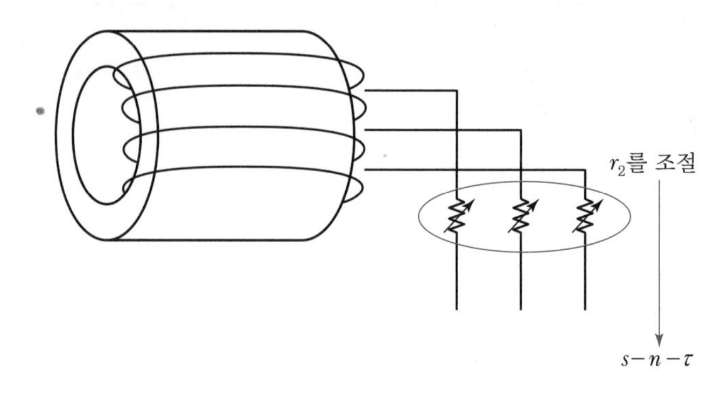

〖 유도전동기의 2차 저항 조절 〗

2차 저항(r_2)의 크기를 조절할 때 비례하여 바뀌는 유도전동기의 특성(=비례추이 하는 것)은 토크(τ), 회전속도(n), 슬립(s), 1차측 전류(I_1), 2차측 전류(I_2), 1차측 전력(P_1)입니다. 이런 여러 요소들 중에서 유도전동기를 대표하는 특성은 2차 저항(r_2)과 슬립(s)이므로 이를 수식으로 표현하면 다음과 같습니다.

[비례추이의 2차 저항과 슬립 관계]

$$\frac{r_2}{s_1} = \frac{r_2{}' + R}{s_2} = \frac{r_2{}'' + R'}{s_3}$$

여기서, $\frac{r_2}{s_1}$: 2차 저항 조절 전 r_2과 s_1의 비율

$\frac{r_2{}' + R}{s_2}$: 2차 저항 첫 번째 조절 후 $r_2{}'$과 s_2의 비율

$\frac{r_2{}'' + R'}{s_3}$: 2차 저항 두 번째 조절 후 $r_2{}''$과 s_3의 비율

비례추이의 2차 저항과 슬립 관계는 표기 차이가 있을 뿐, 모두 의미가 같은 수식입니다.

$$\frac{r_2}{s} = \frac{r_2{}' + R_2{}'}{s'} = \frac{r_2{}'' + R_2{}''}{s''},\ \ \frac{r_2}{s_1} = \frac{r_2{}' + R}{s_2} = \frac{r_2{}'' + R'}{s_3},$$

$$\frac{r_2 + R_1}{s_1} = \frac{r_2 + R_2}{s_2} = \frac{r_2 + R_3}{s_3}$$

④ **비례추이 제어의 특징**

㉠ 권선형 유도전동기의 기동토크(T_s) 크기는 2차 저항(r_2)으로 제어할 수 있지만, 최대토크(T_m)의 크기는 전동기를 설계할 때 정해지므로, 최대토크 수치 2차 저항 조절과 무관하고 항상 같다.(→ 어떤 사용 환경에서도 변하지 않는다)

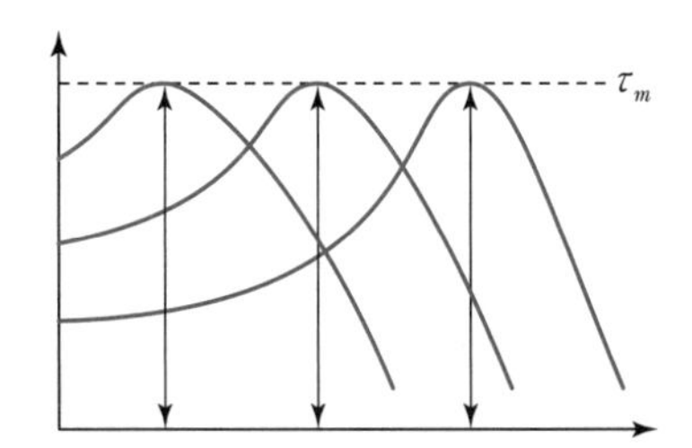

㉡ 권선형 유도전동기의 2차 저항(r_2)을 증가시키면, 기동전류(I_s)는 감소하고 $I(\downarrow)=\dfrac{V}{R(\uparrow)}$, 기동토크($T_s$)는 증가한다. → 2차 저항을 증가시키면 옴의 법칙에 의해 입력전압도 증가하게 $V(\uparrow)=I\cdot R(\uparrow)$ 된다. 입력전압이 증가하면 토크도 증가한다. ($T\propto V^2$)

㉢ 권선형 유도전동기의 토크는 입력전압의 제곱에 비례($T\propto V^2$)한다.

㉣ 비례추이 제어(r_2)가 가능한 유도전동기 요소 : 1차측 전류(I_1), 2차측 전류(I_2), 1차측 전력(P_1), 역률($\cos\theta$), 토크(τ), 회전속도(n), 슬립(s)

㉤ 비례추이 제어(r_2)가 불가능한 유도전동기 요소 : 2차 출력(P_2), 효율(η), 동손(P_c), 동기속도(N_s)

㉥ 유도전동기는 가속토크가 존재한다. → 가속토크(Acceleration Torque)란 그림과 같은 일반적인 유도전동기의 토크곡선에서, 전부하토크곡선 위에 그려지는 토크곡선 면적을 토크 및 속도제어 가능하다는 의미로 가속토크 개념을 사용한다. 참고로, 그림에서 전부하(정격) 토크곡선와 무부하 토크곡선 사이의 공간(여유 : T_0-T_n)차가 클수록 유도전동기의 기동이 빨라진다.

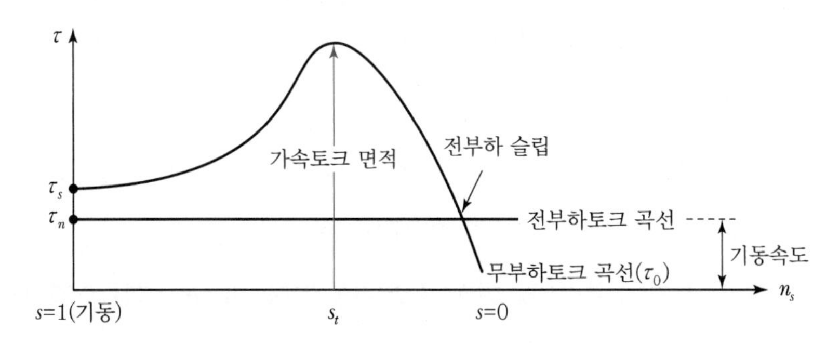

〖 가속토크 설명을 위한 유도전동기의 토크곡선 〗

핵심기출문제

유도전동기에서 비례추이하지 않는 것은?

① 1차 전류 ② 동기 와트
③ 효율 ④ 역률

정답 ③

핵심기출문제

3상 유도전동기의 특성 중 비례추이할 수 없는 것은?

① 토크 ② 출력
③ 1차 입력 ④ 2차 전류

해설

3상 유도전동기의 특성에서 $\frac{r_2}{s}$의 함수가 아닌 2차 동손, 출력, 효율 등은 비례추이할 수 없는 특성이다.

정답 ②

PART 02

(2) 농형 3상 유도전동기의 기동법

농형 3상 유도전동기는 아래 그림처럼 유도자에 권선이 없고, 철심만으로 구성된 전동기입니다. 농형은 권선이 없으므로 권선형처럼 2차 저항(r_2)을 설치할 수 없어 '비례추이' 제어가 안 됩니다.

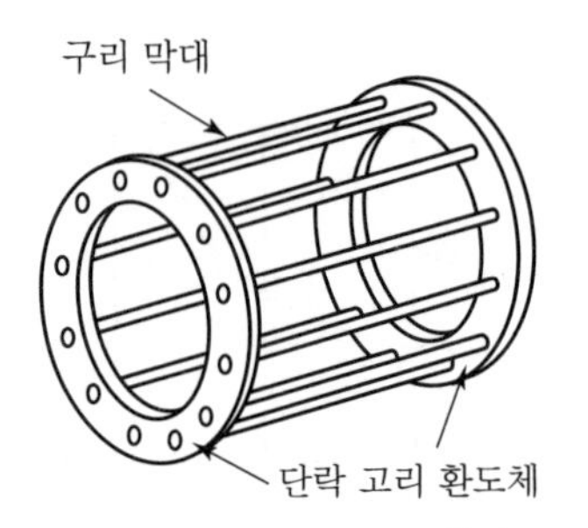

〖농형 3상 유도전동기의 유도자철심 구조〗

3상 농형 유도전동기의 기동법은 크게 다음과 같은 4가지입니다.

• 전전압기동(=직입기동)	• Y−△ 기동
• 리액터기동	• 기동보상기법 기동 및 콘도르퍼법 기동

① 전전압기동(=직입기동 : Direct Online Starting)

㉠ 5[kW] 이하 소용량의 전동기에 사용하는 기동방법이다.

㉡ 전전압(=직입)의 뜻은 별도의 **기동전류**를 제한하는 장치 없이 입력전원 그대로 전동기의 기동과 정격운전에 사용하는 것을 의미한다.

㉢ 기동할 때 기동전류는 정격운전 시 정격전류의 6배 전류가 흐르므로 전동기 권선이 소손될 가능성이 있다. 하지만 5[kW] 이하의 소용량 전동기는 전동기 수명 단축이나 권선 소손의 부담이 적다.

② Y−Δ 기동(=Star−Delta Starting)

㉠ 5~15[kW] 용량의 전동기에 사용한다.

㉡ 직입기동할 수 있는 소용량 전동기보다 큰 용량의 전동기라면, 반드시 기동 조건 $T_s(\uparrow)$, $I_s(\downarrow)$을 맞춰 기동해야 한다. Y결선과 △결선은 결선방식에 따라 전류, 저항, 전력용량에 대해 $I_Y = \frac{1}{3}I_\triangle$ 관계를 가지므로 전동기를 정상운전(또는 정격운전)이 3상 △결선이라면 기동할 때는 3상 Y결선 상태로 기동하여 정격보다 $\frac{1}{3}$ 전류 크기에서 기동할 수 있다.

정격전류가 △결선으로 5[A]라면 기동전류는 30[A], 이를 Y결선으로 전환(Switching)하면 10[A]로 줄어든 상태($\rightarrow$ 30[A]$\times\frac{1}{3}$= 10[A])로 기동할 수 있다. 기동이 끝나고 다시 △결선으로 전환한다.

핵심기출문제

농형 전동기의 결점인 것은?

① 기동 kVA가 크고, 기동토크가 크다.
② 기동 kVA가 작고, 기동토크가 작다.
③ 기동 kVA가 작고, 기동토크가 크다.
④ 기동 kVA가 크고, 기동토크가 작다.

해설
농형 유도전동기는 기동전류의 크기에 비하여 기동토크가 작기 때문에 소형의 전동기에 한하여 사용된다.

정답 ④

✠ 기동전류
만약 어떤 전동기의 정격운전 중 전동기에 흐르는 정격전류(I_n)가 5[A]라면, 그 전동기가 기동할 때의 기동전류(I_s)는 정격의 4~6배인 20~30[A]가 된다. 이 전동기 권선의 허용전류를 초과하는 과전류에 자주 노출되면 수명 단축 및 권선 소손으로 전동기가 고장 날 가능성이 높다.

핵심기출문제

유도전동기의 1차 접속을 △에서 Y로 바꾸면 기동 시 1차 전류의 변화는?

① $\frac{1}{3}$로 감소
② $\frac{1}{\sqrt{3}}$로 감소
③ $\sqrt{3}$배로 증가
④ 3배로 증가

해설
유도전동기 기동법의 Y−△ 기동법 : $I_Y = \frac{1}{3}I_\triangle$

정답 ①

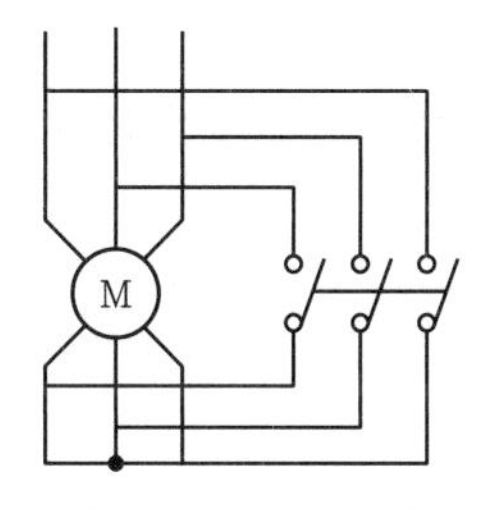

〖Y－△ 기동 결선〗

③ **리액터기동(Reactor Starting)**

㉠ 전동기 용량[kW] 구분 없이 모든(소용량부터 대용량까지) 전동기에서 사용한다.

㉡ 전동기의 3상 전원선 각각에 직렬로 리액터(Reactor)를 달아 전압강하를 만들어 강하된 전압(Voltage Dip)과 기동전류로 기동한다. 리액터의 리액턴스 크기를 조절하여 기동전류를 제어할 수 있고, 기동완료 후에는 리액터 회로를 단락하고 전전압기동 회로(Full Voltage Starting Circuit)로 전환하여 정격운전하게 된다.

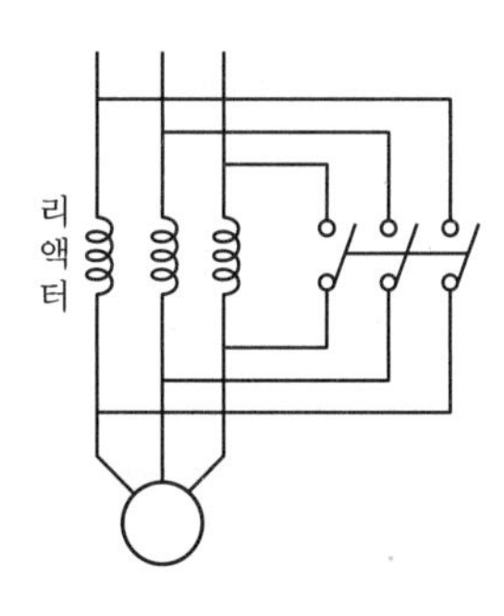

④ **기동보상기법 기동(Auto－transformer Starting)**

㉠ 15[kW] 이상의 대용량 전동기에 사용한다.

㉡ 3상 전원선 각각에 단권변압기를 연결하고 자동 탭(Tap setting) 조정으로 정격전류의 30%, 50%, 80% 순으로 기동하는 기동방식이다.

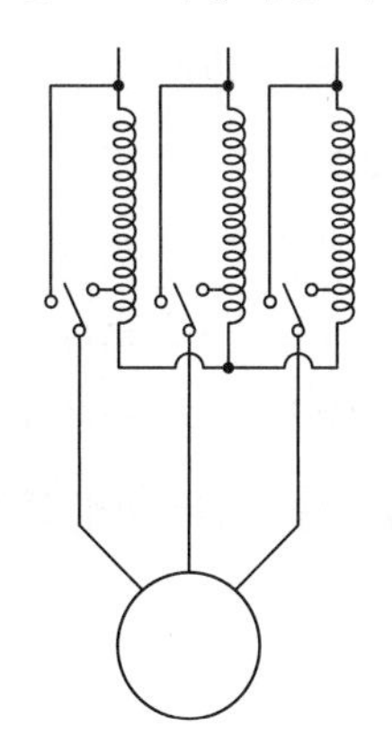

⑤ 콘도르퍼 기동법(Korndorfer Starting)

기동보상기 기동법과 자동타이머 스위치를 혼합하여 기동하는 기동방법이다.

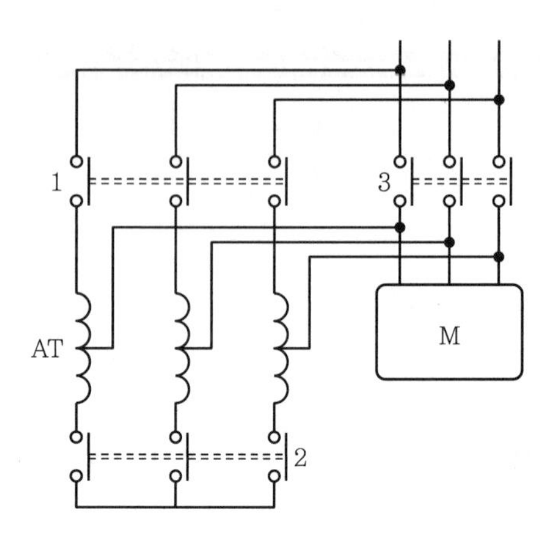

⑥ 2차 임피던스 기동법

2차측 권선(=유도자 권선)에 저항(R)과 리액턴스(X)(여기서 리액턴스 X는 가포화 리액터(Saturable Reactor)를 사용한다.)를 병렬로 접속하여 기동한다. 낮은 전압(V), 전류(I)로도 리액터의 철심은 포화상태가 되고, 이런 포화현상을 이용하여 인덕턴스(L) 크기를 변화시켜 리액터 출력($V-I$ 특성)을 변화시켜 전동기를 기동하는 방식이다.

2. 속도제어

권선형	농형
2차 저항(r_2)제어법 2차 여자(ϕ_2)제어법	극수(P)변환법 주파수(f)변환법 1차 전압제어법 ($s \propto \frac{1}{V^2}$ 관계에서 전압을 통해 슬립(s)을 조절한다)

(1) 권선형 3상 유도전동기의 속도제어

① 2차 저항제어법(=비례추이제어)

비례추이 제어의 원리인 2차 저항(r_2)조절을 통해 유도전동기 토크곡선의 슬립(S_t)축을 이동시켜 토크(τ)와 속도(N)를 조절합니다.

㉠ 2차 저항(r_2)을 이용한 제어구조는 간단하며 조작도 쉽다.

㉡ 저항기(r_2) 하나로 기동제어, 속도제어, 토크제어가 가능하다.

※ 가포화 리액터
적은 유기기전력(E)으로도 쉽게 포화되는 철심에 솔레노이드 코일을 감은 것이다.

핵심기출문제

유도전동기의 속도제어방식이 아닌 것은?

① 1차 주파수제어방식
② 정지 세르비어스방식
③ 정지 레오나드방식
④ 2차 저항제어방식

정답 ③

핵심기출문제

유도전동기의 기동방식 중 권선형에만 사용할 수 있는 방식은?

① 리액터 기동
② $Y-\Delta$ 기동
③ 2차 저항에 의한 기동
④ 기동보상기에 의한 기동

해설
권선형 유도전동기의 기동법에서 기동저항기법(2차 저항에 의한 기동)은 권선형 유도전동기의 2차 회전자에 기동저항을 삽입하여 비례추이의 특성을 이용하여 기동토크를 크게 함과 동시에 기동전류를 제한하는 것이다.

정답 ③

㉢ 저항(r_2)을 증가시키면 전동기 권선에 줄열($P_l = I^2 \cdot r_2$)도 같이 증가하며, 비례추이 특성상 전동기 회전속도가 느릴수록($n = 0$, $s = 1$) 효율이 저하되는 단점이 있다.

② 2차 여자제어법(ϕ_2)

2차측(유도자 권선) 회로에 걸려 있는 2차 기전력(E_2)과 동일한 주파수의 기전력(E_c)을 유도전동기 유도자 안팎을 연결하는 슬립링을 통해 인가하여, 두 기전력 차를 이용한 2차측(유도자 권선) 회로의 유기기전력 크기를 조절함으로써 전동기 회전속도(N)를 조절하는 방식입니다.(E_c : 2차 슬립주파수 기전력, E_2 : 2차 기전력)

2차측 유도기전력($E_2{}' = s\,E_2$)이 바뀌면 $E \propto f$ 관계로 2차 주파수(f_2)도 바뀌고 3상 유도전동기의 회전 원리상 주파수가 변하면 회전자계의 속도도 같이 변해 회전속도(N)가 변하게 됩니다.

㉠ E_c를 E_2 방향과 같은 방향으로 인가할 경우 : $s(\downarrow)$, $N(\uparrow)$

㉡ E_c를 E_2 방향과 반대방향으로 인가할 경우 : $s(\uparrow)$, $N(\downarrow)$

㉢ 2차 여자제어법의 종류

- 크래머 방식(Kramer Drive) : 권선형 3상 유도전동기와 직류전동기를 기계적으로 연결하여 직류전동기의 계자전류를 조정함으로써 유도전동기를 정출력이 되도록 속도제어를 한다.
- 세르비어스 방식(Scherbius Drive) : 인버터(반도체 소자)를 이용하여 교류파형의 제어각을 변화시켜 전동기의 회전수를 변화시키는 제어방식이다.

③ 종속접속법

단일 유도전동기 사용이 아닌 두 대의 유도전동기를 서로 종속되게 직·병렬로 연결하여 사용하는 속도제어 방법입니다. 두 대의 유도전동기로 하나의 같은 회전속도와 속도 조절을 하려면 총 3가지 접속방법(직렬가동접속과 직렬차동접속 그리고 병렬접속)이 나옵니다. 그리고 각각의 유도전동기는 M_1, M_2, 극수는 P_1, P_2가 있습니다. 두 유도전동기의 회전속도가 같아야 하므로 주파수(f)는 동일하고, 나머지 변수인 극수(P)를 변화시켜 속도제어를 할 수 있습니다.

㉠ 직렬가동종속접속법 : $N = \dfrac{120f}{P_1 + P_2}$ [rpm]

㉡ 직렬차동종속접속법 : $N = \dfrac{120f}{P_1 - P_2}$ [rpm]

㉢ 병렬접속법 : $N = \dfrac{120f}{P_1 \pm P_2} \times 2$배 [rpm]

핵심기출문제

유도전동기의 회전자에 슬립주파수의 전압을 공급하여 속도제어를 하는 방법은?

① 2차 저항법
② 직류 여자법
③ 주파수 변화법
④ 2차 여자법

해설

유도전동기의 속도제어법 중에서 2차 여자법은 유도전동기의 2차 회전자에 회전자 주파수 sf(슬립주파수)와 같은 주파수의 전압을 공급하여 슬립 s, 즉 속도를 제어하는 방법이다.

정답 ④

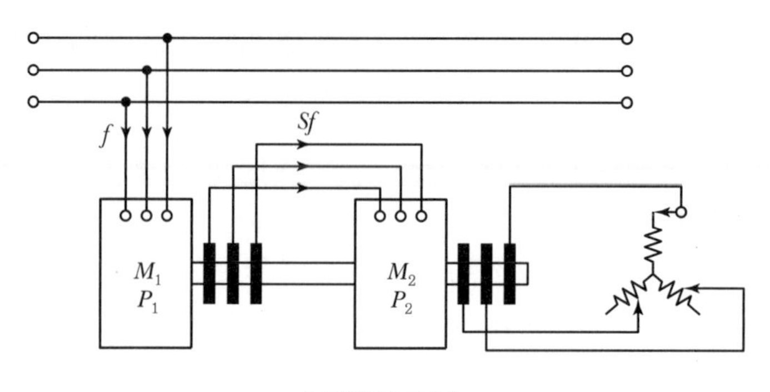

〖 직렬종속접속 〗

(2) 농형 유도전동기의 속도제어

농형 3상 유도전동기의 속도제어는 회전속도 수식 하나로 설명이 가능합니다.

$$\text{유도전동기 회전속도 } N = N_s(1-s) = \frac{120}{P}f(1-s)\,[\text{rpm}]$$

회전속도 수식 안의 요소 중에 극수(P), 주파수(f), 슬립(s) 이 세 가지 요소가 농형 3상 유도전동기의 속도제어방법입니다.

① 극수(P)제어법

극수변환은 고정자철심에 계자권선의 접속 상태를 바꿔 계자의 극수를 조절(2극－4극－6극－$2n$극)합니다. 극수(P)가 적으면 전동기 회전속도가 증가하고, 극수(P)가 많으면 전동기 회전속도가 감소하는 원리($N \propto \frac{1}{P}$)입니다. 이러한 극수변환 속도제어방식의 특징은

㉠ 효율이 좋다. → 다른 제어법보다 제어로 인한 손실이 적다.

㉡ 계자극수로 제어하므로 연속적인 제어가 안 되고 단계적인 속도제어만 가능하다(자극은 N－S가 한 쌍이므로 짝수 극수(2－4－6－$2n$)만 존재함).

② 주파수(f)제어법

유도전동기는 기본적으로 회전자계를 이용하여 회전하고, 회전자계는 입력전원의 주파수(f)에 비례($N \propto f$)합니다. 때문에 반도체 소자인 VVVF(Variable Voltage Variable Frequency) 인버터를 이용하여 유도전동기에 입력된 교류주파수를 변화시켜 회전자계 속도를 변화시키고, 회전자계에 따라 회전하는 유도자 회전속도를 조절하는 방식입니다.

③ 1차 전압(V_1)제어법

유도전동기 회전속도 수식 $N = N_s(1-s) = \frac{120}{P}f(1-s)\,[\text{rpm}]$에서 슬립($s$)은 직접적으로 제어할 수 있는 요소가 아닙니다. 때문에 슬립(s)과 반비례관계

핵심기출문제

극수 p_1 p_2의 두 3상 유도전동기를 종속접속(Concatenation)하였을 때 이 전동기의 동기속도는 어떻게 되는가?(단, 전원주파수는 f_1[Hz]이고 직렬종속이다.)

① $\frac{120f_1}{p_1}$　② $\frac{120f_1}{p_2}$

③ $\frac{120f_1}{p_1+p_2}$　④ $\frac{120f_1}{p_1 \times p_2}$

해설

유도전동기의 속도제어법에서의 종속법

• 직렬종속법

$N = \frac{120f_1}{p_1+p_2}[\text{rpm}]$

• 차동종속법

$N = \frac{120f_1}{p_1-p_2}[\text{rpm}]$

• 병렬종속법

$N = \frac{2 \times 120f_1}{p_1+p_2}[\text{rpm}]$

정답 ③

핵심기출문제

다음 중 농형 유도전동기에 주로 사용되는 속도제어법은?

① 저항제어법
② 2차여자법
③ 종속접속법
④ 극수변환법

해설

농형 유도전동기의 속도제어법

• 극수변환법
• 전원주파수변환법
• 1차 전압제어법

정답 ④

$(s \propto \frac{1}{V^2})$에 있는 입력전압($V_1$)을 조절하여 슬립($s$)을 변화시켜 유도전동기의 회전속도($N$)를 제어합니다. → 전압을 조절하여 슬립을 변화시키고 슬립과 회전속도는 반비례($n=0$, $s=1$)하므로 유도전동기 속도제어가 가능함

3. 역회전

3상 유도전동기의 역회전은 권선형 · 농형을 가리지 않고, 단 한 가지 방법뿐입니다. 3상 유도전동기의 3선 중 2선을 맞바꾸면 회전방향이 반대로 바뀌게 됩니다. 또 그렇게 되도록 유도전동기 전단에 그림과 같은 전환스위치를 구성할 수 있습니다. 구체적으로 3상 교류전원의 $R-S-T$(혹은 $U-V-W$, $L_1-L_2-L_3$) 3선 중 2선($R-S$ 혹은 $S-T$ 혹은 $R-T$)을 맞바꾸는 것입니다.

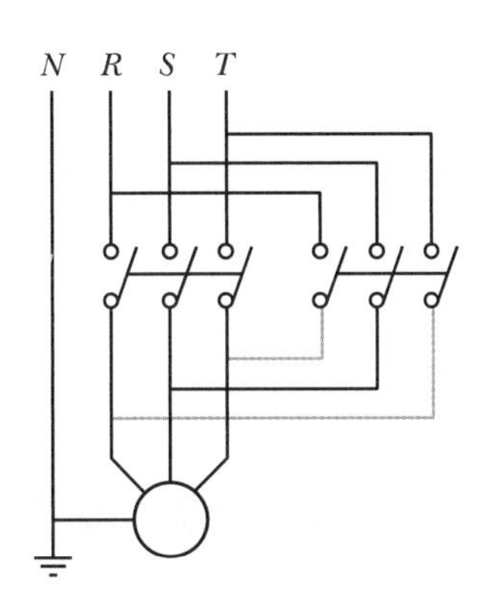

4. 제동

회전상태의 유도전동기를 제동(정지)하는 방법은 다음 세 가지입니다.
① 역전제동, ② 발전제동, ③ 회생제동

그 외에도 두 가지 방법이 더 있습니다.
④ 단상제동, ⑤ 기계적 제동

하지만 국가기술자격시험과 관련해서 ④, ⑤ 내용은 생략하겠습니다.
전동기에 전원을 인가하지 않으면 전동기는 타력으로 회전하다가 결국 정지하게 됩니다. 이렇게 가속조작을 하지 않고 전원을 제거한 것 역시 하나의 제동방법에 속합니다. 그래서 제동방법 세 가지 중에 역전제동을 제외한 발전제동과 회생제동은 전원을 제거하고 타력으로 회전하다가 일정시간 후 정지하는 제동방법에 속하게 됩니다.

① 역전제동(= 역상제동, Plugging)

유도전동기의 회전방향과 반대의 회전방향이 되도록 전원접속을 바꿉니다.(→ 3상의 3선 중 2선을 서로 맞바꿈) 반대의 회전자계에 따른 역회전(= 역전)토크가 발생하여 전동기가 급속히 정지됩니다.

② 발전제동(Dynamic Breaking)

운전 중인 유도전동기에 공급되던 전원을 차단하면 타력으로 회전하던 유도전동기는 결국 제동하게 됩니다. 회전 중이던 유도전동기의 회전 운동에너지를 전기에너지로 변환하고, 다시 저항을 통해 열에너지로 변환하며 제동하는 방식이 '발전제동'입니다.

핵심기출문제

유도전동기의 속도제어법이 아닌 것은?

① 2차 저항법
② 2차 여자법
③ 1차 저항법
④ 주파수제어법

해설

유도전동기의 속도제어법
- 극수변환법
- 전원주파수변환법
- 1차 전압제어법
- 2차 저항제어법
- 2차 여자제어법

정답 ③

TIP

직류전동기에서 유일하게 역회전이 가능한 전동기는 타여자 직류전동기였으며, 역회전방법은 전기자권선 혹은 계자권선 둘 중 하나의 극성을 반대로 결선하면 역회전되었다.

핵심기출문제

유도전동기의 제동방법 중 슬립의 범위를 1~2 사이로 하여 3선 중 2선의 접속을 바꾸어 제동하는 방법은?

① 역상전류 ② 직류전류
③ 단상전류 ④ 회생전류

해설

역상제동방법
전동기를 특히 급속정지시키고자 할 경우 회전 중인 전동기의 1차 권선 3단자 중 임의의 2단자의 접속을 바꾸면 상회전방향이 반대로 되어 토크의 방향이 반대로 되므로 전동기는 제동되어 급속히 감속하게 된다.

정답 ①

③ **회생제동(Regenerative Breaking)**

회생제동은 발전제동과 제동방법이 유사하지만 전기에너지를 사용하는 방식에서 차이가 있습니다. 유도전동기의 회전자가 발전기 역할을 하며 만든 기전력(E)을 다른 배터리충전 혹은 어떤 부하(R)의 전원으로 사용하며 제동하는 방식이 '회생제동'입니다.

04 유도기의 이상현상

유도기에서 '이상현상'이란 유도전동기나 유도발전기가 정상적 기능을 수행하지 못하는 상태에 대한 내용입니다. 주로 전동기의 속도가 정상속도에 비해 느려지거나 토크가 약하거나 유도기에 고조파가 유입되는 경우입니다.

1. 크로우링 현상(=차동기 운전상태)

크로우링 현상(Crawling Phenomenon)은 원래 기어의 맞물림이 서로 어긋나서 발생하는 동작의 오차를 말합니다. 이것을 전기기기의 회전기, 특히 농형 유도전동기에서 전기적으로나 기계적으로 어긋남으로 인해 정격속도보다 낮은 회전속도(N)로 전동기 회전속도가 안정되어 버리는 경우를 말하며 원인은 다음과 같습니다.

① 농형 유도전동기의 1차측 고정자와 2차측 회전자 사이에 적정한 슬롯수로 설계되지 못하는 경우(잘못 설계된 경우)

② 농형 유도전동기를 제조하는 과정에 유도전동기의 공극이 일정하지 않게 제조되어 1차측 계자권선에 고조파가 유입되는 경우(예를 들어, 설계된 정격속도는 500[rpm]인데, 제조과정 중 잘못 조립되어 400[rpm]에서 정격속도를 유지하게 되는 경우) 등 제작이 잘못되어 고조파가 발생함

③ 농형 유도전동기를 무부하 운전상태 혹은 경부하 운전상태로 할 때, 권선에 고조파가 발생하여 설계된 회전자계 속도가 줄어듦으로 인해 회전속도가 줄어드는 현상(고조파로 인한 문제)

2. 게르게스 현상(=비동기 운전상태)

게르게스 현상(Georges Phenomenon)은 권선형 3상 유도전동기를 정상적으로 운전 중 3선 중 1선이 단선(결상)되어, 2차측 유도자 회로(E_2)에 단상 전류가 흘러들어가는 현상입니다. 이 현상으로 전동기 회전속도는 정격속도의 50%(정격의 $\frac{1}{2}$) 속도로 회전하게 됩니다.

핵심기출문제

크로우링 현상은 다음의 어느 것에서 일어나는가?

① 농형 유도전동기
② 직렬직권전동기
③ 회전변류기
④ 3상 변압기

해설

유도전동기의 기동 시에는 고조파 회전자계 때문에 속도-토크곡선에 굴곡이 생긴다. 이와 같이 기동 도중에 정격속도에 이르기 전에 낮은 속도에서 안정되어 전 속도에 이르지 못하는 현상이다.

정답 ①

핵심기출문제

소형 유도전동기의 슬롯을 사구(Skew Slot)로 하는 이유는?

① 토크 증가
② 게르게스 현상 방지
③ 크로우링 현상 방지
④ 제동토크 증가

해설

농형 유도전동기의 회전자를 1홈(슬롯) 간격만큼 축에 경사지게 홈(사구)을 만들면 고정자와 회전자의 홈이 서로 마주치거나 엇갈리는 현상이 없으므로 자속의 분포가 균일하게 되어 유도전동기의 이상기동 현상인 크로우링 현상을 방지할 수 있다.

정답 ③

3. 유도기에서 발생하는 고조파 계산

① **정상분의 고조파** : $h = 3n + 1$ 고조파 발생(n은 상수, h는 고조파 차수)

$h = 3n + 1$ 수식의 n에 자연수(0, 1, 2, 3, …)를 순차적으로 대입하면 짝수 또는 높은 홀수의 고조파 차수 결과(1, 4, 7, 10, 13, 16, 19, 22, …)가 나옵니다. 이와 같은 $h = 3n + 1$ 고조파 차수는 교류 기본파와 상회전이 정상분이기 때문에 전동기에 악영향을 주지 않습니다.

② **역상분의 고조파** : $h = 3n - 1$ 고조파 발생(n은 상수, h는 고조파 차수)

$h = 3n - 1$ 수식의 n에 자연수(0, 1, 2, 3, …)를 순차적으로 대입하면 2, 5, 8, 11, 14, 17, 20, 23, …의 고조파 차수 결과가 나옵니다. 이와 같은 수식의 n에 자연수(0, 1, 2, 3, …)를 순차적으로 대입하면 고조파 차수는 교류 기본파 위상과 반대되는 역상분 교류를 만듭니다. 역상분 고조파($h = 3n - 1$)는 유도전동기 회전원동력의 핵심인 회전자계(N_s)를 약화시키며, 동시에 전동기의 회전속도(N)를 정격속도의 $\frac{1}{h}$배로 감소시키는 이상현상을 초래합니다.

③ **영상분의 고조파** : $h = 3n$ 고조파 발생(n은 상수, h는 고조파 차수)

$h = 3n$ 수식의 n에 자연수(0, 1, 2, 3, …)를 순차적으로 대입하면 짝수 또는 낮은 홀수 고조파 차수 결과(3, 6, 9, 12, 15, 18, 21, 24, …)가 나옵니다. 이와 같은 고조파 차수는 120° 위상차가 존재해야 하는 3상 교류를 위상차가 없는 영상분 교류를 만들어, 회전자계(N_s)가 만들어지지 않습니다. 회전자계가 없으니, 회전력과 토크도 발생하지 않아 전동기가 회전하지 않습니다. 고조파가 유도전동기에 미치는 악영향 중 가장 심각한 악영향이 영상분 고조파입니다.

05 유도전동기의 시험법

제조사가 회전기(직류전동기, 동기전동기, 유도전동기)와 변압기를 만들고 기기의 특성을 파악하기 위해 기본적으로 하는 시험이 있습니다. 바로 ① 무부하 시험, ② 부하 시험입니다. 그 외에도 전동기의 특성을 파악하기 위한 다음과 같은 시험 항목들이 있습니다.

1. 공극 측정

계자철심과 전기자철심 사이에 존재하는 공극(빈 공간)거리를 측정하고, 설계에 적당한 공극인지 판단합니다.

핵심기출문제

3상 유도전동기가 경부하로 운전 중 1선의 퓨즈가 끊어지면 어떻게 되는가?

① 속도가 증가하여 다른 퓨즈도 녹아 떨어진다.
② 속도가 낮아지고 다른 퓨즈도 녹아 떨어진다.
③ 전류가 감소한 상태에서 회전이 계속된다.
④ 전류가 증가한 상태에서 회전이 계속된다.

정답 ④

핵심기출문제

제13차 고조파에 의한 기자력의 회전자계의 회전방향 및 속도와 기본파 회전자계의 관계는?

① 기본파와 반대방향이고, $\frac{1}{13}$배의 속도
② 기본파와 같은 방향이고, $\frac{1}{13}$배의 속도
③ 기본파와 같은 방향이고, 13배의 속도
④ 기본파와 반대방향이고, 13배의 속도

해설
회전자계에서 고조파 차수
$h = 3n + 1$

정답 ②

> **핵심기출문제**
>
> **교류전동기에서 기본파 회전자계와 같은 방향으로 회전하는 공간 고조파 회전자계의 고조파 차수 h를 구하면?(단, m은 상수, n은 정(+)의 정수이다.)**
>
> ① $h=nm$
> ② $h=3nm$
> ③ $h=3nm+1$
> ④ $h=3nm-1$
>
> **해설**
>
> 회전자계의 고조파 차수
>
> - $h=3nm+1=7,\ 13,\ \ldots$
>   기본파와 같은 방향, $\frac{1}{h}$의 속도
> - $h=3nm-1=5,\ 11,\ \ldots$
>   기본파와 반대방향, $\frac{1}{h}$의 속도
> - $h=3nm=0,\ 3,\ \ldots$
>   기본파와 반대방향, $\frac{1}{h}$의 속도
>
> **정답** ③

2. 권선저항 측정

계자권선코일과 전기자권선코일의 저항 값을 실측합니다. 기기의 특성을 파악하기 위해서입니다.

3. 온도시험

전동기의 절연물(Kraft Paper), 권선코일이 정상 기능을 하는 데 견딜 수 있는 온도가 얼마인지를 측정하고 계산합니다.

4. 구속시험

전동기에 정격전원을 입력하면 전동기는 회전합니다. 이때 전동기의 회전자를 회전하지 못하도록 강제로 구속시킵니다. 실제 전동기 사용환경에서는 전동기에 연결된 부하가 무거울 경우 전동기의 회전자는 구속상태가 될 수 있습니다. 이러한 최악의 환경을 가정하여 구속시험으로부터 전동기의 이상현상이나 특성 변화를 사전에 관찰합니다.

5. 무부하 시험

회전기나 변압기의 철심에 의해서 발생할 누설전류(I_g) 및 여자전류(I_0) 그리고 철손(P_i)의 크기를 파악하기 위한 시험입니다. 자세한 내용은 「4장 변압기」에서 다룹니다.

6. 부하시험

회전기나 변압기에 부하를 연결하여 부하전류(I)가 흐를 때, 기기 내부의 권선에서 발생하는 동손(P_c)의 크기를 파악하기 위한 시험입니다.

① 회전기(=전동기)의 경우, 실제의 부하를 전동기 회전축에 연결하여 부하가 걸린 상태에서 전동기를 회전시켜 전동기의 특성을 파악할 수 있습니다. 그래서 부하시험을 '실부하법'으로도 부릅니다. 실부하법의 종류는 다음 두 가지입니다.
  ㉠ 전기 동력계법(대용량 유도전동기에 적용)
  ㉡ 프로니 브레이크법(소용량 유도전동기에 적용)

② 변압기의 경우, 변압기에 연결된 부하를 가정하기 어렵기 때문에 변압기 2차측을 단락한 '단락회로'를 구성하여 부하시험을 할 수 있습니다. 변압기에서 부하시험은 '단락시험'으로도 불리며, 단락시험은 최소부하를 가정한 시험이 될 수 있습니다. 자세한 내용은 「4장 변압기」에서 다룹니다.

> **핵심기출문제**
>
> **유도전동기의 슬립(Slip)을 측정하려고 한다. 다음 중 슬립의 측정법은 어느 것인가?**
>
> ① 직류 밀리볼트계법
> ② 전기 동력계법
> ③ 보조 발전기법
> ④ 프로니 브레이크법
>
> **해설**
>
> 유도전동기의 슬립 측정법
>
> - 직류 밀리볼트계법
> - 수화기법
> - 스트로보스코프법
> - 회전계법
>
> **정답** ①

7. 슬립 측정

유도전동기의 회전자계속도와 실제 유도자 회전속도 사이에 차이가 발생하므로 모든 유도전동기 이론에는 슬립(s)이 들어갑니다. 이 같은 이유로 유도전동기를 '슬립전동기'라고도 부릅니다. 유도전동기의 슬립(s)을 측정하기 위한 4가지 방법이 있습니다.

① **회전계법** : 회전측정계로 유도전동기가 회전할 때 발생하는 슬립을 직접 측정한다.

② **직류 밀리볼트계법** : 권선형 유도전동기에서 사용하는 슬립 측정방법이다.

③ **수화기법** : 전화의 수화기를 슬립링에 접근시켰을 때 발생하는 비트음을 이용하여 슬립을 측정한다.

④ **스트로보스코프법** : 회전체에 점멸하는 빛을 쏘아 점멸주기와 회전주기가 일치하는 시점에 점멸장치의 점멸주기 수치를 통해 슬립을 측정한다.

핵심기출문제

유도전동기의 슬립을 측정하려고 한다. 다음 중 슬립의 측정법이 아닌 것은?

① 직류 밀리볼트계법
② 수화기법
③ 스트로보스코프법
④ 프로니 브레이크법

해설

유도전동기의 슬립 측정법
- 회전계법
- 직류 밀리볼트계법
- 수화기법
- 스트로보스코프법

정답 ④

06 유도전동기의 원선도

원선도는 간단하게 말해, 직선과 원을 이용해 평면도에 전동기 특성을 그린 그림입니다. 대표적인 유도전동기들의 특성을 평면상에 그리고, 앞으로 설계할 유도전동기 혹은 다른 어떤 전동기의 특성을 쉽게 설계 · 예측 · 판단할 수 있습니다.
원선도의 장점은 원선도가 있으면 모든 유도전동기를 일일이 실제 부하를 걸어 특성 시험하지 않고도, 유도전동기의 특성을 파악할 수 있습니다.

① **유도전동기 원선도를 그리기 위해 필요한 실제 시험 종류**
   ㉠ 권선저항측정 : 권선의 저항 값을 알 수 있다.
   ㉡ 무부하시험 : 철손과 여자전류를 알 수 있다.
   ㉢ 회전자 구속시험 : 단락전류와 동손을 알 수 있다(단락부하시험에서 알 수 있는 값을 구속시험에서 시험하므로 부하시험은 하지 않는다).

② 전동기 원선도와 전력 원선도는 서로 전혀 다른 그림입니다.

③ 권선형 유도전동기의 원선도에서 원선도 지름은 입력전압(V_1)에 비례하고, 리액턴스(x)에 반비례합니다. → 원선도 지름 $\propto \dfrac{V_1}{x}$

핵심기출문제

3상 유도전동기의 원선도를 그리는 데 옳지 않은 시험은?

① 저항 측정 ② 무부하시험
③ 구속시험 ④ 슬립 측정

정답 ④

핵심기출문제

유도전동기의 원선도 작성에 필요한 회로정수를 측정하는 데 필요하지 않은 시험은?

① 저항 측정시험
② 무부하시험
③ 구속시험
④ 부하시험

해설

유도전동기의 원선도 작성에 필요한 정수측정시험
- 저항 측정시험(권선의 저항)
- 무부하시험(철선, 여자전류)
- 구속시험(단락전류, 동손)

정답 ④

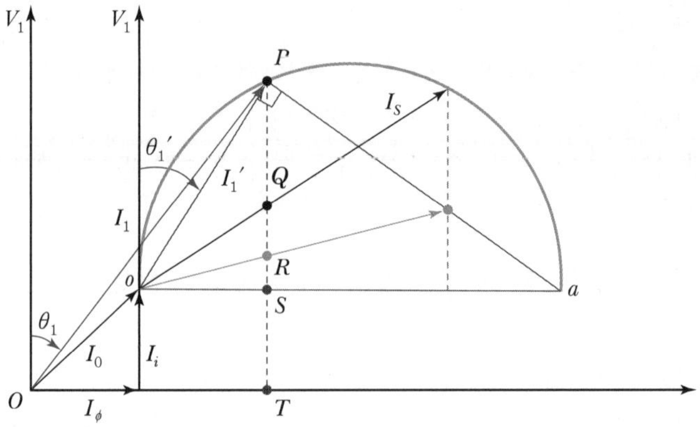

④ **원선도의 각 선분(지점과 지점)들이 갖는 의미**

㉠ $\overline{PT}$: 1차 입력(P_1)

㉡ $\overline{PQ}$: 2차 출력(P_o)

㉢ $\overline{QR}$: 2차 동손(P_c)

㉣ $\overline{RS}$: 1차 동손(P_{c1})

㉤ $\overline{ST}$: 무부하손(P_i : 철손)

⑤ **권선형 유도전동기의 원선도를 등가회로로 나타낼 때 대응되는 관계식**

㉠ 1차측 전류 $I_1{}' = \dfrac{V_1}{Z} = \dfrac{V_1}{\left(r_1 + \dfrac{r_2}{s}\right) + j(x_1 + x_2{}')}$ [A]

㉡ $\sin\theta_1{}' = \dfrac{I_1{}'}{OA} = \dfrac{x_1 + x_2{}'}{\left(r_1 + \dfrac{r_2}{S}\right) + j(x_1 + x_2{}')}$

㉢ 원선도 지름 $\overline{OA} = \dfrac{I_1{}'}{\sin\theta_1{}'} = \dfrac{V_1}{x_1 + x_2{}'}$

⑥ **유도전동기의 슬롯 사이의 전기각**

슬롯 사이의 전기각 $\alpha° = \dfrac{\pi\,[\text{rad}]}{\left(\dfrac{\text{슬롯수}}{\text{극수}}\right)}$ [°]

여기서, π의 단위가 라디안(rad)이므로 3.14가 아닌 180°로 계산해야 함

핵심기출문제

유도전동기 원선도에서 원의 지름은?(단, E : 1차 전압, r : 1차로 환산한 저항, x : 1차로 환산한 누설 리액턴스라 한다.)

① rE에 비례 ② rxE에 비례

③ $\dfrac{E}{r}$에 비례 ④ $\dfrac{E}{x}$에 비례

해설

유도전동기의 원선도의 지름

$\overline{oa} = \dfrac{I_1{}'}{\sin\theta_1} = \dfrac{V_1}{x_1 + x_2{}'} \Rightarrow \dfrac{E}{x}$

정답 ④

핵심기출문제

3상 4극 유도전동기가 있다. 고정자의 슬롯수가 24라면 슬롯과 슬롯 사이의 전기각은 얼마인가?

① 20° ② 30°

③ 40° ④ 60°

해설

슬롯 사이의 전기각

$\alpha° = \dfrac{\pi[\text{rad}]}{\text{슬롯수}/\text{극수}}$

$= \dfrac{180°}{24/4} = 30°$

정답 ②

07 다양한 유도기의 종류

1. 특수농형 유도전동기

유도전동기를 회전 원리에 따라 분류하면 두 가지입니다.

- 교번자계에 의해 회전하는 단상 유도전동기
- 회전자계에 의해 회전하는 3상 유도전동기

다시, 3상 유도전동기를 유도자 구조에 따라 분류하면 다음 두 가지입니다.

- 권선형 3상 유도전동기
- 농형 3상 유도전동기

앞에서 이미 많은 지면을 할애하여 권선형과 농형 유도전동기에 대한 이론 및 특성을 다뤘습니다. 권선형 유도전동기는 농형 유도전동기보다 전동기 특성이 훨씬 뛰어나고 우수한 전동기입니다.
농형 3상 유도전동기는 유도자철심에 권선이 없으므로 전자유도작용이 적고, 회전력(τ)이 권선형 유도전동기보다 상대적으로 약하다는 단점을 가지고 있습니다. 농형 방식에 이러한 단점을 보완하여 성능을 향상시킨 방식이 '특수농형 유도전동기'입니다. 특수농형 유도전동기는 기존의 농형 유도전동기보다 기동토크가 크고, 기동전류에 강한 전동기입니다. '특수농형 유도전동기'는 슬롯형태에 따라 다음 두 가지 종류로 나뉩니다.

- 2중 농형 유도전동기
- 딥－슬롯(Deep Slot) 농형 유도전동기

(1) 2중 농형 유도전동기

농형 전동기 회전자철심의 슬롯(Slot)을 2층(상층과 하층)으로 만들고, 상층 슬롯(Slot)에 저항이 큰 권선 뭉치를 넣고, 하층 슬롯(Slot)에 저항이 작은 권선 뭉치를 넣어 양단을 서로 단락시킨 구조의 농형 유도전동기입니다.

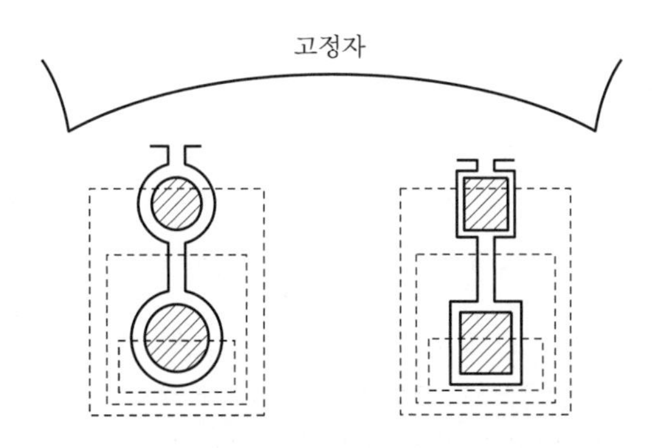

〖2중 농형 유도전동기〗

핵심기출문제

2중 농형 전동기가 보통 농형 전동기에 비해서 다른 점은?

① 기동전류가 크고, 기동토크도 크다.
② 기동전류가 작고, 기동토크도 적다.
③ 기동전류는 작고, 기동토크는 크다.
④ 기동전류는 크고, 기동토크는 작다.

해설
2중 농형 유도전동기는 보통의 농형 유도전동기의 기동특성을 개선(기동전류는 작게, 기동토크는 크게)한 것이나 전부하역률과 정동토크가 약간 떨어진다.

정답 ③

[중요] 2중 농형 방식의 특징

- 기동전류를 효과적으로 제한할 수 있고, 동시에 큰 기동토크를 발생시키는 구조적 특징이 있다. 딥-슬롯(Deep Slot) 농형 방식보다 우수하다.
- 운전효율이 기존 농형 유도전동기보다 좋다.
- 코일 뭉치가 딥-슬롯(Deep Slot) 농형 방식보다 두꺼워 인덕턴스(L)가 크다. 인덕턴스가 크므로 역률이 나쁘고, 최대토크(T_m)가 작다.

(2) 딥-슬롯(Deep Slot) 농형 유도전동기

딥-슬롯 농형 유도전동기의 슬롯(Slot) 깊이가 기존의 일반 농형 방식의 슬롯 깊이보다 깊습니다. 슬롯 폭과 비교해도 깊이가 유독 깊은 특징을 가지고 있습니다.

[중요] 딥-슬롯 농형 방식의 특징

- 기동전류를 제한하고 동시에 큰 기동토크를 발생시킬 수 있다.
- 기동과 정지를 자주 반복하는 용도의 전동기에 적합하다. 기동과 정지를 자주 반복하는 용도는 2중 농형 방식보다 '딥-슬롯 농형 방식'이 유리하다.
- 2중 농형 방식보다 상대적으로 코일 뭉치가 작으므로 냉각에 유리하다(냉각효과가 크다).
- 2중 농형 방식보다 기동특성이 떨어지나 운전특성이 우수하다.
- 철심 대비 권선의 동량이 적으므로 역률이 나쁘고, 최대토크(T_m)가 작다.

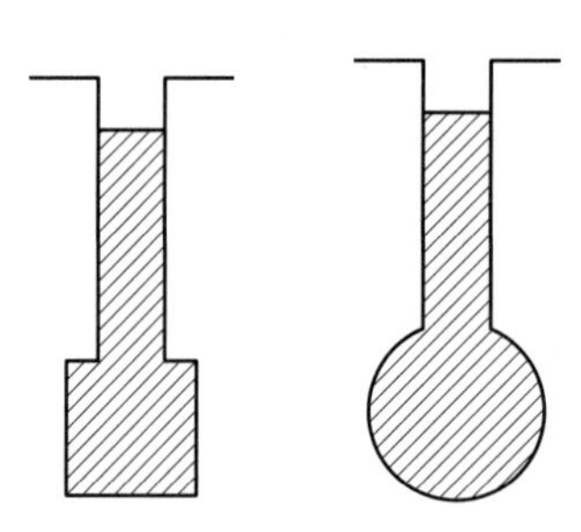

〖 딥-슬롯 농형 유도전동기 〗

2. 단상 유도전동기

단상 유도전동기의 구조는 기본적으로 3상 유도전동기와 같은 고정자권선에 교류 전원이 입력되고, 유도자에 전자유도-전자력 원리(아라고 원판 원리)에 의해 회전력을 갖습니다. 다만, 전원이 단상이며 기동방법이 3상 유도전동기와 다릅니다.

- 단상 : 교번자계 원리로 회전 → 자계가 회전하지 않고 N-S극이 교차반복함 → 기동토크가 없으므로, 별도의 기동장치가 필요하다.
- 3상 : 회전자계 원리로 회전 → 자계가 회전하므로 유도자는 전자유도-전자력에 의한 회전을 한다. 그러므로 기동토크도 좋다.

(1) 단상 유도전동기의 교번자계의 특징

① 교번자계는 기동토크가 없으므로 별도의 기동장치가 필요하다.

② 2차 저항(r_2)이 증가하면 최대토크(T_m)가 감소한다. → 단상 유도전동기는 권선형 3상 유도전동기와 달리 '비례추이' 제어가 안 된다.

③ 전부하전류(I_n)에 대한 무부하전류(I_0)의 비율이 매우 크다. → 그러므로 단상 유도전동기는 역률이 매우 나쁘다.

④ 동일한 정격용량의 3상 유도전동기에 비해서 역률($\cos\theta$)과 효율(η)이 매우 나쁘다.

⑤ 기기 중량이 무겁고 출력에 비해 가격이 비싸다.

㉠ 3ϕ 1[kW] 용량의 유도전동기와 1ϕ 1[kW] 용량의 유도전동기를 같은 조건에 놓고 비교하면, 3ϕ 유도전동기의 중량이 가볍고 가격도 싸다(단, 동일한 용량의 단상 유도전동기와 3상 유도전동기를 비교했을 때). 하지만 현실에서 3상 유도전동기는 단상 유도전동기보다 용량과 부피가 훨씬 큰 기기들로 사용된다.

㉡ 단상 유도전동기는 단상 전원을 사용하므로 가정과 건물과 같은 일반적인 수용가에서 쉽게 전원을 얻을 수 있다. 그래서 단상 유도전동기는 가정용, 공업용, 농업용 등 넓은 영역에서 사용한다.

(2) 기동방식에 따른 단상 유도전동기의 분류

교번자계를 사용하는 단상 유도전동기는 기동토크가 없습니다. 그래서 단상 유도전동기의 종류를 기동방식에 따라 나눕니다. 다음은 단상 유도전동기의 대표적인 종류 4가지(반-콘-분-셰)입니다.

① 반발기동형과 반발유도형 단상 유도전동기

㉠ 반발기동형 전동기의 특징

- 각도 · 위치 이동이 가능한 단락 브러시를 단락시켜 발생하는 '단락충격전류'로 기동토크(T_s)를 만들어 기동한다.
- 단상유도전동기 중에서 기동토크(T_s)가 가장 크며, 역률($\cos\theta$)과 기기효율(η)이 안 좋다.
- 역회전이 가능하다. 단상 유도전동기 종류 중에 역회전이 되는 것이 있고 안 되는 것이 있는데 반발형 전동기는 역회전이 가능하다. 역회전방법은 고정자권선 축과 연결된 단락 브러시 위치를 이동시켜 역회전할 수 있다.

㉡ 반발유도형 전동기의 특징 : 반발기동형 외에 반발유도형 전동기가 있습니다.

- 반발유도형 전동기의 기동방법은 반발기동형과 같은 단락 브러시를 통해 단락충격전류를 만들어 기동한다.

핵심기출문제

단상 유도전동기의 기동에 브러시를 필요로 하는 것은?

① 분상기동형
② 반발기동형
③ 콘덴서 기동형
④ 셰이딩 코일형

해설

반발기동형 단상 유도전동기의 고정자는 단상 권선뿐이고 회전자는 정류자를 가진 직류전동기의 구조로서 브러시 사이를 굵은 도선으로 단락시켜 단락전류에 의한 반발력을 이용하여 기동한다.

정답 ②

핵심기출문제

단상 유도전동기의 기동방법 중 기동토크가 가장 큰 것은?

① 분상기동형
② 반발기동형
③ 반발유도형
④ 콘덴서기동형

정답 ②

핵심기출문제

단상 유도전동기의 기동방법 중 기동토크가 가장 작은 것은 어느 것인가?

① 반발기동형
② 반발유도형
③ 콘덴서 기동형
④ 분상기동형

해설

단상 유도전동기의 기동방식 중 기동토크가 큰 순서

- 반발기동형
- 반발유동형
- 콘덴서 기동형
- 분상기동형
- 셰이딩 코일형

정답 ④

✠ $L-C$ 구조의 90° 위상차
기동권선과 직렬로 콘덴서(C)를 넣어, 90° 앞선 전류로 운전권선과 전류 위상차를 만들고, 이때 큰 기동토크(T_s)와 작은 기동전류(I_s) 특성이 발생한다.

핵심기출문제

가정용 선풍기나 세탁기 등에 많이 사용되는 단상 유도전동기는?

① 분상기동형
② 콘덴서 기동형
③ 영구콘덴서 전동기
④ 반발기동형

해설

영구콘덴서형
원심력 스위치가 없어서 가격도 싸므로 큰 가동토크를 요구하지 않는 선풍기, 냉장고, 세탁기 등에 널리 사용된다.

정답 ③

- 기동토크(T_s)가 반발기동형보다 작다. 반면 최대토크(T_m)는 모든 단상 유도선동기 중에서 가장 크다.

㉢ 반발(기동 및 유도)형의 전동기의 종류 : 아트킨손 전동기회사의 톰슨 대리가 반발형 단상 유도전동기의 종류를 다음과 같이 세분화하였습니다.
- 아트킨손(Atkinson) 반발전동기
- 톰슨(Thomson) 반발전동기
- 데리(Deri) 반발전동기

② 콘덴서 기동형 전동기

㉠ 전동기 내에 인덕턴스와 콘덴서($L-C$ 구조 : ─┤├─ꝏꝏ─) 사이의 90° 위상차를 이용하여 기동한다. 인덕턴스(L)의 지상전동기에 비해 콘덴서 기동형은 진상전류가 흐르기 때문에 역률이 좋다. 기동할 때만 콘덴서(C) 위상을 사용하고, 기동을 마치면 전동기회로에서 콘덴서를 분리한다.

㉡ 역률($\cos\theta$)과 기기효율(η)이 좋기 때문에 높은 효율을 요구하는 가전기기(선풍기, 냉장고, 세탁기 등)에 사용된다.

㉢ **기동토크(T_s)가 큰 순서** : 반발 기동형 > 콘덴서 기동형 > 영구콘덴서 기동형

㉣ 역회전이 가능하다.

㉤ 인버터(반도체 소자)를 통해 제어를 하면 미세한 속도조절이 가능하다.

㉥ **영구콘덴서 기동형** : 콘덴서 기동형 외에 영구콘덴서 기동형이 있다. 영구콘덴서 기동형 전동기는 기동할 때 $L-C$ **구조에 의한 90° 위상차**로 기동 후, 콘덴서를 분리하지 않고, 기동부터 운전하는 내내 콘덴서 기능을 사용한다.
영구콘덴서 기동형 전동기의 기동토크(T_s)는 콘덴서 기동형보다 약간 작고, 역률($\cos\theta$)과 효율(η)은 모두 좋다. 전동기 가격이 저렴하며, 역회전이 불가능하다. 주로 소형 가전에 사용된다.

③ 분상 기동형 전동기

㉠ 단상 2선을 가지고 서로 다른 위상의 두 전류(I)를 만들어 위상차에 의한 회전자계를 발생시키고, 이를 통해 기동한다. 단상의 두 선 전류의 위상이 서로 다르며, 상이 분리됐다는 의미에서 '분상'이라는 이름이 붙었다.

㉡ 기동토크(T_s)가 작고, 기동전류(I_s)는 크다. 이상적인 기동조건과 반대의 특성을 갖기 때문에 분상기동형의 기동특성이 가장 나쁘다.

㉢ 역률($\cos\theta$)과 효율(η)이 모두 낮다(↓).

㉣ 역회전이 가능하다. → 주권선과 기동권선 중 한쪽 권선의 접속을 반대로 하면 역회전이 된다.

④ 셰이딩코일 기동형 전동기

㉠ 셰이딩코일(Shading Coil)로 불리는 단락코일을 이용하여 이동자계를 만들고, 이동자계로 기동토크를 발생시킨다.

㉡ 셰이딩코일 기동형 전동기는 속도변동이 크다.

㉢ 기동토크(T_s)가 단상 유도전동기 중에서 가장 낮다(↓).

㉣ 역률(pf)과 효율(η)이 모두 낮고(↓) 역회전이 안 된다.

㉤ 주로 초소형 전동기, 녹음기, 전축, 전자레인지 용도로 사용된다.

참고 ✔ 단상 유도전동기의 특성 정리

(1) 반발형 전동기

① 반발기동형

㉠ 단락 브러시에 의한 '단락충격전류'로 기동토크(T_s)를 만들어 기동한다.

㉡ 기동토크(T_s)가 가장 크며 역률($\cos\theta$)과 효율(η)이 모두 좋지 않다.

㉢ 역회전이 가능(브러시 위치를 이동시켜 역회전 가능)하다.

② 반발유도형 : 기동토크(T_s)가 반발기동형보다 작다. 반면 최대토크(T_m)는 단상 유도전동기 중에서 가장 크다.

③ 반발형 전동기의 종류 : 아트킨손(Atkinson), 톰슨(Thomson), 데리(Deri)

(2) 콘덴서 기동형 전동기

① $L-C$ 구조의 90° 위상차로 기동하며, 기동 후 콘덴서를 회로에서 분리한다.

② 역률($\cos\theta$)과 효율(η)이 모두 좋고, 높은 효율을 요구하는 소형 가전에 사용한다.

③ 역회전이 가능하고, 인버터(반도체 소자) 사용 시 미세한 속도조절이 가능하다.

(3) 분상기동형 전동기

① 단상 2선을 서로 다른 위상을 만들어 두 전류의 위상차로 기동한다.

② 기동토크(T_s)가 작고, 기동전류(I_s)는 크다.

③ 역률($\cos\theta$)과 효율(η)이 모두 낮다(↓). 역회전이 가능하다.

(4) 셰이딩코일 기동형 전동기

① 셰이딩코일(=단락코일)을 이용한 이동자계를 만들어 기동토크를 발생시킨다.

② 기동토크(T_s)가 단상 유도전동기 중에서 가장 낮다(↓).

③ 역률(pf)과 효율(η)이 모두 낮고(↓) 역회전이 안 되며 속도변동이 크다.

※ 단상 유도전동기의 기동토크가 큰 순서 : 반발기동 〉 콘덴서 기동 〉 영구콘덴서 기동 〉 분상기동 〉 셰이딩코일 기동

3. 유도전압조정기(IVR)

유도전압조정기(Induction Voltage Regulator)란 교류전압을 목적에 따라 다양한 범위의 전압크기로 출력을 내는 '전압조정장치'입니다. 하지만 전압조정장치는 변압기가 아닙니다. 변압기는 1·2차측에 감긴 권수비에 의해 전자유도원리로 전압의 크기를 바꿉니다. 그런 점에서 유도전압조정기는 변압기가 아닌 '조정기'입니다. 유도전압조정기의 종류는 많습니다. 예를 들면,

- 전압조정기(VR)
- 자동전압조정기(AVR : Automatic VR)
- 유도전압조정기(IVR)
- 슬라이닥스(SVR : SlidACs Voltage Regulator) 등

핵심기출문제

단상 유도전동기를 기동토크가 큰 순서로 배열한 것은?

① ㉠ 반발유도형 → ㉡ 반발기동형 → ㉢ 콘덴서 기동형 → ㉣ 분상기동형

② ㉠ 반발기동형 → ㉡ 반발유도형 → ㉢ 콘덴서 기동형 → ㉣ 셰이딩 코일형

③ ㉠ 반발기동형 → ㉡ 콘덴서 기동형 → ㉢ 셰이딩 코일형 → ㉣ 분상기동형

④ ㉠ 반발유도형 → ㉡ 모노사이클릭형 → ㉢ 셰이딩 코일형 → ㉣ 콘덴서 기동형

해설

단상 유도전동기의 기동방식에서 기동 토크가 큰 순서

- 반발기동형
- 반발유도형
- 콘덴서 기동형
- 분상기동형
- 셰이딩 코일형

정답 ②

여기에서 다루는 장비는 단상 유도전압조정기와 3상 유도전압조정기 두 가지입니다.

(1) 단상 유도전압조정기

① 단상 유도전압조정기의 구조

단상 유도전압조정기(IVR)는 IVR의 단상 교류를 조정하여 단상 출력을 내는 조정기입니다. IVR의 내부 구조는 단권변압기와 유사하고, 전압조정원리는 조정기 안에 '분로권선'을 회전시켜 자속량을 조절하므로 전압조정을 합니다.

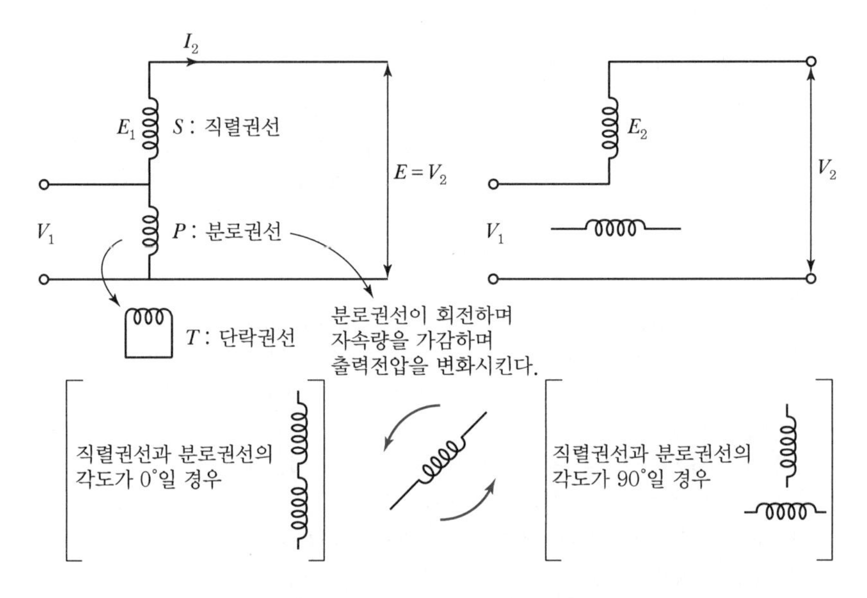

〚 단상 유도전압조정기 내부구조 〛

② 단상 유도전압조정기의 특징

㉠ 단상 유도전압조정기는 단상교류를 사용하므로 기기 내부에 교번자계가 발생하며 유도전압을 조정한다.

㉡ 전압조정범위에 대한 입력전압(V_1)과 출력전압(V_1)의 관계

- IVR 2차측 전압 $V_2 = V_1 + E_2 \cos\theta$ [V]

  여기서, V_1 : 입력전압
  V_2 : 출력전압
  E_2 : 분로권선에 의해 승압된 유도기전력 크기
  $\cos\theta$: 분로권선의 각도

- 분로권선의 각도가 0일 경우 $\cos\theta = 0^\circ$ 이므로 $V_2 = V_1$ 관계가 된다.

㉢ 단상 교류이므로 입력전압(V_1)과 출력전압(V_2) 사이의 위상차는 '동상'이다.

㉣ 단락권선 T는 직렬권선의 누설 리액턴스를 감소시켜, 전압강하(e)를 감소시킨다.

핵심기출문제

단상 유도전압조정기에 대한 설명 중 옳지 않은 것은?

① 교번자계의 전자유도작용을 이용한다.
② 회전자계에 의한 유도작용을 이용한다.
③ 무단으로 스무드(Smooth)하게 전압의 조정이 된다.
④ 전압, 위상의 변화가 없다.

해설

3상 유도전압조정기가 회전자계에 의한 전자유도작용을 이용하여 2차 전압의 위상의 조정에 따라 3상 전압을 조정한다.

정답 ②

핵심기출문제

유도전압조정기와 관련이 없는 것은?(단, 유도전압조정기는 단상, 3상 모두를 말한다)

① 위상의 연속 변화
② 분로권선
③ 유도전압은 $V_s = V_{sm}\sin\theta$
④ 직렬권선

해설

1차 분로권선과 2차 직렬권선이 이루는 사이각이 θ 이고 $\theta = 0°$일 때의 최대값이 V_m이면 유도전압은 $V_s = V_{sm}\cos\theta$이다.

정답 ③

핵심기출문제

단상 유도전압조정기에서 단락권선의 직접적인 역할은?

① 누설 리액턴스로 인한 전압강하 방지
② 역률 보상
③ 용량 증대
④ 고조파 방지

해설

단상 유도전압조정기에서 단락권선을 분로권선(1차 권선)에 수직으로 설치하는 이유는 직렬권선에 의한 누설 리액턴스를 감소시켜 전압 강하를 방지하려는 것이다.

정답 ①

ⓜ 단상 유도전압조정기(IVR)의 출력 $P_a = E_2 \cdot I_2$ [VA]

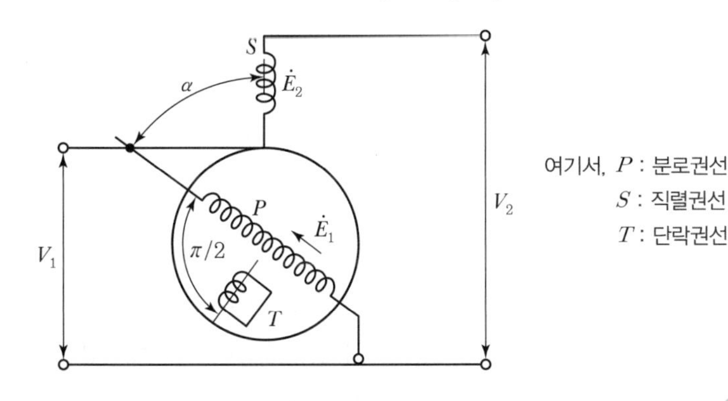

여기서, P : 분로권선
S : 직렬권선
T : 단락권선

〖 단상 유도전압조정기의 분로권선 〗

(2) 3상 유도전압조정기

3상 유도전압조정기(IVR)는 3상 교류를 조정하여 3상 출력을 내는 조정기입니다. 3상 유도전압조정기의 특징만 간추려 보겠습니다.

① 3상 IVR의 내부에서 만들어지는 회전자계와 유도자 사이의 유도전압을 조절하여 전압조정을 한다.

② 전압조정 범위에 대한 입력전압(V_1)과 출력전압(V_1)의 관계

㉠ 3상 IVR 2차측 전압 $V_2 = \sqrt{3}(V_1 \pm \cos\theta)$ [V]

㉡ 수식 안에 각도가 0일 경우 $\cos\theta = 0°$ 이므로 $V_2 = \sqrt{3}(V_1 \pm E_2)$이다.

③ 3상 교류이므로 입력전압(V_1)과 출력전압(V_2) 사이의 위상차가 존재한다.

④ 단상 유도전압조정기와 달리 단락권선 T가 필요 없다.

⑤ 3상 유도전압조정기의 출력 $P_a = \sqrt{3}\, E_2\, I_2$ [VA]

4. 교류 정류자전동기(정류자가 있는 교류전동기)

정류자는 교류를 직류로 바꾸는 장치이기 때문에 '교류 정류자전동기'라고 하면 매우 이상한 조합이 됩니다. 교류 정류자전동기의 내용을 보면 다음과 같습니다.

정류자전동기의 전원은 교류전원을 공급받고, 교류전동기 내부는 교류유도권선에 의한 고정자(회전자계 혹은 교번자계)와 정류자에서 교류를 직류로 바꾼 직류회전자가 합쳐진 구조를 하고 있습니다. 이렇게 교류와 직류 두 개 전원을 겸용하여 회전하는 전동기를 '교류 정류자전동기'라고 부릅니다.

(1) 교류 정류자전동기의 종류

① 단상(교류) 정류자전동기

㉠ 단상 직권정류자전동기

㉡ 단상 반발전동기

핵심기출문제

유도전압조정기에서 2차 회로의 전압을 V_2, 조정전압을 E_2, 직렬권선전류를 I_2라 하면 3상 유도전압조정기의 정격출력은?

① $\sqrt{3}\, V_2 I_2$ ② $3\, V_2 I_2$
③ $\sqrt{3}\, E_2 I_2$ ④ $E_2 I_2$

해설
3상 유도전압조정기의 정격출력
$P = \sqrt{3}\, E_2 I_2 \times 10^{-3}$[kVA]

정답 ③

핵심기출문제

다음 중 직류, 교류 양용에 사용되는 만능 전동기는?

① 직권정류자전동기
② 복권전동기
③ 유도전동기
④ 동기전동기

해설
단상 직권정류자전동기는 가정용 미싱, 영사기 등 75[W] 이하의 소용량 전동기로 교류 및 직류 양용으로 사용할 수 있으며 만능 전동기라고도 한다.

정답 ①

② **3상(교류) 정류자전동기**

㉠ 3상 직권정류자전동기

㉡ 3상 분권정류자전동기

③ **정류자형 주파수변환기**

(2) 단상 정류자전동기

① **정의**

단상 정류자전동기는 전기자권선과 계자권선의 리액턴스강하(e_L)가 많아, 역률이 매우 낮습니다.($pf\downarrow$) 그래서 역률을 개선하기 위해 전기자권선의 동량을 계자권선의 동량보다 크게 설계(약계자－강전기자형 구조)하여 역률을 개선한 전동기입니다.

② **속도제어**

계자권선 혹은 전기자권선과 직렬로 가변저항기(R_s)를 설치하고, 가변저항기를 조절하여 계자전류 혹은 전기자전류의 흐름을 제어하므로 속도제어가 가능합니다.

[단상 정류자전동기의 속도제어 방법]

- 전압제어방법
- 가버너 정속도운전법
- 계자권선 탭 절환법

③ **단상 정류자전동기의 종류**

직권형 정류자전동기, 보상 직권형 정류자전동기, 유도보상형 직권전동기, 반발형 정류자전동기, 보상반발형 정류자전동기, 분권형 정류자전동기

④ **용도** : 가정용 미싱

(3) 단상 직권정류자전동기

단상 직권정류자전동기의 특징만 간략히 기술하겠습니다.

① 전동기의 입력은 단상교류이고, 전동기의 출력은 직류직권인 전동기이다.

② 전기자권선 및 계자권선의 리액턴스강하(e_L)가 심하여 역률이 낮다($pf\downarrow$). 이를 개선하기 위해 계자권선의 권수(Turn)를 적게 하여(약계자－강전기자형 구조) 인덕턴스 L를 감소시킨 전동기이다.

③ 전기자권선의 권수를 많이 감으면, 전기자 반작용이 커지고 정류가 어려워지며 전기자 리액턴스강하(e_L)가 증가한다. 리액턴스강하(e_L)가 증가할수록 역률(pf)이 감소하며 전동기 출력도 따라서 크게 감소한다. 그래서 이를 보안하기 위한 보상권선을 전동기에 설치한다.

핵심기출문제

단상 정류자전동기에서 전기자권선수를 계자권선수에 비하여 특히 크게 하는 이유는?

① 전기자 반작용을 작게 하기 위하여
② 리액턴스전압을 작게 하기 위하여
③ 토크를 크게 하기 위하여
④ 역률을 좋게 하기 위하여

해설

단상 정류자전동기에서는 전기자나 계자권선의 리액턴스 강하에 의해 역률이 대단히 낮아지므로 역률을 개선하기 위하여 전기자권선수를 계자권선수에 비하여 특히 크게 하여야 한다.

정답 ④

④ 단상직권 정류자전동기는 회전속도(N)에 비례하여 기전력(E)과 전류(I)의 파형이 점진적으로 동상이 되는 특성이 있다. 이런 이유로 전동기의 **속도가 증가할수록 역률이 점점 개선되는 특성을 가진 전동기**이다.

⑤ 단상이므로 전동기계자는 교번자속이다.

⑥ 전동기에서 발생하는 철손(P_i)을 줄이기 위해 전기자철심과 계자철심 모두 성층된 철심을 사용한다.

⑦ 전동기의 전기자코일과 정류자편 사이에 **고(High)저항을 연결하여 단락전류를 제한**할 수 있다.

⑧ 단상직권 정류자전동기의 기전력 $E_r = \frac{1}{\sqrt{2}} \frac{P}{a} Z \phi_m \frac{N}{60}$ [V]

(4) 3상 정류자전동기

3상 정류자전동기는 크게 '3상 직권정류자전동기'와 '3상 분권정류자전동기'로 나눌 수 있습니다.

① 3상 직권정류자전동기

㉠ 전동기의 입력은 3상 교류이고, 전동기의 출력은 직류직권전동기이다.

㉡ 토크는 입력전류의 제곱에 비례($\tau \propto I^2$)하여 기동토크가 매우 크다.

㉢ 전동기 역률이 낮다(↓). 다만, 회전속도가 동기속도로 운전될수록 역률이 높아진다(↑).

㉣ 3상 직권정류자전동기의 회전자에 유입되는 직류전압을 조절하기 위해 3상의 전기자권선에 직렬로 직렬변압기(중간변압기)를 설치한다.

㉤ 3상 직권정류자전동기는 중간변압기를 사용하는데, 이유는 전동기의 입력전압 크기에 관계없이 정류에 알맞게 회전자전압을 선택(조정)할 수 있기 때문이다. 전동기 내 중간변압기로 권수비를 조정하면 전동기의 특성을 조정할 수 있다.

㉥ 3상 직권정류자전동기는 직류기에서 다뤘던 '직권'의 특성을 갖고 있기 때문에 직권전동기처럼 경부하에서(=무부하에 가까울수록) 회전속도가 매우 빠르다. 하지만 **중간변압기를 이용하여 철심을 포화상태로 만들면 속도상승을 제한**할 수 있다.

② 3상 분권정류자전동기(=시라게 전동기, Schrage Motor)

㉠ 3상 분권정류자전동기는 '시라게(Schrage) 전동기'로도 불리며, 전동기의 속도를 제어할 때 브러시 위치를 이동시켜 간단하게 속도제어를 할 수 있다.

㉡ 3상 분권정류자전동기는 직류기에서 다뤘던 '분권'의 특성을 갖고 있으므로, 분권전동기처럼 속도변화가 적은 **정속도 특성**을 갖는다. 아울러 3상 분권정류자전동기는 '교류가변속도전동기'로도 사용된다.

핵심기출문제

단상 정류자전동기에 보상권선을 사용하는 가장 큰 이유는?

① 정류 개선
② 기동토크 조절
③ 속도제어
④ 역률 개선

해설
단상 직권정류자전동기는 전기자권선 및 계자권선의 인덕턴스 때문에 역률이 매우 나쁘므로 보상권선을 사용하여 역률을 개선한다.

정답 ④

핵심기출문제

단상 직권정류자 전동기의 회전속도를 높이는 이유는?

① 리액턴스강하를 크게 한다.
② 전기자에 유도되는 역기전력을 적게 한다.
③ 역률을 개선한다.
④ 토크를 증가시킨다.

해설
단상 직권정류자전동기는 회전속도가 높을수록 속도기전력이 커지므로 역률이 좋아진다.

정답 ③

핵심기출문제

3상 직권정류자전동기의 중간 변압기의 사용목적은?

① 실효 권수비의 조정
② 역회전을 위하여
③ 직권 특성을 얻기 위하여
④ 역회전의 방지

해설
3상 직권정류자전동기는 고정자권선과 회전자권선에 중간 변압기를 직렬로 접속함으로써 고정자와 회전자의 실효 권수비의 선정 폭이 넓어지고 속도조정에 편리하다.

정답 ①

핵심기출문제

교류전동기에서 브러시 이용으로 속도 변화가 편리한 것은?

① 시라게 전동기
② 농형 전동기
③ 동기전동기
④ 2중 농형 전동기

정답 ①

㉢ 3상 분권정류자전동기의 핵심은 전동기가 3상 교류전원을 전원으로 사용하고 전동기 내부에서 교류를 정류를 하며, 회로적으로는 '분권회로'를 갖고 있다. 여기서 3상 분권정류자전동기의 3상 교류전압을 직류로 정류하는 방법으로 다음의 4가지 방식이 있다.
→ 보상권선, 저항리드, 고접촉 저항브러시, 분할권선

(5) 정류자형 주파수변환기

① 정류자형 주파수변환기의 기능

'정류자형 주파수변환기'는 회전자축과 연결된 정류자축의 브러시 위치를 이동시켜 슬립링을 통해 입력되는 3상 교류의 위상과 전압의 크기를 변화시킬 수 있습니다. 그뿐만 아니라 정류자형 주파수변환기는 단독으로 사용되는 장비가 아니라 어떤 유도전동기의 2차측에 설치하여 교류 여자기로서 사용되며, 유도전동기의 속도제어를 가능하게 하고, 역률을 개선하는 데 사용됩니다.

② 정류자형 주파수변환기의 구조

㉠ 3상 회전변류기의 전기자와 거의 같은 구조이며, 정류자와 연결되는 3개의 슬립링을 가지고 있다.

㉡ 정류자는 3상의 각 상에서 N－S 한 쌍의 자극마다 전기각 $\frac{2\pi}{3}$ 간격으로 위치하여 브러시가 설치된다.

㉢ 용량이 큰 '정류자형 주파수변환기'는 정류작용을 좋게 하기 위해 보상권선과 보극 그리고 보상권선을 같이 설치한다.

5. 그 밖에 산업현장에서 사용되는 전동기들

(1) 서보전동기(＝서보모터)

① 정의

서보모터(Servomotor)는 (보통 RPM 단위로 회전하는 전동기와 다르게) 미세한 일정 각도만큼만 회전할 수 있는 전동기입니다. 구체적으로, 전동기에 입력되는 디지털신호 0과 1의 펄스(Pulse) 수에 비례한 일정 각도만 회전하므로 정확한 위치와 속도를 냅니다. 또한 회전속도는 입력펄스의 빠르기로 쉽게 제어가 가능합니다(예를 들어, 디지털 0－1 펄스 한 번에 1° 회전, 0－1－0－1 펄스 두 번에 2° 회전).
서보모터와 유사한 제어가 가능한 전동기 종류로 스테핑모터와 펄스모터가 있습니다.

② 서보전동기(＝서보모터)의 특징

㉠ 위치제어를 할 때, 각도오차가 적고 오차가 누적되지 않는다. 때문에 공장자동화(FA)용으로 적합하다.

핵심기출문제

서보모터(Servomotor)에 관한 다음 기술 중 옳은 것은?

① 기동토크가 크다.
② 시정수가 크다.
③ 온도 상승이 낮다.
④ 속응성이 좋지 않다.

해설
서보전동기의 특징
• 시동토크가 크다.
• 전기자회로의 인덕턴스가 작기 때문에 시정수는 무시할 수 있다.
• 대용량의 전동기는 동손 때문에 온도상승이 크다.
• 전동기의 응답성(속응성)이 좋다.

정답 ①

㉡ 전동기 입력부터 디지털신호로 제어되므로 별도의 D/A, A/D 컨버터가 필요 없다.
㉢ 속도제어 범위가 광범위하여 가속과 감속의 속도제어가 쉽고, 정 · 역회전도 쉽다.
㉣ 초저속도에서 토크(τ)가 크다.
㉤ 전동기 동작이 신속하며 반응속도가 빠르다. 기기의 효율(η) 역시 좋다.
㉥ 전동기의 유지 · 보수가 쉽다(용이하다).
㉦ 스테핑 모터보다 크기가 크고 비싸다.

(2) 스테핑모터

① 정의

스테핑모터(Stepping Motor)는 서보모터와 마찬가지로 디지털신호(Digital Pulse)에 비례한 일정 각도만큼 회전자가 회전하는 전동기이며, 디지털신호로 직접 제어하므로 D/A, A/D 컨버터가 필요 없습니다.

② 스테핑모터의 특징

㉠ 정확한 위치 · 속도 및 회전각을 제어 가능하므로 FA(공장자동화)용으로 적합하다.
㉡ 서보모터는 대용량으로 제작이 가능하지만, 스테핑모터는 대용량 제작이 어렵다. 그래서 스테핑모터는 서보모터보다 크기가 작고 같은 이유로 가격도 싸다.
㉢ 모터를 제어할 때 동작오차가 적고, 속도제어 범위가 넓다.
㉣ 전동기를 저속으로 제어할 때 큰 토크가 발생한다.
㉤ 서보모터에 비해 효율(η)이 떨어진다.

(3) 리니어모터(= 선형전동기)

① 정의

리니어모터(Linear Motor)는 일반적인 전동기와 마찬가지로 회전운동을 하지만, 최종적으로는 회전운동에서 직선(=선형) 왕복운동으로 바뀐 물리적 출력이 나갑니다. 리니어모터의 리니어(Linear)는 전자력을 이용하여 회전자로부터 직선하는 기계에너지로 변환하는 장치입니다.

② 리니어모터의 특징

㉠ 모터 자체의 구조가 간단하며, 기계적 신뢰성이 높고 유지 · 보수가 쉽다.
㉡ 기어(Gear)나 벨트(Belt) 등의 동력변환장치가 없고 리니어장치를 통해 직접적으로 직선운동이 가능하다.
㉢ 기계적 마찰이 없고, 원심력이 없으므로 제한 없이 가속할 수 있다. 때문에 고속회전을 쉽게 얻을 수 있다.
㉣ 다른 회전형 전동기에 비해 역률(pf)과 효율(η)이 낮다.
㉤ 저속도제어가 어렵다.

핵심기출문제

다음 중 2상 서보모터를 구동하는 데 필요한 2상 전압을 얻는 방법에서 일반적으로 널리 쓰이는 방법은?

① 여자권선에 콘덴서를 삽입하는 방법
② 증폭기 내에서 위상을 조정하는 방법
③ T결선 변압기를 이용하는 방법
④ 2상 전원을 직접 이용하는 방법

해설

2상 서보모터를 구동하는 데 필요한 2상 전압을 얻기 위하여는 증폭기 내에서 위상을 조정하는 방법이 가장 보편적이다.

정답 ②

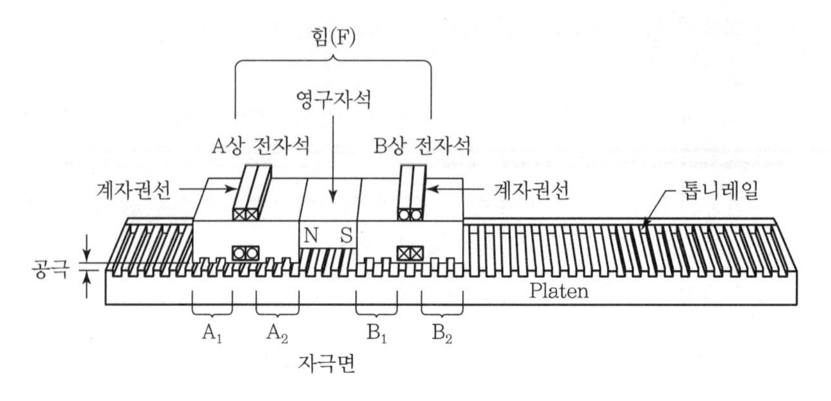

〖 리니어 스테핑모터 〗

(4) 셀신장치(= Synchoro Motor, Selsyn Device)

셀신장치는 전동기로서 목적이 있는 기기가 아니라 기계적 출력이 서로 다른 어떤 두 개 설비를 회전변환 동기용 모터를 통해 연동시켜주는 장치입니다. 셀신장치의 다른 이름은 '셀신모터' 또는 '회전변환 동기용 모터'입니다. 셀신장치가 서로 다른 회전축을 물리적으로 연결되게 연동해주므로, 셀신장치 이론의 대부분은 각도계산과 관련이 있고, 원격 조정용 장치로 주로 사용됩니다.

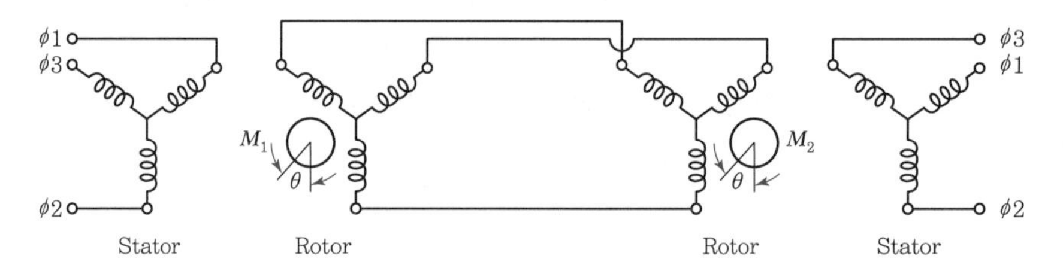

〖 셀신장치의 등가회로 〗

〖 셀신장치 〗

사진에서 중앙부 기어와 외부 기어가 서로 다른 회전인 것을 확인할 수 있습니다.

CHAPTER
04 변압기

01 변압기 개요

전기기기 과목은 한마디로 대표적인 전기설비의 원리와 기능을 소개하는 과목입니다. 산업 · 기술 분야에서 전기설비의 종류는 매우 다양하고 산업현장에서 사용하고 다루는 전기설비의 구조는 복잡합니다.
전기를 만드는 발전소부터 전기를 소비하는 수용가에 이르기까지(승압－송전－변전－배전－수전－수용가) 전력계통에 사용되는 전기설비의 종류는 셀 수 없이 매우 많습니다. 그래서 우리는 전기설비 중에서 가장 핵심적인 설비, 가장 전기분야를 대표할 수 있는 전기설비(직류기, 동기기, 유도기, 변압기, 정류기)를 다룹니다. 그중 본 장에서는 **변압기**를 다룹니다.
발전기에서 기전력을 만들고, 수백 킬로미터 떨어진 소비자(End User)에게 전력을 공급하기 위해 발전소 내에서 초고압으로 승압을 합니다. 발전소 내에서 승압된 전압은 소비자에게 전력이 도착할 때까지 전력계통에서 전압의 크기를 낮추는 '강압'이 일어납니다. 이러한 전압의 크기를 높이는 '승압'과 전압의 크기를 낮추는 '강압' 기능을 수행하는 전기설비가 바로 '변압기'입니다. 변압기가 있기 때문에 가정집에서 220[V] 전압을 사용할 수 있고, 공장이나 건물에서 380[V] 또는 440[V] 전압을 사용할 수 있습니다.
변압기의 핵심 역할은 전압의 크기를 변화시키는 것입니다. 그래서 변압기와 관련하여 전압의 속성에 대해서 잠깐 다루고 넘어가겠습니다.

1. 전압의 개념

수용가(가정집을 포함한 전기를 사용하는 곳)의 콘센트 전원단자에는 전기사용 여부와 상관없이 24시간 365일 항상 전기압력(전압)이 걸려 있습니다. 보통의 가정집에는 220[V] 압력이 콘센터 전원단자에 걸려 있습니다.
전압은 수압과 비슷한 속성이 있어서 전기의 기본개념을 물에 비유하여 쉽게 설명할 수 있습니다. 우리가 집에서 또는 건물 내에서 수돗물이 나오는 수도꼭지를 돌려 개방했을 때, 언제나 일정한 물이 흘러나옵니다. 수돗물이 이렇게 흘러나오기 위해서는 수도꼭지 밸브에 사람이 물을 쓰든 안 쓰든 24시간 365일 언제나 일정한 수압이 걸려 있어야 합니다. 사람이 수도꼭지를 열 때만 수압이 발생하고, 수도꼭지를 닫을 때는 수압이 없는 현상은 있을 수 없습니다. 수압이 없는 상태에서는 수도꼭지 밸브를 열어도 물이 나오지 않습니다. 불특정 다수가 사용하는 수돗물은 사람이 언제 수돗물을 사용할지 예상할 수도, 계산할 수도 없기 때문에 수도관과 수도꼭지 밸브까지는 언제나 항상 일정한 수압이 걸려 있어야 누군가가 수도꼭지를 열면 물이 흘러나올 수 있습니다. 그래서 수압은 수도꼭지에 일정한 압력이 항상 걸려 있어야 합니다.

이제 전압을 보겠습니다. 전압도 수압과 마찬가지 속성이 있어서 전압은 콘센트 단자에 일정한 압력이 항상 걸려 있어야 합니다. 그래야만 누군가 콘센트에 전원플러그(또는 플러그 코드)를 꽂았을 때 전류가 흘러나올 수 있습니다. 사용자가 콘센트에 전원플러그를 꽂을 때만 전압이 발생해서 전기를 사용한다는 것은 사실상 불가능한 것입니다. 그래서 전기압은 물의 압력과 비슷하게 이해할 수 있고, 콘센트 단자에는 항상 전기압력이 걸려 있기 때문에 우리가 콘센트에 플러그 코드를 꽂으면 언제든 흘러나오는 전류를 통해 전기를 사용할 수 있습니다.

2. 전기세

※ 전기세 계산
전기세는 전력량(사용전압, 사용전류, 사용시간)과 한국전력 누진비율에 의해 계산된다.

우리는 콘센트 단자에 걸려 있는 전압(전기 압력)에 대해서 전기세를 내지 않고 콘센트 단자에서 흘러나온 전류량($V \times I \times t = W$)에 비례해서 전기세를 냅니다. 사용한 전류가 없으면 전기세는 발생하지 않습니다. 물세도 사용한 물의 양에 비례해서 납부합니다. 수도꼭지에 걸려 있는 수압에 대해 물세를 계산하지 않는 것과 같은 이유입니다. 전기세를 계산할 때 중요한 요소는 전류(I)와 사용한 시간(t)입니다.

이것이 우리가 경험적으로 체감할 수 있는 전압의 개념이고 속성입니다. 변압기는 전압을 제어하는 설비이므로 이러한 전압에 대한 상식을 갖고 보면, 이해가 쉽고 받아들이기 쉬울 것입니다. 이제 변압기의 종류, 변압 원리, 변압기 구조, 변압기 운전 방법 등에 대한 내용을 살펴보겠습니다.

02 변압기의 이론 및 특징

1. 변압기(Transformer)의 구조

변압기의 종류는 절연재질, 냉각방식, 변압기 철심모양에 따라서 구분할 수 있습니다. 다음은 냉각방식에 따른 대표적인 변압기 종류 구분입니다.

① 유입변압기
② 건식 변압기
③ 몰드 변압기(합성수지 변압기)

④ 아몰퍼스 변압기
⑤ 가스절연 변압기

본 장에서는 모든 변압기를 다루지 않고, '유입변압기'를 기준으로 변압기의 구조와 냉각을 다룹니다. 마지막으로 변압기(Tr : Transformer)는 약어로 Tr입니다. 변압기뿐만 아니라 전기관련 약어들을 숙지해야 합니다.

(1) 변압기(Tr)의 철심

변압기는 그 내부에 실제 변압이 이뤄지는 변압기 부분이 있고, 그 변압기와 냉각매체를 싸고 있는 변압기 외함으로 구성되어 있습니다.

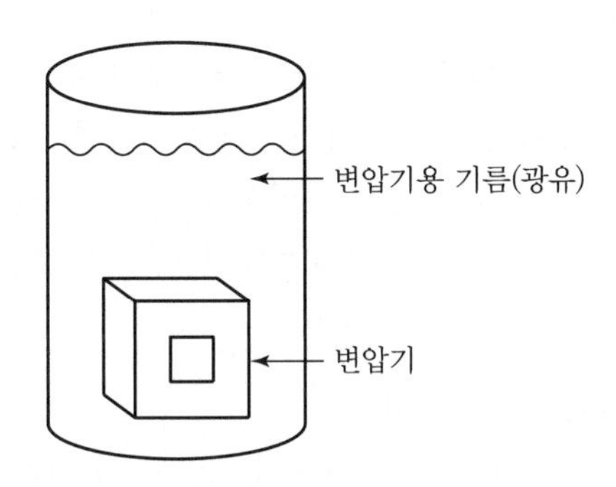

변압기(Tr)는 '철심'과 '코일'로 구성되어 있습니다. 변압기 철심은 전기설비 재료로서 투자율(μ)이 커서 자속(ϕ)이 발생되어 자로를 따라 흘러야 합니다. 하지만 변압기 철심은 전기적으로 저항(R)이 커서 전류(I)가 잘 통하지 않아야 합니다. 동시에 히스테리시스 손실(P_h)에 의한 철손(P_i)이 작아야 합니다.

[변압기 철심이 갖춰야 할 조건]

① 전기설비 재료로서 투자율(μ)이 커서 자속(ϕ)이 잘 흘러야 한다.
② 전기적으로 저항(R)이 커서 전류(I)가 통하지 않아야 한다.
③ 히스테리시스 손실(P_h)에 의한 철손(P_i)이 작아야 한다.

이러한 조건을 맞추기 위해 변압기 철심의 재료로 철(Fe)과 규소(Si)를 섞은 규소강판을 **성층**하여 사용합니다. '규소강판'에 규소 함유량은 4~4.5[%]이고, 성층의 개별 두께는 0.35[mm]입니다. 철심과 코일의 배치상태에 따라 변압기 철심의 종류를 다음과 같이 구분합니다.

핵심기출문제

변압기의 철심이 갖추어야 할 성질로 맞지 않는 것은?

① 투자율이 클 것
② 전기저항이 작을 것
③ 히스테리시스 계수가 작을 것
④ 성층 철심으로 할 것

해설

변압기용 철심이 갖추어야 할 조건
- 투자율이 클 것
- 저항률이 클 것
- 히스테리시스 계수가 작을 것
- 성층 구조로 할 것

정답 ②

성층
철심을 통철(철 덩어리상태)이 아닌 얇은(0.35mm 두께) 철판을 여러 장으로 포개어 하나의 철심으로 만든 형태이다.

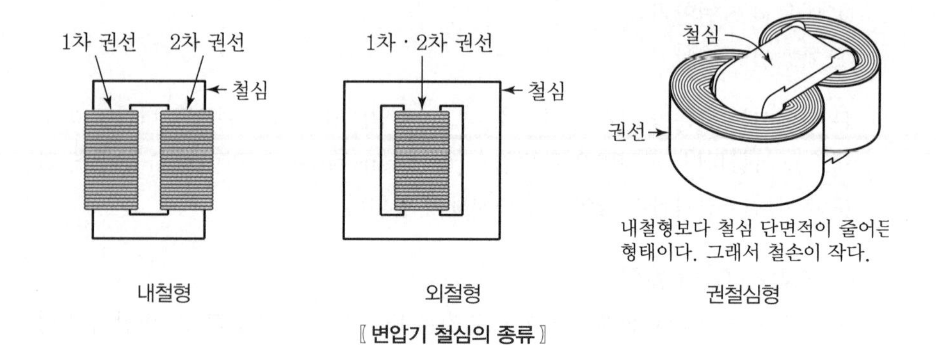

〖 변압기 철심의 종류 〗

(2) 변압기(Tr)의 권선

솔레노이드 코일(전기자기학 7장에서 다룸)을 철심에 감은 형태를 변압기에서 '권선'이라고 하고, 권선에 전류를 흘려 변압기 작용을 가능하게 합니다. 여기서 권선은 크게 두 가지 종류로 나뉩니다. 권선의 단면적이 둥글며 소전류용으로 사용하는 '원형코일'과 단면적이 납작한 사각형 모양이며 대전류용으로 사용하는 '편각코일'입니다.

① 원형 코일　　　　② 편각코일

(3) 유입변압기의 부싱(Bushing)

배전계통에 설치되는 유입변압기 1차측에 고압의 입력케이블이 접속되고, 유입변압기 2차측에 저압의 출력케이블이 접속됩니다. 변압기 외함을 통해 케이블이 출입하고, 변압기 내부에서 케이블이 변압기 권선과 전기적으로 접속되며 가장 중요한 문제는 절연입니다. 기계적으로나 변압기 외함과 케이블 사이 공기나 수분이 변압기 내부로 유입되면 안 되고, 전기적으로도 변압기는 외부와 절연되어야 합니다. 이런 기능을 부싱(Bushing)이 수행하며, 특히 절연기능이 부싱의 핵심 역할입니다.

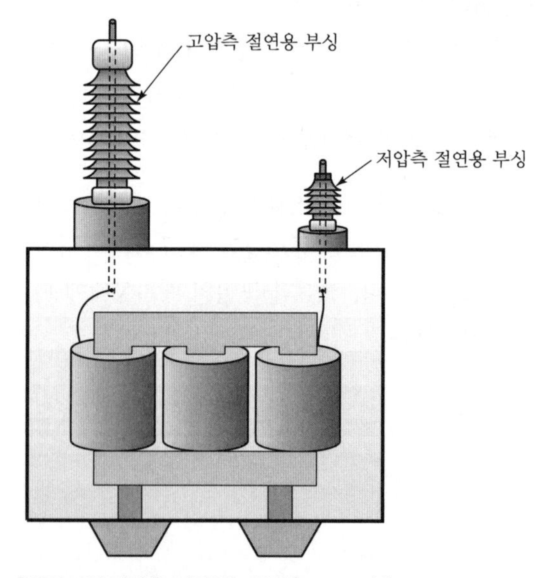

〖 변압기의 안팎을 연결하는 부싱(Bushing) 〗

(4) 유입변압기의 외함

유입변압기 외함에는 방열판이 있습니다. 기본적으로 변압기는 고압의 전력이 흐르므로 동손(P_c)에 의한 줄열이 발생하고, 구조가 밀폐되어 있으므로 변압기 내부의 열이 밖으로 잘 방출되지 않습니다. 그래서 '냉각'이 중요합니다.

변압기 외함 표면적이 넓을수록 공기가 닿는 방열면적도 넓어 냉각효과가 좋고, 추가적으로 변압기 외부에 방열판을 설치하여 냉각효과를 높일 수 있습니다.

[방열판 종류]

① 변압기 용량 15[kVA] 이하 : 주철재질의 방열판 설치

② 변압기 용량 20[kVA] 이상 : 주름진 방열용 강판 설치

〚 유입변압기의 외함과 방열판 〛

(5) 변압기의 절연재료

변압기 내부에서 다음 두 부분 사이는 반드시 전기적으로 절연되어야 합니다.

- 권선과 권선 사이
- 권선과 철심 사이

다음은 변압기의 권선과 철심 사이 절연에 대한 조건입니다.

- 철심과 코일 사이에 절연물을 넣는다. 절연물을 먼저 넣은 후 감긴 코일 권선 뭉치를 넣어 절연을 유지할 수 있다. 그렇지 않으면 철심과 코일 사이에 전기적 접촉이 일어난다.
- 절연 부위는 '철심과 권선 사이', '권선 상호 간', '권선 층간'에 절연물을 넣어 절연한다.
- 절연물(Insulator) 재료는 철심과 권선 사이에 면사, 면포, 종이 프레스보드 등의 섬유재료를 사용하여 절연하고, 변압기의 1·2차 권선 간은 크래프트 절연지(Kraft Insulating Paper)를 사용하여 절연한다.

핵심기출문제

변압기의 1, 2차 권선 간의 절연에 사용되는 것은?

① 에나멜
② 무명실
③ 종이 테이프
④ 크래프트지

해설

변압기의 1, 2차 권선 또는 철심과 권선 간에는 크래프트지 또는 프레스보드를 사용하여 절연한다.

정답 ④

위와 같이 절연물(Insulator) 재료는 섬유나 종이 재질을 사용하므로 고온에 약합니다. 그래서 절연물이 절연특성을 유지할 수 있게 외부의 열로부터 견뎌야 할 온도가 있습니다. 이것이 절연물 허용온도입니다.

① 고정기(변압기)의 절연물 허용온도

변압기 철심과 권선, 권선과 권선 사이에 사용할 절연물이 외부로부터 견뎌야 할 허용온도입니다.

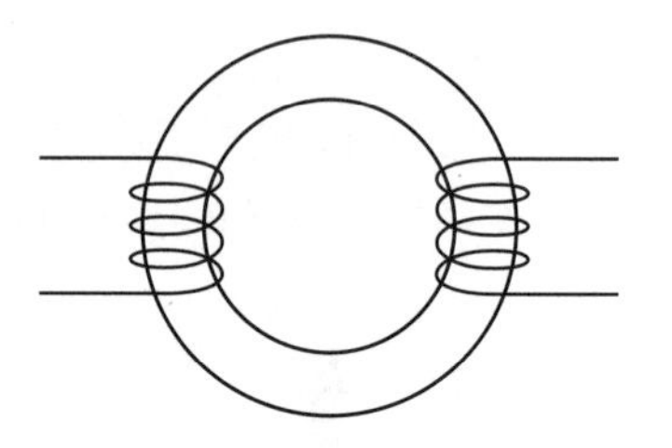

〖 변압기 철심과 1 · 2차측 권선 〗

절연종류 :	Y종	A종	E종	B종	F종	H종	C종
최대허용온도 :	90	105	120	130	155	180	180 이상

② 회전기(발전기, 전동기)의 절연물 허용온도

회전기에서 외부에 의한 절연물의 '최고허용온도'는 회전자권선이 견뎌야 할 온도입니다. 회전기는 변압기와 다르게 절연물이 삽입된 회전자(회전자철심과 회전자권선)가 회전하므로 공기의 열 전달손실을 고려하여 '변압기의 최고허용온도'에서 40°~55°를 뺀 허용온도입니다.

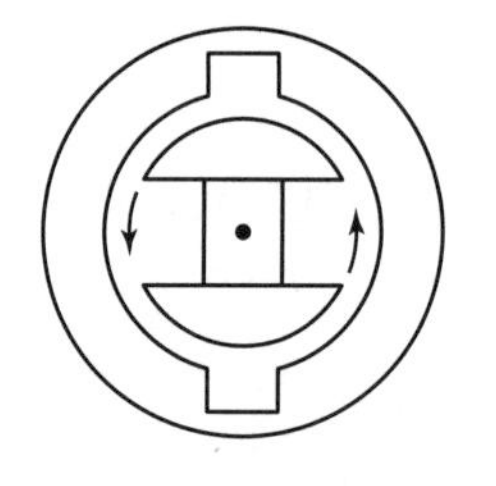

〖 동기발전기의 회전자권선 〗

절연종류 :	Y종	A종	E종	B종	F종	H종	C종
최대허용온도 : (−40~55°)	90	105	120	130	155	180	180 이상

(6) 유입변압기의 절연유

유입변압기는 폐쇄된 구조인데, 설치 위치가 도로와 같은 외부의 철근 콘크리트주(속칭 전봇대)입니다. 유입변압기는 햇볕의 열을 그대로 받으며 내부 온도가 올라갑니다. 뜨거운 유입변압기 내부를 식히기 위해 냉각매질로 절연유(정확히 '광유')

핵심기출문제

변압기유로 쓰이는 절연유에 요구되는 특성이 아닌 것은?

① 응고점이 낮을 것
② 절연내력이 클 것
③ 인화점이 높을 것
④ 점도가 클 것

해설

변압기유의 구비조건

- 절연내력이 클 것
- 비열 및 열전도율이 클 것
- 인화점은 높고 응고점이 낮을 것
- 점도가 낮을 것
- 열화, 변질하지 않으며 기기를 침식시키지 않을 것

정답 ④

를 채움으로써 열을 낮춥니다. 유입변압기 절연유(=광유)가 갖추어야 할 조건은 다음과 같습니다.

① **유입변압기 절연유의 구비조건**

- 절연내력이 클 것 → 절연내력의 크기 12[kV/mm] 이상일 것
- 비열이 커서 냉각효과가 클 것
- 인화점이 높을 것 → 불 붙는 온도가 가능한 한 높을 것
- 응고점이 낮을 것 → −30°까지는 온도가 내려가도 응고되지 않아야 함
- 점도가 낮을 것 → 끈적이지 않을 것
- 절연유가 금속(철심, 외함)과 접촉하여도 화학반응을 일으키지 않을 것
- 오래 사용하여도 석출물(=불순물)이 안 생길 것
- 고온에서 산화(Oxidation)하지 않을 것 → 산화하면 변압기 철심과 외함을 녹슬게 만듦

변압기 절연유의 구비조건과 별도로 변압기 사용 중, 절연유(=광유)가 절연유로서 기능을 상실하게 되는 경우가 발생할 수 있는데 이것을 '열화'라고 합니다. 결과적으로 절연유는 '열화'돼서는 안 됩니다. 다음은 절연유(=광유)가 열화되는 원인, 열화로 인한 악영향, 열화를 방지하기 위한 대책입니다.

② **절연유의 열화 원인, 악영향 및 방지대책**

㉠ 절연유의 열화 원인 : 변압기는 변압기 내부의 열을 식히기 위해 냉각효과 차원에서 외부의 공기를 변압기 내부로 유입시키고 다시 내보내는 열 순환(호흡작용)을 합니다. 열화는 이 과정에서 외부에서 들어온 공기 중의 수분이 절연유와 반응하여 절연유 기능이 저하되는 현상입니다.

㉡ 절연유 열화의 악영향

- 절연유의 절연내력 저하
- 화학반응으로 인한 침전물 발생과 침식작용
- 냉각효과 저하

㉢ 열화(호흡작용) 방지대책

- 브리더(Breather)를 설치한다.
- 변압기 내부에 절연유를 채우고 남는 공간에 질소를 봉입한다.
- 콘서베이터(센서장치)를 설치한다.

(7) 냉각의 종류

유입변압기는 도시에서 지상에 설치된다고 하여 '주상변압기'로도 불립니다. 주상변압기는 햇빛과 전기열(철심, 권선, 전선) 그리고 밀폐된 구조로 인해 매우 뜨겁습니다.

✠ 비열
어떤 물질에 열을 가하면 열을 가한 그 물질의 에너지가 증가한다. 열을 가했을 때 물질마다 에너지가 증가하는 정도를 1을 기준으로 나타낸 것이 '비열'이다. 비열의 사전적 의미는 1[g]의 물을 1[℃] 올리는 데 필요한 열량 [J/g · K]이다.(온도차 : K) 또는 1[mol]에 가해진 열량과 그에 따른 온도변화의 비를 말한다. 그래서 비열이 공기의 14배라는 뜻은 공기에 열을 가할 때보다 14배의 열을 가해야 공기와 동일한 온도가 증가한다는 말이 된다. 비열이 크다는 말은 냉각장치로서 열 · 온도가 잘 올라가지 않으므로 냉각효과가 좋다는 뜻이 된다.

핵심기출문제

변압기 기름의 열화의 영향에 속하지 않는 것은?

① 냉각효과의 감소
② 침식작용
③ 공기 중 수분의 흡수
④ 절연내력의 저하

해설

변압기 기름의 열화에 의한 영향
- 절연내력이 저하한다.
- 냉각효과가 감소한다.
- 침식작용에 의한 침전물이 생긴다.

정답 ③

> **핵심기출문제**
>
> **변압기유의 열화 방지방법 중 옳지 않은 것은?**
>
> ① 개방형 콘서베이터
> ② 수소 봉입 방식
> ③ 밀봉 방식
> ④ 흡착제 방식
>
> **해설**
>
> **변압기유의 열화 방지법**
> - 개방형 콘서베이터
> - 질소 봉입 방식
> - 밀봉 방식
> - 흡착제 방식
>
> **정답** ②

※ 강제순환
펌프나 팬을 이용하여 냉각매체를 순환시키는 것을 말한다.

다양한 냉각방식이 있고, 냉각방식에 따른 냉각명칭이 있습니다. 다음은 변압기 냉각방식에 따른 명칭(약식 영문표기)입니다. 약식 영문표기는 IEC규격에 따른 표기법입니다.

① 변압기 냉각방식에 따른 분류와 명칭

㉠ AN(건식자냉식)
㉡ AF(건식풍냉식)
㉢ ONAN(유입자냉식)
㉣ ONAF(유입풍냉식)
㉤ ONWF(유입수냉식)
㉥ OFAN(송유자냉식)
㉦ OFAF(송입풍냉식)
㉧ OFWF(송입수냉식)

② IEC규격에 따른 약식 영문

㉠ 영문 첫 번째 문자의 의미 : 내부 냉각매체의 종류
- A : 냉각매체가 공기
- O : 냉각매체가 절연유(만약 K라면 '난연성 절연유'를 의미)

㉡ 영문 두 번째 문자의 의미 : 내부 냉각매체의 순환방식
- N : 냉각방식이 자연순환방식
- F : 냉각방식이 **강제순환**방식

㉢ 영문 세 번째 문자의 의미 : 외부 냉각매체의 종류
- A : 냉각매체가 공기
- W : 냉각매체가 물

㉣ 영문 네 번째 문자의 의미 : 외부 냉각매체의 순환방식
- N : 냉각방식이 자연순환방식
- F : 냉각방식이 강제순환방식

2. 변압기의 원리

회전기(직류기, 동기기, 유도기)는 기본적으로 패러데이－렌츠의 전자유도원리와 전자력 원리를 이용하여 회전이나 발전 기능을 하는 기기입니다. 변압기는 고정기에 속하는 기기로, 전자유도원리와 1·2차측 권선의 권수비에 의해 변압 기능을 하는 기기입니다. 그래서 회전기나 고정기 공통으로 작용하는 전자유도원리를 빼면, 변압기만의 고유한 작동원리는 '권수비'가 핵심 원리입니다.

(1) 전자유도원리

변압기에 유입되는 전기는 교류입니다. 그 교류가 1차측에서 전자유도($e = -N\dfrac{d\phi}{dt}$)를 일으킵니다. 변압기 1차측의 전압(V), 전류(I), 자속(ϕ) 모두 교류이므로 다음과 같습니다.

- 교류전압 $e = V_m \sin\omega t$ [V]
- 교류전류 $i = I_m \sin\omega t$ [A]
- 교류자속 $\phi = \Phi_m \sin\omega t$ [Wb]

변압기에 입력된 교류($v = V_m \sin\omega t,\ i = I_m \sin\omega t$)가 변압기 1차측 권선에 흐를 때 전기회로와 자기회로($LI = N\phi$) 관계에 의해서, 교류 순시전류($i = I_m \sin\omega t$)는 교류 순시자속($\Phi_m \sin\omega t$)을 만듭니다. 교류 순시값 표현은 교류를 정확하게 표현하는 방법이지만 계산의 편의를 위해 순간순간 수시로 바뀌는 값을 평균적인 일정한 값으로 바꿔줄 필요가 있습니다. 그래서 아래 (2)번과 같이 변압기의 전자유도가 일어나는 순시기전력을 실효값으로 바꿉니다.

(2) 교류 순시기전력을 실효전압으로 변환

1차측 교류기전력 $e_1 = N\dfrac{d\phi}{dt} = N\dfrac{d}{dt}(\Phi_m \sin\omega t) = N\cdot\Phi_m \dfrac{d}{dt}\sin\omega t$

$$= N\cdot\Phi_m\cdot w\cdot\cos\omega t$$

$$= 2\pi f\cdot N\cdot\left(\frac{\Phi_m}{\sqrt{2}}\right)\cdot\sin(\omega t + 90)$$

여기서, Φ_m의 최대값은 $\sin 90°$일 때이므로

$$= f\,\Phi N\left(\frac{2\pi}{\sqrt{2}}\right)\angle 90°$$

$$= 4.44 f\,\Phi N\angle 90°\,[\text{V}]\ (\sin\omega t = \sin 90 = 1\text{이라는 전제})$$

여기에 변압기권선은 권선법이 없어서 권선계수(k_w)를 고려하지 않으므로, 변압기 교류 실효값은 $E = 4.44 f\,\Phi N$ [V]이 됩니다.

변압기 교류 실효값 $E = 4.44 f\,\Phi N$ [V]

(3) 변압기의 권수비원리

도로, 길을 중심으로 그 주변에 철근 콘크리트주(속칭 전봇대)의 주상변압기는 변전소로부터 공급받은 22.9[kV] 전압을 수용가에 전달하기 위해 전압을 220[V]로 낮춥니다. 전력계통은 대부분 이러한 강압용 변압기를 사용합니다.
권수비는 한마디로, 변압기 1차측과 2차측에 감긴 권선의 권수 차이에 비례해서 전압이 바뀌는 원리입니다. 구체적으로, 변압이 이뤄지는 변압기의 권수비는 22.9[kV]

PART 02

와 같은 고압이 변압기의 1차측 권선에 그대로 흐르고, 변압기 1차측 권수(N_1)보다 2차측의 권수(N_2)가 적으면, 적은 비율만큼 비례한 전압이 변압기 2차측 출력단자(V_2)로 나가게 됩니다. 동시에 전체 입 · 출력 에너지량은 보존돼야 하므로, 전압(V)이 줄어든 만큼 반비례하여 전류(I)는 증가하게 됩니다.

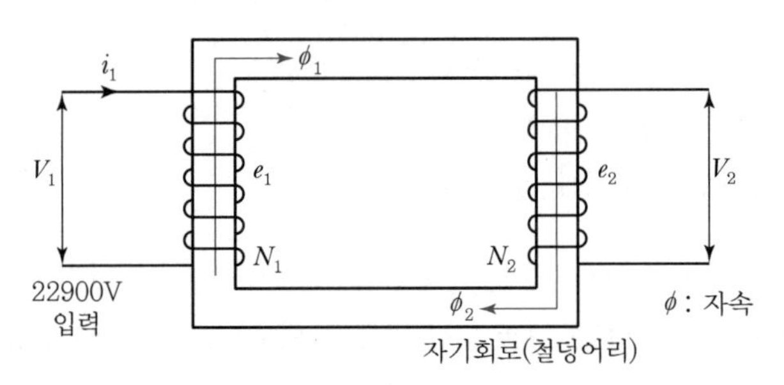

〖 **변압기 권수비 원리** 〗

그림처럼 변압기 1차측 입력전압(V_1)이 곧 1차측 권선(N_1)에 걸리는 전압이고, 그 1차측 권선(N_1)에서 전자유도에 의해 발생하는 유도기전력(e_1)이 됩니다. 이 과정이 권수를 달리한 2차측 권선(N_2)에서 동일하게 일어나므로(유도기전력 e_2 > 권수 N_2 > 변압기 2차측 출력전압 V_2) 변압기의 전압 크기 변화는 변압기의 권수비가 결정합니다.

① **변압기 1 · 2차측 비**

$$\frac{e_1}{e_2} = \frac{E_1}{E_2} = \frac{4.44 f_1 N_1 \Phi_1}{4.44 f_2 N_2 \Phi_2} = \frac{f_1 N_1 \Phi_1}{f_2 N_2 \Phi_2} \quad \begin{matrix} : \text{변압기 1차측} \\ : \text{변압기 2차측} \end{matrix}$$

여기서, 변압기 1 · 2차측의 주파수(f)와 자속(Φ)은 동일하므로 다음과 같고,

$$\frac{E_1}{E_2} = \frac{N_1}{N_2} \quad \begin{matrix} : \text{변압기 1차측} \\ : \text{변압기 2차측} \end{matrix}$$

변압기 1 · 2차측의 각 요소들은 권수에 종속된 비율인 '권수비'로 나타낼 수 있습니다.

② **권수비**

$$a = n = \frac{E_1}{E_2} = \frac{N_1}{N_2} = \frac{V_1}{V_2} = \frac{I_2}{I_1} (P = VI \text{ 관계이므로})$$

권수비로 변압기의 전압과 전류의 크기를 조절할 수 있습니다. 그래서 변압기의 기본원리는 '권수비'가 됩니다.

또한 변압기의 자기회로를 중심으로 1 · 2차측 두 번에 걸쳐서 전자유도($e = -N\frac{d\phi}{dt}$)현상이 일어나면 2차측의 출력교류 파형은 1차측 입력교류 파형과 반대가 되므로, 위상이 뒤집히게 됩니다. 1차측 교류(V_1)가 파형이면, 2차측 교류(V_2)는 위상이 반대인 파형이 됩니다.

(4) 변압기 1 · 2차측의 전력(P)과 임피던스(Z)

변압기는 전압의 크기를 조절하는 전기설비이지만, 전압과 전류는 항상 동시에 존재합니다. 전류 없는 전압은 존재할 수 없습니다. 그러므로 변압기에 들어오는 전기는 전력($P = VI$)입니다. 전력(P) 관점에서 변압기의 역할은 전압－전류의 비율을 변화시키는 설비입니다. 그래서 변압으로 전압이 높아지면 전류가 낮아지게 됩니다.

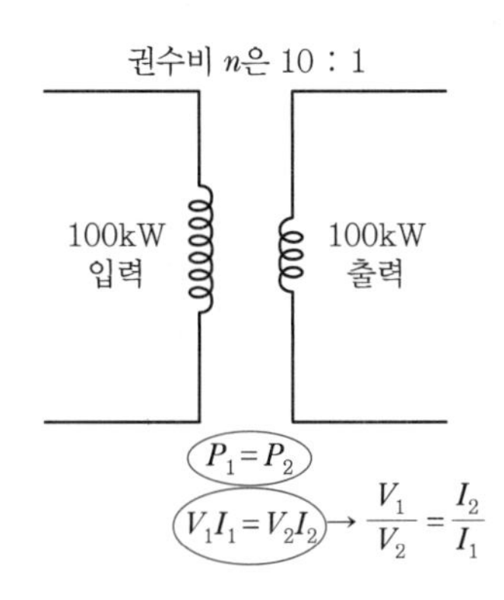

〚 변압기로 인한 전력의 전압－전류 비율변화 〛

계속해서 전력(P) 관점에서 변압기를 보면, 그림과 같이 변압비가 n : 10 : 1일 때, 만약 100[kW]가 변압기 1차측에 입력된다면 권수비에 의해 전압은 감소하고 전류는 증가한 출력이 2차측으로 전달됩니다. 변압기를 통해 전압－전류의 비율이 변한 것이지 변압기 2차측 출력은 1차측과 동일한 100[kW]가 출력됩니다.
만약 변압기에서 권수비에 의해 감소된 전압(V)처럼 전력(P)도 감소된다면, 우리는 2조, 3조, 4조 원 이상의 돈을 들여서 값비싼 발전소를 지을 필요가 없습니다. 왜냐하면 저렴한 작은 소형발전소 하나로 소용량 출력(P)을 만든 다음 변압기의 권수비를 이용하여 출력(P)을 높일 수 있기 때문입니다. 하지만 이러한 일은 일어나지 않습니다. 발전기는 출력(P)을 만들고, 변압기는 정해진 전력 값 내에서 전압(V)과 전류(I)의 비율만을 변화시킬 뿐입니다. 발전기에서 만들어진 전력($P = VI$)은 변하지 않습니다. 불변하는 변압기의 전력을 수식으로 나타내면 다음과 같습니다.

$$P_1 = P_2 \rightarrow V_1 I_1 = V_2 I_2 \rightarrow \frac{V_1}{V_2} = \frac{I_2}{I_1}$$

그래서 권수비는 $a = n = \dfrac{N_1}{N_2} = \dfrac{V_1}{V_2} = \dfrac{I_2}{I_1}$가 됩니다.

이어서 불변하는 변압기의 전력을 임피던스에 대해 수식으로 나타내면 다음과 같습니다.

$$P_1 = P_2 \rightarrow {I_1}^2 \cdot Z_1 = {I_2}^2 \cdot Z_2 \rightarrow \frac{{I_1}^2}{{I_2}^2} = \frac{Z_2}{Z_1}$$

$$\rightarrow {I_1}^2 \cdot X_1 = {I_1}^2 \cdot X_1 \frac{{I_1}^2}{{I_2}^2} = \frac{2\pi f L_2}{2\pi f L_1}$$

$$\rightarrow \frac{I_1}{I_2} = \sqrt{\frac{Z_2}{Z_1}} = \sqrt{\frac{X_2}{X_1}} = \sqrt{\frac{R_2}{R_1}} = \sqrt{\frac{L_2}{L_1}}$$

그래서 권수비를 통해 변압기에서 변화하는 전기요소를 모두 정리하면 다음과 같습니다.

$$권수비\ a = n = \frac{N_1}{N_2} = \frac{V_1}{V_2} = \frac{I_2}{I_1} = \sqrt{\frac{Z_1}{Z_2}} = \sqrt{\frac{R_1}{R_2}} = \sqrt{\frac{X_1}{X_2}} = \sqrt{\frac{L_1}{L_2}}$$

3. 변압이론 및 변압특성

[변압기 등가회로]

전기기술인은 일반인과 다르게 전기현상을 구체적으로 말할 수 있어야 합니다. 전기현상을 가장 구체적으로 표현하는 방법은 수학적 표현입니다. 그래서 변압기를 전기 등가회로로 바꾸고, 등가회로를 통해 기본 전기법칙을 사용하여 구체적인 전압(V), 전류(I), 전력(P), 손실(P_l) 등을 나타내는 것입니다. 특히 회전기에서 전자력은 자기장이 자유공간(공기매질)을 이동하지만, 변압기는 자기장이 자로(Magnetic Core)를 통해 이동합니다. 변압기는 전기적으로는 1차측과 2차측이 서로 분리되어 있지만 자기회로가 1 · 2차측 회로를 연결시켜 주므로, 아래와 같이 하나의 등가회로가 됩니다.

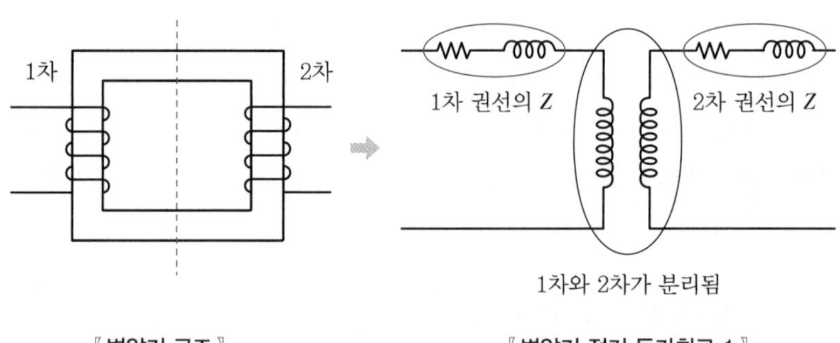

〖 변압기 구조 〗 〖 변압기 전기 등가회로 1 〗

변압기 1 · 2차 권선(=코일도체)이 있으니 도체의 저항(R)이 있고, 코일이 감겨 있으니(권선) 인덕턴스(L)에 의한 리액턴스 저항(X)이 있습니다. 여기에 변압기철심회로(자기회로)를 포함한 전체 등가회로로 나타내면 다음 그림과 같습니다.

자기회로(아래쪽 그림)는 1차나 2차 둘 중 어느 한쪽에만 넣어도 똑같은 변압기 등가회로가 성립됩니다.

임피던스(Z)와 어드미턴스(Y)는 다음과 같은 차이가 있습니다. 임피던스(Z)는 전류가 흐르는 길에 전류의 흐름을 방해하는 성질을 수치로 나타낸 것이고, 어드미턴스(Y)는 절연(전류가 흐르면 안 되는 곳)되어야 할 곳에 전류가 흐르면 그 흐른 정도를 나타내는 것입니다. 그래서 다음 변압기 등가회로 그림과 같이,

- 변압기권선(가로축)인 저항(R)과 리액턴스(X)는 임피던스 $Z[\Omega]$에 속하는 요소이고,
- 변압기철심(세로축)인 컨덕턴스(G)와 서셉턴스(B)는 어드미턴스 $Y[\mho]$에 속하는 요소가 됩니다.

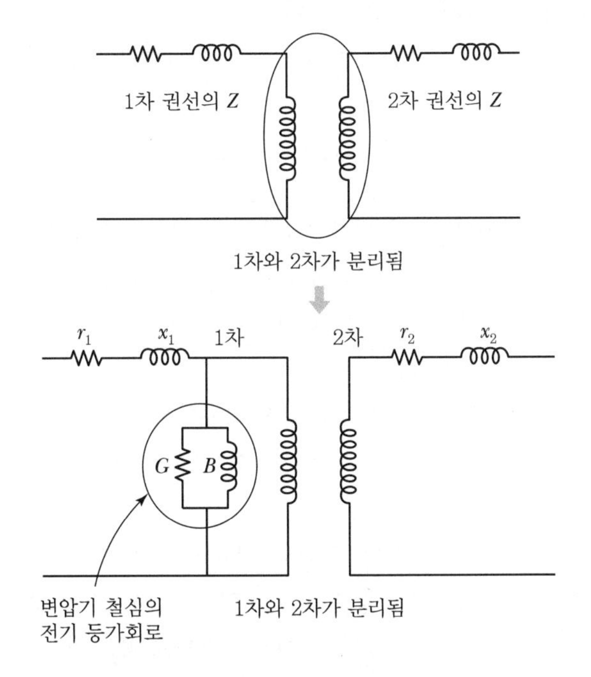

〚 **변압기 전기 등가회로 2** 〛

변압기 등가회로의 각 요소 r, x, G, B 값들은 측정된 값이며, 변압기 기본시험을 통해 각 요소들의 값을 알 수 있습니다. 변압기 시험의 내용은 '무부하시험'과 '부하시험(=단락시험)'입니다.

(1) 변압기의 무부하 시험

무부하 시험은 궁극적으로 변압기에서 발생하는 철손(P_i)을 알기 위한 시험입니다. 무부하 시험이므로 변압기 2차측(부하측) 단자에 전기를 소비하는 부하가 없는 상태, 다시 말해 변압기 2차측을 개방($R=\infty$)한 상태를 만듭니다. 2차측이 회로적으로 개방($R=\infty$)되어 있으므로 이론적으로 정격전압이 인가된 상태에서 1차측과 2차측 회로에 전류가 흐르지 않아야 합니다. → $R=\infty$, $I=0$

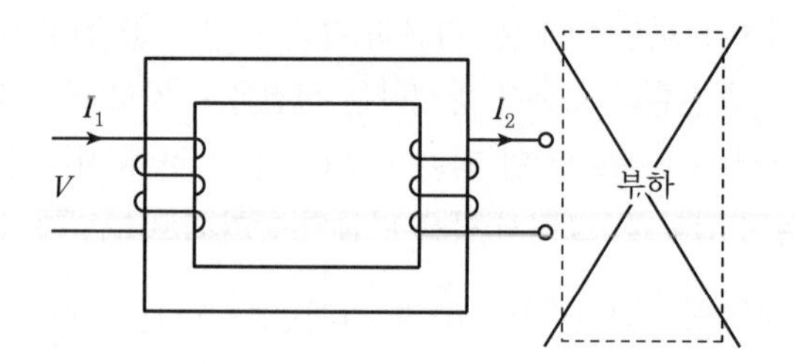

〖 무부하 시험의 변압기상태 〗

① 무부하 상태의 변압기에 흐르는 전류

변압기 2차측 무부하($I_2 = 0$)를 권수비($n = \dfrac{I_1}{I_2}$)에 적용하면, 다음과 같습니다.

$$n = \frac{I_1}{I_2} = \frac{I_1}{0} = 0$$ 권수비(n) 0은 1 · 2차 전류 모두 0[A]를 의미함

이론적으로 이러하지만, 사실 변압기 1차측에 인가된 전압(V_1)이 있는데 전류만 없을 수는 없습니다. 실제로 변압기에 부하가 없더라도 변압기 1 · 2차측 모두 아주 작은 미소한 전류(I)가 흐르고 있습니다. 그 미소한 전류($I_\triangle$)는 1 · 2차 권선이 아닌 변압기 철심으로 흐릅니다.

좋은 변압기 철심은 전자유도에 의해 형성된 자기장(자속)은 잘 흐르게 하고, 전기적으로 전류는 흐르지 않는 것입니다. 이러한 변압기 철심으로 미소한 전류($I_\triangle$)가 흐르는 것은 손실을 의미합니다.

미소전류($I_\triangle$)가 변압기 철심으로 흐르는 이유는, 전기적으로 권선에 흐르는 전류가 $I = 0$이면 1 · 2차 회로의 저항은 $R = \infty$ 입니다. 하지만 1 · 2차 회로의 저항(R)보다 변압기 철심의 전기적 저항이 작습니다. 때문에 적은 양의 미소전류($I_\triangle$)가 철심으로 유입되어 일부의 미소전류($I_\triangle$)는 철심이 열로 소비($I_\triangle{}^2 \cdot R$)하고, 일부의 미소전류($I_\triangle$) 철심이 자화되는 것으로 변환되어 철심이 자성을 띠게 됩니다. 철심이 자화되는 것은 자속을 잘 이동시켜야 하는 변압기 철심 재료로서 변압기 성능을 저하시키는 역할을 합니다. 무부하 상태에서 변압기의 1 · 2차 회로에 미소전류($I_\triangle$)가 흐르는 과정은 다음 등가회로와 같습니다.

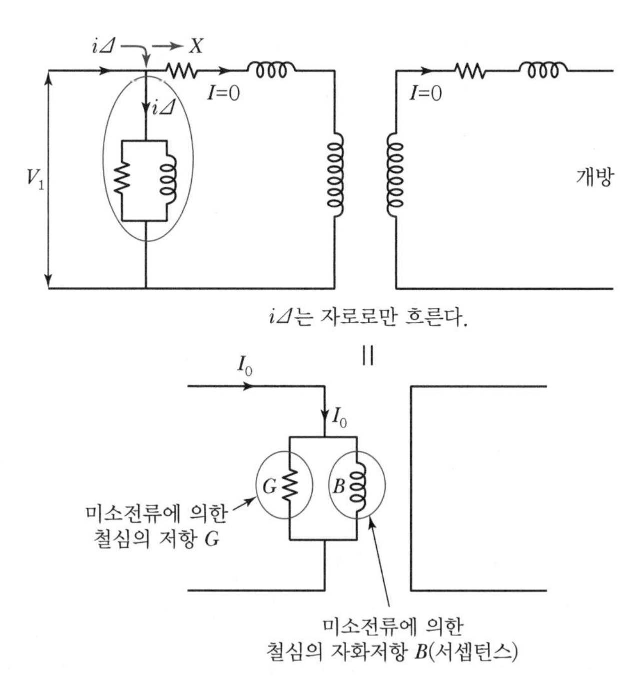

〖 변압기의 무부하 전류(I_0) 〗

변압기의 무부하 상태에서 흐르는 작은 미소전류($I_\triangle$)는 그 존재 자체가 변압기의 손실을 만드는 손실전류입니다. 이런 미소전류는 변압기 권선과 철심으로 흐르고, 특히 미소전류($I_\triangle$)의 대부분이 철심으로 흐릅니다. 미소전류($I_\triangle$)가 변압기의 철심으로 흐를 때 이를 어드미턴스 무부하전류(I_0)로 부르고, 위 그림처럼 '무부하 전류'는 변압기 등가회로에서 세로축의 병렬회로(어드미턴스 Y)로 나타납니다. 병렬의 두 가지로 흐르는 무부하 전류는 각각 '철손전류(I_i)'와 '자화전류(I_ϕ)'로 구분됩니다.

- I_o[무부하 (여자)전류] : 변압기의 효율을 낮추는 손실전류
- I_i(철손전류) : I_o 중에서 철심의 열($I_i^2 \cdot R$)로 사라지는 손실전류

② 철손전류(I_i)와 자화전류(I_ϕ)의 위상

변압기의 무부하 상태에서 발생하는 어드미턴스 무부하 전류 중 열 손실을 의미하는 '철손전류(I_i)'는 저항($G = \dfrac{1}{R}$) 속성이 있고, 자기장을 의미하는 '자화전류(I_ϕ)'는 인덕턴스($B = \dfrac{1}{X_L}$) 속성이 있으므로 90° 위상차를 갖습니다.

핵심기출문제

부하에 관계없이 변압기에 흐르는 전류로 자속만을 만드는 전류는?

① 1차 전류 ② 철손전류
③ 여자전류 ④ 자화전류

해설

자화전류
변압기의 여자전류 중에서 자속 ϕ만을 발생시키는 전류로서 자속과 동상 성분의 무효전류이다.

정답 ④

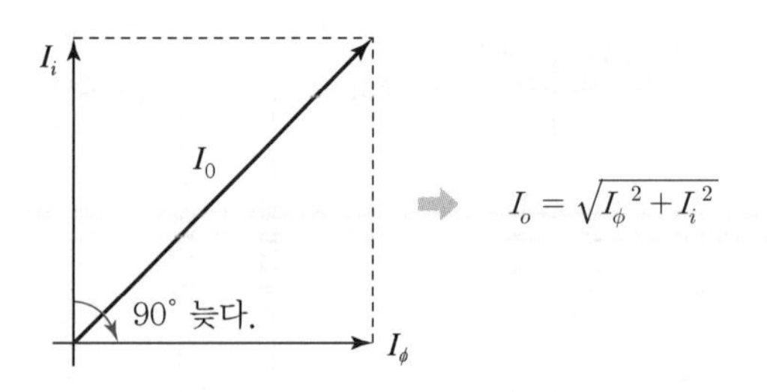

〖 어드미턴스 철손전류와 자화전류의 위상관계 〗

어드미턴스 무부하 전류와 철손전류는 그 크기를 다음과 같이 계산할 수 있습니다.

I_i과 I_ϕ가 서로 90° 위상차를 가지므로 무부하 전류는,

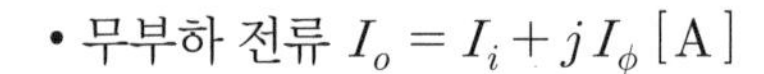

- 무부하 전류 $I_o = I_i + jI_\phi$ [A]
- 무부하 전류 $I_o = \sqrt{I_\phi + I_i}$ [A]

여기서 철손전류를 알면 자화전류를 유도하여 계산할 수 있습니다.

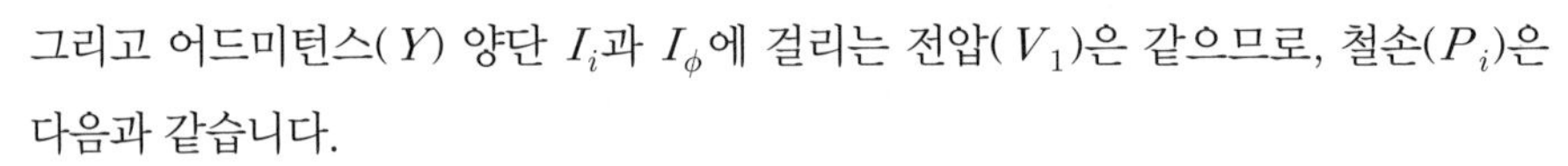

그리고 어드미턴스(Y) 양단 I_i과 I_ϕ에 걸리는 전압(V_1)은 같으므로, 철손(P_i)은 다음과 같습니다.

- 철손 $P_i = V_1 \cdot I_i$ [W]
- 철손전류 $I_i = \dfrac{P_i}{V_1}$ [A]

이와 같이 무부하 시험을 통해 무부하 상태의 변압기에서 발생하는 철손(P_i)과 철손전류(I_i)를 구할 수 있습니다.

③ 변압기 무부하 시험의 특징

㉠ 변압기 2차측을 개방한다. 이때 변압기에 무부하 전류(I_0)가 존재한다.

㉡ 변압기에 부하가 없는 상태(=변압기 2차측 개방)에서도 변압기 1차측에 인가된 전압이 있으면, 변압기에 무부하 전류(I_0)가 존재한다.

㉢ 무부하 시험은 변압기의 여자 어드미턴스(Y)와 철손(P_i)을 구할 수 있다.

㉣ 무부하 전류의 크기 $I_o = \sqrt{I_\phi + I_i}$ [A]

㉤ 철손 $P_i = V_1 \cdot I_i$ [W]

㉥ 철손전류 $I_i = \dfrac{P_i}{V_1}$ [A]

㉦ 변압기 철심의 주재료는 철(Fe)과 소량의 규소(Si)이므로, 철심 특유의 자기포화현상과 히스테리시스 현상이 나타나고, 히스테리시스 현상으로 인해 변압기의 여자전류(I_0)는 3고조파를 만들어 교류파형을 왜곡시킨다.

핵심기출문제

1차 전압 3000[V], 무부하 전류 0.1[A], 철손 150[W]인 변압기의 자화전류는 약 몇 [A]인가?

① 0.061 ② 0.073
③ 0.087 ④ 0.097

해설

변압기의 무부하 전류(여자전류)는

$I_0 = \sqrt{I_i^2 + I_\phi^2}$

여기서, 철손전류

$I_i = \dfrac{P_i}{V_1} = \dfrac{150}{3,000} = 0.05$[A]

∴ 자화전류는

$I_\phi = \sqrt{I_0^2 - I_i^2}$

$= \sqrt{0.01^2 - 0.05^2}$

$= 0.087$[A]

정답 ③

핵심기출문제

변압기의 여자전류에 가장 많이 포함된 고조파는?

① 제2조파 ② 제3조파
③ 제4조파 ④ 제5조파

해설

변압기의 여자전류는 철심에서의 자기 포화 및 히스테리시스 현상으로 인하여 여자전류의 파형은 기수 고조파 중 제3고조파가 약 40% 정도로 가장 많이 포함된 첨두 파형으로 나타난다.

정답 ②

(2) 변압기의 부하시험

부하시험은 궁극적으로 변압기에 발생하는 동손(P_c)을 알기 위한 시험입니다. 변압기 1·2차에 임피던스(Z)를 측정하고, 부하시험이므로 변압기 2차측(부하측) 단자에 전기를 소비하는 '부하'를 연결한 상태에서 부하전류(I)를 증감시킴에 따른 변압기 권선의 임피던스 전압(V_s)과 동손(P_c)을 파악하는 것이 변압기 부하시험입니다. 하지만 변압기 2차측에 실제 부하를 연결하여 시험하려면 비용이 많이 발생하므로 실제 부하를 대신하여 2차측을 단락시킵니다(부하시험 ≒ 단락시험). 다음 그림은 변압기 2차측을 단락(short)한 단락시험 등가회로입니다.

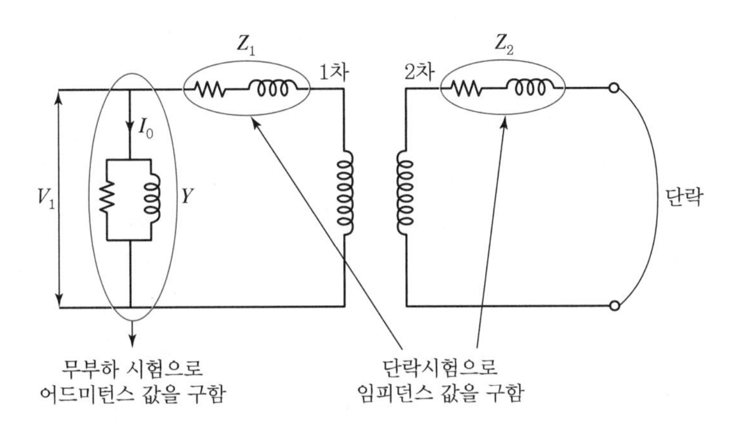

〖 변압기의 단락시험 등가회로 〗

① 단락상태의 변압기에 흐르는 전류

변압기 2차측을 단락시킨 상태에서 변압기의 1·2차 권선의 합성 임피던스(Z_0)를 계산할 수 있습니다. 합성 임피던스(Z_0)를 알아야 부하전류가 흐를 때 변압기에서 발생하는 전체 전압강하($e = I \cdot Z$)를 계산할 수 있습니다. 변압기 전압강하로부터 파생되는 동손(P_c), 임피던스 와트(P_s), 퍼센트 임피던스($\%Z$) 그리고 앞에서 이미 다룬 '무부하 시험'의 결과를 가지고, 수용가나 산업현장의 필요에 의한 변압기 특성을 고려하여 변압기를 선택·구매·설치할 수 있습니다.

변압기 회로의 2차측을 단락시키면, 이론적으로 2차측 회로의 저항은 최소가 됩니다.(→ 2차측 회로의 저항은 $0\,[\Omega]$에 가깝게 됨)

변압기 2차측 저항 $R = 0$ 이때 변압기 2차측 전류 $I = \dfrac{V}{R} = \dfrac{V}{0} = \infty$

실제로 2차측에 부하전류는 무한대($I \fallingdotseq \infty$)가 되지 않습니다. 큰 전류가 흐르고, 변압기 2차측에 흐르는 큰 부하전류가 곧 변압기 1·2차측 전체의 전류가 됩니다.

② 1·2차 임피던스 변환방법

변압기의 1차측과 2차측의 임피던스(Z)는 변압기 등가회로에서 직렬회로로 연결됩니다. 직렬회로의 합성 임피던스 계산은 간단합니다.

- 합성 저항 $r_0 = r_1 + r_2 + r_n\,[\Omega]$
- 합성 리액턴스 $x_0 = j(x_1 + x_2 + x_n)\,[\Omega]$
- 합성 임피던스 $Z_0 = r_1 + r_2 + r_n + j(x_1 + x_2 + x_n)\,[\Omega]$

합성 임피던스 계산은 간단하지만, 1차와 2차 사이에 자기회로가 들어간 변압기 등가회로의 임피던스 계산은 간단하지 않습니다. 이 문제를 해결하기 위해 다음과 같은 '임피던스 변환'을 하게 됩니다.

1차와 2차 사이에 접속된 자기회로는 권수비(n)에 해당하므로, 권수비(n)를 이용하여 1차측 임피던스 값을 동일한 비율의 2차측 임피던스 값으로 변환할 수 있고, 혹은 반대로 2차측 임피던스 값을 동일한 비율의 1차측 임피던스 값으로 변환할 수 있습니다.

[그림 a]처럼 권수비가 존재하는 변압기를 임피던스 변환하지 않고, [그림 b]처럼 등가회로를 그려서 계산할 수 없습니다. 왜냐하면, 임피던스 변환하지 않은 [그림 b]와 같은 회로는 회로의 기본법칙인 키르히호프 전압법칙(KVL)과 전류법칙(KCL) 모두를 어긋나는 논리적 정합성이 없는 회로가 되므로, 수학적 계산이 맞지 않게 됩니다.

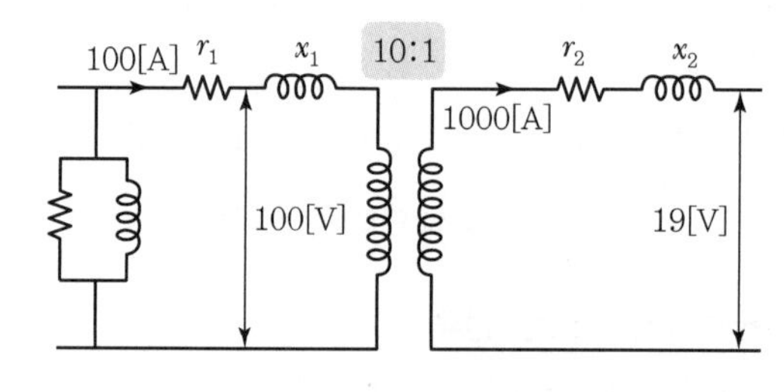

〚 a. 변압기 1 · 2차 권선의 임피던스 〛

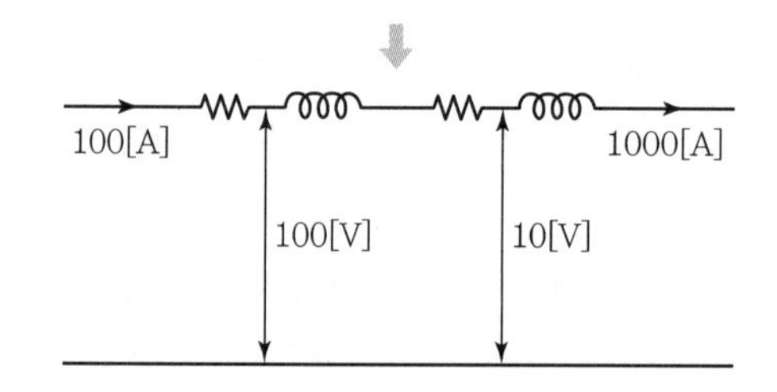

〚 b. 임피던스 변환 불가능 회로 〛

2차측 임피던스 값 모두 권수비($n = a = \dfrac{V_1}{V_2} = \dfrac{I_2}{I_1}$)를 이용하여 1차측 임피던스에 대응되는 임피던스로 환산합니다.

- 전압 환산 : $a = \dfrac{V_1}{V_2} \rightarrow V_1 = a \cdot V_2$
- 전류 환산 : $a = \dfrac{I_2}{I_1} \rightarrow I_1 = \dfrac{I_2}{a}$

핵심기출문제

변압기에서 2차를 1차로 환산한 등가회로의 부하 소비전력 P_2' [W]는, 실제 부하의 소비전력 P_2 [W]에 대하여 어떠한가?(단, a는 변압기의 권수비이다.)

① a배 ② a^2배
③ $\dfrac{1}{a}$ ④ 변함없다.

해설

변압기의 등가회로는 변압기의 특성 산출을 쉽게 하기 위한 것으로서 실제 회로와는 전압과 전류 그리고 부하의 소비전력 등에 대해서는 전혀 변함이 없다.

정답 ④

• 저항 환산 : $a = \sqrt{\dfrac{r_1}{r_2}} \rightarrow a^2 = \dfrac{r_1}{r_2} \rightarrow r_1 = a^2 \cdot r_2$

• 리액턴스 환산 : $a = \sqrt{\dfrac{x_1}{x_2}} \rightarrow a^2 = \dfrac{x_1}{x_2} \rightarrow x_1 = a^2 \cdot x_2$

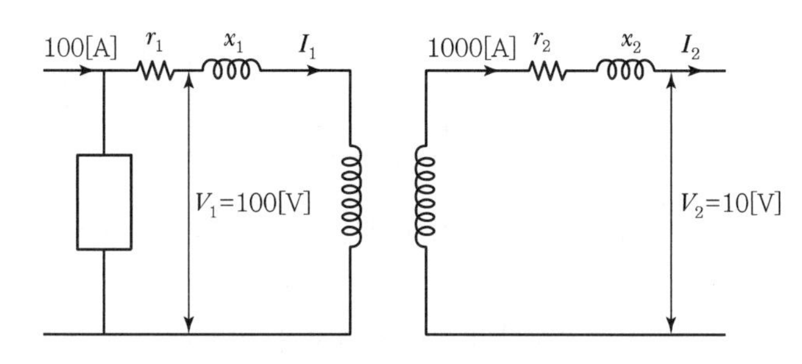

〖a. 변압기 1 · 2차 권선의 임피던스〗

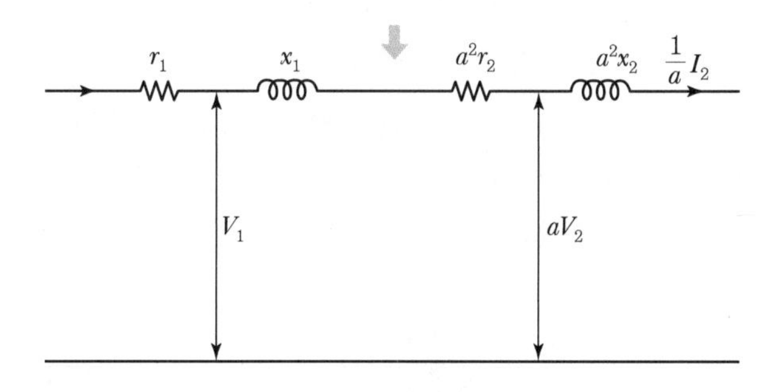

〖b. 임피던스 변환 회로〗

권수비(n)를 고려한 1 · 2차 임피던스 변환은 다음과 같이 정리됩니다.

• 2차 임피던스 값을 권수비를 이용하여 1차 임피던스 값으로 환산

$aV_2,\ \dfrac{1}{a}I_2,\ a^2r_2,\ a^2x_2,\ a^2z_2$

• 1차 임피던스 값을 권수비를 이용하여 2차 임피던스 값으로 환산

$\dfrac{1}{a}V_2,\ aI_2,\ \dfrac{1}{a^2}r_2,\ \dfrac{1}{a^2}x_2,\ \dfrac{1}{a^2}z_2$

[그림 b]처럼, 임피던스 변환을 하여 1 · 2차 회로를 하나의 등가회로로 통일할 수 있고, 합성 임피던스(Z_0)를 계산할 수 있습니다.

핵심기출문제

단상 주상변압기의 2차측(105[V]단자)에 1[Ω]의 저항을 접속하고 1차측에 1[A]의 전류가 흘렀을 때 1차 단자전압이 900[V]였다. 1차측 탭 전압[V]과 전류[A]는 얼마인가?(단, 변압기의 내부 임피던스는 무시한다.)

① $V_T = 3150,\ I_2 = 30$
② $V_T = 900,\ I_2 = 30$
③ $V_T = 900,\ I_2 = 1$
④ $V_T = 3150,\ I_2 = 1$

해설

1차 전류

$I_1 = \dfrac{V_1}{R_1} = \dfrac{V_1}{a^2 \cdot R_2}$

$= \dfrac{900}{a^2 \times 1} = 1[\mathrm{A}]$

여기서, 권수비 $a = 30$

∴ 1차 탭 전압

$V_T = a\,V_2 = 30 \times 105$

$= 3,150[\mathrm{V}]$

2차 전류

$I_2 = a\,I_1 = 30 \times 1 = 30[\mathrm{A}]$

정답 ①

PART 02

핵심기출문제

변압기의 개방회로시험으로 구할 수 없는 것은?

① 무부하 전류
② 동손
③ 철손
④ 여자 어드미턴스

해설

변압기의 개방회로시험인 무부하 시험을 통하여 무부하 전류(여자전류), 철손(무부하손)을 측정하고 여자 어드미턴스를 산출할 수 있다.

정답 ②

핵심기출문제

변압기의 여자전류와 철손을 알 수 있는 시험은?

① 유도시험 ② 부하시험
③ 무부하 시험 ④ 단락시험

해설

변압기의 시험법 중 무부하 시험(개방회로시험)으로 여자전류(무부하 전류)와 철손(무부하손) 그리고 여자 어드미턴스 등을 산출할 수 있다.

정답 ③

핵심기출문제

단락시험과 관계없는 것은?

① 여자 어드미턴스
② 임피던스 와트
③ 전압변동률
④ 임피던스 전압

해설

변압기의 등가회로 작성시험 중에서 단락시험으로는 임피던스 전압, 임피던스 와트, %임피던스 전압강하, 전압변동률 등을 산출할 수 있다.

정답 ①

③ 개방회로(무부하 시험)와 단락회로(부하시험) 시험방법 비교

㉠ 무부하 시험을 위한 개방회로 구성

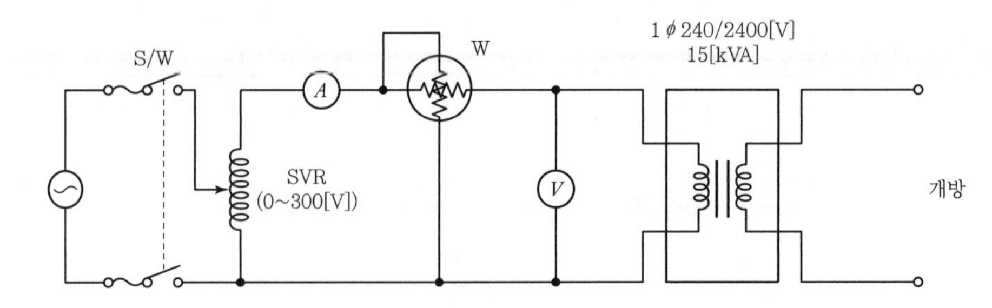

- 변압기 2차 회로를 개방한 상태에서 1차 회로의 SVR 전원을 서서히 증가시킨다.
- 1차측 전압을 증가시키며, 1차에 설치된 전압계(V)로 변압기 정격전압에 도달하는 순간, 그때 1차측의 전류계(A)가 지시하는 전류값이 시험하는 해당 변압기의 전체 철손전류(I_i[A])이다. 그리고 이때 1차측의 전력계(W)에서 측정된 전력 값이 철손($P_i = I_i \cdot V_1$)이다.
- 개방시험을 통해 알 수 있는 변압기의 특성 : 어드미턴스(Y [℧]), 철손전류(I_i[A]), 철손(P_i[W])

㉡ 부하시험을 위한 단락회로 구성

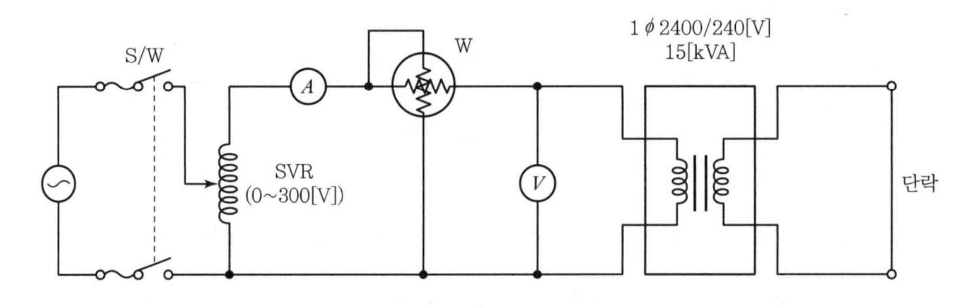

- 변압기 2차 회로를 단락한 상태에서 1차 회로의 SVR 전압을 0[V]부터 서서히 증가시킨다.
- 1차측 전압을 증가시키며, 1차에 설치된 전류계(A)로 변압기 정격전류에 도달하는 순간, 그때 1차측의 전력계(W)가 지시하는 전력값이 시험하는 변압기의 동손(P_c)이다. 측정된 동손을 통해 변압기의 전체 임피던스를 구할 수 있다. → $P_c = I^2 \cdot Z$ → $Z = \dfrac{P}{I^2}$ [Ω]
- 단락시험을 통해 알 수 있는 변압기의 특성 : 동손(P_c), 변압기 임피던스(Z), 변압기 퍼센트 임피던스(%Z)

④ **단락시험을 통한 임피던스 전압(V_s)**

임피던스 전압(V_s)은 변압기 부하시험에서, 변압기 1차측의 SVR 전압을 0[V]부터 서서히 증가시키다가 1차측의 전류계(A) 지시값이 정격전류(I_n)에 도달했을 때, 그때 전압계(V)의 값이 임피던스 전압($V_s = I_{1n} \cdot Z_1$)입니다.

만약 변압기 1차측 권선에 저항이 0[Ω]이라면, 1차측의 전압계 값은 0[V] 혹은 매우 작은 전압 크기를 가리킬 것이며, 그 값이 곧 임피던스 전압(V_s)입니다. 임피던스 전압(V_s)은 전압강하($e = I_n \cdot Z$)를 의미합니다.

⑤ **단락시험을 통한 임피던스 와트(P_s)**

단락시험(위 ③)에서 변압기 1차 회로의 전원을 SVR을 통해 점진적으로 증가시키고, 1차 회로의 전류계(A)가 변압기의 정격전류값(I_n)을 가리킬 때, 그때의 1차 회로의 전력계가 지시하는 값이 임피던스 와트(P_s)입니다.

임피던스 전압(V_s)과 임피던스 와트(P_s)는 단락시험에서 변압기에 정격전류(I_n)가 흐를 때 동시에 측정되는 값입니다.

(3) 전압변동률(ε)

결론적으로, 변압기의 정격전압(=전체전압) 대비 임피던스에 의한 전압강하 비율($\frac{e}{V_n}$)을 곱하기 100하여 백분율로 나타낸 것이 전압변동률(ε) 또는 퍼센트 임피던스강하(%Z)입니다.

전압변동률(ε)은 전압변동을 비율로 나타낸 것입니다. 전압변동은 전원측(발전소, 변전소, 변압기, 콘센트 전원)의 전압이 부하로 이동하며 선로 또는 도선에 존재하는 저항(Z)으로 인해 전압강하(e)가 발생하고, 전압강하는 공급전원의 전압(=수전전압, 정격전압)을 저하시키게 됩니다. 그래서 전압변동이 발생하면 공급측의 전원 전압과 부하측의 수전 전압이 일치하지 않으므로, 이를 전압에 변동이 생겼다는 의미에서 '전압변동'으로 부릅니다.

우리나라의 전력계통 중 수용가의 전압변동범위는 저압은 최대 5% 이하, 고압은 최대 8% 이하입니다. 예를 들어, 저압계통에서 220[V]로 수전하는 수용가의 전압변동범위는 209[V]~231[V]입니다. 만약 전압변동이 없다면, 전원측의 220[V]를 수용가측의 부하단자도 220[V]로 수전할 것입니다.

- 전압변동 표현 I : $V_{send} - V_{recieve} \rightarrow V_s - V_r$
- 전압변동 표현 II : $V_{\text{무부하전압}} - V_{\text{수전전압, 정격전압}}$
  $\rightarrow V_0 - V_n$ 또는 $V_0 - V_r$
- 전압변동 표현 III : $V_{\text{유기기전력}} - V_{\text{단자전압}} \rightarrow E - V$

핵심기출문제

변압기의 임피던스 전압이란?

① 정격전류가 흐를 때의 변압기 내의 전압강하
② 여자전류가 흐를 때의 2차측 단자전압
③ 정격전류가 흐를 때의 2차측 단자전압
④ 2차 단락전류가 흐를 때의 변압기 내의 전압강하

해설

임피던스 전압이란 변압기의 2차측을 단락하였을 때 이때의 1차 단락전류가 1차 정격전류와 같을 때의 1차측 전압. 즉 정격전류가 흐를 때의 누설 임피던스와 정격전류차의 곱인 내부 전압강하이다.

임피던스 전압

$V_s = I_{1n} \cdot Z_{21}$[V]

정답 ①

핵심기출문제

임피던스 전압을 걸 때의 입력은?

① 정격용량
② 철손
③ 임피던스 와트
④ 전부하 시의 전손실

해설

변압기의 2차측을 단락하였을 때 정격 1차 전류가 흐를 때의 1차측 전압을 임피던스 전압이라고 하며 이때의 1차 입력은 부하손이 되며 임피던스 와트라고 한다.

정답 ③

핵심기출문제

어떤 단상변압기의 2차 무부하전압이 240[V]이고 정격 부하 시의 2차 단자전압이 230[V]이다. 전압변동률[%]은?

① 2.35 ② 3.35
③ 4.35 ④ 5.35

해설

변압기의 전압변동률

$\varepsilon = \frac{V_{20} - V_{2n}}{V_{2n}} \times 100[\%]$

$= \frac{240 - 230}{230} \times 100$

$= 4.35[\%]$

정답 ③

PART 02

전압변동을 수전전압을 기준으로 백분율로 나타내면 다음과 같은 전압변동률(또는 전압강하율)이 됩니다.

$$\text{전압변동률 } \varepsilon = \frac{\text{무부하전압} - \text{정격전압}}{\text{정격전압}} \times 100\,[\%]$$

$$= \frac{E - V_n}{V_n} \times 100\,[\%] = \frac{e}{V_n} \times 100\,[\%]$$

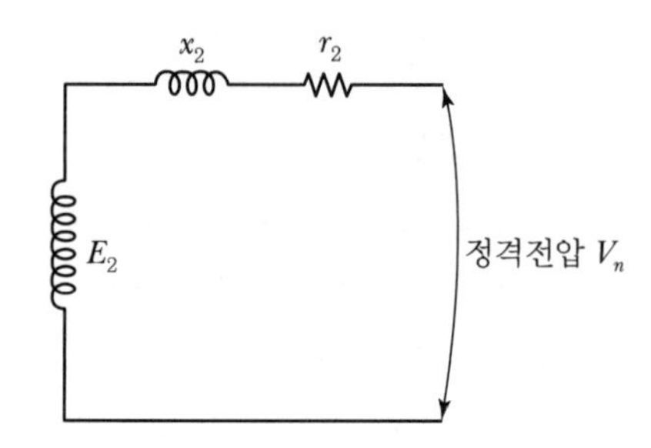

옴의 법칙(Ohm's law)을 이용하여 전압변동률(ε)을 계속 전개하면 다음과 같은 전압강하에 대한 다양한 계산이 가능합니다.

$$\varepsilon = \frac{e}{V_n} \times 100 = \frac{I \cdot Z}{V_n} \times 100 = \frac{I(R + jX)}{V_n} \times 100$$

$$= \left(\frac{I_R}{V_n} \cos\theta + j \frac{I_X}{V_n} \sin\theta \right) \times 100\,[\%]$$

$$= \left(\frac{I \cdot R}{V_n} + j \frac{I \cdot X}{V_n} \right) \times 100\,[\%]$$

여기서,

$\varepsilon = \dfrac{I \cdot Z}{V_n} \times 100\,[\%]$: 퍼센트 임피던스강하($\%Z$) 또는 전압강하율(ε)

이 수식의 의미는 받은 전체전압 대비 전체(Z) 전압강하 비율을 백분율로 나타낸 것입니다.

$\varepsilon = \dfrac{I \cdot R}{V_n} \times 100\,[\%]$: 퍼센트 저항강하($\%R$) 또는 저항강하율(p)

이 수식의 의미는 받은 전체전압 대비 저항(R)에 의한 전압강하 비율을 백분율로 나타낸 것입니다.

$\varepsilon = \dfrac{I \cdot X}{V_n} \times 100\,[\%]$: 퍼센트 리액턴스강하($\%X$) 또는 저항강하율(q)

이 수식의 의미는 받은 전체전압 대비 리액턴스(X)에 의한 전압강하 비율을 백분율로 나타낸 것입니다.

퍼센트 전압강하 기호 ε, p, q를 이용하여 전압변동률을 다시 나타내면 다음과 같이 정리할 수 있습니다.

핵심기출문제

어느 변압기의 백분율 저항강하가 2[%], 백분율 리액턴스강하가 3[%]일 때 역률(지역률) 80%인 경우의 전압변동률[%]은?

① −0.2 ② 3.4
③ 0.2 ④ −3.4

해설

전압변동률

$\varepsilon = P\cos\theta + q\sin\theta\,[\%]$에서

$\therefore\ \varepsilon = 2 \times 0.8 + 3 \times 0.6$
$= 3.4\,[\%]$

정답 ②

핵심기출문제

역률 100[%]일 때의 전압변동률 ε은 어떻게 표시되는가?

① %저항강하
② %리액턴스강하
③ %서셉턴스강하
④ %임피던스강하

해설

역률 100[%]인 경우, 즉 $\cos\theta = 1$일 때

전압변동률

$\varepsilon = p\cos\theta + q\sin\theta$
$= p \times 1 + q \times 0 = p$

∴ 역률 100[%]일 때의 전압변동률(ε)은 %저항강하(p)와 같다.

정답 ①

- $\varepsilon = p + jq = p\cos\theta + q\sin\theta\,[\%]$: 유도성(지상) 리액턴스(X_L) 부하일 경우
- $\varepsilon = p - jq = p\cos\theta - q\sin\theta\,[\%]$: 용량성(진상) 리액턴스(X_C) 부하일 경우

아울러, 전압강하를 백분율로 나타내면 전력계통의 사고(단락전류, 단락용량, 차단용량, 차단전류)나 손실을 계산할 때 다음과 같이 계산이 매우 편리해집니다.

- 임피던스 와트 $P_s = \dfrac{\%R \cdot P_n}{100}\,[\mathrm{W}]$

$$\left\{\begin{aligned} \%R &= \frac{\text{저항}(R)\text{에 의한 손실}}{\text{전체}} \times 100 \\ &= \frac{\text{저항강항}(e_R)\text{ 발생시 } P\,[\mathrm{W}]}{\text{정격}} \times 100 = \frac{P_s}{P_n} \times 100\,[\%] \\ \rightarrow P_s &= \frac{\%R \cdot P_n}{100}\,[\mathrm{W}] \end{aligned}\right\}$$

- 단락용량 $P_s = \dfrac{100}{\%Z} P_n\,[\mathrm{W}]$
- 단락전류 $I_s = \dfrac{100}{\%Z} I_n\,[\mathrm{A}]$

03 변압기 결선

회로이론 과목 8장에서 3상 교류전력을 다루고, 전기기기 과목 2장에서 3상 교류전력을 만드는 동기발전기를 다뤘습니다. 민간발전과 한국정부의 화력 · 원자력 · 수력발전소에서는 3상 교류전력을 만들지 단상교류를 만들지 않습니다. 발전기 2개를 기준으로 최소 2조 원 이상의 비용이 발생합니다. 건설비용이 비싼 만큼 최대의 효율을 낼 수 있는 시스템으로 발전소를 건설해야 합니다. 단상 발전기보다 3상 발전기의 장점이 많기 때문에 3상 교류전력을 만들고 상용운전을 합니다.
3상 교류는 동기발전기의 회전자(계자)가 한 바퀴 회전하면 벡터적으로 크기는 같고, 위상은 120° 차이가 나는 교류전압 3개가 만들어집니다. 그리고 120° 위상을 갖는 3개의 교류 기전력은 Y−Δ 결선으로 접속되어 발전기 출력단자로 출력됩니다. 전기를 만드는 발전기에서부터 Y−Δ 결선을 하기 때문에 전력이 수용가에 도착하기 전까지 계통(승압−송전−변전−배전−수전)의 전기설비(조상기, 변압기, 전동기)는 결선(Y 또는 Δ)을 해야 합니다.

핵심기출문제

5[kVA], 3000/200[V]의 변압기의 단락 시험에서 임피던스 전압이 120[V], 동손이 150[W]라 하면 %저항강하는 몇 [%]인가?

① 2 ② 3
③ 4 ④ 5

해설
%저항강하

$p = \%R = \dfrac{I_{1n} \cdot r_{21}}{V_{1n}} \times 100\,[\%]$

$= \dfrac{P_c}{P_n} \times 100\,[\%]$

$= \dfrac{150}{5 \times 10^3} \times 100\,[\%] = 3\,[\%]$

정답 ②

핵심기출문제

10[kVA], 2000/100[V] 변압기에서 1차에 환산한 등가 임피던스는 $6.2 + j7\,[\Omega]$이다. 이 변압기의 % 리액턴스강하는?

① 3.5 ② 1.75
③ 0.35 ④ 0.175

해설
1차 정격 전류

$I_{1n} = \dfrac{P_n}{V_{1n}} = \dfrac{10 \times 10^3}{2,000} = 5\,[\mathrm{A}]$

∴ %리액턴스

$q = \dfrac{I_{1n} \cdot x_{21}}{V_{1n}} \times 100\,[\%] = \dfrac{5 \times 7}{2,000}$

정답 ②

핵심기출문제

어떤 변압기의 단락시험에서 %저항강하 1.5[%]와 %리액턴스강하 3[%]를 얻었다. 부하역률이 80[%] 앞선 경우의 전압변동률[%]은?

① −0.6 ② 0.6
③ −3.0 ④ 3.0

해설
변압기의 전압변동률에서 역률이 앞선 경우의 전압변동률은

$\varepsilon = p\cos\theta - q\sin\theta$

$= 1.5 \times 0.8 - 3 \times 0.6$

$= -0.6\,[\%]$

정답 ①

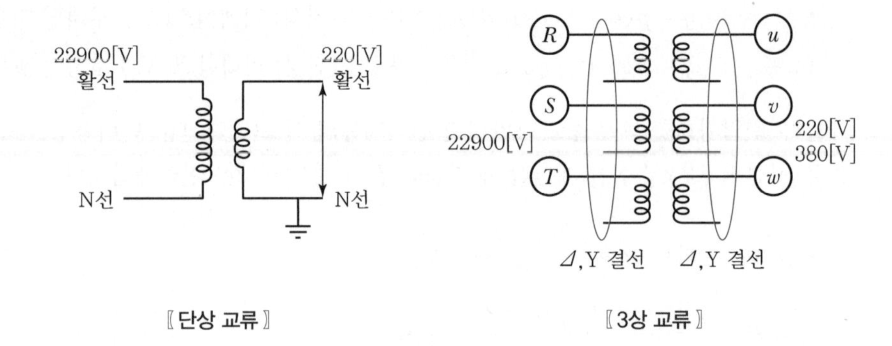

〖 단상 교류 〗 〖 3상 교류 〗

3상 교류를 사용하는 전기설비(발전기, 변압기, 조상기, 전동기)는 결선을 하게 되고, 특히 본 변압기에서는 기본적으로 3대의 단상변압기를 가지고 Y결선 또는 △ 결선을 하게 됩니다. 3대의 단상변압기에서 Y결선과 △결선을 가지고 할 수 있는 조합은 총 4가지(Y−Y결선, Y−Δ결선, Δ−Y결선, Δ−Δ결선) 조합입니다. Y결선과 △결선은 각각 장단점이 있으므로, 각각의 단점을 보완하기 위해 Y결선과 △ 결선을 혼합한 결선을 사용합니다. 계통에서 하나의 결선방식만으로 사용하지 않습니다.

1. Y−Y 결선

실제로 Y−Y결선보다는 Y−Y−Δ결선방식을 채용하지만, 지금은 기본 이론만을 다루기 때문에 Y−Y결선방식의 장단점을 살펴보겠습니다.

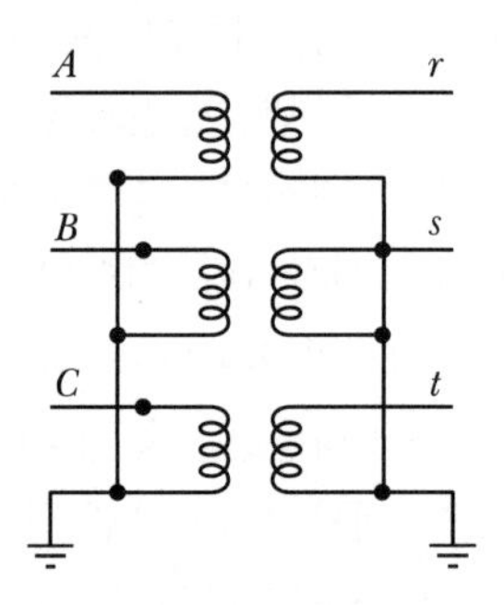

〖 변압기 1 · 2차측의 Y−Y결선 〗

(1) Y−Y결선의 장점

① Y결선($V_l = \sqrt{3}\, V_p \angle 30°$)의 기본 특성은 선간전압($V_l$)이 상전압($V_p$)보다 30°가 빠릅니다. 이런 Y결선으로 Y−Y결선을 하면, 변압기 1 · 2차 전압 간 위상차가 존재하지 않습니다.

② Y결선의 기본 특성은 고조파를 발생시키는데, 고조파 중 3고조파 영상전압($3V_0$)이 Y결선 내부에서 순환하여 사라지고, 결선 후 선간전압(V_l)에 $3V_0$이 존재하지 않습니다. Y－Y결선 계통도 Y결선의 이 같은 특징을 그대로 가지고 있어 변압기 내에 3고조파 영상전압($3V_0$)이 존재하지 않습니다.

③ Y－Y결선 계통은 중성점 접지가 가능하여 중성점 접지선에 보호계전기를 설치하여 계통의 이상전압(낙뢰, 지락)으로부터 변압기를 포함한 여러 가지 전기설비를 보호할 수 있습니다. 아울러 Y－Y결선방식은 접지가 가능하므로 사람의 감전 가능성을 줄여줍니다.

④ Y결선은 상전압(V_p)이 선간전압(V_l)보다 $\frac{1}{\sqrt{3}}$배 낮으므로 상전압(V_p)과 연결된 계통의 절연수준을 낮출 수 있습니다. 같은 이유로 결선만으로 승압효과를 낼 수 있어서 고전압 계통에 유리합니다.

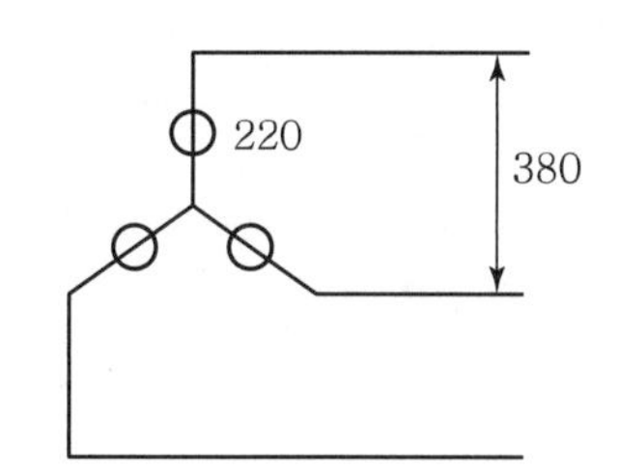

전력계통의 전력선은 고전압, 대전류가 흐르기 때문에 사람의 안전과 전력기기들의 보호를 위해 반드시 **절연**을 해야 합니다. 수백 km의 전선로(765[kV], 345[kV], 154[kV], 22.9[kV], 380[V], 220[V])를 절연하는 공사는 간단한 공사가 아닙니다. 전선로 건설재료 선정과 절연기계 · 기구 구매, 시공에 이르기까지 매우 많은 비용이 들어갑니다. 그래서 일정 구간의 전압이 $\frac{1}{\sqrt{3}}$로 감소하여 절연수준(＝절연레벨)을 낮출 수 있다는 것은 큰 장점이 됩니다. 일정 구간의 전압을 추가적인 변압설비 없이 결선만으로 승압할 수 있는 것 역시 Y－Y결선방식의 장점입니다.

(2) Y－Y결선의 단점

① Y－Y결선은 3고조파 영상전류($3I_0$)가 발생하여 선간전류(I_l)로 흐릅니다. 3고조파 영상전류($3I_0$)는 이상전압과 함께 중성점과 연결된 접지선을 타고 대지(＝땅)로 흐르며, 통신선 유도장해를 일으킵니다. 이를 방지하기 위하여 Y－Y결선만으로 결선하지 않고, Y－Y－Δ 결선함으로써 3고조파 영상전류($3I_0$)를 억제할 수 있습니다.

② Y－Y결선을 Y－Y－Δ 결선으로 사용하면 3고조파 영상전류($3I_0$)를 없앨 수 있는 장점과 함께 **3권선 변압기**를 사용해야 하므로, 3종류의 전압을 얻을 수 있어서 다양한 전압의 전원으로 사용할 수 있습니다.

핵심기출문제

"절연이 용이하나 제3고조파의 영향으로 통신장해를 일으키므로 3권선 변압기를 설치할 수 있다."라는 설명은 변압기의 3상 결선법의 어느 것을 말하는가?

① △－△
② Y－△ 또는 △－Y
③ Y－Y
④ Y 결선

정답 ③

✠ 절연(Insulation)
가공전선로 혹은 지중전선로의 전기(전류, 전압) 및 열이 사람이 거주하는 지상으로 흐르지 않게 하는 작업을 말한다. 전선로와 땅은 반드시 절연해야 한다.

✠ 3권선 변압기
여러 종류의 전압전원을 공급하기 위한 목적으로, n권선변압기는 사용목적에 따라 얼마든지 권선 개수(n)를 증감할 수 있다. 발전소에서는 3권선 변압기를 사용하고 수용가측 주로 공장에서는 최대 7권선 변압기까지 응용하여 사용하고 있다.

2. $\Delta-\Delta$ 결선

실제로 $\Delta-\Delta$ 결선보다는 $\Delta-\Delta-$Y결선방식을 채용하지만, 지금은 기본 이론만을 다루기 때문에 $\Delta-\Delta$ 결선방식의 장단점을 살펴봅니다. $\Delta-\Delta$ 결선은 비접지방식을 많이 사용하는 수용가에서 사용하는 결선입니다. 주로 3상 유도전동기를 많이 사용하는 산업단지, 공장에서 사용하거나 60[kV] 이하의 배전계통 일부가 $\Delta-\Delta$ 결선을 사용합니다. 하지만 $\Delta-\Delta$ 결선은 결선특성상 접지를 할 수 없기 때문에 절연비용과 계통의 안정성 문제로 송 · 배전 계통 전선로에서 사용하지 않습니다.

(1) $\Delta-\Delta$ 결선의 장점

① Δ 결선($I_l=\sqrt{3}\,I_p\angle-30°$)의 기본특성은 상전류($V_p$)가 선간전류($I_l$)보다 30° 느립니다. 하지만 이런 Δ 결선으로 $\Delta-\Delta$ 결선하면, 변압기 1 · 2차 전류 간 위상차가 존재하지 않습니다.

② Δ 결선의 기본특성은 고조파를 발생시키는데, 고조파 중 3고조파 영상전류($3I_0$)가 Δ 결선 내부에서 순환하며 사라지고, 결선 후 선간전류(I_l)에 $3I_0$이 존재하지 않습니다. $\Delta-\Delta$ 결선 계통도 Δ 결선의 이 같은 특징을 그대로 가지고 있어 변압기 내에 3고조파 영상전류($3I_0$)가 존재하지 않습니다.

③ $\Delta-\Delta$ 결선 계통은 3고조파 전류($3I_0$)가 없으므로 통신선 유도장해를 일으키지 않습니다.

④ $\Delta-\Delta$ 결선된 3상 변압기의 한 대 단상변압기가 고장 날 경우, 이론적으로 1 · 2차측에 남은 각각의 두 대 변압기로 V−V결선 상태에서 3상 전력공급을 지속할 수 있습니다. 하지만 실제 산업현장에서는 재료절감을 위해 수 · 변전설비(=큐비클)의 MOF설비에 PT결선을 V−V결선하는 경우 외에 $\Delta-\Delta$ 결선된 변압기를 V−V결선 상태로 출력하여 전력을 공급하는 경우는 없습니다.

(2) $\Delta-\Delta$ 결선의 단점

① $\Delta-\Delta$ 결선은 접지할 수 없는 비접지 결선방식이므로 이상전압과 지락사고를 감지할 수 없어 계통과 전기설비를 보호할 수 없습니다.

② 송전계통에서 $\Delta-\Delta$ 결선방식을 사용할 경우, 선간전압(V_l)과 상전압(V_p)이 서로 같으므로, Y−Y결선방식에 비해 절연수준을 낮출 수 없는 단점이 있습니다.

3. Y−Δ 결선의 장단점

① Y−Δ 결선은 변압기의 1 · 2차 사이에 30° 위상차가 존재합니다.

② Y결선된 1차측의 선간전압(V_l)이 Δ 결선된 2차 측의 선간전압(V_l)에서는 1차측의 $\frac{1}{\sqrt{3}}$ 배로 줄어듭니다. 다시 말해, 추가적인 변압설비 없이 변압기 결선만으로 **강압**효과가 있습니다. 그래서 Y−Δ 결선은 강압용 변압기로 사용됩니다.

✠ 강압
전압의 크기를 낮춘다는 의미로, 1차측의 전압이 2차측에서 더 낮아진 변압을 말한다.

(송전계통의 변압설비는 매우 고가인데 Y－$\varDelta$ 결선은 비용을 절감하는 경제적 장점이 있다)

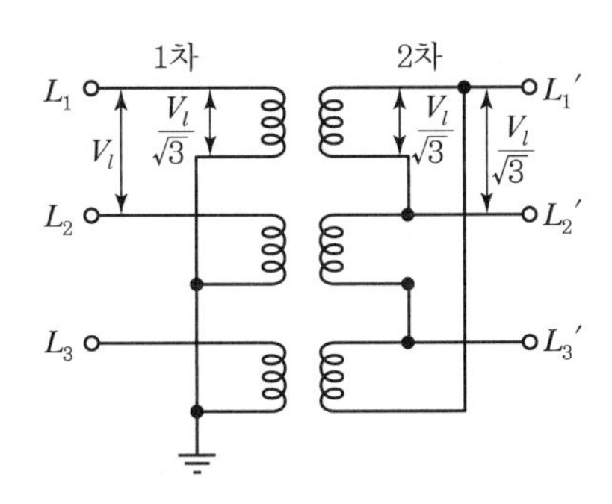

㉠ 3상 결선된 단상변압기 3대 중 1대라도 고장이 나면 전력공급이 불가능합니다.

㉡ Y－$\varDelta$ 결선의 한쪽이 Y결선이므로 중성점 접지가 가능하여, 중성선(N)에 보호계전기를 설치할 수 있습니다. 보호계전기는 이상전압 및 고장전류로부터 계통과 전기설비를 보호해줍니다.

㉢ Y－$\varDelta$ 결선은 제3고조파에 의한 유도장해가 적어서 변압기의 기전력 파형에 왜곡이 적습니다.

㉣ Y－$\varDelta$ 결선은 송전계통에 주로 사용합니다.

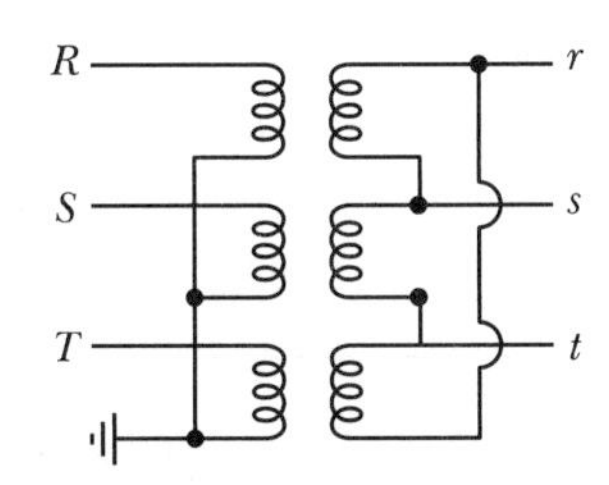

〖Y－$\varDelta$ 결선된 단상 변압기 3대〗

㉤ △결선의 전류와 전압 관계 $\begin{bmatrix} V_p = V_l \\ I_p = \sqrt{3}\, I_l \angle -30° \end{bmatrix}$

Y결선의 전류와 전압 관계 $\begin{bmatrix} I_p = I_l \\ V_p = \sqrt{3}\, V_l \angle 30° \end{bmatrix}$

4. $\varDelta$－Y결선의 장단점

① $\varDelta$－Y결선은 변압기의 1・2차 사이에 30° 위상차가 존재합니다.

② $\varDelta$ 결선된 1차측의 선간전압(V_l)이 Y결선된 2차측의 선간전압(V_l)에서는 1차측의 $\sqrt{3}$ 배로 증가합니다. 다시 말해, 추가적인 변압설비 없이 변압기 결선만으로 **승압**효과가 있습니다. 그래서 $\varDelta$－Y결선은 승압용 변압기로 사용됩니다.

✠ 승압
전압의 크기를 높인다는 의미로 1차측의 전압이 2차측에서 더 높아진 변압을 말한다.

(송전계통의 변압설비는 매우 고가인데, Δ −Y결선은 비용을 절감하는 경제적 장점이 있다)

③ 3상 결선된 단상변압기 3대 중 1대라도 고장이 나면 전력공급이 불가능합니다.

④ Δ −Y결선의 한쪽이 Y결선이므로 중성점 접지가 가능하여, 중성선(N)에 보호계전기를 설치할 수 있습니다. 보호계전기는 이상전압 및 고장전류로부터 계통과 전기설비를 보호해줍니다.

⑤ Δ −Y결선은 제3고조파에 의한 유도장해가 적어서 변압기의 기전력 파형에 왜곡이 적습니다.

⑥ Δ −Y결선은 송전계통에 주로 사용합니다.

5. V−V결선

V−V결선은 $\Delta - \Delta$ 결선으로 운영되는 단상 3대의 변압기 중 단 1대라도 고장이 발생하면, 남은 2대 변압기로 1 · 2차를 V−V결선 상태로 하여 전력을 공급하는 방식을 말합니다. 다음은 V−V결선으로 전력을 공급받고 있는 3상 부하 그림입니다.

✠ 부하
전력을 공급받아서 전류를 사용하는 기기의 총칭으로, 가전제품, 건물이나 공장의 3상 유도전동기, 3상 전원을 사용한 에어컨, 단상 전원을 사용하는 전등설비 등, 이 모든 것들이 부하이다.

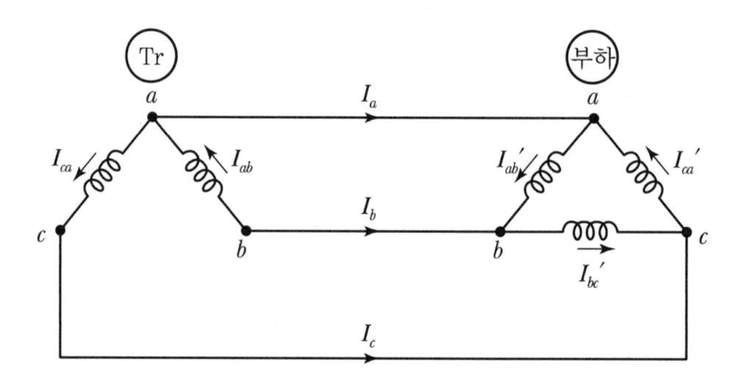

〖a. V−V결선된 3상 변압기와 3상 부하〗

[그림 a]는 $\Delta - \Delta$ 결선된 3상 변압기의 한 대가 고장이 났고, 단상 2대의 변압기가 V−V결선 상태로 계속 3상 전력을 부하에 공급하는 그림입니다.
[그림 b]는 V−V결선 상태의 변압기 전력공급을 좀 더 자세히 설명하고 있습니다. 변압기([그림 b]의 왼쪽)에서 정상적인 $\Delta - \Delta$ 결선된 변압기가 고장 났고, 고장 난 변압기는 c−b상의 1대 변압기입니다. [그림 b]를 통해 변압기 고장 전과 고장 후의 차이점을 보면, 고장 난 변압기의 선간전류(I_l)는 상전류(I_p)와 같아졌고, 고장 전 $\Delta - \Delta$ 결선으로 전원을 공급할 때의 전력용량($P = 3\,VI$)보다 고장 후 V−V결선의 전력용량($P = 2\,VI$)은 $\frac{1}{3}$ 가량 줄었습니다.

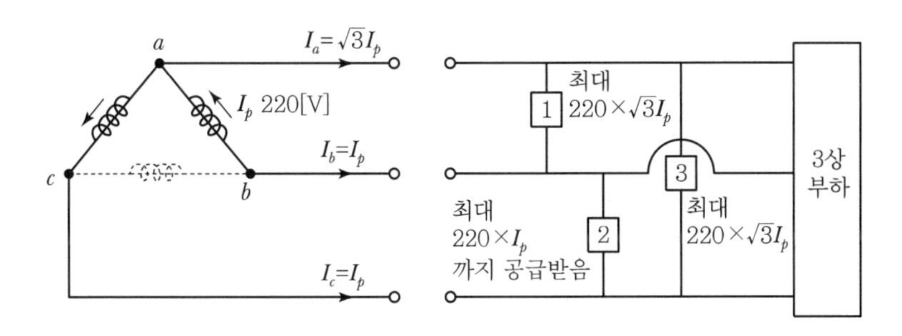

〚b. V－V결선된 3상 변압기와 3상 부하〛

고장 후 V－V결선의 전력용량이 줄어든 이유는, 고장 전과 후의 3상 전압은 동일하게 공급됩니다. 하지만 고장 전 $\Delta-\Delta$결선의 선간전류(I_l)는 상전류(I_p)의 $\sqrt{3}$배인데 반해, 고장 후 선간전류(I_l)와 상전류(I_p)가 같아져서 이 부분에서 출력용량이 줄었습니다.

그리고 중요한 사실은 전류(I)는 부하에서 쓰는 만큼 전원에서 공급되는 것이므로, [그림 b]의 I_b, I_c의 전류크기가 고장 전에 비해 $\sqrt{3}$배 줄어든 것은, 고장 전에 부하가 변압기 용량을 100% 이용한 것이 아니라면, 부하 입장에서 변압기 고장 유무는 중요하지 않습니다. 부하측은 정상적으로 계속 전력을 똑같이 소비할 뿐입니다. 여기서 변압기 고장 전($\Delta-\Delta$결선)과 고장 후(V－V결선), 변압기가 공급하는 전력이 얼마만큼 줄었는지 다음과 같이 구체적인 수식으로 나타낼 수 있습니다.

① $\Delta-\Delta$결선 변압기 출력 $P_v=\sqrt{3}\times P_1$ [VA] (P_1 : 단상 변압기 1대 출력)

② V－V결선 변압기 이용률$=\dfrac{\text{Tr 2대가 결선된 출력}}{\text{Tr 2대 각각의 출력}}=\dfrac{\sqrt{3}P}{2P}\equiv 0.866$

③ V－V결선 변압기 출력비$=\dfrac{\text{Tr 2대가 결선된 출력}}{\text{Tr 3대 각각의 출력}}=\dfrac{\sqrt{3}P}{3P}\equiv 0.577$

구분	선간출력	상출력
Y결선	$\sqrt{3}V_lI_l$	$3V_pI_p$
△결선	$\sqrt{3}V_lI_l$	$3V_pI_p$
V결선	$\sqrt{3}V_lI_l$	$\sqrt{3}V_pI_p$

04 변압기의 병렬운전

변압기의 용량이 부하의 요구를 충족하지 않으면(부족하면) 변압기를 추가 설치하고 기존 변압기와 병렬로 연결합니다. 이와 같이 2대 이상의 다수 변압기를 서로 병렬로 연결하여 사용할 때 필요한 조건에 대해서 알아봅니다.

핵심기출문제

△결선 변압기의 한 대가 고장으로 제거되어 V결선으로 공급할 때 공급할 수 있는 전력은 고장 전 전력에 대하여 몇 [%]인가?

① 86.6 ② 75.0
③ 66.7 ④ 57.7

해설

출력비

$\dfrac{\text{Y 결선 시의 출력}}{\text{△ 결선 시의 출력}}=\dfrac{\sqrt{3}EI}{3EI}$

$=\dfrac{1}{\sqrt{3}}=0.577=57.7$[%]

정답 ④

핵심기출문제

2대의 변압기로 V결선하여 3상 변압하는 경우 변압기 이용률[%]은?

① 57.8 ② 66.6
③ 86.6 ④ 100

해설

V결선 시의 이용률

$\dfrac{\sqrt{3}EI}{2EI}=\dfrac{\sqrt{3}}{2}$

$=0.866=86.6$[%]

정답 ③

PART 02

전력계통에서 전기설비를 직렬로 연결하는 경우는 승압기를 제외하고 없습니다. 모든 전기설비는 병렬로 연결하며, 수용가 내의 콘센트도 병렬회로로 구성돼 있습니다. 변압기 역시 직류기, 동기기처럼 병렬운전을 합니다.

▶ 직류기와 동기기의 병렬운전 조건

구분	내용
직류발전기 병렬운전 조건	• 극성이 같을 것 • 외부특성이 수하특성으로 같을 것 • 단자전압이 같을 것 • 균압선 설치가 필요하다. • 직류발전기의 용량(I, Z, P)은 임의이다.
동기발전기 병렬운전 조건	• 크기가 같을 것 • 위상차가 같을 것 • 주파수가 같을 것 • 교류파형이 서로 같을 것 • 3상의 경우 상회전이 같을 것 • 동기발전기의 용량(I, Z, P)은 임의이다.

1. 변압기의 병렬운전 조건

(1) 3대 변압기의 극성이 일치할 것

① 극성은 직류(+, −)와 같은 극성이 아닌 변압기 권선방법의 감극성, 가극성을 의미합니다. 3상 변압기는 단상 변압기 3대가 Y 또는 Δ로 결선된 상태이고, 1차측과 2차측의 권선방향에 따라 1·2차 사이 자속이 상쇄되는지 합쳐지는지의 감극·가극이 결정됩니다(우리나라는 감극성 변압기를 기준으로 함).

② 만약 3상 결선된 3대 단상변압기 중 권선극성이 다른 변압기가 1차측에 있으면, 변압기 2차 권선에 큰 순환전류(무효순환전류)가 흘러 변압기 권선이 소손됩니다.

(2) 3대 변압기 1·2차 정격전압이 같을 것(권수비가 같을 것)

① 3상 결선된 단상 변압기 3대 모두의 1·2차 정격전압이 같으려면, 3대 모두의 1·2차 권수비가 동일해야 합니다.

② 만약 3대 변압기의 정격전압 또는 권수비가 같지 않으면, 1차측 혹은 2차측의 유도기전력(E) 크기가 다르게 되므로, 변압기 2차 권선에 큰 순환전류(무효순환전류)가 흘러 권선이 과열됩니다.

(3) 3대 변압기 권선의 각 $\dfrac{x}{r}$비가 같을 것

권선의 리액턴스와 저항의 비율은 위상(θ)과 관련됩니다. → $\theta = \tan^{-1}\dfrac{x}{r}$

그래서 만약 3대 변압기 각 권선의 $\dfrac{x}{r}$비가 동일하지 않으면 위상차(θ)가 달라지므로 변압기 내에 무효순환전류(=동기화전류)가 흐릅니다.

핵심기출문제

변압기의 병렬운전 시 필요하지 않은 것은?

① 각 변압기의 극성이 같을 것
② 각 변압기의 권수비가 같고 1차 및 2차의 정격전압이 같을 것
③ 정격출력이 같을 것
④ 각 변압기의 임피던스가 정격용량에 반비례할 것

해설

3상 변압기의 병렬운전 조건

- 각 변압기의 극성이 같을 것
- 각 변압기의 권수비 및 1, 2차 정격전압이 같을 것
- 각 변압기의 %임피던스강하가 같을 것
- 각 변압기의 저항과 누설 리액턴스의 비가 같을 것
- 각 변압기가 용량에 비례하여 부하를 분담할 것
- 각 변압기의 상회전방향 및 각 변위가 같을 것

정답 ③

소손
변압기에 감은 코일도체가 타서 절연이 파괴되고 결국 변압기 고장을 야기한다.

핵심기출문제

단상 변압기를 병렬운전하는 경우 전류의 분담은 어떻게 되는가?

① 용량에 비례하고 누설 임피던스에 비례한다.
② 용량에 비례하고 누설 임피던스에 반비례한다.
③ 용량에 반비례하고 누설 임피던스에 비례한다.
④ 용량에 반비례하고 누설 임피던스에 반비례한다.

해설

단상 변압기의 병렬운전에서 각 변압기의 분담용량의 비

$$\frac{P_a}{P_b} = \frac{I_c}{I_t} = \frac{Z_b}{Z_a} = \frac{[\mathrm{kVA}]_A}{[\mathrm{kVA}]_B}\,\frac{\%I_B Z_B}{\%I_A Z_A}$$

즉, 부하전류의 분담은 변압기의 정격용량에 비례하고 누설 임피던스에 반비례한다.

정답 ②

(4) 3대 변압기의 퍼센트 임피던스($\%Z$)가 같을 것

① 3대 변압기에 감긴 권선마다 자체 임피던스(Z)가 있어서 임피던스에 의한 전압강하(e)가 발생하는데, 3대 변압기 모두의 전압강하가 서로 비슷해야만 변압기 출력전압이 동일하게 됩니다. 그래서 전압강하를 백분율로 표현한 퍼센트 임피던스($\%Z$)가 단상변압기 3대 모두 같아야 합니다.

② 변압기 3대의 $\%Z$가 같지 않으면 변압기에 연결된 부하가 평형이더라도 변압기의 부하분담은 불균형이므로 변압기의 철손(P_i)이 증가하고, 효율(η)이 감소합니다.

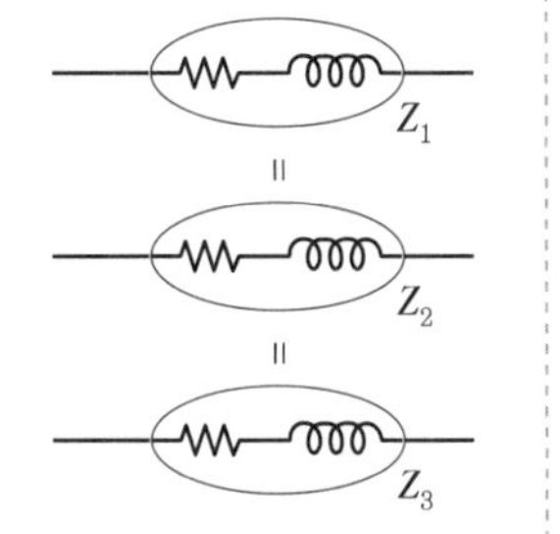

③ 3상 변압기의 퍼센트 임피던스($\%Z$) 관계 수식

㉠ $\%Z_1 = \%Z_2 = \%Z_3$

㉡ $\frac{I_1 Z_1}{V_n} \times 100 = \frac{I_2 Z_2}{V_n} \times 100 = \frac{I_3 Z_3}{V_n} \times 100$

④ 3상 변압기의 용량(P)과 퍼센트 임피던스($\%Z$)의 관계 수식 : 수용가의 전원은 모두 병렬회로로 구성되어 부하에 전원을 공급합니다. 그래서 전기를 소비하는 부하(R)가 늘어나면, 회로에서 병렬회로의 저항 수(n)가 늘어나는 것과 같습니다. → $R_0(\uparrow) = \frac{R_1}{n(\downarrow)}$

병렬회로의 합성 임피던스는 저항이 늘어날수록 감소합니다. 회로의 저항이 증가하면 옴의 법칙에 의해 전류가 증가하고 → $I(\uparrow) = \frac{V}{R(\downarrow)}$ 전류와 용량은 비례($P = V \cdot I$)합니다. 이는 변압기의 용량[kVA]와 퍼센트 임피던스($\%Z$)가 서로 반비례하는 것을 의미합니다.

변압기 정격용량비 $\frac{P_A}{P_B} = \frac{\%Z_b}{\%Z_a}$

여기서, P_A : 변압기 A의 용량[W]

P_B : 변압기 B의 용량[W]

(5) 3대 변압기 각 상의 상회전이 같을 것

상회전이 같아야만 3상 동력설비에 전원을 공급할 때 동일한 회전자기장을 형성할 수 있습니다.

2. 3상 변압기 군의 병렬운전조합 조건

변압기는 1 · 2차 결선방식에 따라 2차측의 전압 위상이 달라집니다. 그래서 전력계통에서 3상 변압기를 군(Group) 단위로 조합(묶어서)하여 사용합니다. 이때 조합 가능한 변압기 조합이 있고, 조합 불가능한 변압기 조합이 있습니다.

핵심기출문제

단상 변압기를 병렬운전하는 경우 부하전류의 분담은 무엇과 관계되는가?

① 누설 리액턴스에 비례한다.
② 누설 리액턴스 제곱에 반비례한다.
③ 누설 임피던스에 비례한다.
④ 누설 임피던스에 반비례한다.

해설

변압기의 병렬운전에서 내부전압강하는 같으므로 $I_a Z_a = I_b Z_b$

$\therefore \frac{I_a}{I_b} = \frac{Z_b}{Z_a}$

즉, 누설 임피던스에 반비례한다.

정답 ④

핵심기출문제

2대의 정격이 같은 1000[kVA]의 단상 변압기의 임피던스 전압이 8[%]와 9[%]이다. 이것을 병렬로 하면 몇 [kVA]의 부하를 걸 수 있는가?

① 1889 ② 2000
③ 2100 ④ 2125

해설

정격이 같은 두 대의 단상 변압기를 병렬 운전하는 경우 각 변압기의 부하 분담은 %임피던스에 반비례한다.

변압기 정격용량비

$\frac{P_A}{P_B} = \frac{\%Z_b}{\%Z_a}$ →

$\frac{P_A}{\%Z_b} = \frac{P_B}{\%Z_a} = \frac{P_{합성용량}}{\%Z_a + \%Z_b}$

여기서, %임피던스가 작은 변압기 A가 정격용량이 될 때까지 부하를 걸 수 있으므로

$\frac{P_A}{\%Z_b} = \frac{P_{합성용량}}{\%Z_a + \%Z_b}$ →

$P_{합성용량} = \frac{(\%Z_a + \%Z_b)}{\%Z_b} P_A$

$= \frac{8+9}{9} \times 1000$

$= 1889[\text{kVA}]$

정답 ①

(1) 병렬운전이 가능한 변압기 조합

Δ결선 또는 Y결선의 총수가 짝수이면 조합이 가능합니다.

① △－△ 와 △－△

② Y－Y 와 Y－Y

③ Y－△ 와 Y－△

④ △－Y 와 △－Y

⑤ △－△ 와 Y－Y

⑥ V－V 와 V－V

(2) 병렬운전이 불가능한 변압기 조합

Δ결선 또는 Y결선의 총수가 홀수이면 조합이 불가능합니다.

① △－△ 와 △－Y

② Y－Y 와 △－Y

3. 두 대의 변압기로 1 · 2차의 입출력 상(Phase)의 수 변환방법

(1) 두 대 변압기로 3상 입력을 만드는 결선

① 스코트 T결선(Scott T 결선)

변압기가 3대라면 변압기의 입출력 상(Phase)의 수를 변환할 필요가 없습니다. 하지만 비용을 절감하기 위해, 공간을 절약하기 위해 두 대의 변압기로 3상 입력, 단상 출력과 2상 출력을 낼 수 있습니다. 이때 두 대 단상변압기에 사용하는 결선방법이 '스코트 T결선'입니다.

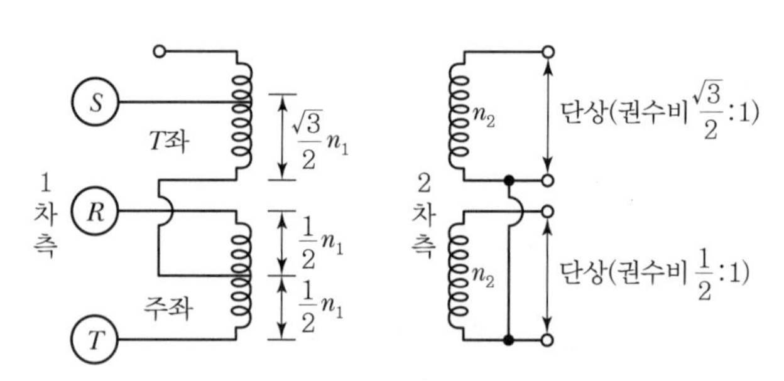

〖 스코트 T결선한 단상 변압기 2대 〗

스코트 T결선방법의 핵심만 짚어보면, 위 그림과 같이 T좌 변압기 1차 권선의 $\frac{\sqrt{3}}{2}$ 지점에서 탭(Tap)을 내어 외부로 인출선을 만듭니다. 그러면 1차측 두 대 변압기는 인입선이 총 3개인 3상 입력선이 됩니다. 이것이 '스코트 T결선' 방법이며 2차측은 자연스럽게 단상 내지는 2상의 출력을 낼 수 있습니다.

핵심기출문제

두 대 이상의 변압기를 이상적으로 병렬운전할 때 필요 없는 것은?

① 각 변압기의 손실비가 같을 것
② 무부하에서 순환전류가 흐르지 않을 것
③ 각 변압기의 부하전류가 같은 위상이 될 것
④ 부하전류가 용량에 비례해서 각 변압기에 흐를 것

정답 ①

핵심기출문제

변압기의 병렬운전에서 필요하지 않은 것은?

① 극성이 같을 것
② 전압이 같을 것
③ 출력이 같을 것
④ 임피던스 전압이 같을 것

정답 ③

핵심기출문제

3상 변압기의 병렬운전이 불가능한 결선조합은?

① △－Y와 △－Y
② Y－△와 Y－△
③ △－△와 △－△
④ △－Y와 △－△

해설

3상 변압기의 병렬운전이 불가능한 결선조합

• △－△와 △－Y
• △－Y와 Y－Y

정답 ④

핵심기출문제

같은 권수인 2대의 단상 변압기의 3상 전압을 2상으로 변압하기 위하여 스코트 결선을 할 때 T좌 변압기의 권수는 전 권수의 어느 점에서 택해야 하는가?

① $\frac{1}{\sqrt{2}}$　② $\frac{1}{\sqrt{3}}$
③ $\frac{2}{\sqrt{3}}$　④ $\frac{\sqrt{3}}{2}$

해설

스코트 결선에서 T좌 변압기는 $\frac{\sqrt{3}}{2}$ 되는 점에서 탭을 인출한다.

정답 ④

② 메이어 결선
③ 우드브릿지 결선

(2) 3상의 3대 변압기를 6상 출력을 내는 변압기로 결선하는 방법
① 2중 성형(Y) 결선
② 2중 3상 Δ 결선
③ 대각결선
④ 환상결선
⑤ 포크(Fork)결선 : 부하가 수은정류기일 때 사용함

05 변압기의 시험

변압기의 특성을 파악하기 위해 몇 가지 시험을 합니다. 아래와 같은 변압기의 특성은 변압기를 사용하는 소비자가 하는 것이 아니라 소비자를 위해서 제조사 혹은 변압기 시험과 관련된 연구소에서 진행 후 변압기를 구매하는 사용자에게 제공합니다.

1. 변압기의 기본시험

(1) 무부하시험(= 개방회로시험)

① 변압기 2차 회로를 개방한 상태에서 1차 회로의 SVR 전원을 서서히 증가시킨다.
② 1차측 전압을 증가시키며, 1차에 설치된 전압계(V)로 변압기 정격전압에 도달하는 순간, 그때 1차측의 전류계(A)가 지시하는 전류값이 시험하는 해당 변압기의 전체 철손전류(I_i[A])이다. 그리고 이때 1차측의 전력계(W)에서 측정된 전력값이 철손($P_i = I_i \cdot V_1$)이다.
③ 개방시험을 통해 알 수 있는 변압기의 특성 : 어드미턴스(Y [℧]), 철손전류(I_i[A]), 철손(P_i[W])

(2) 단락시험(= 단락회로시험)

① 변압기 2차 회로를 단락한 상태에서 1차 회로의 SVR 전압을 0[V]부터 서서히 증가시킨다.
② 1차측 전압을 증가시키며, 1차에 설치된 전류계(A)로 변압기 정격전류에 도달하는 순간, 그때 1차측의 전력계(W)가 지시하는 전력값이 시험하는 변압기의 동손(P_c)이다. 측정된 동손을 통해 변압기의 전체 임피던스를 구할 수 있다.

$$P_c = I^2 \cdot Z \rightarrow Z = \frac{P}{I^2}\ [\Omega]$$

핵심기출문제

T 결선에 의하여 3300[V]의 3상으로부터 200[V], 40[kVA]의 전력을 얻는 경우, T좌 변압기의 권수비는?

① 약 16.5 ② 약 14.3
③ 약 11.7 ④ 약 10.2

해설
T결선에서 주좌 변압기의 권수비를 a_M이라고 하면 T좌 변압기의 권수비 a_T는

$$a_T = a_M \times \frac{\sqrt{3}}{2} = \frac{3300}{200} \times \frac{\sqrt{3}}{2} = 14.3$$

정답 ②

핵심기출문제

3상 전원을 이용하여 2상 전압을 얻고자 할 때 사용할 결선방법은?

① Scott 결선
② Fork 결선
③ 환상 결선
④ 2중 3각 결선

해설
3상을 2상으로 변환하는 결선법
- 스코트 결선(스코트 T결선)
- 우드브릿지 결선
- 메이어 결선

정답 ①

핵심기출문제

변압기의 결선 중에서 6상측의 부하가 수은정류기일 때 주로 사용되는 권선은?

① 포크결선
② 환상결선
③ 2중 3각 결선
④ 대각결선

해설
변압기의 결선 중에서 6상측의 부하가 수은정류기일 때는 1차 교류 전류의 파형을 가능한 한 정현파에 가깝도록 하기 위해서 포크(Fork) 결선이 적합하다.

정답 ①

③ 단락시험을 통해 알 수 있는 변압기의 특성 : 동손(P_c), 변압기 임피던스(Z), 변압기 퍼센트 임피던스($\%Z$)

2. 변압기의 온도상승시험

가동 중인 변압기는 실내에 있을 수도 있고, 실외에 있을 수도 있습니다. 계통에 사용하는 변압기는 항상 고압, 대전류이므로, 줄열($I^2 \cdot Z$)이 발생하고, 유입변압기의 밀폐된 구조는 태양과 같은 외부의 열과 변압기 내부의 열이 갇혀 매우 뜨겁습니다. 그래서 변압기의 권선, 절연물, 냉각제가 견딜 수 있는 온도가 얼마인지 '온도상승시험'을 진행합니다. 다음은 변압기의 온도상승시험법의 종류입니다.

(1) 반환부하법

변압기 기본시험에서 파악한 철손(P_i)과 동손(P_c)을 가지고 온도로 환산하여, 변압기 최대싱승온도를 예측하는 방법입니다. 변압기에 실제 부하를 연결하여 전력을 소비에 따른 온도상승을 관찰할 것이 아니므로, 시험방법에 있어서 에너지 소비가 적다는 장점이 있습니다.

핵심기출문제

변압기의 온도시험을 하는 데 가장 좋은 방법은?

① 실부하법
② 반환부하법
③ 단락시험법
④ 내전압법

정답 ②

(2) 단락법

변압기 2차측에 부하를 연결하여 전력을 공급하다가 인위적으로 갑자기 2차 회로를 단락시킵니다. 이때 변압기에 단락전류가 흐르므로 단락의 높은 전류에 의한 열이 발생하고, 이 열의 온도를 측정하여 변압기 최대상승온도를 파악합니다. 단락법은 전력소비가 크다는 단점이 있습니다.

(3) 실부하법

변압기 2차측에 실제 전력을 소비하는 부하를 연결합니다. 해당 변압기의 최소용량부터 최대용량까지 운전하여 변압기에 발생하는 실제 온도를 측정하는 방법입니다. 실부하법은 많은 시간과 큰 비용이 발생하므로 경제적으로 비효율적입니다. 그래서 실부하법은 소형 변압기에 국한하여 시험합니다.

3. 변압기 내부의 습기 제거방법(변압기 건조방법)

변압기는 내부의 열을 낮추기 위해 냉각매체를 사용하고, 냉각매체를 가두기 위해 밀폐된 구조입니다. 유입변압기의 경우 냉각효과를 높이기 위해 외부 공기를 변압기 내부로 순환시키고 배출하는 기능(호흡작용)이 있습니다.

냉각을 위해 외부로부터 유입된 공기에 수분이 함유돼 있고, 그 수분이 변압기 내부에 남게 되면, 변압기 절연유의 절연수준을 떨어트리고, 심하면 절연유가 '열화'하여 변압기 수명과 효율이 저하될 수 있습니다. 이런 경우는 변압기 수리 · 점검을 통해 내부의 권선과 철심의 습기를 제거하고 건조하여 절연능력을 향상시켜야 합니다. 변압기 건조방법은 다음과 같습니다.

(1) 단락법

전력공급이 없는 변압기의 1차 권선 혹은 2차 권선 둘 중 한쪽을 단락시키고, 남은 한쪽의 권선에 임피던스 전압(V_s)의 20% 수준의 전압을 가해서 단락회로를 만듭니다. 이때 발생하는 동손과 철손에 의한 열손실을 통해서 변압기를 건조시킵니다. 하지만 이 방법(단락법)은 같은 방법을 두 번 반복해야 하는 번거로움이 있습니다.

(2) 유도법

변압기 1차 회로에 전압을 가하고, 2차 회로는 1차측에 의한 유도전압이 가해집니다. 유도전압에 의한 1 · 2차 두 권선 모두 동손에 의한 열건조로 변압기의 습기를 제거합니다. 단락법에 비해 유도법은 건조시험을 반복하지 않으므로 작업속도가 신속합니다.

(3) 진공법

변압기를 밀폐된 시험챔버(Chamber) 안에 넣고, 챔버 안으로 증기를 공급합니다. 이후 진공펌프를 통해 챔버 안에 증기 및 습기를 모두 빼는 방법으로 변압기를 건조합니다. 건조속도가 매우 빠릅니다.

(4) 열풍법

송풍기와 전열기를 통해 열풍을 만들고 그 열풍을 변압기로 불어넣어 건조시키는 방법입니다.

4. 변압기의 절연내력시험

절연이란, 지정된 곳(전선 또는 **전선로**) 이외로 전기가 흐르지 않는 것입니다. 보통 전선과 땅은 절연돼야 합니다. 또한 전기설비의 권선과 철심은 절열돼야 하고, 권선과 권선 역시 절연돼야 합니다. 이것이 절연입니다.

변압기에서 '절연내력시험'이란 전기설비의 절연이 잘 되어 있는지 시험하는 것으로, 변압기의 전원을 제거한 상태에서 절연이 돼야 하는 두 지점(철심－권선, 권선－권선)에 변압기 정격전압 이상의 전압을 인가합니다. 그리고 절연이 유지되는지 파괴되는지를 관찰합니다. 만약 절연이 유지된다면 전기적으로 $R=\infty$ 상태를 유지할 것이고, 절연능력이 충분하지 못하다면 절연이 파괴될 것($R=0$ 상태)입니다. 전기설비의 시험전압의 크기, 시험시간은 전기설비규정(KEC)에서 규정하고 있습니다.

다음은 '절연내력시험'의 종류입니다.

※ 전선로
전기가 이동할 수 있는 길, 선로를 말한다.

(1) 가압시험

60 [Hz] 의 상용주파전압을 1분 동안 시험대상에 인가하여 절연유지 여부를 판단하는 시험입니다.

핵심기출문제

변압기 권선의 층간절연시험은?

① 가압시험
② 유도시험
③ 충격전압시험
④ 단락시험

해설

변압기의 절연내력시험에서 권선의 층간절연시험은 권선의 단자 간에 유도전압의 2배의 전압에 의해 유도시험으로 한다.

정답 ②

TIP

한국표준, 국제표준 모두 파미장이 파두장보다 길다.

(2) 유도시험

변압기는 전자유도기기이므로, 변압기 절연시험을 하려는 부분(아래 세 가지)에 정격의 2배에 해당하는 유도전압을 가하여 일정시간 이상 견뎌야 합니다.

① 층간절연(권선과 권선)
② 권선과 철심 사이의 절연
③ 도체와 대지 사이의 절연

(3) 충격전압시험

낙뢰(번개) 혹은 이상전압은 계통의 상용주파전압보다 훨씬 높은 전압파형(→ 충격전압)이 순간적으로 나타나고 사라집니다. 변압기를 포함한 모든 전기설비가 순간 피크 값이 매우 높은 낙뢰나 이상전압에 노출되면, 기기의 절연파괴로 설비가 고장날 수 있습니다. 때문에 변압기와 모든 전기설비는 낙뢰나 이상전압을 가정한 아래와 같은 '충격파전압' 또는 '서지(Surge)전압'을 변압기 및 전기설비에 인가합니다.

① **한국표준 충격파전압** : $1.2[\mu s] \times 50[\mu s]$
여기서, 1.2는 파형의 파두장, 50은 파형의 파미장을 의미

② **국제표준 충격파전압** : $1.2[\mu s] \times 40[\mu s]$
여기서, 1.2는 파형의 파두장, 40은 파형의 파미장을 의미

③ **파두장, 파미장**
㉠ 파두장 T_f : 상승시간의 10~90[%]
㉡ 파미장 T_t : 지연시간의 10 → 100 → 50[%]

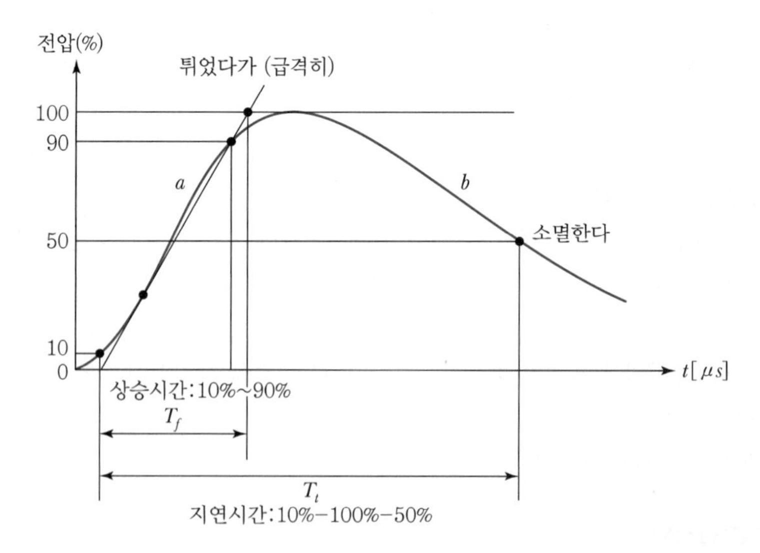

〖 낙뢰(번개), 이상전압의 충격파형 〗

06 응용 변압기

앞에서는 기본적이면서 전통적인 변압기의 구조 · 이론 · 특성을 다뤘습니다. 이번에는 기본 변압기를 응용한 특수 목적의 변압기들에 대해서 다루겠습니다.

1. 단권변압기

구리로 만들어진 전선은 전선 자체에 존재하는 저항으로 전압강하가 생기고, 전선의 절연상태가 좋지 않아 '누설전류'로 인한 전압강하가 생길 수 있습니다. 배전선로 혹은 주상변압기 2차측과 수용가 사이의 거리가 먼 경우, 다양한 원인으로 전압강하가 발생합니다. 전압강하가 심하면 수용가의 부하가 정상 작동을 못할 수 있으므로, 저하된 전압을 보상해 주어야 합니다. 이렇게 선로의 전압이 떨어질 경우 전압을 보상시켜주는 전기설비가 '단권변압기'입니다.

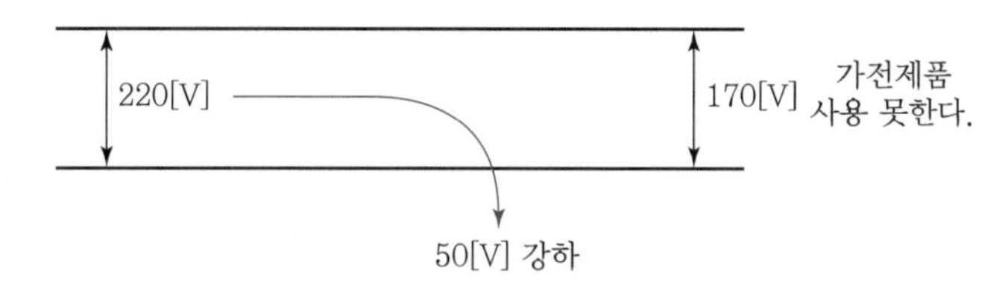

〚 선로의 전압강하 〛

단권변압기는 승압용 변압기로 불리며, 전압강하가 발생한 선로와 직렬로 접속하여 단권변압기의 탭(Tap) 조절을 통해 단권변압기 2차측으로 승압된 전압이 수용가로 공급됩니다. 단권변압기는 변압기 권선이 변압기 철심의 한쪽 편에만 감겨 있어서 '단권'이란 이름을 사용합니다.

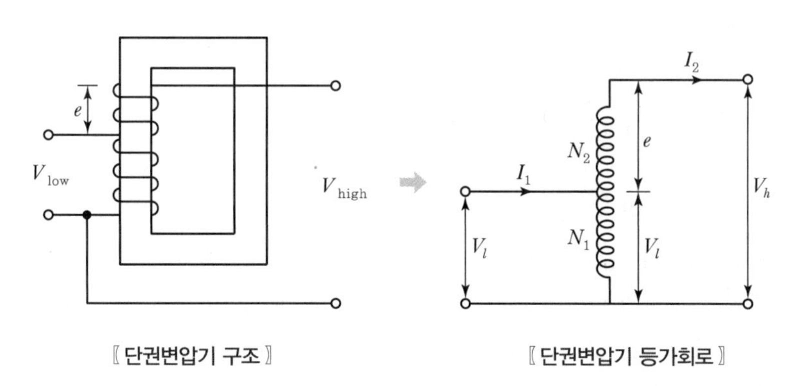

〚 단권변압기 구조 〛 〚 단권변압기 등가회로 〛

핵심기출문제

주상변압기의 고압 측에는 몇 개의 탭을 내놓았다. 그 이유는?

① 예비 단자용
② 수전점의 전압을 조정하기 위하여
③ 변압기의 여자전류를 조정하기 위하여
④ 부하전류를 조정하기 위하여

해설

주상변압기의 고압 측에는 전원전압의 변동이나 부하에 의한 변압기 2차 측의 전압변동을 줄이거나 수전점 전압을 조정하기 위하여 몇 개의 탭(Tap)을 설치한다.

정답 ②

핵심기출문제

단권변압기에서 고압측 전압을 V_h, 저압측 전압을 V_l, 2차 출력을 P, 단권 변압기의 용량을 P_{1n}이라 하면 P_{1n}/P는?

① $\dfrac{V_l - V_h}{V_h}$ ② $\dfrac{V_h - V_l}{V_h}$

③ $\dfrac{V_l + V_h}{V_l}$ ④ $\dfrac{V_h - V_l}{V_l}$

해설

단권변압기의 용량의 비

$$\frac{P_{in}}{P} = \frac{\text{자기용량}}{\text{부하용량}} = \frac{V_h - V_l}{V_h}$$

정답 ②

핵심기출문제

1차 전압 100[V], 2차 전압 200[V], 선로출력 50[kVA]인 단권변압기의 자기용량은 몇 [kVA]인가?

① 25 ② 50
③ 250 ④ 500

해설

단권변압기의 용량의 비

$\frac{P_s}{P} = \frac{자기용량}{부하용량} = \frac{V_h - V_l}{V_h}$

∴ 자기용량

$P_s = \frac{V_h - V_l}{V_h} \times P$

$= \frac{200 - 100}{200} \times 50$

$= 25[\mathrm{kVA}]$

정답 ①

핵심기출문제

1차 전압 V_1, 2차 전압 V_2인 단권변압기를 Y 결선했을 때, 등가용량과 부하용량의 비는?

① $\frac{V_1 - V_2}{\sqrt{3}\, V_1}$

② $\frac{V_1 - V_2}{V_1}$

③ $\frac{\sqrt{3}(V_1 - V_2)}{2V_1}$

④ $\frac{V_1^2 - V_2^2}{\sqrt{3}\, V_1 V_2}$

해설

단권변압기의 3상결선에서

- Y 결선

$\frac{등가용량}{부하용량} = \frac{V_1 - V_2}{V_1}$

- △ 결선

$\frac{등가용량}{부하용량} = \frac{V_1^2 - V_2^2}{\sqrt{3}\, V_1 V_2}$

정답 ②

(1) 단권변압기 등가회로의 각 요소 설명

① V_{low}, V_l : 단권변압기 1차 입력전압(전압강하가 발생한 선로전압)

② V_{high}, V_h : 단권변압기 2차 출력전압(전압강하를 보상한 부하측 전압)

③ e : 승압된 전압

④ $e \cdot I_2$: 자기용량

⑤ $V_h \cdot I_2$: 부하용량, 출력용량

(2) 단권변압기의 부하용량과 자기용량에 대한 관계 수식

① 단권변압기의 승압전압 : $e = V_h - V_l$

② 단권변압기의 고압측 전압 : $V_h = V_l + e$

③ 단권변압기 (단상)용량 : $\frac{자기용량}{부하용량} = \frac{e \cdot I_2}{V_h \cdot I_2} = \frac{승압된\ 전압(e)}{고압측\ 전압(V_l)}$

$$= \frac{(V_h - V_l)I_2}{V_h \cdot I_2}$$

$$= \frac{V_h - V_l}{V_h}$$

(3) 결선방식에 따른 단권변압기 관계 수식

① 단상결선 : $\frac{자기용량}{부하용량} = \frac{V_h - V_l}{V_h}$

② Y결선 : $\frac{자기용량}{부하용량} = \frac{V_h - V_l}{V_h}$

③ △결선 : $\frac{자기용량}{부하용량} = \frac{1}{\sqrt{3}}\left(\frac{{V_h}^2 - {V_l}^2}{V_h \cdot V_l}\right)$

④ V결선 : $\frac{자기용량}{부하용량} = \frac{2}{\sqrt{3}}\left(\frac{V_h - V_l}{V_h}\right)$

(4) 단권변압기의 특징 정리

① 단권변압기는 승압용 변압기이다.

② 변압기 철심의 한쪽 편에만 권선되어 자로와 권선길이 모두 짧고, 철의 비중 역시 작다. 같은 이유로 재료비용이 적어 경제적이다.

③ 인덕턴스(L), 누설자속(ϕ_l)이 적고, 전압변동률 역시 작다.

④ 단권변압기 1차측에 이상전압(충격파전압, 정격 이상의 고전압)이 들어오면, 2차측에도 동일한 이상전압이 걸리므로, 이상전압에 대한 보호가 어렵다. 그래서 단권변압기 1차와 2차 사이에 절연이 중요하다.

⑤ 1 · 2차 사이의 권수비(변압비율)가 적을수록 동손(P_c)이 줄어 효율이 증가한다.

2. 3상 변압기

삼각구조의 한 철심 프레임에 3개 상(Phase)의 권선이 감긴 형태의 변압기입니다. 삼각모양의 철심구조이므로 각 권선이 감긴 자로는 서로 120° 각을 이룹니다. 일반적인 형태의 변압기와 다르게 중앙에 철심이 없어서 재료가 절약됩니다.

3상 변압기는 아래 그림처럼 3상 내철형 변압기와 3상 외철형 변압기로 나뉩니다.

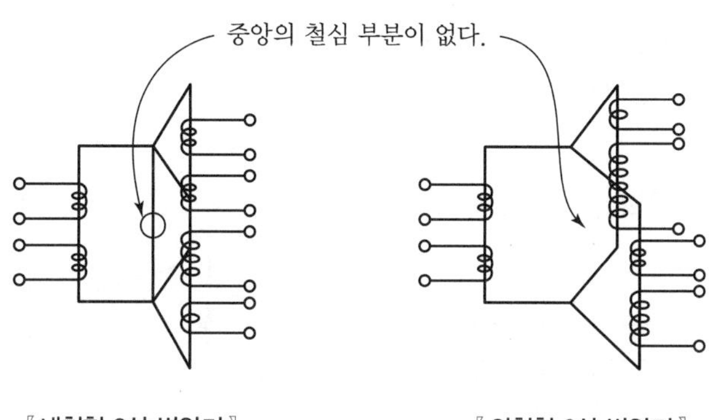

〚 내철형 3상 변압기 〛 〚 외철형 3상 변압기 〛

3상 변압기는 기본적으로 각각의 단상변압기 3대를 외부에서 결선한 구조인데, 이를 통합하여 단상변압기 3대를 단 하나의 변압기(외철형 3상 변압기)로 만들어 구조는 더욱 간단해지고, 재료(규소강판 철과 코일권선)는 줄인 변압기입니다.

(1) 3상 변압기(외철형)의 장점

① 단상변압기 3대를 사용할 때에 비해 철(규소강판)량이 감소했으므로 중량이 가볍고, 철손(P_l)이 적으며, 변압기 값이 저렴하다. 또한 권선의 구리량이 줄고 동시에 권선이 차지하는 면적도 줄어 경제적이고 효율적이다.

② 발전소에서 발전기와 변압기를 한 조로 묶어 결선하여 사용 가능하다.

③ 3상 변압기는 냉각방식과 재료의 소재를 개선하여 소형화가 가능하고, 조립 가능한 구조이므로 이동(수송)이 쉽다.

(2) 3상 변압기(외철형)의 단점

① 고장 시 보수가 어렵다. → 3상의 각 권선이 한 철심 프레임에 감겨 있어, 만약 한 상이라도 고장 나면 3상 전체의 전력공급이 안 되므로 변압기 전체를 교체해야 한다. 이에 반해 단상변압기 3개로 구성된 3상 변압기는 3상 중 1상 고장 시, 고장 난 1대분의 변압기만 교체하면 된다.

② 내철형 3상 변압기는 각 상마다 독립된 자기회로가 있어서 단상변압기로도 사용이 가능하지만, 외철형 3상 변압기는 구조상 단상 변압기로 대응이 불가능하다.

③ 각 상별로 독립된 자기회로가 없으므로 자기저항(R_m)이 크다.

핵심기출문제

그림과 같이 1차 전압 V_1, 2차 전압 V_2인 단권변압기를 V결선했을 때 변압기의 등가용량과 부하용량과의 비를 나타내는 식은? (단, 손실은 무시한다.)

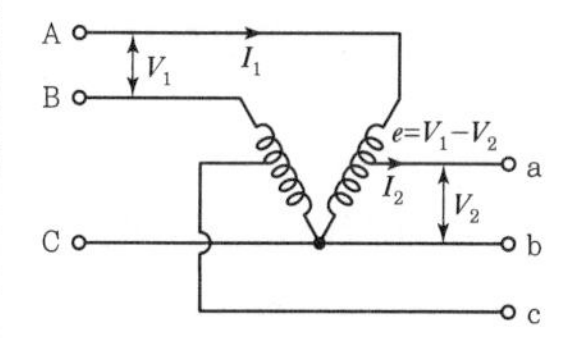

① $\dfrac{2}{\sqrt{3}} \cdot \dfrac{V_1-V_2}{V_1}$

② $\dfrac{\sqrt{3}}{2} \cdot \dfrac{V_1-V_2}{V_1}$

③ $\dfrac{1}{2} \cdot \dfrac{V_1-V_2}{V_1}$

④ $\dfrac{2(V_1-V_2)}{V_1}$

해설

단권변압기 두 대를 V결선하였을 때 변압기용량

$$\frac{\text{자기용량}}{\text{부하용량}} = \frac{2}{\sqrt{3}} \cdot \frac{V_1-V_2}{V_1} = \frac{1}{0.866}\left(1-\frac{V_2}{V_1}\right)$$

정답 ①

핵심기출문제

단권변압기(Auto-transformer)는 2권선 변압기에 비하여 어떤 특성을 가지고 있는지에 대한 설명으로 틀린 것은?

① 동손, 철손이 많고 효율이 약간 나쁘다.

② 전압변동률이 적다.

③ 누설자속이 적다.

④ 단락전류에 대한 기계적 강도를 강화시킬 필요가 있다.

정답 ①

핵심기출문제

내철형 3상 변압기를 단상 변압기로 사용할 수 없는 이유는?

① 1차, 2차 간의 각변위가 있기 때문에
② 각 권선마다의 독립된 자기회로가 있기 때문에
③ 각 권선마다의 독립된 자기회로가 없기 때문에
④ 각 권선이 만든 자속이 $\frac{3\pi}{2}$의 위상차가 있기 때문에

해설

내철형 3상 변압기는 각 권선마다 독립된 중앙의 자기회로가 없기 때문에 단상 변압기로 사용할 수 없다.

정답 ③

(3) 단상 내철형과 단상 외철형의 구조 비교

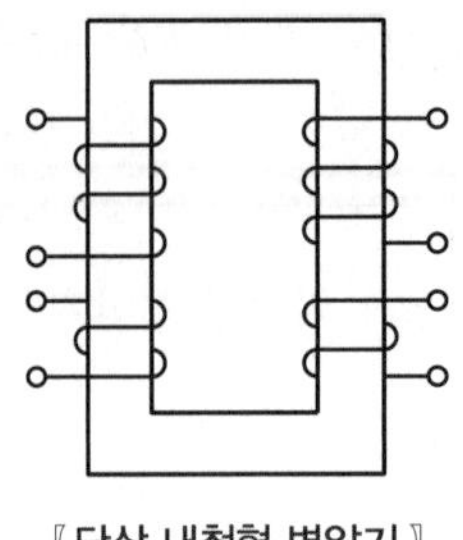

〖단상 내철형 변압기〗

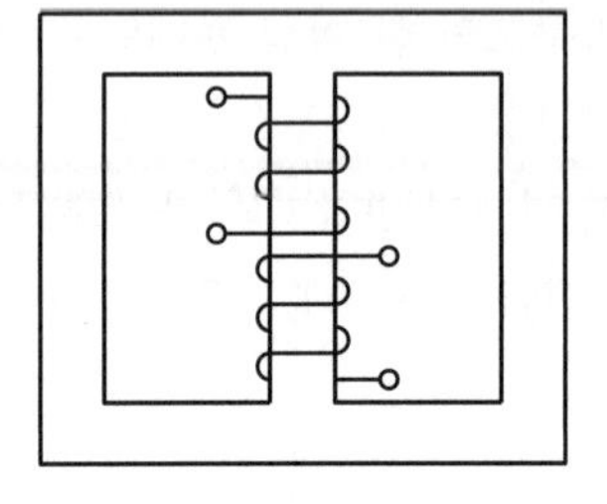

〖단상 외철형 변압기〗

(4) 3상 내철형과 3상 외철형의 구조 비교

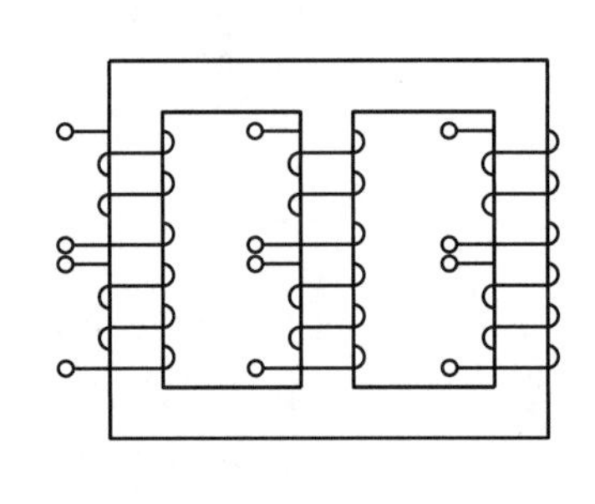

〖3상 내철형 변압기〗

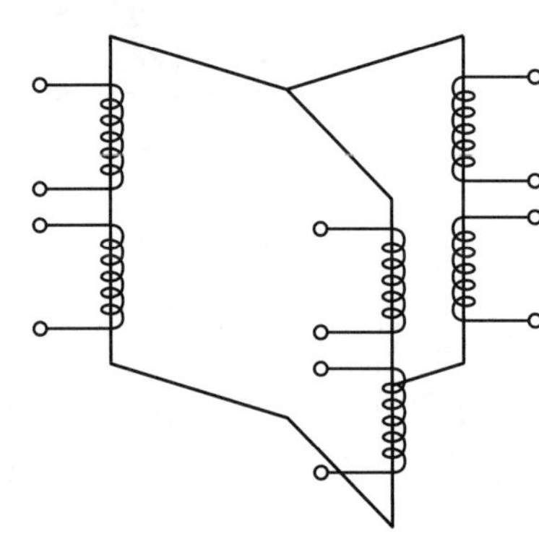

〖3상 외철형 변압기〗

3. 3권선 변압기(Y－Y－Δ 변압기)

정확히 'n권선 변압기'입니다. n권선 변압기는 여러 종류의 전압전원을 공급하며 사용 목적에 따라 얼마든지 권선 개수(n)를 증감할 수 있습니다.

n권선 변압기 중 3권선 변압기는 주로 발전소에서 사용하며 세 종류의 서로 다른 전압을 사용할 목적[발전 고압(1차), 송전 초고압(2차), 소내 부하용 저압(3차) 용도]으로 사용합니다. 우리나라 산업현장(공장)에서는 최대 7권선 변압기까지 응용하여 사용하고 있습니다. 다만, 국가기술자격시험 및 공무원 시험의 전기기기 과목은 n권선 변압기 중 3권선 변압기만을 다룹니다. 그래서 3권선 변압기의 특성만 다루겠습니다.

(1) 3권선 변압기의 용도

3권선 변압기는 1 · 2 · 3차 권선을 Y－Y－Δ 결선하여 사용합니다. 이때,

① **1차 권선(Y)** : 변압기의 입력전압으로 발전기에서 만든 전압(승압 전 전압)
② **2차 권선(Y)** : 송전계통으로 보내기 위한 전압(승압용 전압)

③ **3차 권선(Δ)** : 발전소 내(=소내)에 필요한 전원(조명설비, 일반사무기기 등의 단상용 220[V], 조상설비, 전동설비의 440[V])를 공급하기 위한 용도

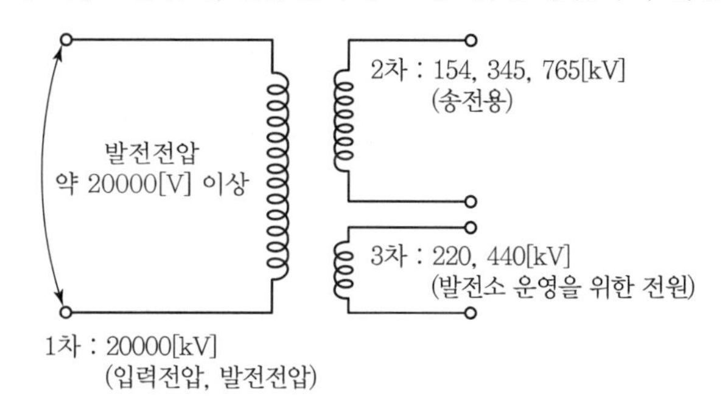

〖 3권선 변압기 구조 〗

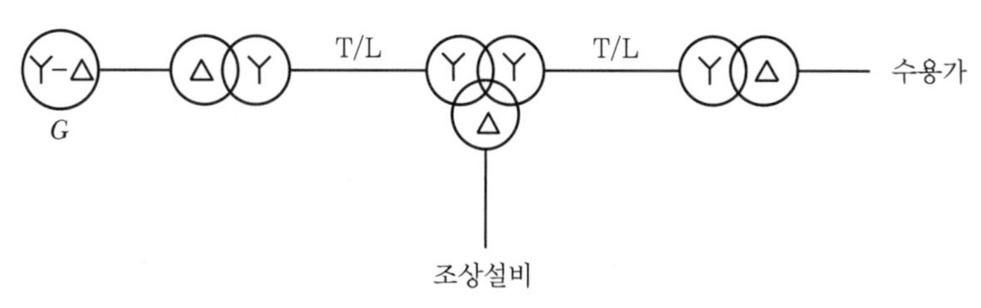

〖 3권선 변압기를 적용한 계통도 〗

(2) 3권선 변압기의 특징

① 3권선 변압기(Y－Y－Δ 결선)의 3차 권선(Δ 결선)은 발전소 소내의 전력공급용, 역률조정설비인 조상설비의 전원용으로 사용한다.

② Y－Y결선과 Δ 결선을 더해 사용하므로 계통에 제3고조파가 제거된다.

4. 계기용 변성기(MOF : Metering Out Fit)

(1) 계기용 변성기의 정의와 기능

전력수급용 계기용 변성기(MOF : Metering Out Fit) 역시 특수 목적의 변압기입니다. 일반적인 변압기의 목적은 전기설비나 부하측에 적당한 크기의 전압으로 전원을 공급하는 것입니다. 하지만 MOF는 부하측에 전원을 공급하기 위한 변압기가 아닙니다. MOF는 송전선로 혹은 배전선로로부터 수급한 전력(전압 · 전류)을 측정하는 목적의 변압기입니다. MOF는 주로 변전소, 공장, 빌딩, 아파트 단지 등의 수전설비를 갖춘 수용가의 **큐비클** 내에 설치됩니다.

구체적으로 송전계통의 초고압(154, 345, 765[kV])을 변전소가 받을 때, 변전소에 유입된 초고압 계통전압의 정상유무를 판단하기 위해 MOF를 사용하여 전압, 전류의 크기를 측정하고, 배전계통의 22.9[kV]를 수용가의 수전설비가 받을 때, 수전설비에 유입된 배전전압의 정상유무를 판단하기 위해 MOF를 사용하여 전압, 전류의 크기를 측정합니다. 만약 MOF설비가 없으면, 계통의 초고압 내지는 22.9[kV]

핵심기출문제

3권선 변압기의 3차 권선의 용도가 아닌 것은?

① 소내용 전압공급
② 승압용
③ 조상설비
④ 제3고조파의 제거

해설

3권선 변압기의 용도

- 송전 계통의 Y－Y－△ 결선의 제3권선을 △ 결선으로 하여 제3고조파를 제거할 수 있다.
- 발 · 변전소의 소내용의 전력을 공급할 수 있다.
- 역률 개선의 목적으로 조상설비인 콘덴서를 접속하여 사용할 수 있다.
- 서로 다른 두 계통에 전력을 공급할 수 있다.

정답 ②

큐비클(Cubicle)
수 · 변전설비는 옥내형과 옥외형으로 나눌 수 있고 옥내형 수전설비를 큐비클이라고 부른다. 큐비클은 폐쇄형 수전설비를 건물 내에 건물 기초에서 분리된 대형 패널(Panel)에 넣은 형태이다. 전 세계적으로 현장에서 가장 많이 사용하는 방식이다.

의 고압을 측정할 방법이 없고, 전력의 정상유무를 판단할 수 없습니다. 그래서 MOF설비를 측정용 변성기 또는 계기용 변성기라고 부릅니다.

(2) 계기용 변성기의 구조

MOF설비는 두 가지 기능을 하는 두 개의 변압기를 갖고 있습니다.

- 수전설비에 들어온 전압을 측정하는 계기용 변압기(PT)
- 수전설비로 유입되는 전류를 측정하는 계기용 변류기(CT)

계기용 변압기(PT)는 PT의 1차에 어떤 크기의 고압, 초고압이 입력되든 무조건 2차로 상전압 110 $[V_{ac}]$ 출력을 만들고, 계기용 변류기(CT)는 CT의 1차에 어떤 크기의 전류가 흐르든 무조건 2차로 상전류 최대 5 $[A_{ac}]$ 출력을 만듭니다.

계기용 변성기(MOF)의 PT와 CT 구조는 다음과 같습니다.

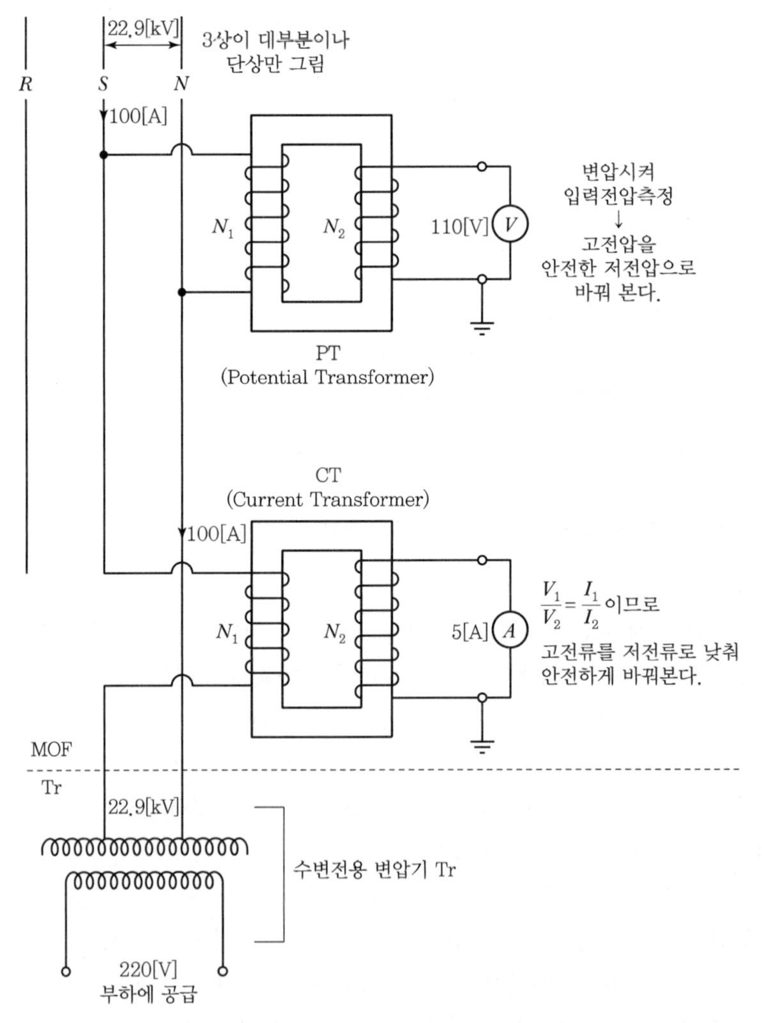

〖 **계기용 변성기(MOF) 1상의 PT와 CT 구조** 〗

계통에 연결된 PT와 CT 구조를 등가회로로 나타내면 다음과 같습니다.

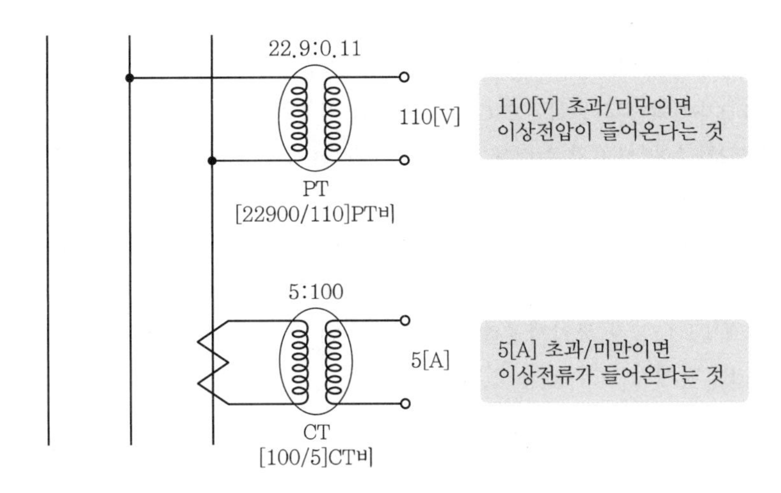

〚 계기용 변성기(MOF) 1상의 PT, CT 등가회로 〛

결선방식($1\phi 2w$, $3\phi 3w$, $3\phi 4w$)에 따른 MOF의 PT와 CT 등가회로는 다음과 같습니다.

- 단상($1\phi 2w$)일 경우, MOF는 PT 1개, CT 1개로 구성됩니다.
- 3상 3선식($3\phi 3w$)일 경우, MOF는 PT 2개(V결선), CT 2개로 구성됩니다. MOF는 측정이 목적이므로 $3\phi 3w$에서 두 개의 PT만으로도 3상의 전압을 측정할 수 있습니다.
- 3상 4선식($3\phi 4w$)일 경우, MOF는 PT 3개, CT 3개로 구성됩니다.

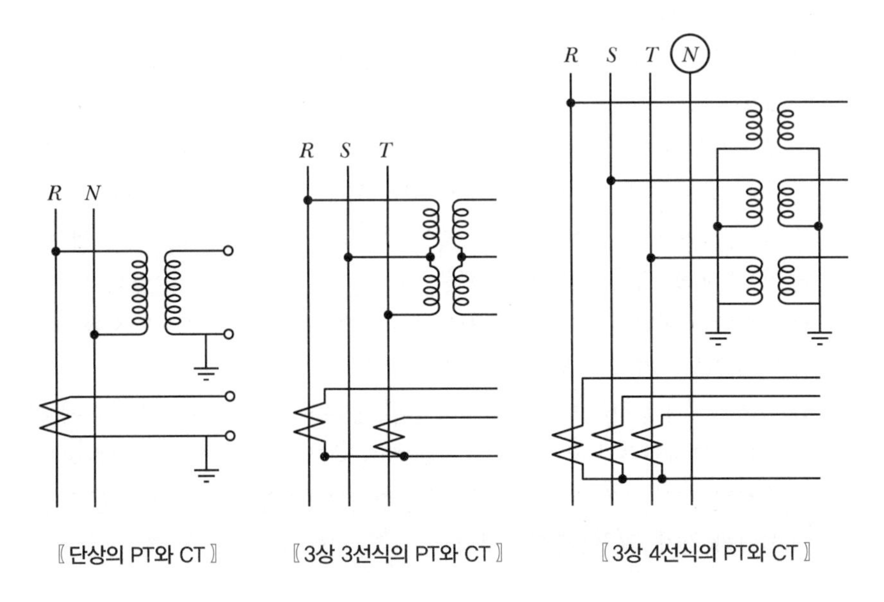

〚 단상의 PT와 CT 〛 〚 3상 3선식의 PT와 CT 〛 〚 3상 4선식의 PT와 CT 〛

PART 02

(3) 계기용 변압기(PT)의 특징

① PT는 고전압(1차)을 저전압(2차)으로 변압하여 2차측에 연결된 전압계, 적산전력량계와 큐비클 내 조명램프 및 전기장치에 전원을 공급한다.

② PT 2차측의 정격전압은 110[V](상전압 기준)이다.

③ PT 2차측에 설치된 측정용 전압계를 점검하거나 노화되어 교체할 때, 측정용 전압계를 PT 2차측으로부터 분리해야 한다. 이때 PT 2차측 단자를 반드시 '개방상태'로 두어야 한다. 이유는 PT 1차측이 가압된 상태에서 2차측이 단락상태가 되면, 단락(Short)으로 높은 단락전류가 발생하고, 1차측에도 고전류가 흐르게 되므로 PT 1·2차 사이에 혼촉으로 PT 권선이 타버리거나 변압기 내부의 절연파괴로 PT 자체가 고장 날 수 있기 때문이다.

✠ 혼촉
변압기는 1차측과 2차측이 전기적으로 분리되어 있지만, 정격 이상의 전압에서 1·2차 사이의 유기기전력이 상호작용하여 전기적으로 절연이 파괴되는 현상을 말한다.

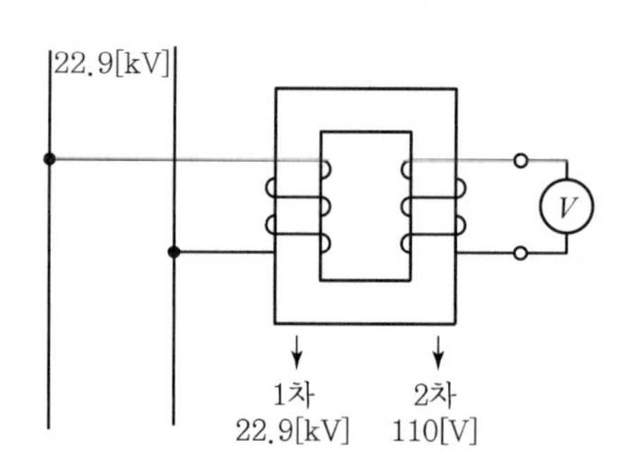

〚 계기용 변압기(PT) 〛

(4) 계기용 변류기(CT)의 일반적 특징

① CT는 대전류(1차)를 소전류(2차)로 변성하여 2차측에 연결된 전류계, 적산전력량계와 큐비클 내에 전기설비에 전류를 공급한다.

② CT 2차측 정격전류는 5[A](상전류 기준)이다.

③ CT 2차측에 설치된 측정용 전류계를 점검하거나 노화되어 교체할 때, 측정용 전류계를 CT 2차측으로부터 분리해야 한다. 이때 CT 2차측 단자를 반드시 '단락상태'로 두어야 한다. 이유는 CT 1차측에 부하전류가 흐르고 있는 상태에서 2차측이 개방(Open)되면, 1차측에 흐르는 대전류에 의해 CT 2차측 권선에 유도기전력에 의한 고전압이 유도되어, 새로 설치될 전류계와 CT 2차측 단자를 접속하는 순간 새 전류계가 고장 날 수 있기 때문이다.

단, 이는 CT의 부하전류가 정격부하 혹은 중부하 혹은 경부하일 경우에 해당되고, CT의 부하전류가 무부하 상태라면 해당되지 않는다. 하지만 부하전류의 크기와 상관없이 CT 2차측을 점검할 때는 항상 2차측 단자를 '단락상태'로 놓는 것이 사람과 기기 모두에게 안전하다.

핵심기출문제

계기용 변류기를 개방할 때, 2차측을 단락하는 이유는?

① 2차측 절연 보호
② 2차측 과전류 보호
③ 측정 오차 방지
④ 1차측 과전류 방지

해설
CT의 사용 중 2차 측을 개방하면 1차 전류가 모두 여자전류로 되어 2차 측에 고전압이 유도되어 절연파괴의 위험이 있다.

정답 ①

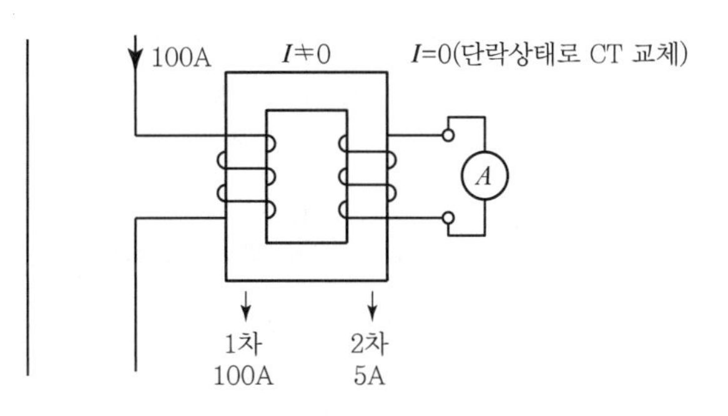

〖 계기용 변류기(CT) 〗

5. 누설변압기(= 용접용 변압기)

먼저 누설(Lackage)은 '샌다'는 뜻입니다. 그리고 누설변압기는 누설자속을 이용하여 용접작업에 특화된 변압기입니다. 다음은 누설변압기의 구조입니다.

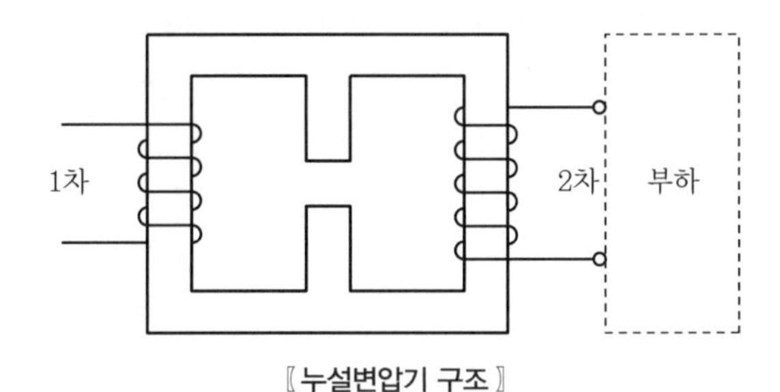

〖 누설변압기 구조 〗

위 그림에서 변압기 2차측에 연결된 부하가 소비하는 전류(I)가 증가하면, 변압기 역시 부하가 요구하는 전류(I_1, I_2)를 1 · 2차 권선을 통해 부하에 공급하게 됩니다.

$$I \propto I_1 \propto I_2 \propto \phi$$

구체적으로 부하(I)가 증가하면, 부하의 요구에 맞춰 변압기 2차측 전류(I_2)도 증가하고, 변압기 2차 전류의 요구에 맞춰 변압기 1차측 전류(I_1)도 증가합니다. 이 과정에서 1 · 2차 전류 크기에 비례하여 다음과 같이 변압기 철심(자로)에 자속(ϕ)도 증가합니다.

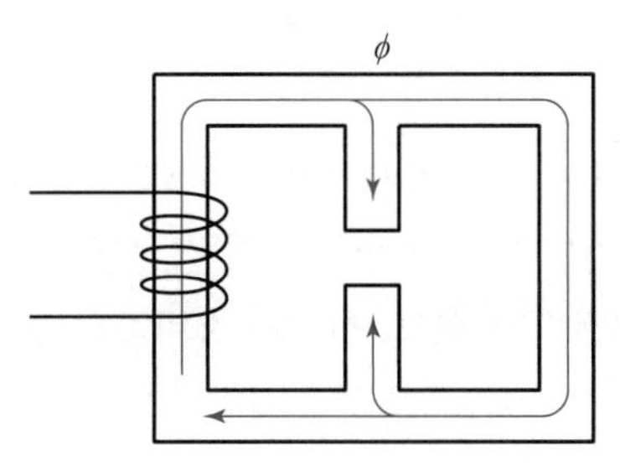

〖 누설변압기의 자속 흐름 〗

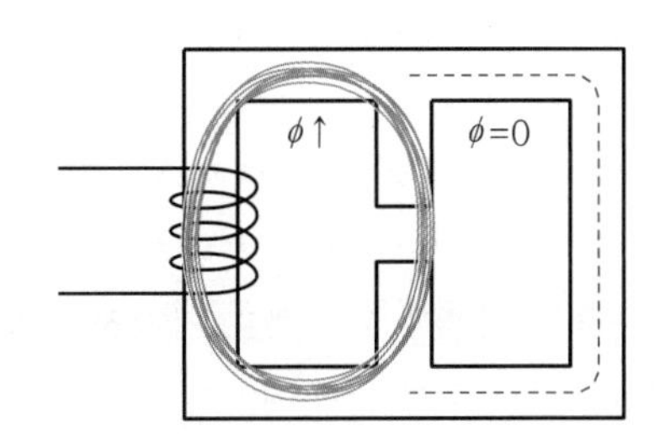

〖 누설변압기의 누설자속 〗

핵심기출문제

아크 용접용 변압기가 전력용 일반 변압기와 다른 점은?

① 권선의 저항이 크다.
② 누설 리액턴스가 크다.
③ 효율이 높다.
④ 역률이 좋다.

해설

아크 용접용 변압기는 자기누설변압기가 사용된다. 자기누설변압기는 1차 측에 일정전압이 걸린 상태에서 2차측 부하를 변화시켜도 2차 전류가 항상 일정하게 유지되는 정전류특성을 가져야 하며 이러한 특성을 유지하기 위해서는 누설리액턴스가 매우 커야 한다. 따라서 전압변동률이 매우 크며 역률이 낮다.

정답 ②

부하전류(I)가 계속 증가하면, 변압기 철심에 자속(ϕ)의 크기도 계속 증가합니다. 증가하는 자속(ϕ)은 변압기철심 중앙의 공극부분에 높은 자속밀도($B\,[\mathrm{Wb/m^2}]$)를 만들고 결국 공극의 절연이 파괴되어 공극 사이로 자속이 흐르게 됩니다. 이 현상이 '누설자속' 또는 '누설 리액턴스'입니다.

자속이 변압기 중앙의 공극으로 흐르기 때문에 자기저항(ϕ_m)이 큰 2차 자기회로로 자속이 흐르지 않고, 자기저항(ϕ_m)이 작은 1차측과 공극 사이에서만 자속이 맴돌게 됩니다. 이때 자속(ϕ)이 흐르지 않는 2차측에 전류가 흐르지 않고, → $e(\downarrow) = N\frac{d}{dt}\phi(\downarrow)$ 2차측과 연결된 부하측으로도 부하전류(I)가 순간적으로 흐르지 않습니다. 부하전류(I)가 없는 누설변압기의 누설자속 현상은 오래 유지하지 못하고 사라집니다. → $I_1(\downarrow) = \frac{V}{X_l(\uparrow)}$ 다시 처음으로 돌아가 누설변압기는 부하로 부하전류(I)를 공급하게 됩니다.

지금까지 위에서 설명한 과정이 매우 빠른 시간에 일어나며, 이 현상을 용접기에 적용하여 용접작업을 가능하게 합니다.(용접기 원리는 생략) 이것이 용접공이 용접할 때 소형 변압기를 들고 다니는 이유이고, 그 변압기가 누설변압기 혹은 용접용 변압기입니다.

누설변압기의 특징

변압기 2차측에 연결된 부하의 증감과 관계없이 변압기의 출력과 전류가 일정하거나 일정하게 변하는 것이 '수하특성'이다. 누설변압기는 '수하특성' 또는 '정출력 특성' 또는 '정전류 특성'을 갖는다.

핵심기출문제

누설변압기에 필요한 특성은 무엇인가?

① 정전압 특성
② 고저항 특성
③ 고임피던스 특성
④ 수하특성

해설

누설변압기는 부하가 변동하여도 전류가 거의 일정하게 유지되는 변압기로서 2차 전류가 증가하면 누설자속이 증가하여 2차 유기기전력을 감소시키면 2차측 단자 전압이 급격히 감소하는 수하특성을 이용하여 전류를 일정하게 유지하는 정전류 특성의 변압기이다.

정답 ④

07 보호계전기(Protection Relay)

전기, 전압, 전류, 전력, 교류파형은 눈에 보이지 않습니다. 때문에 눈에 보이지 않는 전력의 정상 유무를 감각적으로 확인할 수 없습니다. 이런 전기의 특성 때문에 보호계전기(=보호계전설비)를 통해 전력의 상태를 눈으로 확인할 수 있습니다. 보호계전기(Protection Relay)의 역할은 전력의 모든 요소를 화면으로 보여 주고, 계전기에 설정한 세팅값(Setting Value)을 기준으로 전력의 이상 유무를 판단하여 전력을 차단 및 투입할 수 있습니다.

발전소에서 수용가에 이르기까지 모든 구간에는 '보호계전기'가 설치돼 있습니다. 한 발전소에 전력을 보호하고 감시하는 보호계전기가 약 300~600개 설치됩니다. 송전계통, 배전계통을 보호하고 감시하는 보호계전기가 있고, 전기를 소비하는 수용가도 복도나 현관문 부근에 배선용 차단기(NFB)라는 이름으로 보호계전기가 설치돼 있습니다.

TIP

가정에서 사용하는 보호계전기(배선용 차단기)의 가격은 1개당 1만 원 미만이지만, 발전소, 송전계통, 변전소에서 사용하는 보호계전기 가격은 1개당 약 몇십만 원~몇 천만 원 수준이다.

현재 건설 중인 발전소, 변전소, 빌딩, 아파트, 공장들에 인텔리전스 시스템(Intelligence System)을 구축하여 기기와 기기 그리고 기기와 중앙제어실 사이에 통신이 가능하고, 건물을 효율적으로 편리하게 관리 · 감독하는 것이 추세입니다. 이미 지어진 건물도 디지털 시스템으로 교체하고 있습니다. 이에 발맞춰 보호계전기 역시 아날로그 보호계전기에서 디지털 보호계전기로 바뀌고 있고, 이미 많은 부분이 디지털화되어 HMI와 함께 원격디지털 감시시스템으로 교체되었습니다.

실제로 보호계전기의 기능과 역할은 수십 가지로 다양하지만 여기에서는 변압기와 관련하여 몇몇 보호계전요소만 다루겠습니다.

1. 변압기용 (비율)차동계전기(계전기 번호 87T, Differential Relay)

(1) (비율)차동계전기의 정의

차동계전기, 전류차동계전기, 비율차동계전기 모두 같은 원리의 계전기를 부르는 계전기이고, 통상 '비율차동계전기'로 통일하여 부릅니다. 비율차동계전기는 변압기 1 · 2차(고 · 저압)측에 각각 설치한 변류기(Ct)의 '전류 차'를 이용하여 변압기의 내부고장을 계전기가 감지하고 관련기기에 동작신호를 보냅니다. 여기서 동작신호는 다른 보호계전기, 혹은 차단기 혹은 경보장치로 보내는 신호일 수 있습니다. 만약 동작신호를 차단기에 보낼 경우, 이 신호를 '트립신호(Trip Signal)'라고 부르고, 변압기 전후 단에 설치된 차단기를 개회로(Open Circuit)시켜 전력을 차단합니다.

(2) (비율)차동계전기의 동작원리

변압기 1차의 교류파형은 변압 2차의 교류파형과 크기는 같고 위상은 180° 뒤집혀 나타납니다. 그래서 변압기 1차와 2차 측의 전압과 전류의 벡터 합은 0입니다.

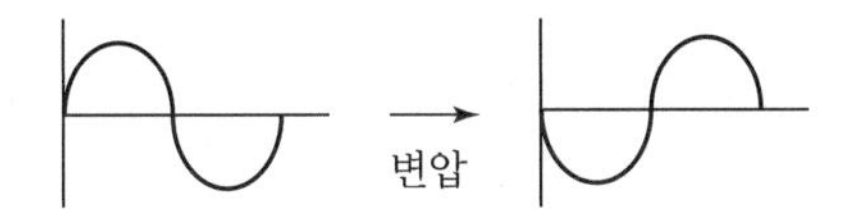

〖 변압기 1 · 2차 교류파형 차이 〗

이 원리를 이용하여, 변압기 1차와 2차의 전류비율이 설정한 일정 비율 이상일 때, 계전기가 이를 감지하고 관련기기(타 계전기, 차단기, 경호장비 등)에 신호를 보냅니다.

핵심기출문제

변압기의 등가회로 작성에 필요한 시험은?

① 구속시험
② 단락시험
③ 유도시험
④ 반환부하시험

해설

변압기의 등가회로 작성시험(정수측정 시험)

- 무부하 시험 : 철손, 여자전류, 여자 어드미턴스
- 단락시험 : 임피던스 전압, 임피던스 와트(동손), 전압변동률
- 저항측정시험 : 1,2차 권선의 저항

정답 ②

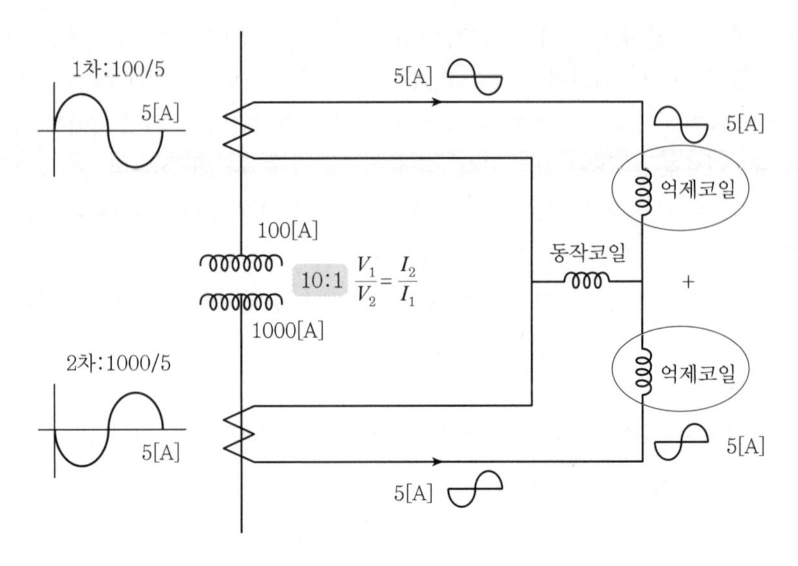

〖 비율차동계전기의 내부 동작 원리 〗

- **변압기 평상시 :** ∿ 5[A] + ∿ 5[A] = 0

  전류 비율 차가 없으므로 비율차동계전기가 동작하지 않음

- **변압기 고장 시 :** $\begin{bmatrix} 1\text{차},\ 100 : 5 \\ 2\text{차},\ 1000 : 5 \end{bmatrix}$ 1 · 2차 두 비율 중 2차 전류비율이 2배가 된다면 전류비는 [2000 : 10]이 되므로, 1 · 2차 전류 비율은 5[A]가 된다.

  ∿ 5[A] + ∿ 10[A] = ∿ 5[A] 와 같이 전류 비율 차가 발생하여 비율차동계전기가 동작한다.

① **변압기 내부고장 시 계전기의 차 전류** : $i = i_1 - i_2$ [A]

② **계전기 동작비율** : $i = \dfrac{|i_1 - i_2|}{1\text{차}/2\text{차 중 선택전류}} \times 100$ [%]

③ **(비율)차동계전기의 특징**

㉠ (비율)차동계전기는 변압기 내부고장보호를 위해 사용하는 계전기이다.

㉡ (비율)차동계전기는 1 · 2차의 전류차를 이용하여, 변압기 권선의 상과 상 사이의 단락사고를 검출할 수 있다.

2. 변압기용 부흐홀츠 계전기(Buchholz Relay)

부흐홀츠 계전기는 유입변압기에서만 사용하는 계전기입니다. 주로 변압기에서 아크방전에 의한 내부고장과 절연유에 의한 내부고장을 검출합니다.

핵심기출문제

변압기의 등가회로 작성에 필요 없는 시험은?

① 단락시험
② 반환부하법
③ 무부하 시험
④ 저항측정시험

해설

변압기의 등가회로 작성에 필요한 시험

- 저항측정시험
- 무부하 시험
- 단락시험

정답 ②

핵심기출문제

변압기에 콘서베이터(Conservator)를 설치하는 목적은?

① 열화 방지 ② 통풍 장치
③ 코로나 방지 ④ 강제 순환

해설

콘서베이터는 변압기의 상부에 설치되는 기름탱크로서 변압기의 부하변화에 따르는 호흡작용으로 인한 기름의 팽창과 수축이 콘서베이터의 상부에서 이루어지므로 높은 온도의 기름이 직접 공기와 접촉하는 것을 막아 기름의 열화를 방지하는 것이다.

정답 ①

(1) 아크방전에 의한 내부고장

변압기 내에 절연내력이 저하되거나 절연유의 절연이 파괴됐을 때, 변압기 내에서 1·2차 고·저압 사이에 아크가 발생할 수 있습니다. 이것을 두 개의 수은 접점을 이용하여 아크방전 사고를 검출할 수 있습니다.

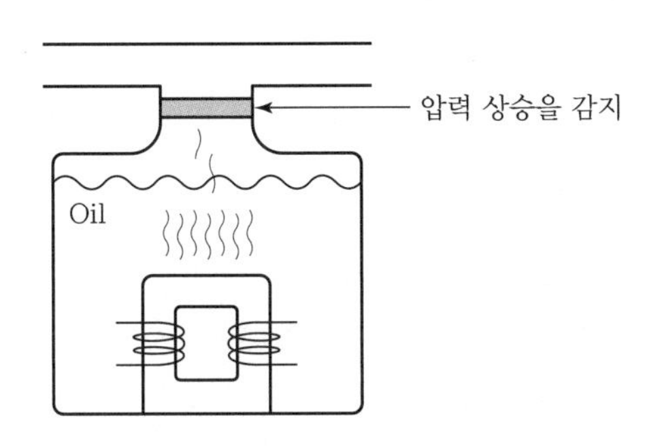

〖부흐홀츠 계전기와 계전기 설치 위치〗

(2) 절연유에 의한 내부고장

유입변압기의 내부에 고장이 발생하면, 변압기 내에 온도가 상승하고, 온도가 상승하면 절연유로부터 가스가 발생하여 변압기 내에 압력이 상승합니다. 이때 부흐홀츠 계전기는 변압기 내부의 압력을 감지하여 경보신호 또는 전력차단을 위한 트립 신호(Trip Signal)를 외부로 보냅니다.

부흐홀츠 계전기의 설치 위치는 변압기 본체와 **콘서베이터**를 연결하는 관 중간에 설치합니다.

3. 변압기용 충격압력계전기(Sudden Gas Pressure Relay)

유입변압기의 경우, 변압기에 갑작스런 이상전압이 외부로부터 변압기 내로 유입되면, 변압기는 고장상태(급작스런 압력상승 =충격성 압력상승)가 됩니다. 이때 절연유 온도의 상승과 함께 변압기 내부 압력도 상승합니다. 압력 변화를 감지하는 Flot Switch가 상승하는 압력 정도를 가지고 변압기의 이상 여부를 판단합니다.

4. 변압기용 열동계전기(Thermal Relay)

변압기 내부의 권선온도를 측정하여 설정한 일정 온도 이상일 때, 이를 외부로 나타내어 이상 여부를 표시합니다.

5. 과전압 계전기(OVR)

과전압 계전기(OVR)는 계통이나 변압기의 전압이 정상값 이상이 되었을 때 동작하는 과전압 보호용 계전기입니다.

핵심기출문제

단상 변압기의 임피던스 와트(Impedance Watt)를 구하기 위하여 다음 중 어느 시험이 필요한가?

① 무부하 시험 ② 단락시험
③ 유도시험 ④ 반환부하법

해설

변압기의 등가회로 작성시험 중 단락시험은 임피던스 전압과 임피던스 와트를 측정하여 %저항강하, %리액턴스강하, 동손, 전압변동률 등을 산출할 수 있다.

정답 ②

※ 콘서베이터(Conservator)
변압기의 열화방지를 위한 보호장치를 말한다.

핵심기출문제

변압기 권선과 철심의 건조법이 아닌 것은?

① 열풍법 ② 단락법
③ 반환부하법 ④ 진공법

해설

변압기의 권선 또는 철심의 건조법
- 열풍법
- 단락법
- 진공법

정답 ③

① 발전기가 무부하로 되었을 때
② 계통에서 이상전압이 발생했을 때
③ 계통이나 변압기에서 단락사고가 생겼을 때

이와 같은 경우 모두 과전압 상태가 됩니다.

08 변압기 손실과 효율

자동차에 대해 주입(입력)한 연료량 대비 달린 거리(출력)의 비율을 따져 차량의 에너지 효율을 나타냅니다. 마찬가지로 모든 전기설비들(가전제품, 전력기기 등)은 기기를 얼마나 효율적으로 사용할지 또는 에너지 효율이 좋은지 안 좋은지를 따지게 됩니다. 그래서 효율이 좋은 기기는 가격이 비싸고, 효율이 낮은 기기는 가격이 상대적으로 저렴합니다.

전기설비인 변압기 역시 입력(1차)과 출력(2차)이 있는 기기이므로, 입력된 에너지 대비 출력된 에너지의 비율($\frac{출력}{입력}$)을 가지고 변압기의 출력과 손실을 따질 수 있습니다.

국가기술자격시험의 전기기사 · 산업기사는 배전계통과 수용가의 전기관리자로서의 자질을 시험하는 것이 목적입니다. 특히 전기기사 · 산업기사 실기시험은 배전계통과 수용가에서 가장 중요한 비중을 차지하는 변압설비의 손실과 효율에 대한 비중이 높습니다.

효율(η)을 따질 때 입력과 출력 그리고 손실(P_l)을 알아야만 계산이 가능하므로, 입 · 출력과 손실 중 손실부터 내용을 살펴보겠습니다.

1. 변압기의 손실

전기기기는 크게 회전기(발전기, 전동기)와 고정기로 구분할 수 있고, 회전기의 특징은 모든 손실[철손(P_l), 기계손(P_m), 동손(P_c), 표류부하손(P_{st})]이 나타납니다. 반면 고정기를 대표하는 변압기는 회전하는 요소가 없기 때문에 기계손(P_m)이 없고, 자속이 대부분 자로를 통해 이동하고 공극이 없으므로 표류부하손(P_{st})이 매우 작습니다. 그래서 변압기의 손실은 철손(P_l)과 동손(P_c)에 대해 다룹니다. 이러한 기계손과 표류부하손이 없는 변압기는 기본적으로 회전기보다 효율이 좋은 전기설비라고 할 수 있습니다.

핵심기출문제

다음 온도 측정 장치 중 변압기의 권선의 온도 측정 장치로 쓸 수 있는 것은?

① 탐지 코일(Search Coil)
② 열동 계전기
③ 다이얼 온도계
④ 봉상 온도계

해설

변압기의 권선은 전압이 높으므로 권선에 탐지 코일 등을 연결하여 온도를 직접 측정하기는 곤란하므로 간접식 권선 측온 장치를 사용하여야 한다.

정답 ②

핵심기출문제

보호하려는 회로의 전압이 정상값 이상으로 되었을 때 동작하는 것으로 기기 설비의 보호에 사용되는 계전기는?

① 과전압 계전기
② 방향 계전기
③ 지락 과전압 계전기
④ 거리 계전기

해설

과전압 계전기(OVR)는 보호하려는 회로의 전압이 정상값 이상이 되었을 때 동작하는 계전기로서 발전기가 무부하로 되었을 경우의 과전압 보호용으로 쓰인다.

정답 ①

변압기의 손실 P_{loss} = 철손(P_{iron}) + 동손(P_{copper}) [W] → $P_l = P_i + P_c$

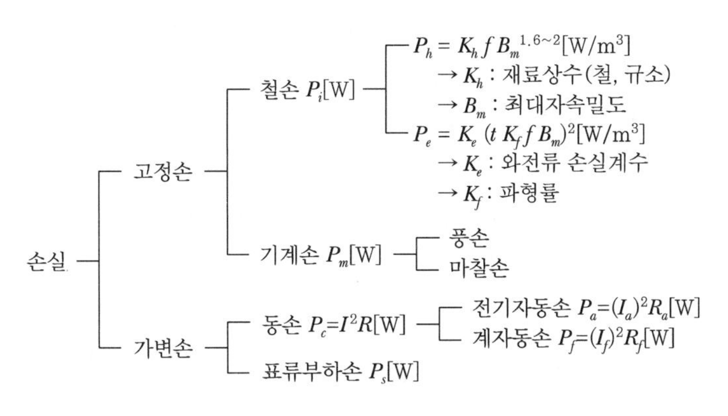

〚 전기기기의 총 손실 〛

표류부하손실(P_{st} : stay loss)은 누설자속(ϕ_l)에 의해 생기는 **누설리액턴스(X_l)**를 의미합니다. 자속(ϕ)이 자로를 통해 이동하는 데 자로가 아닌 곳으로 빠져나가는 자기장을 누설자속(ϕ_l)으로 정의합니다. 회전기에서는 계자와 전기자 사이의 공극에서 **누설자속**이 많이 발생하였고, 변압기는 공극이 없어 누설자속이 작지만, 작은 미소량의 자기장이 자로 밖으로 빠져나가기 때문에 변압기의 표류부하손실은 무시할 수 있습니다.

✠ 누설리액턴스(X_l)
누설자속이 발생한 후, 누설자속이 정상적인 전류 흐름을 방해하는 요인으로 작용하는 요소를 저항값[Ω]으로 나타낼 때, 이 저항을 누설리액턴스로 정의한다.

✠ 누설자속
자로 혹은 목표로 하는 코일이 아닌 자유공간, 기기의 금속외함, 베어링, 기계적 금속 결합부 등으로 새는 자기장을 말한다.

(1) 변압기 철손(P_l) 중 히스테리시스 손실(P_h)

히스테리시스(Hysteresis) 현상은 전기자기학 9장에서 다룬 내용이며, 물리적으로는 철심이 자화하며 겪어 온 상태의 변화를 의미하고, 전기적으로 전류의 흐름을 방해하는 손실을 의미합니다.

① 히스테리시스 손실 수식

히스테리시스 손실 $P_h = K_h f B_m^{1.6\sim2}$ [W/m³]

여기서, K_h : 재료상수(변압기 철심 재료에 따른 상수)로 철, 규소 등의 함유 비율에 따라 정해진다.(=히스테리시스 손실계수) 변압기 철심재료를 바꾸면 K_h 값이 바뀌고 P_h도 따라서 증가 혹은 감소한다.

B_m : 자로의 단면적에서 [m²]당 발생하는 자속밀도[Wb/m²]이다. 자속은 면적당 나오는 자속(ϕ)량(자기장의 촘촘함의 정도)을 갖는 자속밀도를 말한다.

f : 주파수 [Hz]

히스테리시스 손실($P_h = K_h f B_m^{1.6\sim2}$)은 철심에 자속($\phi$)이 흐르고 있을 때, 전체 자속 중 일부 자속이 철심에서 열로 사라지고, 일부 자속은 철심을 자석화(=자화)하는 데 소용되며 자로에 흐르던 전체 자속량에서 사라집니다. 이것을 손실로 나타낸 것이 히스테리시스 손실(P_h)입니다.

만약 히스테리시스 손실이 없다면, 그것은 1 · 2차 권선에서 1차 권선(N_1)의 100만큼의 자속(ϕ_1)이 중간에 새지 않고, 그대로 2차 권선(N_2)의 자속(ϕ_2)으로 100 전부가 이동하는 상태를 의미합니다.

히스테리시스 손실을 구성하는 요소는 크게 3가지(K_h, f, B)입니다. 이 세 가지가 히스테리시스 손실(P_h)에 영향을 줍니다. 사실 변압기의 자속밀도(B)와 주파수(f)는 제어가 불가능합니다. 그래서 히스테리시스 손실(P_h)을 줄이기 위해서는 철심재료(K_h)를 개선할 수밖에 없습니다. → K_h를 감소시켜 P_h를 감소시킬 수 있음

히스테리시스 손실(P_h)은 철손(P_l)의 50% 이상을 차지하며, 변압기의 효율을 저하시키는 주요인입니다. 변압기 철심을 철(95%)과 규소(4~4.5%)를 섞은 규소강판 소재로 제작하면 히스테리시스 손실(P_h)을 많이 줄일 수 있습니다. 그래서 변압기 철심재료는 규소강판을 사용합니다.

핵심기출문제

같은 정격전압에서 변압기의 주파수가 높으면 가장 많이 증가하는 것은?

① 여자전류 ② 온도 상승
③ 철손 ④ %임피던스

해설

정격전압에서 주파수가 증가하면, 철손과 여자전류 그리고 온도는 주파수에 반비례하여 감소하고 %임피던스는 주파수에 비례하여 증가한다.

정답 ④

② 변압기의 기전력이 일정할 때, 주파수(f)와 히스테리시스 손실(P_h)

히스테리시스 손실(P_h)은 주파수와 자속밀도에 비례($P_h \propto f \propto B^2$)합니다. 하지만 이런 비례관계가 성립하지 않는 경우가 있습니다. 바로 변압기의 유기기전력(E)이 일정할 경우입니다. 변압기의 유기기전력(E)이 일정하면 $P_h \propto f \propto B^2$의 관계는 더 이상 성립되지 않습니다.

만약 유기기전력(E)이 일정하다면,

$$E = 4.44 f N\phi = 4.44 f N(B\times S) \rightarrow f = \frac{E}{4.44\, NBS} \rightarrow f \propto \frac{1}{B} \text{ 관계 성립}$$

여기서, S는 변압기 자로의 단면적$[\mathrm{m}^2]$이며, 주파수(f)와 자속밀도(B)는 반비례 관계가 성립합니다.

다시, 히스테리시스 손실($P_h = K_h f B_m^{1.6\sim2}$) 수식에 $f \propto \frac{1}{B}$ 관계를 대입시키면,

주파수(f)는 자속밀도(B) 제곱에 반비례($f \propto \frac{1}{B^2}$)하므로 최종적으로,

변압기의 유기기전력(E)이 일정하다면

$f \propto \frac{1}{B^2}$, $f \propto \frac{1}{P_h}$ 관계 성립

- 주파수는(f)는 자속밀도(B) **제곱**에 반비례($f \propto \frac{1}{B^2}$)하고,

핵심기출문제

일정 전압 및 일정 파형에서 주파수가 상승하면 변압기 철손은 어떻게 변하는가?

① 증가한다.
② 불변이다.
③ 감소한다.
④ 어떤 기간 동안 증가한다.

해설

$E = 4.44 f N \Phi_m[\mathrm{V}]$에서 일정 전압 및 일정 파형에서는 주파수가 증가하면, 자속이 감소하므로 여자전류 및 철손은 감소하게 된다.

정답 ③

- 주파수는(f)는 히스테리시스 손(P_h)에 반비례($f \propto \frac{1}{P_h}$)하므로, 변압기에 입력되는 교류주파수가 감소(↓)하면, 히스테리시스 손은 증가(↑)하므로 계통의 주파수가 변화하면 안 됩니다.

(2) 변압기 철손(P_l) 중 와전류 손실(P_e)

변압기 철손(P_l) 중 하나인 와전류 손실(P_e)은 맴돌이전류손실이라고도 부릅니다.

① 와전류 손실 수식

와전류 손실 $P_e = K_e(t\,K_f\,f\,B_m)^2$ [W/m³]

여기서, K_e : 와전류 손실계수

K_f : 와전류에 의한 파형률

t : 철심 두께[mm]

f : 주파수[Hz]

B_m : 자속밀도 [W/m³]

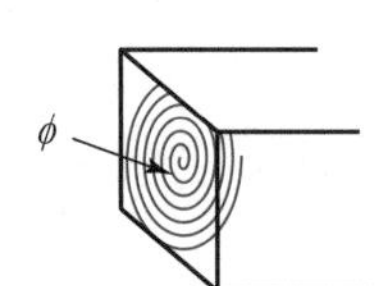

변압기 철심은 변압기 1 · 2차 사이에서 자속(ϕ)이 이동하는 통로입니다. 자속이 금속재질의 자로(Magnetic Core)를 통해 이동할 때, 자속(ϕ)의 진행방향과 수식으로 회전하는 회전전류가 발생합니다. 이것이 '맴돌이전류' 또는 '와전류'입니다. 이러한 '맴돌이전류'는 자속의 흐름을 방해하는 자기저항(R_m)을 증가시켜 변압기 효율을 낮추고, 손실을 증가시킵니다.

와전류 손실(P_e)은 $P_e \propto t^2 \propto f^2 \propto B^2$ 관계이지만, 변압기의 자속밀도(B)와 주파수(f)는 제어가 불가능하므로, 사실상 와전류 손실(P_e)을 줄일 수 있는 요소는 철심두께(t)뿐입니다. 그래서 철심의 두께(t)를 얇게 하기 위해 규소강판을 '성층'하여 변압기 철심을 제작합니다.

→ 철심을 '성층'하는 방법으로 와전류 손(P_e)을 감소시킴

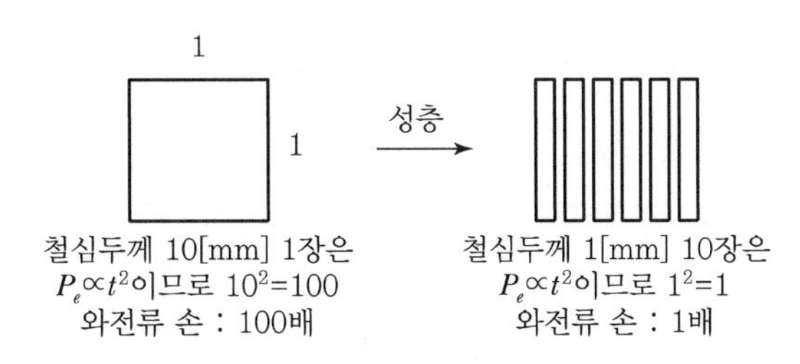

〖 성층 시 와전류 손실 감소 이유 〗

위 그림은 철심을 '성층'으로 설계하면 변압기 철손 중 와전류 손(P_e)을 줄일 수 있음을 보여 줍니다.

핵심기출문제

변압기에서 생기는 철손 중 와류손(Eddy Current Loss)은 철심의 규소 강판 두께와 어떤 관계에 있는가?

① 두께에 비례
② 두께의 2승에 비례
③ 두께의 $\frac{1}{2}$승에 비례
④ 두께의 3승에 비례

해설

와류손

$P_e = \sigma_e(t \cdot k_f \cdot f \cdot B_m)^2$ [W/kg]

그러므로 와류손은 철심재료의 두께(t)의 제곱에 비례한다.

정답 ②

핵심기출문제

인가전압이 일정할 때 변압기의 와류손은?

① 주파수와 무관
② 주파수에 비례
③ 주파수에 반비례
④ 주파수의 제곱에 비례

해설

변압기의 손실 중에서 와류손은 주파수의 변화에는 관계가 없고 전압의 변화의 제곱에 비례하여 변한다.

정답 ①

핵심기출문제

변압기의 동손은 부하전류의 몇 제곱에 비례하는가?

① 4 ② 2
③ 1 ④ 0.5

해설

변압기의 동손(저항손, 부하손)

$P_c = I_{2n}^2 \cdot r_{12}$[W]에서 부하(전류)의 제곱($I^2$)에 비례한다.

정답 ②

② 변압기의 기전력이 일정할 때, 주파수(f)와 와전류 손실(P_e)

와전류 손실(P_e)은 철심두께(t), 주파수(f), 자속밀도(B) 모두의 제곱에 비례($P_e \propto t^2 \propto f^2 \propto B^2$)합니다. 하지만 이런 비례관계가 성립하지 않는 경우가 있습니다. 바로 변압기의 유기기전력(E)이 일정할 경우입니다. 변압기의 유기기전력(E)이 일정하면 $P_e \propto t^2 \propto f^2 \propto B^2$의 관계는 더 이상 성립되지 않습니다.

만약 유기기전력이 일정할 경우

$$E = 4.44 fN\phi = 4.44 f N(B \times S) \rightarrow f = \frac{E}{4.44 NBS} \rightarrow f \propto \frac{E}{B} \text{ 관계 성립}$$

$P_e \propto t^2 \propto f^2 \propto B^2$에 $B \propto \dfrac{E}{f}$를 대입하면, $P_e \propto t^2 \propto f^2 \propto \left(\dfrac{E}{f}\right)^2$이 되고,

$$\rightarrow P_e \propto t^2 \propto f^2 \propto \frac{E^2}{f^2} \rightarrow P_e \propto t^2 \propto f^2 \propto E^2 \rightarrow P_e \propto f^2$$

히스테리시스 손실과 반대로 동일한 유기기전력(E)이 일정하다는 조건에서 와전류 손실(P_e)은 주파수(f)와 무관하다. → $P_e \propto f^2$

와전류 손실은 철심두께와 밀접한 관련이 있고($P_e \propto t^2$), 제작된 변압기의 와전류 손실(P_e)은 항상 일정합니다.

(3) 변압기 철손(P_l) 중 동손(P_c)

변압기 권선에서 저항(고유저항 $Z = R + jX\,[\Omega]$)에 의한 손실은 변압기 손실(P_l) 중 가장 큰 부분을 차지합니다.

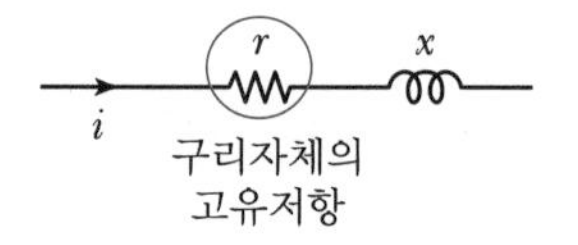

〖변압기 권선〗

변압기 권선에 전류가 흐르면 구리선 저항에서 열과 빛으로 사라지는 손실이 동손($P_c = I^2 R\,[\mathrm{W}]$)입니다.

만약 변압기가 아닌 회전기(직류기, 동기기, 유도기)라면 전기자와 계자 각각에서 동손이 발생합니다.

① 전기자 동손 $P_a = I_a{}^2 \times R_a\,[\mathrm{W}]$

② 계자 동손 $P_f = I_f{}^2 \times R_f\,[\mathrm{W}]$

2. 변압기의 효율

(1) 규약효율과 전부하효율

효율(η)은 입력량 대비 출력량의 비율$\left(\frac{출력}{입력}\right)$입니다. 그리고 효율($\eta$)은 다음과 같은 수식으로 나타낼 수 있습니다.

$$효율 = \frac{출력}{입력} = \frac{출력}{출력+손실} = \frac{입력-손실}{입력}$$

① 실측효율

기기의 입력측의 값과 출력측의 값을 실측하여 입력과 출력의 비$\left(\frac{출력}{입력}\right)$로 나타낸 효율

$$실측효율\ \eta = \frac{출력}{입력} \times 100\,[\%]$$

② 규약효율

입력측과 출력측 둘 중 하나의 값을 가지고 입력과 출력의 비$\left(\frac{출력}{입력}\right)$를 나타낸 효율

$$변압기\ 규약효율\ \eta = \frac{출력}{출력+손실} \times 100\,[\%]$$

$$= \frac{출력}{출력+(철손+동손)} \times 100\,[\%]$$

규약효율의 출력 값과 손실 값 모두는 동일한 와트[W] 단위를 사용해야 합니다. 만약 단위가 다르면 연산이 성립하지 않습니다. 와트[W] 단위로 통일한 변압기 규약효율이 곧 변압기의 전부하효율(η)입니다. 여기서 '전부하'란 정격용량으로 사용 중인 변압기 상태이고, 전부하효율은 정격용량으로 부하에 전력을 공급할 때의 변압기 효율을 말합니다.

$$전부하효율\ \eta = \frac{P[\mathrm{w}]}{P[\mathrm{w}] + P_l[\mathrm{w}]} \times 100[\%]$$

$$= \frac{VI\cos\theta\,[\mathrm{w}]}{VI\cos\theta\,[\mathrm{w}] + P_l[\mathrm{w}]} \times 100[\%]$$

여기서, 출력 $P = P_a\cos\theta = VI\cos\theta\,[\mathrm{W}]$

손실 $P_l = P_i + P_c\,[\mathrm{W}]$

(2) 부하율(m 혹은 $\frac{1}{m}$)을 고려한 전부하효율(η)

변압기의 철손(P_i)은 부하전류 증감과 무관하며, 1차에 계통전압이 연결된 상태라

핵심기출문제

100[kVA], 2200/110[V], 철손 2[kW], 전부하 동손이 3[kW]인 단상 변압기가 있다. 이 변압기의 역률이 0.9일 때 전부하 시의 효율[%]은?

① 94.7　② 95.8
③ 96.8　④ 97.7

해설

변압기의 전부하 시 효율

$$\eta = \frac{P_n}{P_n + P_i + P_c}$$

$$= \frac{100\times0.9}{100\times0.9+(2+3)}\times100$$

$$= 94.7[\%]$$

정답 ①

면 하루 24시간, 1년 365일 일정하게 발생하는 손실입니다.

반면, 변압기의 동손(P_c)은 부하전류 증감에 비례하여 따라 변하는 손실입니다. 여기서 동손은 부하율(m 혹은 $\frac{1}{m}$)의 개념이 사용됩니다.

부하율의 다른 말은 변압기의 정격전류 대비 전류사용비율을 의미합니다. 따라서 부하상태에 따른 부하율은 다음과 같습니다.

- 변압기 2차 전류가 무부하상태 → 부하율은 0
- 변압기 2차 전류가 경부하상태 → 부하율은 $\frac{1}{m}$ 또는 $\frac{부하전류(I)}{정격전류(I_n)}$
- 변압기 2차 전류가 전부하상태 → 부하율은 1 (=정격부하상태)
- 변압기 2차 전류가 과부하상태

  → 부하율은 m 또는 $\frac{과전류(m \times I)}{정격전류(I_n)} = m$배

변압기에서 수용가로 공급되는 부하전류는 대게 경부하상태($\frac{1}{m}$)입니다. 그래서 부하율을 $\frac{1}{m}$로 나타내는 것이 일반적입니다.

그래서 부하율을 고려한 변압기 효율(η)은 다음과 같습니다.

$$\frac{1}{m}\text{부하의 변압기 효율 } \eta_{\frac{1}{m}} = \frac{\left(\frac{1}{m}\right)P\cos\theta}{\left(\frac{1}{m}\right)P\cos\theta + \left[P_i + \left(\frac{1}{m}\right)^2 P_c\right]} \times 100\,[\%]$$

여기서 부하율은 부하전류와 상관되므로 부하율을 고려한 변압기 동손은,

$$P_c = \left(I \times \frac{1}{m}\right)^2 \cdot R = I^2\left(\frac{1}{m}\right)^2 \cdot R = \left(\frac{1}{m}\right)^2 P_c\ [\mathrm{W}]$$

(3) 전일효율(η_{day})

전일효율이란 하루 24시간에 대한 변압기 효율을 의미합니다. 전력의 기본시간 단위는 1시간(hour)이므로, 24시간에 대한 사용시간과 손실을 가지고 효율을 나타냅니다.(전일 =하루 24시간)

전일효율은 24시간 내 사용한 시간만을 고려하여 규약효율을 나타내기 때문에 다음과 같이 전일효율(일일 중 n시간 사용에 대한 효율)을 표현할 수 있습니다.

$$\text{전일효율 } \eta = \frac{nP\cos\theta}{nP\cos\theta + [24P_i + nP_c]} \times 100\,[\%]$$

여기서, n : 1시간[h]

> **TIP**
>
> **부하율의 개념**
>
> 계통에 흐르는 전류는 부하에서 요구하는 만큼만 흐른다. 때문에 부하는 곧 전류(I)라는 공식이 성립한다. 다만, 전류가 흐르는 전선의 굵기가 한정돼 있기 때문에 부하전류는 전선의 허용전류까지만 흐르고 그 이상의 전류는 차단기에 의해 차단된다. 그리고 수용가(가정집, 빌딩, 공장, 학교 등)는 한국전력과 계약전력을 맺고 전기를 공급받으므로 정격용량이 있다.
>
> 여기서 부하의 정격전류(I_n)를 기준으로 정격보다 적은 전류사용은 $\frac{1}{m}$ 부하($\frac{I}{정격전류}$)가 되고, 정격을 초과하는 전류사용은 m부하가 된다. 부하의 전원은 100% 모두 병렬회로로 구성되어 부하가 증가한다는 것은 병렬회로의 저항 수가 증가하므로 병렬회로의 합성저항은 크기가 감소 $[R(\downarrow) = \frac{R_1}{n(\uparrow)}]$하고, 저항이 감소하므로 전류는 증가 $[I(\uparrow) = \frac{V}{R(\downarrow)}]$하게 된다.
>
> 그래서 정격용량만큼 전류를 사용하면 부하율(m)은 1이 되는 것이다.

전일(a day)효율처럼 주(a week)효율, 월(a month)효율, 연(a year)효율 등도 나타낼 수 있습니다.

(4) 변압기의 최대효율 조건(η_{max})

회로이론의 최대전력전송 조건과 유사한 개념으로 변압기에서는 최대효율 조건에 대해 다룹니다. 변압기의 효율은 효율 수식을 보면 알 수 있듯이 손실(P_l)량에 의해 결정됩니다. 여기서 손실은 철손(P_i)과 동손(P_c)의 비율에 따라 변압기 효율에 주는 영향이 다릅니다. 그래서 변압기의 철손(P_i)과 동손(P_c)이 어떤 비율일 때 손실이 최소가 되어 변압기효율이 향상되는가?를 알아봅니다.

결론은 변압기 '최대효율 조건'은 부하와 상관없이 철손(P_i) 값과 동손(P_c) 값이 같을 때 그 변압기의 손실은 최소로 줄고, 효율은 최대가 됩니다.

- 변압기 최대효율 조건 : $P_i = P_c$
- 변압기 최대효율 조건(부하율을 고려할 경우) : $P_i = P_c\left(\frac{1}{m}\right)^2$
- 철손과 동손을 알 경우 부하율 : $\frac{1}{m} = \sqrt{\frac{P_i}{P_c}}$ 또는 $m = \sqrt{\frac{P_i}{P_c}}$

$$\left\{P_i = P_c\left(\frac{1}{m}\right)^2 \rightarrow \frac{P_i}{P_c} = \left(\frac{1}{m}\right)^2 \rightarrow \sqrt{\frac{P_i}{P_c}} = \frac{1}{m}\right\}$$

- 최대효율일 때 변압기효율 : $\eta = \frac{P[\mathrm{w}]}{P[\mathrm{w}] + (2 \times P_i[\mathrm{w}])} \times 100\,[\%]$

변압기 최대효율 조건의 기본은 $P_i = P_c$입니다. 때문에 $2P_i$로 표현할 수도 있고, $2P_c$로 표현할 수도 있습니다. 여기서 철손(P_i)은 부하와 상관없이 항상 일정한 크기의 손실이고, 동손(P_c)은 부하에 따라 변화하는 손실입니다. 때문에 부하 증감에 따라 변하는 동손(P_c)을 항상 일정한 크기의 철손(P_i)에 맞춘다는 의미로 수식에서 '$2P_i$' 표현을 사용합니다.

같은 이유로 변압기를 최대효율로 사용하고 싶으면, 변압기 제원(스펙)의 적힌 철손 값을 확인하고, 부하의 전력사용시간을 제한함으로써 최대효율을 낼 수 있습니다. → $24P_i = n \times P_c$

그래서 만약 공장에서 사용하는 변압기라면,

① 변압기의 철손이 큰 변압기일 경우, 공장 가동시간($n\,P_c$)을 늘리는 것이 좋고,
  → $P_i(\uparrow) = n \times P_c$에서 사용시간 n을 늘림

② 변압기의 철손이 작은 변압기일 경우, 공장 가동시간($n\,P_c$)을 줄이는 것이 좋음
  → $P_i(\downarrow) = n \times P_c$에서 사용시간 n을 줄임

핵심기출문제

변압기의 효율이 가장 좋을 때의 조건은?

① 철손 = $\frac{1}{2}$동손
② $\frac{1}{2}$철손 = 동손
③ 철손 = 동손
④ 철손 = $\frac{2}{3}$동손

해설

변압기의 최대효율 조건
무부하손 = 부하손
즉, 무부하손의 대부분인 철손(P_i)과 부하손의 대부분인 동손(P_c)이 같을 때 효율이 최대가 된다.

정답 ③

핵심기출문제

변압기의 손실비와 최대효율을 나타내는 부하전류의 관계는?

① 손실비가 커지면 부하전류가 작아진다.
② 손실비가 커지면 부하전류가 커진다.
③ 손실비가 커지면 그 제곱에 비례하여 부하전류가 커진다.
④ 부하전류는 손실비에 관계없다.

해설

$\frac{1}{m}$ 부하 시의 최대효율 조건

$P_i = \left(\frac{1}{m}\right)^2 P_c$

여기서, 손실비 $= \frac{P_c}{P_i} = \frac{1}{\left(\frac{1}{m}\right)^2}$

정답 ①

PART 02

변압기를 최대효율로 사용하는 방법이 됩니다. 반대로,

③ 공장 가동시간이 길(일일 24시간 전력사용) 경우, 공장에 전력을 공급하는 변압기의 철손(P_i) 값이 큰 변압기를 사용하고 → $P_i(\uparrow) = 24\,P_c$

④ 공장 가동시간이 짧을(일일 6시간 미만으로 전력사용) 경우, 공장에 전력을 공급하는 변압기의 철손(P_i) 값이 작은 변압기를 사용하여 → $P_i(\downarrow) = (\downarrow)\,P_c$ 변압기효율을 최대효율로 사용할 수 있습니다.

핵심기출문제

변압기의 전부하 동손이 270[W], 철손이 120[W]일 때 이 변압기를 최고효율로 운전하는 출력은 정격 출력의 몇 [%]가 되는가?

① 22.5 ② 33.3
③ 44.4 ④ 66.7

해설

변압기의 $\frac{1}{m}$ 부하에서의 최대효율 조건은 $P_i = \left(\frac{1}{m}\right)^2 P_c$

$$\therefore \frac{1}{m} = \sqrt{\frac{P_i}{P_c}} = \sqrt{\frac{120}{270}} = 0.667$$

그러므로 전부하의 약 66.7[%] 부하에서 효율이 최대가 된다.

정답 ④

CHAPTER 05 정류기

01 정류기 개요

정류기는 이미 직류기에서 언급했던 직류기의 3대 요소(전기자－계자－정류자) 중 정류자와 같은 교류파형을 직류파형으로 바꾸는 역할을 합니다.
하지만 직류기에서 정류의 용도와 본 정류기에서 정류의 용도는 다음과 같은 차이가 있습니다.

- 직류기의 정류자는 발전기가 만든 최초의 교류 유기기전력(E)을 직류출력으로 만들기 위해, 정류자편과 브러시(Brush)를 통해 정류가 이뤄집니다.
- 정류기의 정류는 수용가에서 교류전원을 사용하는 가전제품 및 전기설비의 제어회로를 직류로 운영하기 위해, 반도체 소자를 통해 가전제품 및 전기설비의 전원 중 일부를 교류파형에서 직류파형으로 바꿉니다.

여기서 반도체 소자는 다이오드, 싸이리스터, 트랜지스터 등을 말합니다. 사실 본 5장의 정류기에서 전력전자소자(반도체 소자)는 전력(P)보다는 전자 영역에 가깝습니다. 다음 전력계통도 그림을 통해 '정류기'가 전력 계통 흐름에서 어디에 위치하는지 확인할 수 있습니다.

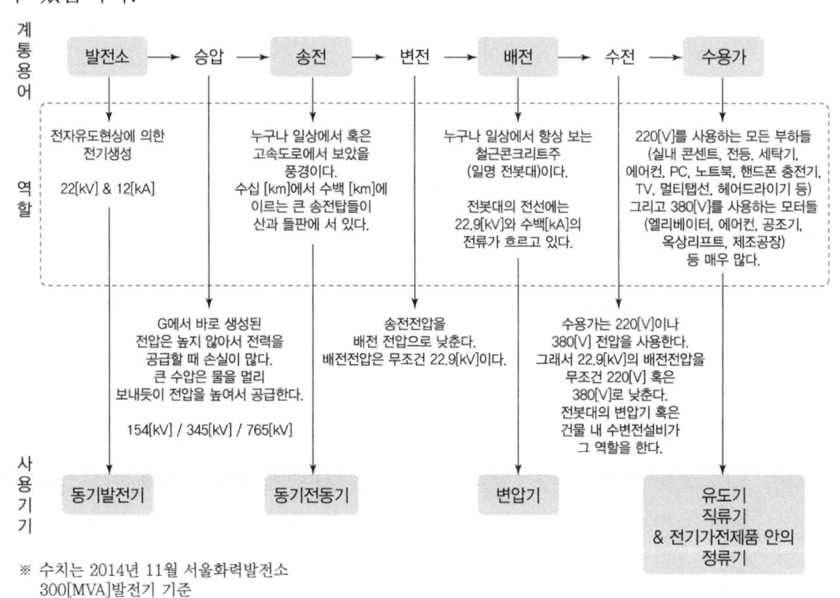

02 정류기의 역할과 종류

1. 정류기의 역할

수용가에서 사용하는 전기설비의 대부분은 모터설비, 조명설비, 가전제품입니다. 특히 가전제품은 전기적으로 정교하게 제어되어야만 사람에게 유익하고 편리한 기능을 수행합니다. 정교하게 또 복잡한 전기제어는 반도체가 들어간 전자회로를 통해 할 수 있고, 전자회로는 직류로 구동(작동)합니다. 그래서 수용가의 단상 전원은 대부분 교류 220[V]이므로, 교류 220[V]를 직류 12[V], 24[V] 등으로 바꿔줄 '정류기'가 필요합니다.

전기기기 과목에서 다루는 정류기(Rectifier)는 독립된 정류장치가 있는 것이 아니고, 반도체 소자(Diode, Thyrister, Transistor)로 구성된 정류회로입니다. 특히 본 내용은 다이오드(Diode)와 싸이리스터(Thyrister) 정류회로에 대한 이론을 주로 다루고, 트랜지스터(Transistor)는 아주 간단하게 몇 가지 종류만을 다룹니다. 왜냐하면 다이오드와 싸이리스터는 조명제어, 전동기제어, 가전기기제어 등 전기설비에서도 광범위하게 사용되지만, 트랜지스터는 전기영역이라기보다는 전자영역에 가까우므로 트랜지스터를 자세히 다루지 않습니다.

반도체 소자를 이용한 정류(Rectifier)방법은 1970년대부터 상용되었습니다. 1970년대 이전에는 '수은정류기' 또는 '회전변류기'를 이용한 아날로그 정류를 하였습니다. 그래서 여기서 다루는 정류는 ① 반도체를 통한 정류, ② 수은을 이용한 정류, ③ 동기기를 이용한 기계적 정류 이렇게 세 가지입니다.

2. 정류기의 종류

① 반도체 소자를 이용한 정류
② 화학적인 방식을 이용한 수은정류기
③ 기계적인 방식을 이용한 회전변류기

03 반도체 소자를 이용한 정류

반도체 소자는 전자영역에서 사용하는 반도체가 있고, 전기영역에서 사용하는 반도체가 있습니다. 전기영역에서 사용하는 반도체 소자를 '전력전자소자'라고 구분해서 부릅니다.

하지만 정류기의 정류회로는 수 [V], 수 [mA] 수준의 반도체 소자를 기준으로 다룹니다. 고전압, 대전류의 전력전자소자를 다루지 않습니다. 하지만 기본 원리는 동일합니다. 다음은 우리가 일상에서 사용하는 기기들 중 반도체 소자를 이용하여 정류하는 기기입니다.

▶ **반도체 정류(AC – DC)를 사용하는 기기들**

산업용 기기		가전기기	
• 인버터 장치	• 엘리베이터	• 디지털 TV	• 전자레인지
• HMI 장치	• 에스컬레이터	• 냉장고	• 전기밥솥
• PLC 장치	• 자동문	• 김치냉장고	• 안마기
• 전산전력량계	• 차량 차단기	• 컴퓨터	• 헬스기구
• 통제실 및 제어실	• 분쇄기	• 진공청소기	• 스탠드 전등
• 계전기 출퇴근 표시기		• 세탁기	• 전기장판
• 차단기		• 헤어드라이기	• 선풍기
		• 게임기	• 보일러
		• 프린터	• 에어컨
		• 면도기	• 전열기구(온풍기)
		• 핸드폰 충전기	• 인터넷모뎀

전기기기에서 다루는 전기설비는 직류기, 동기기, 유도기, 변압기 그리고 정류기입니다. 특히 정류기는 가전기기와 관련이 깊습니다. 최근 가전기기에는 인공지능기능이 많이 탑재돼 있어서 사람이 리모컨으로 원하는 목표값을 입력하면 기기가 자동으로 동작합니다. 구체적으로 이러한 인공지능형 기기들은 '자동제어시스템'을 갖추고 있습니다. 자동제어시스템은 전기기사 · 산업기사 필기과목 중 하나인 「제어공학」에서 다룹니다. 자동제어시스템을 사용하는 대표적인 가전기기는 세탁기, 에어컨, 자율주행 자동차, 핸드폰 등이며, 자동제어시스템을 적용하는 범위가 점점 늘어나고 있습니다. 큰 틀에서 전기기기 과목의 정류기는 제어공학 도입과 연결됩니다.
다음은 정류장치(정류기)가 포함된 자동제어시스템의 자동제어 흐름입니다.

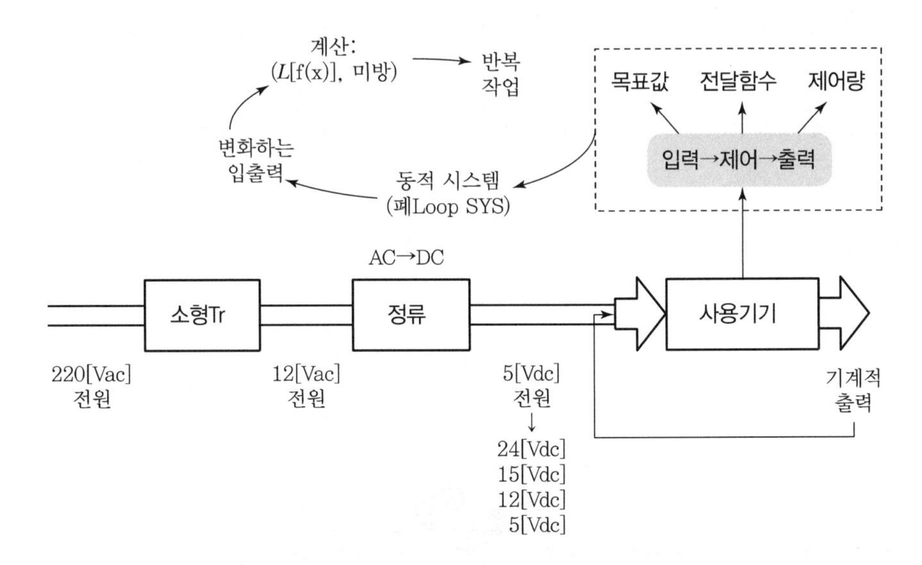

〖 수용가 교류전원과 정류기를 포함한 자동제어시스템 흐름도 〗

1. 반도체 소자의 종류

✠ 소자
전기전자 영역에서 사용하는 용어로, 저항, 콘덴서, 인덕턴스, 자성재료, 다이오드, 트랜지스터 등을 통칭하는 용어이다.

반도체 소자는 이런 모양의 작은 소자를 사용하고, 반도체 소자가 제어하는 전류는 수 [mA] 정도로 전류 크기가 작습니다.
반면, 전력계통에서 사용하는 반도체 소자는 이런 모양의 소자를 사용하고, 소자가 제어하는 전류의 크기는 수십 [A] 정도로 큰 전류를 제어합니다.
반도체 소자(Diode, Thyristor)의 가장 기본이 되는 구조는 다이오드 구조입니다. 다이오드를 구성하는 P와 N의 의미를 먼저 알아보고 P－N 접합(또는 N－P 접합)의 구조를 살펴보겠습니다.

(1) P－N 접합 다이오드

① 정의

P는 Positive(정공 : ＋)의 약자이고, N은 Negative(전자 : －)의 약자입니다. P형 반도체는 정공(＋)을 넣을 수 있는 십(재료)으로 실리콘 물질에 13족(3가) 원소(붕소, 알루미늄, 인, 갈륨 등)를 섞은 물질입니다. N형 반도체는 전자(－)를 넣을 수 있는 집(재료)으로 실리콘(Si) 물질에 15족(5가) 원소(안티몬, 인듐, 비스무트 등)를 섞은 물질을 말합니다. 이렇게 자연계에 존재하지 않는 인위적인 P 물질과 N 물질을 만들어, 두 물질을 가공하여 붙여놓은 것이 다음 그림의 P－N 접합 또는 다이오드(Diode)입니다.

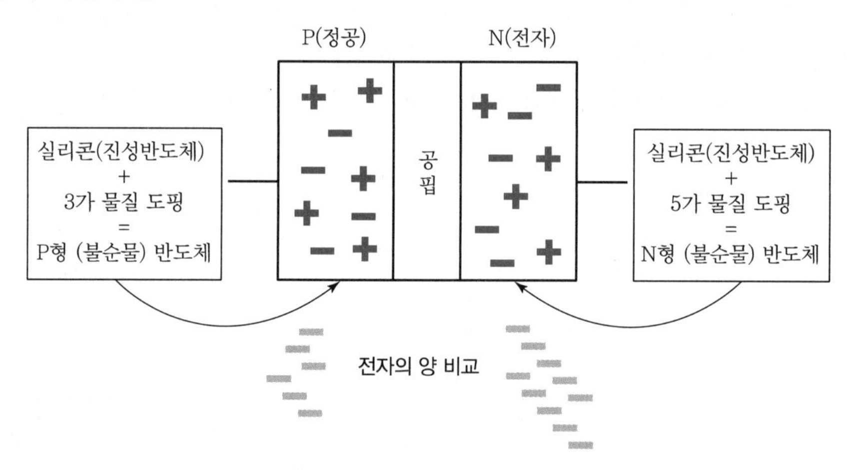

〖P－N 반도체 소자 내부 구조〗

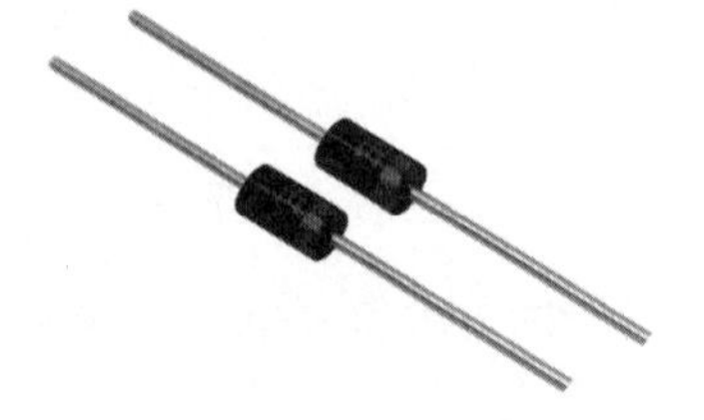

〖P－N 반도체 소자〗

P－N 반도체의 구조는 다음 그림과 같습니다.

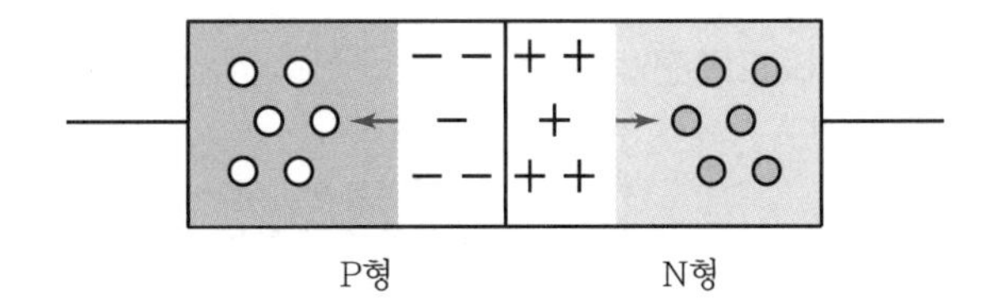

이런 P－N 반도체 소자를 다이오드(Diode)라고 부릅니다.

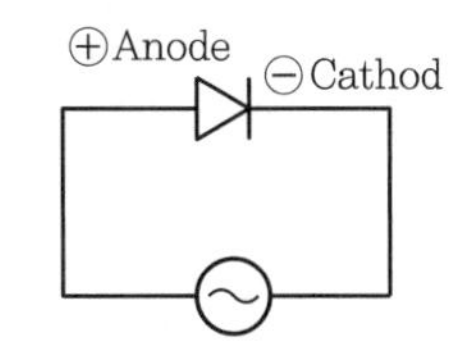

〖PN 접합 다이오드의 기호〗

② **특징**

㉠ P－N 접합 다이오드의 양쪽 두 단자 (＋)와 (－)뿐이며, 단자 각각의 이름은 애노드(＋), 캐소드(－)입니다. P와 N 층이 두 개이므로 2층 반도체로 불립니다.

㉡ P－N 접합 특징을 축약하여 '역저지 단방향 2단자 다이오드'로 부릅니다.

㉢ **단방향 전류 허용** : 전선에는 전류가 흐르는 특정 방향이 없습니다. 전선은 어느 방향으로도 전류가 흐를 수 있습니다. 하지만 다이오드는 특정 한쪽 방향으로만 전류가 흐릅니다.

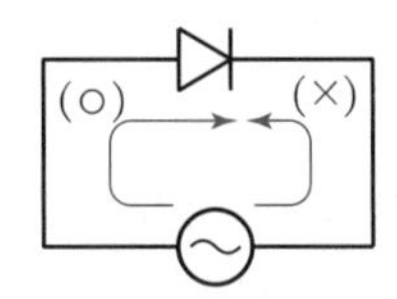

㉣ **도통전압(＝BIOS 전압)** : P－N 접합 다이오드 양단에 전압이 가해진다고 다이오드에 전류가 흐르지 않습니다. 다이오드에 전류가 흐를 수 있는 조건이 있습니다. 그 조건은 다이오드 양단에 가해진 전압이 0.7[V] 이상일 때만 도통되고, 이 전압을 바이어스(BIOS) 전압으로 부릅니다.
반대로 0.7[V] 미만 전압에서는 다이오드가 도통되지 않습니다. 다이오드에 BIOS 전압(0.7[V])을 가해서 다이오드가 도통되는 방향을 '순방향'으로 정의하고, 도통되지 않는 방향을 '역방향'으로 정의합니다.

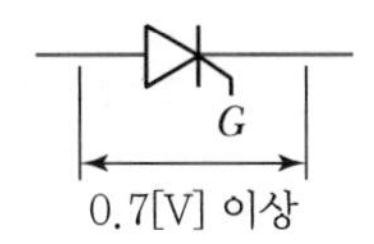

ⓜ 다이오드의 기능 : 정류회로를 구성했을 경우 정류기능, 발광 다이오드, 광 다이오드, 트랜지스터 기능

ⓑ P－N 접합 다이오드의 전압－전류 특성

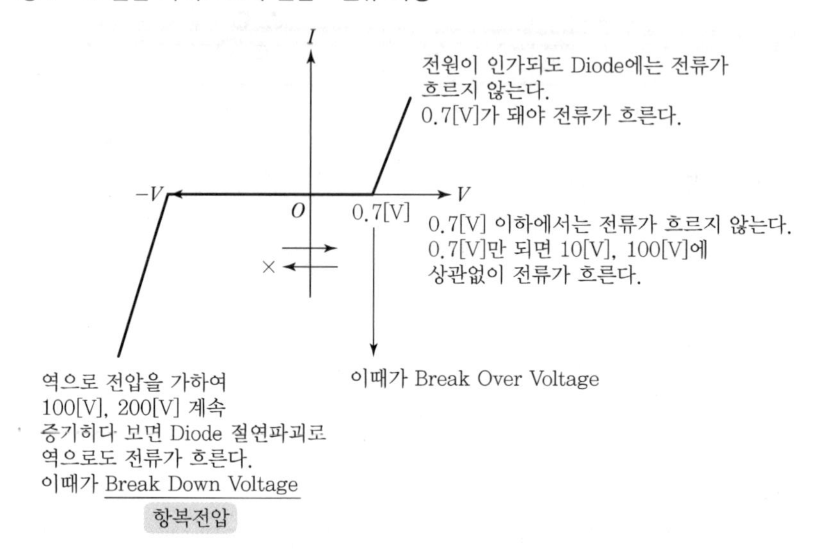

(2) 싸이리스터(Thyrister)와 SCR

P－N 접합 다이오드(2층 반도체 소자)보다 조금 더 복잡한 4층 반도체 소자가 싸이리스터(Thyrister) 혹은 SCR입니다. 4층 반도체이므로 다이오드 구조가 2중으로 중첩된 P－N－P－N 접합 구조로 구성됩니다. SCR 소자는 다이오드 기능과 스위칭(Switching) 기능 모두를 수행할 수 있어 다양한 기기제어가 가능합니다.

① SCR 반도체 소자의 특징

㉠ 4층 구조로 된 SCR은 3개의 단자가 있습니다. 애노드(+), 캐소드(−), 게이트(G)입니다. 아래 그림과 같이 애노드(+), 캐소드(−) 양단에 BIOS(0.7[V]이상) 전압이 걸려 있는 상태에서 게이트(G) 단자에서 0(OFF) 또는 1(ON)의 펄스 신호가 ON될 때 SCR은 도통됩니다.

다시 말해, SCR은 A－C－G 세 개의 단자가 있고, 게이트(G)에서 2진수 0과 1 중 1의 펄스(Pulse)를 보낼 때만 A－C 양단이 도통됩니다.

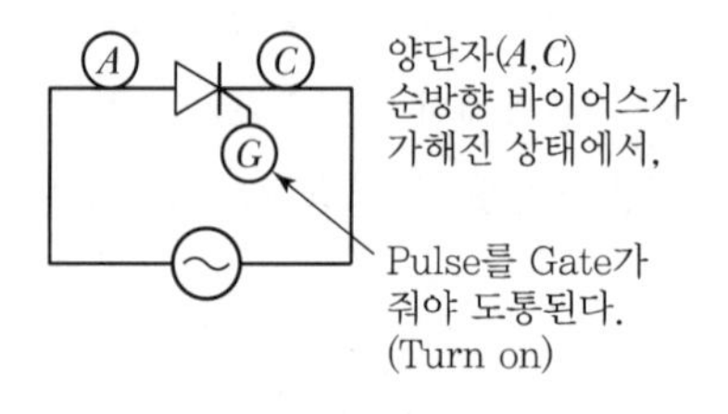

〚 SCR의 기호와 단자 명칭 〛

핵심기출문제

싸이리스터를 이용한 교류전압제어 방식은?

① 위상제어 방식
② 레오너드 방식
③ 초퍼 방식
④ TRIAC 방식

해설

싸이리스터를 이용한 위상제어정류 방식은 교류전압을 직류전압으로 변환 제어할 수 있다.

정답 ①

싸이리스터 명칭

1950년대 미국의 제네럴 일렉트릭사(GE사)에서 P－N－P－N 접합의 4층 반도체 소자를 개발하고 이름을 SCR(Silicon Controlled Rectifier, 실리콘제어 정류소자)이라고 정했다. 같은 시기 다른 미국의 전기회사 RCA사에서도 P－N－P－N 접합의 4층 반도체 소자를 개발했고, 소자 이름을 싸이리스터(Thyraron + Trans-ister = Thyrister)로 정했다. 하지만 1980년대 RCA사는 GE사에 매각되어 사라졌고, 싸이리스터와 SCR은 동일한 반도체 소자이며, 4층 반도체 소자의 대명사로 오랫동안 사용되었다. 그래서 RCA사가 매각되고, GE사가 판매한 SCR을 싸이리스터 혹은 SCR 명칭으로 혼용해서 오늘날까지 부르고 있다. 그러므로 싸이리스터와 SCR의 구분은 무의미하며, 본 정류기에서는 편의상 'SCR'로 통일한다.

ⓛ SCR 소자는 직류 · 교류 모두 제어 가능하며, 특히 교류 sin파형을 제어할 때, 게이트(G)에서 동작펄스가 1이더라도 sin파 교류의 구간이 (−)에서는 SCR이 도통되지 않습니다. 게이트(G)의 동작펄스 1은 교류 (+) 구간에서만 유효합니다.

ⓒ SCR 소자의 특징을 축약하여 '역저지 단방향 3단지 싸이리스터'로 부릅니다.

ⓓ SCR 소자를 스위칭(Switching) 기능으로 사용할 때, 아크(Arc)가 발생하지 않아 열 발생도 없습니다[보통 스위칭 소자는 개폐할 때 아크(Arc)가 생기므로 열과 함께 소자의 온도가 증가하고, 소자에 기계적 부담을 주므로 수명을 단축시킨다].

ⓜ SCR 소자는 역방향에 도통되지 않지만 과전압에 매우 약합니다. 그래서 SCR의 A−C 단자 양단에 0.7[V]를 초과하는 역전압이 조금만 세도 역방향 전기압력에 의해 도통(전류가 흐름)되어 버립니다. 이런 상태를 '항복전압(Break Down Voltage)'으로 부릅니다.

- Break Over Voltage : 도통전압(=BIOS 전압) 0.7[V]에 의해 SCR이 턴온(Turn On) 될 때 전압 명칭
- Break Down Voltage : SCR 소자에 역전압이 걸려서 억지로 도통될 때의 전압 명칭

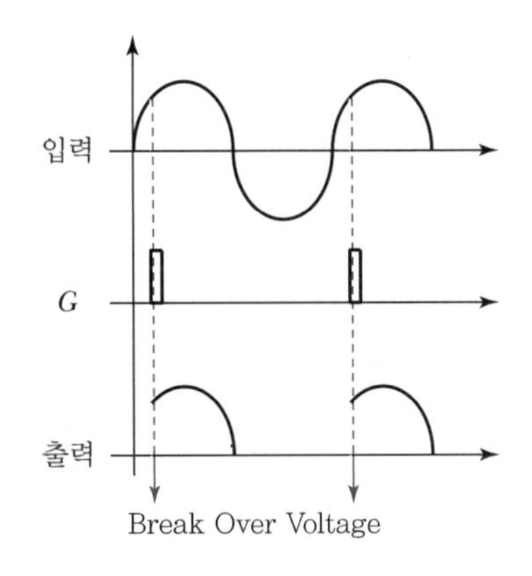

- SCR의 전류−전압 특성

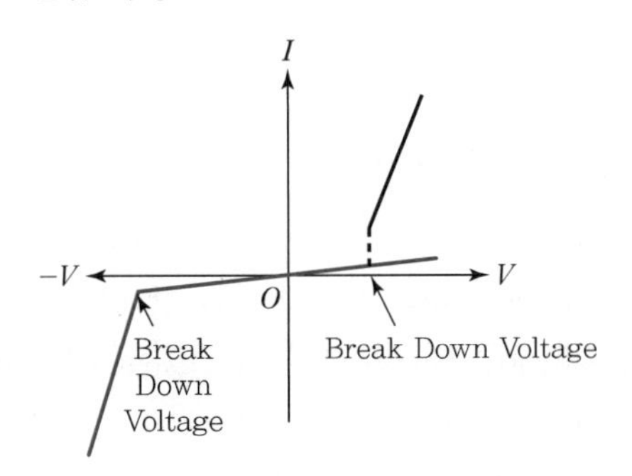

핵심기출문제

다음은 SCR에 관한 설명이다. 적당하지 않은 것은?

① 3단자 소자이다.
② 작은 게이트신호로 대전력을 제어한다.
③ 직류전압만을 제어한다.
④ 도통상태에서 전류가 유지전류 이하로 되면 비도통상태로 된다.

해설
SCR은 역저지 3단자 싸이리스터로서 고속의 스위칭 반도체 소자이며 그 기능은 교류 및 직류 시스템에서 전력을 변환 · 제어 · 개폐하는 것이다. SCR은 게이트전류에 의하여 작은 전압으로도 큰 전류를 ON−OFF 할 수 있는 제어기능을 가지고 있으며 SCR을 턴−오프시키려면 순방향전류를 유지전류 이하로 낮추거나 역방향전압을 가하여 전류의 흐름을 일시적으로 차단시켜야 하는 특성을 가진다.

정답 ③

핵심기출문제

SCR에 대한 설명으로 옳지 않은 것은?

① 스위칭 소자이다.
② P−N−P−N 소자이다.
③ 쌍방향 싸이리스터이다.
④ 직류, 교류, 전력 제어용으로 사용한다.

해설
SCR은 단방향 3단자 소자이다.

정답 ③

ⓗ SCR 소자의 전압강하(e)는 매우 작습니다. SCR 소자가 어떤 5[V] 회로에서 사용 중일 때, 도통상태에서 A－C 단자 양단에 걸려 있는 BIOS 전압(0.7[V])을 제외한 4.3[V]가 부하로 전달됩니다.

ⓢ SCR 소자의 턴온(Turn On) 시간은 매우 짧습니다. 여기서 턴온(Turn On)이란 게이트(G) 단자에 펄스신호를 주고, A－C 단자 양단에 전류가 도통되는 순간까지의 시간을 말합니다.

ⓞ 역률각 이하에서 제어가 불가능합니다. SCR 소자는 교류파형의 (－) 구간에서는 동작하지 않고, (＋) 구간에서 게이트(G)가 신호가 있을 때만 동작합니다. 교류 (＋) 구간 180° 각도 중 SCR 소자가 제어할 수 있는 위상각은 오직 30°~150° 사이 구간입니다. 그 이외의 위상각에서는 제어가 불가능합니다.

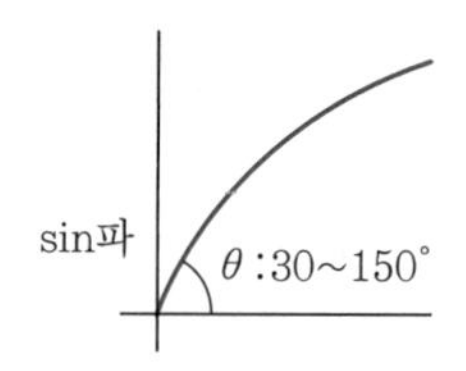

ⓩ SCR의 기능 : 정류회로를 구성했을 때 AC를 DC로 바꾸는 정류기능, 전류와 전압을 제어하는 스위칭(Switching) 기능

② **SCR의 턴온(Turn on) 조건**

SCR 소자의 A－C 단자 양단에 전류가 흐르는 상태가 턴온(Turn On)이고, 도통되지 않는 상태가 턴오프(Turn Off)입니다. SCR 소자가 턴온되려면 다음과 같은 조건이 만족돼야 합니다.

ⓐ 양극(A)과 음극(C) 사이가 Break Over Voltage(0.7[V] 이상) 상태이고, 소자 외부에서 게이트(G) 단자에 1의 펄스신호를 인가할 때 이 두 조건이 모두 충족되면 SCR의 A－C 양단은 도통상태가 됩니다.

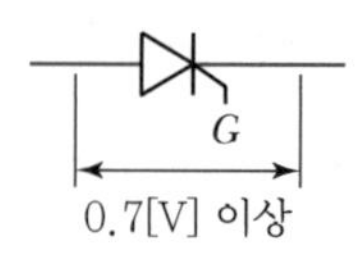

ⓑ SCR의 게이트(G) 단자에 펄스신호를 줄 때, 그 펄스신호는 래칭전류 이상일 경우에만 유효한 펄스신호입니다.

- 턴온(Turn On) 시간 : 게이트신호(Gate Pulse) 인가부터 도통까지의 시간
- 래칭전류(Latching Current) : SCR 소자가 턴온 상태가 되기 위해 게이트(G) 펄스신호의 최소전류의 크기(10~15[mA] 이상)
- 유지전류(Holding Current) : SCR 소자가 턴온 상태를 유지하기 위한 A－C 단자에 흘러야 할 최소전류(10~15[mA] 이상)

핵심기출문제

SCR(실리콘 정류소자)의 특징이 아닌 것은?

① 아크가 생기지 않으므로 열의 발생이 적다.
② 과전압에 약하다.
③ 게이트에 신호를 인가할 때부터 도통할 때까지의 시간이 짧다.
④ 전류가 흐르고 있을 때의 양극 전압 강하가 크다.

해설
SCR 통전 시 순방향 전압강하는 1.5[V] 정도로서 작다.

정답 ④

핵심기출문제

SCR을 이용한 인버터 회로에서 SCR이 도통상태에 있을 때 부하전류가 20[A] 흘렀다. 게이트 동작 범위 내에서 전류를 $\frac{1}{2}$로 감소시키면 부하전류는 몇 [A]가 흐르는가?

① 0 ② 10
③ 20 ④ 40

해설
SCR은 일단 도통상태가 되면 전류가 유지전류 이상으로 유지되는 한 게이트전류(I_G)의 유무에 관계없이 항상 일정한 전류가 흐른다.

정답 ③

③ SCR의 턴오프(Turn Off) 조건

㉠ SCR 소자의 애노드(Anode) 단자에 (－)의 교류 sin파형이 유입되면 SCR 소자는 자동으로 턴오프 상태가 됩니다.

㉡ SCR 소자에 흐르는 전류가 유지전류(10～15[mA]) 미만이면 SCR 소자는 턴오프 상태가 됩니다.

(3) GTO 반도체 소자

① 정의

GTO 소자(Gate Turn Off thyrister)는 SCR 소자와 대부분의 기능이 같습니다. 다만 다른 점 하나는 SCR 소자의 게이드(G) 단자는 1 펄스신호만 유효하나, GTO 소자의 게이트(G) 단자는 0와 1 펄스신호 모두 유효합니다. 때문에 GTO 소자는 게이트(G) 신호로도 소자를 턴오프 시킬 수 있는 4층 반도체 소자입니다. 이런 GTO 소자의 기능을 '자기소호가 가능한 반도체 소자'라고 합니다.

② 특징

㉠ GTO 소자는 자기소호가 가능한 4층 반도체 소자입니다. SCR 소자의 턴온 제어만 가능하고, 턴오프 제어가 불가능한 소자인데 반해, GTO 소자는 턴온과 턴오프 모두를 제어 가능한 소자입니다. 다시 말해, 게이트(G)의 동작신호(1)와 소호신호(0) 둘 다 유효합니다.

㉡ 반도체 특징을 축약하여 '역저지 단방향 3단지 소자'로 부릅니다.

㉢ GTO 소자는 주로 직류(DC)를 제어하는 초퍼(Chopper)기능 혹은 직류 스위치용으로 사용합니다.

㉣ GTO 기호와 GTO의 전류－전압 특성

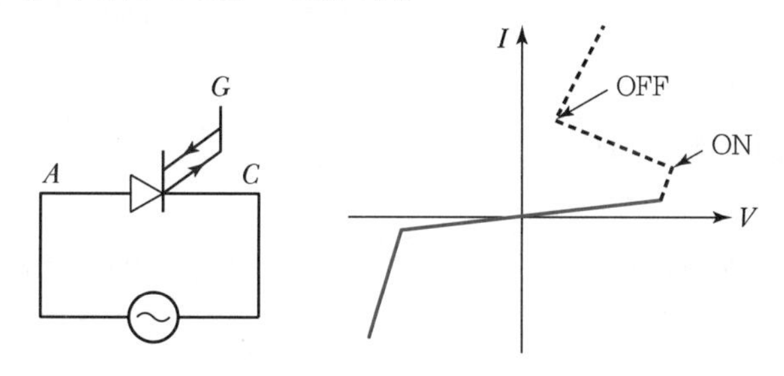

(4) TRIAC 반도체 소자의 특징

① TRIAC 소자(Triode AC Switch)는 '양방향 3단자 싸이리스터'로 축약하여 불립니다.

② TRIAC 소자의 기호와 단자 명칭

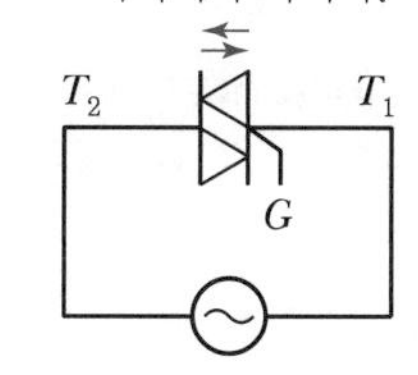

핵심기출문제

반도체 소자의 명칭에 관한 설명 중 틀린 것은?

① SCR은 역저지 3극 싸이리스터이다.
② SSS은 2극 쌍방향 싸이리스터이다.
③ TRIAC은 2극 쌍방향 싸이리스터이다.
④ SCS은 역저지 4극 싸이리스터이다.

해설

TRIAC(트라이액)은 3극 쌍방향성 싸이리스터이다.

정답 ③

③ TRIAC 소자의 전류 – 전압 특성

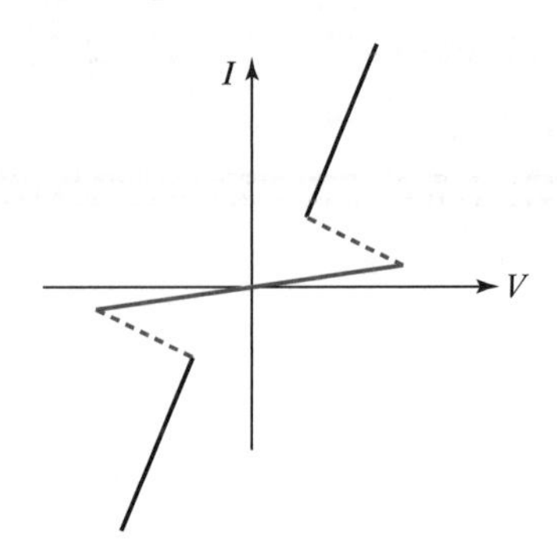

(5) 그 밖의 반도체 소자들

반도체 소자의 단자(다리) 명칭은 소자 종류마다 제각각입니다. 그리고 앞에서 언급한 반도체 소자(다이오드, SCR)는 최초이자 가장 전통적인 반도체 소자이고, 현재 사용하는 반도체 소자는 기술과 소재에 있어서 우수하고 뛰어나며 매우 다양한 종류가 존재합니다.

① **SCR 소자의 단자 명칭** : A – C – G
② **트랜지스터(Tr) 기본 소자의 단자 명칭** : E – C – B
③ **MOS 트랜지스터 소자의 단자 명칭** : Drain – Gate – Source

▶ 산업현장에서 많이 사용하는 대표적인 반도체 소자의 종류와 특징

명칭	기호	용도
제어 다이오드 • 역저지 2단자	A K	정전압(일정한 전압) 회로용
SSS(사이닥) • 양방향 2단자 대칭형 스위치	A K N : sss 사이닥	교류 제어용
LASCR • 감광 역저지 3단자 싸이리스터 • 빛을 받으면 턴온(감광)	A K G	광 스위치, 릴레이, 카운터 회로
SCS • 역저지 4단자 싸이리스터	G_A A K G_K [다리 4개, Gate 2개]	광에 의한 스위치 제어
DIAC • 양방향 2단자 4층 다이오드 • P–N–P–N 4층 반도체 소자	A K (Gate 없음)	트리거 펄스를 발생하는 소자 〈주의〉 • TRIAC 단자 : T_1, T_2, G • DIAC 단자 : A, K

핵심기출문제

다음 싸이리스터 중 3단자 싸이리스터가 아닌 것은?

① SCR ② GTO
③ TRIAC ④ SCS

해설

각종 싸이리스터의 특성
• SCR : 1방향성 3단자 싸이리스터
• GTO : 1방향성 3단자 싸이리스터
• TRIAC : 2방향성 3단자 싸이리스터
• SCS : 1방향성 4단자 싸이리스터

정답 ④

핵심기출문제

다음 중 2방향성 3단자 싸이리스터는 어느 것인가?

① SCR ② SSS
③ SCS ④ TRIAC

해설

• SCR : 1방향성 3단자 싸이리스터
• SSS : 쌍(2)방향성 2단자 싸이리스터
• SCS : 1방향성 4단자 싸이리스터
• TRIAC : 쌍방향성 3단자 싸이리스터

정답 ④

2. 전력변환

반도체 소자를 이용하여 전력의 속성을 변환할 수 있습니다. 전력의 속성이란 파형을 인위적으로 변형시킬 수 있다는 의미입니다. 예를 들면,

전동기를 제어할 때 전동기에 입력되는 교류(AC) 파형을 파형으로 변환시키거나, 전동기(모터)에 입력되는 직류(DC) 파형을 파형으로 변환하는 경우입니다.

우리가 일상에서 가전제품에 대해서 사용하는 단어 중에 인버터(Inverter)가 있습니다. 인버터는 직류파형을 교류파형으로 바꾸는 전력변환장치입니다. 여기서 인버터의 전력변환은 [그림 b]와 같이 직류파형을 구형파의 교류파형으로 바꾸는 제어입니다. [그림 a]와 같은 인버터 제어는 존재하지 않습니다.

〖인버터 제어〗

전력변환은 다음과 같이 크게 4가지가 있습니다.

(1) 인버터(Inverter) 제어

인버터는 직류(DC)파형을 구형파의 교류(AC)파형으로 변환하기 위해 사용하는 제어방법입니다. 교류는 단상과 3상이 있습니다. 그래서 인버터 제어도 단상 인버터 제어와 3상 인버터 제어 두 가지가 있습니다.

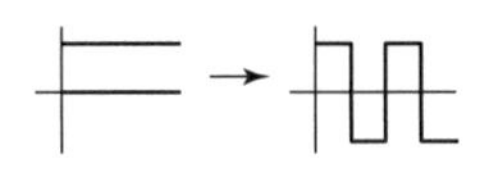

(2) 초퍼(Chopper) 제어

기본 직류(DC)파형을 다른 형태의 직류(DC)파형으로 직접 변환할 때 사용하는 제어방법입니다. 초퍼(Chopper) 제어가 소자로서 하는 역할은 다음과 같습니다.

- 고속으로 ON－OFF 스위칭(Switching)을 빠르게 반복하는 기능을 수행한다.
- 직류변압기의 크기를 변화시킬 수 있다. 교류용 변압기는 전자유도원리와 권수비를 이용하여 교류전압의 크기를 변화시키는 데 반해, 직류변압기는 반도체 소자로 초퍼제어 회로를 구성하여 입력된 직류(DC)파형을 잘게 나누어 낮은 크기의 직류로 만들 수 있다. 이런 제어방법을 주파수 폭을 조절한다는 의미에서 'PWM 제어'라고 부른다.

이렇게 직류전력을 증폭 또는 DC－DC 변환 장치로 사용합니다.

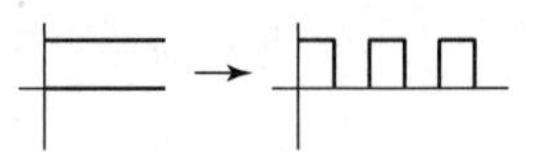

핵심기출문제

인버터(Inverter)의 전력변환은?

① 교류 → 직류로 변환
② 직류 → 직류로 변환
③ 교류 → 교류로 변환
④ 직류 → 교류로 변환

해설

인버터는 직류(D.C)를 교류(A.C)로 변환하는 역변환 장치이다.

정답 ④

핵심기출문제

직류전압을 직접 제어하는 것은?

① 단상 인버터
② 브릿지형 인버터
③ 초퍼형 인버터
④ 3상 인버터

해설

초퍼(Chopper) 방식

싸이리스터의 턴－오프 시간이 매우 짧은 특성을 이용하여 직류전원의 전압을 실부하에 적합한 전압으로 변조 · 제어하는 직류제어 방식이다(DC－DC의 직접변환방식).

정답 ③

① **용도** : 직류전동기 제어
② **강압용 초퍼** : 출력전압이 입력전압보다 작은 제어회로
③ **승압용 초퍼** : 출력전압이 입력전압보다 큰 제어회로
④ **초퍼제어에 사용하는 반도체 소자** : GTO, Power transistor

(3) 컨버터(Converter)

교류(AC)파형을 직류(DC)파형으로 변환하는 제어장치입니다. 교류전력의 주파수 변화 없이, 전력의 크기만을 직류 구형파로 변환하여 전력을 제어합니다.

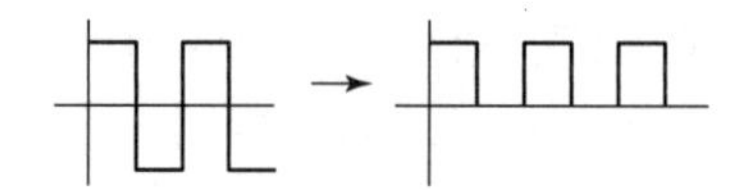

(4) 싸이클로 컨버터(= 주파수 변환기)

싸이클로 컨버디(Cyclo－converter)는 교류(DC)파형을 다른 주파형 폭의 교류(AC) 파형으로 변환(PWM)하는 전력제어장치입니다. 제어소자로는 SCR 소자를 사용합니다.

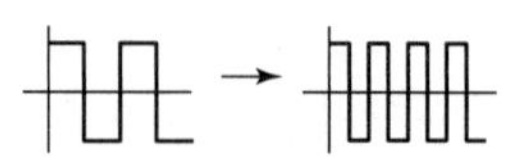

① 싸이클로 컨버터가 없을 때, 교류 주파수 변환 과정

AC 60Hz	→ 정류기 →	DC 0Hz	→ 인버터 →	AC 180Hz	: 주파수 변환 완료

② 싸이클로 컨버터가 있을 때, 교류 주파수 변환 과정

AC 60Hz	→ 싸이클로 컨버터 →	AC 180Hz	: 주파수 변환 완료

3. 다이오드 반도체 소자를 이용한 정류회로

정류회로(교류를 직류로 바꾸는 회로)는 두 가지 다이오드(정류회로와 SCR 정류회로)로 나뉩니다.
SCR 정류회로는 나중에 기술하고, 먼저 다이오드 정류회로는 상(Phase)의 수와 정류된 출력파형에 따라 아래와 같이 4가지 정류회로로 나눕니다.

① 단상 반파 정류회로
② 단상 전파 정류회로(브릿지 정류, 중간탭 정류)
③ 3상 반파 정류회로
④ 3상 전파 정류회로

핵심기출문제

싸이클로 컨버터(Cyclo－converter)란?

① 실리콘 양방향성 소자이다.
② 제어 정류기를 사용한 주파수 변환기이다.
③ 직류 제어 소자이다.
④ 전류 제어 소자이다.

해설
싸이클로 컨버터는 일정 주파수의 교류전원을 가변전압, 가변주파수의 교류로 직접 변환하는 주파수 변환장치이다.

정답 ②

핵심기출문제

어떤 정류회로의 부하전압이 200[V]이고 맥동률이 4[%]이면 교류분은 몇 [V] 포함되어 있는가?

① 18　② 12
③ 8　④ 4

해설
맥동률
$= \frac{\text{정류출력에 포함된 교류성분}}{\text{정류출력의 직류성분}} \times 100[\%]$
∴ 교류분
= 직류분(정류전압) × 맥동률
$= 200 \times 0.04 = 8[V]$

정답 ③

> [중요] 정류회로 특성 관련 용어
> - 최대역전압(PIV : Peak Inverse Voltage) : 역전압에 대해 다이오드 정류회로가 견딜 수 있는 한계전압
> - 정류효율(η) : 입력 교류전압 대비 출력 직류전압의 비
> - 맥동률 : 교류파형의 입력이 정류되어 직류파형으로 출력됐을 때, 출력에 교류분이 얼마나 남아 있는지를 나타내는 지표로, 이상적인 직류파형 대비 실제 정류 파형의 교류분 함유비율을 의미한다. 맥동률 수치가 낮을수록 정류가 잘된 것이다.
>
> $$\text{맥동률} = \frac{\text{정류출력에 포함된 교류성분}}{\text{정류출력의 직류성분}} \fallingdotseq \frac{\text{교류분}}{\text{직류분}}[\%]$$
>
> (맥동률은 맥동률 수치가 낮을수록 정류가 잘됐음을 의미한다)

(1) 단상 반파 정류회로의 특성

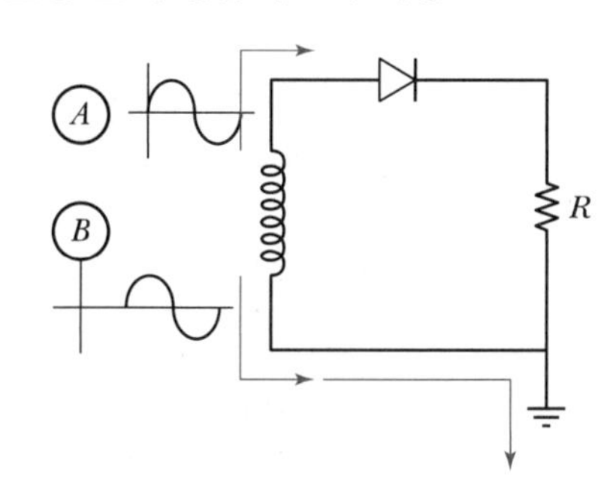

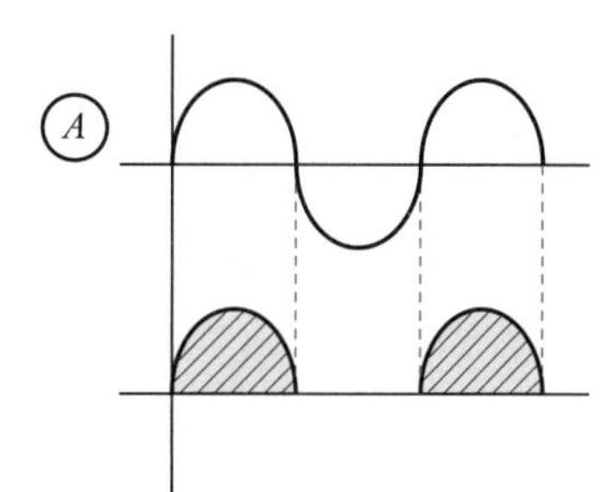

① **직류(DC)출력전압** : $E_d = \dfrac{\sqrt{2}}{\pi}E = 0.45\,E\,[\mathrm{V}]$

입력된 교류실효전압(E)의 0.45배의 정류출력을 냅니다.

$$\left\{ E_d = \frac{\int_0^{\pi} V_m \sin\theta}{T} d\theta = \frac{V_m}{\pi}\int_0^{\pi} \sin\theta\, d\theta = \frac{E\sqrt{2}}{\pi}\int_0^{\pi}\sin\theta\, d\theta = \frac{E\sqrt{2}}{\pi} = 0.45\,E \right\}$$

② **입 · 출력전압의 주파수 관계** : $f_{ac} = f_{dc}$

정류 후, 입력측의 교류주파수와 출력측의 직류주파수는 동일한 주파수입니다.

③ **최대 역전압(PIV)** : $PIV = \pi \cdot E_d = \pi\dfrac{\sqrt{2}}{\pi}E = \sqrt{2}\,E$

$PIV = \sqrt{2}\,E$는 입력 교류실효전압(E)의 $\sqrt{2}$ 배까지 역전압에 대해 견딜 수 있음을 의미합니다.

④ **정류효율(η)** : 40.6[%]

⑤ **맥동률** : 121[%]

핵심기출문제

그림의 단상 반파 정류회로에서 R에 흐르는 직류 전류[A]는?(단, $V = 100[\mathrm{V}]$, $R = 10\sqrt{2}\,[\Omega]$이다.)

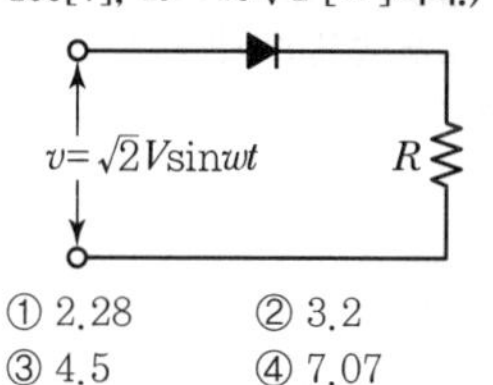

① 2.28 ② 3.2
③ 4.5 ④ 7.07

해설

단상 반파 정류회로에서
- 직류전압의 평균값

$$E_d = \frac{\sqrt{2}}{\pi}E = 0.45E = 0.45 \times 100 = 45[\mathrm{V}]$$

∴ 직류전류

$$I_d = \frac{E_d}{R} = \frac{45}{10\sqrt{2}} = 3.18[\mathrm{A}]$$

정답 ②

핵심기출문제

단상 반파 정류로 직류전압 100[V]를 얻으려고 한다. 최대 역전압(PIV : Peak Inverse Voltage) 몇 [V] 이상의 다이오드를 사용하여야 하는가?

① 100 ② 141.4
③ 222 ④ 314

해설

단상 반파 정류회로에서 직류전압

$$E_d = \frac{\sqrt{2}}{\pi}E = 0.45\,E[\mathrm{V}]$$

이것을 단상 반파 정류회로에서 교류전압으로 나타내면,

$$E = \frac{\pi}{\sqrt{2}} \cdot E_d = \frac{\pi}{\sqrt{2}} \times 100 = 222[\mathrm{V}]$$

그러므로 최대 역전압(PIV)은

$$PIV = \sqrt{2}\,E = \sqrt{2} \times 222 = 314[\mathrm{V}]$$

정답 ④

(2) 단상 전파 정류회로의 특성

단상 전파 정류회로는 브릿지와 중간탭 두 가지 형태로 나뉩니다. 정류회로 구성이 다를 뿐 교류입력에 대해 동일한 직류출력을 내는 정류회로입니다.

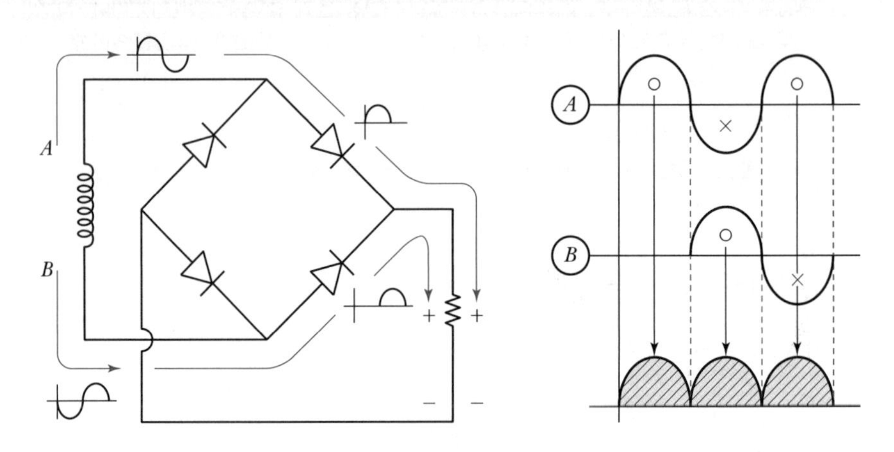

〚 브릿지 전파 정류회로(Bridge Full wave Rectifier) 〛

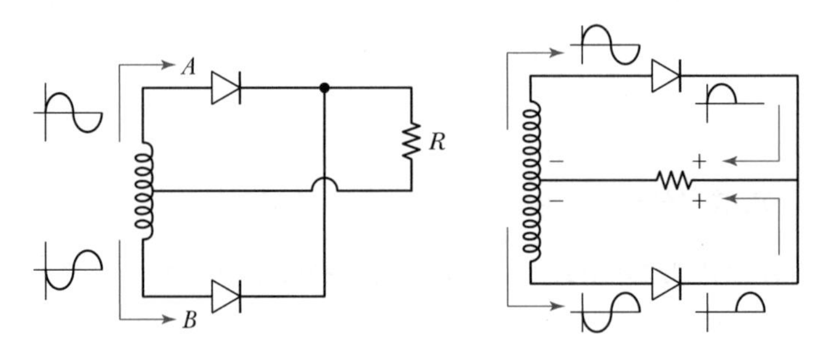

〚 중간탭 전파 정류회로(Center Tapped Full wave Rectifier) 〛

① **직류(DC)출력전압** : $E_d = \dfrac{2\sqrt{2}}{\pi} E = 0.9 E\,[\mathrm{V}]$

입력된 교류실효전압(E)의 0.9배에 정류출력을 냅니다.

② **입 · 출력전압의 주파수 관계** : $2f_{ac} = f_{dc}$

정류 후, 입력측의 교류 주파수는 출력측의 직류 주파수의 2배 주파수입니다.

③ **브릿지 정류회로의 최대역전압(PIV)** : $PIV = \sqrt{2}\,E\,[\mathrm{V}]$

④ **중간탭 정류회로의 최대역전압(PIV)** : $PIV = 2\sqrt{2}\,E\,[\mathrm{V}]$

$$PIV = \frac{\pi}{2} E_d = \frac{\pi}{2}\frac{2\sqrt{2}}{\pi} E = 2\sqrt{2}\,E$$

이것은 입력된 교류실효전압(E)의 $2\sqrt{2}$ 배까지 역전압에 대해 견딜 수 있음을 의미합니다.

핵심기출문제

두 개의 SCR 소자로 단상 전파 정류를 하여 $\sqrt{2}\times 100[\mathrm{V}]$의 직류 전압을 얻는 데 필요한 1차측 교류 전압은 몇 [V]인가?

① 111　② 141
③ 157　④ 314

해설

두 개의 SCR을 사용한 단상 전파 정류에서 직류전압은

$E_d = \dfrac{2\sqrt{2}}{\pi} E$

그러므로, 교류전압의 실효값은

$E = \dfrac{\pi}{2\sqrt{2}} \cdot E_d = \dfrac{\pi}{2\sqrt{2}} \times (\sqrt{2}\times 100) = 157[\mathrm{V}]$

정답 ③

핵심기출문제

다이오드를 사용한 정류회로에서 여러 개를 직렬로 연결하여 사용할 경우 얻는 효과는?

① 다이오드를 과전류로부터 보호
② 다이오드를 과전압으로부터 보호
③ 부하출력의 맥동률 감소
④ 전력공급의 증대

정답 ②

⑤ **브릿지 정류회로의 효율(η)** : 81.2[%]

⑥ **중간탭 정류회로의 효율(η)** : 57.5[%]

⑦ **맥동률** : 48[%]

브릿지 정류회로는 4개의 다이오드를 사용하고, 중간탭 정류회로는 2개의 다이오드를 사용합니다. 다이오드 소자 개수 4개와 2개의 차이는 정류된 출력전압은 동일하지만, 최대역전압(PIV) 또는 항복전압에 대해 다이오드 소자 4개를 사용한 브릿지 회로가 회로적으로 튼튼하고 안정적인 정류공급을 합니다.

(3) 3상 반파 정류회로의 특성

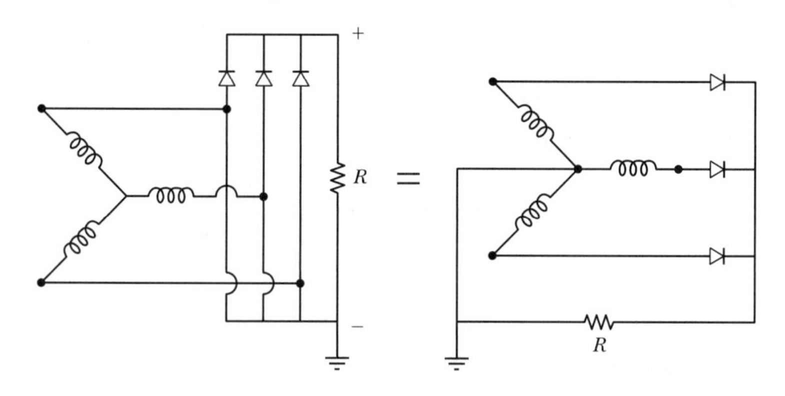

① **직류(DC)출력전압** : $E_d = 1.17\,E\,[\mathrm{V}]$

입력된 교류실효전압(E)의 1.17배의 정류출력을 냅니다.

② **입 · 출력전압의 주파수 관계** : $3f_{ac} = f_{dc}$

정류 후, 입력측의 교류주파수는 출력측의 직류주파수의 3배 주파수입니다.

③ **최대역전압(PIV)** : $PIV = \sqrt{6}\,E\,[\mathrm{V}]$

입력된 교류실효전압(E)의 $\sqrt{6}$ 배까지 역전압에 대해 견딜 수 있습니다.

④ **정류효율(η)** : 96.7 [%]

⑤ **맥동률** : 17 [%]

(4) 3상 전파 정류회로의 특성

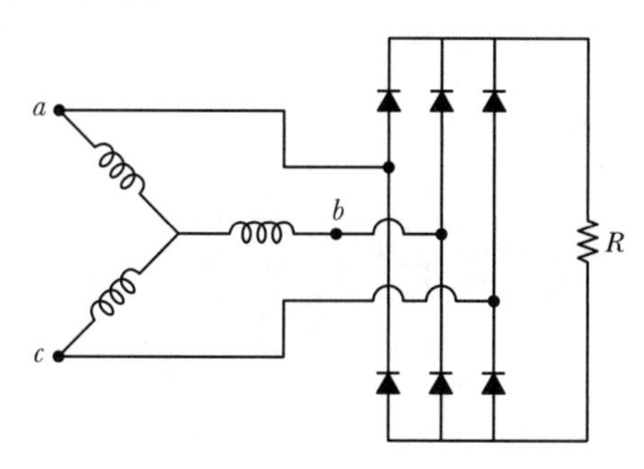

핵심기출문제

다이오드(Diode)를 이용한 단상 전파 정류파형에서 부하의 맥동률 [%]은?

① 17 ② 48
③ 52 ④ 83

정답 ②

핵심기출문제

그림과 같은 정류회로에서 I_a(실효값)의 값은?

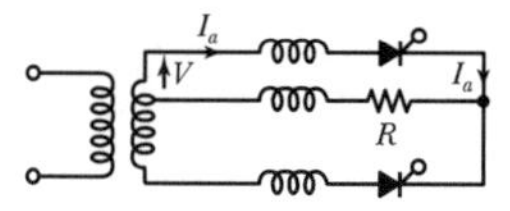

① $1.11I_d$

② $0.707I_d$

③ I_d

④ $\sqrt{\dfrac{\pi-\alpha}{\pi}} \cdot I_d$

해설

다이오드를 이용한 단상 전파 정류회로에서 직류전압(E_d)은

$$E_d = \frac{2\sqrt{2}}{\pi}E$$

그리고 직류전류(I_d)는

$$I_d = \frac{E_d}{R} = \frac{1}{R}\left(\frac{2\sqrt{2}}{\pi}E\right) = \frac{2\sqrt{2}}{\pi}\cdot I_{ACs}$$

따라서 교류전류(실효값) I_a는

$$\therefore\ I_a = \frac{\pi}{2\sqrt{2}}\cdot I_d = 1.11I_d$$

정답 ①

핵심기출문제

다이오드(Diode)를 이용한 3상 반파 정류회로에서 맥동률은 몇 [%]인가?(단, 부하는 저항부하이다.)

① 약 10 ② 약 17
③ 약 28 ④ 약 40

해설

맥동률
- 3상 반파정류 : 17[%]
- 단상 전파정류 : 48[%]

정답 ②

① **직류(DC)출력전압** : $E_d = 1.35\,E\,[\mathrm{V}]$

입력된 교류실효전압(E)의 1.35배의 정류출력을 냅니다.

② **입 · 출력전압의 주파수 관계** : $6\,f_{ac} = f_{dc}$

정류 후, 입력측의 교류주파수는 출력측의 직류주파수의 6배 주파수입니다.

③ **최대역전압(PIV)** : $PIV = \sqrt{6}\,E\,[\mathrm{V}]$

입력된 교류실효전압(E)의 $\sqrt{6}$ 배까지 역전압에 대해 견딜 수 있습니다.

④ **정류효율(η)** : 99.8[%]

⑤ **맥동률** : 4[%]

4. SCR 반도체 소자를 이용한 정류회로

(1) 단상 반파 정류회로의 특성

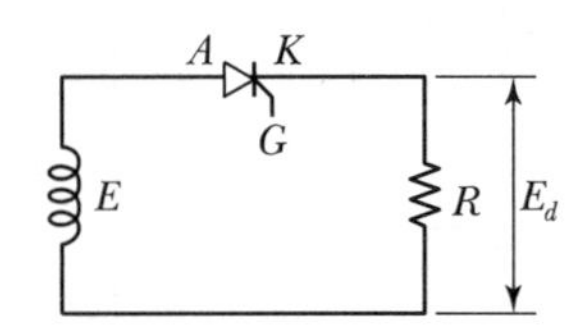

① **저항(R)부하일 경우, SCR의 직류출력**

$$E_d = \frac{\sqrt{2}\,E}{\pi}\left(\frac{1+\cos\theta}{2}\right) = 0.45\,E\,\frac{1+\cos\theta}{2}\,[\mathrm{V}]$$

$$\left\{E_{dc} = \frac{\int_{\alpha}^{\pi} V_m \sin\theta}{T}d\theta = \frac{V_m}{T}\int_{\alpha}^{\pi}\sin\theta\,d\theta = \frac{\sqrt{2}\,E}{2\pi}\,[\cos\theta]_{\alpha}^{\pi} = \frac{\sqrt{2}\,E}{\pi}\left(\frac{1+\cos\alpha}{2}\right)\right\}$$

② **유도성 리액턴스(X_L)부하일 경우, SCR의 직류출력**

$$E_d = \frac{\sqrt{2}}{\pi}E\cos\theta = 0.45\,E\cos\theta\,[\mathrm{V}]$$

③ **$R-L$ 부하일 경우, SCR의 직류출력**

인덕턴스(L) 수치가 클수록 완전에 가까운 직류출력이 됩니다.

(2) 단상 전파 정류회로의 특성

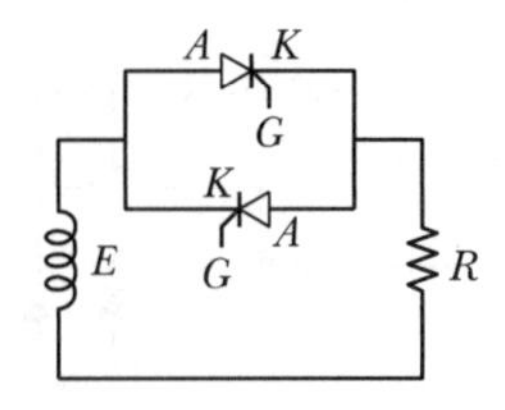

핵심기출문제

다음 정류기 중에서 맥동률이 가장 작은 방식은?

① 단상 반파 정류 방식
② 단상 전파 정류 방식
③ 3상 반파 정류 방식
④ 3상 전파 정류 방식

해설

맥동률

- 단상 반파 정류 방식 : 약 121[%]
- 단상 전파 정류 방식 : 약 48[%]
- 3상 반파 정류 방식 : 약 17[%]
- 3상 전파 정류 방식 : 약 4[%]

정답 ④

핵심기출문제

단상 200[V]의 교류전압을 점호각 60°로 반파정류를 하여 저항부하에 공급할 때의 직류전압[V]은?

① 97.5　② 86.5
③ 75.5　④ 67.5

해설

$$E_d = \frac{\sqrt{2}\,E}{\pi}\left(\frac{1+\cos\theta}{2}\right) = \frac{\sqrt{2}\times 200}{\pi}\left(\frac{1+\cos 60}{2}\right) = 67.5[\mathrm{V}]$$

정답 ④

핵심기출문제

반도체 싸이리스터에 의한 제어는 어느 것을 변화시키는가?

① 주파수　② 위상각
③ 최대값　④ 토크

해설

반도체 싸이리스터에 의한 제어는 게이트펄스로서 위상각을 변화시켜 정류전압과 전류의 평균값을 제어한다.

정답 ②

① 저항(R)부하일 경우, SCR의 직류출력

$$E_d = \frac{2\sqrt{2}\,E}{\pi}\left(\frac{1+\cos\theta}{2}\right) = 0.45E\,(1+\cos\theta)\,[\mathrm{V}]$$

② 유도성 리액턴스(X_L)부하일 경우, SCR의 직류출력

$$E_d = \frac{2\sqrt{2}}{\pi}E\cos\theta = 0.9E\cos\theta\,[\mathrm{V}]$$

04 수은정류기(화학적 정류)

수은정류방식은 1980년대 이전에 사용하던 방식입니다. 현재는 매우 특수한 목적을 제외하고는 일반적으로 사용하지 않는 정류방식입니다.

1. 수은정류의 원리

다음 그림처럼 직류전원을 사용하는 직류부하를 단상 교류전원, 수은 증기관 모두와 직렬로 연결합니다. 이때 직류부하의 위치는 교류의 N선 측과 접속시킵니다. 그리고 단상 교류전원을 투입하면, 교류활선에 접속된 수은 증기관의 애노드 극(+)과 캐소드 극(−)에서 정류가 되어 수은 증기관 출력으로부터 직류부하에 직류전원이 인가됩니다. 하지만 수은 진공관을 이용한 수은정류는 정류효율이 매우 낮습니다.

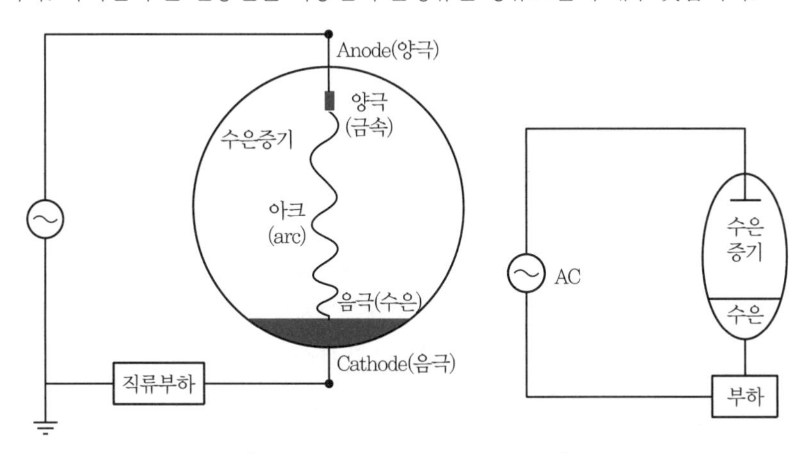

〖 수은 진공관을 이용한 수은정류회로 〗

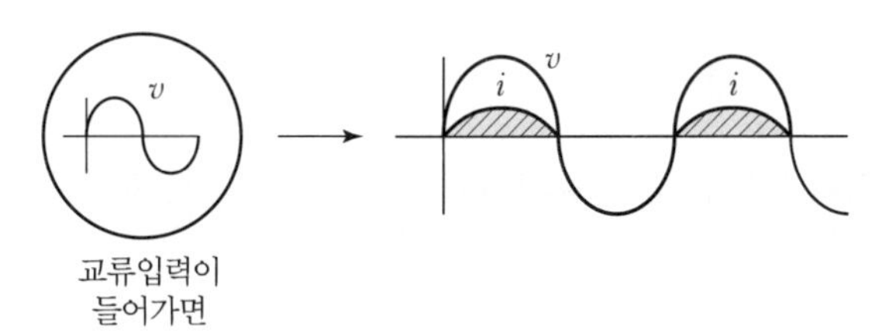

〖 수은 진공관에 의해 정류된 직류파형 〗

핵심기출문제

전원전압 100[V]인 단상 전파 정류회로에서 점호각이 30°일 때 저항부하에 공급되는 직류평균전압[V]은?

① 84　② 87
③ 92　④ 98

해설

$$E_d = \frac{2\sqrt{2}\,E}{\pi}\,\frac{1+\cos\alpha}{2} = \frac{\sqrt{2}\,E}{\pi}(1+\cos\alpha) = \frac{\sqrt{2}\times 100}{\pi}(1+\cos 30) = 84[\mathrm{V}]$$

정답 ①

핵심기출문제

3상 수은정류기의 직류측 전압 E_d와 교류측 전압 E의 비($\frac{E_d}{E}$)는?

① 0.855　② 1.02
③ 1.17　④ 1.86

해설

수은정류기의 전압비

$$\frac{E_d}{E} = \frac{\sqrt{2}\sin\frac{\pi}{m}}{\frac{\pi}{m}}$$

따라서 3상 수은정류기의 전압비는

$$\frac{E_d}{E} = \frac{\sqrt{2}\sin\frac{\pi}{m}}{\frac{\pi}{m}} = \frac{\sqrt{2}\sin\frac{\pi}{3}}{\frac{\pi}{3}} = 1.17$$

정답 ③

2. 수은정류방식의 특징

① **수은정류기의 전압비**

$$\frac{E_{dc}}{E_{ac}} = \frac{\sqrt{2}\sin\frac{\pi}{m}}{\frac{\pi}{m}}$$

여기서, E_{ac} : 교류전압, E_{dc} : 직류전압

② **수은정류기의 전류비**

$$\frac{I_{dc}}{I_{ac}} = \sqrt{m}$$

여기서, I_{ac} : 교류전류, I_{dc} : 직류전압

③ **점호** : 정상적인 수은정류 상태
④ **통호** : 과정류로 인한 수은 증기관 내 방전현상
⑤ **실호** : 정류가 안 되는 현상
⑥ **이상전압** : 정류는 정상이지만 과전압이 발생하는 현상
⑦ **역호현상** : 정류 중, 수은 증기관 내에서 (+)극에 (−) 성분이 생겨 역전압이 발생하는 현상입니다. 통전 중에 역호현상은 직류부하측에 극성(+, −)이 뒤바뀌므로 역전류가 흐릅니다.

㉠ 역호현상 발생원인
- 수은 증기관 내에 일정하게 유지되던 수은 증기압력이 상승할 때
- 부하전류가 과부하상태일 때(역호발생의 가장 큰 원인)
- 수은 증기관의 양극 재료가 불량일 때
- 수은 증기관의 양극 표면에 수은 증기에 의한 불순물(수은 방울)이 부착될 때

㉡ 역호현상 방지대책
- 수은 증기관에 일정한 진공상태를 유지할 것
- 수은관의 과열을 방지하기 위한 냉각장치가 과냉각되지 않도록 할 것
- 수은 정류기에 연결된 직류부하를 과부하로 사용하지 말 것
- 수은 양극에 불순물이 부착되지 않게 망(Grid)을 설치할 것

05 회전변류기(기계적 정류)

회전변류기에 의한 정류방식도 1980년대 이전까지 사용하였고, 현재는 사용하지 않는 정류방식입니다.

핵심기출문제

수은정류기 역호 발생의 가장 큰 원인은?

① 내부저항의 저하
② 전원주파수의 저하
③ 전원전압의 상승
④ 과부하전류

해설
수은정류기의 이상현상인 역호현상의 발생원인
- 과대한 부하전류나 양극전압의 과대
- 정류기 내의 수은 증기압이 증가한 경우
- 양극 재료의 화성(전기적 특성)이 불충분
- 양극 표면에 불순물의 부착
- 양극 재료의 불량

정답 ④

핵심기출문제

수은정류기의 이상현상 또는 전기적 고장이 아닌 것은?

① 역호 ② 이상전압
③ 점호 ④ 통호

해설
수은정류기의 점호(Ignition)는 양극(A)과 음극(C) 사이에 불꽃이 발생하고 방전과 내에 수은 아크가 생기는 것으로서 SCR의 턴온(Turn On)에 해당한다.

정답 ③

핵심기출문제

수은정류기의 역호 방지법에 대하여 옳은 것은?

① 정류기를 어느 정도 과부하로 운전할 것
② 냉각장치에 주의하여 과냉각하지 말 것
③ 진공도를 적당히 할 것
④ 양극 부분에 항상 열을 가열할 것

정답 ②

1. 회전변류에 의한 정류원리

회전변류기는 그 원리가 동기전동기의 원리 및 구조와 같습니다. 원리를 보면 다음과 같습니다.

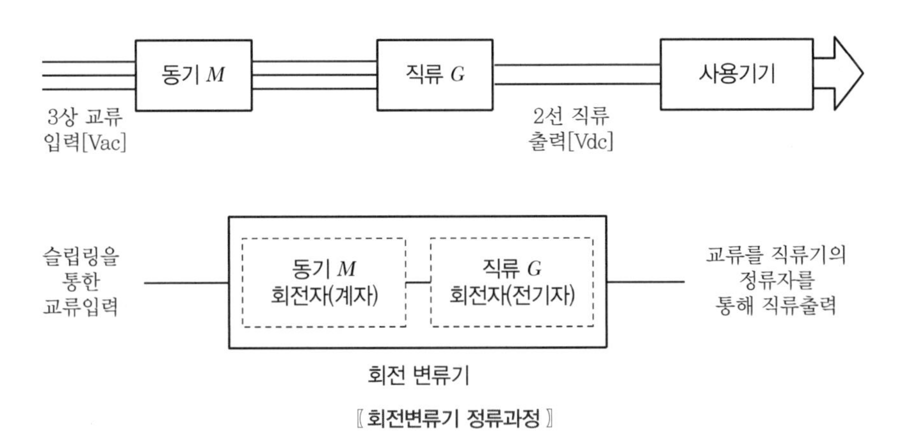

〚 회전변류기 정류과정 〛

① 슬립링을 통하여 3상 교류가 회전변류기로 들어오고,

② 3상 교류입력은 회전변류기 내에 3상 동기전동기의 회전자를 회전시킨다.

③ 동기전동기의 회전자는 단상 직류발전기의 회전자축과 직결되어 직류발전기에 의한 단상 직류출력이 회전변류기 밖으로 출력된다.

이와 같은 과정과 원리로 회전변류기는 정류를 합니다.

2. 회전변류기의 전압비와 전류비

① 회전변류기의 전압비

$$\frac{E_a}{E_d} = \frac{1}{\sqrt{2}} \sin\frac{\pi}{m}$$

여기서, m : 상수

② 회전변류기의 전류비

$$\frac{I_a}{I_d} = \frac{2\sqrt{2}}{m \cdot \cos\theta}$$

3. 회전변류기의 전압조정법

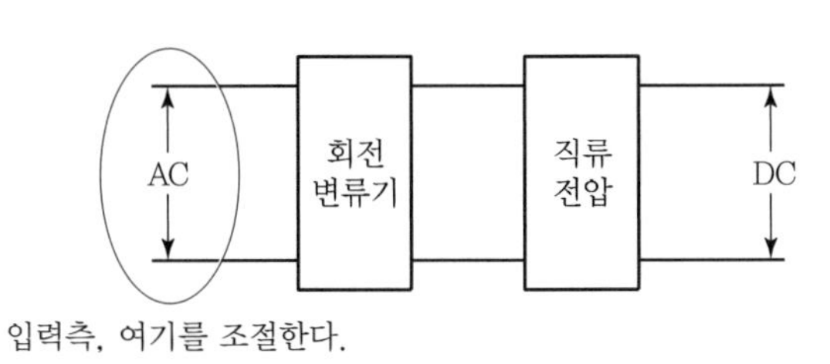

입력측, 여기를 조절한다.

핵심기출문제

6상 회전변류기의 직류측 전압(E_d)과 교류측 전압(E)의 실효값 비율($\frac{E_d}{E}$)은?

① $\frac{\sqrt{2}}{2}$ ② $\sqrt{2}$
③ $\sqrt{3}$ ④ $2\sqrt{2}$

해설

• 회전변류기의 전압비

$\frac{E_a}{E_d} = \frac{1}{\sqrt{2}} \sin\frac{\pi}{m}$

• 6상 회전 변류기의 교류측 전압

$E = \frac{1}{\sqrt{2}} \sin\frac{\pi}{6} \cdot E_d$

$= \frac{1}{2\sqrt{2}} E_d$

$\therefore \frac{E_d}{E} = 2\sqrt{2}$

정답 ④

핵심기출문제

회전변류기의 직류측 선로전류와 교류측 선로전류의 실효값의 비는 다음 중 어느 것인가?(단, m은 상수이다.)

① $\frac{2\sqrt{2}}{m\sin\theta}$ ② $\frac{m\cos\theta}{2\sqrt{2}}$
③ $\frac{2\sqrt{2}\sin\theta}{m}$ ④ $\frac{2\sqrt{2}}{m\cos\theta}$

해설

회전변류기의 전류비

$\frac{I}{I_d} = \frac{2\sqrt{2}}{m\cos\theta}$

정답 ④

① 동기전동기와 직류발전기가 연동되어 물리적인 동작에 의해서 정류가 이뤄지기 때문에 회전변류기 자체에 직류전압의 크기를 조절할 수 있는 요소가 없습니다. 그래서 회전변류기로 정류할 때, 정류된 직류전압 조정은 입력측 교류전압을 조절하여 조정합니다.

② **회전변류기의 입력측 전압조절방법**

㉠ 직렬 리액터(탭 조절)를 이용한 입력측 교류크기 조절

㉡ 전압조정기(IVR, SVR, AVR)를 이용한 입력측 교류크기 조절

㉢ **동기승압기**를 이용한 입력측 교류크기 조절 → 동기승압기의 경우, 회전변류기 출력에 사용 중인 부하가 있어도 입력측의 교류전압 조절이 자유롭다.

4. 회전변류기의 난조현상

회전변류기는 동기전동기를 사용하므로 동기기에서 나타나는 난조현상, 탈조현상이 회전변류기에서도 나타날 수 있습니다.

(1) 회전변류기에서 난조현상의 원인

① 동기전동기의 전기자권선의 저항값이 리액터스 값보다 큰 경우($R > X_L$)

② 입력측 교류(AC)의 주파수 변동이 심한 경우

③ 출력측 직류(DC)전압에 연결된 부하의 부하전류가 급변하는 경우

④ 직류발전기의 브러시 위치가 설계된 중심축보다 뒤진 위치에 있을 경우

⑤ 회전변류기의 역률이 나쁜 경우

(2) 회전변류기의 난조현상 방지대책

① 회전변류기에 연결된 부하에 부하변동을 줄여서 사용할 것

② 직류발전기에 제동권선을 설치할 것

③ 동기전동기의 전기자권선에 리액터(X_L)를 설치하여, 저항값보다 유도성 리액턴스 값을 '$R < X_L$ 관계'가 되도록 높일 것

※ 동기승압기

동기전동기 입력측과 직렬로 접속된 교류변압기를 동기승압기라고 부른다. 주로 회전변류기에서 직류출력의 크기를 광범위하게 제어할 때 사용하는 변압기이다.

핵심기출문제

회전변류기의 난조원인이 아닌 것은?

① 직류측 부하의 급격한 변화
② 역률이 매우 나쁠 때
③ 교류측 전원주파수의 주기적 변화
④ 브러시 위치가 전기적 중성축보다 앞설 때

해설

회전변류기의 난조현상의 원인
- 브러시의 위치가 전기적 중성축보다 늦은 위치에 있는 경우
- 직류측 부하가 급변하는 경우
- 역률이 매우 나쁜 경우
- 교류측 전원의 주파수가 주기적으로 변동하는 경우

정답 ④

핵심기출문제

다음 중 교류를 직류로 변환하는 전기기기가 아닌 것은?

① 전동발전기 ② 회전변류기
③ 단극발전기 ④ 수은정류기

해설

교류를 직류로 변환하는 정류장치(컨버터)
- 수은정류기
- 회전변류기
- 전동발전기

정답 ③

기출 및 예상문제

ENGINEER & INDUSTRIAL ENGINEER ELECTRICITY

기출 및 예상문제

01 위치함수로 주어지는 벡터양이 $E_{(xyz)} = iE_x + jE_y + kE_z$로 표시될 때 나블라($\nabla$)와의 내적 $\nabla \cdot E$와 같은 의미를 갖는 것은?

① $\dfrac{\partial E_x}{\partial x} + \dfrac{\partial E_y}{\partial y} + \dfrac{\partial E_z}{\partial z}$

② $i\dfrac{\partial E_x}{\partial x} + j\dfrac{\partial E_y}{\partial y} + k\dfrac{\partial E_z}{\partial z}$

③ $i\dfrac{\partial E}{\partial x} + j\dfrac{\partial E}{\partial y} + k\dfrac{\partial E}{\partial z}$

④ $\dfrac{\partial E}{\partial x} + \dfrac{\partial E}{\partial y} + \dfrac{\partial E}{\partial z}$

해설

벡터양 E의 발산을 의미하는 $\nabla \cdot E$, 즉 $\text{div}\ E$는

$$\nabla \cdot E = \left(i\frac{\partial}{\partial x} + j\frac{\partial}{\partial y} + k\frac{\partial}{\partial z}\right) \cdot (iE_x + jE_y + kE_z)$$
$$= \frac{\partial E_x}{\partial x} + \frac{\partial E_y}{\partial y} + \frac{\partial E_z}{\partial z}$$

02 $A = 2i - 5j + 3k$일 때 $k \times A$를 구한 것 중 옳은 것은?

① $-5i + 2j$ ② $5i - 2j$
③ $-5i - 2j$ ④ $5i + 2j$

해설

벡터의 외적에서
$k \times A = k \times (2i - 5j + 3k) = 2j + 5i + 0 = 5i + 2j$

03 두 단위벡터 간의 벡터 곱과 관계없는 것은?

① $i \times j = -j \times i = k$
② $k \times i = -i \times k = j$
③ $i \times i = j \times j = k \times k = 0$
④ $i \times j = 0$

해설

두 단위벡터의 외적에서
① $i \times i = j \times j = k \times k = 0$
② $i \times j = k,\ j \times k = i,\ k \times i = j$
③ $j \times i = -k,\ k \times j = -i,\ i \times k = -j$

04 $\int_s E\, ds = \int_v \nabla \cdot E\, dv$는 다음 중 어느 것에 해당되는가?

① 발산의 정리 ② 가우스의 정리
③ 스토크스의 정리 ④ 앙페르의 법칙

해설

가우스의 발산정리 $\int_s E\, ds = \int_v \text{div}\, E\, dv$는 임의의 벡터의 면적 적분 ($\int_s A\, ds$)을 체적 적분($\int_v \text{div}\, A\, dv$)으로 치환하는 정리이다.

05 2개의 물체를 마찰하면 마찰전기가 발생한다. 이는 마찰에 의한 열에 의하여 표면에 가까운 무엇이 이동하기 때문인가?

① 전하 ② 양자
③ 구속 전자 ④ 자유 전자

06 두 개의 같은 점전하가 진공 중에서 1[m] 떨어져 있을 때 작용하는 힘이 9×10^9[N]이면 이 점전하의 전기량 [C]은?

① 1 ② 3×10^4
③ 9×10^{-3} ④ 9×10^9

정답 01 ① 02 ④ 03 ④ 04 ① 05 ④ 06 ①

해설

쿨롱의 법칙에 의해

$F=\frac{1}{4\pi\varepsilon_0}\times\frac{Q_1 Q_2}{r^2}=9\times10^9\frac{Q_1 Q_2}{r^2}$

여기서, $9\times10^9=9\times10^9\frac{Q^2}{1^2}$

$\therefore\ Q=1[\mathrm{C}]$

07 +10[nC]의 점전하로부터 100[mm] 떨어진 거리에 +100[pC]의 점전하가 놓인 경우 이 전하에 작용하는 힘의 크기는 몇 [nN]인가?

① 100 ② 200
③ 300 ④ 900

해설 쿨롱의 정전력

$F=\frac{Q_1 Q_2}{4\pi\varepsilon_0 r^2}=9\times10^9\times\frac{10\times10^{-9}\times100\times10^{-12}}{(100\times10^{-3})^2}=900[\mathrm{nN}]$

08 전계 E[V/m] 내의 한 점에 Q[C]의 점전하를 놓을 때 이 전하에 작용하는 힘은 몇 [N]인가?

① $\frac{E}{q}$ ② $\frac{q}{4\pi\varepsilon_0 E}$
③ qE ④ qE^2

해설

전계 E 내에 놓인 점전하 Q에 작용하는 힘은 $F=Q\cdot E$[N]

09 전위경도 V와 전계 E_p의 관계식은?

① $E_p=\mathrm{grad}\ V$ ② $E_p=\mathrm{div}\ V$
③ $E_p=-\mathrm{grad}\ V$ ④ $E_p=-\mathrm{div}\ V$

10 전기력선의 기본 성질에 관한 설명으로 옳지 않은 것은?

① 전기력선의 방향은 그 점의 전계의 방향과 일치한다.
② 전기력선은 전위가 높은 점에서 낮은 점으로 향한다.
③ 전기력선은 그 자신만으로 폐곡선이 된다.
④ 전계가 0이 아닌 곳에서 전기력선은 도체 표면에 수직으로 만난다.

해설 전기력선의 성질

- 전기력선의 방향은 그 점의 전계의 방향과 일치하고 전기력선의 밀도는 그 점에서의 전계의 세기와 같다.
- 전기력선은 정(+)전하에서 시작하여 부(−)전하에서 끝난다.
- 전기력선은 전위가 높은 점에서 낮은 점으로 향한다.
- 전기력선은 그 자신만으로는 폐곡선을 이루지 않는다.
- 전기력선은 도체 표면과는 직각으로 교차한다.

11 어느 점전하에 생기는 전위를 처음 전위의 $\frac{1}{2}$이 되게 하려면 전하로부터의 거리를 몇 배로 하면 되는가?

① $\frac{1}{\sqrt{2}}$ ② $\frac{1}{2}$
③ $\sqrt{2}$ ④ 2

해설

전위 $V=\frac{Q}{4\pi\varepsilon_0 r}\propto\frac{1}{r}$이므로

∴ 거리 = 2배

12 그림과 같이 등전위면이 존재하는 경우 전계의 방향은?

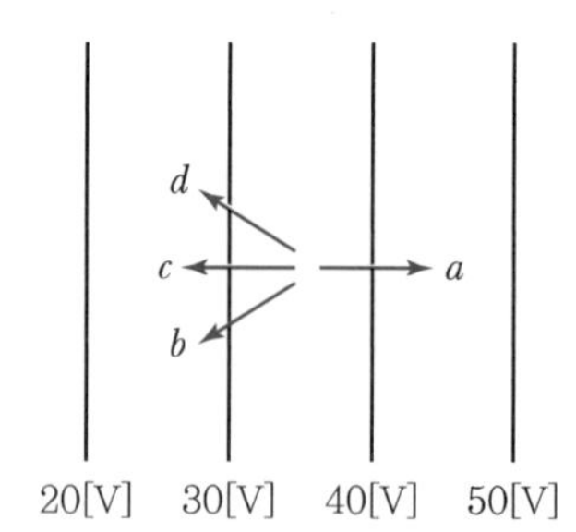

① a의 방향 ② b의 방향
③ c의 방향 ④ d의 방향

해설

전계의 방향(전기력선)은 전위가 높은 점에서 낮은 점으로 향한다.

정답 07 ④ 08 ③ 09 ③ 10 ③ 11 ④ 12 ③

13 $E = i + 2j + 3k$[V/m]로 표시되는 전계가 있다. $0.01[\mu C]$의 전하를 원점으로부터 $r = 3i$[m]로 움직이는 데 필요한 일[J]은?

① 4.69×10 ② $3 \times 10^{+8}$
③ 4.69×10^{-8} ④ 3×10^{-8}

해설 일(에너지)

$W = F \circ r = QE \circ r$
$= (0.01 \times 10^{-6}) \times (i + 2j + 3k) \cdot (3i)$ 같은 성분끼리 연산한다.
$= (0.01 \times 10^{-6}) i \cdot (3i)$
$= 0.03 \times 10^{-6} = 3 \times 10^{-8}$[J]

14 전기력선의 설명 중 틀리게 설명한 것은?

① 전기력선의 방향은 그 점의 전계의 방향과 일치하고 밀도는 그 점에서의 전계의 세기와 같다.
② 전기력선은 부전하에서 시작하여 정전하에서 그친다.
③ 단위전하에는 $\frac{1}{\varepsilon_0}$ 개의 전기력선이 출입한다.
④ 전기력선은 전위가 높은 점에서 낮은 점으로 향한다.

해설

전기력선은 정전하에서 시작하여 부전하에서 그친다.

15 균일하게 대전되어 있는 무한길이 직선전하가 있다. 이 선전하 축으로부터 r만큼 떨어진 점의 전계의 세기는?

① r에 비례한다. ② r에 반비례한다.
③ r^2에 비례한다. ④ r^3에 반비례한다.

해설 무한장 직선전하

$E = \frac{\lambda}{2\pi\varepsilon_0 r} \rightarrow E \propto \frac{1}{r}$

16 진공 중에 있는 구도체에 일정 전하를 대전시켰을 때 정전에너지에 대하여 다음 중 옳은 것은?

① 도체 내에만 존재한다.
② 도체 표면에만 존재한다.
③ 도체 내외에 모두 존재한다.
④ 도체 표면과 외부공간에 존재한다.

해설

정전에너지 $W = \sum_{i=1}^{n} \frac{1}{2} Q_i V_i$[J]
이 정전에너지는 대전된 도체의 표면과 외부 공간에 저장된다.

17 다음 식 중에서 틀린 것은?

① 가우스의 정리 : $\text{div} D = \rho$
② 푸아송의 방정식 : $\nabla^2 V = \frac{\rho}{\varepsilon}$
③ 라플라스의 방정식 : $\nabla^2 V = 0$
④ 발산정리 : $\oint_s A \cdot ds = \int_v \text{div}\, A\, dv$

해설 Poisson의 방정식

$\nabla^2 V = -\frac{\rho}{\varepsilon_0}$

18 Poisson이나 Laplace의 방정식을 유도하는 데 관련이 없는 식은?

① $E = -\text{grad}\ V$ ② $\text{rot}\ E = -\frac{\partial B}{\partial t}$
③ $\text{div} D = \rho$ ④ $D = \varepsilon E$

해설

$\text{rot}\ E = -\frac{\partial B}{\partial t}$는 패러데이의 전자유도법칙의 미분형으로서 푸아송이나 라플라스 방정식과는 관련이 없다.

19 전기쌍극자로부터 r만큼 떨어진 점의 전위 V는 r과 어떤 관계에 있는가?

① $V \propto r$ ② $V \propto \frac{1}{r^3}$
③ $V \propto \frac{1}{r^2}$ ④ $V \propto \frac{1}{r}$

정답 13 ④ 14 ② 15 ② 16 ④ 17 ② 18 ② 19 ③

해설

전기쌍극지의 전위 $V=\dfrac{M}{4\pi\varepsilon_0 r^2}\cos\theta[\mathrm{V}]$

$\therefore\ V\propto\dfrac{1}{r^2}$

20 대전 도체 표면의 전하밀도는 도체 표면의 모양에 따라 어떻게 되는가?

① 곡률이 크면 작아진다.
② 곡률이 크면 커진다.
③ 평면일 때 가장 크다.
④ 표면 모양에 무관하다.

해설

대전 도체 표면의 전하밀도(ρ_s)의 분포는 도체 표면의 곡률 반지름의 영향을 받는다. 즉, 곡률 반지름이 작을수록(곡률이 클수록) 전하분포가 커지게 된다.

21 $\int_s E_p\,ds=\int_v(\nabla\cdot E_p)\,dv$는 다음 중 어느 것에 해당하는가?

① 발산의 정리
② 가우스의 정리
③ 스토크스의 정리
④ 앙페르의 법칙

해설 **Gauss의 발산정리(선속정리)**

$\int_s E_p\,ds=\int_v \mathrm{div}\,E_p\,dv$ 는 면적 적분을 체적 적분으로 치환할 수 있는 정리이다.

22 $\mathrm{div}\,E=\dfrac{\rho}{\varepsilon_0}$와 의미가 같은 식은?(단, E : 전계, ρ : 전하밀도, ε_0 : 진공의 유전율)

① $\oint_s E\,ds=\dfrac{Q}{\varepsilon_0}$
② $E=-\mathrm{grad}\,V$
③ $\mathrm{div\ grad}\,V=-\dfrac{\rho}{\varepsilon_0}$
④ $\mathrm{div\ grad}\,V=0$

해설

- Gauss의 정리 : $\int_s E\cdot ds=\dfrac{Q}{\varepsilon_0}$ (전기력선의 수)
- Gauss의 정리의 미분형 : $\mathrm{div}\ E=\dfrac{\rho}{\varepsilon_0}$ (전기력선의 발산)

23 $\mathrm{div}\ D=\rho$와 가장 관계 깊은 것은?

① Ampere의 주회적분의 법칙
② Faraday의 전자유도법칙
③ Laplace의 방정식
④ Gauss의 정리

해설

$\mathrm{div}\ D=\rho$는 유전체에서의 Gauss의 법칙의 미분형이다.

- Ampere의 주회적분의 법칙 : 정자계에 대한 법칙이다.
- Faraday의 전자유도법칙 : 전자유도에 대한 법칙이다.
- Laplace의 방정식 : $\nabla^2\cdot V=0$

24 폐곡면을 통하는 전속과 폐곡면 내부의 전하와의 상관관계를 나타내는 법칙은?

① 가우스(Gauss) 법칙
② 쿨롱(Coulomb) 법칙
③ 푸아송(Poisson) 법칙
④ 라플라스(Laplace) 법칙

해설 **유전체의 Gauss 정리**

$\int_s D\cdot ds=Q$(전속선 수)

다시 말해, 폐곡면(S)에서 나오는 전속 수 = 폐곡면(S) 내의 전하

25 반지름이 $0.01[\mathrm{m}]$인 구도체를 접지시키고 중심으로부터 $0.1[\mathrm{m}]$의 거리에 $10[\mu\mathrm{C}]$의 점전하를 놓았다. 구도체에 유도된 총 전하량은 몇 $[\mu\mathrm{C}]$인가?

① 0
② −1.0
③ −10
④ +10

해설 **접지 구도체에 유도된 영상전하**

$Q'=-\dfrac{a}{d}Q=-\dfrac{0.01}{0.1}\times 10=-1.0[\mu\mathrm{C}]$

정답 20 ② 21 ① 22 ① 23 ④ 24 ① 25 ②

26 그림과 같이 공기 중에서 무한 평면도체의 표면으로부터 2[m]인 곳에 점전하 4[C]이 있다. 전하가 받는 힘은 몇 [N]인가?

① 3×10^{9}
② 9×10^{9}
③ 1.2×10^{10}
④ 3.6×10^{10}

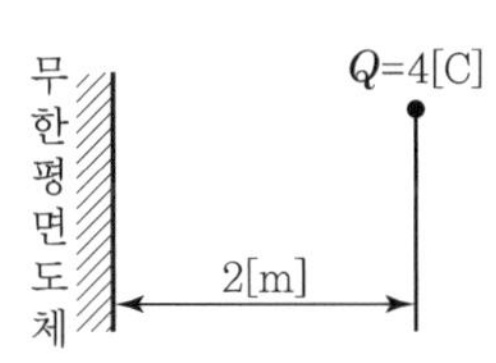

해설

$F=-\frac{Q^2}{16\pi\varepsilon a^2}=-\frac{4^2}{16\pi\varepsilon\times2^2}=|-9\times10^2|$ [N]만큼 흡인력이 작용한다.

27 접지된 무한히 넓은 평면 도체로부터 a[m] 떨어져 있는 공간에 Q[C]의 점전하가 놓여 있을 때 그림 P점의 전위는 몇 [V]인가?

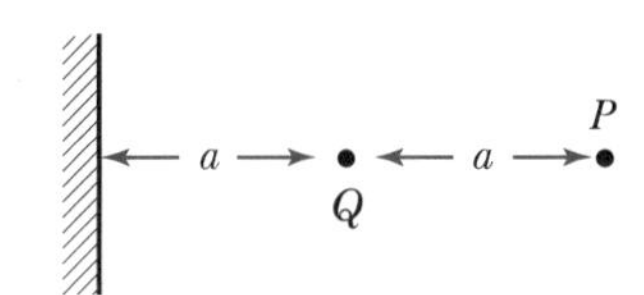

① $\frac{Q}{8\pi\varepsilon_0 a}$
② $\frac{Q}{6\pi\varepsilon_0 a}$
③ $\frac{3Q}{4\pi\varepsilon_0 a}$
④ $\frac{Q}{2\pi\varepsilon_0 a}$

해설

$V=V_1+V_2=\frac{Q}{4\pi\varepsilon a}+\frac{-Q}{4\pi\varepsilon(3a)}=\frac{Q}{4\pi\varepsilon a}\left(1-\frac{1}{3}\right)$

$=\frac{Q}{4\pi\varepsilon a}\,\frac{2}{3}=\frac{Q}{6\pi\varepsilon a}$ [V]

28 대지면에 높이 h[m]로 평행 가설된 매우 긴 선전하(선전하 밀도 λ[C/m])가 지면으로부터 받는 힘[N/m]은?

① h에 비례한다.
② h에 반비례한다.
③ h^2에 비례한다.
④ h^2에 반비례한다.

해설

$F=-\frac{\lambda^2}{4\pi\varepsilon_0\cdot h}$[N/m] $\propto\frac{1}{h}$

29 도체계에서 임의의 도체를 일정 전위의 도체로 완전 포위하면 내외 공간의 전계를 완전히 차단할 수 있다. 이것을 무엇이라 하는가?

① 전자차폐
② 정전차폐
③ 홀 효과
④ 핀치 효과

해설

도체계에서 임의의 도체를 접지된 영전위의 도체로 완전 포위하면 외부에서 유도되는 전하를 완전히 차단할 수 있다. 이것을 정전차폐라고 한다.

30 전압 V로 충전된 용량 C의 콘덴서에 동일 용량 $2C$의 콘덴서를 병렬 연결한 후의 단자전압은?

① $3V$
② $2V$
③ $\frac{V}{2}$
④ $\frac{V}{3}$

해설

두 개의 콘덴서를 병렬 연결한 후의 합성 정전용량 $C_0=C+2C=3C$

콘덴서에 축적되는 전기량은 $Q=C_0V$

그러므로, 단자전압은 $V=\frac{Q}{C_0}=\frac{CV}{3C}=\frac{V}{3}$

31 그림과 같은 동심도체구의 정전용량은 몇 [F]인가?

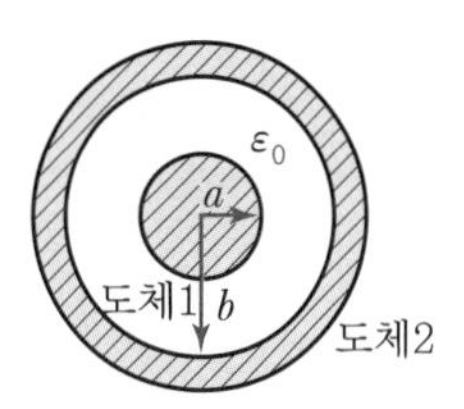

① $4\pi\varepsilon_0(b-a)$
② $\frac{4\pi\varepsilon_0 ab}{b-a}$
③ $\frac{ab}{4\pi\varepsilon_0(b-a)}$
④ $4\pi\varepsilon_0\left(\frac{1}{a}-\frac{1}{b}\right)$

해설 동심구도체의 정전용량(C)

$C=\frac{4\pi\varepsilon_0}{\frac{1}{a}-\frac{1}{b}}=\frac{4\pi\varepsilon_0\cdot ab}{b-a}$ [F]

정답 26 ② 27 ② 28 ② 29 ② 30 ④ 31 ②

32 반지름 1[cm]인 고립도체구의 정전용량은?

① 약 0.1[μF] ② 약 1[F]
③ 약 1[pF] ④ 약 1[μF]

해설 고립구도체의 정전용량(C)

$$C = 4\pi\varepsilon_0 \cdot a = \frac{1}{9\times10^9}\times1\times10^{-2} = \frac{1}{9}\times10^{-11}$$
$$= 1.11\times10^{-12}[F] = 1.11[pF]$$

33 내구의 반지름 $a = 10$[cm], 외구의 반지름 $b =$ 20[cm]인 동심구 콘덴서의 정전용량을 구하면?

① 11[pF] ② 22[pF]
③ 33[pF] ④ 22[μF]

해설 동심구도체의 정전용량(C)

$$C = \frac{4\pi\varepsilon_0\, ab}{b-a} = \frac{1}{9\times10^9}\times\frac{0.1\times0.2}{0.2-0.1} = 2.22\times10^{-11} = 22[pF]$$

34 평행판 콘덴서의 양극판 면적을 3배로 하고 간격을 $\frac{1}{2}$배로 하면 정전용량은 처음의 몇 배가 되는가?

① $\frac{3}{2}$ ② $\frac{2}{3}$
③ $\frac{1}{6}$ ④ 6

해설

평행한 콘덴서의 정전용량 $C = \frac{\varepsilon_0 A}{d}$[F]

$$\therefore\ C' = \frac{\varepsilon_0 A'}{l'} = \frac{\varepsilon_0\times3A}{\frac{1}{2}l} = 6C$$

35 동심 구형 콘덴서의 내외 반지름을 각각 10배로 증가시키면 정전용량은 몇 배로 증가하는가?

① 5 ② 10
③ 20 ④ 100

해설 동심구의 정전용량

$$C = \frac{4\pi\varepsilon_0\cdot ab}{b-a}[F] = \frac{4\pi\varepsilon_0\times(10a\cdot10b)}{10b-10a} = 10C$$

36 콘덴서의 전위차와 축적되는 에너지와의 관계를 그림으로 나타내면 다음의 어느 것인가?

① 쌍곡선
② 타원
③ 포물선
④ 직선

해설 콘덴서의 축적에너지

$$W = \frac{1}{2}CV^2[J]$$

그러므로 에너지(W)는 전위차의 제곱(V^2)에 비례하므로 마치 $y = x^2$ 처럼 포물선을 그린다.

37 평행판 콘덴서에 100[V]의 전압이 걸려 있다. 이 전원을 제거한 후 평행판 간격을 처음의 2배로 증가시키면?

① 용량은 $\frac{1}{2}$배로, 저장되는 에너지는 2배로 된다.
② 용량은 2배로, 저장되는 에너지는 $\frac{1}{2}$배로 된다.
③ 용량은 $\frac{1}{4}$배로, 저장되는 에너지는 4배로 된다.
④ 용량은 2배로, 저장되는 에너지는 $\frac{1}{4}$배로 된다.

해설

콘덴서의 평행판 사이 간격을 l이라고 하면,

- 평행판 콘덴서의 정전용량 : $C = \frac{\varepsilon_0 S}{l}$[F] → $C \propto \frac{1}{l}$ 관계 성립
- 정전에너지 : $W = \frac{Q^2}{2C}$[J] → $W \propto \frac{1}{C} \propto l$ 관계 성립

정답 32 ③ 33 ② 34 ④ 35 ② 36 ③ 37 ①

38 그림에서 단자 ab 간에 V의 전위차를 인가할 때 C_1의 에너지는?

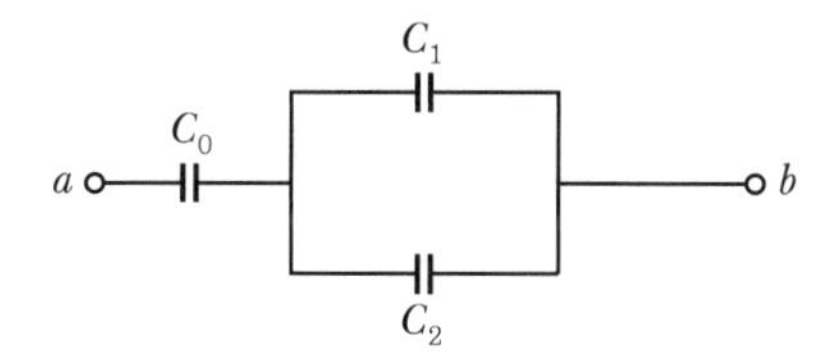

① $\dfrac{C_1^2}{2}\left(\dfrac{C_1+C_2}{C_0+C_1+C_2}\right)^2 V^2$

② $\dfrac{C_1}{2}\left(\dfrac{C_0}{C_0+C_1+C_2}\right)^2 V^2$

③ $\dfrac{C_1}{2}\dfrac{C_0(C_1+C_2)}{(C_0+C_1+C_2)^2} V^2$

④ $\dfrac{C_1}{2}\dfrac{C_0^2 C_2}{(C_0+C_1+C_2)} V^2$

해설

콘덴서 C_1에 걸리는 전압 V_1은 정전용량에 반비례하므로

$$V_1 = \frac{C_0}{C_0(C_1+C_2)} \times V$$

$\therefore$ C_1에 축적되는 에너지 W는

$$W = \frac{1}{2}C_1 V_1^2 = \frac{1}{2}C_1\left(\frac{C_0}{C_0+C_1+C_2}\times V\right)^2$$

$$= \frac{C_1}{2}\left(\frac{C_0}{C_0+C_1+C_2}\right)^2 V^2$$

39 여러 가지 도체의 전하 분포에 있어 각 도체의 전하를 n배 하면 중첩의 원리가 성립하기 위해서는 그 전위는 어떻게 되는가?

① $\frac{1}{2}n$배가 된다.
② n배가 된다.
③ $2n$배가 된다.
④ n^2배가 된다.

해설

콘덴서에 전압을 가하면 축적되는 전하량은 $Q = C \cdot V$이다. 여기서 전하와 전압은 비례 관계 $Q \propto V$이므로 전하를 n배 하면 전위도 n배가 된다.

40 표면 전하밀도 σ[C/m²]로 대전된 도체 내부의 전속밀도는 몇 [C/m²]인가?

① σ
② $\varepsilon_0 E$
③ $\dfrac{\sigma}{\varepsilon_0}$
④ 0

해설

대전된 도체 내부의 전계의 세기는 0이다. 즉, $E=0$이다.

$\therefore$ 전속밀도 $D = \varepsilon E = 0$이다.

41 유전율 $\varepsilon_0\varepsilon_s$의 유전체 내에 있는 전하($Q$)에서 나오는 전속선의 수는?

① $\dfrac{Q}{\varepsilon_s}$
② $\dfrac{Q}{\varepsilon_0}$
③ $\dfrac{Q}{\varepsilon_0\varepsilon_s}$
④ Q

해설

유전체에 적용하는 가우스의 법칙 $\int_s D \cdot dS = Q$

즉, 전속선 수는 매질(유전율 ε)에 관계없이 폐곡면 내의 전하량(Q)과 같다.

42 공기 콘덴서의 극판 사이에 비유전율 5의 유전체를 채운 경우 같은 전위차에 대한 극판의 전하량은?

① 5배로 증가
② 5배로 감소
③ $10\varepsilon_0$배로 증가
④ 불변

해설 유전체의 정전용량

$C = \varepsilon_s C_0 = 5C_0$

$\therefore$ $Q = C \cdot V$(같은 전위차) 비례관계이므로 $Q \propto C = 5$(배)

정답 38 ② 39 ② 40 ④ 41 ④ 42 ①

43 그림과 같이 면적이 $S[\mathrm{m}^2]$인 평행판 도체 사이에 두께가 각각 $l_1[\mathrm{m}]$, $l_2[\mathrm{m}]$, 유전율이 각각 $\varepsilon_1[\mathrm{F/m}]$, $\varepsilon_2[\mathrm{F/m}]$인 두 종류의 유전체를 삽입하였을 때의 정전용량은?

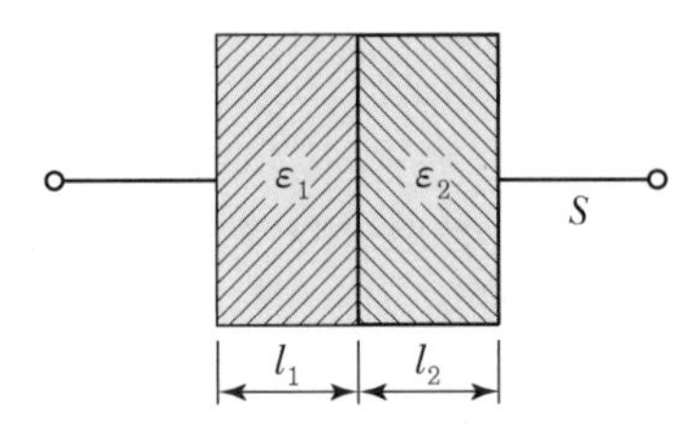

① $\dfrac{\varepsilon_2 l_1 + \varepsilon_1 l_2}{\varepsilon_1 \varepsilon_2} S$　　② $\dfrac{\varepsilon_1 + \varepsilon_2 S}{l_1 + l_2}$

③ $\dfrac{\varepsilon_1 \varepsilon_2 S}{\varepsilon_2 l_1 + \varepsilon_1 l_2}$　　④ $\dfrac{\varepsilon_1 \varepsilon_2 S}{l_1 + l_2}$

해설

(a —C_1(ε_1)—C_2(ε_2)— b)

$C_1 = \dfrac{\varepsilon_1 S}{l_1}$, $C_2 = \dfrac{\varepsilon_2 S}{l_2}$

$\therefore C = \dfrac{C_1 \times C_2}{C_1 + C_2} = \dfrac{\dfrac{\varepsilon_1 S}{l_1} \times \dfrac{\varepsilon_2 S}{l_2}}{\dfrac{\varepsilon_1 S}{l_1} + \dfrac{\varepsilon_2 S}{l_2}} = \dfrac{\varepsilon_1 \varepsilon_2 S}{\varepsilon_1 l_2 + \varepsilon_2 l_1}$

44 비유전율 $\varepsilon_r = 3$인 유전체 내의 한 점의 전계의 세기가 $3 \times 10^5[\mathrm{V/m}]$일 때 이 점의 분극의 세기는 몇 $[\mathrm{C/m}^2]$인가?

① 1.77×10^{-6}

② 5.31×10^{-6}

③ 7.08×10^{-6}

④ 8.85×10^{-6}

해설 유전체에서의 분극의 세기

$P = \chi E_p = \varepsilon_0(\varepsilon_r - 1)E_p = 8.855 \times 10^{-12} \times (3-1) \times 3 \times 10^5$
$= 5.31 \times 10^{-6}$

45 유전체의 분극도에 대한 표현으로 옳지 않은 것은?

① $P = D - \varepsilon_0 E$

② $P = D - \varepsilon_0 \left(\dfrac{E}{\varepsilon}\right)$

③ $P = D\left(1 - \dfrac{1}{\varepsilon_r}\right)$

④ $P = E - \varepsilon_0 \left(\dfrac{D}{\varepsilon}\right)$

해설 유전체에서의 분극의 세기

$P = D - D_0 = D - \varepsilon_0 E = D - \varepsilon_0 \left(\dfrac{D}{\varepsilon}\right) = D\left(1 - \dfrac{1}{\varepsilon_r}\right)$

46 비유전율이 4이고 전계의 세기가 $20[\mathrm{kV/m}]$인 유전체 내의 전속밀도$[\mu\mathrm{C/m}^2]$는?

① 0.708　　② 0.168

③ 6.28　　④ 2.83

해설

전속밀도 $D = \varepsilon E_p = \varepsilon_0 \varepsilon_s E_p$
$= 8.855 \times 10^{-12} \times 4 \times 20 \times 10^3$
$= 0.708 \times 10^{-6} [\mathrm{C/m}^2]$

47 두 종류의 유전체 경계면에서 전속과 전기력선이 경계면에 수직일 때 옳지 않은 것은?

① 전속과 전기력선은 굴절하지 않는다.

② 전속밀도는 불변이다.

③ 전계의 세기는 불연속이다.

④ 전속선은 유전율이 작은 유전체 쪽으로 모이려는 성질이 있다.

해설

두 유전체의 경계면에 전계가 수직($\theta_1 = 0$)으로 입사하였을 때

- 전기력선과 전속선은 굴절하지 않는다.($\theta_2 = 0$)
- 전속밀도는 불변이다.($D_1 = D_2$)
- 전계는 불연속으로 변한다.($E_1 \neq E_2$)
- 전속선은 유전율이 큰 유전체 중으로 모이려는 성질이 있다.

정답 43 ③　44 ②　45 ④　46 ①　47 ④

48 그림과 같은 유전속의 분포에서 ε_1과 ε_2의 관계는?

① $\varepsilon_1 > \varepsilon_2$
② $\varepsilon_2 > \varepsilon_1$
③ $\varepsilon_1 = \varepsilon_2$
④ $\varepsilon_1 \leq \varepsilon_2$

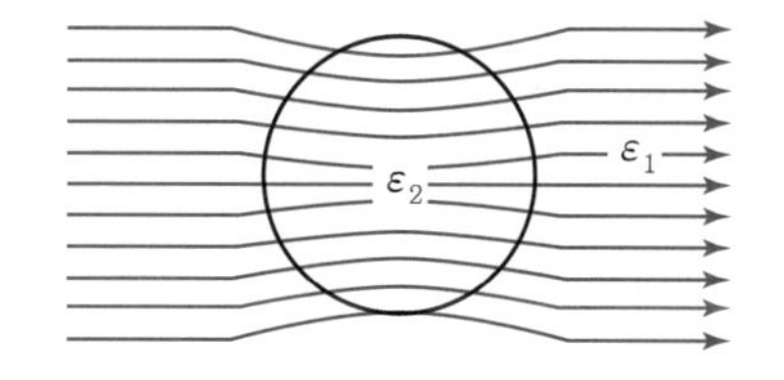

해설

전속선은 유전율이 큰 곳으로 모이려는 성질이 있다.
$\therefore \varepsilon_2 > \varepsilon_1$이다.

49 유전율이 각각 ε_1, ε_2인 두 유전체가 접해 있다. 각 유전체 중의 전계 및 전속밀도가 각각 E_1, D_1 및 E_2, D_2이고 경계면에 대한 입사각 및 굴절각이 θ_1, θ_2일 때 경계 조건으로 옳은 것은?

① $\dfrac{E_2}{E_1} = \dfrac{\sin\theta_2}{\sin\theta_1}$
② $\dfrac{\cos\theta_2}{\cos\theta_1} = \dfrac{D_2}{D_1}$
③ $\dfrac{\tan\theta_2}{\tan\theta_1} = \dfrac{\varepsilon_2}{\varepsilon_1}$
④ $\tan\theta_2 - \tan\theta_1 = \varepsilon_1\varepsilon_2$

해설 두 유전체의 경계면에서의 경계조건

- $E_1\sin\theta_1 = E_2\sin\theta_2$: $\dfrac{E_2}{E_1} = \dfrac{\sin\theta_1}{\sin\theta_2}$
- $D_1\cos\theta_1 = D_2\cos\theta_2$: $\dfrac{\cos\theta_1}{\cos\theta_2} = \dfrac{D_1}{D_2}$
- $\dfrac{\tan\theta_1}{\tan\theta_2} = \dfrac{\varepsilon_1}{\varepsilon_2}$

50 유전율이 $\varepsilon = \varepsilon_0 \times \varepsilon_s$인 유전체 내에 있는 전하 Q에서 나오는 전기력선 수는?

① Q개
② $\dfrac{Q}{\varepsilon_0\varepsilon_s}$개
③ $\dfrac{Q}{\varepsilon_0}$개
④ $\dfrac{Q}{\varepsilon_s}$개

해설 유전체 중의 Gauss 정리

$$\int_s D \cdot ds = Q\,(D = \varepsilon E = \varepsilon_0\varepsilon_s)$$

$$\therefore \int_s E \cdot ds = \frac{Q}{\varepsilon} = \frac{Q}{\varepsilon_0\varepsilon_s}\ \text{(전기력선 수)}$$

51 유전체에서 변위전류를 발생하는 것은?

① 분극 전하밀도의 시간적 변화
② 전속밀도의 시간적 변화
③ 자속밀도의 시간적 변화
④ 분극 전하밀도의 공간적 변화

해설

맥스웰(Maxwell)은 완전유전체나 진공 중에서 전속의 시간적 변화에 의한 전류를 변위전류라고 하였으며 이 변위전류는 전속밀도, 즉 전기변위에 따르는 전류를 의미한다.

52 MKS 단위계로 고유저항의 단위는?

① [Ω · m]
② [Ω · mm²/m]
③ [μΩ · cm]
④ [Ω · cm]

해설

- MKS 단위계 : 전기영역에서 기본단위로 길이는 [m], 무게는 [kg], 시간은 [sec]를 사용한다. 그래서 전기 관련 공식에서 MKS 단위가 아닌 단위가 있으면 MKS로 변환하여 계산해야 한다.
- CGS 단위계 : 물리영역에서 기본단위로 길이는 [cm], 무게는 [g], 시간은 [sec]를 사용한다. 그래서 물리 관련 공식에서 CGS 단위가 아닌 단위가 있으면 CGS 단위로 변환하여 계산해야 한다.

53 액체 유전체를 포함한 콘덴서 용량이 C[F]인 것에 V[V]의 전압을 가했을 경우에 흐르는 누설전류는 몇 [A]인가?(단, 유전체의 비유전율은 ε_s이며 고유저항은 ρ [Ω · m]이라 한다.)

① $\dfrac{CV}{\rho\varepsilon}$
② $\dfrac{CV^2}{\rho\varepsilon}$
③ $\dfrac{\rho\varepsilon_s V}{C}$
④ $\dfrac{\rho\varepsilon_s}{C}$

해설

$RC = \rho\varepsilon$의 관계식에서

누설전류 $I = \dfrac{V}{R} = \dfrac{V}{\dfrac{\rho\varepsilon}{c}} = \dfrac{CV}{\rho\varepsilon}$[A]

정답 48 ② 49 ③ 50 ② 51 ② 52 ① 53 ①

54 그림에 표시한 반구형 도체를 전극으로 한 경우의 접지저항은?(단, ρ는 대지의 고유저항이며 전극의 고유저항에 비해 매우 크다.)

① $4\pi a\rho$

② $\dfrac{\rho}{4\pi a}$

③ $\dfrac{\rho}{2\pi a}$

④ $2\pi a\rho$

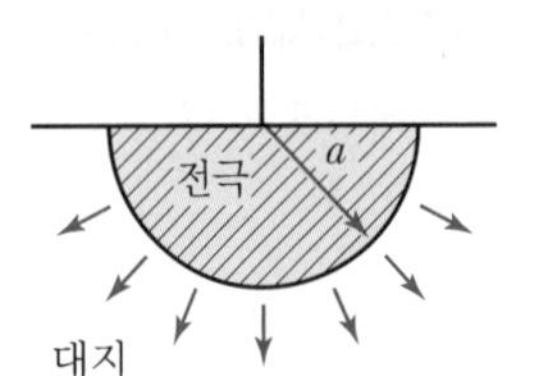

해설 반구형 도체의 정전용량

$C=\dfrac{1}{2}\times 4\pi\varepsilon\cdot a=2\pi\varepsilon a$[F]

∴ 접지저항 $R=\dfrac{\rho\varepsilon}{C}=\dfrac{\rho\varepsilon}{2\pi\varepsilon\cdot a}=\dfrac{\rho}{2\pi\sigma}[\Omega]$

55 $\text{div}\ i=0$에 대한 설명이 아닌 것은?

① 도체 내에 흐르는 전류는 연속적이다.

② 도체 내에 흐르는 전류는 일정하다.

③ 단위시간당 전하의 변화는 없다.

④ 도체 내에 전류가 흐르지 않는다.

해설

$\text{div}\ i=0$(키르히호프의 법칙, 전류의 연속성)

③ $\dfrac{\partial\rho}{\partial t}=0$: 전류가 도체 내에 일정하게 흐르는 경우 전하의 시간적 변화는 없다. 여기서, ρ는 체적전하밀도[C/m³]

56 동일한 금속의 두 점 사이에 온도차가 있는 경우, 두 금속에 연결된 도선에 전류를 흘리면 금속 접합점에서 열의 발생 또는 흡수가 일어나는 현상은?

① Seebeck 효과 ② Peltier 효과

③ Volta 효과 ④ Thomson 효과

해설 톰슨 효과(Thomson Effect)

동일한 금속을 사용하여 그 도체 중 임의의 두 점 간에 온도차가 있을 때, 금속선에 전류를 흘리면 온도의 구배가 있는 부분에서 줄열 이외의 열의 발생 또는 열의 흡수가 생기는 현상이다.

57 서로 다른 종류의 금속선으로 폐회로를 만들었다. 이 폐회로의 두 접합점의 온도를 달리했을 때 전기가 발생했다면 이 효과는?

① 톰슨 효과 ② 핀치 효과

③ 펠티에 효과 ④ 제벡 효과

해설 제벡 효과(Seebeck Effect)

서로 다른 두 종류의 금속으로 폐회로를 만들어 두 접합점의 온도를 달리하였을 때 열기전력이 발생하여 열전류가 흐르는 현상이다.

58 두 종류의 금속으로 된 회로에 전류를 통하면 각 접속점에서 열의 흡수 또는 발생이 일어나는 현상은?

① 톰슨 효과 ② 제벡 효과

③ 볼타 효과 ④ 펠티에 효과

해설 펠티에 효과(Peltier Effect)

서로 다른 두 종류의 금속으로 폐회로를 만들어 전류를 흘리면 양 접속점에서 열의 흡수 또는 발생이 일어나는 현상으로서 제벡 효과의 역현상을 말한다.

59 땅의 어느 곳에서 두 전극 사이에 있는 어떤 점의 전기장 세기가 6[V/cm], 지면의 도전율이 10^{-4}[℧/m]일 때 이 점의 전류밀도는 몇 [A/cm²]인가?

① 6×10^{-9} ② 6×10^{-5}

③ 6×10^{-4} ④ 6×10^{-2}

해설

$i_d=kE=10^{-4}\times6=6\times10^{-4}$[A/cm²]

60 공기 중에서 자극의 세기 m[Wb]의 점 자극으로부터 나오는 총 자력선 수는?

① m ② $\mu_0 m$

③ m/μ_0 ④ μ_0/m

해설 m[Wb]의 자극으로부터 나오는 자기력선의 수

$\displaystyle\int_s H\,ds=\frac{m}{\mu_0}$[개]

정답 54 ③ 55 ④ 56 ④ 57 ④ 58 ④ 59 ③ 60 ③

61 자극의 세기가 8×10^{-6}[Wb], 길이가 30[cm]인 막대자석을 120[AT/m]의 평등자계 내에 자력선과 30°의 각도로 놓았다면 자석이 받는 회전력[N · m]은?

① 1.44×10^{-4}　② 1.44×10^{-5}
③ 3.02×10^{-4}　④ 3.02×10^{-5}

해설 막대자석이 받는 회전력

$T = M \times H = MH\sin\theta = mlH\sin\theta$[N · m]

$\therefore\ T = mlH\sin\theta$

$= 8 \times 10^{-6} \times 0.3 \times 120 \times \sin 30° = 144 \times 10^{-6}$[N · m]

62 자속의 연속성을 나타낸 식은?

① $\text{div}\ B = \rho$
② $\text{div}\ B = 0$
③ $B = \mu \cdot H_p$
④ $\text{div}\ B = \mu \cdot H_p$

해설

자계(자기장)에서 자극(N－S)은 전하 Q와 다르게 독립적으로 존재할 수 없다. 자속은 연속적이며 회전성을 갖기 때문에 항상 폐곡선을 그린다.

63 비오－사바르의 법칙으로 구할 수 있는 것은?

① 자계의 세기　② 전계의 세기
③ 전하 사이의 힘　④ 자하 사이의 힘

해설 비오－사바르의 법칙

전류에 의한 자계의 세기를 구하는 법칙으로서 전류 I[A]가 흐르는 임의의 도선의 미소전류 Idl로부터 거리 r[m]만큼 떨어진 임의의 점의 자계의 세기는

$dH_p = \dfrac{Idl}{4\pi r^2}\sin\theta$[AT/m]

64 그림과 같은 유한장 직선도체 AB에 전류 I가 흐를 때, 임의의 점 P에서 자계 세기는?(단, a는 P와 도체 AB 사이의 거리이고, θ_1, θ_2는 P점에서 도체 AB 사이에 내린 수직선과 AP, BP를 이루는 각이다.)

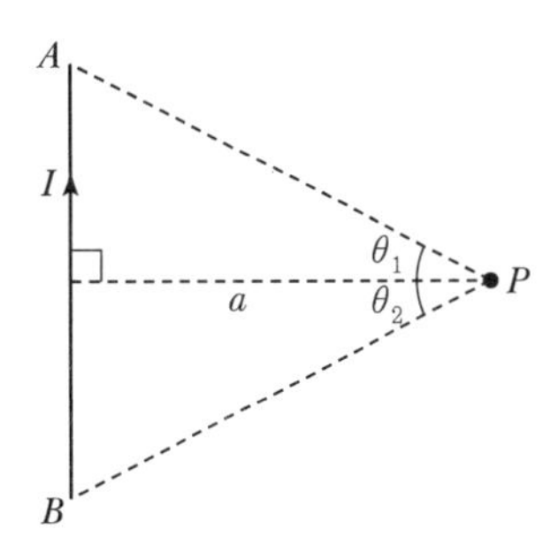

① $\dfrac{I}{4\pi a}(\sin\theta_1 + \sin\theta_2)$

② $\dfrac{I}{4\pi a}(\cos\theta_1 - \cos\theta_2)$

③ $\dfrac{I}{4\pi a}(\sin\theta_1 - \sin\theta_2)$

④ $\dfrac{I}{4\pi a}(\cos\theta_1 + \cos\theta_2)$

해설 유한장 직선도체의 전류에 의한 자계

$H = \dfrac{I}{4\pi a}(\sin\theta_1 + \sin\theta_2)$[AT/m]

65 그림과 같이 권수 $N = 1$이고 반지름 a[m]인 원형 전류 I[A]가 만드는 중심 O점의 자계의 세기는 몇 [AT/m]인가?

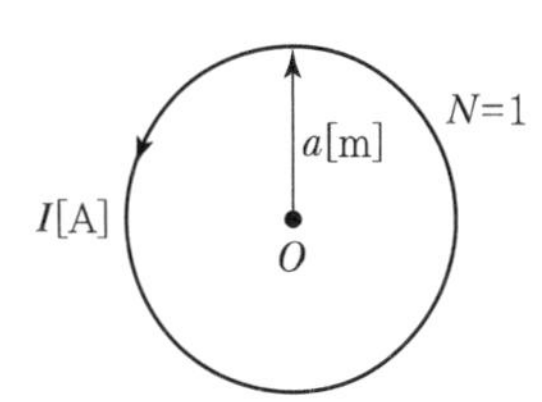

① $\dfrac{I}{a}$　② $\dfrac{I}{2a}$
③ $\dfrac{I}{3a}$　④ $\dfrac{I}{4a}$

해설 원형 코일의 중심 O점의 자계의 세기

$H = \dfrac{I}{2a}$[AT/m]

정답 61 ① 62 ② 63 ① 64 ① 65 ②

66 길이 10[cm], 권수가 500인 솔레노이드 코일에 10[A]의 전류를 흘려줄 때 솔레노이드 내의 자계의 세기 [AT/m]는?(단, 솔레노이드 내부의 자계의 세기는 균일하다고 가정한다.)

① 50 ② 500
③ 5000 ④ 50000

해설 무한장 솔레노이드 내부의 자계의 세기

$H_p = n_0 I$[AT/m] (여기서, n_0 : 단위길이 1[m]당 권수)

$\therefore H_p = \left(\frac{500}{10\times10^{-2}}\right)\times 10 = 50000$[AT/m]

67 반지름 a[m]인 원형 코일에 I[A]의 전류가 흐를 때 코일 중심 O점의 자계의 세기는?

① a에 비례한다.
② a^2에 비례한다.
③ a에 반비례한다.
④ a^2에 반비례한다.

해설 원형 코일 중심 O점의 자계

$H_p = \frac{I}{2a}$[AT/m]

$\therefore H_p \propto \frac{1}{a}$

68 그림과 같이 권수 N회, 평균 반지름 r[m]인 환상 솔레노이드에 I[A]의 전류가 흐를 때 중심 O점의 자계의 세기는 몇 [AT/m]인가?

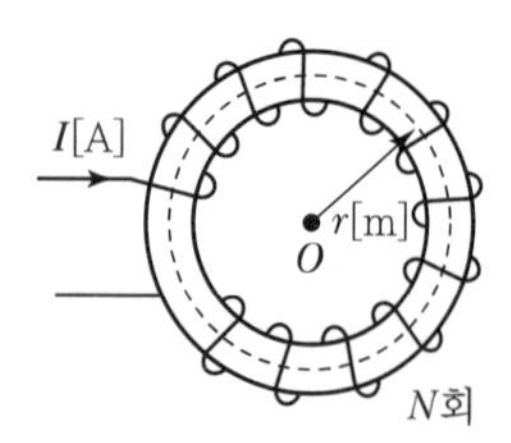

① 0 ② NI
③ $\frac{NI}{2\pi r}$ ④ $\frac{NI}{2\pi r^2}$

해설

- 환상 솔레노이드에서 자로 내부의 자계 : $H=\frac{NI}{2\pi r}$[AT/m]
- 솔레노이드 외부의 자계의 세기 : $H=0$
- 솔레노이드 원형 중심 O점(외부)의 자계 : $H=0$

69 한 변의 길이가 10[cm]인 철선으로 정사각형을 만들고 전류 5[A]를 흘렸을 때 그 중심점의 자계의 세기 [AT/m]는?

① 40 ② 45
③ 160 ④ 180

해설 정사각형(정방형) 도체의 전류에 의한 중심 O점의 자계

$H_0 = \frac{I}{\pi l}2\sqrt{2}$[AT/m] $= \frac{5}{\pi\times0.1}\times2\sqrt{2} = 45$[AT/m]

70 지름 10[cm]인 원형 코일에 1[A]의 전류를 흘릴 때 코일 중심의 자계를 1000[AT/m]로 하려면 코일을 몇 회 감으면 되는가?

① 200 ② 150
③ 100 ④ 50

해설 원형 코일 중심 O점의 자계의 세기

$H_p = \frac{I}{2a} = \frac{1}{2a}\times N$[AT/m]

$\therefore$ 권수 $N = \frac{2a}{I}\times H_0 = \frac{2\times0.05}{1}\times1000 = 100$[회]

71 반지름 25[cm]의 원주형 도선에 π[A]의 전류가 흐를 때 도선의 중심축에서 50[cm] 되는 점의 자계의 세기 [AT/m]는?(단, 도선의 길이 l은 매우 길다.)

① 1 ② π
③ $\frac{1}{2}\pi$ ④ $\frac{1}{4}\pi$

해설 무한장 원주형 도선의 자계의 세기

$H = \frac{I}{2\pi r} = \frac{\pi}{2\pi\times0.5} = 1$[AT/m]

정답 66 ④ 67 ③ 68 ① 69 ② 70 ③ 71 ①

72 그림과 같은 환상 솔레노이드 내의 자계의 세기 [AT/m]는?(단, N은 코일의 감긴 수, a는 환상 솔레노이드의 평균 반지름이다.)

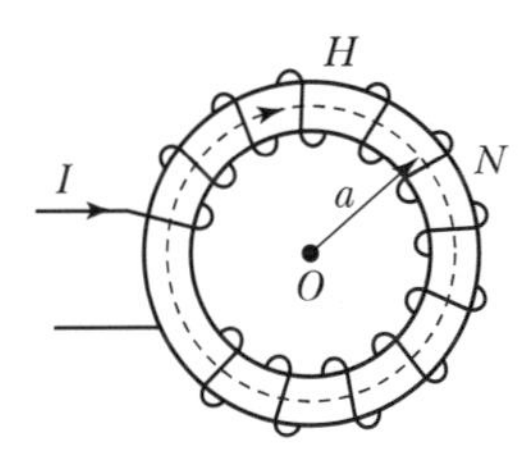

① $\dfrac{2\pi a}{NI}$ ② $\dfrac{NI}{2\pi a}$

③ $\dfrac{NI}{\pi a}$ ④ $\dfrac{NI}{4\pi a}$

73 임의의 폐곡선 C와 쇄교하는 자속수(ϕ)를 벡터퍼텐셜(A)로 표시하면?

① $\phi = \oint_c A\,dl$ ② $\phi = \int_s (A \cdot n)\,ds$

③ $\phi = \int_v (\text{div}\,A)\,dv$ ④ $\phi = \text{rot}\,A$

해설

자속 $\Phi = \int_s B\,\vec{ds}$에 벡터퍼텐셜$(\text{rot}\,\vec{A} = B)$을 대입하면,

$\Phi = \int_s (\text{rot}\,A)\,\vec{ds}$이고, 스토크스 정리에 의해 $\int_s (\text{rot}\,A)\,\vec{ds} = \int_c \vec{A}\,dl$

74 벡터 마그네틱 퍼텐셜(Vector Magnetic Potential) A는 다음과 같은 식을 만족하여야 한다. 옳은 것은?(단, H : 자계의 세기, B : 자속밀도)

① $\nabla \times A = 0$ ② $\nabla \cdot A = 0$

③ $H = \nabla \times A$ ④ $B = \nabla \times A$

해설

자계에서는 항상 $\text{div}\,B = 0$이다.

그리고 벡터 공식에서 $\text{div rot}\,A = 0$

$\therefore B = \text{rot}\,A = \nabla \times A$

75 다음 식들은 정자장에 관한 미분형이다. 여기서 B는 자장, A는 벡터퍼텐셜, J는 전류밀도이다. 틀린 것은?

① $\nabla \cdot B = 0$ ② $\nabla \times B = \mu J$

③ $\nabla \cdot A = J$ ④ $\nabla \times A = B$

해설

- $\text{curl}\,H = \text{rot}\,H = J\,[\text{A/m}^2]$: 자기장이 회전하면 그 중심에 전류(I)가 흐른다.
- $\text{div}\,B = \nabla \cdot B = 0$: 자기장은 발산하지 않는다.
- $B = \text{rot}\,A = \nabla \times A$: 어떤 벡터가 회전하면 그것은 자기장이다.
- $\text{rot}\,H = \nabla \times H = \nabla \times \left(\dfrac{B}{\mu}\right) = J$: 여기서 $B = \mu \cdot H$이므로 $\nabla \times B = \mu J$이 된다.
- $\text{div}\,A = \nabla \cdot A = D$: 어떤 벡터가 발산하면 전계가 된다.

76 전류와 자계 사이에 직접적인 관련이 없는 법칙은?

① 앙페르의 오른손 법칙
② 플레밍의 왼손법칙
③ 비오-사바르의 법칙
④ 렌츠의 법칙

해설

렌츠(Lenz)의 법칙은 전자유도현상에 의해 도체에 유기되는 유도기전력의 방향에 관한 법칙으로서 전류에 의한 자계와는 직접적인 관련이 없다.

77 전류가 흐르는 도선을 자계 내에 놓으면 이 도선에 힘이 작용한다. 평등자계의 진공 중에 놓여 있는 직선 도선이 받는 힘에 대한 설명 중 옳은 것은?

① 전류의 세기에 반비례한다.
② 자계의 세기에 반비례한다.
③ 도선의 길이에 비례한다.
④ 전류와 자계의 방향이 이루는 사이각의 탄젠트에 비례한다.

해설

평등자계 내의 직선 도선이 받는 힘 $F = (I \times B)\,l = BlI\sin\theta\,[\text{N}]$

이 힘은 플레밍의 오른손 엄지에 해당한다.(여기서, $B = \mu_0 H$)

$\therefore$ 힘 $F \propto I,\ F \propto l,\ F \propto \mu \propto H_p,\ F \propto \sin\theta$

정답 72 ② 73 ① 74 ④ 75 ③ 76 ④ 77 ③

78 자속밀도가 $0.3[Wb/m^2]$인 평등자계 내에 5[A]의 전류가 흐르고 있는 길이 2[m]의 직선 도체를 자계의 방향에 대해서 60°의 각을 이루도록 놓았을 때 이 도체가 받는 힘은 약 몇 [N]인가?

① 1.3 ② 2.6
③ 4.7 ④ 5.2

해설 평등자계 내의 전류가 흐르고 있는 도체가 받는 힘

$F = BlI\sin\theta = 0.3 \times 2 \times 5 \times \sin 60° = 2.6[N]$

79 자속밀도 $B[Wb/m^2]$ 내에서 전류 I[A]가 흐르는 도선이 받는 힘[N]을 옳게 표시한 것은?

① $F = Idl \times B$ ② $F = IB \times dl$
③ $F = \dfrac{I\,dl}{B}$ ④ $F = \dfrac{IB}{dl}$

해설

자속밀도 $B[Wb/m^2]$인 자계 내의 전류 I[A]가 흐르는 미소길이(dl)의 도선에 작용하는 힘은 $F = (I \times B) \cdot dl = I\,dl \times B$[N]

80 자속밀도가 $B[Wb/m^2]$인 자계 내에서 e[C]인 전기량을 갖는 전자가 v[m/sec]의 속도로 이동할 때 전자가 받는 힘 F[N]는?

① $-ev \cdot B$ ② $ev \cdot B$
③ $ev \times B$ ④ $eB \times v$

해설

자계(H_p) 내의 이동하는 전하 q에 작용하는 힘(F)은

로렌츠 법칙에 의해 $F = e(v \times B)$[N]

여기서, 전자(e)는 항상 부(−)극성이므로 전하(q)의 운동방향과는 반대로 이동한다.

$\therefore F = -e(v \times B) = (eB) \times v$ [N]

81 자계 안에 놓여 있는 전류회로에 작용하는 힘 F에 대한 옳은 식은?

① $F = \oint_c (Idl) \times B$[N] ② $F = \oint_c IB\,dl$[N]
③ $F = \oint_c (IB) \times dl$[N] ④ $F = \oint_c (I^2B)dl$[N]

해설

자속밀도 B인 자계 중에 놓여 있는 전류(I)가 흐르고 있는 도체에 작용하는 힘

$F = \oint_c (I \times B)\,dl = (I \times B) \cdot l = BlI\sin\theta$[N]

82 진공 중에 간격 $r = 1$[m]로 떨어져 평행하게 놓인 두 전류 I_1, I_2 간에 작용하는 힘이 단위길이당 2×10^{-7}[N]이라면 두 전류 I_1, I_2[A]는 얼마인가?

① $I_1 = I_2 = 1$ ② $I_1 = I_2 = 2$
③ $I_1 = I_2 = 3$ ④ $I_1 = I_2 = 4$

해설 진공 중에 놓인 평행한 두 도선의 전류에 작용하는 힘

$F = \dfrac{\mu_0 I_1 I_2}{2\pi r} = \dfrac{2I_1I_2}{r} \times 10^{-7} = \dfrac{2I^2}{r} \times 10^{-7}$[N/m]

이항하면 $I^2 = \dfrac{F \times r}{2 \times 10^{-7}}$이 되므로

$\therefore I = \sqrt{\dfrac{F \times r}{2 \times 10^{-7}}} = \sqrt{\dfrac{2 \times 10^{-7} \times 1}{2 \times 10^{-7}}} = 1$[A]

83 진공 중에서 e[C]의 전하가 $B[Wb/m^2]$의 자계 안에서 자계와 수직방향으로 v[m/s]의 속도로 움직일 때 받는 힘은 몇 [N]인가?

① $\dfrac{evB}{\mu_0}$ ② $\mu_0 evB$
③ evB ④ $\dfrac{eB}{v}$

해설

$F = ev \times B$(벡터적) $= evB$(스칼라적) $= ev(\mu_0 H)$

84 전류가 흐르고 있는 도체에 자계를 가하면 도체 측면에는 정 · 부의 전하가 나타나 두 면 간에 전위차가 발생하는 현상은?

① 핀치 효과 ② 톰슨 효과
③ 홀 효과 ④ 제벡 효과

정답 78 ② 79 ① 80 ③ 81 ① 82 ① 83 ③ 84 ③

해설 홀 효과(Hall Effect)

도체나 반도체에 전류를 흘려 이것과 직각으로 외부자계(H_p)를 가하면 도체의 측면에 정 · 부의 전하가 나타나 두 면 간에 전위차가 발생하는 현상을 말한다.

85 다음 중 특성이 나머지 셋과 다른 하나는?

① 톰슨 효과(Thomson Effect)
② 스트레치 효과(Stretch Effect)
③ 핀치 효과(Pinch Effect)
④ 홀 효과(Hall Effect)

해설

스트레치 효과, 핀치 효과, 홀 효과는 모두 자계(H_p)와 관계있는 현상들이다. 하지만 톰슨 효과는 자계와 무관한 현상이다.

86 다음 중 전자유도법칙과 관계가 먼 것은?

① 노이만의 법칙
② 렌츠의 법칙
③ 앙페르의 오른나사 법칙
④ 패러데이의 법칙

해설

Ampere의 오른나사 법칙은 전류(I)에 의한 자계(H_p)의 방향성을 나타낸다.

87 전자유도에 의하여 회로에 발생되는 기전력은 자속(쇄교수의 시간에 대한) 감소 비율에 비례한다는 (㉠)의 법칙에 따르고, 유도된 기전력의 방향은 (㉡)의 법칙에 따른다. 여기서, ㉠, ㉡에 알맞은 것은?

① ㉠ 패러데이, ㉡ 플레밍의 왼손
② ㉠ 패러데이, ㉡ 렌츠
③ ㉠ 렌츠, ㉡ 패러데이
④ ㉠ 플레밍의 왼손, ㉡ 패러데이

해설

전자유도현상은 패러데이(Faraday)에 의해 발견되었고 유도기전력의 크기와 방향은 노이만(Neumann)의 법칙과 렌츠(Lenz)의 법칙에 의해 설명된다.

88 전자유도현상에서 유기기전력에 관한 법칙은?

① 렌츠의 법칙 ② 패러데이의 법칙
③ 앙페르의 법칙 ④ 쿨롱의 법칙

해설 Faraday의 법칙

$e = -N\dfrac{d\phi}{dt}$[V]

전자유도현상에 의해 회로에서 발생하는 유기기전력은 자속 쇄교수의 시간적 감소율에 비례한다.

89 두 직선 도선 $l_1 = \infty$과 $l_2 = 1$[m]을 50[cm] 간격으로 평행하게 놓았고, l_1 도선에는 50[mA] 전류가 항상 일정하게 흐르고 있다. 이어서 l_1을 중심축으로 하여 l_2를 100[m/s]의 속도로 회전운동시키면 l_2에 유기되는 전압은 몇 [V]인가?

① 0 ② 0.5
③ 2×10^{-5} ④ 1

해설

직선 도선 두 개를 서로 평행하게 위치시켰으므로
유기기전력 이론식 $e = Blv\sin\theta$[V]에서 각도 $\theta = 0°$이다.
따라서 두 도선 사이의 유기기전력 $e = Blv\sin\theta = Blv\sin0° = 0$[V]

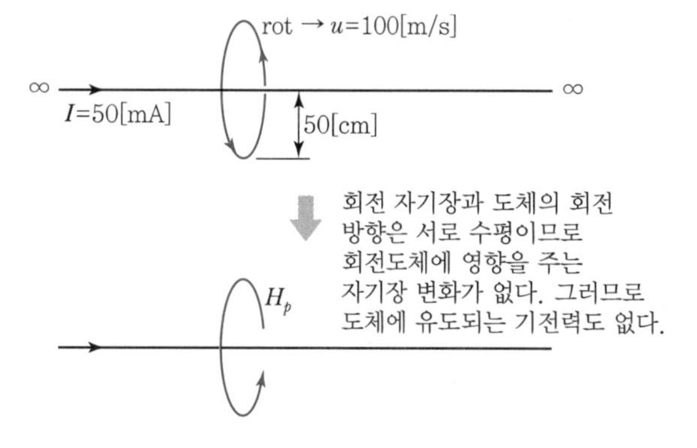

90 자속밀도가 100[Wb/m²]인 자계 내에 5[cm] 길이의 도체를 자계와 직각으로 위치시켰다. 그리고 이 도체를 10초 동안 1[m]의 일정한 속도로 이동시켰을 때 도체에 발생하는 기전력은 몇 [V]인가?

① 0 ② 0.5
③ 1 ④ 2×10^1

정답 85 ① 86 ③ 87 ② 88 ② 89 ① 90 ②

해설

도체의 속도는 $v = \frac{dl}{dt} = \frac{1}{10} = 0.1[\mathrm{m/s}]$ 이고,

도체에 유기되는 기전력은 $e = Blv\sin\theta = 0.1 \times 100 \times 0.05 \times \sin 90° = 0.5[\mathrm{V}]$

91 그림과 같이 막대자석 위로 동축 원판을 위치시킨다. 그리고 회로의 한쪽을 원판 가장자리에 접촉시켜 놓고 회전하도록 하면 패러데이 원판 실험이 구성된다. 이때 검류계에 전류가 흐르지 않는 경우는?

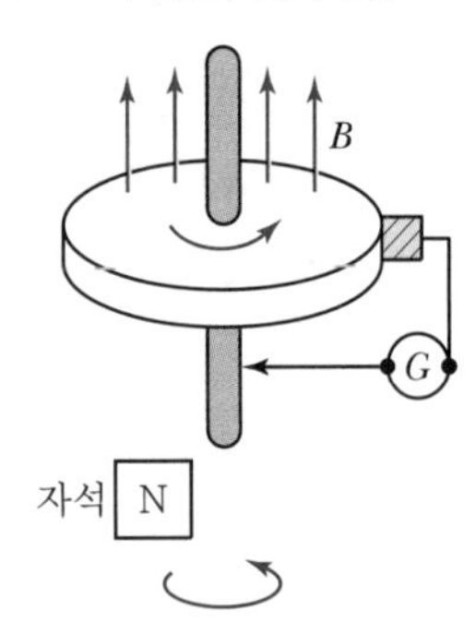

① 원판과 자석을 같은 방향, 같은 속도로 동시에 회전시킬 때
② 원판만을 일정한 방향으로 회전시킬 때
③ 자석만을 일정한 방향으로 회전시킬 때
④ 자석을 축 방향으로 전진시킨 후 후퇴시킬 때

해설

패러데이 전자유도에 의한 유도기전력은 반드시 시간 변화에 대한 자속 변화가 있을 때만 유기기전력 $e = \frac{d\phi}{dt}[\mathrm{V}]$ 가 발생한다. 만약 원판과 자석을 동시에 같은 방향 같은 속도로 회전시킬 경우 자속 변화가 생기지 않으므로 유기기전력이 발생하지 않는다. 그러므로 이 경우는 검류계에 전류가 흐르지 않는다.

92 영구자석의 재료로 사용되는 철에 요구되는 사항은?

① 잔류자기 및 보자력이 작은 것
② 잔류자기가 크고 보자력이 작은 것
③ 잔류자기는 작고 보자력이 큰 것
④ 잔류자기 및 보자력이 큰 것

해설

영구자석을 만들기 위해서는 잔류자기와 보자력 모두 커야 한다.

93 비투자율 μ_s는 역자성체에서 다음 중 어느 값을 갖는가?

① $\mu_s = 1$ ② $\mu_s < 1$
③ $\mu_s > 1$ ④ $\mu_s = 0$

해설 자성체의 비투자율

- 상자성체 : $\mu_s > 1$
- 반(역)자성체 : $\mu_s < 1$
- 강자성체 : $\mu_s \gg 1$

94 강자성체의 세 가지 특징이 아닌 것은?

① 와전류 특성 ② 히스테리시스 특성
③ 고투자율 특성 ④ 포화 특성

해설 강자성체의 특성

- 자화의 포화 현상(히스테리시스 현상)
- 히스테리시스 손실
- 고투자율($\mu_s \gg 1$)

95 자화된 철의 온도를 높일 때 자화가 서서히 감소하다가 급격히 강자성이 상자성으로 변하면서 강자성을 잃어버리는 온도는?

① 켈빈(Kelvin)온도
② 연화(Transition)온도
③ 전이온도
④ 퀴리(Curie)온도

해설

강자성체의 자화상태는 온도의 변화에도 영향을 받는다. 강자성체의 온도를 순차적으로 높여가면 일반적으로 자화가 서서히 감소하는데 690~870[℃](순철에서는 790[℃])에서 급격히 강자성을 잃어버리는 현상이 있다. 이 급격한 자성 변화의 온도를 퀴리온도(Curie Temperature)라고 한다.

정답 91 ① 92 ④ 93 ② 94 ① 95 ④

96 영구자석의 재료로서 적당한 것은?

① 잔류 자속밀도가 크고 보자력이 작아야 한다.
② 잔류 자속밀도와 보자력이 모두 작아야 한다.
③ 잔류 자속밀도와 보자력이 모두 커야 한다.
④ 잔류 자속밀도가 작고 보자력이 커야 한다.

해설
영구자석은 강자성체 중에서 잔류 자속밀도와 보자력이 특히 큰 재료를 자화시킨 것이다.

97 자화율 χ와 비투자율 μ_r의 관계에서 상자성체로 판단할 수 있는 것은?

① $\chi > 0,\ \mu_r > 1$　② $\chi < 0,\ \mu_r > 1$
③ $\chi > 0,\ \mu_r < 1$　④ $\chi < 0,\ \mu_r < 1$

해설
자성체의 자화율 χ와 비투자율 μ_r은 물질의 자기적 성질에 따라 다르다.
- 상자성체 : 자화율 $\chi > 0$, 비투자율 $\mu_r > 1$
- 역자성체 : 자화율 $\chi < 0$, 비투자율 $\mu_r < 1$

98 자계의 세기가 1500[AT/m] 되는 점의 자속밀도가 2.8[Wb/m^2]이다. 이 공간의 비투자율은 약 얼마인가?

① 1.86×10^{-3}　② 18.6×10^{-3}
③ 1.48×10^{3}　④ 1.48×10^{2}

해설
자속밀도 $B = \mu H = \mu_0 \mu_s H$에서

비투자율 $\mu_s = \dfrac{B}{\mu_0 H} = \dfrac{2.8}{4\pi \times 10^{-7} \times 1500} = 1480$

99 전자석의 흡인력은 자속밀도를 B라 할 때 어떻게 되는가?

① B에 비례　② $B^{\frac{3}{2}}$에 비례
③ $B^{1.6}$에 비례　④ B^2에 비례

해설
전자석의 단위면적당 작용하는 힘(흡인력)은

$F_s = \dfrac{1}{2}\dfrac{B^2}{\mu_0}$[N/m^2]

$\therefore f \propto B^2$

100 비투자율이 2000인 철심의 자속밀도가 5[Wb/m^2]일 때 이 철심에 축적되는 에너지 밀도는 몇 [J/m^3]인가?

① 2540　② 3074
③ 3954　④ 4976

해설 자계의 에너지 밀도

$w = \dfrac{1}{2}\dfrac{B^2}{\mu}$[J/m^3]

$\therefore w = \dfrac{1}{2}\dfrac{B^2}{\mu_0 \mu_s} = \dfrac{5^2}{2 \times 4\pi \times 10^{-7} \times 200} = 4973.6$[J/m^3]

101 자기저항의 역수를 무엇이라 하는가?

① Conductance　② Permeance
③ Elastance　④ Impedance

해설
자기회로에서 자기저항의 역수를 퍼미언스라 한다.

102 자기회로와 전기회로의 대응 관계를 표시하였다. 잘못된 것은?

① 자속 – 전속　② 자계 – 전계
③ 기자력 – 기전력　④ 투자율 – 도전율

해설
자기회로에서의 자속 ϕ[Wb]는 전기회로의 전류 I[A]에 대응된다.

103 자기회로의 자기저항은?

① 자기회로의 단면적에 비례
② 투자율에 반비례
③ 자기회로의 길이에 반비례
④ 단면적에 반비례하고 길이의 제곱에 비례

정답 96 ③ 97 ① 98 ③ 99 ④ 100 ④ 101 ② 102 ① 103 ②

해설 자기저항

$F=\dfrac{l}{\mu S}$[AT/Wb]

즉, 자기회로의 자기저항은 자기회로의 길이(l)에 비례하고 투자율(μ)과 자기회로의 단면적(S)에 반비례한다.

104 자기회로의 퍼미언스(Permeance)에 대응하는 자기회로의 요소는?

① 도전율
② 컨덕턴스(Conductance)
③ 정전용량
④ 엘라스턴스(Elastance)

해설

퍼미언스 = 자기저항의 역수
∴ 자기저항의 역수 = 컨덕턴스(G)

▶ 자기회로와 전기회로의 대응관계

자기회로	전기회로
자속 : ϕ [Wb]	전류 : I [A]
자속밀도 : B [Wb/m²]	전류밀도 : i [A/m²]
자계 : H [AT/m]	전계 : E [V/m]
자기저항 : R_m[AT/Wb]	전기저항 : R [Ω]
기자력 : F [AT]	기전력 : U [V]

105 그림과 같은 자기회로에서 $R_1=0.5$[AT/Wb], $R_2=0.2$[AT/Wb], $R_3=0.6$[AT/Wb]이라면 회로의 합성 자기저항[AT/Wb]은 얼마인가?

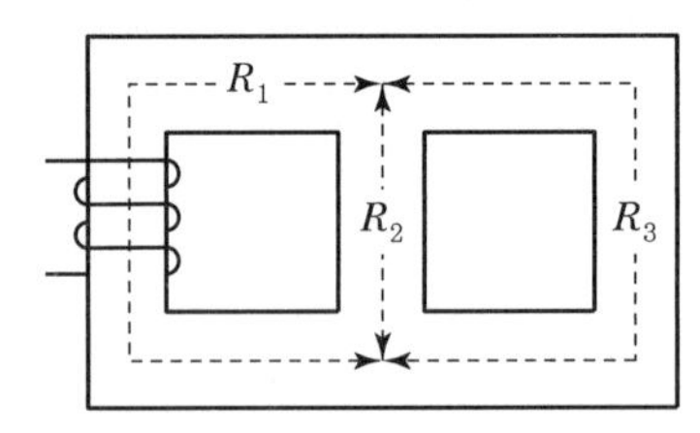

① 0.65　② 0.15
③ 0.35　④ 0.15

해설

자기회로를 등가적으로 그려보면

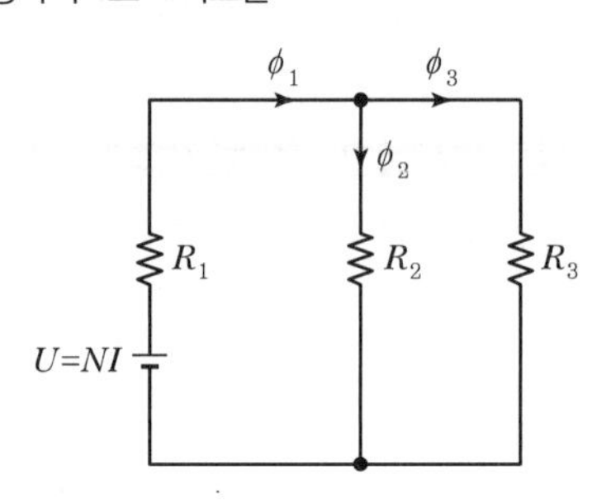

∴ 자기회로의 합성 자기저항 $R_0=R_1+\dfrac{R_2\cdot R_3}{R_2+R_3}$[AT/Wb]

$=0.5+\dfrac{0.2\times0.6}{0.2+0.6}=0.65$[AT/Wb]

106 단면적 $S=100\times10^{-4}$[m²]인 전자석에 자속밀도 $B=2$[Wb/m²]인 자속이 발생할 때, 철편을 흡인하는 힘[N]은?

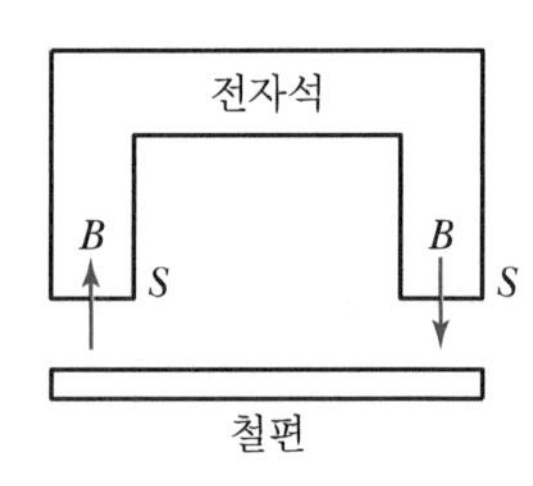

① $\dfrac{\pi}{2}\times10^5$
② $\dfrac{1}{2\pi}\times10^5$
③ $\dfrac{1}{\pi}\times10^5$
④ $\dfrac{2}{\pi}\times10^5$

해설

전자석의 흡인력 $F=F_s\cdot S=\dfrac{B^2}{2\mu_0}\cdot S$[N]

$\therefore\ F=\dfrac{2^2}{2\times4\pi\times10^{-7}}\times(100\times10^4\times2\text{개 단면})=\dfrac{1}{\pi}\times10^5$[N]

107 다음 중 자기 인덕턴스의 성질을 옳게 표현한 것은?

① 항상 부(負)이다.
② 항상 정(正)이다.
③ 항상 0이다.
④ 유도되는 기전력에 따라 정(正)도 되고 부(負)도 된다.

정답 104 ② 105 ① 106 ③ 107 ②

해설

자기 인덕턴스는 항상 0보다 큰 값을 가진다.

$L_1 \geq 0,\ L_2 \geq 0$

108 어느 코일에 흐르는 전류가 0.01[s] 동안에 1[A] 변화하여 60[V]의 기전력이 유기되었다. 이 코일의 자기 인덕턴스[H]는?

① 0.4 ② 0.6
③ 1.0 ④ 1.2

해설 코일의 전류가 시간적으로 변화할 때 코일에 유기되는 기전력

$L = e \cdot \dfrac{dt}{dI} = 60 \times \dfrac{0.01}{1} = 0.6\,[\mathrm{H}]$

109 솔레노이드의 자기 인덕턴스는 권수를 N이라 하면 어떻게 되는가?

① N에 비례 ② $\sqrt{N}$에 비례
③ N^2에 비례 ④ $\dfrac{1}{N^2}$에 비례

해설

자기 인덕턴스 $L = \dfrac{N^2}{R} = \dfrac{\mu S N^2}{l}$에서 $L \propto N^2$

110 2개의 회로 C_1, C_2가 있을 때 각 회로상에 취한 미소 부분을 dl_1, dl_2, 두 미소 부분 간의 거리를 r이라 하면 C_1, C_2 회로 간의 상호 인덕턴스[H]는 어떻게 표시하는가?(단, μ : 투자율)

① $\dfrac{\mu}{4\pi}\oint_{c2}\oint_{c1}\dfrac{dl_1 \cdot dl_2}{r}$

② $\dfrac{\mu}{2\pi}\oint_{c2}\oint_{c1}\dfrac{dl_1 \times dl_2}{r}$

③ $\dfrac{\mu\varepsilon}{4\pi}\oint_{c2}\oint_{c1} dl_1 dl_2$

④ $\oint_{c2}\oint_{c1}\log r\, dl_1 \cdot dl_2$

해설

임의의 두 회로 C_1, C_2 간의 상호 인덕턴스는 노이만의 공식에 의하면

$M = \dfrac{\mu}{4\pi}\oint_{c1}\oint_{c2}\dfrac{dl_1 \cdot dl_2}{r}\,[\mathrm{H}]$

111 N회 감긴 환상 코일의 단면적이 $S[\mathrm{m}^2]$이고 평균 길이가 l[m]이다. 이 코일의 권수를 반으로 줄이고 인덕턴스를 일정하게 하려면?

① 길이를 $\dfrac{1}{4}$배로 한다.
② 단면적을 2배로 한다.
③ 전류의 세기를 2배로 한다.
④ 전류의 세기를 4배로 한다.

해설

환상 코일의 자기 인덕턴스 $L = \dfrac{\mu S N^2}{l}\,[\mathrm{H}]$

여기서, $L \propto N^2$

그러므로 코일의 권수를 $\dfrac{1}{2}$로 줄이고 인덕턴스를 일정하게 하려면 투자율과 단면적은 4배로, 길이는 $\dfrac{1}{4}$로 하여야 한다.

112 자기 인덕턴스가 L_1[H], L_2[H], 상호 인덕턴스가 M[H]인 두 코일을 연결하였을 경우 합성 인덕턴스는?

① $L_1 + L_2 \pm 2M$ ② $\sqrt{L_1 + L_2} \pm 2M$
③ $L_1 + L_2 \pm \sqrt{2M}$ ④ $\sqrt{L_1 + L_2} \pm 2\sqrt{M}$

해설 두 개의 코일이 자기적으로 결합되어 있을 때의 합성 인덕턴스

- 가동 결합 $L = L_1 + L_2 + 2M$
- 차동 결합 $L = L_1 + L_2 - 2M$

113 반지름 2[mm], 길이 25[m]인 동선의 내부 인덕턴스[mH/km]는?

① 25 ② 5.0
③ 2.5 ④ 1.25

정답 108 ② 109 ③ 110 ① 111 ① 112 ① 113 ④

해설 원주형 도체(직선도체)의 내부 인덕턴스

$L=\frac{\mu}{8\pi}$[H/m]

$\therefore L=\frac{4\pi\times10^{-7}}{8\pi}\times(25)=12.5\times10^{-7}$[H/m] = 1.25[mH/km]

114 어떤 자기회로에 3000[AT]의 기자력을 줄 때 2×10^{-3}[Wb]의 자속이 통하였다. 이 자기회로의 자화에 필요한 에너지[J]는?

① 3×10^2　② 3

③ 1.5×10^2　④ 1.5

해설 자기에너지

$W=\frac{1}{2}LI^2$[J] $(LI=N\phi)$

$\therefore W=\frac{1}{2}LI^2=\frac{1}{2}N\phi I=\frac{1}{2}F\phi=\frac{1}{2}\times3000\times2\times10^{-3}=3$[J]

115 임의의 단면을 가진 2개의 원주상의 무한히 긴 평행도체가 있다. 지금 도체의 도전율은 무한대라고 하면 C, L, ε 및 μ 사이의 관계는?(단, C : 두 도체 간의 단위길이당 정전용량, L : 두 도체를 한 개의 왕복회로로 한 경우의 단위길이당 자기 인덕턴스, ε : 두 도체 사이에 있는 매질의 유전율, μ : 두 도체 사이에 있는 매질의 투자율)

① $C\varepsilon=L\mu$

② $\frac{C}{\varepsilon}=\frac{L}{\mu}$

③ $\frac{1}{LC}=\varepsilon\mu$

④ $LC=\varepsilon\mu$

해설

$LC=\mu\varepsilon$

인덕턴스에 대해 전개하면 $L=\frac{\mu\varepsilon}{C}$이 된다.

116 다음 중 전계와 자계와의 관계에서 고유 임피던스는?

① $\frac{1}{\sqrt{\varepsilon\mu}}$　② $\sqrt{\frac{\varepsilon}{\mu}}$

③ $\sqrt{\frac{\mu}{\varepsilon}}$　④ $\frac{1}{\varepsilon\mu}$

해설 고유 임피던스

$Z_0=\frac{E}{H}=\sqrt{\frac{\mu}{\varepsilon}}=120\pi\sqrt{\frac{\mu_s}{\varepsilon_s}}$ [Ω]

117 변위전류는 (㉠)의 시간적 변화로 주위에 (㉡)를 만든다. ㉠, ㉡에 알맞은 것은?

① ㉠ 자속밀도, ㉡ 자계

② ㉠ 자속밀도, ㉡ 전계

③ ㉠ 전속밀도, ㉡ 자계

④ ㉠ 전속밀도, ㉡ 전계

해설

변위전류 $i_d=\frac{\partial D}{\partial t}$(전속밀도의 시간적 변화)

118 유전율 ε, 투자율 μ의 공간을 전파하는 전자파의 전파속도 v는?

① $v=\sqrt{\varepsilon\mu}$　② $v=\sqrt{\frac{\varepsilon}{\mu}}$

③ $v=\sqrt{\frac{\mu}{\varepsilon}}$　④ $v=\frac{1}{\sqrt{\varepsilon\mu}}$

해설 전자파의 전파속도

$v=\frac{1}{\sqrt{\mu\varepsilon}}$[m/sec]$=\frac{3\times10^8}{\sqrt{\mu_s\varepsilon_s}}$[m/sec]

그러므로, 진공 중에서의 전파속도는(진공 중에서는 $\mu_s=1$, $\varepsilon_s=1$)

$v=3\times10^8$[m/sec]$=c$(빛의 속도)

정답 114 ② 115 ④ 116 ③ 117 ③ 118 ④

119 비유전율 $\varepsilon_s = 80$, 비투자율 $\mu_s = 1$인 전자파의 고유 임피던스(Intrinsic Impedance)는?

① 0.1[Ω] ② 80[Ω]
③ 8.9[Ω] ④ 42[Ω]

해설 고유 임피던스

$$\eta = \frac{E}{H} = \sqrt{\frac{\mu}{\varepsilon}} = 120\pi\sqrt{\frac{\mu_s}{\varepsilon_s}} = 377\sqrt{\frac{1}{80}} = 42[\Omega]$$

120 맥스웰은 전극 간의 유전체를 통하여 흐르는 전류를 (㉠)전류라고 하고 이것도 (㉡)를 발생한다고 가정하였다. ( ) 안에 알맞은 것은?

① ㉠ 전도, ㉡ 자계
② ㉠ 변위, ㉡ 자계
③ ㉠ 전도, ㉡ 전계
④ ㉠ 변위, ㉡ 전계

해설

맥스웰은 유전체 내에서 전속밀도의 시간적 변화에 의한 전류를 변위전류라고 하고 이 변위전류도 자계(H_p)를 발생한다고 하였다.

121 자속의 연속성을 나타낸 식은?

① $\text{div}\, B = \rho$ ② $\text{div}\, B = 0$
③ $B = \mu H$ ④ $\text{div}\, B = \mu H$

해설

$\nabla \cdot B = \text{div}\, B = 0$

121 맥스웰(Maxwell)의 전자방정식이 아닌 것은?

① $\nabla \times H = i + \dfrac{\partial D}{\partial t}$

② $\nabla \times H = -\dfrac{\partial B}{\partial t}$

③ $\nabla \cdot i = -\dfrac{\partial \rho}{\partial t}$

④ $\nabla \cdot D = \rho$

123 물(비유전율 80, 비투자율 1)속에서의 전자파의 전파속도[m/s]는?

① 3×10^{10} ② 3×10^{8}
③ 3.35×10^{10} ④ 3.35×10^{7}

해설 전파속도

$$v = \frac{1}{\sqrt{\mu\varepsilon}} = \frac{3 \times 10^8}{\sqrt{\mu_s \cdot \varepsilon_s}} = \frac{3 \times 10^8}{\sqrt{1 \times 80}} = 3.35 \times 10^7 [\text{m/sec}]$$

124 자유공간의 특성 임피던스는?(단, ε_0 : 유전율, μ_0 : 투자율)

① $\sqrt{\dfrac{\varepsilon_0}{\mu_0}}$ ② $\sqrt{\dfrac{\mu_0}{\varepsilon_0}}$

③ $\sqrt{\varepsilon_0 \mu_0}$ ④ $\sqrt{\dfrac{1}{\varepsilon_0 \mu_0}}$

해설

자유공간의 특성(고유) 임피던스($\mu_s = 1$, $\varepsilon_s = 1$)

$$\eta = \frac{E}{H} = \sqrt{\frac{\mu_0}{\varepsilon_0}}\,[\Omega] = 120\pi[\Omega] = 377[\Omega]$$

125 전계 및 자계의 세기가 각각 E, H일 때 포인팅 벡터 R의 표시로 옳은 것은?

① $R = \dfrac{1}{2} E \times H$ ② $R = E\,\text{rot}\, H$
③ $R = H\,\text{rot}\, E$ ④ $R = E \times H$

해설 포인팅 벡터(Poynting Vector)

$P(=R) = E \times H$

포인팅 벡터는 전자계 내의 한 점 P를 통과하는 에너지 흐름 중 면적밀도를 표시하는 벡터이다.

126 다음 중 수직편파는?

① 대지에 대해서 전계가 수직면에 있는 전자파
② 대지에 대해서 전계가 수평면에 있는 전자파
③ 대지에 대해서 자계가 수직면에 있는 전자파
④ 대지에 대해서 자계가 수평면에 있는 전자파

정답 119 ④ 120 ② 121 ② 121 ③ 123 ④ 124 ② 125 ④ 126 ①

해설

전자파의 편파 중에서 전계가 대지면과 수직인 파를 수직편파, 전계가 대지면과 수평인 파를 수평편파라고 한다.

127 다음 중 수평편파는?

① 대지에 대해서 전계가 수직면에 있는 전자파
② 대지에 대해서 전계가 수평면에 있는 전자파
③ 대지에 대해서 자계가 수직면에 있는 전자파
④ 대지에 대해서 자계가 수평면에 있는 전자파

해설

전계를 기준으로 하여 전계가 지면과 수직인 파를 수직편파, 전계가 지면과 수평인 파를 수평편파라 한다.

128 다음 중 TEM(횡전자파)은?

① 진행방향의 E, H 성분이 모두 존재한다.
② 진행방향의 E, H 성분이 모두 존재하지 않는다.
③ 진행방향의 E 성분만 존재하고, H 성분은 존재하지 않는다.
④ 진행방향의 H 성분만 존재하고, E 성분은 존재하지 않는다.

해설

전자파는 일정한 평면방향(z방향)으로 진행하며 진동이 균일한 평면파이다. 전계와 자계는 모두 전파 진행방향과 수직인 평면 내에 존재하는 횡전자파(TEM파 : Transverse Electromagnetic Wave)이다. 이런 횡전자파는 전계와 자계의 진행방향에의 성분은 존재하지 않는다.

129 전계와 자계의 위상 관계를 바르게 나타낸 것은?

① 전계가 자계보다 45° 빠르다.
② 전계가 자계보다 90° 느리다.
③ 전계가 자계보다 90° 빠르다.
④ 위상은 서로 같다.

해설 전자파의 성질

- 전계의 성분은 y축 방향으로 존재한다.
- 자계의 성분은 x축 방향으로 존재한다.
- 전자파는 x축 방향으로 진행하여 전파된다.
- 전자파 진행 방향으로 전계 혹은 자계 성분은 존재하지 않는다.
- 전파와 자파는 서로 90° 직각을 이루며 진행한다.
- 전파와 자파의 위상차는 0°로 동위상이다.
- 전계파에 의한 전계에너지(W_E)와 자계파에 의한 자계에너지(W_H)가 똑같은 매질에서 똑같은 거리를 진행할 때 그 에너지 크기는 같다.

130 어떤 유전체가 있다. 이 유전체에 전도전류 i_c와 변위전류 i_d를 같게 하는 주파수를 임계주파수 f_c, 그리고 임의의 주파수를 f라 할 때 유전손실은 어떻게 나타내는가?

① $\dfrac{f_c}{2f}$　② $\dfrac{f}{f_c}$
③ $\dfrac{f_i}{f_d}$　④ $\dfrac{f_c}{f}$

해설 전도전류와 변위전류가 같을 때 관계

$i_c = i_d \rightarrow kE = 2\pi f_c \varepsilon E \rightarrow k = 2\pi f_c \varepsilon \rightarrow f_c = \dfrac{k}{2\pi\varepsilon}$

∴ 유전체 손실 $\tan\delta = \dfrac{i_c}{i_d} = \dfrac{kE}{2\pi f \varepsilon E} = \dfrac{k}{2\pi\varepsilon}\dfrac{1}{f} = \dfrac{f_c}{f}$

정답 127 ② 128 ② 129 ④ 130 ④

기출 및 예상문제

01 **다음 중 정류자편 수가 많을 경우의 특징이 아닌 것은?**

① 자극 수가 증가한다.
② 전압 맥동률이 작아진다.
③ 전압 평균값이 증가한다.
④ 좋은 직류를 얻을 수 있다.

해설

코일의 도체 수보다 정류자편 수가 많을 경우 맥동률이 작아지고, 평균전압이 높아지며, 좋은 품질의 직류를 얻을 수 있게 된다.

02 **직류발전기의 철심을 규소강판으로 성층하여 사용하는 주된 이유는?**

① 브러시에서의 불꽃 방지 및 정류 개선
② 맴돌이전류손과 히스테리시스손의 감소
③ 전기자 반작용의 감소
④ 기계적 강도 개선

03 **직류분권발전기의 전기자권선을 단중 중권으로 감으면?**

① 병렬회로수는 항상 2이다.
② 높은 전압, 작은 전류에 적당하다.
③ 균압선이 필요 없다.
④ 브러시 수는 극수와 같아야 한다.

해설

직류기의 전기자권선을 단중 중권법으로 감으면
- 병렬회로수는 극수와 같다.($a=P$)
- 저전압, 대전류에 적당하다.
- 균압선 저속이 필요하다.
- 브러시의 수는 극수와 같다.

04 **직류분권발전기가 극수 8, 전기자 총 도체수 600으로 매분 800[rpm]으로 회전할 때 유기기전력이 110[V]이다. 전기자권선이 중권일 때 매극의 자속수[Wb]는?**

① 0.03104 ② 0.02375
③ 0.01014 ④ 0.01375

해설

직류발전기의 유기기전력 $E=P\phi\dfrac{N}{60}\dfrac{Z}{a}$[V]

전기자권선이 중권이므로 $a=P=8$

$\therefore$ 자속 $\phi=\dfrac{60aE}{PNZ}=\dfrac{60\times8\times110}{8\times800\times600}=0.01375$[Wb]

05 **전기자 지름 0.2[m]의 직류발전기가 1.5[kW]의 출력에서 1800[rpm]으로 회전하고 있을 때 전기자 주변속도는 약 몇 [m/s]인가?**

① 9.42 ② 18.84
③ 21.43 ④ 42.86

해설

회전수 $N=1800[\text{rpm}]=\dfrac{1800}{60}[\text{rps}]=30[\text{rps}]$

주변속도 $v=30\times2\pi\times\dfrac{0.2}{2}=18.84[\text{m/s}]$

06 **보극이 없는 직류발전기에서 부하의 증가에 따른 브러시의 위치는?**

① 그대로 둔다. ② 회전방향과 반대로 이동
③ 회전방향으로 이동 ④ 극의 중간에 놓는다.

해설

보극이 없는 직류발전기는 부하의 증가에 따라서 전기자 반작용으로 인한 편자작용 때문에 전기적 중성축의 위치가 회전방향으로 이동한다. 그리고 직류전동기에서는 회전반대방향으로 이동한다.

정답 01 ① 02 ② 03 ④ 04 ④ 05 ② 06 ③

07 **분권발전기는 잔류 자속에 의해서 잔류전압을 만들고 이때 여자전류가 잔류 자속을 증가시키는 방향으로 흐르면, 여자전류가 점차 증가하면서 단자전압이 상승하게 된다. 이 현상을 무엇이라 하는가?**

① 자기 포화 ② 여자 조절
③ 보상 전압 ④ 전압 확립

08 **정격전압 120[V], 전기자전류 100[A], 전기자저항 0.2[Ω]인 분권전동기의 발생 동력[kW]은?**

① 10 ② 9
③ 8 ④ 7

해설

분권전동기의 역기전력 E는

$E = V - I_a R_a = 120 - 100 \times 0.2 = 100[\mathrm{V}]$

$\therefore$ 발생 동력 $P_0 = EI_a = 100 \times 100 \times 10^{-3} = 10[\mathrm{kW}]$

09 **타여자발전기와 같이 전압변동률이 작고 자여자이므로 다른 여자전원이 필요 없으며, 계자전항기를 사용하여 전압 조정이 가능하므로 전기화학용 전원, 전지의 충전용, 동기기의 여자용으로 쓰이는 발전기는?**

① 분권발전기 ② 직권발전기
③ 과복권발전기 ④ 차동복권발전기

해설

타여자발전기와 같이 부하에 따른 전압의 변화가 적으므로 정전압발전기라고 한다.

10 **급전선의 전압강하 보상용으로 사용되는 것은?**

① 분권기 ② 직권기
③ 과복권기 ④ 차동복권기

해설

직권발전기는 부하와 계자, 전기자가 직렬로 연결되어 있으므로 부하 변화에 따른 기전력의 변화가 심하지만, 직렬로 연결되어 있으므로 선로 중간에 넣어서 승압기로 사용할 수 있다.

11 **수하특성을 가지므로 용접기용 전원으로 이용되는 것은?**

① 분권발전기 ② 직권발전기
③ 가동복권발전기 ④ 차동복권발전기

해설 차동복권

직권과 분권계자권선의 기자력이 서로 상쇄되게 한 것으로, 부하증가에 따라 전압이 현저하게 감소하는 수하특성을 가진다. 이러한 특성은 용접기용 전원으로 적합하다.

12 **부하의 변화가 있어도 그 단자전압의 변화가 작은 직류발전기는?**

① 가동복권발전기 ② 차동복권발전기
③ 직권발전기 ④ 분권발전기

해설 가동복권

직권과 분권계자권선의 기자력이 서로 합쳐지도록 한 것으로, 부하증가에 따른 전압감소를 보충하는 특성이다. 평복권발전기는 직권계자 기자력을 작게 만들어 부하증가에 따른 전압의 강하를 보상하여 전압의 변화가 작은 발전기이다.

13 **직류복권전동기를 분권전동기로 사용하려면 어떻게 하여야 하는가?**

① 분권계자를 단락시킨다.
② 부하단자를 단락시킨다.
③ 직권계자를 단락시킨다.
④ 전기자를 단락시킨다.

해설

다음 그림과 같이 복권전동기에서 계자권선 F_s를 단락시키면 분권전동기 결선과 같게 된다.

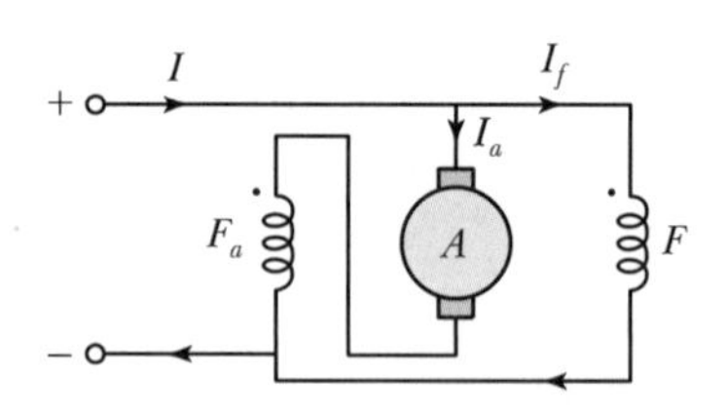

정답 07 ④ 08 ① 09 ① 10 ② 11 ④ 12 ① 13 ③

14 다음 그림에서 직류분권전동기의 속도특성곡선은?

① A
② B
③ C
④ D

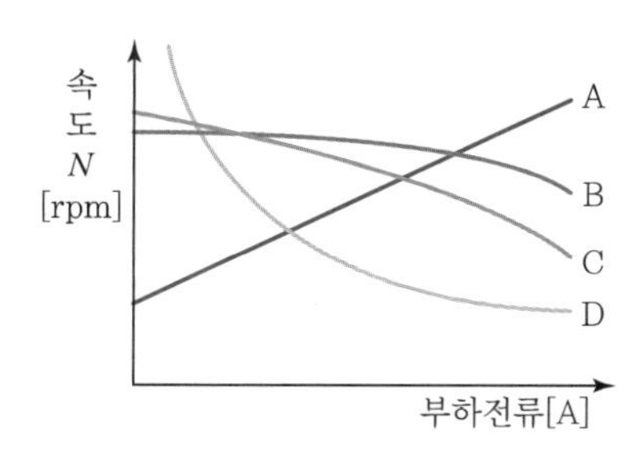

해설 분권전동기

전기자와 계자권선이 병렬로 접속되어 있어서 단자전압이 일정하면, 부하전류에 관계없이 자속이 일정하므로 정속도특성을 가진다.

15 다음 그림에서 직권전동기의 속도특성곡선은?

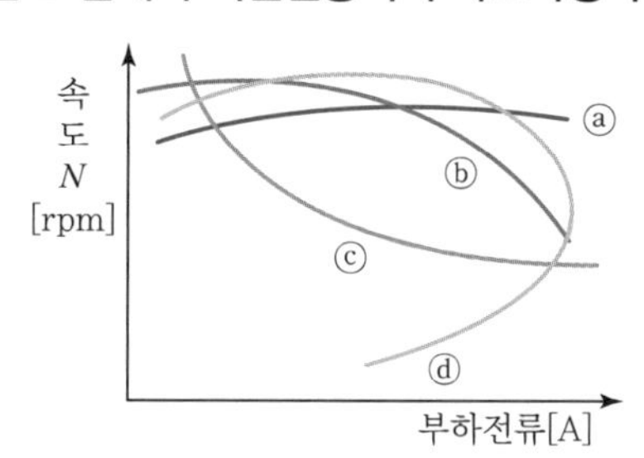

① ⓐ　　② ⓑ
③ ⓒ　　④ ⓓ

해설

직권전동기의 속도는 $N \propto \frac{1}{I}$ 이므로 부하가 증가하면 속도가 감소한다.

16 직류분권전동기를 무부하로 운전 중 계자회로에 단선이 생겼다. 다음 중 옳은 것은?

① 즉시 정지한다.
② 과속도로 되어 위험하다.
③ 역전한다.
④ 무부하이므로 서서히 정지한다.

해설

분권전동기의 속도 $N = K\frac{V - I_a R_a}{\Phi}$ 에서 계자회로가 단선되면 자속 Φ가 0이 되므로 과속도가 되어 위험하다.

17 직류분권전동기의 기동 시에 계자저항기의 저항값은 어떻게 해두는가?

① 0(영)으로 해둔다.　　② 최대로 해둔다.
③ 중위(中位)해둔다.　　④ 끊어 놔둔다.

18 직류전동기의 회전수는 자속이 감소하면 어떻게 되는가?

① 불변이다.　　② 정지한다.
③ 저하한다.　　④ 상승한다.

해설

직류전동기의 회전수 $N = K\frac{V - I_a R_a}{\Phi}$[rpm]에서

회전수 N은 자속 Φ에 반비례한다. 즉, $N \propto \frac{1}{\Phi}$

그러므로, 자속 Φ가 감소하면 회전수 N은 증가한다.

19 직류분권전동기에서 위험한 상태로 놓은 것은?

① 정격전압, 무여자　　② 저전압, 과여자
③ 전기자에 고저항 접속　　④ 계자에 저저항 접속

해설

분권전동기는 정격전압에서 운전 중 계자회로가 끊어지면($\Phi = 0$: 무여자 상태) 갑자기 가속되어 위험상태가 된다.

20 다음 그림은 속도특성곡선 및 토크(Torque) 특성곡선을 나타낸다. 어느 전동기인가?

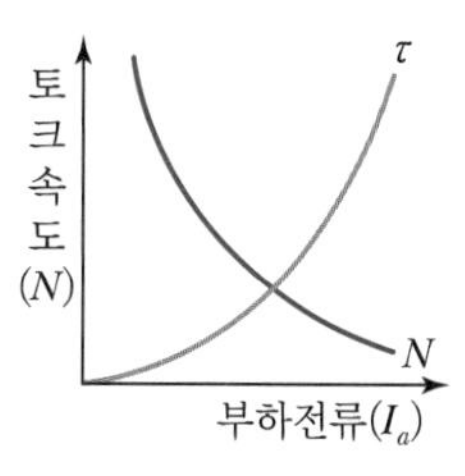

① 직류분권전동기　　② 직류직권전동기
③ 직류복권전동기　　④ 유도전동기

정답 14 ② 15 ③ 16 ② 17 ① 18 ④ 19 ① 20 ②

21 다음 중 옳은 것은?

① 전차용 전동기는 차동복권전동기이다.
② 분권전동기의 운전 중 계자회로만이 단선되면 위험속도가 된다.
③ 직권전동기에서는 부하가 줄면 속도가 감소한다.
④ 분권전동기는 속도 변동이 거의 없는 정속도 전동기이다.

22 직류분권전동기의 계자전류를 감소시키면 회전수는 어떻게 변하는가?

① 변화 없음　　② 정지
③ 증가　　④ 감소

해설

직류분권전동기의 회전속도는

$$N = K\frac{V - I_a R_a}{\Phi}$$

여기서, $\Phi \propto I_f \propto \frac{1}{R_f}$

따라서, 분권전동기의 운전 중 계자저항을 증가시키면 계자전류가 감소하고 자속이 감소하므로 회전속도는 증가한다.

23 전압제어에 의한 속도제어가 아닌 것은?

① 정지형 레너드식　　② 일그너식
③ 직병렬 제어　　④ 회생제어

해설

회생제어는 제동방식에 속한다.

※ 전압제어 : 워드 레오너드 방식(M－G－M법), 일그너 방식, 초퍼 제어방식, 직병렬 제어방식이 있다.

24 직류기의 손실 중에서 기계손에 속하는 것은 어느 것인가?

① 풍손　　② 와류손
③ 브러시의 전기손　　④ 표류부하손

해설

고정손의 일부분인 기계손(P_{ml})은 마찰손(브러시와 베어링)과 풍손 등을 말한다.

25 교류 동기 서보모터에 비하여 효율이 훨씬 좋고, 큰 토크를 발생하여 입력되는 각 전기신호에 따라 규정된 각도만큼씩 회전하며, 회전자는 축방향으로 자화된 영구자석으로서 보통 50개 정도의 톱니로 만들어져 있는 것은?

① 전기동력계
② 유도전동기
③ 직류 스테핑모터
④ 동기전동기

해설 스테핑모터(Stepping Motor)

- 입력 펄스 신호에 따라 일정한 각도로 회전하는 전동기이다.
- 기동 및 정지 특성이 우수하다.

26 동기발전기의 무부하 포화곡선에 대한 설명으로 옳은 것은?

① 정격전류와 단자전압의 관계이다.
② 정격전류와 정격전압의 관계이다.
③ 계자전류와 정격전압의 관계이다.
④ 계자전류와 단자전압의 관계이다.

해설 동기발전기의 특성곡선

- 3상단락곡선 : 계자전류와 단락전류
- 무부하 포화곡선 : 계자전류와 단자전압
- 부하 포화곡선 : 계자전류와 단자전압
- 외부특성곡선 : 부하전류와 단자전압

27 비돌극형 동기발전기의 단자전압(1상)을 V, 유도기전력(1상)을 E, 동기리액턴스를 X_s, 부하각을 δ라고 하면, 1상 출력[W]은?(단, 전기자저항 등은 무시한다.)

① $\frac{EV}{X_s}\sin\delta$　　② $\frac{E^2V}{2X_s}\cos\delta$
③ $\frac{EV}{X_s}\cos\delta$　　④ $\frac{E^2}{2X_s}\sin\delta$

정답 21 ② 22 ③ 23 ④ 24 ① 25 ③ 26 ④ 27 ①

28 동기발전기에서 극수 4, 매극의 자속수 0.062[Wb], 1분간의 회전속도를 1800, 코일의 권수를 100이라고 할 때 코일의 유기기전력의 실효값[V]은?(단, 권선계수는 1.0이라 한다.)

① 526 ② 1488

③ 1652 ④ 2336

해설

동기발전기의 유기기전력은 $E=4.44k_wfw\phi$

여기서, 주파수 $f=\dfrac{P\cdot N_s}{120}=\dfrac{4\times1800}{120}=60[\mathrm{Hz}]$

∴ 유기기전력 $E=4.44k_wfw\phi=4.44\times1.0\times60\times100\times0.062$
$=1652[\mathrm{V}]$

29 3상 20000[kVA]인 동기발전기가 있다. 이 발전기는 60[c/s]인 때는 200[rpm], 50[c/s]인 때는 167[rpm]으로 회전한다. 이 동기발전기의 극수는?

① 18극 ② 36극

③ 54극 ④ 72극

해설 동기발전기의 동기속도

$N_s=\dfrac{120f}{P}[\mathrm{rpm}]$

여기서, 극수 $P=\dfrac{120f}{N_s}=\dfrac{120\times60}{200}=36[\text{극}]$

30 3상 동기발전기가 있다. 이 발전기의 여자전류 5[A]에 대한 1상의 유기기전력이 600[V]이고 그 3상 단락전류는 30[A]이다. 이 발전기의 동기 임피던스[Ω]는 얼마인가?

① 2 ② 3

③ 20 ④ 30

해설 동기 임피던스

$Z_s=\dfrac{E_n}{I_s}=\dfrac{600}{30}=20[\Omega]$

31 교류발전기에서 권선을 절약할 뿐 아니라 특성 고조파분이 없는 권선은?

① 전절권 ② 집중권

③ 단절권 ④ 분포권

해설

동기기의 전기자권선법에서 코일 간격이 극간격보다 짧은 단절권 방식은 특정의 고조파를 제거하여 기전력의 파형을 좋게 하고 코일 단부가 짧게 되어 기계 전체의 길이가 축소되어 구리의 양이 적게 드는 등의 장점이 있다.

32 3상 동기발전기의 4극의 24개의 슬롯을 갖는 권선의 분포권 계수는?

① 0.966 ② 0.801

③ 0.866 ④ 0.912

해설

3상 동기발전기의 전기자권선에서

매극 매상당 슬롯수 $q=\dfrac{24}{4\times3}=2$

∴ 분포권 계수

$$K_d=\frac{\sin\dfrac{\pi}{2m}}{q\sin\dfrac{\pi}{2mq}}=\frac{\sin\dfrac{\pi}{2\times3}}{2\sin\dfrac{\pi}{2\times3\times2}}=0.966$$

33 동기발전기에서 기전력의 파형을 좋게 하고 누설 리액턴스를 감소시키기 위하여 채택한 권선법은?

① 집중권

② 분포권

③ 단절권

④ 전절권

해설

동기발전기의 권선법 중에서 분포권 방식을 채택하면 기전력의 파형이 좋아지고 권선의 누설 리액턴스를 감소시키며 전기자동손에 의한 열을 골고루 분포시켜 과열을 방지하는 등의 장점이 있다.

정답 28 ③ 29 ② 30 ③ 31 ③ 32 ① 33 ②

34 3상 동기발전기의 단자전압이 6600[V], 자극수 20, 슬롯수 180, 2층권이고 코일의 권수가 4라면 발전기의 매극당의 자속수[Wb]는?(단, 권선계수가 0.9이고 회전수는 360[rpm]이며 전기자권선은 성형이다.)

① 약 6.6×10^{-3}　② 약 11.4×10^{-3}
③ 약 66×10^{-3}　④ 약 114×10^{-3}

해설 동기발전기의 유기기전력(상전압)

$E=4.44k_w w\phi[\text{V}]$

여기서, $w=\dfrac{\text{슬롯수}\times\text{권수}\times\text{층수}}{2\times\text{상수}}=\dfrac{180\times4\times2}{2\times3}=240$

$f=\dfrac{P\cdot N_s}{120}=\dfrac{20\times360}{120}=60[\text{Hz}]$

∴ 자속수 $\phi=\dfrac{E}{4.44k_w fw}=\dfrac{6600/\sqrt{3}}{4.44\times0.9\times60\times240}=0.0662[\text{Wb}]$
$=66\times10^{-3}[\text{Wb}]$

35 그림은 3상 동기발전기의 무부하 포화곡선이다. 이 발전기의 포화율은 얼마인가?

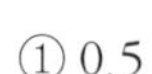

① 0.5
② 0.67
③ 0.8
④ 1.5

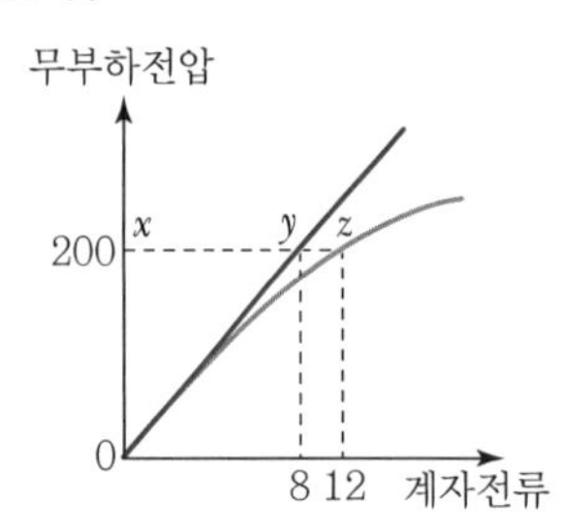

해설

동기발전기의 무부하 포화곡선은 무부하 시의 유기기전력과 계자전류와의 관계를 나타내는 곡선이다.

여기서, 포화율 $\sigma=\dfrac{yz}{xy}=\dfrac{12-8}{8}=0.5$

36 단락비 1.2인 발전기의 퍼센트 동기 임피던스[%]는 약 얼마인가?

① 100　② 83
③ 60　④ 45

해설

동기발전기의 %동기 임피던스와 단락비는 서로 역수 관계에 있다.

∴ %동기 임피던스 $\%Z_s=\dfrac{100}{K_s}=\dfrac{100}{1.2}=83[\%]$

37 코일 간격과 극 간격의 비를 β라 하면 동기기의 기본파 기전력에 대한 단절권 계수는?

① $\sin\beta\pi$　② $\sin\dfrac{\beta\pi}{2}$
③ $\cos\beta\pi$　④ $\cos\dfrac{\beta\pi}{2}$

해설

기본파에서의 단절권 계수 $K_p=\sin\dfrac{\beta\pi}{2}$

38 50[Hz] 12극 회전자 외경[m]의 동기발전기에 있어서 자극면의 주변속도[m/s]는?

① 30　② 40
③ 50　④ 60

해설 동기발전기의 회전자 주변속도

$v=\pi D\dfrac{N_s}{60}=\pi\times2\times\dfrac{600}{60}=62.8[\text{m/sec}]$

여기서, $N_s=\dfrac{120f}{P}=\dfrac{120\times60}{12}=600[\text{rpm}]$

39 동기기의 전기자권선법 중 단절권, 분포권으로 하는 이유 중 가장 중요한 목적은?

① 높은 전압을 얻기 위해서
② 좋은 파형을 얻기 위해서
③ 일정한 주파수를 얻기 위해서
④ 효율을 좋기 하기 위해서

해설

동기기의 전기자권선법을 단절권, 분포권 방식으로 하는 이유는 특정한 고조파 성분을 제거함으로써 유기기전력의 파형을 좋게 하는 데 그 주된 목적이 있다.

40 전압변동률이 작은 동기발전기는?

① 동기 리액턴스가 크다.
② 전기자 반작용이 크다.
③ 단락비가 크다.
④ 값이 싸진다.

정답 34 ③ 35 ① 36 ② 37 ② 38 ④ 39 ② 40 ③

해설

단락비(K_s)가 큰 기계는 전압변동률이 작다.

41 동기기의 3상 단락곡선이 직선이 되는 이유는?

① 무부하 상태이므로
② 자기 포화가 있으므로
③ 전기자 반작용으로
④ 누설 리액턴스가 크므로

해설

동기발전기의 3상을 단락시키고 정격속도로 운전하여 계자를 증가시키면 단락전류가 증가하여 전기자 반작용이 심하며 $Z_s \fallingdotseq x_s$ 이므로 단락전류는 거의 90° 뒤진 무효전류가 된다. 또한, 전기자 반작용은 직축감자작용이 되므로 자속밀도가 작아져서 철심이 포화되지 않으므로 거의 직선이 된다.

42 정전압 계통에 접속된 동기발전기의 여자를 약하게 하면?

① 출력이 감소하다.
② 전압이 강하한다.
③ 앞선 무효전류가 증가한다.
④ 뒤진 무효전류가 증가한다.

해설

동기발전기의 여자를 약화하면 진상무효전류가 증가하여 그 증자작용에 의해 유기기전력이 커진다.

43 3상 동기발전기에 무부하전압보다 90° 뒤진 전기자전류가 흐를 때 전기자 반작용은?

① 교차자화작용을 한다.
② 증자작용을 한다.
③ 감자작용을 한다.
④ 자기여자작용를 한다.

해설

동기발전기의 전기자 반작용 중에서 전류가 기전력보다 90° 뒤진 경우 ($\theta = 90°$ 지상), 즉 유도성 부하의 경우에 전기자전류에 의한 반작용 기자력은 자계의 자극축과 일치하나 그 방향은 반대로 작용하므로 직축반작용이라고 한다. 이 작용은 계자자속을 감소시킨다.

44 병렬운전 중의 A, B 두 발전기 중에서 A 발전기의 여자를 B 발전기보다 강하게 하면 A 발전기는?

① 90° 진상전류가 흐른다.
② 90° 지상전류가 흐른다.
③ 동기화전류가 흐른다.
④ 부하전류가 흐른다.

해설

2대의 동기발전기를 병렬운전하는 경우 여자를 강화한 쪽의 발전기는 기전력이 커지므로 90° 뒤진 전류가 흘러 감자작용을 하며 역률이 나빠진다.

45 60[Hz]의 동기전동기의 최고 속도는 몇 [rpm]인가?

① 3600 ② 2800
③ 2000 ④ 1800

해설

동기전동의 회전속도는 동기속도와 같으므로,

$N_s = \frac{120f}{p}$[rpm]에서 자극이 2극일 때 최고 속도이다.

따라서 $N_s = \frac{120 \times 60}{2} = 3600$[rpm]이다.

46 그림은 동기기의 위상특성곡선을 나타낸 것이다. 전기자전류가 가장 작게 흐를 때의 역률은?

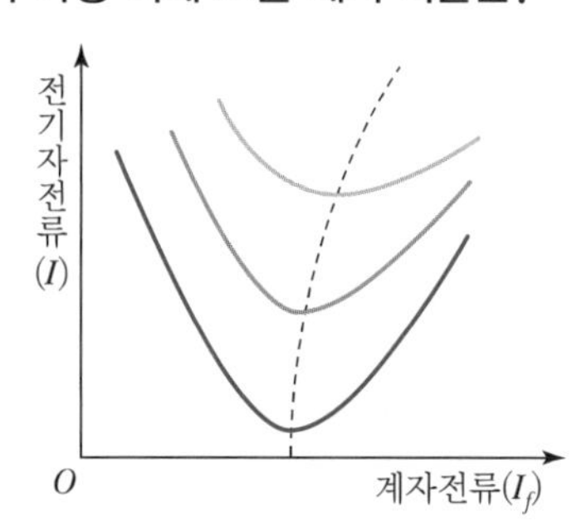

① 1 ② 0.9(진상)
③ 0.9(지상) ④ 0

정답 41 ③ 42 ③ 43 ③ 44 ② 45 ① 46 ①

47 **3상 동기전동기의 단자전압과 부하를 일정하게 유지하고, 회전자 여자전류의 크기를 변화시킬 때 옳은 것은?**

① 전기자전류의 크기와 위상이 바뀐다.
② 전기자권선의 역기전력은 변하지 않는다.
③ 동기전동기의 기계적 출력은 일정하다.
④ 회전속도가 바뀐다.

해설

- 동기전동기는 여자전류를 조정하여 전기자전류의 크기와 위상을 바꿀 수 있다.
- 역기전력 $E=4.44\cdot f\cdot N\cdot\phi$이므로 여자전류에 의해 자속이 변하므로 역기전력도 변화한다.
- 기계적 출력 $P_2=\dfrac{EV\sin\delta}{x_s}$이므로 역기전력이 변화하면 기계적 출력도 변화한다.
- 회전속도는 여자권선의 동기속도 $N_s=\dfrac{120f}{P}$에 의해 결정되므로 속도는 변하지 않는다.

48 **동기전동기의 기동 토크는 몇 [N · m]인가?**

① 0 ② 100
③ 150 ④ 200

49 **동기와트로 표시되는 것은?**

① 토크 ② 동기속도
③ 출력 ④ 1차 입력

해설 동기와트

동기전동기의 출력은 토크와 회전수의 곱에 비례하지만 동기기는 항상 동기속도로 운전되므로 기계적 출력을 토크로 나타낼 수 있다. 이와 같이 출력와트를 토크로 표시하는 것을 동기와트라고 한다.

즉, $T=0.975\dfrac{P_0}{N_s}$[kg · m]

50 **다음 중 동기전동기의 공급 전압과 부하가 일정할 때 여자전류를 변화시켜도 변하지 않는 것은?**

① 전기자전류 ② 역률
③ 전동기 속도 ④ 역기전력

해설 동기전동기

동기속도로 회전하는 정속도 전동기이다.

51 **동기전동기에 관한 설명 중 옳지 않은 것은?**

① 기동토크가 작다.
② 난조가 일어나기 쉽다.
③ 여자기가 필요하다.
④ 역률을 조정할 수 없다.

해설 동기전동기의 특징

- 계자전류를 조절하여 역률을 진상과 지상으로 조정할 수 있다.
- 기동토크가 작고 기동 시 별도의 여자기가 필요하다.
- 난조가 일어나기 쉽고 동기 이탈현상이 있다.

52 **동기전동기에 대한 설명으로 틀린 것은?**

① 정속도 전동기이고, 저속도에서 특히 효율이 좋다.
② 역률을 조정할 수 있다.
③ 난조가 일어나기 쉽다.
④ 직류 여자기가 필요하지 않다.

53 **동기전동기의 전기자 반작용에 있어서 다음 중 옳은 것은?**

① 전압보다 90° 앞선 전류는 주 자극을 감자한다.
② 전압보다 90° 뒤진 전류는 주 자극을 감자한다.
③ 전압과 동상인 전류는 주 자극을 감자한다.
④ 전압보다 90° 뒤진 전류는 주 자극을 교차 자화한다.

해설

동기전동기의 전기자 반작용은 동기발전기와는 반대로 전기자전류의 위상이 공급전압의 위상보다 90°만큼 앞선 경우, 즉 진상전류가 흐를 때 자속이 감소하는 감자작용을 한다.

정답 47 ① 48 ① 49 ① 50 ③ 51 ④ 52 ④ 53 ①

54 **전압이 일정한 도선에 접속되어 역률 1로 운전하고 있는 동기전동기의 여자전류를 증가시키면 이 전동기의 역률과 전기자전류는?**

① 역률은 앞서고 전기자전류는 증가한다.
② 역률은 앞서고 전기자전류는 감소한다.
③ 역률은 뒤지고 전기자전류는 증가한다.
④ 역률은 뒤지고 전기자전류는 감소한다.

해설

위상특성곡선(V곡선)에서 나타난 바와 같이 여자전류(I_f)를 증가시키면 (과여자상태) 90° 진상전류가 흐르며 역률은 앞서고 전기자전류는 증가한다. 반면에 여자전류를 감소시키면(부족여자상태) 90° 지상전류가 흐르며 역률은 뒤지고 전기자전류는 증가한다.

55 **3상 동기기의 제동권선의 효용은?**

① 출력 증가　② 효율 증가
③ 역률 개선　④ 난조 방지

해설 동기기의 제동권선의 역할

- 난조현상을 방지한다.(※ 주된 역할)
- 기동 시 기동토크를 발생한다.
- 불평형부하 시의 전압 · 전류의 파형을 개선시킨다.
- 송전선의 불평형단락 시의 이상전압상승을 방지한다.

56 **동기기의 과도 안정도를 증가시키는 방법이 아닌 것은?**

① 회전자의 플라이휠 효과를 작게 할 것
② 동기화 리액턴스를 작게 할 것
③ 속응 여자 방식을 채용할 것
④ 발전기의 조속기 동작을 신속하게 할 것

해설 동기기의 과도 안정도 증진법

- 회전자의 플라이휠 효과(관성 모멘트)를 크게 할 것
- 동기화 리액턴스를 작게 하고 단락비를 크게 할 것
- 속응 여자 방식을 채용할 것
- 영상 및 역상 임피던스를 크게 할 것
- 동기 탈조 계전기를 사용할 것

57 **동기전동기의 공급전압, 주파수 및 부하를 일정하게 유지하고 여자전류만을 변화시키면?**

① 출력이 변화한다.　② 토크가 변화한다.
③ 각속도가 변화한다.　④ 부하각이 변화한다.

해설

동기전동기의 출력 $P_2 = \dfrac{E \cdot V}{x_s} \sin\delta_s$[W]에서 공급전압($V$), 동기 리액턴스($x_s$), 출력($P_2$)이 일정하면 $E \cdot \sin\delta_s$도 일정하다.
따라서, 계자전류를 변화시키면 역기전력 E가 변화하여 부하각 δ_s가 변화한다.

58 **어느 3상 유도전동기의 전전압 기동토크는 전부하 시의 1.8배이다. 전전압의 2/3로 기동할 때 기동토크는 전부하 시의 몇 배인가?**

① 0.8배　② 0.7배
③ 0.6배　④ 0.4배

해설

유도전동기의 기동토크는 $T_s \propto V^2$이다.
문제에서 전전압 기동으로 전동기를 기동할 때 토크(T_s)는 정상부하일 때 토크의 1.8배이다. 전전압 기동토크를 2/3로 줄이면 이때 토크(T_s')는 정상부하(전부하) 때의 몇 배가 되는지 묻고 있으므로

$$T_s : V^2 = T_s' : V^{2\prime} \rightarrow V^2 \times T_s' = V^{2\prime} \times T_s \rightarrow T_s' = \frac{V^{2\prime}}{V^2} \times T_s$$

$$\therefore T_s' = \left(\frac{V'}{V}\right)^2 \times T_s = \left(\frac{\frac{2}{3}}{1}\right)^2 \times 1.8\,T_s \fallingdotseq 0.8\,T_s \text{ (정상부하의 0.8배이다)}$$

59 **3상 권선형 유도전동기의 전부하 슬립이 5[%], 2차 1상의 저항이 0.5[Ω]이다. 이 전동기의 기동토크를 전부하토크와 같도록 하려면 외부에서 2차에 삽입할 저항은 몇 [Ω]인가?**

① 10　② 9.5
③ 9　④ 8.5

해설 기동토크를 전부하토크와 같게 하기 위한 외부삽입저항

$$R = \left(\frac{1}{s} - 1\right) \cdot r_2 = \left(\frac{1}{0.05} - 1\right) \times 0.5 = 9.5[\Omega]$$

정답 54 ① 55 ④ 56 ① 57 ④ 58 ① 59 ②

60 4극 60[Hz]의 유도전동기가 슬립 5[%]로 전부하 운전하고 있을 때 2차 권선의 손실이 94.25[W]라고 하면 토크[N · m]는?

① 1.02 ② 2.04
③ 10.00 ④ 20.00

해설

$N_s = \dfrac{120 \times 60}{4} = 1800[\text{rpm}]$

2차 입력 $P_2 = \dfrac{P_{cs}}{s} = \dfrac{94.25}{0.05} = 1885[\text{W}]$

$\therefore\ T = \dfrac{P_2}{\omega_s}[\text{N} \cdot \text{m}] = \dfrac{P_2}{2\pi\dfrac{N_s}{60}} = \dfrac{1885}{2\pi\dfrac{1800}{60}} = 10[\text{N} \cdot \text{m}]$

61 출력 3[kW], 1500[rpm]인 전동기의 토크[kg · m]는?

① 1.5 ② 2
③ 3 ④ 15

해설

토크 $T = 0.975\dfrac{P_k}{N}[\text{kg} \cdot \text{m}] = 0.975 \times \dfrac{3 \times 10^3}{1500} = 1.95[\text{kg} \cdot \text{m}]$

62 3상 유도전동기가 있다. 슬립이 s[%]일 때 2차 효율은 얼마인가?

① $1-s$ ② $2-s$
③ $3-s$ ④ $4-s$

해설

3상 유도전동기의 2차 효율은

$\eta_2 = \dfrac{P_k}{P_2} = \dfrac{(1-s)P_2}{P_2} = 1-s$

63 유도전동기의 특성에서 토크 τ와 2차 입력 P_2, 동기속도 n_s의 관계는?

① 토크는 2차 입력에 비례하고, 동기속도에 반비례한다.
② 토크는 2차 입력과 동기속도의 곱에 비례한다.
③ 토크는 2차 입력에 반비례하고, 동기속도에 비례한다.
④ 토크는 2차 입력의 제곱에 비례하고, 동기속도의 제곱에 반비례한다.

해설

토크 $T = 0.975\dfrac{P_2}{N_2}[\text{kg} \cdot \text{m}]$

즉, 유도전동기의 토크는 2차 입력(P_2)에 비례하고 동기속도(N_s)에 반비례한다.

64 유도전동기에 있어서 2차 입력 P_2, 출력 P_0, 슬립(Slip) s 및 2차 동손 P_{c2}와의 관계는 어떤 관계인가?

① $P_2 : P_0 : P_{c2} = 1 : s : 1-s$
② $P_2 : P_0 : P_{c2} = 1-s : 1 : s$
③ $P_2 : P_0 : P_{c2} = 1 : \dfrac{1}{s} : 1-s$
④ $P_2 : P_0 : P_{c2} = 1 : 1-s : s$

해설

2차 입력 : 2차 동손 : 기계적 출력

$P_2 : P_{c2} : P_k = 1 : s : 1-s$

65 유도전동기의 2차 동손, 2차 입력, 슬립을 각각 P_c, P_2, s라 하면 관계식은?

① $P_2 \cdot P_c \cdot s = 1$ ② $s = P_2 \cdot P_c$
③ $s = \dfrac{P_2}{P_c}$ ④ $P_c = sP_2$

해설

2차 동손 $P_c = I_2{}^2 \cdot r_2 = s \cdot P_2[\text{W}]$

$\therefore$ 슬립 $s = \dfrac{P_2}{P_c}$, $P_c = sP_2$

66 3상 유도전동기의 출력이 10[kW], 슬립이 4.8[%]일 때의 2차 동손[kW]은?

① 0.4 ② 0.45
③ 0.5 ④ 0.55

정답 60 ③ 61 ② 62 ① 63 ① 64 ④ 65 ④ 66 ③

해설

2차 동손 $P_{c2} = s \cdot P_2$[W]

2차 출력 $P_k = (1-s)P_2$[W]

$\therefore P_{c2} = sP_2 = s \cdot \dfrac{P_k}{1-s} = \dfrac{0.048}{1-0.048} \times 10 = 0.5$[kW]

67 4극 고정자 홈수 48인 3상 유도전동기의 홈 간격을 전기각으로 표시하면?

① 3.75°　② 7.5°

③ 15°　④ 30°

해설 유도전동기의 전기자권선의 전기각

전기각$(\alpha) = \dfrac{180°}{\text{슬롯수/극수}} = \dfrac{180}{48/4} = 15[°]$

68 유도전동기의 회전력은?

① 단자전압에 무관

② 단자전압에 비례

③ 단자전압의 $\dfrac{1}{2}$승에 비례

④ 단자전압의 2승에 비례

69 권선형 유도전동기의 슬립 s에 있어서의 2차 전류는?(단, E_2, X_2는 전동기 정지 시의 2차 유기전압과 2차 리액턴스이고, R_2는 2차 저항이다.)

① $\dfrac{E_2}{\sqrt{\left(\dfrac{R_2}{s}\right)^2 + X_2^2}}$　② $\dfrac{sE_2}{\sqrt{R_2^2 + \dfrac{X_2^2}{s}}}$

③ $\dfrac{E_2}{\left(\dfrac{R_2}{1-s}\right)^2 + X_2}$　④ $\dfrac{E_2}{\sqrt{(sR_2)^2 + X_2^2}}$

해설

2차 전류 $I_2' = \dfrac{E_2'}{Z_2'} = \dfrac{sE_2}{\sqrt{r_2^2 + (sx_2)^2}} = \dfrac{E_2}{\sqrt{\left(\dfrac{r_2}{s}\right)^2 + x_2^2}}$[A]

70 3상 유도전동기의 전압이 10[%] 낮아졌을 때 기동토크는 약 몇 [%] 감소하는가?

① 5　② 10

③ 20　④ 30

해설 유도전동기의 입력전압과 토크 관계식

$T_s \propto V_1^{\ 2}$

따라서, 기동토크 $T_s' = (1-0.1)^2 = 0.81$

∴ 약 20[%] 정도 감소한다.

71 220[V], 3상 유도전동기의 전부하 슬립이 4[%]이다. 공급전압이 10[%] 저하된 경우의 전부하 슬립[%]은?

① 4　② 5

③ 6　④ 7

해설

3상 유도전동기의 슬립은 $s \propto \dfrac{1}{V^2}$

$\therefore s' = \left(\dfrac{V_1}{V_1'}\right)^2 \times s = \left(\dfrac{1}{0.9}\right)^2 \times 4 = 5[\%]$

72 60[Hz], 6극인 권선형 유도전동기의 2차 유도전압이 정지 시에 1000[V]라 한다. 슬립 3[%]일 때의 2차 전압은 몇 [V]인가?

① 10　② 20

③ 30　④ 60

해설

전동기가 슬립 s로 운전하는 경우의 2차 유기기전력은

$E_{2s} = sE_2 = 0.03 \times 1000 = 30$[V]

73 50[Hz], 슬립 0.2인 경우의 회전자속도가 600[rpm]일 때에 3상 유도전동기의 극수는?

① 16　② 12

③ 8　④ 4

정답 67 ③ 68 ④ 69 ① 70 ③ 71 ② 72 ③ 73 ③

해설

회전자속도 $N=(1-s)\cdot N_s=(1-s)\cdot\frac{120f}{P}$[rpm]

∴ 극수 $P=(1-s)\cdot\frac{120f}{N}=(1-0.2)\times\frac{120\times50}{600}=8$[극]

74 4극 60[Hz]의 3상 유도전동기가 있다. 1725[rpm]으로 회전하고 있을 때 2차 기전력의 주파수[Hz]는?

① 10 ② 7.5

③ 5 ④ 2.5

해설

유도전동기의 2차 주파수는 $f_2=sf_1$

동기속도 $N_s=\frac{120f}{P}=\frac{120\times60}{4}=1800$[rpm]

슬립 $s=\frac{N_s-N}{N_s}=\frac{1800-1725}{1800}=0.0417$

∴ 2차 주파수 $f_2=sf_1=0.0417\times60=2.5$[Hz]

75 유도전동기의 동기속도를 N_s, 회전속도를 N이라 하면 슬립(Slip)은 어떻게 되는가?

① $\frac{N_s-N}{N_s}$ ② $\frac{N-N_s}{N_s}$

③ $\frac{N_s-N}{N}$ ④ $\frac{N-N_s}{N}$

해설

유도전동기의 슬립(Slip) $s=\frac{N_s-N}{N_s}$

여기서, $N_s=\frac{120f}{P}$[rpm]

76 무부하 전동기는 역률이 낮지만 부하가 늘면 역률이 커지는 이유는?

① 전류 증가 ② 효율 증가

③ 전압 감소 ④ 2차 저항 증가

해설

무부하 시의 여자전류는 대부분이 무효전류이고 일정한 것에 비하여 부하에 의한 전류는 기계적 에너지에 해당하므로 전부 유효전류가 되며, 부하가 증가하면 유효전류가 증가하게 되므로 역률이 높아지게 된다.

77 권선형 유도전동기와 직류분권전동기와의 유사한 점 두 가지는?

① 정류자가 있다. 저항으로 속도 조정이 된다.

② 속도변동률이 작다. 저항으로 속도 조정이 된다.

③ 속도변동률이 작다. 토크가 전류에 비례한다.

④ 속도가 가변, 기동토크가 기동전류에 비례한다.

78 유도전동기의 여자전류(Excitation Current)는 극수가 많아지면 정격전류에 대한 비율이 어떻게 되는가?

① 적어진다.

② 원칙적으로 변화하지 않는다.

③ 거의 변화하지 않는다.

④ 커진다.

79 유도전동기를 정격상태로 사용하는 도중 전압이 10[%] 상승할 때 나타나는 특성 변화로 옳지 않은 것은? (단, 부하와 토크 모두 일정하다고 가정한다.)

① 슬립이 감소한다.

② 속도가 증가한다.

③ 효율이 떨어진다.

④ 히스테리시스손과 와류손이 증가한다.

해설

전동기를 정격으로 사용 중 입력전압(V)이 10[%] 상승하면,

- 슬립 감소($s\downarrow$) : $s\propto\frac{1}{V^2}$ 관계이므로
- 효율 증가($\eta\uparrow$) : $\eta=\frac{P_0}{P_2}=\frac{P_2(1-s)}{P_2}=1-s$이므로
- 회전속도 증가($N\uparrow$) : $N=(1-s)N_s$이므로
- 와류손 증가 : 철손 증가 ($P_i\uparrow$)
- 동손 감소 : 유효전류가 감소하므로

정답 74 ④ 75 ① 76 ① 77 ② 78 ④ 79 ③

80 권선형 유도전동기 2대를 직렬 종속으로 운전하는 경우, 그 동기속도는 어떤 전동기의 속도와 같은가?

① 두 전동기 중 적은 극수를 갖는 전동기와 같은 전동기
② 두 전동기 중 많은 극수를 갖는 전동기와 같은 전동기
③ 두 전동기의 극수의 합과 같은 극수를 갖는 전동기
④ 두 전동기의 극수의 차와 같은 극수를 갖는 전동기

해설

유도전동기의 속도제어에서 직렬종속법 $N=\dfrac{120f_1}{p_1+p_2}$[rpm]

81 16극과 8극의 유도전동기를 병렬종속법으로 속도를 제어할 때, 전원주파수가 60[Hz]인 경우 무부하속도 N_0는?

① 600[rpm] ② 900[rpm]
③ 300[rpm] ④ 450[rpm]

해설

유도전동기의 병렬종속법에 의한 속도제어에서 무부하속도는

$$N_0=\frac{2\times 120f_1}{p_1+p_2}=\frac{2\times 120\times 60}{16+8}=600[\text{rpm}]$$

82 60[Hz]인 3상 8극 및 2극의 유도전동기를 차동종속으로 접속하여 운전할 때의 무부하속도[rpm]는?

① 3600 ② 1200
③ 900 ④ 720

해설 차동종속

$$N=\frac{120f_1}{p_1-p_2}=\frac{120\times 60}{8-2}=1200[\text{rpm}]$$

83 3상 유도전동기의 전원주파수를 변환하여 속도를 제어하는 경우, 전동기의 출력 P와 주파수 f와의 관계는?

① $P\propto f$ ② $P\propto \dfrac{1}{f}$
③ $P\propto f^2$ ④ P는 f에 무관하다.

해설

3상 유도전동기의 속도제어 중 전원주파수 변환에 의한 속도제어에서는 공극의 자속을 일정하게 유지하기 위하여 공급전압을 주파수에 비례하여 변화시켜야 하므로 전동기의 출력 P는 주파수 f에 거의 비례한다.

84 3상 권선형 유도전동기의 기동법은?

① 변연장 △ 결선법 ② 콘도르퍼법
③ 게르게스법 ④ 기동보상기법

해설

콘도르퍼법, 기동보상기법은 농형 유도전동기의 기동법이다.

3상 권선형 유도전동기의 기동법

- 기동저항기법
- 게르게스 기동법

85 권선형 유도전동기의 저항제어법의 장점은?

① 부하에 대한 속도 변동이 크다.
② 구조가 간단하며 제어 조작이 용이하다.
③ 역률이 좋고 운전 효율이 양호하다.
④ 전부하로 장시간 운전하여도 온도 상승이 적다.

해설

권선형 유도전동기의 속도제어법 중 2차 저항 제어법은 조작이 간단하고 동기속도 이하의 속도를 원활하고 광범위하게 제어할 수 있으므로 기중기, 권상기 등에 널리 사용되고 있다.

86 농형 유도전동기의 기동법이 아닌 것은?

① 전전압기동법 ② 기동보상기법
③ 콘도르퍼법 ④ 기동저항기법

87 30[kW]인 농형 유도전동기의 기동에 가장 적당한 방법은?

① 기동보상기에 의한 기동
② △ − Y 기동
③ 저항 기동
④ 직접 기동

정답 80 ③ 81 ① 82 ② 83 ① 84 ③ 85 ② 86 ④ 87 ①

해설 농형 유도전동기의 기동법

- 전전압기동법(5[HP] 이하)
- Y－△ 기동법(5～15[kW] 범위)
- 기동보상기에 의한 기동(15[kW]를 넘는 것)

88 유도전동기의 기동법에서 Y－△ 기동은 대략 몇 [kW] 범위의 전동기에서 이용되는가?

① 5[kW] 이하
② 5～15[kW] 정도
③ 15[kW] 이상
④ 용량에 관계없이 이용이 가능하다.

해설

유도전동기의 기동법에서 Y－△ 기동은 전동기의 용량이 대략 5～15[kW] 범위의 전동기의 기동에 사용되고 있다.

89 3상 유도전동기에서 제5고조파에 의한 기자력의 회전방향 및 속도의 기본파 회전자계에 대한 관계는?

① 기본파와 같은 방향이고 5배의 속도
② 기본파와 역방향이고 5배의 속도
③ 기본파와 같은 방향이고 $\frac{1}{5}$ 배의 속도
④ 기본파와 역방향이고 $\frac{1}{5}$ 배의 속도

해설

3상 유도전동기의 회전자계에서의 고조파 차수 $h=3n+1$(제7차, 제13차, …)은 기본파와 같은 방향의 회전자계를 발생시키며 $\frac{1}{h}$ 의 속도로 회전하는 차동기 운전이 되고, 고조파 차수 $h=3n-1$(제5차, 제11차, …)은 기본파의 반대방향의 회전자계를 발생시키며 $\frac{1}{h}$ 의 속도로 회전하는 비동기 토크 운전이 된다.

90 3상 유도기에서 제7차 고조파에 의한 기자력의 회전방향 및 속도의 기본파 회전자계에 대한 관계는?

① 기본파와 같은 방향이고 7배의 속도
② 기본파와 같은 방향이고 $\frac{1}{7}$ 배의 속도
③ 기본파와 역방향이고 7배의 속도
④ 기본파와 역방향이고 $\frac{1}{7}$ 배의 속도

91 3상 유도전동기의 원선도를 그리는 데 필요하지 않은 시험은?

① 정격부하 시의 전동기회전속도 측정시험
② 구속시험
③ 무부하시험
④ 권선저항시험

해설 유도전동기의 원선도 작성에 필요한 시험

- 저항측정시험(권선의 저항)
- 무부하시험(철손, 여자전류)
- 구속시험(단락전류, 동손)

92 다음은 3상 유도전동기의 원선도이다. 원선도에서 역률[%]을 나타내는 것은?

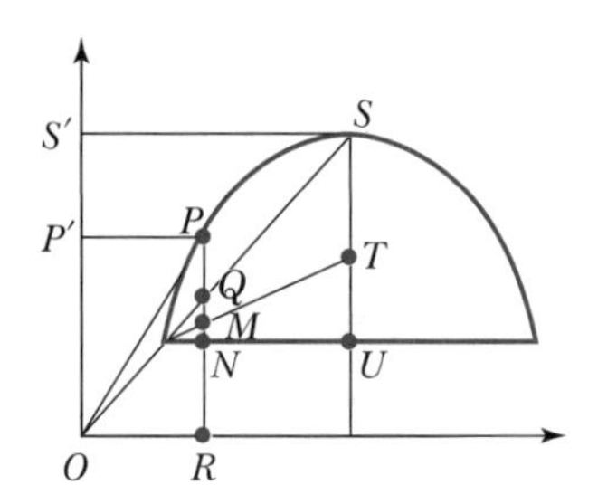

① $\frac{\overline{OS}}{\overline{OP}}\times 100$　② $\frac{\overline{OP'}}{\overline{OP}}\times 100$

③ $\frac{\overline{OS'}}{\overline{OS}}\times 100$　④ $\frac{\overline{OP'}}{\overline{OS}}\times 100$

해설 주어진 원선도에서 구할 수 있는 요소들

- 동기와트(P_2) : $\overline{PM}$
- 2차 효율 $\eta_2=\frac{\overline{PQ}}{\overline{PM}}$
- 슬립 $s=\frac{\overline{QM}}{\overline{PM}}$
- 역률 $\cos\theta=\frac{\overline{OP'}}{\overline{OP}}$
- 1차 동손 : $\overline{MN}$
- 2차 동손 : $\overline{QM}$
- 철손 : $\overline{RN}$
- 출력 : $\overline{PQ}$

정답 88 ② 89 ④ 90 ② 91 ① 92 ②

93 **기동토크가 대단히 작고 역률과 효율이 낮으며 전축, 선풍기 등 수 10[kW] 이하의 소형 전동기에 널리 사용되는 단상 유도전동기는?**

① 반발기동형 ② 셰이딩 코일형
③ 모노사이클릭형 ④ 콘덴서형

해설 셰이딩 코일형
슬립이나 속도 변동이 크고 효율이 낮아, 극히 소형 전동기에 한해 사용되고 있다.

94 **브러시를 이동하여 회전속도를 제어하는 전동기는?**

① 직류직권전동기
② 단상 직권전동기
③ 반발전동기
④ 반발기동형 단상 유도전동기

해설
단상 반발전동기의 속도제어는 계자권선의 탭이나 인가교류전압을 조정하여도 가능하다. 일반적으로 브러시의 위치를 바꾸어 줌으로써 회전속도를 제어한다.

95 **3상 유도전압조정기의 동작 원리는?**

① 회전자계에 의한 유도작용을 이용하여 2차 전압의 위상전압의 조정에 따라 변화한다.
② 교번자계의 전자유도작용을 이용한다.
③ 충전된 두 물체 사이에 작용하는 힘
④ 두 전류 사이에 작용하는 힘

해설
3상 유도전압조정기는 회전자계에 의한 전자유도작용을 이용하여 2차 전압의 위상의 조정에 따라 3상 전압을 조정한다.

96 **단상 유도전압조정기와 3상 유도전압조정기의 비교 설명으로 옳지 않은 것은?**

① 모두 회전자와 고정자가 있으며 한편에 1차 권선을, 다른 편에 2차 권선을 둔다.
② 모든 입력전압과 이에 대응한 출력전압 사이에 위상차가 있다.
③ 단상 유도전압조정기에는 단락코일이 필요하나 3상에서는 필요 없다.
④ 모두 회전자의 회전각에 따라 조정된다.

해설
3상 유도전압조정기에는 입력측 전압 E_1과 출력측 전압 E_2 사이에 위상차가 있으나 단상 유도전압조정기에는 위상차가 없다.

97 **3상 유도전압조정기의 원리는 어느 것을 응용한 것인가?**

① 3상 동기발전기 ② 3상 변압기
③ 3상 유도전동기 ④ 3상 정류자전동기

해설
3상 유도전압조정기는 권선형 3상 유도전동기의 1, 2차 권선을 3상 성형 단권변압기와 같이 접속하고 회전자를 구속(정지)한 상태로 놓고 사용하는 것과 같다.

98 **단상 유도전압조정기에 단락권선을 1차 권선과 수직으로 놓는 이유는?**

① 2차 권선의 누설 리액턴스 강하를 방지한다.
② 2차 권선의 주파수를 변화시킨다.
③ 2차의 단자전압과 1차의 전압과 위상을 같게 한다.
④ 부하 시에 전압 조정을 용이하게 한다.

해설
단상 유도전압조정기에서 단락권선을 분로권선(1차)과 수직으로 설치하는 이유는 직렬권선(2차)의 누설 리액턴스를 감소시켜 전압강하를 방지하기 위해서이다.

99 **용량이 작은 전동기로 직류와 교류를 겸용할 수 있는 전동기는?**

① 셰이딩 전동기
② 단상 반발전동기
③ 단상 직권 정류자전동기
④ 리니어 전동기

정답 93 ② 94 ③ 95 ① 96 ② 97 ③ 98 ① 99 ③

해설

직류직권전동기는 계자권선과 전기자권선이 직렬로 되어 있으므로 전원의 극성이 바뀌어도 항상 같은 방향의 토크를 발생하고 같은 방향으로 회전한다. 단상 직권 정류자전동기라고도 한다.

100 다음 중 단상 정류자전동기의 일종인 단상 반발전동기에 해당하는 것은?

① 시라게 전동기
② 아트킨손형 전동기
③ 단상 직권 정류자전동기
④ 반발유도전동기

101 단상 정류자전동기의 일종인 단상 반발전동기에 해당하지 않는 것은?

① 아트킨손 전동기　② 시라게 전동기
③ 데리 전동기　④ 톰슨 전동기

해설

단상 반발전동기에는 아트킨손(Atkinson) 전동기, 톰슨(Thomson) 전동기, 데리(Deri) 전동기가 있다.

102 다음은 단상 정류자전동기에서 보상권선과 저항도선의 작용을 설명한 것이다. 옳지 않은 것은?

① 저항도선은 변압기 기전력에 의한 단락전류를 작게 한다.
② 변압기 기전력을 크게 한다.
③ 역률을 좋게 한다.
④ 전기자 반작용을 제거해 준다.

해설

단상 정류자전동기에서는 브러시에 의해 단락되는 전기자권선 내에 주 자속의 교번자계에 의해 변압기 기전력이 유기되므로 정류가 불량하다. 따라서 저항도선을 사용하여 단락전류를 억제하여 변압기 기전력을 없앤다.

103 다음 중 시라게 전동기의 특성과 가장 비슷한 직류전동기는?

① 분권전동기　② 직권전동기
③ 차동복권전동기　④ 가동복권전동기

해설

시라게 전동기는 3상 분권 정류자전동기로서 회전속도의 변화가 작아 분권특성을 가진 정속도 전동기인 동시에 가감속도 전동기로서 직류분권전동기의 특성과 가장 비슷하다.

104 다음 중 속도 변화에 편리한 교류전동기는?

① 농형 전동기　② 2중 농형 전동기
③ 동기 전동기　④ 시라게 전동기

해설

시라게(Schrage) 전동기는 브러시의 이동만으로 간단하고 원활하게 속도제어가 된다.

105 60[Hz]의 변압기에 50[Hz]의 동일 전압을 가했을 때의 자속밀도는 60[Hz] 때의 몇 배인가?

① $\dfrac{6}{5}$　② $\dfrac{5}{6}$
③ $\left(\dfrac{5}{6}\right)^{1.6}$　④ $\left(\dfrac{6}{5}\right)^{1.6}$

해설

$E = 4.44fN\phi_m$ 에서 동일 전압을 가했을 때의 자속밀도(자속)는 주파수에 반비례한다.

$\therefore$ 자속밀도 $B_m(\phi_m) \propto \dfrac{1}{f} = \dfrac{1}{\left(\dfrac{50}{60}\right)} = \dfrac{6}{5}$ [배]

106 50[kVA], 3300/210[V], 60[Hz]의 단상 변압기가 있다. 1차 권수 660, 철심 단면적 161[cm^2]일 때 자속밀도는 몇 [Wb/m^2]인가?

① 1.4　② 1.16
③ 1.02　④ 0.98

정답 100 ② 101 ② 102 ② 103 ① 104 ④ 105 ① 106 ②

해설

변압기의 1차 권선에 유기되는 기전력의 실효값은 $E_1 = 4.44fN\phi_m$[V]

여기서, 자속 $\phi_m = \frac{E_1}{4.44fN_1} = \frac{3300}{4.44 \times 60 \times 660} = 0.0188$[Wb]

∴ 자속밀도 $B = \frac{\phi_m}{S} = \frac{0.0188}{161 \times 10^{-4}} = 1.16$[Wb/m^2]

107 같은 정격전압에서 변압기의 주파수가 높으면 가장 많이 증가하는 것은?

① 자화전류 ② 온도
③ 철손 ④ %임피던스

해설

정격전압에서 주파수가 증가하면, 철손과 여자전류 그리고 온도는 주파수에 반비례하여 감소하고 %임피던스는 주파수에 비례하여 증가한다.

108 그림과 같은 철심에 200회의 권선을 하여 여기에 60[Hz], 60[V]인 정현파 전압을 인가하였을 때 철심의 자속 ϕ_m[Wb]은?

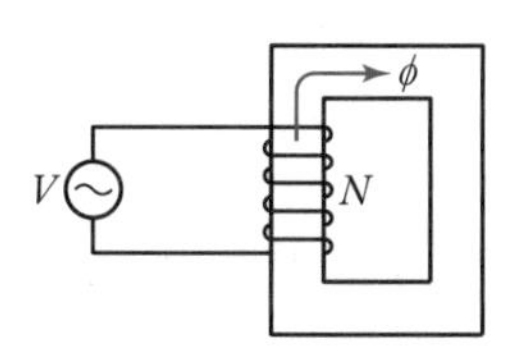

① 약 1.126×10^{-3} ② 약 2.25×10^{-3}
③ 약 1.126 ④ 약 2.25

해설

$E = 4.44fN\phi_m$[V]

∴ $\phi_m = \frac{E}{4.44fN} = \frac{60}{4.44 \times 60 \times 200} = 1.126 \times 10^{-3}$[Wb]

109 1차 전압 6900[V], 1차 권선수 3000회, 권수비 20의 변압기를 60[Hz]에 사용할 때 철심의 최대 자속[Wb]은?

① 0.86×10^{-4} ② 8.63×10^{-3}
③ 86.3×10^{-3} ④ 863×10^{-3}

해설

변압기의 1차 권선에 유기되는 기전력의 실효값은 $E_1 = 4.44fN_1\phi_m$[V]

∴ 최대 자속 $\phi_m = \frac{E_1}{4.44fN_1} = \frac{6900}{4.44 \times 60 \times 3000} = 8.63 \times 10^{-3}$[Wb]

110 1차 전압 6600[V], 권수비 30인 단상 변압기로 전등 부하에 20[A]를 공급할 때의 입력[kW]은?(단, 변압기의 손실은 무시한다.)

① 4.4 ② 5.5
③ 6.6 ④ 7.7

해설

입력 $P_1 = V_1 I_1 \cdot \cos\theta \times 10^{-3}$[kW]

$= 6600 \times \frac{20}{30} \times 1 \times 10^{-3} = 4.4$[kW]

111 100[kVA], 6000/200[V], 60[Hz]의 3상 변압기가 있다. 저압측에서 3상 단락이 생긴 경우의 단락전류[A]는?(단, %임피던스 전압강하는 3[%]이다.)

① 5123 ② 9623
③ 11203 ④ 14111

해설

3상 변압기의 2차 단락전류는

$I_{2s} = \frac{100}{\%Z_s} I_{2n} = \frac{100}{3} \times \frac{100 \times 10^3}{\sqrt{3} \times 200} = 9623$[A]

112 변압기의 누설 리액턴스를 줄이는 가장 효과적인 방법은?

① 권선을 분할하여 조립한다.
② 권선을 동심 배치한다.
③ 코일의 단면적을 크게 한다.
④ 철심의 단면적을 크게 한다.

해설

변압기의 1, 2차 권선을 분할하여 교차배치하면 단락사고 시 대전류에 의한 기계적 강도를 증가시키고 누설 리액턴스를 감소시켜 전압 변동을 줄일 수 있다.

정답 107 ④ 108 ① 109 ② 110 ① 111 ② 112 ①

113 %저항강하 1.8, %리액턴스 강하 2.0인 변압기의 전압변동률의 최대값과 이때의 역률은 각각 몇 [%]인가?

① 7.24, 27　② 2.7, 1.8
③ 2.7, 67　④ 1.8, 3.8

해설

• 전압변동률의 최대값

$$\varepsilon_{\max}=\%Z=\sqrt{P^2+q^2}=\sqrt{1.8^2+2.0^2}=2.69[\%]\fallingdotseq 2.7[\%]$$

• 최대 전압변동률일 때의 역률

$$\cos\theta=\frac{P}{\%Z}=\frac{P}{\sqrt{P^2+q^2}}=\frac{1.8}{\sqrt{1.8^2+2.0^2}}=0.67=67[\%]$$

114 300/210[V], 5[kVA] 단상 변압기의 퍼센트 저항강하가 2.4[%], 리액턴스 강하가 1.8[%]이다. 임피던스 와트[W]는?

① 320　② 240
③ 120　④ 90

해설

%저항강하 $p=\frac{P_s}{P_n}\times 100[\%]$에서

∴ 임피던스 와트 $P_s=\frac{p}{100}\times P_n=\frac{2.4}{100}\times 5\times 10^3=120[\mathrm{W}]$

115 3상 배전선에 접속된 V 결선의 변압기에서 전부하 시의 출력을 P[kVA]라 하면 같은 변압기 한 대를 증설하여 △ 결선하였을 때의 정격출력[kVA]은?

① $\frac{1}{2}P$　② $\frac{2}{\sqrt{3}}P$
③ $\sqrt{3}P$　④ $2P$

해설 V 결선 시의 출력

$$P_V=\frac{1}{\sqrt{3}}P_\triangle=0.577\cdot P_\triangle$$

∴ △결선 시의 출력 : $P_\triangle=\sqrt{3}P_V=\sqrt{3}P[\mathrm{kVA}]$

116 역률 80[%](지상)로 전부하 운전 중인 3상 100[kVA], 3000/200[V] 변압기의 저압측 선전류의 무효분은 대략 몇 [A]인가?

① 98　② 125
③ 173　④ 212

해설

3상 변압기의 2차측 선전류의 무효분 전류는

$$I_2\sin\theta=\frac{P_a}{\sqrt{3}\,V}\sin\theta=\frac{100\times 10^3}{\sqrt{3}\times 200}\times 0.6=173[\mathrm{A}]$$

117 전압비 30 : 1의 단상 변압기 3대를 1차 △, 2차 Y로 결선하고 1차에 선간전압 3300[V]를 가했을 때의 무부하 2차 선간전압은?

① 250　② 220
③ 210　④ 190

해설

변압기의 2차는 Y 결선이므로 2차 선간전압은

$$V_{2l}\sqrt{3}\,V_{2p}=\sqrt{3}\times\frac{1}{a}V_{1p}=\sqrt{3}\times\frac{1}{30}\times 3300=190[\mathrm{V}]$$

118 동일 용량의 변압기 2대를 사용하여 3300[V]의 3상식 간선에서 220[V]의 2상 전력을 얻으려면 T좌 변압기의 권수비는 얼마로 해야 하는가?

① 17.31　② 16.52
③ 15.34　④ 12.99

해설

스코트 결선에서 T좌 변압기의 권수비 a_T는

$$a_T=a_M\times\frac{\sqrt{3}}{2}=\frac{3300}{220}\times\frac{\sqrt{3}}{2}=12.99$$

119 용량 100[kVA]인 동일 정격의 단상 변압기 4대로 낼 수 있는 3상 최대 출력용량[kVA]은?

① $200\sqrt{3}$　② $200\sqrt{2}$
③ $300\sqrt{2}$　④ 400

정답 113 ③ 114 ③ 115 ③ 116 ③ 117 ④ 118 ④ 119 ①

해설

단상 변압기 4대로는 V결선(2대)으로 2 뱅크(bank) 운영이 가능하므로
$\therefore\ \sqrt{3}\times 2\text{bank} = 2\sqrt{3}\,\text{p} = 2\sqrt{3}\times 100 = 200\sqrt{3}\,[\text{kVA}]$

120 변압기 결선에 있어서 1차에 제3고조파가 있을 때 2차 전압에 제3고조파가 나타나는 결선은?

① Δ − Δ ② Δ − Y
③ Y − Y ④ Y − Δ

해설

제3고조파는 Δ결선에서 소멸되지만 Y결선에는 나타난다.

121 정격용량이 각각 1000[kVA]인 단상 변압기의 임피던스 전압은 각각 8[%]와 7[%]이다. 이것을 병렬로 하면 몇 [kVA]의 부하를 걸 수 있는가?

① 1865 ② 1870
③ 1875 ④ 1880

해설

정격용량이 같은 단상 변압기 2대를 병렬운전하는 경우에는 %임피던스가 작은 쪽의 변압기가 자기정격용량이 될 때까지 부하를 걸 수 있다.
각 변압기의 분담부하를 각각 $[\text{kVA}]_a$, $[\text{kVA}]_b$, 병렬운전할 때의 전 부하를 $[\text{kVA}]_{ab}$라고 하면 $\dfrac{[\text{kVA}]_a}{7} = \dfrac{[\text{kVA}]_b}{8} = \dfrac{[\text{kVA}]_{ab}}{7+8}$

$\therefore\ [\text{kVA}]_{ab} = \dfrac{15}{8}\times[\text{kVA}]_b = \dfrac{15}{8}\times 1000 = 1875[\text{kVA}]$

122 A, B 두 단상 변압기의 병렬운전 조건이 아닌 것은?

① 극성이 일치할 것
② 절연저항이 같을 것
③ 권수비가 같을 것
④ 백분율 저항강하 및 리액턴스 강하가 같을 것

해설 단상 변압기의 병렬운전 조건

- 각 변압기의 극성이 같을 것
- 각 변압기의 권수비 및 1, 2차 정격전압이 같을 것
- 각 변압기의 %임피던스 강하가 같을 것
- 각 변압기의 저항과 리액턴스의 비가 같을 것

123 다음은 단권변압기를 설명한 것이다. 틀린 것은?

① 소형에 적합하다.
② 누설자속이 적다.
③ 손실이 적고 효율이 좋다.
④ 재료가 절약되어 경제적이다.

해설 단권변압기의 특징

- 일반 변압기보다 재료가 절약되어 경제적이다.
- 동손이 감소되어 효율이 좋다.
- 누설자속이 작아 전압변동률이 작다.
- 대형은 전력 계통의 전압 조정용 변압기, 소형은 연구실의 슬라이닥스에 이르기까지 널리 사용된다.

124 같은 출력에 대하여 단권변압기를 설명한 것으로 옳지 않은 것은?

① 사용 재료가 적게 들고 손실도 적다.
② 효율이 높다.
③ %임피던스 강하가 적다.
④ 3상에는 사용할 수 없다.

해설 단권변압기의 특징

- 자기회로가 단축되므로 사용재료가 적게 든다.
- 권수비가 1에 가까울수록 동손이 감소되어 효율이 높다.
- %임피던스 강하가 작고 전압변동률이 작다.
- 1 · 2차 절연이 불가능하다.
- 3상으로도 사용할 수 있다.

125 용량 1[kVA], 3000/200[V]의 단상 변압기를 단권변압기로 결선해서 3000/3200[V]의 승압기로 사용할 때 그 부하용량[kVA]은?

① 16 ② 15
③ 1 ④ $\dfrac{1}{16}$

해설 단권변압기의 부하용량

$P = \dfrac{V_h}{V_h - V_l}\times P_s = \dfrac{3200}{3200-3000}\times 1 = 16[\text{kVA}]$

정답 120 ③ 121 ③ 122 ② 123 ① 124 ④ 125 ①

126 변압기의 내부고장 보호에 쓰이는 계전기로서 가장 적당한 것은?

① 과전류계전기 ② 차동계전기
③ 접지계전기 ④ 역상계전기

해설

변압기의 보호계전기 중에서 전기적 보호계전기의 대표적인 것으로서 차동계전기(Differential Relay)가 사용된다. 차동계전기는 변압기 권선의 층간 단락사고를 검출하는 것으로서 변압기의 1차측 및 2차측에 각각 변류기를 삽입하여 변류기의 2차측의 차동전류에 의해 계전기가 동작하게 된다.

127 부흐홀츠 계전기로 보호되는 기기는?

① 변압기 ② 동기발전기
③ 동기전동기 ④ 회전변류기

해설

부흐홀츠 계전기는 수은 접점 2개를 사용하여 아크방전 등의 사고에 의한 급격한 가스의 발생을 검출하여 동작하는 것으로서 변압기의 내부고장 보호용으로 사용된다.

128 변압기의 내부고장 보호에 쓰이는 계전기는?

① O.C.R
② 역상계전기
③ 접지계전기
④ 부흐홀츠 계전기

해설

부흐홀츠 계전기(Buchholtz's Relay)는 변압기의 기계적 보호계전기의 대표적인 것으로서 수은 접점 2개를 사용하여 아크방전 등의 사고에 의한 급격한 가스 발생을 검출한다.

129 수은 접점 두 개를 사용하여 아크방전 등의 사고를 검출하는 계전기는?

① 과전류계전기 ② 가스 검출 계전기
③ 부흐홀츠 계전기 ④ 차동계전기

130 다음 손실 중 변압기의 온도 상승에 관계가 가장 적은 요소는?

① 철손 ② 동손
③ 유전체손 ④ 와류손

131 변압기의 부하 전류 및 전압은 일정하고, 주파수가 낮아지면?

① 철손이 증가
② 철손이 감소
③ 동손이 증가
④ 동손이 감소

해설

일정 전압에서 주파수가 감소하면 자속이 증가하므로 철손은 증가하게 된다.

132 정격용량 10[kVA], 철손 120[W], 전부하 동손 200[W]인 단상 변압기 2대를 V결선하여 부하를 걸었을 때, 전부하 효율은 몇 [%]인가?(단, 부하의 역률은 $\frac{\sqrt{3}}{2}$ 이다.)

① 98.3 ② 97.9
③ 99.2 ④ 95.9

해설 변압기의 전부하 효율

$$\eta = \frac{P[\mathrm{W}]}{P[\mathrm{W}] + P_l[\mathrm{W}]} \times 100[\%] = \frac{VI\cos\theta[\mathrm{W}]}{VI\cos\theta[\mathrm{W}] + P_l[\mathrm{W}]} \times 100[\%]$$

$$= \frac{\sqrt{3} \times 10000 \times \left(\frac{\sqrt{3}}{2}\right)}{\sqrt{3} \times 10000 \times \left(\frac{\sqrt{3}}{2}\right) + [(120+200) \times 2]} \times 100 = 95.9[\%]$$

133 3/4부하에서 효율이 최대인 주상 변압기의 전부하 시에 철손과 동손의 비는?

① 3 : 4 ② 4 : 3
③ 9 : 16 ④ 16 : 9

정답 126 ② 127 ① 128 ④ 129 ③ 130 ③ 131 ① 132 ④ 133 ③

해설 $\frac{3}{4}$ 부하에서의 최대효율조건

$$P_i = \left(\frac{3}{4}\right)^2 P_c$$

$$\therefore \frac{철손}{동손} = \frac{P_i}{P_c} = \left(\frac{3}{4}\right)^2 = \frac{9}{16}$$

134 200[kVA]의 단상 변압기가 있다. 철손 1.6[kW], 전부하 동손 3.2[kW]일 때, 이 변압기의 최고 효율은 몇 배의 전부하에서 생기는가?

① $\frac{1}{2}$배 ② $\frac{1}{4}$배

③ $\frac{1}{\sqrt{2}}$배 ④ 1배

해설

변압기의 효율은 $P_i = \left(\frac{1}{m}\right)^2 P_c$일 때 최고 효율이 되므로

$$\therefore \frac{1}{m} = \sqrt{\frac{P_i}{P_c}} = \sqrt{\frac{1.6}{3.2}} = \sqrt{\frac{1}{2}} = \frac{1}{\sqrt{2}}\text{배}$$

135 5[kVA] 단상 변압기의 무유도 전부하에서 동손은 120[W], 철손은 80[W]이다. 전부하의 $\frac{1}{2}$ 되는 무유도 부하에서의 효율[%]은?

① 98.3 ② 97.0

③ 95.8 ④ 93.6

해설 $\frac{1}{m}$ 부하에서의 효율

$$\eta_{\frac{1}{m}} = \frac{\frac{1}{m}P_n\cos\theta}{\frac{1}{m}P_n\cos\theta + P_i + \left(\frac{1}{m}\right)^2 P_c} \times 100[\%]$$

$\therefore \frac{1}{2}$ 무유도 부하에서의 효율은

$$\eta_{\frac{1}{2}} = \frac{\frac{1}{2}\times 5\times 10^3 \times 1.0}{\frac{1}{2}\times 5\times 10^3 \times 1.0 + 80 + \left(\frac{1}{2}\right)^2 \times 120} \times 100[\%] = 95.8[\%]$$

136 권수비가 1 : 2인 이상 변압기를 사용하여 교류 100[V]의 입력을 가했을 때 전파 정류 후의 출력전압의 평균값은?

① $\frac{400\sqrt{2}}{\pi}$ ② $\frac{300\sqrt{2}}{\pi}$

③ $\frac{600\sqrt{2}}{\pi}$ ④ $\frac{200\sqrt{2}}{\pi}$

해설

변압기의 2차 상전압 $E = 100 \times 2 = 200[V]$

그러므로, 전파 정류 후의 출력전압(직류)의 평균값은

$$E_d = \frac{2\sqrt{2}}{\pi}E = \frac{2\sqrt{2}}{\pi} \times 200 = \frac{400\sqrt{2}}{\pi}[V]$$

137 어떤 정류기의 부하전압이 2000[V]이고 맥동률이 3[%]이면 교류분은 몇 [V] 포함되어 있는가?

① 20 ② 30

③ 50 ④ 60

해설

$$\text{맥동률}(\varepsilon) = \frac{\text{출력의 전압, 전류에 포함된 교류성분}}{\text{출력의 전압, 전류 직류성분}} \times 100[\%]$$

$\therefore$ 교류분 = 맥동률(ε) × 직류분(정류전압)

$= 3[\%] \times 2000[V] = 60[V]$

138 단상 반파 정류로 직류전압 150[V]를 얻으려고 한다. 최대 역전압(PIV) 몇 볼트 이상의 다이오드를 사용하여야 하는가?(단, 정류회로 및 변압기의 전압강하는 무시한다.)

① 약 150[V] ② 약 166[V]

③ 약 333[V] ④ 약 470[V]

해설 단상 반파 정류회로에서 교류전압의 실효값

$$E = \frac{\pi}{\sqrt{2}}E_d = \frac{\pi}{\sqrt{2}} \times 150 = 333[V]$$

$\therefore$ 최대 역전압 $PIV = \sqrt{2}E = \sqrt{2} \times 333 = 470[V]$

정답 134 ③ 135 ③ 136 ① 137 ④ 138 ④

139 회전변류기의 직류측 전압을 조정하는 방법이 아닌 것은?

① 직렬 리액터에 의한 방법
② 유도전압조정기를 사용하는 방법
③ 여자전류를 조정하는 방법
④ 동기승압기에 의한 방법

해설 회전변류기의 직류측 전압의 조정방법
- 동기승압기에 의한 방법
- 유도전압조정기에 의한 방법
- 직렬 리액터에 의한 방법
- 파형의 변화에 의한 방법

140 수은정류기에 있어서 정류기의 밸브 작용이 상실되는 현상을 무엇이라 하는가?

① 점호 ② 역호
③ 실호 ④ 통호

해설
수은정류기의 이상현상 중 역호현상이란 정류기의 양극면에 음극점이 생겨 통전 중에 있는 다른 양극으로부터 역전류가 흘러 정류기를 손상시키거나 절연물을 파괴시키는 것으로 정류기의 밸브 작용이 상실되는 현상을 말한다.

141 직류에서 교류로 변환하는 기기는?

① 인버터
② 사이클로 컨버터
③ 초퍼
④ 회전변류기

해설
인버터는 직류(D.C)를 교류(A.C)로 변환하는 역변환 장치이다.

142 다음 중 SCR의 기호로 맞는 것은?(단, A는 Anode, K는 Cathode, G는 Gate의 약자이다.)

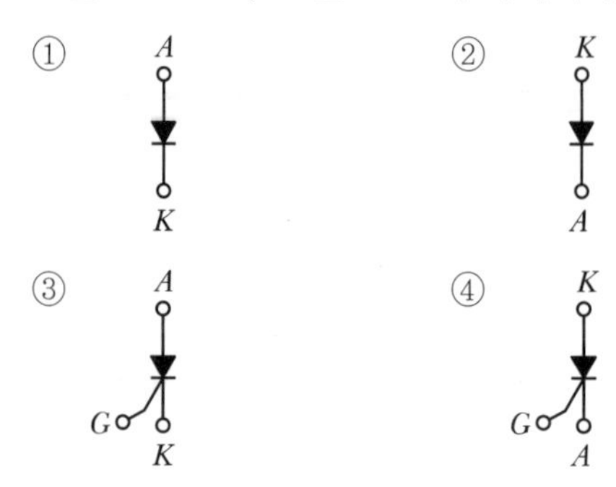

143 싸이리스터(Thyristor)에서는 게이트 전류가 흐르면 순방향의 저지 상태에서 ( ) 상태로 된다. 게이트 전류를 가하여 도통 완료까지의 시간을 ( ) 시간이라고 하나 이 시간이 길면 ( ) 시의 ( )이 많고 싸이리스터 소자가 파괴되는 수가 있다. ( ) 안에 알맞은 말을 순서대로 나타낸 것은?

① 온, 턴온, 스위칭, 전력 손실
② 온, 턴온, 전력 손실, 스위칭
③ 스위칭, 온, 턴온, 전력 손실
④ 턴온, 스위칭, 온, 전력 손실

144 위상제어를 하지 않은 단상 반파 정류회로에서 소자의 전압강하를 무시할 때 직류 평균값 E_d는?(단, E : 직류 권선의 상전압(실효값)이다.)

① $0.45E$ ② $0.90E$
③ $1.17E$ ④ $1.46E$

해설 단상 반파 정류회로의 직류전압의 평균값

$$E_d = \frac{\sqrt{2}}{\pi}E = 0.45E[\text{V}]$$

정답 139 ③ 140 ② 141 ① 142 ③ 143 ① 144 ①

145 **싸이리스터(Thyristor)에서의 래칭전류(Latching Current)에 관한 설명으로 옳은 것은?**

① 게이트를 개방한 상태에서 싸이리스터 도통 상태를 유지하기 위한 최소의 순전류
② 게이트 전압을 인가한 후에 급히 제거한 상태에서 도통 상태가 유지되는 최소의 순전류
③ 싸이리스터의 게이트를 개방한 상태에서 전압을 상승하면 급히 증가하게 되는 순전류
④ 싸이리스터가 턴온하기 시작하는 순전류

해설

래칭전류란 싸이리스터를 게이트로 턴온시킨 후에 게이트 트리거 펄스를 제거한 후에도 싸이리스터를 ON 상태로 계속 유지하는 데 필요한 최소의 양극(애노드) 전류이다.

146 **그림에서 V를 교류전압(v)의 실효값이라고 할 때, 단상 전파 정류회로에서 얻을 수 있는 직류전압 E_d의 평균값[V]은?**

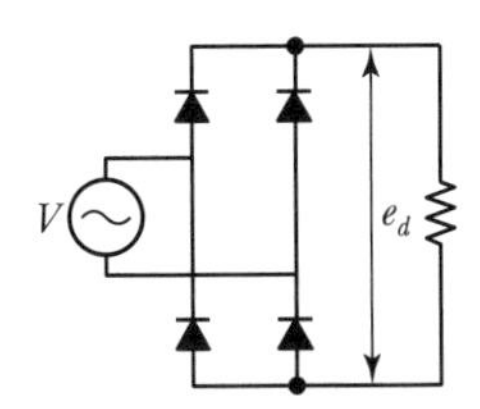

① 2　　② 1.5
③ 1　　④ 0.9

해설 단상 전파 정류회로에서의 직류전압의 평균값

$$E_d = \frac{2\sqrt{2}}{\pi}E = 0.9E$$

147 **단상 브리지 전파 정류회로로 직류전압 100[V]를 얻으려면 변압기 2차 전압 E_s를 몇 [V]로 결정하면 되는가?(단, 부하는 무유도 저항이고 정류회로 및 변압기 내의 전압강하는 무시한다.)**

① 314　　② 222
③ 111　　④ 100

해설 단상 브리지 정류(전파 정류)회로에서의 직류전압

$$E_d = \frac{2\sqrt{2}}{\pi}E = 0.9E$$

그러므로, 교류전압(변압기 2차 상전압) E는

$$E = \frac{\pi}{2\sqrt{2}} \cdot E_d = \frac{\pi}{2\sqrt{2}} \times 100 = 111[V]$$

정답 145 ② 146 ④ 147 ③